AutoCAD 실기/실습

AutoCAD 도면그리는 법

육은정 엮음

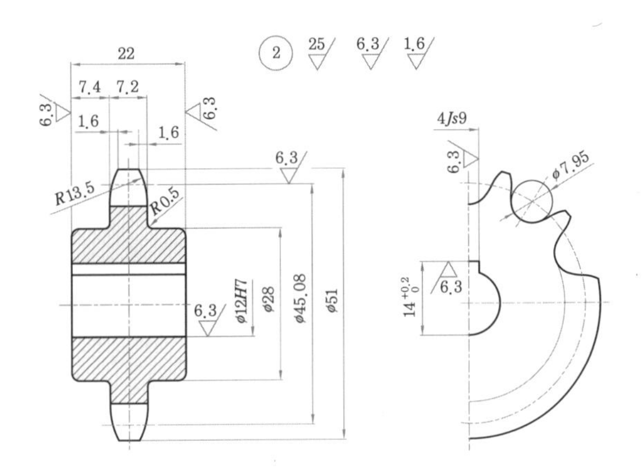

일진사

머리말

AutoCAD를 공부하는 학생들이 CAD 기능과 매뉴얼 위주의 교육에서 벗어나 실무에 좀 더 가깝게 접근하기 위해서는 도면 그리는 연습을 반복하는 실기 위주의 교육이 절실히 필요합니다. 일정하게 주어진 수업 시간의 한계로 CAD를 응용한 실기가 많이 부족하다고 느껴오던 중 도서출판 **일진사**의 도움을 받아 학생 스스로가 도면 작성 연습을 충분히 해볼 수 있고, 교육기관 및 단체에서 실기 교재로 활용할 수 있는 도면 중심의 교재를 만들게 되었습니다.

AutoCAD는 도구입니다. 시간과 노력을 투자하여 직접 도면을 반복 작성해 보는 일만이 AutoCAD를 자기 것으로 만들 수 있고, CAD 설계 전문인으로서의 자격을 갖추게 되는 것입니다.

이 책은 CAD를 혼자서 공부하는 독학생이나 전공학과 학생들이 충분히 예습, 복습을 해볼 수 있는 실기 응용 도면집이 될 것이라 확신합니다.

CAD 명령어를 익히고 도면을 이해하면서 연습할 수 있도록 체계적이고 기초적인 예제 도면을 충분히 실었고, 3차원, Solid 모델링 도면을 추가하였습니다. 또한, 부록으로 방대한 AutoCAD 사용설명서를 요약하여 도면 작성에 꼭 필요한 명령어와 아이콘을 일목요연하게 정리하여 수록하였습니다.

끝으로, 이 책을 출간하는 데 협조를 아끼지 않으신 도서출판 **일진사** 직원 여러분과 도면 작성에 애써주신 이광수 교수님께 감사드리며, 앞으로도 더욱 연구 · 보완하여 알찬 내용이 되도록 노력하겠습니다.

저자 씀

선의 종류에 의한 용도(KS B 0001)

용도에 의한 명칭	선의 종류	선의 용도
외형선	굵은 실선	대상물의 보이는 부분의 모양을 표시하는 데 쓰인다.
치수선	가는 실선	치수를 기입하기 위하여 쓰인다.
치수 보조선		치수를 기입하기 위하여 도형으로부터 끌어내는 데 쓰인다.
지시선		기술 · 기호 등을 표시하기 위하여 끌어내는 데 쓰인다.
회전 단면선		도형 내에 그 부분의 끊은 곳을 90° 회전하여 표시하는 데 쓰인다.
중심선		도형의 중심선을 간략하게 표시하는 데 쓰인다.
수준면선		수면, 유면 등의 위치를 표시하는 데 쓰인다.
숨은선	가는 파선 또는 굵은 파선	대상물의 보이지 않는 부분의 모양을 표시하는 데 쓰인다.
중심선	가는 일점쇄선	① 도형의 중심을 표시하는 데 쓰인다. ② 중심이 이동한 중심 궤적을 표시하는 데 쓰인다.
기준선		특히 위치 결정의 근거가 된다는 것을 명시할 때 쓰인다.
피치선		되풀이하는 도형의 피치를 취하는 기준을 표시하는 데 쓰인다.
특수 지정선	굵은 일점쇄선	특수한 가공을 하는 부분 등 특별한 요구사항을 적용할 수 있는 범위를 표시하는 데 사용한다.
가상선	가는 이점쇄선	① 인접 부분을 참고로 표시하는 데 사용한다. ② 공구, 지그 등의 위치를 참고로 나타내는 데 사용한다. ③ 가동 부분을 이동 중의 특정한 위치 또는 이동한계의 위치로 표시하는 데 사용한다. ④ 가공 전 또는 가공 후의 모양을 표시하는 데 사용한다. ⑤ 되풀이하는 것을 나타내는 데 사용한다. ⑥ 도시된 단면의 앞쪽에 있는 부분을 표시하는 데 사용한다.
무게 중심선		단면의 무게 중심을 연결한 선을 표시하는 데 사용한다.
파단선	불규칙한 파형의 가는 실선 또는 지그재그선	대상물의 일부를 파단한 경계 또는 일부를 떼어낸 경계를 표시하는 데 사용한다.
절단선	가는 1점 쇄선으로 끝부분 및 방향이 변하는 부분은 굵게 한 것	단면도를 그리는 경우, 그 절단 위치를 대응하는 그림에 표시하는 데 사용한다.
해칭	가는 실선으로 규칙적으로 줄을 늘어놓은 것	도형의 한정된 특정 부분을 다른 부분과 구별하는 데 사용한다. 예를 들면 단면도의 절단된 부분을 나타낸다.
특수한 용도의 선	가는 실선	① 외형선 및 숨은선의 연장을 표시하는 데 사용한다. ② 평면이란 것을 나타내는 데 사용한다. ③ 위치를 명시하는 데 사용한다.
	아주 굵은 실선	얇은 부분의 단선 도시를 명시하는 데 사용한다.

AutoCAD

차 례

AutoCAD 2차원 CAD 명령어 응용

AutoCAD 3차원 CAD 명령어 응용

AutoCAD 부 록

AutoCAD

2차원 CAD 명령어 응용 기초편

- AutoCAD 기본 명령어의 사용
- 기초 투상도면 이해 및 연습

선(LINE) 그리기와 절대좌표

* Acad. dwt에서 작업 시(Limits나 치수, 크기 등 기본 설정이 전혀 되어있지 않은 상태)

절대좌표 개념의 이해

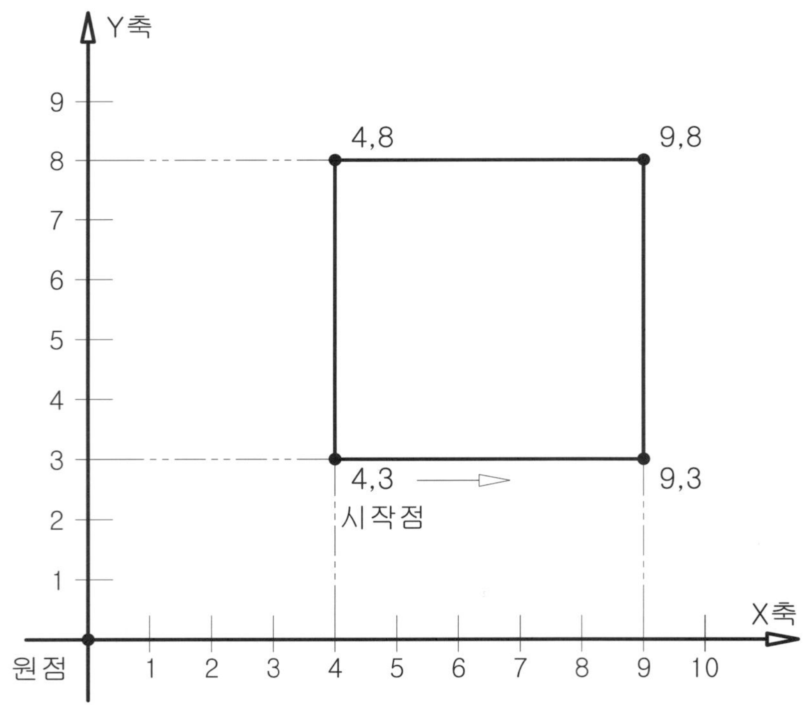

절대 좌표는 원점(0, 0)을 기준으로 다음 좌푯값이 계속 누적되어 계산되어지므로 처음의 좌푯값을 알아야만 다음 좌푯값을 찾아낼 수 있다.

[예제] 그림과 같이 정사각 5의 거리를 가진 사각형을 그릴 때 절대좌표를 사용한다면

형식 : (X, Y)로 좌표를 읽는다.

명령 : LINE, 단축명령 : L

command : LINE Enter↵
From point : 4, 3 Enter↵
To point : 9, 3 Enter↵
To point : 9, 8 Enter↵
To point : 4, 8 Enter↵
To point : 4, 3 Enter↵ 또는 C Enter↵
To point : Enter↵ ------ 선 그리기 종료

선(LINE) 그리기와 절대좌표

* Acad. dwt에서 작업 시(Limits나 치수, 크기 등 기본 설정이 전혀 되어있지 않은 상태)

절대좌표 개념의 이해

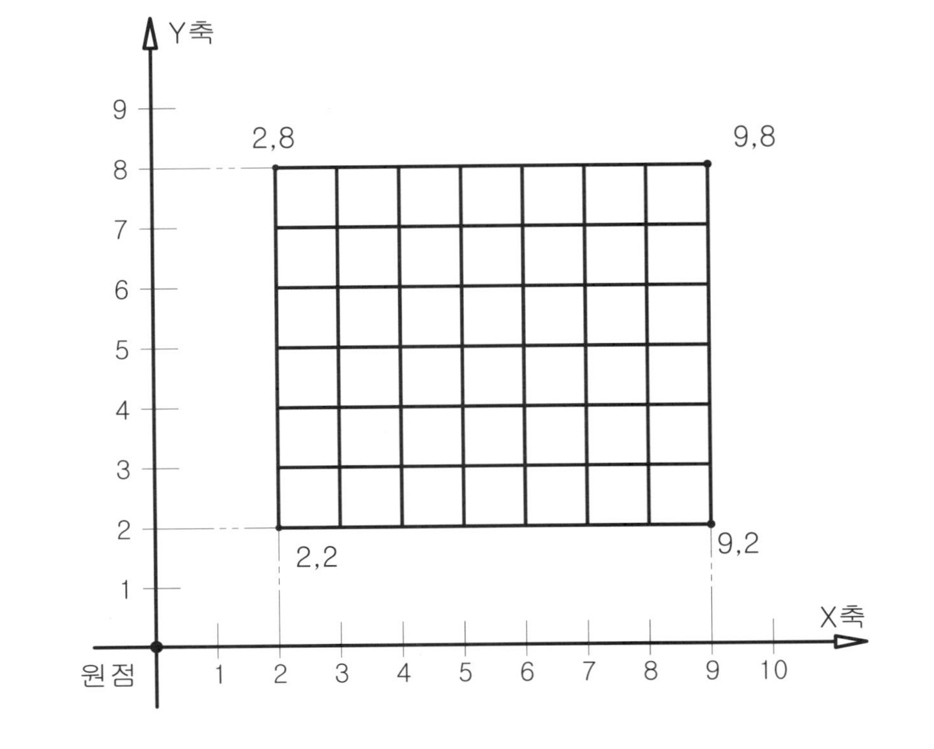

절대 좌표는 원점(0, 0)을 기준으로 다음 좌푯값이 계속 누적되어 계산되어지므로 처음의 좌푯값을 알아야만 다음 좌푯값을 찾아낼 수 있다.

[예제] 그림과 같이 직선 7과 6의 거리를 가진 바둑판 형상을 그릴 때 절대좌표를 사용한다면

형식 : (X, Y)로 좌표를 읽는다.

명령 : LINE, 단축명령 : L

가로선

command : LINE Enter↵ From point : 2, 2 Enter↵ To point : 9, 2 Enter↵ Enter↵
command : LINE Enter↵ From point : 2, 3 Enter↵ To point : 9, 3 Enter↵ Enter↵
command : LINE Enter↵ From point : 2, 4 Enter↵ To point : 9, 4 Enter↵ Enter↵
command : LINE Enter↵ From point : 2, 5 Enter↵ To point : 9, 5 Enter↵ Enter↵
command : LINE Enter↵ From point : 2, 6 Enter↵ To point : 9, 6 Enter↵ Enter↵
command : LINE Enter↵ From point : 2, 7 Enter↵ To point : 9, 7 Enter↵ Enter↵
command : LINE Enter↵ From point : 2, 8 Enter↵ To point : 9, 8 Enter↵ Enter↵

세로선

command : LINE Enter↵ From point : 2, 2 Enter↵ To point : 2, 8 Enter↵ Enter↵
command : LINE Enter↵ From point : 3, 2 Enter↵ To point : 3, 8 Enter↵ Enter↵
command : LINE Enter↵ From point : 4, 2 Enter↵ To point : 4, 8 Enter↵ Enter↵
command : LINE Enter↵ From point : 5, 2 Enter↵ To point : 5, 8 Enter↵ Enter↵
command : LINE Enter↵ From point : 6, 2 Enter↵ To point : 6, 8 Enter↵ Enter↵
command : LINE Enter↵ From point : 7, 2 Enter↵ To point : 7, 8 Enter↵ Enter↵
command : LINE Enter↵ From point : 8, 2 Enter↵ To point : 8, 8 Enter↵ Enter↵

사용할 명령어 **LINE (절대좌표)**

형식 : 0, 0(원점)을 기준으로 X, Y의 값을 각 위치마다 좌푯값을 계산한다. 처음의 좌푯값에서 그리고자 하는 거리의 값을 더하거나 빼내어 X축과 Y축을 읽어낸다.

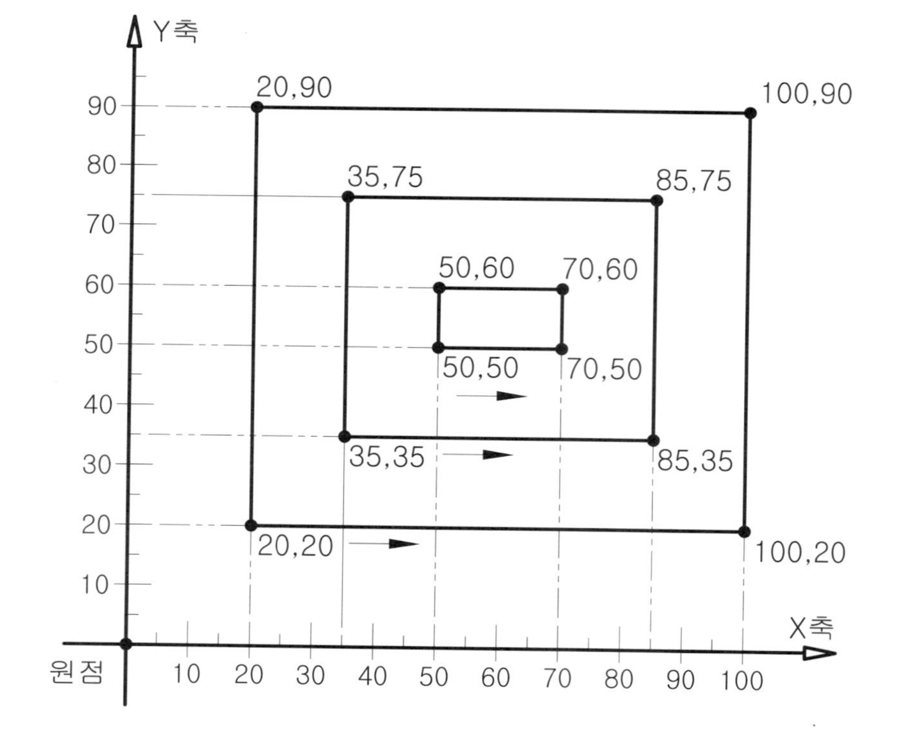

절대좌표의 사용

* Limits 설정 (0, 0) ~ (297, 210)

그리는 법

명령 : LINE, 단축명령 : L

command : LINE Enter↵
From point : 20, 20 Enter↵
To point : 100, 20 Enter↵
To point : 100, 90 Enter↵
To point : 20, 90 Enter↵
To point : 20, 20 Enter↵ 또는 C Enter↵
처음 좌표로 연결 후 LINE 명령 종료

command : LINE Enter↵
From point : 35, 35 Enter↵
To point : 85, 35 Enter↵
To point : 85, 75 Enter↵
To point : 35, 75 Enter↵
To point : 35, 35 Enter↵ 또는 C Enter↵

command : LINE Enter↵
From point : 50, 50 Enter↵
To point : 70, 50 Enter↵
To point : 70, 60 Enter↵
To point : 50, 60 Enter↵
To point : 50, 50 Enter↵ 또는 C Enter↵

선 그리기와 상대좌표

* Acad. dwt에서 작업

상대좌표 개념의 이해

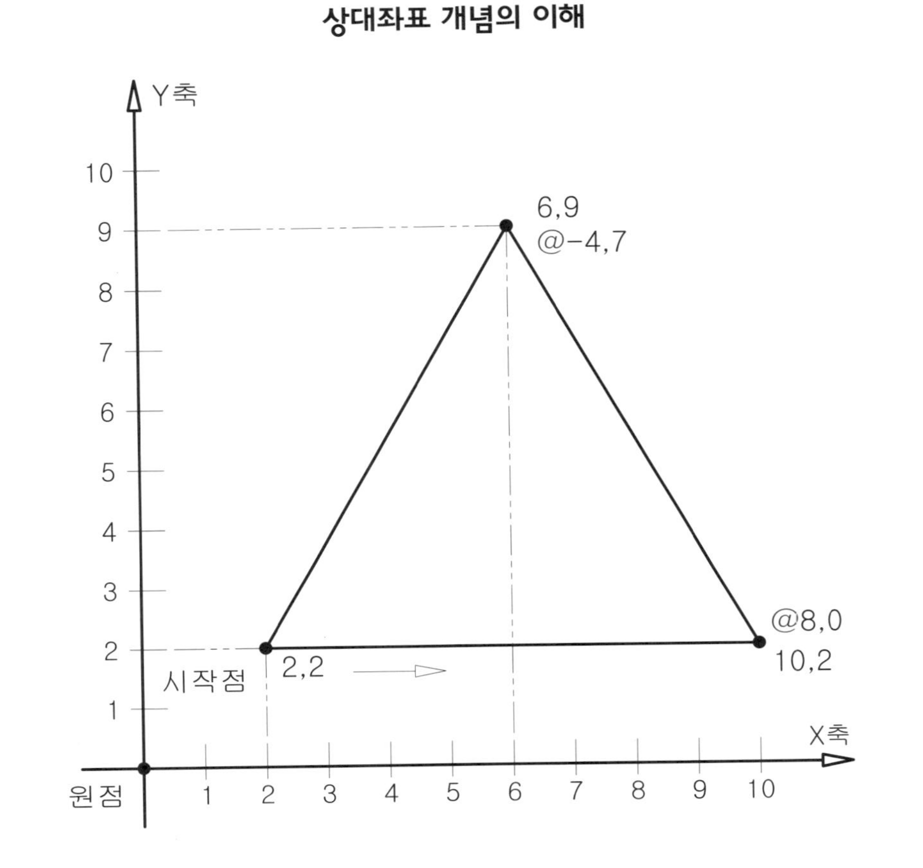

상대좌표는 처음의 좌푯값이 얼마인지 몰라도 그리고자 하는 선의 길이만 알면 아무 점에서 시작하여도 다음 좌푯값에 지장을 주지 않는다. 즉, 항상 현재의 좌푯값이 기준이 되어 적용한다.

형식 : @X, Y로 좌표를 읽는다.
현재 위치에서 X축 변화값, Y축 변화값만 입력하면 된다.

[예제] 그림과 같은 삼각형을 상대좌표로 그린다면

명령 : LINE, 단축명령 : L

command : LINE Enter↵
From point : 2, 2 Enter↵
To point : @8, 0 Enter↵
To point : @−4, 7 Enter↵
To point : @−4, −7 Enter↵ 또는 C Enter↵

사용할 명령어 LINE (상대좌표)

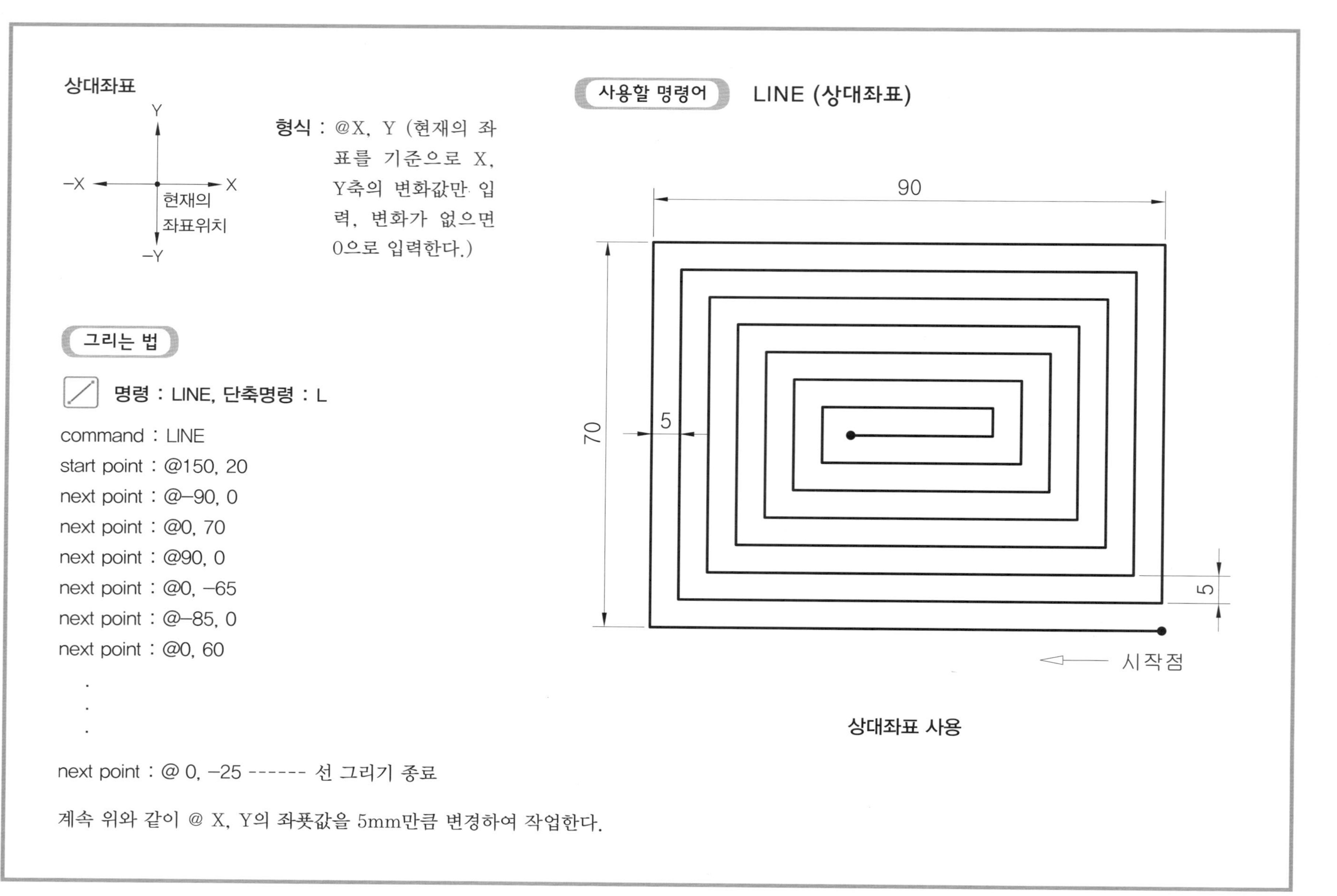

상대좌표

형식 : @X, Y (현재의 좌표를 기준으로 X, Y축의 변화값만 입력, 변화가 없으면 0으로 입력한다.)

상대좌표 사용

그리는 법

명령 : LINE, 단축명령 : L

command : LINE
start point : @150, 20
next point : @–90, 0
next point : @0, 70
next point : @90, 0
next point : @0, –65
next point : @–85, 0
next point : @0, 60
.
.
.
next point : @ 0, –25 ------ 선 그리기 종료

계속 위와 같이 @ X, Y의 좌푯값을 5mm만큼 변경하여 작업한다.

선 그리기와 상대극좌표

상대극좌표 개념의 이해

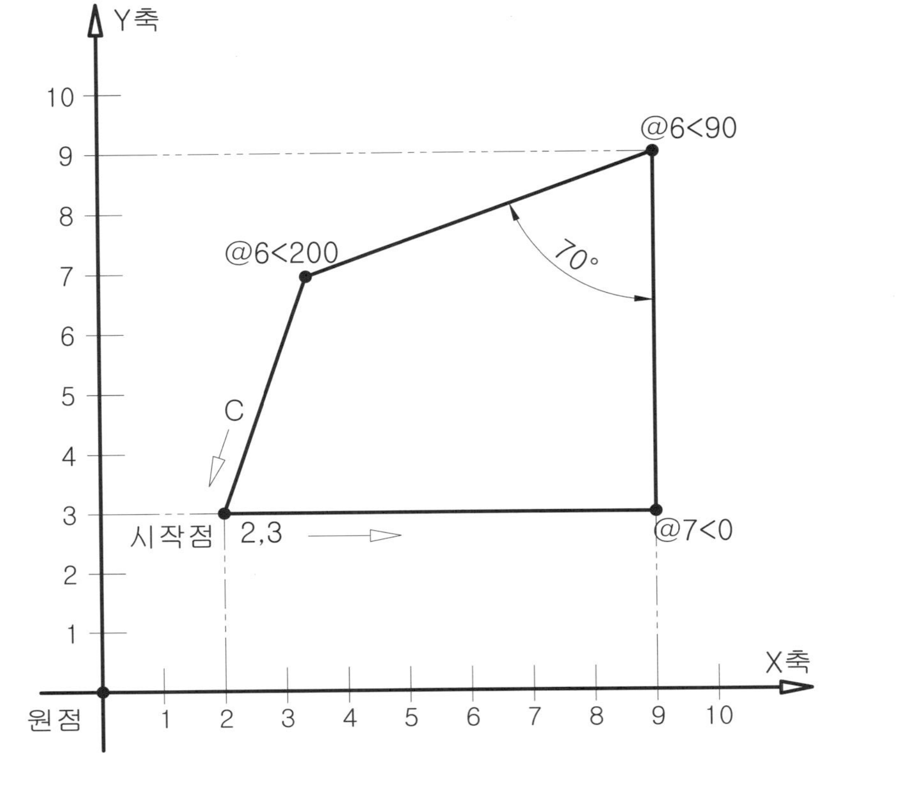

상대극좌표는 현재 좌표가 기준이 되며, 기준의 위치에서 그릴 선의 길이와 각도를 가지고 방향을 설정한다. 즉, 현재의 위치를 기준으로 각도를 계산한다.

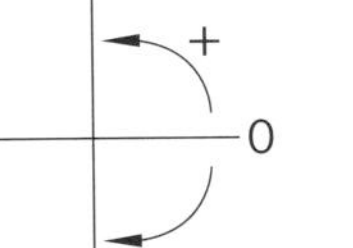

시계 방향 : – 각도
반시계 방향 : + 각도

[예제] 그림과 같이 선의 길이와 각도를 가진 선을 그릴 때는 상대극좌표를 사용한다.

형식 : @거리 〈 각도로 좌표를 읽는다.

명령 : LINE, 단축명령 : L

command : LINE Enter↵
From point : 2, 3 Enter↵
To point : @7 〈 0 Enter↵
To point : @6 〈 90 Enter↵
To point : @6 〈 200 Enter↵
To point : C Enter↵ ------ 처음 점으로 연결한 후 Line 명령 종료

사용할 명령어 LINE (상대좌표)

정사각형은 상대좌표로 미리 완성한 후 → 직선 그리기

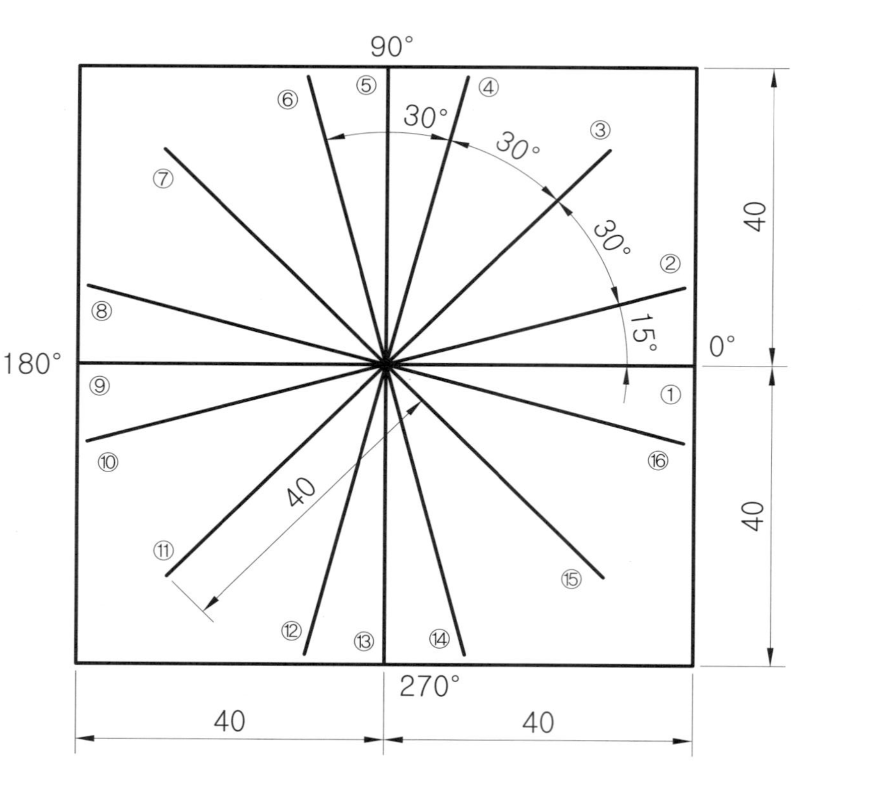

상대극좌표의 사용

그리는 법 ***각도의 계산에 유의!***

명령 : LINE, 단축명령 : L

1) command : LINE
   From point : 70, 70
   To point : @40 〈 0 Enter↵ Enter↵
2) command : LINE
   From point : 70, 70
   To point : @40 〈 15 Enter↵ Enter↵
3) command : LINE
   From point : 70, 70
   To point : @40 〈 45 Enter↵ Enter↵
4) command : LINE
   From point : 70, 70
   To point : @40 〈 75 Enter↵ Enter↵
5) command : LINE
   From point : 70, 70
   To point : @ 40 〈 90 Enter↵ Enter↵
6) command : LINE
   From point : 70, 70
   To point : @40 〈 105 Enter↵ Enter↵

계속 같은 방법으로 직선 작도

상대좌표와 선 그리기

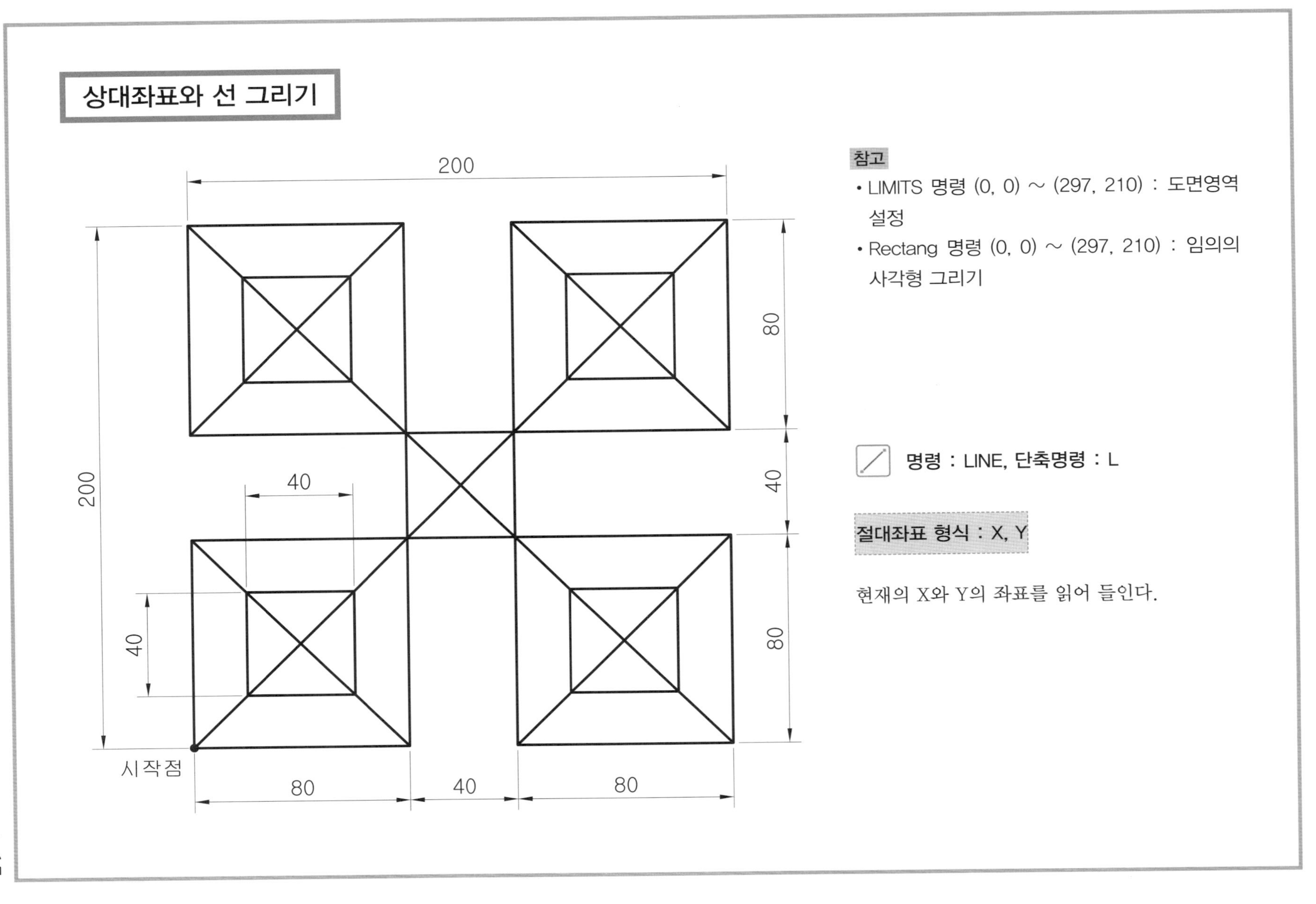

참고

- LIMITS 명령 (0, 0) ~ (297, 210) : 도면영역 설정
- Rectang 명령 (0, 0) ~ (297, 210) : 임의의 사각형 그리기

명령 : LINE, 단축명령 : L

절대좌표 형식 : X, Y

현재의 X와 Y의 좌표를 읽어 들인다.

선 그리는 법

명령 : LINE, 단축명령 : L

1) 도면 영역을 적당히 설정한다.

command : LIMITS [Enter↵]
Lower left corner 〈 0, 0 〉 : 0, 0 [Enter↵]
Upper right corner 〈 12, 9 〉 : 297, 210 [Enter↵]

2) 설정한 영역을 화면에 꽉 차게 하기 위해 줌 명령을 설정한다.

command : ZOOM [Enter↵]
All / Center / Dynamic ~ : A [Enter↵]

3) 절대좌표를 계산하여 옆의 그림을 그린다. (선 그리기 – LINE)

command : LINE [Enter↵] – 1번의 선
From point : 50, 50 [Enter↵]
To point : 120, 50 [Enter↵]
To point : 120, 100 [Enter↵]
To point : 50, 100 [Enter↵]
To point : 50, 50 [Enter↵]
To point : [Enter↵] ------ 선 그리기 종료

4) command : LINE [Enter↵] – 2번의 선

From point : 60, 60 [Enter↵]
To point : ?
To point : ?
To point : ?
To point : ?
To point : [Enter↵] ------ 선 그리기 종료

좌표를 계산해 보자.

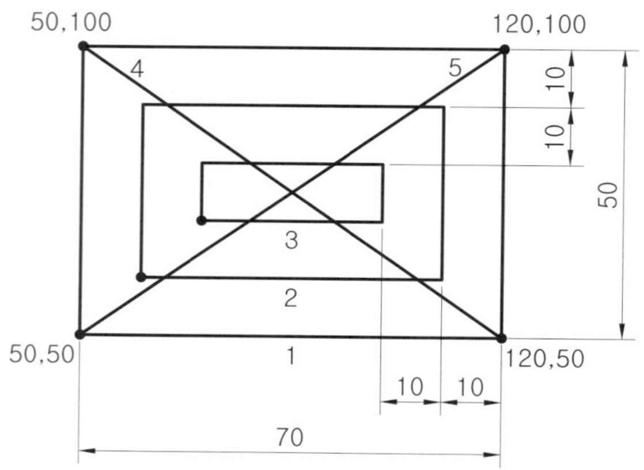

5) command : LINE [Enter↵] – 3번의 선

From point : 70, 70 [Enter↵]
To point : ?
To point : ?
To point : ?
To point : ?
To point : [Enter↵] ------ 선 그리기 종료

좌표를 계산해 보자.

6) command : LINE [Enter↵] – 4, 5번의 선

From point : 50, 100 [Enter↵]
To point : 120, 50 [Enter↵]
To point : [Enter↵] ------ 선 그리기 종료

command : LINE [Enter↵]
From point : 50, 50 [Enter↵]
To point : 120, 100 [Enter↵]
To point : [Enter↵] ------ 선 그리기 종료

절대좌표, 상대좌표(LINE)

명령 : LINE, 단축명령 : L

* Acadiso. dwt에서 작업
Limits나 치수, 형태 등 기본 설정이 어느 정도 되어 있는 파일이다.

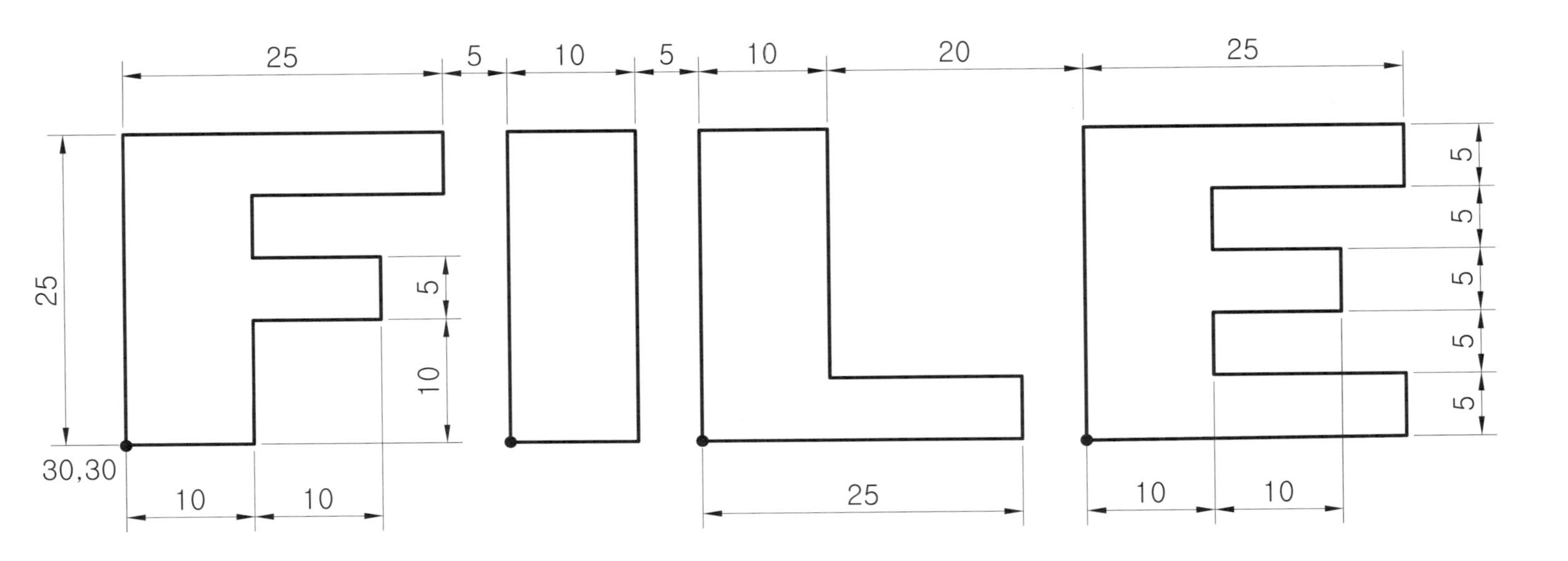

〈F8〉 ortho 직각 모드 설정 후 그리고자 하는 수치 입력만으로 Line을 그려보자.
마우스로 그릴 방향을 미리 움직여 놓은 후 수치를 입력한다.

절대좌표, 상대좌표와 LINE 명령

명령 : LINE, 단축명령 : L

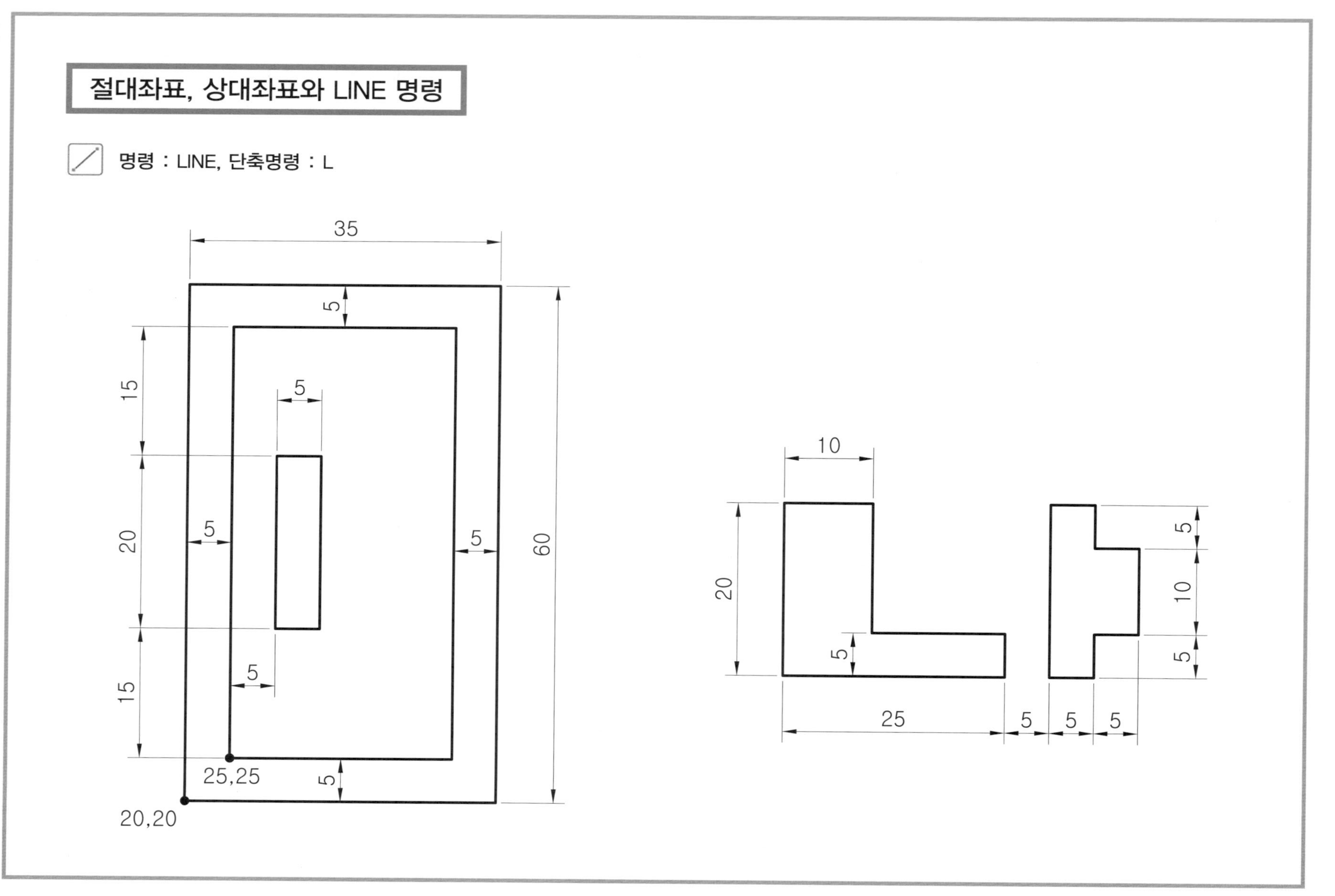

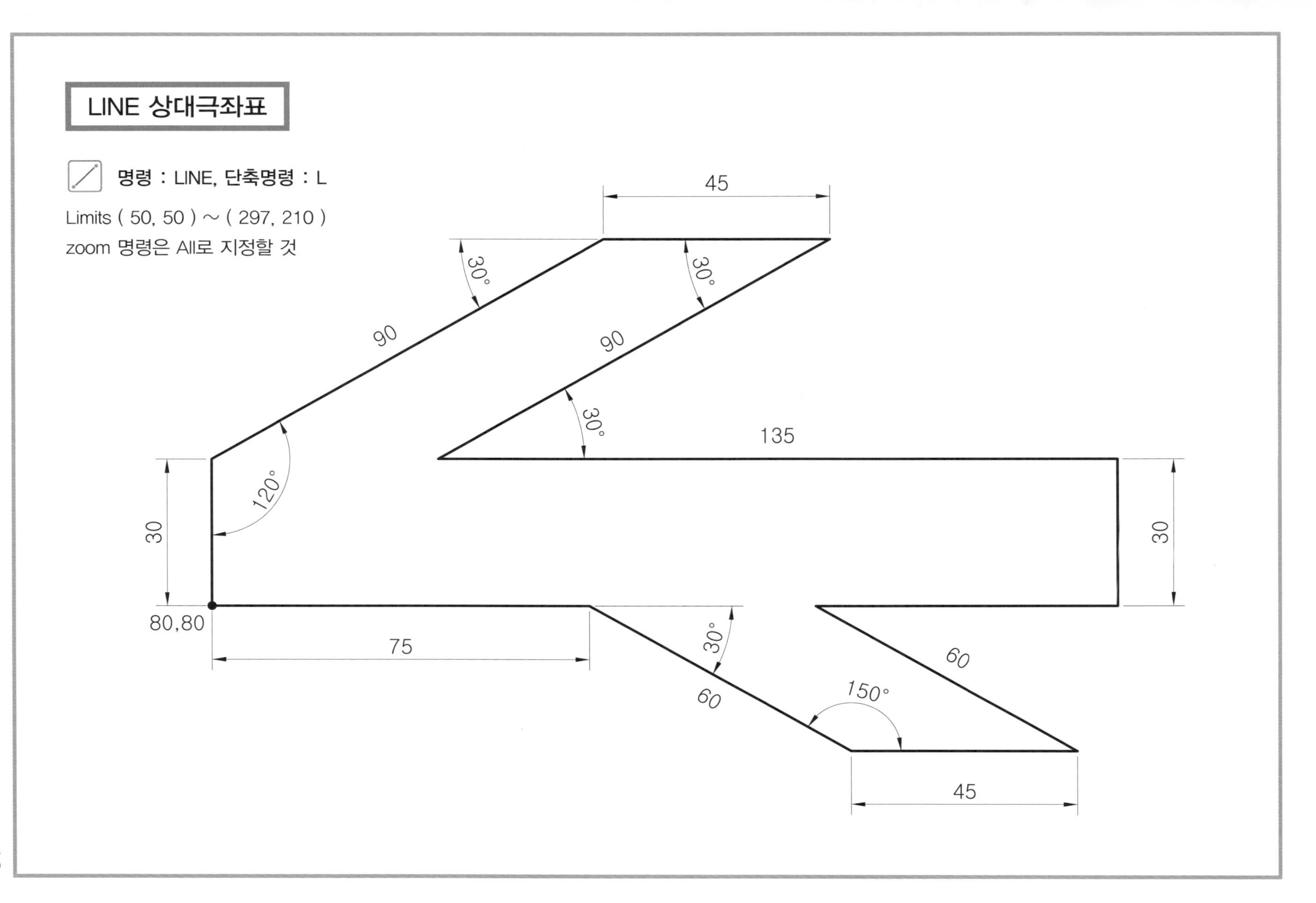

LINE 상대극좌표
명령 : LINE, 단축명령 : L
Limits (50, 50) ~ (297, 210)
zoom 명령은 All로 지정할 것
45
30°
30°
90
90
30°
135
120°
30
30
80,80
75
30°
60
60
150°
45

LINE 절대, 상대좌표

* Acad. dwt에서 그려보자.
(Scale 10 : 1로 그린다.)

명령 : LINE, 단축명령 : L

command : LINE
From point (시작점) : 3, 3 Enter↵
To point : @ 2, 0 Enter↵
To point : @ 0, −1 Enter↵
To point : @ 1, 0 Enter↵
.
.
.

같은 방법으로 계속 작도한다.

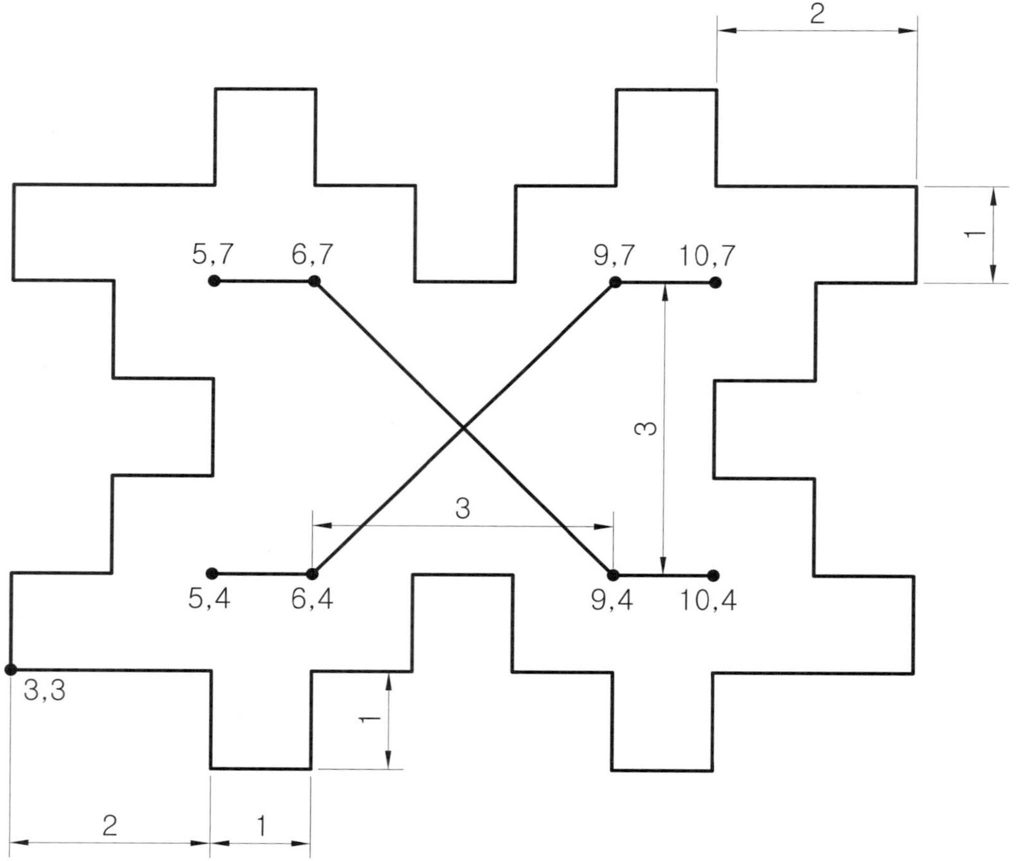

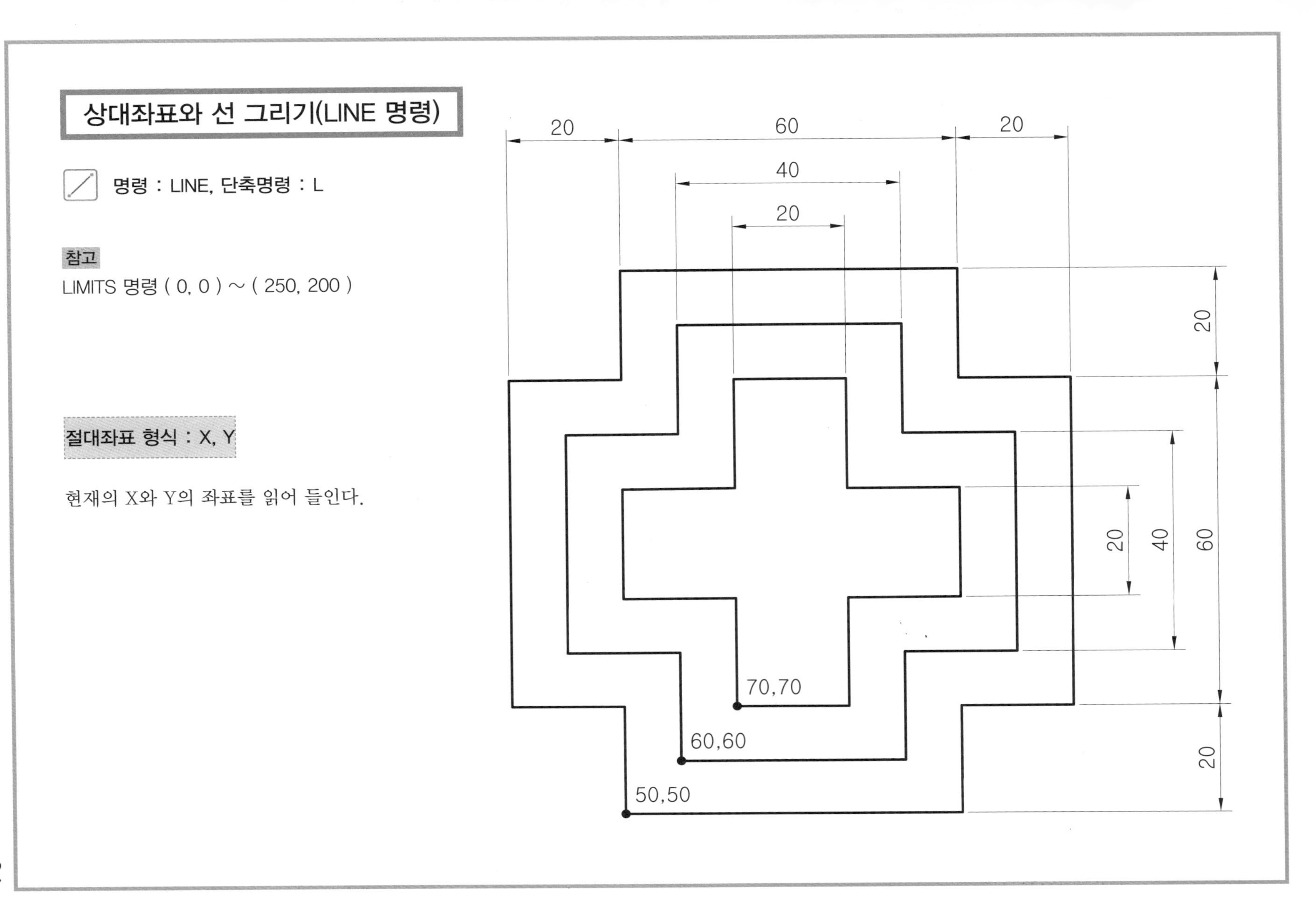

상대좌표와 선 그리기(LINE 명령)

명령 : LINE, 단축명령 : L

참고

LIMITS 명령 (0, 0) ~ (250, 200)

절대좌표 형식 : X, Y

현재의 X와 Y의 좌표를 읽어 들인다.

LINE과 좌표의 사용

명령 : LINE, 단축명령 : L

다음 입체도를 보고 정면도, 평면도를 좌푯값을 사용하여 그리시오.
(상대좌표, 상대극좌표 사용)

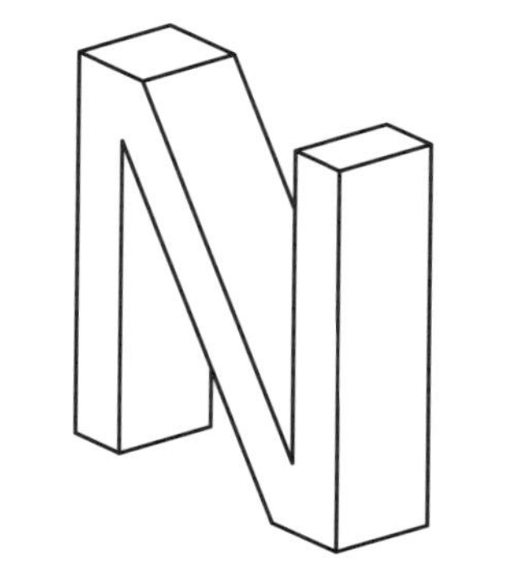

정면도, 평면도의 이해를 위한 입체도

평면도

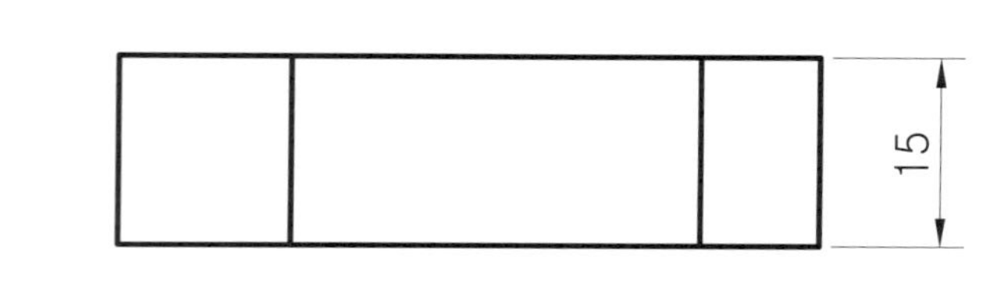

* 시작점의 좌표를 연관해서 작도한다.

정면도

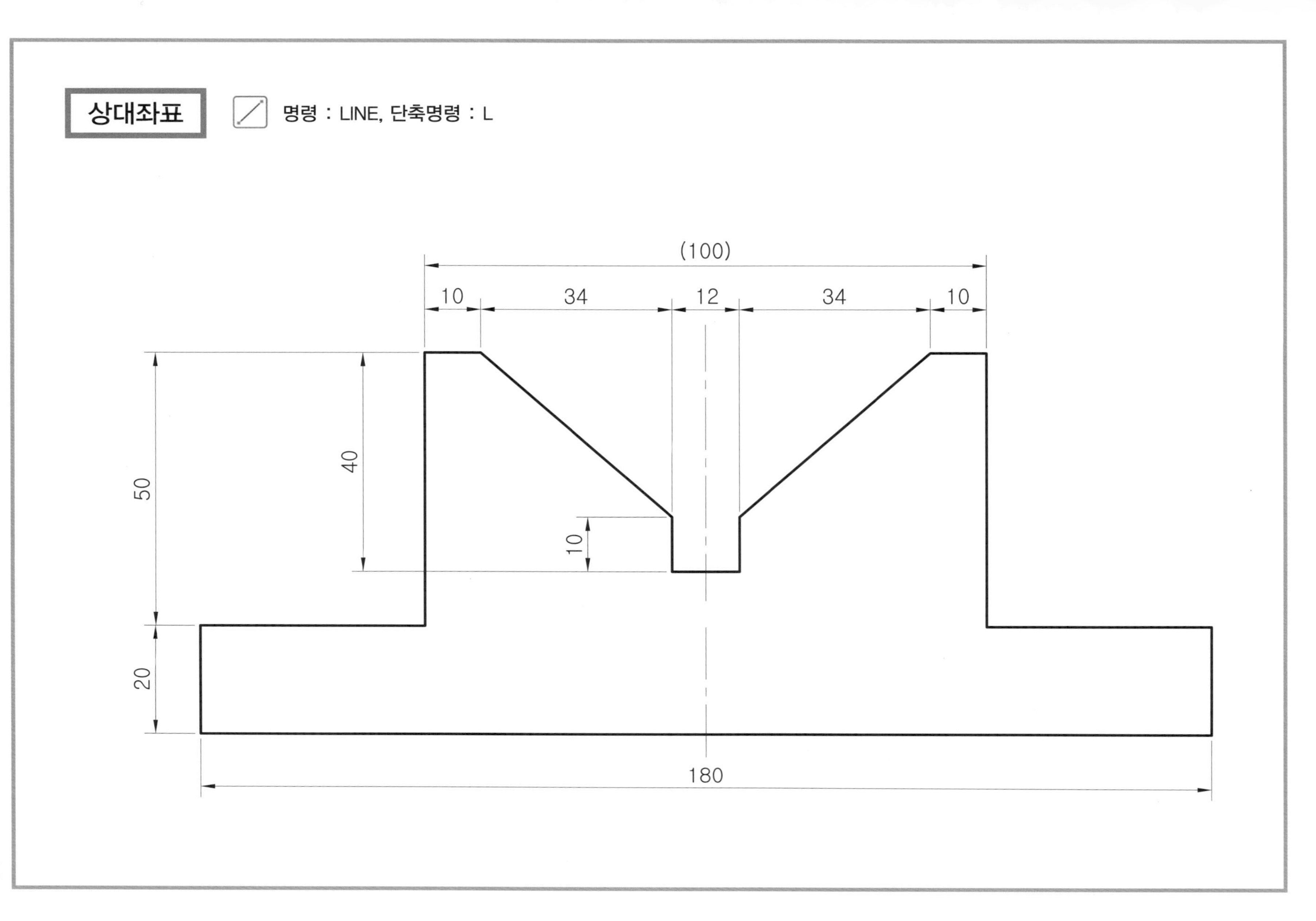
상대좌표
명령 : LINE, 단축명령 : L
(100)
10
34
12
34
10
50
40
10
20
180

LINE 좌표의 사용

명령 : LINE, 단축명령 : L

다음 입체도를 보고 정면도를 그려보자.

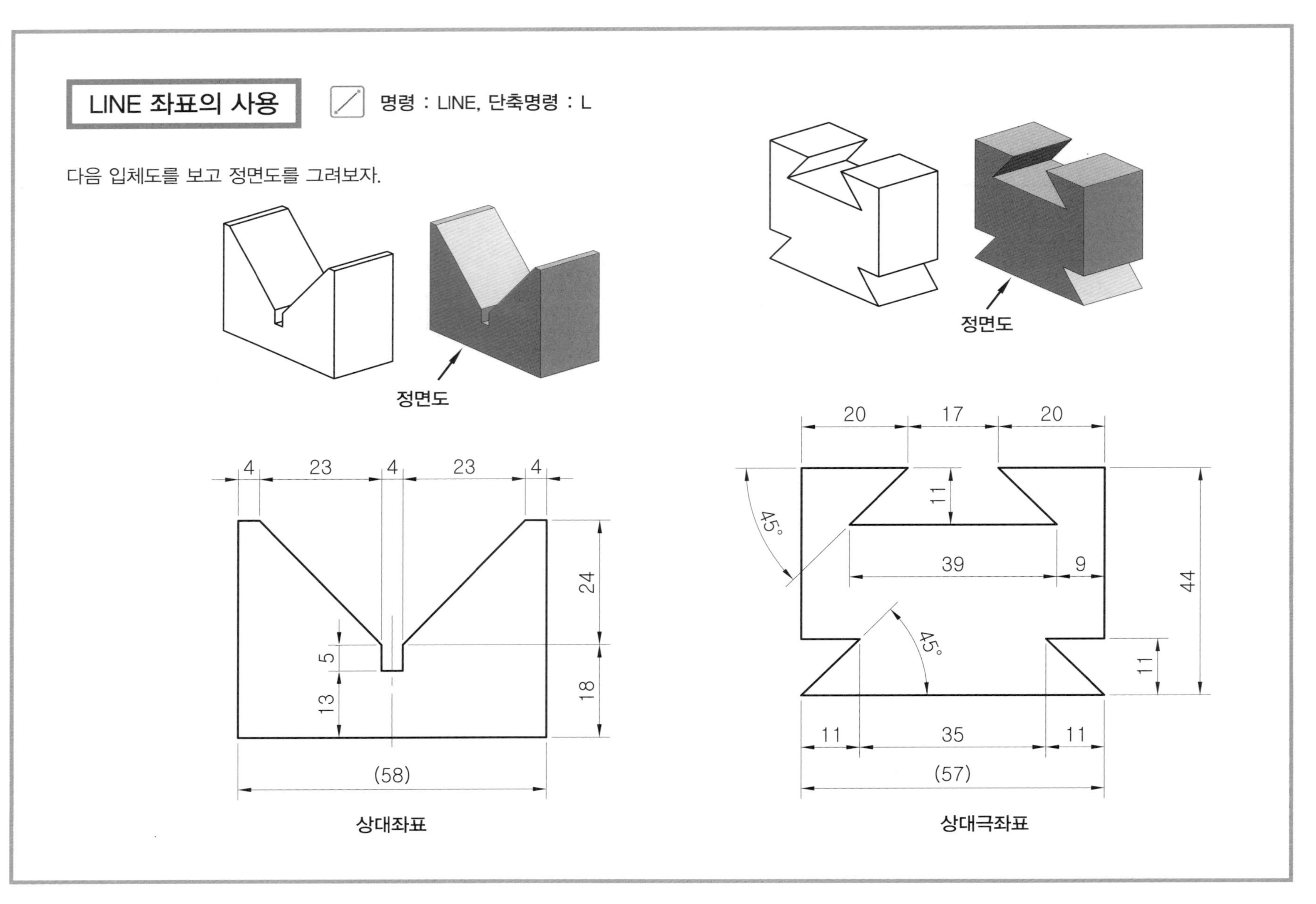

LINE 명령

요소의 끝점, 중간점, 교차점을
응용하여 선 그리기
(OSNAP 사용)

명령 : LINE, 단축명령 : L

OSNAP 옵션 중

- ENDpoint : 끝점
- MIDpoint : 중간점
- INTersection : 교차점

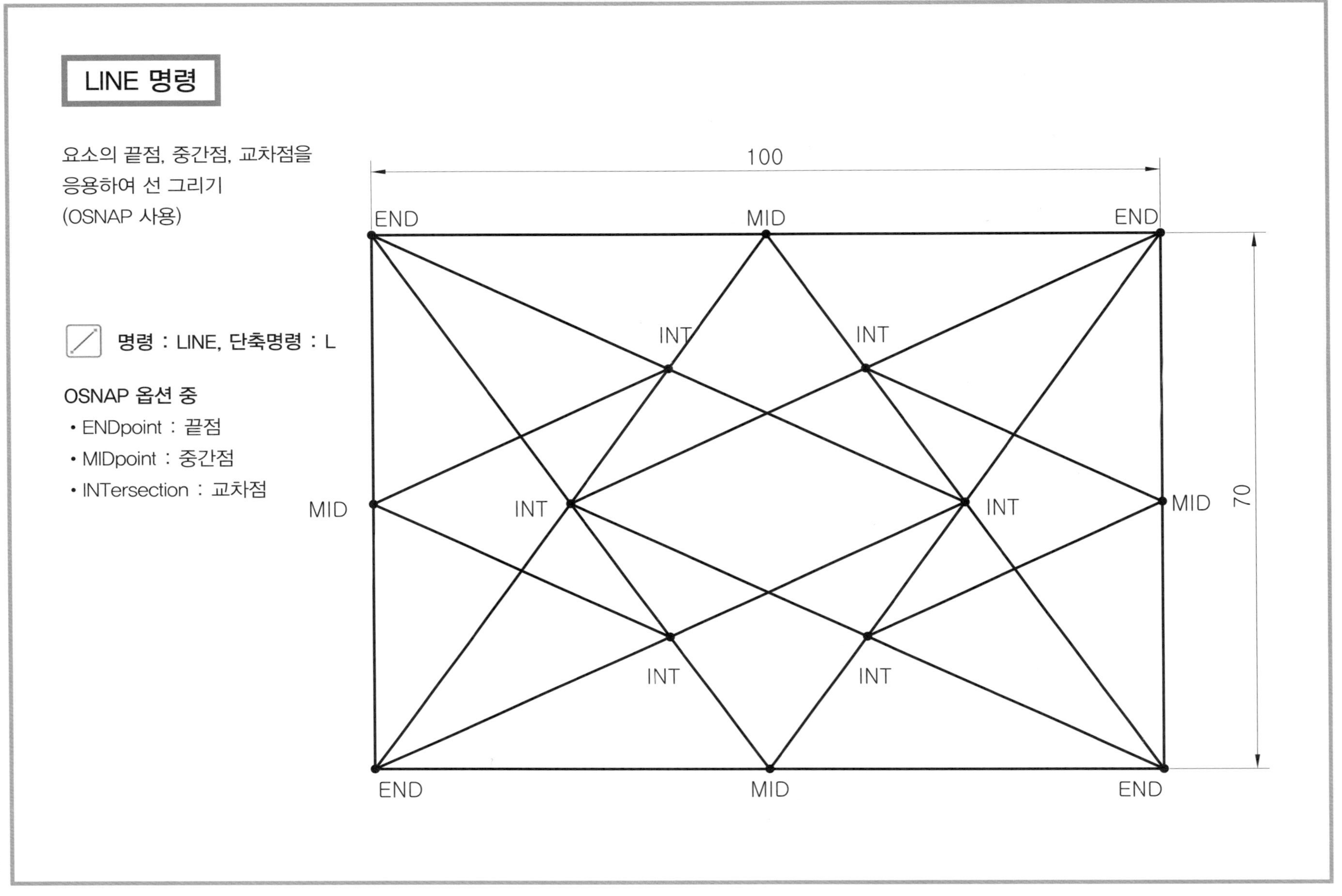

LINE (선 그리기)과 좌표의 사용

상대, 상대극, 절대좌표

명령 : LINE, 단축명령 : L

command : LINE
From point : 50, 50 Enter↵
To point : @ 57, 0 Enter↵
To point : @ 0, 122 Enter↵
To point : @ −57, 0 Enter↵
To point : @ 0, −57 Enter↵
To point : @ 122, 0 Enter↵
To point : @ 0, 57 Enter↵
To point : @ −57, 0 Enter↵
To point : @ 0, −122 Enter↵
To point : @ 57, 0 Enter↵
To point : @ 0, 57 Enter↵
To point : @ −122, 0 Enter↵
To point : @ 0, −57 Enter↵

등과 같이 좌표를 입력한다.

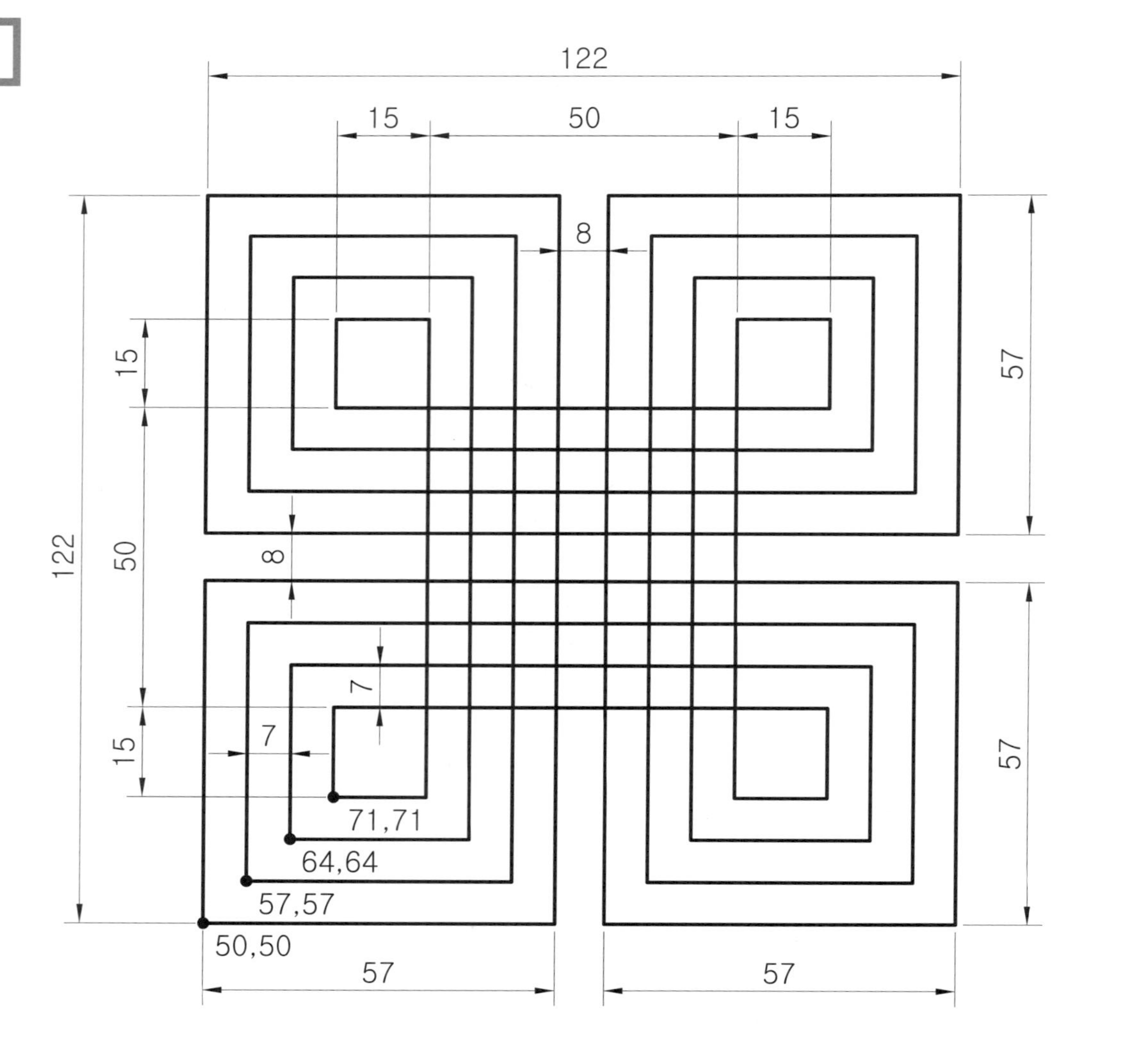

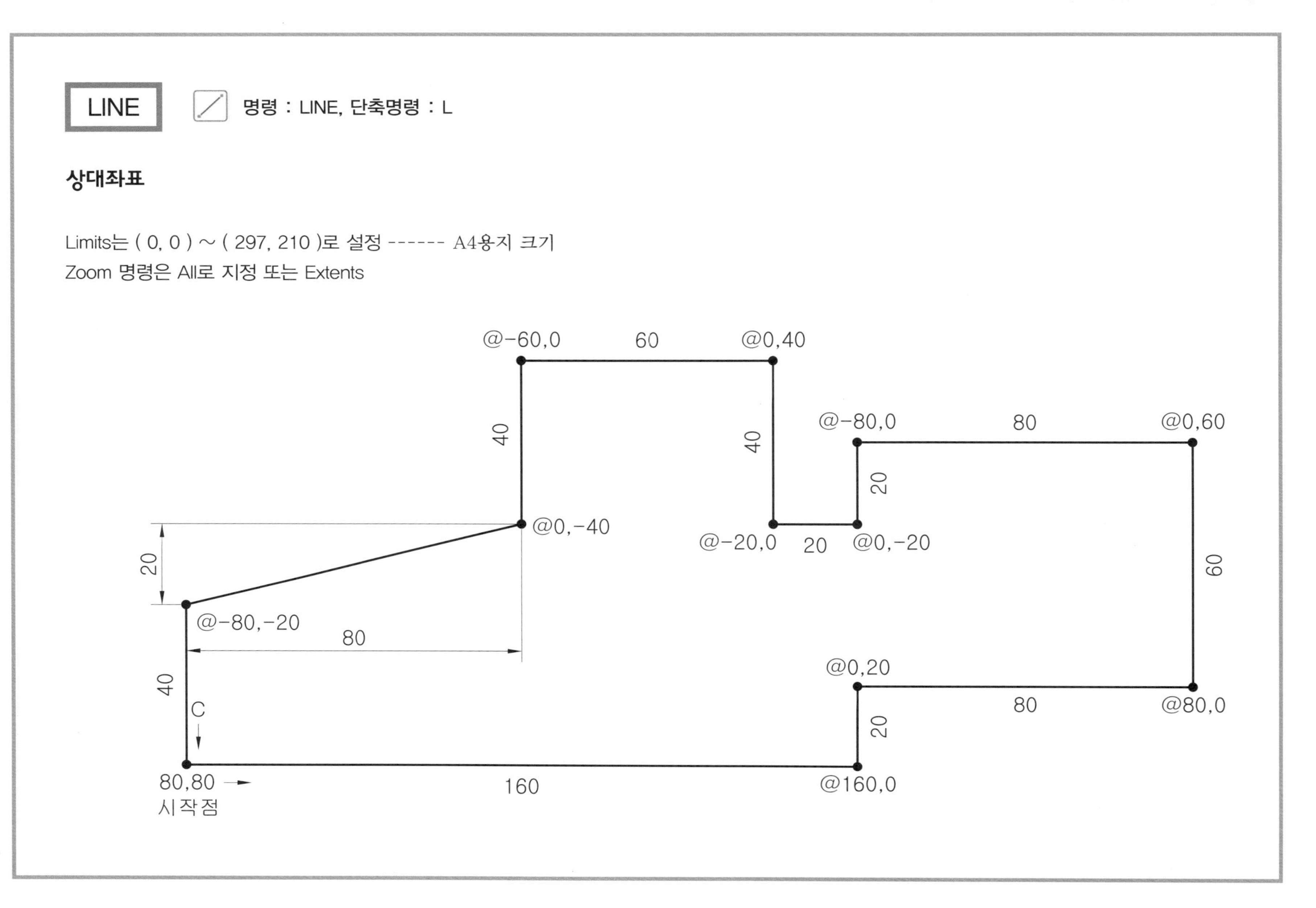
LINE
명령 : LINE, 단축명령 : L
상대좌표
Limits는 (0, 0) ~ (297, 210)로 설정 ------ A4용지 크기
Zoom 명령은 All로 지정 또는 Extents
@-60,0
60
@0,40
40
40
@-80,0
80
@0,60
20
@0,-40
@-20,0
20
@0,-20
60
20
@-80,-20
80
@0,20
40
C
80
@80,0
20
80,80
시작점
160
@160,0

상대극좌표 명령 : LINE, 단축명령 : L

@ 거리 < 각도 사용법과 osnap 중 Endpoint 설정 후 Copy 명령을 사용해 보자.

LINE과 좌표의 사용

명령 : LINE, 단축명령 : L

다음 입체도를 보고 정면도, 측면도를 좌푯값을 사용하여 그리시오.
(상대좌표, 상대극좌표의 사용)

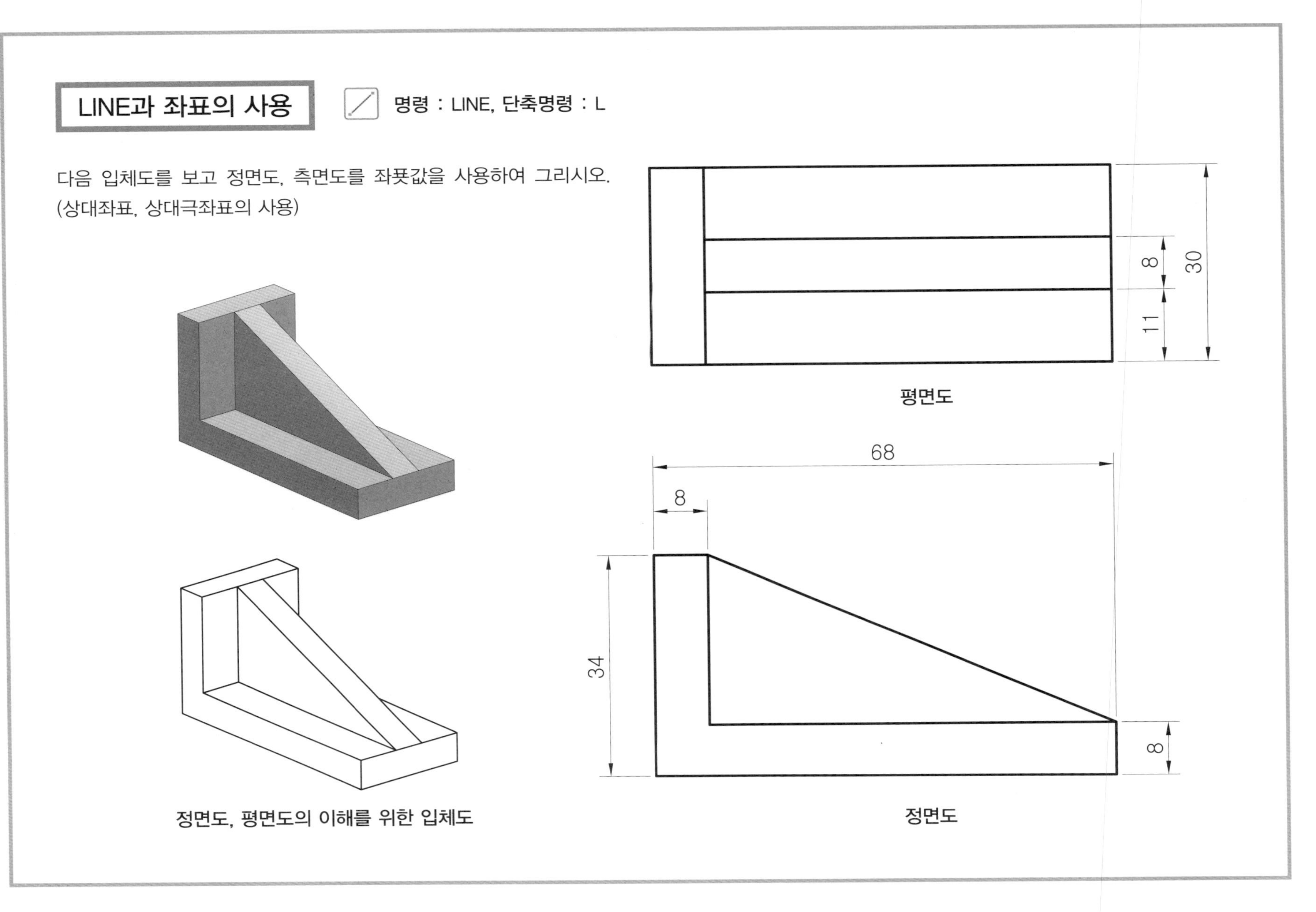

정면도, 평면도의 이해를 위한 입체도

LINE, 상대좌표의 사용

명령 : LINE, 단축명령 : L

다음 입체도를 보고 정면도를 좌푯값을 사용하여 그리시오. (상대좌표, 상대극좌표의 사용)

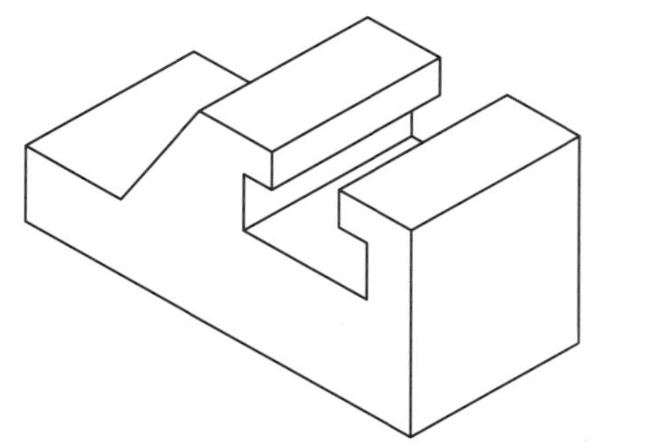

정면도의 이해를 위한 입체도

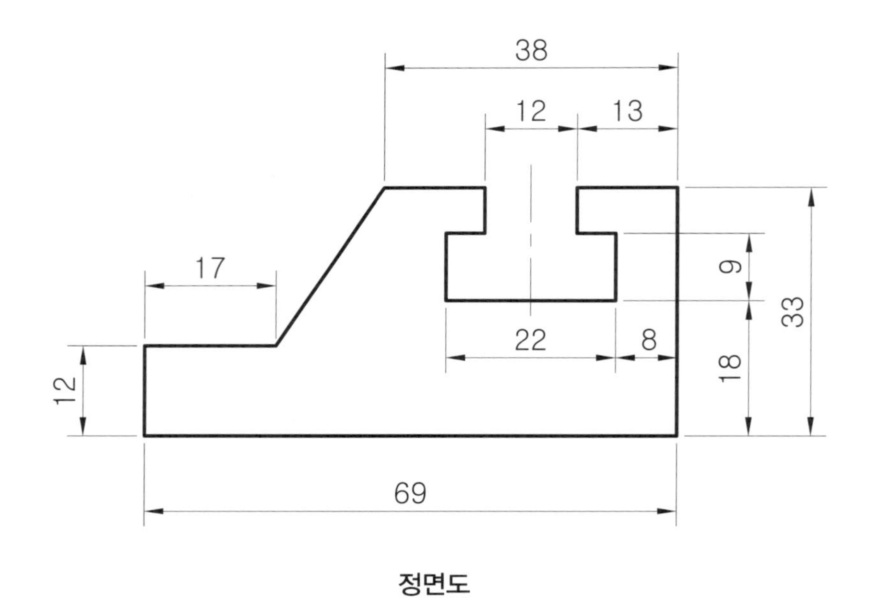

정면도

치수기입 연습

명령 : ARRAY, 단축명령 : AR

ARRAY-R형 연습

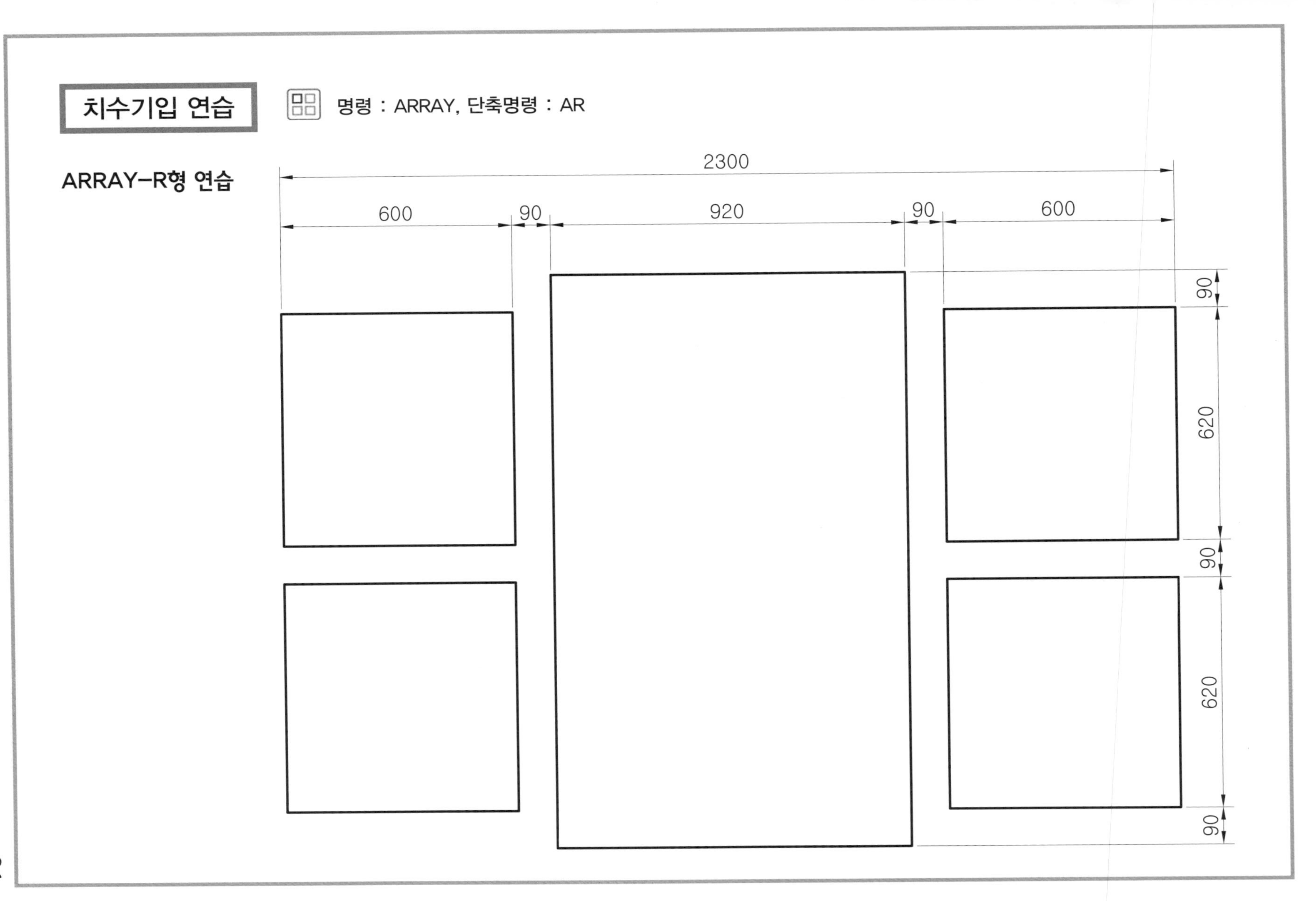

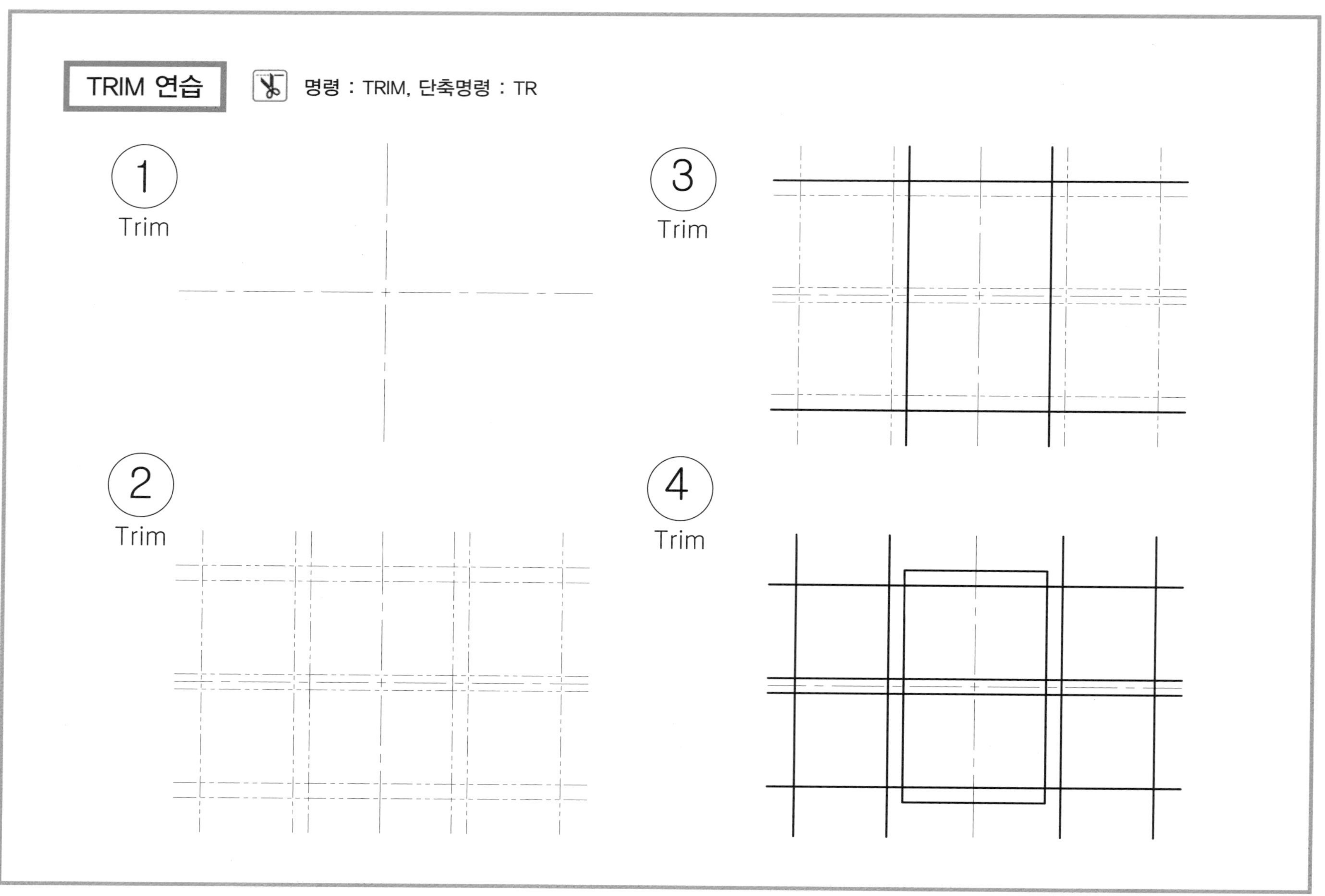
TRIM 연습
명령 : TRIM, 단축명령 : TR
1
Trim
2
Trim
3
Trim
4
Trim

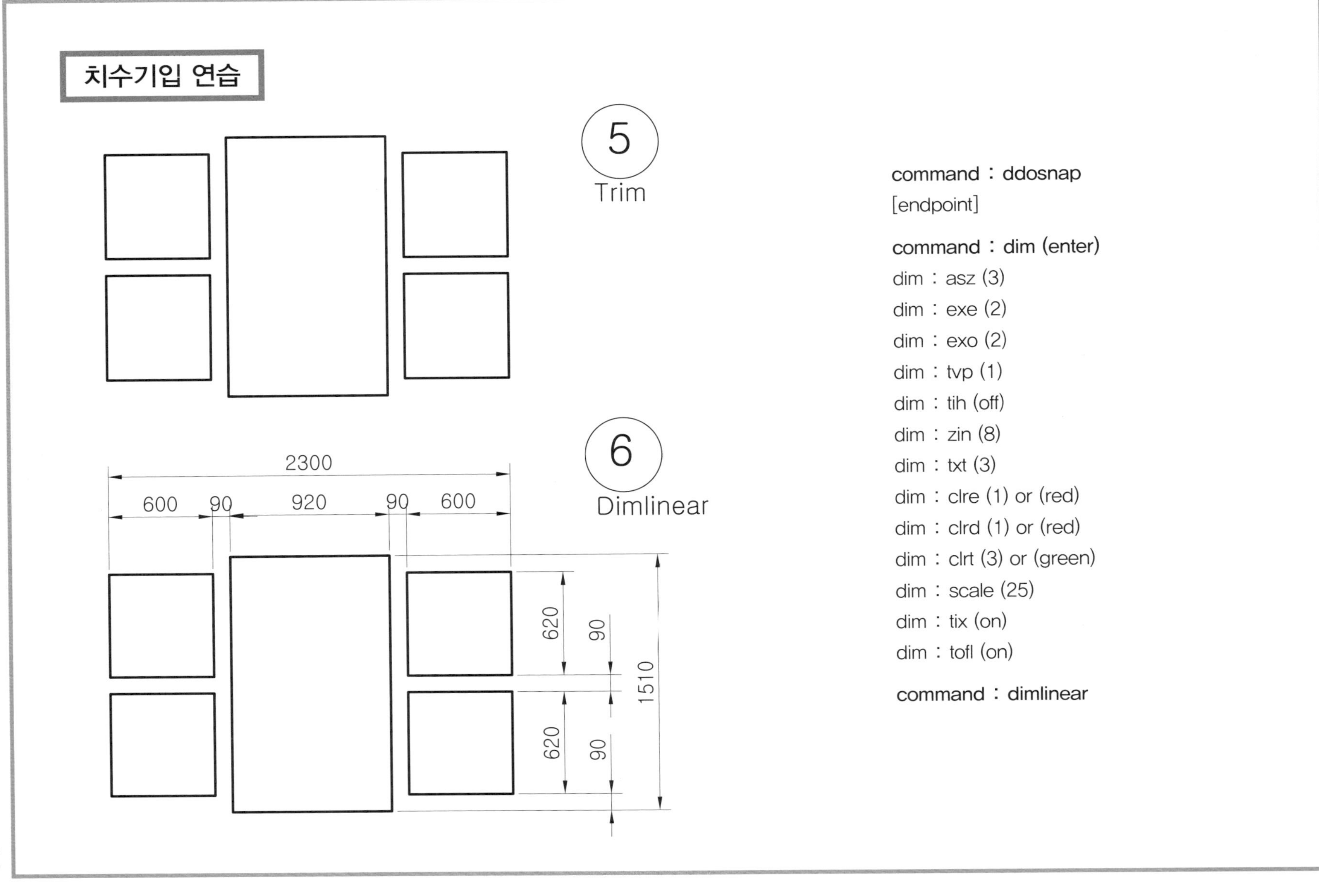

치수기입 연습
5
Trim
6
Dimlinear
2300
600
90
920
90
600
620
90
620
90
1510
command : ddosnap
[endpoint]
command : dim (enter)
dim : asz (3)
dim : exe (2)
dim : exo (2)
dim : tvp (1)
dim : tih (off)
dim : zin (8)
dim : txt (3)
dim : clre (1) or (red)
dim : clrd (1) or (red)
dim : clrt (3) or (green)
dim : scale (25)
dim : tix (on)
dim : tofl (on)
command : dimlinear

GRID, SNAP 설정 후 LINE 그리기

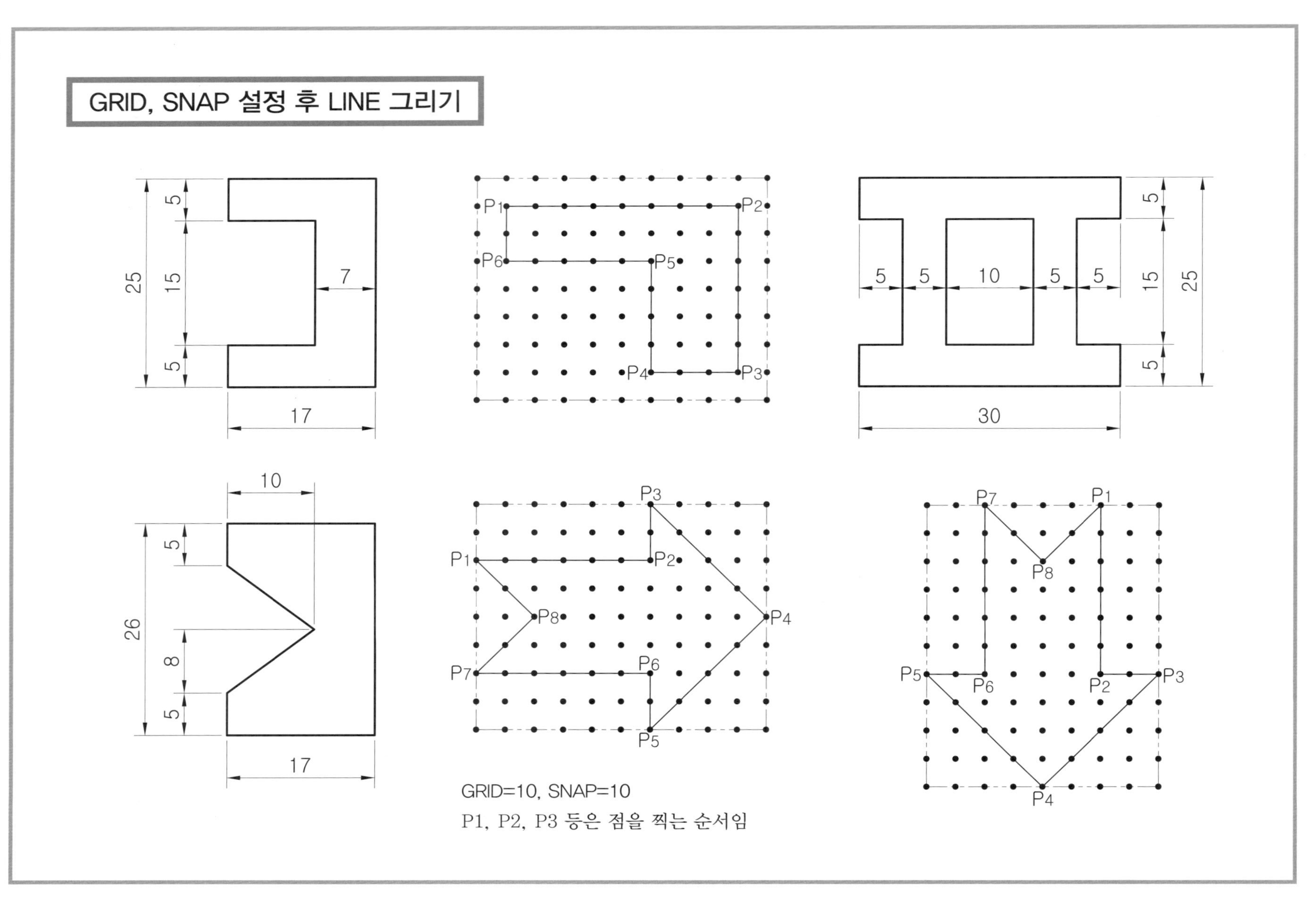

사용할 명령어 GRID, SNAP, LINE, ARC

명령어 요약

- GRID : 지정한 숫자만큼 화면에 간격을 표시
- SNAP : 지정한 숫자만큼만 마우스를 일정한 간격으로 움직이도록 설정
- LINE : 선 그리기
- ARC : 호 그리기

GRID, SNAP=1

완성

그리는 법

1) command : GRID

   Grid spacing(0.0000) : 10 Enter↵

2) command : SNAP

3) command : LINE

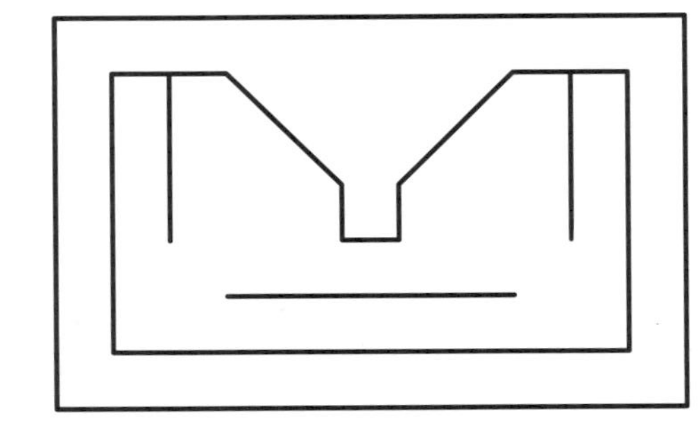

4) command : ARC

   S, E, A (시작, 끝, 각도)

   S, E, R (시작, 끝, 반지름)

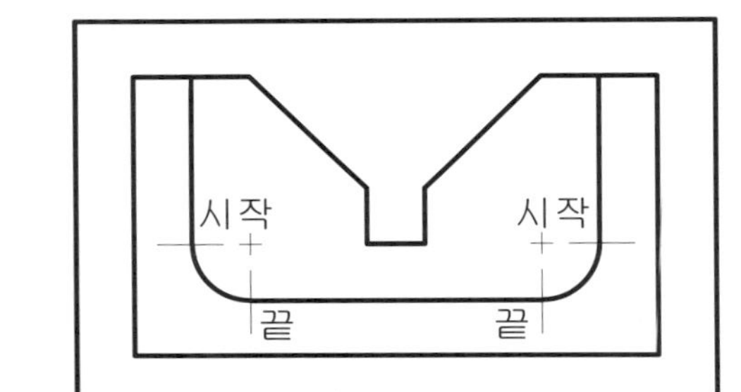

LINE, CIRCLE

명령 : LINE, 단축명령 : L   명령 : CIRCLE, 단축명령 : C

CIRCLE(원 그리기)

중심점, 반지름값 입력

command : LINE (중심선 그리기)
command : circle
center point : int
Diameter / 〈Radius〉 : 25

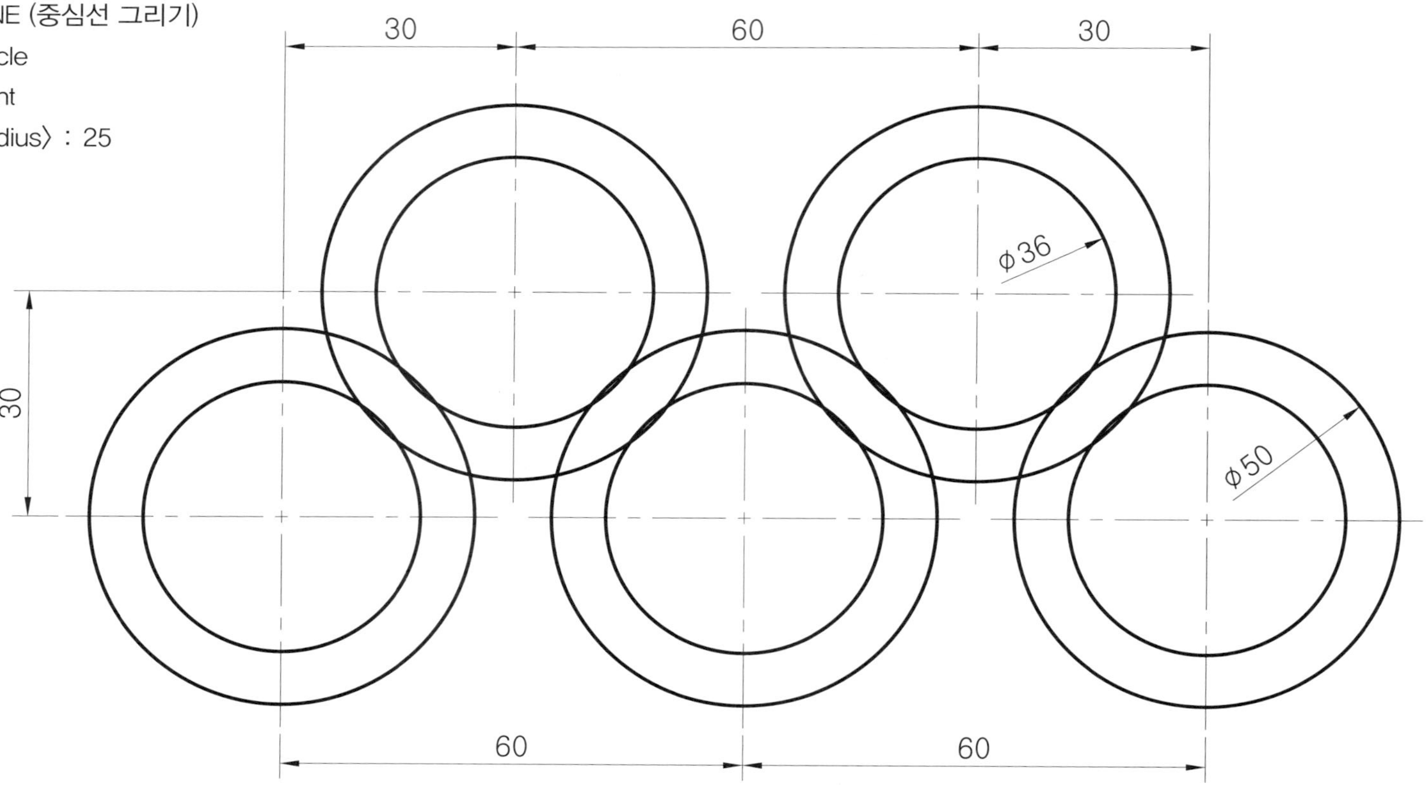

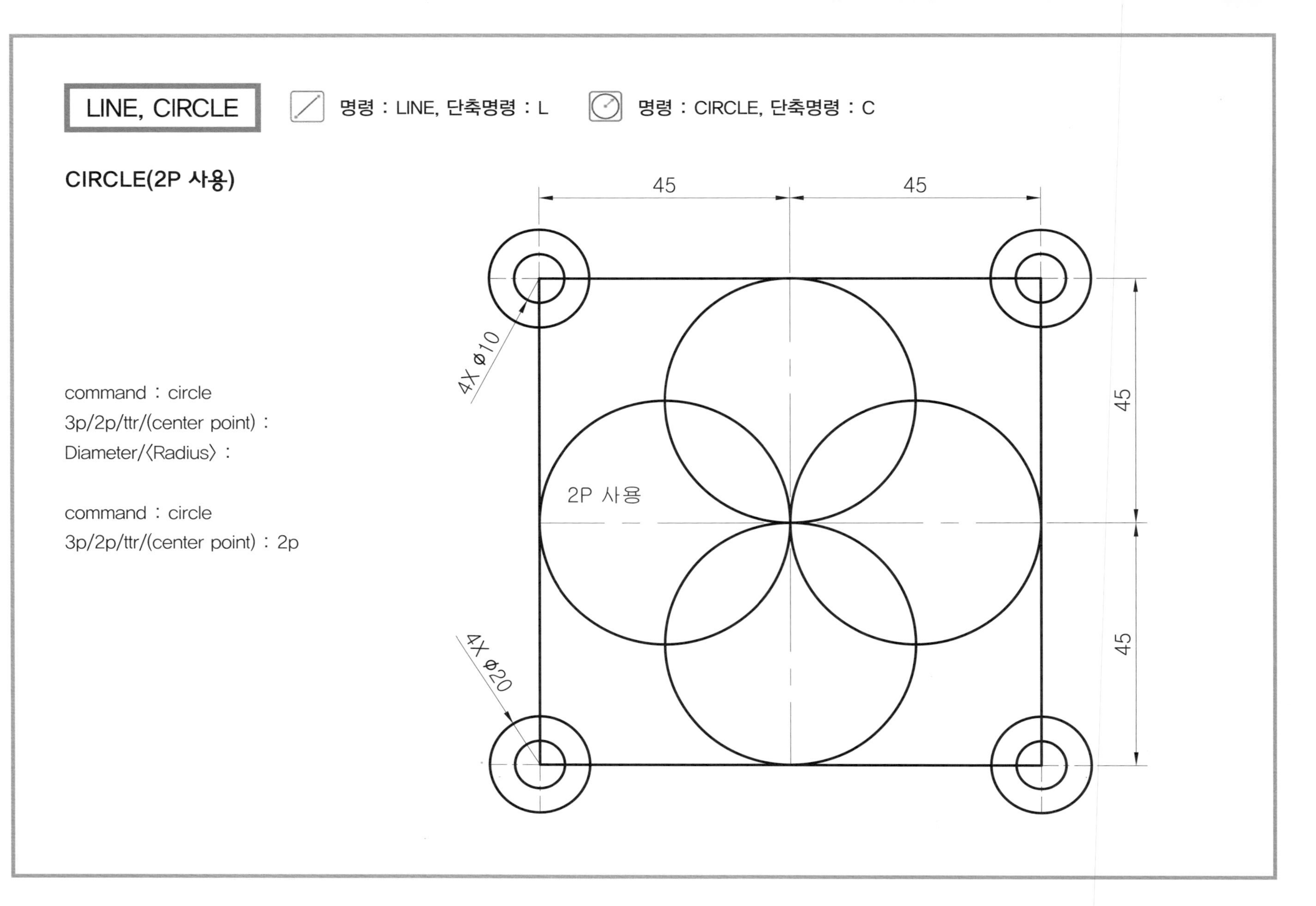
LINE, CIRCLE
명령 : LINE, 단축명령 : L
명령 : CIRCLE, 단축명령 : C
CIRCLE(2P 사용)
command : circle
3p/2p/ttr/(center point) :
Diameter/〈Radius〉 :
command : circle
3p/2p/ttr/(center point) : 2p
45
45
45
45
4X ϕ10
4X ϕ20
2P 사용

[기초 실습]

명령 : LINE, 단축명령 : L　　명령 : CIRCLE, 단축명령 : C

LINE 명령과 CIRCLE 명령을 사용하여 다음을 그려보자. (리밋은 임의로 설정한다.)

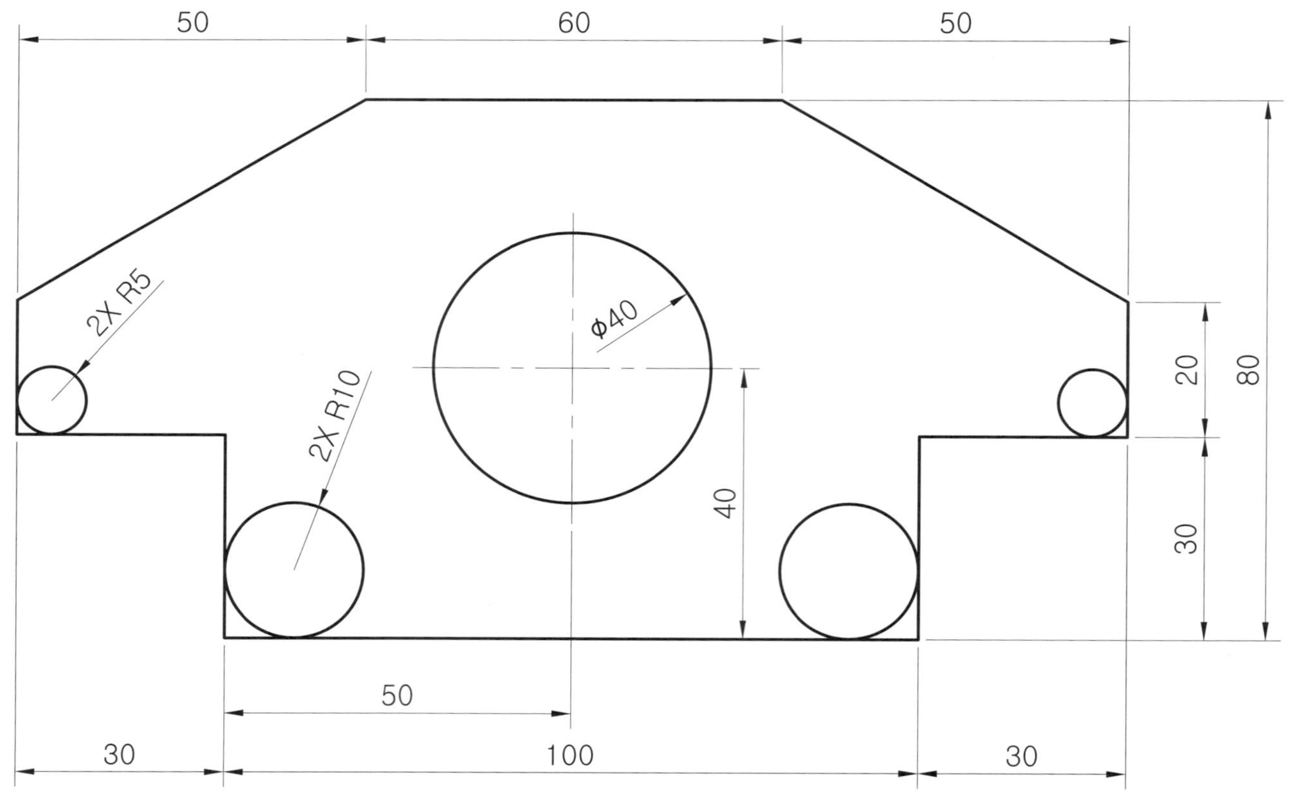

50
60
50
2X R5
Φ40
2X R10
20
80
30
40
50
30
100
30

LINE, CIRCLE

명령 : LINE, 단축명령 : L   명령 : CIRCLE, 단축명령 : C

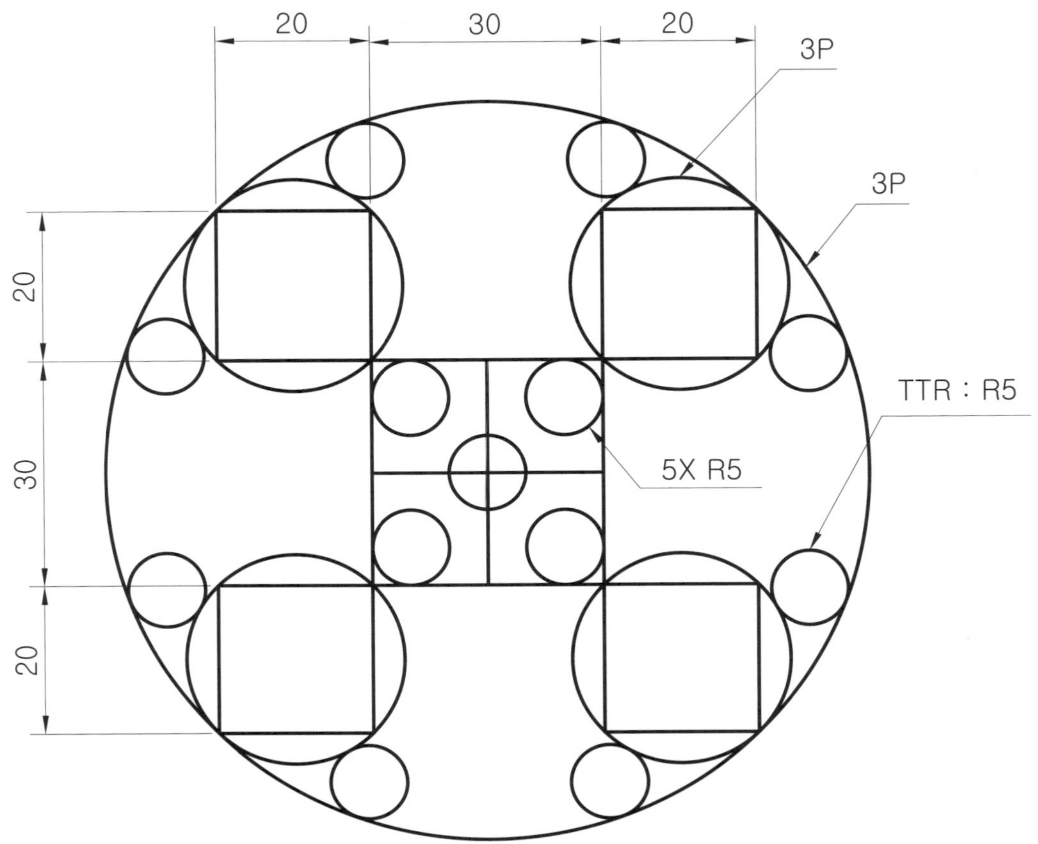

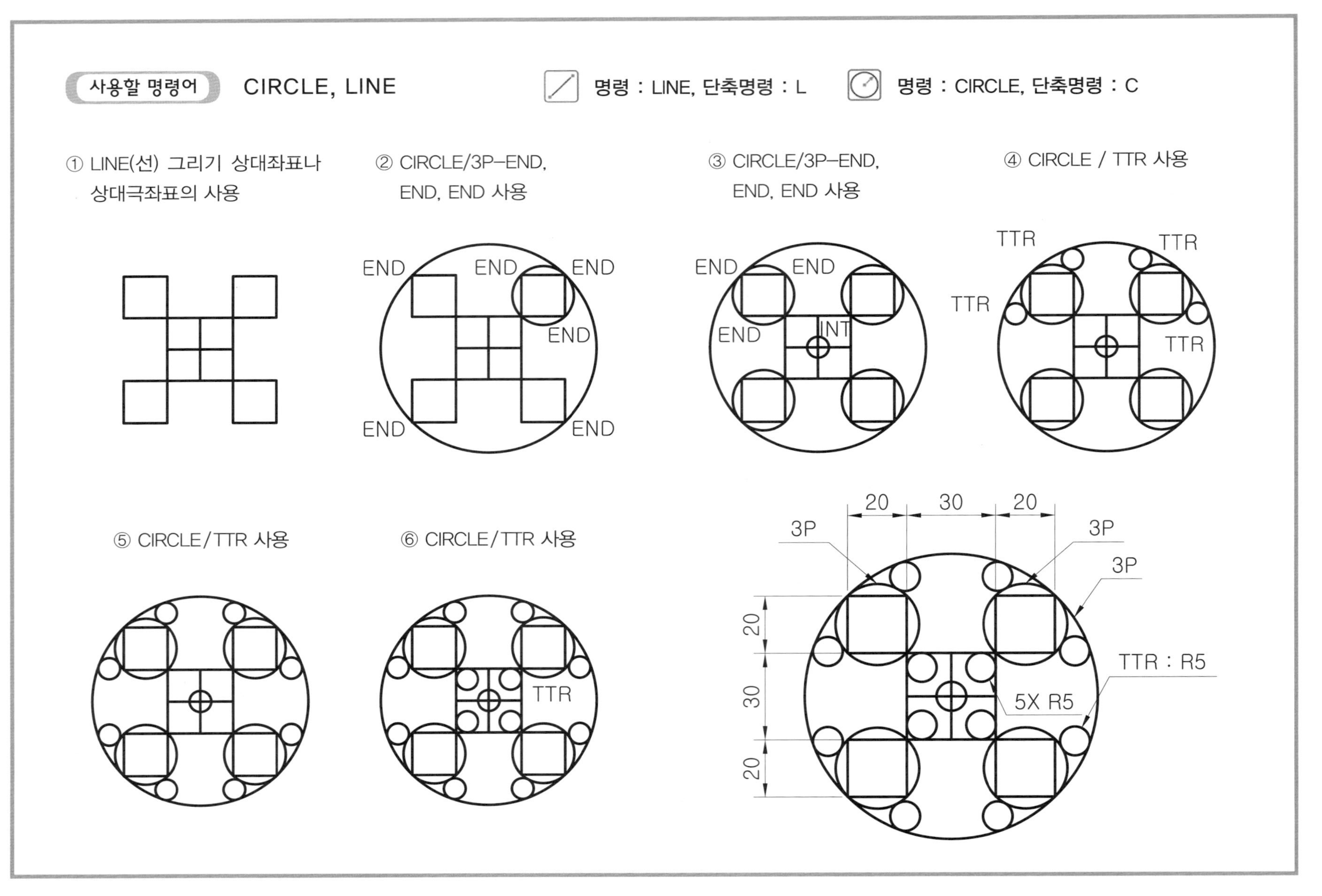
사용할 명령어
CIRCLE, LINE
명령 : LINE, 단축명령 : L
명령 : CIRCLE, 단축명령 : C
① LINE(선) 그리기 상대좌표나 상대극좌표의 사용
② CIRCLE/3P-END, END, END 사용
END
END
END
END
END
END
③ CIRCLE/3P-END, END, END 사용
END
END
END
INT
④ CIRCLE / TTR 사용
TTR
TTR
TTR
TTR
⑤ CIRCLE/TTR 사용
⑥ CIRCLE/TTR 사용
TTR
20
30
20
3P
3P
3P
20
30
20
TTR : R5
5X R5

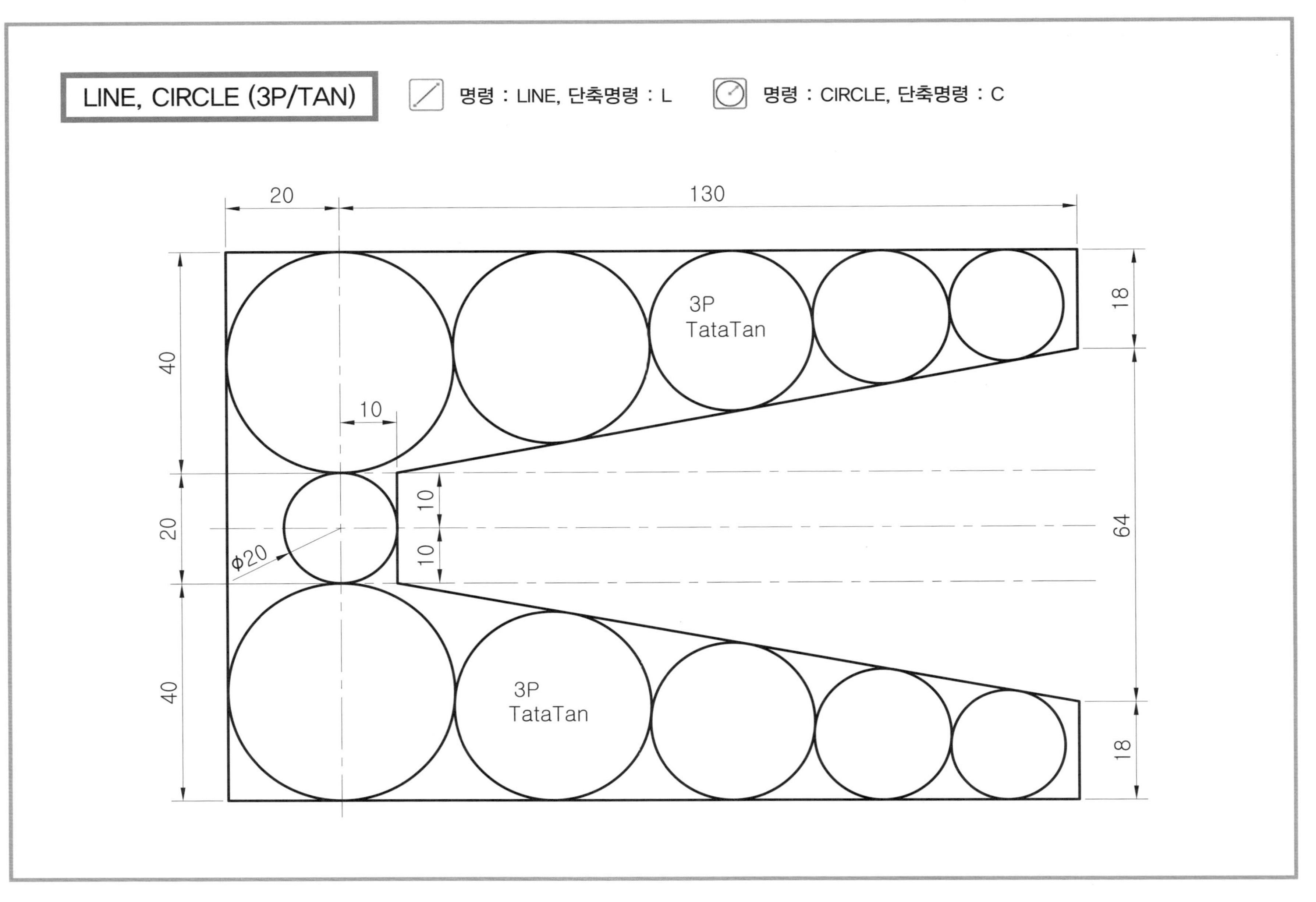
LINE, CIRCLE (3P/TAN)
명령 : LINE, 단축명령 : L
명령 : CIRCLE, 단축명령 : C
20
130
3P
TataTan
3P
TataTan
40
20
40
10
10
10
Φ20
18
64
18

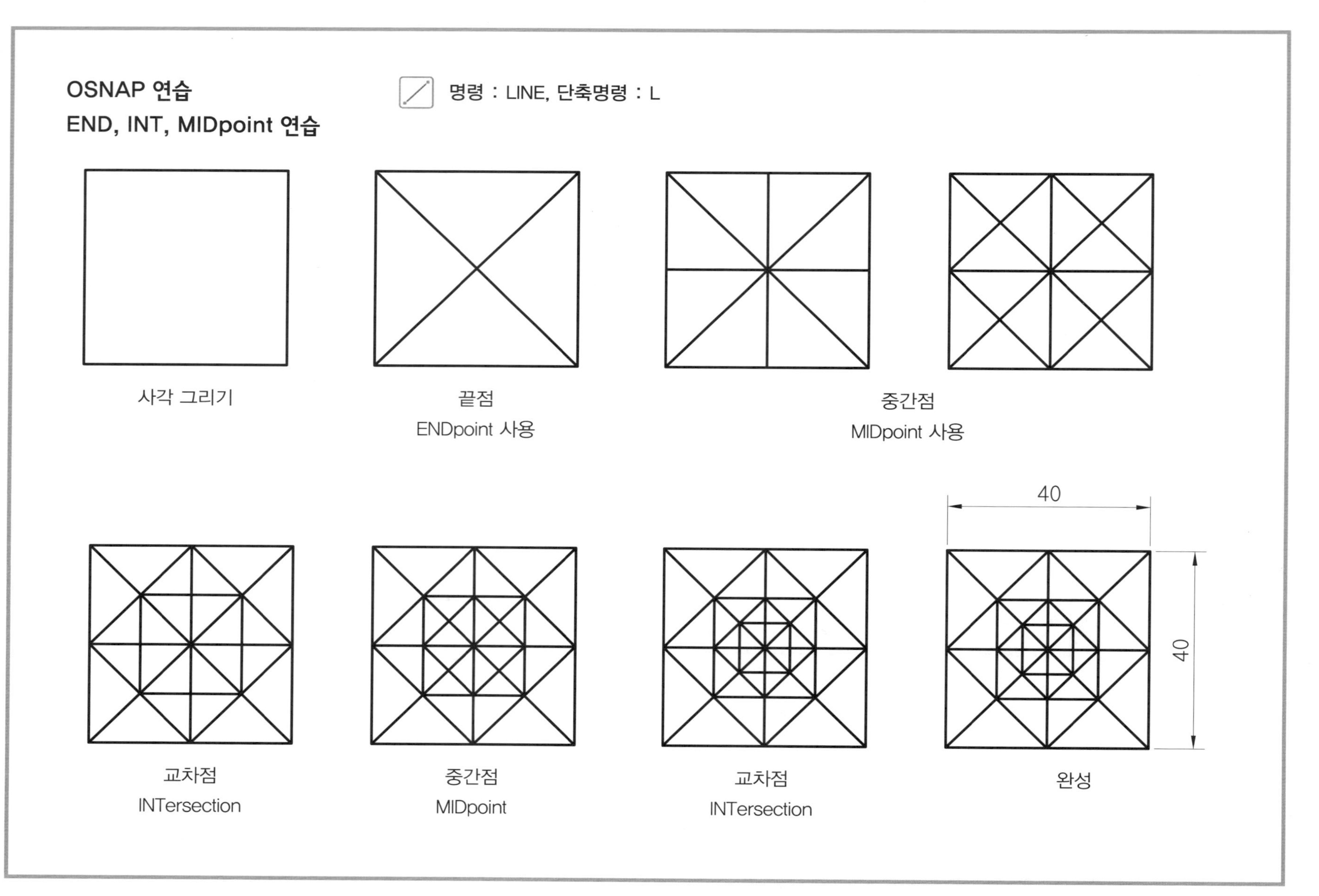
OSNAP 연습
END, INT, MIDpoint 연습
명령 : LINE, 단축명령 : L
사각 그리기
끝점
ENDpoint 사용
중간점
MIDpoint 사용
40
40
교차점
INTersection
중간점
MIDpoint
교차점
INTersection
완성

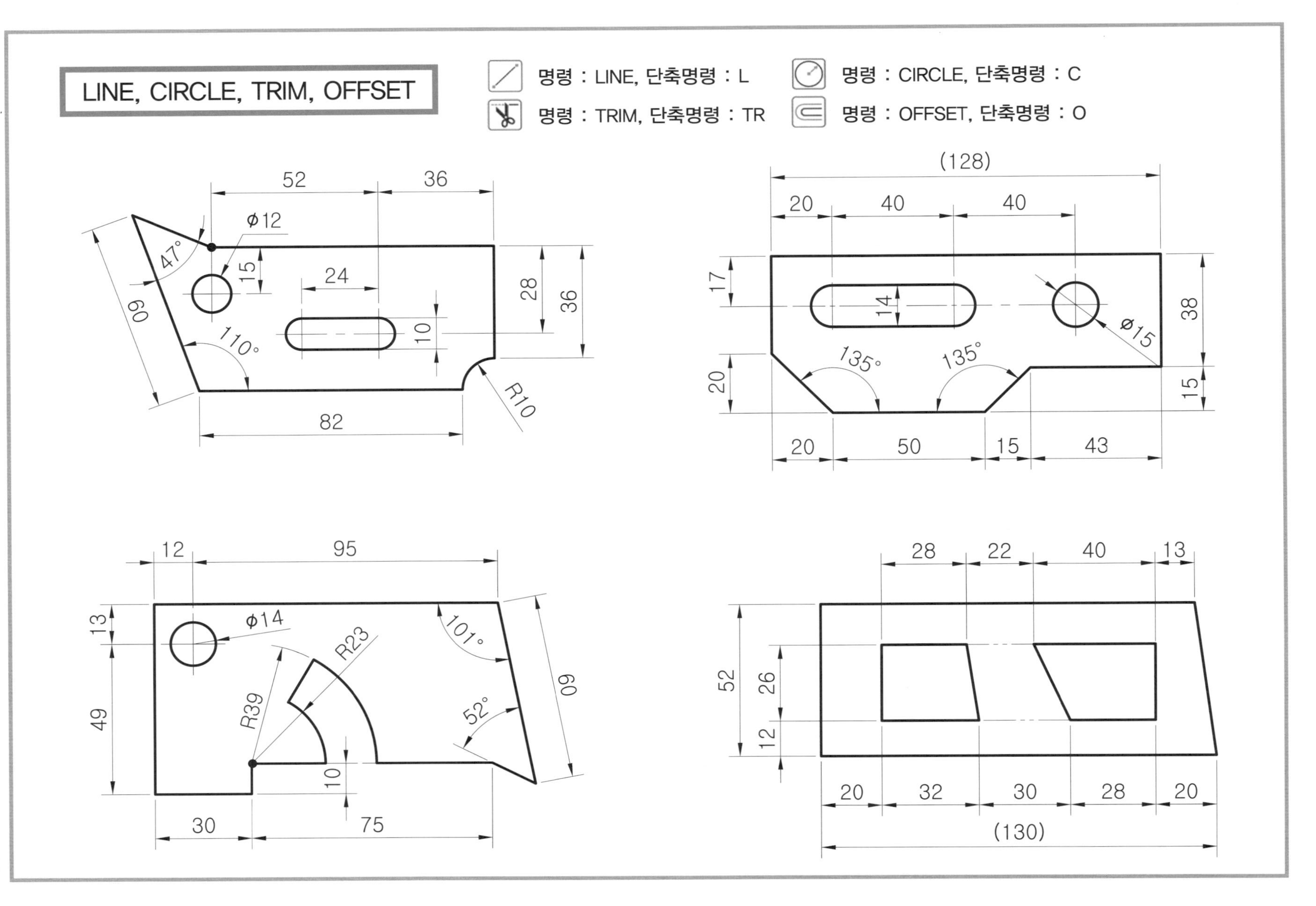

LINE, CIRCLE, TRIM, OFFSET
명령 : LINE, 단축명령 : L
명령 : TRIM, 단축명령 : TR
명령 : CIRCLE, 단축명령 : C
명령 : OFFSET, 단축명령 : O

OSNAP, CIRCLE, TRIM 명령

명령 : CIRCLE, 단축명령 : C

명령 : TRIM, 단축명령 : TR

OSNAP 모드 사용

- ENDpoint : 요소의 끝점 인식
- Quadrant : 원의 사분점
- INTersection : 요소의 교차점

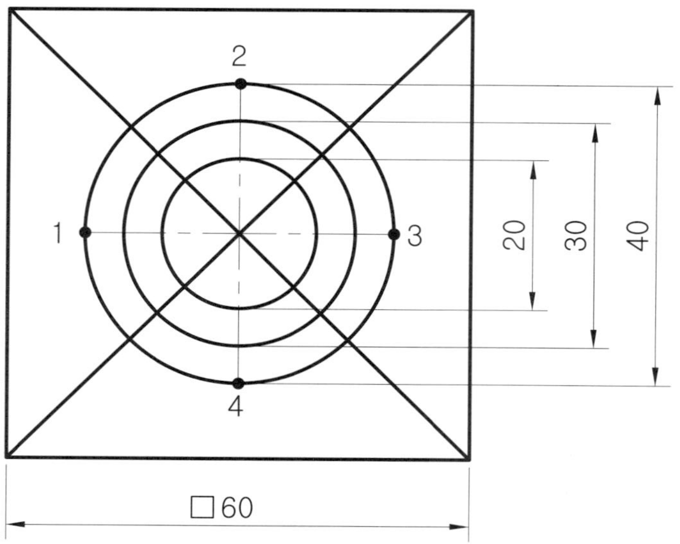

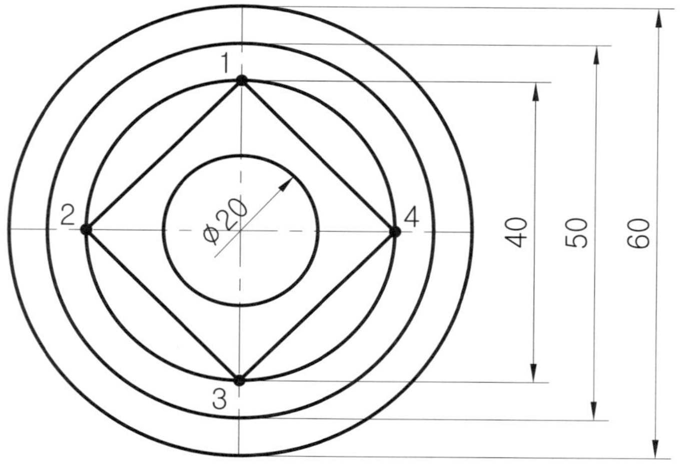

① 그리는 법

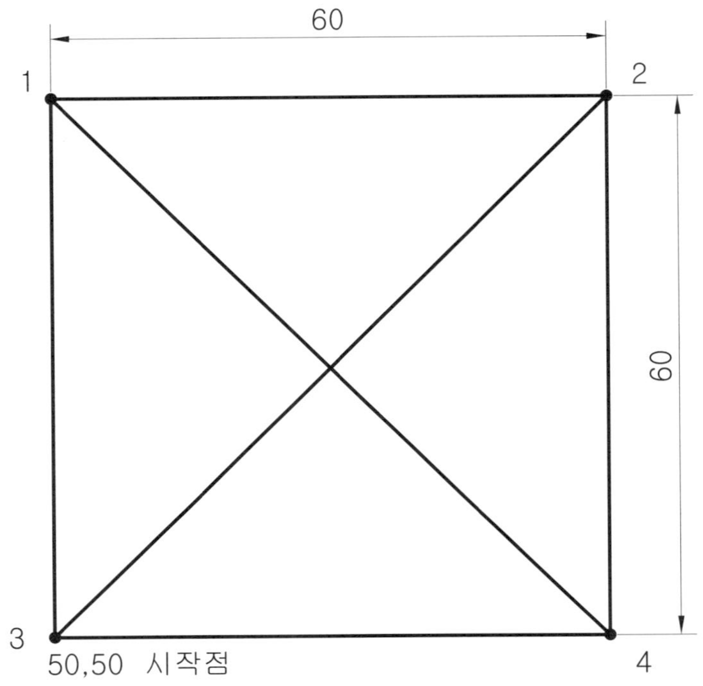

60

1 2

60

3 4

50,50 시작점

명령 : LINE, 단축명령 : L

1) command : LINE
From point : 50, 50 Enter↵
To point : @ 60, 0 Enter↵
To point : @ 0, 60 Enter↵
To point : @ –60, 0 Enter↵
To point : @ C Enter↵

2) command : LINE
From point : end 입력 후 Enter↵ ------ 1번 지정
To point : end 입력 후 Enter↵ -------- 3번 지정
To point : Enter↵

3) command : LINE
From point : end 입력 후 Enter↵ ------ 2번 지정
To point : end 입력 후 Enter↵ -------- 4번 지정
To point : Enter↵

OSNAP 모드 사용

• Quadrant : 원의 사분점
• INTersection : 교차점

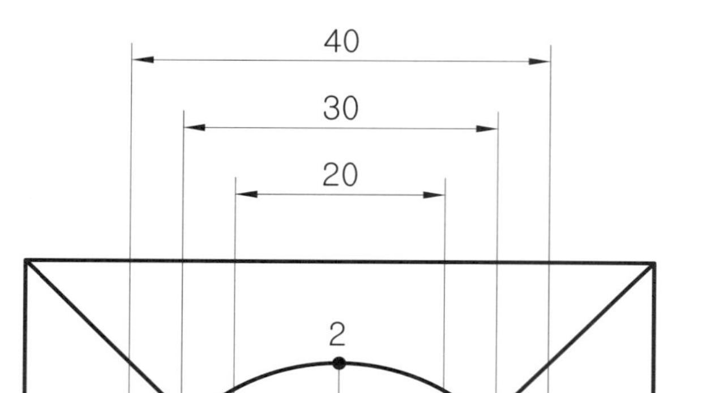

명령 : CIRCLE, 단축명령 : C

1) command : CIRCLE
 3P/2P/TTR/⟨Center point⟩ : int [Enter↵] ------ 5번 지정
 Diameter/⟨Rodius⟩ : 10 [Enter↵]

2) command : CIRCLE
 3P/2P/TTR/⟨Center point⟩ : int [Enter↵] ------ 5번 지정
 Diameter/⟨Rodius⟩ : 15 [Enter↵]

3) command : CIRCLE
 3P/2P/TTR/⟨Center point⟩ : int [Enter↵] ------ 5번 지정
 Diameter/⟨Rodius⟩ : 20 [Enter↵]

4) command : LINE
 From point : qua 입력 후 [Enter↵] ----------- 1번 지정
 To point : qua 입력 후 [Enter↵] ------------- 3번 지정
 To point : [Enter↵]

5) command : LINE
 From point : qua 입력 후 [Enter↵] ----------- 2번 지정
 To point : qua 입력 후 [Enter↵] ------------- 4번 지정
 To point : [Enter↵]

② 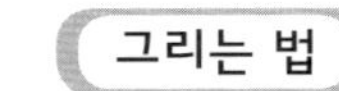

60
50
40
110,110
80,80
Φ20
1

명령 : LINE, 단축명령 : L

1) command : LINE
   From point : 80, 80
   To point : @ 60, 0
   To point : Enter↵

2) command : LINE
   From point : 110, 110
   To point : @ 0, –60
   To point : Enter↵

명령 : CIRCLE, 단축명령 : C

3) command : CIRCLE
   3P/2P/TTR/〈Center point〉 : int Enter↵ ------ 1번 지정
   Diameter/〈Rodius〉 : 10 Enter↵

4) command : CIRCLE
   3P/2P/TTR/〈Center point〉 : int Enter↵ ------ 1번 지정
   Diameter/〈Rodius〉 : 20 Enter↵

5) command : CIRCLE
   3P/2P/TTR/〈Center point〉 : int Enter↵ ------ 1번 지정
   Diameter/〈Rodius〉 : 25 Enter↵

OSNAP 모드 중 QUAdrant나 INTersection을 사용한다.

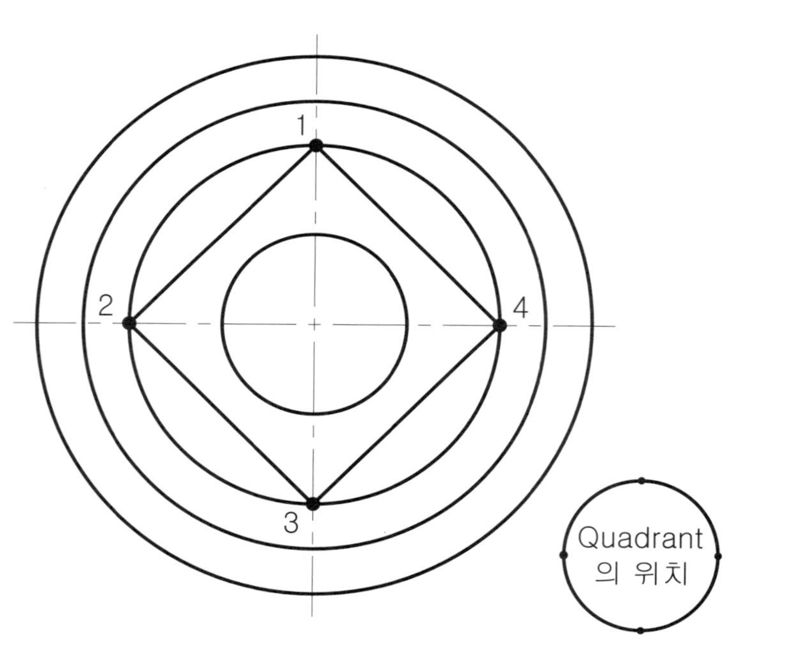

 명령 : LINE, 단축명령 : L

INTersection (교차점)을 사용

command : LINE
From point : int ------- 1번 지정
To point : int --------- 2번 지정
To point : int --------- 3번 지정
To point : int --------- 4번 지정
To point : int Enter

QUAdrant (원의 사분점)을 사용

command : LINE
From point : qua ------ 1번 지정
To point : qua -------- 2번 지정
To point : qua -------- 3번 지정
To point : qua -------- 4번 지정
To point : qua Enter

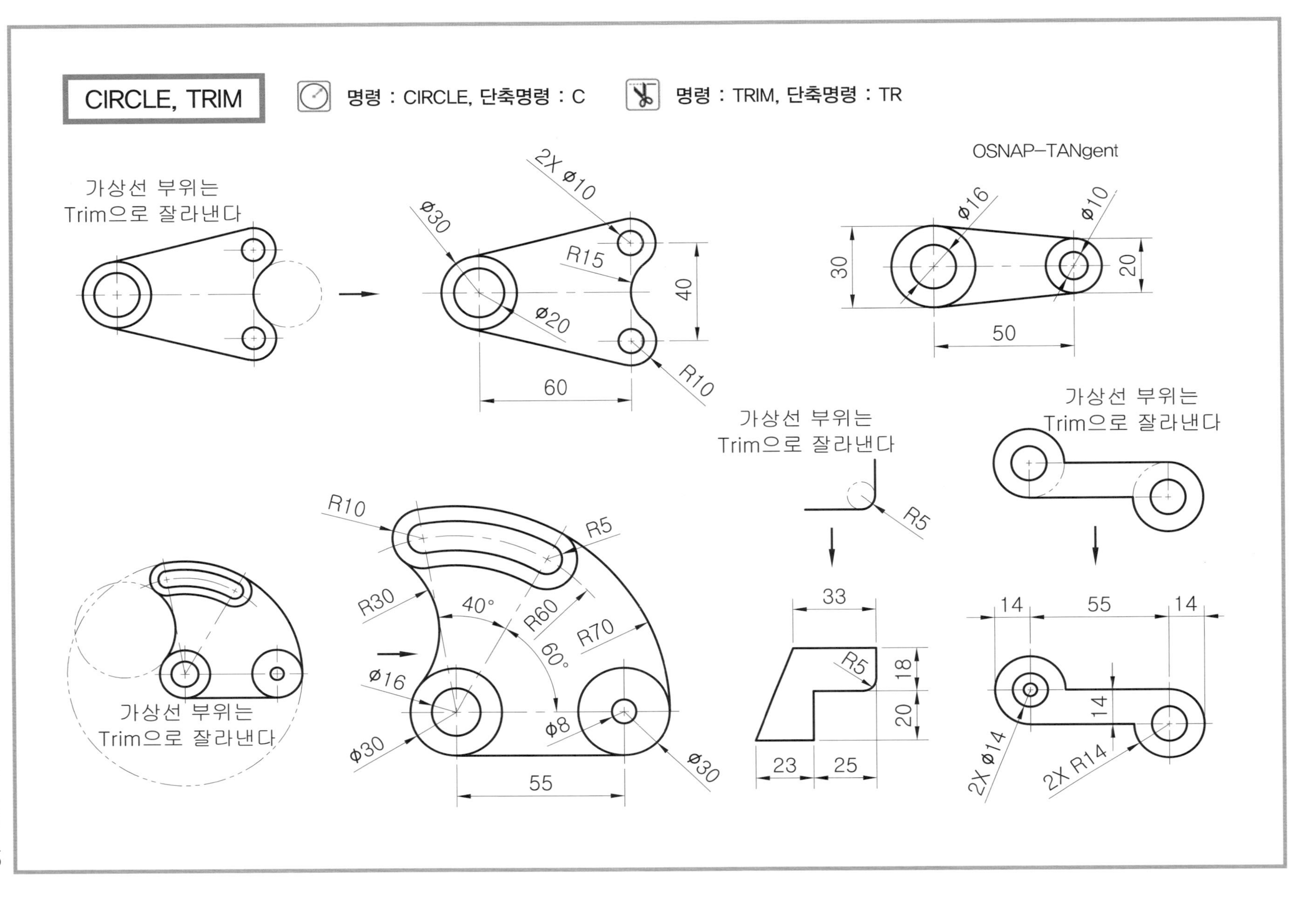
CIRCLE, TRIM
명령 : CIRCLE, 단축명령 : C
명령 : TRIM, 단축명령 : TR
OSNAP–TANgent
가상선 부위는
Trim으로 잘라낸다
2X ϕ10
ϕ30
R15
ϕ20
40
60
R10
ϕ16
ϕ10
30
20
50
가상선 부위는
Trim으로 잘라낸다
가상선 부위는
Trim으로 잘라낸다
R5
R10
R5
R30
40°
R60
R70
60°
ϕ16
ϕ8
ϕ30
ϕ30
55
33
18
20
23
25
14
55
14
14
2X ϕ14
2X R14
가상선 부위는
Trim으로 잘라낸다

GRID, SNAP 1

command : LINE
From point :
To point :

command : Grid
grid spacing : 10

command : Snap
snap spacing : 10

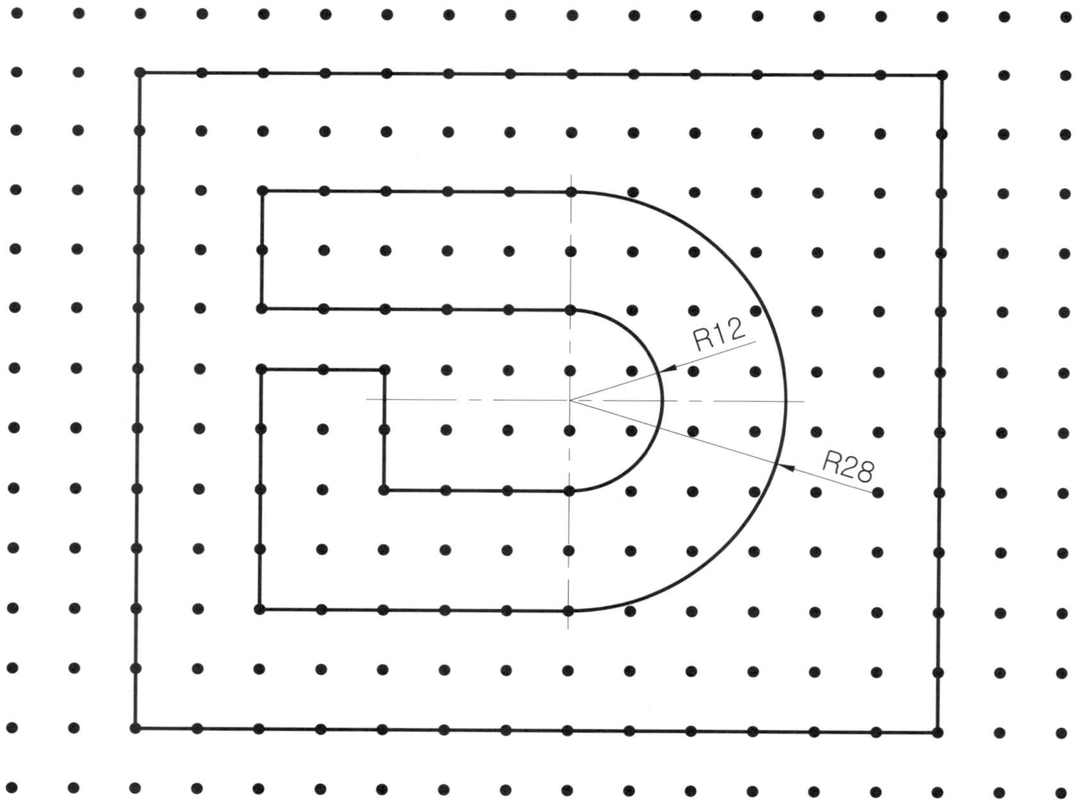

R12
R28

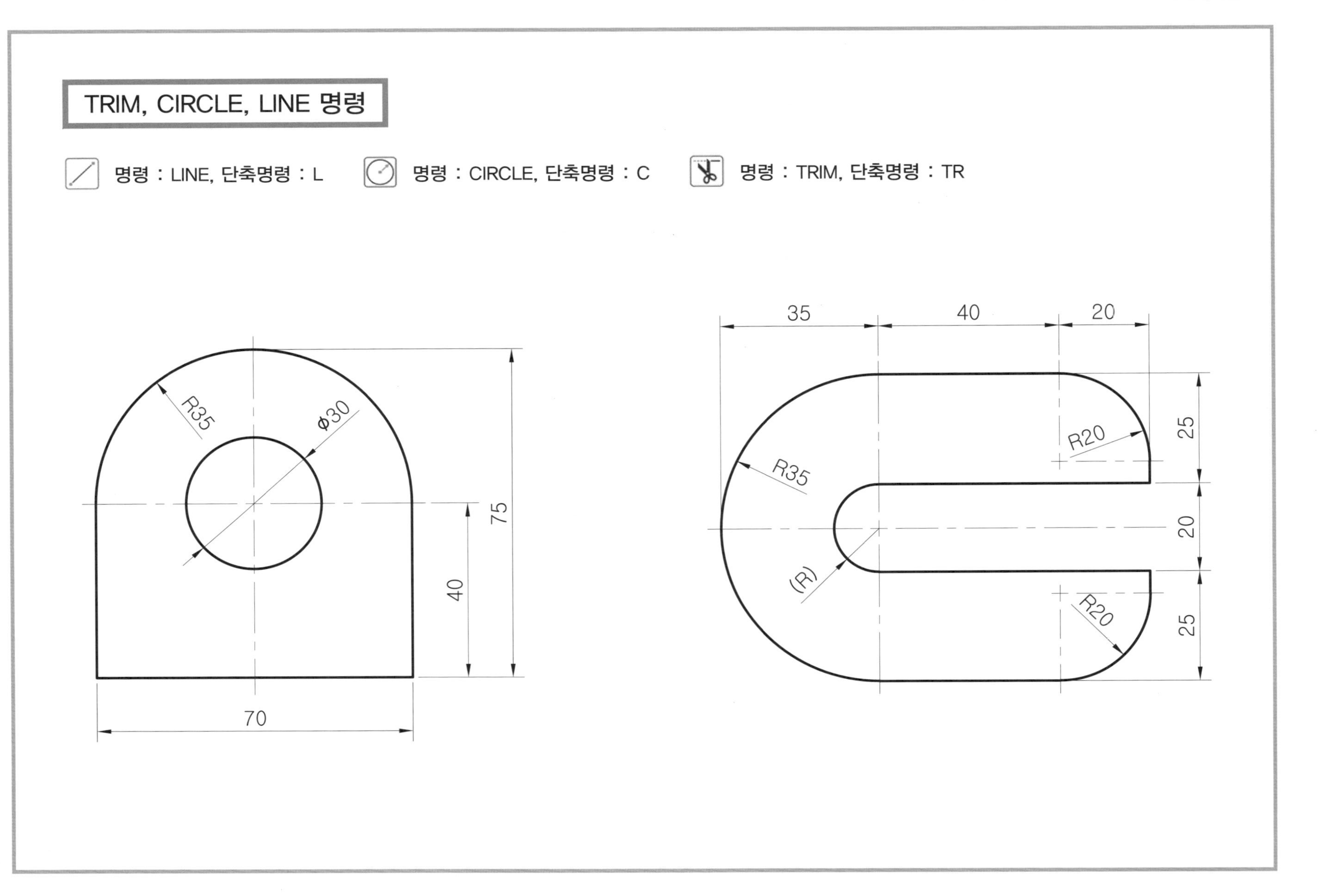
TRIM, CIRCLE, LINE 명령
명령 : LINE, 단축명령 : L
명령 : CIRCLE, 단축명령 : C
명령 : TRIM, 단축명령 : TR
R35
φ30
75
40
70
35
40
20
R20
R35
25
20
(R)
R20
25

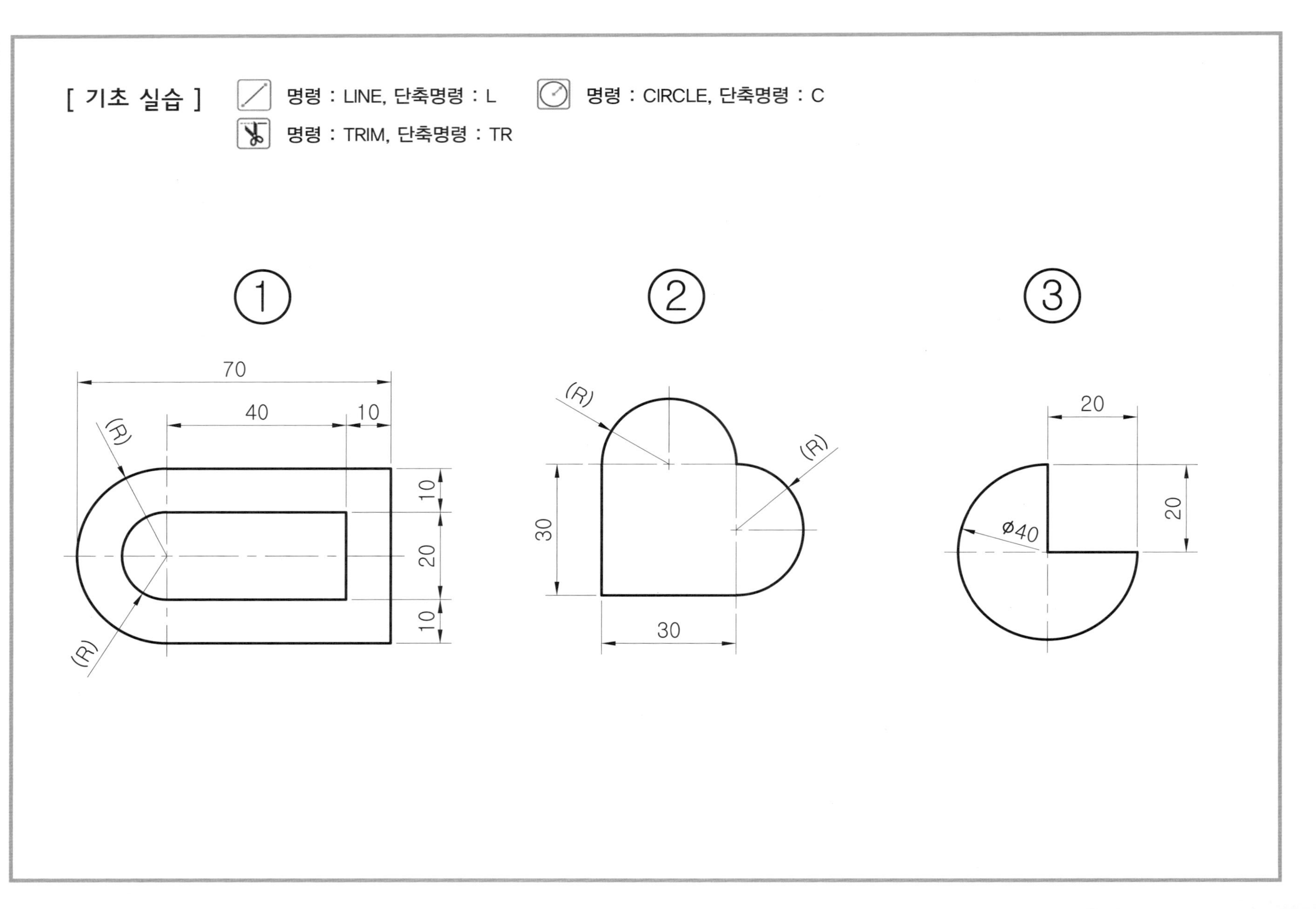
[기초 실습]
명령 : LINE, 단축명령 : L
명령 : CIRCLE, 단축명령 : C
명령 : TRIM, 단축명령 : TR
①
70
40
10
(R)
(R)
10
20
10
②
(R)
(R)
30
30
③
20
20
ϕ40

ARC 명령

절대좌표를 사용하여 호 그리기

명령 : ARC, 단축명령 : A

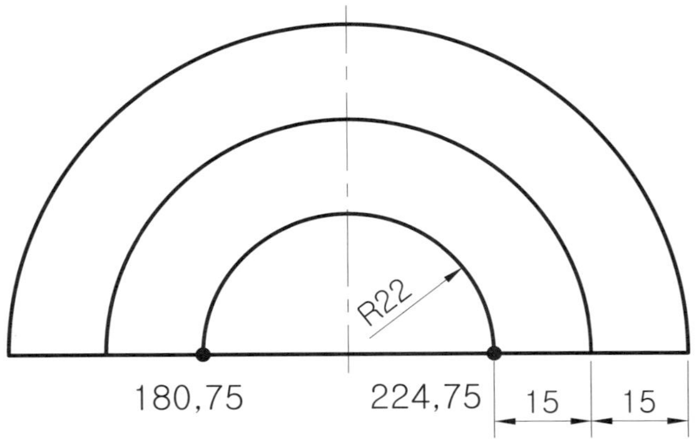

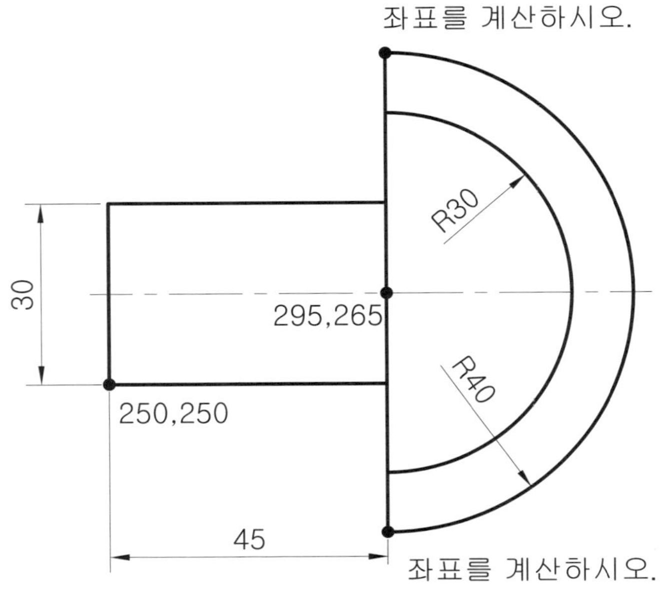

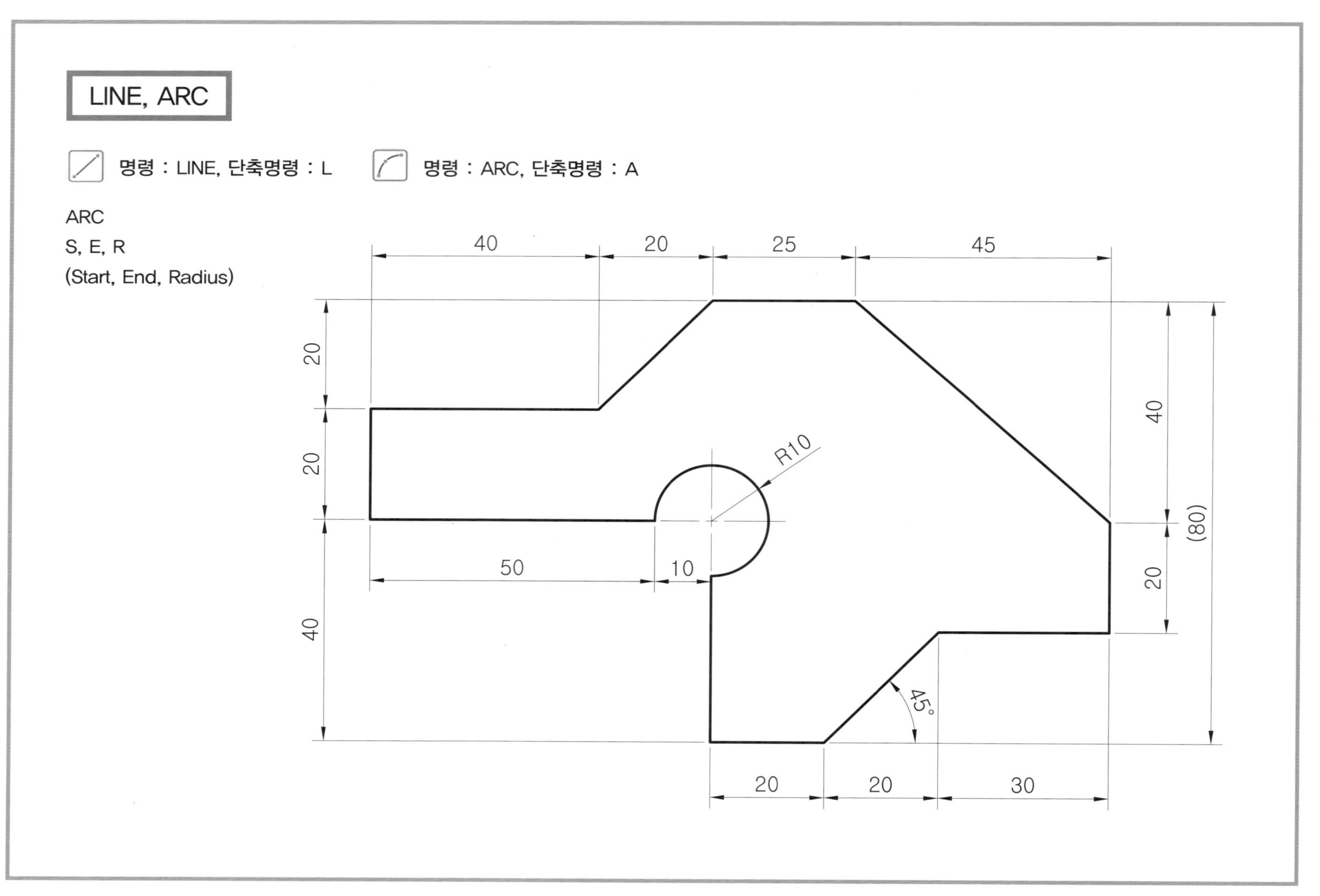
LINE, ARC
명령 : LINE, 단축명령 : L
명령 : ARC, 단축명령 : A
ARC
S, E, R
(Start, End, Radius)
40
20
25
45
20
20
40
R10
50
10
40
20
(80)
45°
20
20
30

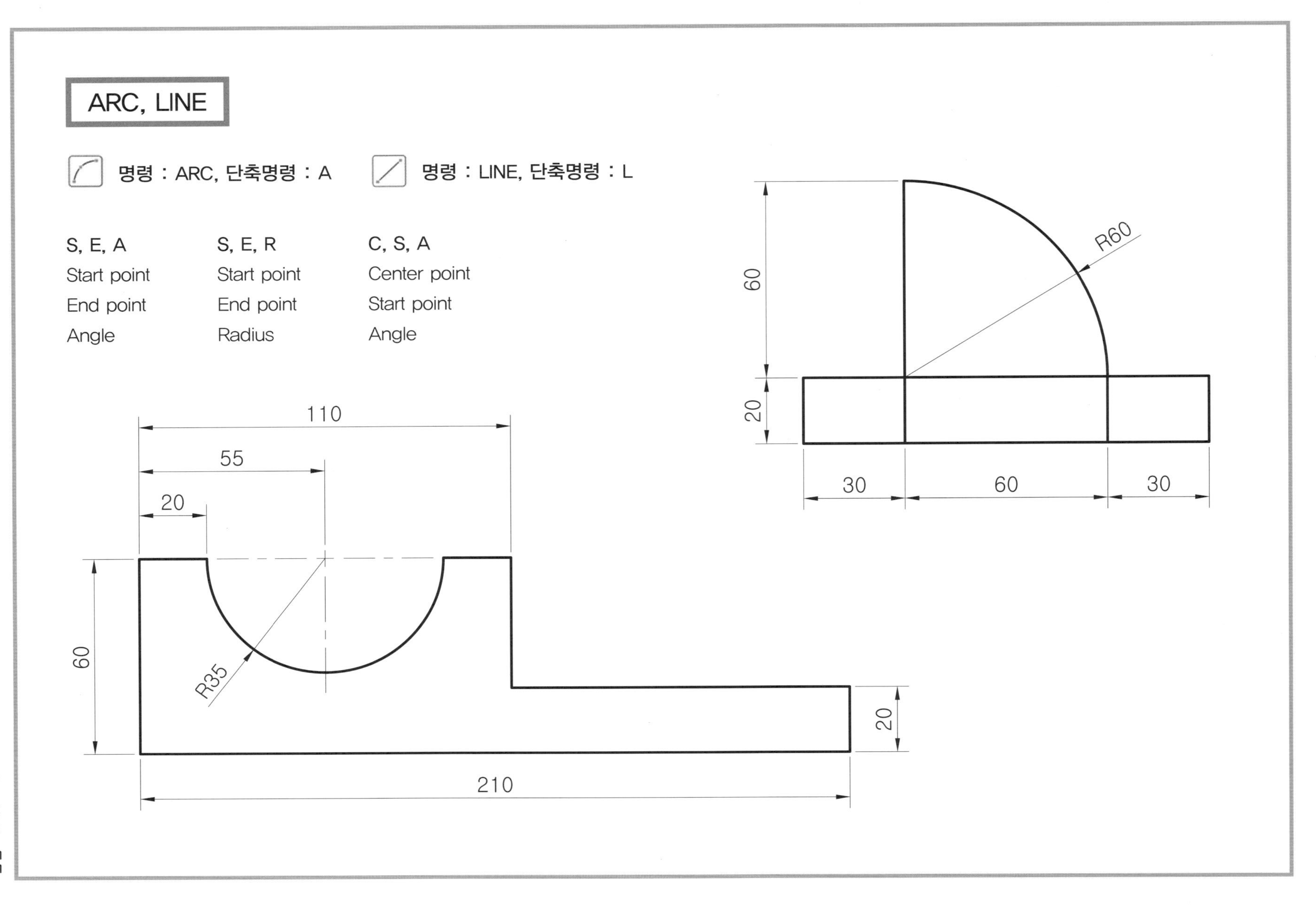
ARC, LINE
명령 : ARC, 단축명령 : A
명령 : LINE, 단축명령 : L
S, E, A
Start point
End point
Angle
S, E, R
Start point
End point
Radius
C, S, A
Center point
Start point
Angle
R60
60
20
30
60
30
110
55
20
60
R35
20
210

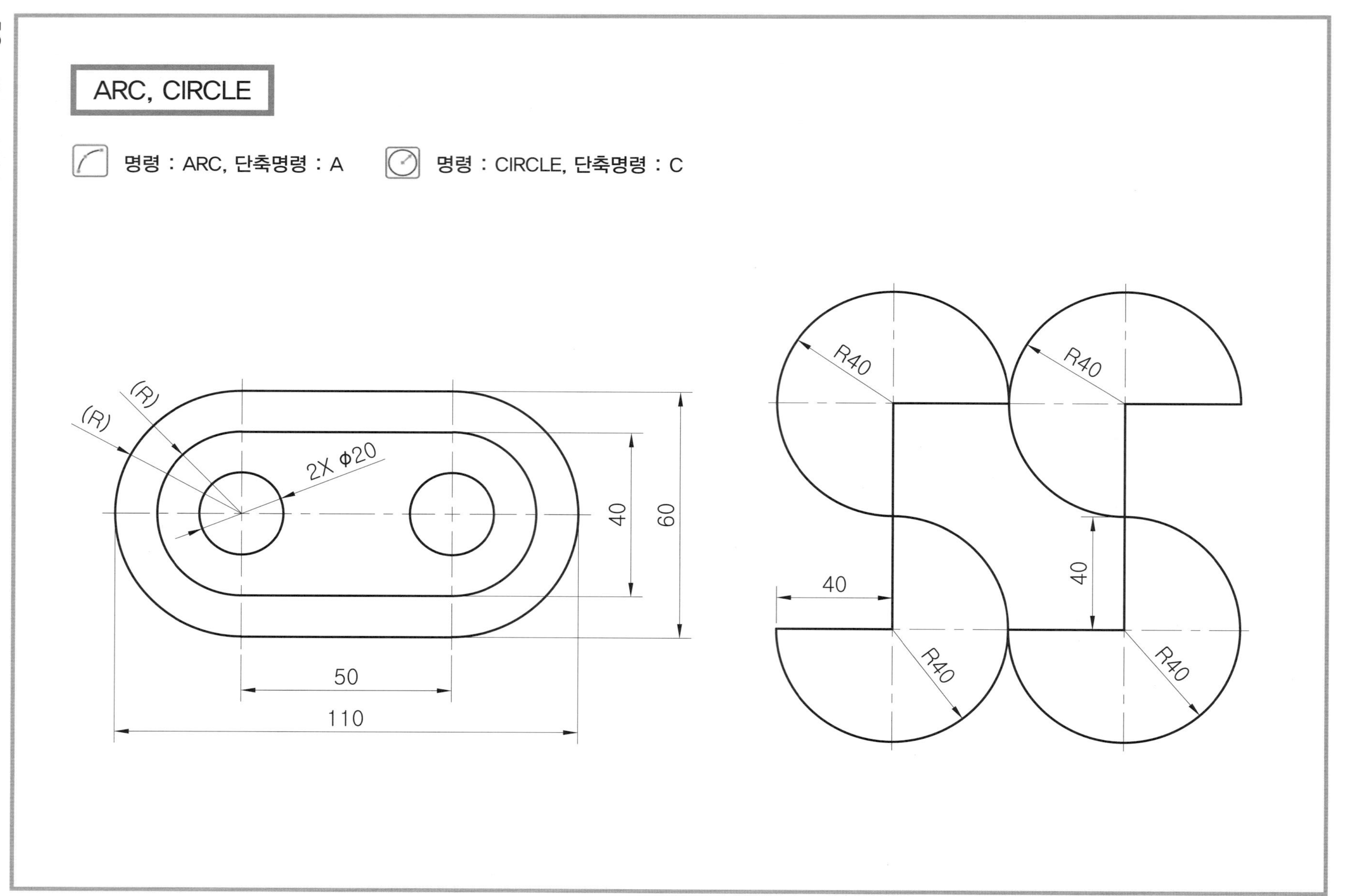
ARC, CIRCLE
명령 : ARC, 단축명령 : A
명령 : CIRCLE, 단축명령 : C
(R)
(R)
2X Φ20
40
60
50
110
R40
R40
40
40
R40
R40

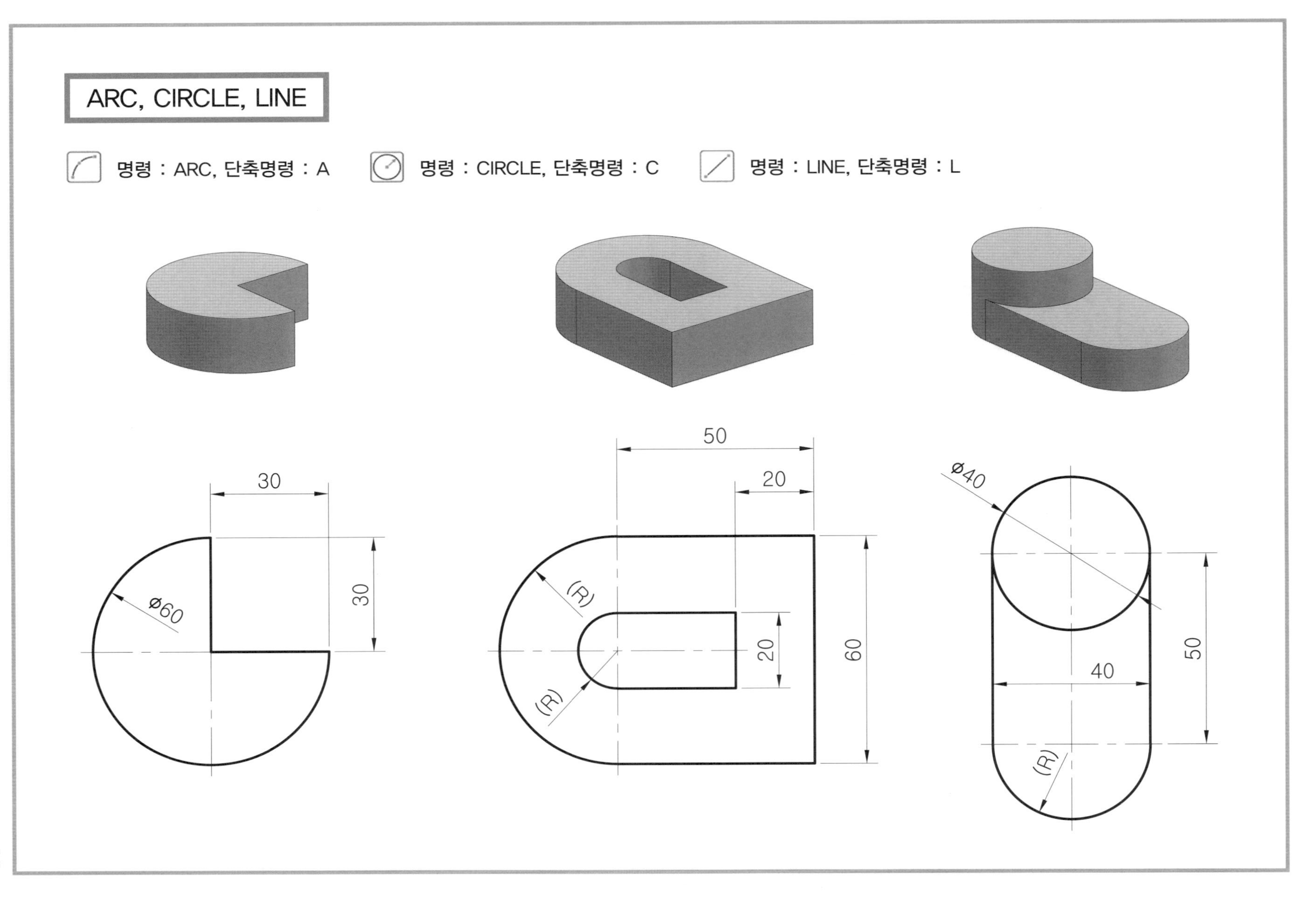
ARC, CIRCLE, LINE
명령 : ARC, 단축명령 : A
명령 : CIRCLE, 단축명령 : C
명령 : LINE, 단축명령 : L
30
30
ϕ60
50
20
20
60
(R)
(R)
ϕ40
40
50
(R)

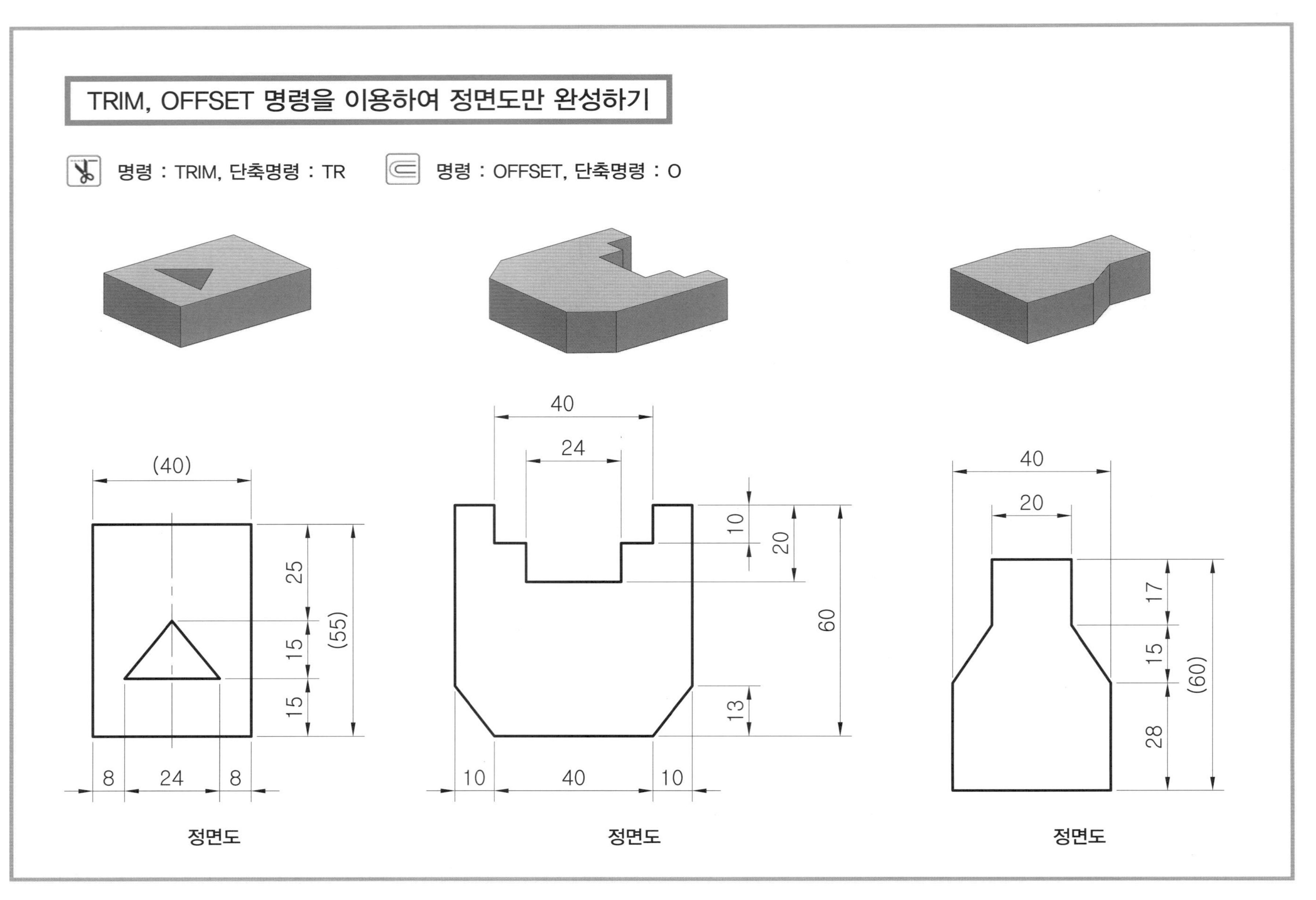
TRIM, OFFSET 명령을 이용하여 정면도만 완성하기
명령 : TRIM, 단축명령 : TR
명령 : OFFSET, 단축명령 : O
(40)
25
15
15
(55)
8
24
8
정면도
40
24
10
20
60
13
10
40
10
정면도
40
20
17
15
28
(60)
정면도

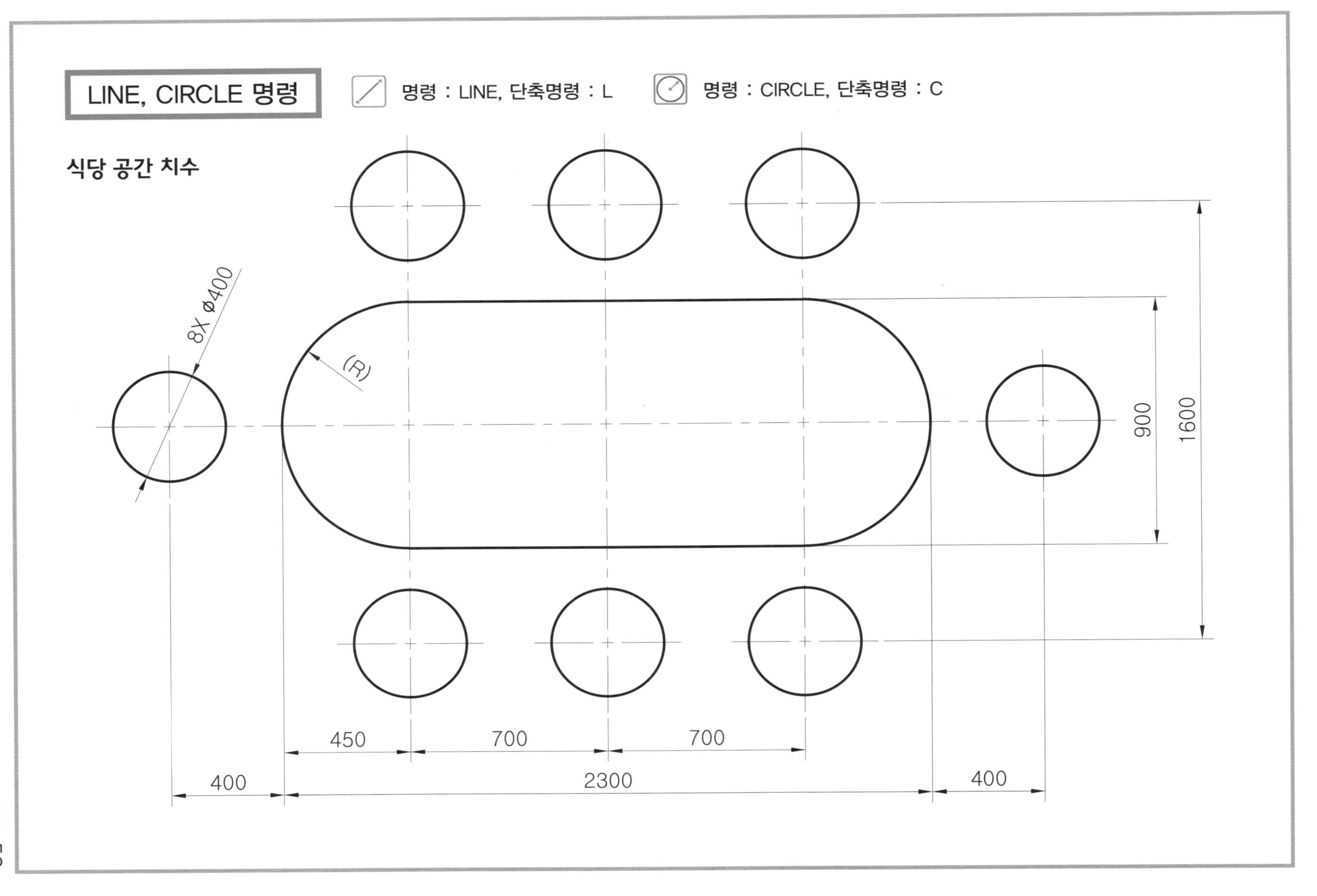
LINE, CIRCLE 명령
명령 : LINE, 단축명령 : L
명령 : CIRCLE, 단축명령 : C
식당 공간 치수
8X ϕ400
(R)
900
1600
450
700
700
400
2300
400

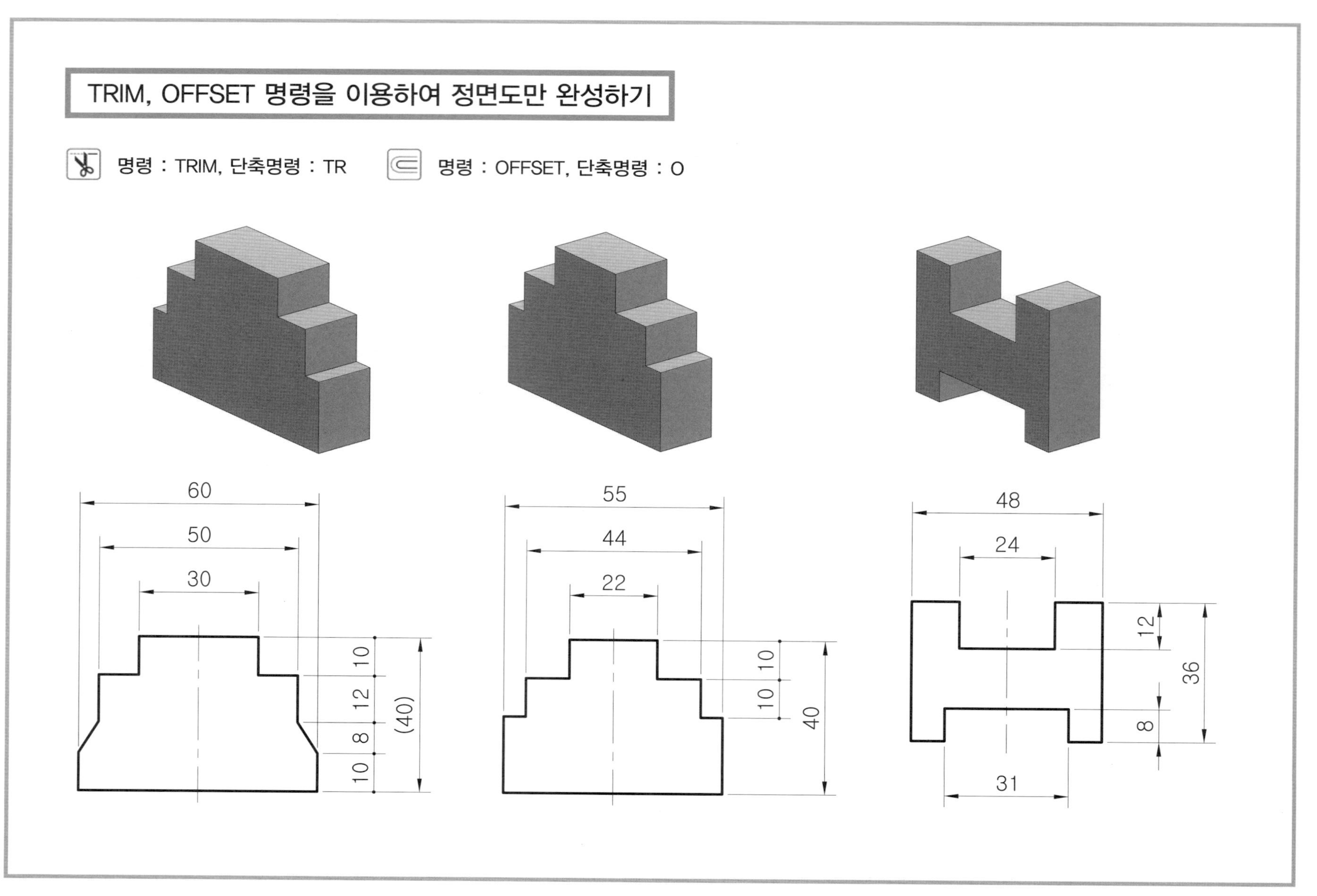

TRIM, OFFSET 명령을 이용하여 정면도만 완성하기
명령 : TRIM, 단축명령 : TR
명령 : OFFSET, 단축명령 : O
60
50
30
10
12
8
10
(40)
55
44
22
10
10
40
48
24
12
36
8
31

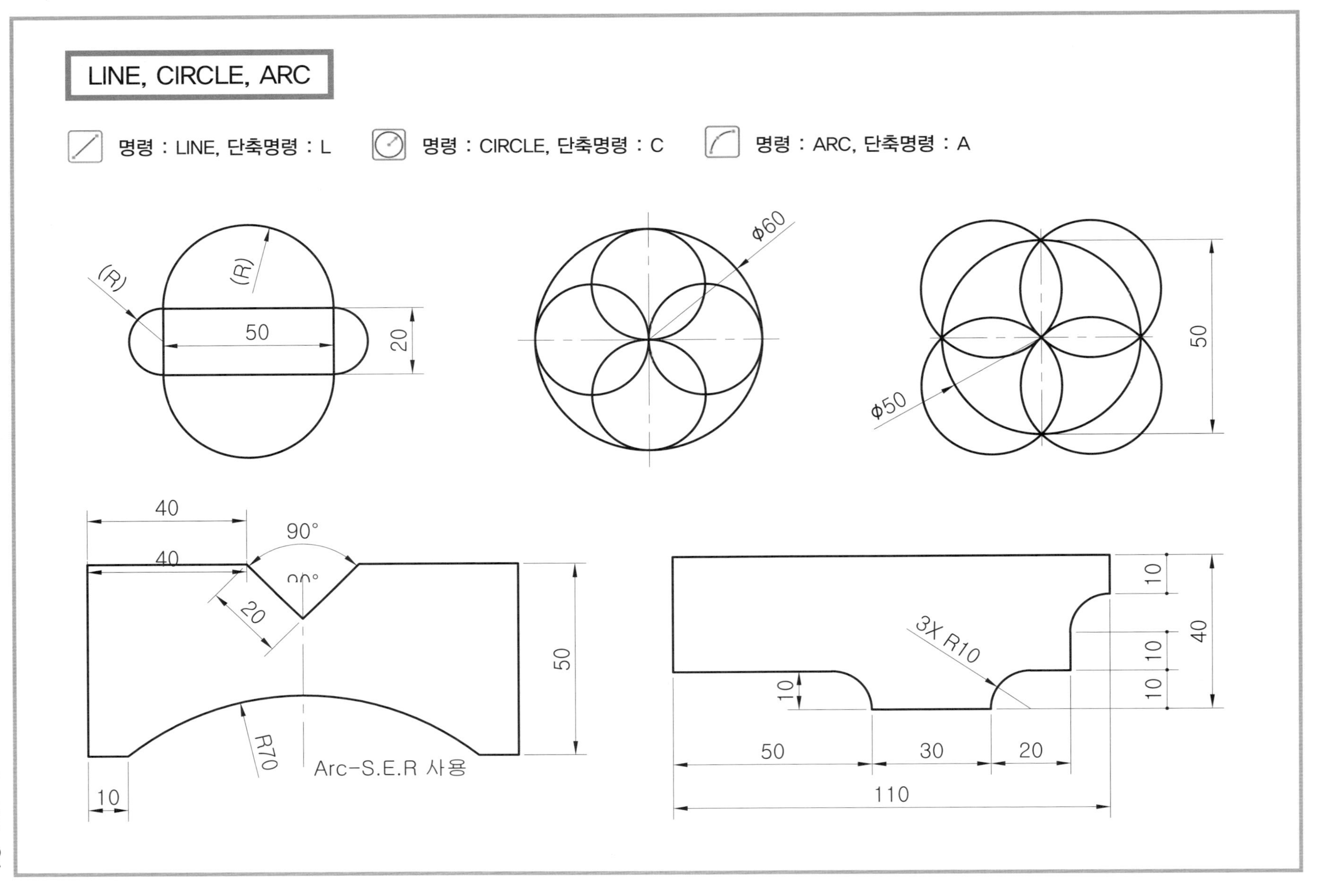
LINE, CIRCLE, ARC
명령 : LINE, 단축명령 : L
명령 : CIRCLE, 단축명령 : C
명령 : ARC, 단축명령 : A
(R)
(R)
50
20
φ60
φ50
50
40
90°
40
20
50
R70
Arc-S.E.R 사용
10
3X R10
10
10
10
10
40
50
30
20
110

GRID, SNAP, ARC, CIRCLE

명령 : ARC, 단축명령 : A　　명령 : CIRCLE, 단축명령 : C

ARC, 호 그리기

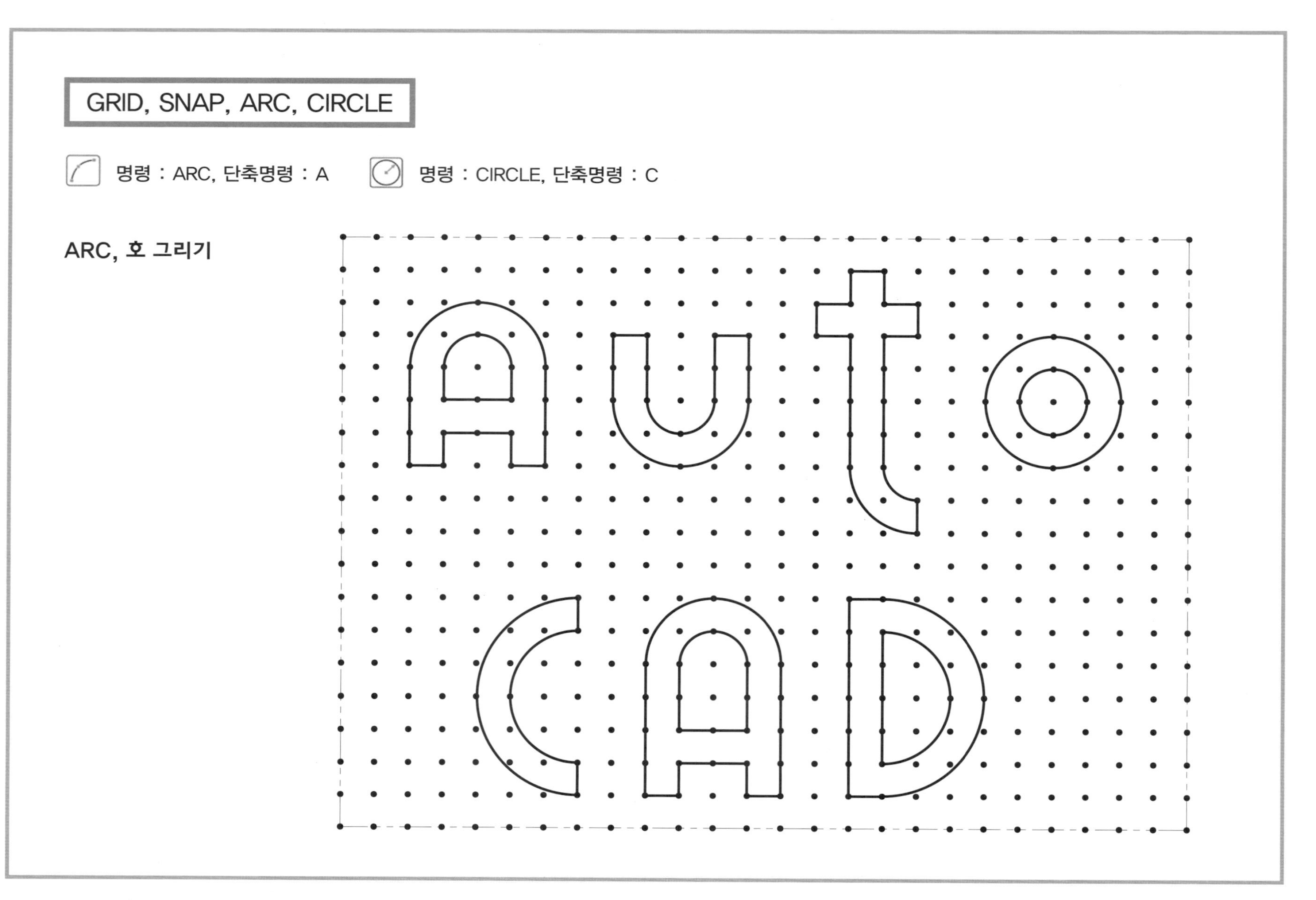

CIRCLE, OSNAP 모드 일부(MID, INT, ENDpoint)

명령 : CIRCLE, 단축명령 : C

MIDpoint – 중간점 찾기
ENDpoint – 끝점 찾기

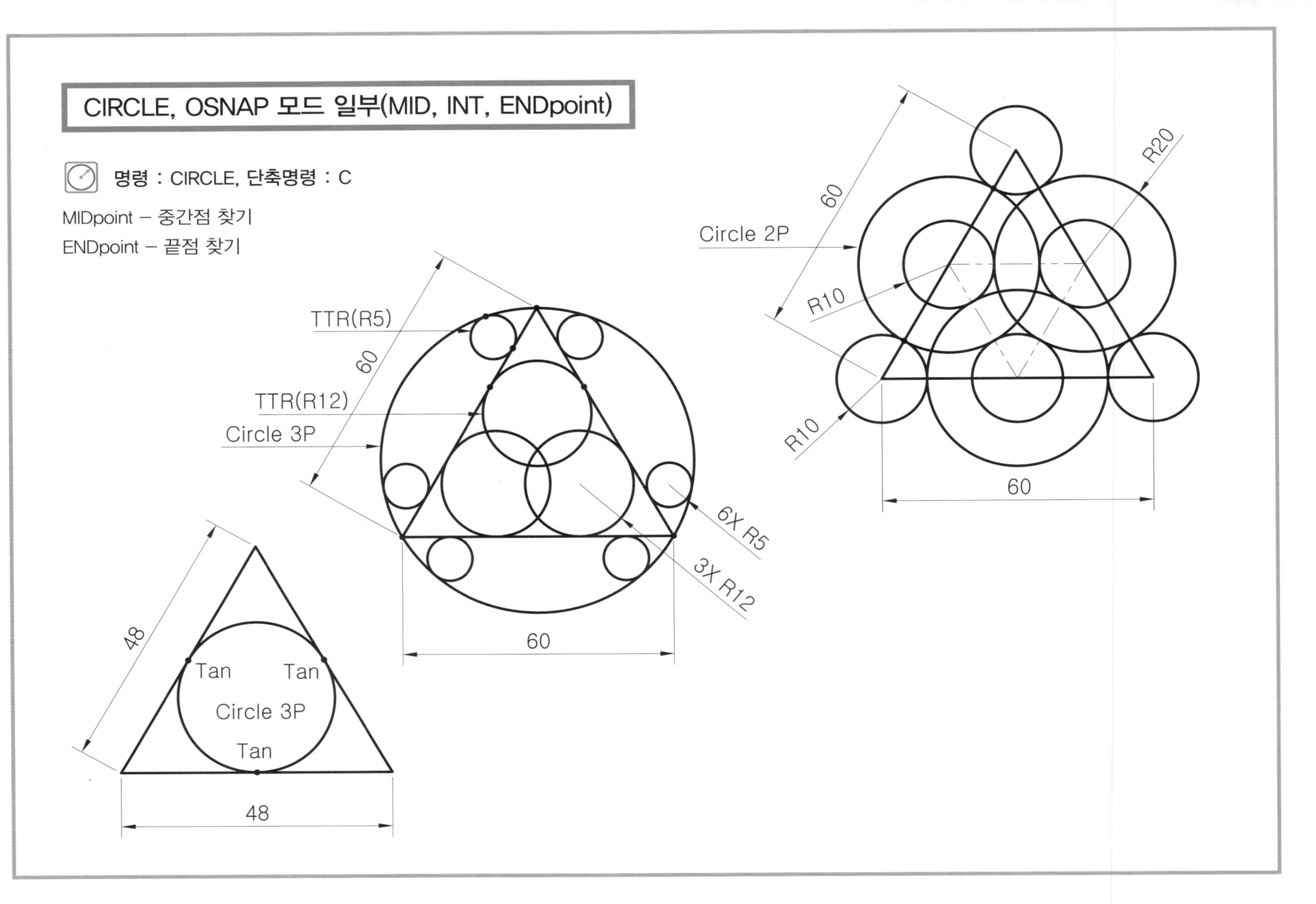

CIRCLE, OSNAP

명령 : CIRCLE, 단축명령 : C

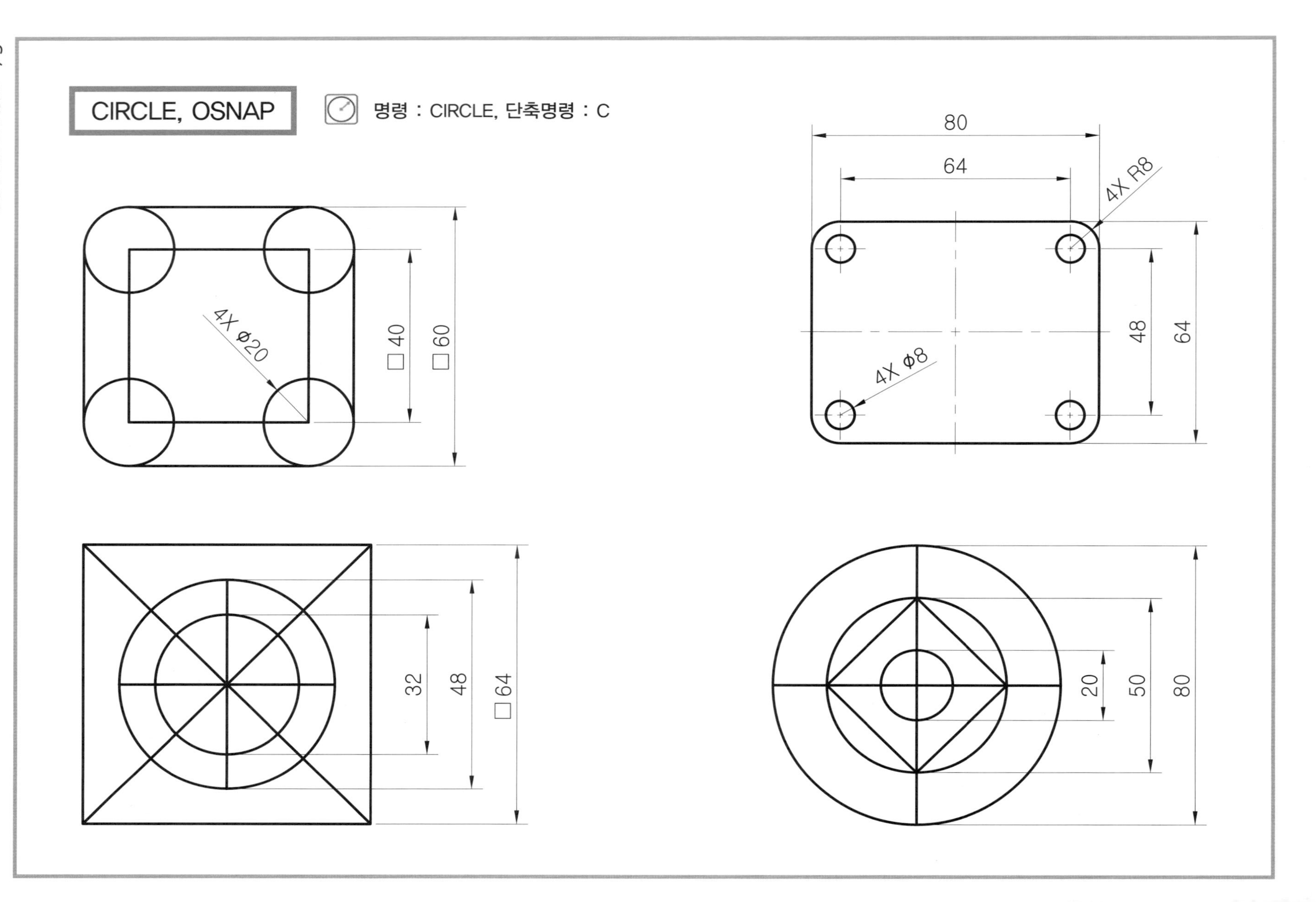

CIRCLE 원 그리기(TTR, 2P, 3P)

명령 : CIRCLE, 단축명령 : C

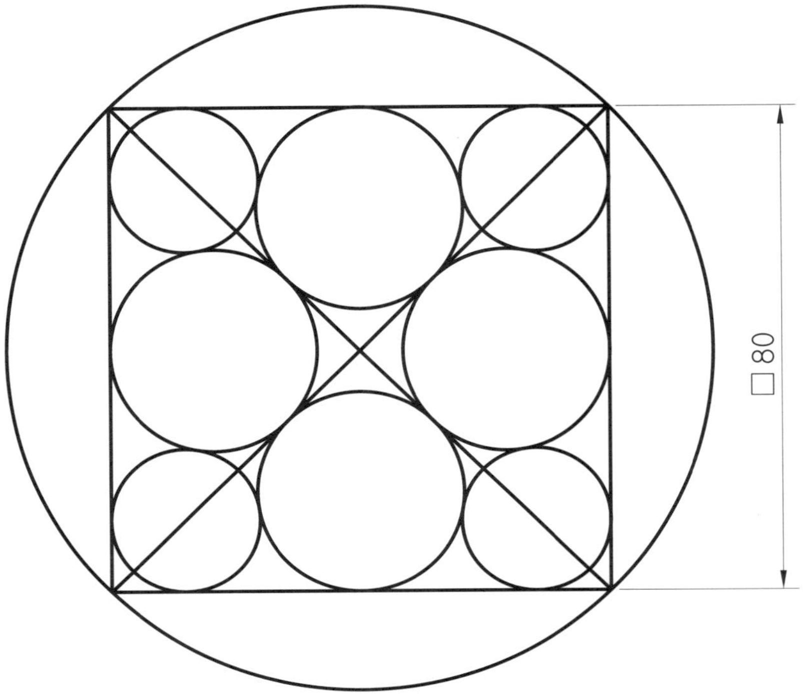

□80

그리는 법

1) 80의 정사각형을 그린다. 사각형 모서리 끝점(ENDpoint)의 세 점(3p)을 지나는 원을 그린다.

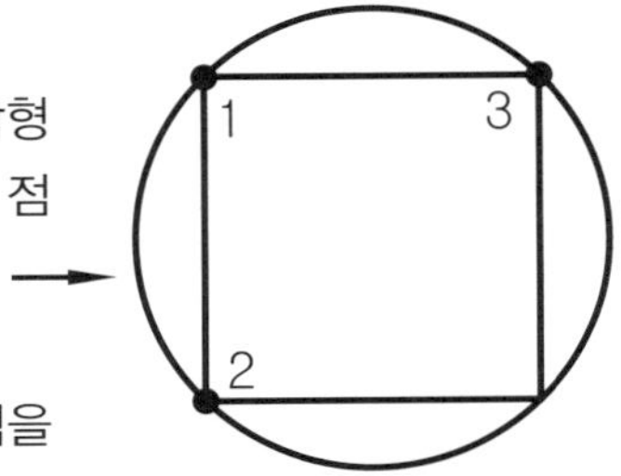

2) 사각형의 모서리 끝점과 끝점을 지나는 대각선을 그린다.

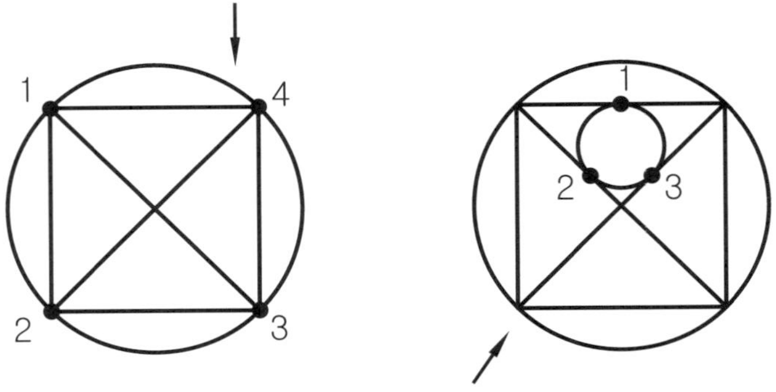

3) 접점, 접점, 접점(3point의 tan, tan, tan)을 사용하여 원을 그린다.

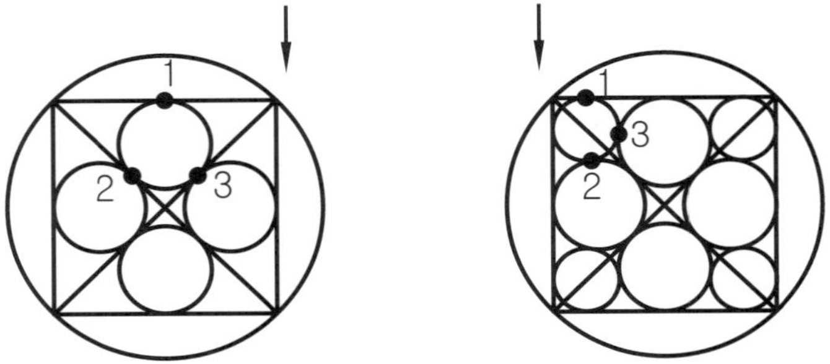

OFFSET, TRIM 명령

명령 : OFFSET, 단축명령 : O　　명령 : TRIM, 단축명령 : TR

- OFFSET : 일정간격 평행복사
- TRIM : 특정 경계를 기준으로 원하는 부위 잘라내기

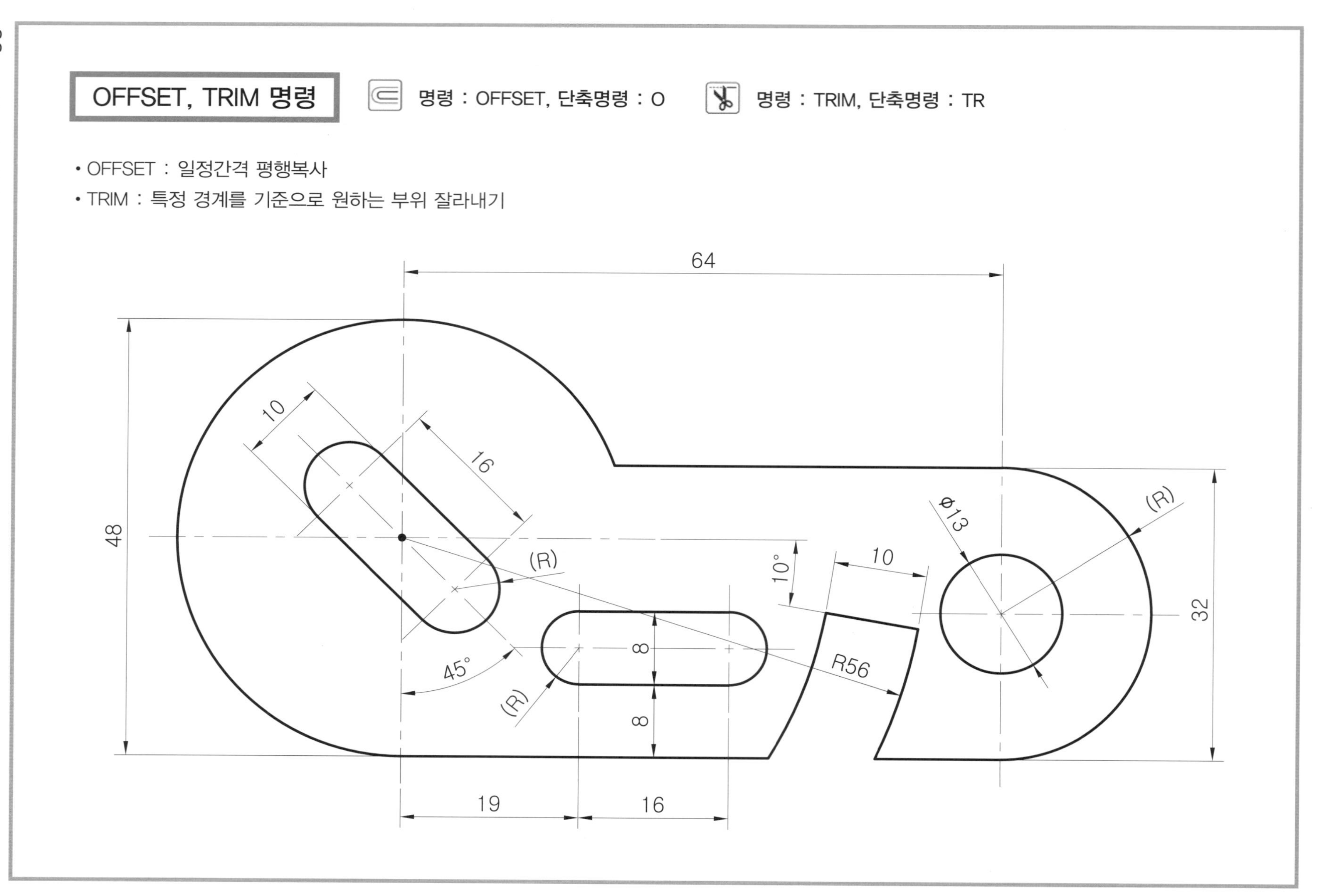

OFFSET, TRIM

명령 : OFFSET, 단축명령 : O　　명령 : TRIM, 단축명령 : TR

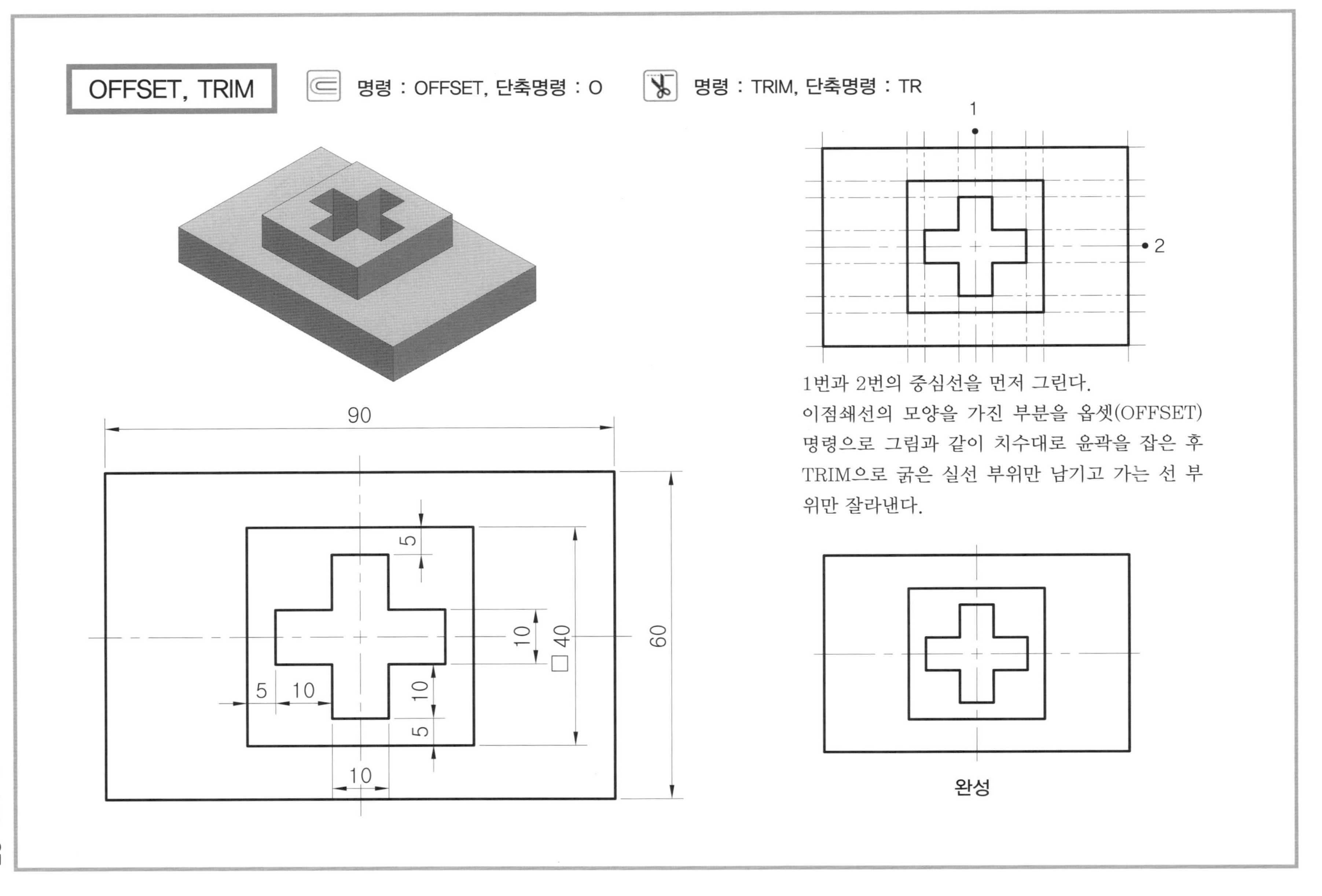

1번과 2번의 중심선을 먼저 그린다.
이점쇄선의 모양을 가진 부분을 옵셋(OFFSET) 명령으로 그림과 같이 치수대로 윤곽을 잡은 후 TRIM으로 굵은 실선 부위만 남기고 가는 선 부위만 잘라낸다.

CIRCLE (TTR), TRIM

명령 : CIRCLE, 단축명령 : C　　명령 : TRIM, 단축명령 : TR

다음 그림을 굵은 실선 부위만 그리시오.

리밋(Limits)은 (297, 210)으로 도면 용지(A4)에 맞춘다.

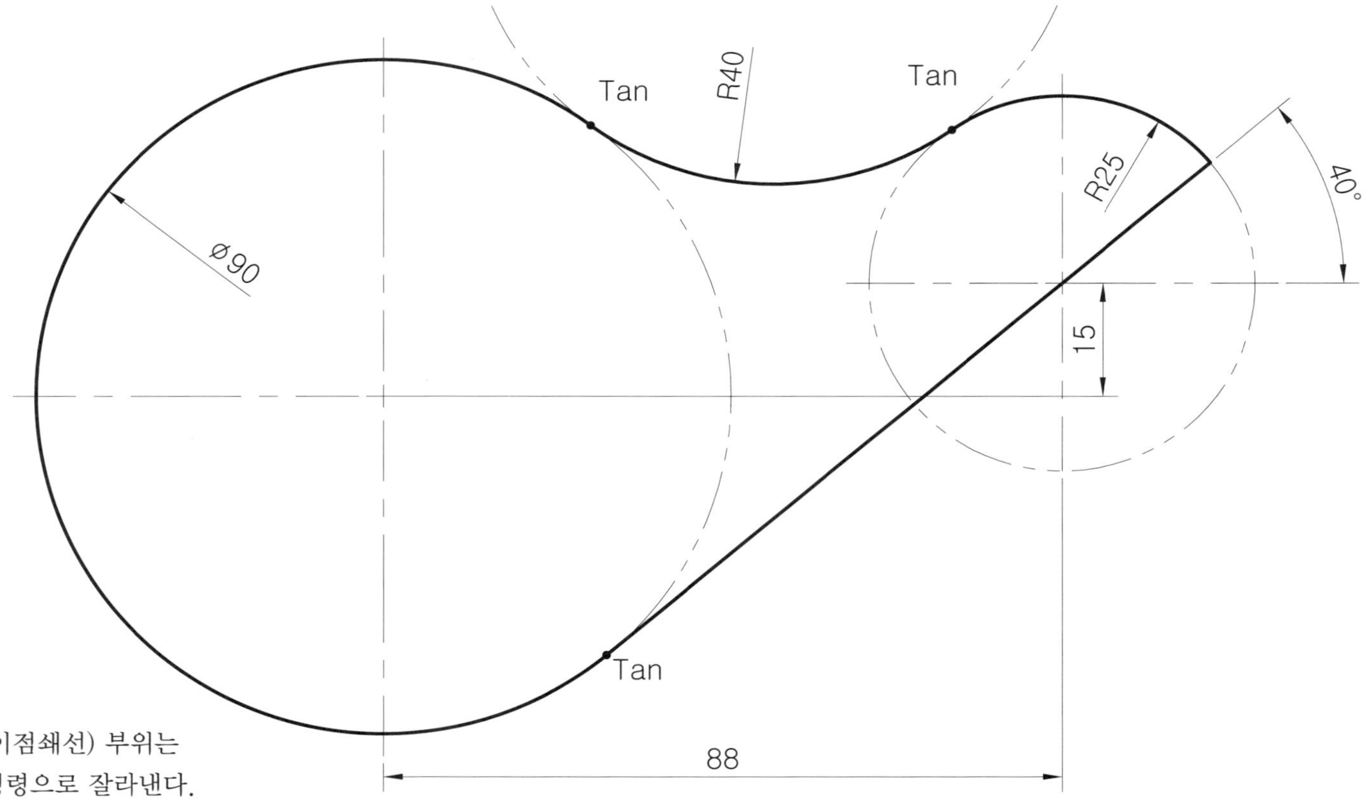

[주] 가상선(이점쇄선) 부위는
TRIM 명령으로 잘라낸다.

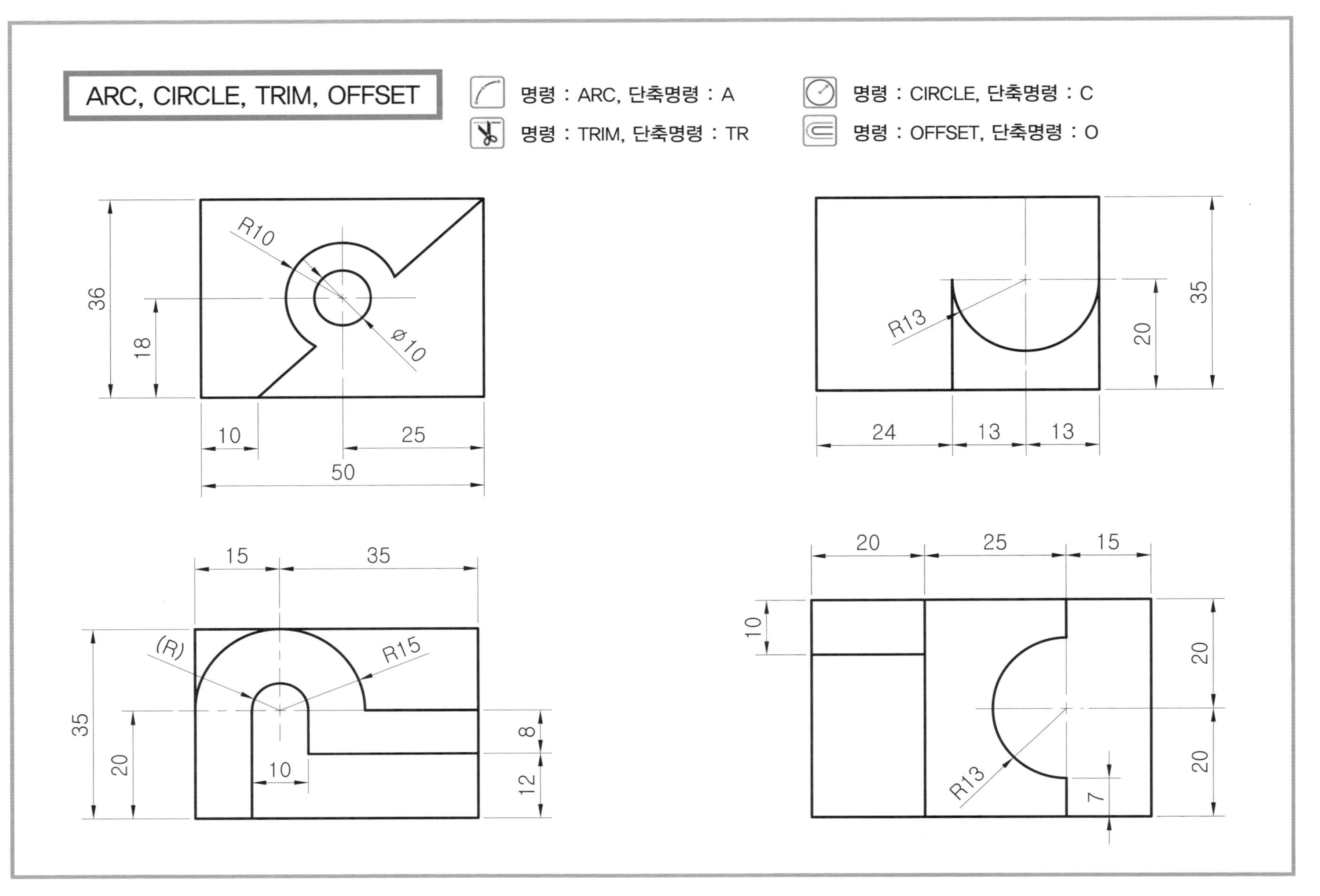
ARC, CIRCLE, TRIM, OFFSET
명령 : ARC, 단축명령 : A
명령 : TRIM, 단축명령 : TR
명령 : CIRCLE, 단축명령 : C
명령 : OFFSET, 단축명령 : O
R10
ø10
36
18
10
25
50
R13
35
20
24
13
13
(R)
R15
15
35
35
20
10
8
12
20
25
15
10
R13
20
20
7

ARC, TRIM, CIRCLE (TTR)

명령 : ARC, 단축명령 : A　명령 : TRIM, 단축명령 : TR　명령 : CIRCLE, 단축명령 : C

ARC(호 그리기) 명령 중 S, E, R (시작점, 끝점, 반지름) 순으로 그린다.

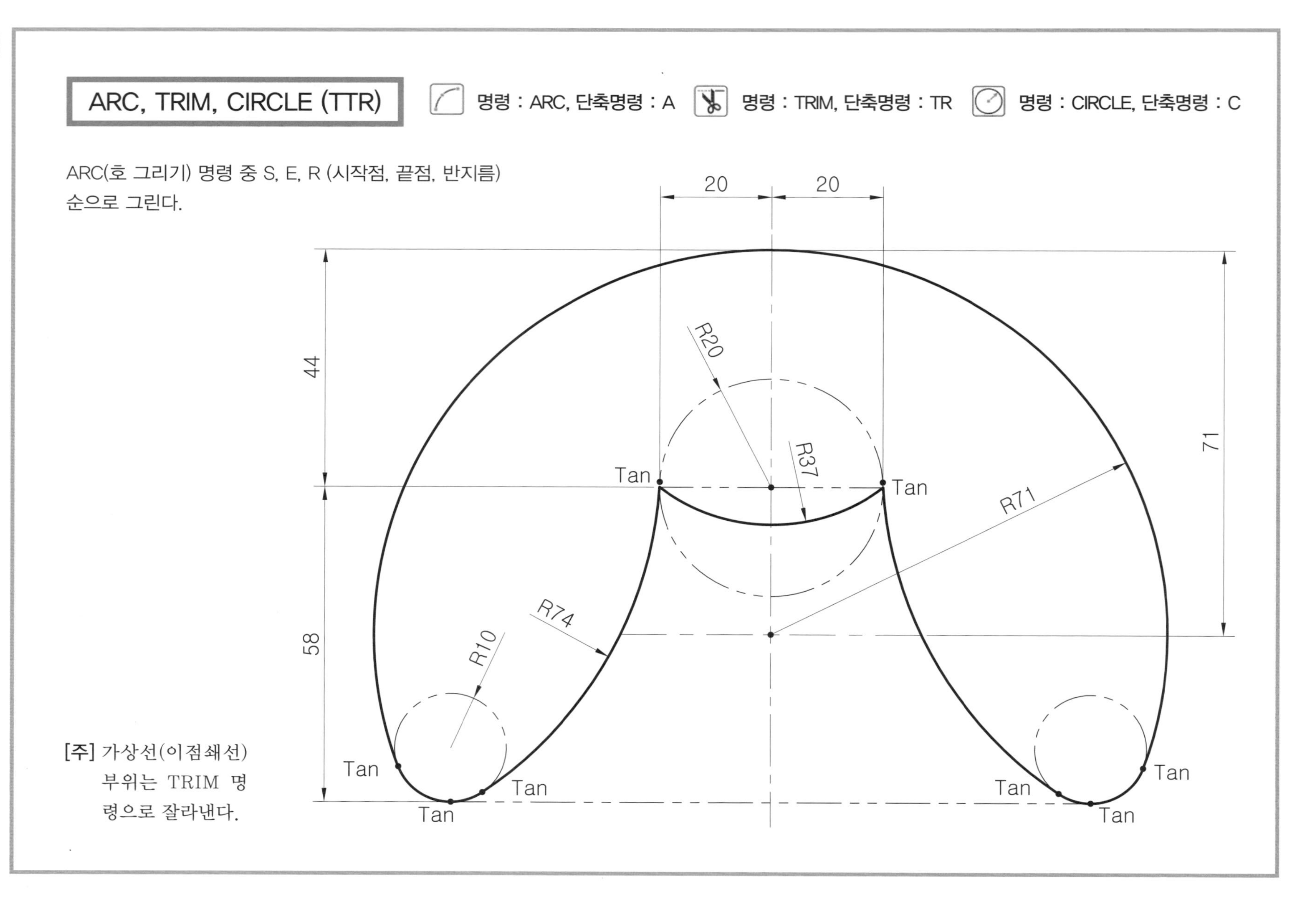

[주] 가상선(이점쇄선) 부위는 TRIM 명령으로 잘라낸다.

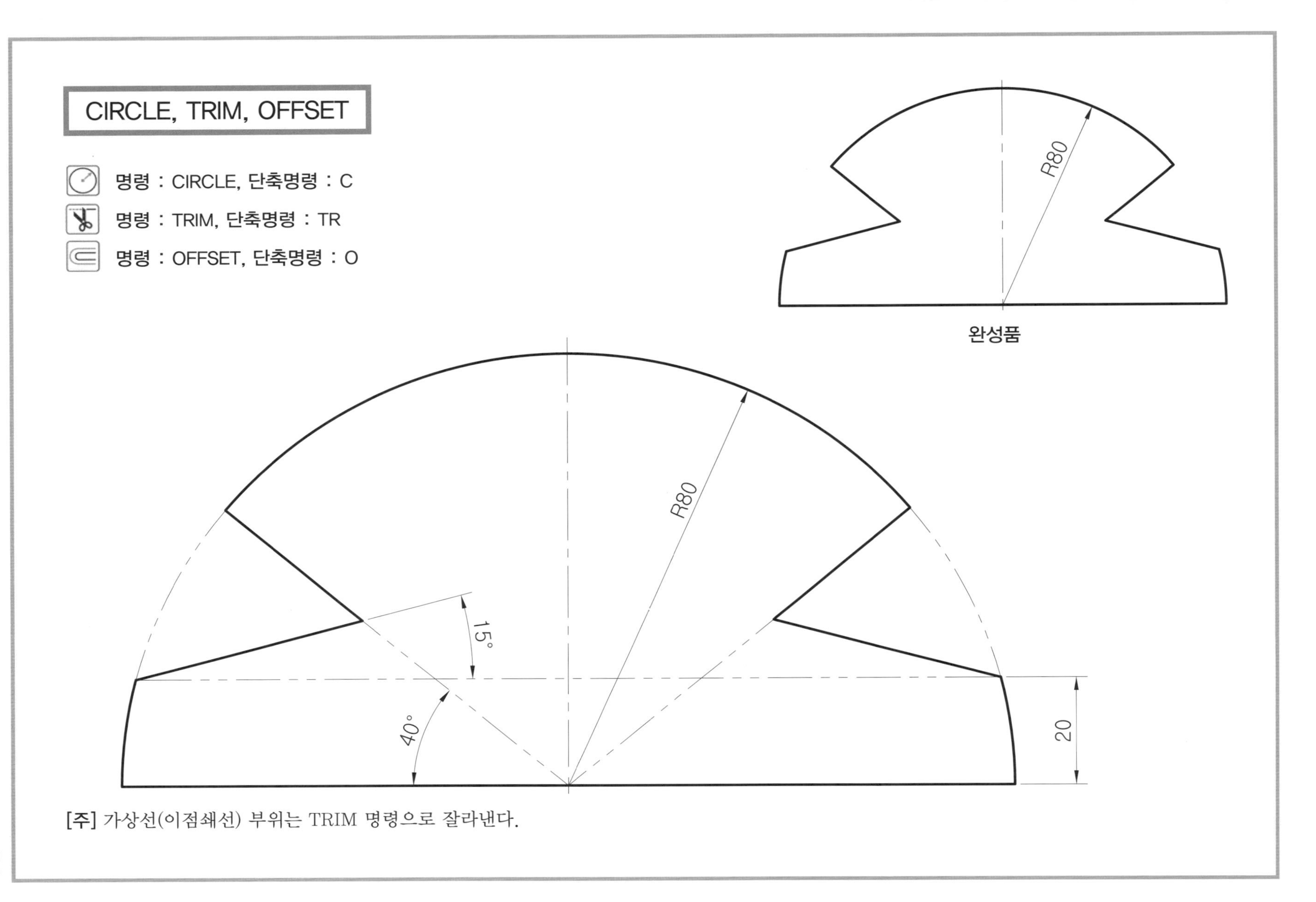
CIRCLE, TRIM, OFFSET
명령 : CIRCLE, 단축명령 : C
명령 : TRIM, 단축명령 : TR
명령 : OFFSET, 단축명령 : O
R80
완성품
R80
15°
40°
20
[주] 가상선(이점쇄선) 부위는 TRIM 명령으로 잘라낸다.

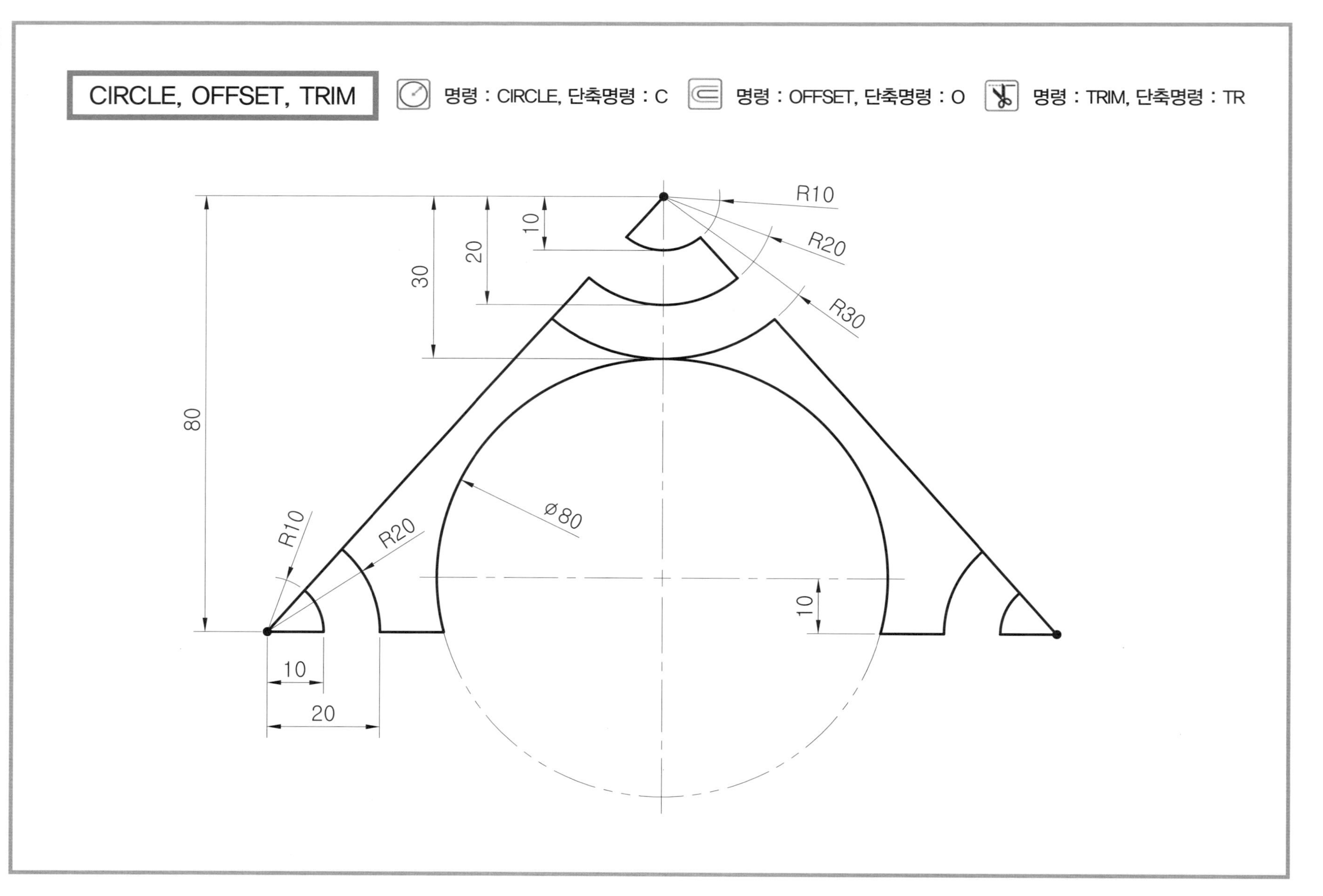
CIRCLE, OFFSET, TRIM
명령 : CIRCLE, 단축명령 : C
명령 : OFFSET, 단축명령 : O
명령 : TRIM, 단축명령 : TR
R10
R20
R30
10
20
30
80
ø80
R10
R20
10
20
10

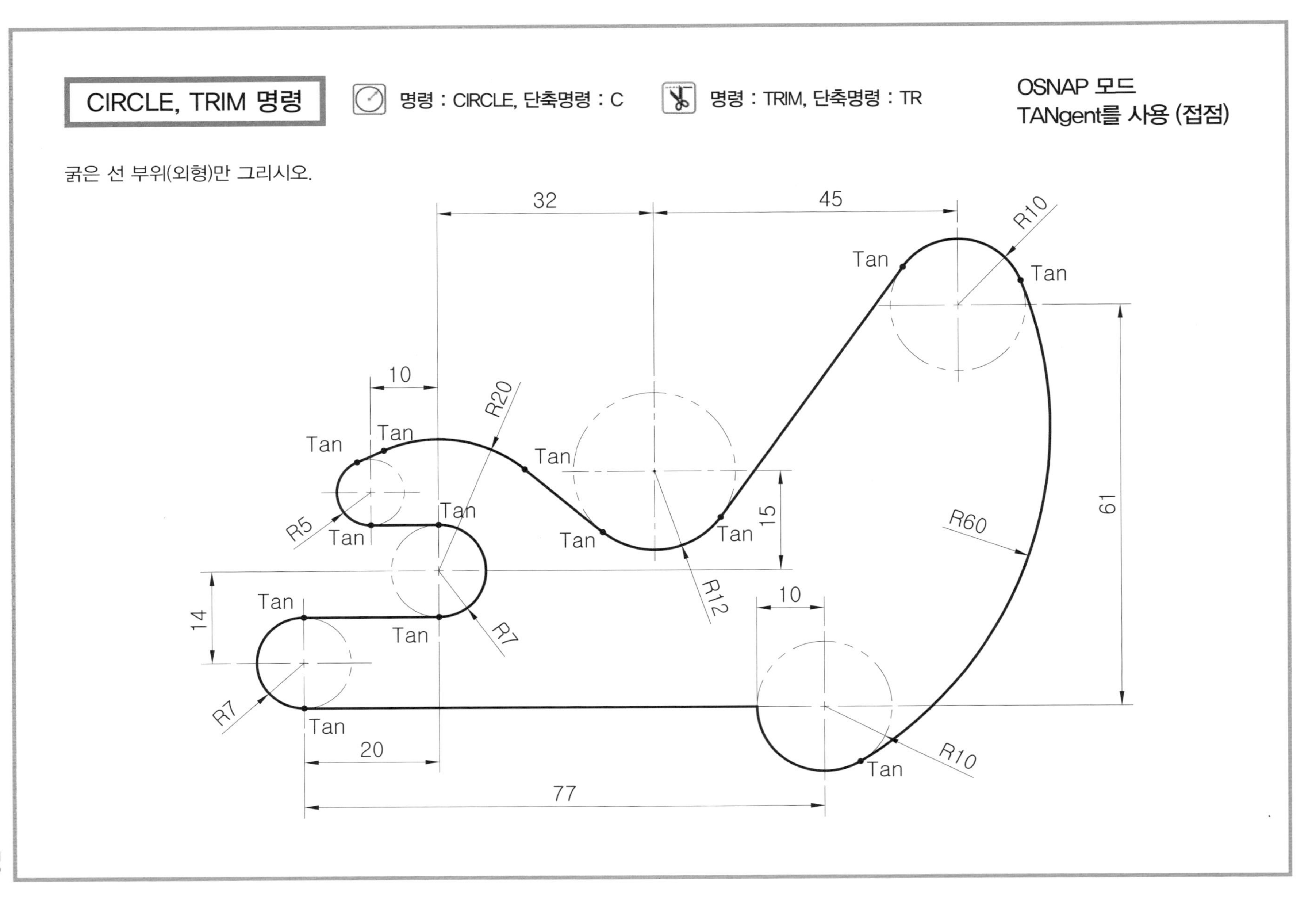
CIRCLE, TRIM 명령
명령 : CIRCLE, 단축명령 : C
명령 : TRIM, 단축명령 : TR
OSNAP 모드
TANgent를 사용 (접점)
굵은 선 부위(외형)만 그리시오.
32
45
10
R20
R10
Tan
R5
R7
R12
R60
R10
15
14
10
20
77
61

CIRCLE (TTR) 접원, TRIM : 잘라내기

명령 : CIRCLE, 단축명령 : C　명령 : TRIM, 단축명령 : TR

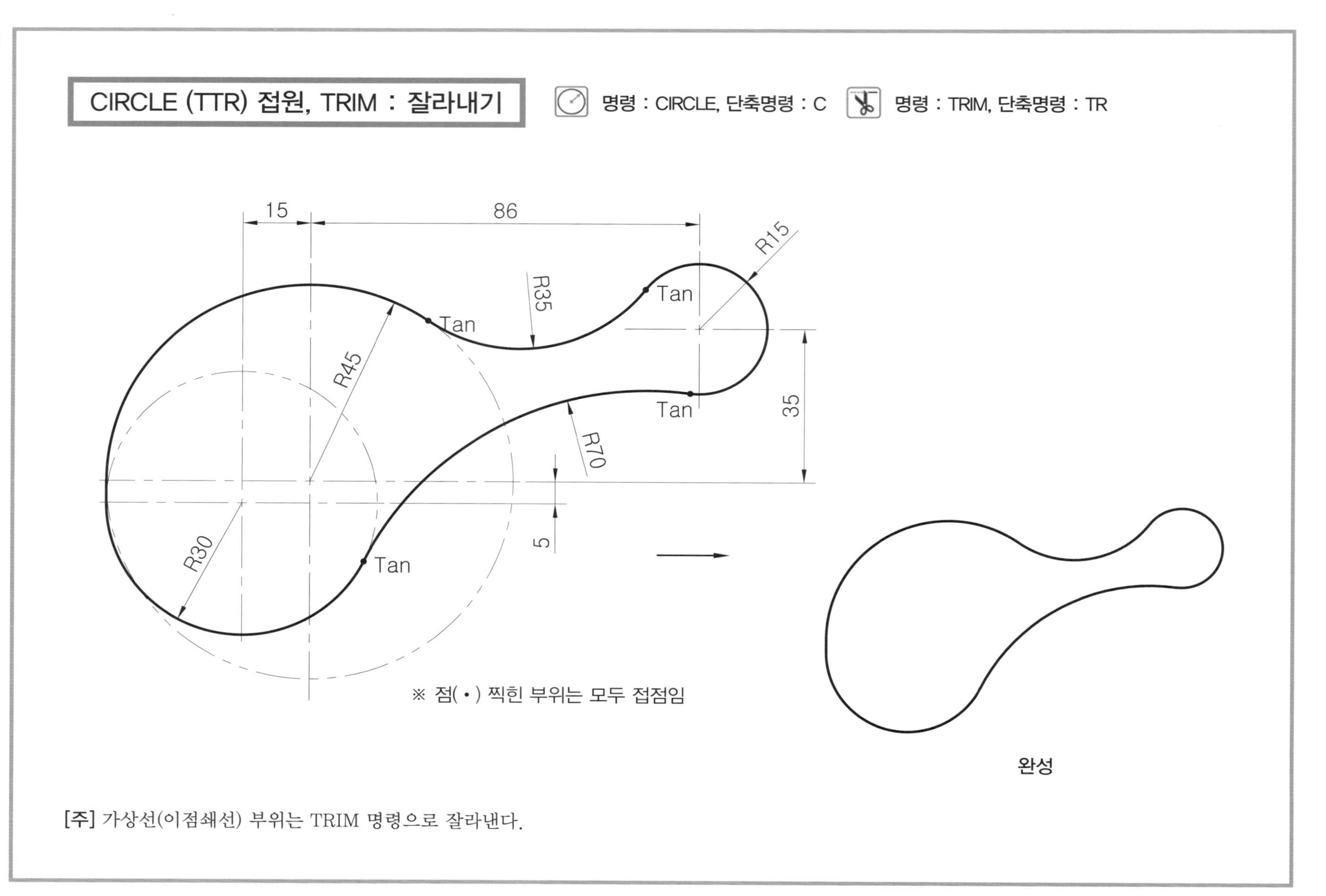

[주] 가상선(이점쇄선) 부위는 TRIM 명령으로 잘라낸다.

CIRCLE, TRIM, OFFSET

명령 : CIRCLE, 단축명령 : C 명령 : TRIM, 단축명령 : TR 명령 : OFFSET, 단축명령 : O

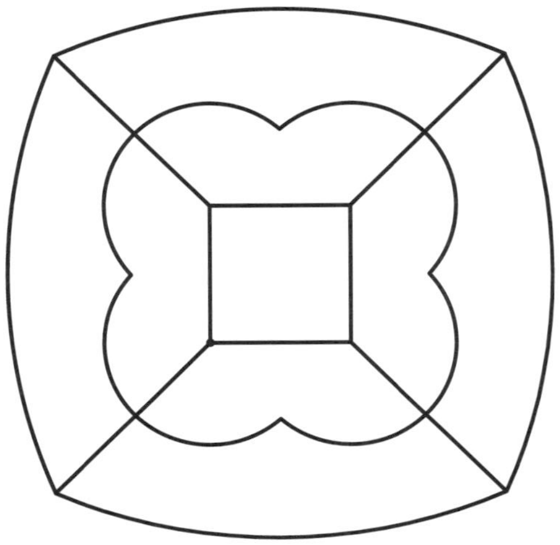

64

20

4X R15

4X R80

20

64

Arc-S.E.R

완성된 형태

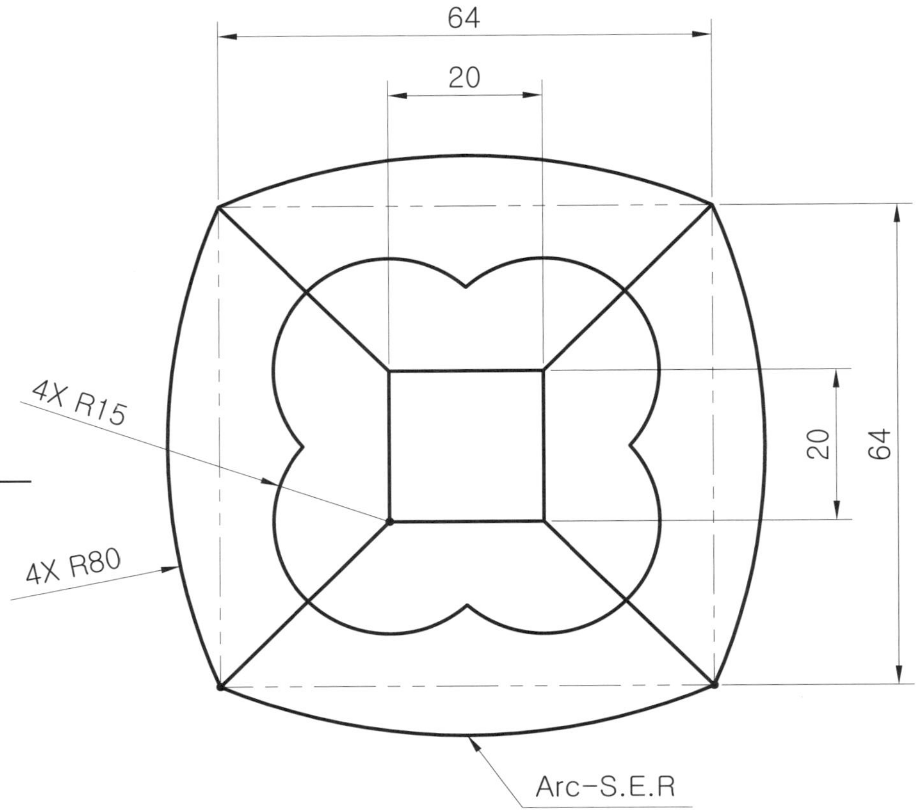

[주] 가상선(이점쇄선) 부위는 TRIM 명령으로 잘라낸다.

(ARC 명령의 S, E, R은 시작점, 끝점, 반지름에 해당하는 호를 말함)

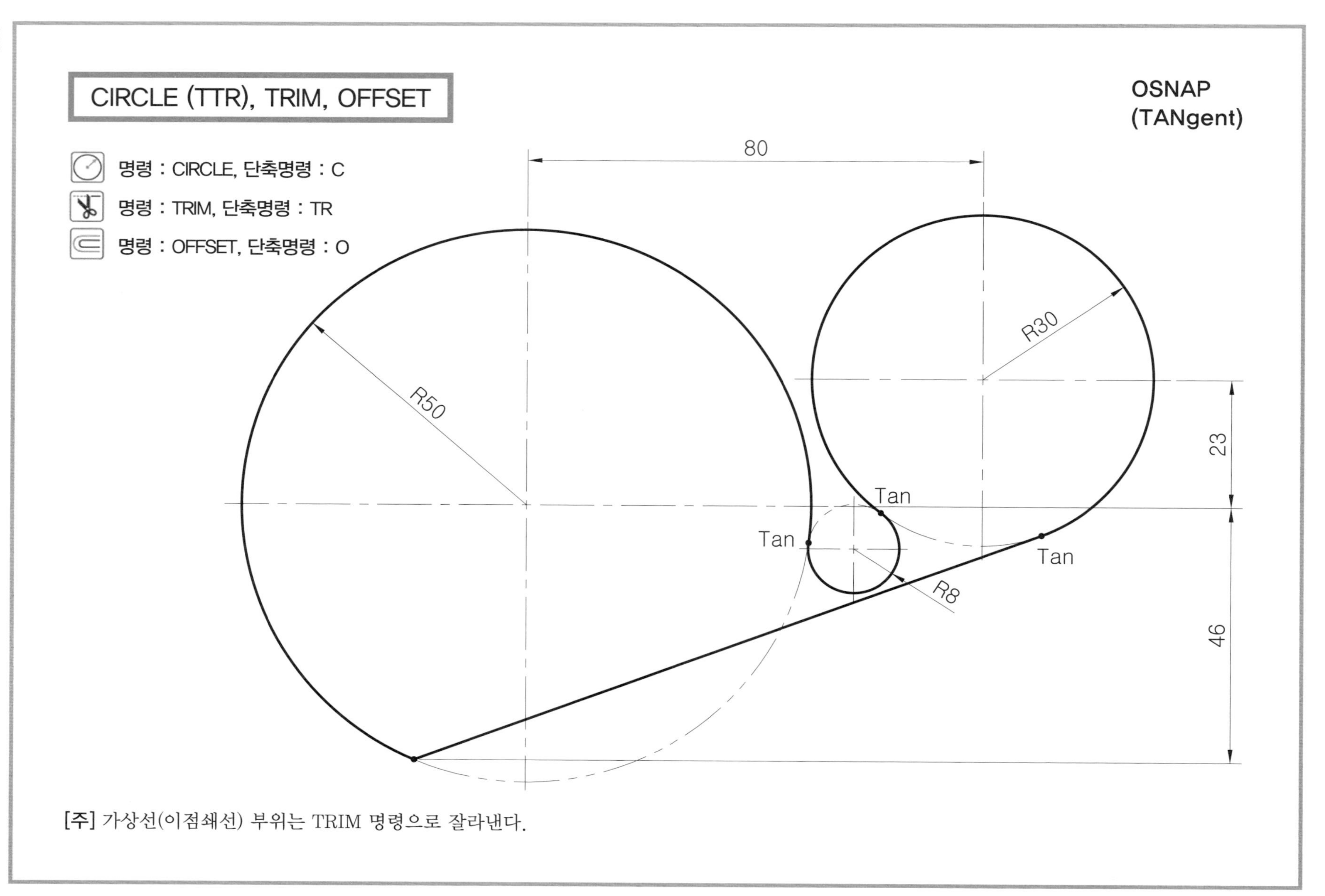
CIRCLE (TTR), TRIM, OFFSET
명령 : CIRCLE, 단축명령 : C
명령 : TRIM, 단축명령 : TR
명령 : OFFSET, 단축명령 : O
OSNAP
(TANgent)
80
R50
R30
23
Tan
Tan
Tan
R8
46
[주] 가상선(이점쇄선) 부위는 TRIM 명령으로 잘라낸다.

CIRCLE (TTR), TRIM, OFFSET

명령 : CIRCLE, 단축명령 : C　　명령 : TRIM, 단축명령 : TR　　명령 : OFFSET, 단축명령 : O

OSNAP(TANgent)

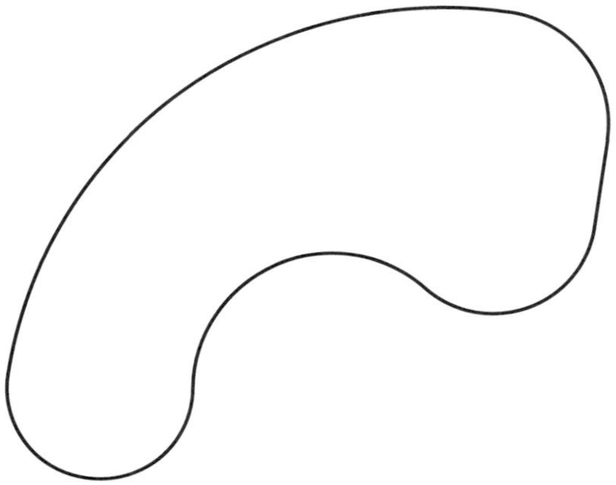

완성

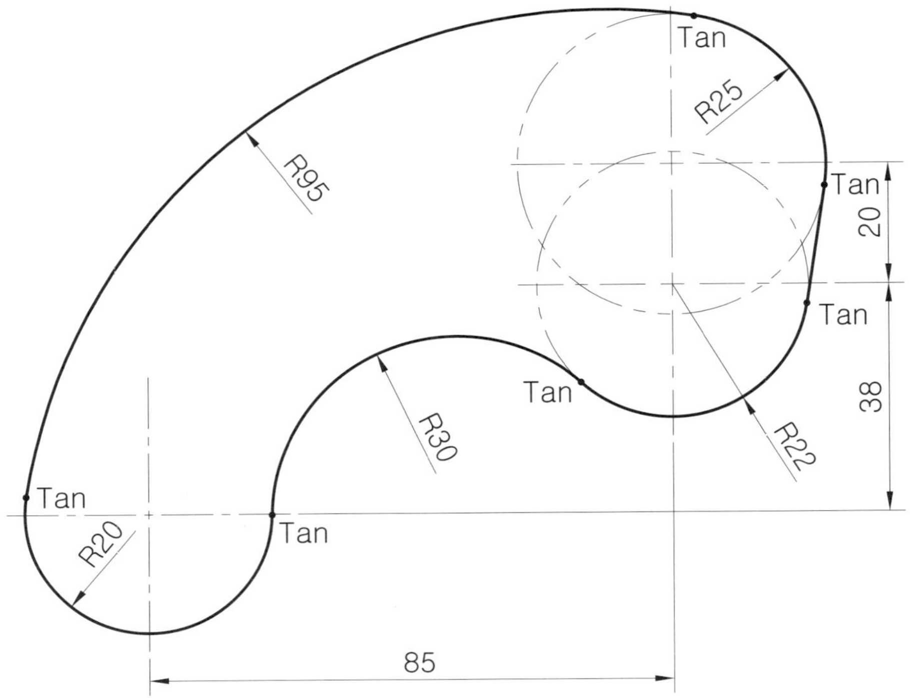

[주] 가상선(이점쇄선) 부위는 TRIM 명령으로 잘라낸다.

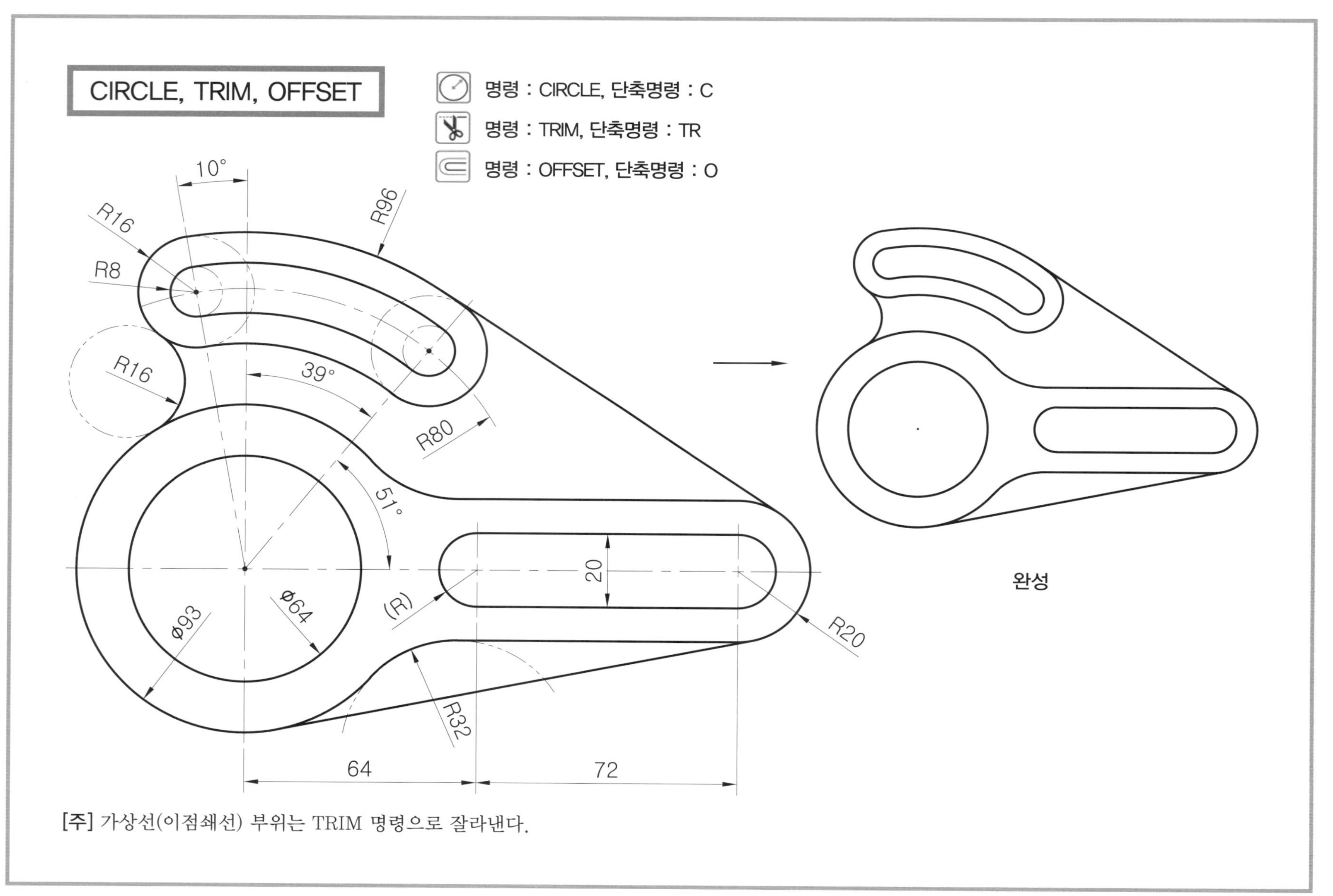

CIRCLE, TRIM, OFFSET
명령 : CIRCLE, 단축명령 : C
명령 : TRIM, 단축명령 : TR
명령 : OFFSET, 단축명령 : O
10°
R16
R8
R96
R16
39°
R80
51°
20
(R)
ϕ93
ϕ64
R20
R32
64
72
완성
[주] 가상선(이점쇄선) 부위는 TRIM 명령으로 잘라낸다.

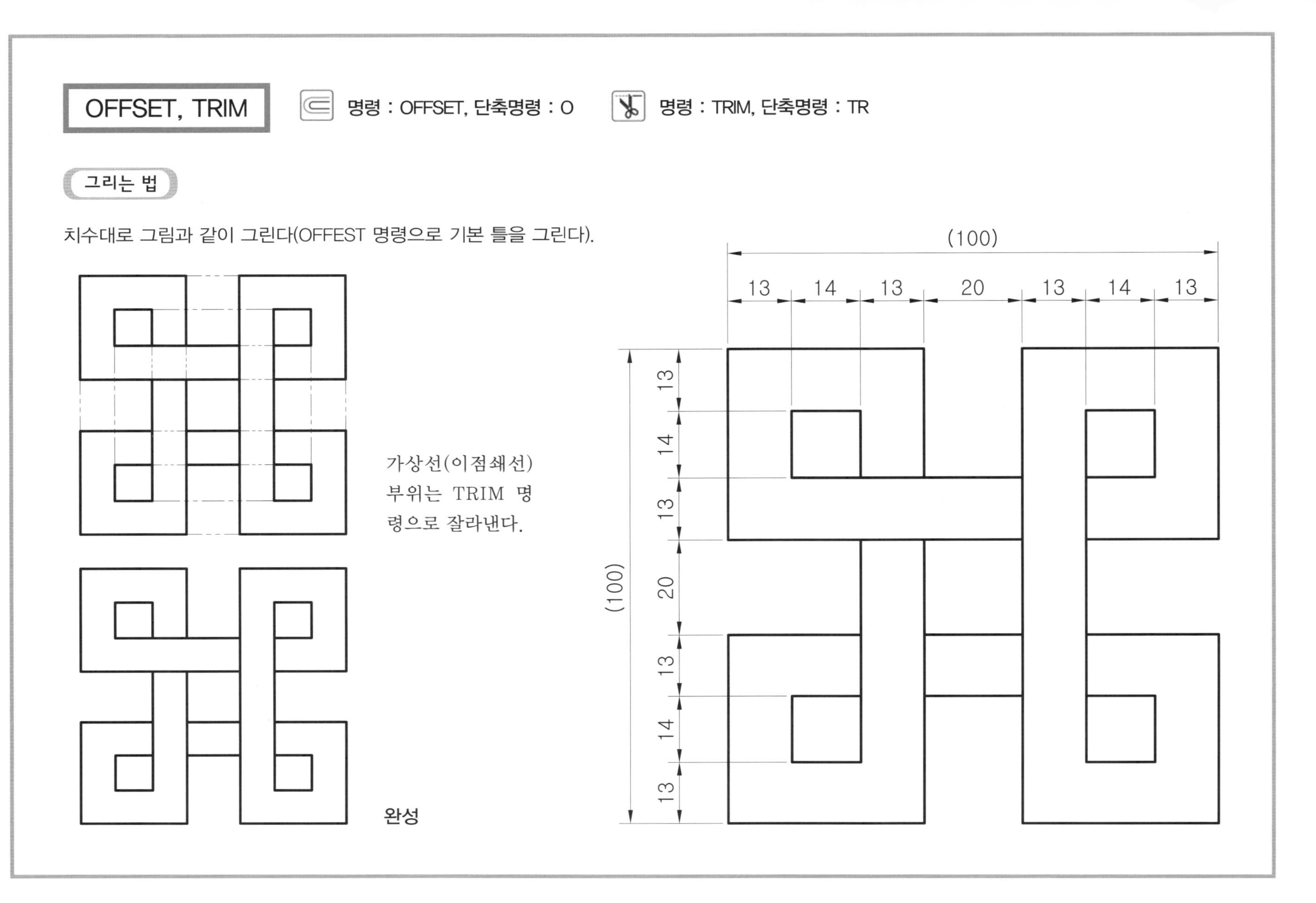

OFFSET, TRIM
명령 : OFFSET, 단축명령 : O
명령 : TRIM, 단축명령 : TR
그리는 법
치수대로 그림과 같이 그린다(OFFEST 명령으로 기본 틀을 그린다).
가상선(이점쇄선) 부위는 TRIM 명령으로 잘라낸다.
완성
(100)
13
14
13
20
13
14
13
(100)
13
14
13
20
13
14
13

OFFSET, TRIM

명령 : OFFSET, 단축명령 : O   명령 : TRIM, 단축명령 : TR

그리는 법

치수대로 그림과 같이 그린다(OFFSET 명령으로 기본 틀을 그린다).
가는 이점쇄선으로 오프셋하여 작도하고 사각형을 벗어난 부위는 TRIM 명령으로 잘라낸다.

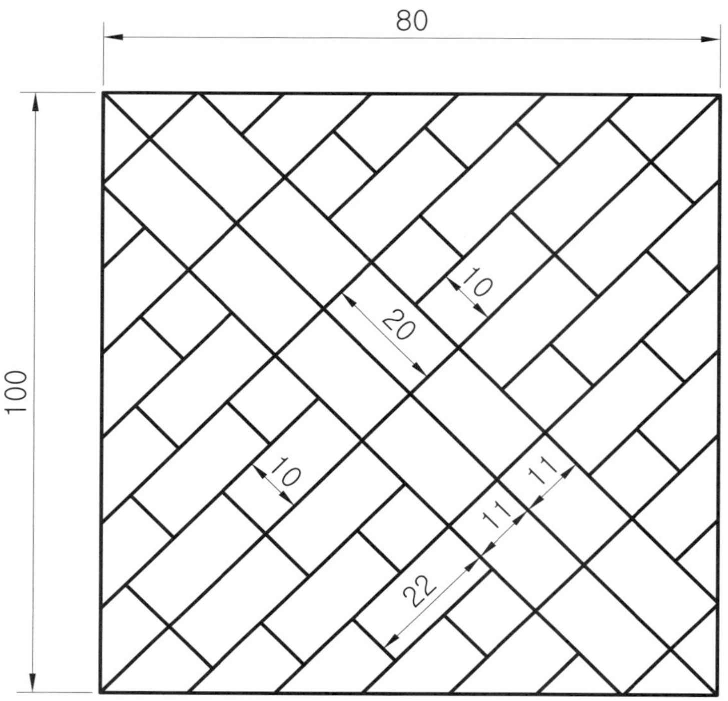

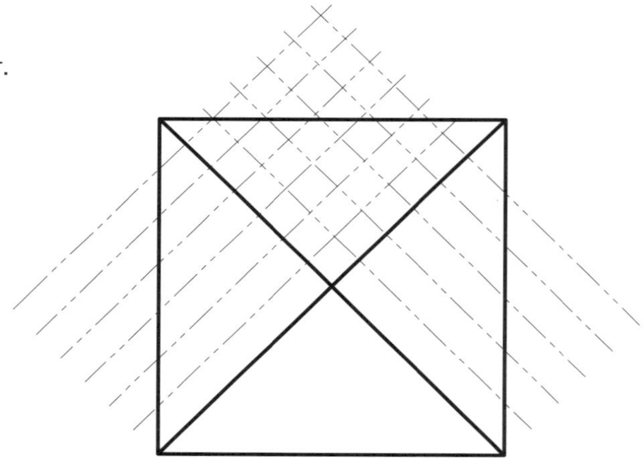

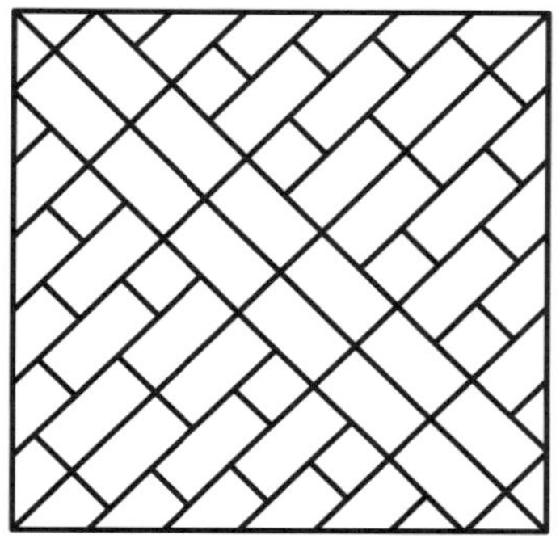

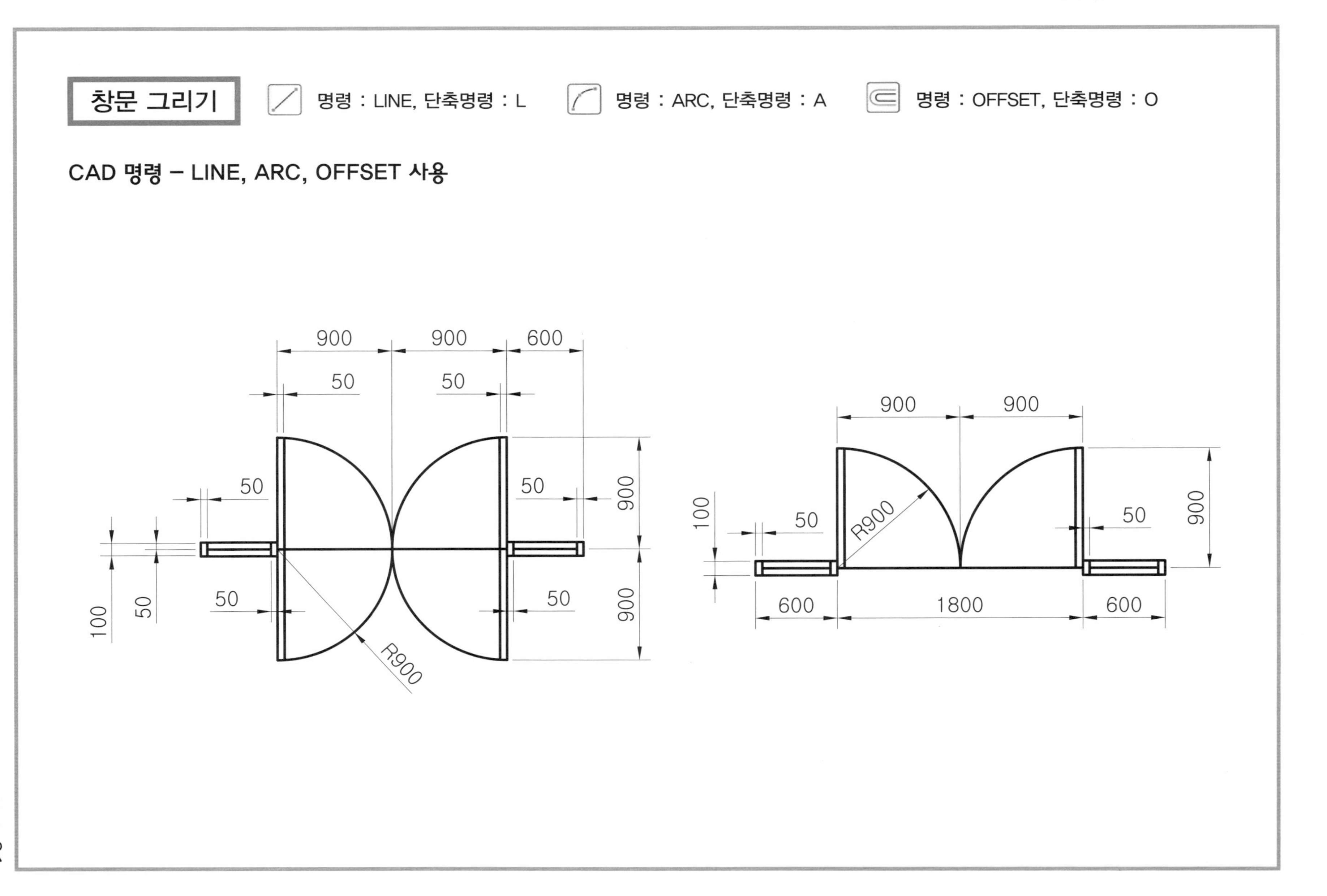
창문 그리기
명령 : LINE, 단축명령 : L
명령 : ARC, 단축명령 : A
명령 : OFFSET, 단축명령 : O
CAD 명령 – LINE, ARC, OFFSET 사용
900
900
600
50
50
50
50
900
900
100
50
50
50
R900
900
900
100
50
R900
50
900
600
1800
600

ARC, OFFSET, TRIM

명령 : ARC, 단축명령 : A

command : ARC

S, E, R or S, E, A or C, S, A or C, S, E

호의 각도는 90도임

명령 : OFFSET, 단축명령 : O

command : OFFSET

오프셋 간격(10)

명령 : TRIM, 단축명령 : TR

command : TRIM

잘라내기

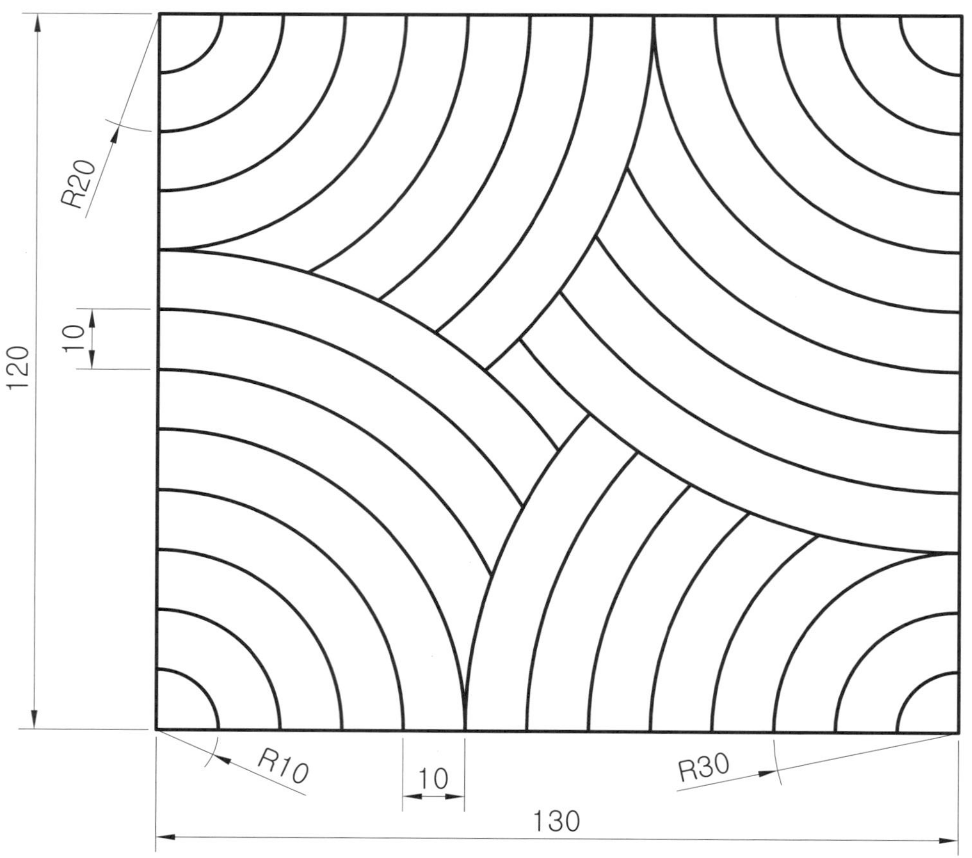

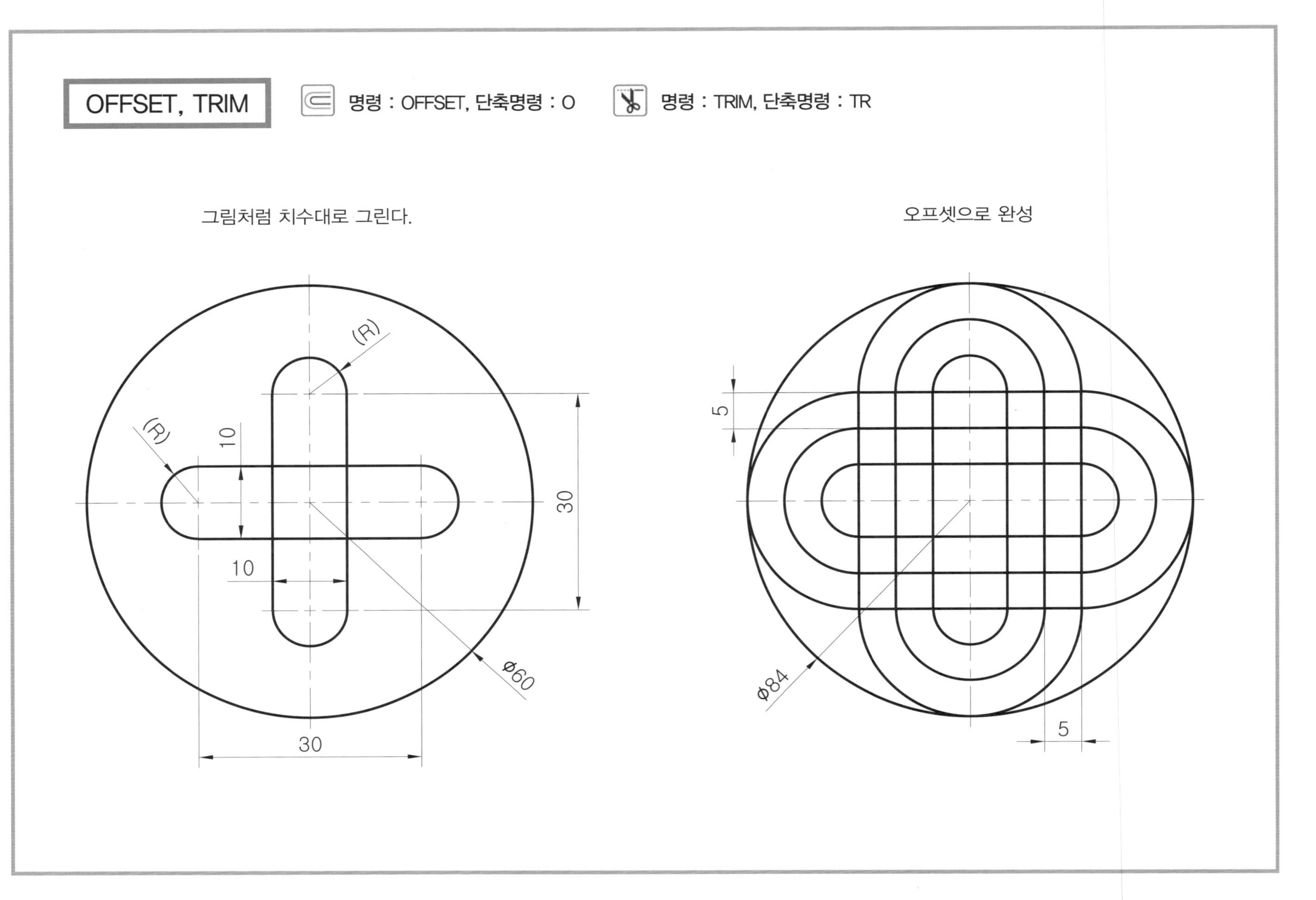
OFFSET, TRIM
명령 : OFFSET, 단축명령 : O
명령 : TRIM, 단축명령 : TR
그림처럼 치수대로 그린다.
오프셋으로 완성
(R)
(R)
10
10
30
30
ϕ60
5
5
ϕ84

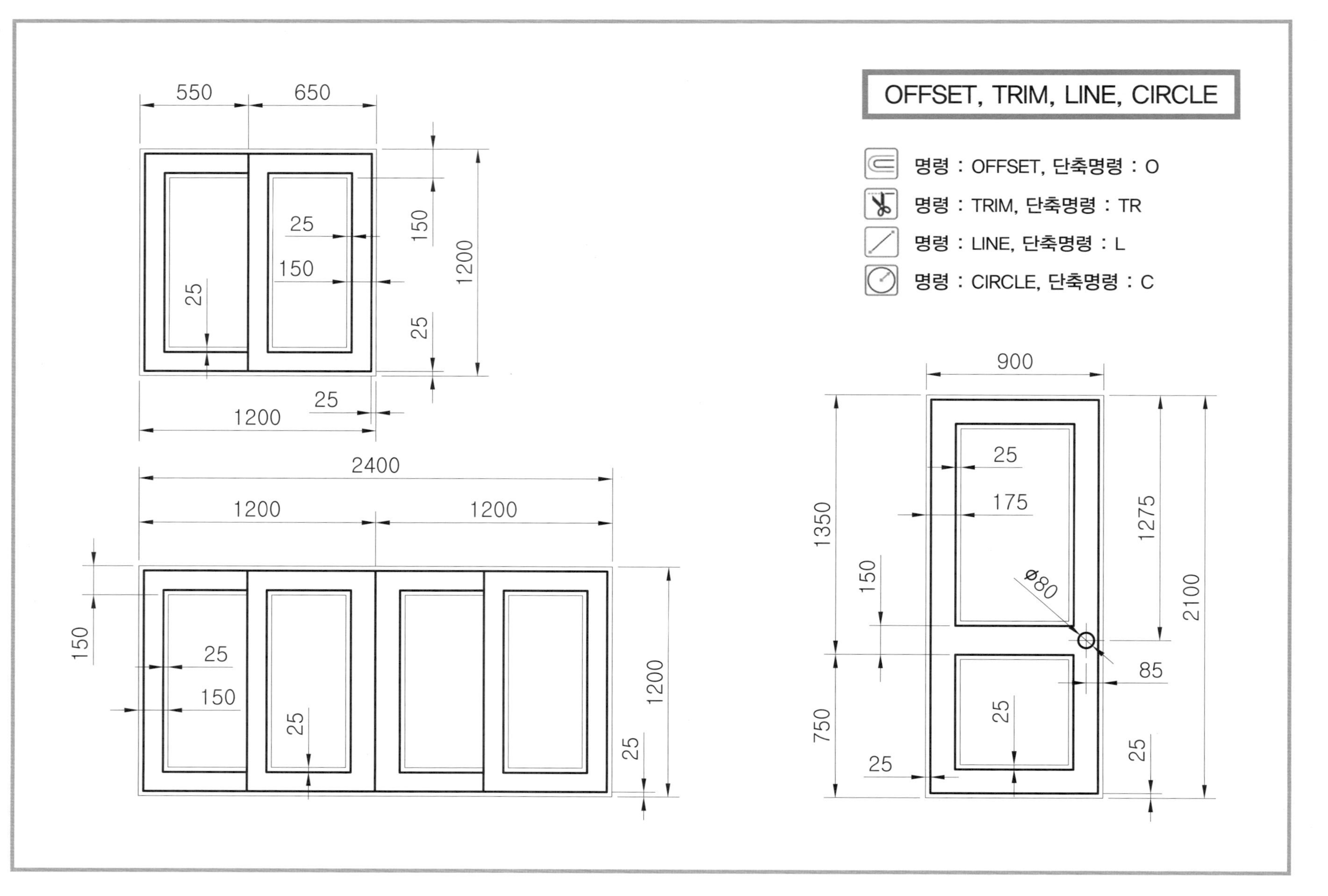

OFFSET, TRIM, LINE, CIRCLE
명령 : OFFSET, 단축명령 : O
명령 : TRIM, 단축명령 : TR
명령 : LINE, 단축명령 : L
명령 : CIRCLE, 단축명령 : C
550
650
25
150
25
150
1200
25
25
1200
2400
1200
1200
150
25
150
25
1200
25
900
25
175
1350
1275
150
ø80
2100
85
750
25
25
25

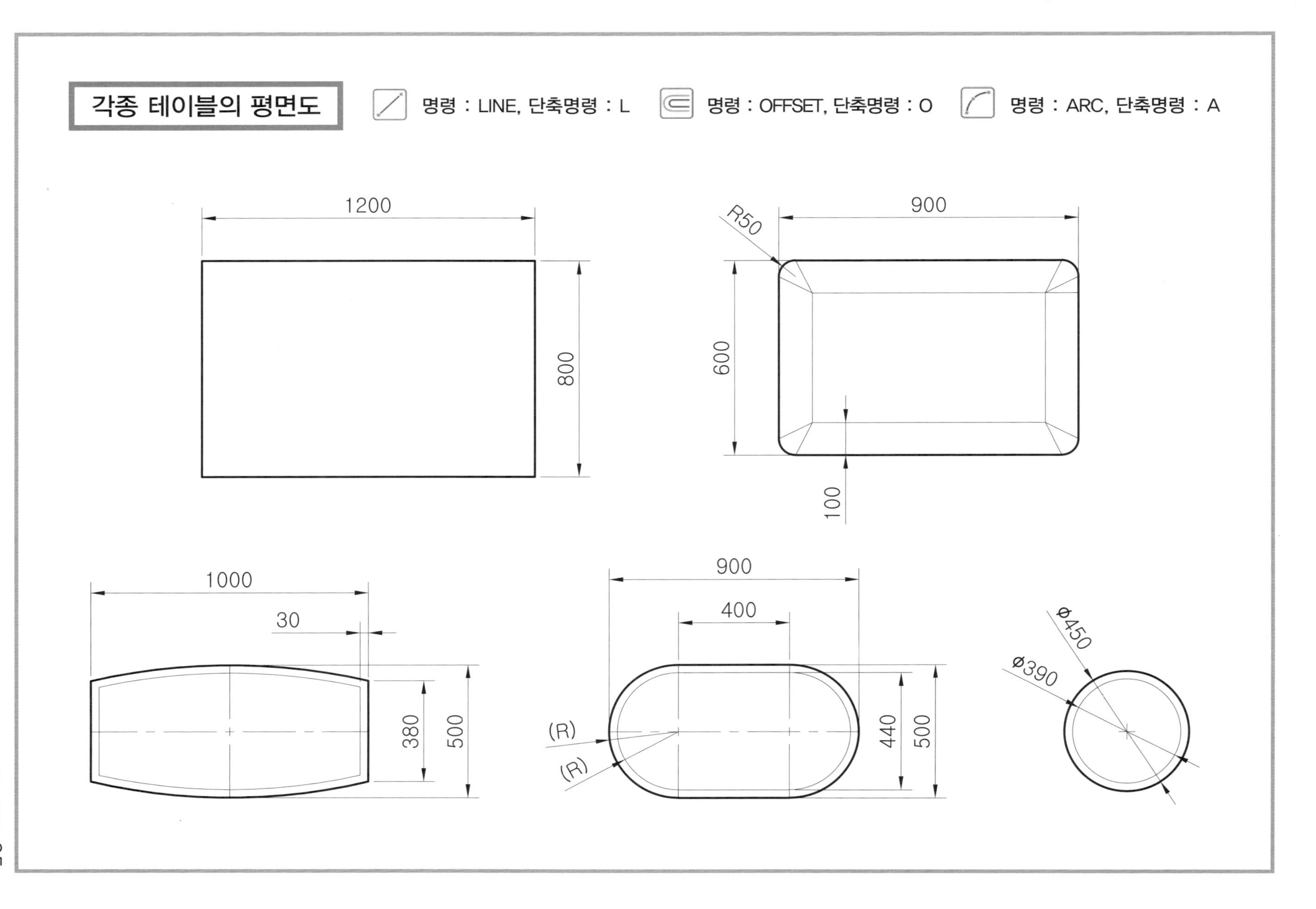
각종 테이블의 평면도
명령 : LINE, 단축명령 : L
명령 : OFFSET, 단축명령 : O
명령 : ARC, 단축명령 : A
1200
800
900
R50
600
100
1000
30
380
500
900
400
(R)
(R)
440
500
Ø450
Ø390

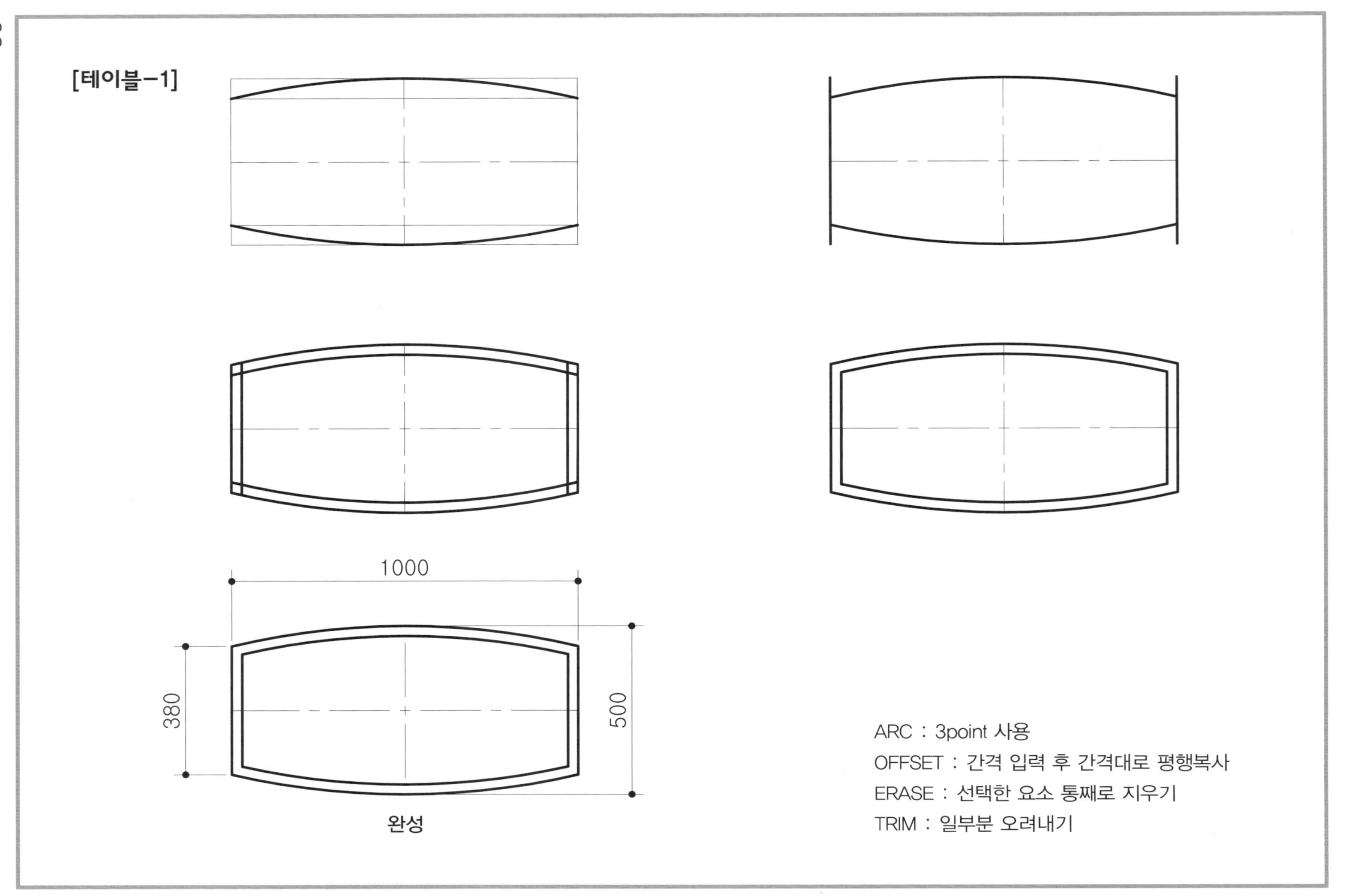
[테이블-1]
1000
380
500
완성
ARC : 3point 사용
OFFSET : 간격 입력 후 간격대로 평행복사
ERASE : 선택한 요소 통째로 지우기
TRIM : 일부분 오려내기

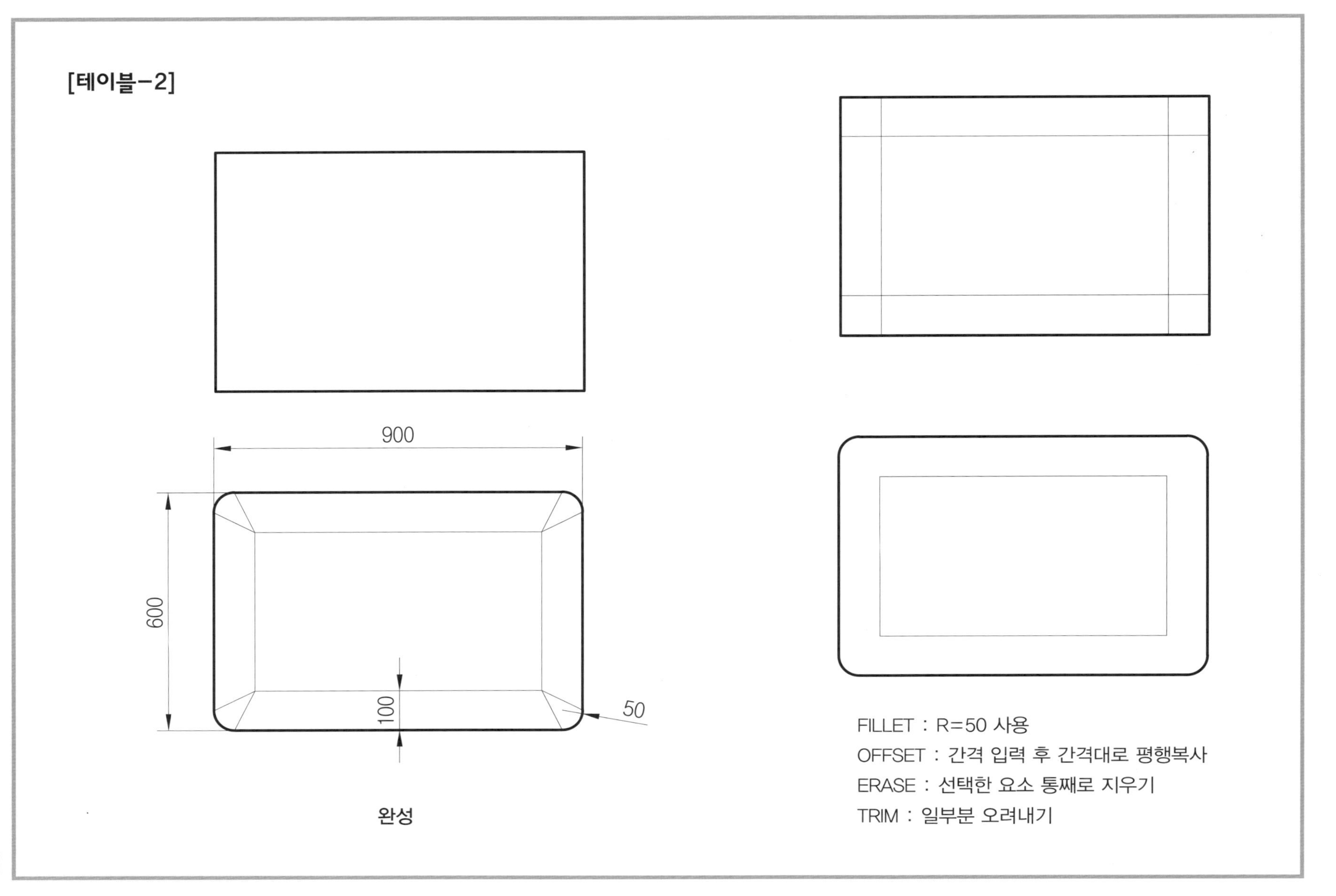
[테이블-2]
900
600
100
50
완성
FILLET : R=50 사용
OFFSET : 간격 입력 후 간격대로 평행복사
ERASE : 선택한 요소 통째로 지우기
TRIM : 일부분 오려내기

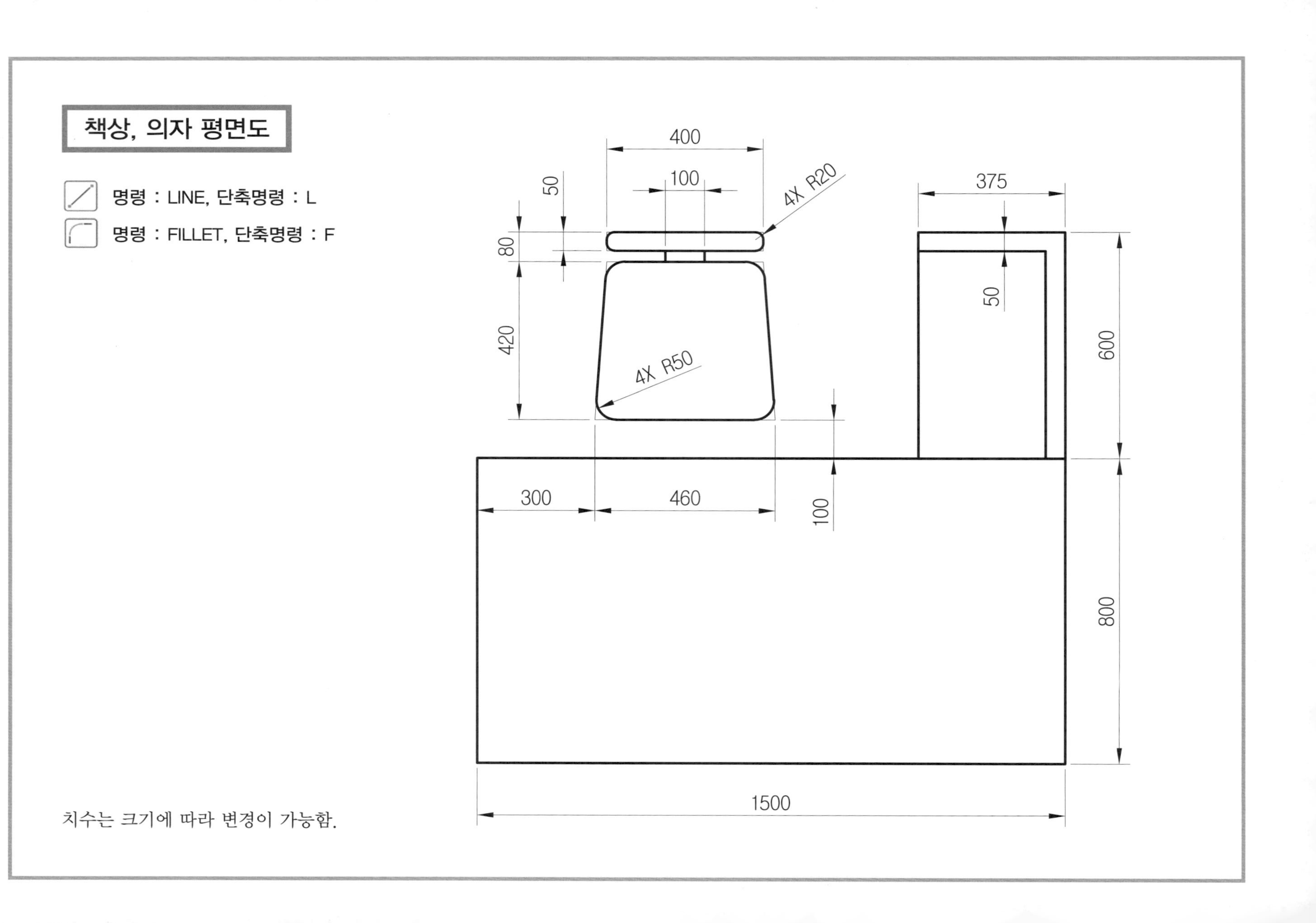
책상, 의자 평면도
명령 : LINE, 단축명령 : L
명령 : FILLET, 단축명령 : F
400
100
4X R20
50
80
420
4X R50
375
50
600
300
460
100
800
1500
치수는 크기에 따라 변경이 가능함.

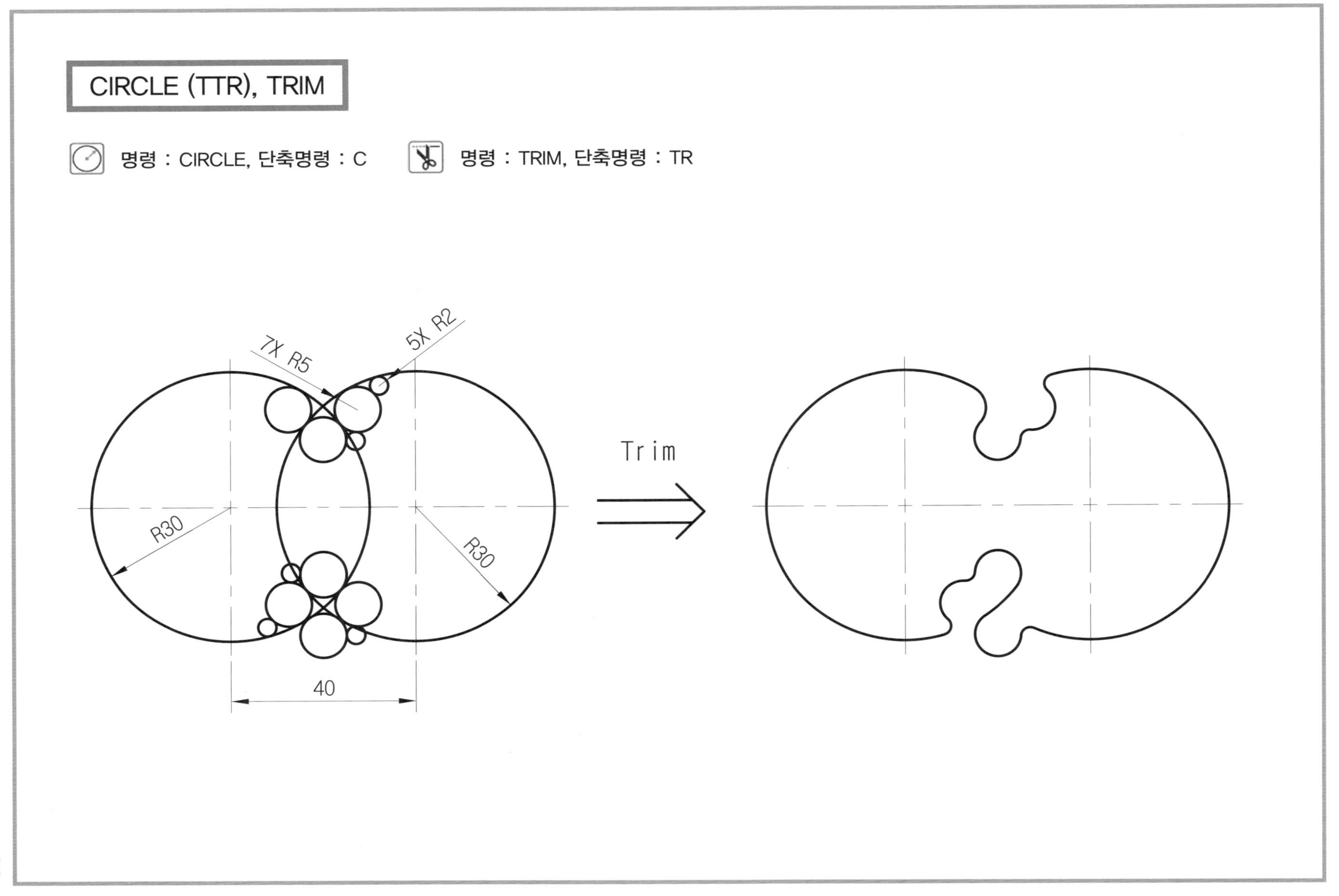
CIRCLE (TTR), TRIM
명령 : CIRCLE, 단축명령 : C
명령 : TRIM, 단축명령 : TR
7X R5
5X R2
R30
R30
40
Trim

LINE, CIRCLE, TRIM

명령 : LINE, 단축명령 : L　명령 : CIRCLE, 단축명령 : C　명령 : TRIM, 단축명령 : TR

굵은 실선으로 그려진 부분만 그리시오.
가상의 이점쇄선은 참고용임

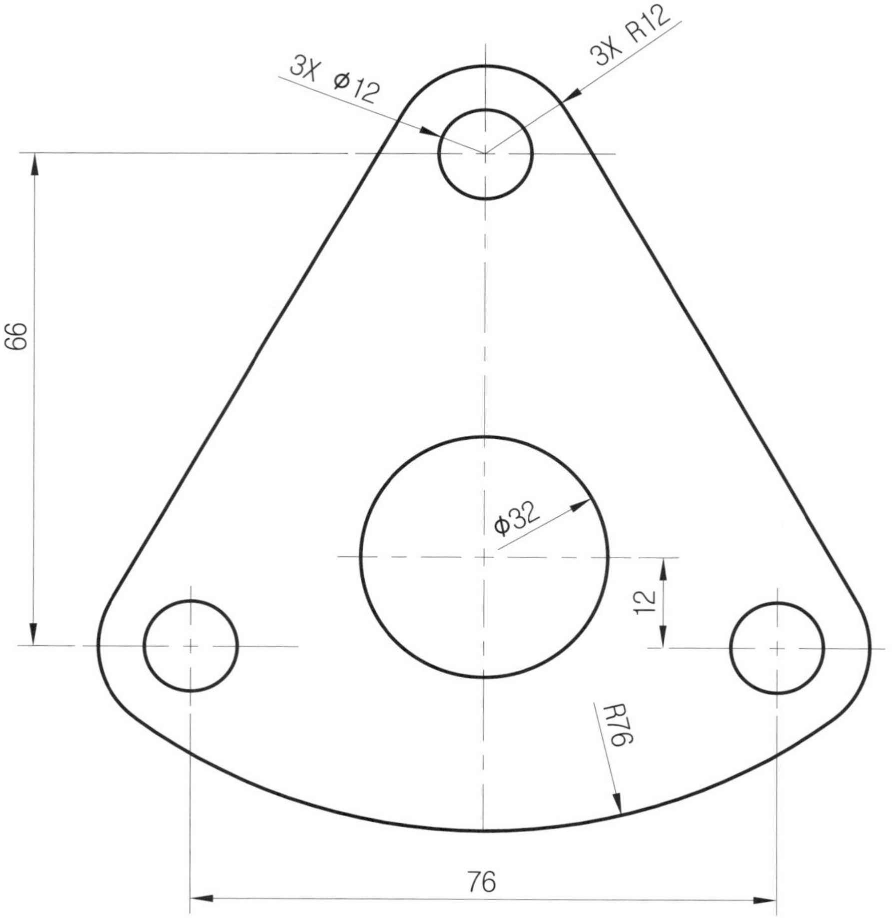

그리는 법

중심과 가상의 원(3개)을 먼저 그린다.
LINE으로 접점을 지정하여 선을 그린다.
CIRCLE의 TTR로 접점, 접점, 반지름을 입력하여 접원을 그린 후 TRIM으로 잘라낸다.

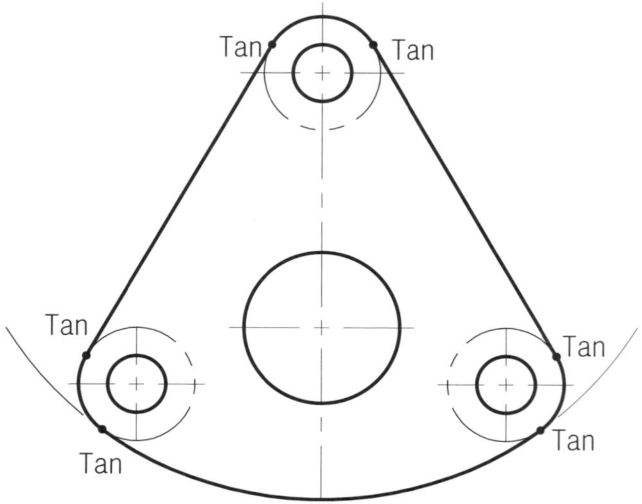

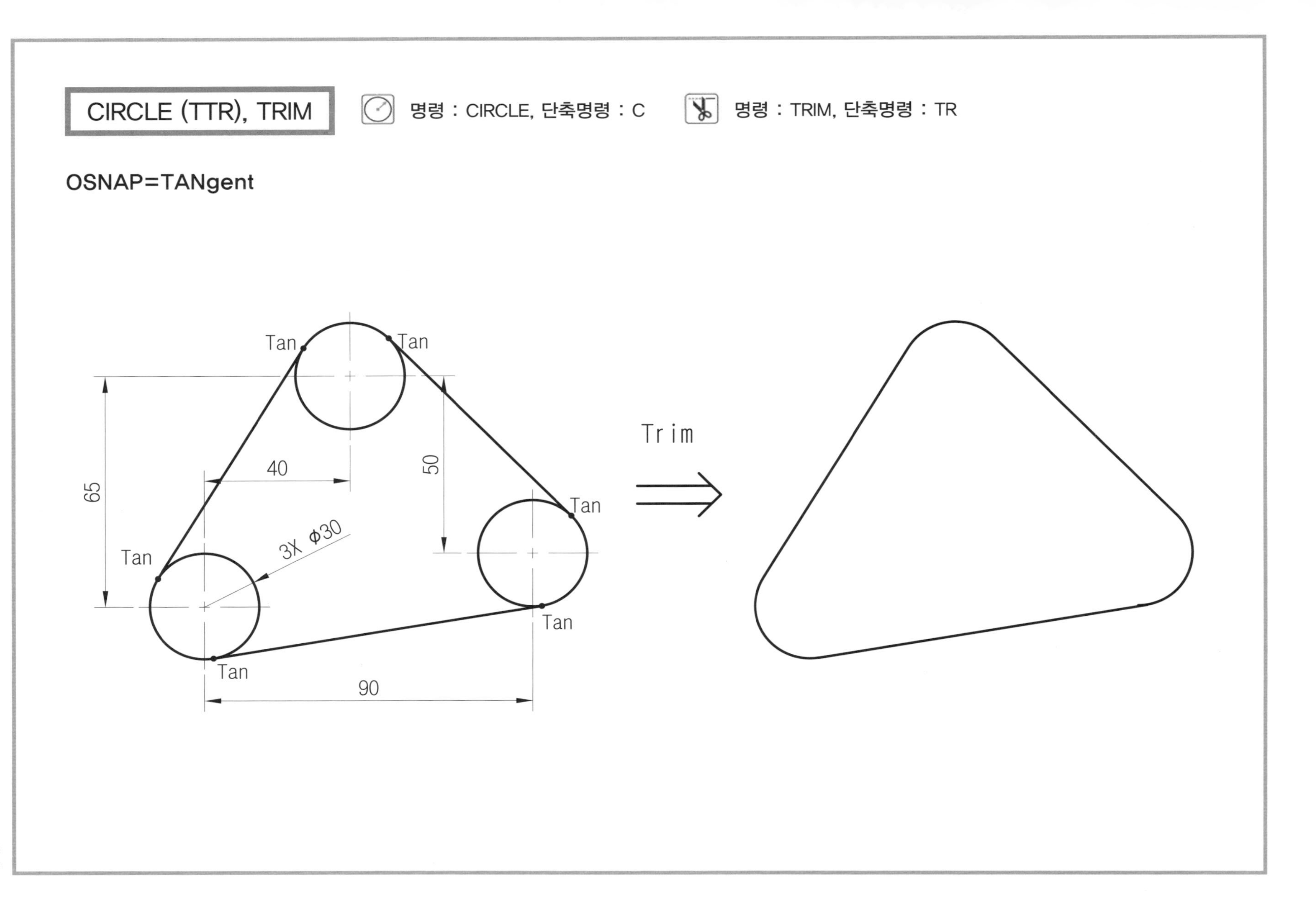
CIRCLE (TTR), TRIM
명령 : CIRCLE, 단축명령 : C
명령 : TRIM, 단축명령 : TR
OSNAP=TANgent
Tan
Tan
Tan
Tan
Tan
Tan
65
40
50
90
3X Φ30
Trim

CIRCLE (RAD), TRIM

명령 : CIRCLE, 단축명령 : C

명령 : TRIM, 단축명령 : TR

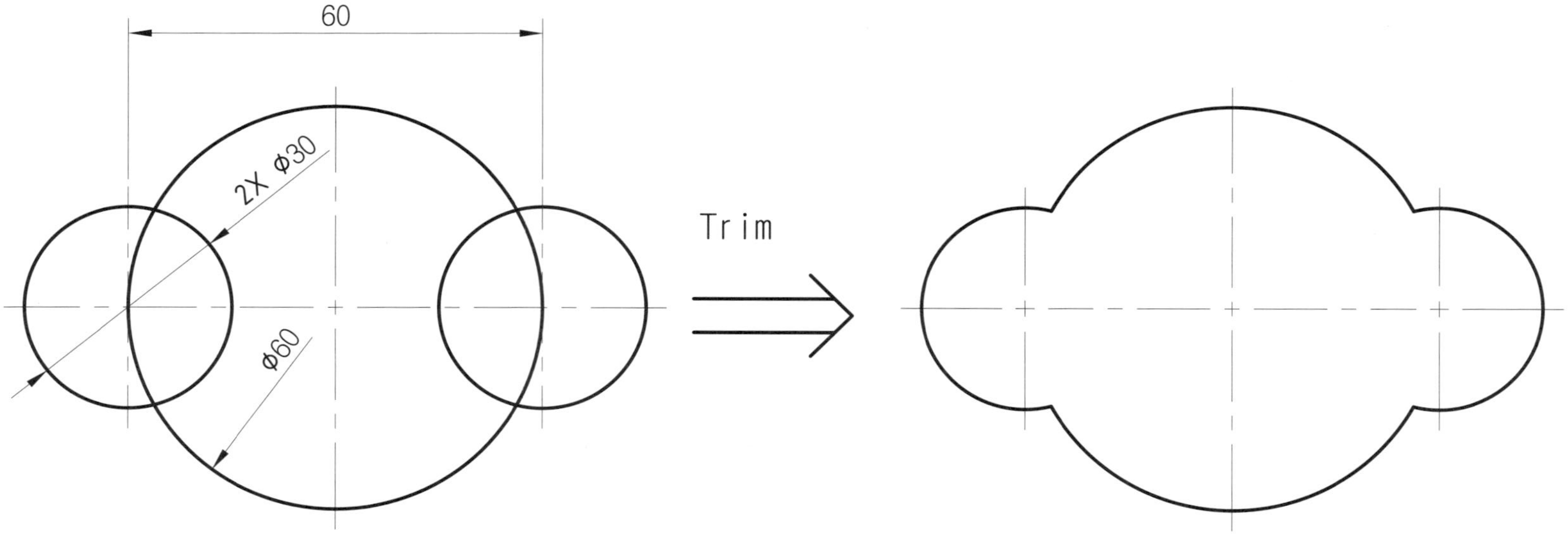

60

2X ϕ30

ϕ60

Trim

CIRCLE (RAD, 2P, TTR), TRIM

명령 : CIRCLE, 단축명령 : C

명령 : TRIM, 단축명령 : TR

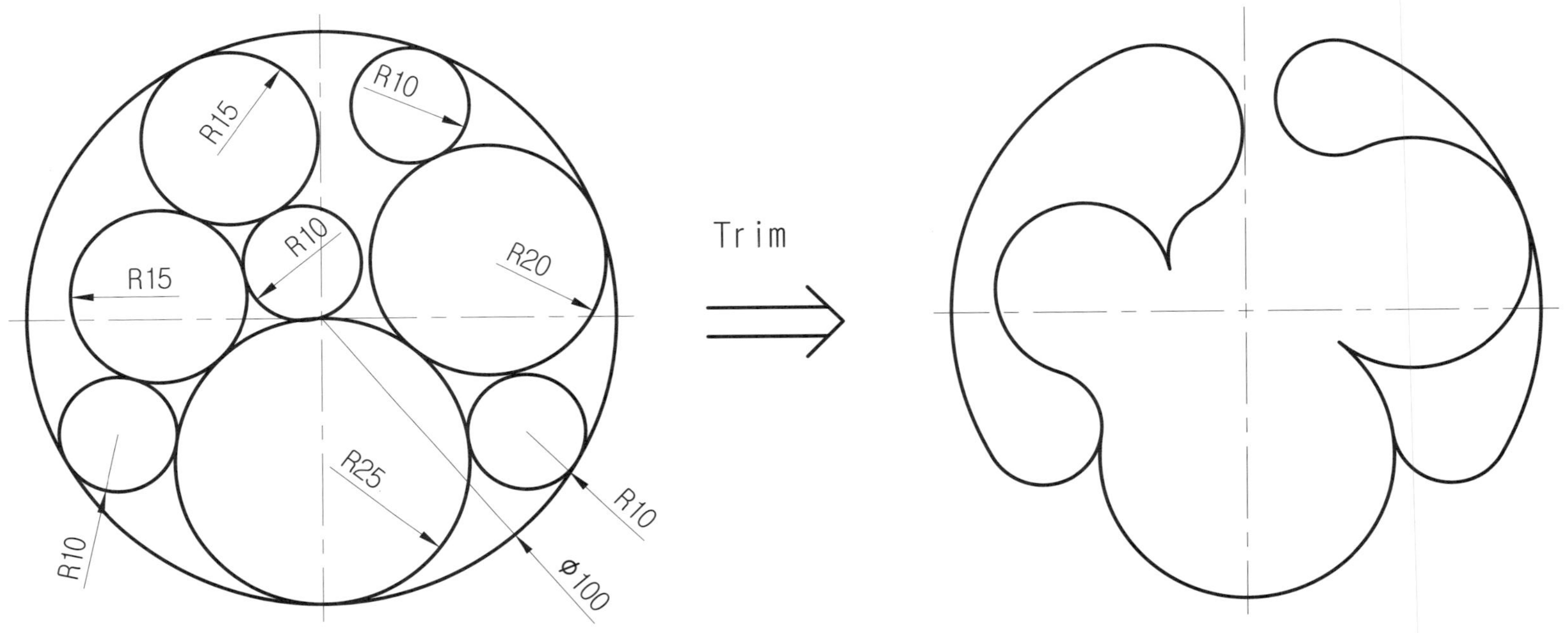

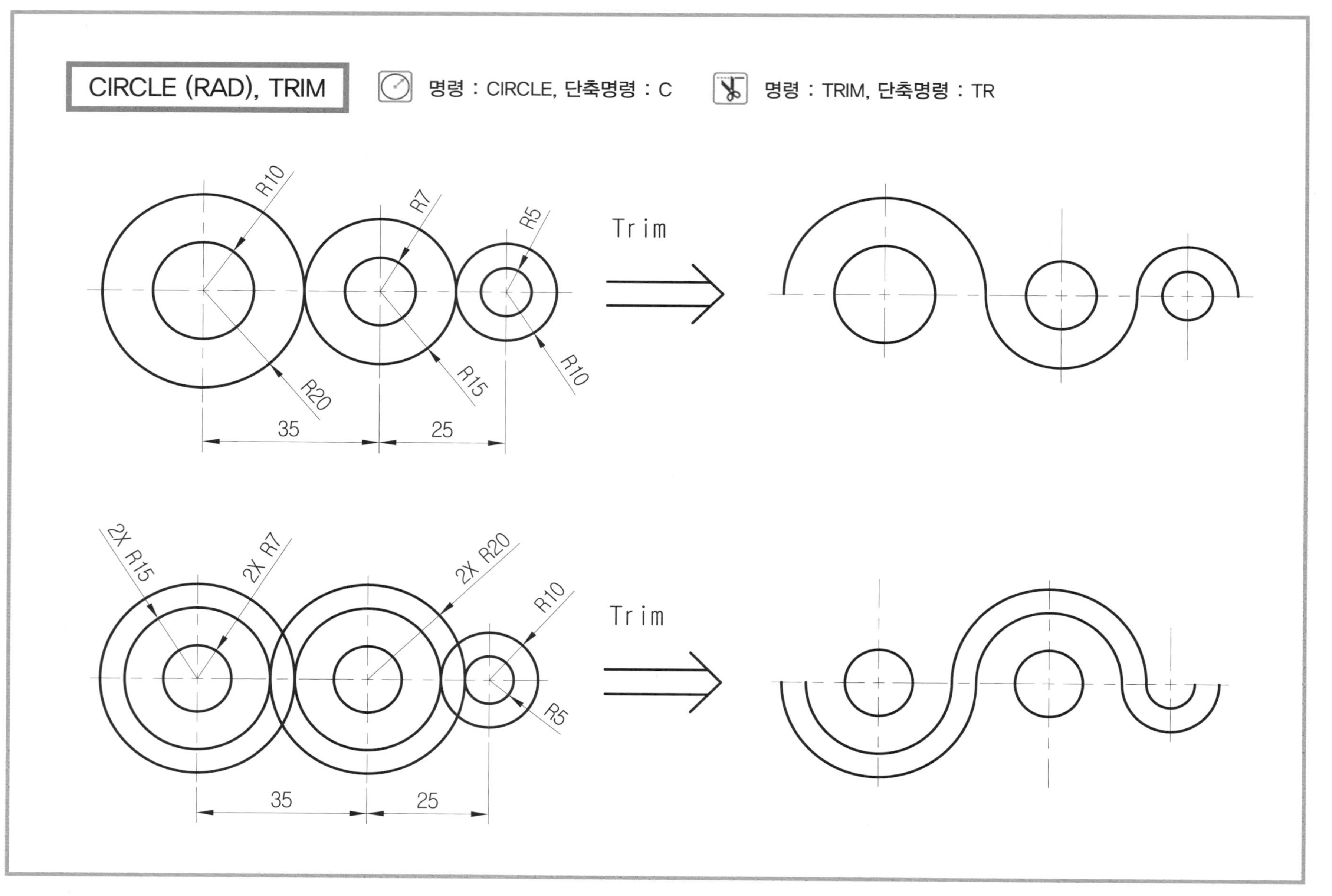
CIRCLE (RAD), TRIM
명령 : CIRCLE, 단축명령 : C
명령 : TRIM, 단축명령 : TR
R10
R7
R5
R20
R15
R10
35
25
Trim
2X R15
2X R7
2X R20
R10
R5
35
25
Trim

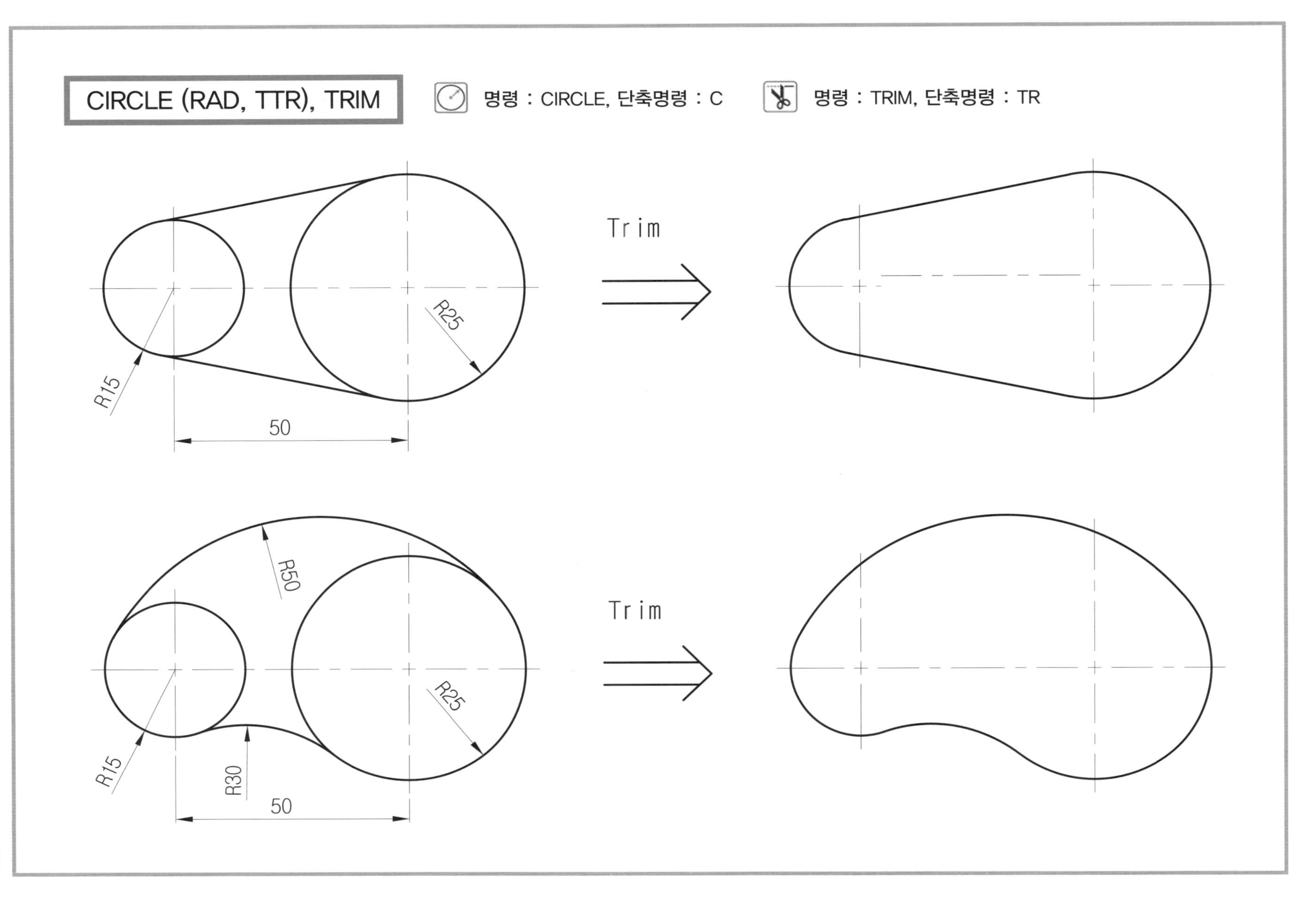
CIRCLE (RAD, TTR), TRIM
명령 : CIRCLE, 단축명령 : C
명령 : TRIM, 단축명령 : TR
R15
R25
50
Trim
R50
R30
R15
R25
50
Trim

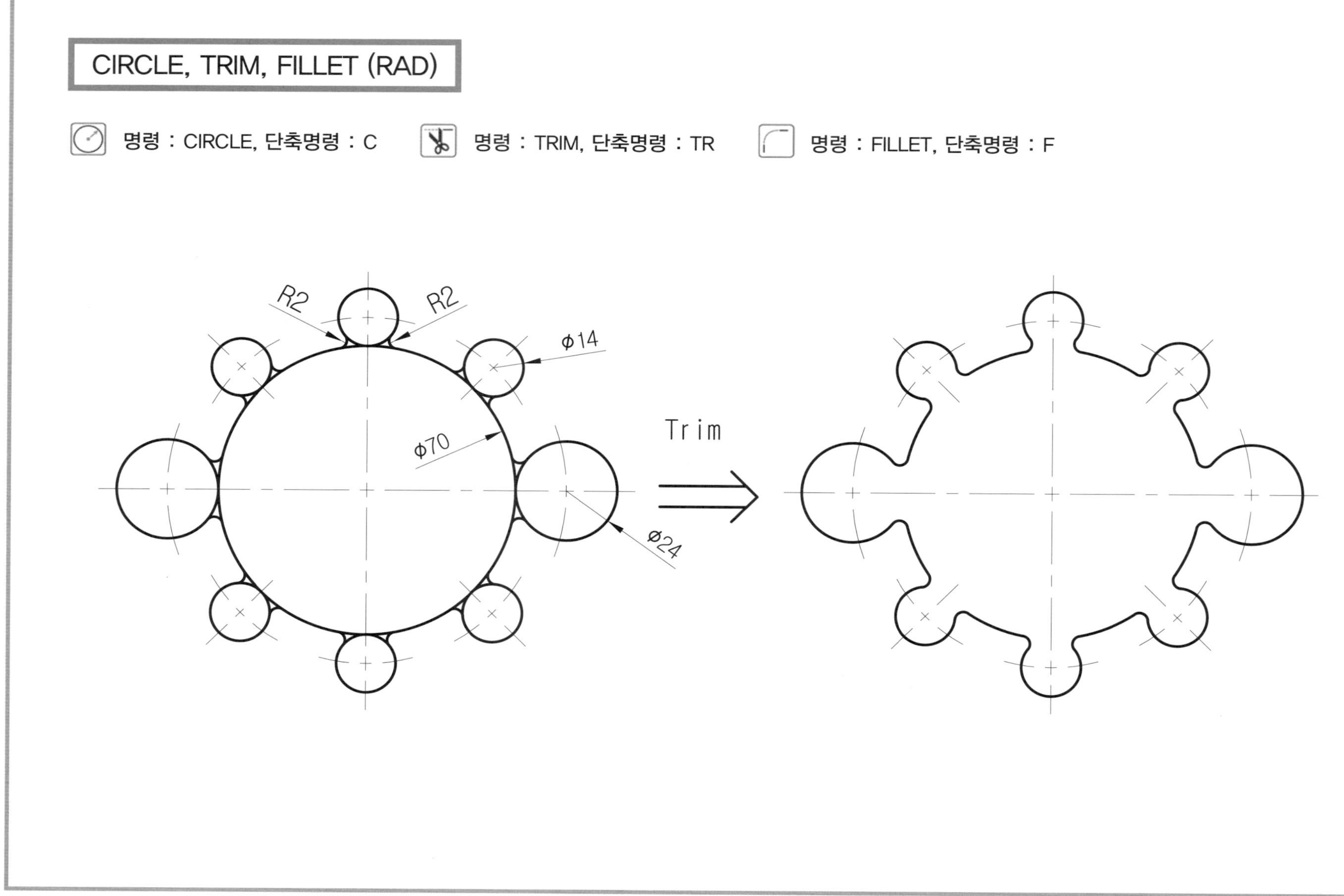
CIRCLE, TRIM, FILLET (RAD)
명령 : CIRCLE, 단축명령 : C
명령 : TRIM, 단축명령 : TR
명령 : FILLET, 단축명령 : F
R2
R2
φ14
φ70
φ24
Trim

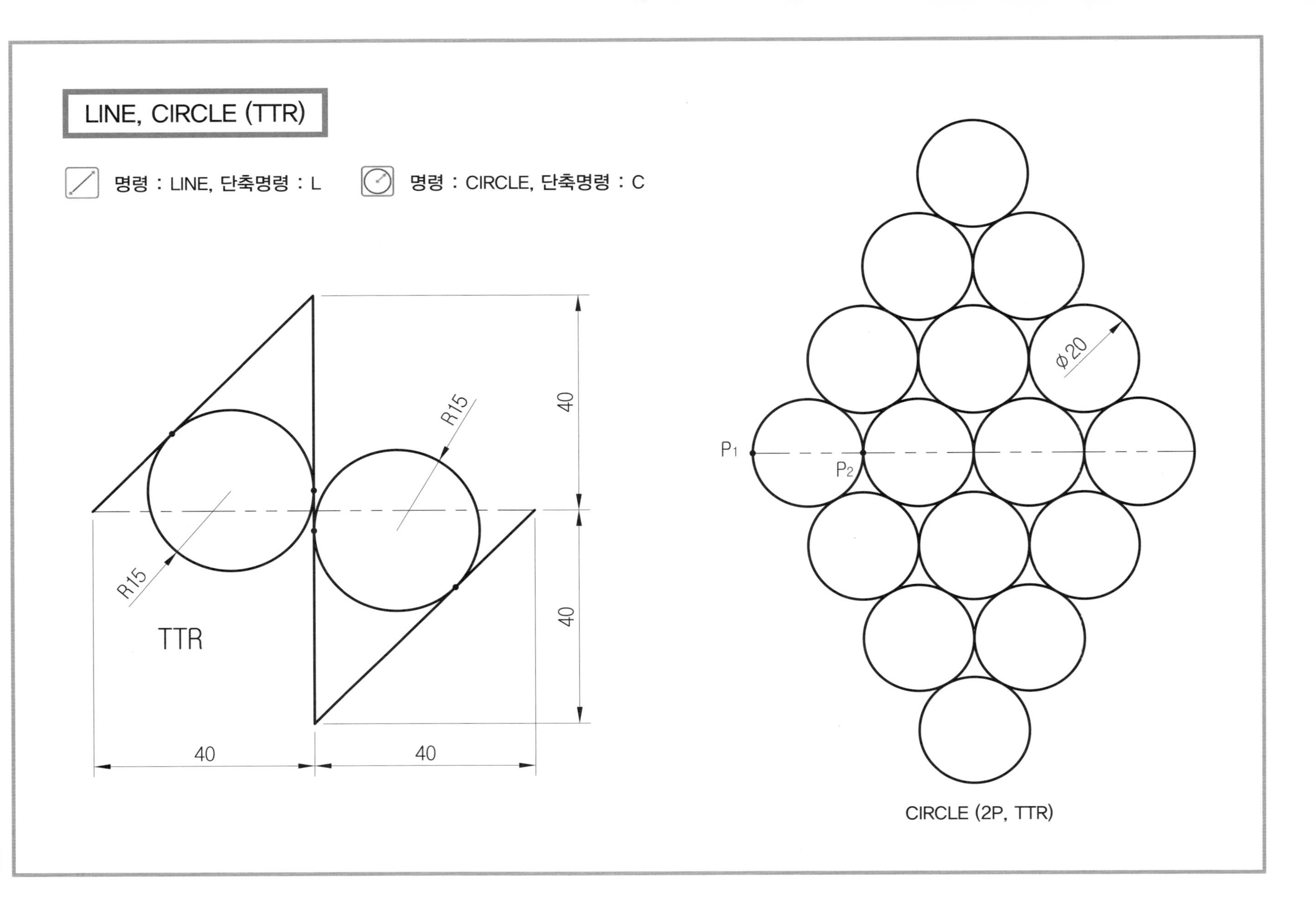

LINE, CIRCLE (TTR)
명령 : LINE, 단축명령 : L
명령 : CIRCLE, 단축명령 : C
R15
R15
TTR
40
40
40
40
Φ20
P1
P2
CIRCLE (2P, TTR)

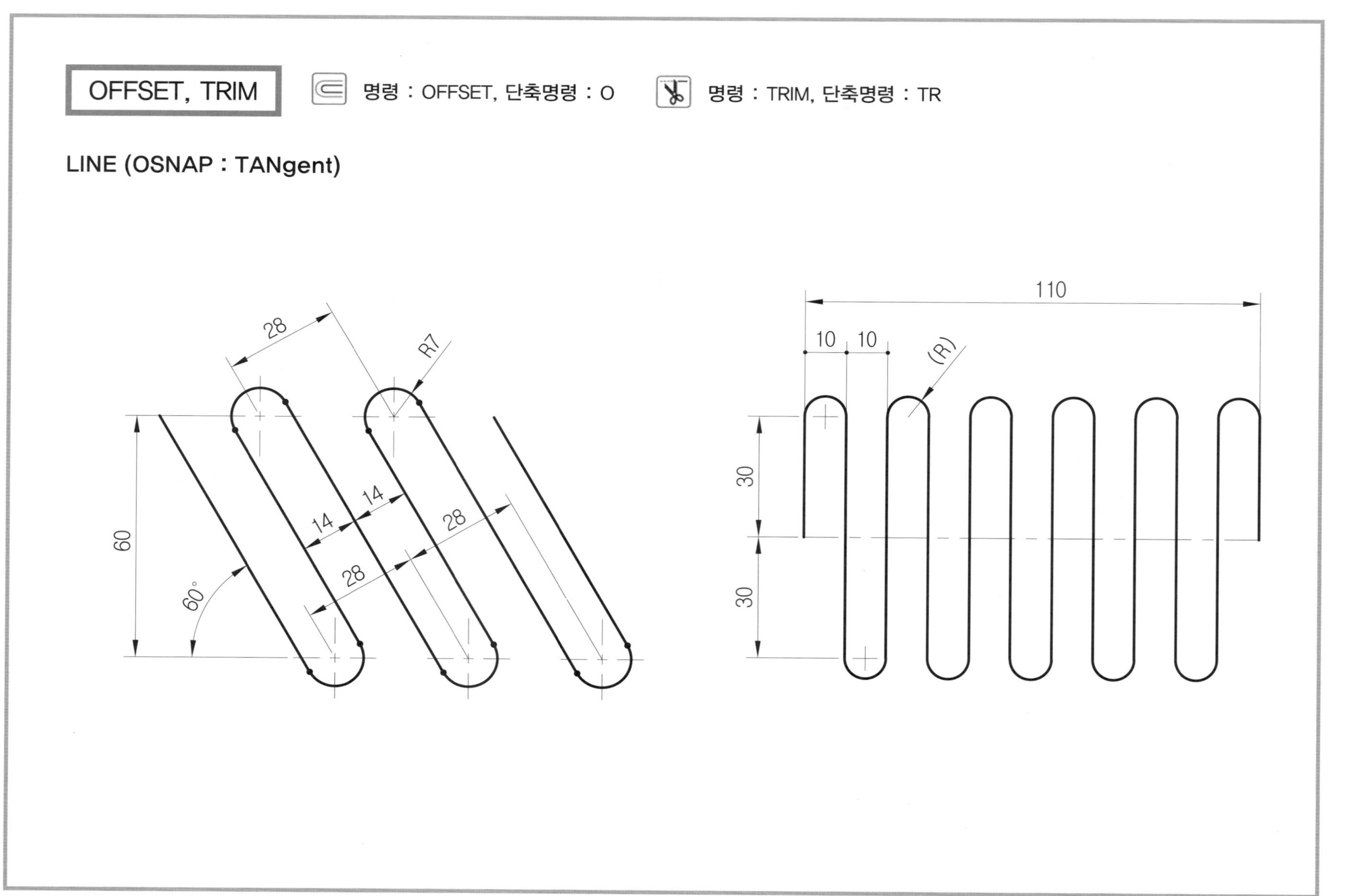
OFFSET, TRIM
명령 : OFFSET, 단축명령 : O
명령 : TRIM, 단축명령 : TR
LINE (OSNAP : TANgent)
28
R7
14
14
28
28
60
60°
110
10
10
(R)
30
30

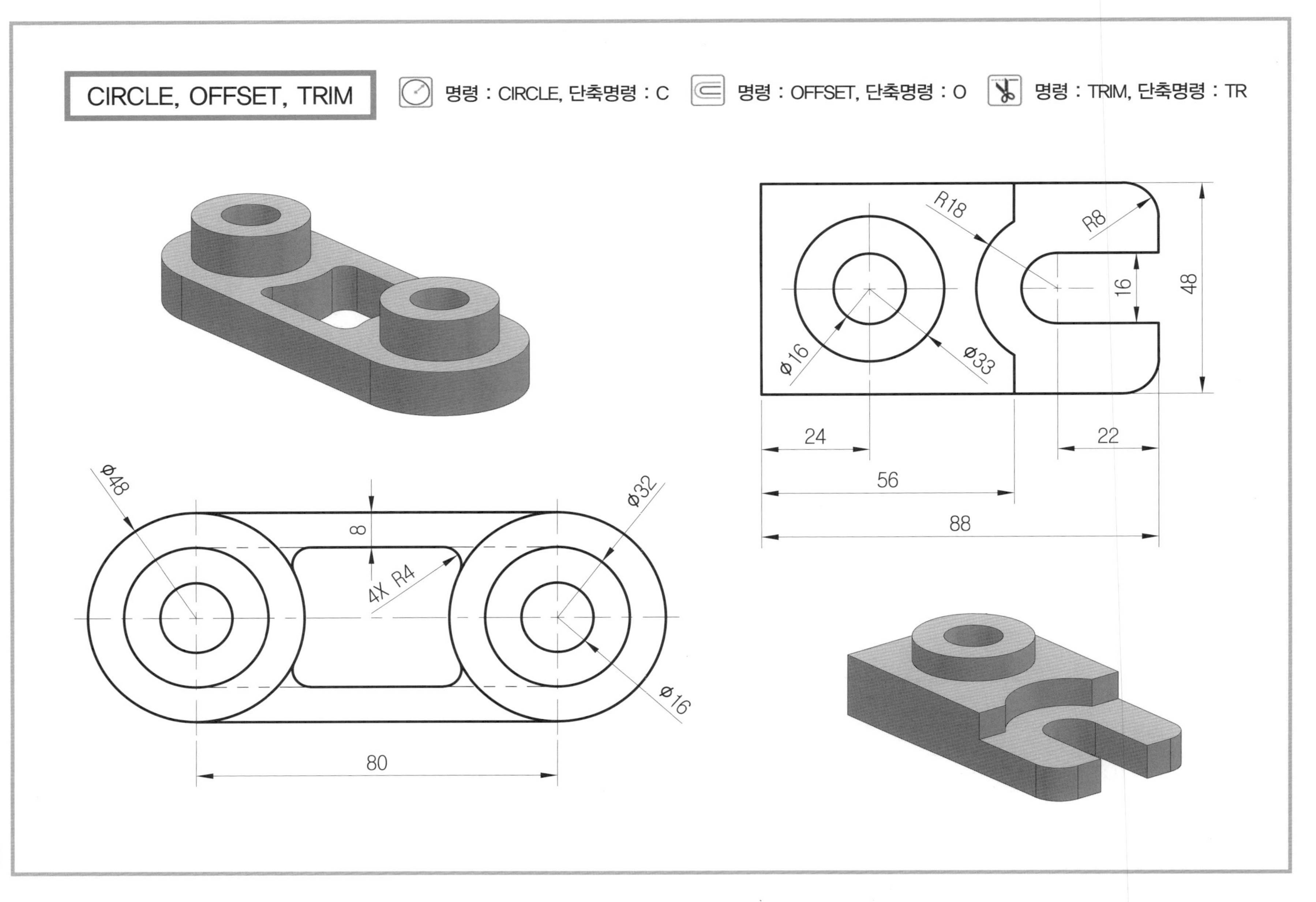
CIRCLE, OFFSET, TRIM
명령 : CIRCLE, 단축명령 : C
명령 : OFFSET, 단축명령 : O
명령 : TRIM, 단축명령 : TR
R18
R8
16
48
φ16
φ33
24
22
56
88
φ48
φ32
8
4X R4
φ16
80

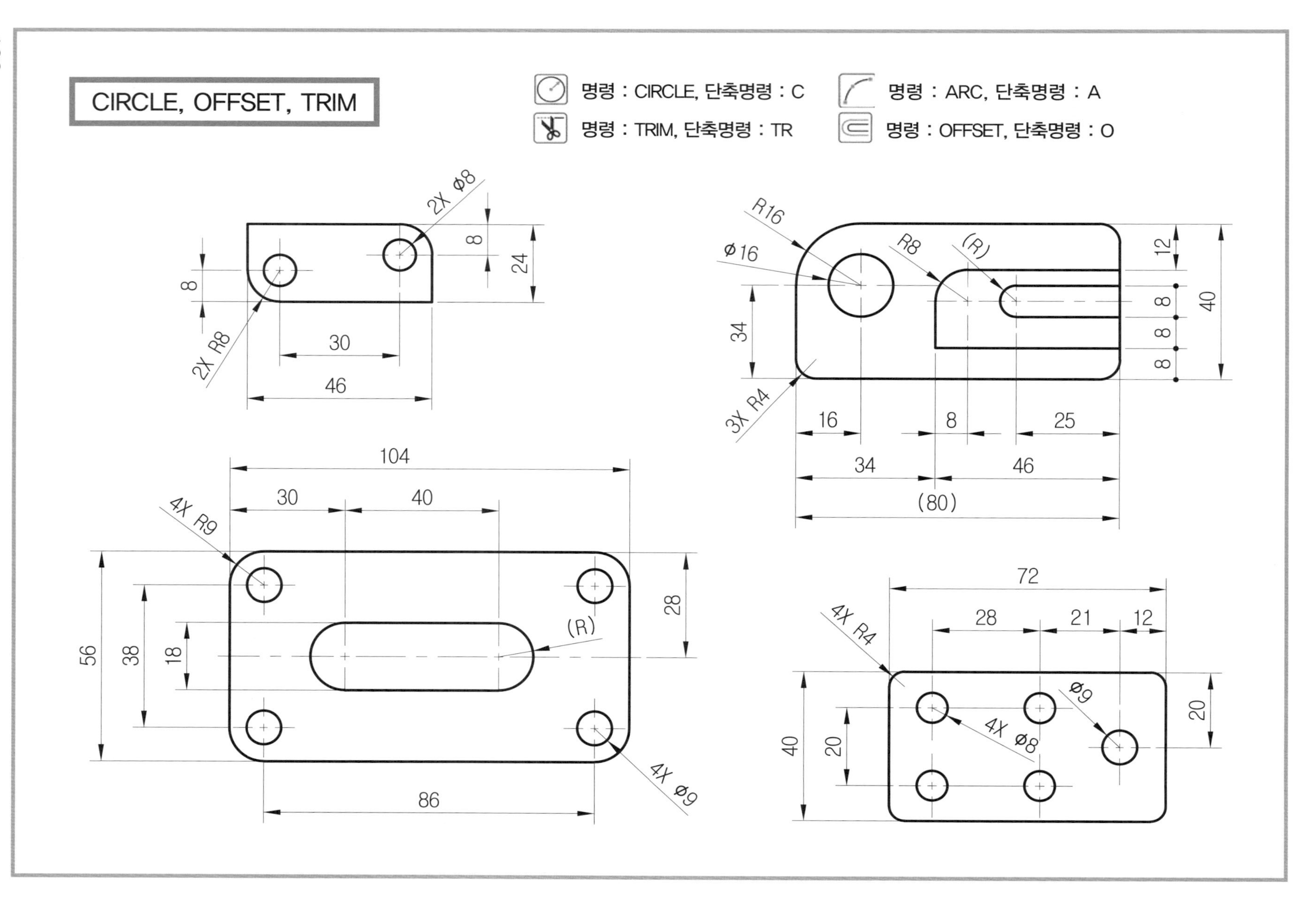
CIRCLE, OFFSET, TRIM
명령 : CIRCLE, 단축명령 : C
명령 : ARC, 단축명령 : A
명령 : TRIM, 단축명령 : TR
명령 : OFFSET, 단축명령 : O
2X Φ8
8
24
8
2X R8
30
46
R16
Φ16
R8
(R)
12
8
8
8
40
34
3X R4
16
8
25
34
46
(80)
104
30
40
4X R9
28
(R)
56
38
18
86
4X Φ9
72
28
21
12
4X R4
Φ9
4X Φ8
20
40
20

LINE, ARC, OFFSET

명령 : LINE, 단축명령 : L　명령 : OFFSET, 단축명령 : O　명령 : ARC, 단축명령 : A

command : LINE
From point : (임의의 점에서 시작)
To point : (@0, 60 등의 방법) 또는 @60 < 0

command : OFFSET
offset distance ~ : 8
select objet ~

command : ARC
ARC center / 〈Start point〉 :

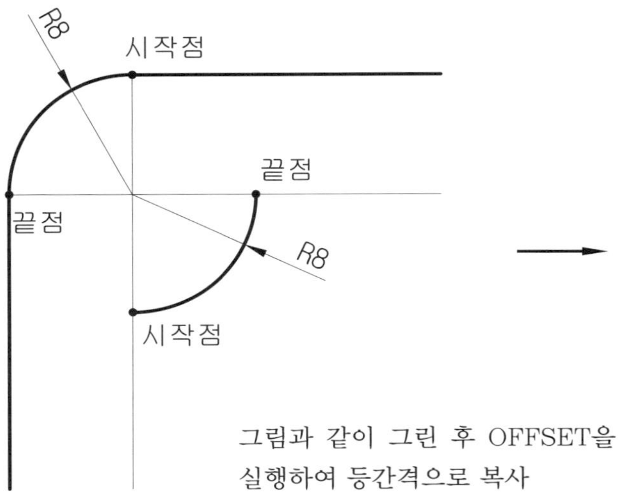

그림과 같이 그린 후 OFFSET을
실행하여 등간격으로 복사

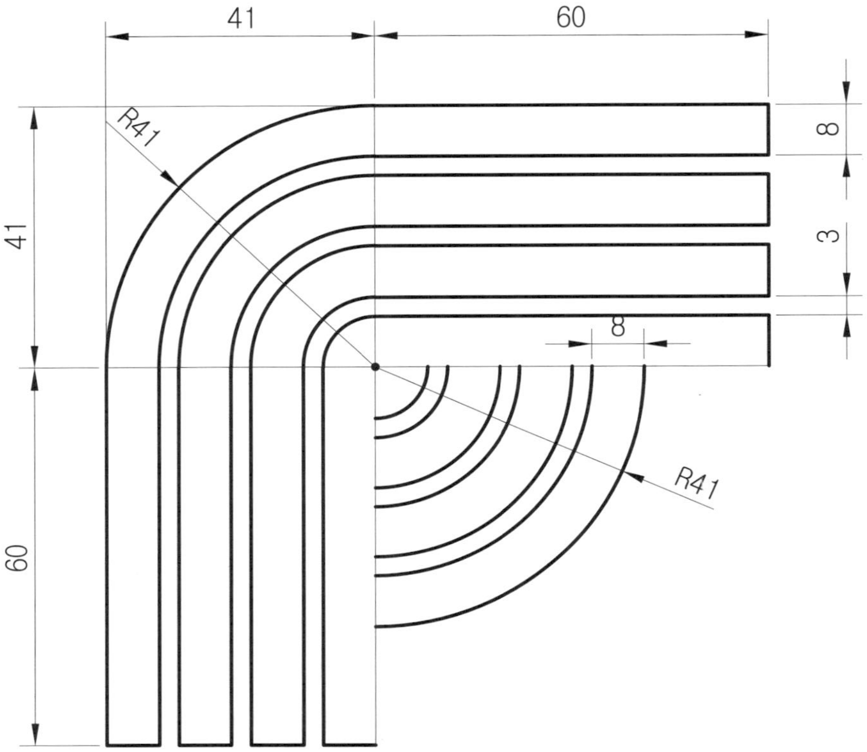

TRIM, OFFSET

명령 : TRIM, 단축명령 : TR

명령 : OFFSET, 단축명령 : O

사각형과 중심선을 먼저 그린다.
사각형에 맞는 원을 그린다.

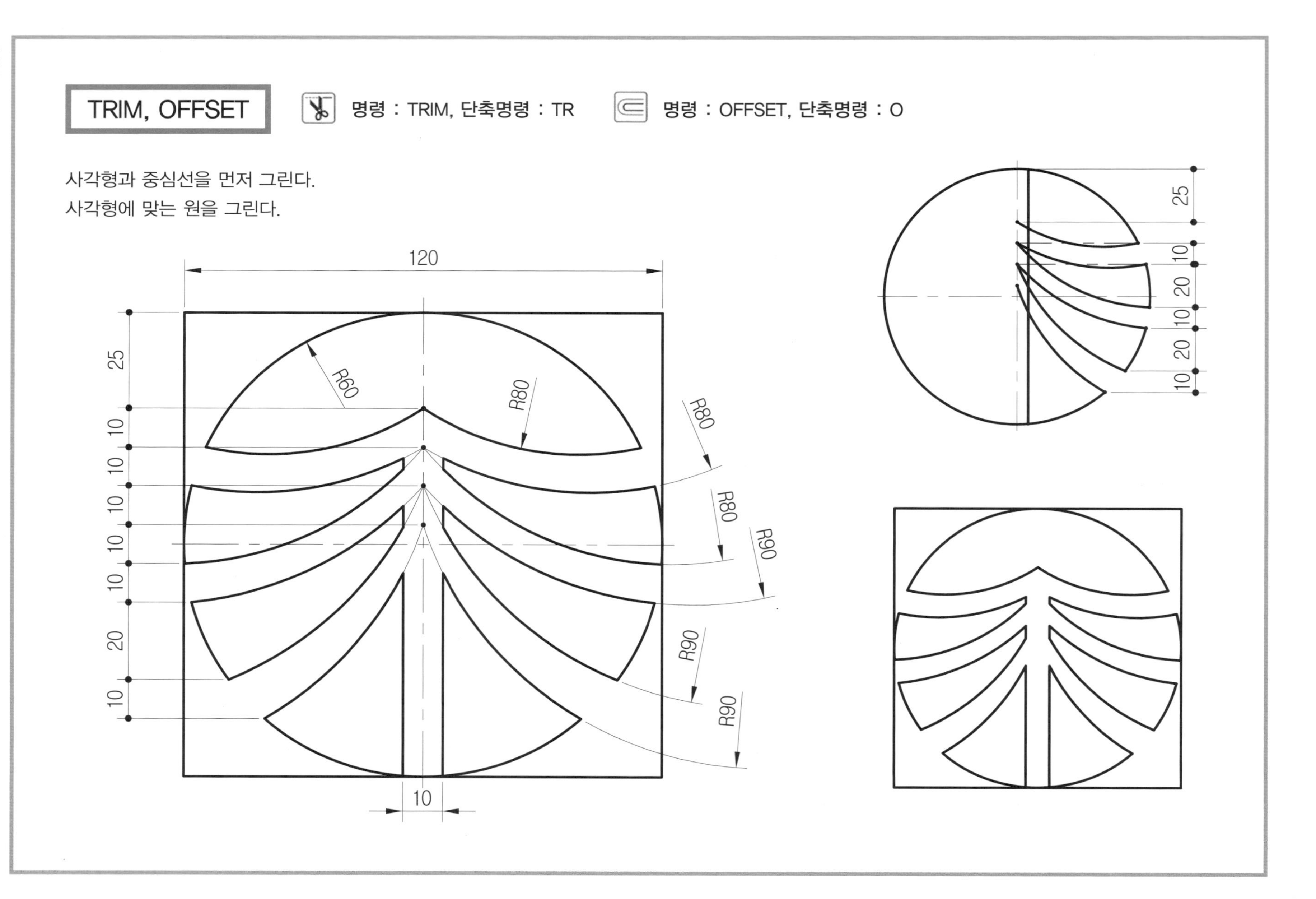

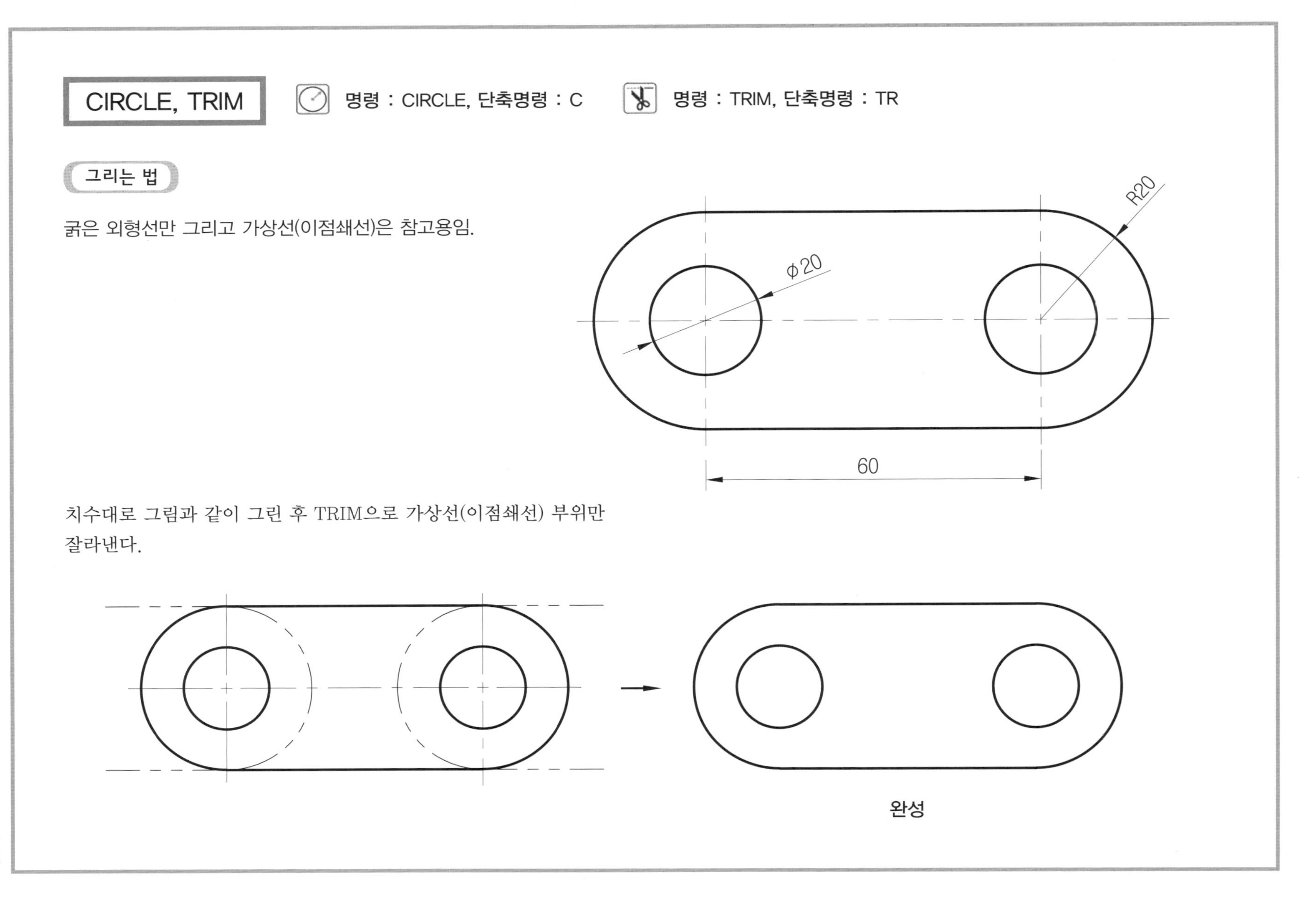
CIRCLE, TRIM
명령 : CIRCLE, 단축명령 : C
명령 : TRIM, 단축명령 : TR
그리는 법
굵은 외형선만 그리고 가상선(이점쇄선)은 참고용임.
R20
φ20
60
치수대로 그림과 같이 그린 후 TRIM으로 가상선(이점쇄선) 부위만 잘라낸다.
완성

CIRCLE, TRIM

명령 : CIRCLE, 단축명령 : C　　명령 : TRIM, 단축명령 : TR

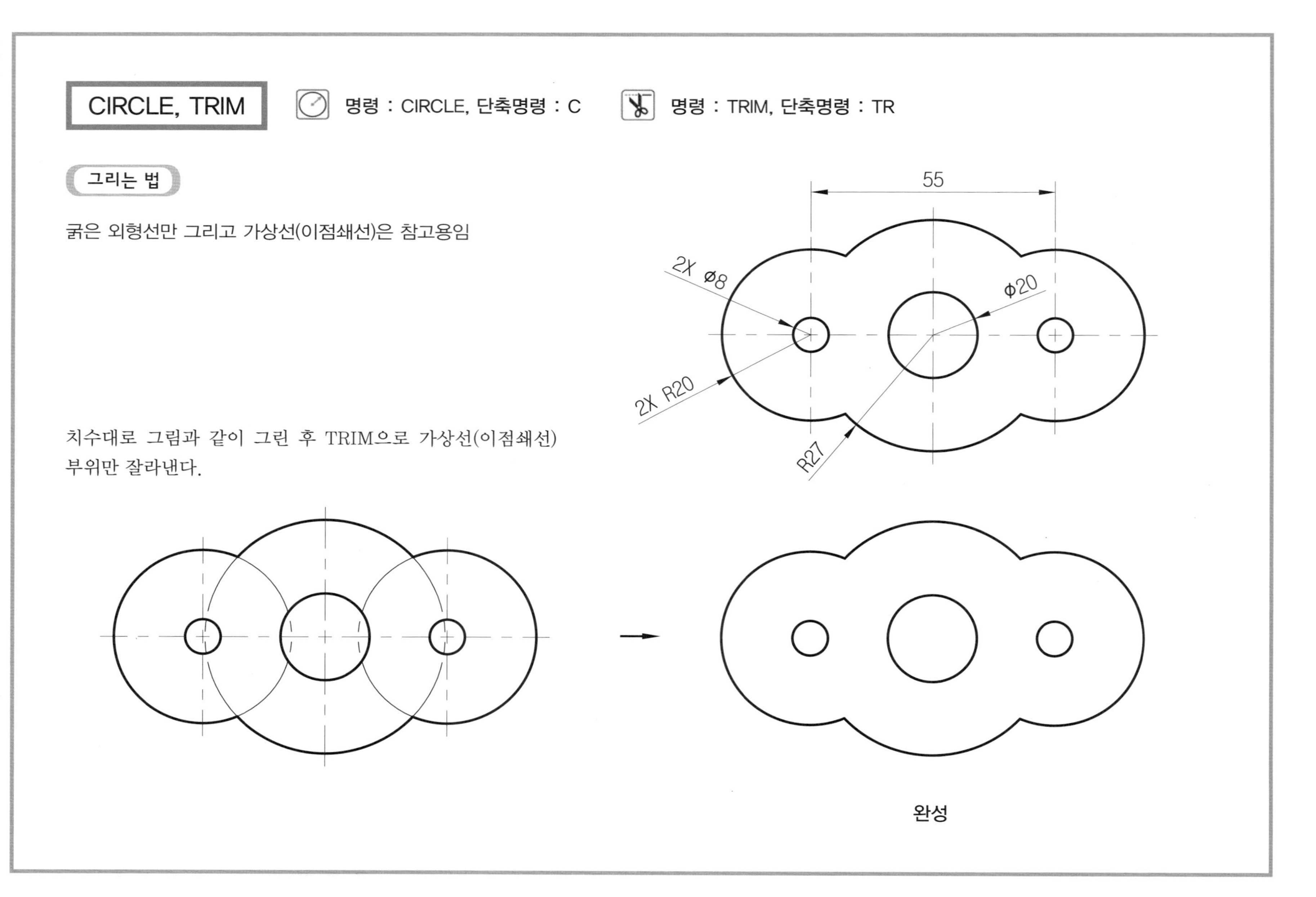

그리는 법

굵은 외형선만 그리고 가상선(이점쇄선)은 참고용임

치수대로 그림과 같이 그린 후 TRIM으로 가상선(이점쇄선) 부위만 잘라낸다.

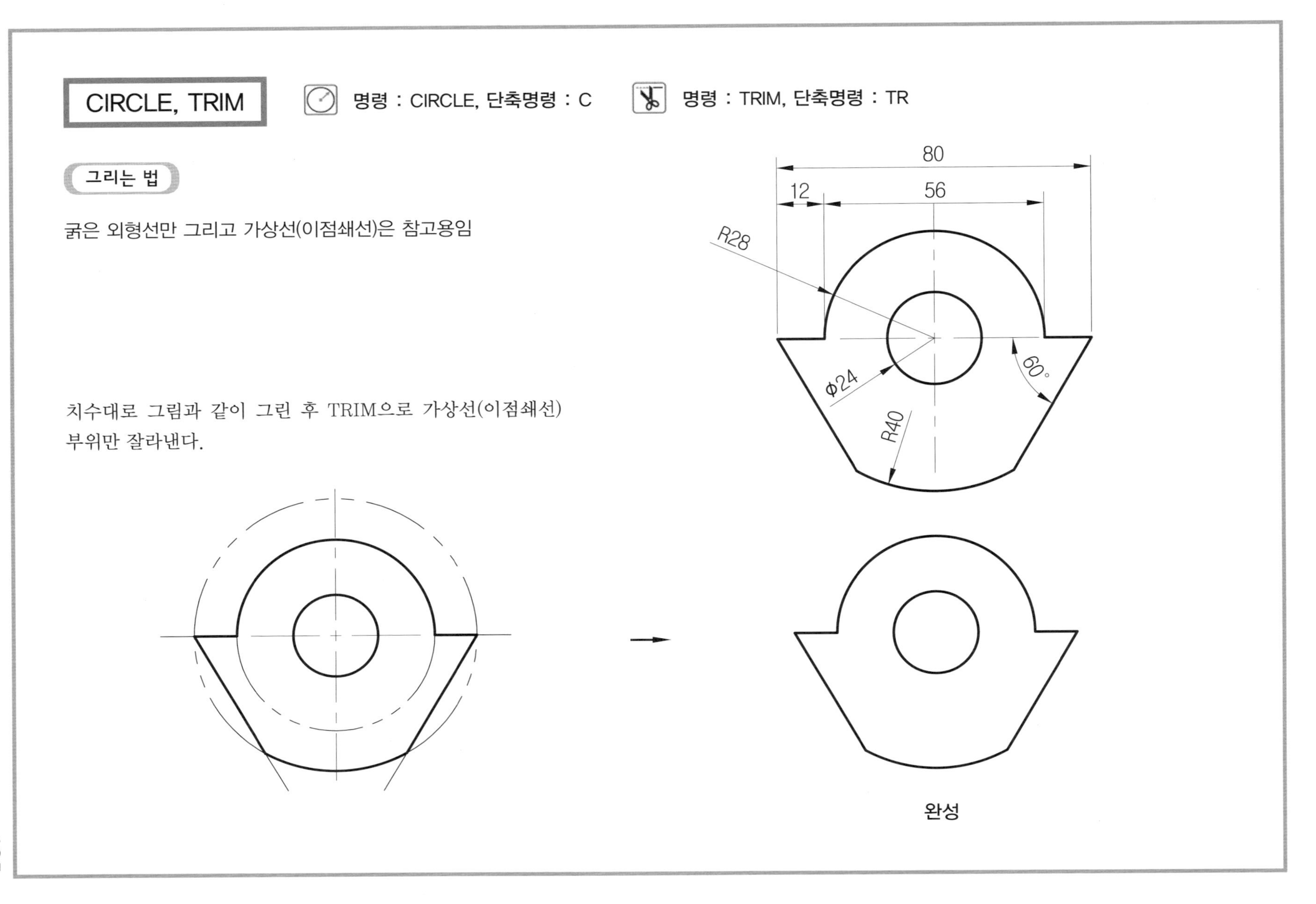
CIRCLE, TRIM
명령 : CIRCLE, 단축명령 : C
명령 : TRIM, 단축명령 : TR
그리는 법
굵은 외형선만 그리고 가상선(이점쇄선)은 참고용임
치수대로 그림과 같이 그린 후 TRIM으로 가상선(이점쇄선) 부위만 잘라낸다.
80
12
56
R28
Φ24
R40
60°
완성

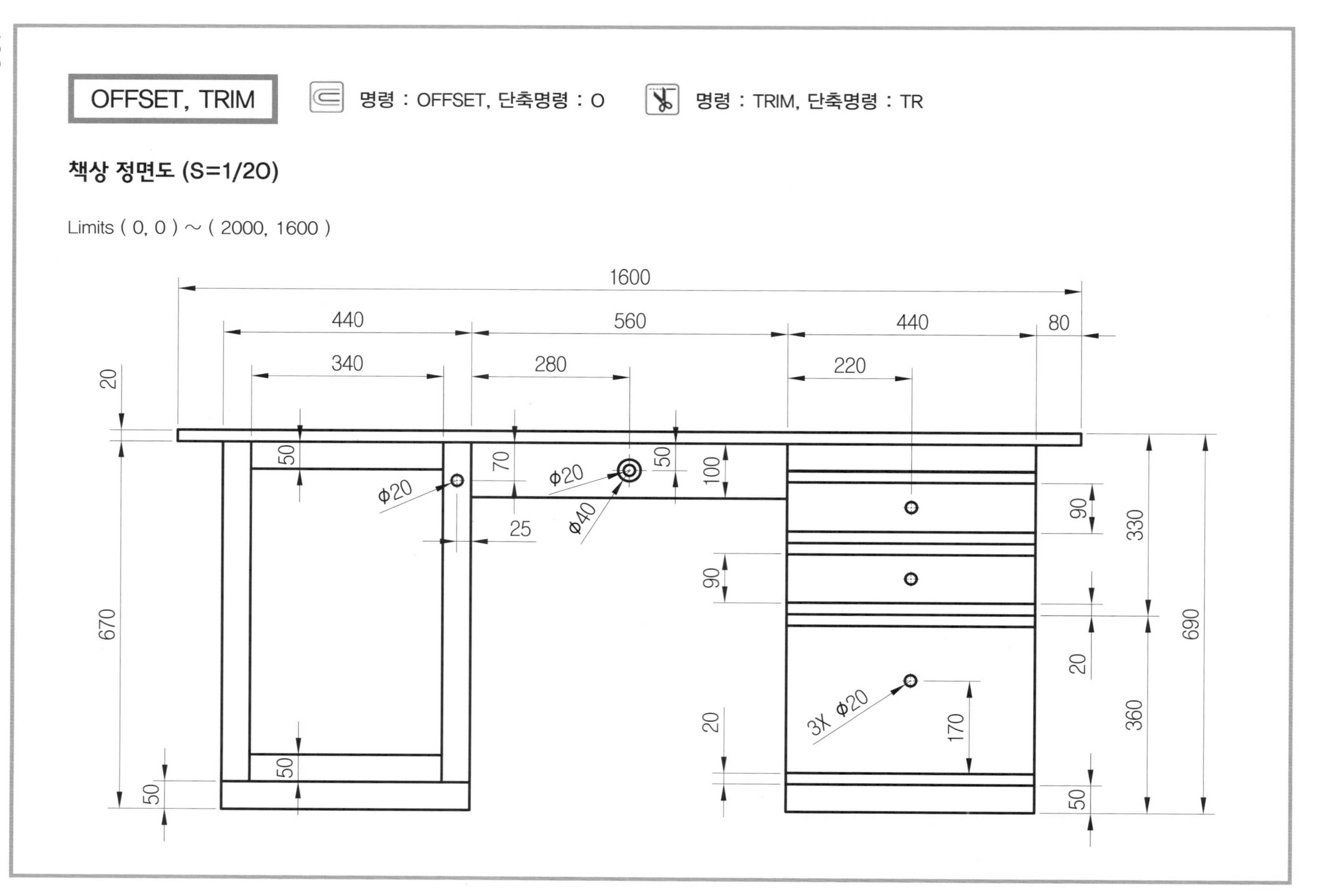
OFFSET, TRIM
명령 : OFFSET, 단축명령 : O
명령 : TRIM, 단축명령 : TR
책상 정면도 (S=1/20)
Limits (0, 0) ~ (2000, 1600)
1600
440
560
440
80
340
280
220
20
50
70
Φ20
Φ20
50
100
Φ40
25
90
330
90
670
690
20
3X Φ20
170
20
360
50
50
50

OFFSET, TRIM

명령 : OFFSET, 단축명령 : O   명령 : TRIM, 단축명령 : TR

책상 정면도 (S=1/20)

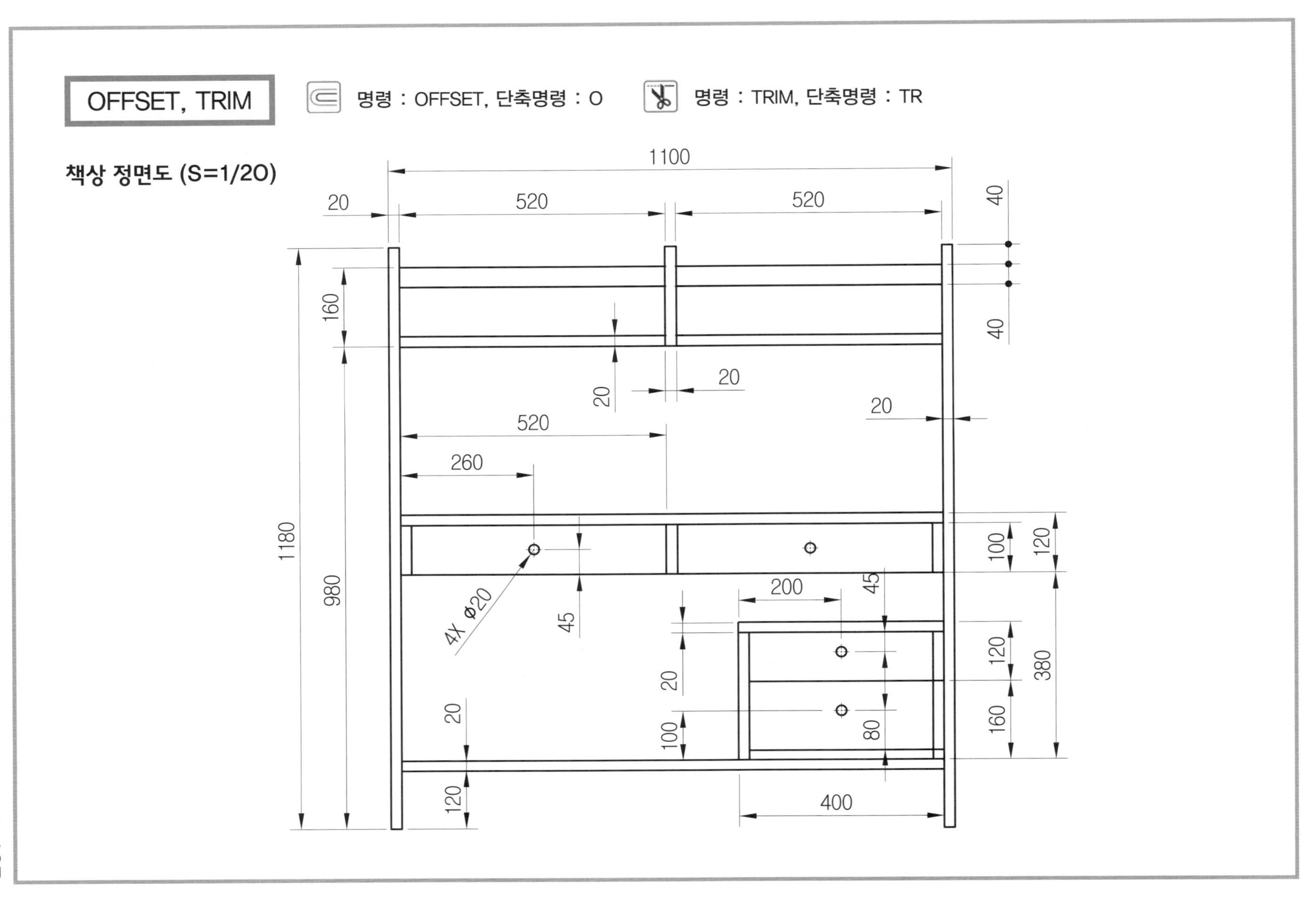

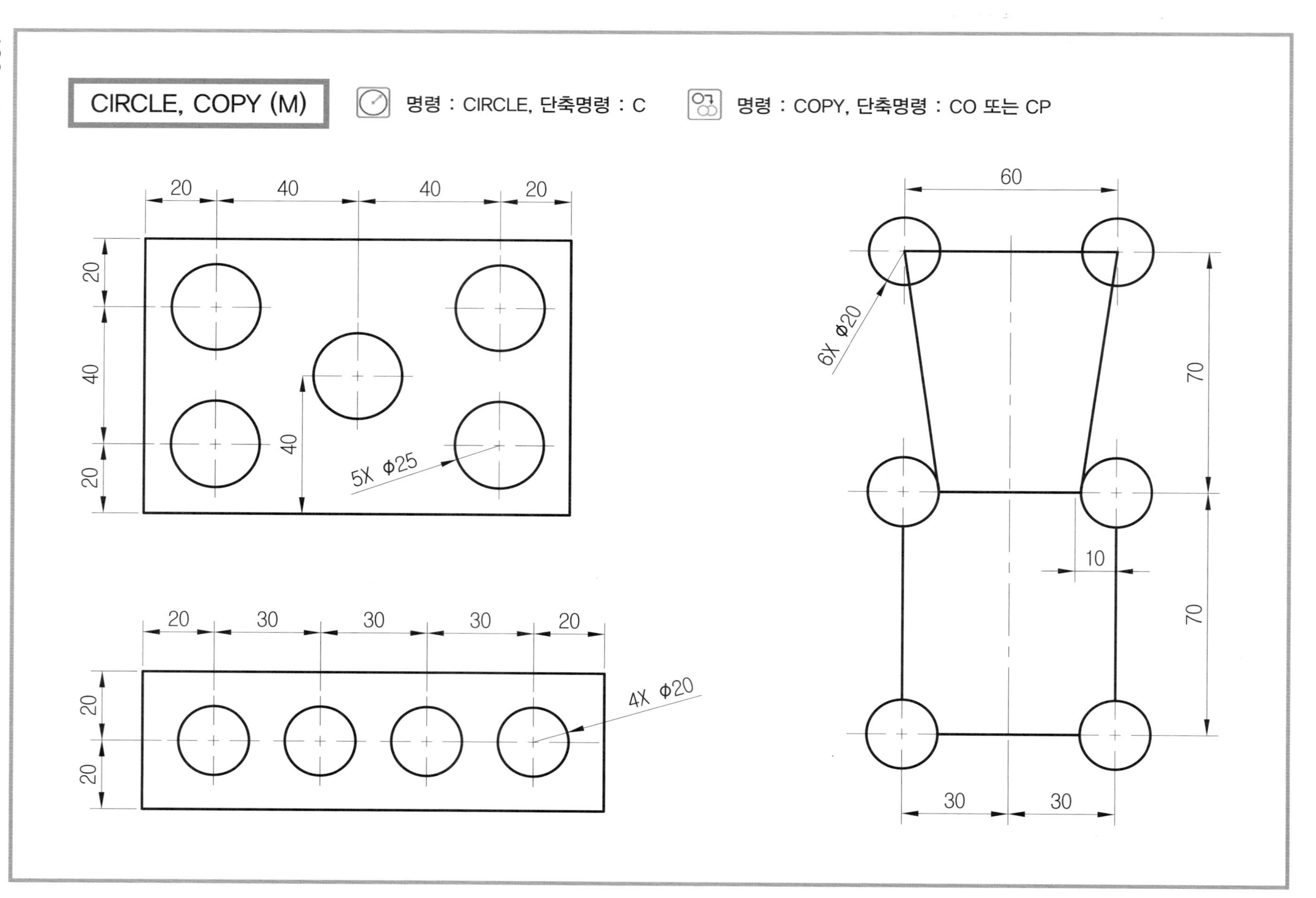
CIRCLE, COPY (M)
명령 : CIRCLE, 단축명령 : C
명령 : COPY, 단축명령 : CO 또는 CP
20
40
40
20
5X Φ25
30
4X Φ20
60
6X Φ20
70
10

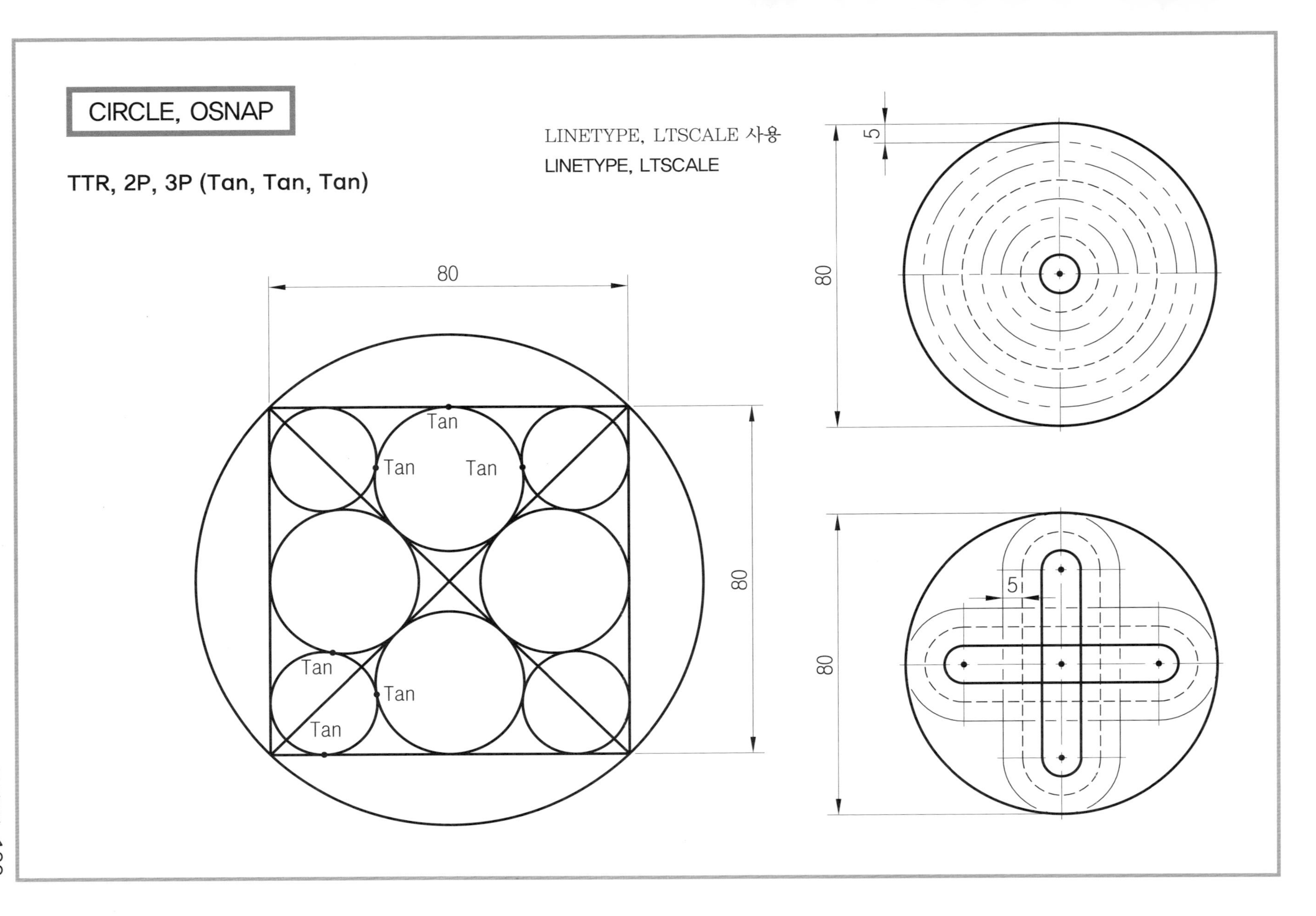
CIRCLE, OSNAP
TTR, 2P, 3P (Tan, Tan, Tan)
LINETYPE, LTSCALE 사용
LINETYPE, LTSCALE
80
80
Tan
Tan
Tan
Tan
Tan
Tan
5
80
5
80

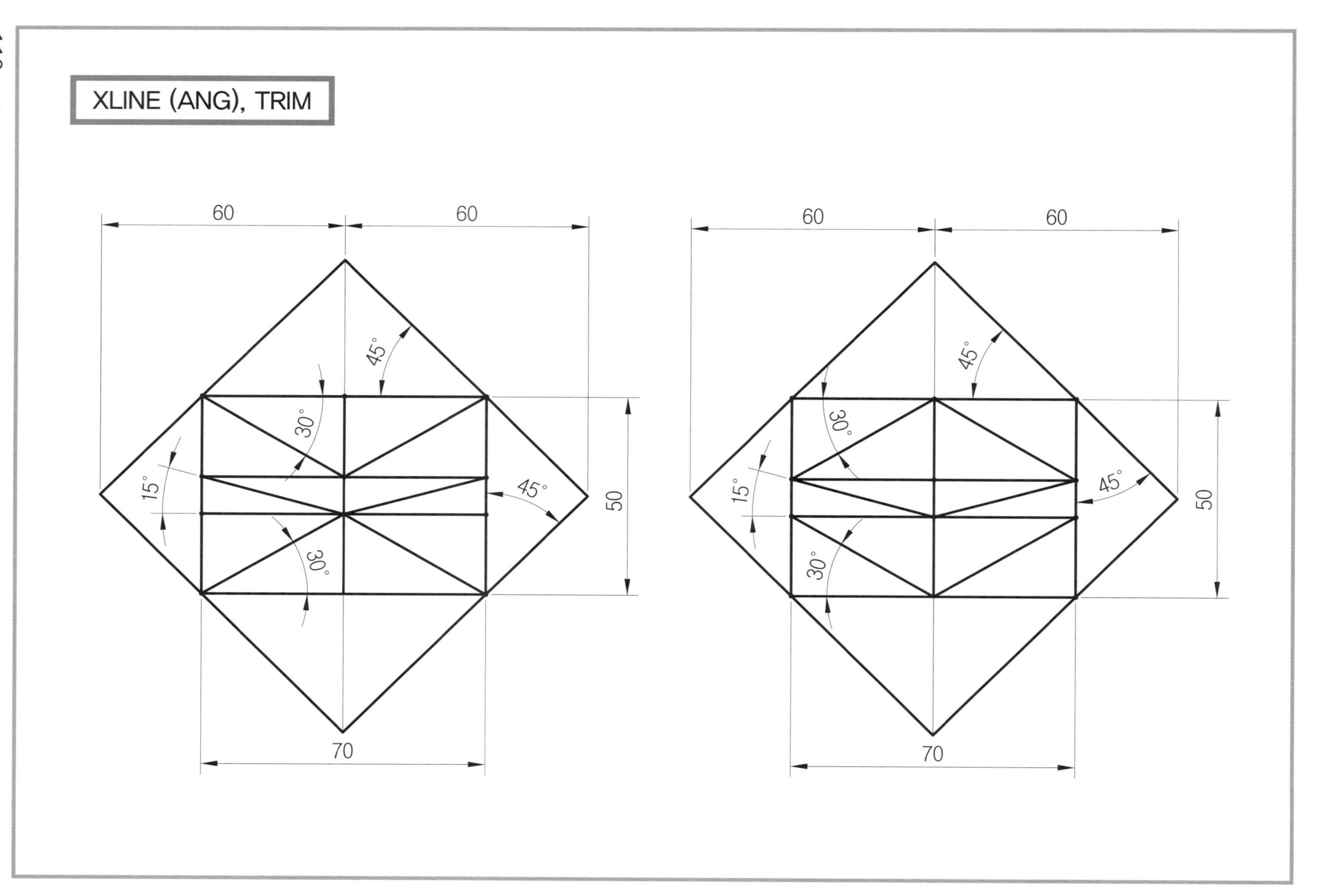
XLINE (ANG), TRIM
60
60
45°
30°
15°
45°
30°
50
70
60
60
45°
30°
15°
45°
30°
50
70

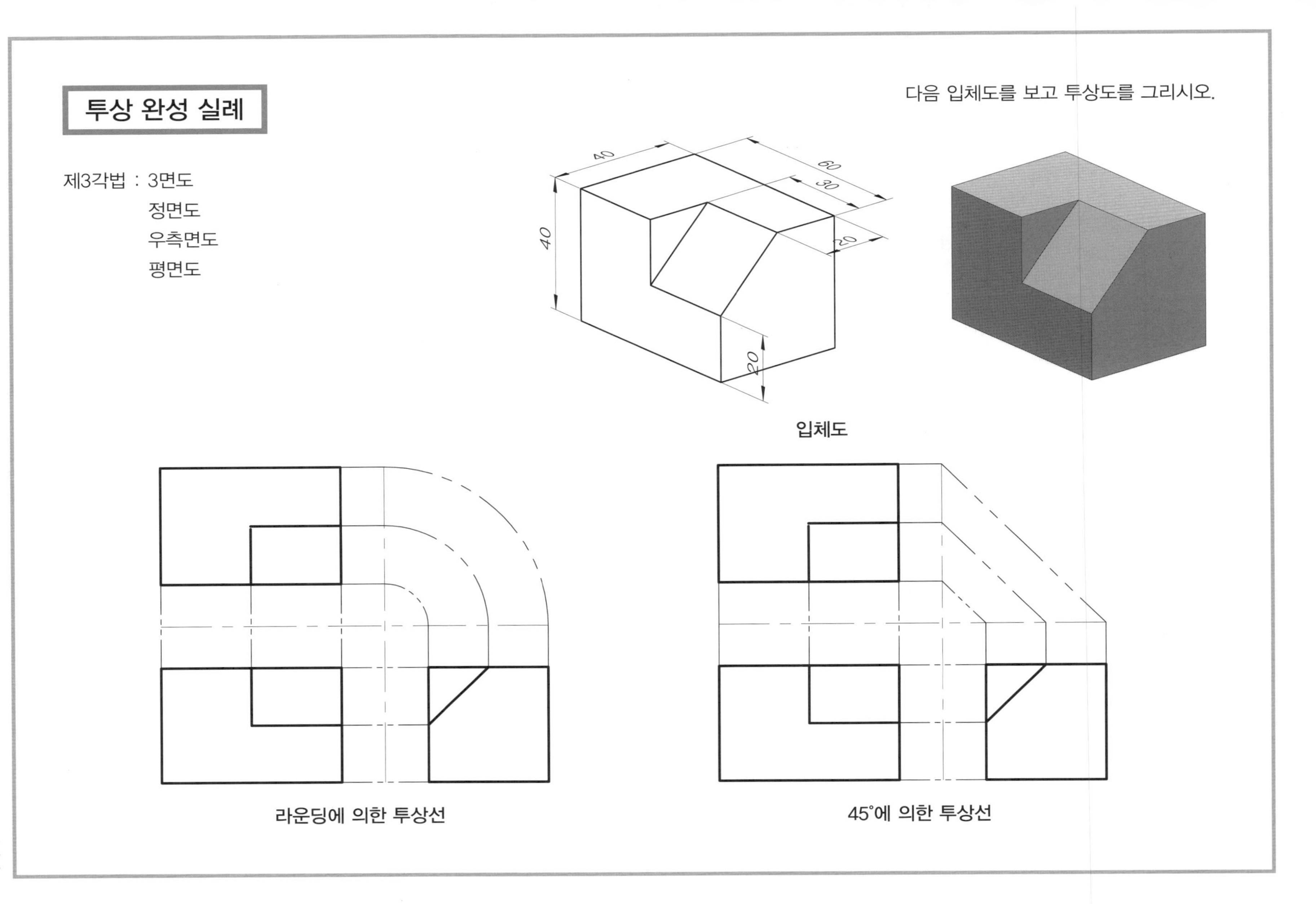
투상 완성 실례
다음 입체도를 보고 투상도를 그리시오.
제3각법 : 3면도
정면도
우측면도
평면도
40
60
30
20
40
20
입체도
라운딩에 의한 투상선
45°에 의한 투상선

CIRCLE, TRIM, OFFSET, ARC 명령 등을 사용하여 측면도 그리기

명령 : CIRCLE, 단축명령 : C　명령 : TRIM, 단축명령 : TR　명령 : OFFSET, 단축명령 : O　명령 : ARC, 단축명령 : A

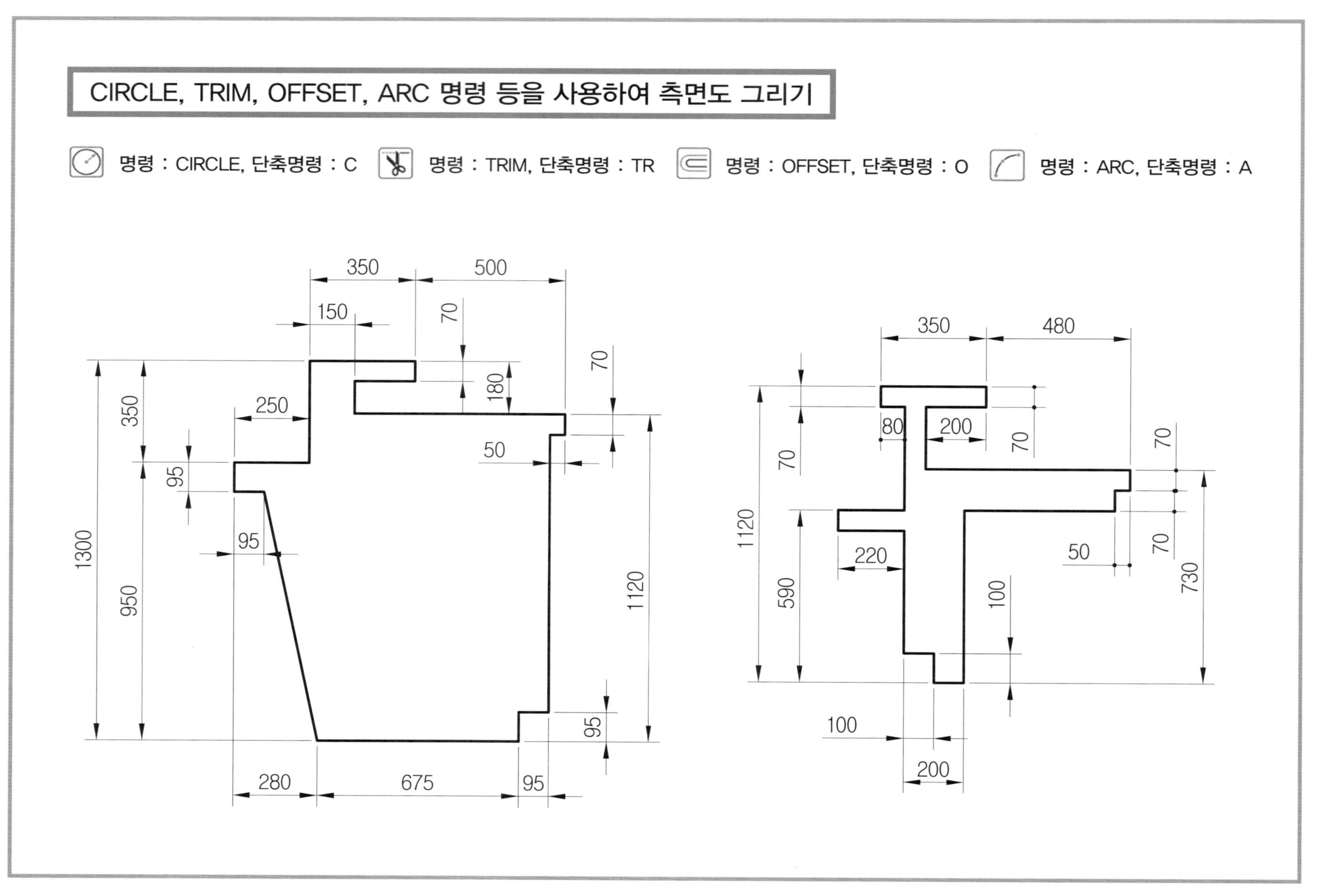

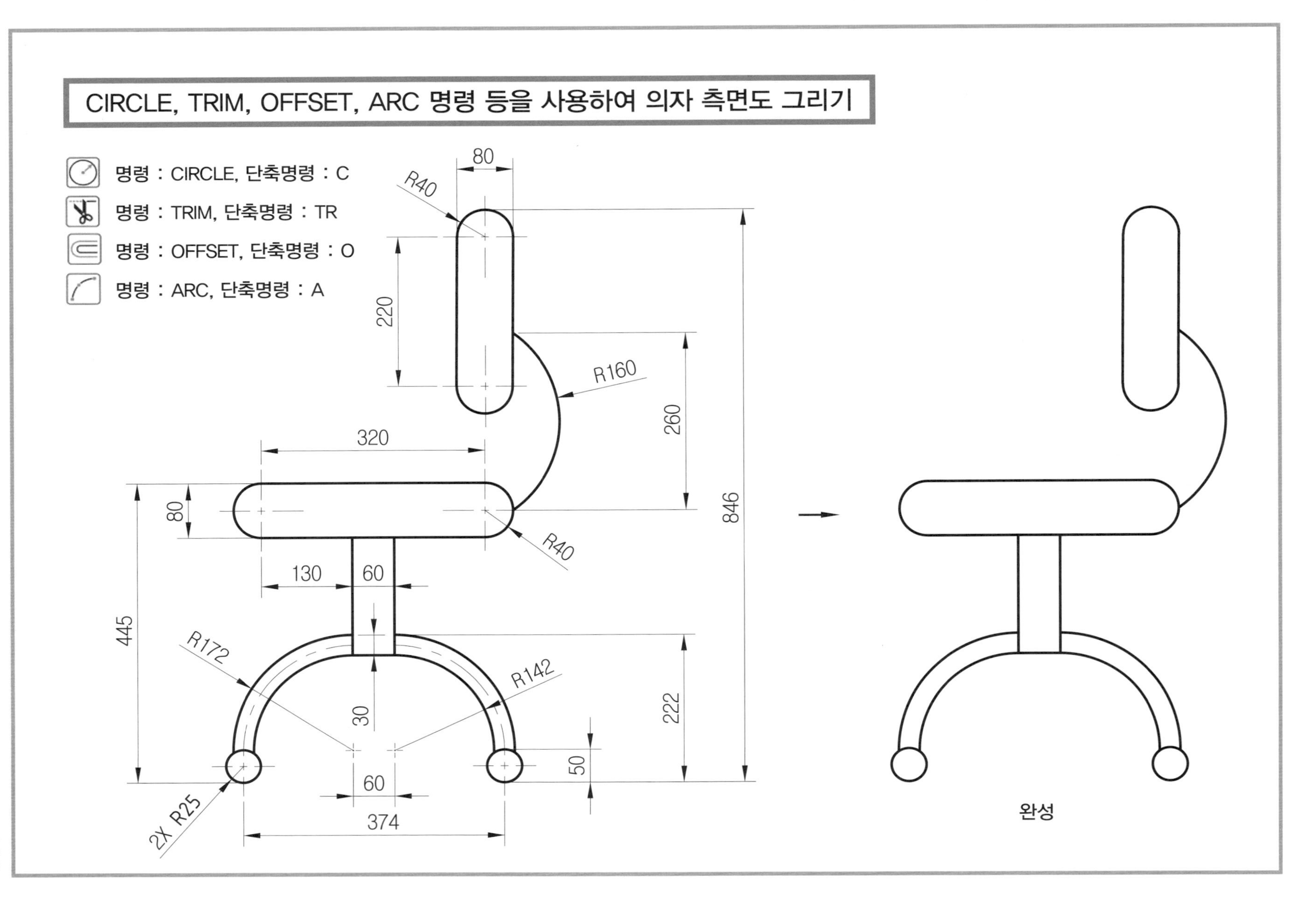

CIRCLE, TRIM, OFFSET, ARC 명령 등을 사용하여 의자 측면도 그리기
명령 : CIRCLE, 단축명령 : C
명령 : TRIM, 단축명령 : TR
명령 : OFFSET, 단축명령 : O
명령 : ARC, 단축명령 : A
80
R40
220
R160
260
846
320
80
R40
130
60
445
R172
R142
30
222
50
60
2X R25
374
완성

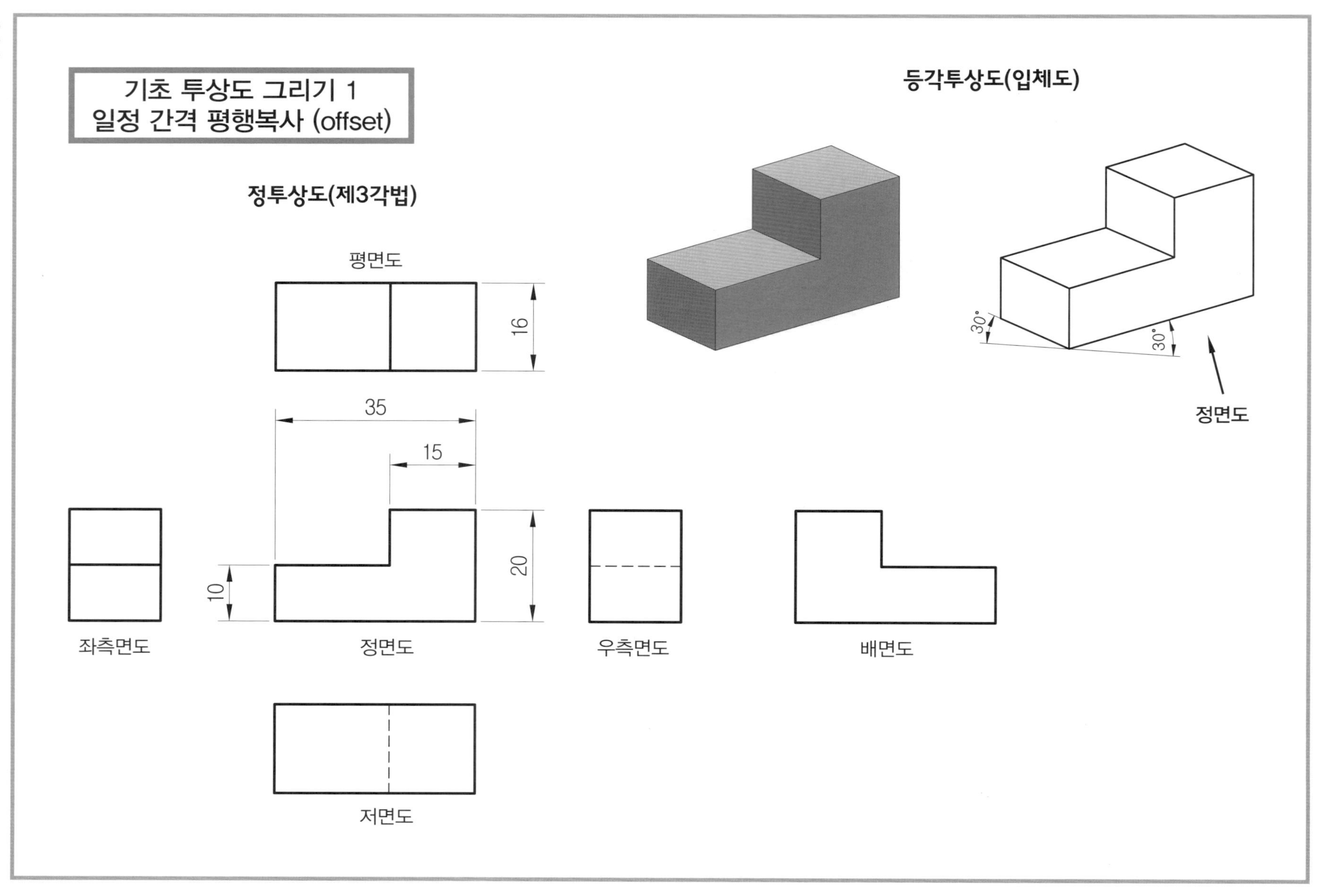
기초 투상도 그리기 1
일정 간격 평행복사 (offset)
정투상도(제3각법)
평면도
16
35
15
20
10
좌측면도
정면도
우측면도
배면도
저면도
등각투상도(입체도)
30°
30°
정면도

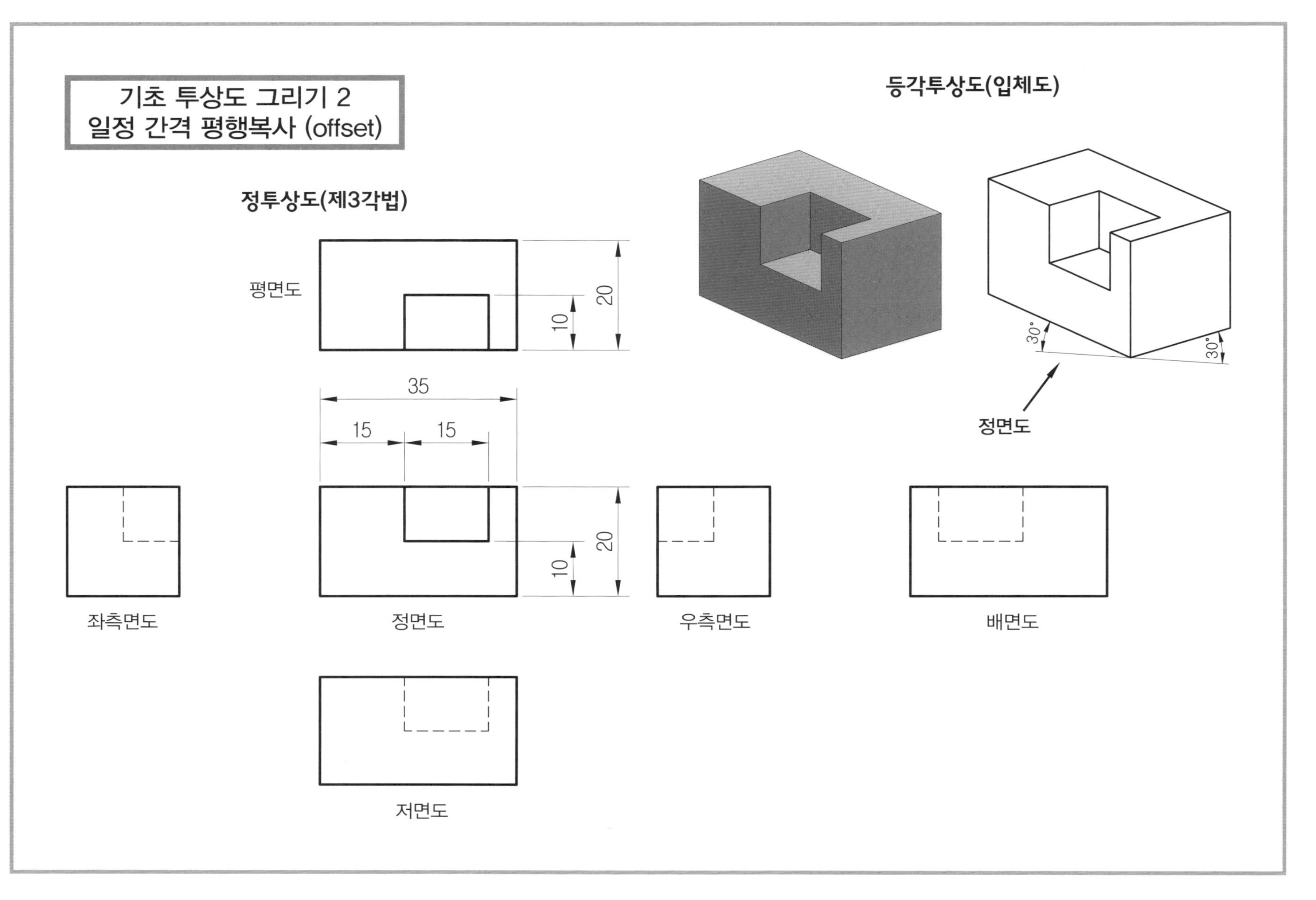

기초 투상도 그리기 2
일정 간격 평행복사 (offset)
등각투상도(입체도)
정투상도(제3각법)
평면도
10
20
30°
30°
정면도
35
15
15
20
10
좌측면도
정면도
우측면도
배면도
저면도

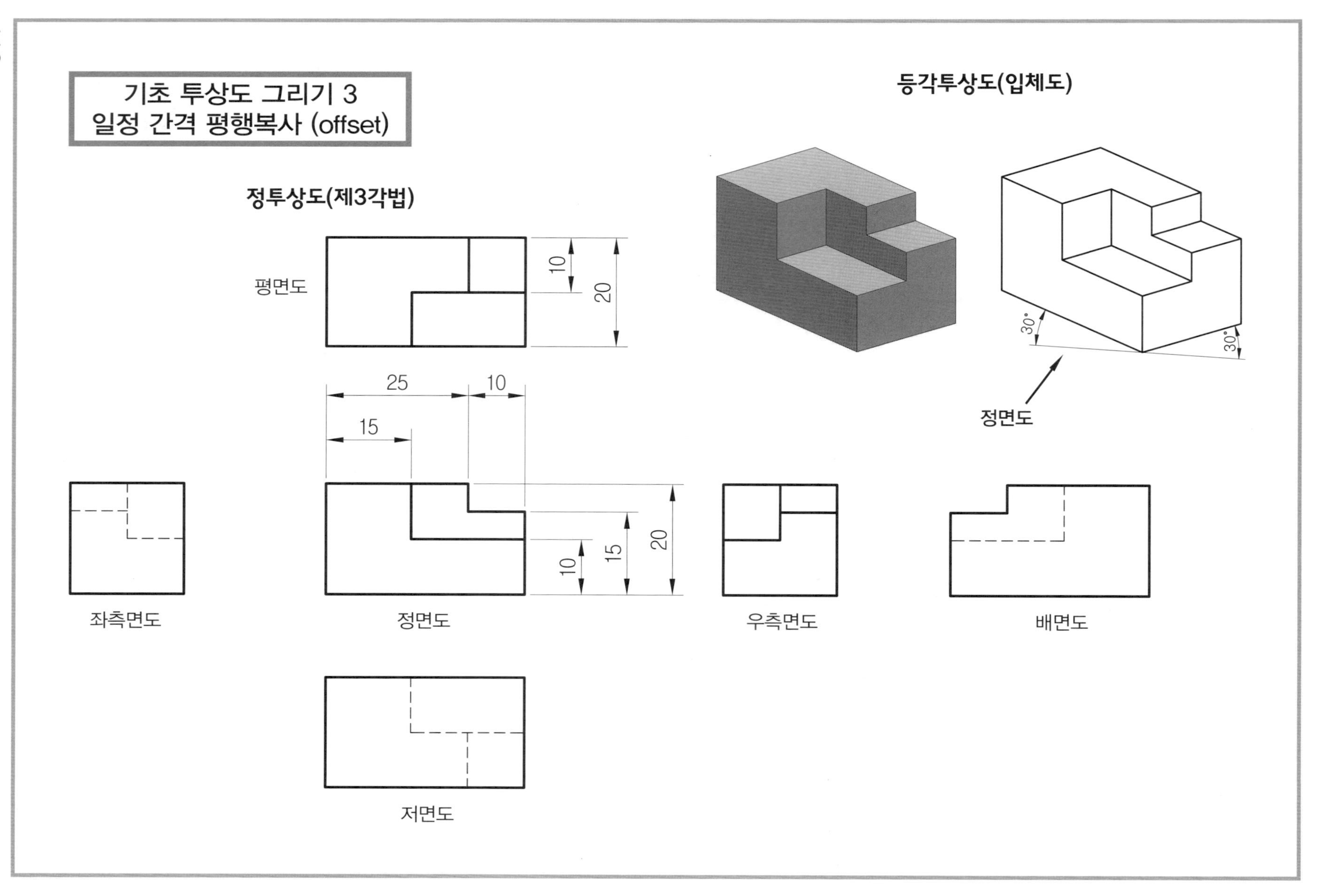

기초 투상도 그리기 3
일정 간격 평행복사 (offset)
등각투상도(입체도)
정투상도(제3각법)
평면도
10
20
30°
30°
정면도
25
10
15
10
15
20
좌측면도
정면도
우측면도
배면도
저면도

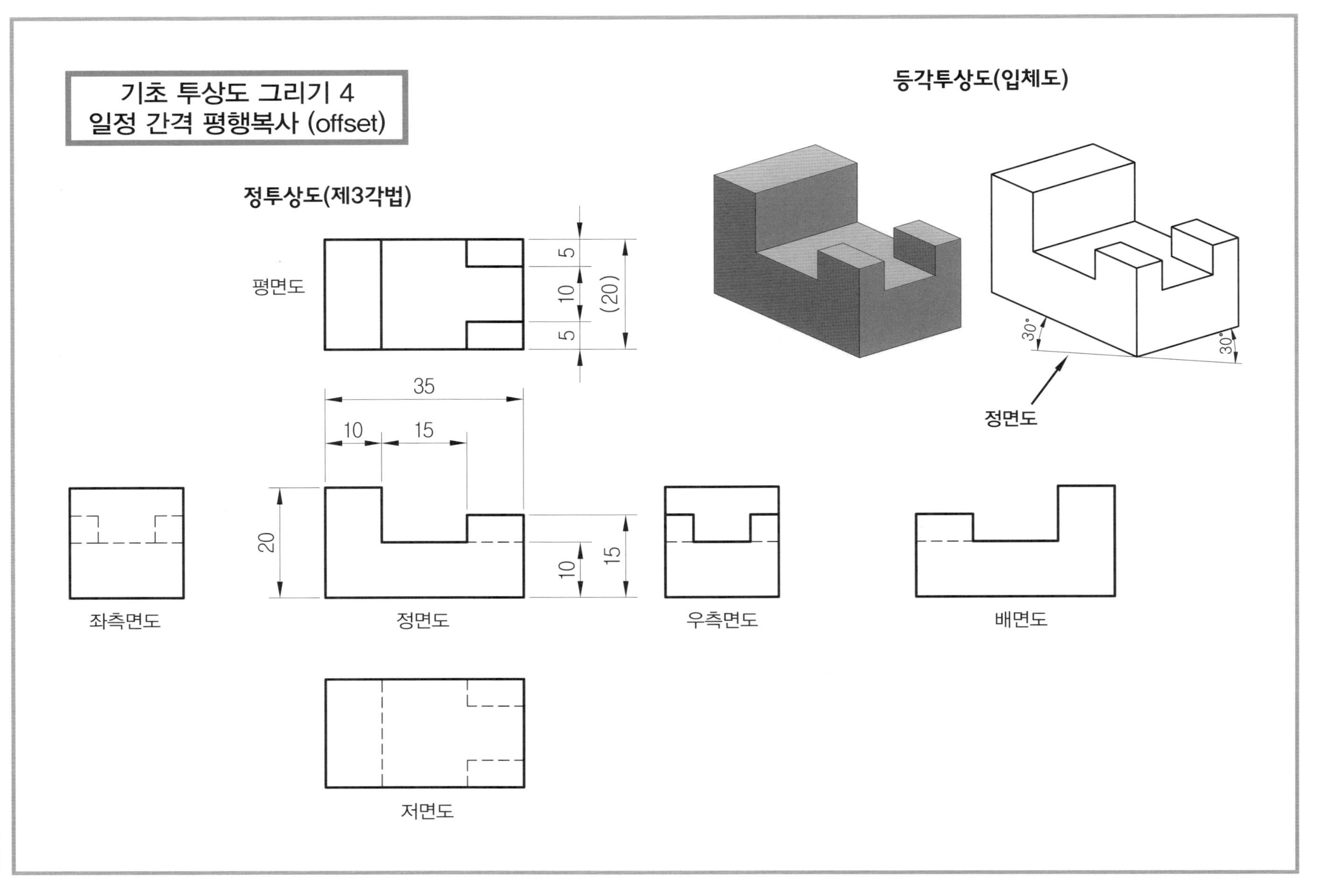
기초 투상도 그리기 4
일정 간격 평행복사 (offset)
등각투상도(입체도)
정투상도(제3각법)
평면도
5
10
5
(20)
35
10
15
30°
30°
정면도
20
10
15
좌측면도
정면도
우측면도
배면도
저면도

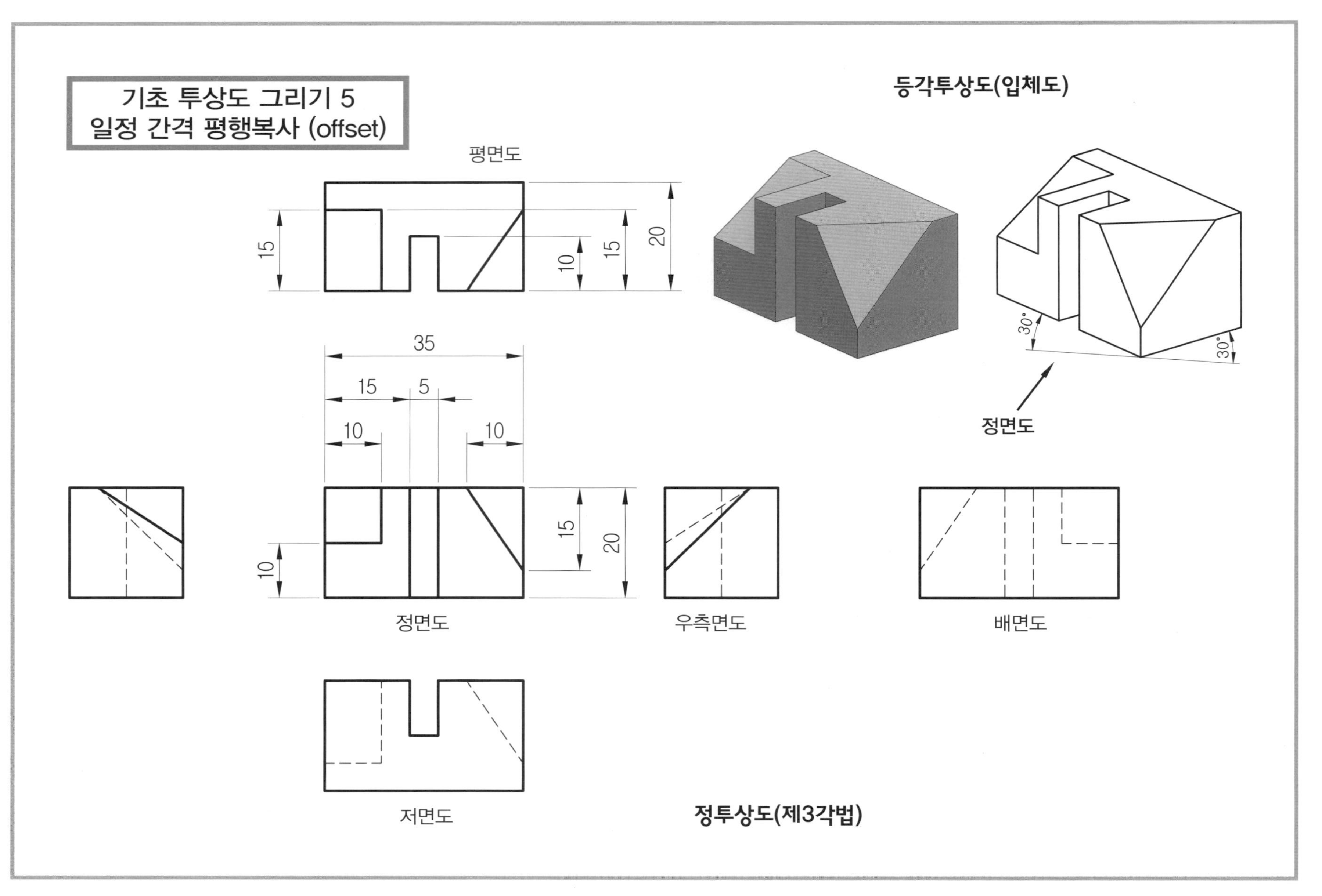
기초 투상도 그리기 5
일정 간격 평행복사 (offset)
등각투상도(입체도)
평면도
정면도
우측면도
배면도
저면도
정투상도(제3각법)

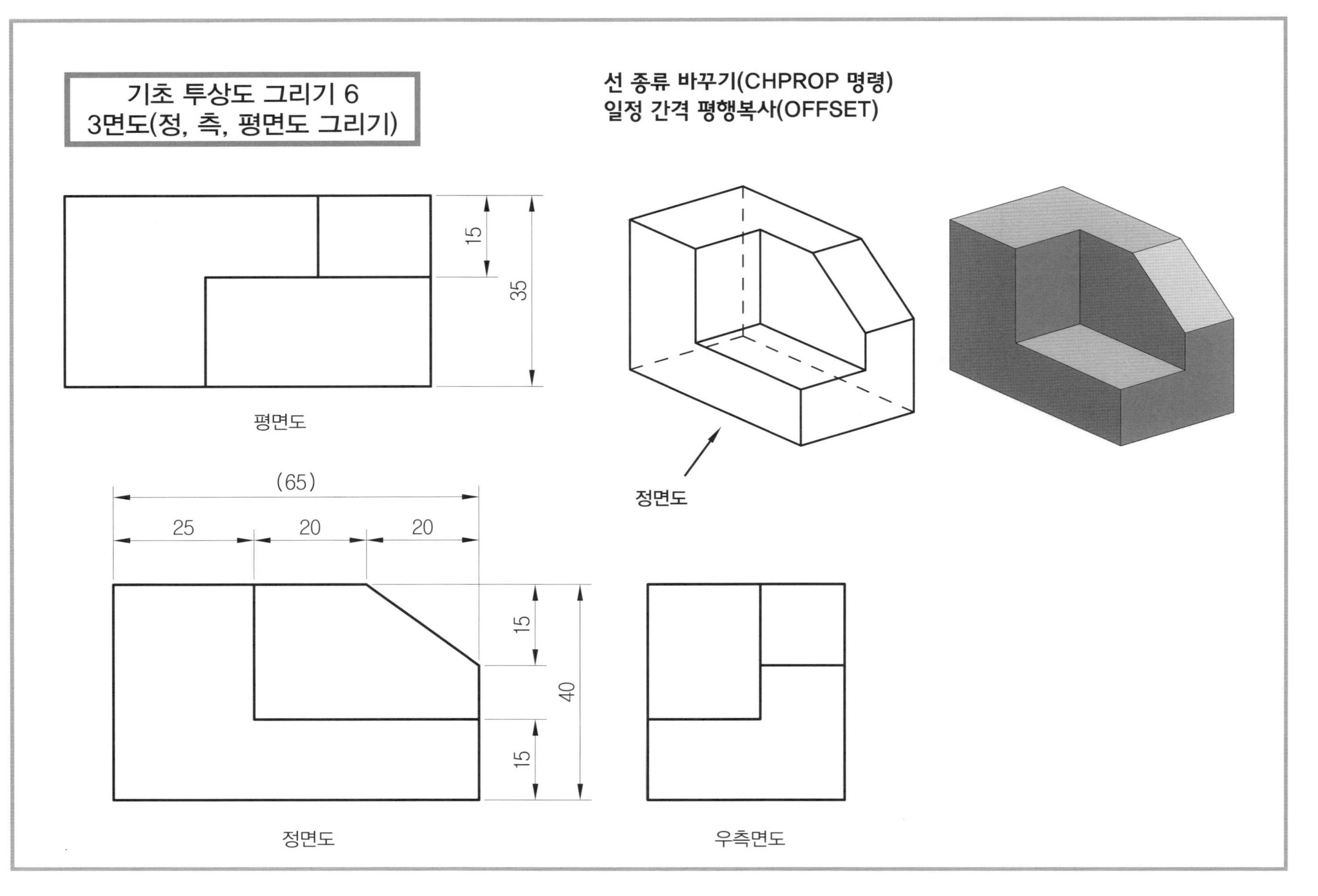
기초 투상도 그리기 6
3면도(정, 측, 평면도 그리기)
선 종류 바꾸기(CHPROP 명령)
일정 간격 평행복사(OFFSET)
15
35
평면도
정면도
(65)
25
20
20
15
40
15
정면도
우측면도

사용할 명령어

- FILLET(RAD) : 반지름 지정 시 모서리 라운드 처리

명령 : FILLET, 단축명령 : F

FILLET(R=0)
반지름이 "0"일 때 모서리 직각 처리

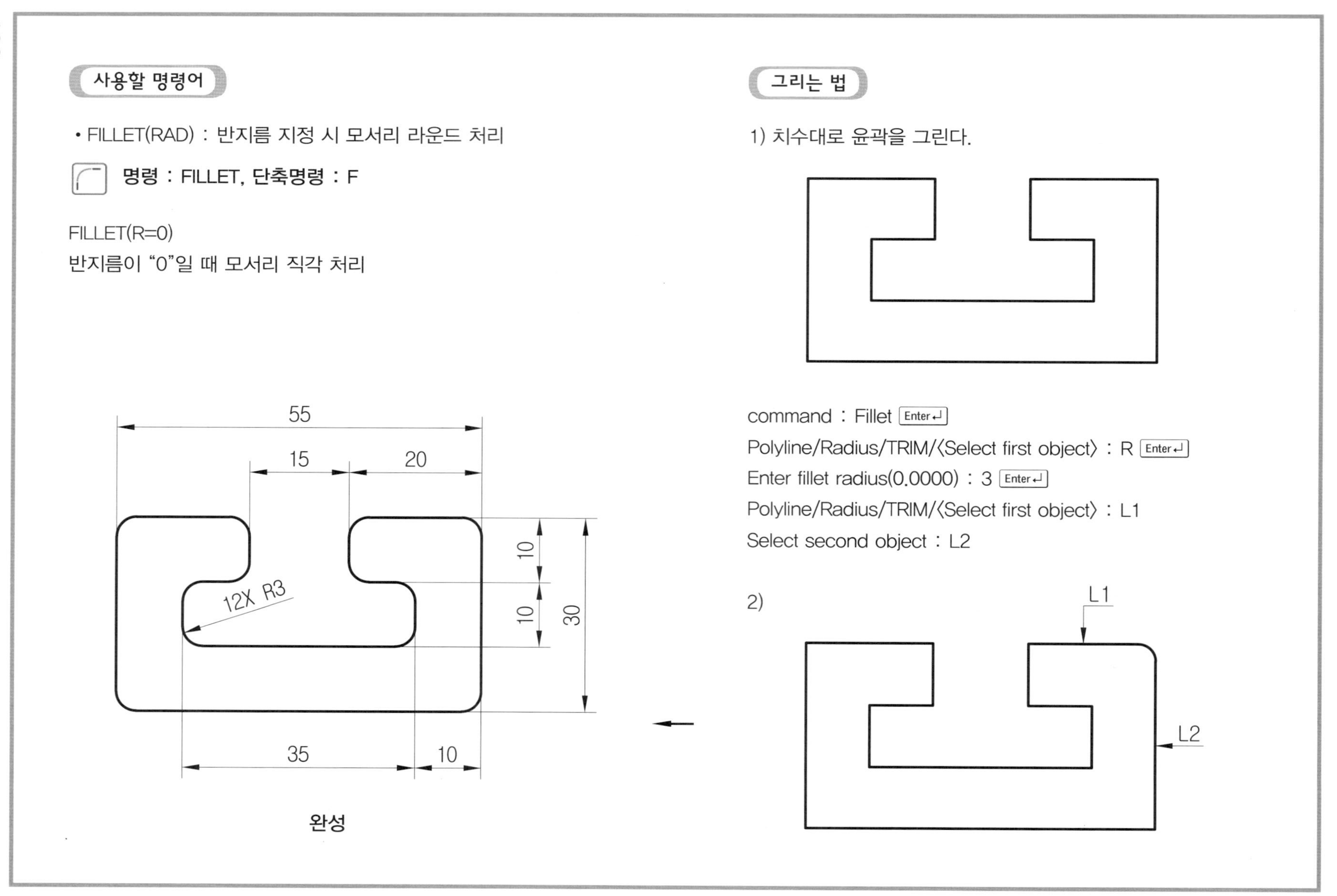

완성

그리는 법

1) 치수대로 윤곽을 그린다.

command : Fillet Enter↵
Polyline/Radius/TRIM/⟨Select first object⟩ : R Enter↵
Enter fillet radius(0.0000) : 3 Enter↵
Polyline/Radius/TRIM/⟨Select first object⟩ : L1
Select second object : L2

2)

ELLIPSE, POLYGON

명령 : ELLIPSE, 단축명령 : EL

명령 : POLYGON, 단축명령 : POL

ELLIPSE : 타원 그리기

POLYGON : 다각형 그리기(3~1024각형까지)

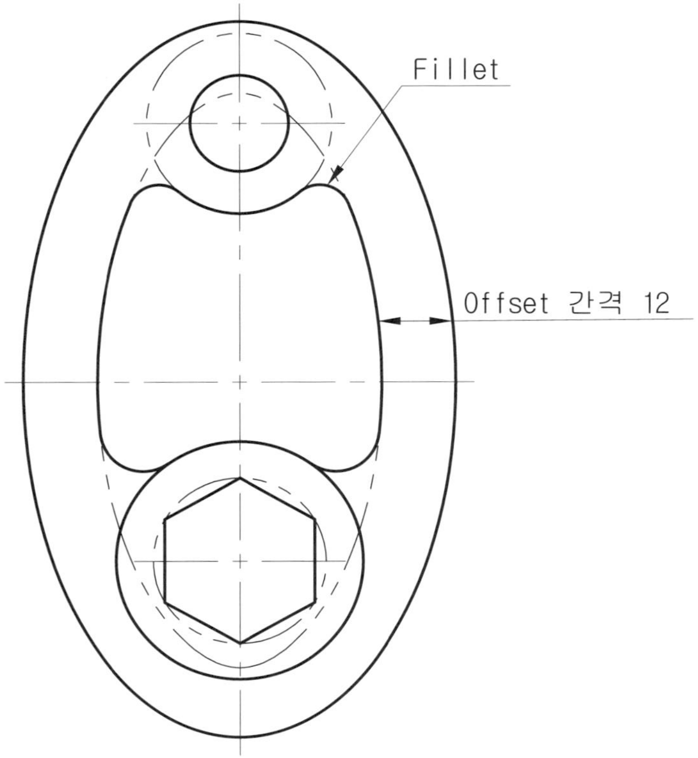

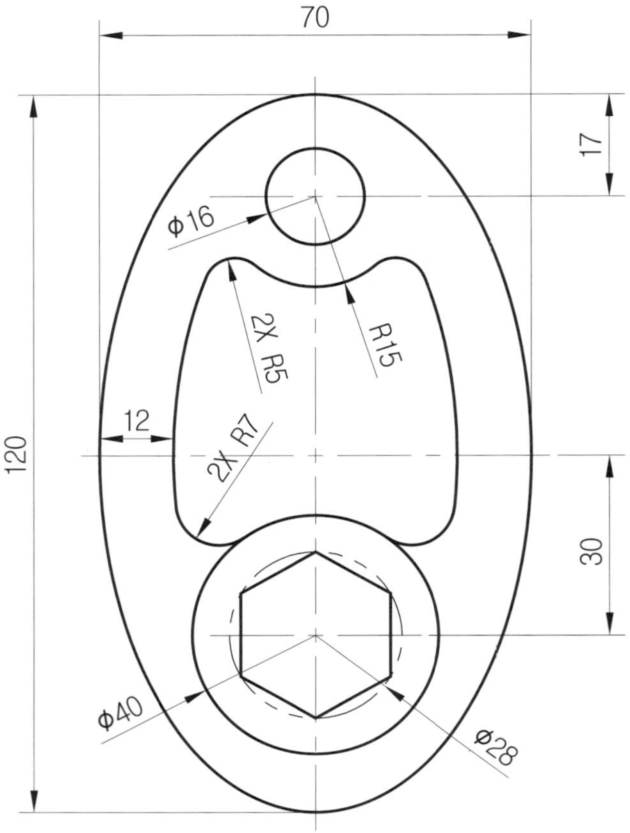

이점쇄선 부위는 TRIM으로 잘라낸다.

DDPTYPE, POINT

명령 : DDPTYPE

점(포인트)의 종류와 크기를 설정하는 명령이다.

- 점 모양, 크기 설정(DDPTYPE)
- 점찍기 명령(POINT)

다음 원을 그린 후 POINT 명령을 해당하는 위치에 점을 찍으시오.

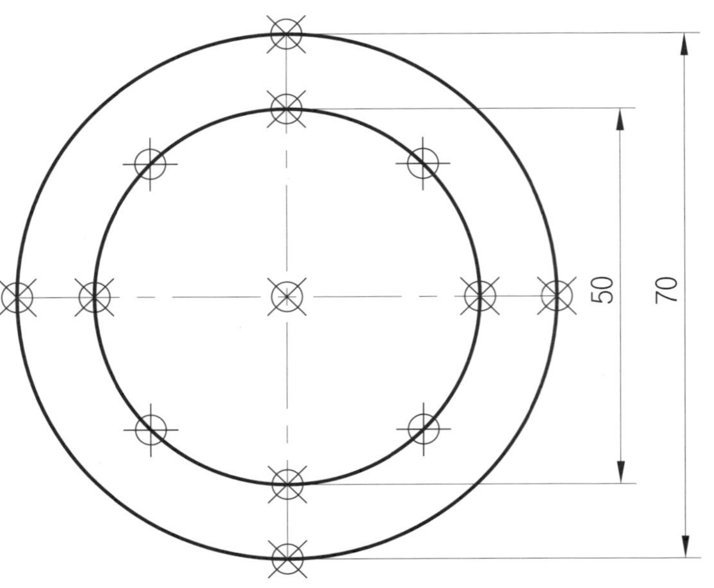

DIVIDE, MEASURE

명령 : DIVIDE, 단축명령 : DIV

명령 : MEASURE

- DIVIDE : 개수로 등분
- MEASURE : 길이로 등분

선과 원의 길이와 개수로 등분하시오.

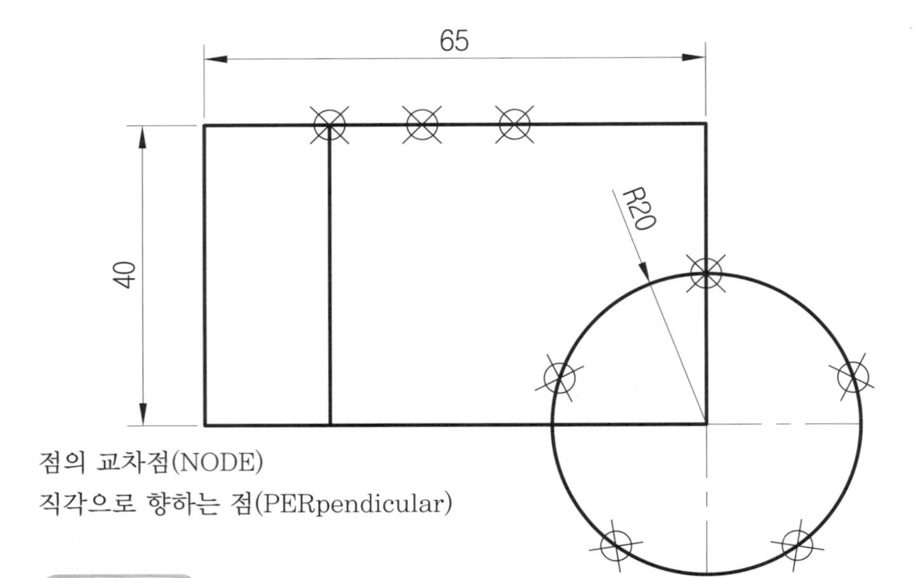

점의 교차점(NODE)

직각으로 향하는 점(PERpendicular)

그리는 법

1) DDPTYPE 명령으로 그림과 같은 점의 모양을 선택한다.
2) DIVIDE나 MEASURE 명령으로 등분할 요소를 선택한 후 개수나 길이를 지정하여 등분한다.

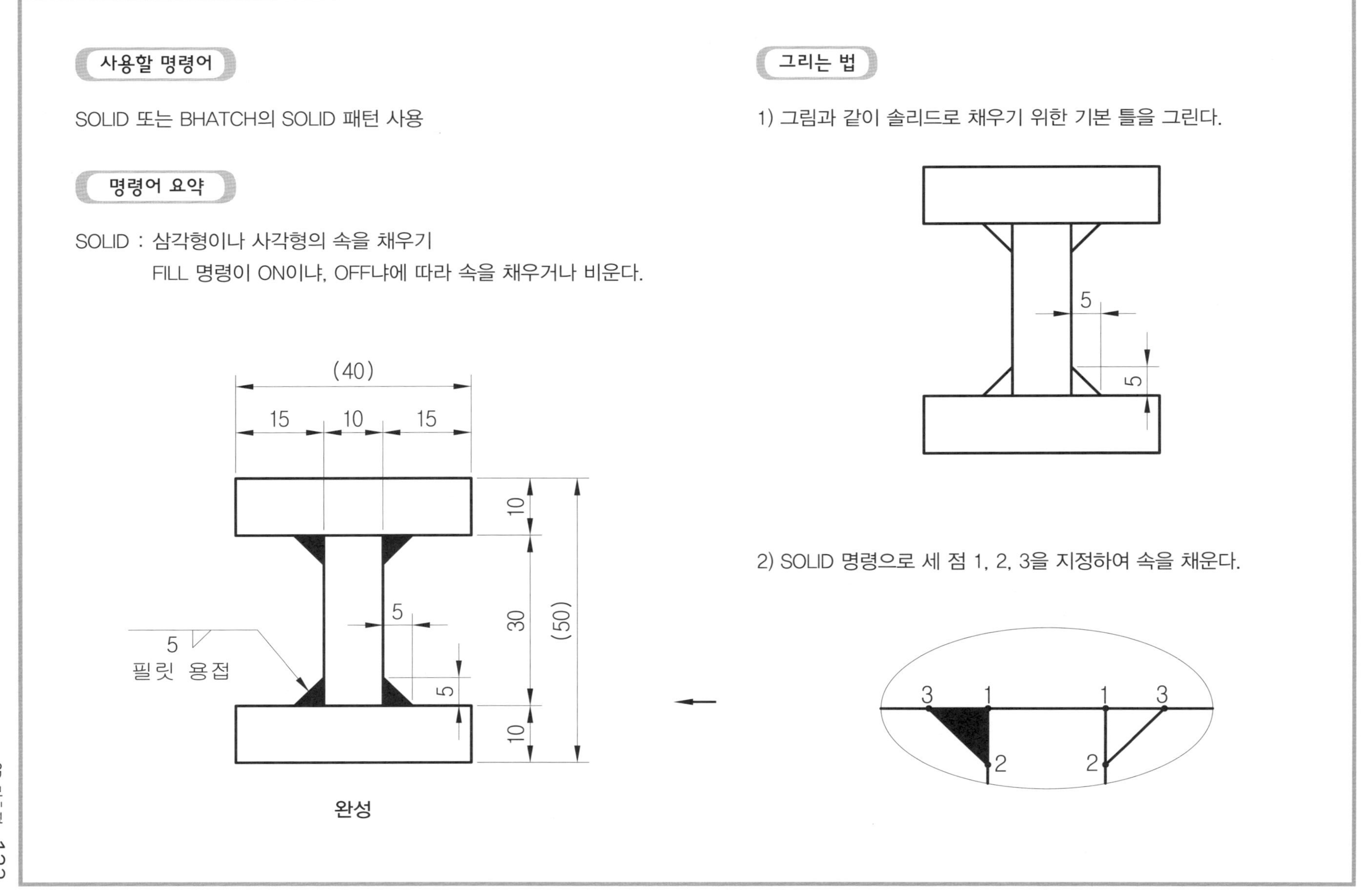

사용할 명령어

SOLID 또는 BHATCH의 SOLID 패턴 사용

명령어 요약

SOLID : 삼각형이나 사각형의 속을 채우기
FILL 명령이 ON이냐, OFF냐에 따라 속을 채우거나 비운다.

완성

그리는 법

1) 그림과 같이 솔리드로 채우기 위한 기본 틀을 그린다.

2) SOLID 명령으로 세 점 1, 2, 3을 지정하여 속을 채운다.

Fillet, Xline의 각도선 사용

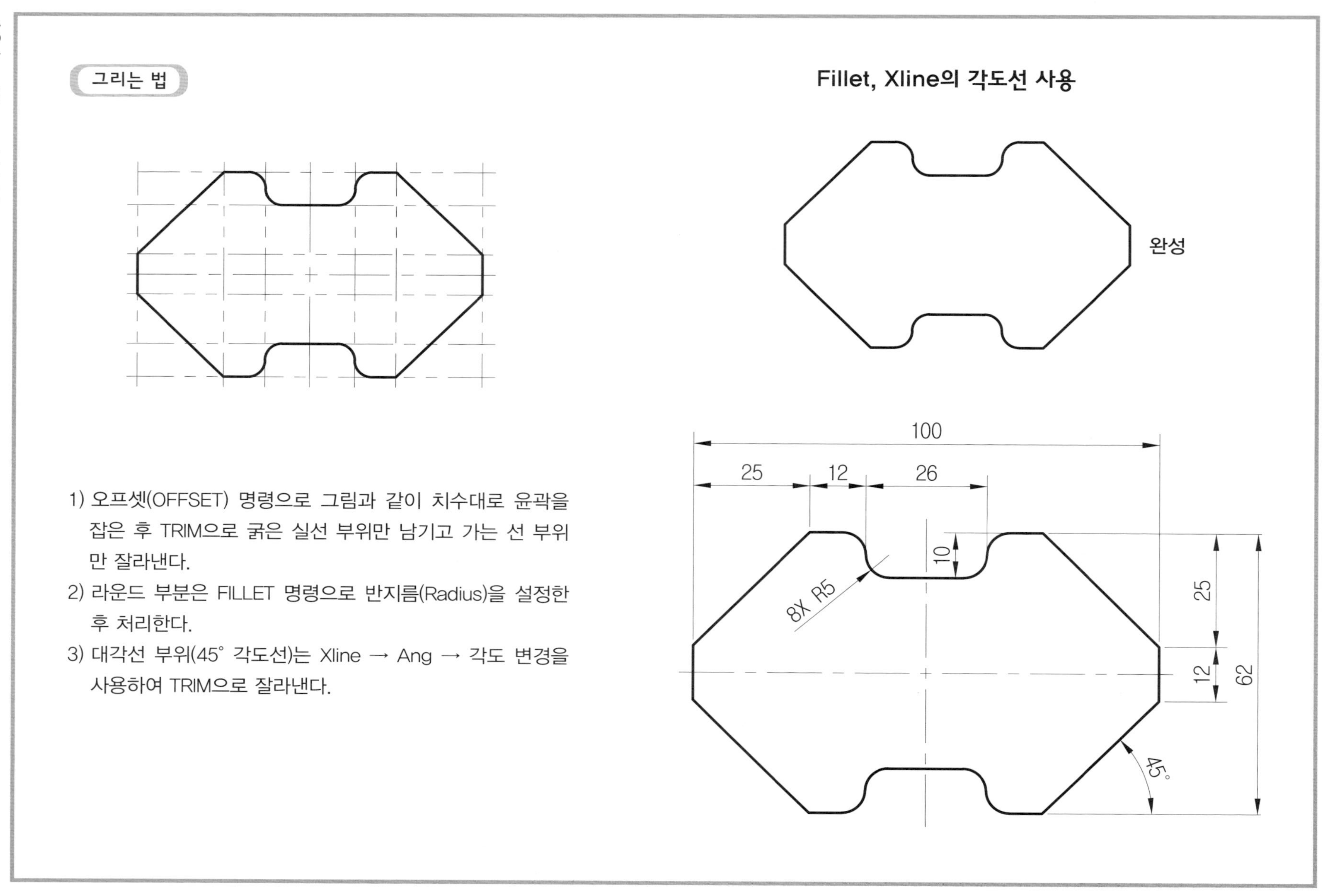

그리는 법

1) 오프셋(OFFSET) 명령으로 그림과 같이 치수대로 윤곽을 잡은 후 TRIM으로 굵은 실선 부위만 남기고 가는 선 부위만 잘라낸다.
2) 라운드 부분은 FILLET 명령으로 반지름(Radius)을 설정한 후 처리한다.
3) 대각선 부위(45° 각도선)는 Xline → Ang → 각도 변경을 사용하여 TRIM으로 잘라낸다.

CIRCLE, TRIM, FILLET

명령 : CIRCLE, 단축명령 : C　명령 : TRIM, 단축명령 : TR　명령 : FILLET, 단축명령 : F

- CIRCLE : 원 그리기(볼록한 호 부분을 TTR로 그린 후 TRIM으로 잘라내기)
- TRIM : 잘라내기
- FILLET : 모서리 라운드(오목한 호 부분)

굵은 실선 부위만 그리시오.

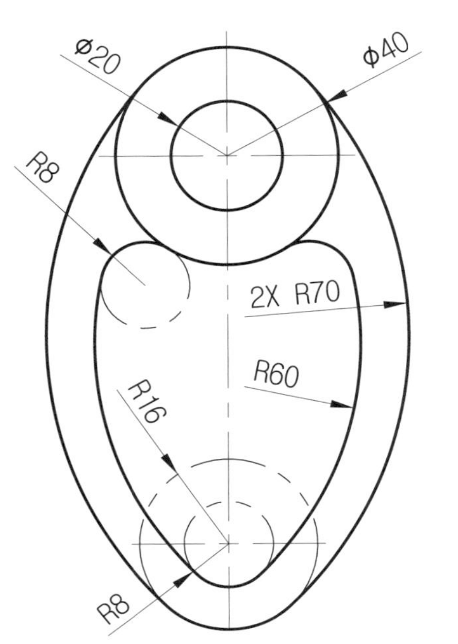

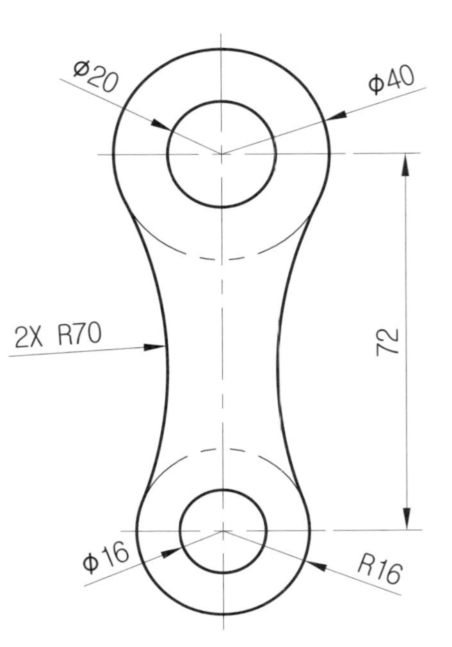

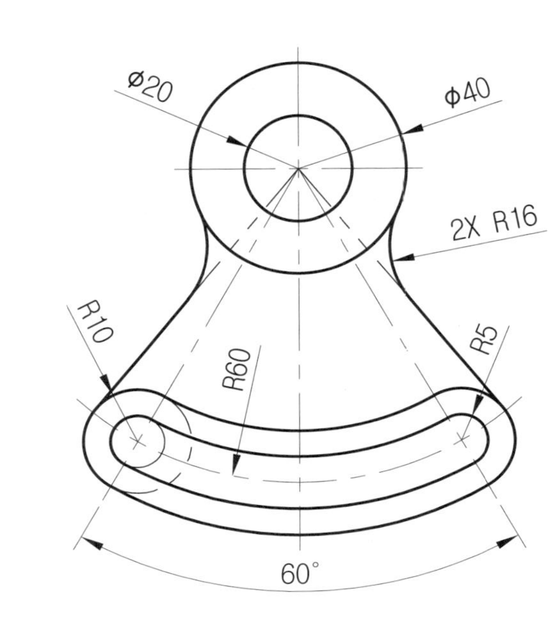

[주] 이점쇄선 부분은 참고 부분임

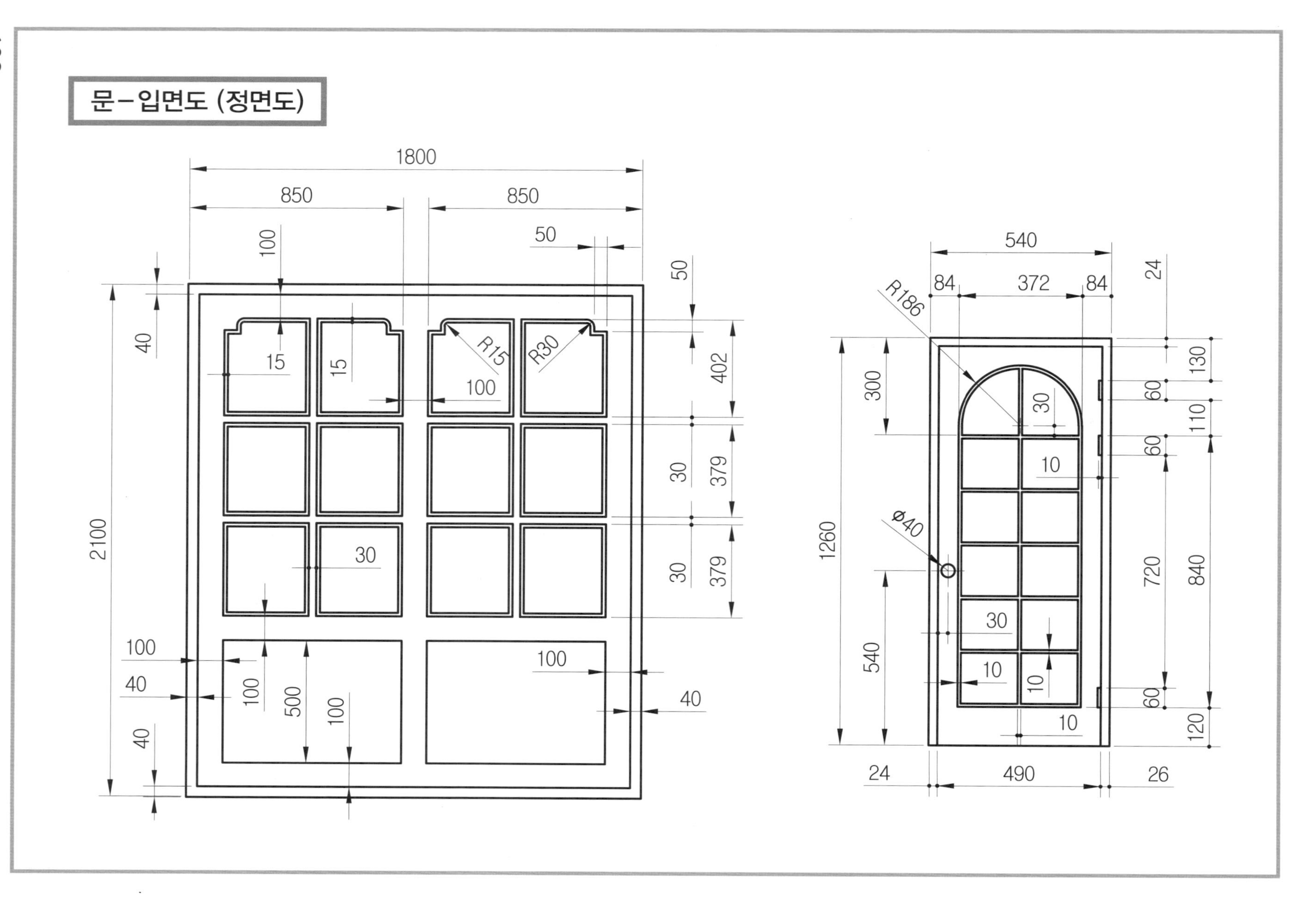
문-입면도 (정면도)
R186
ϕ40
R30
R15

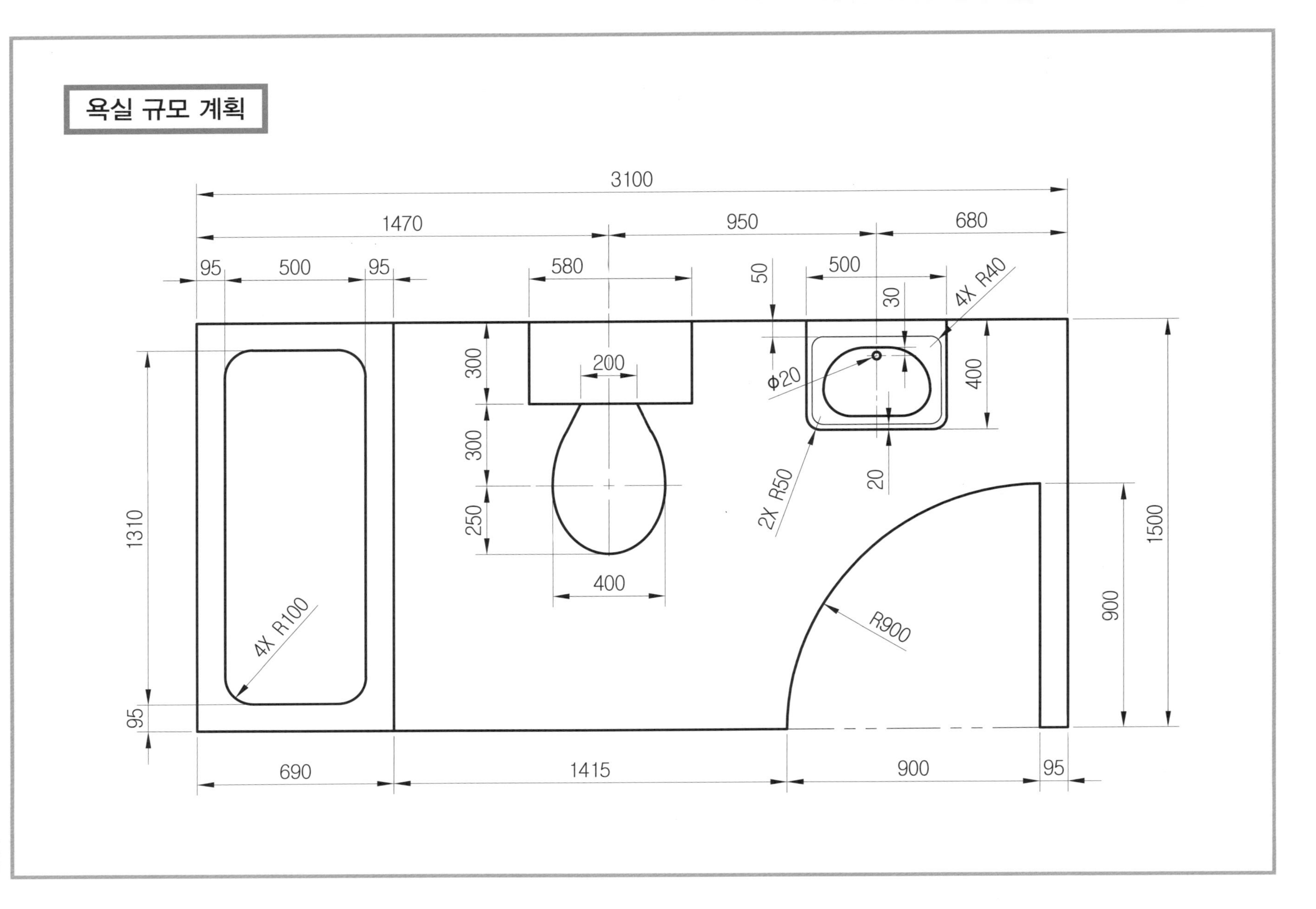
욕실 규모 계획
3100
1470
950
680
95
500
95
580
50
500
30
4X R40
300
200
Φ20
400
300
250
2X R50
20
1310
4X R100
400
R900
1500
900
95
690
1415
900
95

ARRAY (P형)－원형 배열복사

명령 : ARRAY, 단축명령 : AR

OSNAP의 TANgent (원의 접점)

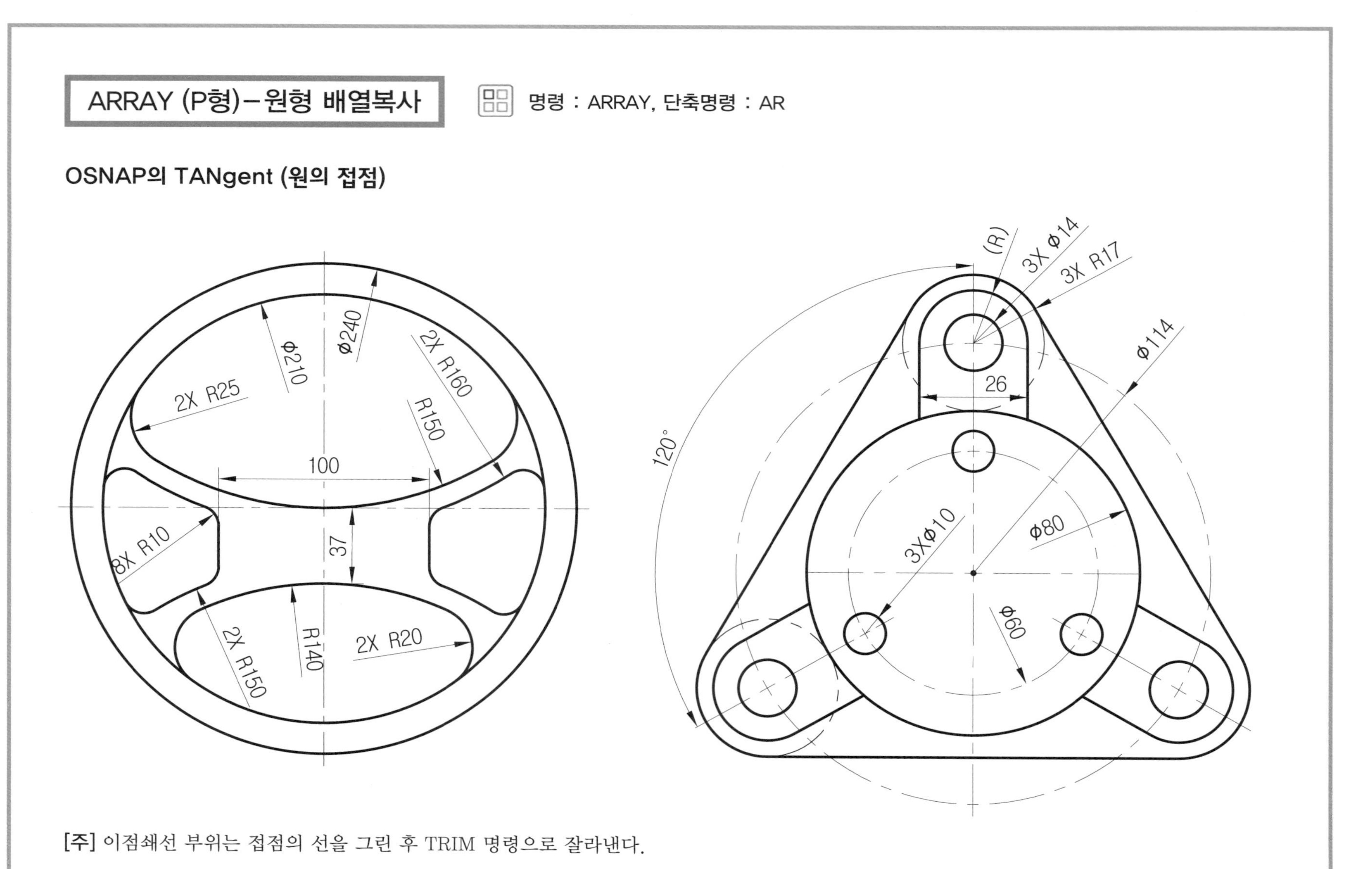

[주] 이점쇄선 부위는 접점의 선을 그린 후 TRIM 명령으로 잘라낸다.

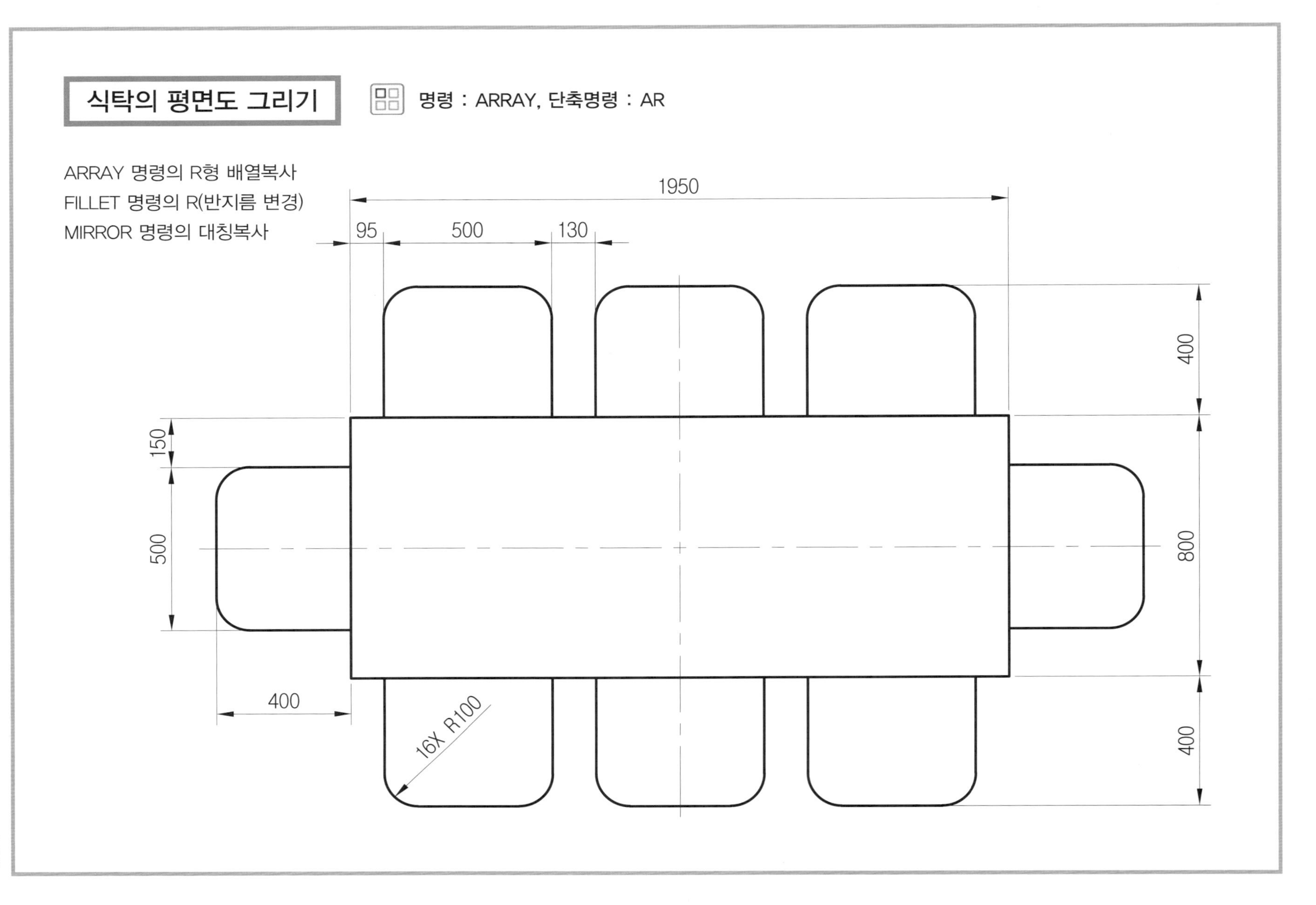
식탁의 평면도 그리기
명령 : ARRAY, 단축명령 : AR
ARRAY 명령의 R형 배열복사
FILLET 명령의 R(반지름 변경)
MIRROR 명령의 대칭복사
1950
95
500
130
400
800
400
150
500
400
16X R100

ARRAY 명령의 P형(원형)을 사용하여 배열복사

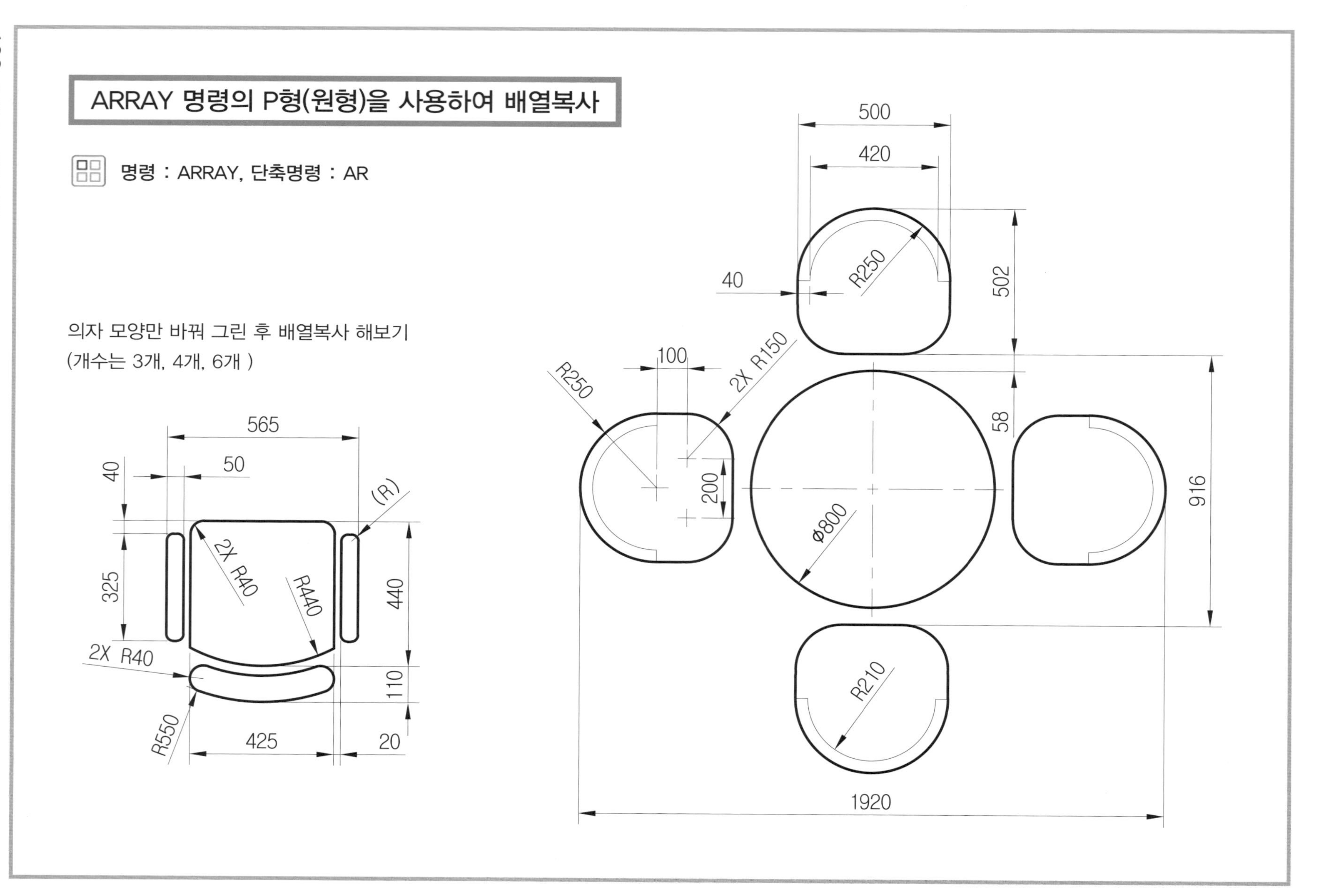

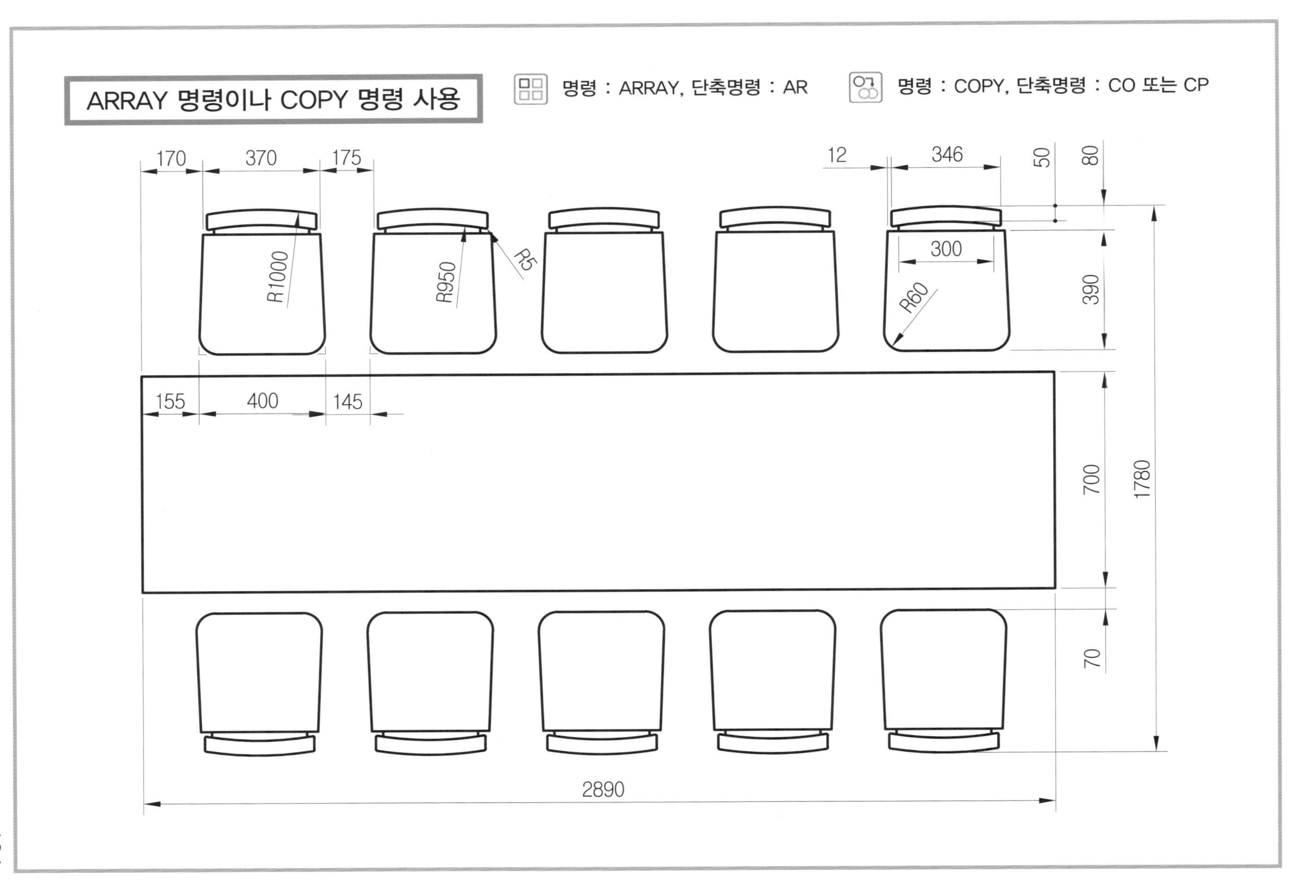
ARRAY 명령이나 COPY 명령 사용
명령 : ARRAY, 단축명령 : AR
명령 : COPY, 단축명령 : CO 또는 CP
170
370
175
12
346
50
80
R1000
R950
R5
300
R60
390
155
400
145
700
1780
70
2890

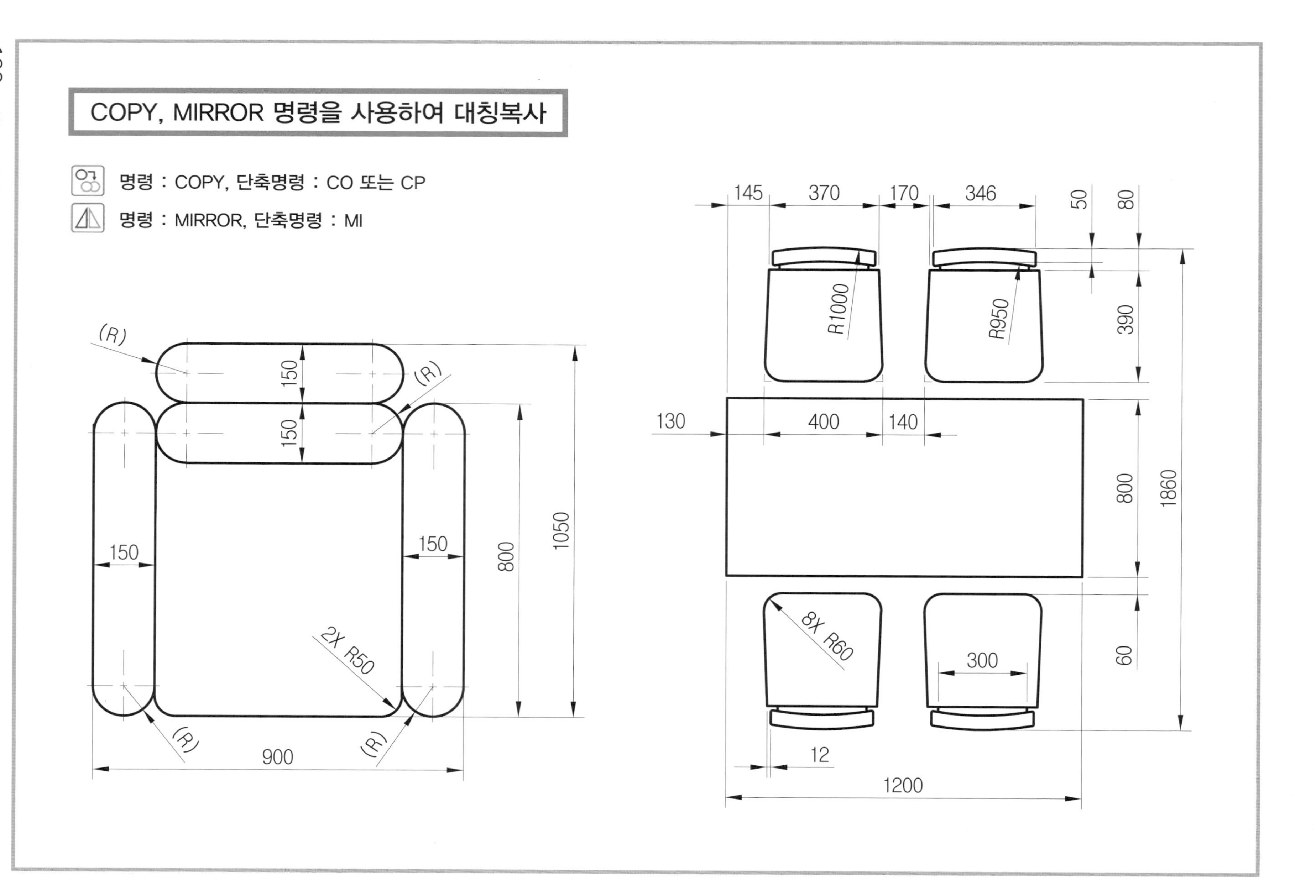
COPY, MIRROR 명령을 사용하여 대칭복사
명령 : COPY, 단축명령 : CO 또는 CP
명령 : MIRROR, 단축명령 : MI
(R)
150
150
(R)
150
150
800
1050
2X R50
(R)
(R)
900
145
370
170
346
50
80
R1000
R950
390
130
400
140
800
1860
8X R60
300
60
12
1200

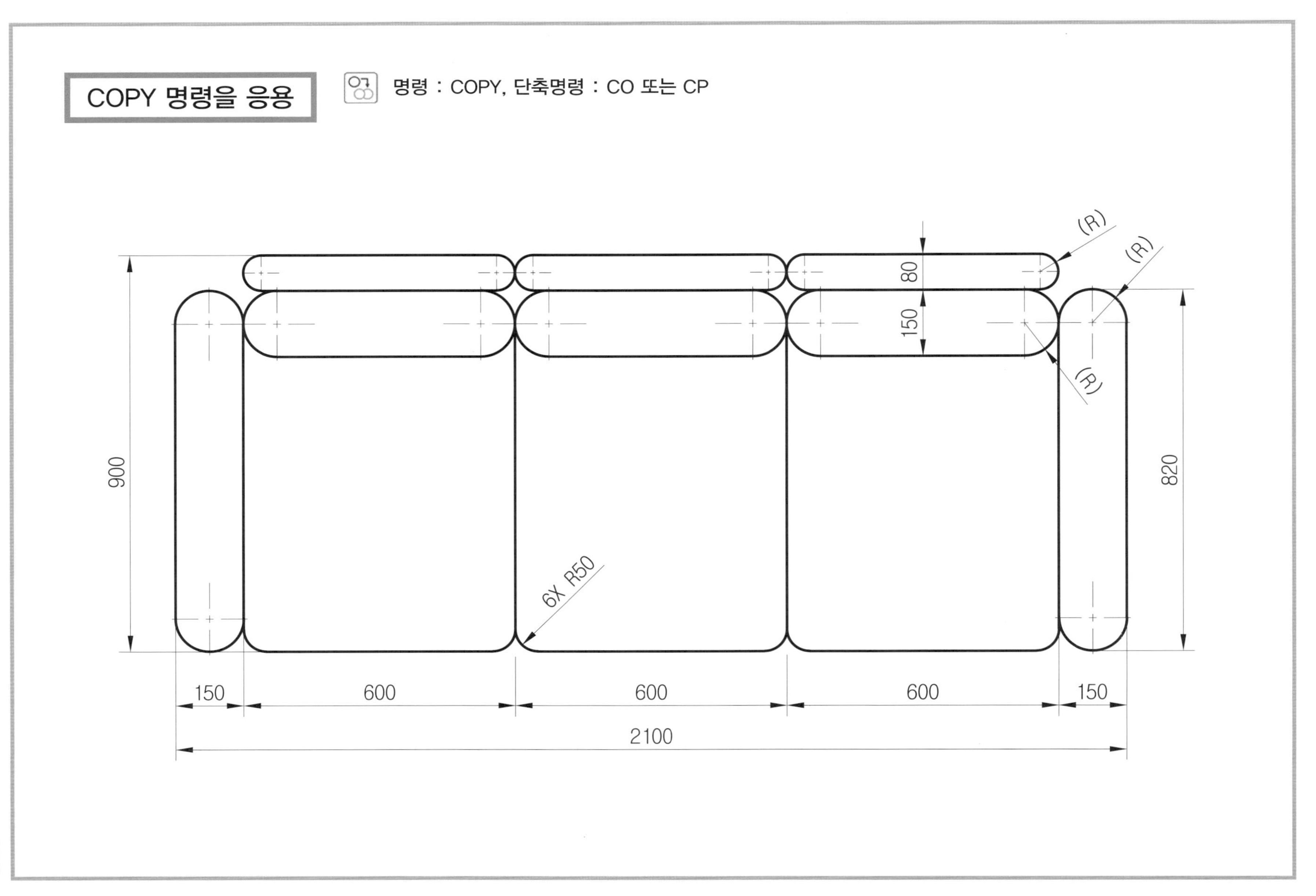
COPY 명령을 응용
명령 : COPY, 단축명령 : CO 또는 CP
(R)
(R)
(R)
80
150
900
820
6X R50
150
600
600
600
150
2100

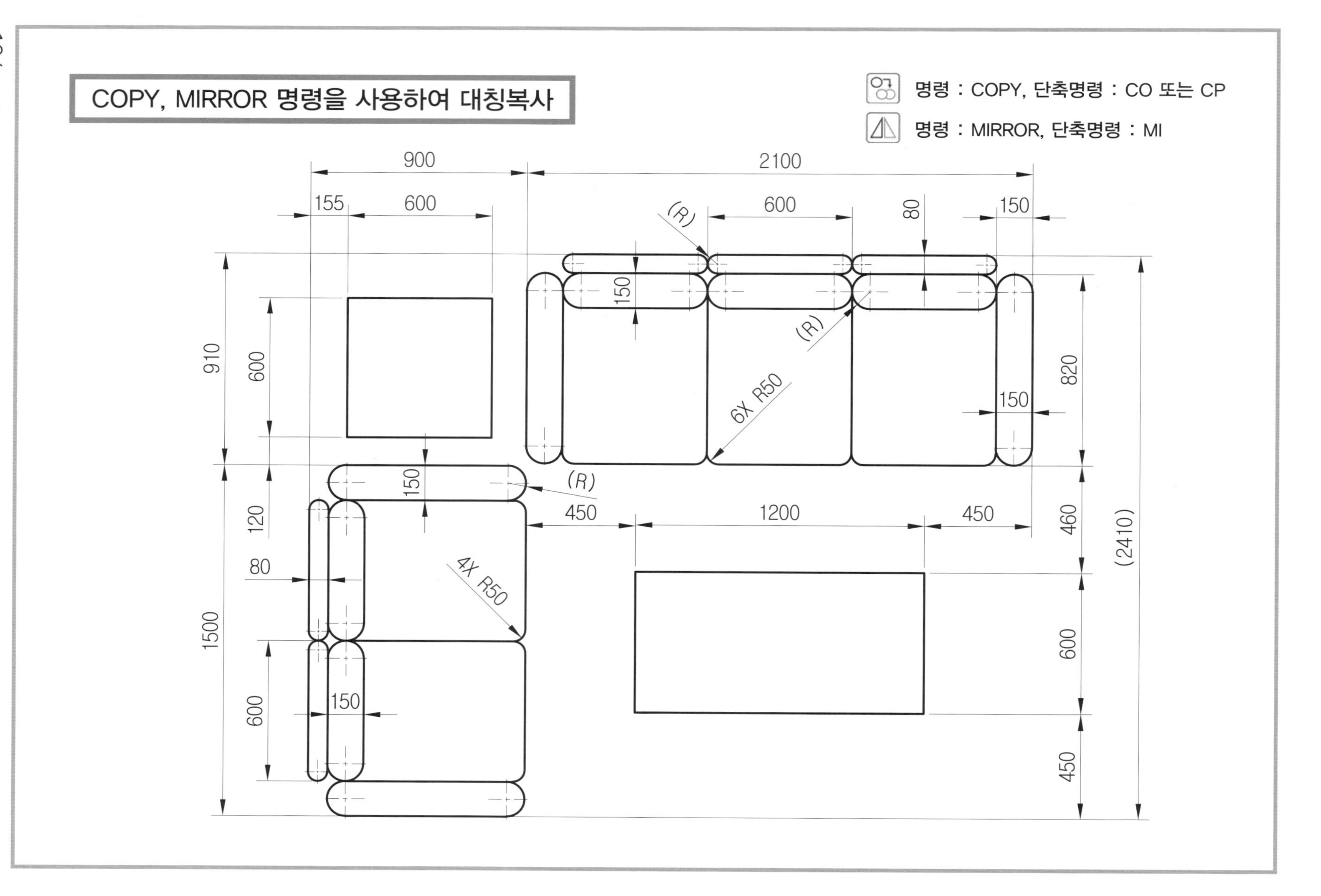
COPY, MIRROR 명령을 사용하여 대칭복사
명령 : COPY, 단축명령 : CO 또는 CP
명령 : MIRROR, 단축명령 : MI
900
2100
155
600
(R)
600
80
150
910
600
150
(R)
6X R50
150
820
150
(R)
120
450
1200
450
460
(2410)
80
4X R50
1500
600
150
600
450

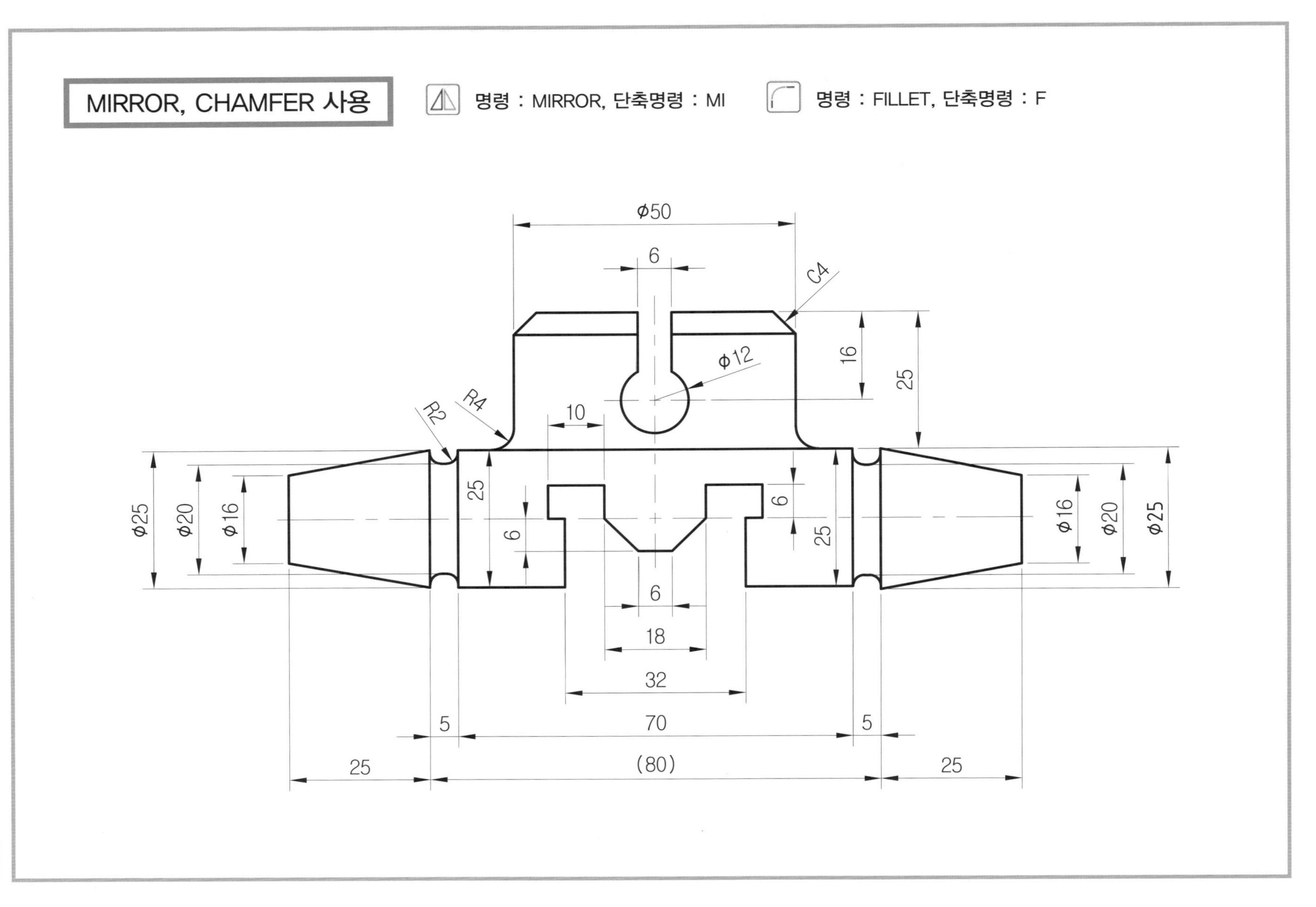
MIRROR, CHAMFER 사용
명령 : MIRROR, 단축명령 : MI
명령 : FILLET, 단축명령 : F
Φ50
6
C4
Φ12
16
25
R2
R4
10
Φ25
Φ20
Φ16
25
6
6
25
Φ16
Φ20
Φ25
6
18
32
5
70
5
25
(80)
25

MIRROR, CHANGE

CHANGE(선 종류 변경)의 사용

명령 : MIRROR,
단축명령 : MI

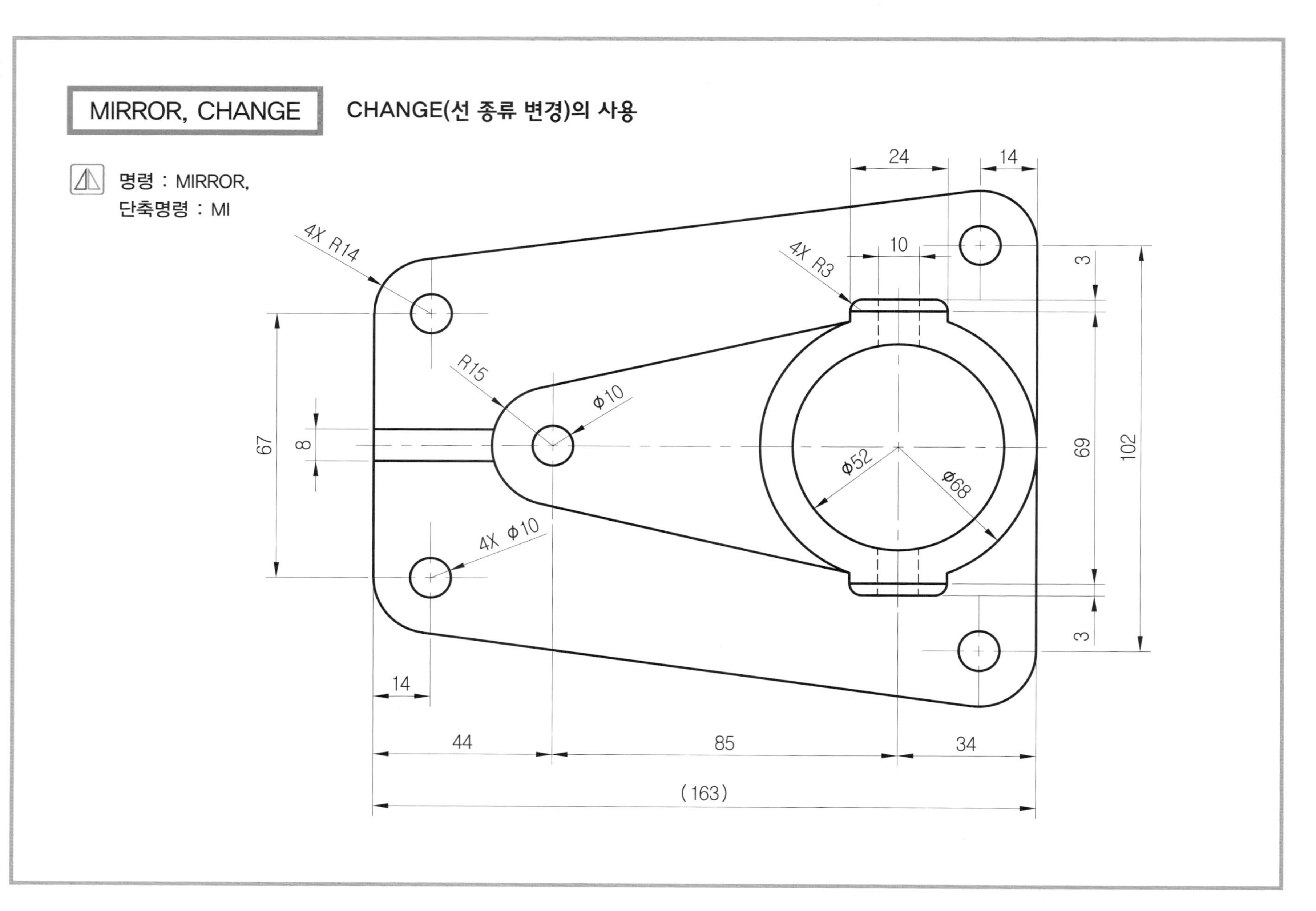

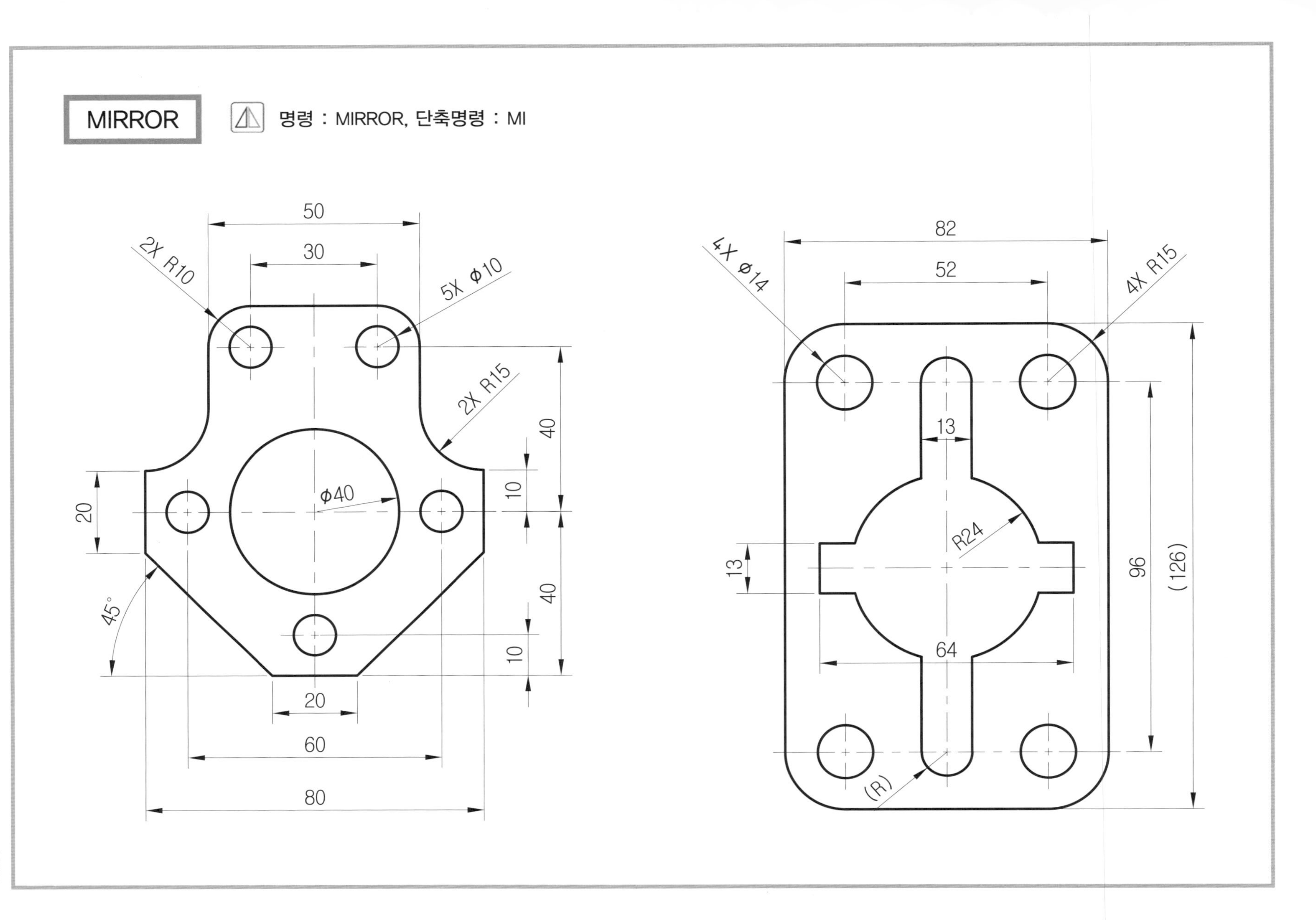
MIRROR
명령 : MIRROR, 단축명령 : MI
50
30
2X R10
5X Φ10
2X R15
40
10
20
Φ40
10
40
45°
10
20
60
80
82
52
4X Φ14
4X R15
13
R24
13
96
(126)
64
(R)

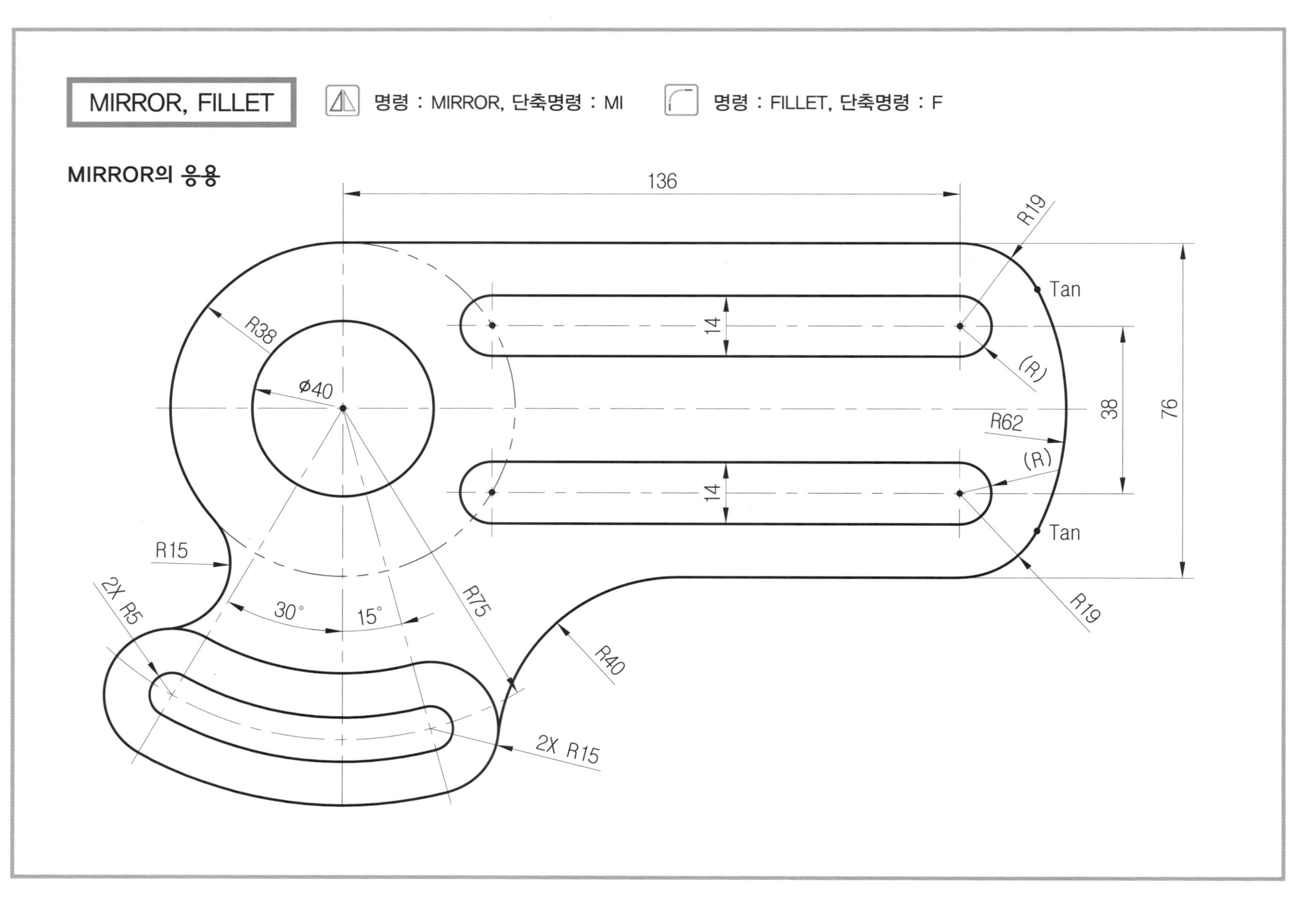
MIRROR, FILLET
명령 : MIRROR, 단축명령 : MI
명령 : FILLET, 단축명령 : F
MIRROR의 응용
136
R19
Tan
14
(R)
R38
φ40
38
76
R62
(R)
14
Tan
R15
2X R5
30°
15°
R75
R19
R40
2X R15

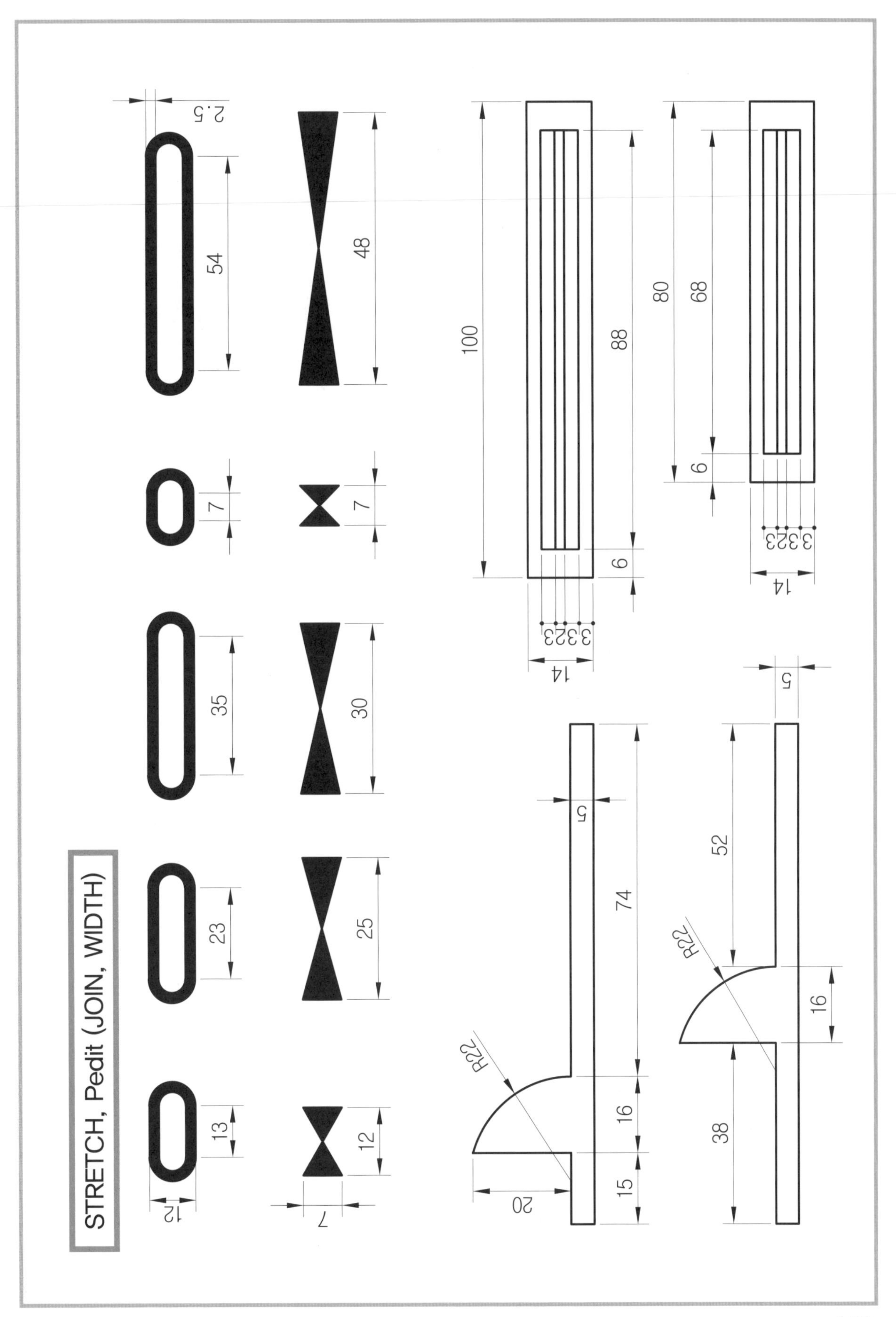
STRETCH, Pedit (JOIN, WIDTH)

ARRAY

명령 : ARRAY, 단축명령 : AR

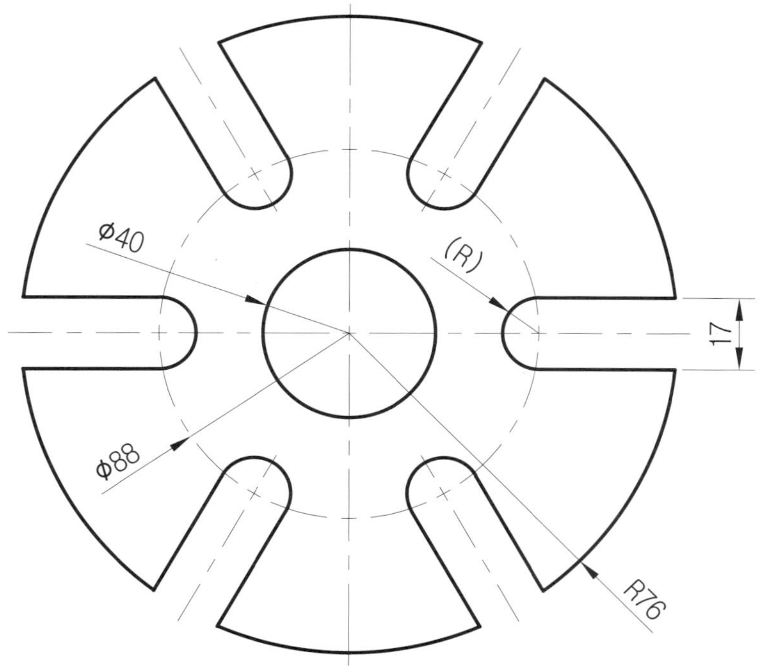

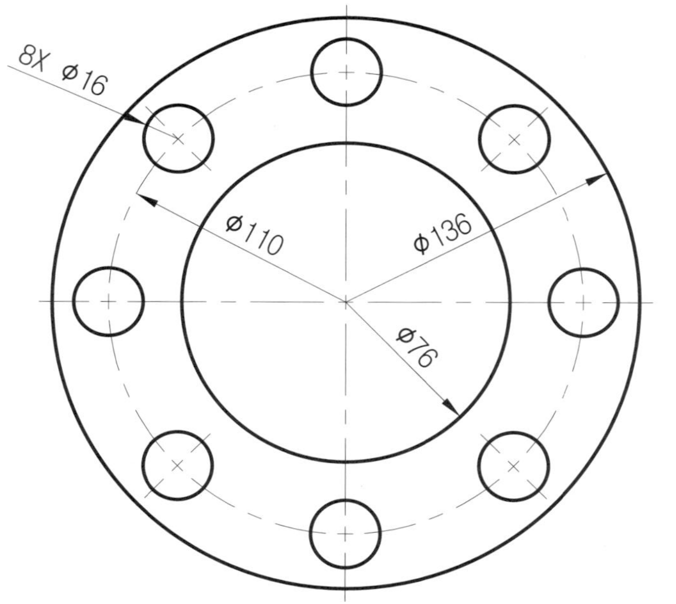

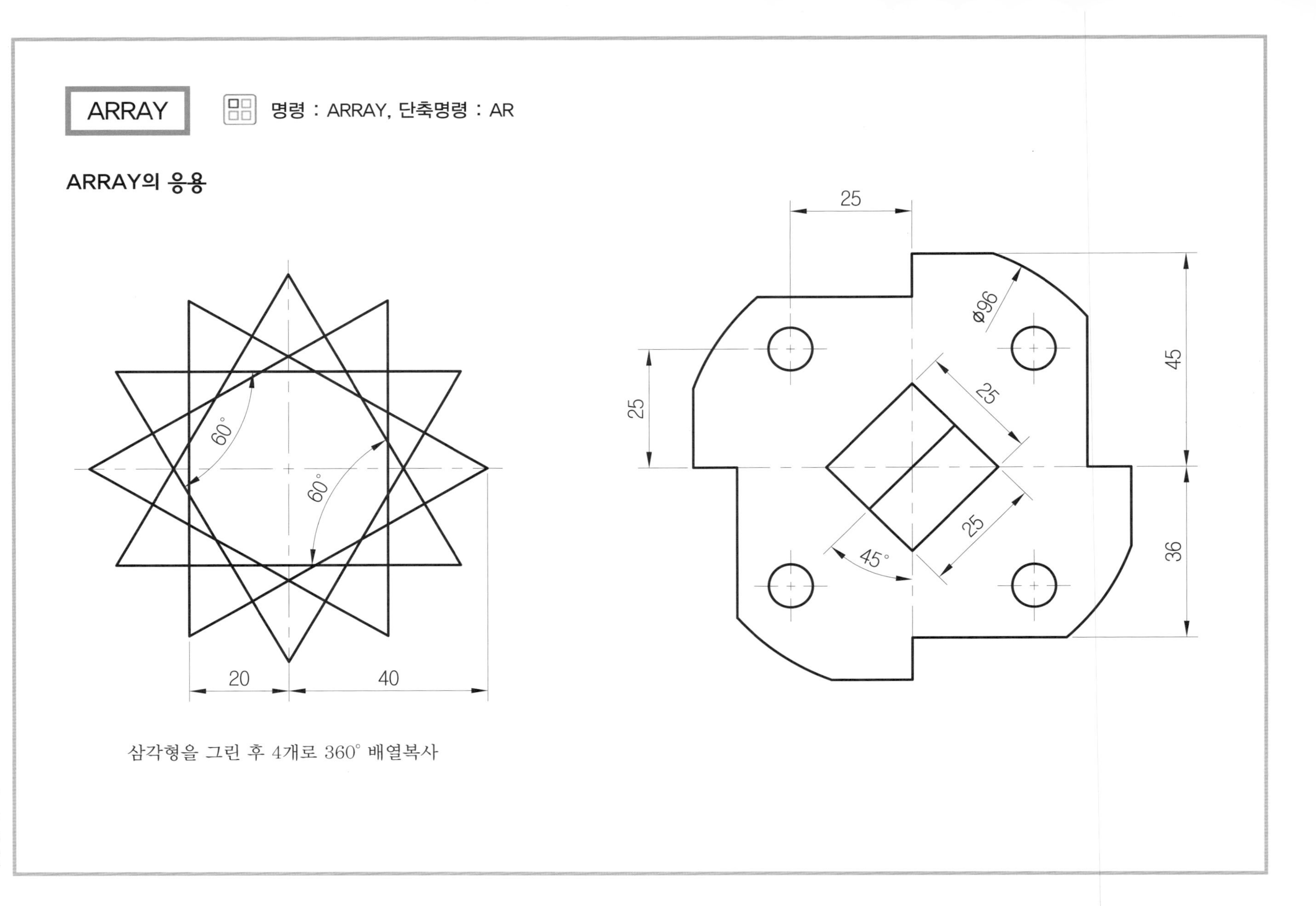
ARRAY
명령 : ARRAY, 단축명령 : AR
ARRAY의 응용
60°
60°
20
40
삼각형을 그린 후 4개로 360° 배열복사
25
25
ϕ96
25
25
45°
45
36

ARRAY

명령 : ARRAY, 단축명령 : AR

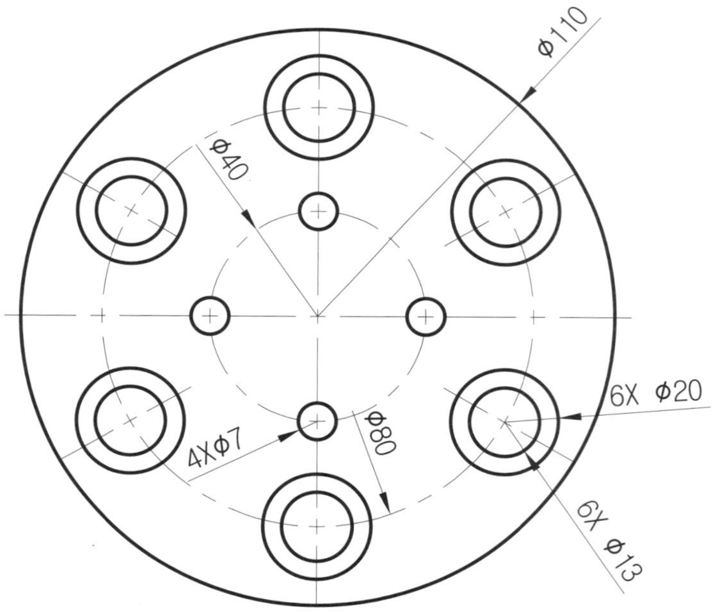

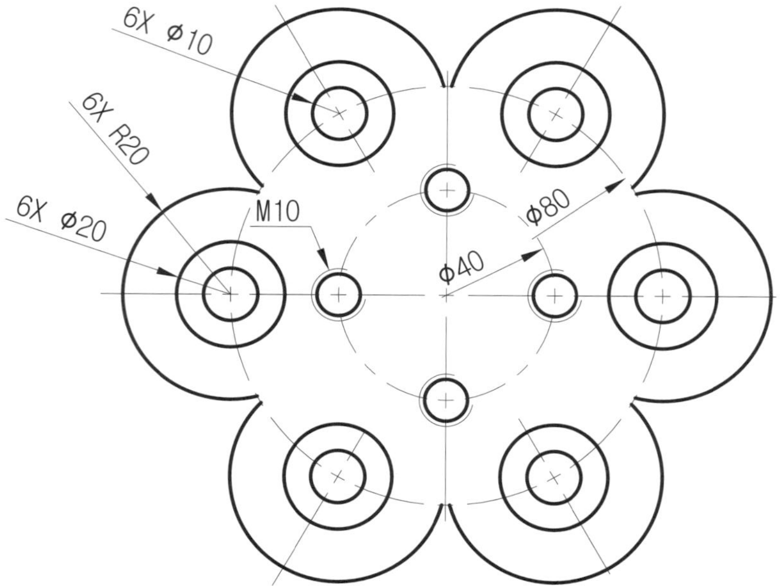

ARRAY

명령 : ARRAY, 단축명령 : AR

ARRAY의 응용

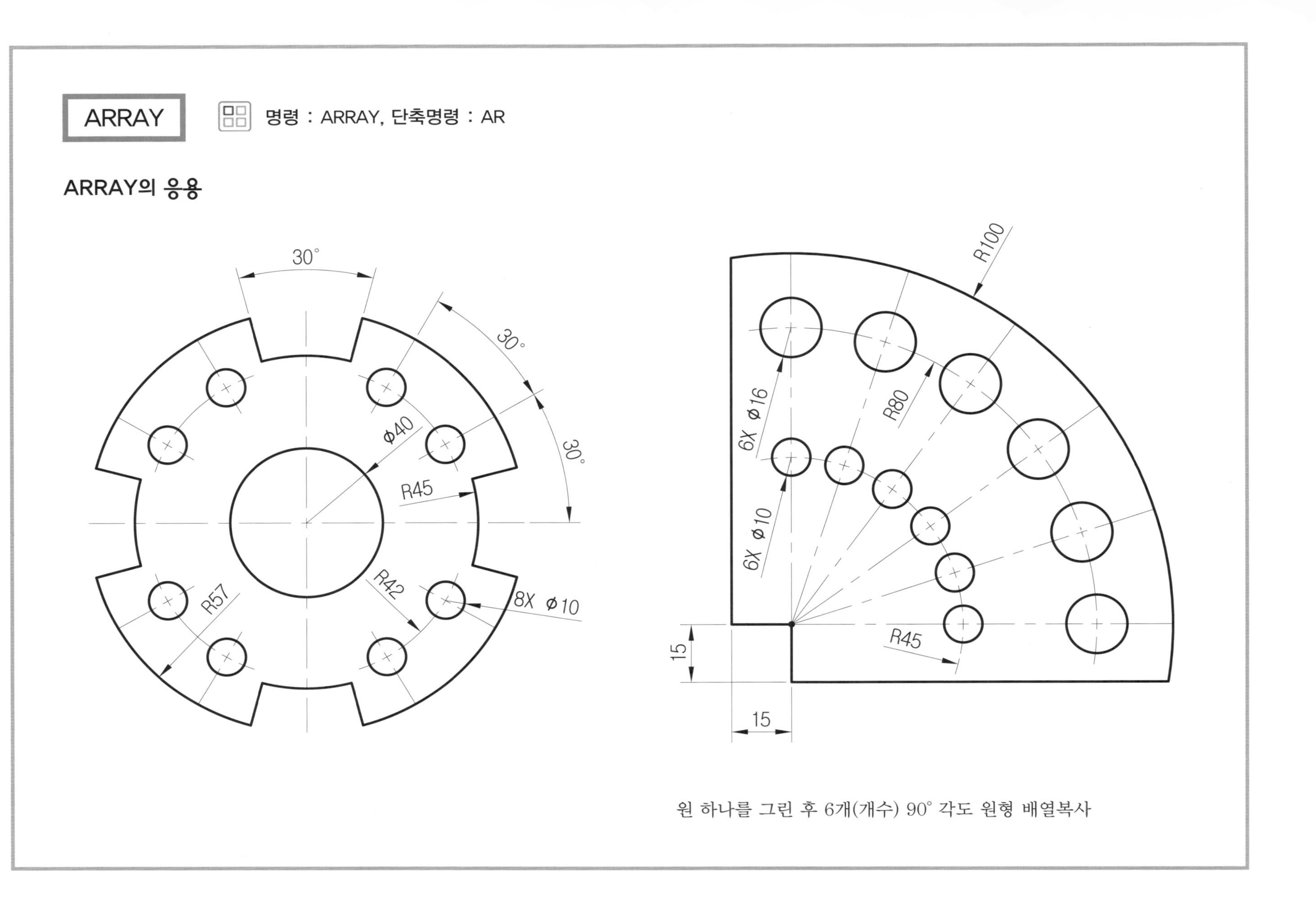

원 하나를 그린 후 6개(개수) 90° 각도 원형 배열복사

POLYGON 다각형 그리기

명령 : POLYGON, 단축명령 : POL

3~1024각형까지 가능하다.

다각형의 방향 회전은 ROTATE 명령으로 바꾼다.

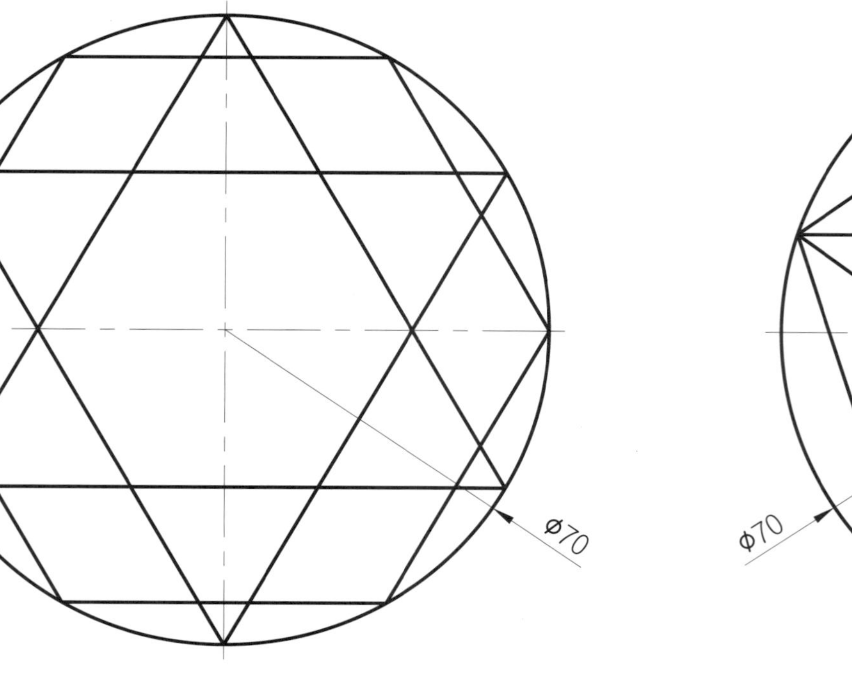

원의 지름은 ∅70으로 그린 다음, 다각형을 그린 후 ENDpoint(끝점)을 지정하여 LINE 명령으로 연결한다.

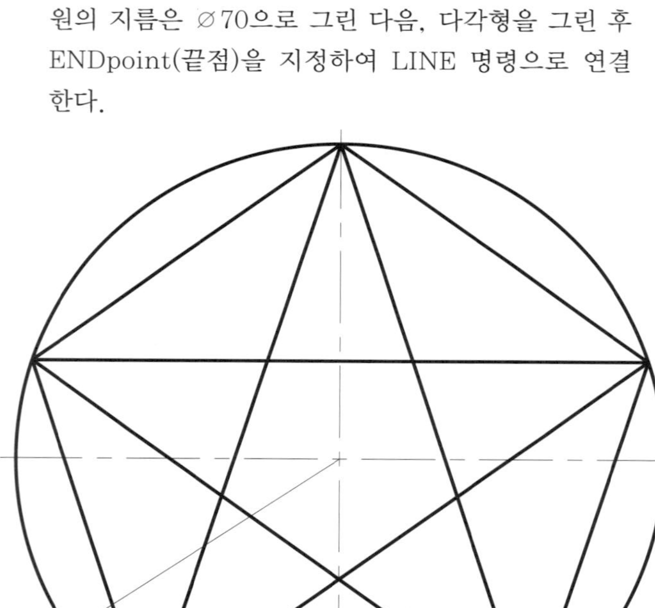

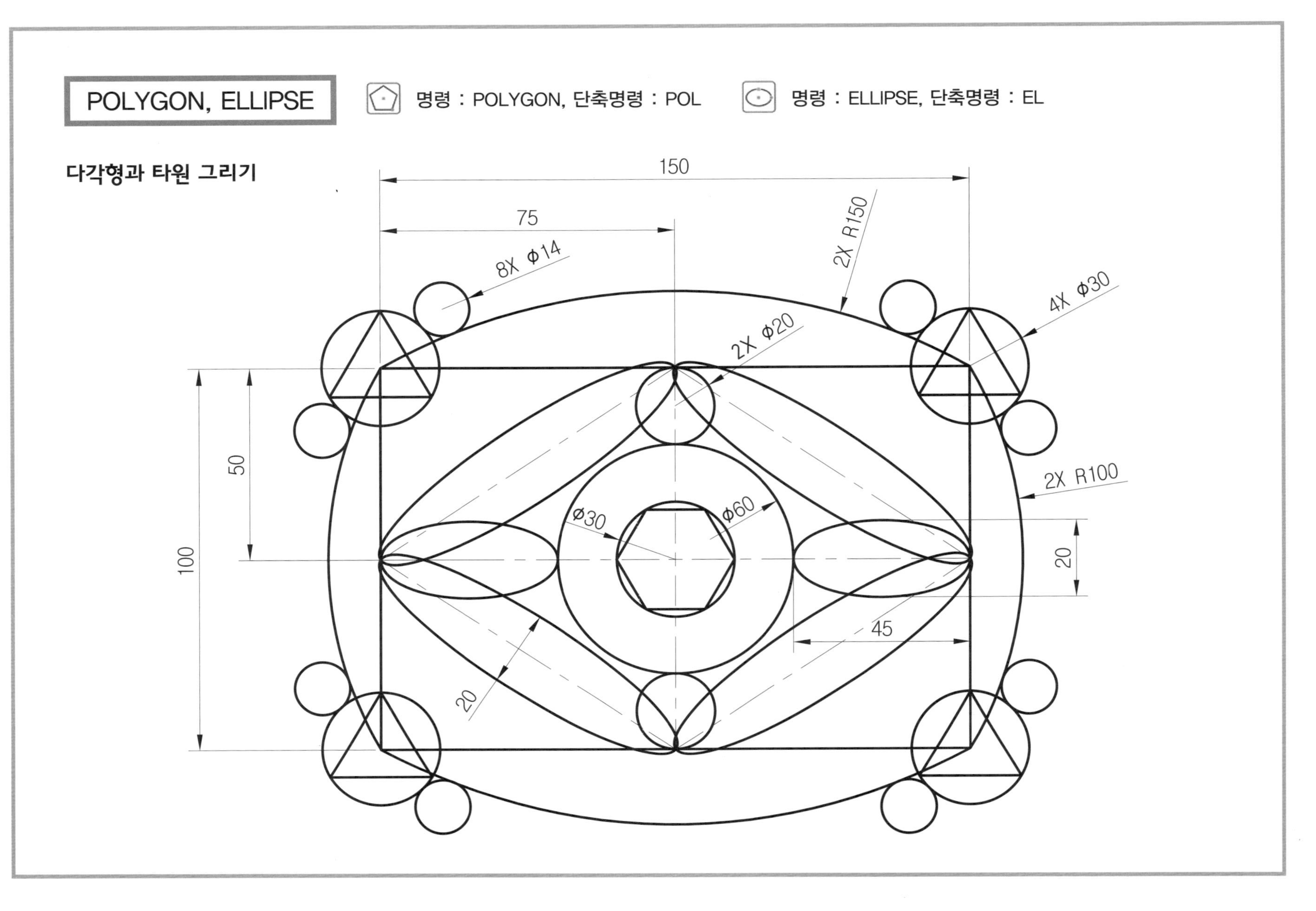
POLYGON, ELLIPSE
명령 : POLYGON, 단축명령 : POL
명령 : ELLIPSE, 단축명령 : EL
다각형과 타원 그리기
150
75
8X Φ14
2X R150
2X Φ20
4X Φ30
2X R100
Φ30
Φ60
45
20
20
50
100

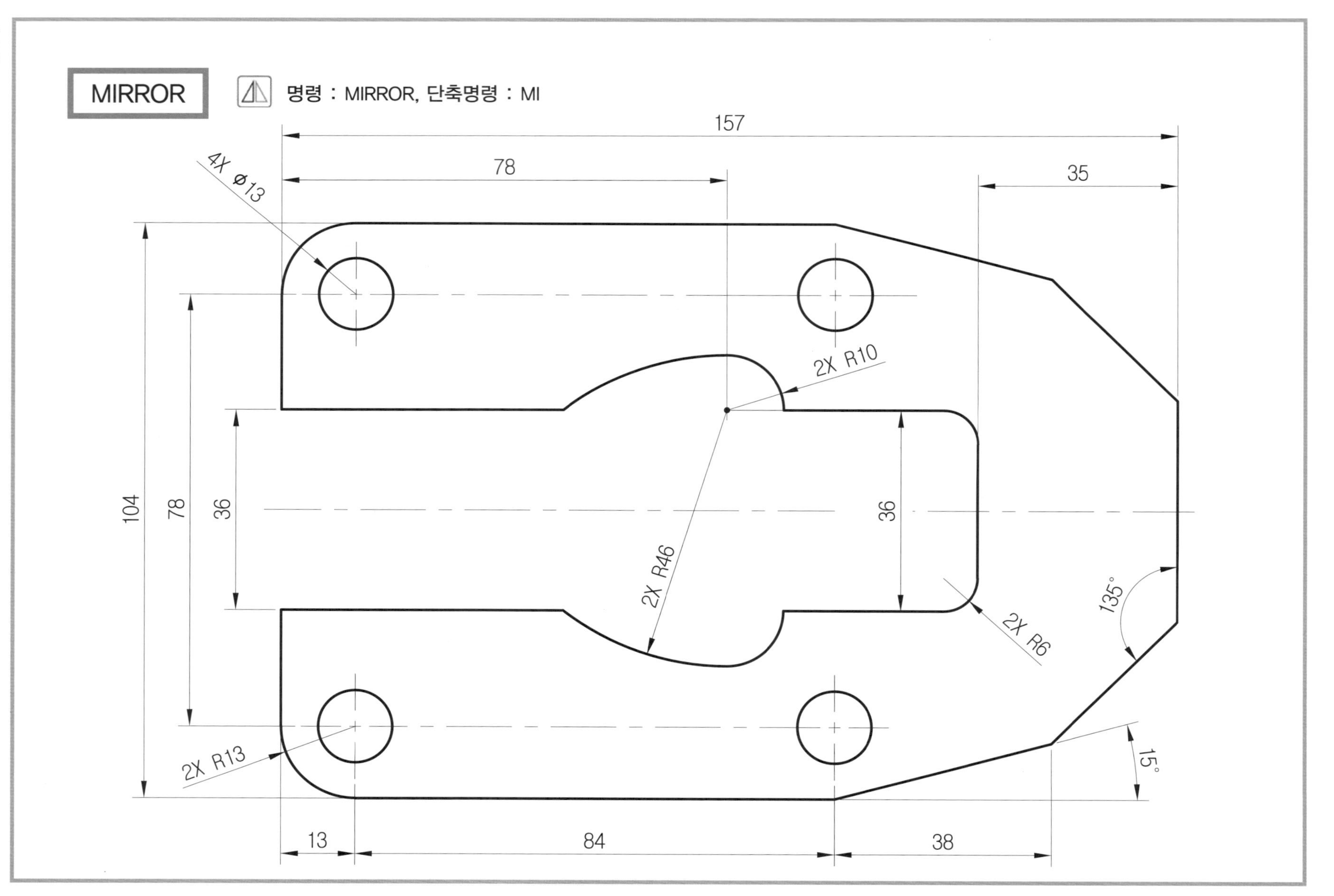
MIRROR
명령 : MIRROR, 단축명령 : MI
157
78
35
4X ø13
2X R10
104
78
36
36
2X R46
2X R6
135°
2X R13
15°
13
84
38

TRIM, ELLIPSE, OFFSET, MIRROR

명령 : TRIM, 단축명령 : TR

명령 : ELLIPSE, 단축명령 : EL

명령 : OFFSET, 단축명령 : O

명령 : MIRROR, 단축명령 : MI

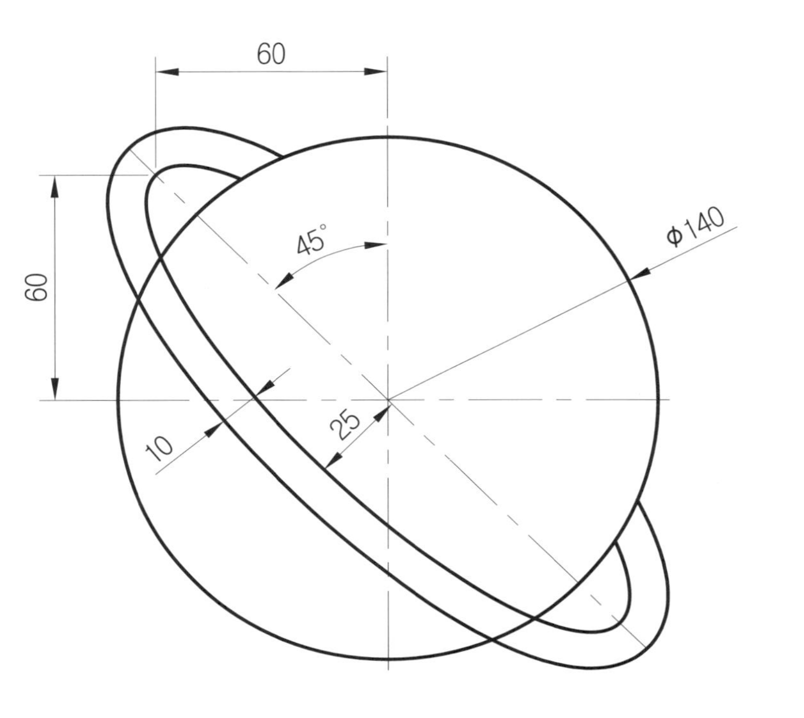

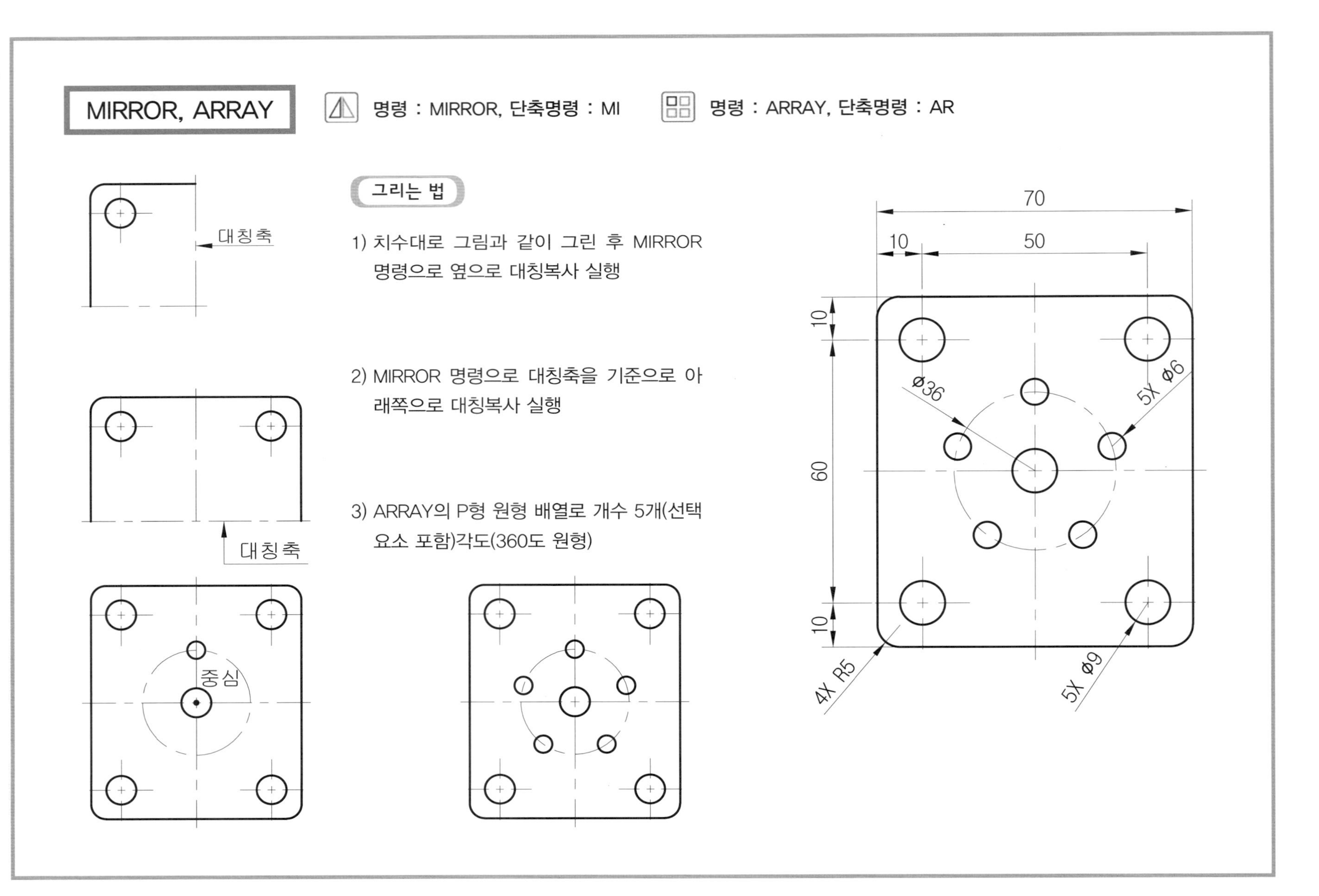
MIRROR, ARRAY
명령 : MIRROR, 단축명령 : MI
명령 : ARRAY, 단축명령 : AR
그리는 법
1) 치수대로 그림과 같이 그린 후 MIRROR 명령으로 옆으로 대칭복사 실행
2) MIRROR 명령으로 대칭축을 기준으로 아래쪽으로 대칭복사 실행
3) ARRAY의 P형 원형 배열로 개수 5개(선택 요소 포함)각도(360도 원형)
대칭축
대칭축
중심
70
10
50
10
60
10
Ø36
5X Ø6
4X R5
5X Ø9

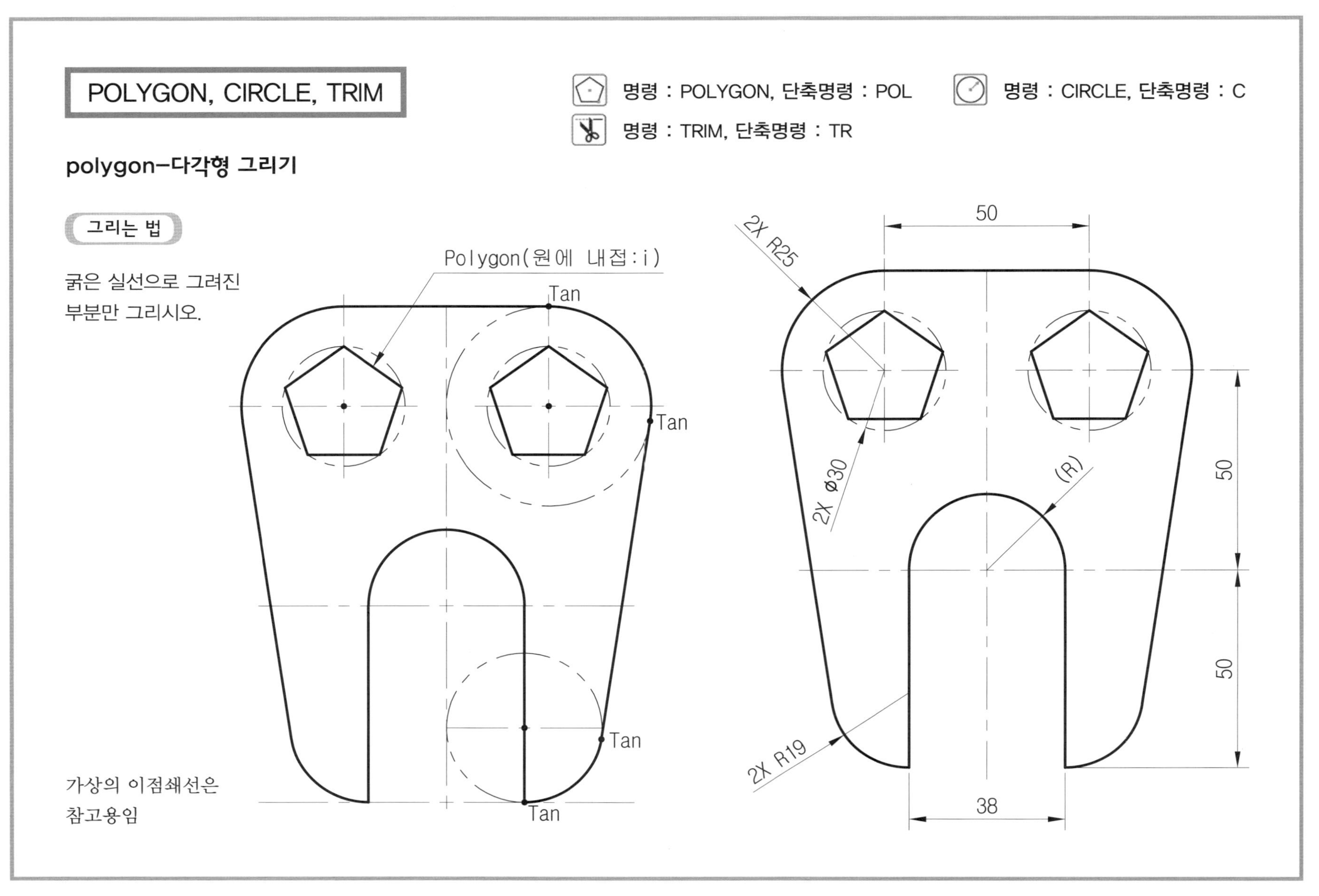
POLYGON, CIRCLE, TRIM
명령 : POLYGON, 단축명령 : POL
명령 : CIRCLE, 단축명령 : C
명령 : TRIM, 단축명령 : TR
polygon-다각형 그리기
그리는 법
굵은 실선으로 그려진
부분만 그리시오.
Polygon(원에 내접:i)
Tan
Tan
Tan
Tan
가상의 이점쇄선은
참고용임
50
2X R25
2X ø30
(R)
50
50
2X R19
38

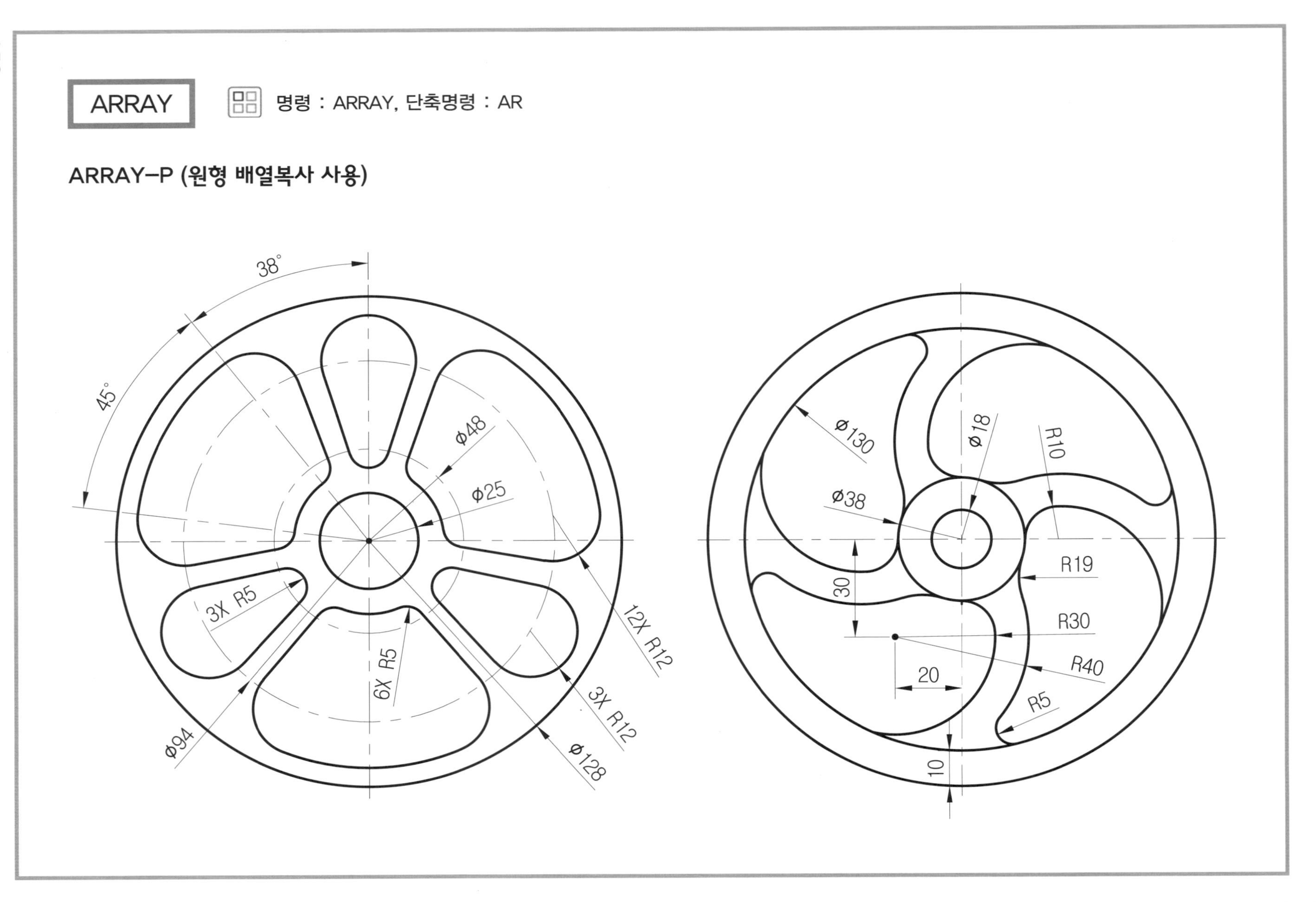
ARRAY
명령 : ARRAY, 단축명령 : AR
ARRAY-P (원형 배열복사 사용)
38°
45°
φ48
φ25
3X R5
6X R5
12X R12
3X R12
φ94
φ128
φ130
φ18
R10
φ38
R19
30
R30
R40
20
R5
10

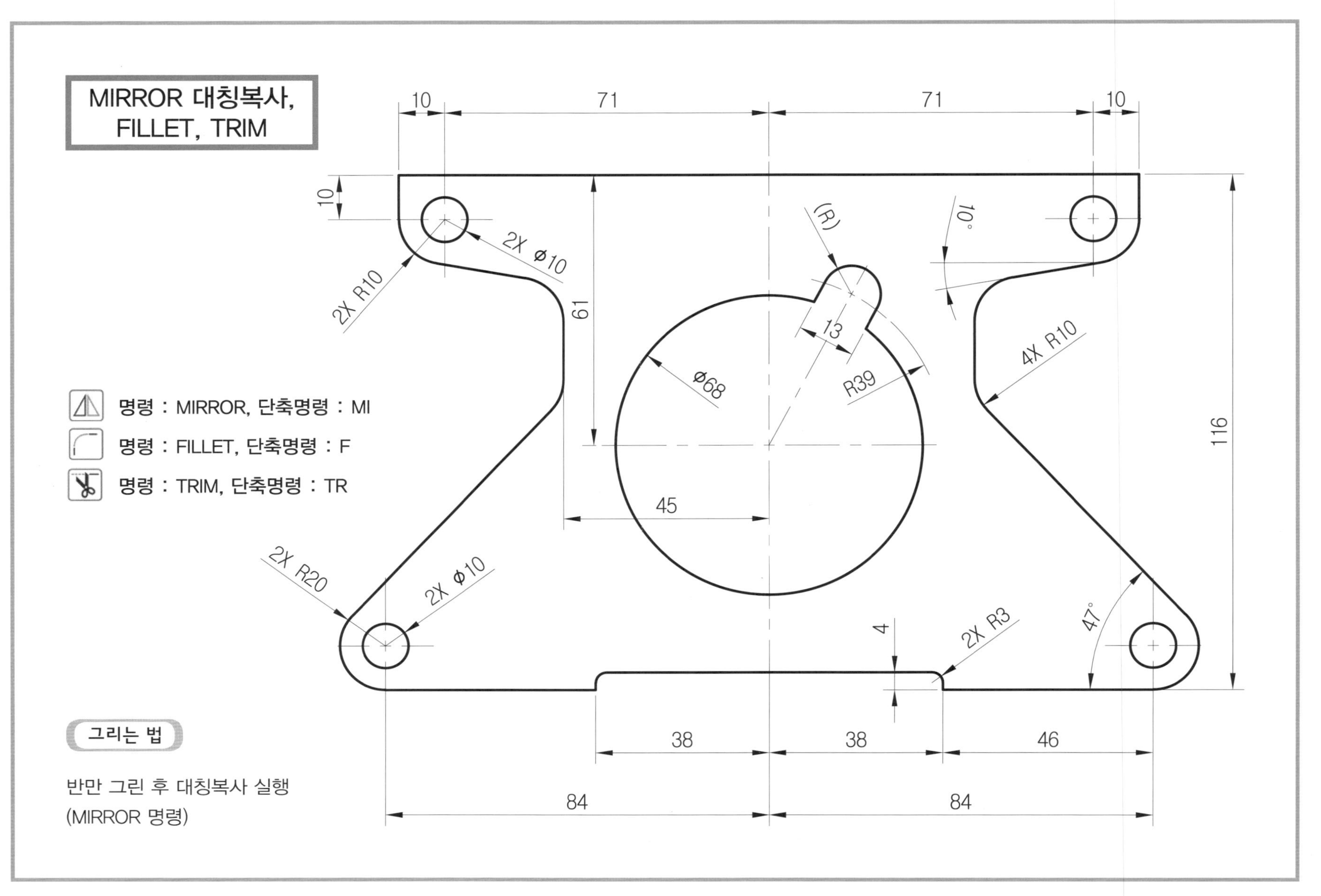

MIRROR 대칭복사,
FILLET, TRIM
명령 : MIRROR, 단축명령 : MI
명령 : FILLET, 단축명령 : F
명령 : TRIM, 단축명령 : TR
그리는 법
반만 그린 후 대칭복사 실행
(MIRROR 명령)
10
71
71
10
10
2X ϕ10
2X R10
61
(R)
13
ϕ68
R39
10°
4X R10
116
45
2X R20
2X ϕ10
4
2X R3
47°
38
38
46
84
84

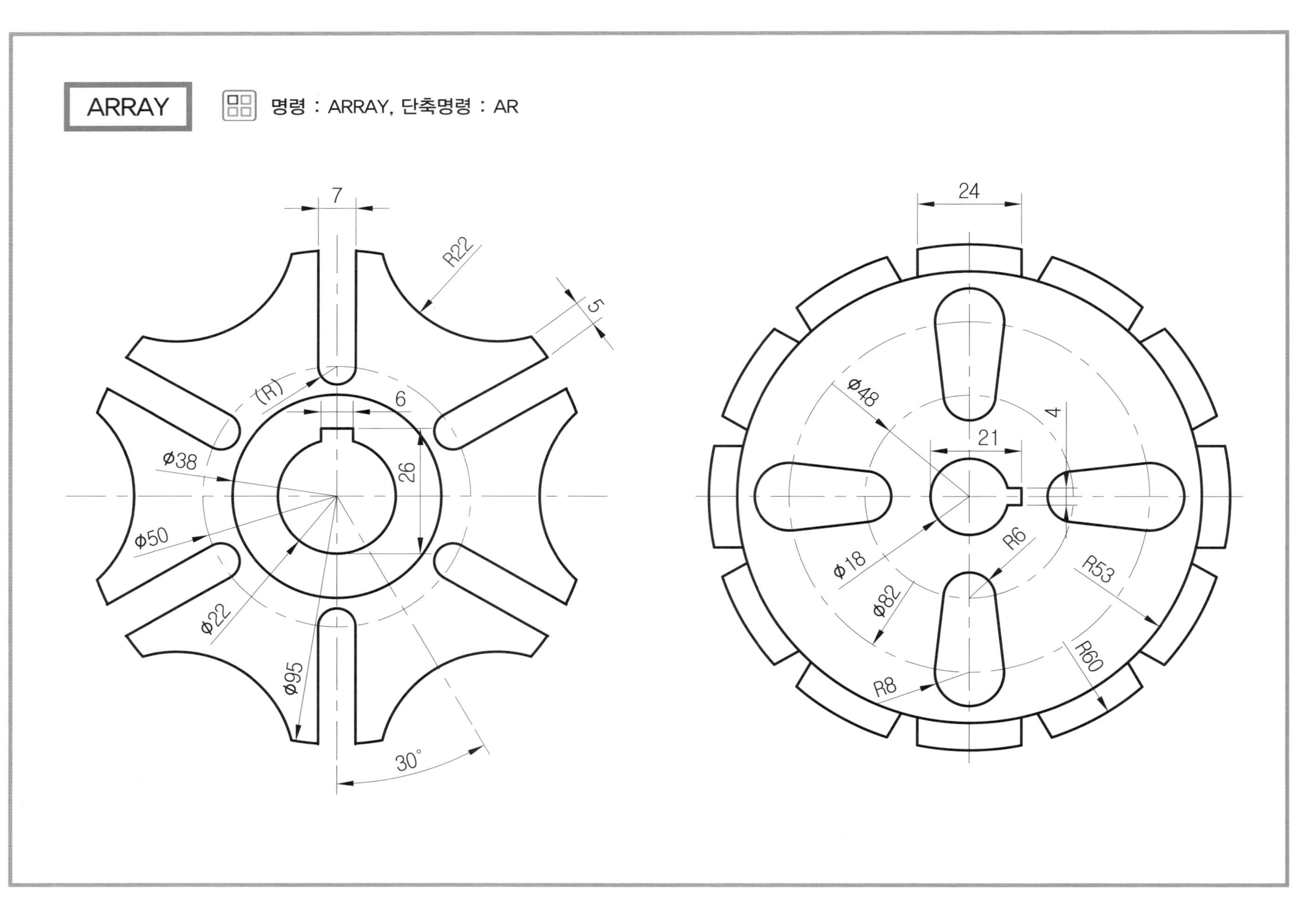
ARRAY
명령 : ARRAY, 단축명령 : AR
7
R22
5
(R)
6
26
Φ38
Φ50
Φ22
Φ95
30°
24
Φ48
4
21
R6
Φ18
Φ82
R53
R60
R8

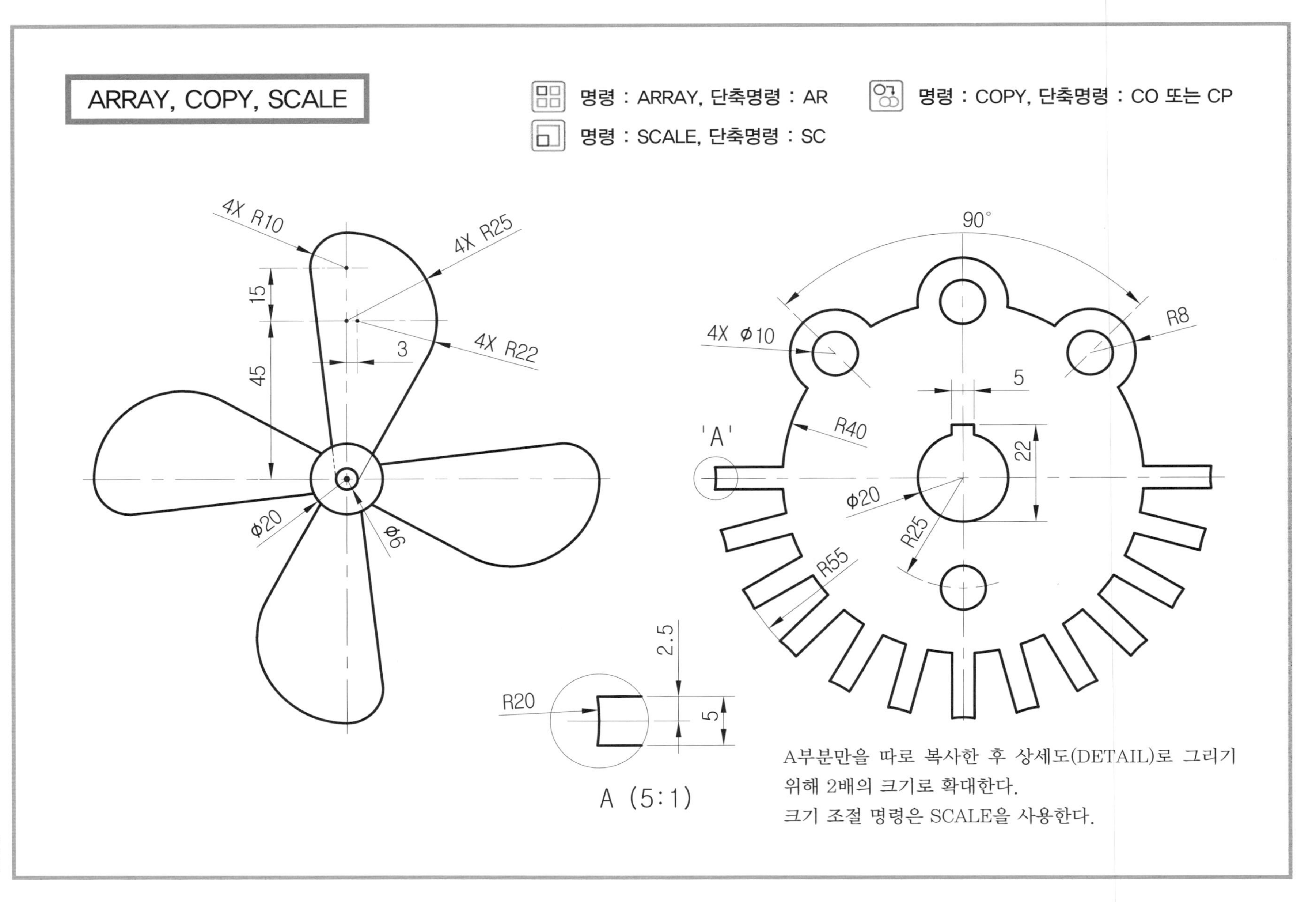
ARRAY, COPY, SCALE
명령 : ARRAY, 단축명령 : AR
명령 : COPY, 단축명령 : CO 또는 CP
명령 : SCALE, 단축명령 : SC
4X R10
4X R25
4X R22
15
45
3
φ20
φ6
90°
4X φ10
R8
5
'A'
R40
22
φ20
R25
R55
2.5
R20
5
A (5:1)
A부분만을 따로 복사한 후 상세도(DETAIL)로 그리기
위해 2배의 크기로 확대한다.
크기 조절 명령은 SCALE을 사용한다.

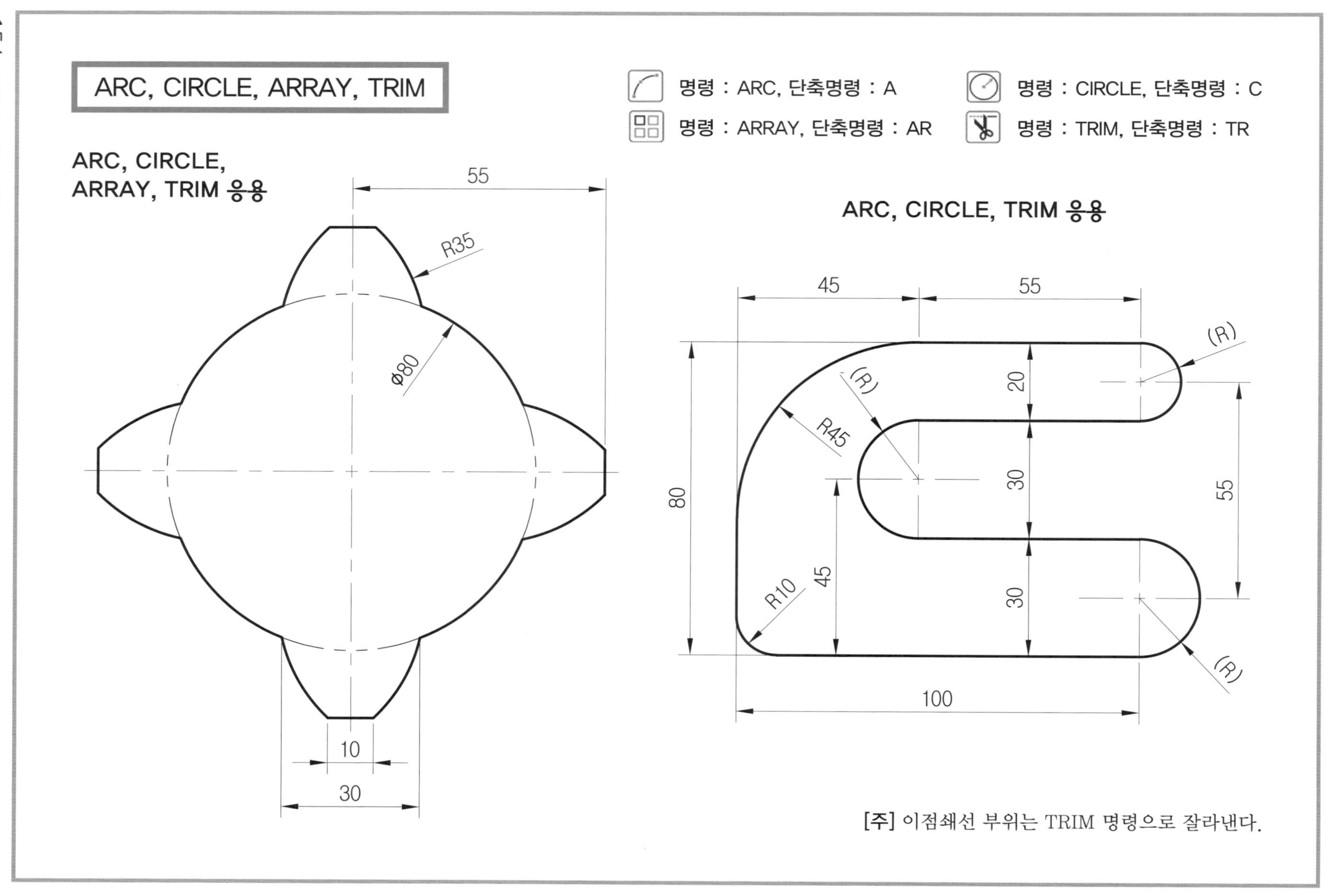
ARC, CIRCLE, ARRAY, TRIM
명령 : ARC, 단축명령 : A
명령 : CIRCLE, 단축명령 : C
명령 : ARRAY, 단축명령 : AR
명령 : TRIM, 단축명령 : TR
ARC, CIRCLE,
ARRAY, TRIM 응용
55
R35
ϕ80
10
30
ARC, CIRCLE, TRIM 응용
45
55
(R)
(R)
R45
20
30
30
55
80
R10
45
(R)
100
[주] 이점쇄선 부위는 TRIM 명령으로 잘라낸다.

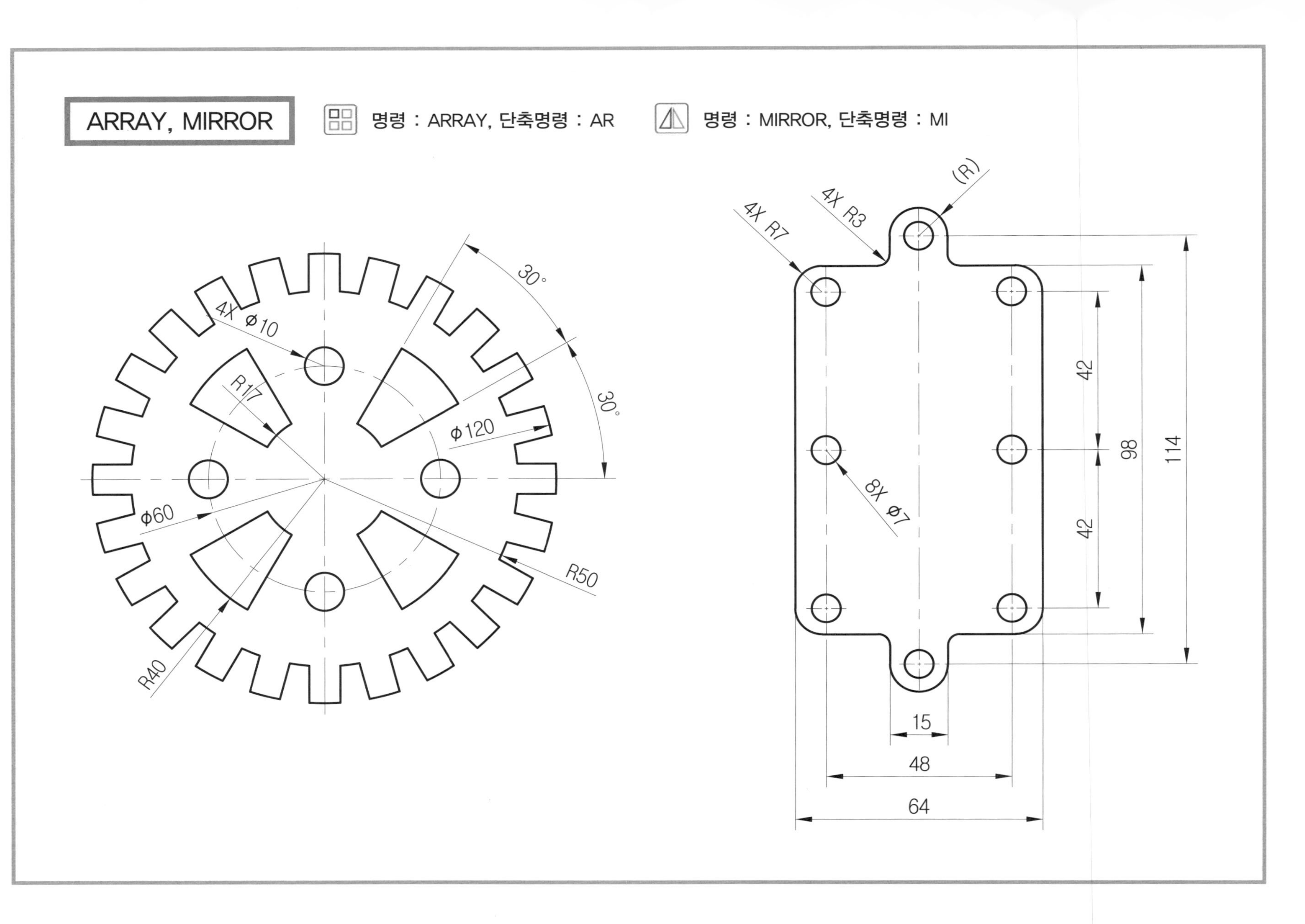
ARRAY, MIRROR
명령 : ARRAY, 단축명령 : AR
명령 : MIRROR, 단축명령 : MI
4X Φ10
30°
30°
R17
Φ120
Φ60
R50
R40
(R)
4X R3
4X R7
8X Φ7
42
42
98
114
15
48
64

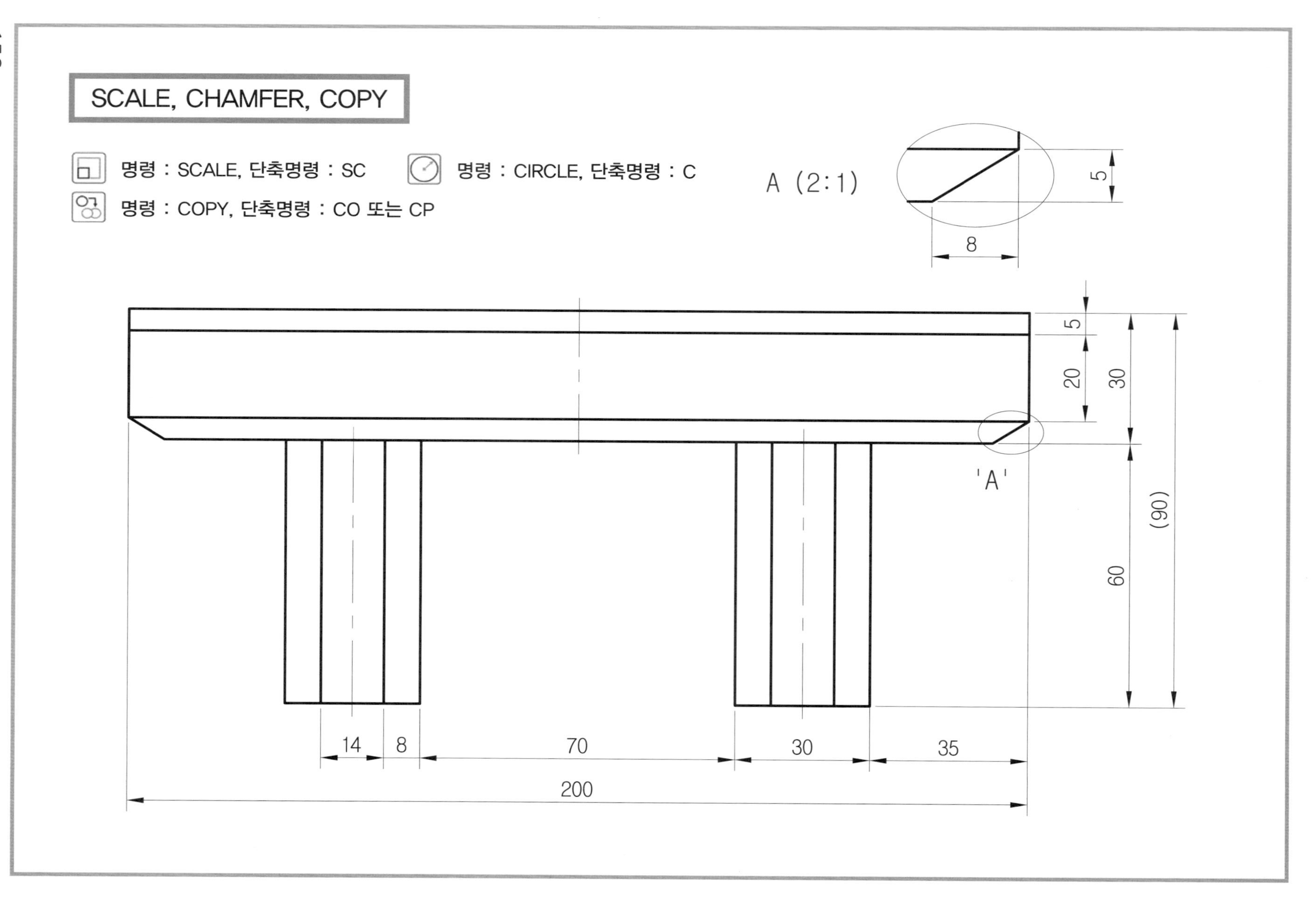

SCALE, CHAMFER, COPY
명령 : SCALE, 단축명령 : SC
명령 : CIRCLE, 단축명령 : C
명령 : COPY, 단축명령 : CO 또는 CP
A (2:1)
5
8
5
20
30
'A'
(90)
60
14
8
70
30
35
200

방향에 따른 타원의 모양

Snap 명령을 Style로 지정
Isometric으로 설정 후 타원(ELLipse) 명령 사용

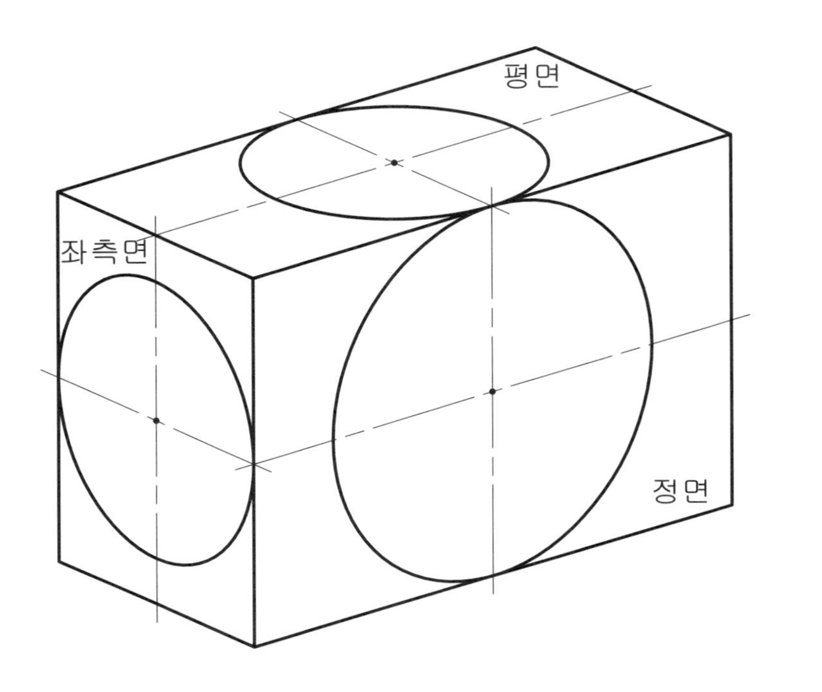

방향에 따른 커서의 모양

ELLipse 명령의 Isocircle 사용

방향 회전 단축키 Ctrl ⊕ E키
또는 F5키

등각투상도 연습 1

등각용 원 그리기
ELLIPSE-ISOCIRCLE

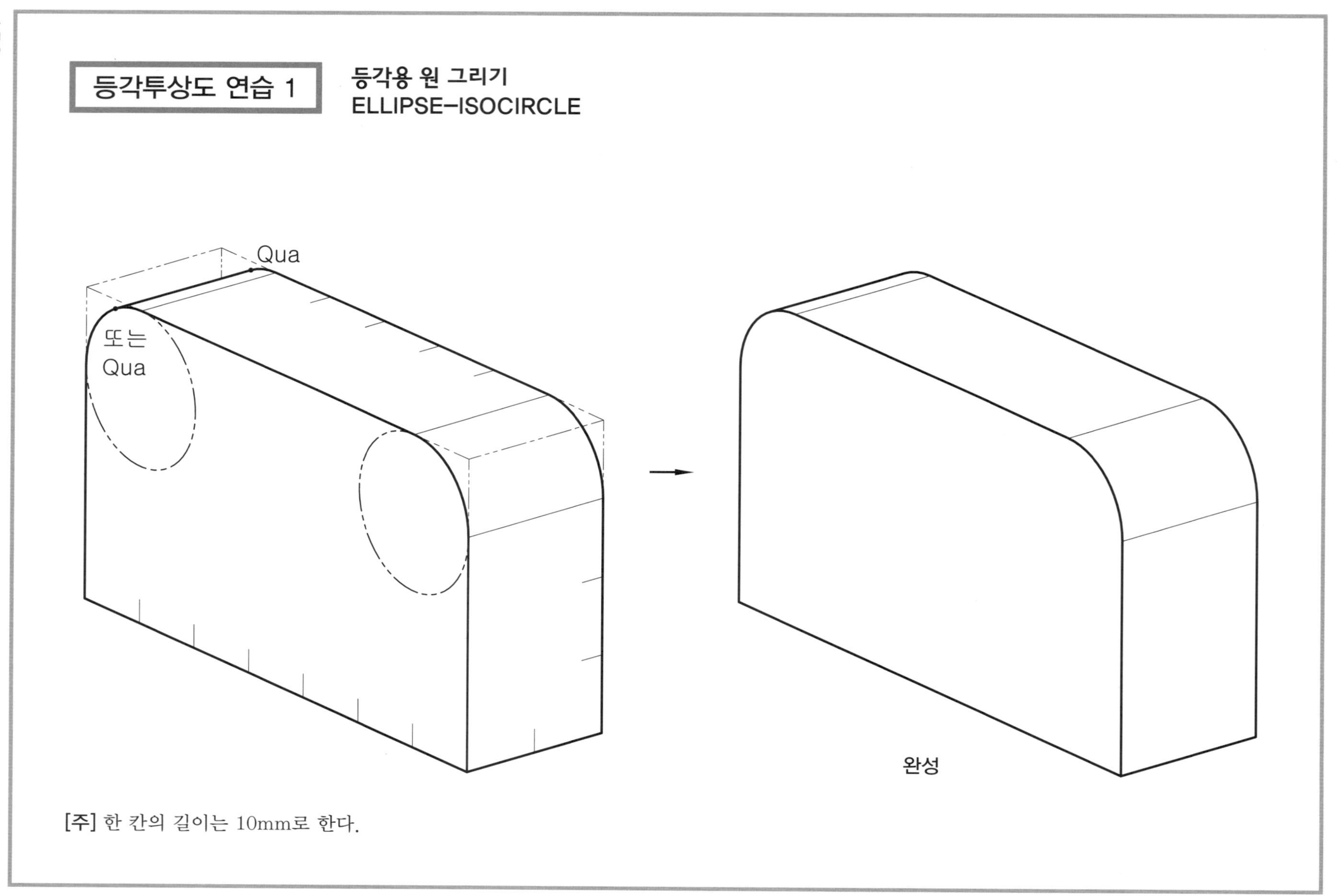

[주] 한 칸의 길이는 10mm로 한다.

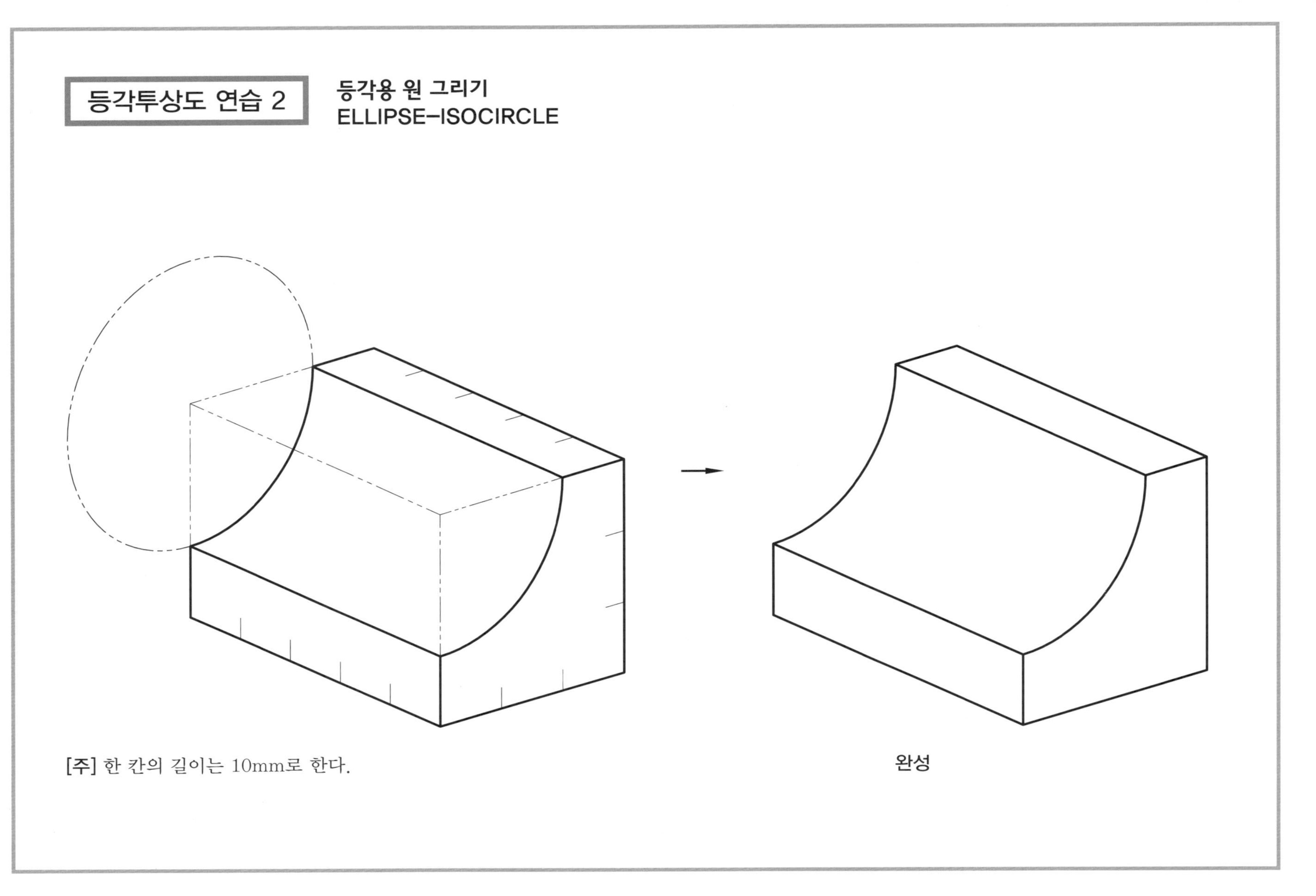
등각투상도 연습 2
등각용 원 그리기
ELLIPSE-ISOCIRCLE
[주] 한 칸의 길이는 10mm로 한다.
완성

ISOPLANE, SNAP(Style)

등각용 원 그리기
ELLIPSE–ISOCIRCLE

command : SNAP Enter↵
Snap spacing ～ / Style ～ : S 지정
Isometric / 〈Standard〉 : I 지정
Vertical Spacing ～ (0.0000) : 10 지정

command : Grid Enter↵
Grid Spacing ～ : 10

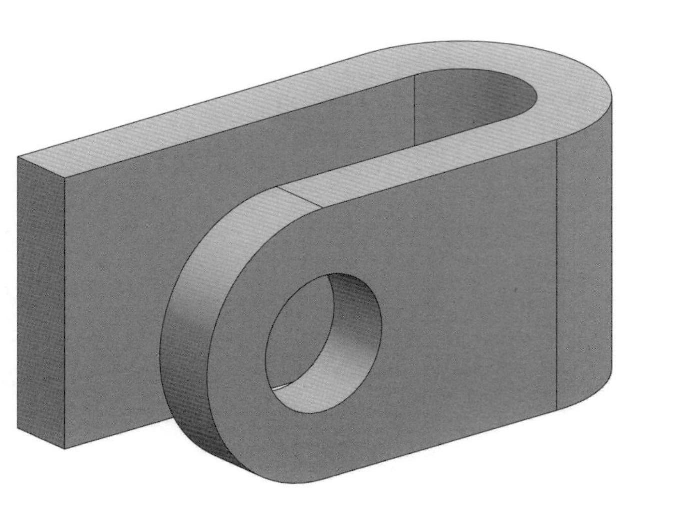

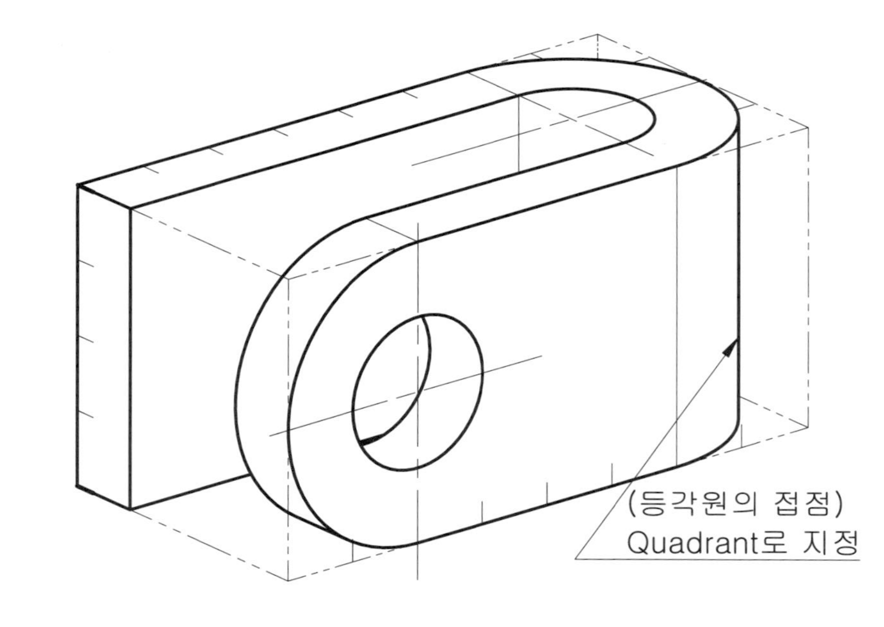

[주] 한 칸의 길이는 10mm로 한다.

ISOPLANE, SNAP(Style)

등각용 원 그리기
ELLIPSE-ISOCIRCLE

command : SNAP Enter↵
Snap spacing ~ / Style ~ : S 지정
Isometric / 〈Standard〉 : I 지정
Vertical Spacing ~ (0.0000) : 10 지정

command : Grid Enter↵
Grid Spacing ~ : 10

(등각원의 접점)
Quadrant로 지정

[주] 한 칸의 길이는 10mm로 한다.

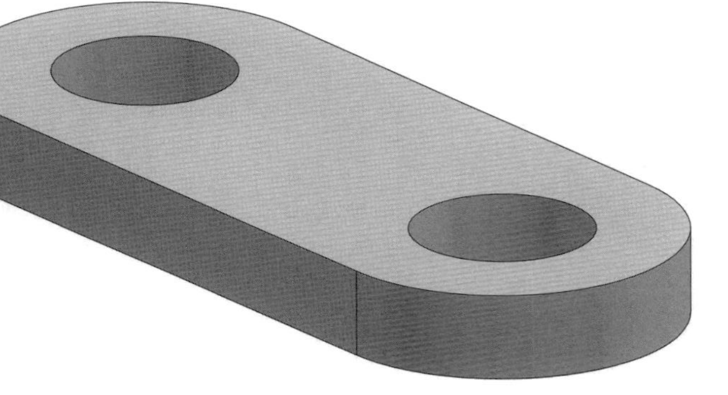

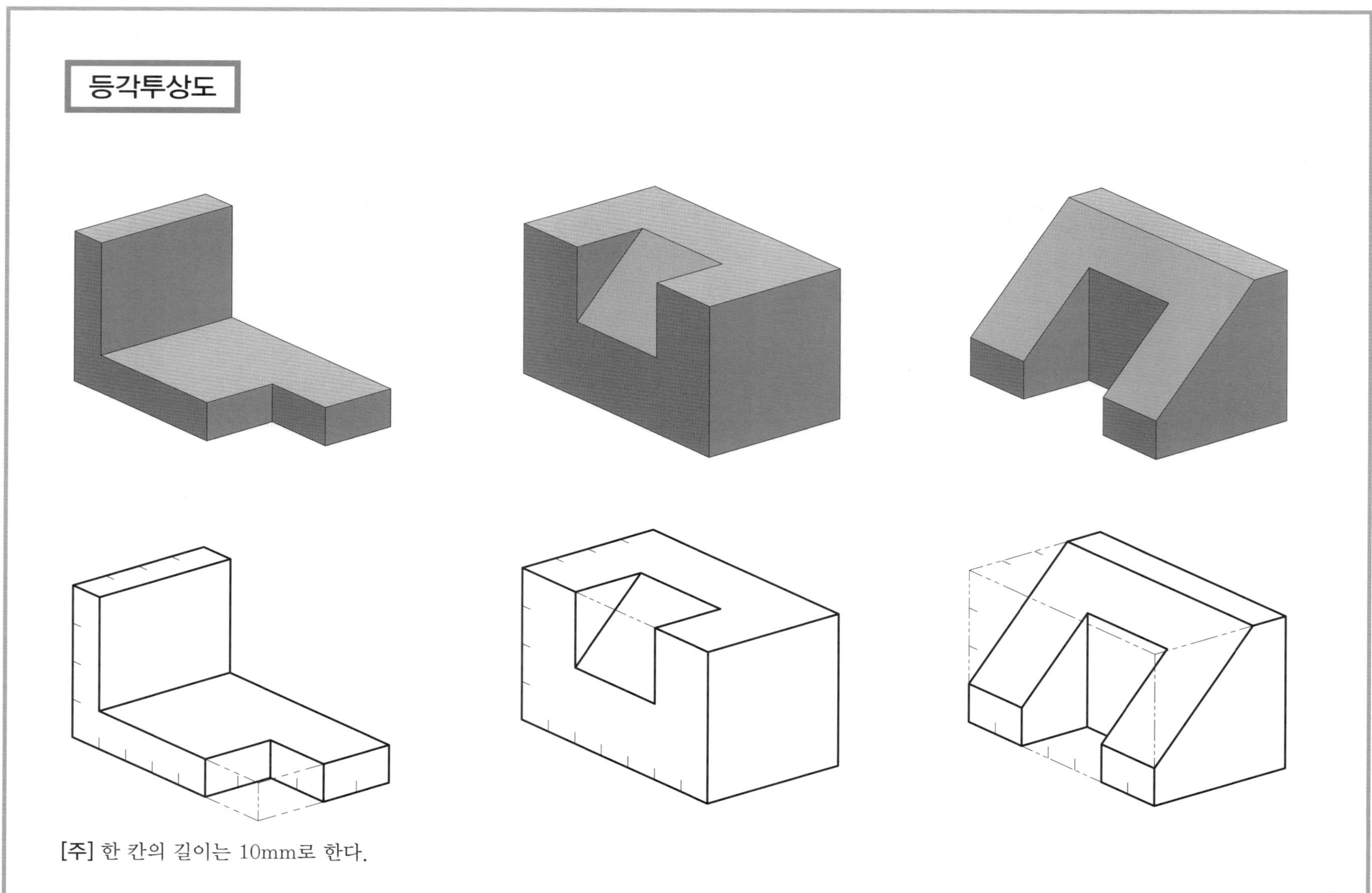
등각투상도
[주] 한 칸의 길이는 10mm로 한다.

기초 투상도와 등각도 그리기 1

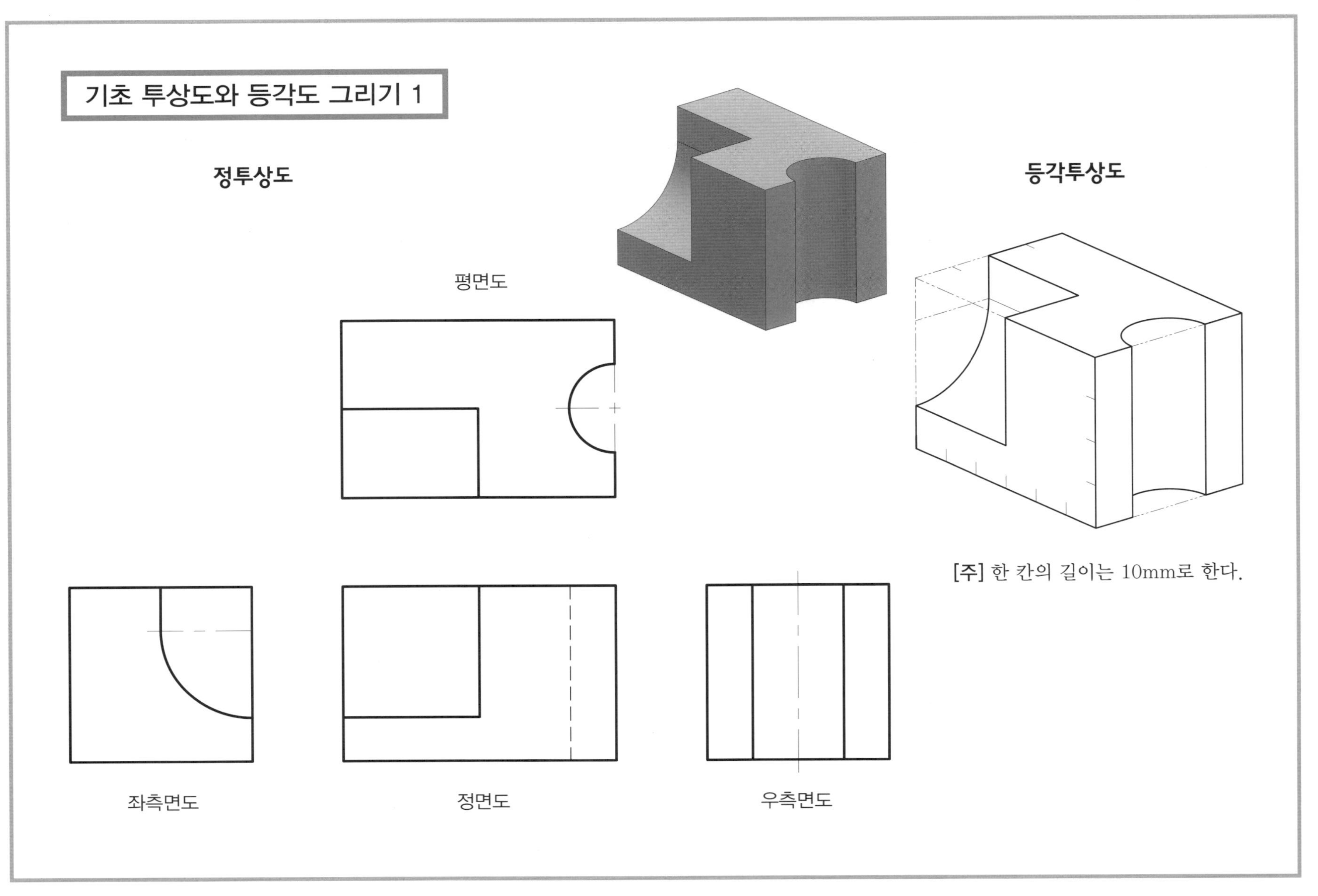

[주] 한 칸의 길이는 10mm로 한다.

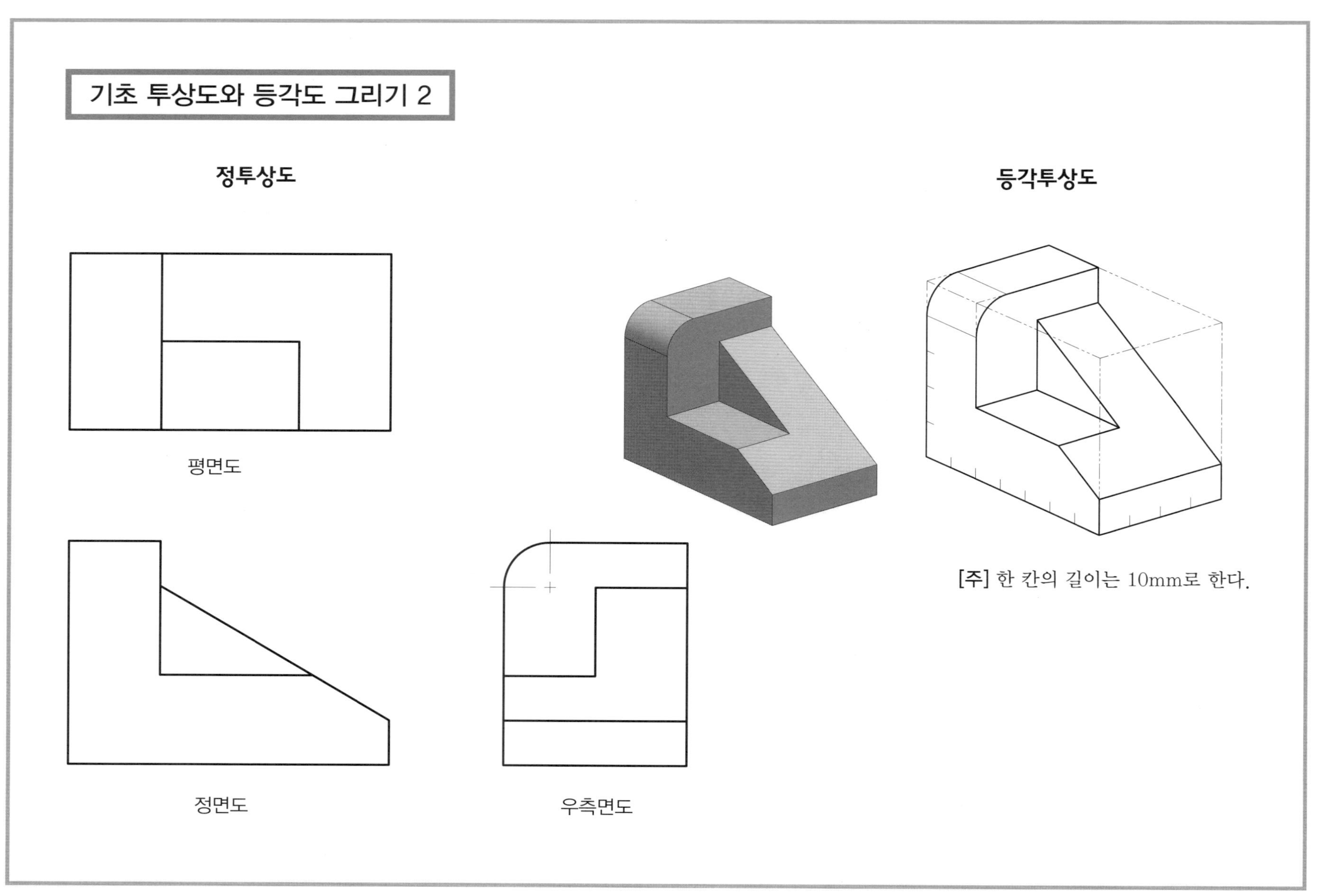
기초 투상도와 등각도 그리기 2
정투상도
등각투상도
평면도
정면도
우측면도
[주] 한 칸의 길이는 10mm로 한다.

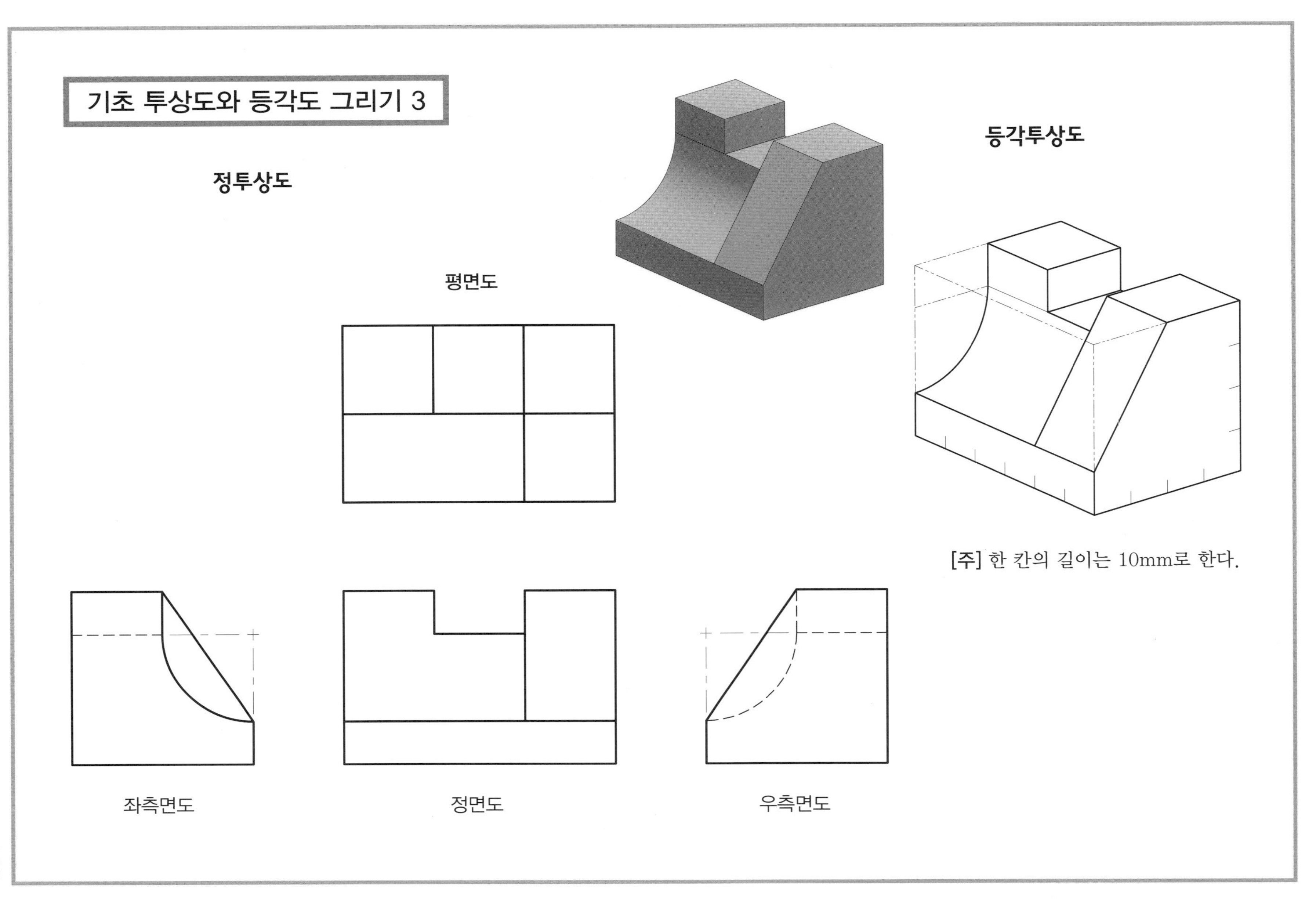
기초 투상도와 등각도 그리기 3
정투상도
등각투상도
평면도
[주] 한 칸의 길이는 10mm로 한다.
좌측면도
정면도
우측면도

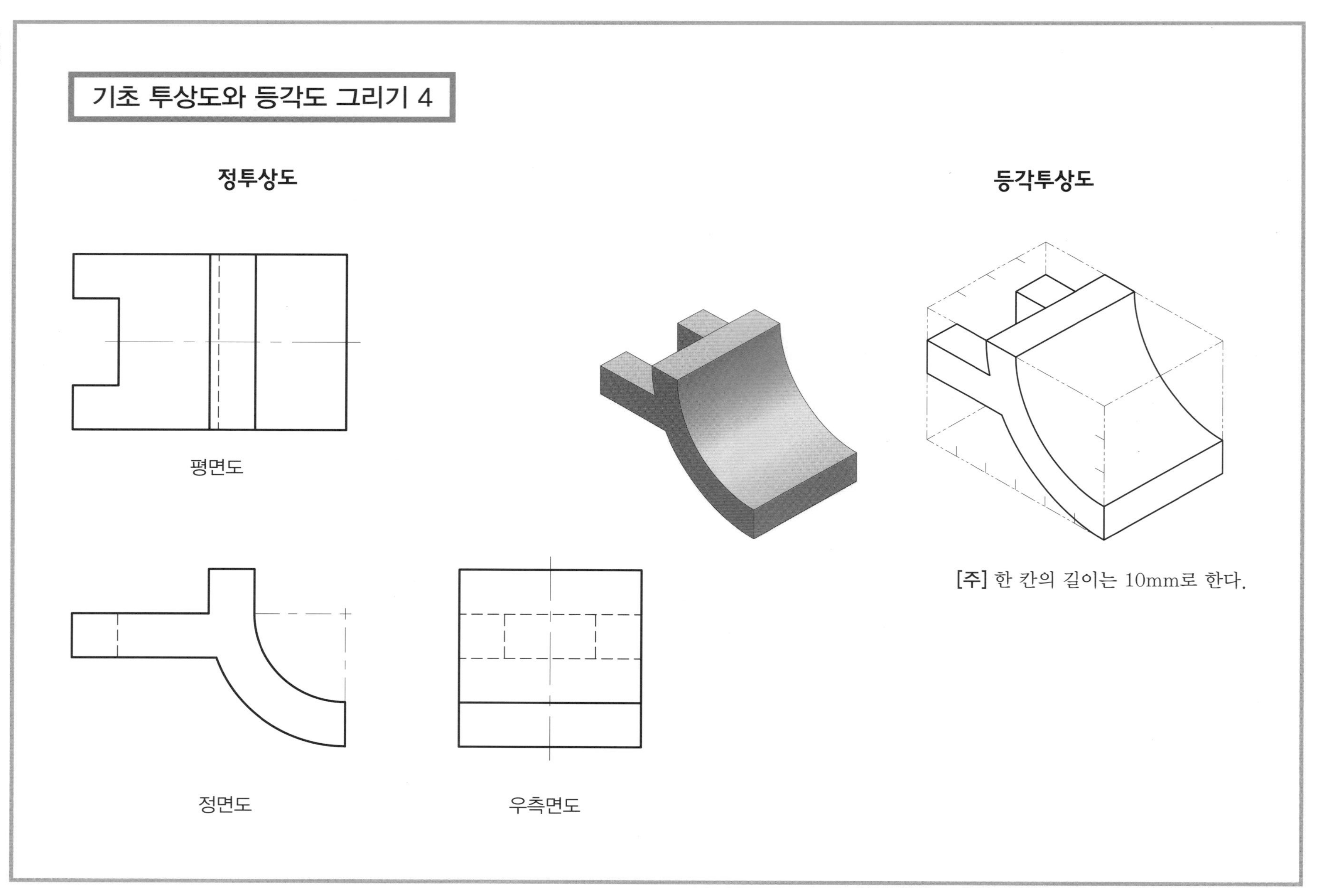
기초 투상도와 등각도 그리기 4
정투상도
평면도
정면도
우측면도
등각투상도
[주] 한 칸의 길이는 10mm로 한다.

기초 투상도와 등각도 그리기 5

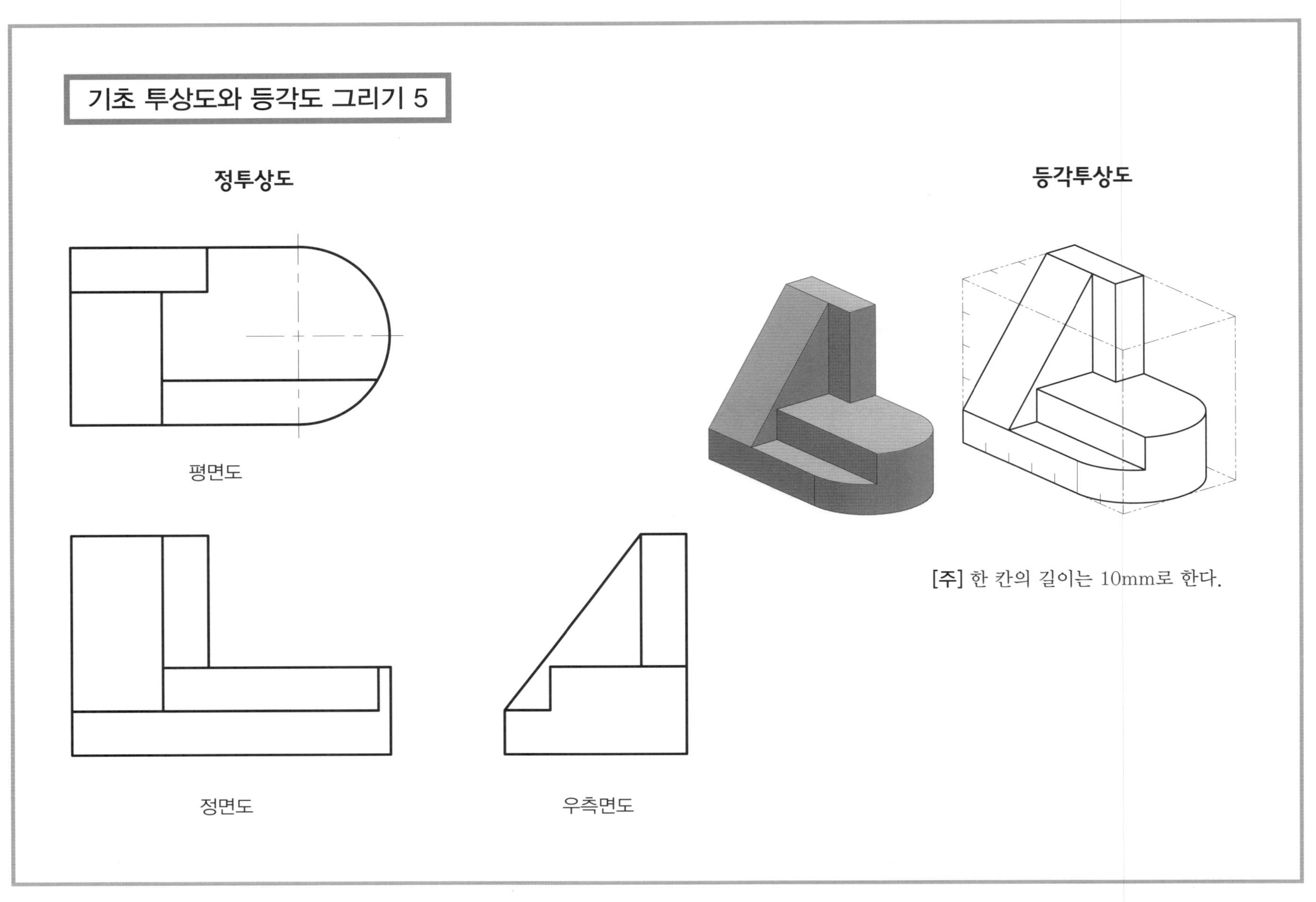

[주] 한 칸의 길이는 10mm로 한다.

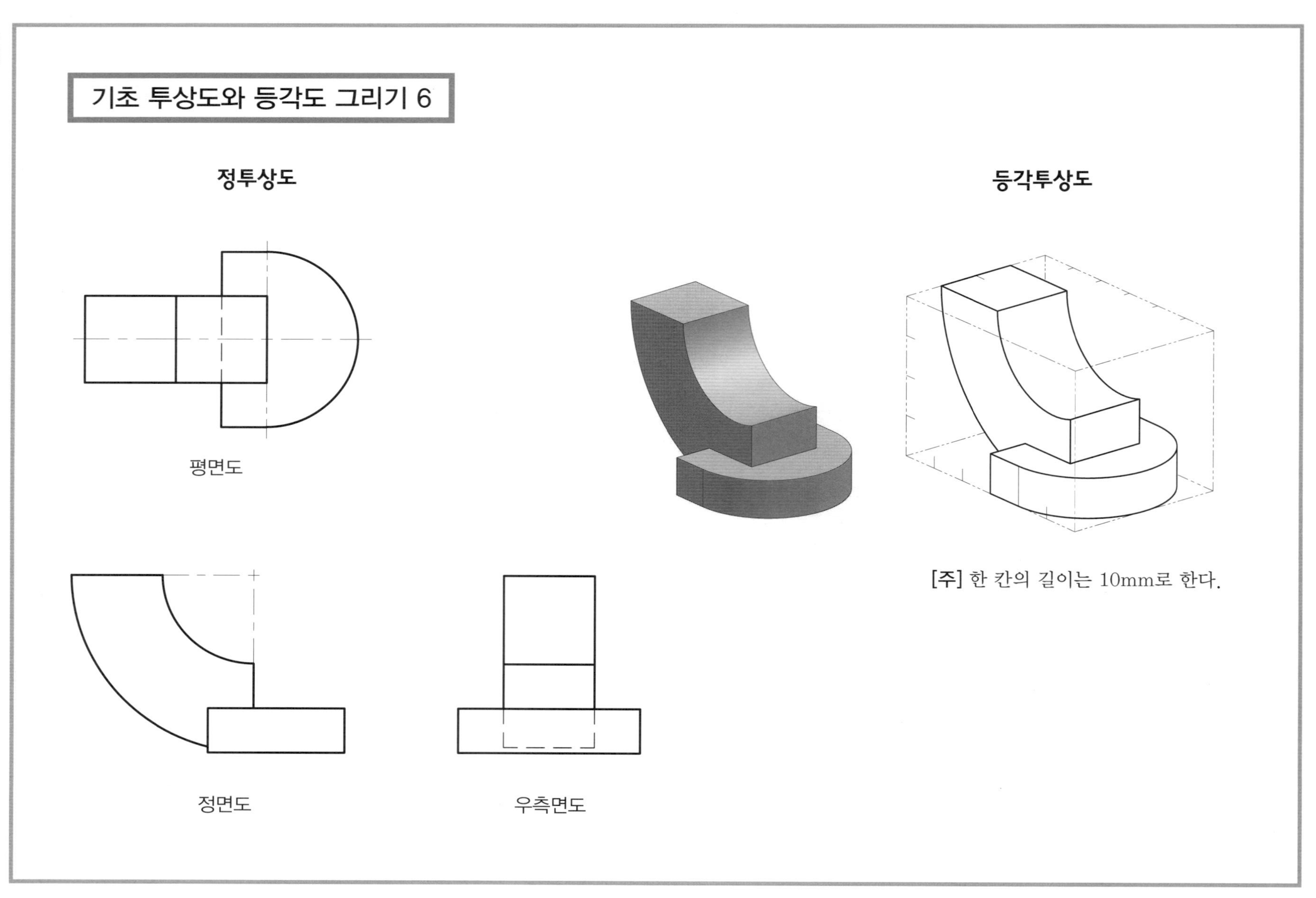
기초 투상도와 등각도 그리기 6
정투상도
평면도
정면도
우측면도
등각투상도
[주] 한 칸의 길이는 10mm로 한다.

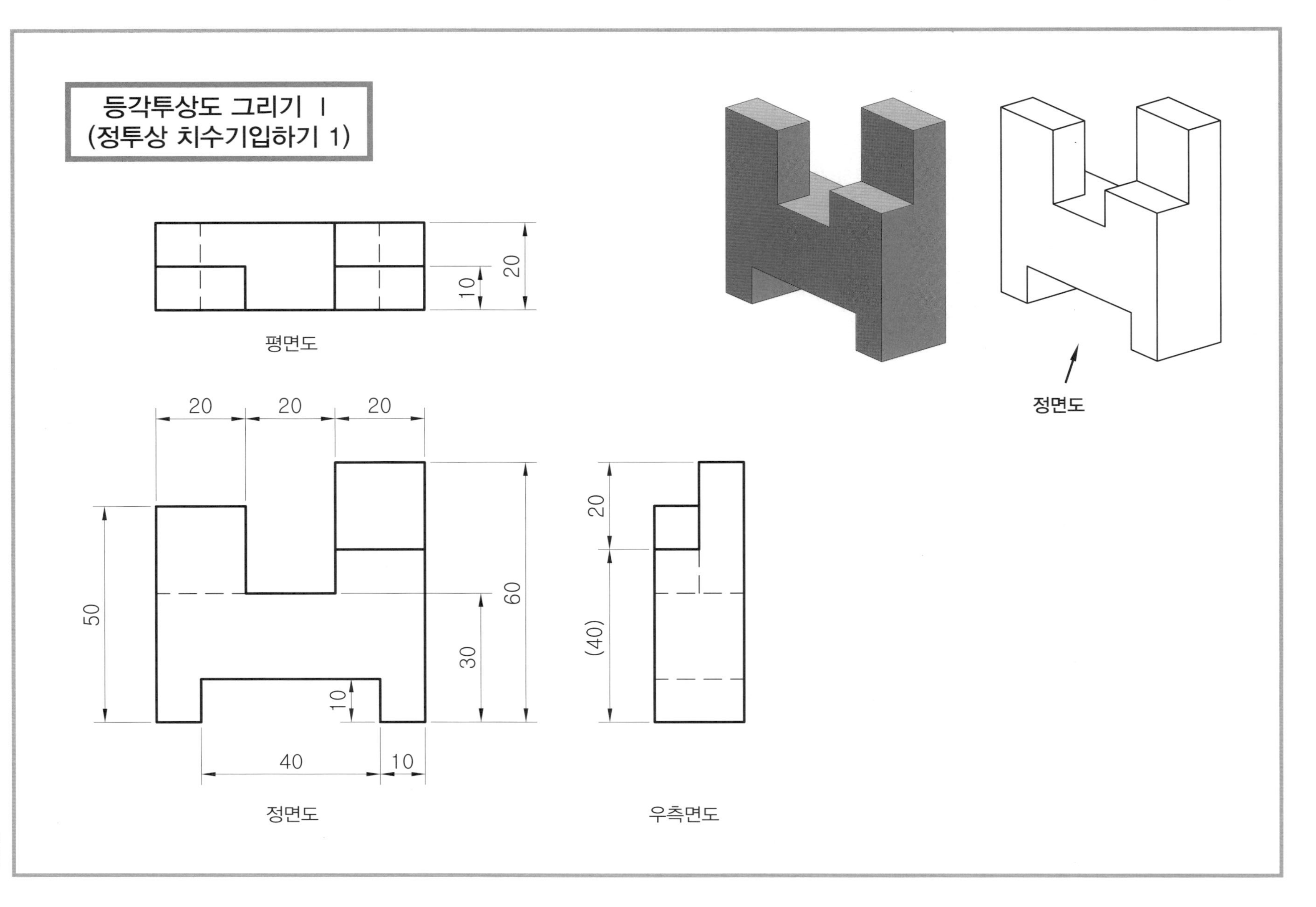
등각투상도 그리기 I
(정투상 치수기입하기 1)
20
10
평면도
정면도
20 20 20
50
60
30
10
40
10
정면도
20
(40)
우측면도

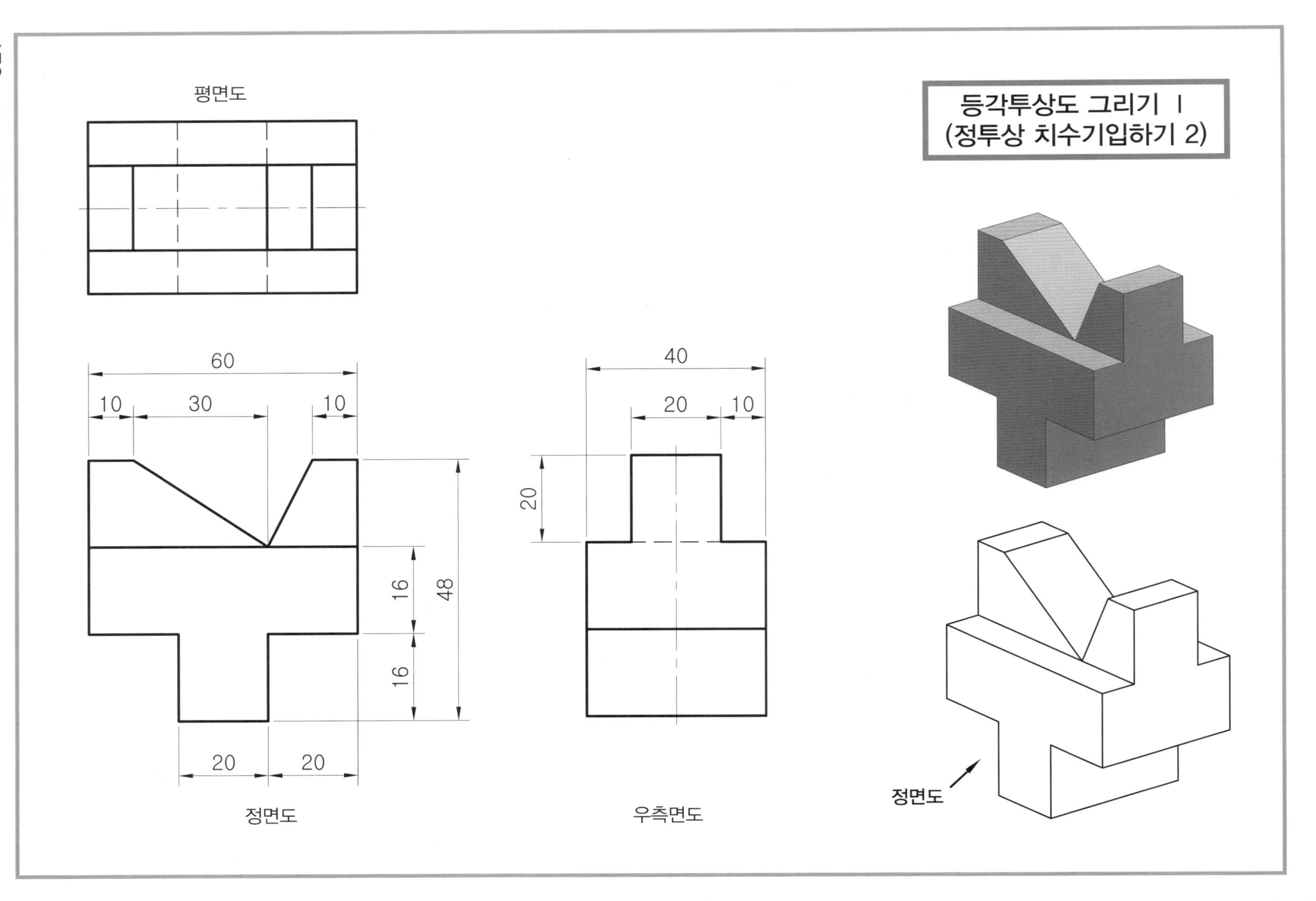

등각투상도 그리기 I
(정투상 치수기입하기 2)
평면도
60
10
30
10
16
16
48
20
20
정면도
40
20
10
20
우측면도
정면도

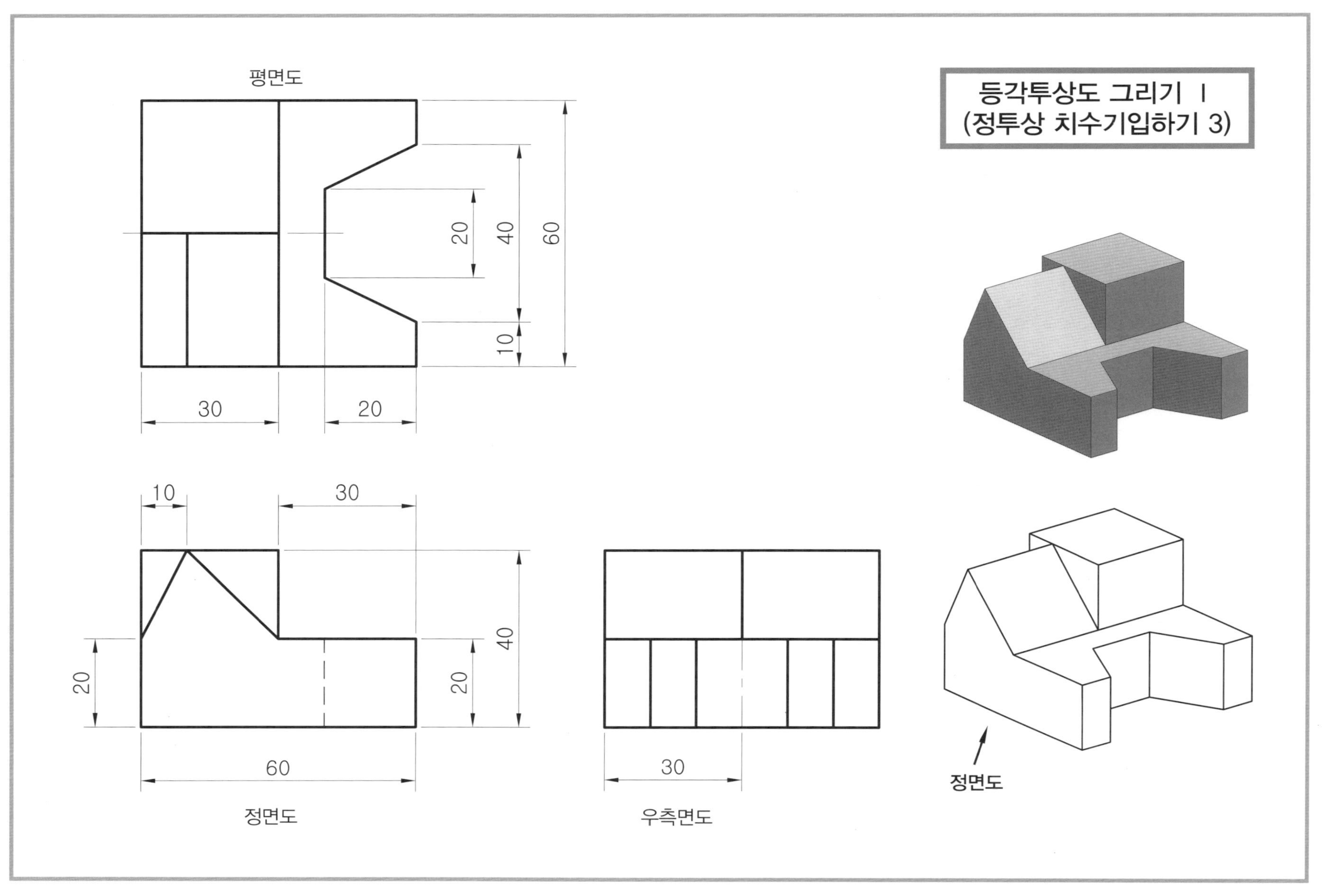

등각투상도 그리기 I
(정투상 치수기입하기 3)
평면도
20
40
60
10
30
20
10
30
20
20
40
60
30
정면도
우측면도
정면도

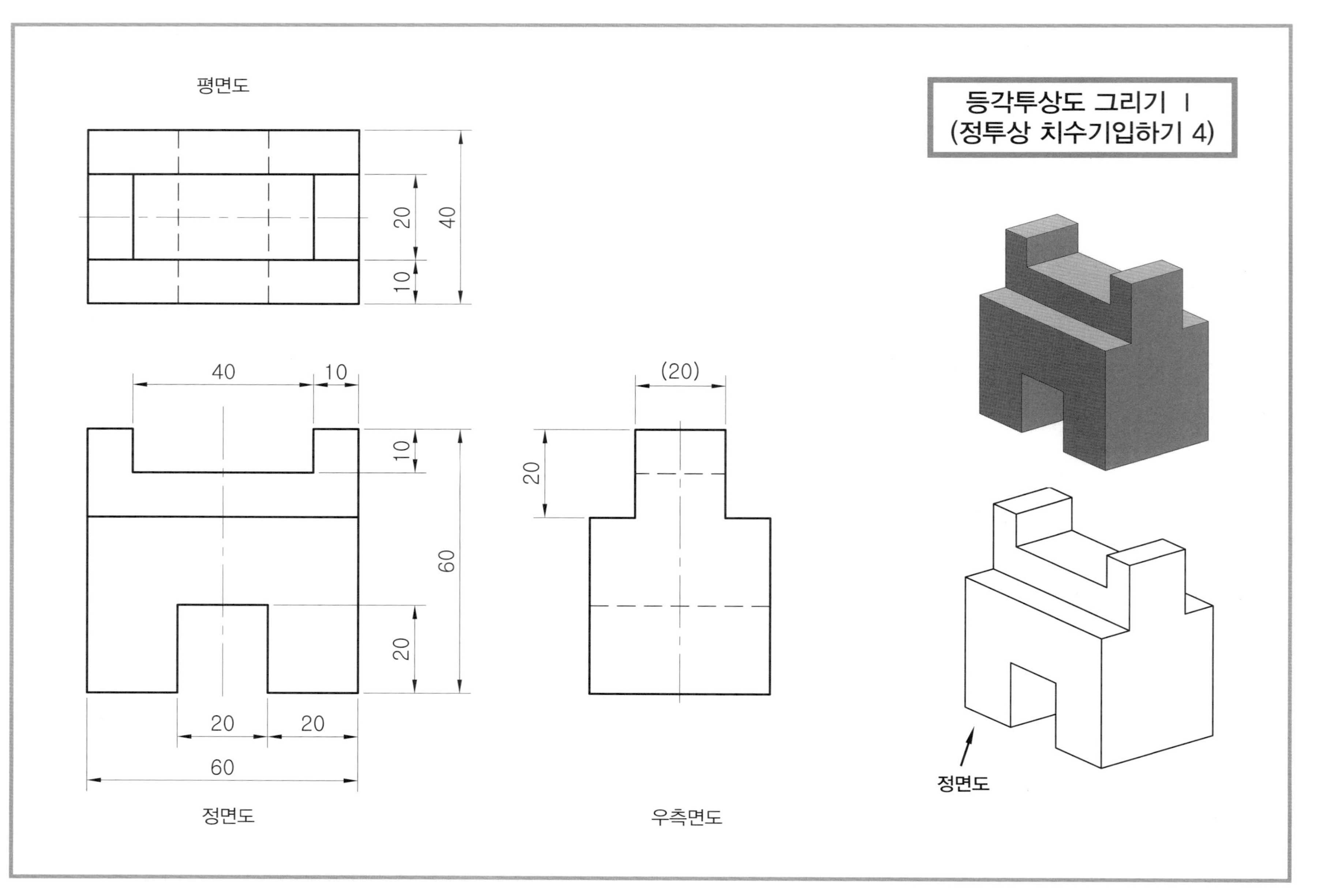
등각투상도 그리기 I
(정투상 치수기입하기 4)
평면도
20
40
10
40
10
(20)
10
20
60
20
20
20
60
정면도
우측면도
정면도

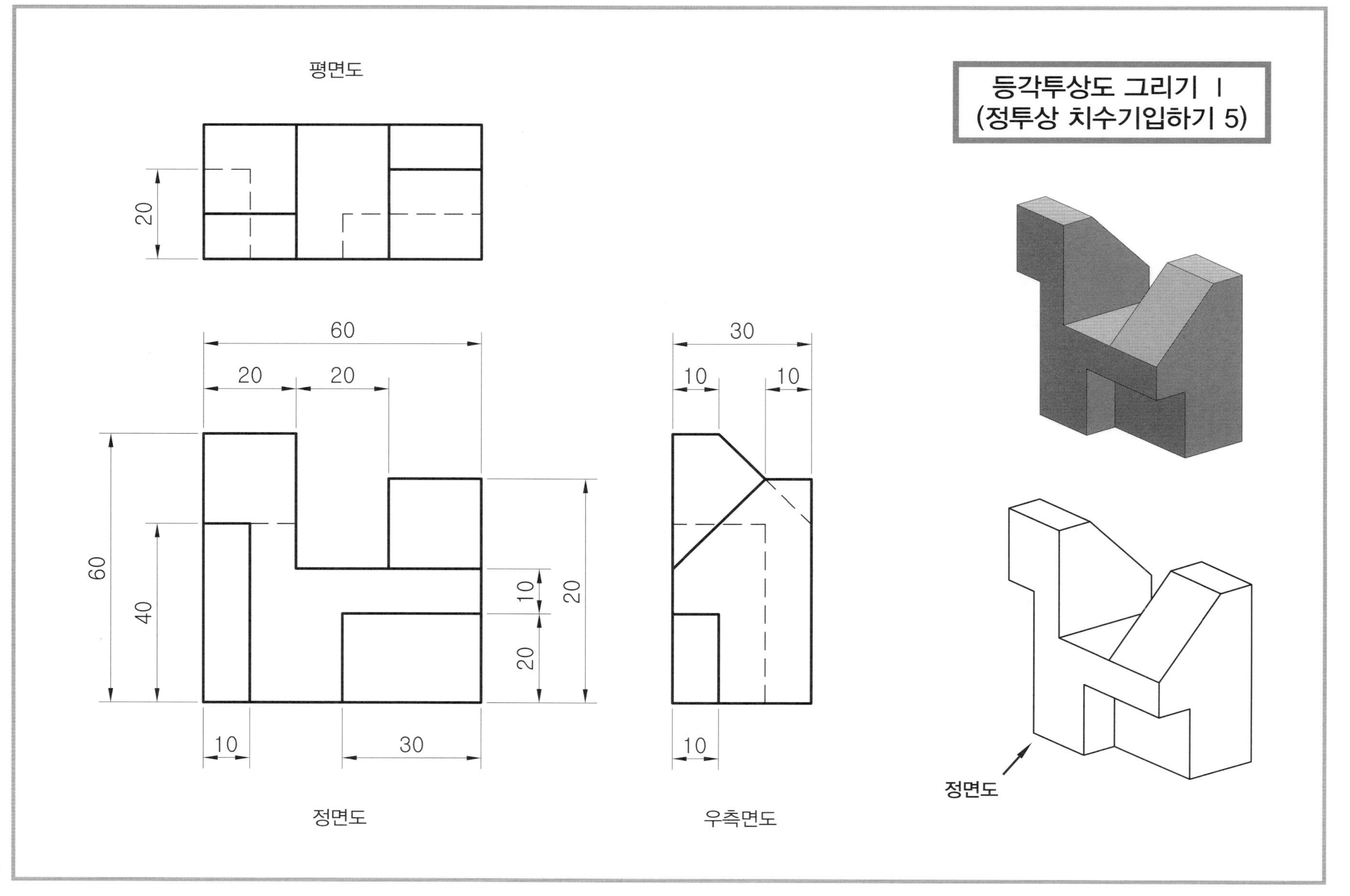
등각투상도 그리기 I
(정투상 치수기입하기 5)
평면도
20
60
20
20
60
40
10
30
10
20
20
정면도
30
10
10
10
우측면도
정면도

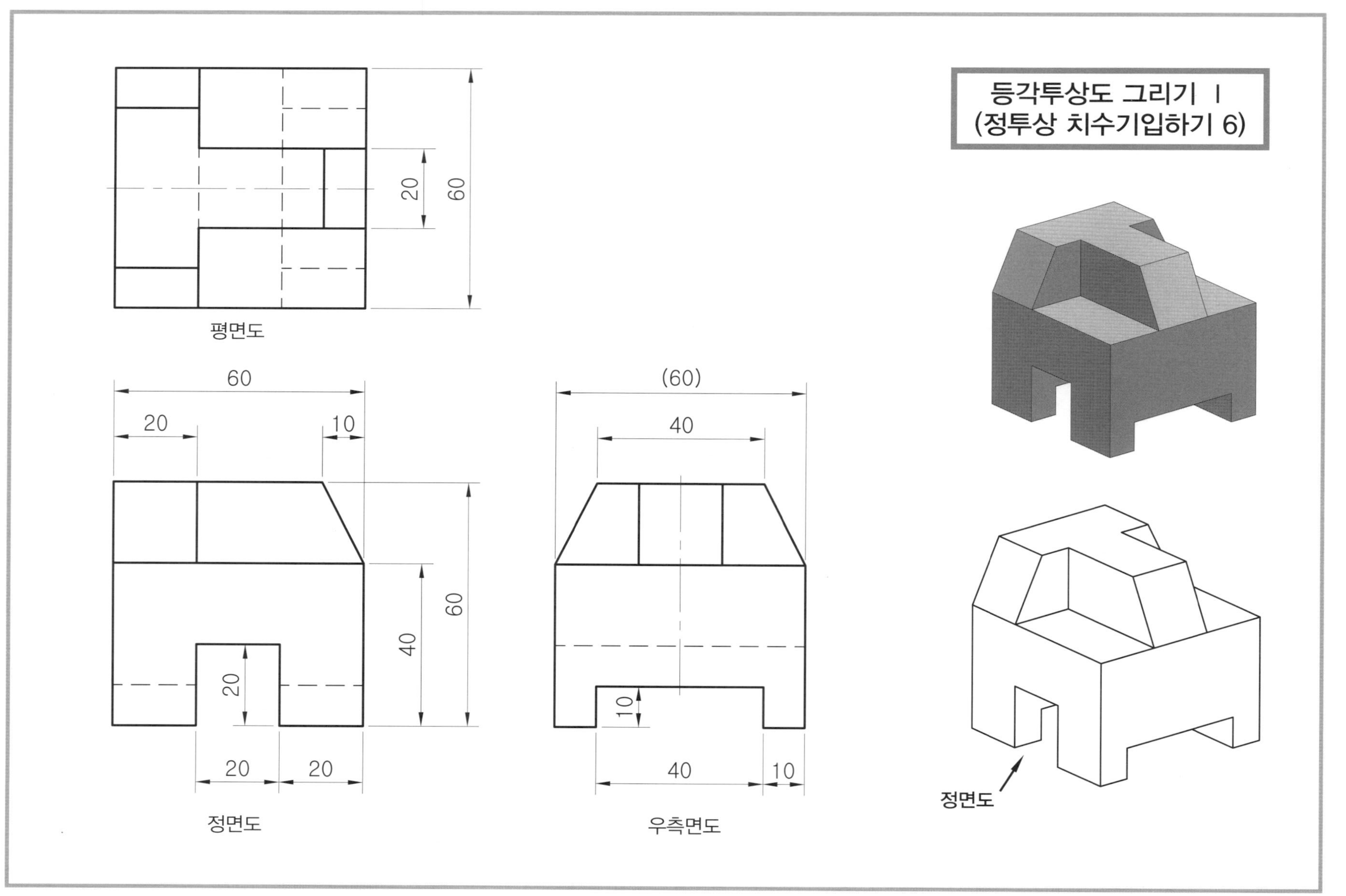
등각투상도 그리기 I
(정투상 치수기입하기 6)
20
60
평면도
60
20
10
60
40
20
20
20
정면도
(60)
40
10
40
10
우측면도
정면도

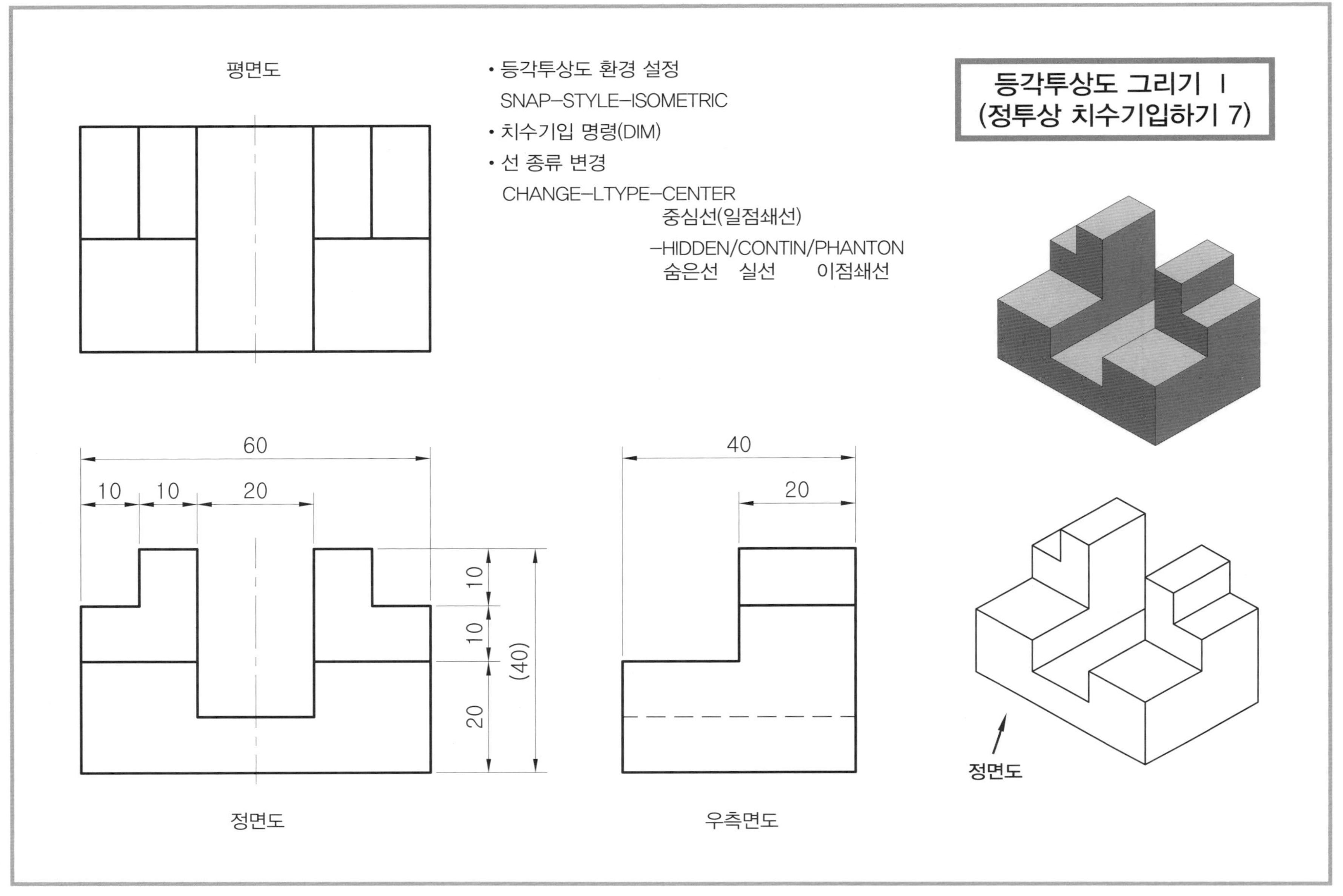

등각투상도 그리기 Ⅰ
(정투상 치수기입하기 7)
평면도
• 등각투상도 환경 설정
SNAP–STYLE–ISOMETRIC
• 치수기입 명령(DIM)
• 선 종류 변경
CHANGE–LTYPE–CENTER
중심선(일점쇄선)
–HIDDEN/CONTIN/PHANTON
숨은선 실선 이점쇄선
60
10
10
20
(40)
40
정면도
우측면도

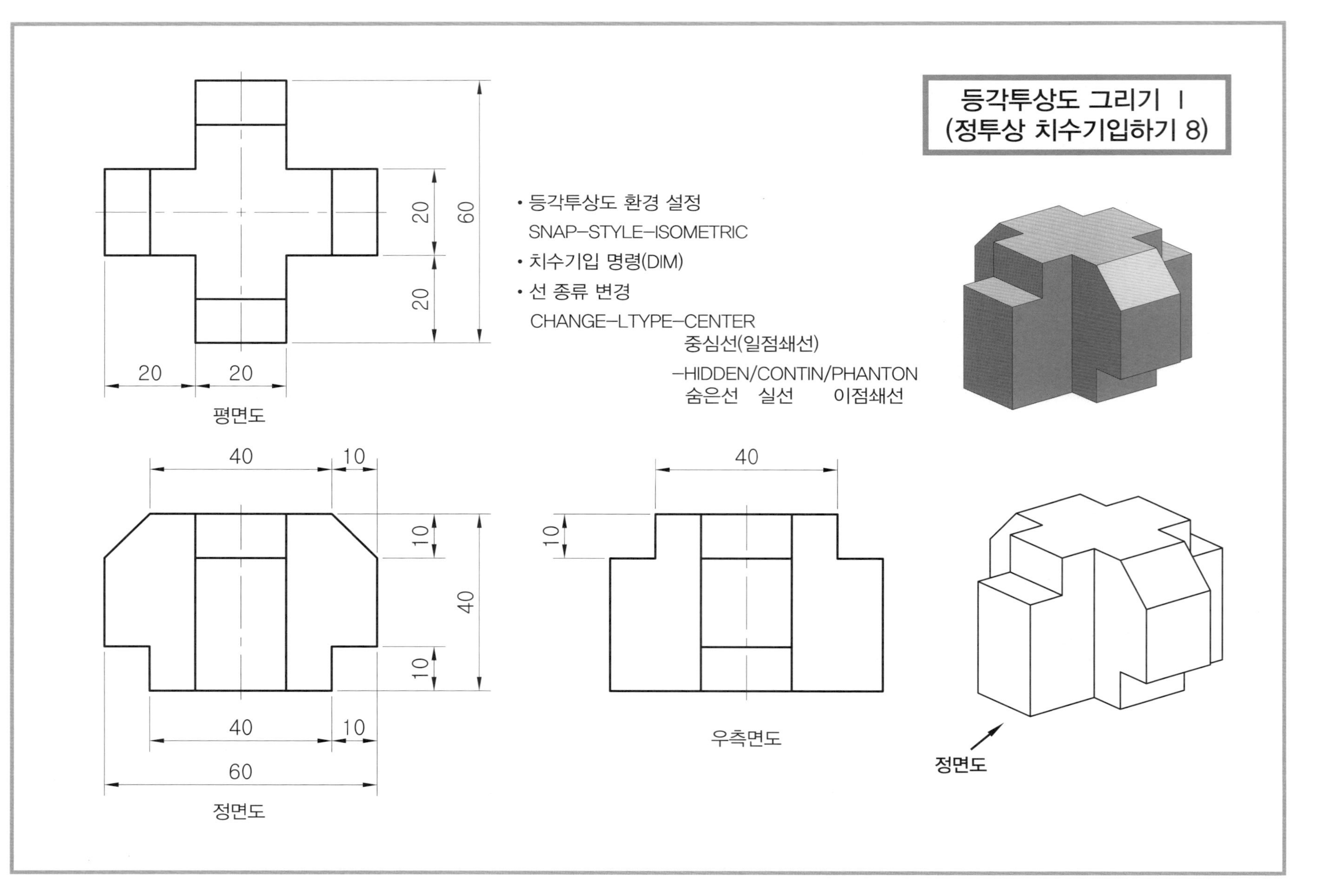
등각투상도 그리기 I
(정투상 치수기입하기 8)
• 등각투상도 환경 설정
SNAP–STYLE–ISOMETRIC
• 치수기입 명령(DIM)
• 선 종류 변경
CHANGE–LTYPE–CENTER
중심선(일점쇄선)
–HIDDEN/CONTIN/PHANTON
숨은선 실선 이점쇄선
20
60
20
20
20
평면도
40
10
10
40
10
40
10
60
정면도
40
10
우측면도
정면도

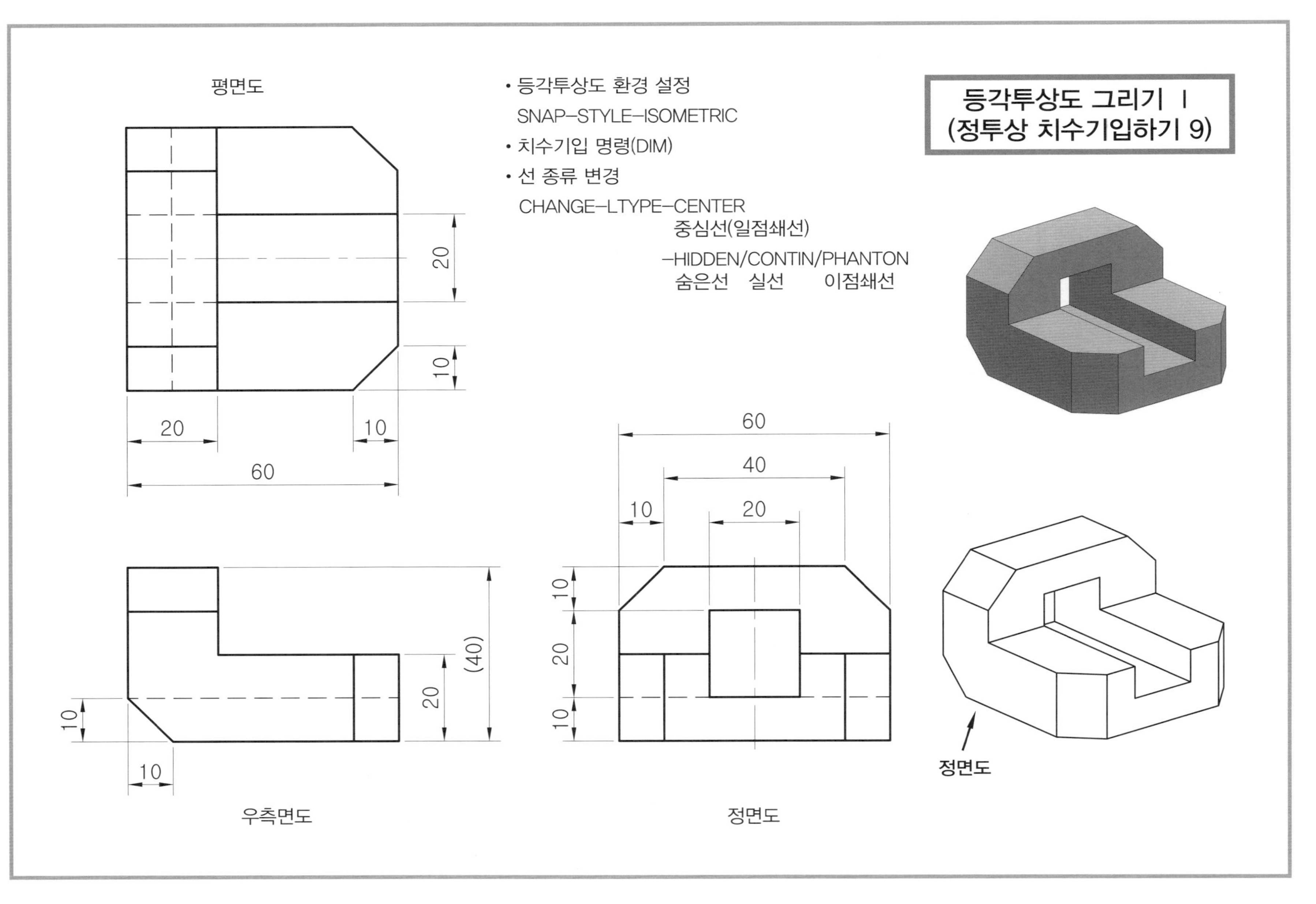
등각투상도 그리기 Ⅰ
(정투상 치수기입하기 9)
• 등각투상도 환경 설정
SNAP–STYLE–ISOMETRIC
• 치수기입 명령(DIM)
• 선 종류 변경
CHANGE–LTYPE–CENTER
중심선(일점쇄선)
–HIDDEN/CONTIN/PHANTON
숨은선 실선 이점쇄선
평면도
20
10
20
10
60
우측면도
10
10
20
(40)
정면도
60
40
10
20
10
20
10
정면도

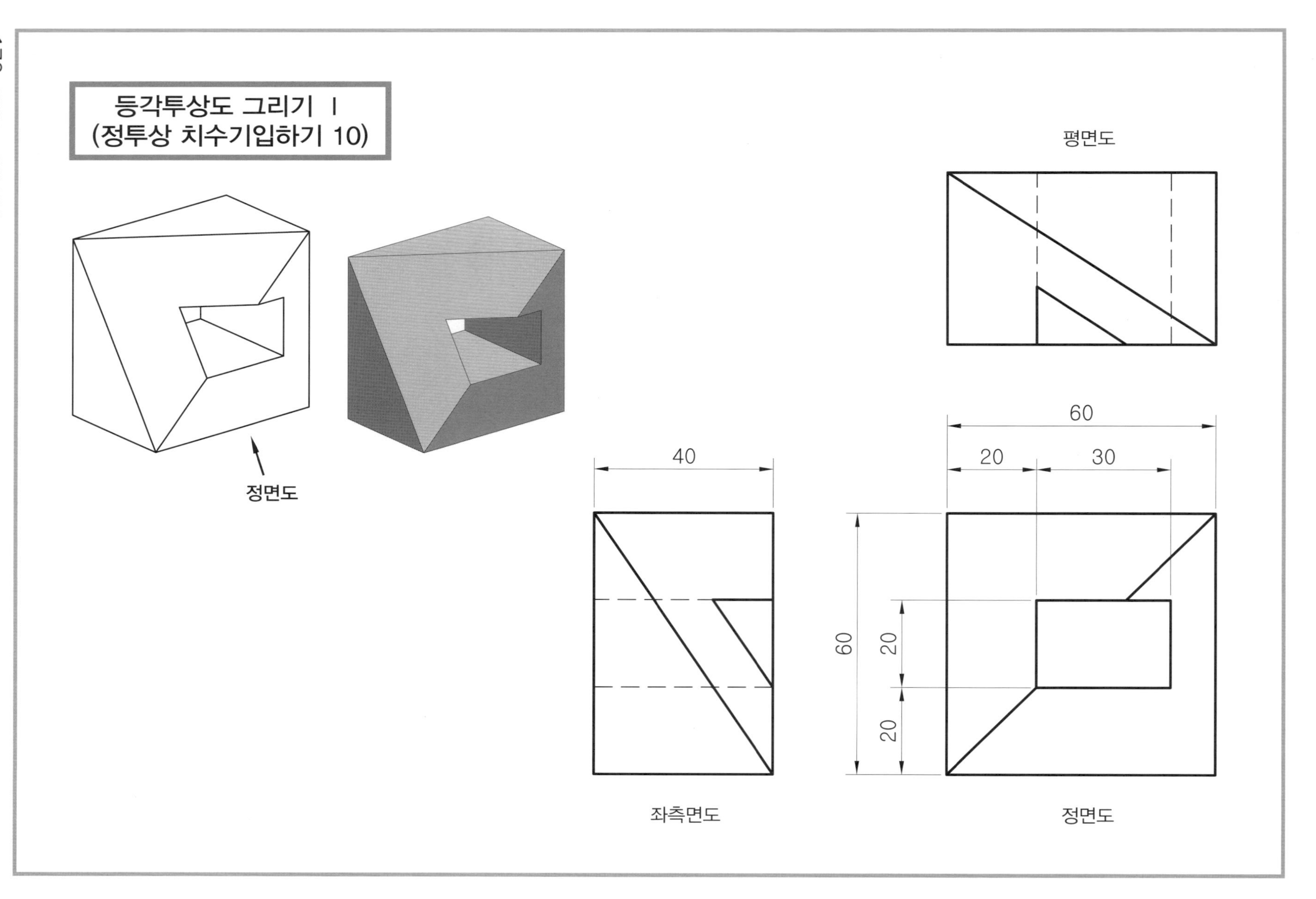
등각투상도 그리기 I
(정투상 치수기입하기 10)
정면도
평면도
60
20
30
40
60
20
20
좌측면도
정면도

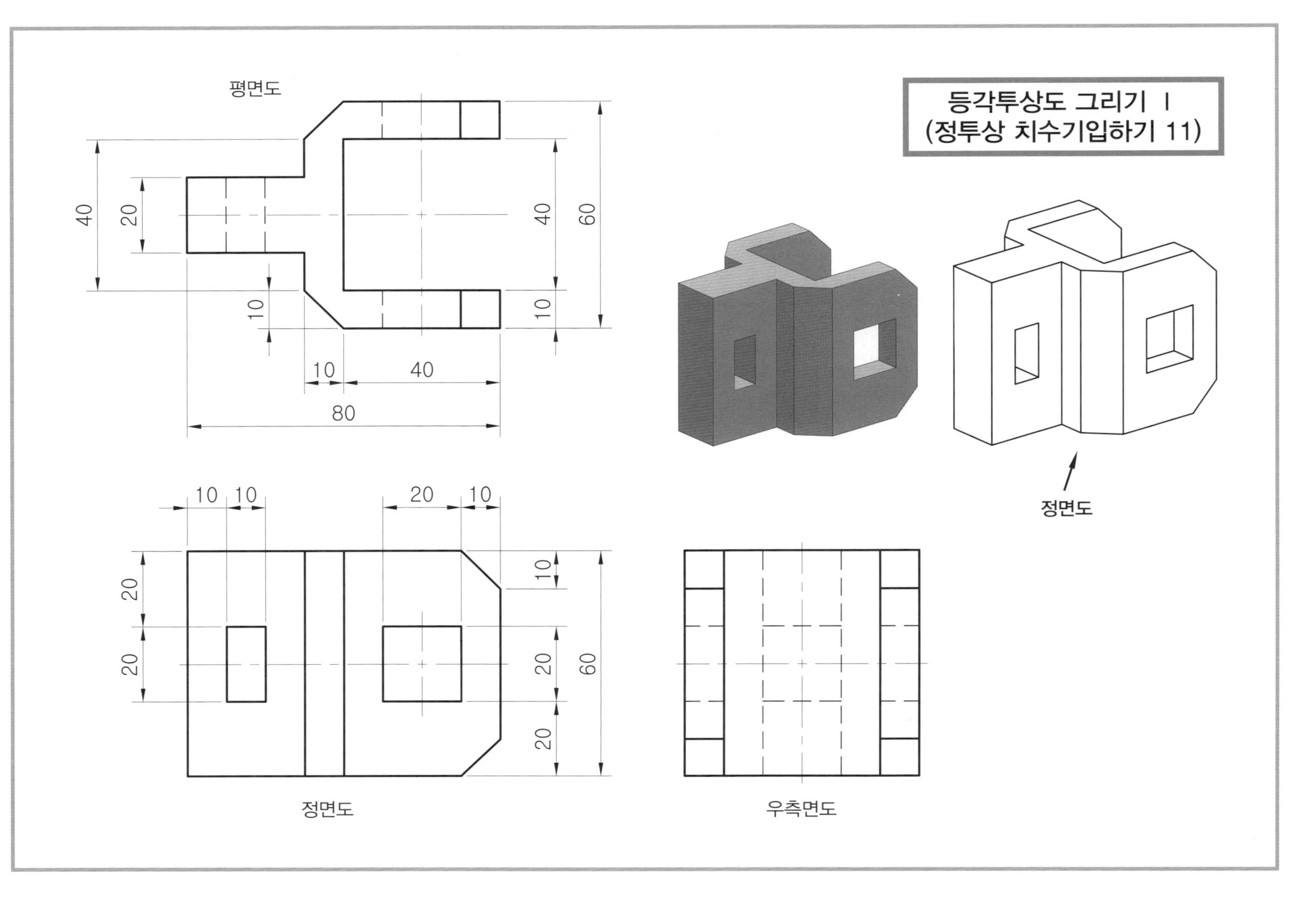
등각투상도 그리기 I
(정투상 치수기입하기 11)
평면도
40
20
40
60
10
10
10
40
80
정면도
10
10
20
10
20
20
10
20
60
20
정면도
우측면도

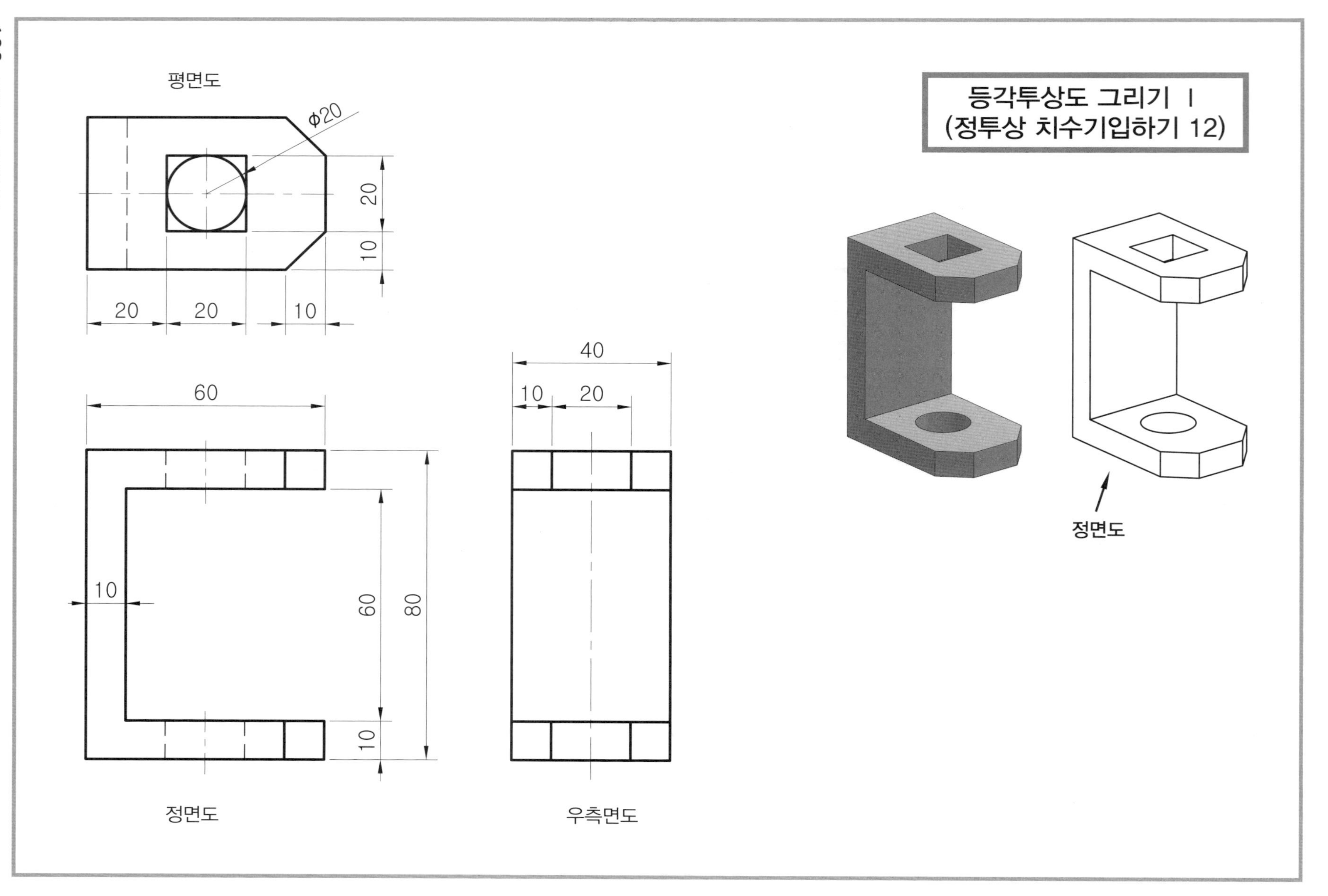
등각투상도 그리기 I
(정투상 치수기입하기 12)
평면도
φ20
20
10
20
20
10
60
40
10
20
10
60
80
10
정면도
정면도
우측면도

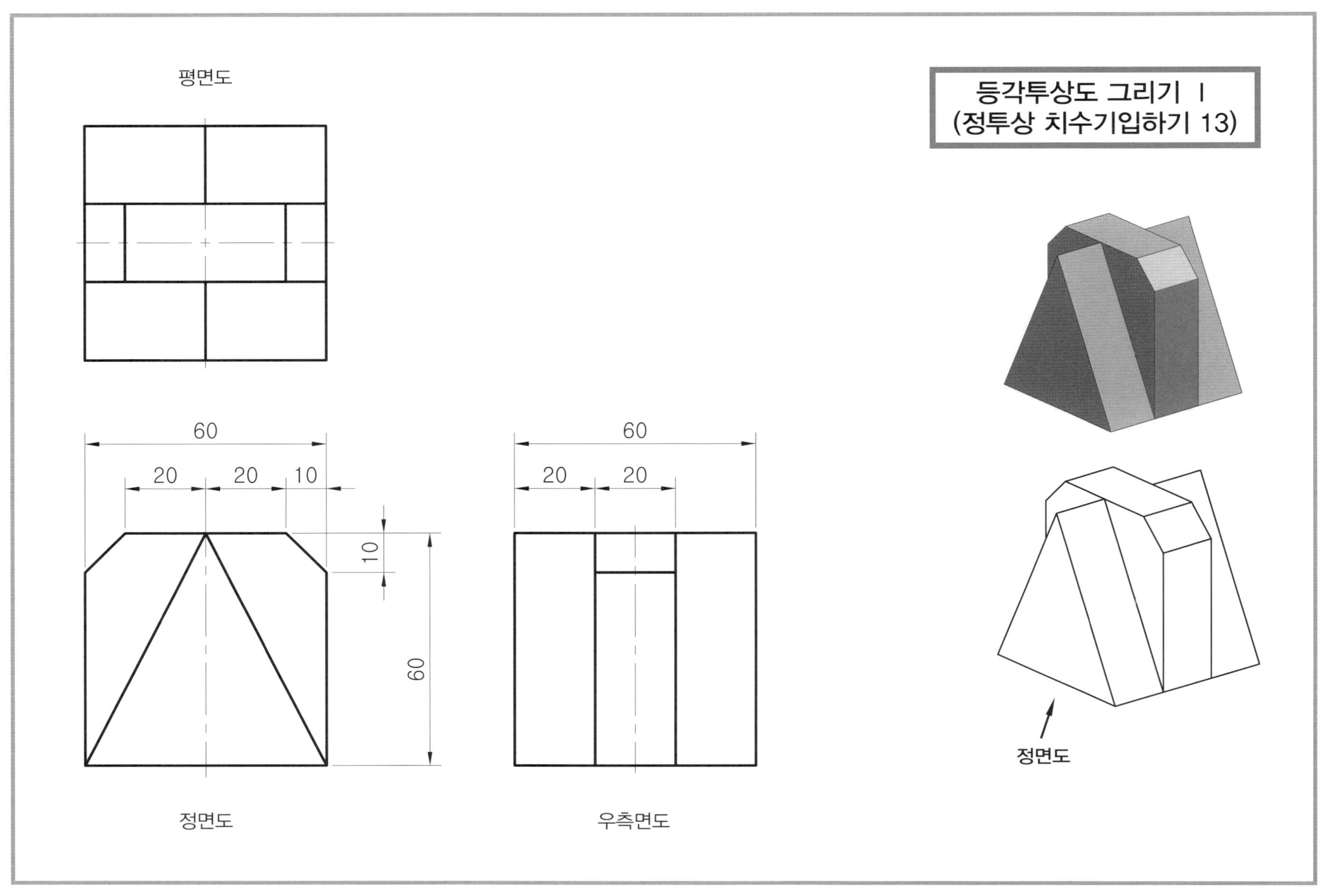

등각투상도 그리기 I
(정투상 치수기입하기 13)
평면도
60
20
20
10
10
60
60
20
20
정면도
우측면도
정면도

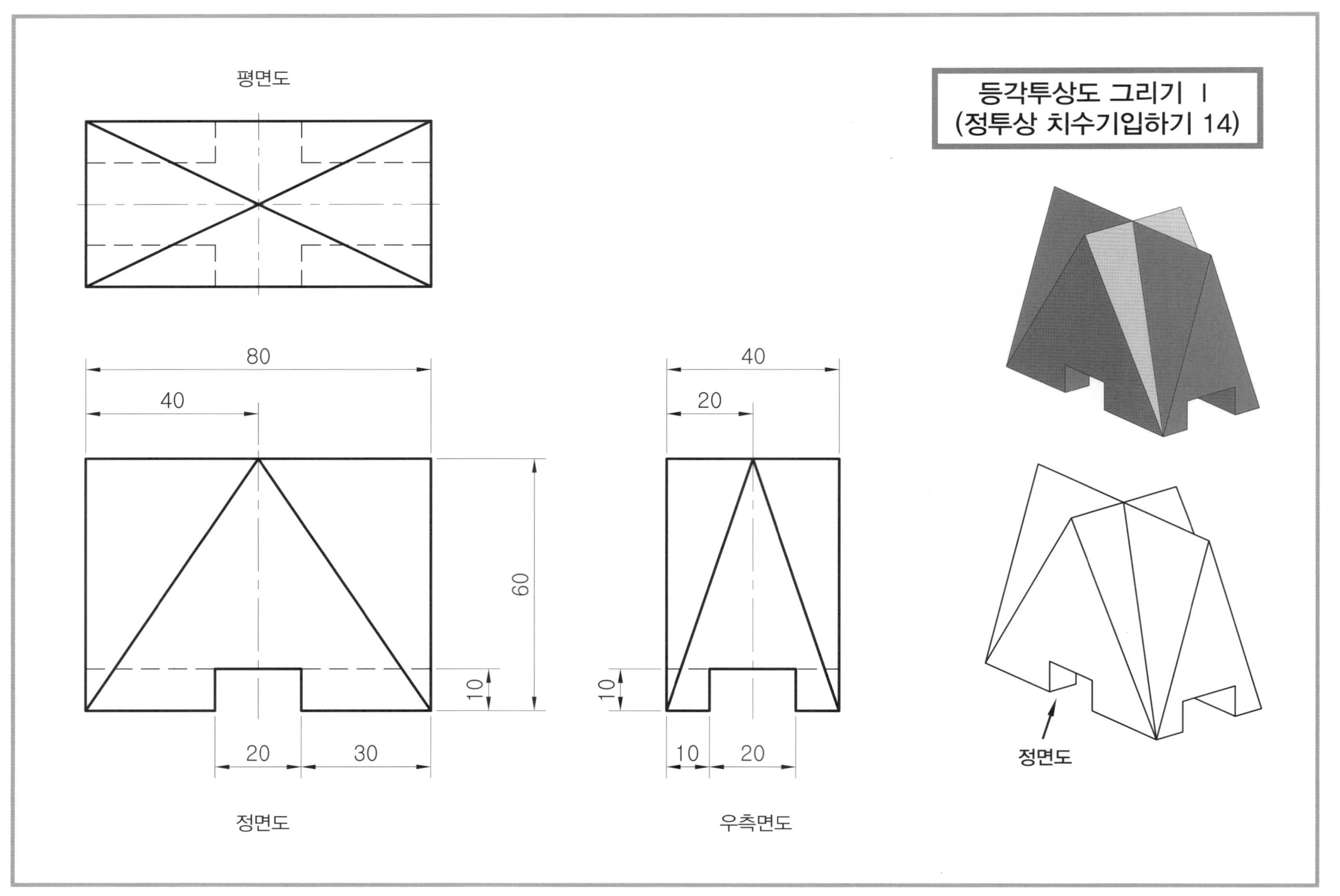
평면도
등각투상도 그리기 I
(정투상 치수기입하기 14)
80
40
40
20
60
10
10
20
30
10
20
정면도
정면도
우측면도

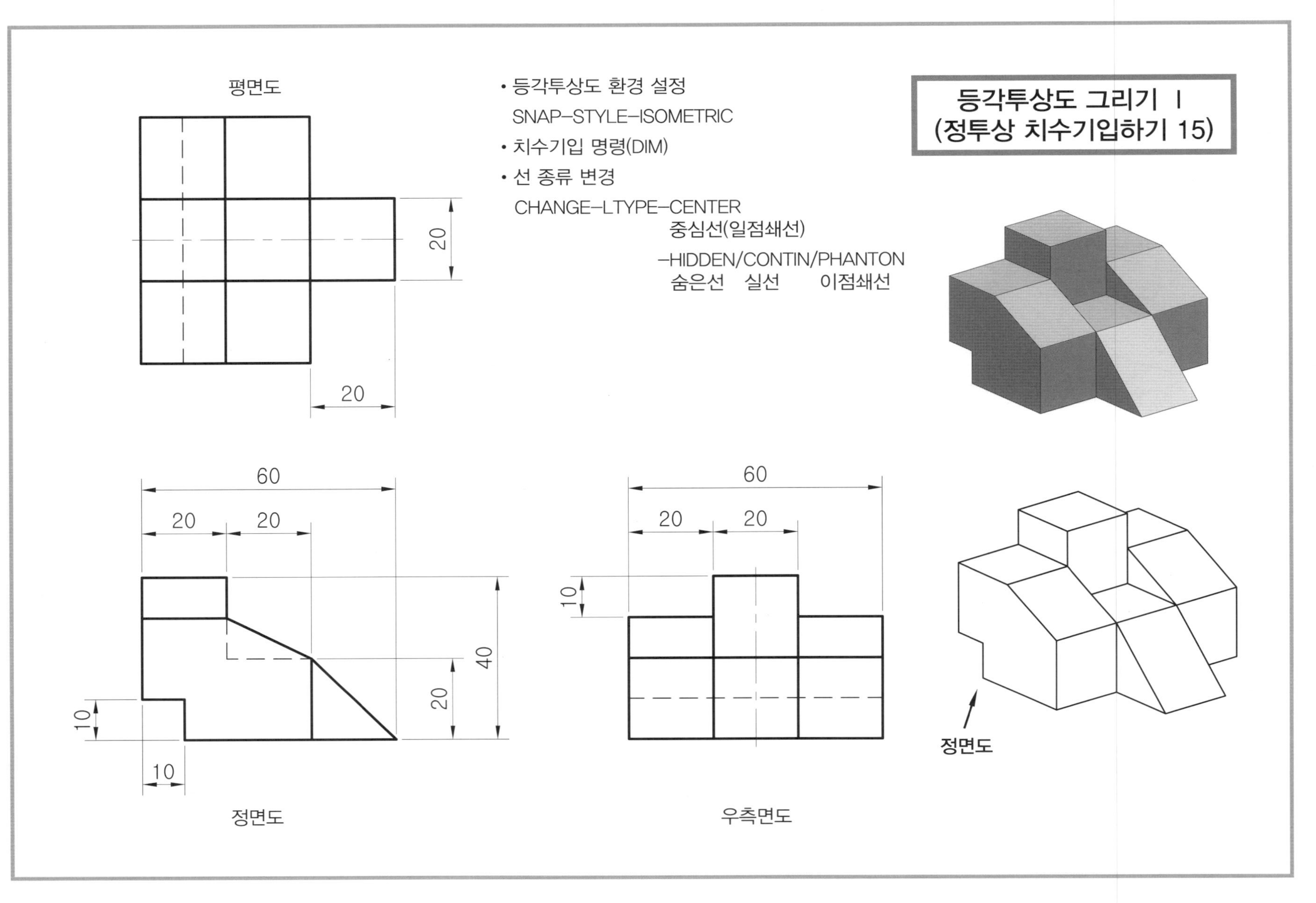

평면도
20
20
• 등각투상도 환경 설정
SNAP–STYLE–ISOMETRIC
• 치수기입 명령(DIM)
• 선 종류 변경
CHANGE–LTYPE–CENTER
중심선(일점쇄선)
–HIDDEN/CONTIN/PHANTON
숨은선 실선 이점쇄선
등각투상도 그리기 I
(정투상 치수기입하기 15)
60
20
20
10
10
20
40
정면도
60
20
20
10
우측면도
정면도

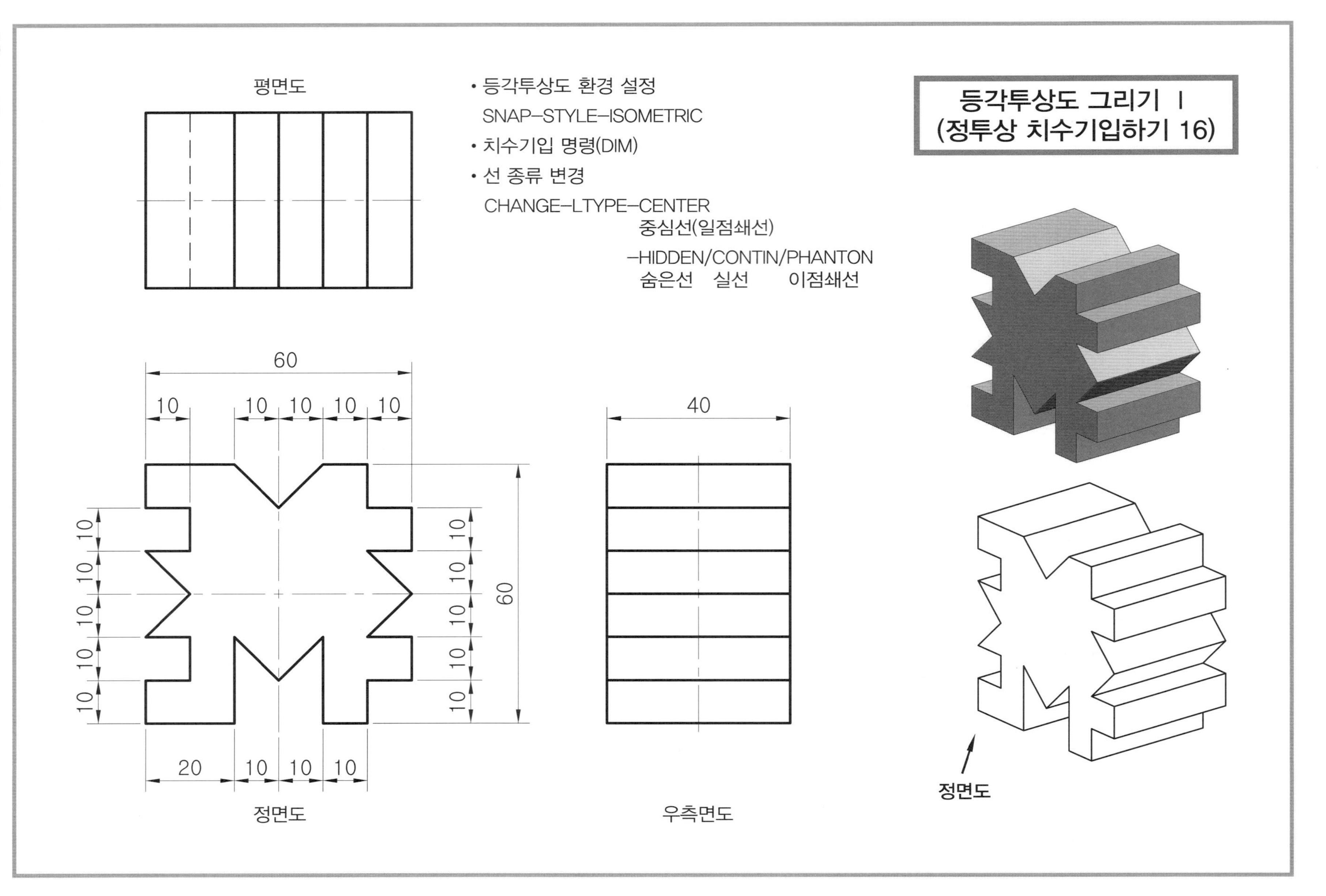
등각투상도 그리기 Ⅰ
(정투상 치수기입하기 16)
평면도
• 등각투상도 환경 설정
SNAP–STYLE–ISOMETRIC
• 치수기입 명령(DIM)
• 선 종류 변경
CHANGE–LTYPE–CENTER
중심선(일점쇄선)
–HIDDEN/CONTIN/PHANTON
숨은선 실선 이점쇄선
60
10
10
10
10
10
40
60
20
정면도
우측면도
정면도

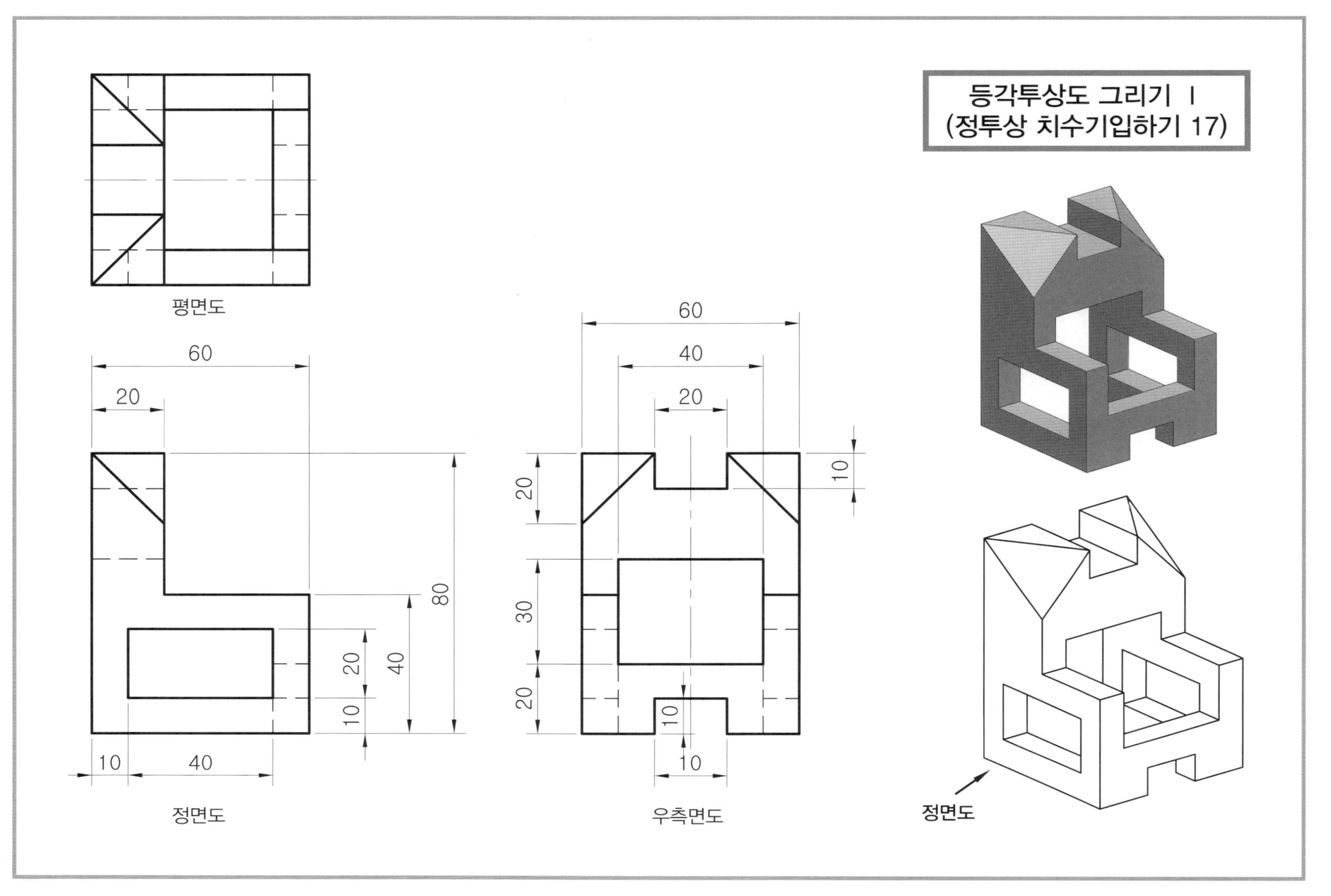
평면도
60
20
80
40
20
10
10
40
정면도
60
40
20
10
20
30
20
10
10
우측면도
등각투상도 그리기 I
(정투상 치수기입하기 17)
정면도

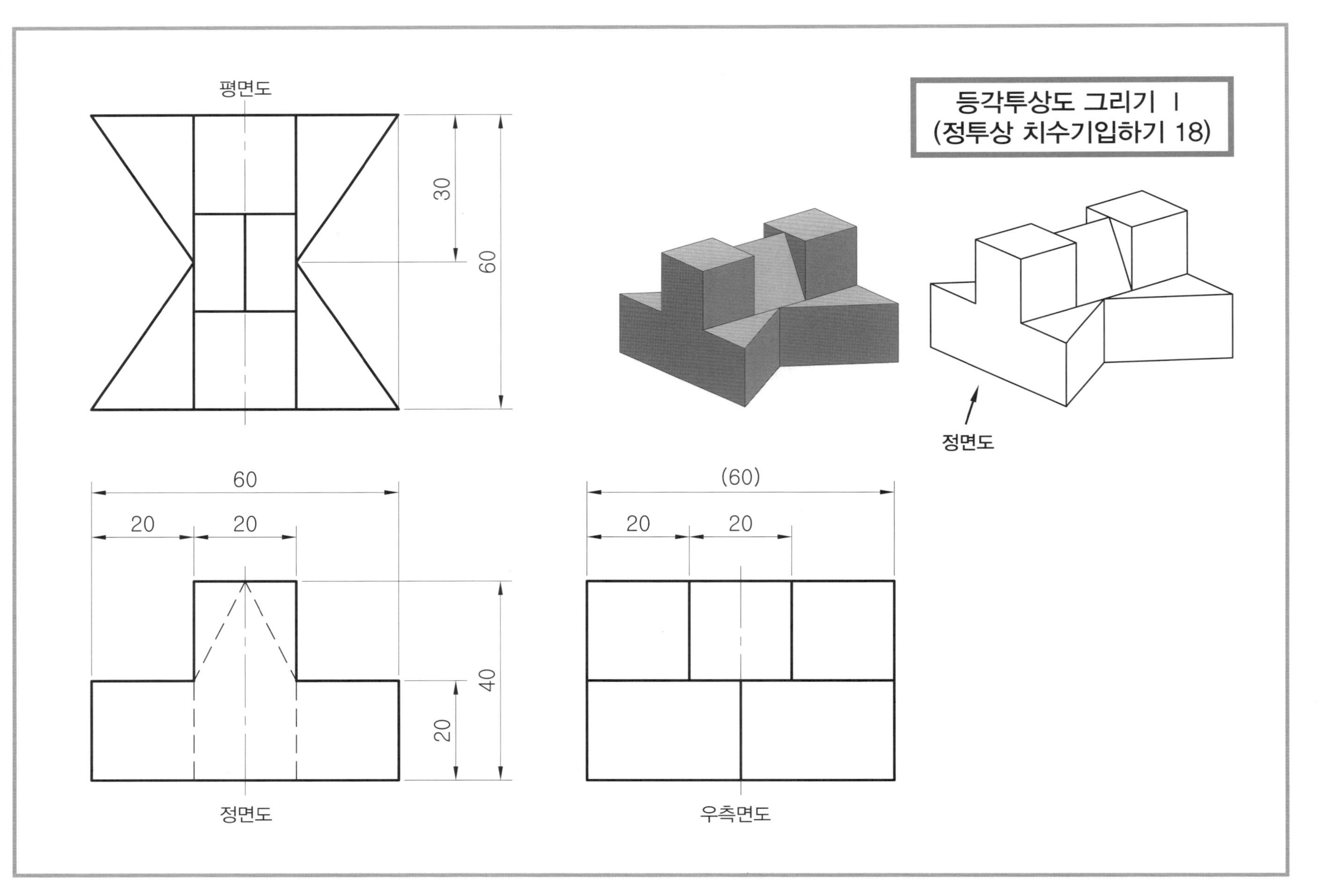
등각투상도 그리기 I
(정투상 치수기입하기 18)
평면도
30
60
정면도
60
20
20
40
20
정면도
(60)
20
20
우측면도

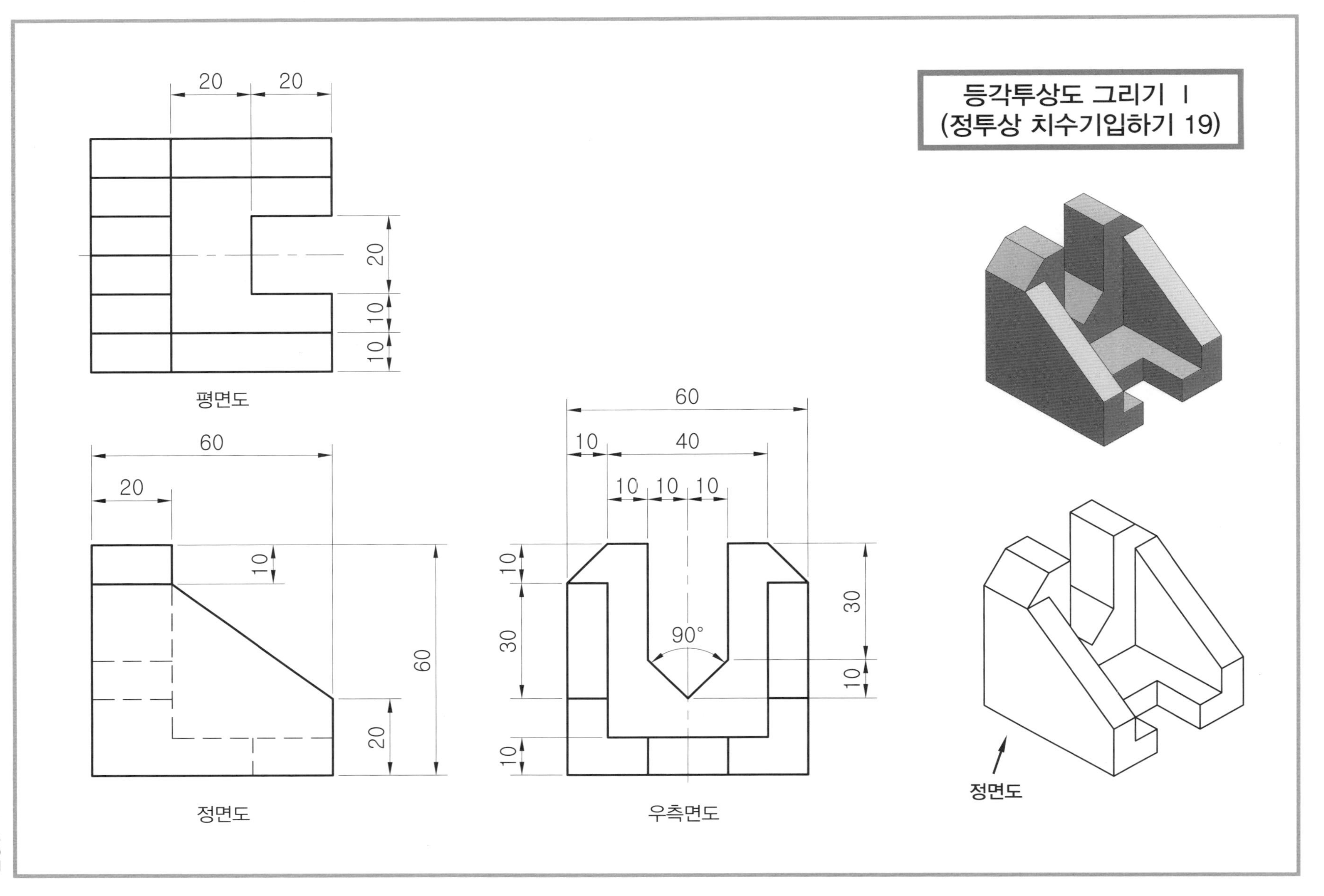
등각투상도 그리기 I
(정투상 치수기입하기 19)
20
20
20
10
10
평면도
60
20
10
60
20
정면도
60
10
40
10
10
10
90°
10
30
10
30
10
우측면도
정면도

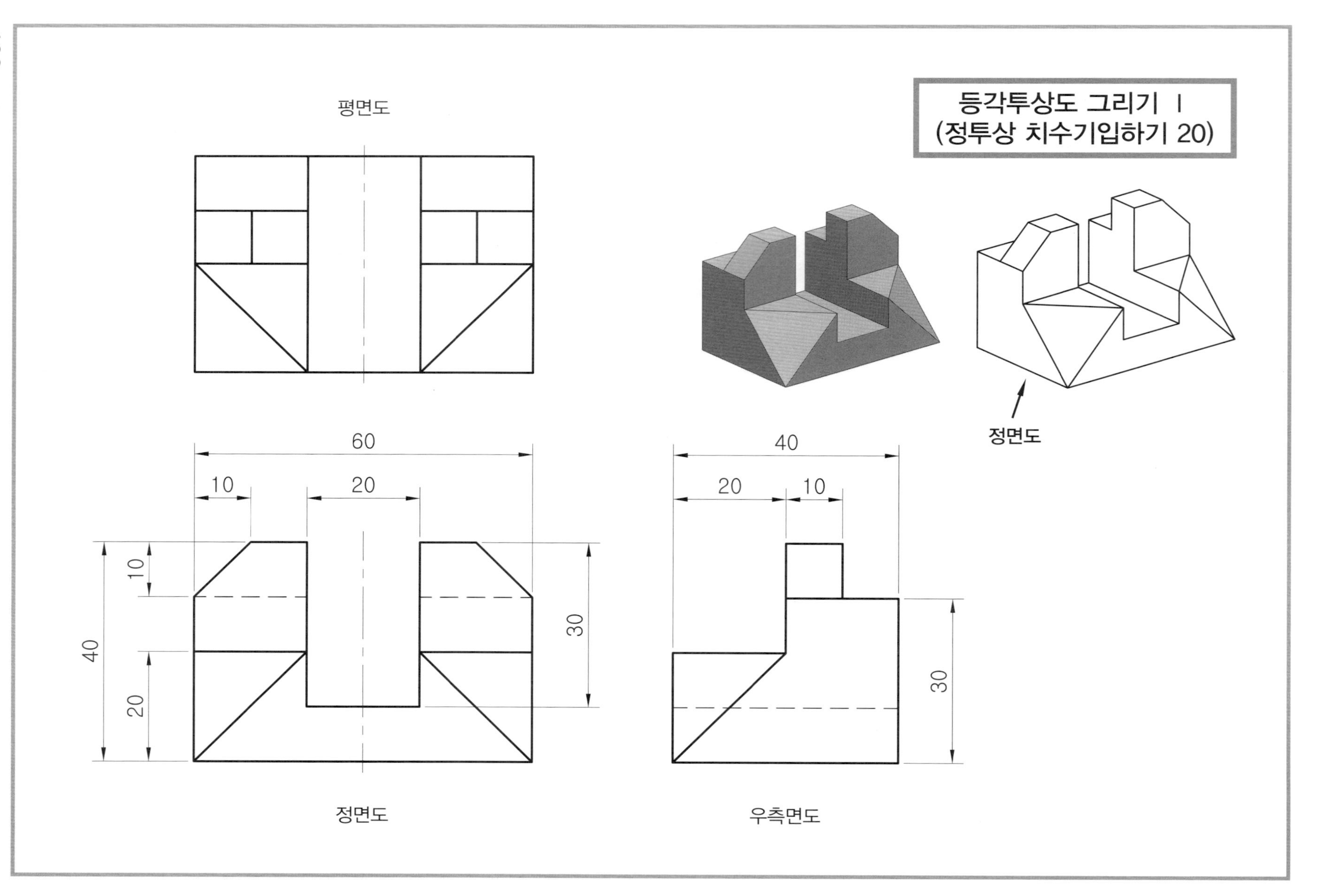

등각투상도 그리기 I
(정투상 치수기입하기 20)
평면도
정면도
60
10
20
40
20
10
30
20
10
40
30
정면도
우측면도

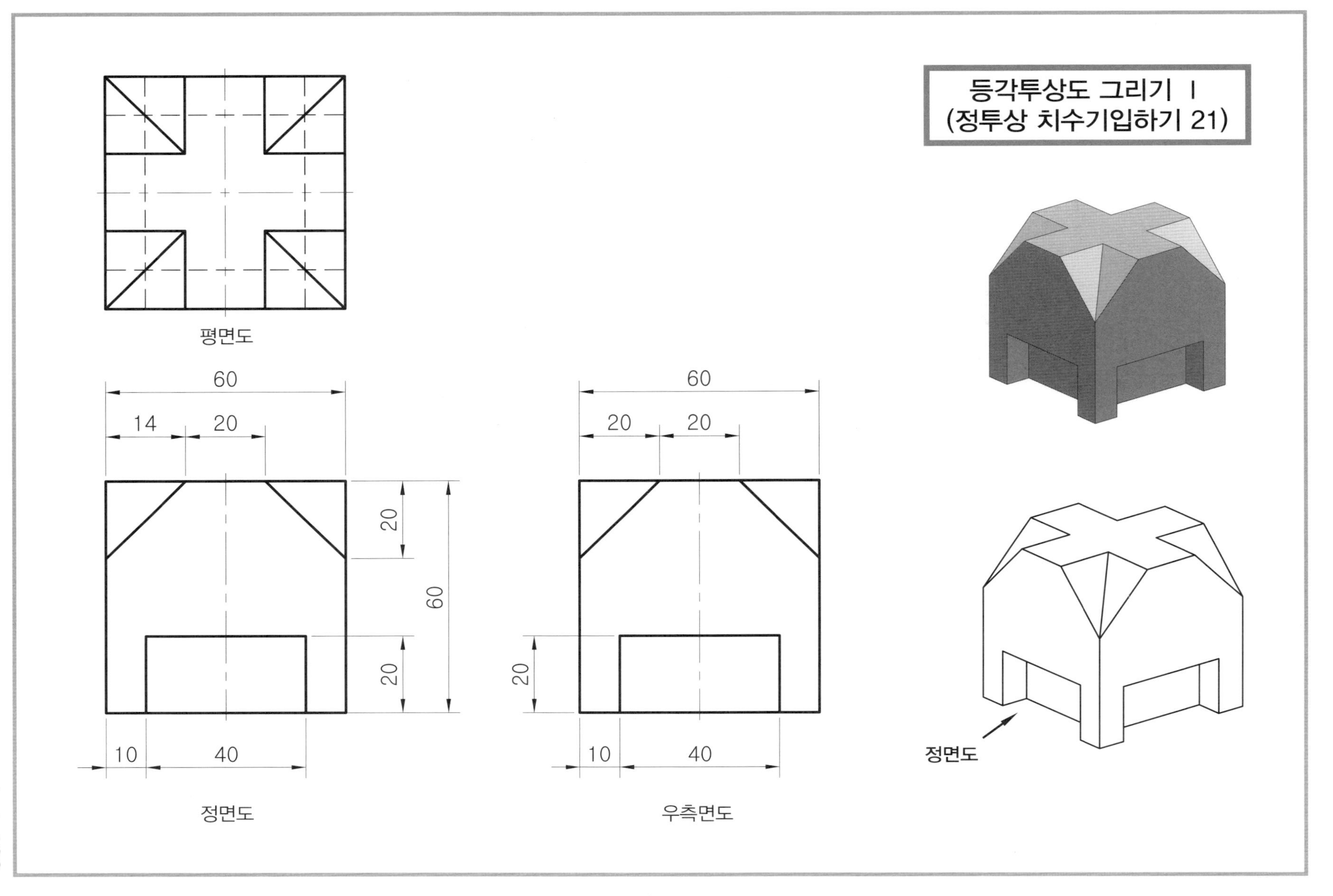

등각투상도 그리기 I
(정투상 치수기입하기 21)
평면도
60
14
20
20
60
20
10
40
정면도
60
20
20
20
10
40
우측면도
정면도

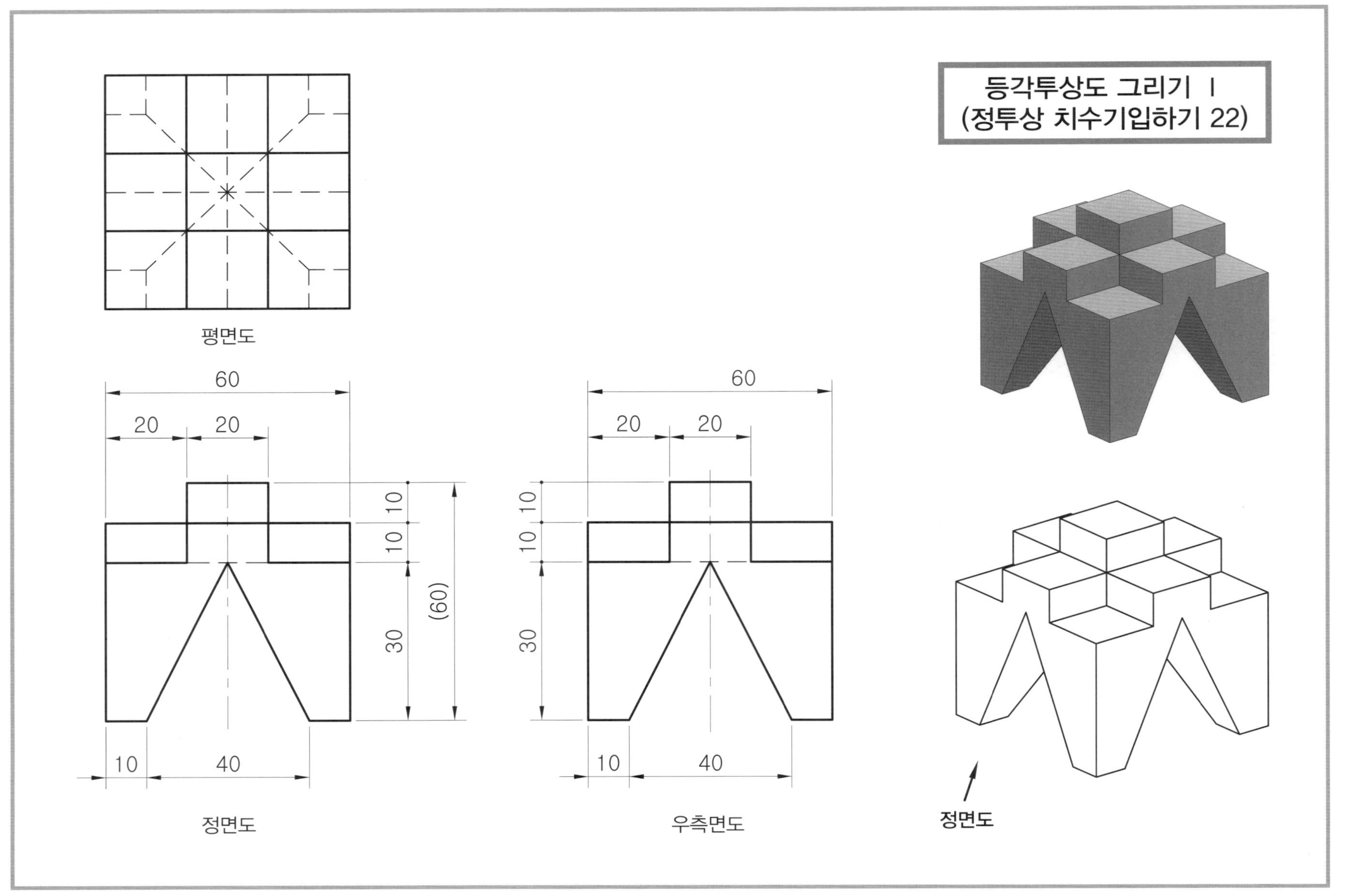

등각투상도 그리기 I
(정투상 치수기입하기 22)
평면도
60
20
20
10
10
30
(60)
10
40
정면도
60
20
20
10
10
30
10
40
우측면도
정면도

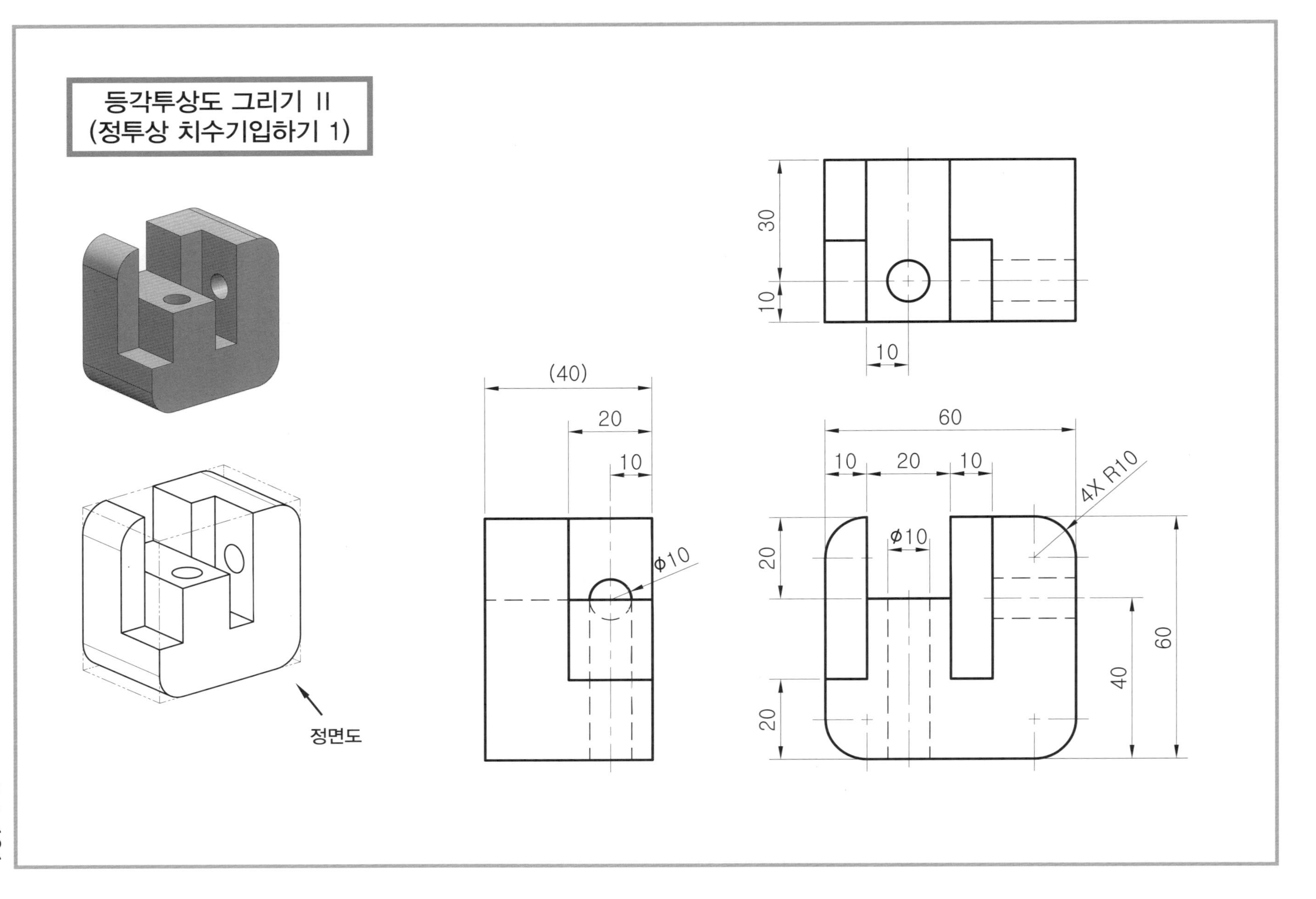
등각투상도 그리기 II
(정투상 치수기입하기 1)
정면도
30
10
10
(40)
20
10
φ10
60
10
20
10
4X R10
φ10
20
20
40
60

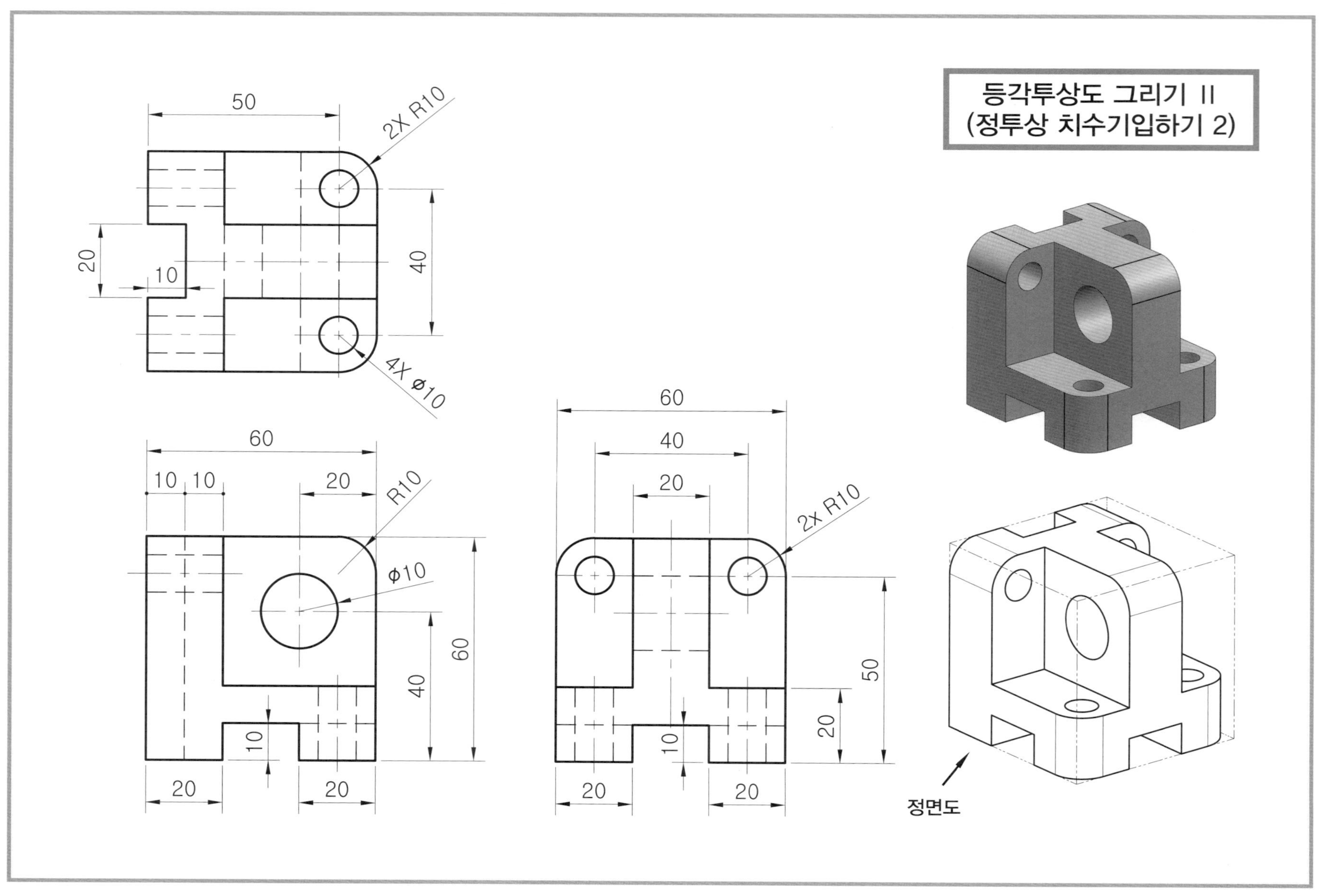

등각투상도 그리기 II
(정투상 치수기입하기 2)
정면도
2X R10
4X ø10
R10
ø10
2x R10

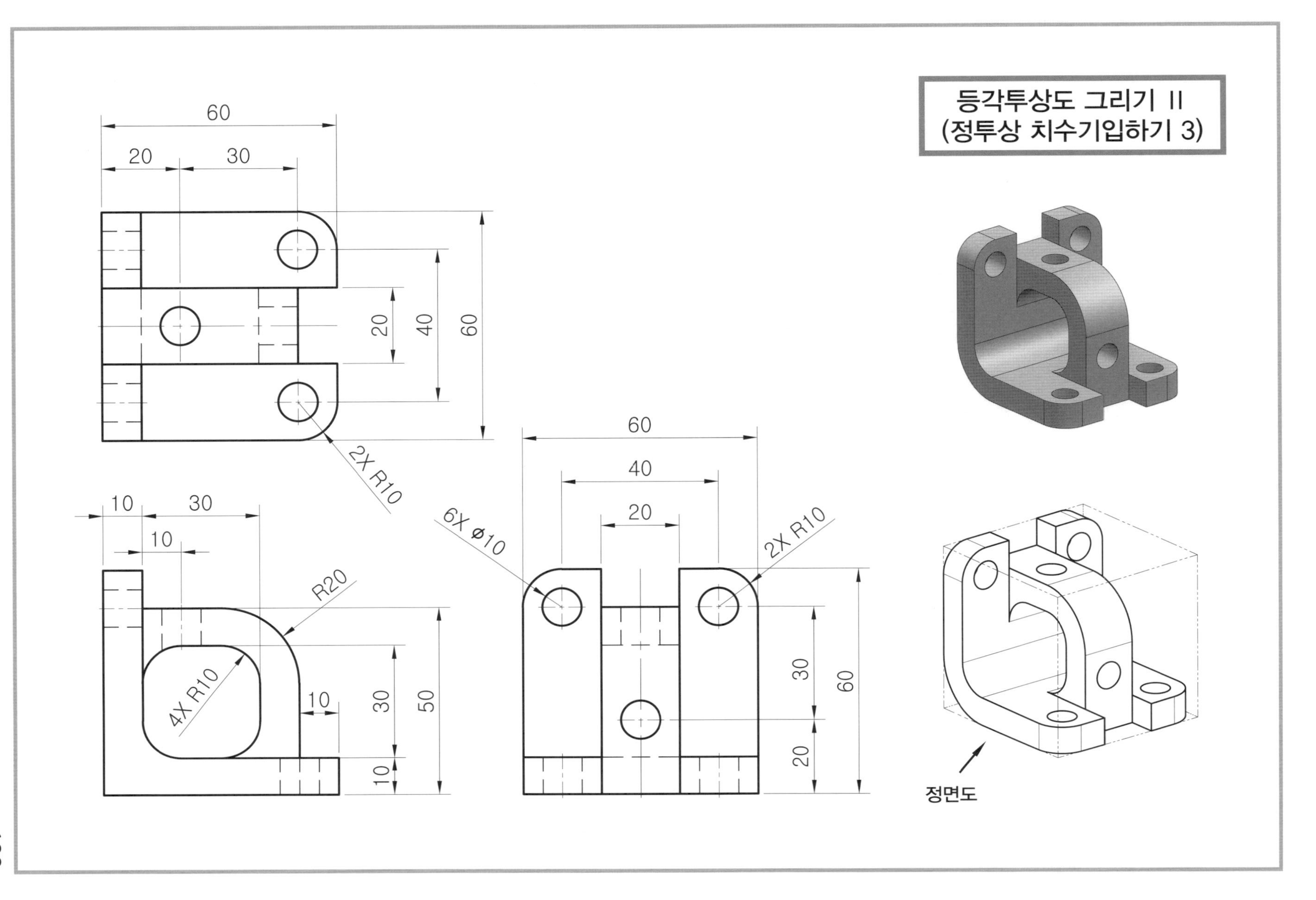
등각투상도 그리기 II
(정투상 치수기입하기 3)
60
20
30
20
40
60
2X R10
10
30
10
R20
4X R10
10
30
50
10
60
40
20
6X ø10
2X R10
30
60
20
정면도

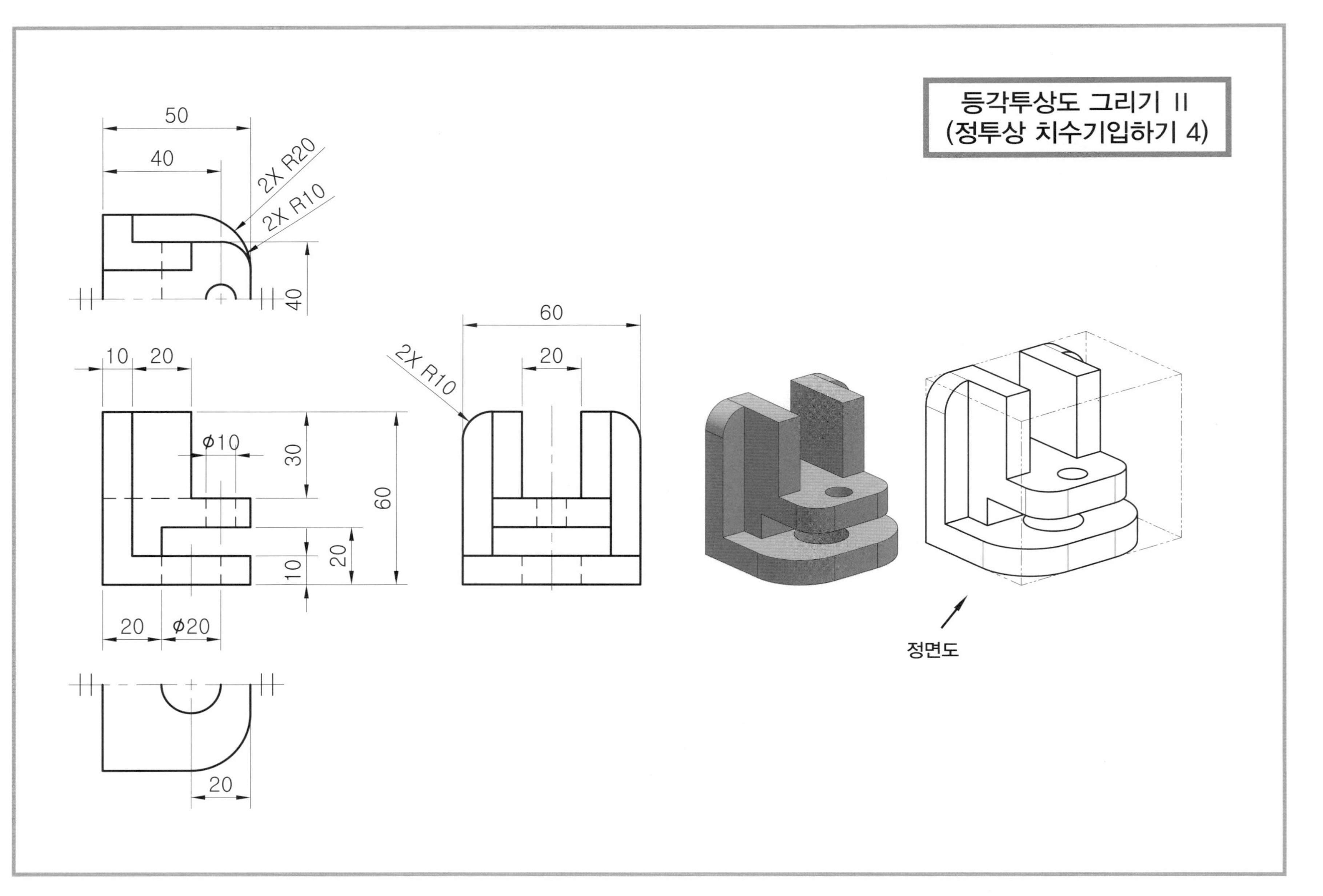
등각투상도 그리기 II
(정투상 치수기입하기 4)
50
40
2X R20
2X R10
40
10
20
ϕ10
30
60
20
10
20
ϕ20
20
60
20
2X R10
정면도

등각투상도 그리기 II (정투상 치수기입하기 5)

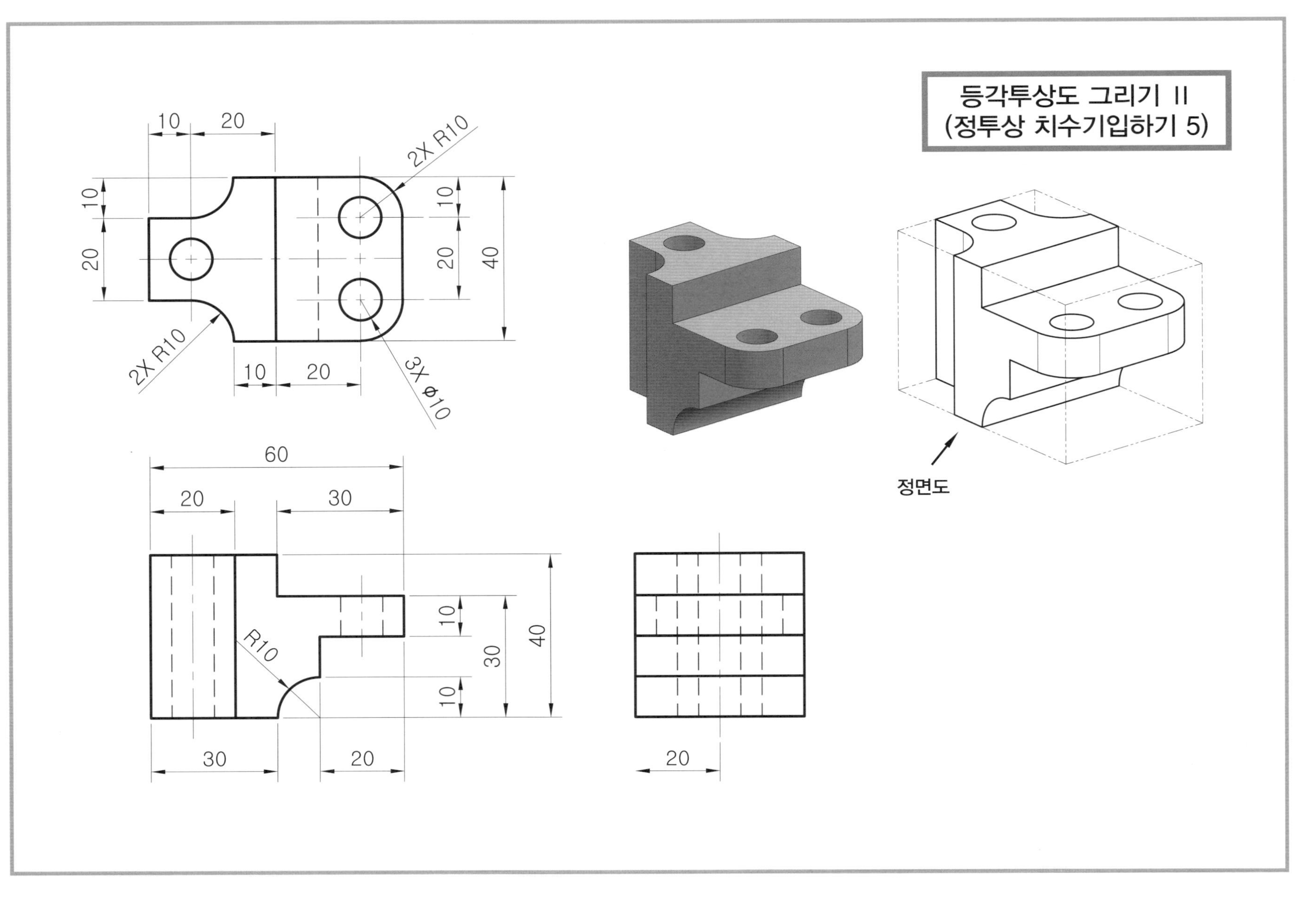

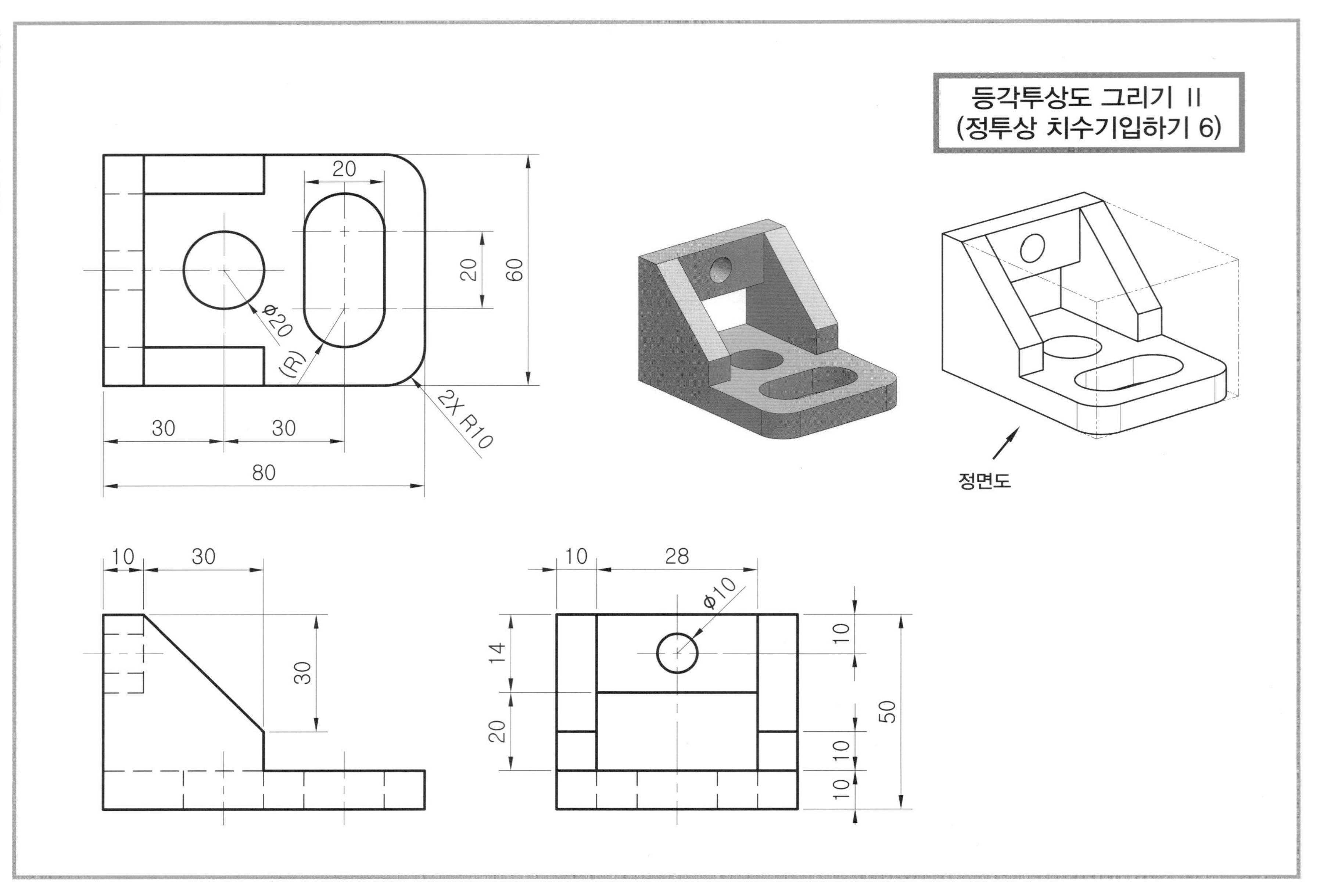

등각투상도 그리기 II
(정투상 치수기입하기 6)
정면도
20
20
60
φ20
(R)
2X R10
30
30
80
10
30
30
10
28
φ10
14
20
10
10
10
50

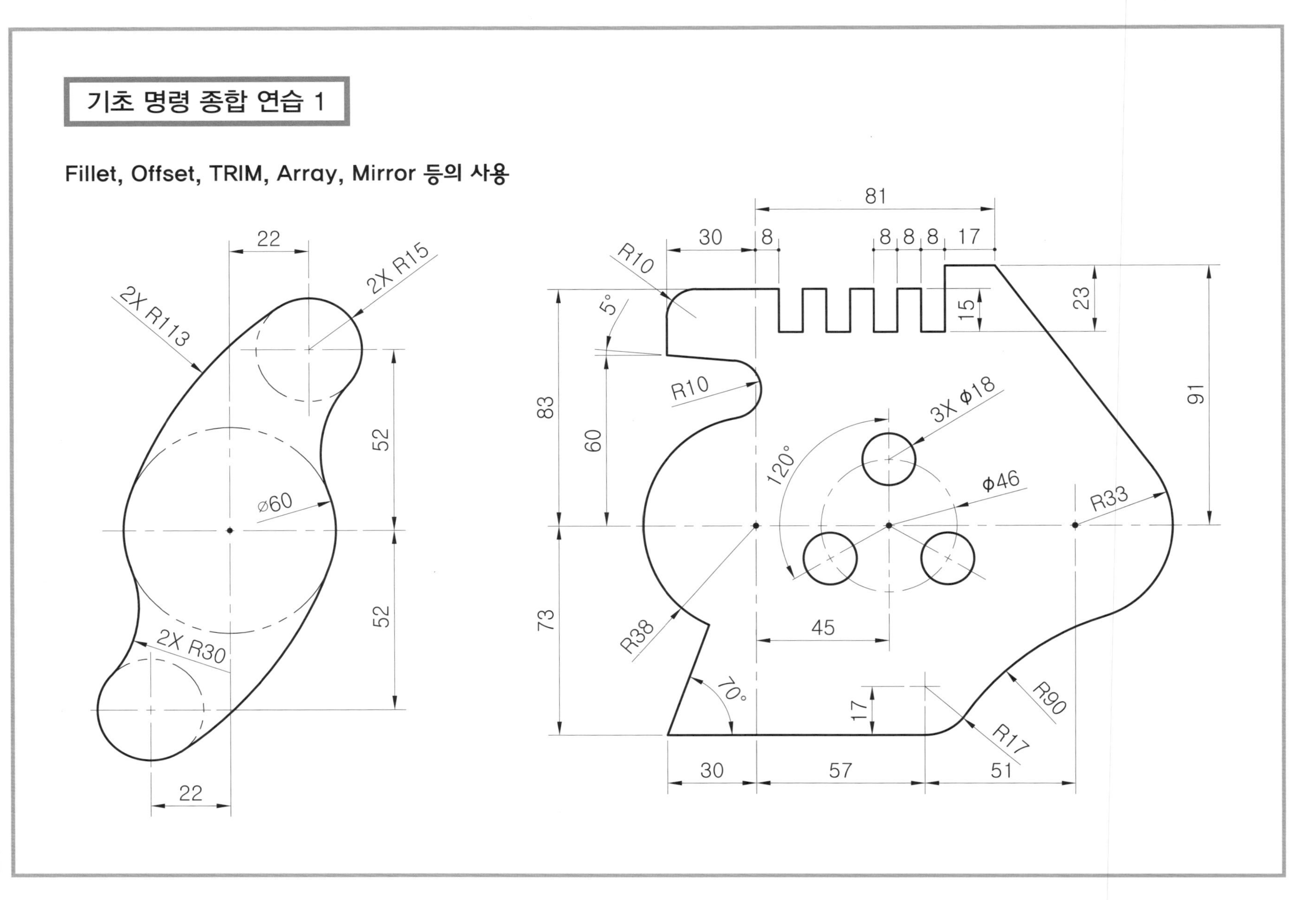

기초 명령 종합 연습 1
Fillet, Offset, TRIM, Array, Mirror 등의 사용
22
2X R15
2X R113
52
⌀60
52
2X R30
22
81
30
8
8
8
8
17
R10
5°
15
23
91
83
60
R10
3X Φ18
120°
Φ46
R33
73
R38
45
70°
17
R90
R17
30
57
51

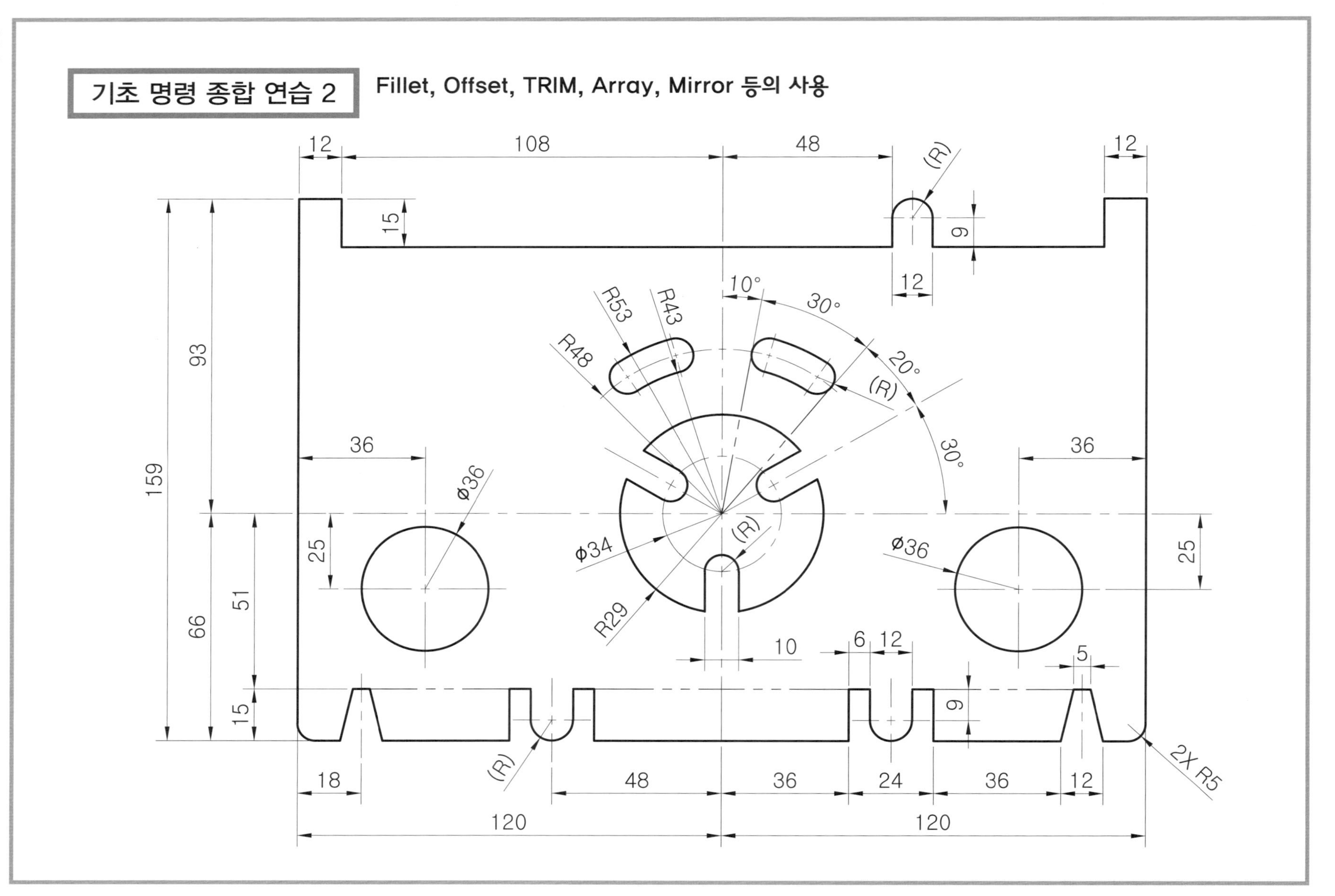
기초 명령 종합 연습 2
Fillet, Offset, TRIM, Array, Mirror 등의 사용
12
108
48
(R)
12
15
6
12
10°
30°
R53
R43
R48
20°
(R)
30°
93
159
36
Φ36
36
25
Φ34
(R)
Φ36
25
51
66
R29
10
6 12
5
15
6
(R)
2X R5
18
48
36
24
36
12
120
120

기초 명령 종합 연습 3

Mirror, POLYGON, Rotate, Fillet 등 적용

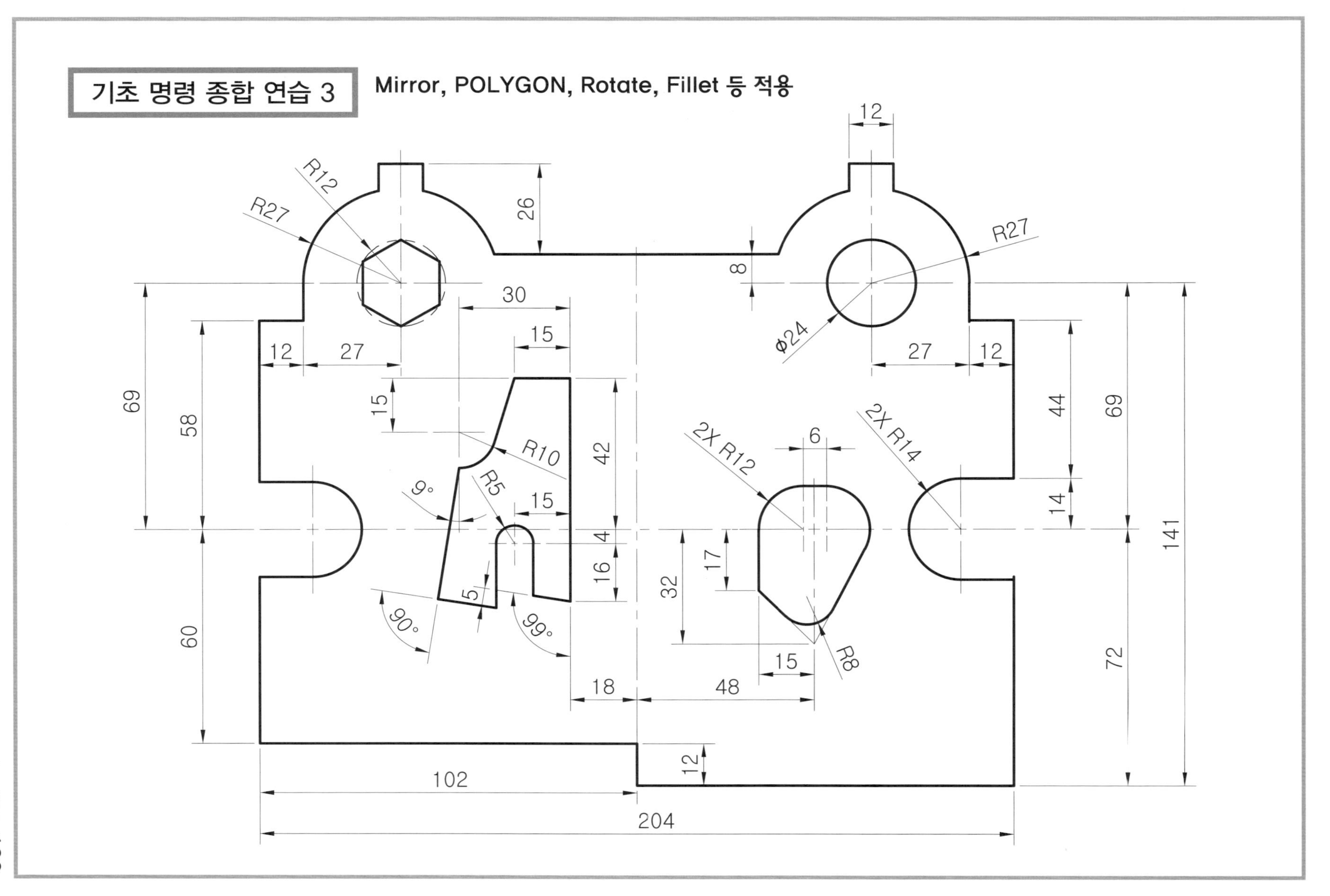

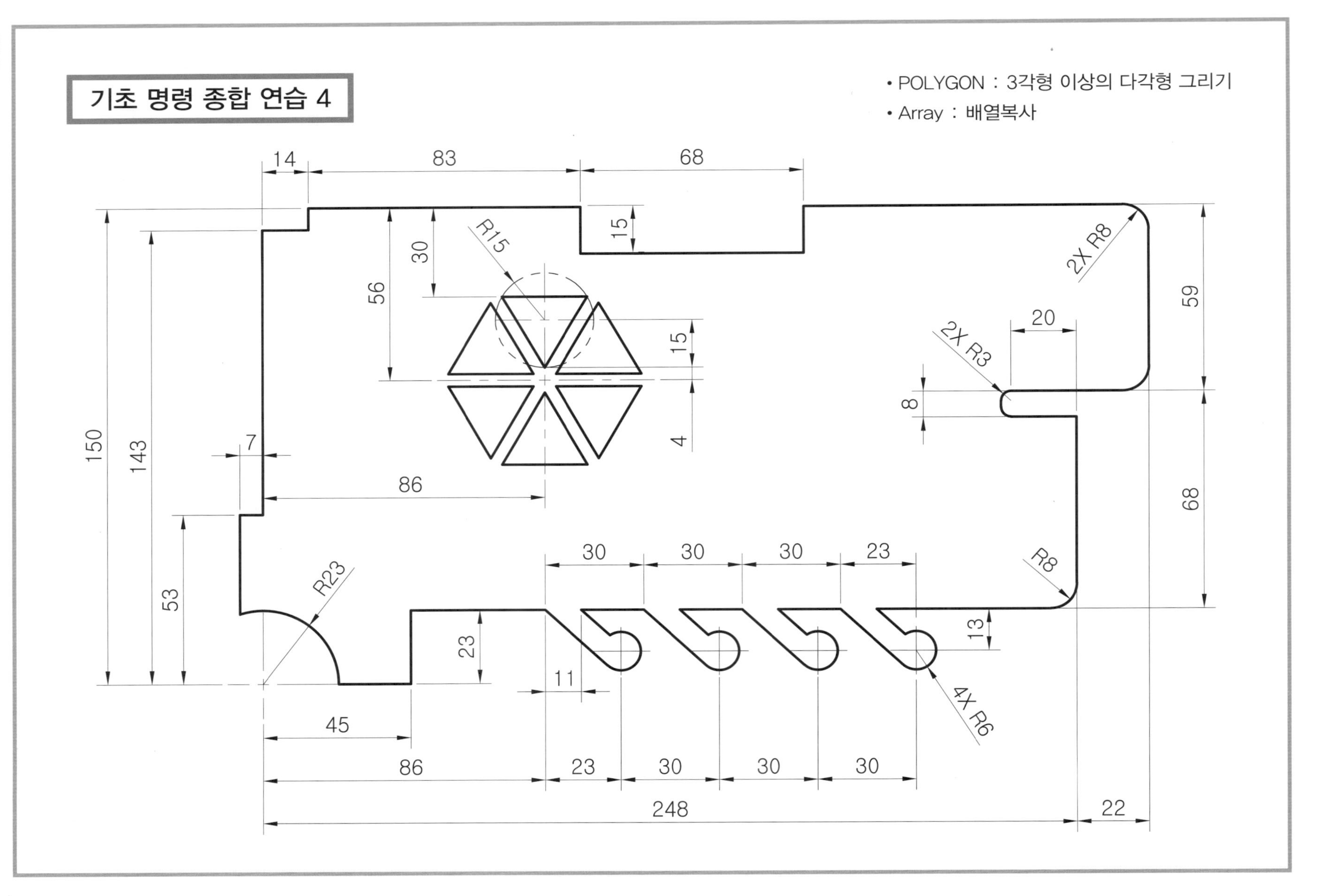
기초 명령 종합 연습 4
• POLYGON : 3각형 이상의 다각형 그리기
• Array : 배열복사
14
83
68
15
R15
30
56
15
4
2X R8
59
20
2X R3
8
68
150
143
7
86
53
R23
30
30
30
23
R8
23
13
11
4X R6
45
86
23
30
30
30
248
22

DONUT 도넛 그리기

FILL – ON / OFF 두께 있는 속 채우기 여부

REGEN 명령으로 확인

OSNAP 모드 – CENter(원의 중심 찾기)

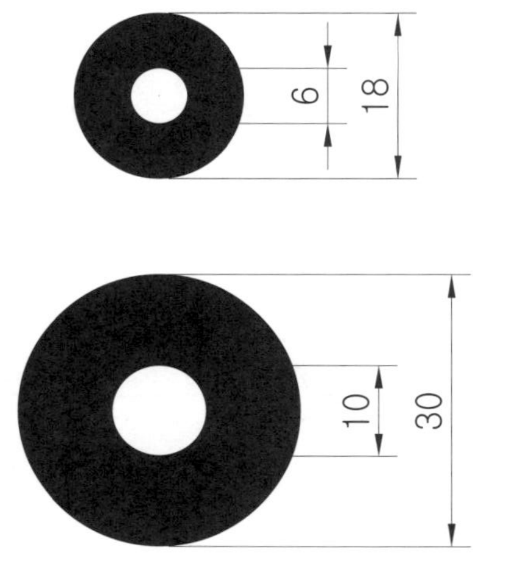

도넛의 안지름, 바깥지름 치수

SOLID, FILL, XLINE, LENGTHEN, COLOR 명령

삼각형 모양에 각각의 색을 바꾸어 SOLID 명령으로 칠해 보자.

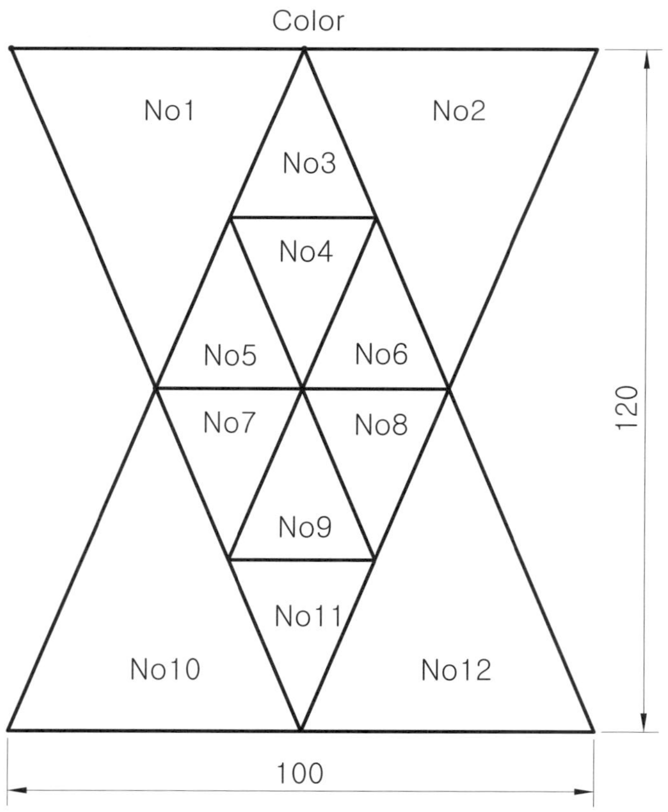

LENGTHEN 명령

DYnamic 임의로 길이를 조절

XLINE – Angle 각도 있는 무한대의 선 그리기

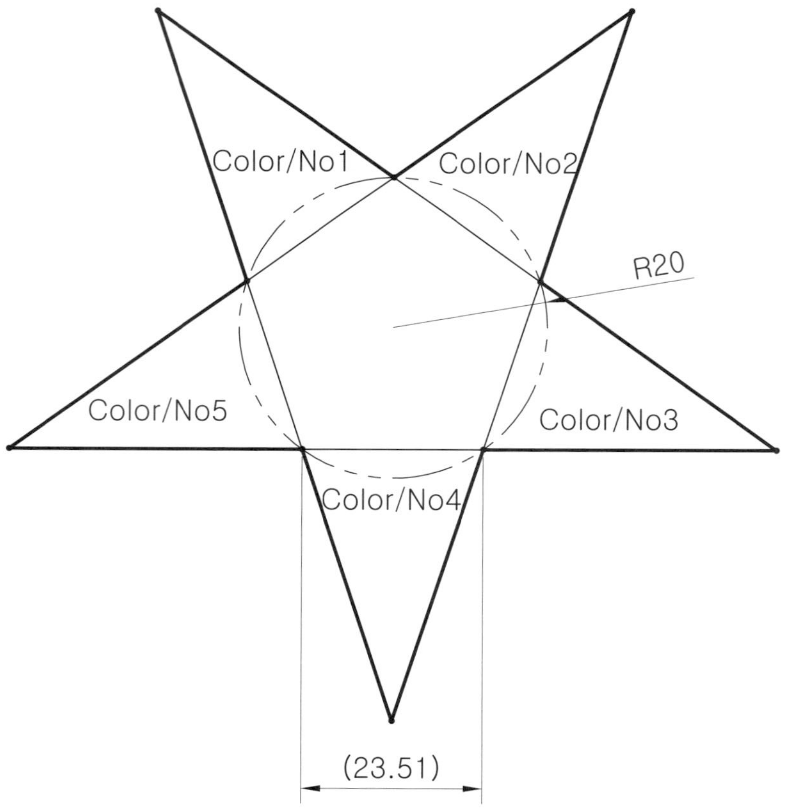

사용할 명령어

PLINE(WIDTH=0.5)
PEDIT(WIDTH=0)

명령어 요약

- PLINE(Width) : 지정한 두께의 연결선으로 굵은 선을 그린다.
- PEDIT(Width) : 연결선(폴리라인)의 두께를 수정한다.

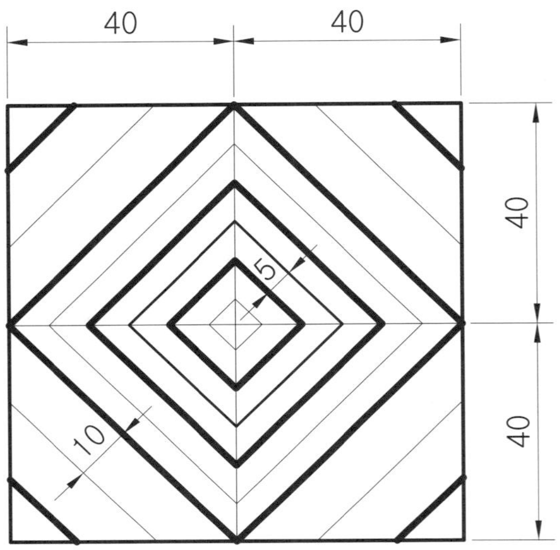

40 40 40 40 5 10

TRIM으로 정리

그리는 법

1) 사각형을 offset 후 PLINE으로 중간 지점을 지나도록 직선을 그린다.

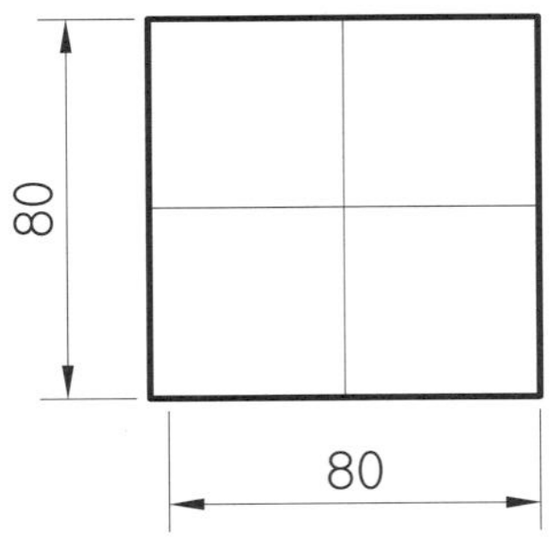

80 80

2) pline명령 : Width(0.5)로 설정 후 1, 2, 3, 4의 위치를 pline으로 그린다.

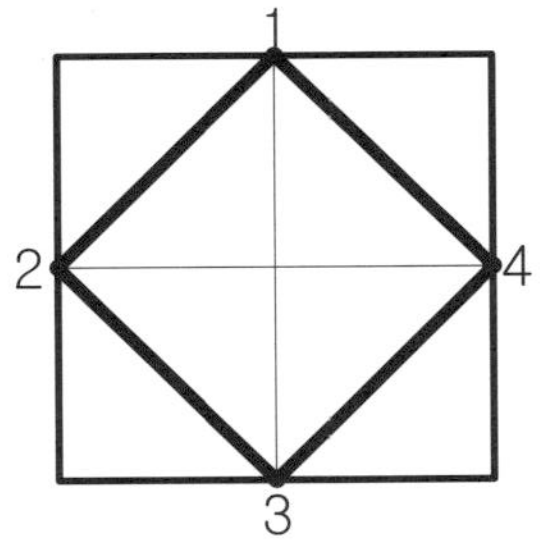

1 2 3 4

3) pline으로 그려진 마름모꼴의 선을 offset 후

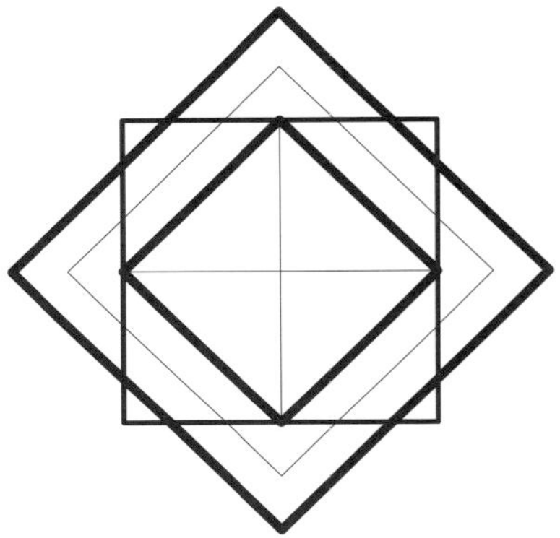

4) 가는 선들을 선택 후 두께를 수정 PEDIT : WIDTH를 0으로 변경하여 두께를 없앤다(a, b, c, d).

a b c d

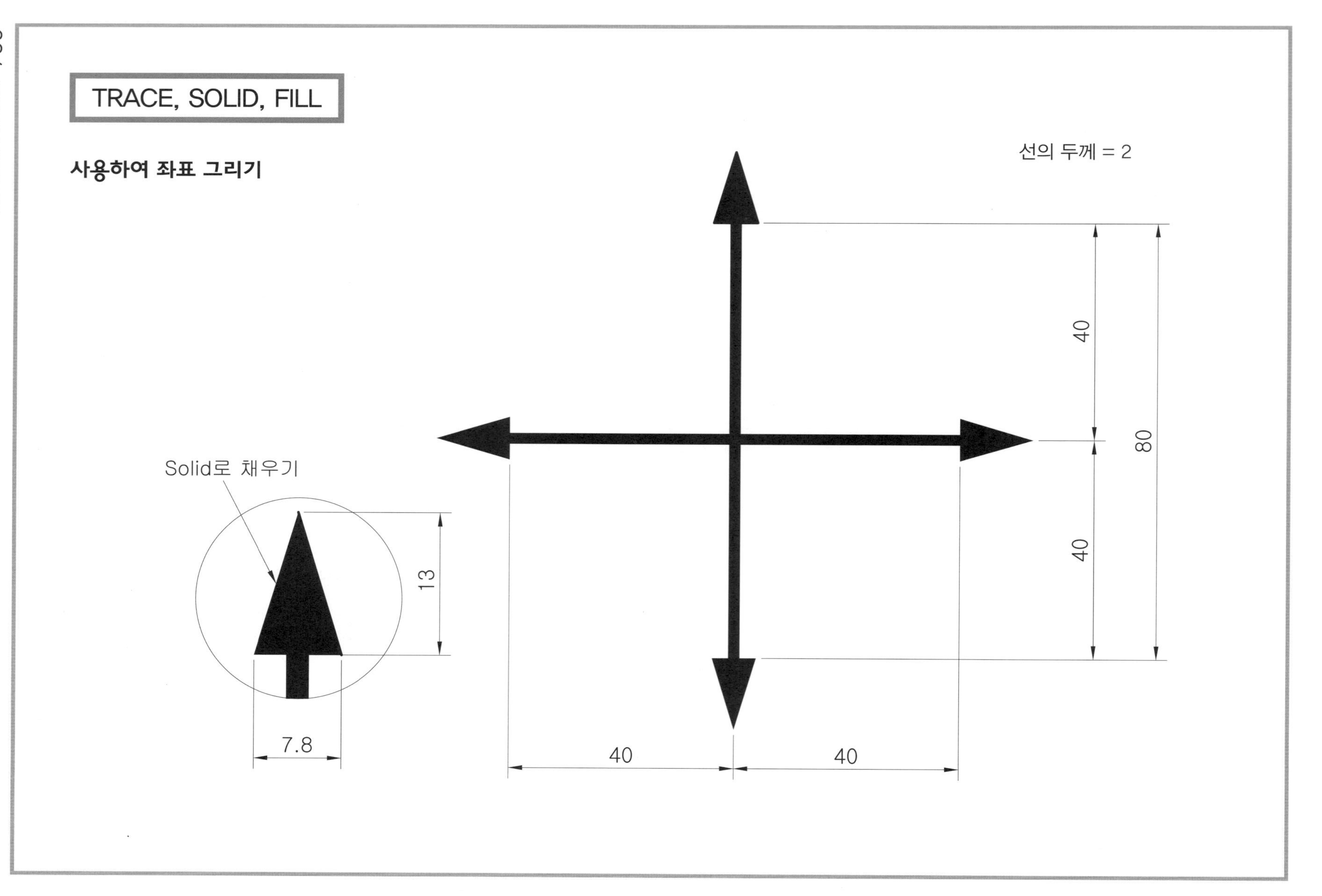

TRACE, SOLID, FILL
사용하여 좌표 그리기
선의 두께 = 2
Solid로 채우기
13
7.8
40
40
80
40
40

2차원 기초 명령어 종합 연습

명령 : LINE, 단축명령 : L
명령 : TRIM, 단축명령 : TR
명령 : CIRCLE, 단축명령 : C
명령 : ARRAY, 단축명령 : AR

LINE, CIRCLE, TRIM, ARRAY 등

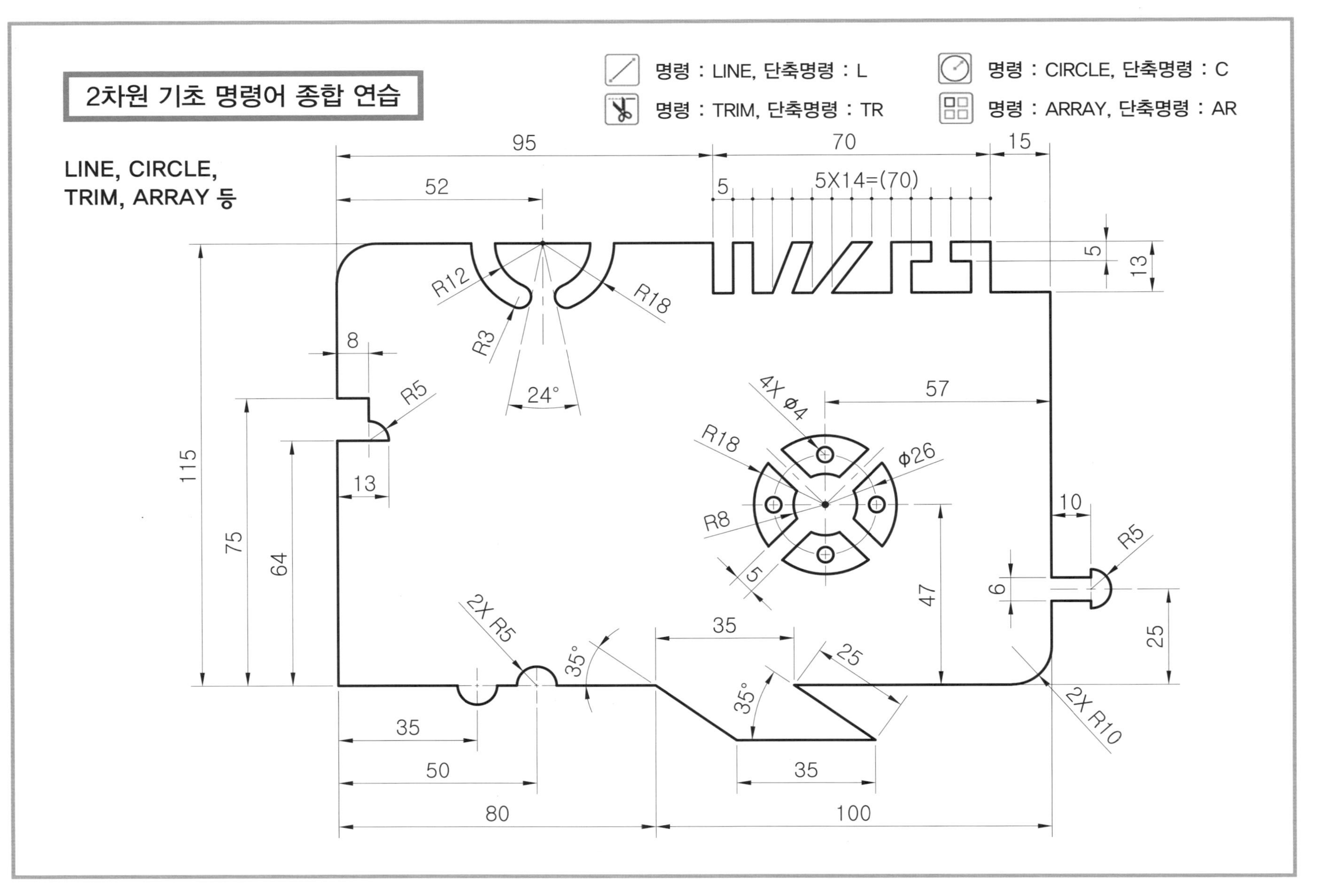

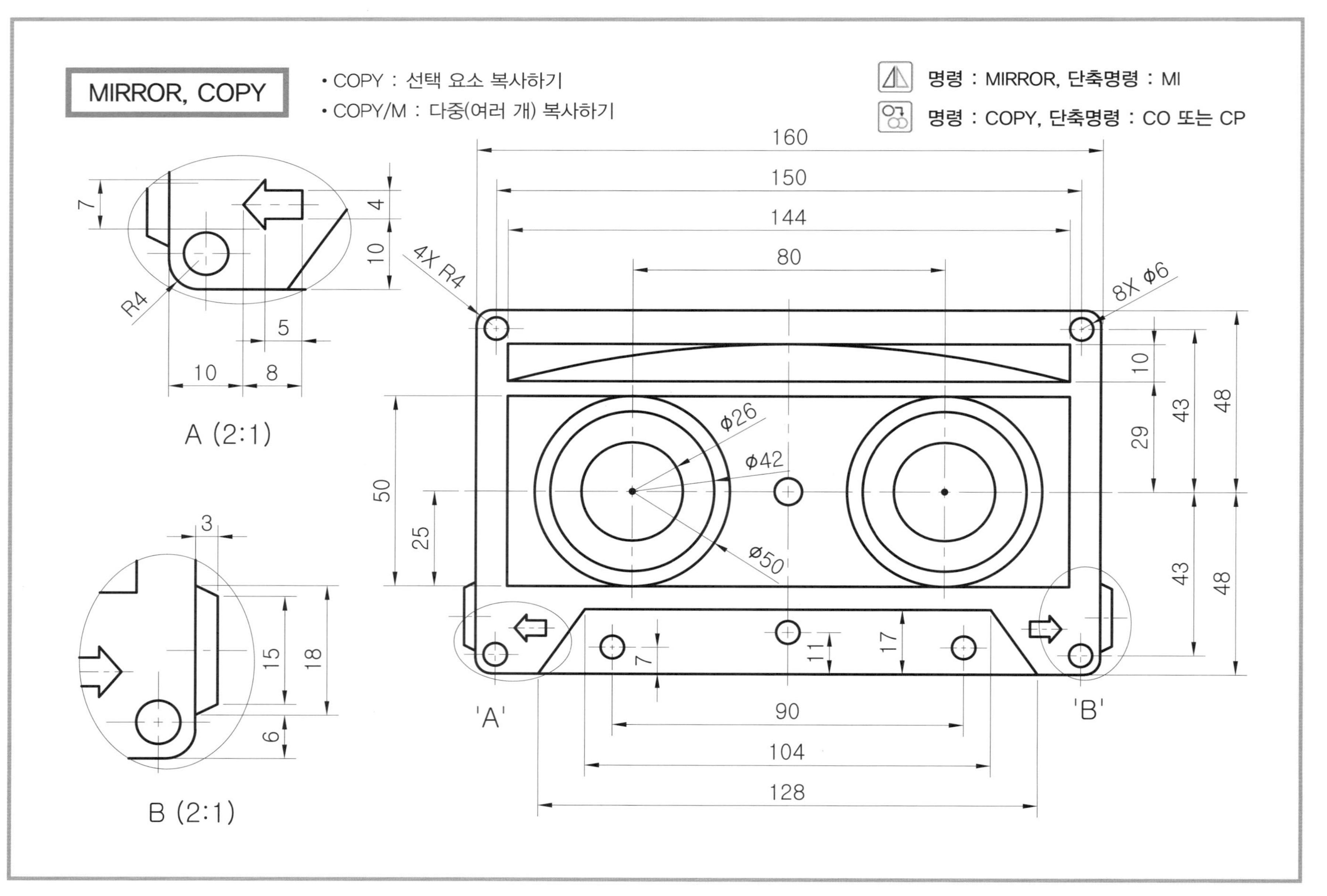
MIRROR, COPY
• COPY : 선택 요소 복사하기
• COPY/M : 다중(여러 개) 복사하기
명령 : MIRROR, 단축명령 : MI
명령 : COPY, 단축명령 : CO 또는 CP
160
150
144
80
4X R4
8X Φ6
Φ26
Φ42
Φ50
10
29
43
48
43
48
50
25
7
11
17
90
104
128
'A'
'B'
7
4
10
R4
5
10
8
A (2:1)
3
15
18
6
B (2:1)

AutoCAD

2차원 CAD 명령어 응용 중급편

- 해칭, 문자 쓰기, 치수기입 연습
- 기계제도 기초도면 연습

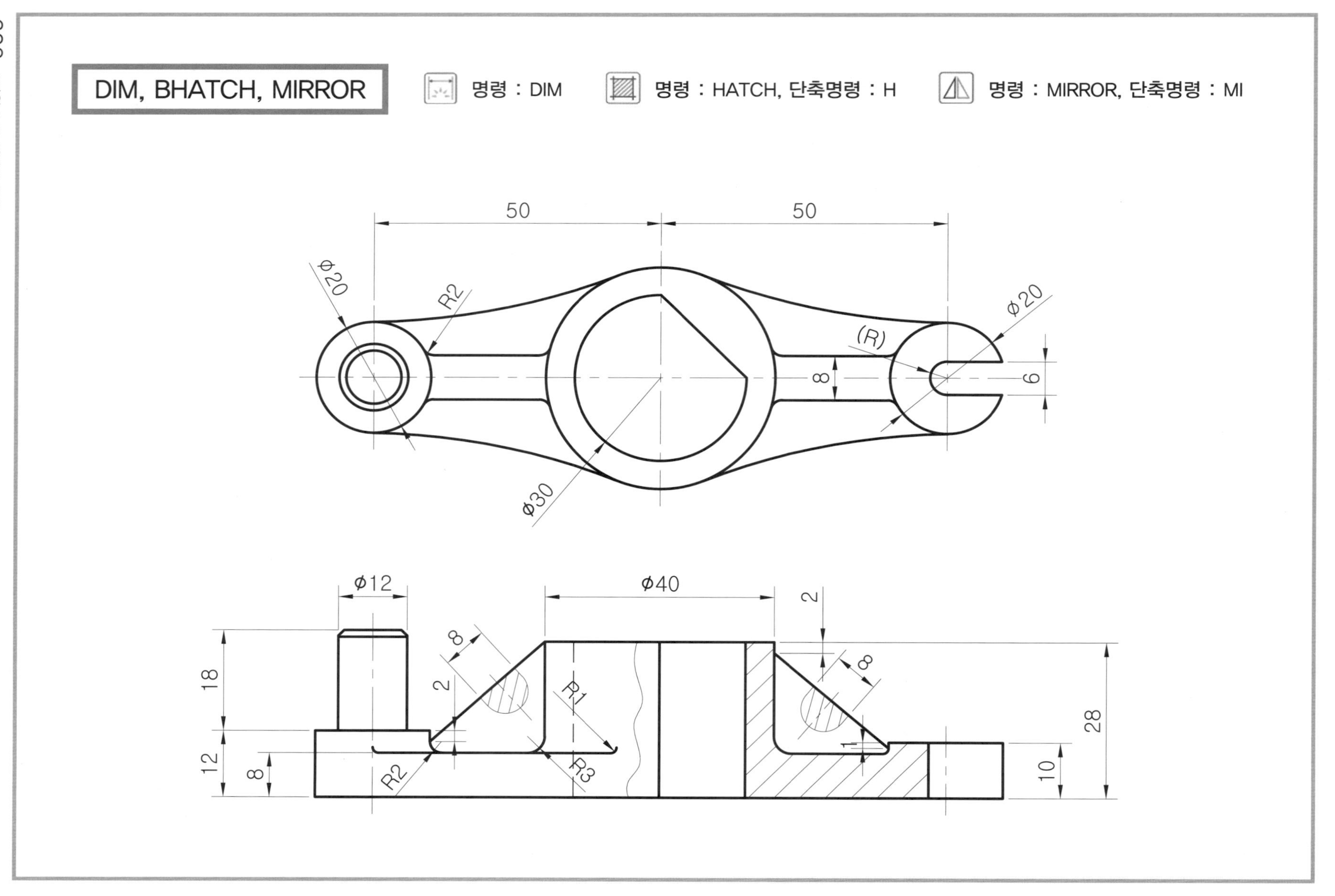
DIM, BHATCH, MIRROR
명령 : DIM
명령 : HATCH, 단축명령 : H
명령 : MIRROR, 단축명령 : MI
50
50
ϕ20
R2
ϕ20
(R)
8
6
ϕ30
ϕ12
ϕ40
2
8
8
2
R1
18
12
8
R2
R3
1
28
10

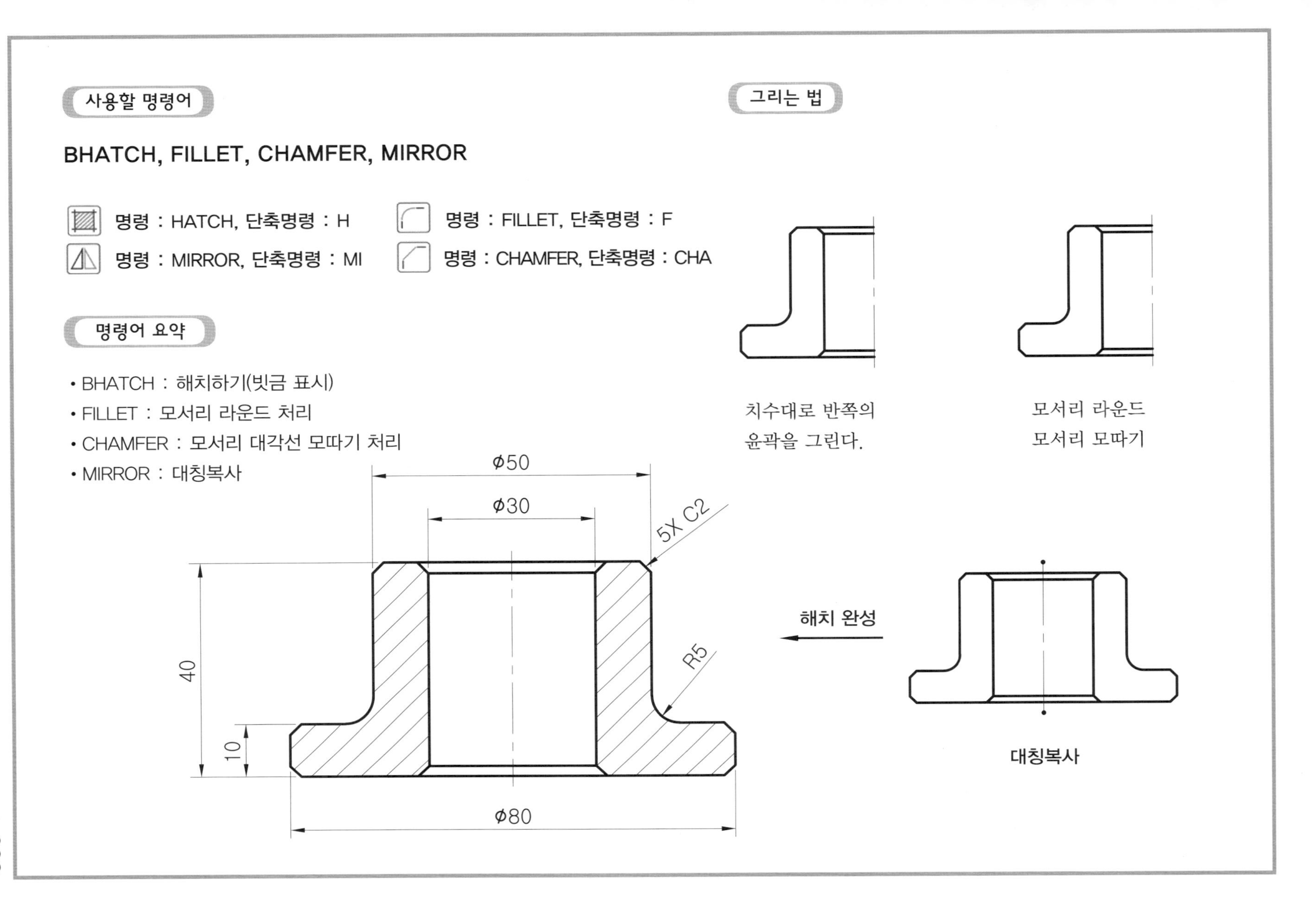
사용할 명령어
BHATCH, FILLET, CHAMFER, MIRROR
명령 : HATCH, 단축명령 : H
명령 : FILLET, 단축명령 : F
명령 : MIRROR, 단축명령 : MI
명령 : CHAMFER, 단축명령 : CHA
명령어 요약
• BHATCH : 해치하기(빗금 표시)
• FILLET : 모서리 라운드 처리
• CHAMFER : 모서리 대각선 모따기 처리
• MIRROR : 대칭복사
그리는 법
치수대로 반쪽의
윤곽을 그린다.
모서리 라운드
모서리 모따기
대칭복사
해치 완성
ϕ50
ϕ30
5X C2
R5
40
10
ϕ80

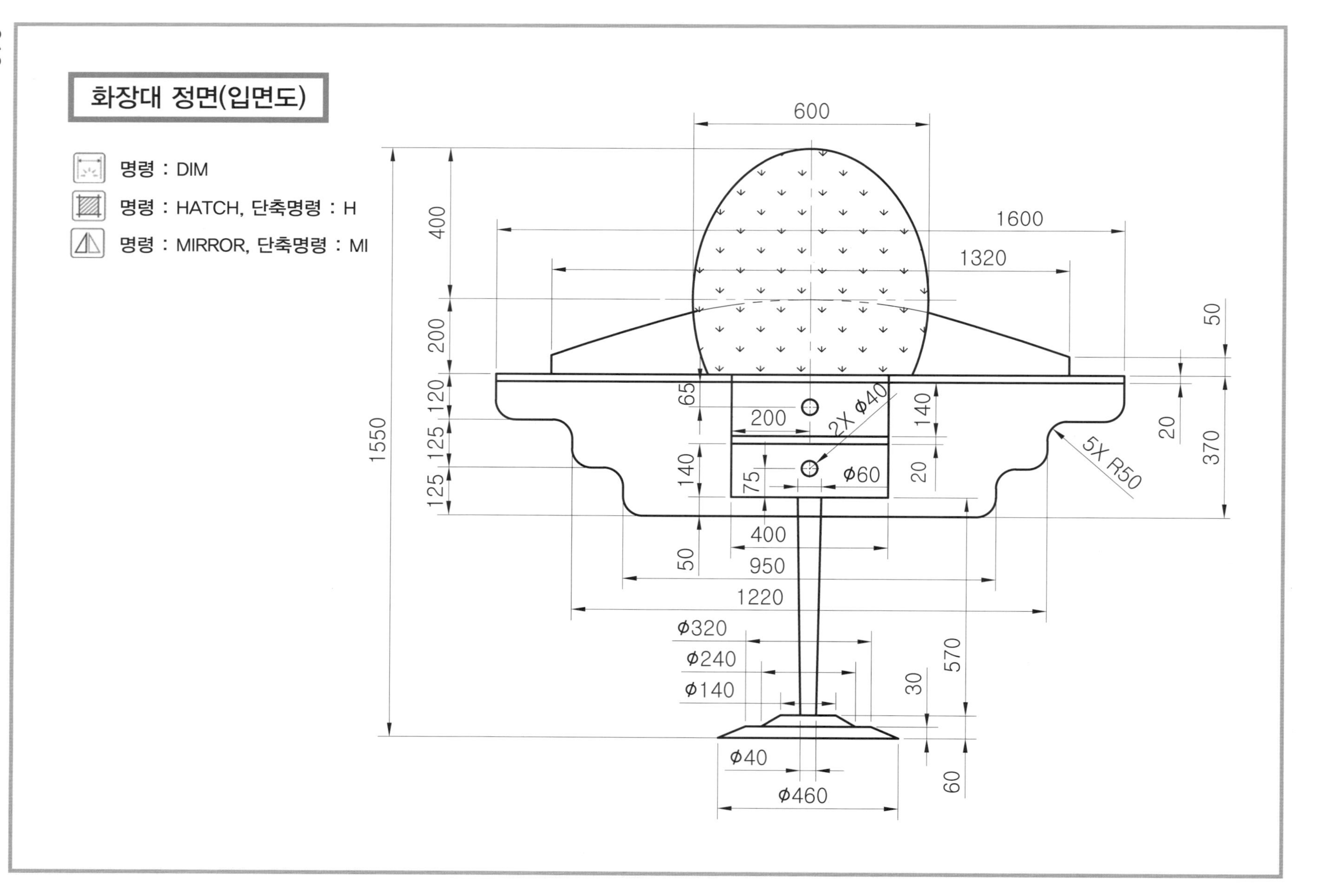
화장대 정면(입면도)
명령 : DIM
명령 : HATCH, 단축명령 : H
명령 : MIRROR, 단축명령 : MI
600
1600
1320
400
200
120
125
125
1550
65
200
2X Φ40
140
20
Φ60
75
5X R50
50
20
370
400
950
1220
Φ320
Φ240
Φ140
30
570
Φ40
Φ460
60

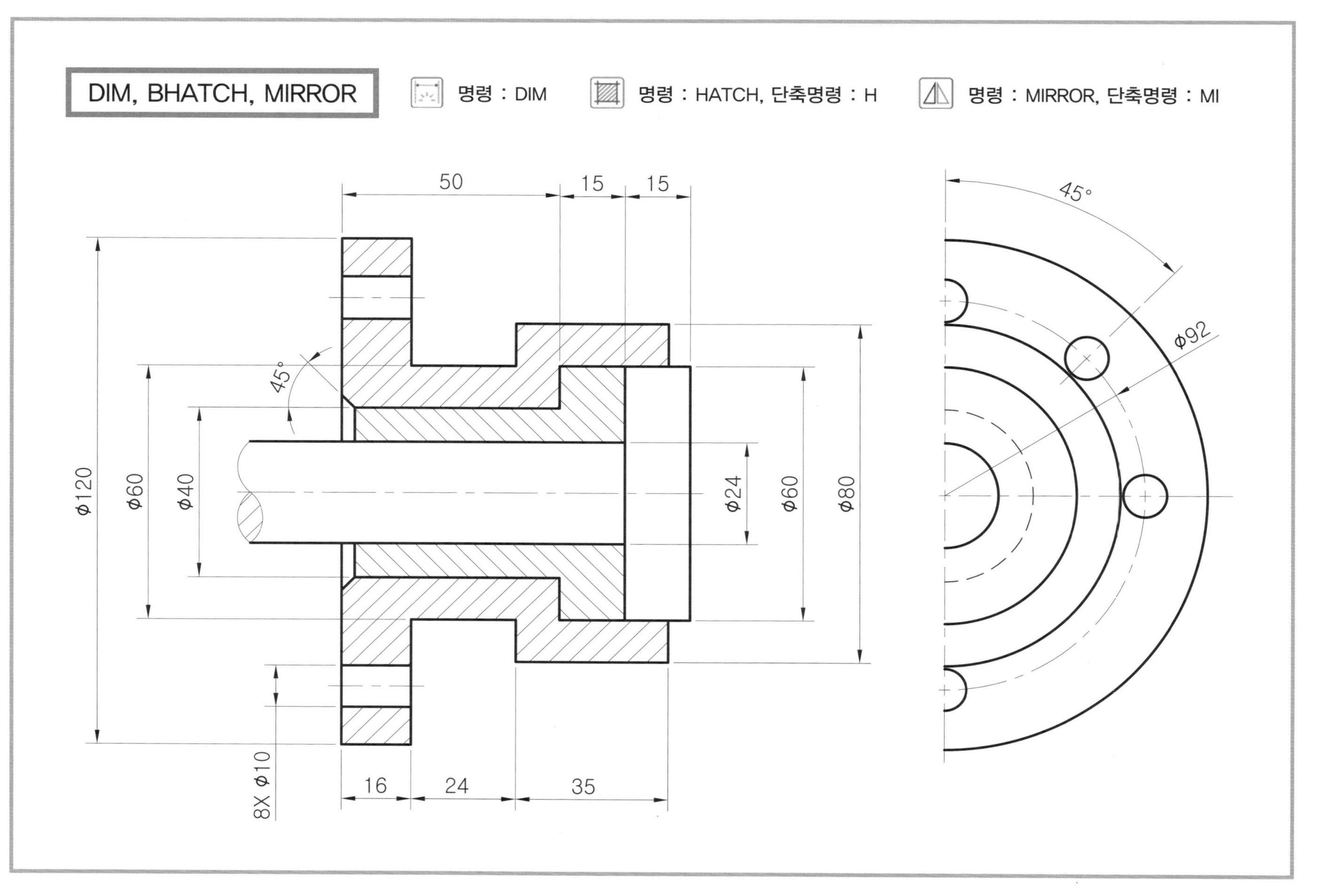
DIM, BHATCH, MIRROR
명령 : DIM
명령 : HATCH, 단축명령 : H
명령 : MIRROR, 단축명령 : MI
50
15
15
45°
ϕ120
ϕ60
ϕ40
ϕ24
ϕ60
ϕ80
45°
ϕ92
8X ϕ10
16
24
35

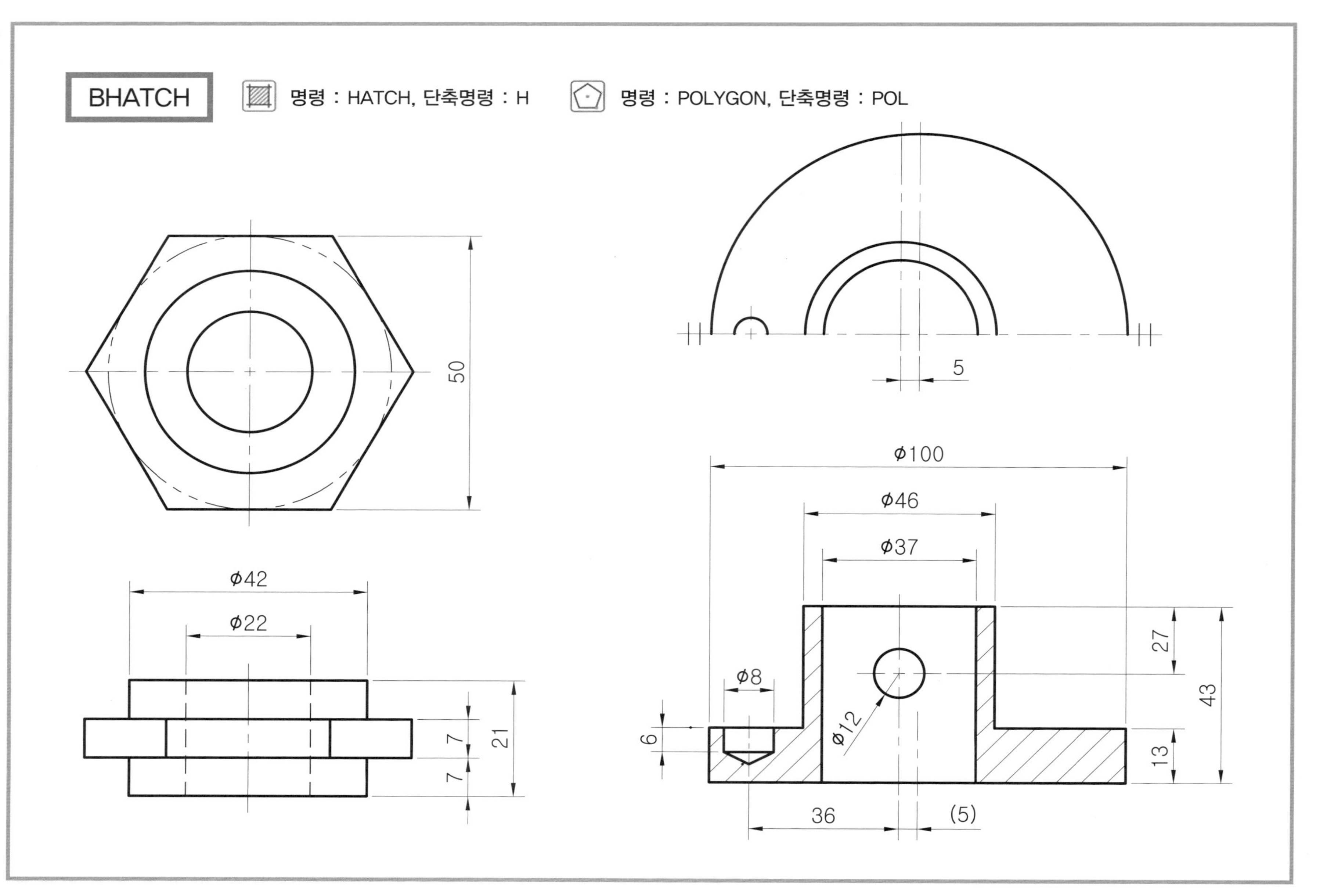
BHATCH
명령 : HATCH, 단축명령 : H
명령 : POLYGON, 단축명령 : POL
50
5
ϕ100
ϕ46
ϕ37
ϕ42
ϕ22
7
7
21
ϕ8
ϕ12
6
27
43
13
36
(5)

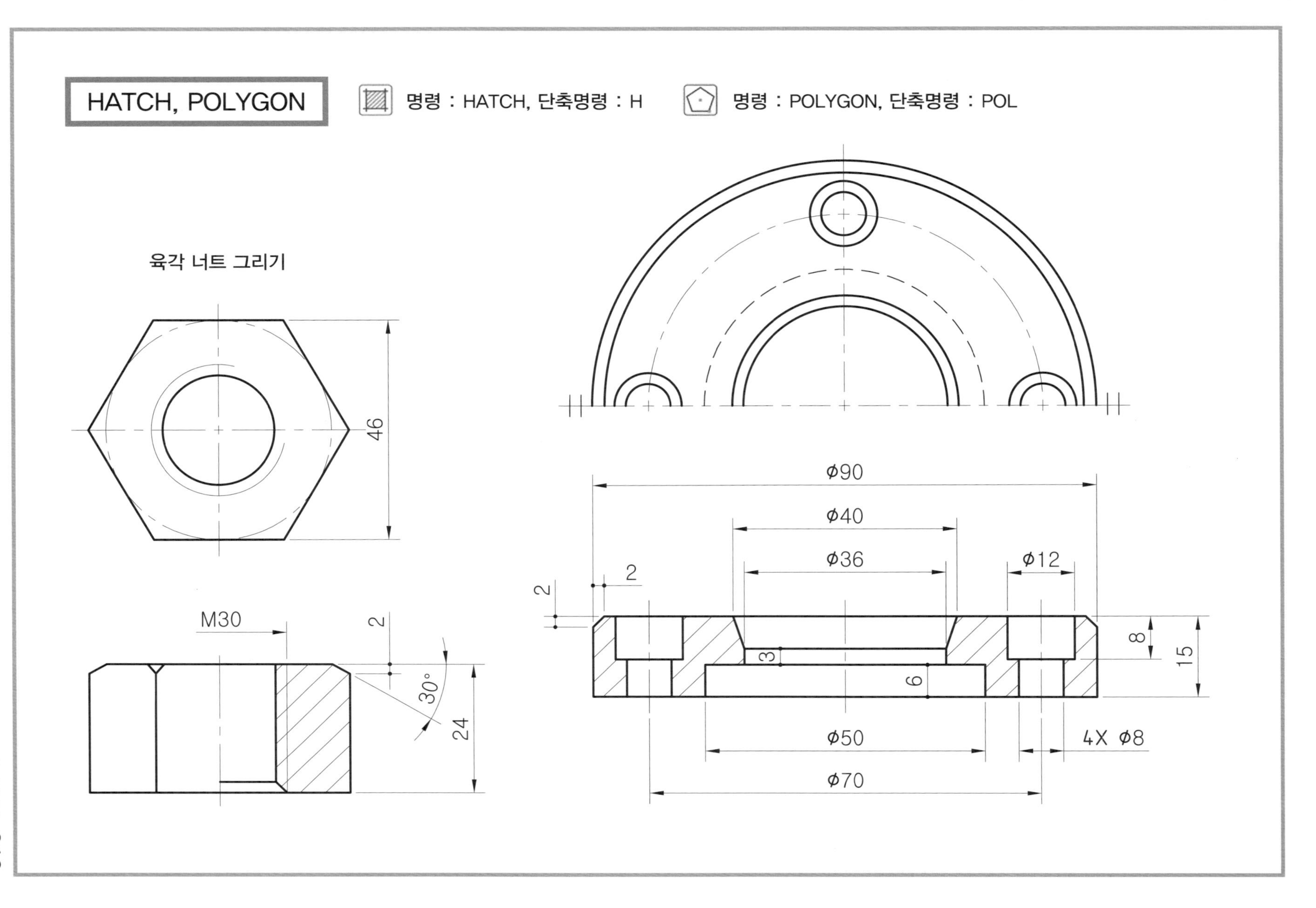
HATCH, POLYGON
명령 : HATCH, 단축명령 : H
명령 : POLYGON, 단축명령 : POL
육각 너트 그리기
46
M30
2
30°
24
ϕ90
ϕ40
ϕ36
ϕ12
2
2
3
6
8
15
ϕ50
4X ϕ8
ϕ70

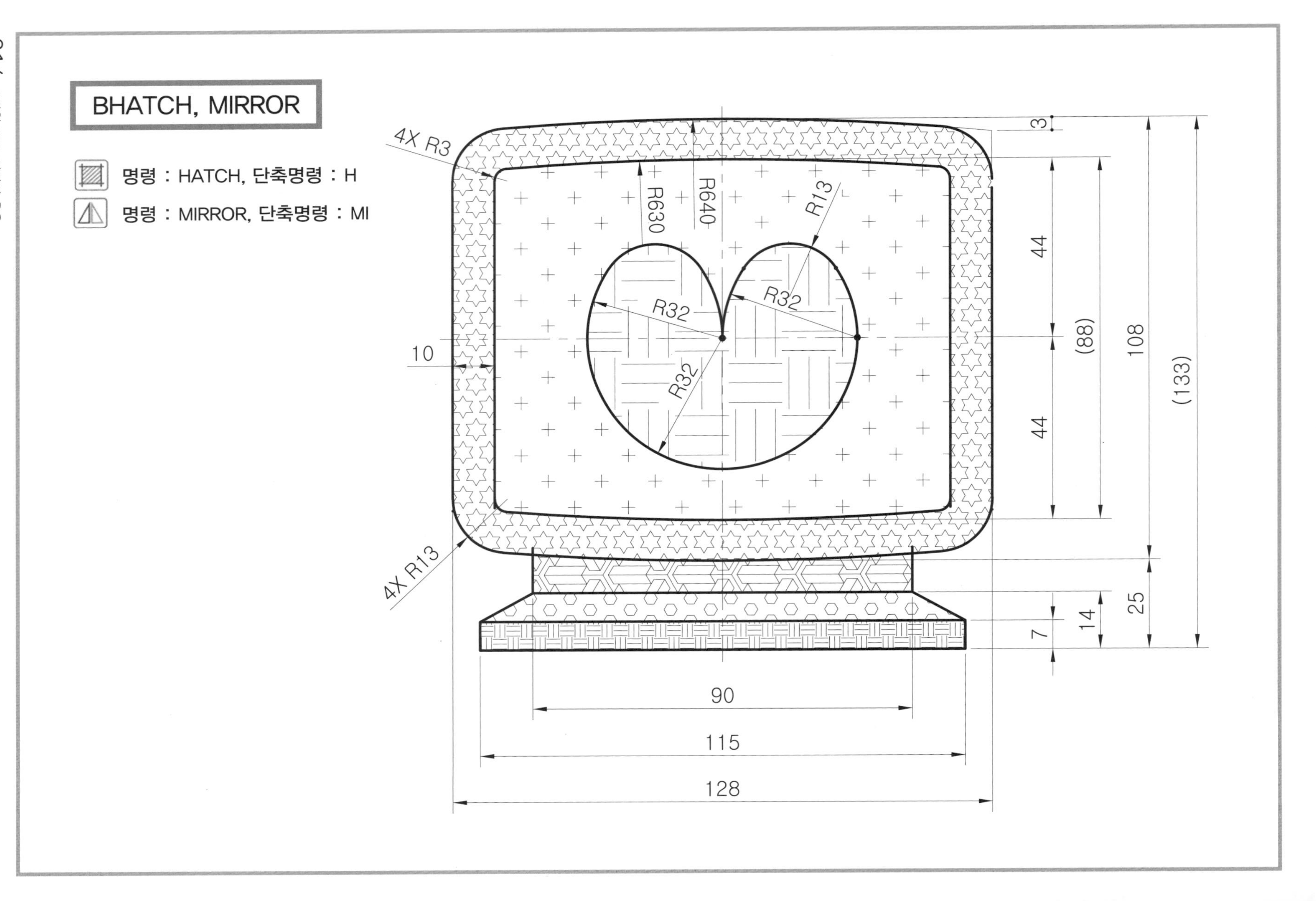
BHATCH, MIRROR
명령 : HATCH, 단축명령 : H
명령 : MIRROR, 단축명령 : MI
4X R3
R630
R640
R13
R32
R32
R32
10
4X R13
3
44
44
(88)
108
(133)
25
14
7
90
115
128

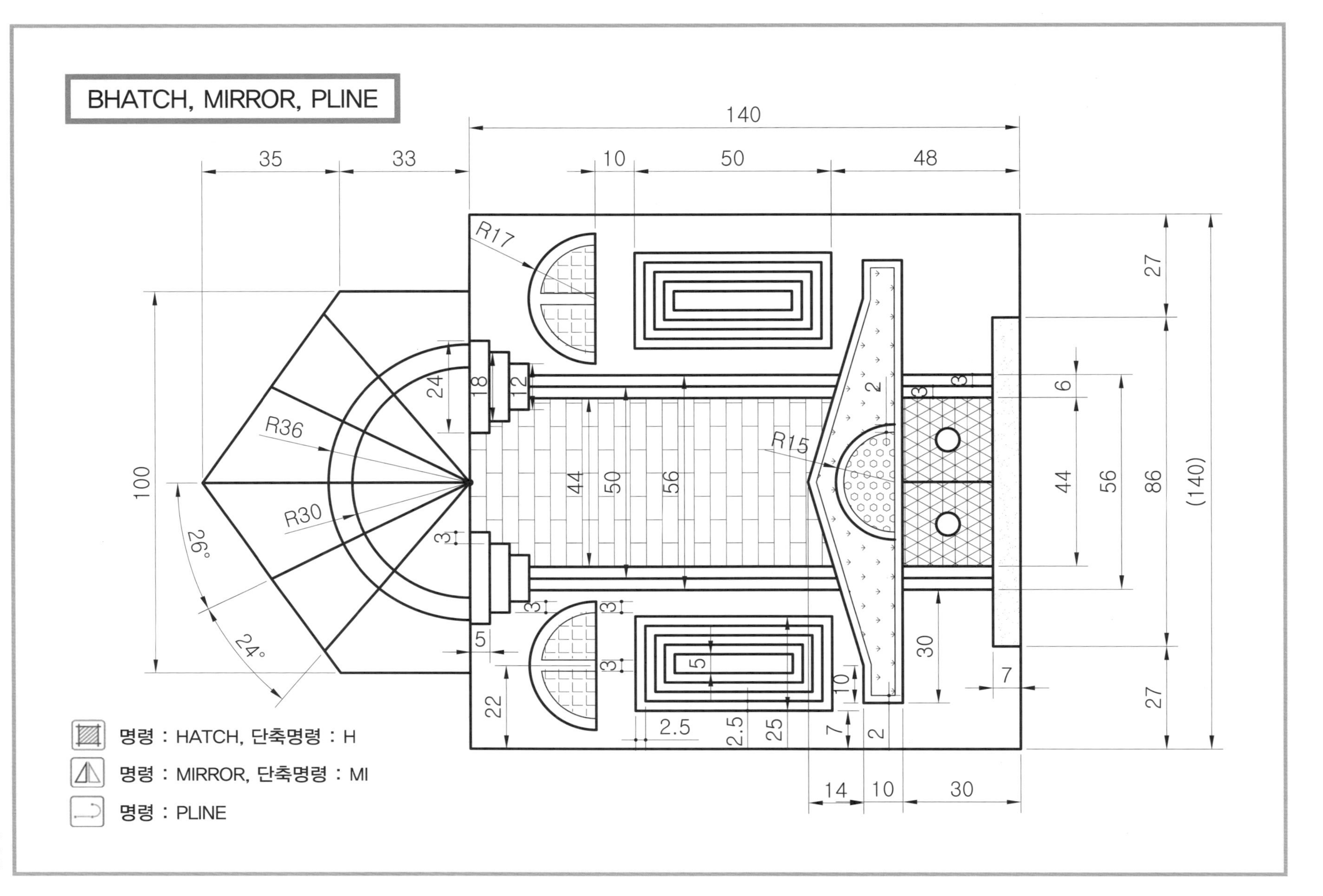
BHATCH, MIRROR, PLINE
140
35
33
10
50
48
R17
27
100
24
18
12
R36
R15
2
3
3
6
44
50
56
44
56
86
(140)
R30
26°
3
3
3
5
3
24°
5
30
10
7
27
22
2.5
2.5
25
7
2
14
10
30
명령 : HATCH, 단축명령 : H
명령 : MIRROR, 단축명령 : MI
명령 : PLINE

DTEXT, COPY, MOVE, CHAMFER, BHATCH

- TEXT : 부품번호 숫자 쓸 때 사용
- COPY, MOVE : 1번, 2번 부품을 먼저 그린 후 복사하여 조립 시 편집할 때 사용
- BHATCH : 2번 부품을 그릴 때 해치의 공간을 가상의 선으로 미리 그려 놓고 BHATCH 명령의 Pick point로 영역을 지정하여 해치를 한다.

A	명령 : TEXT DTEXT, 단축명령 : DT
	명령 : COPY, 단축명령 : CO 또는 CP
	명령 : MOVE, 단축명령 : M
	명령 : CHAMFER, 단축명령 : CHA
	명령 : HATCH, 단축명령 : H

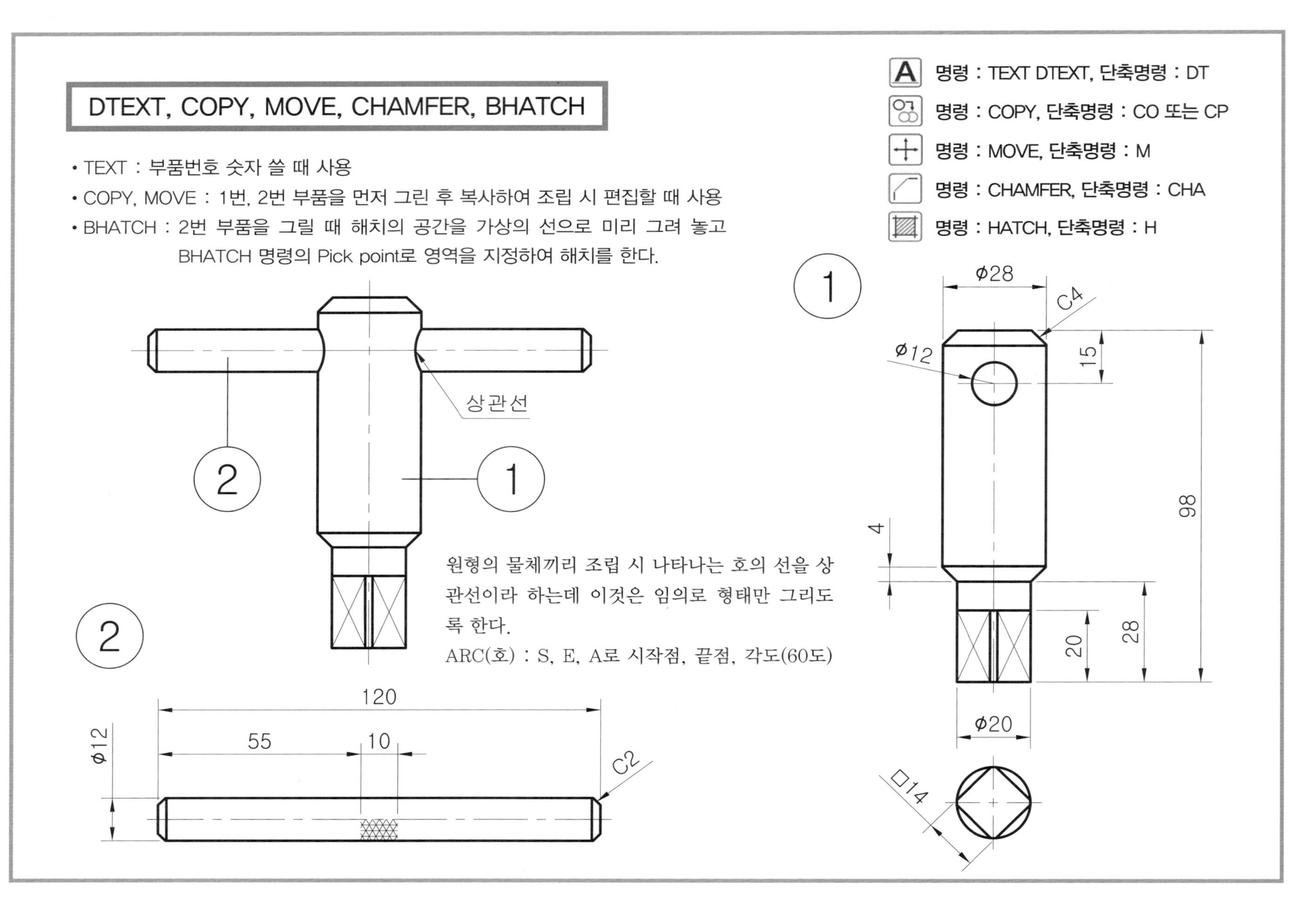

원형의 물체끼리 조립 시 나타나는 호의 선을 상관선이라 하는데 이것은 임의로 형태만 그리도록 한다.

ARC(호) : S, E, A로 시작점, 끝점, 각도(60도)

MIRROR, BHATCH

명령 : MIRROR, 단축명령 : MI   명령 : HATCH, 단축명령 : H

다음 입체를 보고 투상도를 이해하여 해치를 연습하고 치수기입을 하시오.

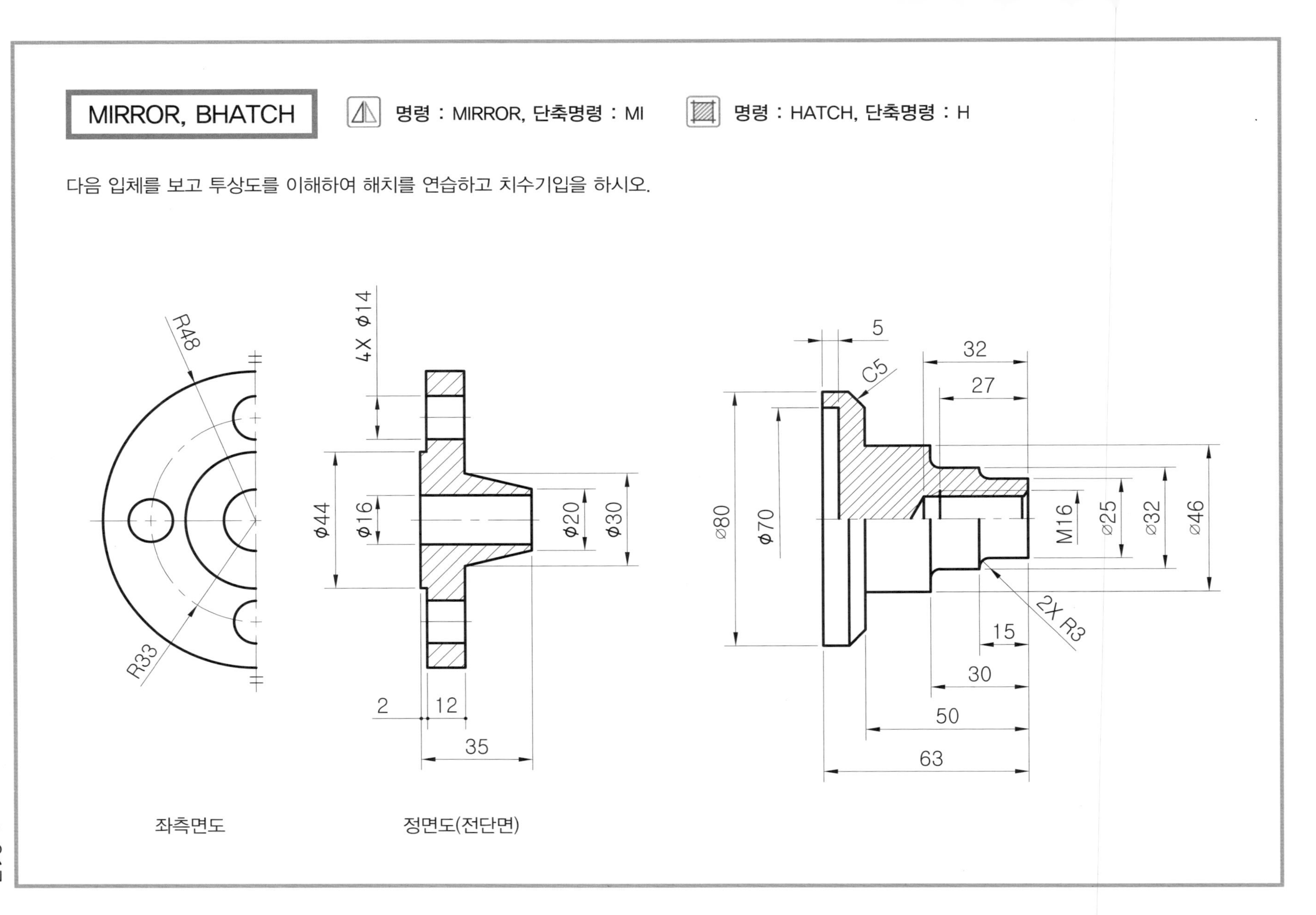

치수기입 연습(DIM)

명령 : DIM

다음 정투상도의 3면도(정면, 측면, 평면)를 그리고 치수기입을 하시오.

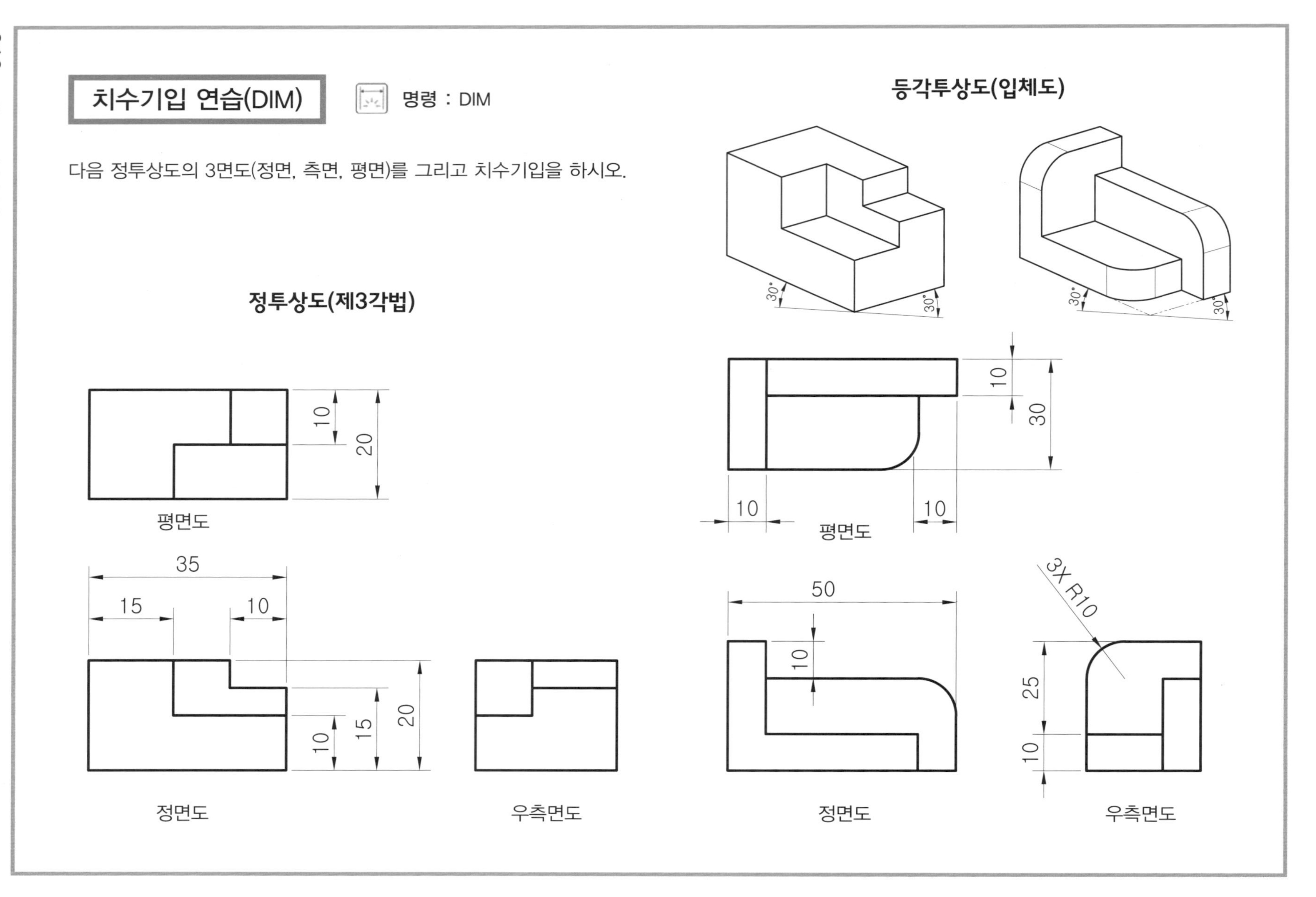

수평, 수직 치수기입하기

다음 투상도를 보고 치수기입을 하시오.

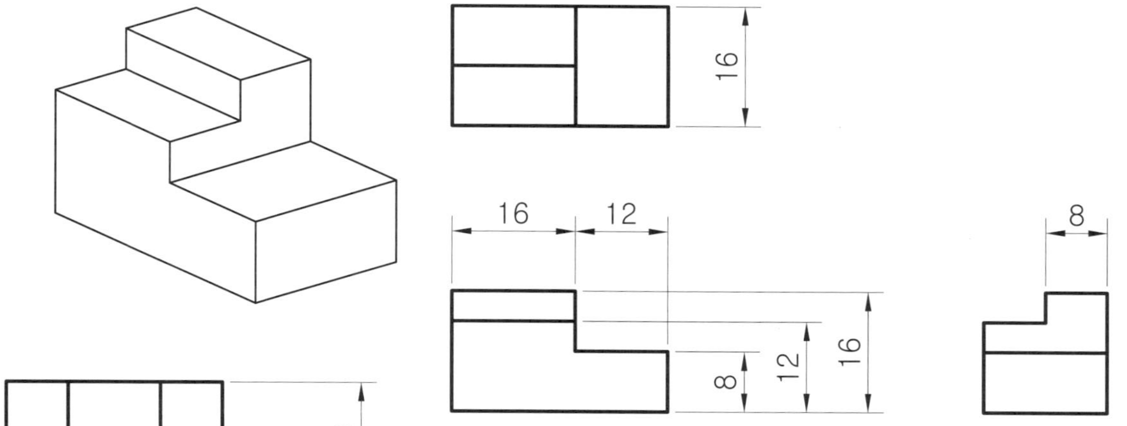

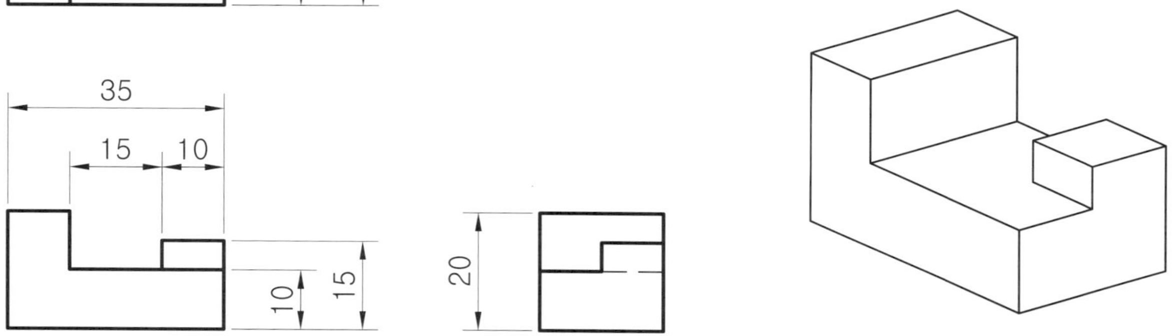

16
16 12
8 12 16
8
20 10
35 15 10
15 10
20

기초 투상도 그리기와 치수기입 방법

1) 입체도를 보고 정면도의 방향을 선택한다. 정면도는 가장 특성이 있는 부분을 선택하며, 특별한 부분이 없으면 가로 길이이고 긴 부분을 선택한다.

2) 입체를 이해하기 위해 필요한 투상도를 그리는데 정면도와 측면도, 평면도가 기본 3면도이다. 간략하게 나타낼 수 있으면 도면의 개수가 적어도 무관한다.

3) 정면, 측면, 평면이 그려진 다음 치수기입의 모양이 제대로 나오도록 치수기입 변수들을 설정한다.

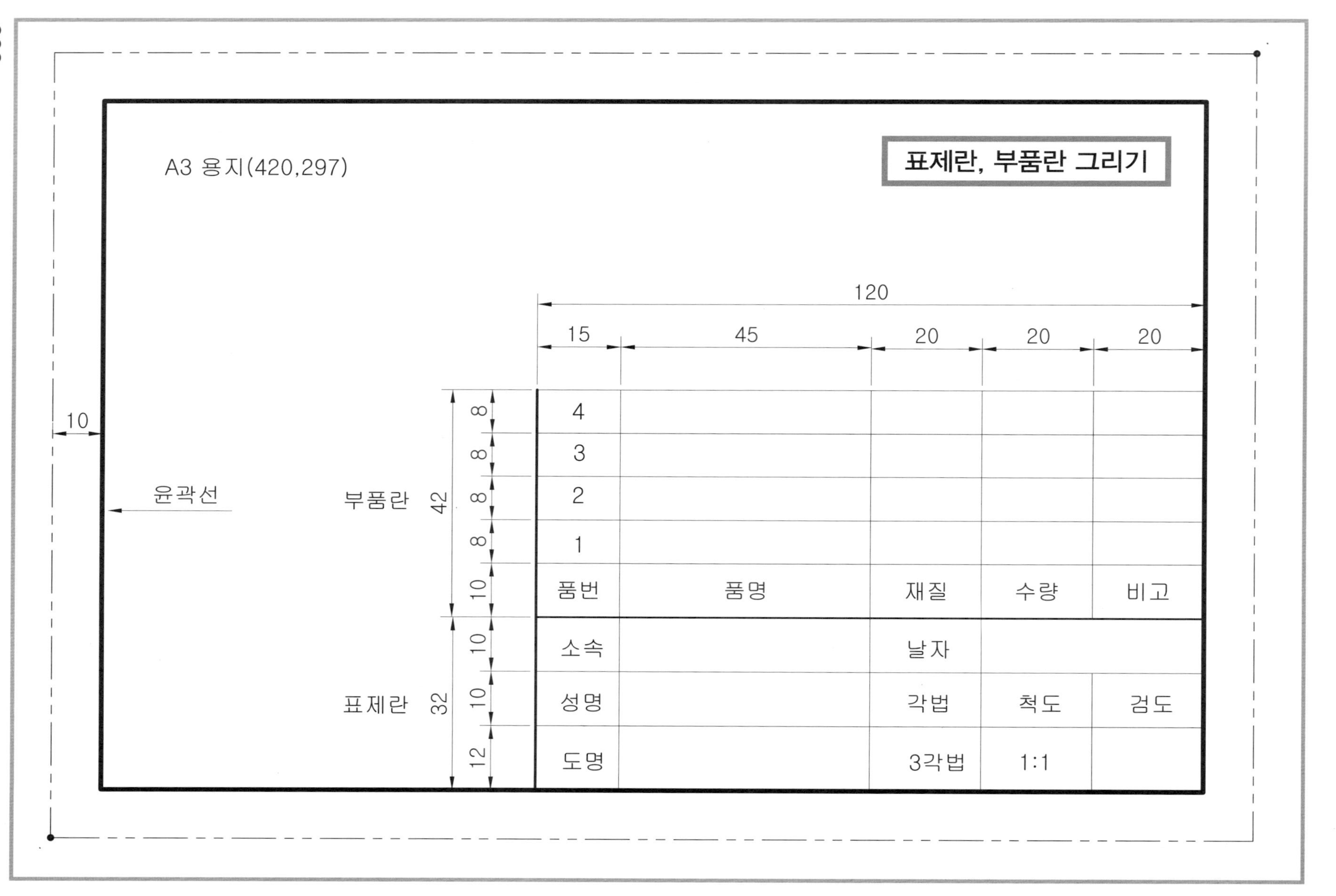
A3 용지(420,297)
표제란, 부품란 그리기
120
15
45
20
20
20
10
윤곽선
부품란
42
8
8
8
8
10
4
3
2
1
품번
품명
재질
수량
비고
표제란
32
10
10
12
소속
날자
성명
각법
척도
검도
도명
3각법
1:1

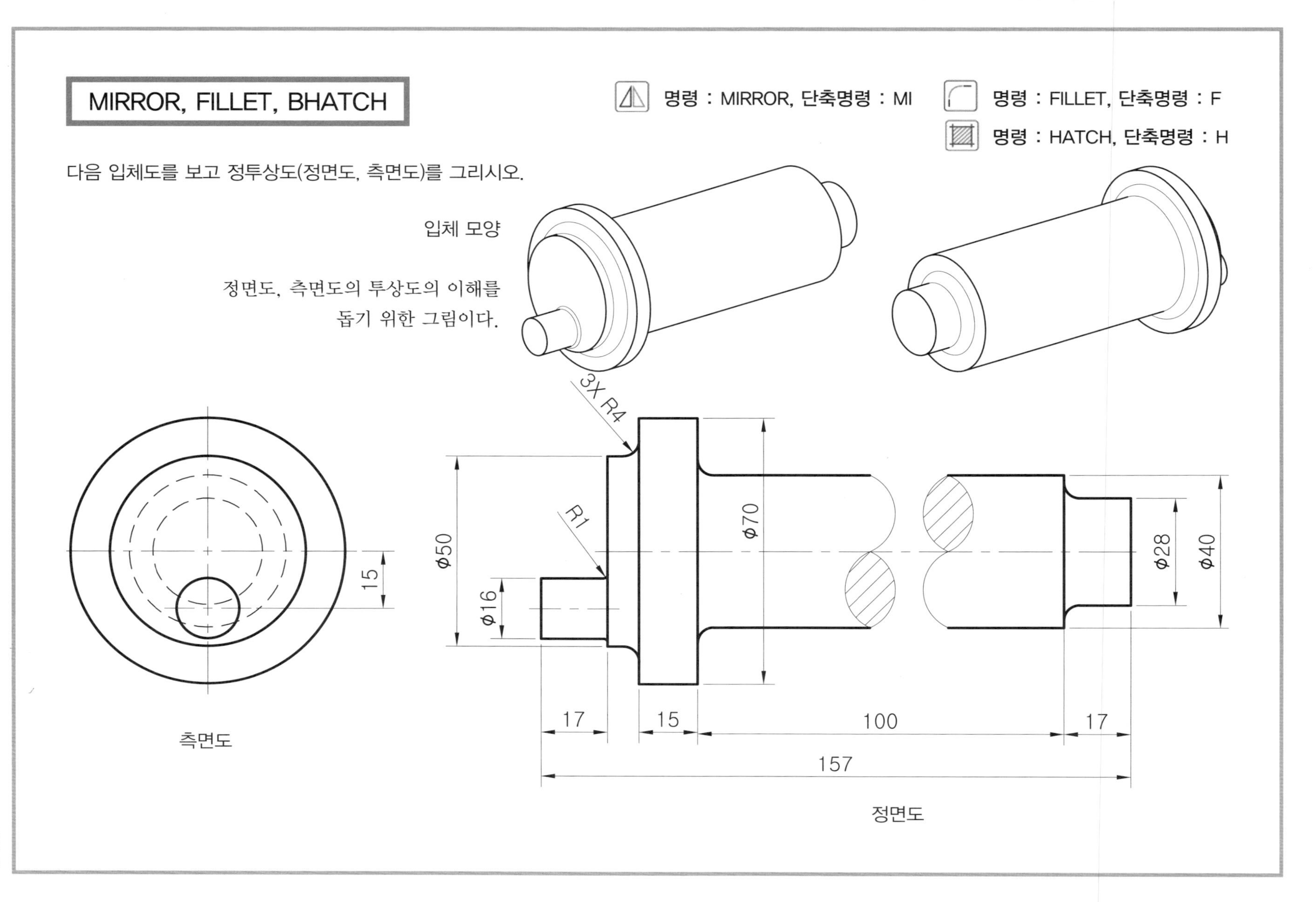
MIRROR, FILLET, BHATCH
명령 : MIRROR, 단축명령 : MI
명령 : FILLET, 단축명령 : F
명령 : HATCH, 단축명령 : H
다음 입체도를 보고 정투상도(정면도, 측면도)를 그리시오.
입체 모양
정면도, 측면도의 투상도의 이해를
돕기 위한 그림이다.
3X R4
R1
φ50
φ16
φ70
φ28
φ40
15
17
15
100
17
157
측면도
정면도

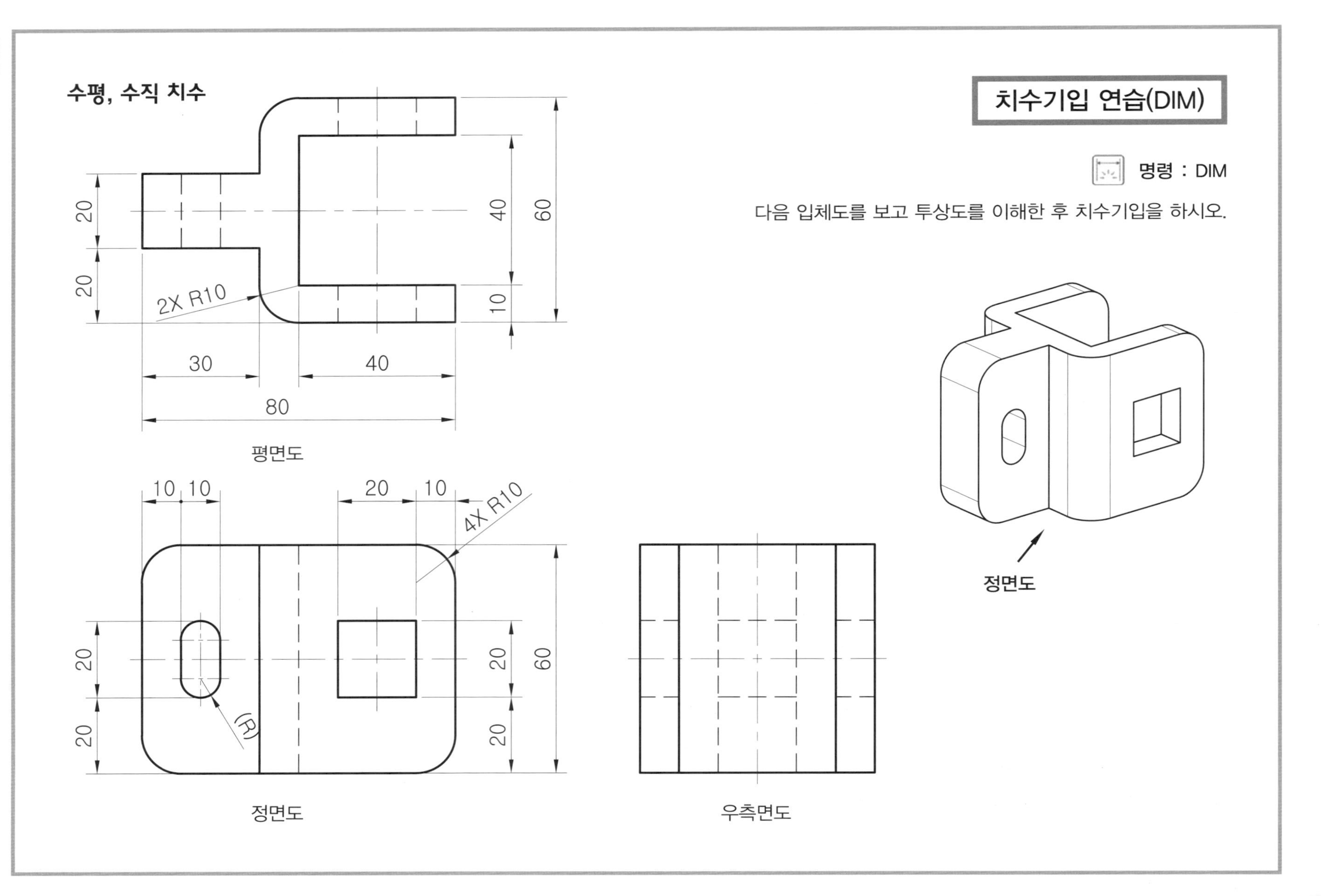
치수기입 연습(DIM)
명령 : DIM
다음 입체도를 보고 투상도를 이해한 후 치수기입을 하시오.
수평, 수직 치수
20
20
2X R10
30
40
80
40
60
10
평면도
10
10
20
10
4X R10
(R)
20
20
20
20
60
정면도
우측면도
정면도

● 데이텀 도시 방법

공차 붙임 형체에 관련하여 붙일 수 있는 데이텀은 문자 기호를 이용하여 나타낸다.

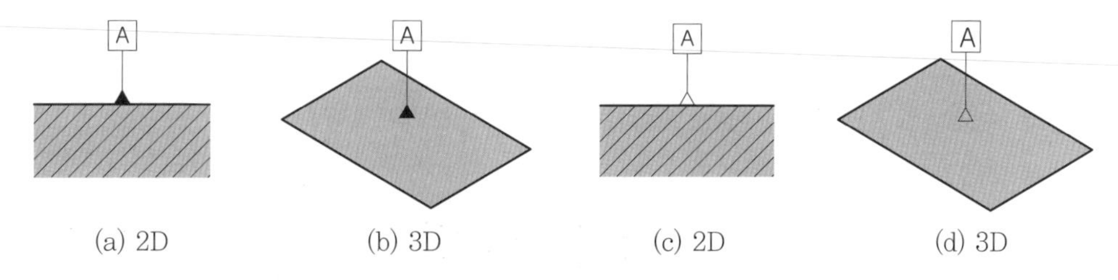

(a) 2D (b) 3D (c) 2D (d) 3D

데이텀 삼각 기호

● 공차 지시 틀 기입 방법

요구사항은 2개 이상의 칸으로 나눈 직사각형 틀 안에 지시한다.

첫 번째 칸 : 기하학적 특성 기호를 나타낸다.

두 번째 칸 : 공차값을 지시한다.

세 번째 칸과 다음 칸 : 데이텀 및 데이텀 시스템 체계를 **식별**하는 **문자**를 나타낸다.

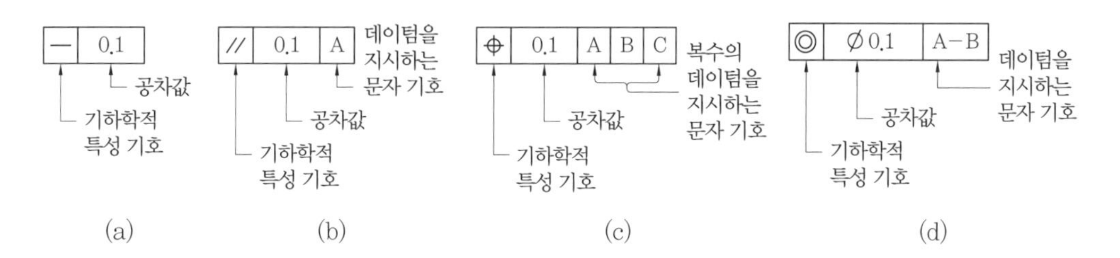

(a) (b) (c) (d)

기하 공차 기입 방법

주석을 기입하거나 지시선 끝에 미리 정의된 블록이나 기하 공차를 삽입한다.

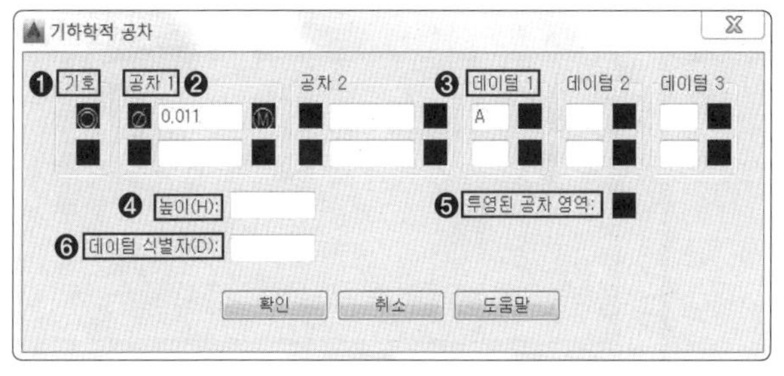

❶ 기호 : 기하 공차 기호 표시

❷ 공차 : 기호 ϕ 선택과 공차값 입력

❸ 데이텀 : 기준이 되는 데이텀 지정

❹ 높이 : 투영된 허용 공차의 구역값 지정

❺ 투영된 공차 영역 : 투영 허용 오차 기호 삽입

❻ 데이텀 식별자 : 자료 구분 기호 삽입

기하 공차

기호 및 재료 상태

● 데이텀 기입

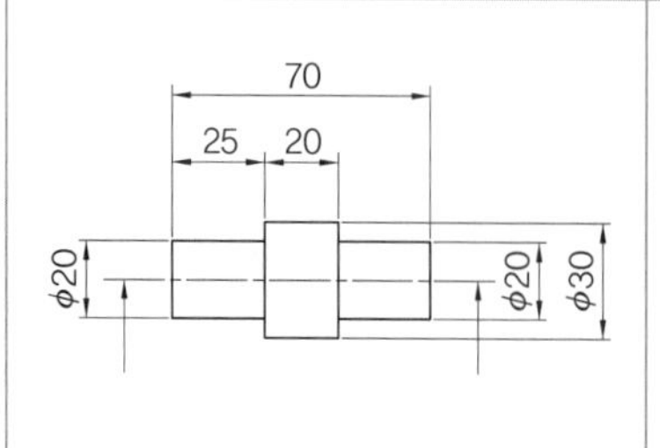

① 데이텀을 기입할 위치에 'Qleader' 명령을 입력하여 지시선을 그린다.

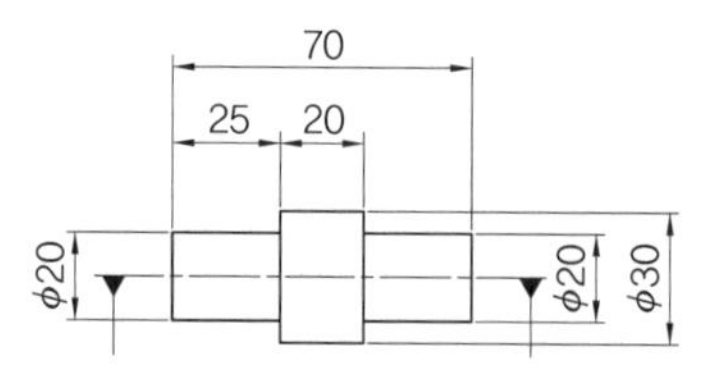

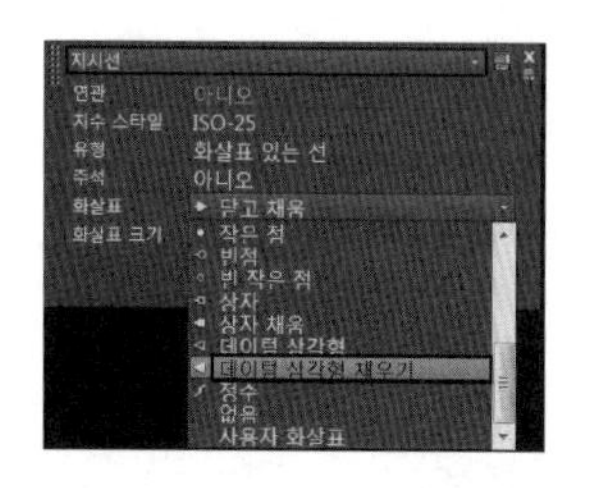

② 지시선을 더블클릭하여 화살표 모양을 '데이텀 삼각 기호 채우기'로 바꾼다.

③ 'Tol' 명령을 입력한 후 기하학적 공차 창의 '데이텀 1'에 A를 입력한다.

● 기하 공차 기입

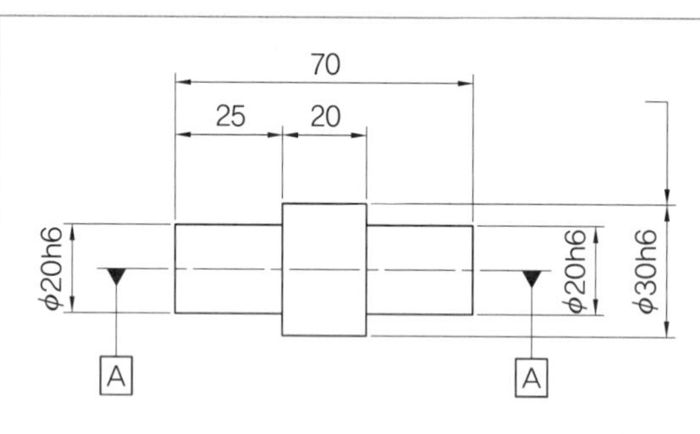

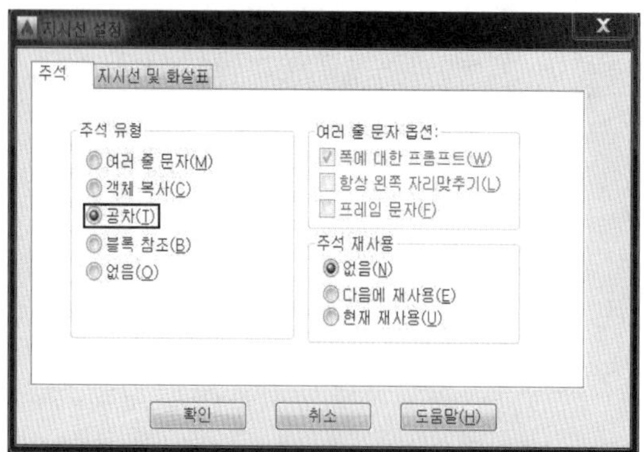

① 'Qleader' 명령을 입력하고 설정 'S'를 입력하여 지시선 설정 창을 연 후 '주석 유형'을 '공차'로 선택하고 기하 공차 기입 위치에 지시선을 그린다.

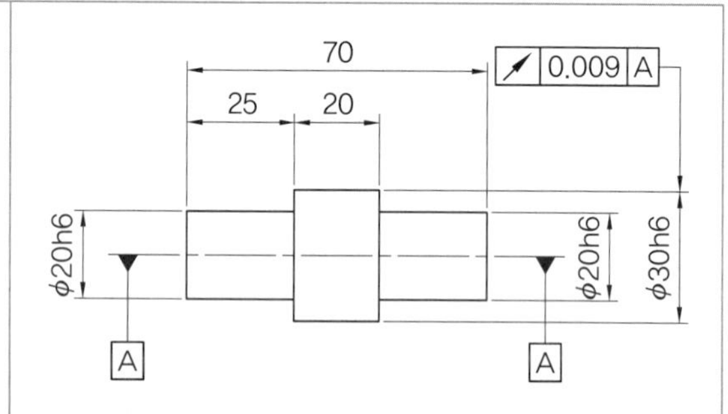

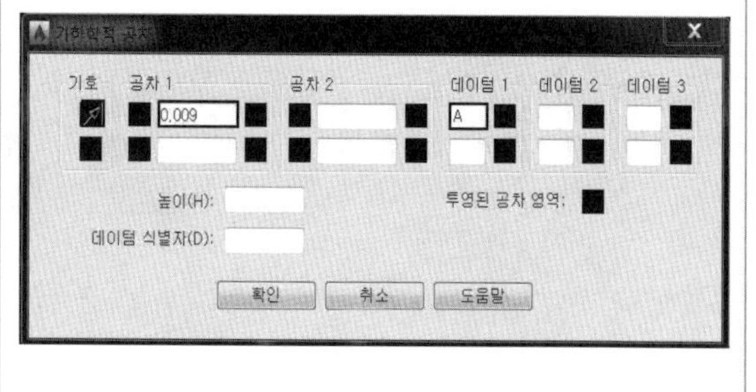

② 기하학적 공차 창에서 '기호'에 원주 흔들림을, '공차 1'에 0.009를, '데이텀 1'에 A를 입력한다.

DIM-치수기입(ALIGNED : 경사치수 기입하기)

명령 : DIMANGULAR, **단축명령** : DIMANG, DAN

다음 입체도를 보고 정면도, 평면도를 이해한 후 치수기입을 하시오.

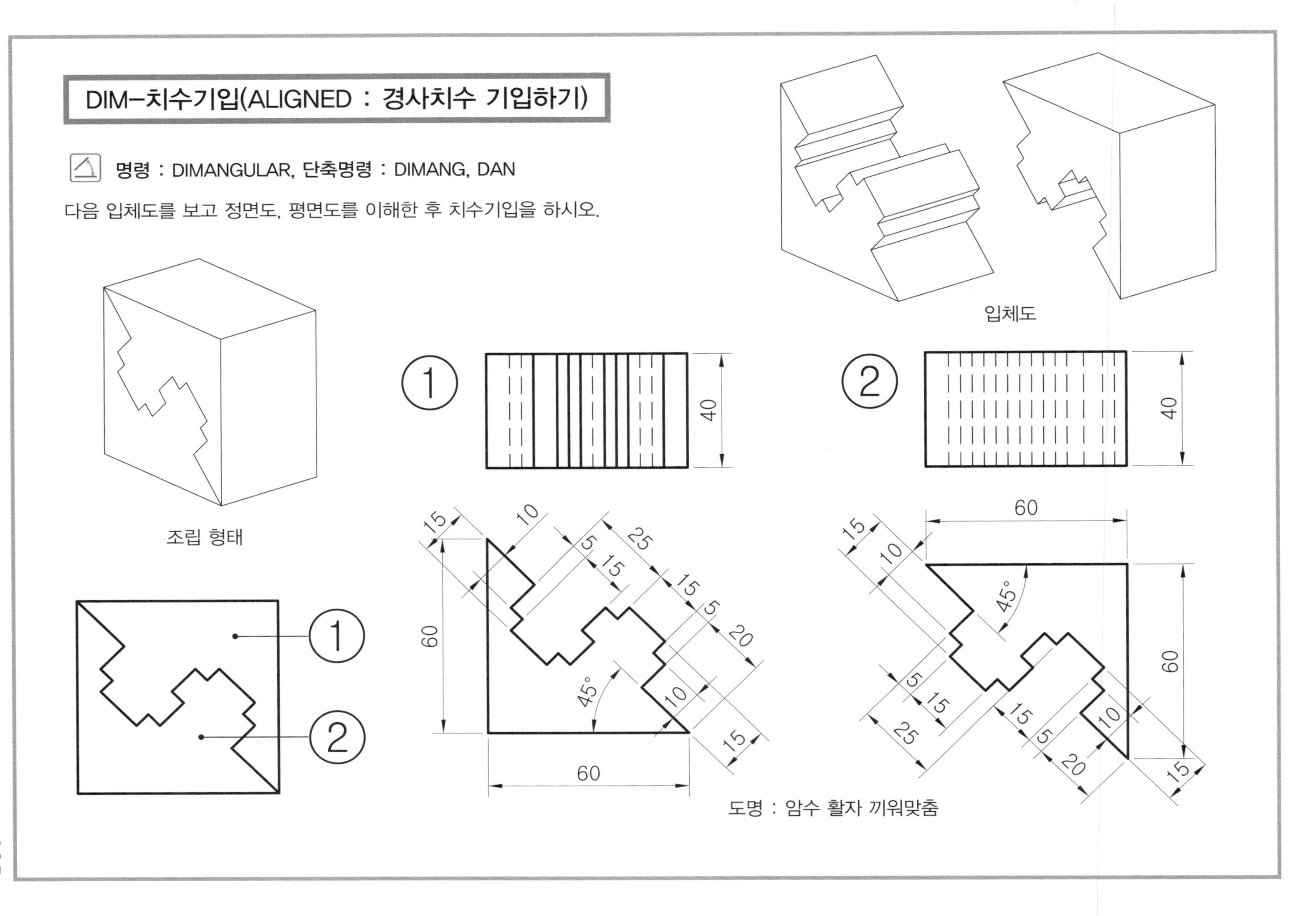

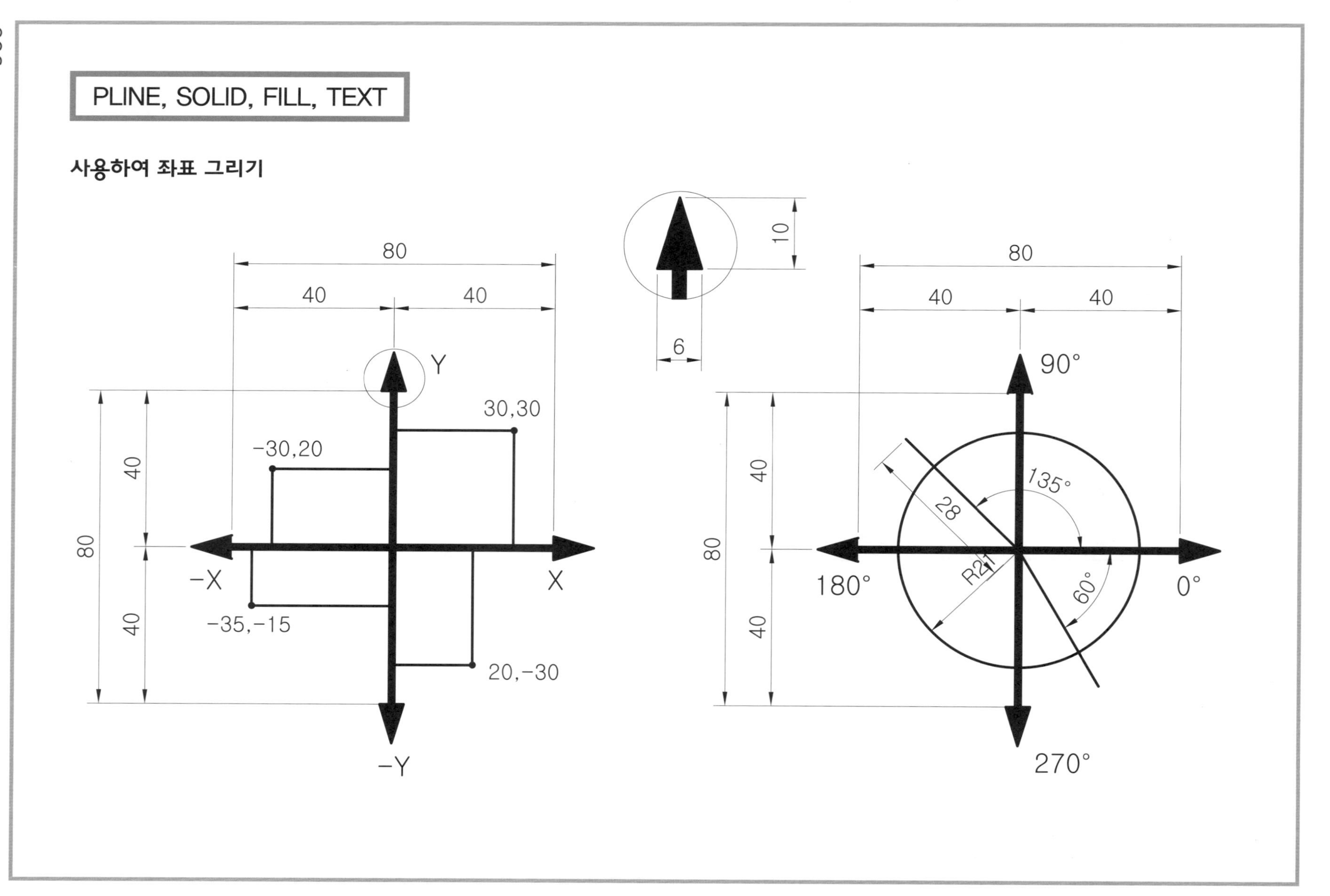
PLINE, SOLID, FILL, TEXT
사용하여 좌표 그리기
80
40
40
Y
30,30
-30,20
-X
X
-35,-15
20,-30
-Y
10
6
90°
180°
0°
270°
135°
60°
28
R21

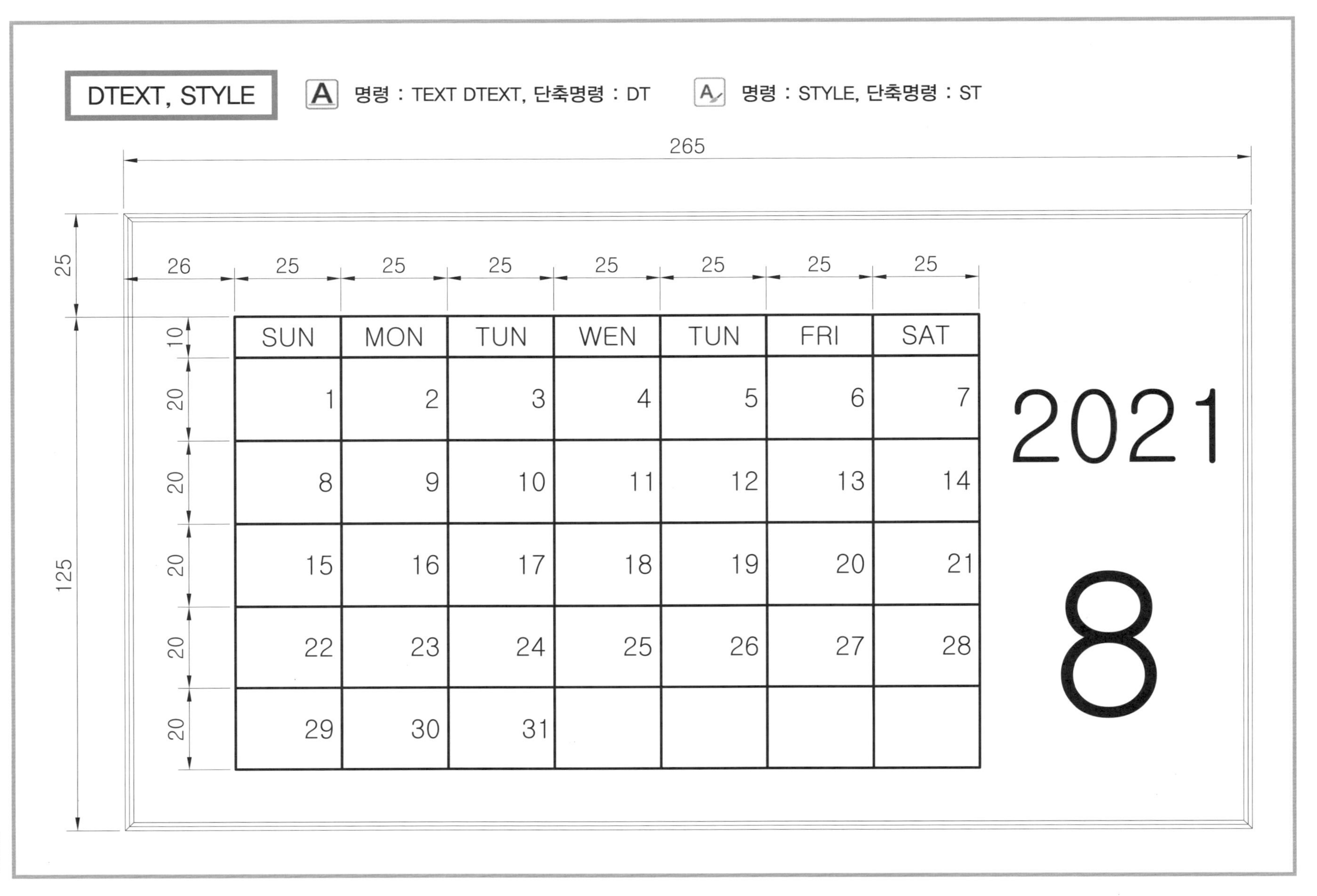
DTEXT, STYLE
명령 : TEXT DTEXT, 단축명령 : DT
명령 : STYLE, 단축명령 : ST
265
25
125
26
25
10
20
SUN
MON
TUN
WEN
TUN
FRI
SAT
1
2
3
4
5
6
7
8
9
10
11
12
13
14
15
16
17
18
19
20
21
22
23
24
25
26
27
28
29
30
31
2021
8

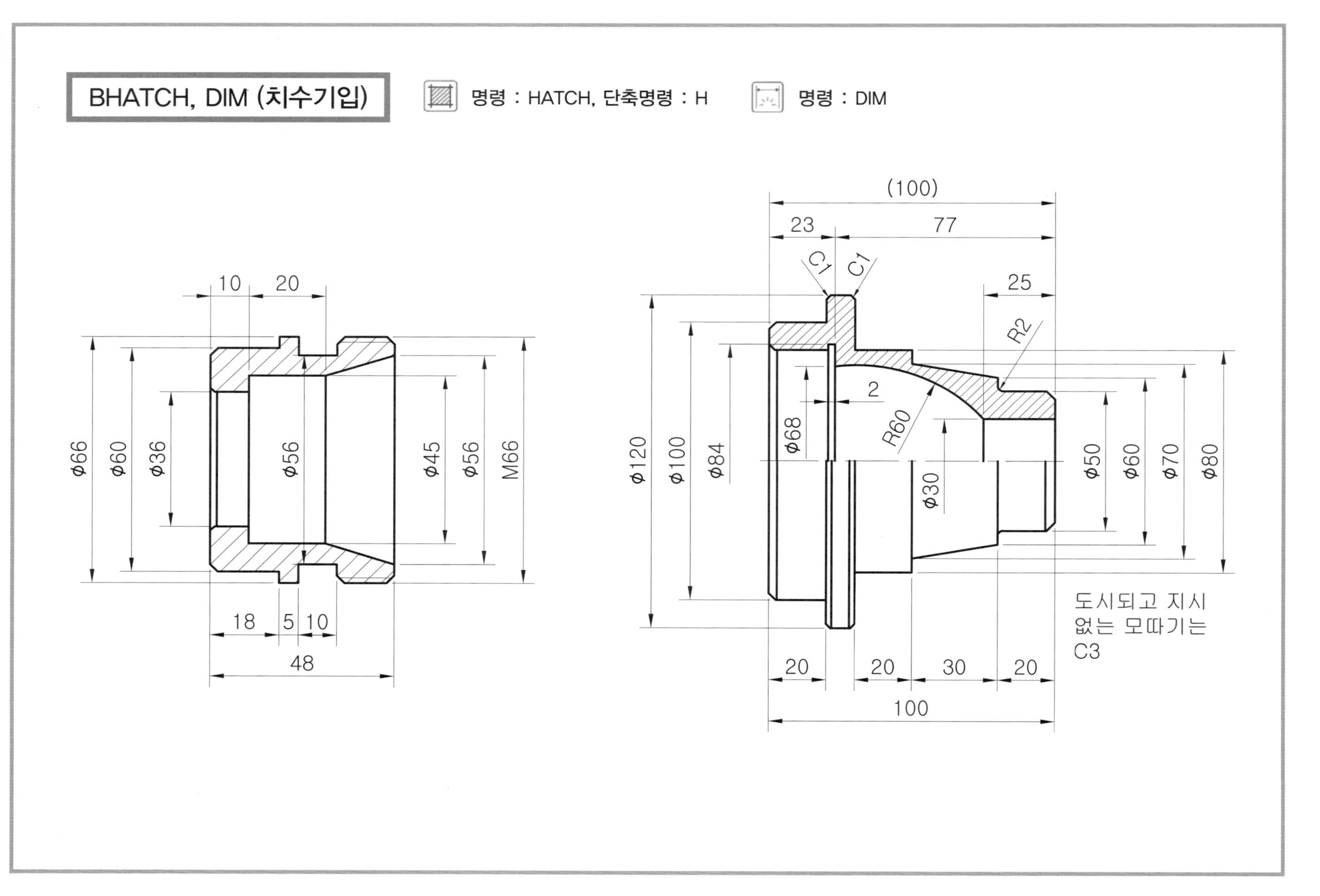
BHATCH, DIM (치수기입)
명령 : HATCH, 단축명령 : H
명령 : DIM
10
20
φ66
φ60
φ36
φ56
φ45
φ56
M66
18
5
10
48
(100)
23
77
C1
C1
25
R2
2
R60
φ120
φ100
φ84
φ68
φ30
φ50
φ60
φ70
φ80
도시되고 지시
없는 모따기는
C3
20
20
30
20
100

MIRROR, DIM (치수기입)

명령 : MIRROR, 단축명령 : MI

명령 : DIM

간단한 기계부품도를 그리고 치수기입을 하시오.

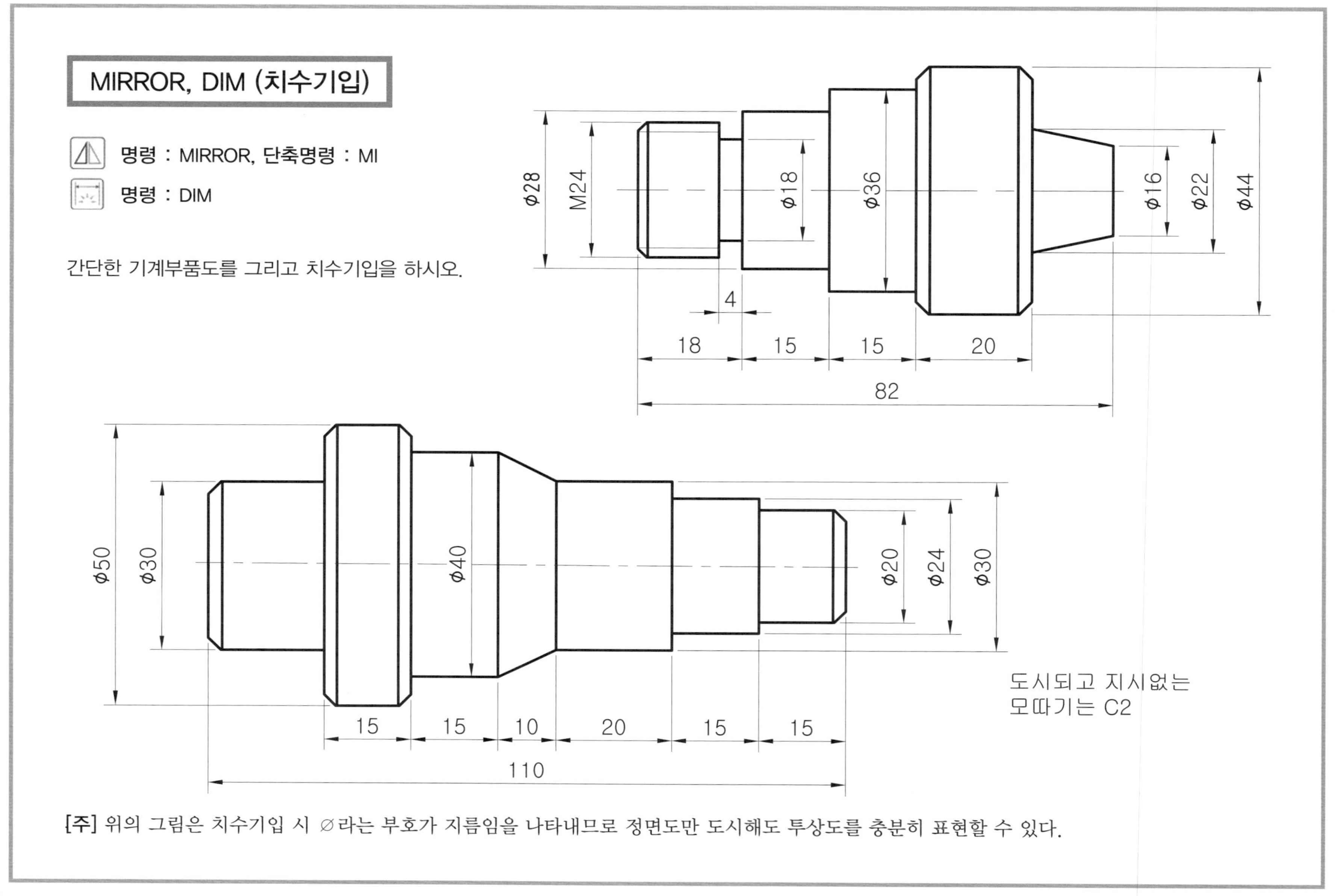

[주] 위의 그림은 치수기입 시 ∅라는 부호가 지름임을 나타내므로 정면도만 도시해도 투상도를 충분히 표현할 수 있다.

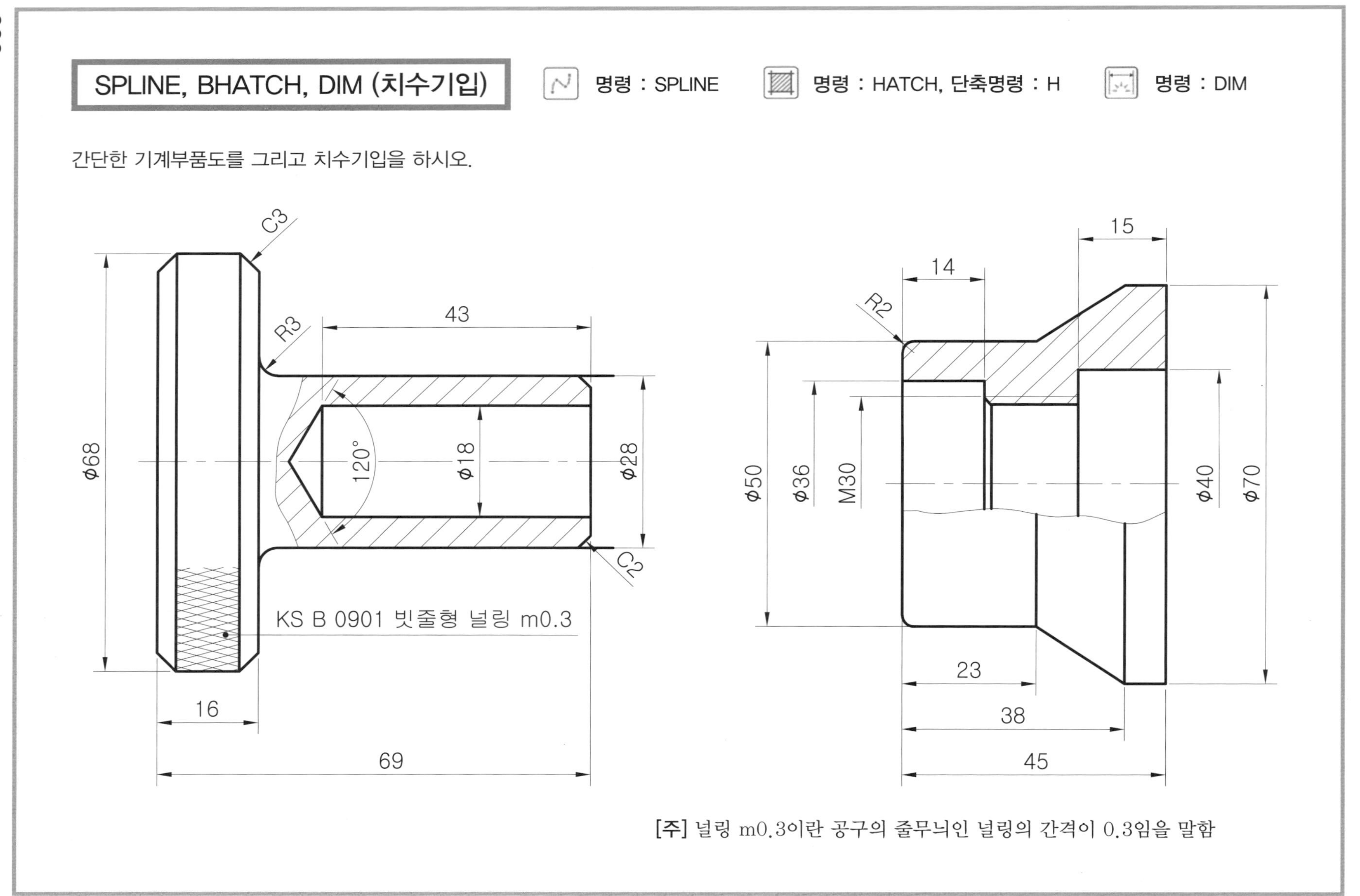
SPLINE, BHATCH, DIM (치수기입)
명령 : SPLINE
명령 : HATCH, 단축명령 : H
명령 : DIM
간단한 기계부품도를 그리고 치수기입을 하시오.
C3
R3
43
φ68
120°
φ18
φ28
C2
KS B 0901 빗줄형 널링 m0.3
16
69
15
14
R2
φ50
φ36
M30
φ40
φ70
23
38
45
[주] 널링 m0.3이란 공구의 줄무늬인 널링의 간격이 0.3임을 말함

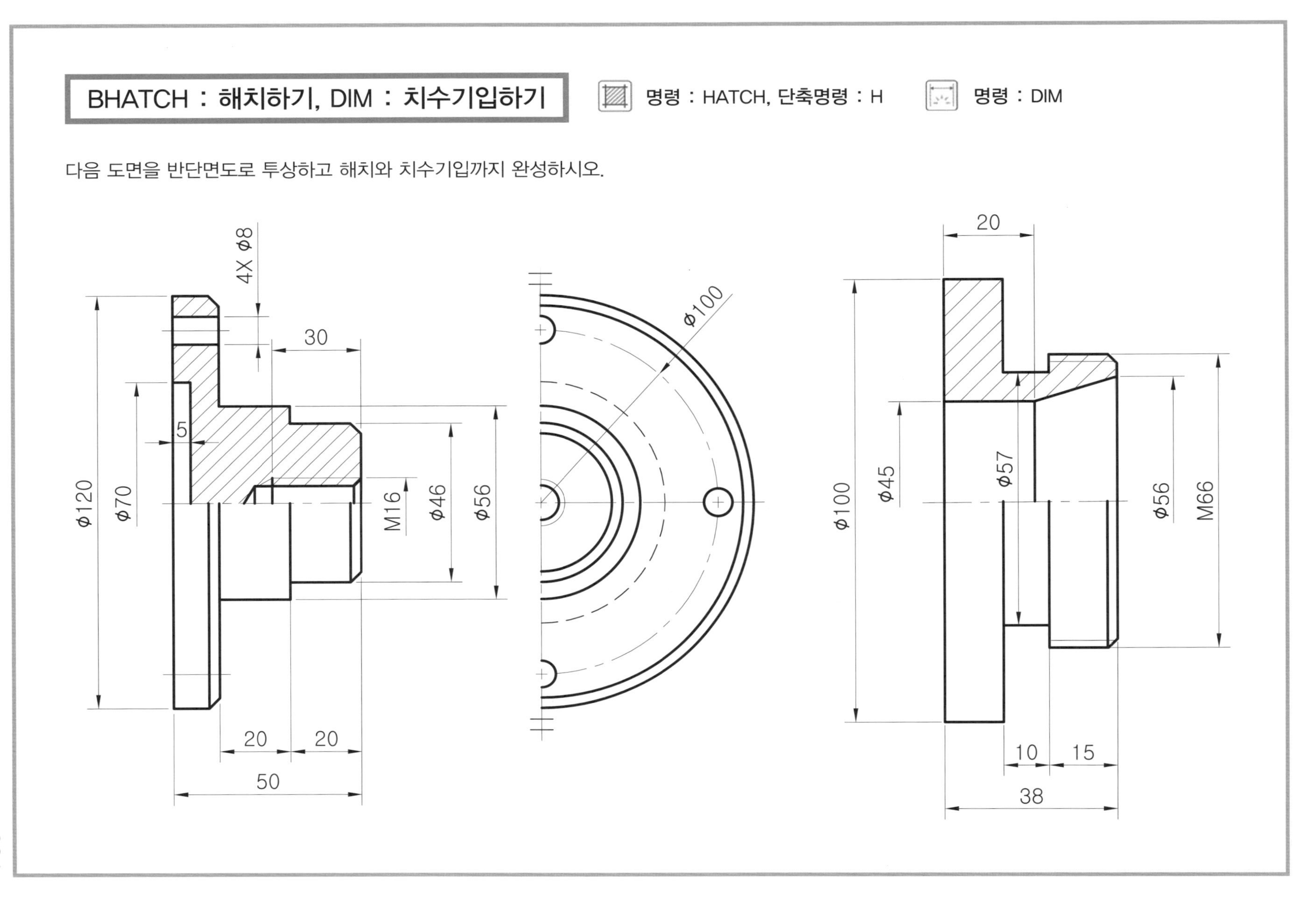
BHATCH : 해치하기, DIM : 치수기입하기
명령 : HATCH, 단축명령 : H
명령 : DIM
다음 도면을 반단면도로 투상하고 해치와 치수기입까지 완성하시오.
4X ϕ8
30
5
ϕ120
ϕ70
M16
ϕ46
ϕ56
20
20
50
ϕ100
20
ϕ100
ϕ45
ϕ57
ϕ56
M66
10
15
38

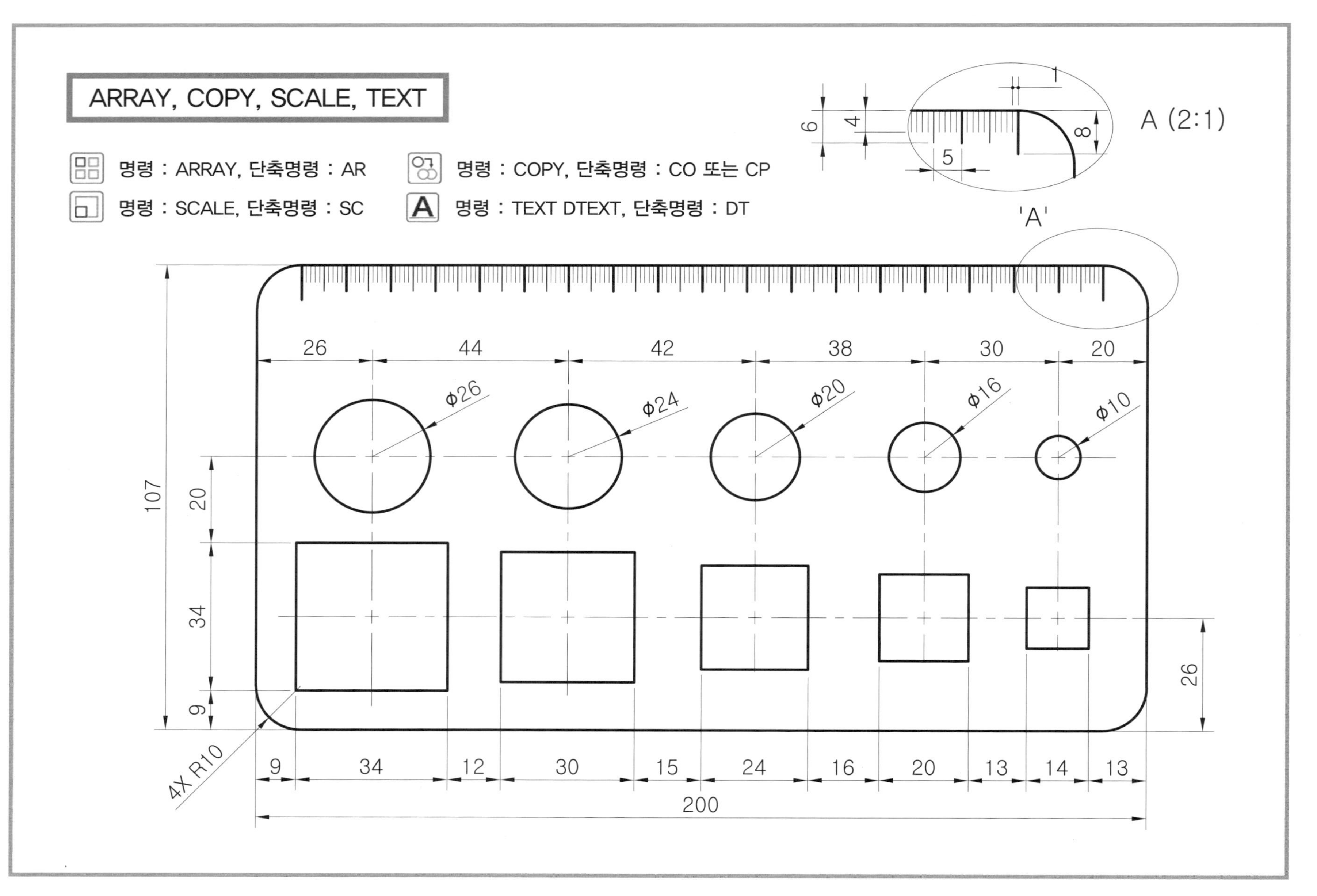
ARRAY, COPY, SCALE, TEXT
명령 : ARRAY, 단축명령 : AR
명령 : COPY, 단축명령 : CO 또는 CP
명령 : SCALE, 단축명령 : SC
명령 : TEXT DTEXT, 단축명령 : DT
A (2:1)
'A'
Φ26
Φ24
Φ20
Φ16
Φ10
4X R10
200
107

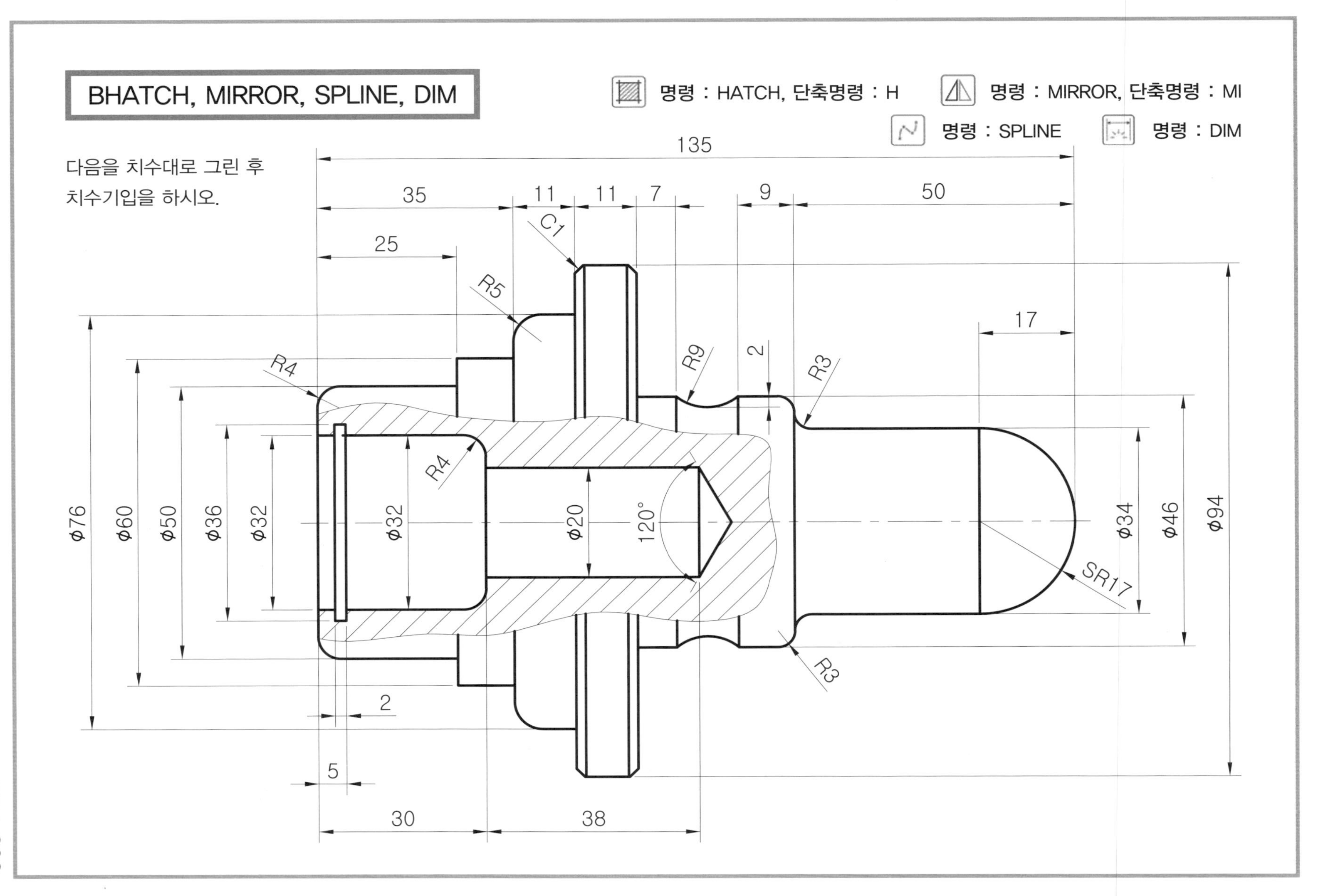
BHATCH, MIRROR, SPLINE, DIM
명령 : HATCH, 단축명령 : H
명령 : MIRROR, 단축명령 : MI
명령 : SPLINE
명령 : DIM
다음을 치수대로 그린 후
치수기입을 하시오.
135
35
11
11
7
9
50
C1
25
R5
17
R4
R9
2
R3
R4
ϕ76
ϕ60
ϕ50
ϕ36
ϕ32
ϕ32
ϕ20
120°
ϕ34
ϕ46
ϕ94
SR17
R3
2
5
30
38

DIM : 치수기입(F자 끼워맞춤)

명령 : DIM

다음 입체도를 보고 투상도를 이해한 후
정면도, 측면도를 그리고 치수기입을 하시오.

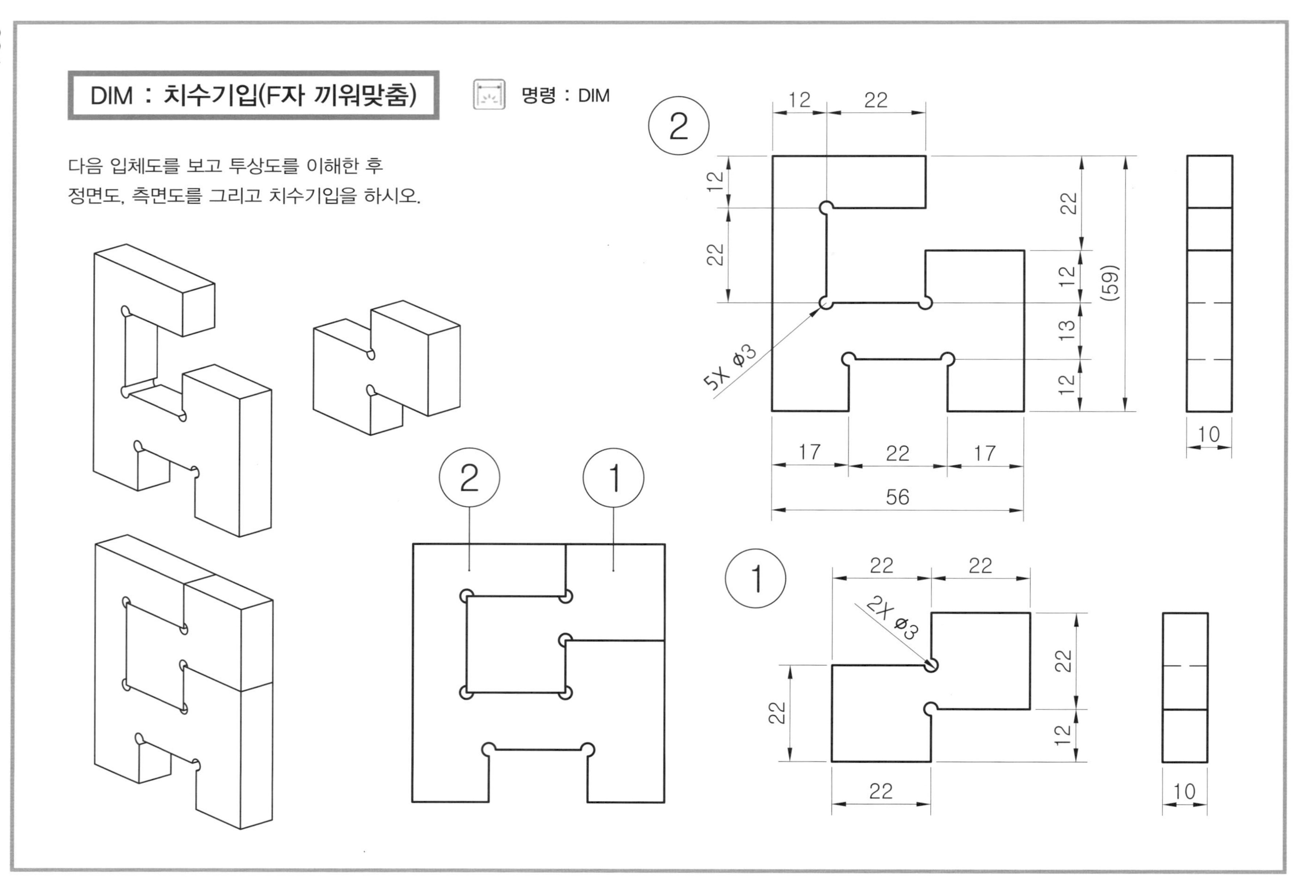

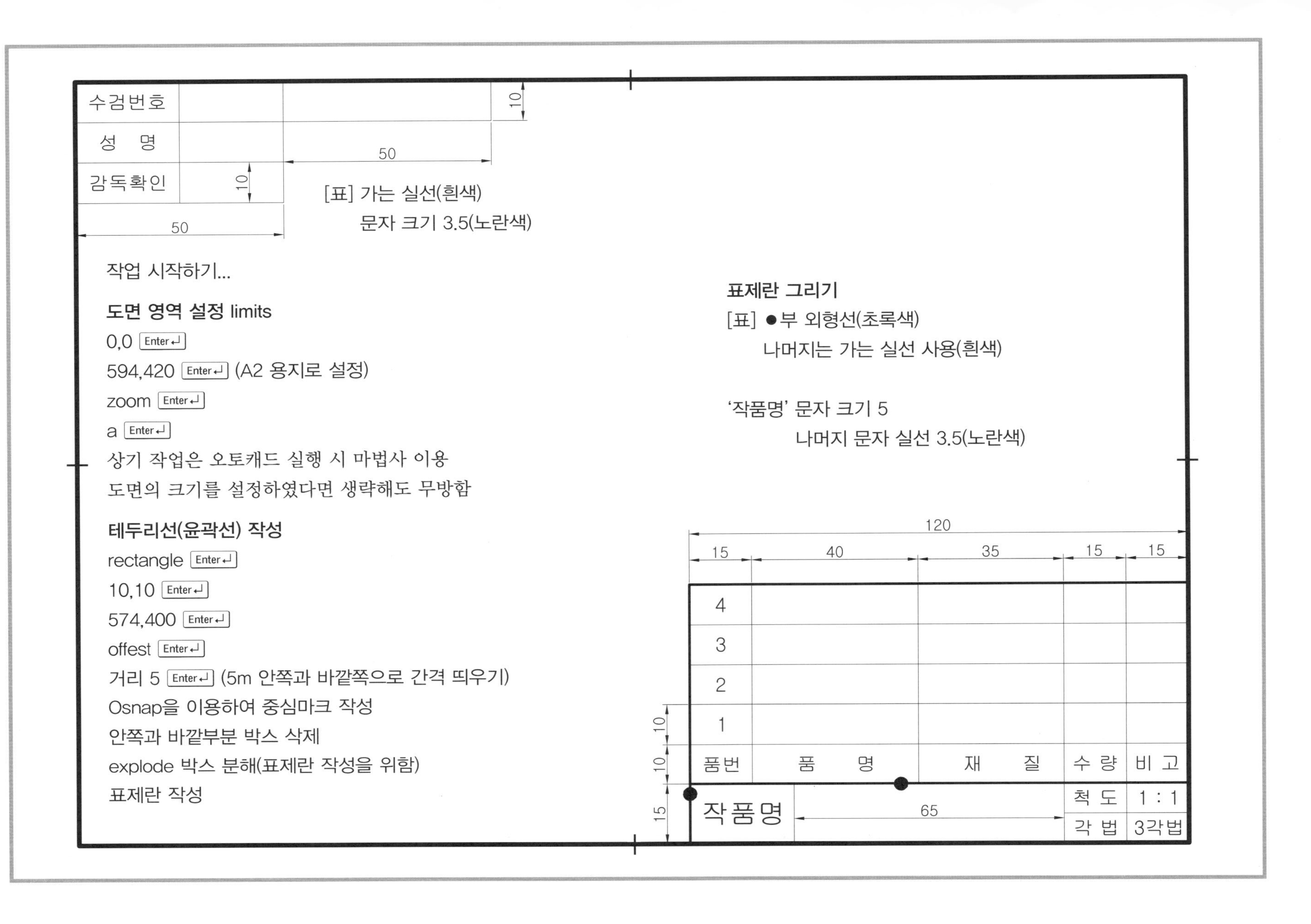

수검번호
성 명
감독확인
10
50
50
10
[표] 가는 실선(흰색)
문자 크기 3.5(노란색)
작업 시작하기...
도면 영역 설정 limits
0,0 Enter↵
594,420 Enter↵ (A2 용지로 설정)
zoom Enter↵
a Enter↵
상기 작업은 오토캐드 실행 시 마법사 이용
도면의 크기를 설정하였다면 생략해도 무방함
테두리선(윤곽선) 작성
rectangle Enter↵
10,10 Enter↵
574,400 Enter↵
offest Enter↵
거리 5 Enter↵ (5m 안쪽과 바깥쪽으로 간격 띄우기)
Osnap을 이용하여 중심마크 작성
안쪽과 바깥부분 박스 삭제
explode 박스 분해(표제란 작성을 위함)
표제란 작성
표제란 그리기
[표] ●부 외형선(초록색)
나머지는 가는 실선 사용(흰색)
'작품명' 문자 크기 5
나머지 문자 실선 3.5(노란색)
120
15
40
35
15
15
4
3
2
1
품번
품 명
재 질
수 량
비 고
작품명
65
척 도
1 : 1
각 법
3각법
10
10
15

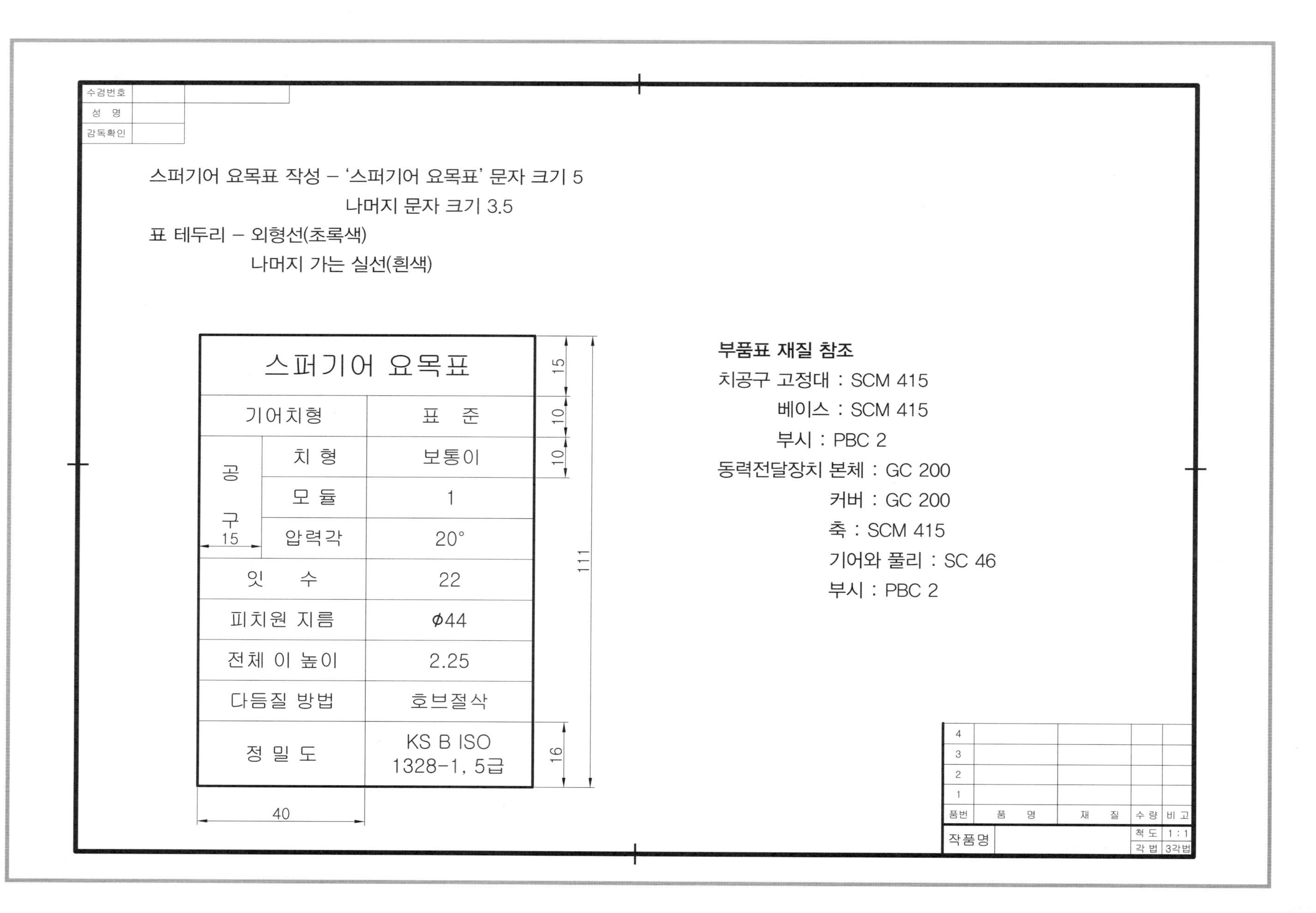
수검번호
성 명
감독확인
스퍼기어 요목표 작성 – '스퍼기어 요목표' 문자 크기 5
나머지 문자 크기 3.5
표 테두리 – 외형선(초록색)
나머지 가는 실선(흰색)
스퍼기어 요목표
기어치형
표 준
공
구
치 형
보통이
모 듈
1
압력각
20°
잇 수
22
피치원 지름
φ44
전체 이 높이
2.25
다듬질 방법
호브절삭
정 밀 도
KS B ISO
1328-1, 5급
15
10
10
15
111
16
40
부품표 재질 참조
치공구 고정대 : SCM 415
베이스 : SCM 415
부시 : PBC 2
동력전달장치 본체 : GC 200
커버 : GC 200
축 : SCM 415
기어와 풀리 : SC 46
부시 : PBC 2
4
3
2
1
품번
품 명
재 질
수 량
비 고
작품명
척 도
1 : 1
각 법
3각법

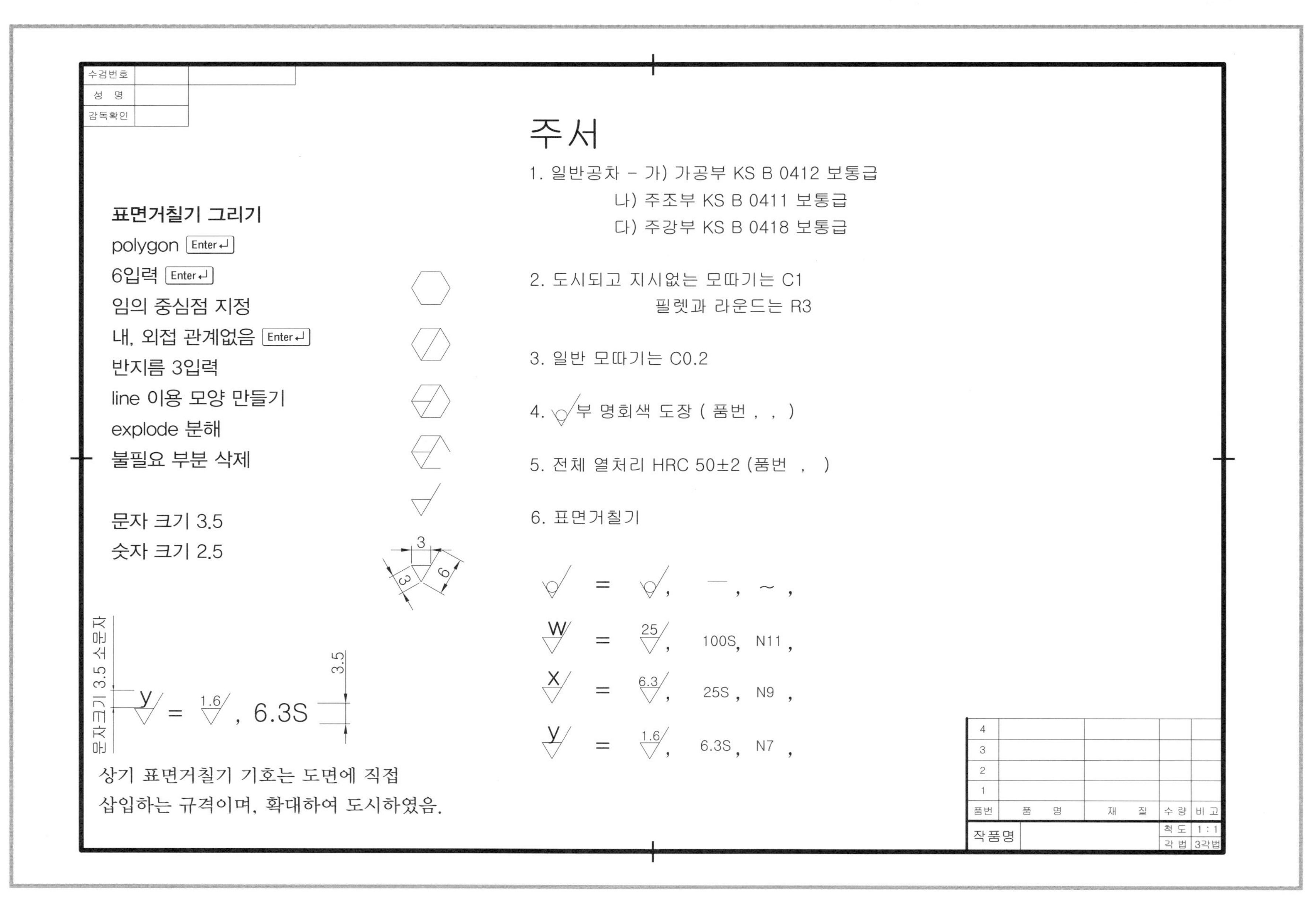

수검번호
성 명
감독확인
주서
1. 일반공차 - 가) 가공부 KS B 0412 보통급
나) 주조부 KS B 0411 보통급
다) 주강부 KS B 0418 보통급
2. 도시되고 지시없는 모따기는 C1
필렛과 라운드는 R3
3. 일반 모따기는 C0.2
4. 부 명회색 도장 (품번 , ,)
5. 전체 열처리 HRC 50±2 (품번 ,)
6. 표면거칠기
= , — , ~ ,
w = 25 , 100S, N11 ,
x = 6.3 , 25S , N9 ,
y = 1.6 , 6.3S , N7 ,
표면거칠기 그리기
polygon Enter
6입력 Enter
임의 중심점 지정
내, 외접 관계없음 Enter
반지름 3입력
line 이용 모양 만들기
explode 분해
불필요 부분 삭제
문자 크기 3.5
숫자 크기 2.5
3
3
6
문자크기 3.5 소문자
y = 1.6 , 6.3S
3.5
상기 표면거칠기 기호는 도면에 직접
삽입하는 규격이며, 확대하여 도시하였음.
4
3
2
1
품번
품 명
재 질
수 량
비 고
작품명
척 도
1 : 1
각 법
3각법

BHATCH : 해치하기

명령 : HATCH,
단축명령 : H

다음을 치수대로 정면도, 평면도를 그린 후 해치, 치수기입을 하시오.

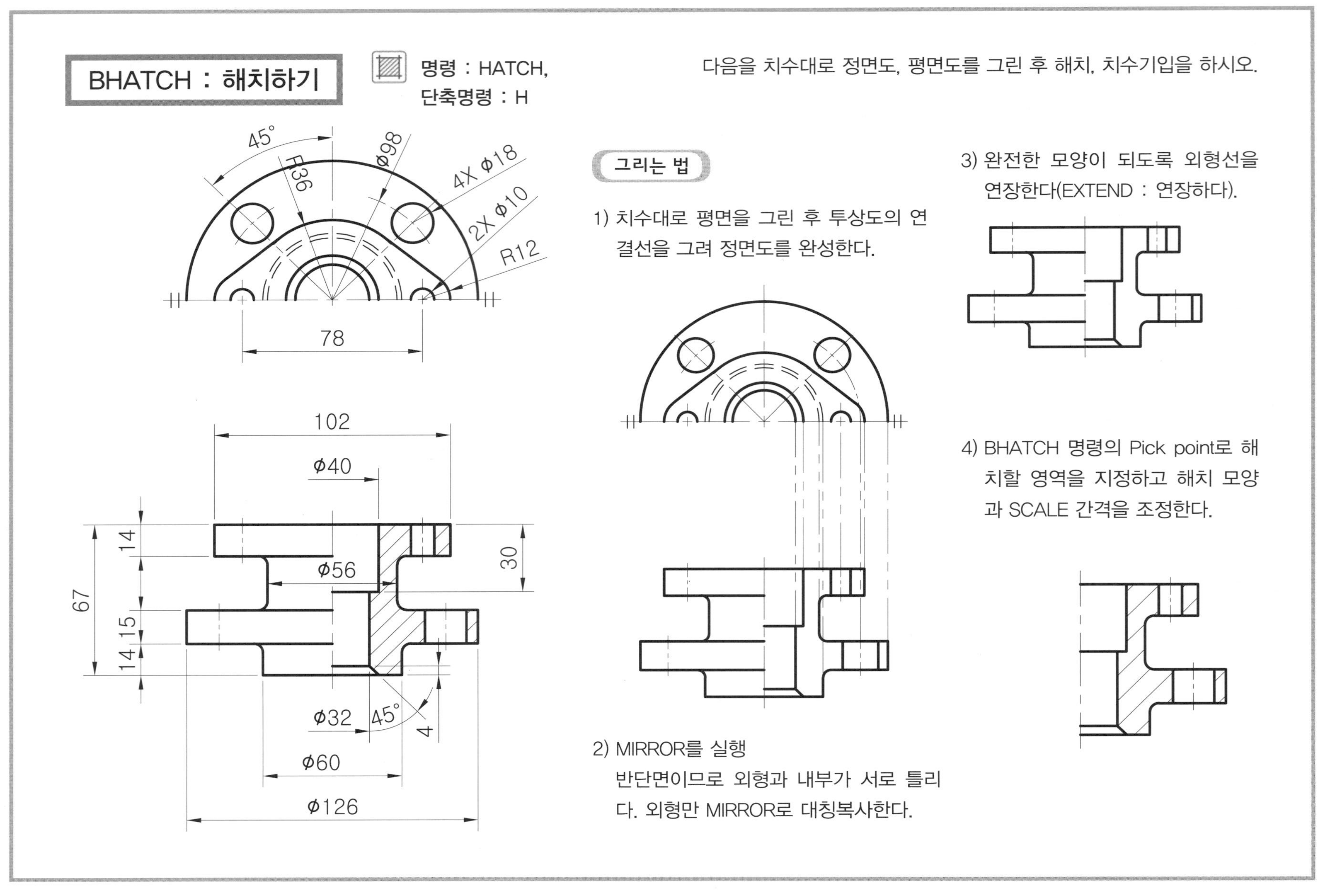

그리는 법

1) 치수대로 평면을 그린 후 투상도의 연결선을 그려 정면도를 완성한다.

2) MIRROR를 실행
반단면이므로 외형과 내부가 서로 틀리다. 외형만 MIRROR로 대칭복사한다.

3) 완전한 모양이 되도록 외형선을 연장한다(EXTEND : 연장하다).

4) BHATCH 명령의 Pick point로 해치할 영역을 지정하고 해치 모양과 SCALE 간격을 조정한다.

DIM 치수기입 연습

명령 : DIM

다음 투상도(평면도, 정면도)를 그린 다음 치수기입을 하시오.

그리는 법

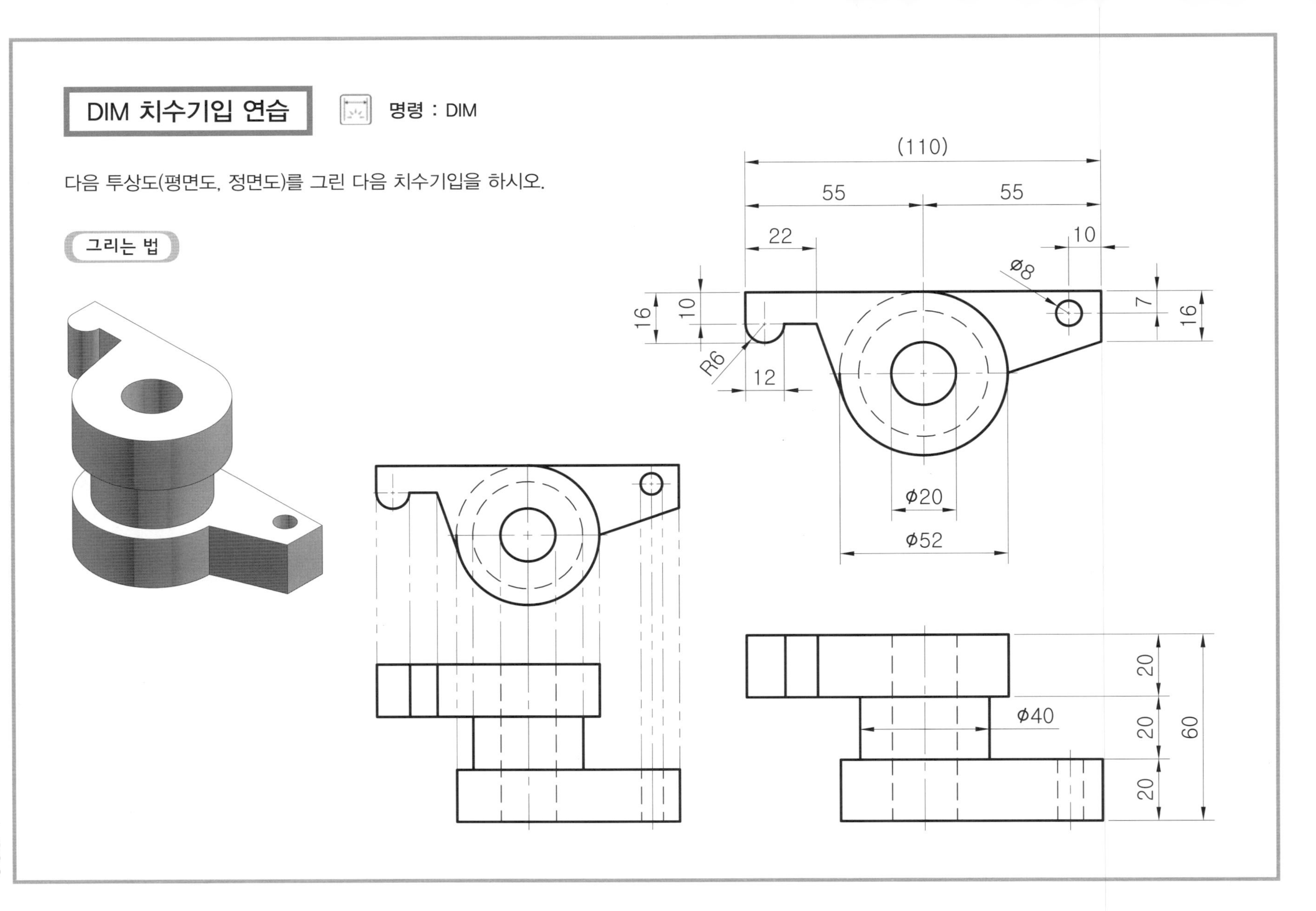

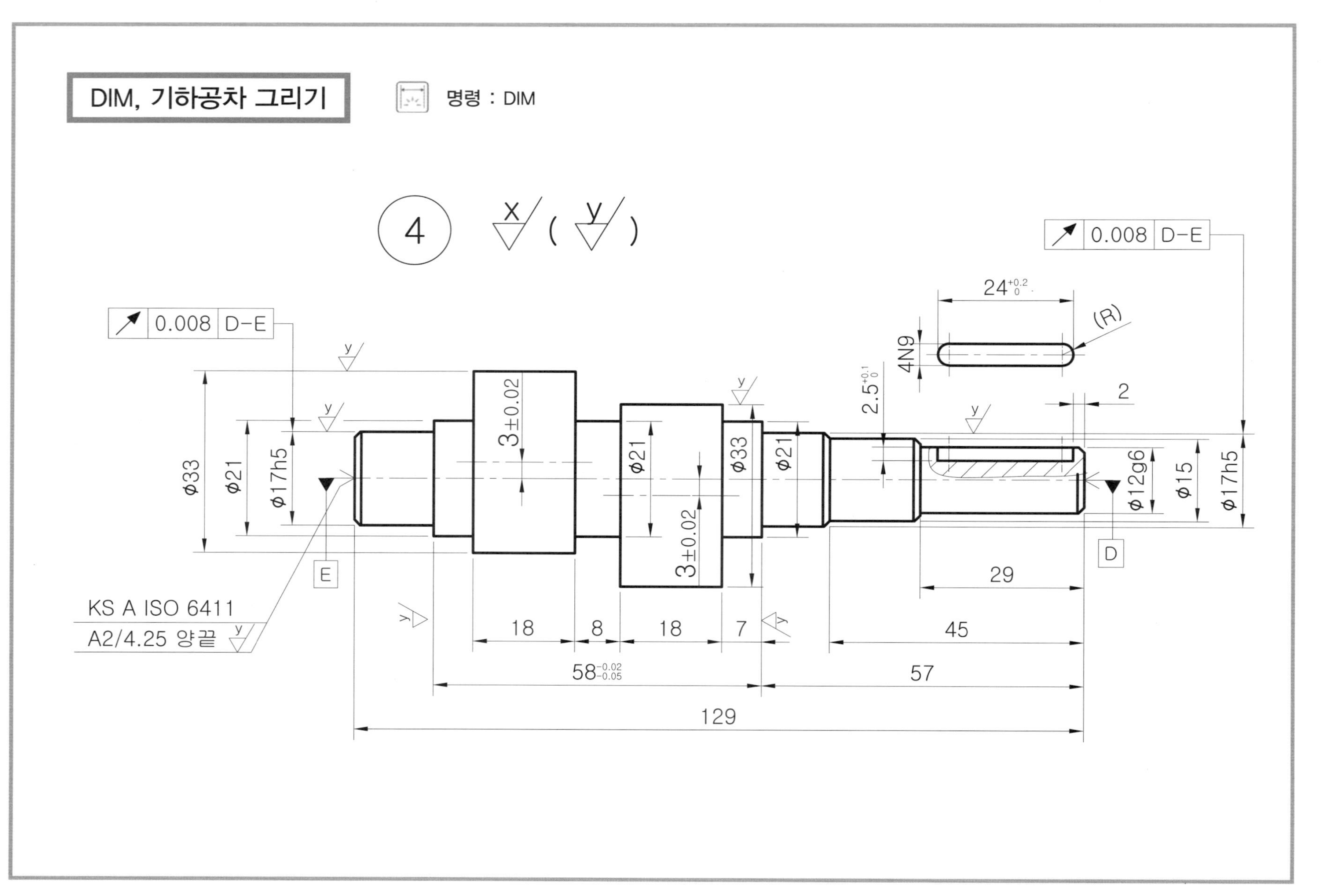
DIM, 기하공차 그리기
명령 : DIM
4
x
y
0.008 D-E
0.008 D-E
24+0.2 0
(R)
4N9
2.5+0.1 0
2
φ33
φ21
φ17h5
3±0.02
φ21
3±0.02
φ33
φ21
φ12g6
φ15
φ17h5
E
D
29
KS A ISO 6411
A2/4.25 양끝
18
8
18
7
45
58-0.02 -0.05
57
129

DIM, 기하공차 그리기

명령 : DIM

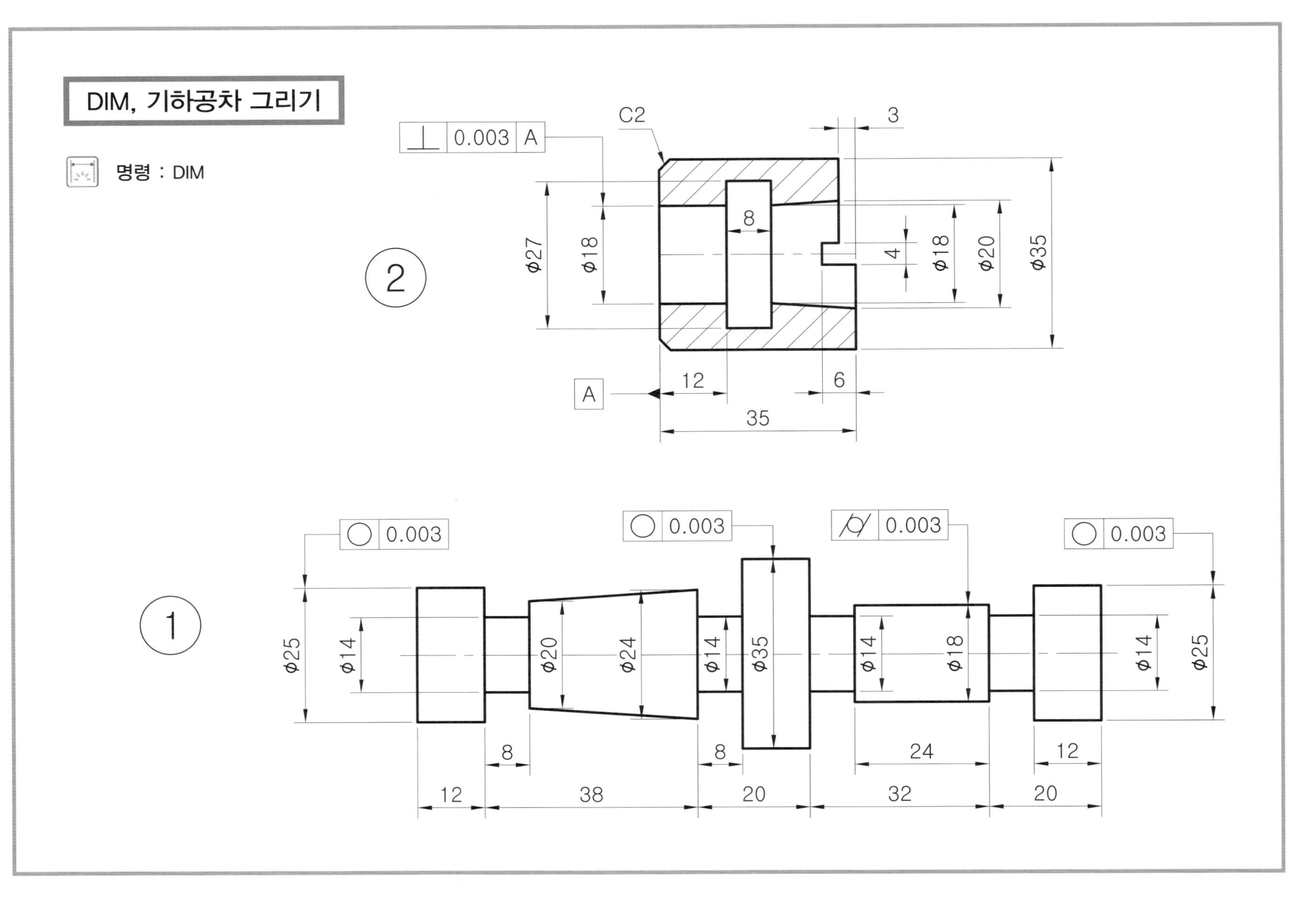

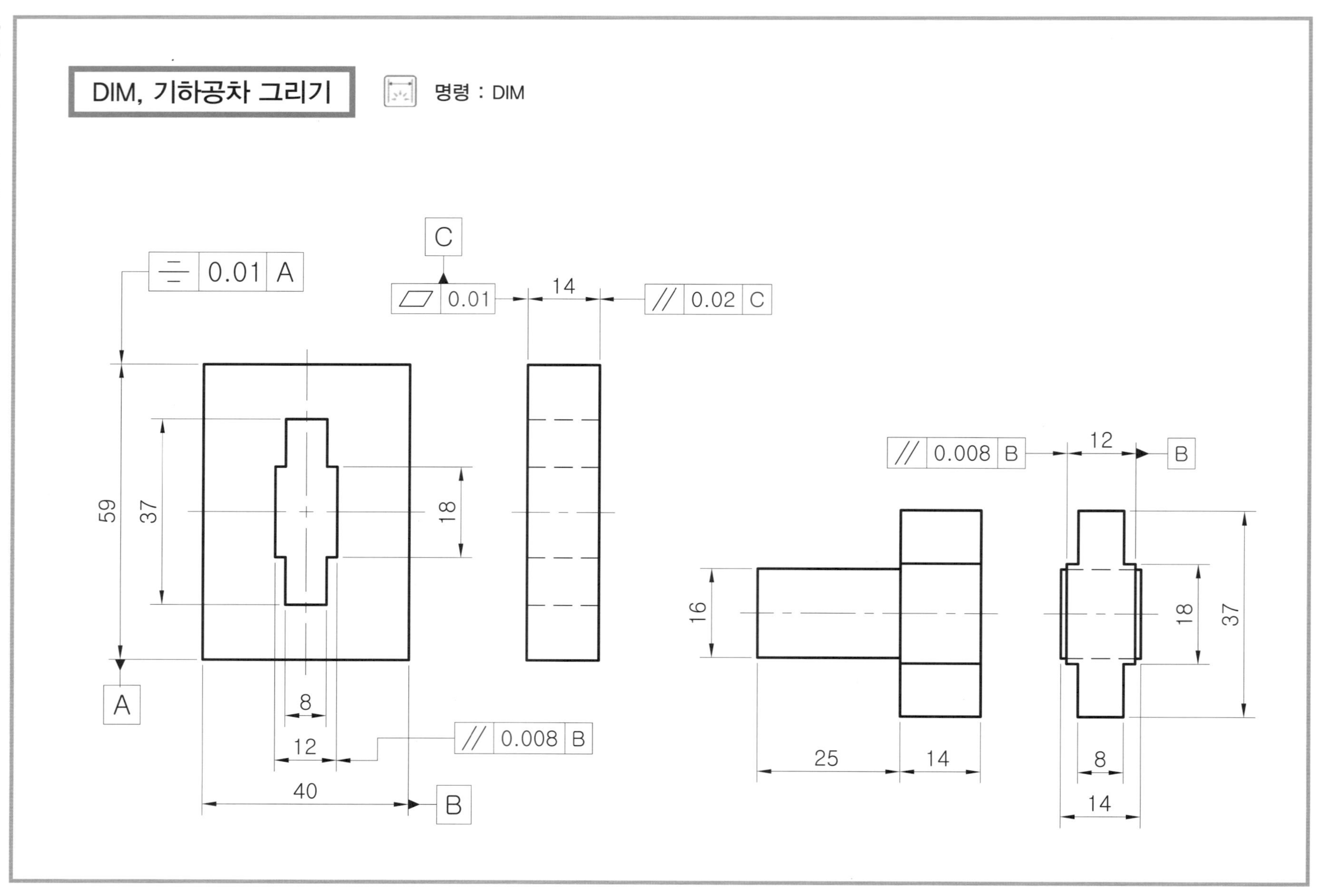
DIM, 기하공차 그리기
명령 : DIM
0.01 A
C
0.01
14
0.02 C
59
37
18
A
8
12
0.008 B
40
B
0.008 B
12
B
16
25
14
18
37
8
14

등각투상도 그리기 (정투상 치수기입하기 1)

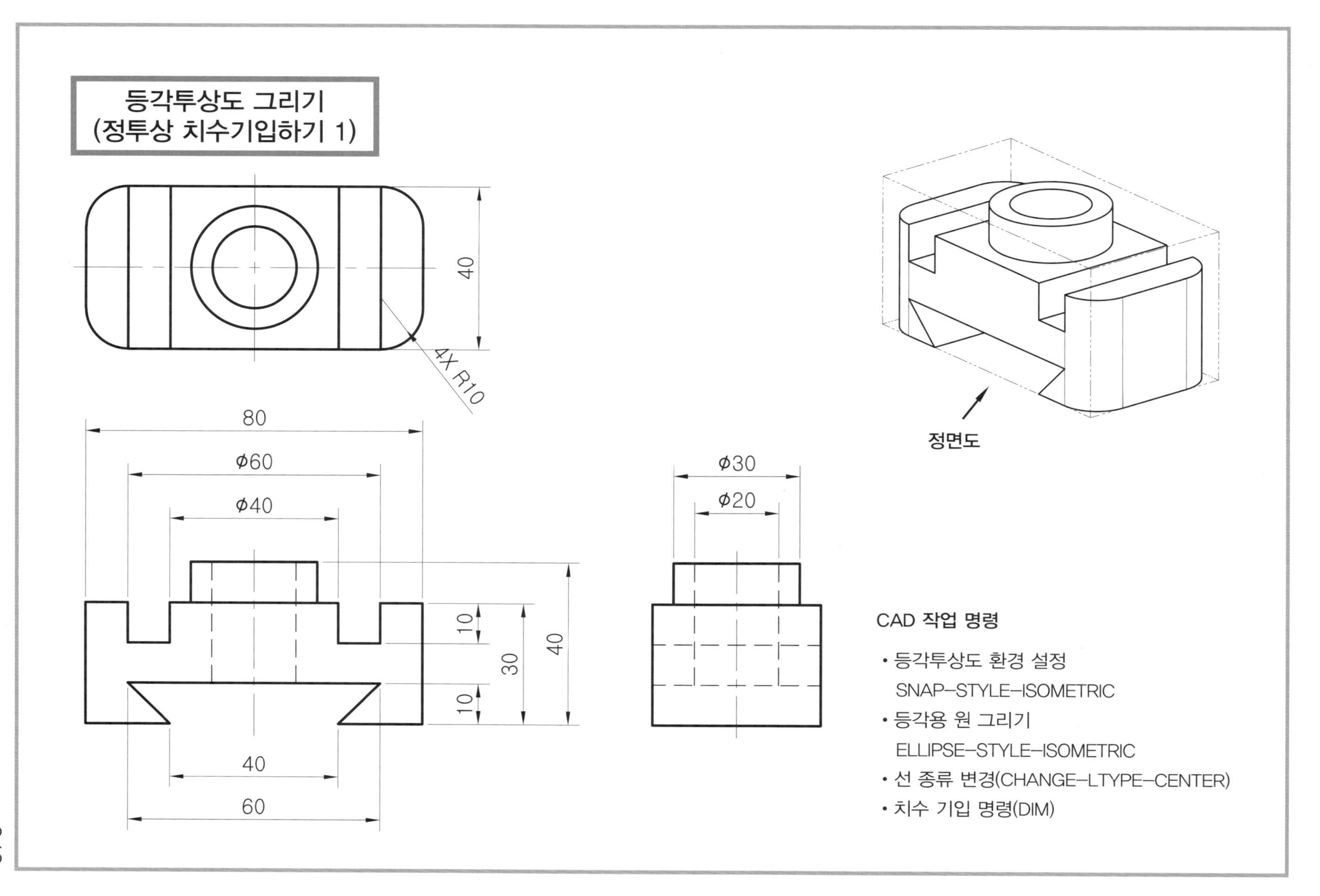

CAD 작업 명령

- 등각투상도 환경 설정
  SNAP–STYLE–ISOMETRIC
- 등각용 원 그리기
  ELLIPSE–STYLE–ISOMETRIC
- 선 종류 변경(CHANGE–LTYPE–CENTER)
- 치수 기입 명령(DIM)

등각투상도 그리기
(정투상 치수기입하기 2)

CAD 작업 명령

- 등각투상도 환경 설정(SNAP–STYLE–ISOMETRIC)
- 등각용 원 그리기(ELLIPSE–STYLE–ISOMETRIC)
- 선 종류 변경(CHANGE–LTYPE–CENTER)
- 치수 기입 명령(DIM)

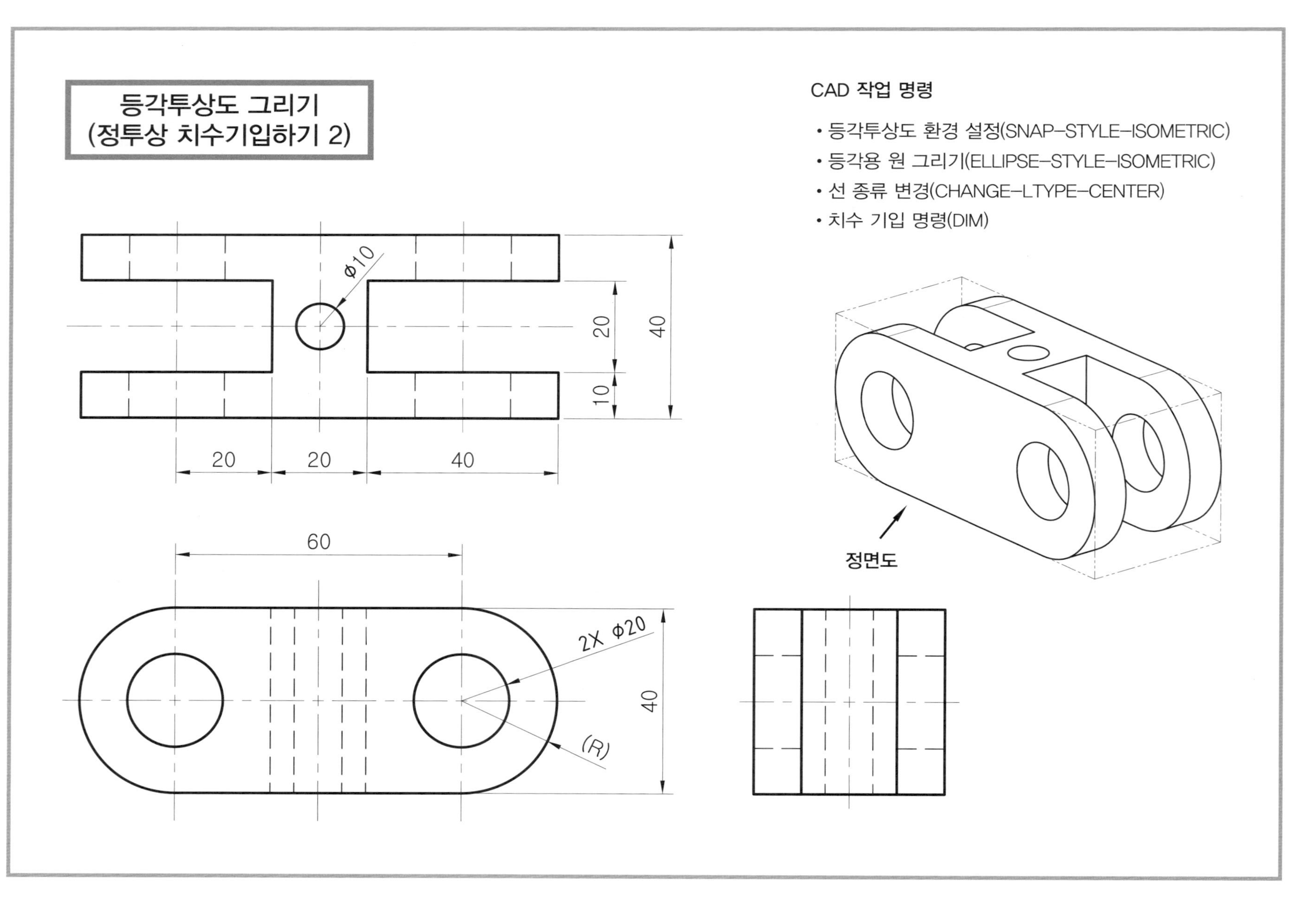

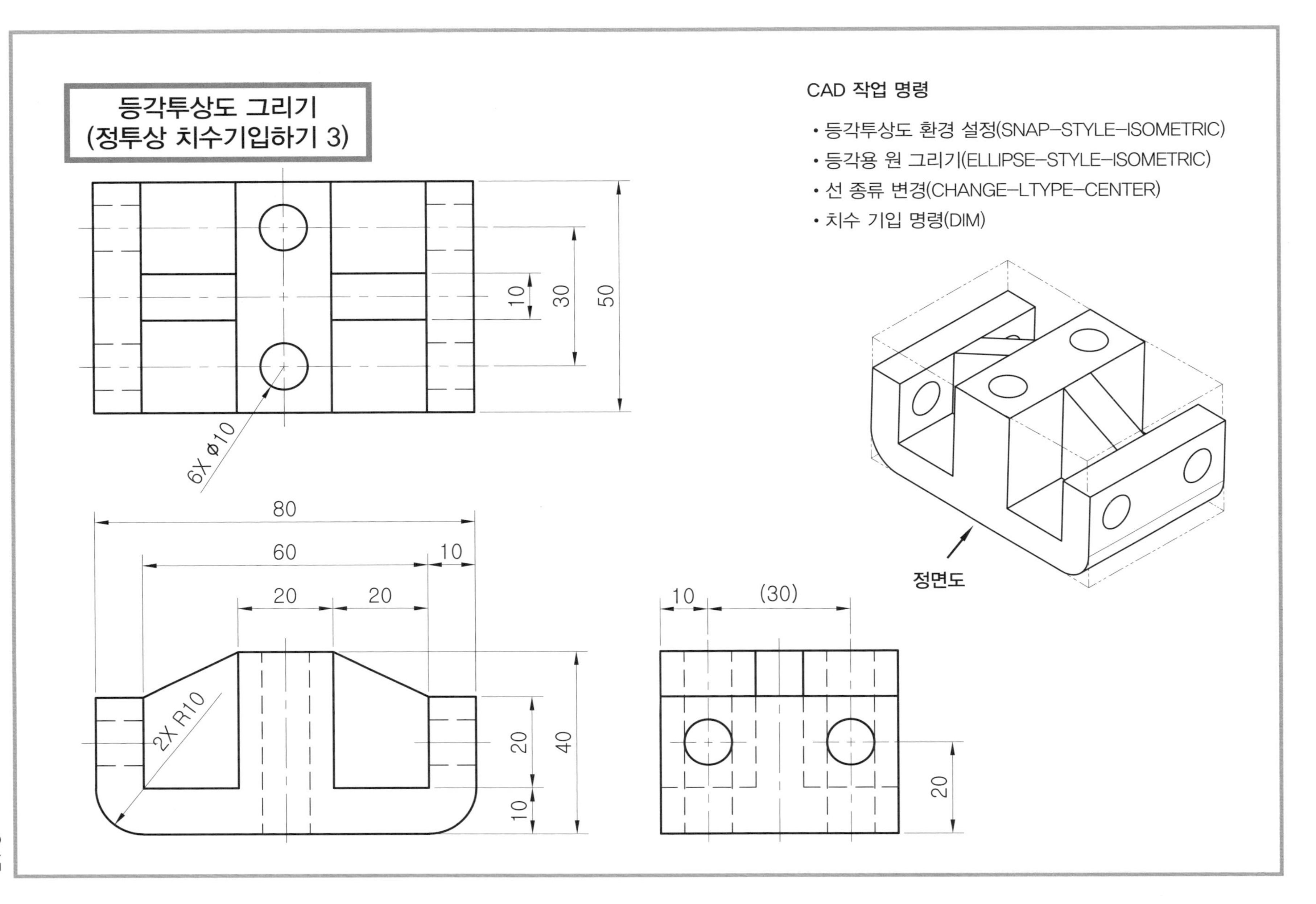

등각투상도 그리기
(정투상 치수기입하기 3)
CAD 작업 명령
• 등각투상도 환경 설정(SNAP-STYLE-ISOMETRIC)
• 등각용 원 그리기(ELLIPSE-STYLE-ISOMETRIC)
• 선 종류 변경(CHANGE-LTYPE-CENTER)
• 치수 기입 명령(DIM)
10
30
50
6X ø10
80
60
10
20
20
2X R10
20
40
10
10
(30)
20
정면도

필요한 투상도 그리기

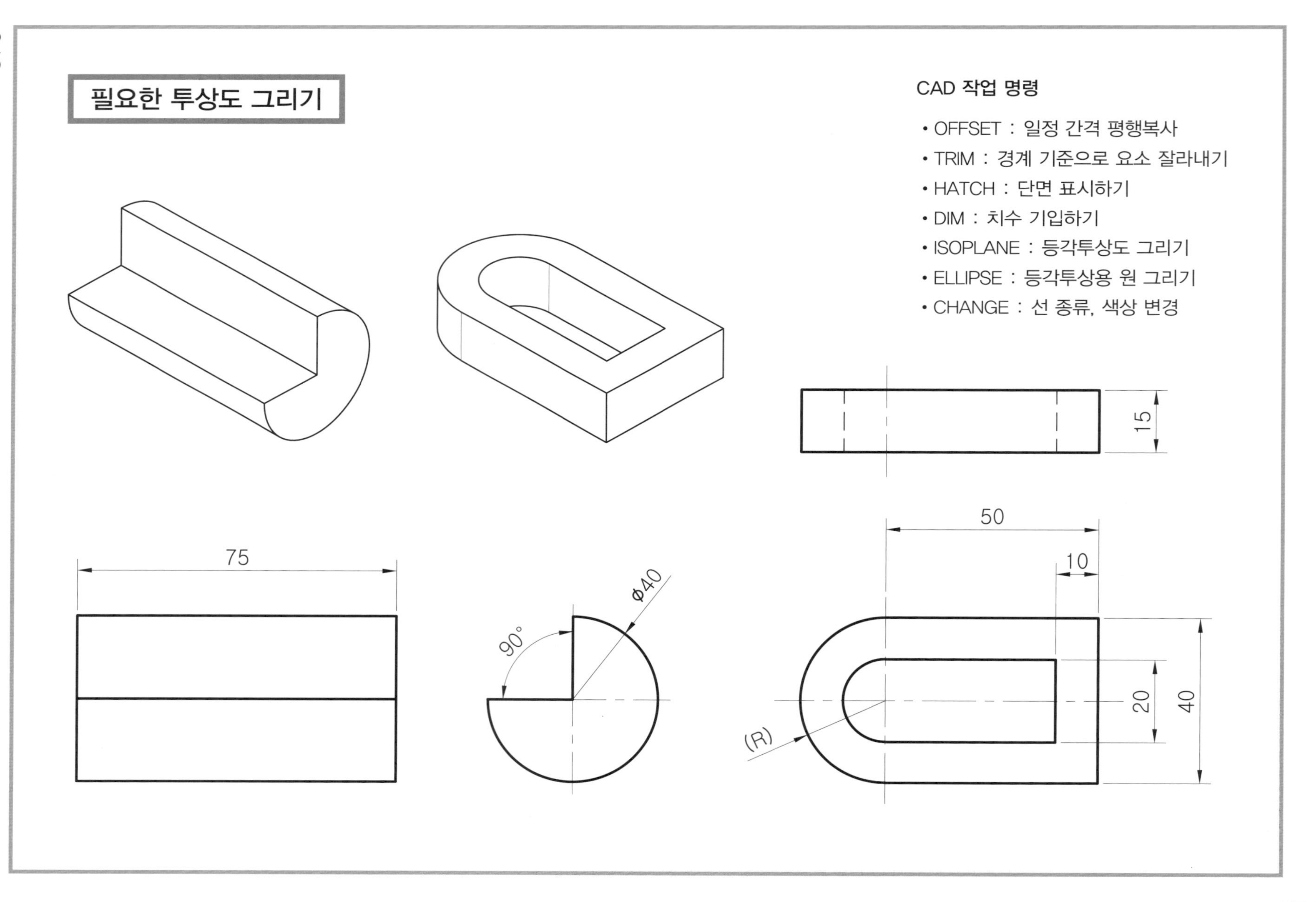
CAD 작업 명령
• OFFSET : 일정 간격 평행복사
• TRIM : 경계 기준으로 요소 잘라내기
• HATCH : 단면 표시하기
• DIM : 치수 기입하기
• ISOPLANE : 등각투상도 그리기
• ELLIPSE : 등각투상용 원 그리기
• CHANGE : 선 종류, 색상 변경
15
50
10
75
90°
ϕ40
(R)
20
40

명령 : DIM 명령 : DIMANGULAR, 단축명령 : DIMANG, DAN

DIM(치수기입하기)

각도 치수(dimAngular)

다음 입체도를 보고 필요한 투상도만 그리기

얇은 두께의 표시법(치수에 t 기호)
정사각 표시(치수에 □)
–치수 보조기호는 임의로 그린다.

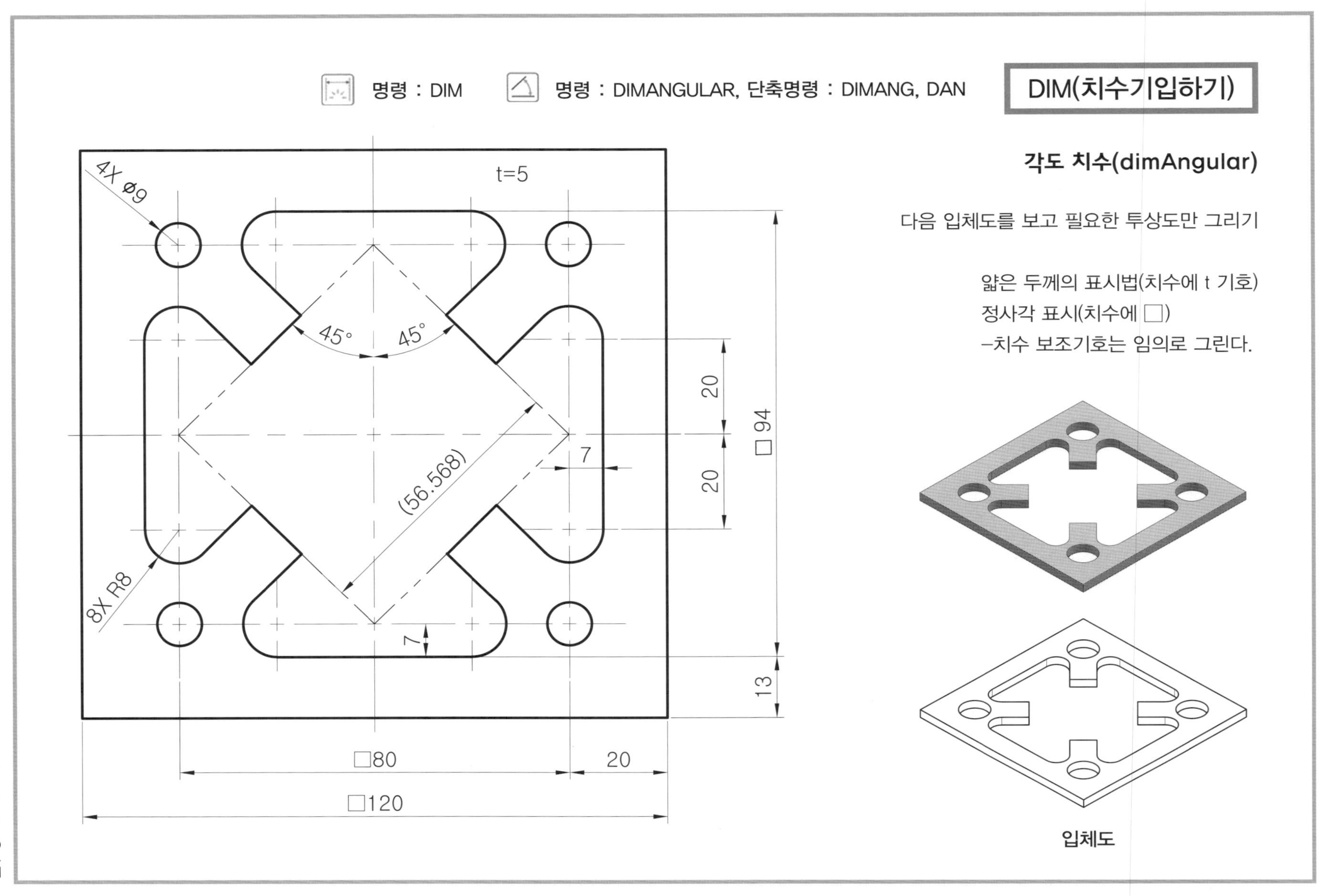

입체도

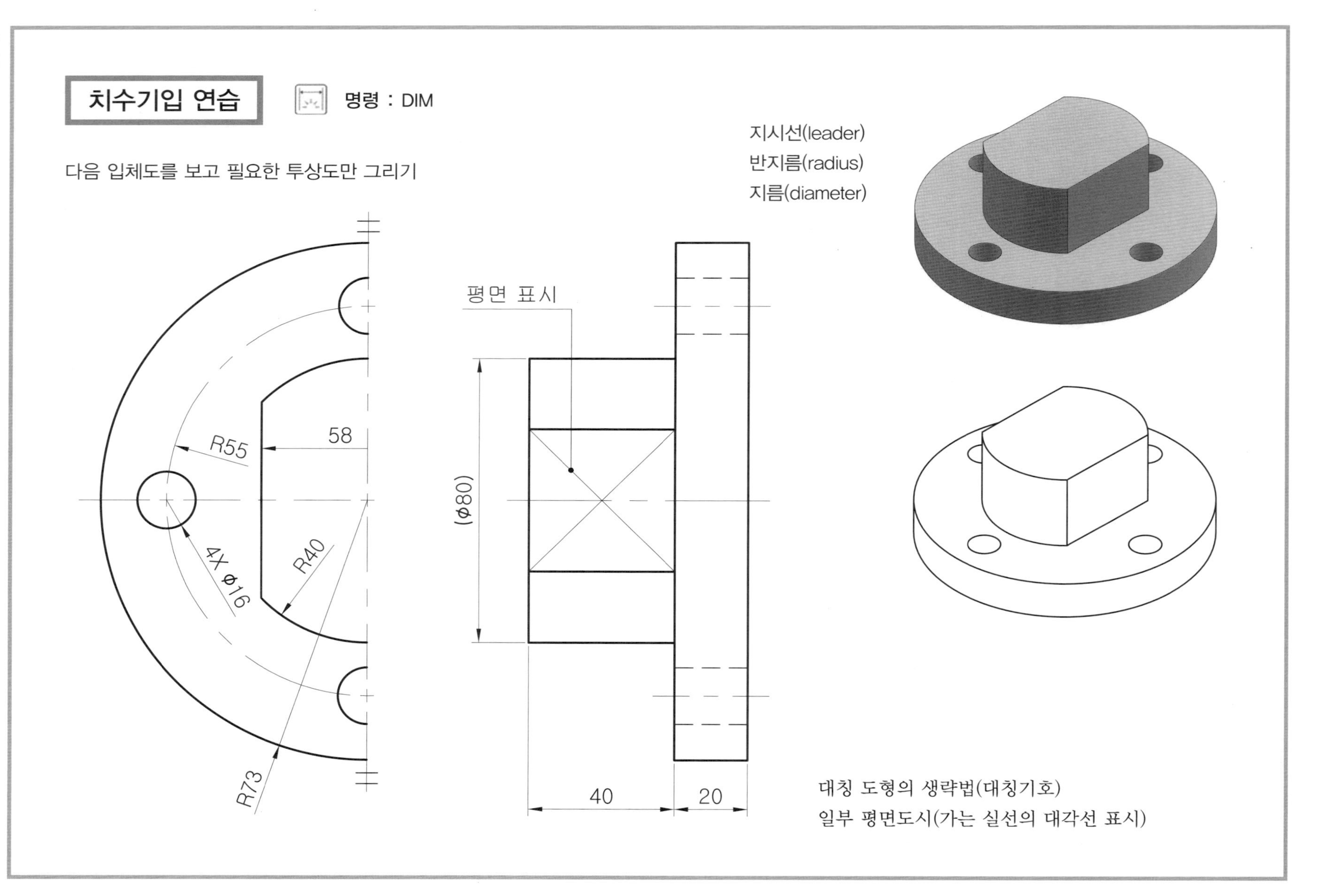
치수기입 연습
명령 : DIM
다음 입체도를 보고 필요한 투상도만 그리기
지시선(leader)
반지름(radius)
지름(diameter)
평면 표시
58
R55
4X Φ16
R40
R73
(Φ80)
40
20
대칭 도형의 생략법(대칭기호)
일부 평면도시(가는 실선의 대각선 표시)

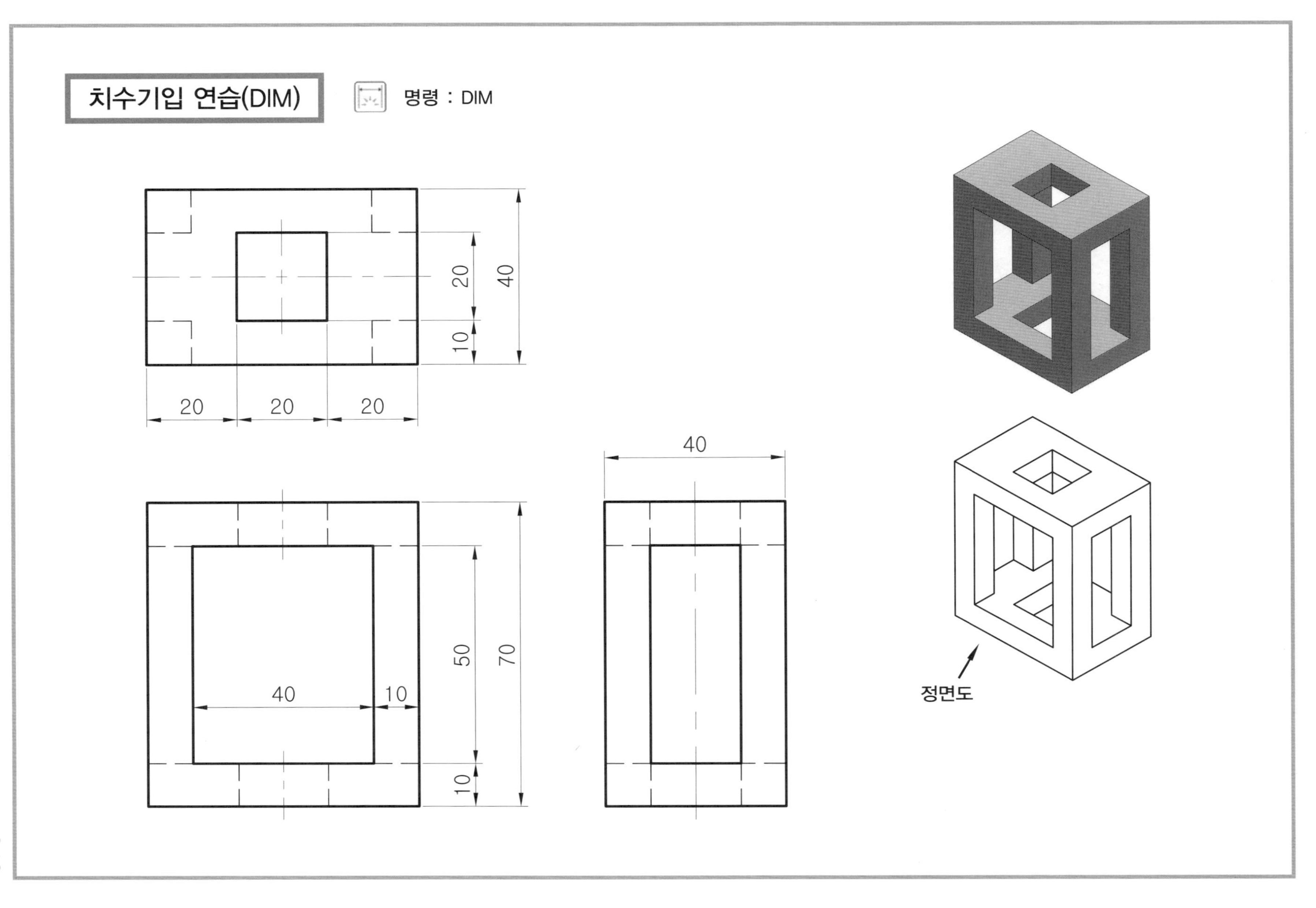
치수기입 연습(DIM)
명령 : DIM
20
40
10
20
20
20
40
50
70
40
10
10
정면도

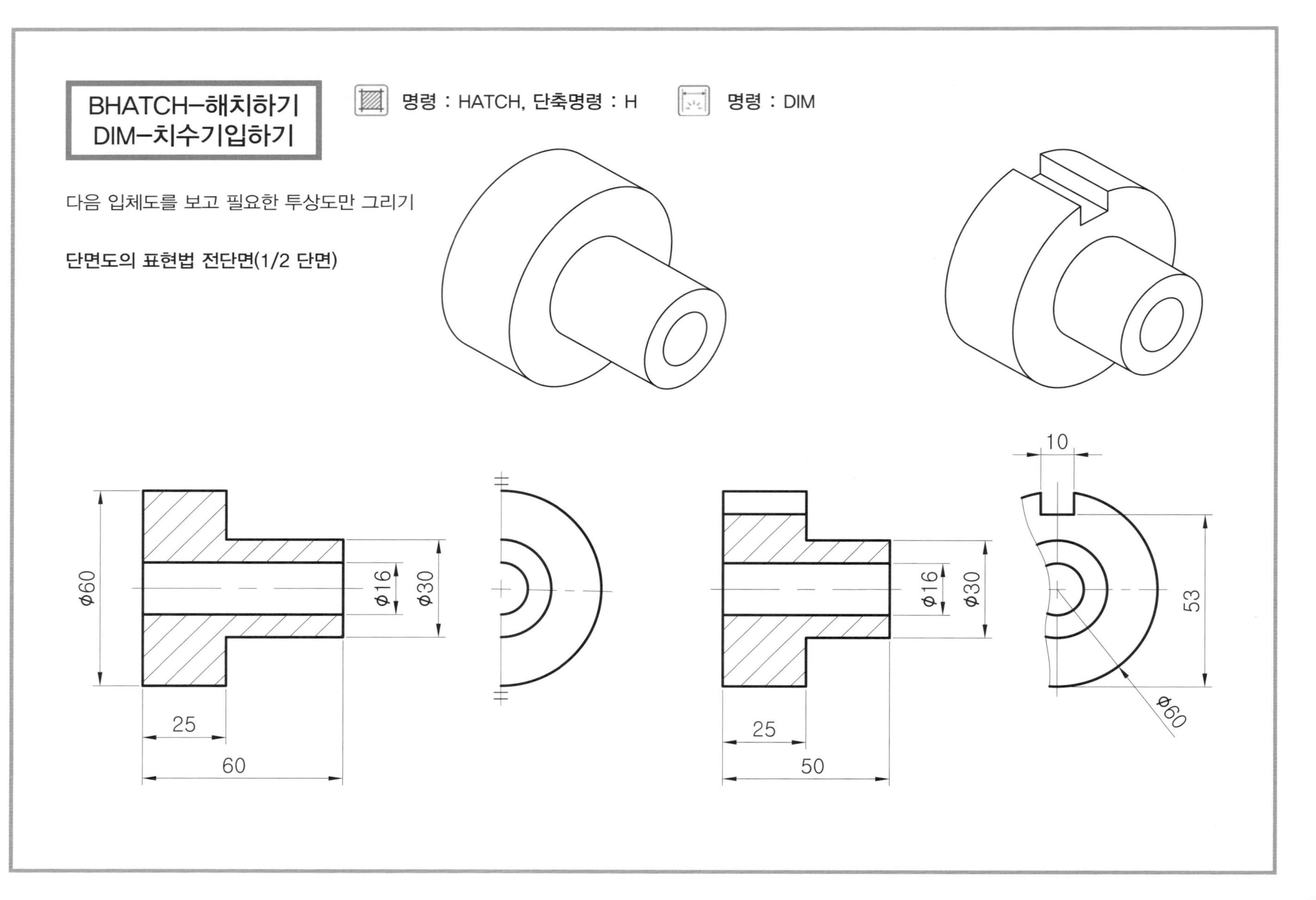
BHATCH–해치하기
DIM–치수기입하기
명령 : HATCH, 단축명령 : H
명령 : DIM
다음 입체도를 보고 필요한 투상도만 그리기
단면도의 표현법 전단면(1/2 단면)
ϕ60
ϕ16
ϕ30
25
60
10
ϕ16
ϕ30
53
ϕ60
25
50

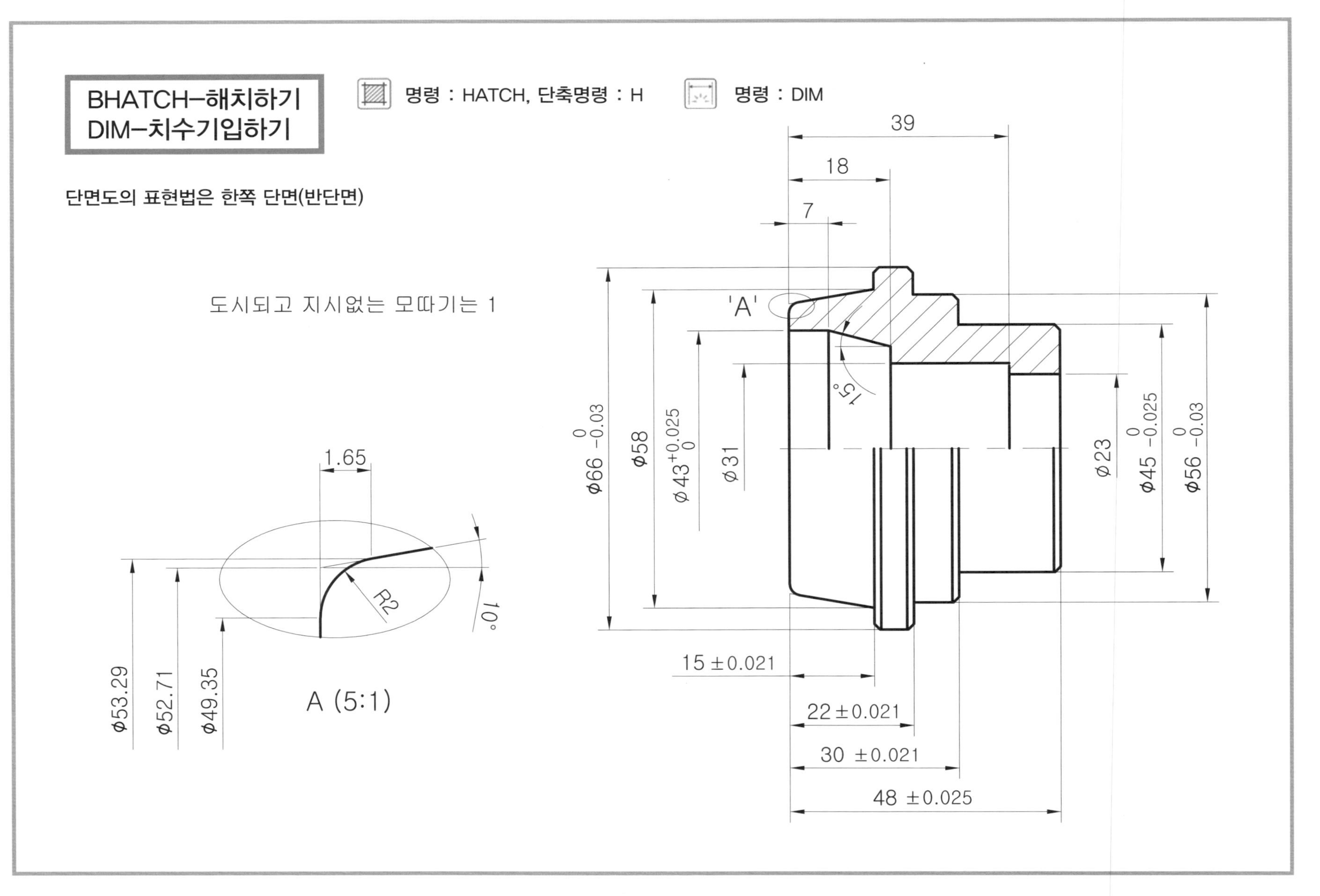
BHATCH-해치하기
DIM-치수기입하기
명령 : HATCH, 단축명령 : H
명령 : DIM
단면도의 표현법은 한쪽 단면(반단면)
도시되고 지시없는 모따기는 1
39
18
7
'A'
15°
φ66 0 -0.03
φ58
φ43 +0.025 0
φ31
φ23
φ45 0 -0.025
φ56 0 -0.03
15 ±0.021
22 ±0.021
30 ±0.021
48 ±0.025
1.65
R2
10°
φ53.29
φ52.71
φ49.35
A (5:1)

단면도의 표현법

명령 : HATCH, 단축명령 : H　　명령 : DIM　　명령 : MIRROR, 단축명령 : MI

전단면(1/2 단면)

다음 입체도를 보고 투상도 그리기

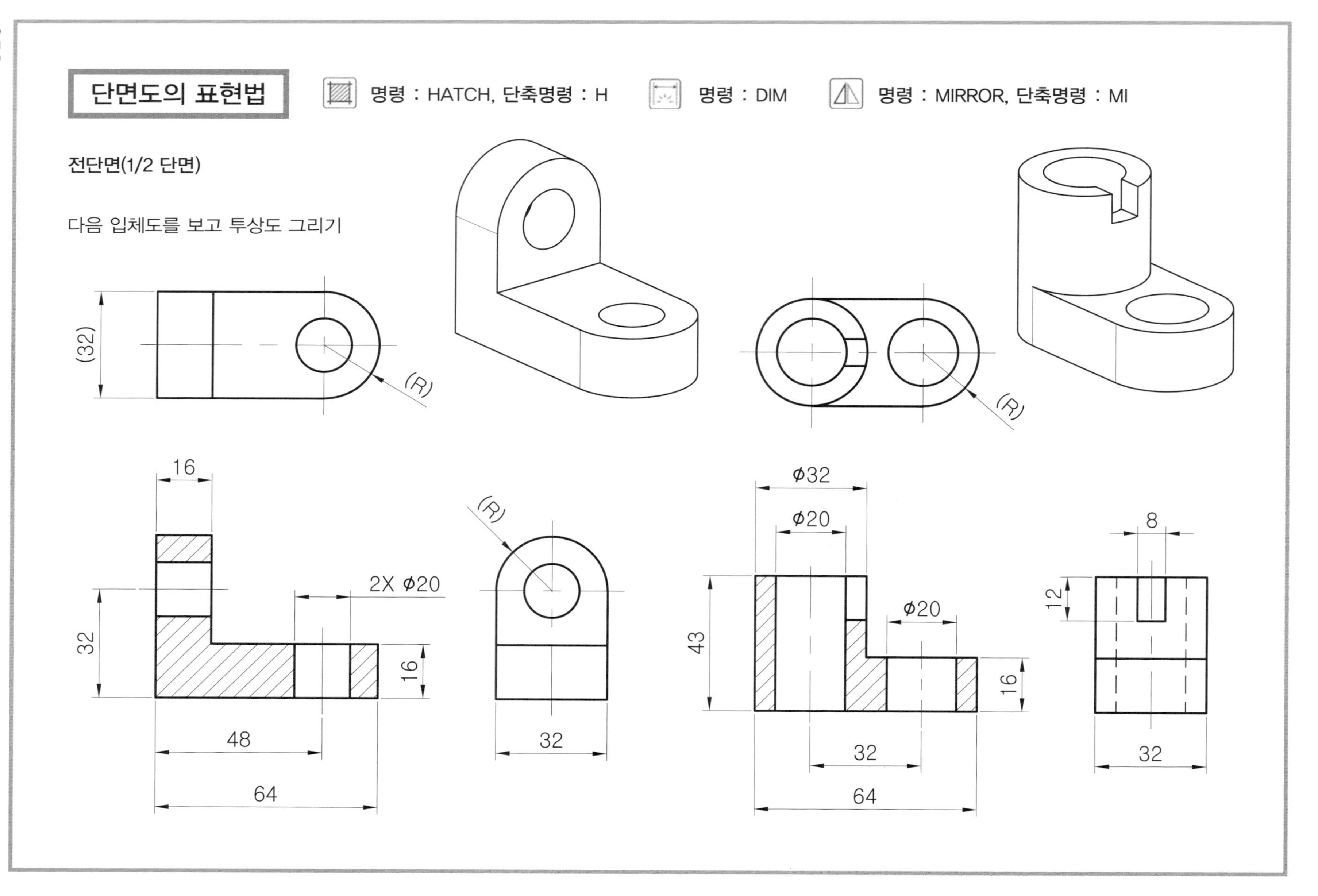

단면도의 표현법

명령 : DIM　　명령 : MIRROR, 단축명령 : MI

다음 입체도를 보고 투상도 그리기

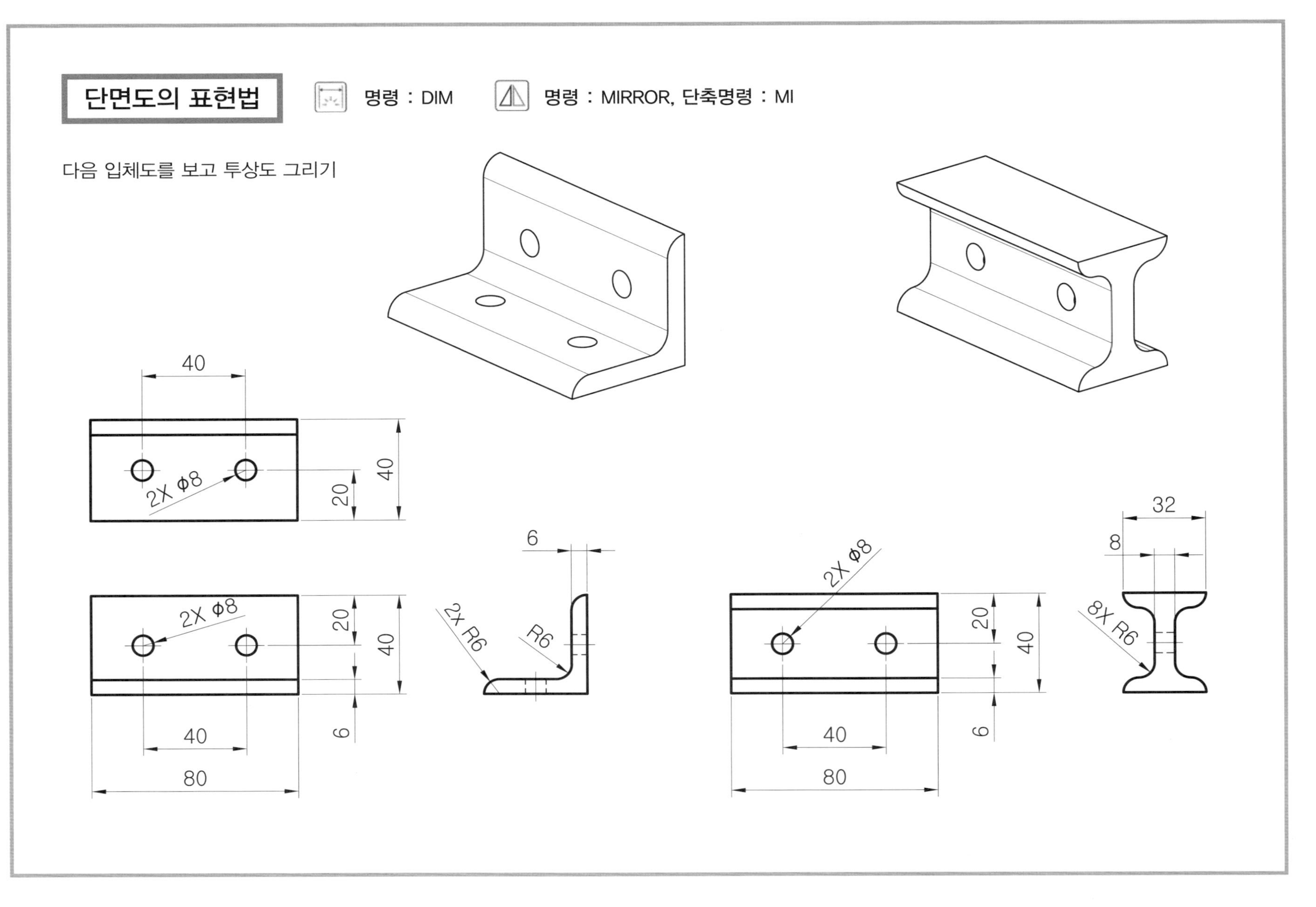

치수기입 연습(Tolerance : 공차)

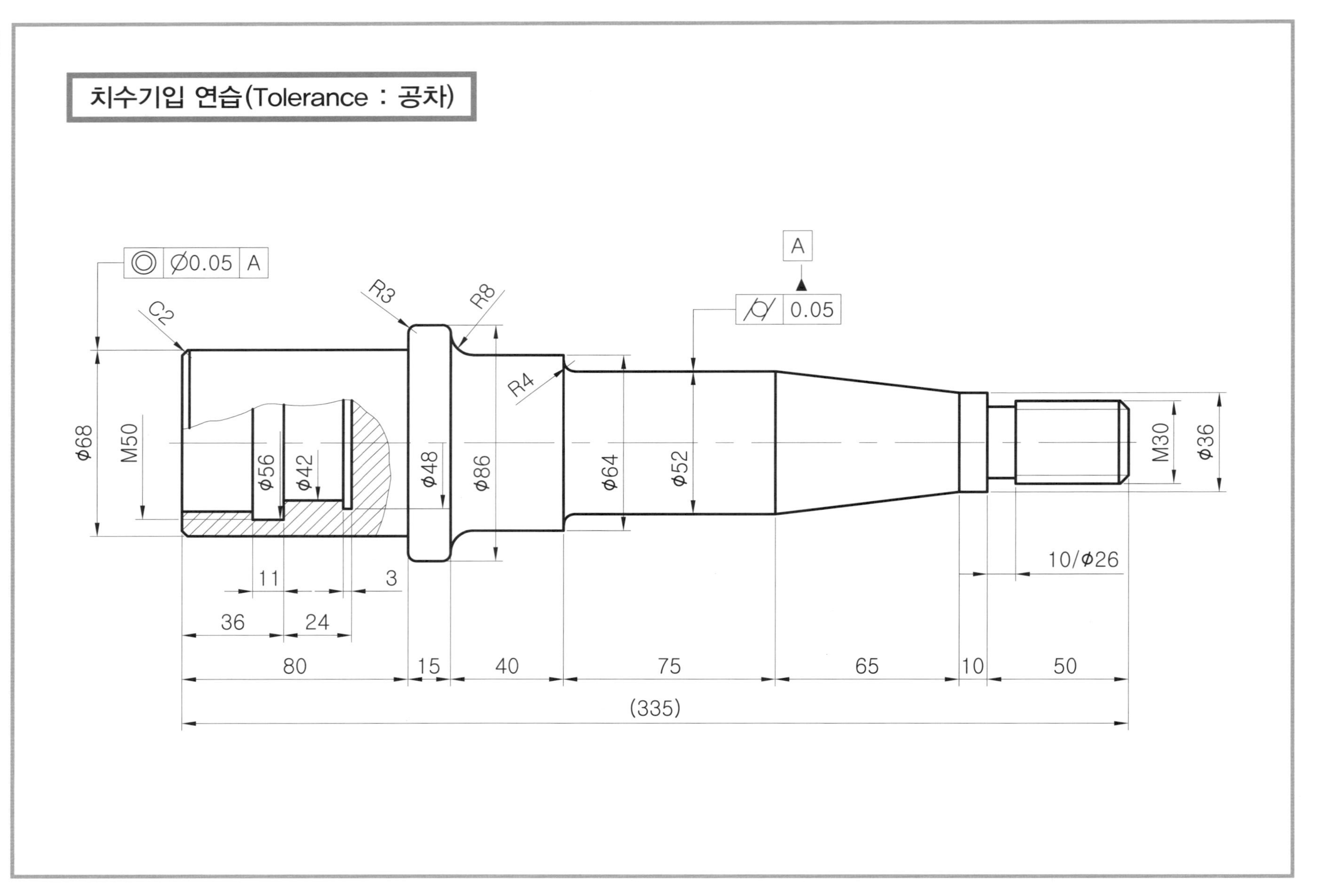

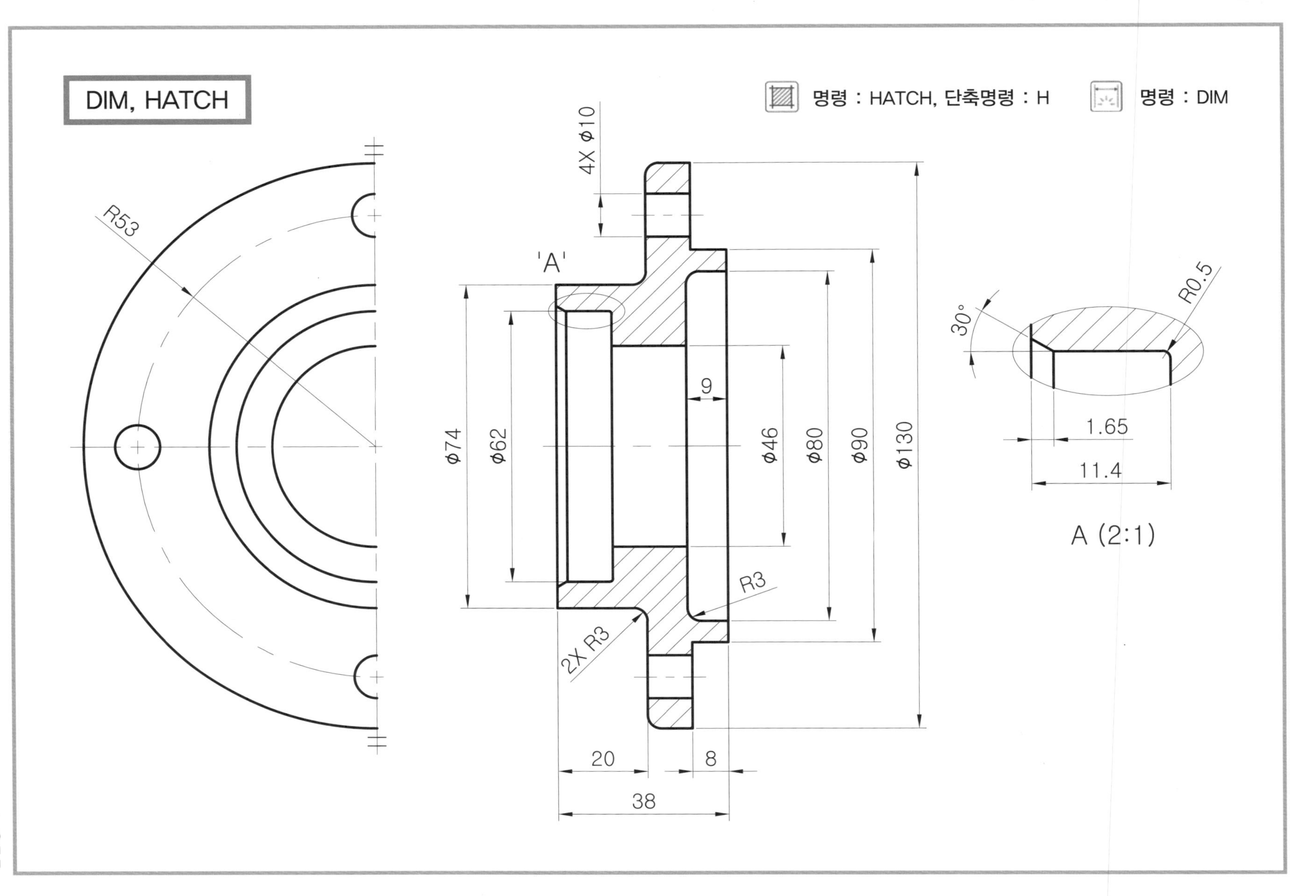
DIM, HATCH
명령 : HATCH, 단축명령 : H
명령 : DIM
R53
4X φ10
'A'
φ74
φ62
9
φ46
φ80
φ90
φ130
R3
2X R3
20
8
38
30°
R0.5
1.65
11.4
A (2:1)

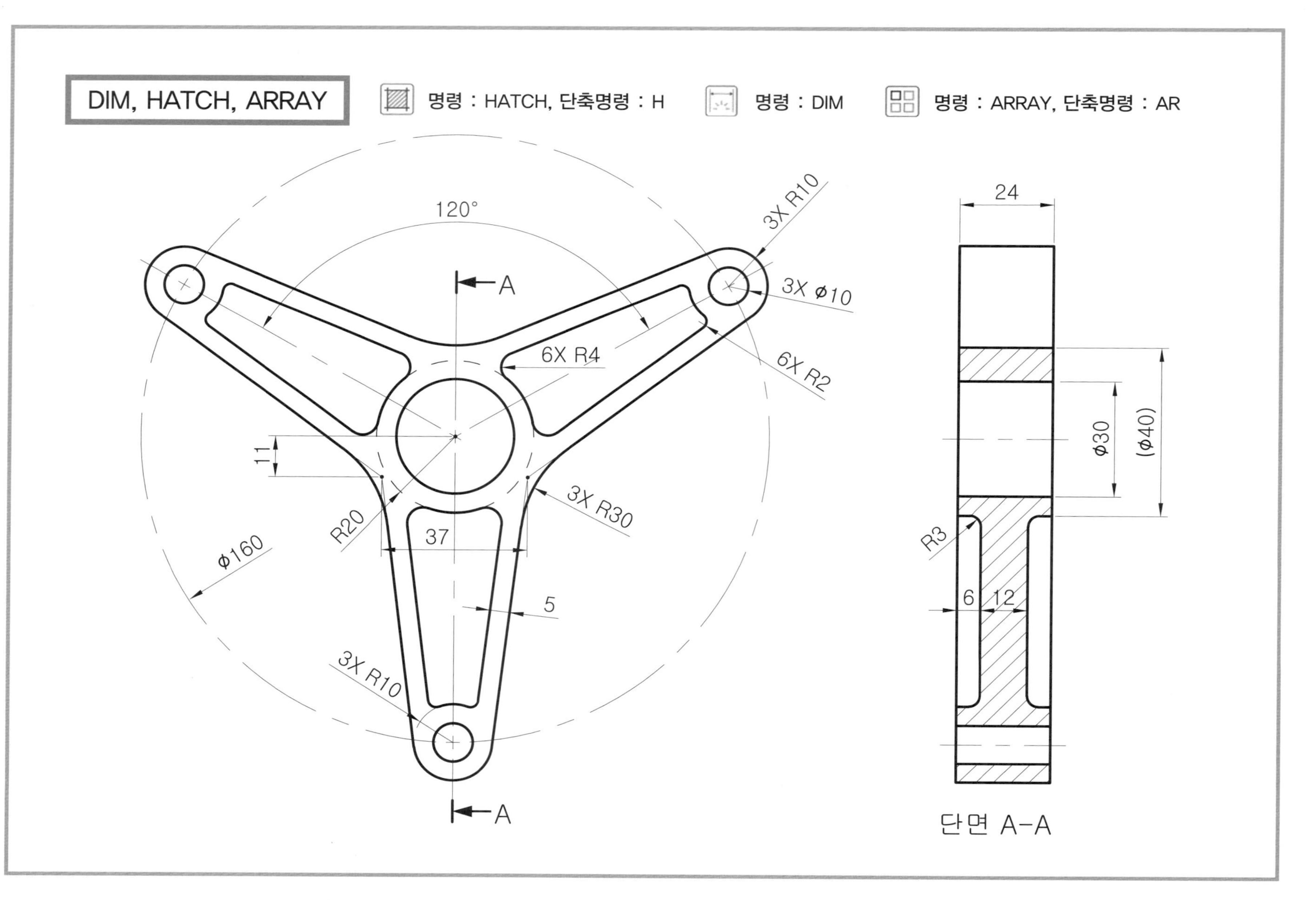
DIM, HATCH, ARRAY
명령 : HATCH, 단축명령 : H
명령 : DIM
명령 : ARRAY, 단축명령 : AR
120°
3X R10
3X ϕ10
6X R4
6X R2
11
3X R30
R20
37
ϕ160
5
3X R10
A
24
ϕ30
(ϕ40)
R3
6
12
단면 A-A

DIM, BHATCH 연습하기

명령 : DIM　명령 : HATCH, 단축명령 : H

다음 입체도를 보고 정면도, 측면도를 그린 후 치수기입, 해치를 하시오.

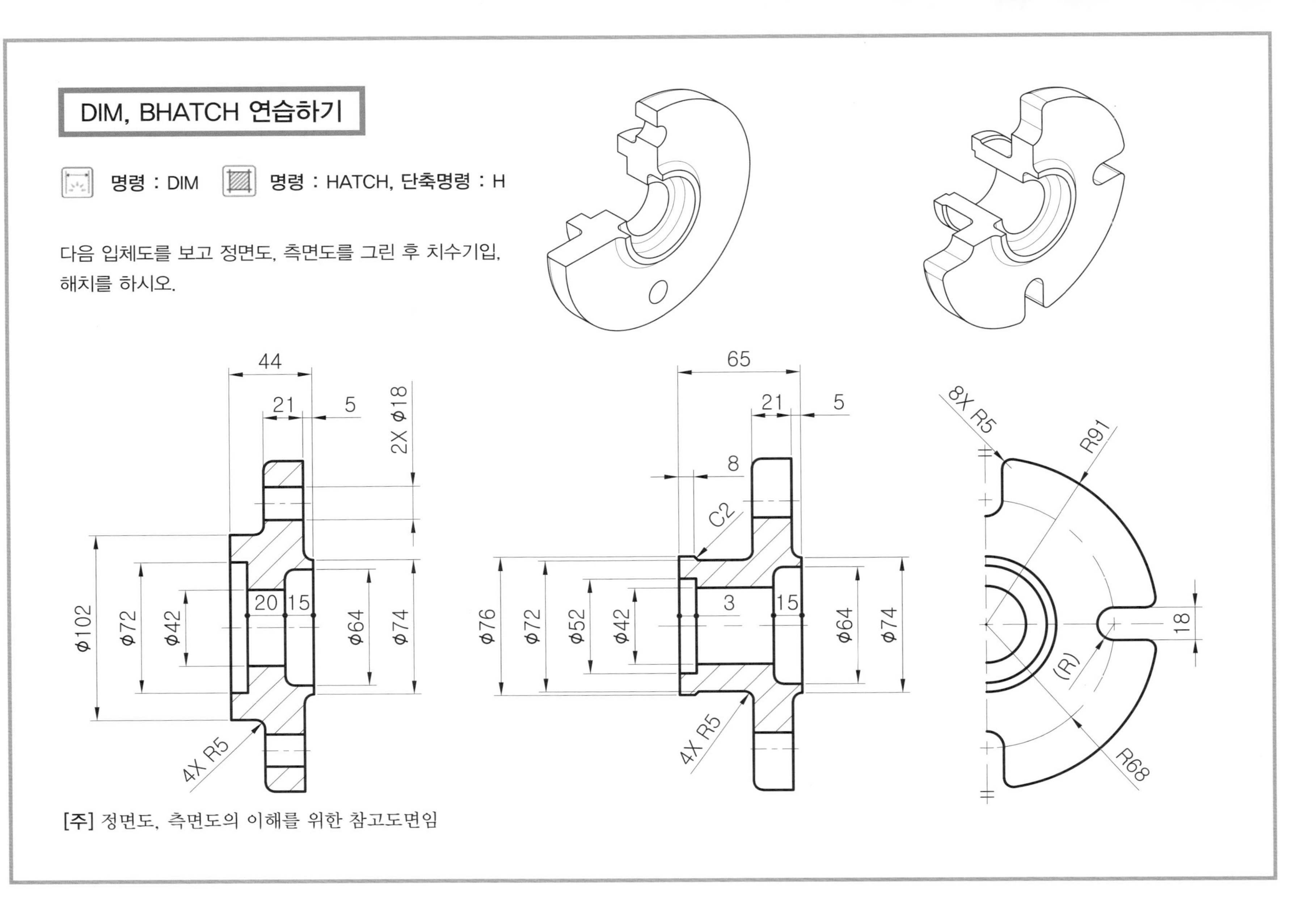

[주] 정면도, 측면도의 이해를 위한 참고도면임

TEXT, COPY, DDEDIT

명령 : TEXT DTEXT, 단축명령 : DT

명령 : COPY, 단축명령 : CO 또는 CP

다음을 치수대로 그린 다음 문자를 쓰시오.

문자의 위치는 임의로 배치하고 문자의 내용은 COPY 명령으로 복사 후 DDEDIT 명령으로 내용을 수정한다.

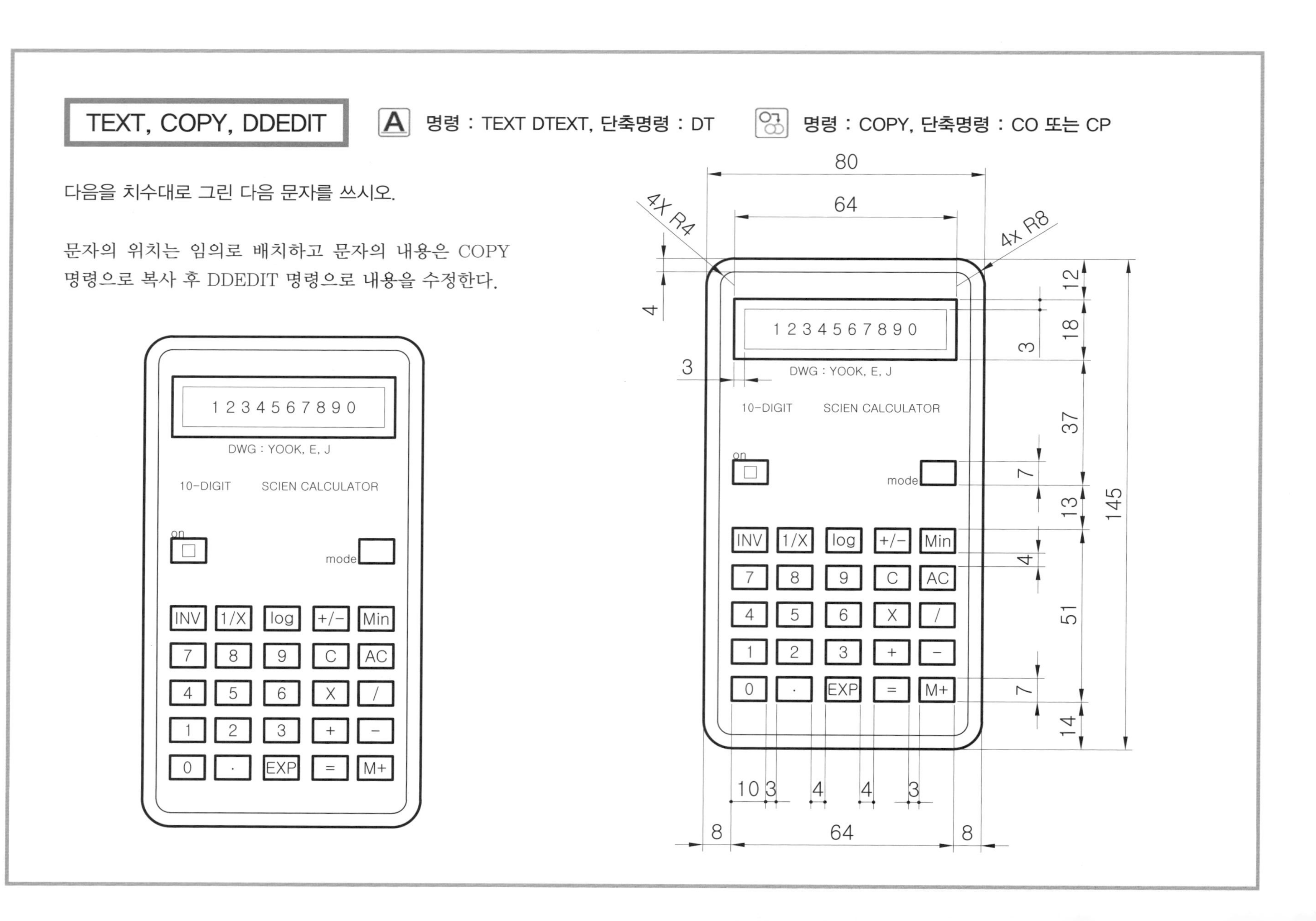

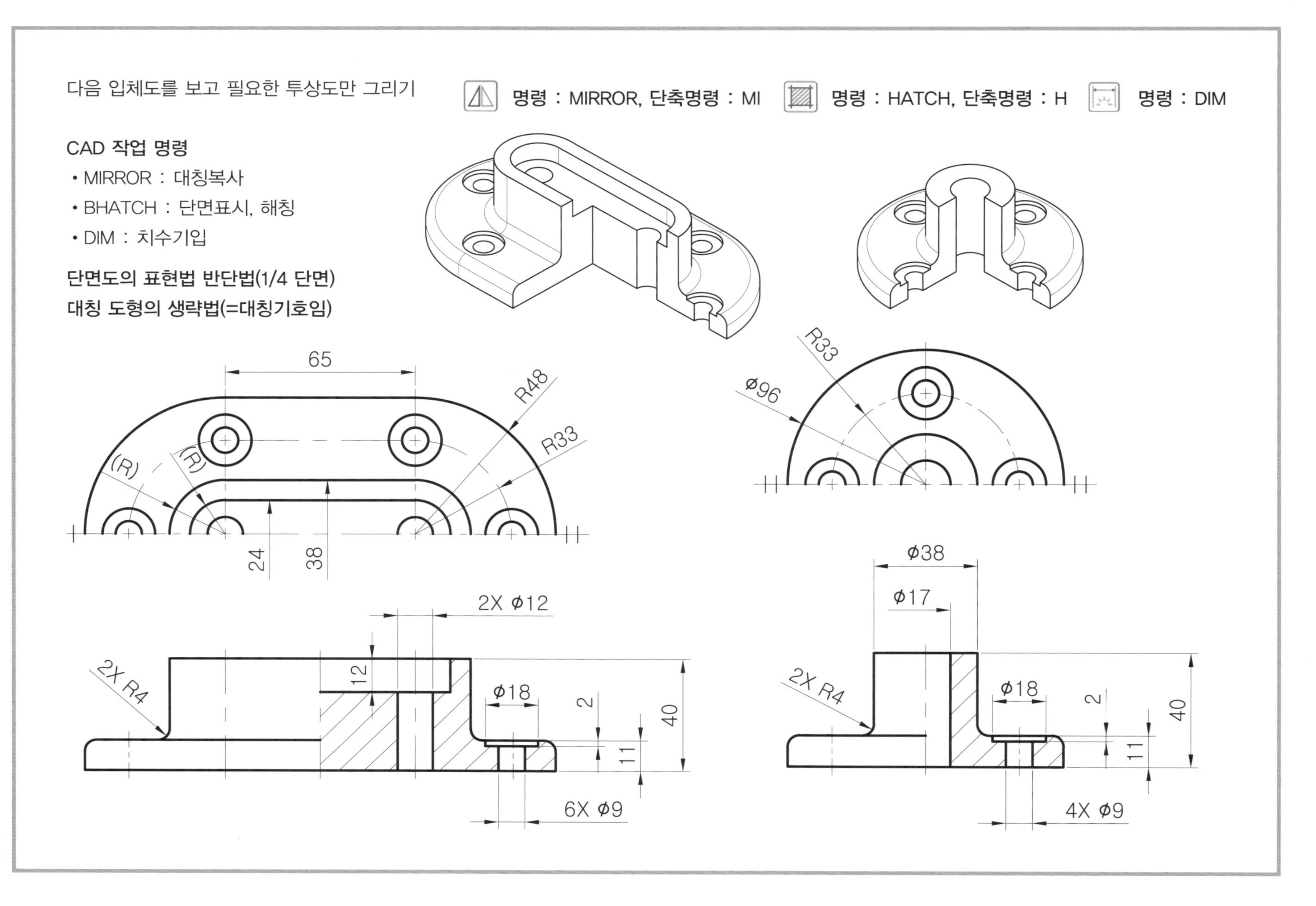
다음 입체도를 보고 필요한 투상도만 그리기
명령 : MIRROR, 단축명령 : MI
명령 : HATCH, 단축명령 : H
명령 : DIM
CAD 작업 명령
• MIRROR : 대칭복사
• BHATCH : 단면표시, 해칭
• DIM : 치수기입
단면도의 표현법 반단법(1/4 단면)
대칭 도형의 생략법(=대칭기호임)
65
R48
R33
(R)
(R)
24
38
R33
Φ96
2X Φ12
12
2X R4
Φ18
2
40
11
6X Φ9
Φ38
Φ17
2X R4
Φ18
2
40
11
4X Φ9

DWG NAME : HOOK 훅

2차원 기초 명령어 연습

M20이란 미터나사 바깥지름이 20이며, 안쪽의 가는 실선 부위의 모따기선과 비슷하게 그리거나 1/8~1/10×d(바깥지름 : 20)로 계산하여 약 2 정도로 그린다.

C2란 모따기 가로, 세로의 값이 모두 2를 말하며, 가로, 세로의 값이 같으면 45°의 경사선을 말하는데, C2의 C는 바로 45°를 말한다.

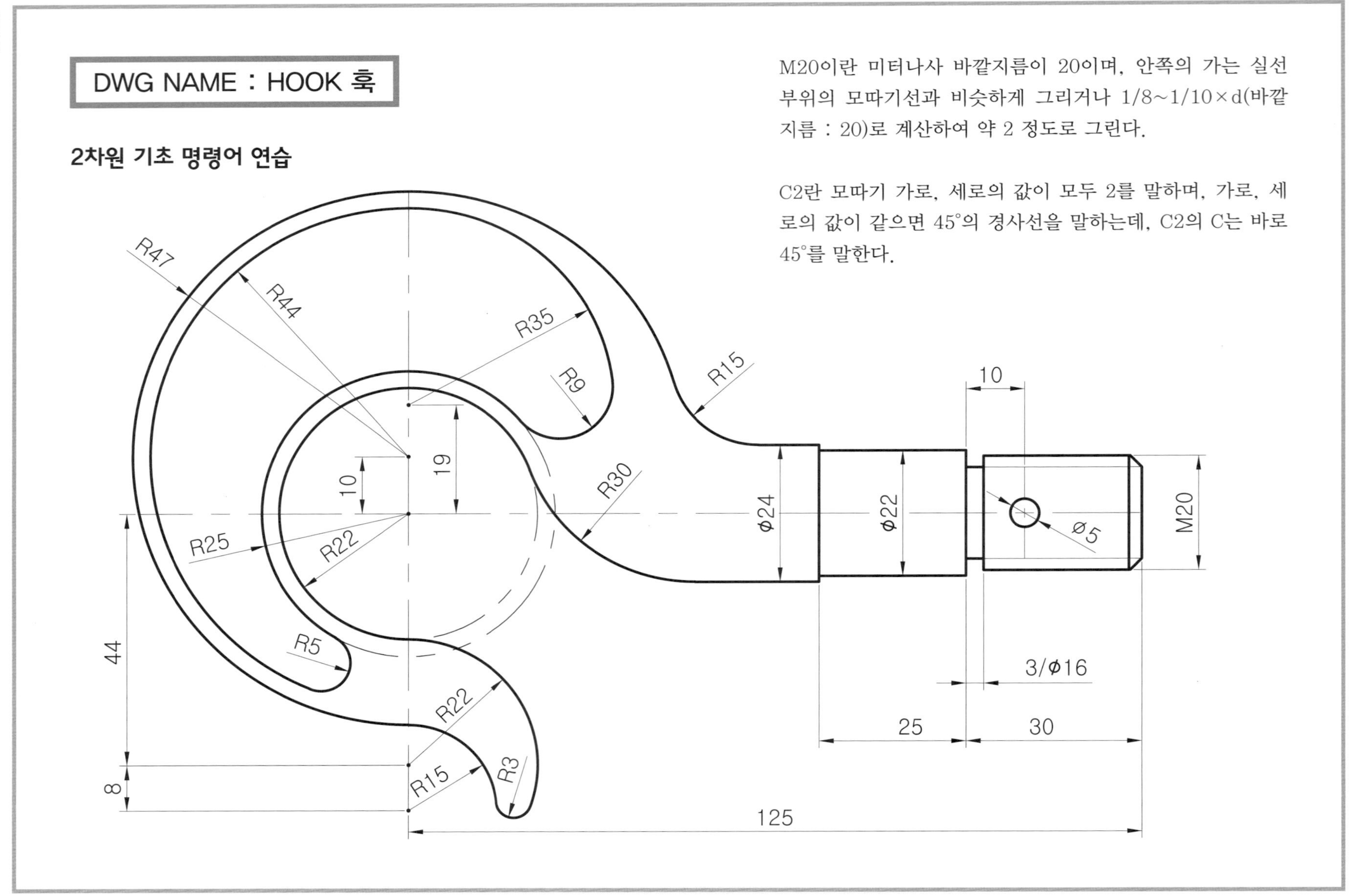

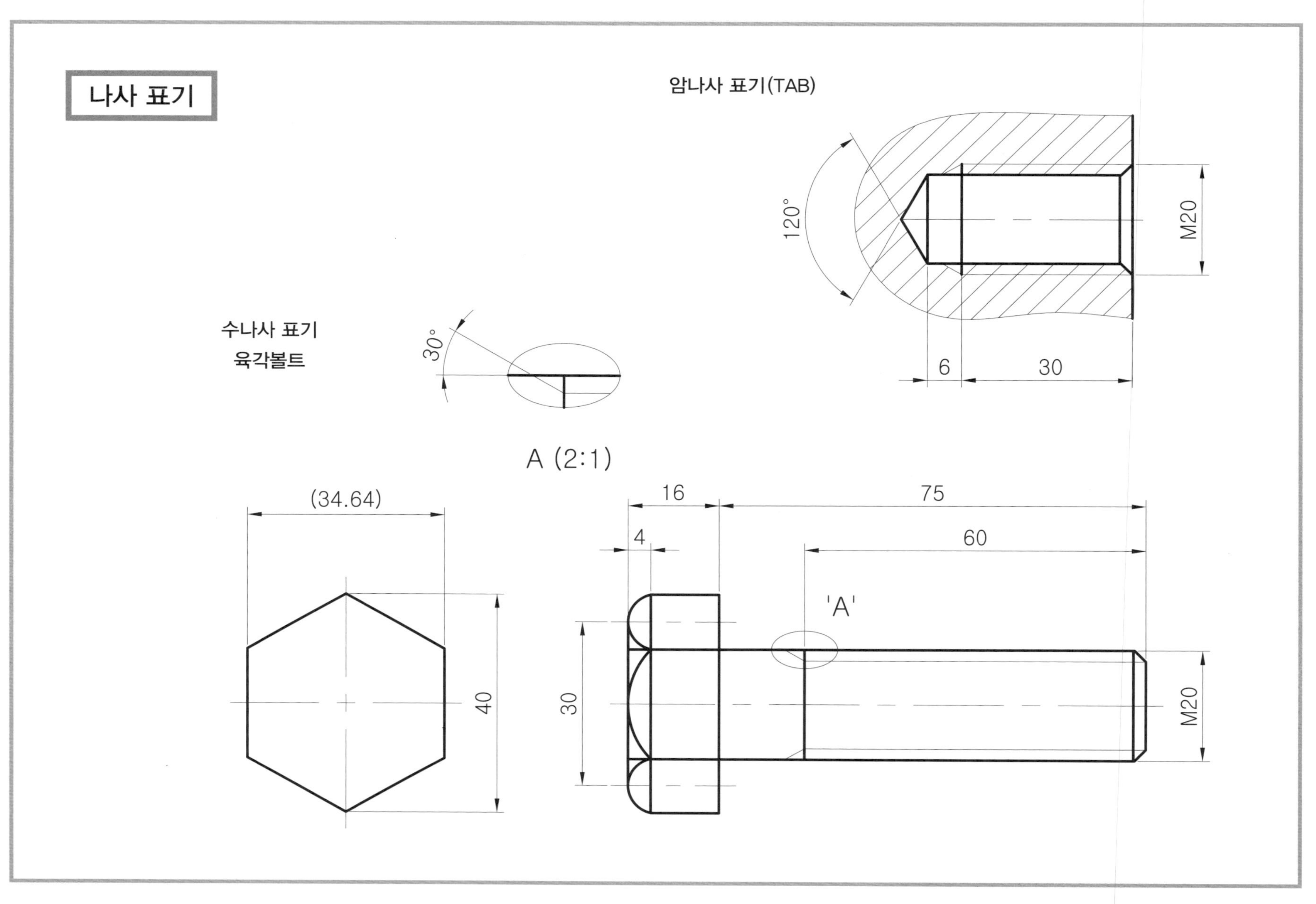
나사 표기
암나사 표기(TAB)
120°
M20
6
30
수나사 표기
육각볼트
30°
A (2:1)
(34.64)
16
75
4
60
'A'
40
30
M20

요목표 표기

기어 요목표

스퍼 기어		
기어 치형		표준
공구	치형	보통 이
	모듈	2
	압력각	20°
잇 수		43
전체 이 높이		4.5
피치원 지름		ϕ86
다듬질 방법		호브 절삭
정밀도		KS B ISO 1328-1, 4급

스프로킷 요목표

스프로킷	
구분 \ 품번	4
체인 호칭	40
롤러 체인	7.95
원주 피치	12.70
잇수	15
피치원 지름	61.08

기어의 설계법

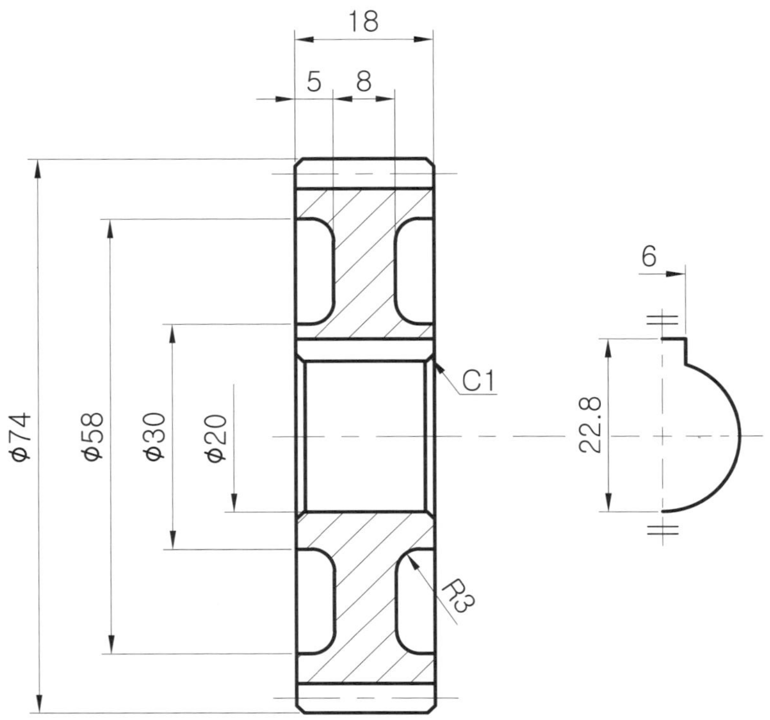

18
5 8
ϕ74 ϕ58 ϕ30 ϕ20
C1
R3
6
22.8

스퍼 기어		
기어 치형		표준
공구	치형	보통 이
	모듈	2
	압력각	20°
잇 수		35
전체 이 높이		4.5
피치원 지름		ϕ70
다듬질 방법		호브 절삭
정밀도		KS B ISO 1328-1, 4급

40 40
15 10 16 111

[계산식]

1. P, C, D=2(M)×35(Z)
2. Z=70(D)/2(M)
3. M=D(70)/35(Z)
4. O. D=70(P, C, D)+2×2(M)

[주] 기어의 정면도는 중심으로 잘라서 화살표 방향으로 관찰한 부분이 정면도가 된다.

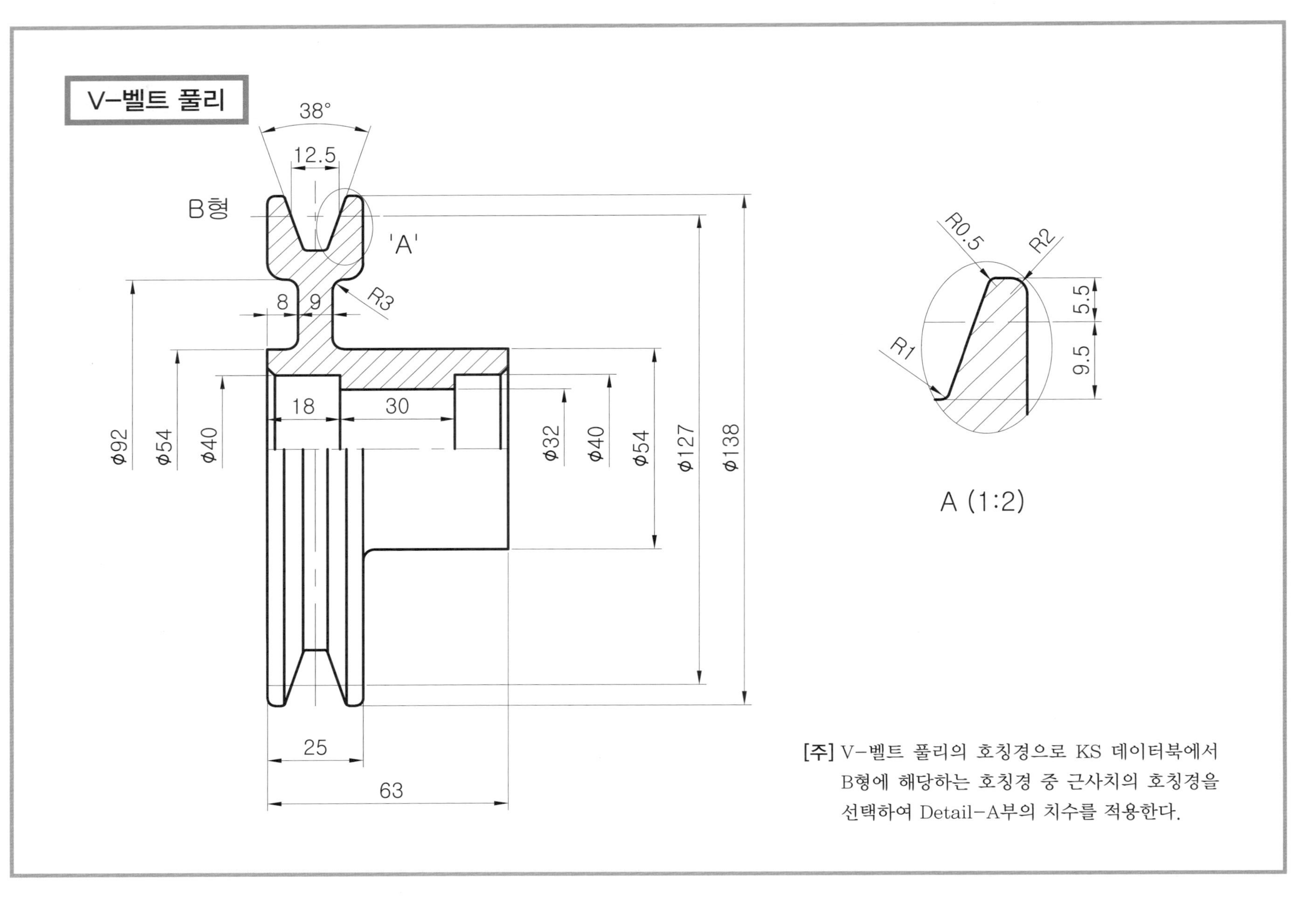
V-벨트 풀리
38°
12.5
B형
'A'
8
9
R3
φ92
φ54
φ40
18
30
φ32
φ40
φ54
φ127
φ138
25
63
R0.5
R2
R1
5.5
9.5
A (1:2)
[주] V-벨트 풀리의 호칭경으로 KS 데이터북에서
B형에 해당하는 호칭경 중 근사치의 호칭경을
선택하여 Detail-A부의 치수를 적용한다.

V 벨트 풀리의 홈 부분의 모양과 치수

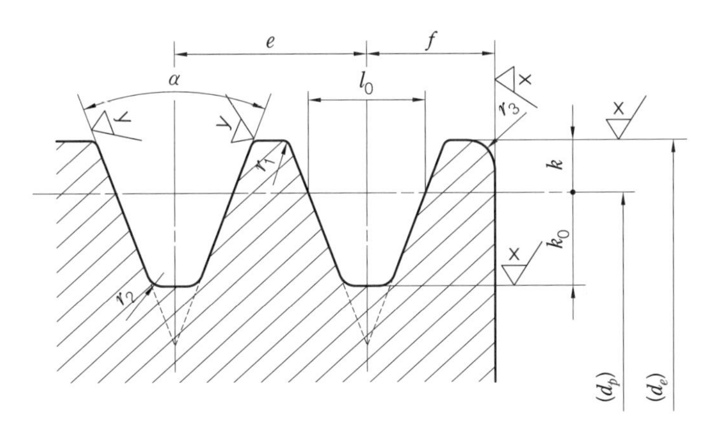

V 벨트 풀리의 홈 부분의 모양과 치수

V 벨트 풀리의 홈 부분의 모양 및 치수(KS B 1400) (단위: mm)

V 벨트 종류	호칭 지름 (d_p)	α	l_0	k	k_0	e	f	r_1	r_2	r_3	(참고) V 벨트 두께
M	50 이상 71 이하 71 초과 90 이하 90 초과	34° 36° 38°	8.0	2.7	6.3	–	9.5	0.2~0.5	0.5~1.0	1~2	5.5
A	71 이상 100 이하 100 초과 125 이하 125 초과	34° 36° 38°	9.2	4.5	8.0	15.0	10.0	0.2~0.5	0.5~1.0	1~2	9
B	125 이상 165 이하 165 초과 200 이하 200 초과	34° 36° 38°	12.5	5.5	9.5	19.0	12.5	0.2~0.5	0.5~1.0	1~2	11
C	200 이상 250 이하 250 초과 315 이하 315 초과	34° 36° 38°	16.9	7.0	12.0	25.5	17.0	0.2~0.5	1.0~1.6	2~3	14
D	355 이상 450 이하 450 초과	36° 38°	24.6	9.5	15.5	37.0	24.0	0.2~0.5	1.6~2.0	3~4	19
E	500 이상 630 이하 630 초과	36° 38°	28.7	12.7	19.3	44.5	29.0	0.2~0.5	1.6~2.0	4~5	25.5

V 벨트 풀리의 바깥지름(d_e) 허용차 및 흔들림 허용값(KS B 1400) (단위: mm)

호칭 지름	바깥지름(d_e)	바깥둘레 흔들림 허용값	림 측면 흔들림 허용값
75 이상 118 이하	±0.6	0.3	0.3
125 이상 300 이하	±0.8	0.4	0.4
315 이상 630 이하	±1.2	0.6	0.6
710 이상 900 이하	±1.6	0.8	0.8

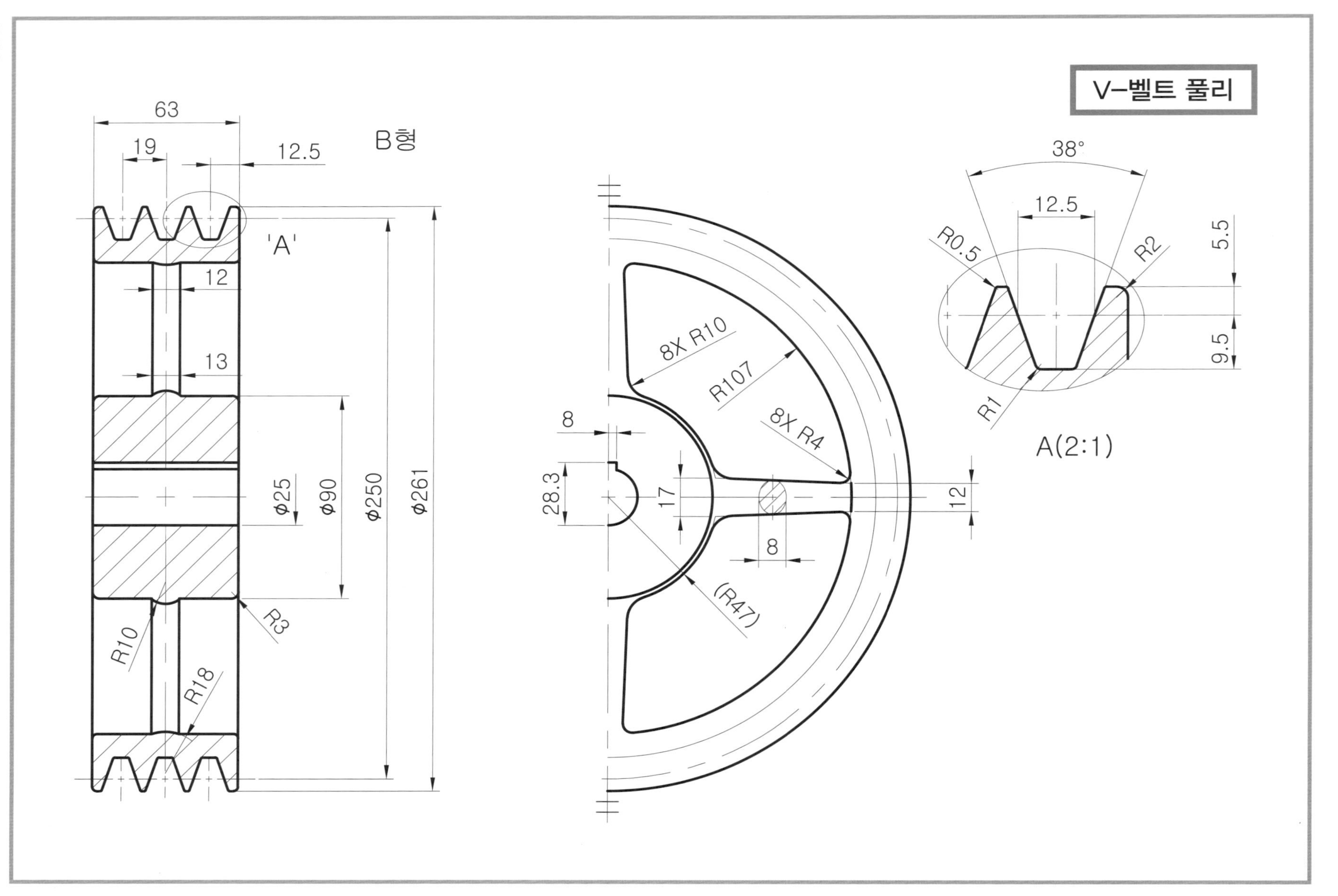
V-벨트 풀리
63
19
12.5
B형
'A'
12
13
φ25
φ90
φ250
φ261
R3
R10
R18
8
28.3
17
8X R10
R107
8X R4
8
(R47)
12
38°
12.5
R0.5
R2
5.5
9.5
R1
A(2:1)

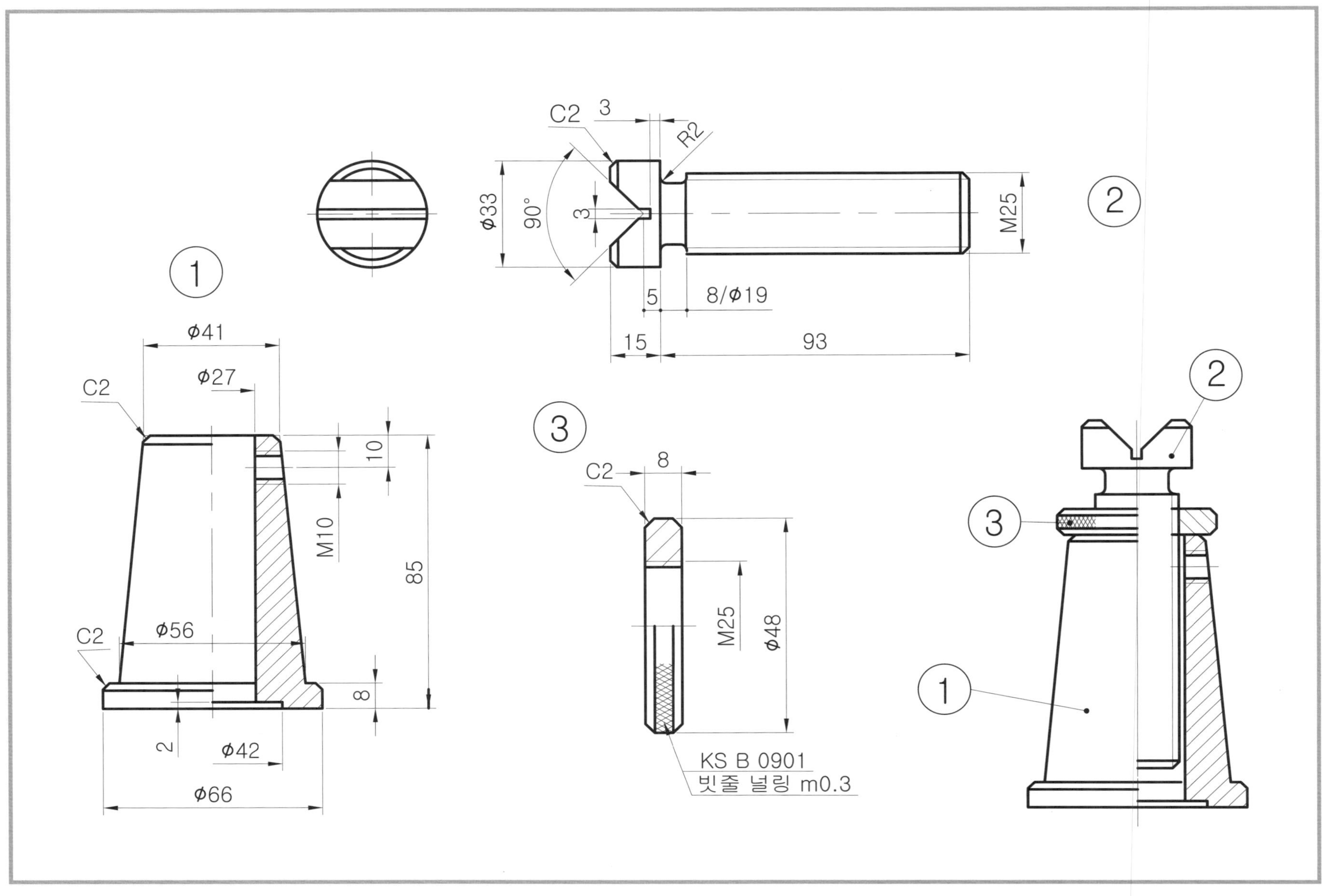

C2
3
R2
φ33
90°
M25
2
5
8/φ19
15
93
1
φ41
φ27
10
M10
85
φ56
8
φ42
φ66
3
KS B 0901
빗줄 널링 m0.3

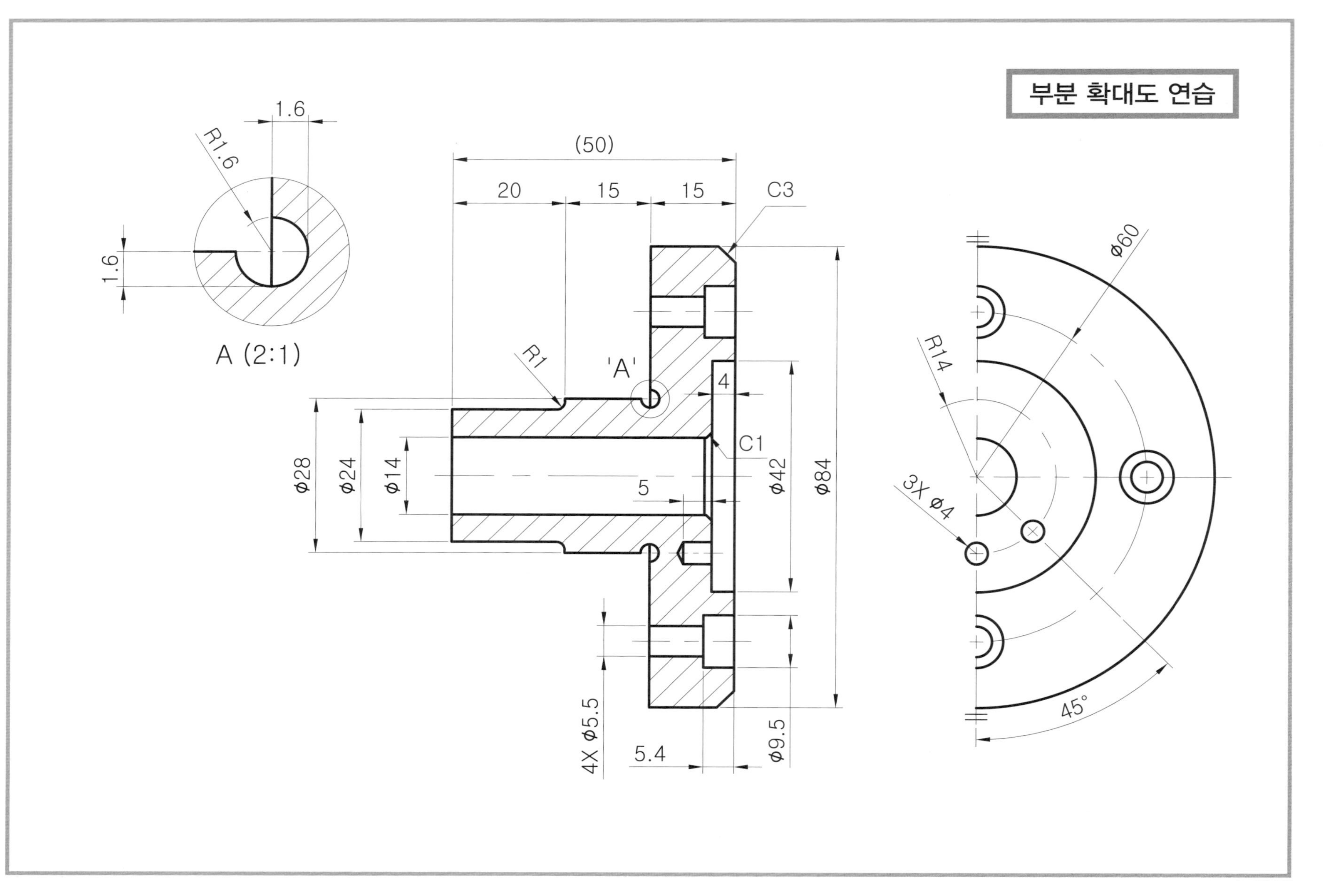
부분 확대도 연습
1.6
R1.6
1.6
A (2:1)
(50)
20
15
15
C3
R1
'A'
4
C1
φ28
φ24
φ14
5
φ42
φ84
4X φ5.5
5.4
φ9.5
φ60
R14
3X φ4
45°

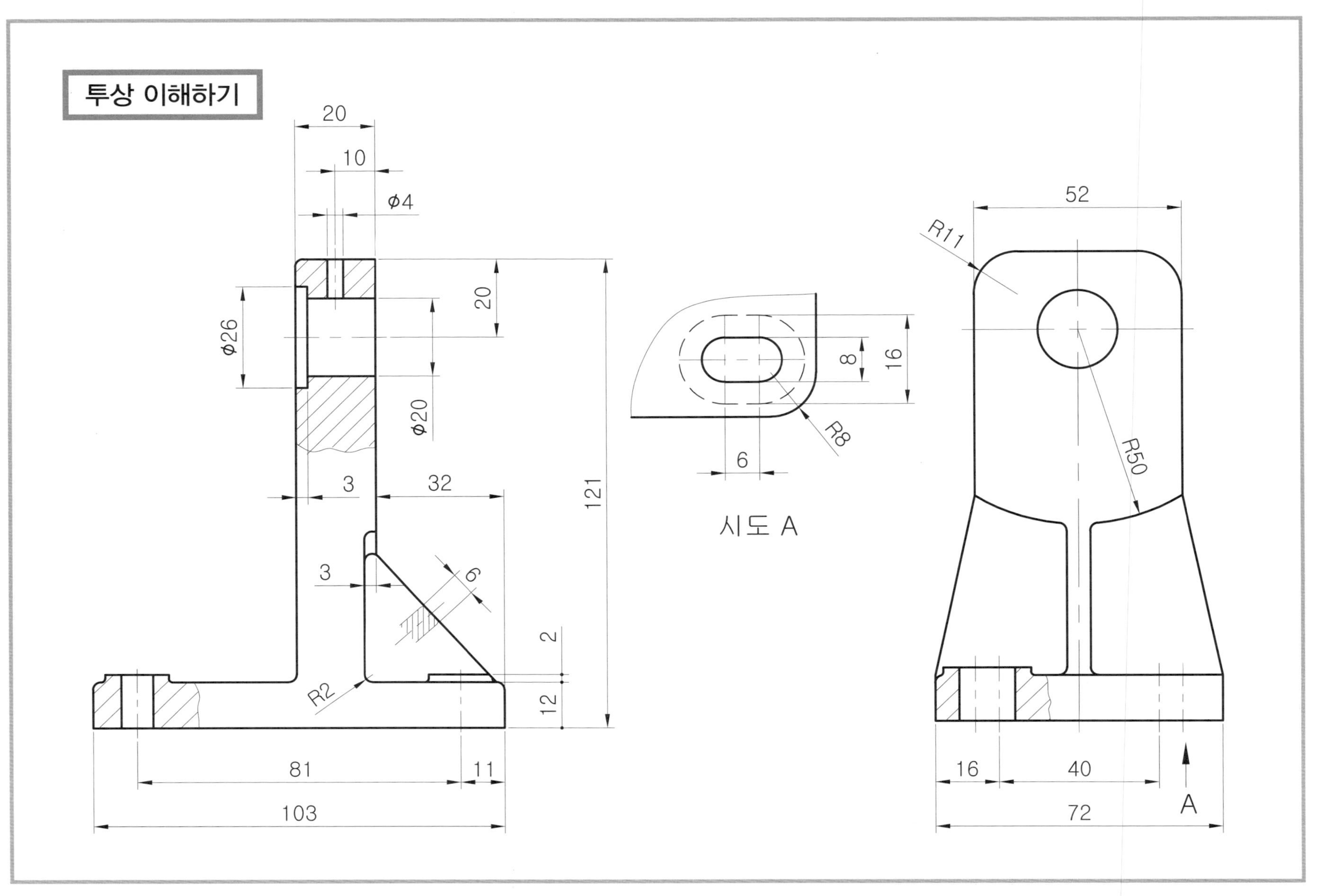

투상 이해하기
20
10
φ4
φ26
20
φ20
3
32
121
3
6
2
12
R2
81
11
103
16
8
R8
6
시도 A
52
R11
R50
16
40
72
A

DIM, BHATCH 치수기입과 해치

명령 : DIM　　명령 : HATCH, 단축명령 : H

다음 입체도를 보고 전단면을 이해하고 평면도와 정면도, 우측면도를 그린 후 치수기입을 하시오.

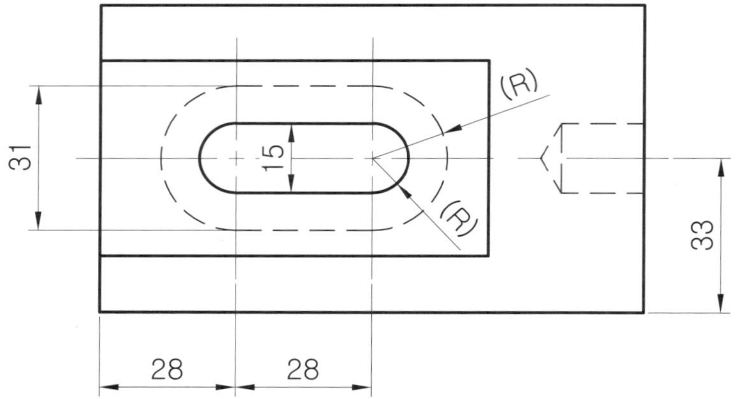

31
15
(R)
(R)
33
28
28

평면도

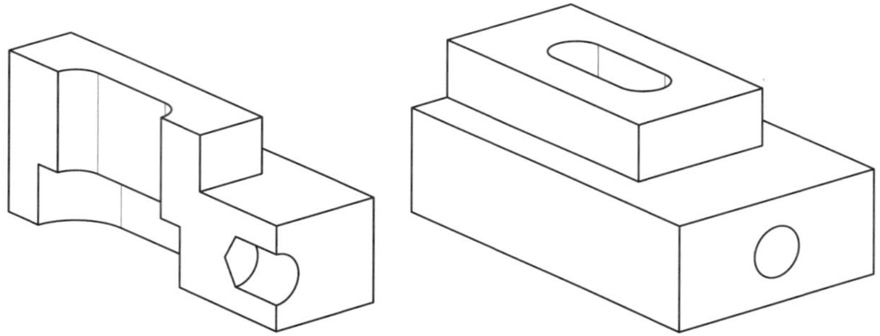

1/2 절단(전단면도)

물체의 속 내부를 관찰하기 위해 단면도를 표현하며, 숨은선이 나타나는 것을 실선으로 처리할 수 있어 도면이 복잡해지는 것을 처리한다.

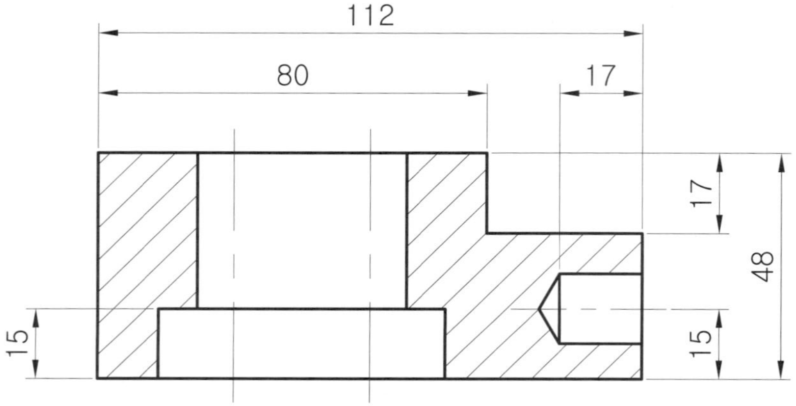

112
80
17
17
48
15
15

정면도

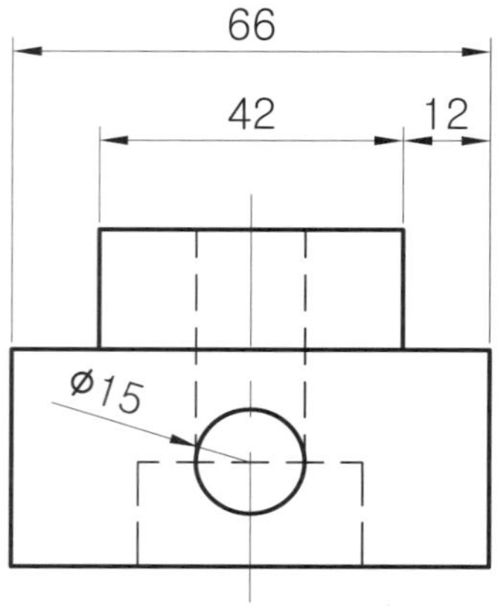

66
42
12
ø15

우측면도

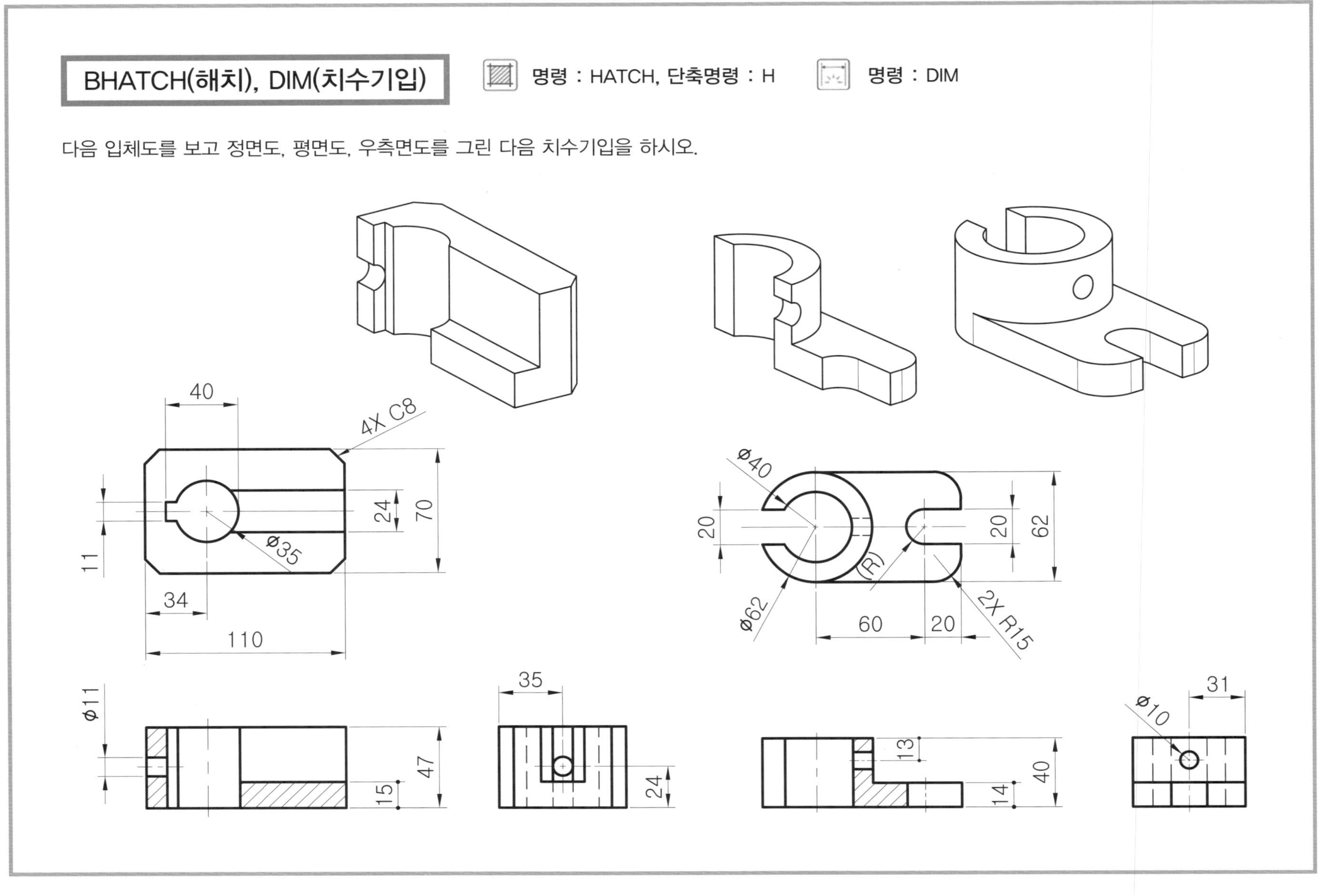
BHATCH(해치), DIM(치수기입)
명령 : HATCH, 단축명령 : H
명령 : DIM
다음 입체도를 보고 정면도, 평면도, 우측면도를 그린 다음 치수기입을 하시오.
40
4X C8
24
70
Ø35
11
34
110
Ø40
20
20
62
(R)
Ø62
60
20
2X R15
Ø11
47
15
35
24
13
40
14
Ø10
31

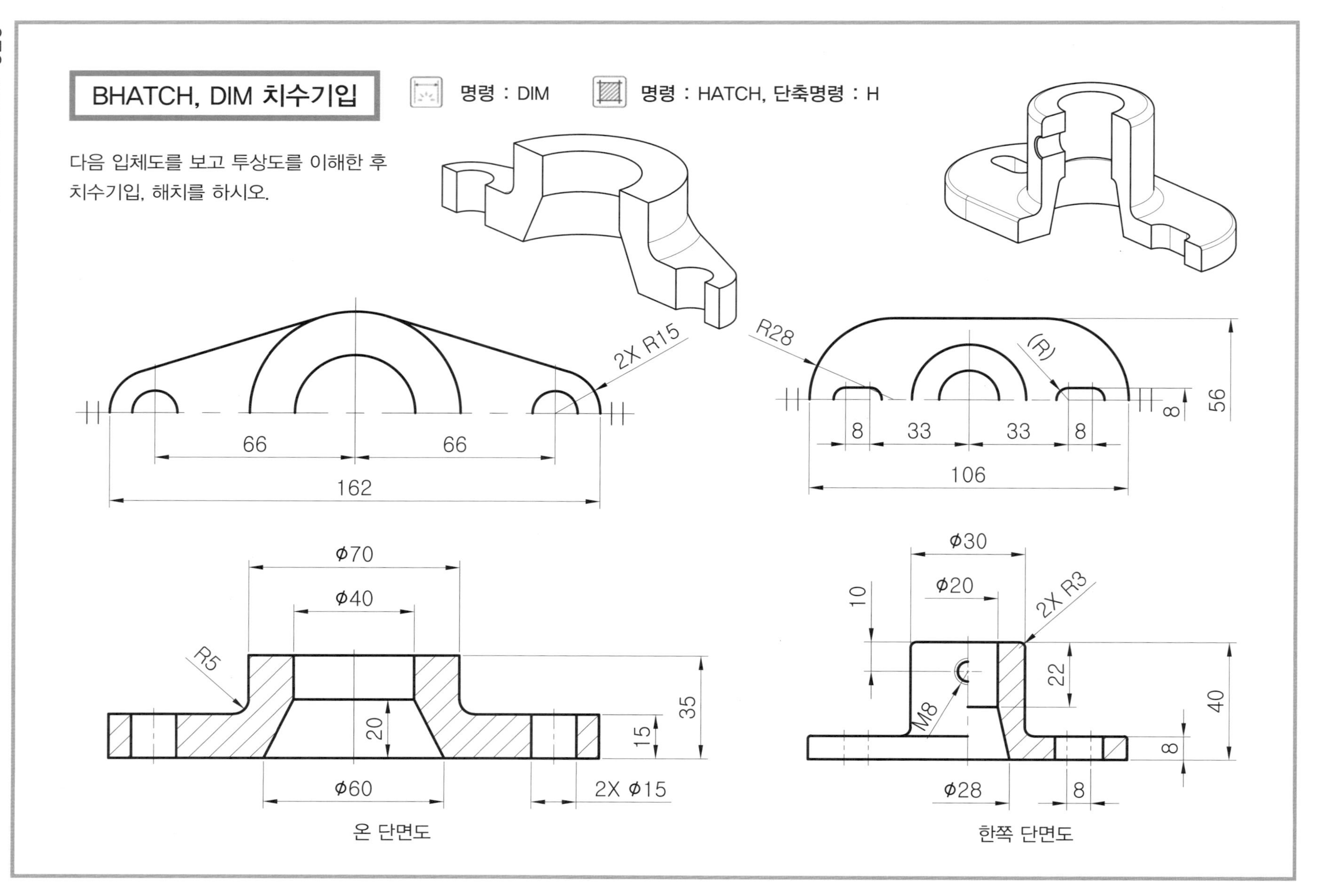
BHATCH, DIM 치수기입
명령 : DIM
명령 : HATCH, 단축명령 : H
다음 입체도를 보고 투상도를 이해한 후
치수기입, 해치를 하시오.
2X R15
66
66
162
R28
(R)
8
33
33
8
106
8
56
Φ70
Φ40
R5
20
35
15
Φ60
2X Φ15
온 단면도
Φ30
Φ20
10
2X R3
22
M8
40
8
Φ28
8
한쪽 단면도

관통 볼트, 탭 볼트 그리기

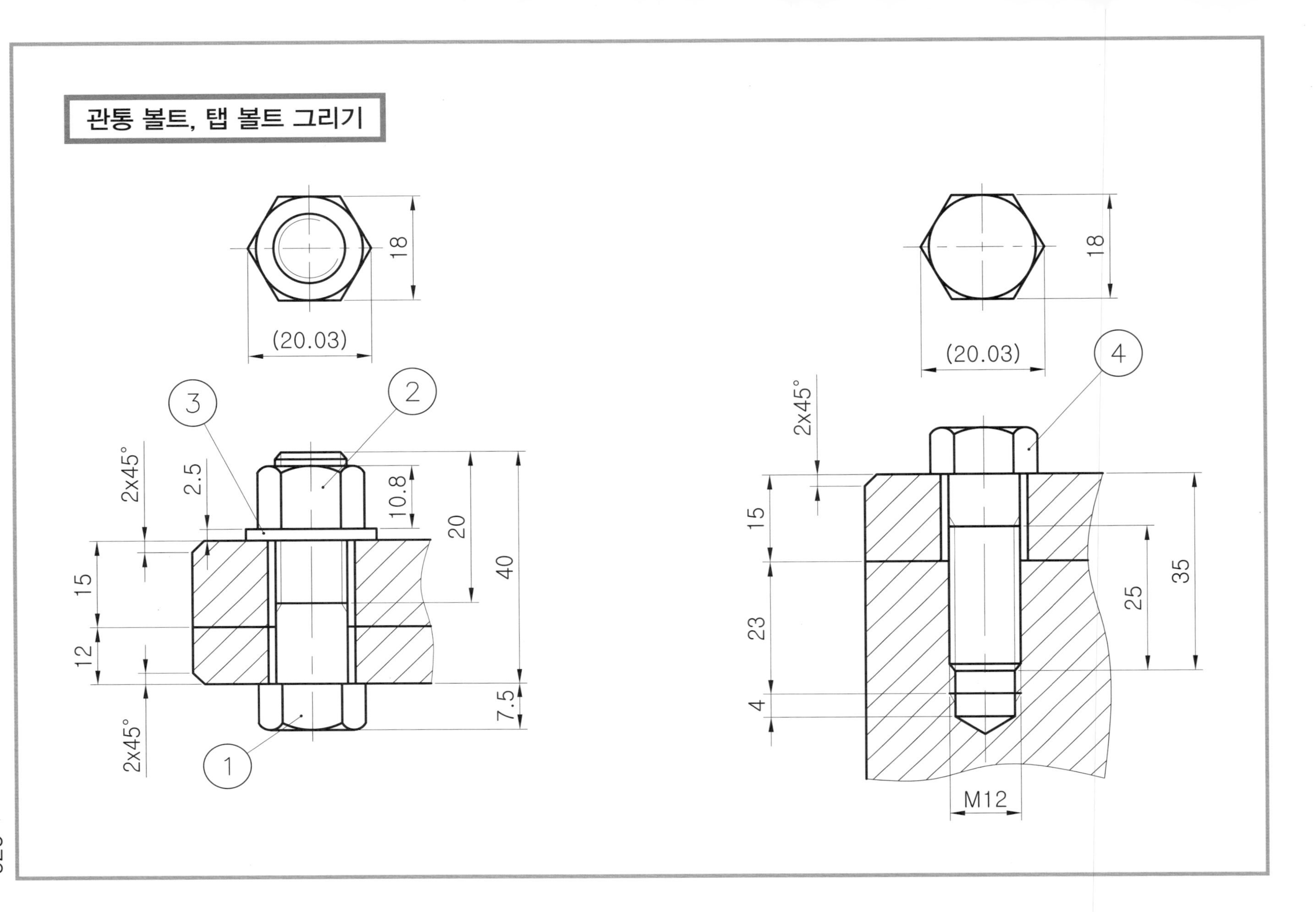

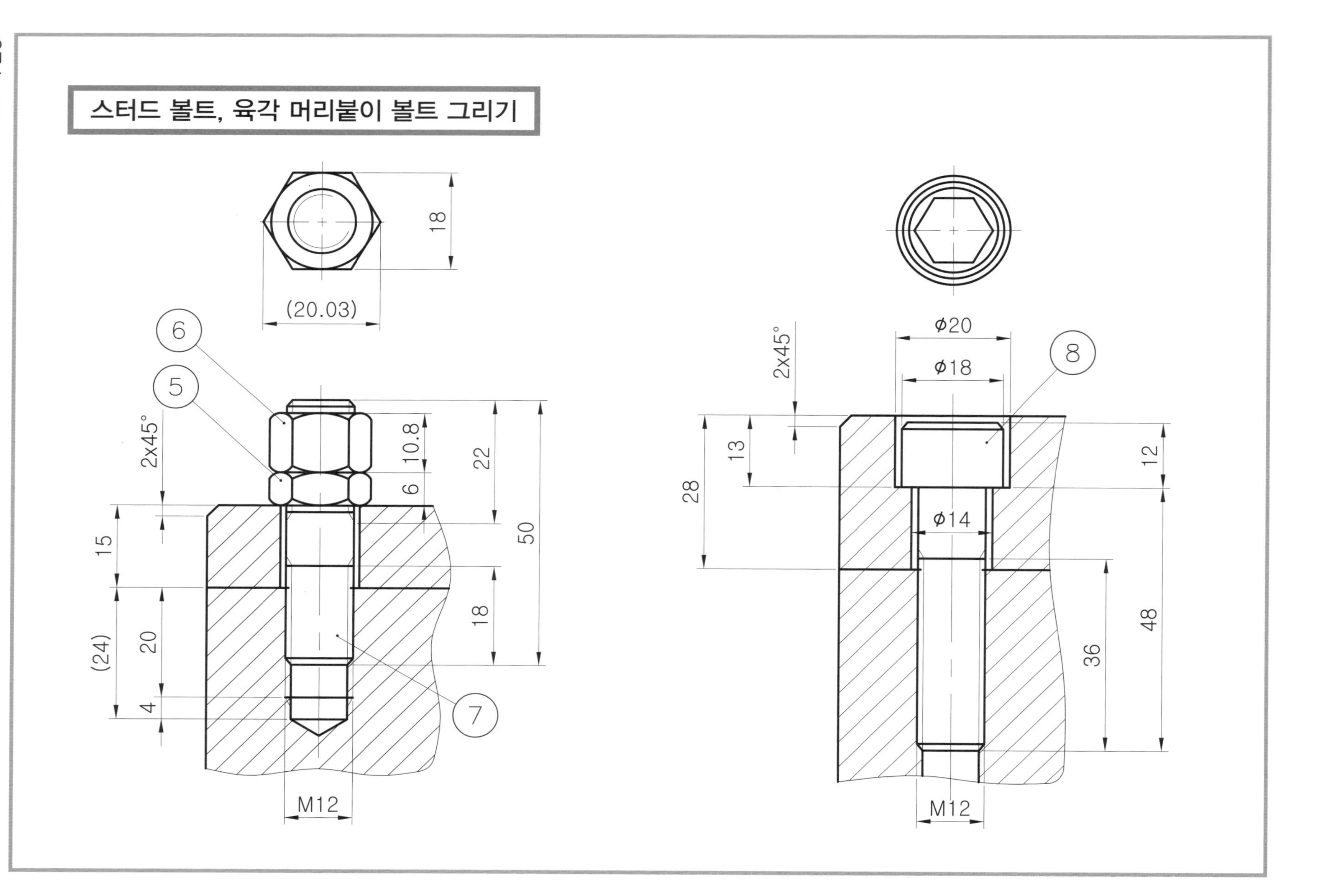
스터드 볼트, 육각 머리붙이 볼트 그리기
18
(20.03)
6
5
2x45°
10.8
6
22
50
15
18
(24)
20
4
7
M12
2x45°
φ20
φ18
8
28
13
12
φ14
36
48
M12

작은 나사 그리기

⑨

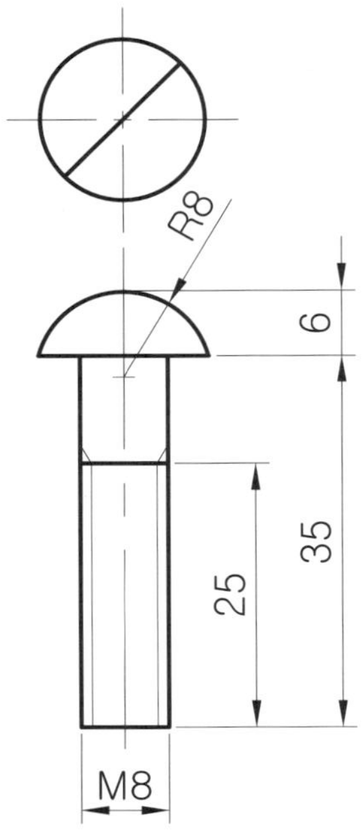

R8 R8 6 35 25 M8

⑩

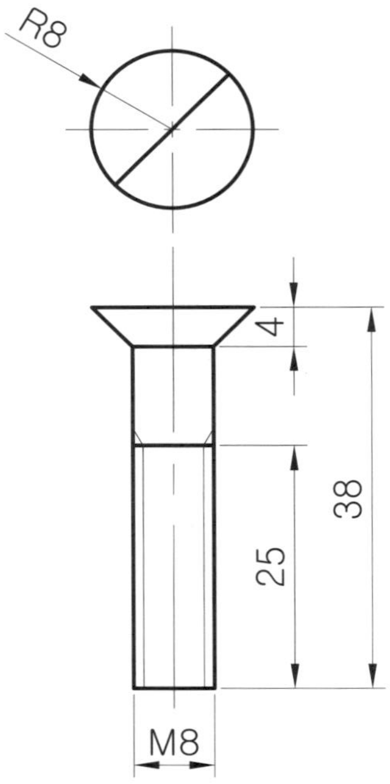

R8 4 38 25 M8

⑪

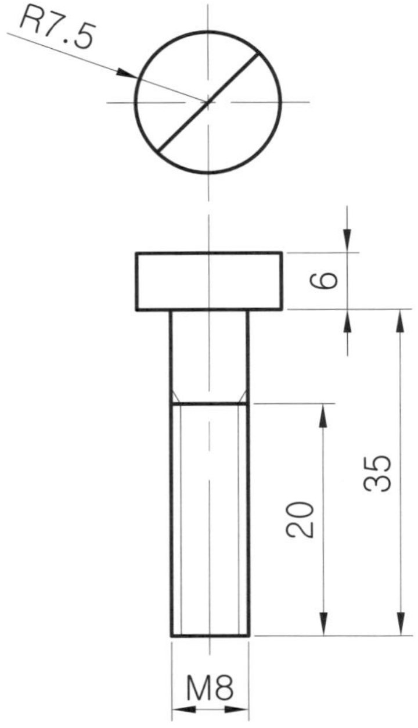

R7.5 6 35 20 M8

⑫

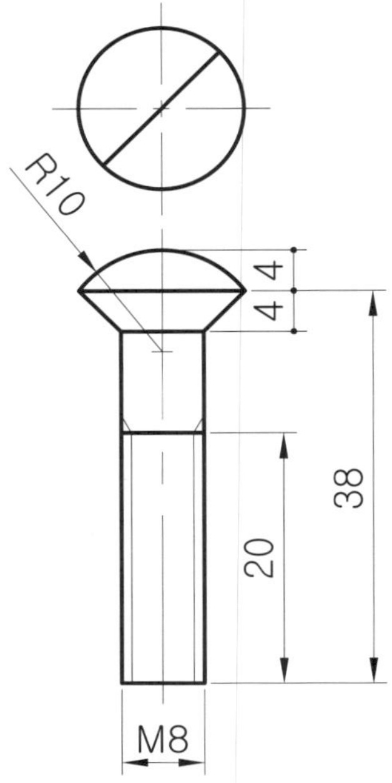

R10 4 4 38 20 M8

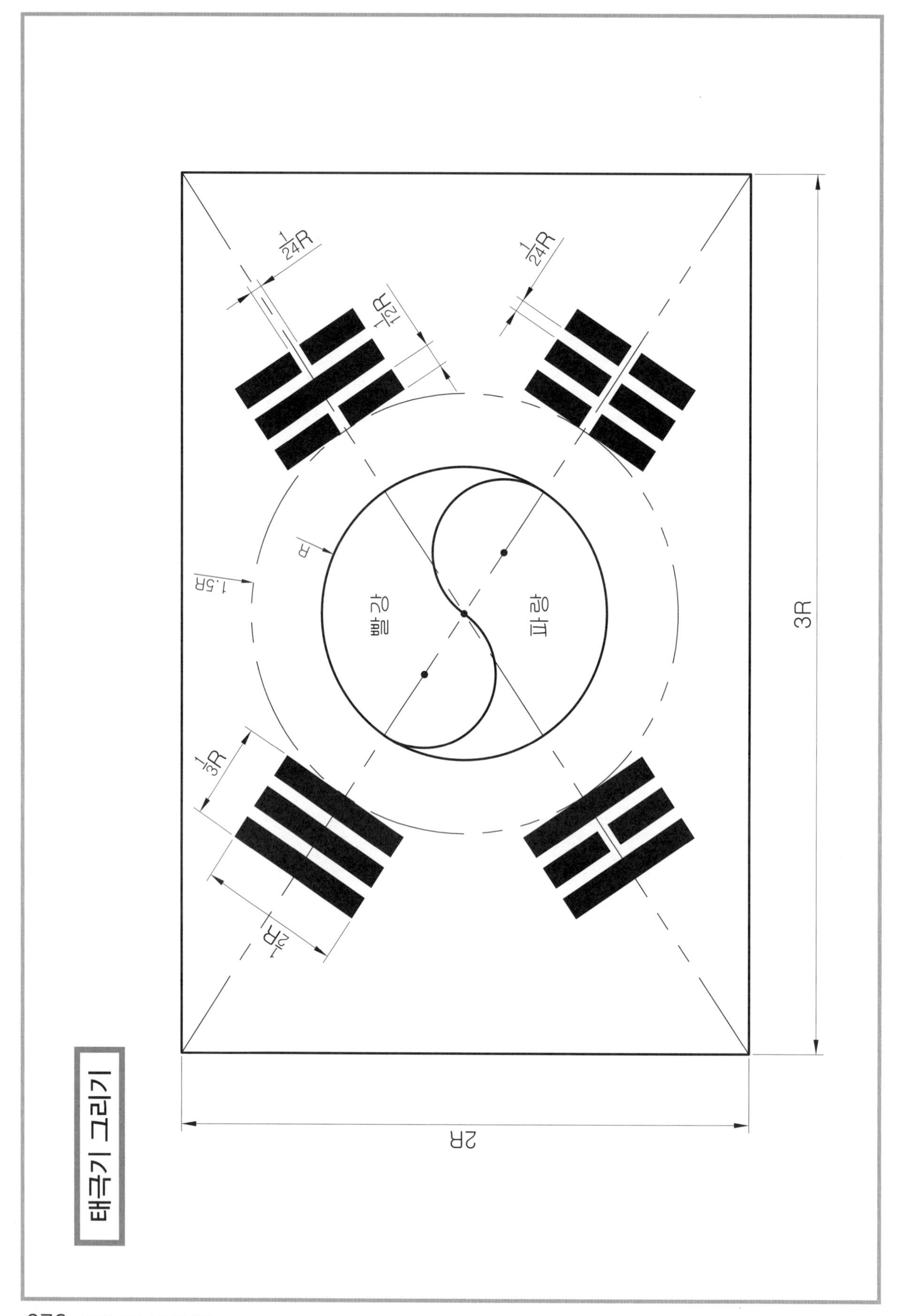
태극기 그리기
3R
2R
빨강
파랑
R
1.5R
$\frac{1}{24}$R
$\frac{1}{24}$R
$\frac{1}{12}$R
$\frac{1}{3}$R
$\frac{1}{2}$R

커버 그리기

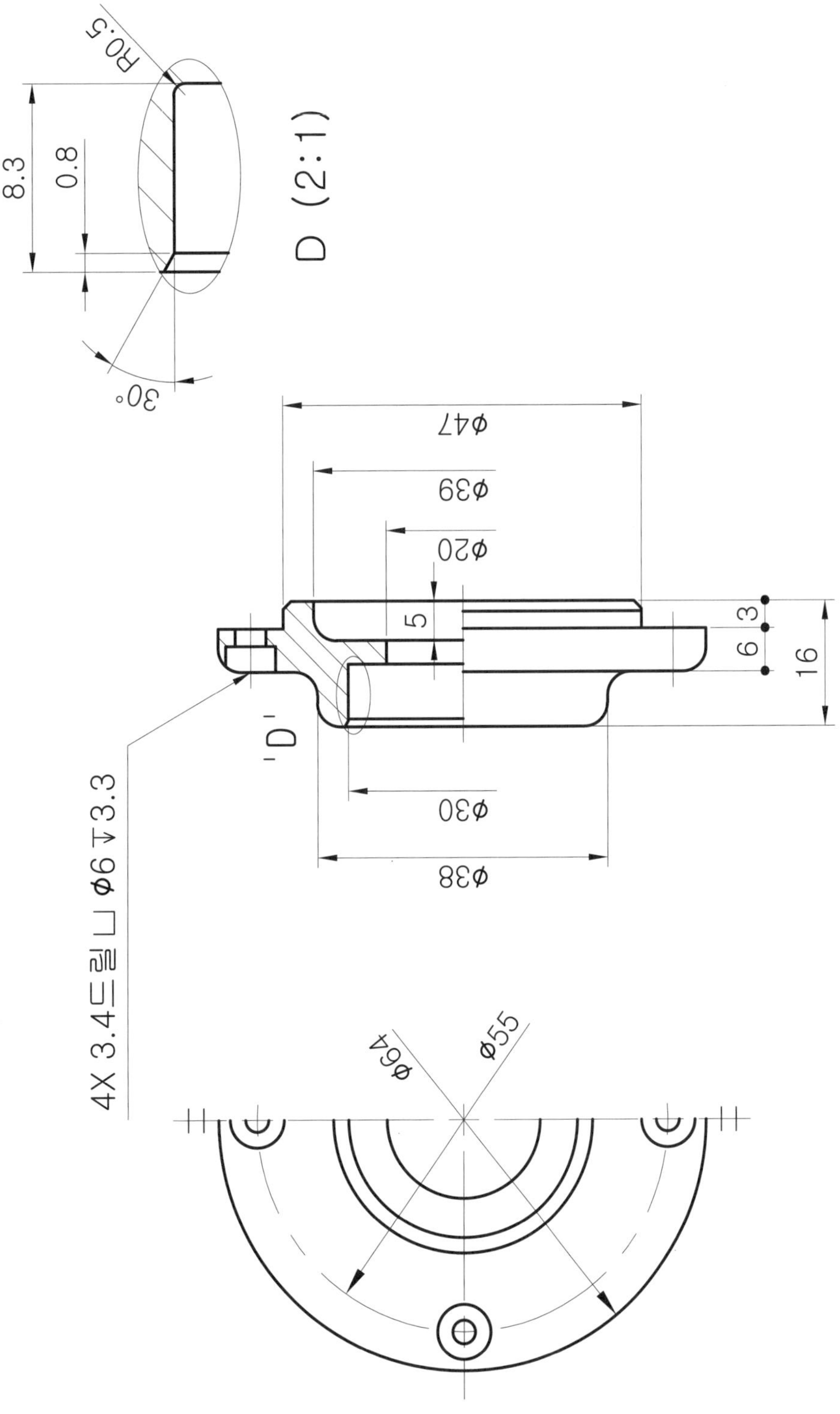

4X 3.4드릴 ⌴ ϕ6 ↧3.3

ϕ64

ϕ55

'D'

ϕ38

ϕ30

5

ϕ20

ϕ39

ϕ47

6

3

16

8.3

0.8

30°

R0.5

D (2:1)

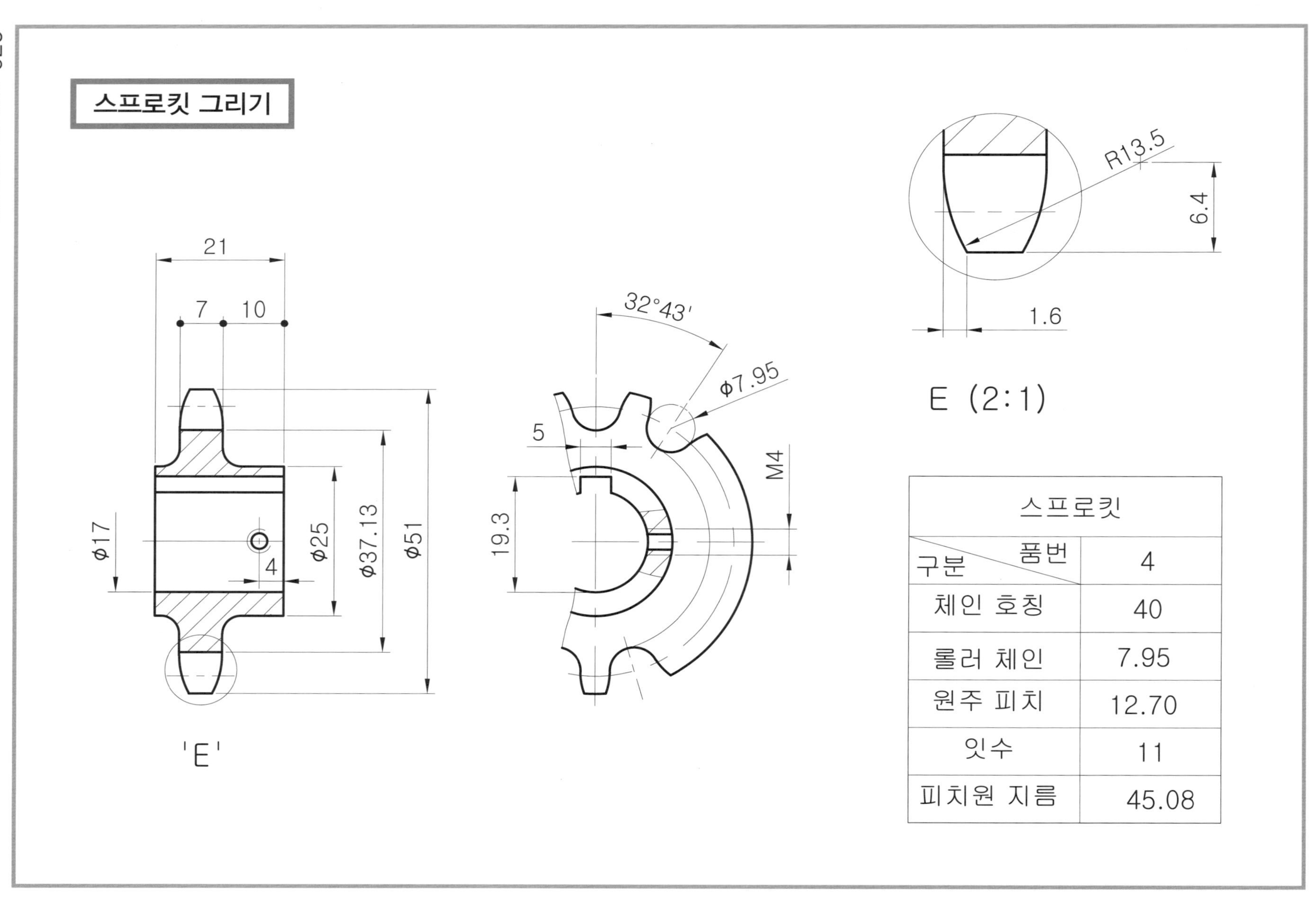

구분 \ 품번	스프로킷 4
체인 호칭	40
롤러 체인	7.95
원주 피치	12.70
잇수	11
피치원 지름	45.08

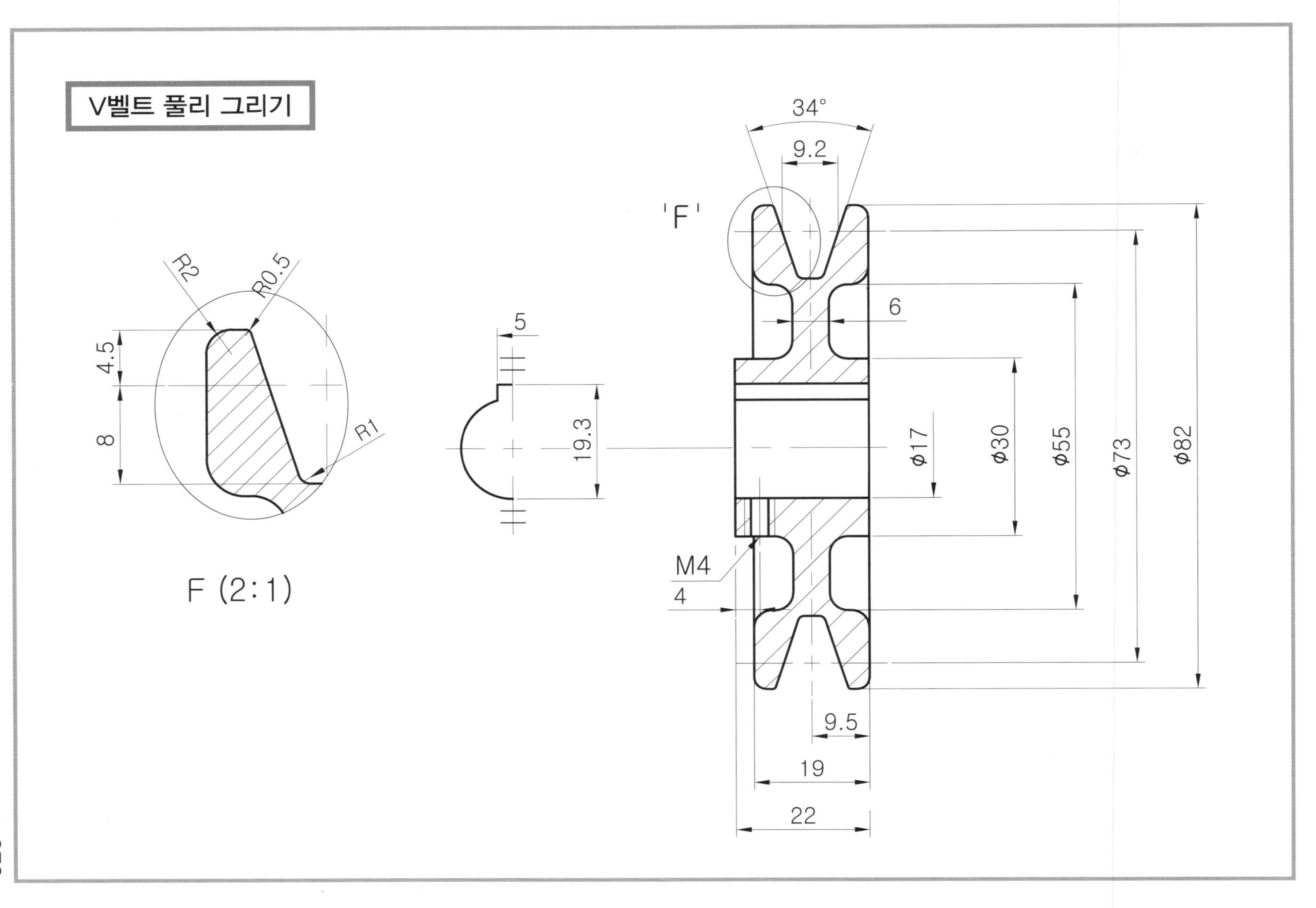
V벨트 풀리 그리기
R2
R0.5
4.5
8
R1
F (2:1)
5
19.3
'F'
34°
9.2
6
φ17
φ30
φ55
φ73
φ82
M4
4
9.5
19
22

헬리컬 기어 그리기

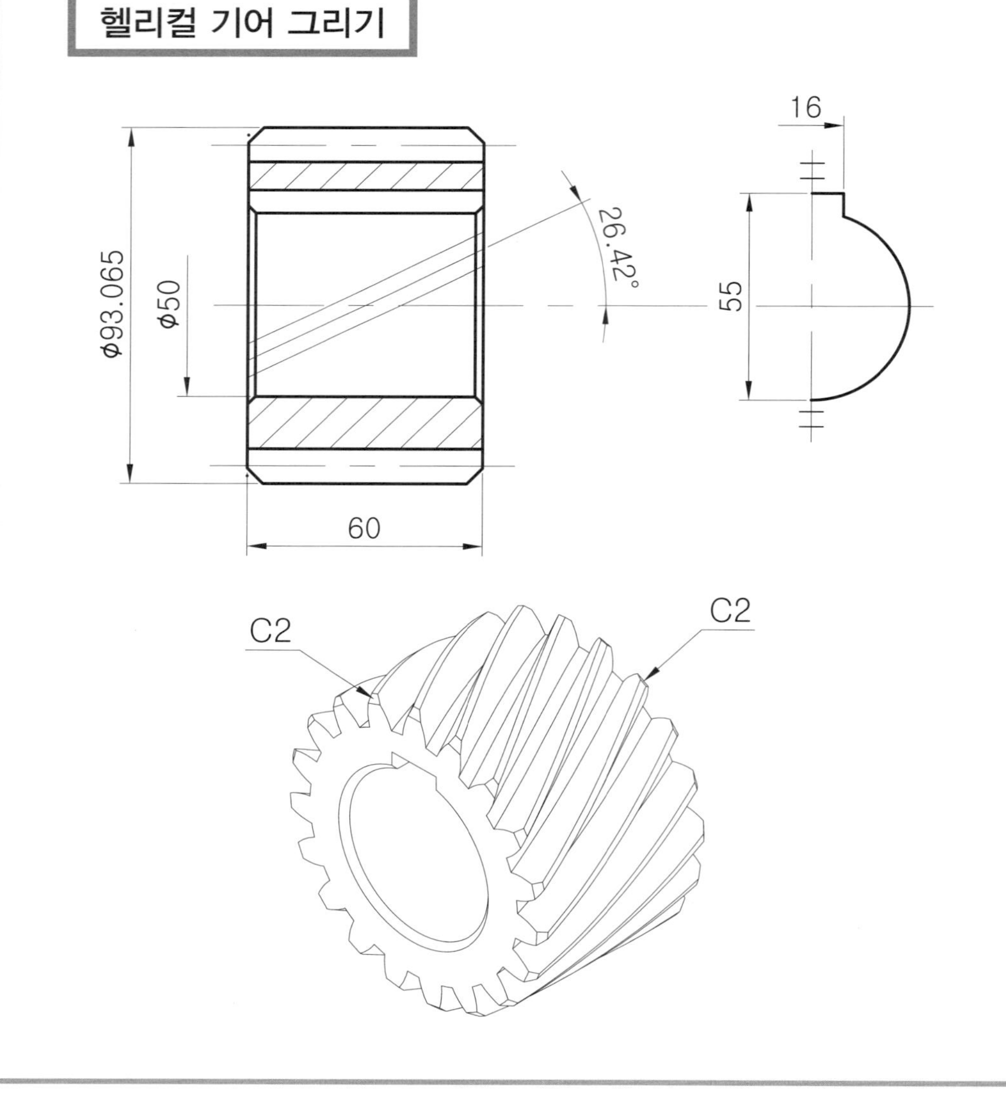

헬리컬기어		
기어치형		표준
기준 래크	치형	보통이
	모듈	4
	압력각	20°
잇수		19
치형 기준면		치직각
비틀림각		26.7°
리드		531.39
방향		좌
피치원 지름		P.C.D 85.07
전체 이높이		9.40
다듬질 방법		호브절삭
정밀도		KS B 1405,5급

Landscaping

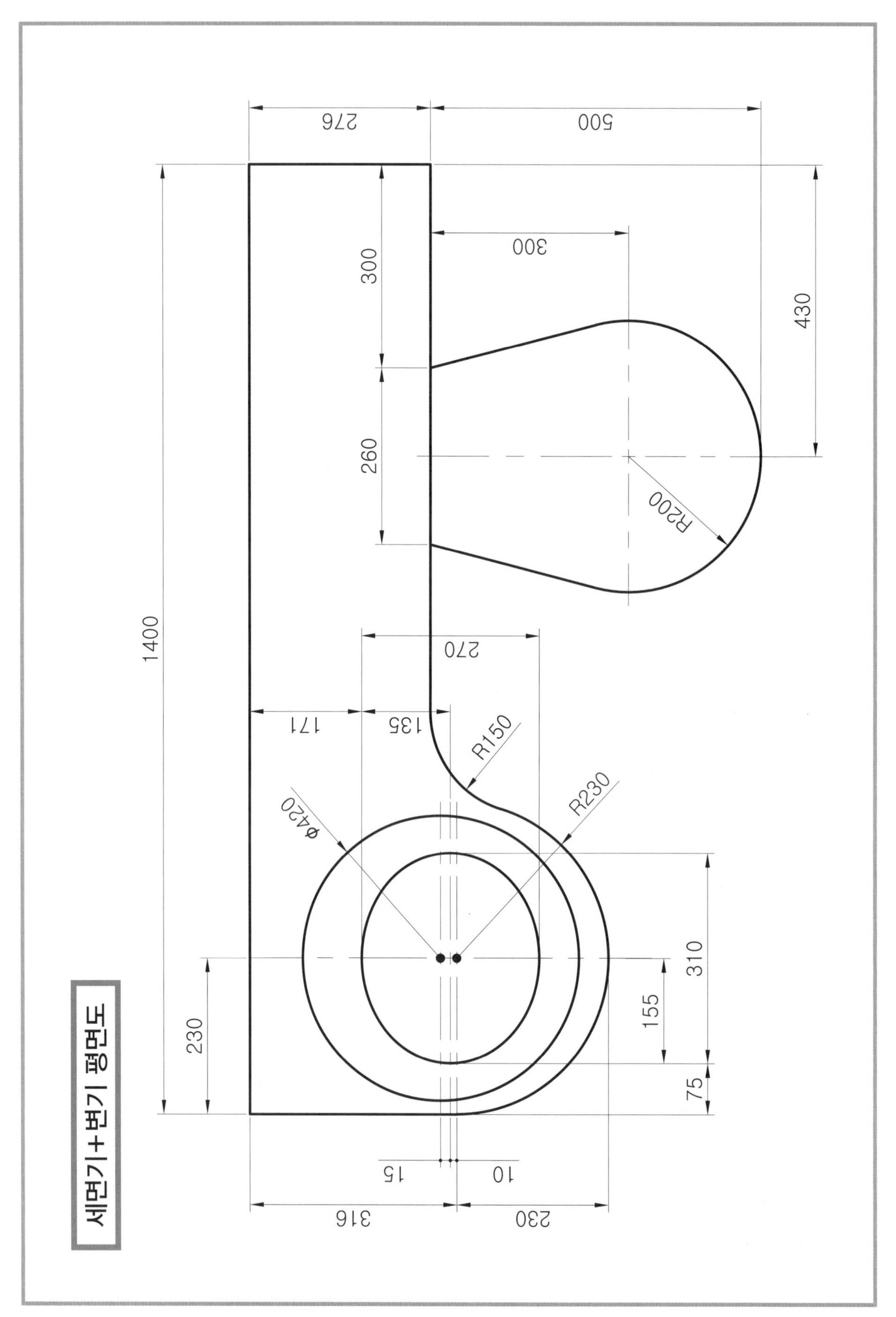
세면기+변기 평면도
276
500
1400
300
430
260
R200
270
171
135
R150
R230
φ420
310
155
230
75
15
10
316
230

세면기 평면도

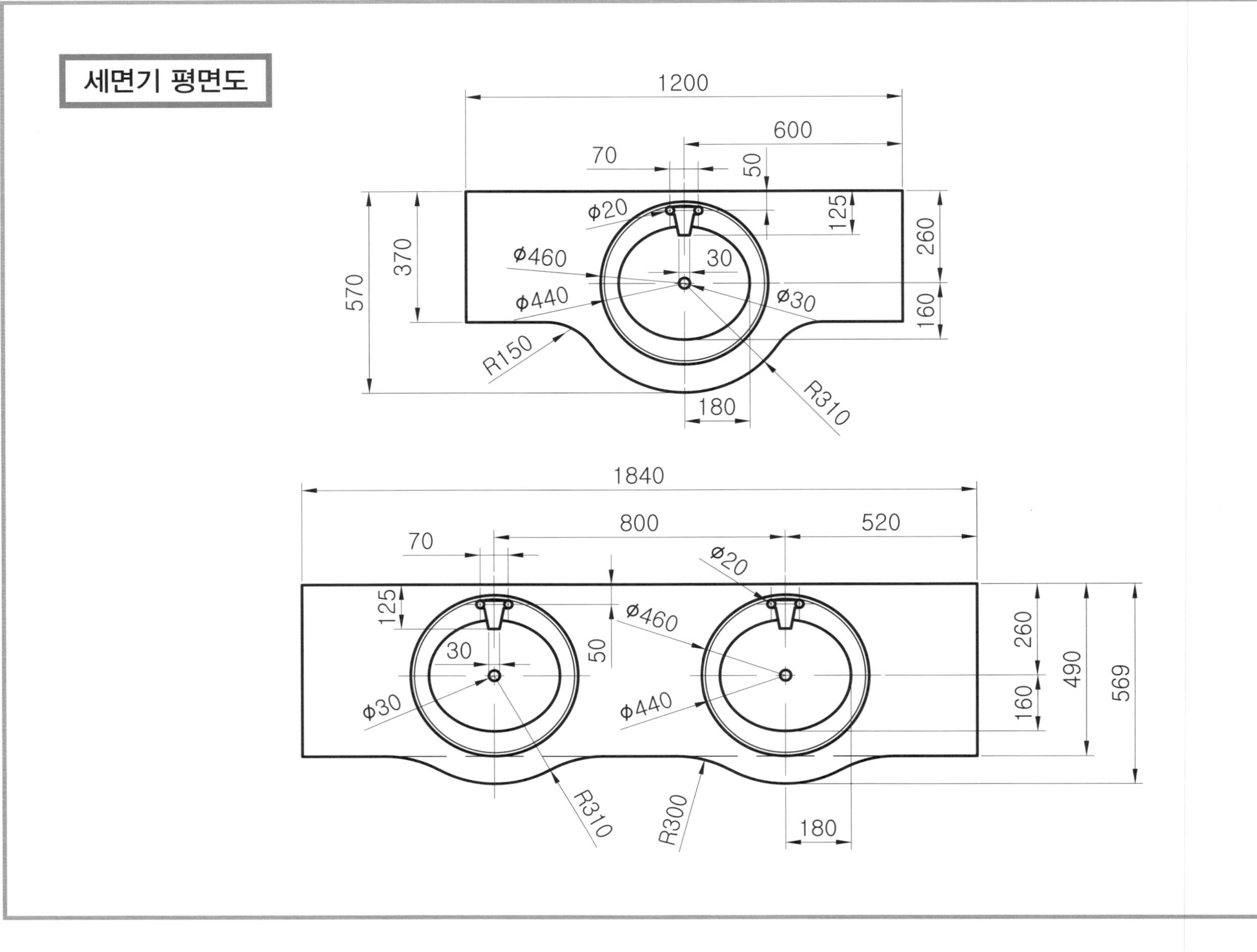
1200
600
70
50
Φ20
125
260
Φ460
30
370
570
Φ440
Φ30
160
R150
R310
180
1840
800
520
70
Φ20
125
Φ460
30
50
490
569
Φ30
Φ440
260
160
R310
R300
180

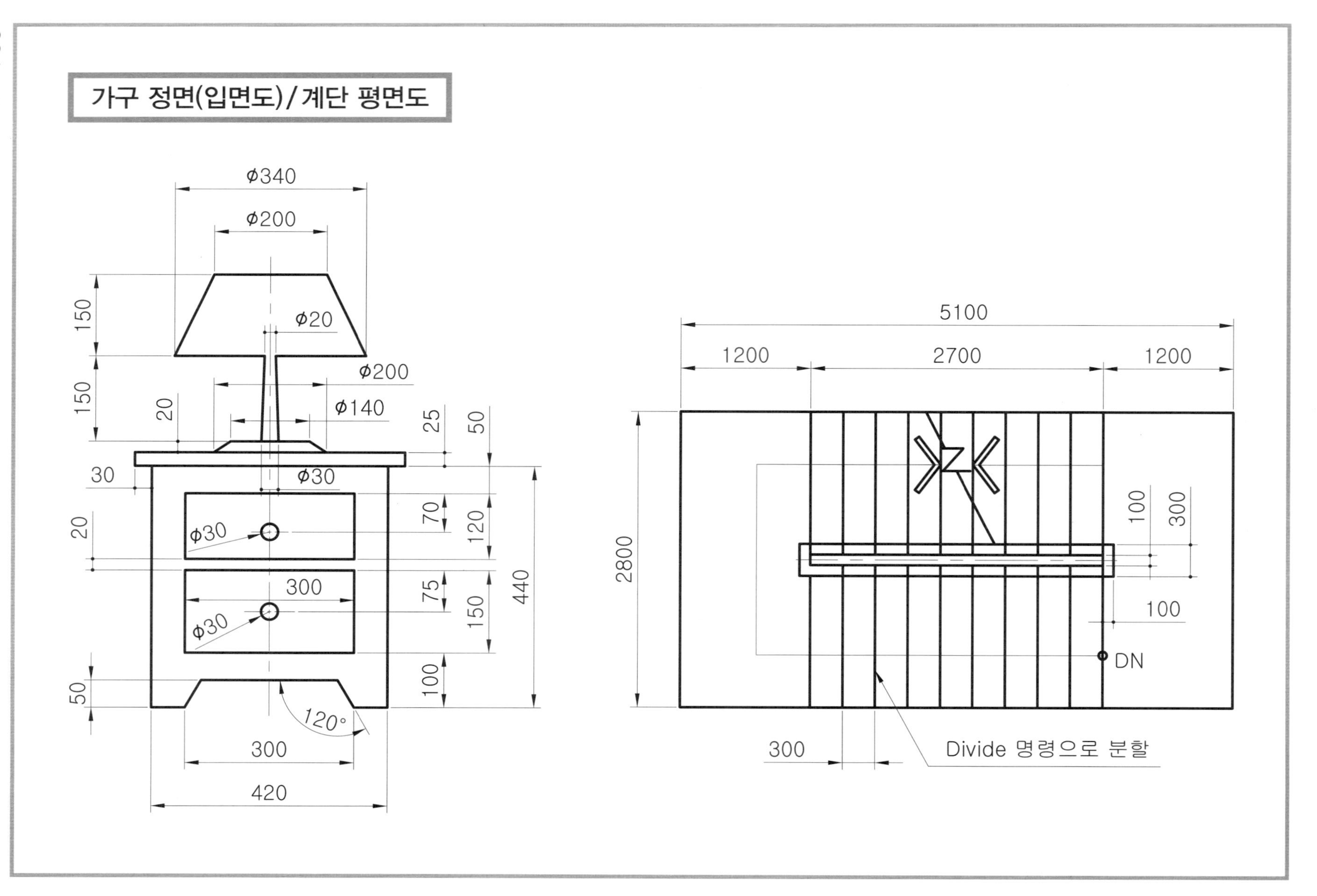
가구 정면(입면도)/계단 평면도
φ340
φ200
φ20
φ200
φ140
φ30
φ30
φ30
150
150
20
30
20
50
25
50
70
120
75
150
100
440
300
300
420
120°
5100
1200
2700
1200
2800
100
300
100
DN
300
Divide 명령으로 분할

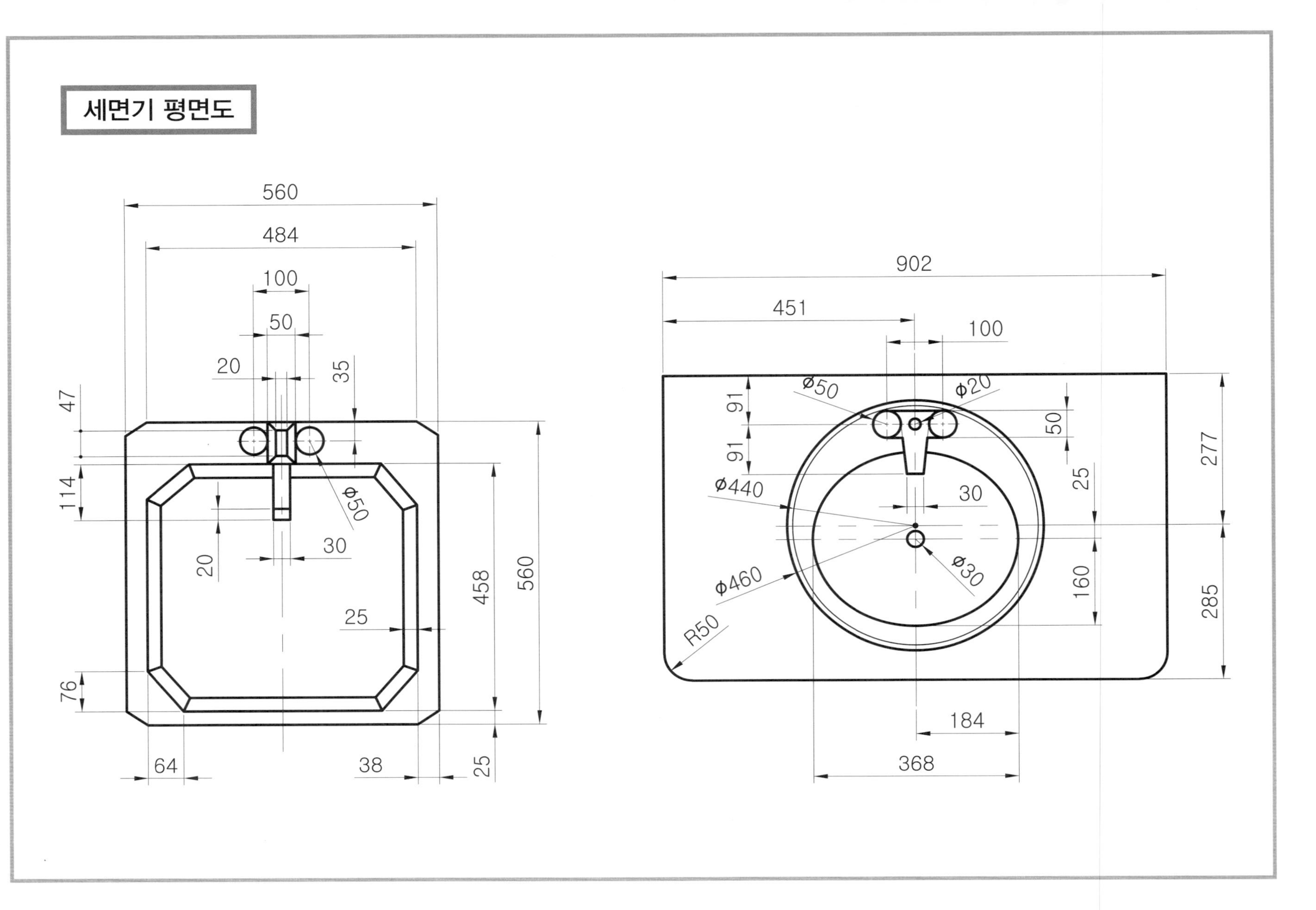
세면기 평면도
560
484
100
50
20
35
47
114
Φ50
20
30
25
458
560
76
64
38
25
902
451
100
Φ50
Φ20
91
91
50
277
Φ440
30
25
Φ460
Φ30
160
285
R50
184
368

소변기, 변기 평면도

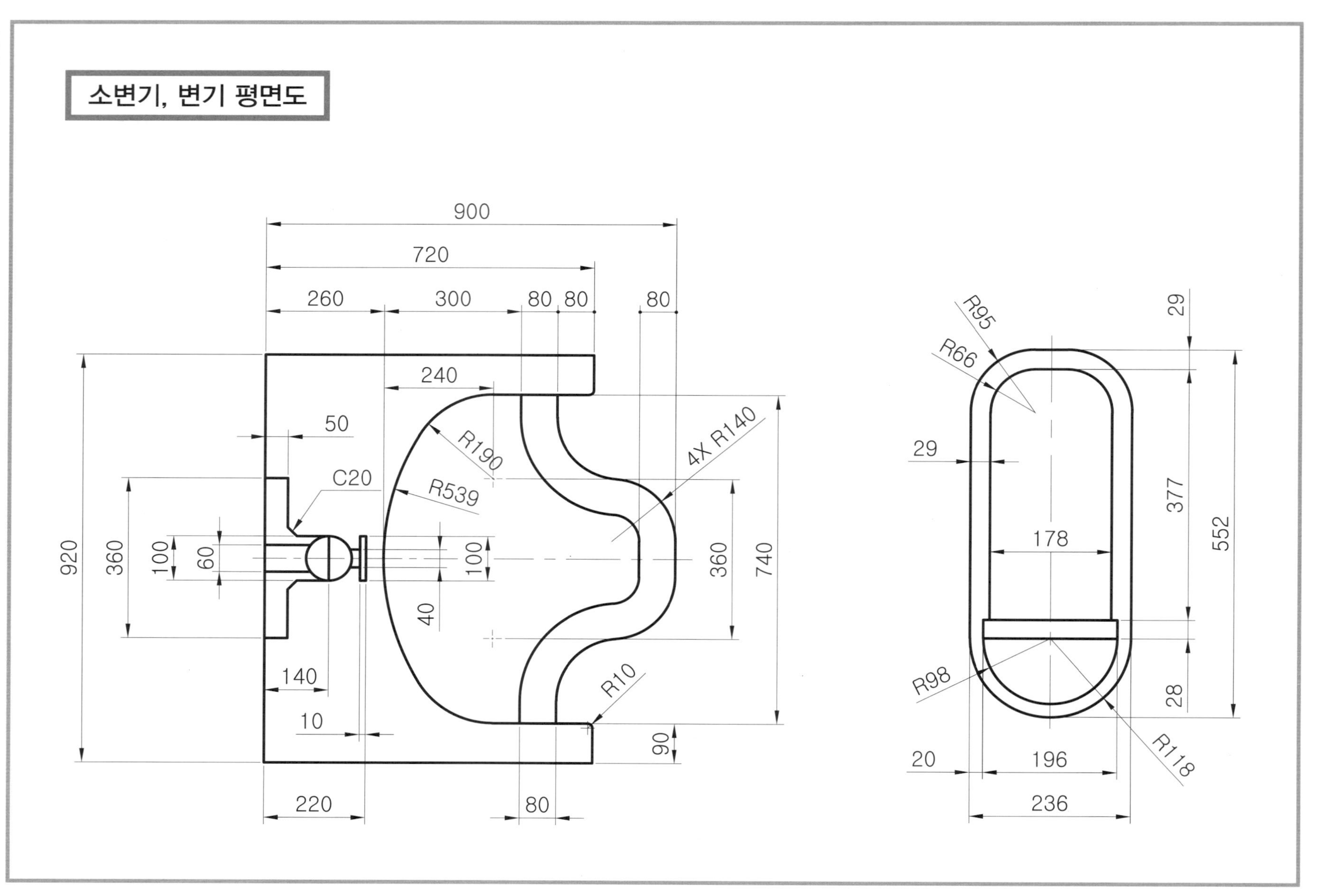
900
720
260
300
80 80
80
240
50
R190
C20
R539
4X R140
920
360
100
60
100
40
360
740
140
10
R10
90
220
80
R95
R66
29
29
377
178
552
R98
28
R118
20
196
236

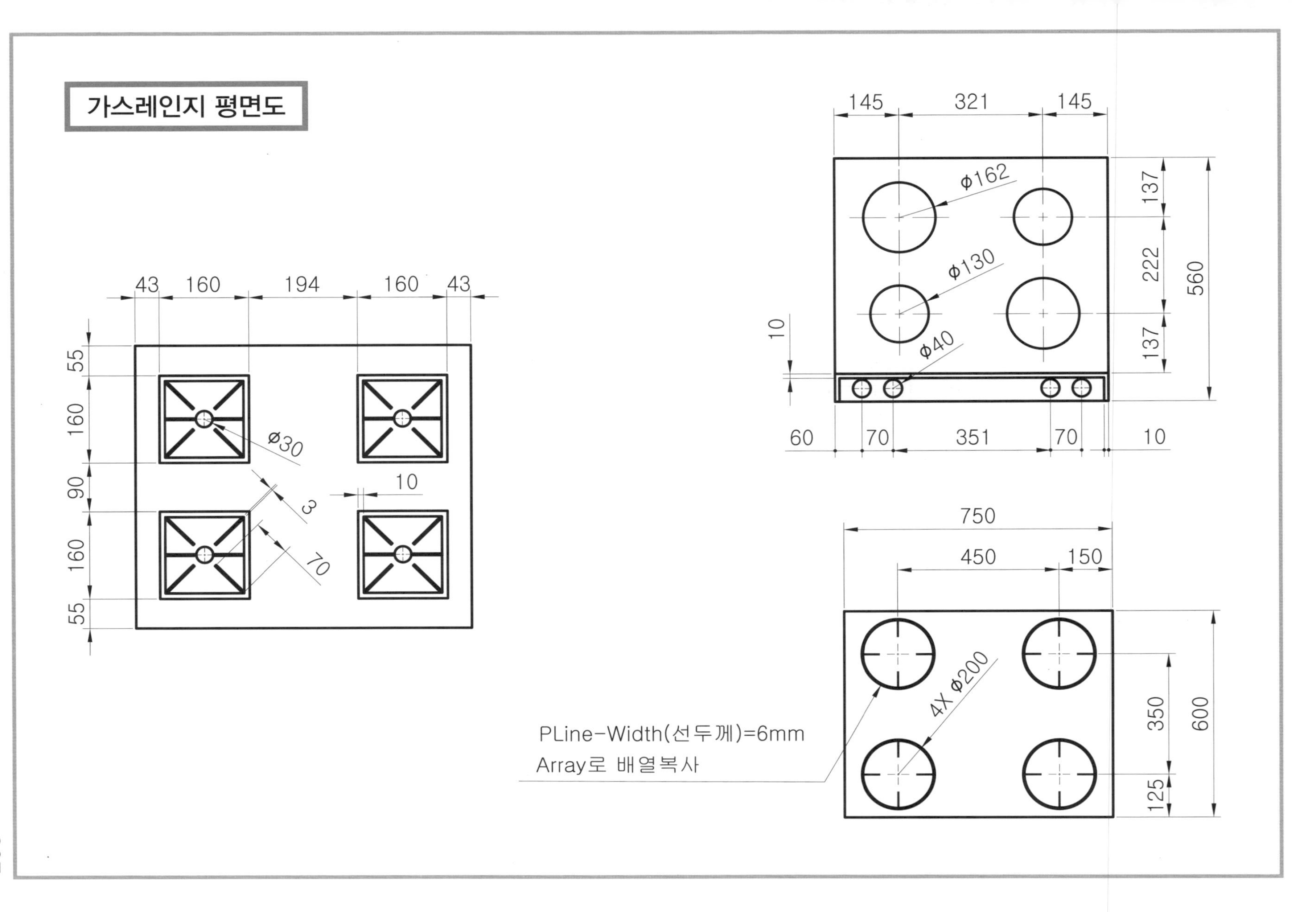
가스레인지 평면도
43
160
194
160
43
55
160
90
160
55
Ø30
3
70
10
145
321
145
ϕ162
ϕ130
ϕ40
137
222
137
560
10
60
70
351
70
10
750
450
150
4X ϕ200
350
600
125
PLine-Width(선두께)=6mm
Array로 배열복사

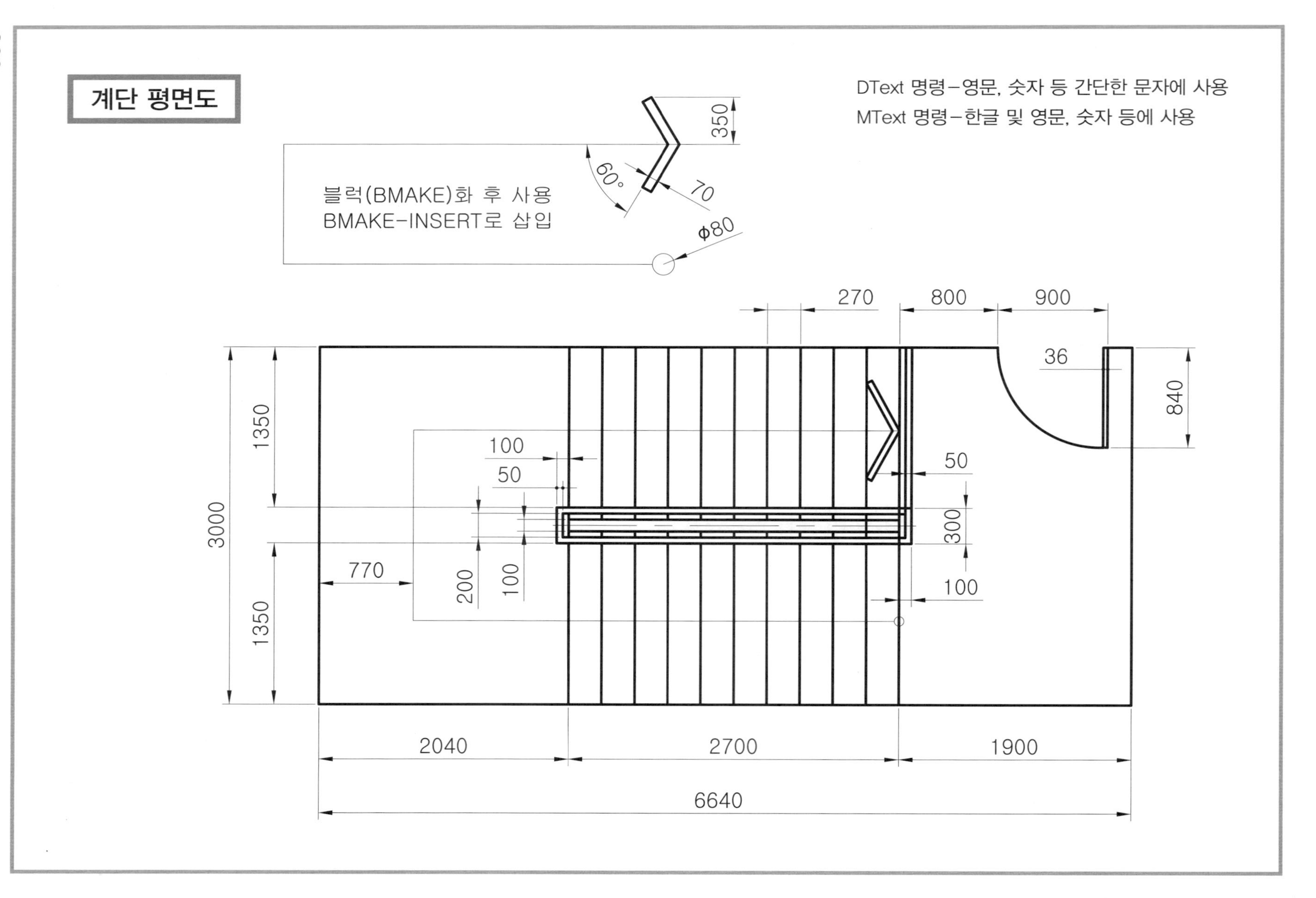

계단 평면도
DText 명령–영문, 숫자 등 간단한 문자에 사용
MText 명령–한글 및 영문, 숫자 등에 사용
블럭(BMAKE)화 후 사용
BMAKE-INSERT로 삽입
350
60°
70
ϕ80
270
800
900
36
840
1350
3000
1350
100
50
50
300
100
770
200
100
2040
2700
1900
6640

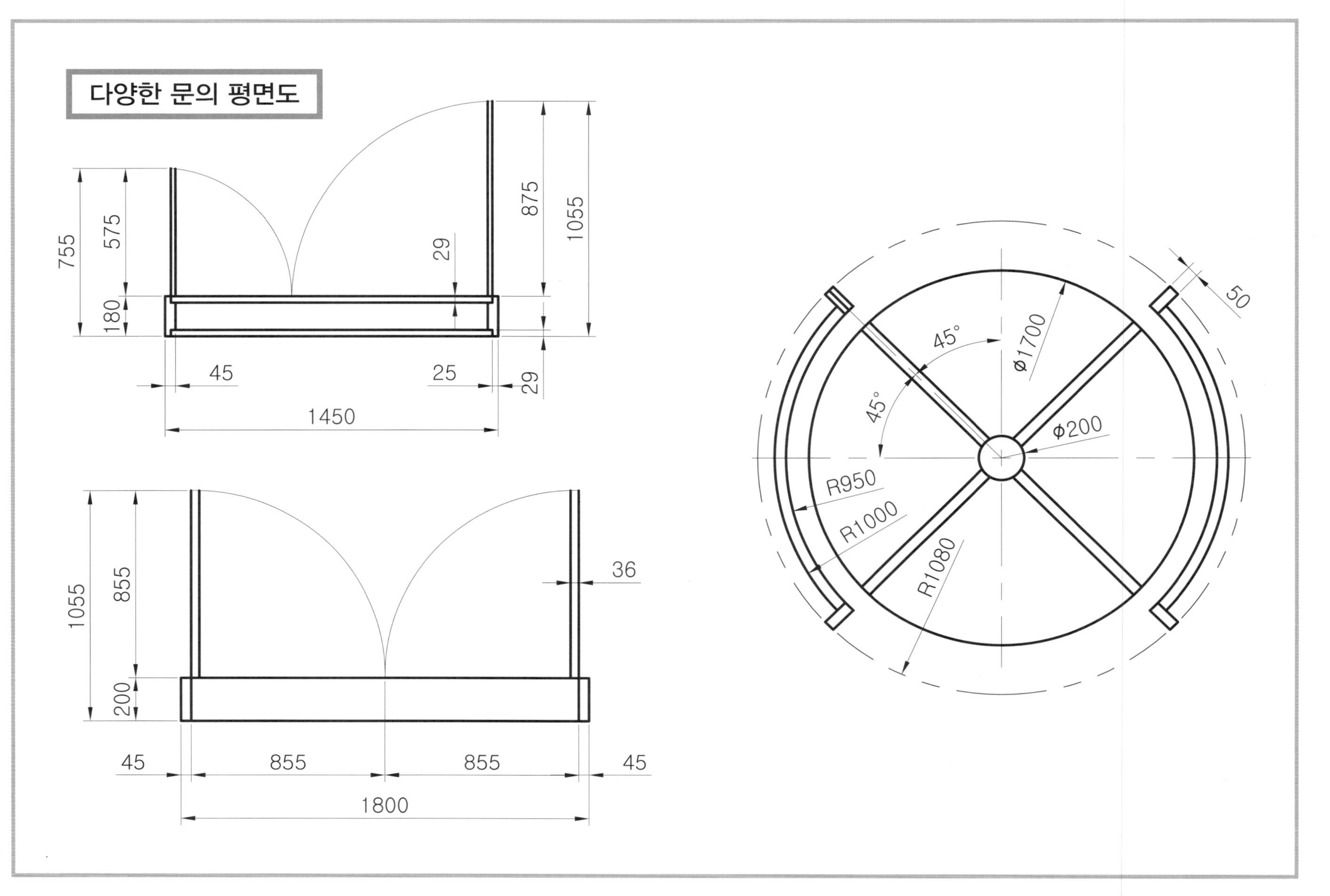
다양한 문의 평면도
755
575
180
29
875
1055
45
25
29
1450
1055
855
200
36
45
855
855
45
1800
50
45°
45°
ϕ1700
ϕ200
R950
R1000
R1080

싱크대 평면도

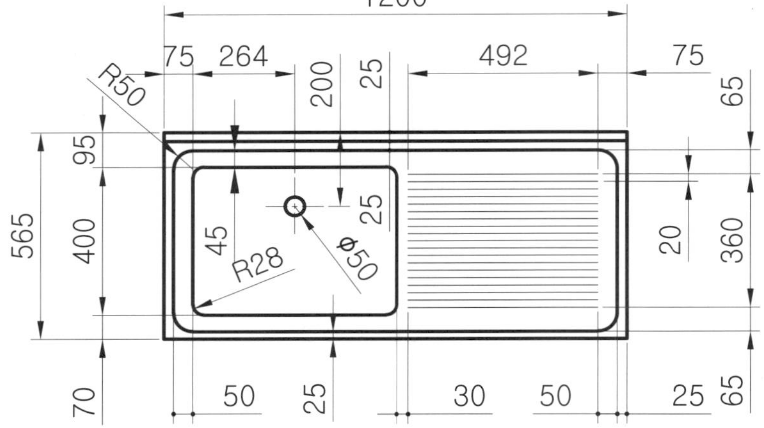
1200
75
264
200
25
492
75
65
R50
95
565
400
45
R28
25
Ø50
20
360
70
50
25
30
50
25
65

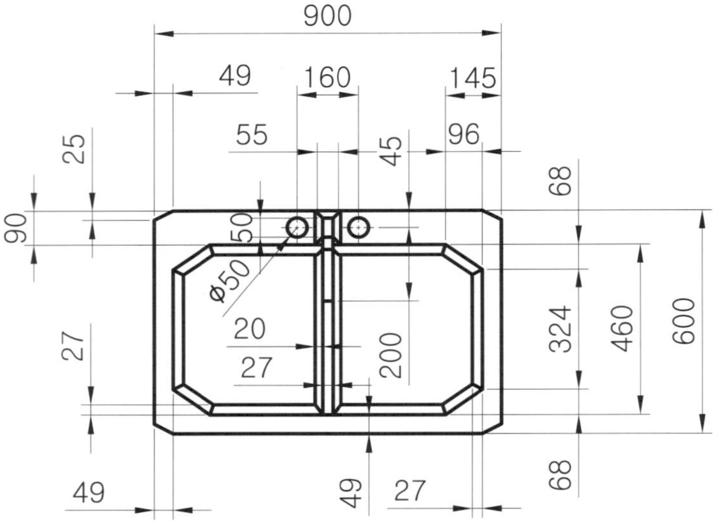
900
49
160
145
55
45
96
25
68
90
50
Ø50
20
27
200
324
460
600
27
49
49
27
68

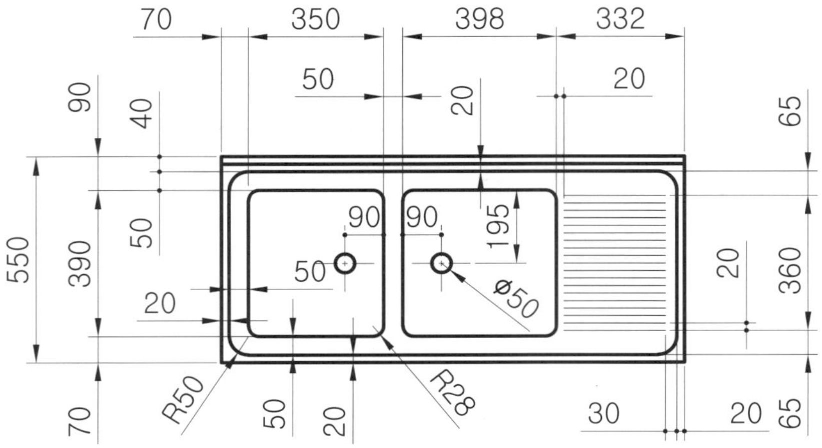
70
350
398
332
50
20
20
90
40
65
550
390
50
90
90
195
50
Ø50
20
20
360
R50
50
20
R28
30
20
65
70

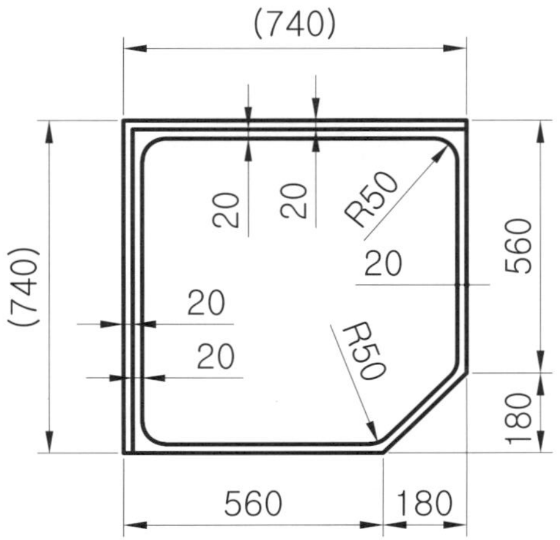
(740)
20
20
R50
20
560
(740)
20
20
R50
180
560
180

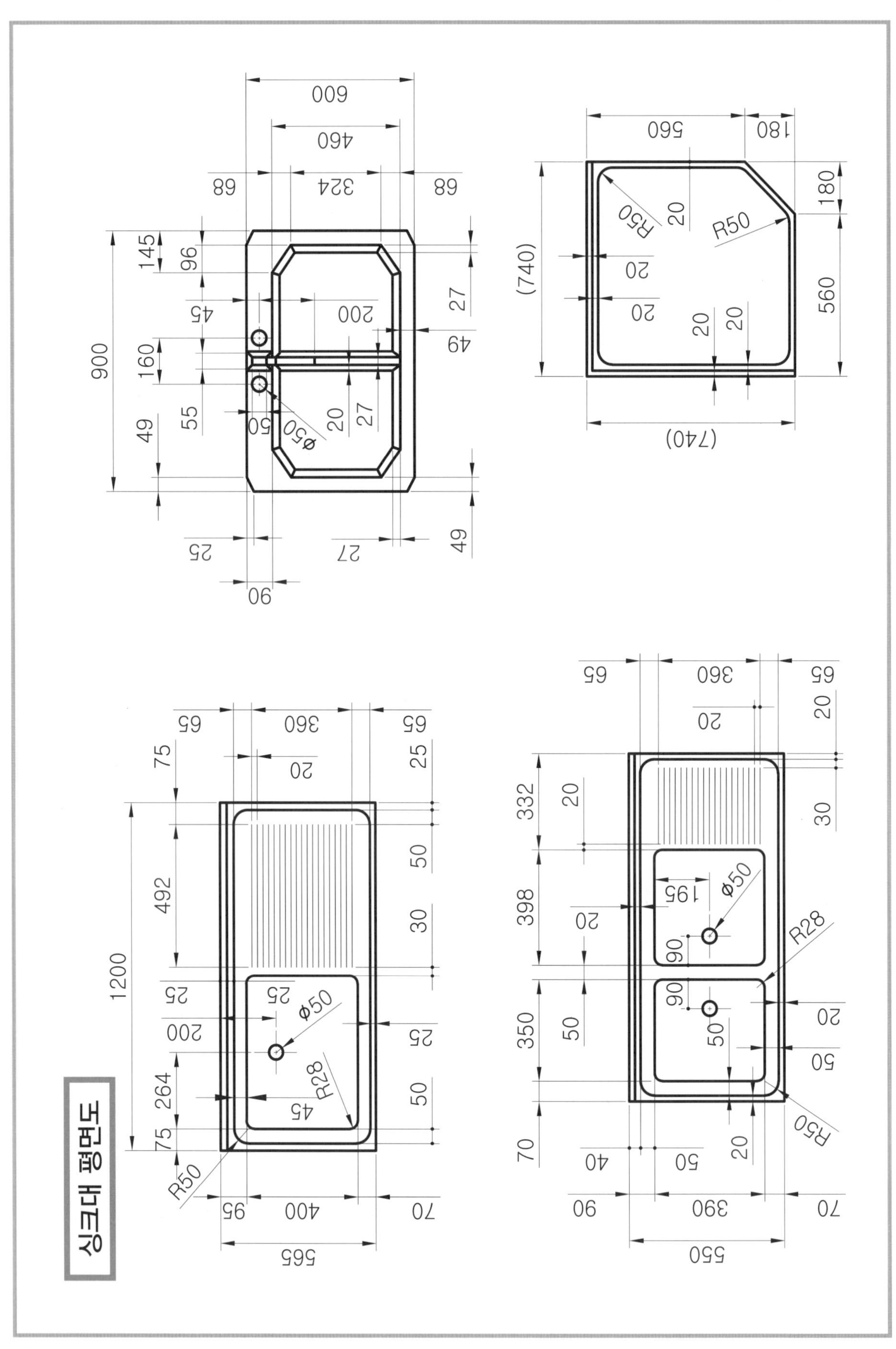

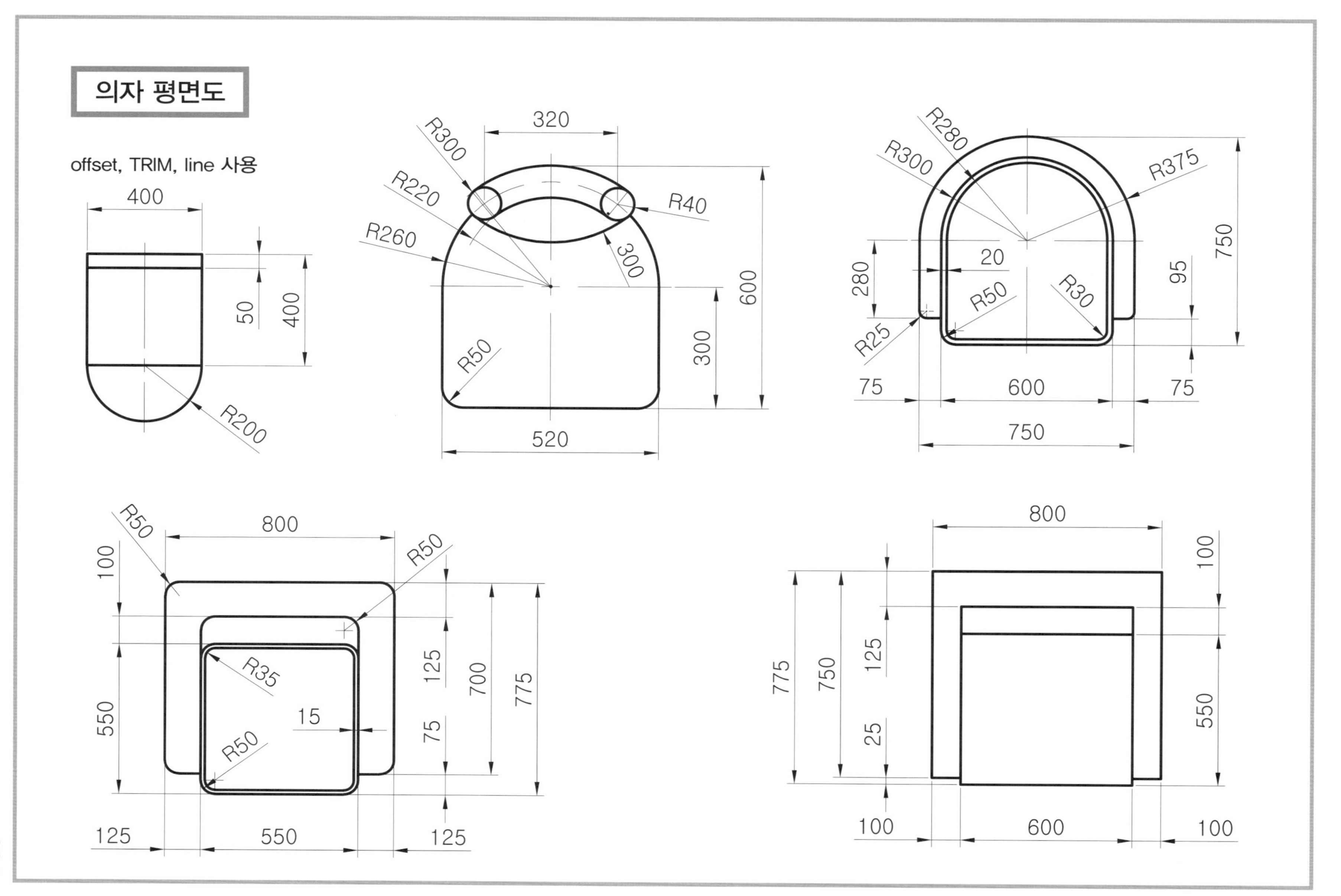
의자 평면도
offset, TRIM, line 사용
400
50
400
R200
320
R300
R220
R260
R40
300
600
300
R50
520
R280
R300
R375
750
20
280
95
R50
R30
R25
75
600
75
750
R50
800
R50
100
125
700
775
R35
15
550
75
R50
125
550
125
800
100
775
750
125
550
25
100
600
100

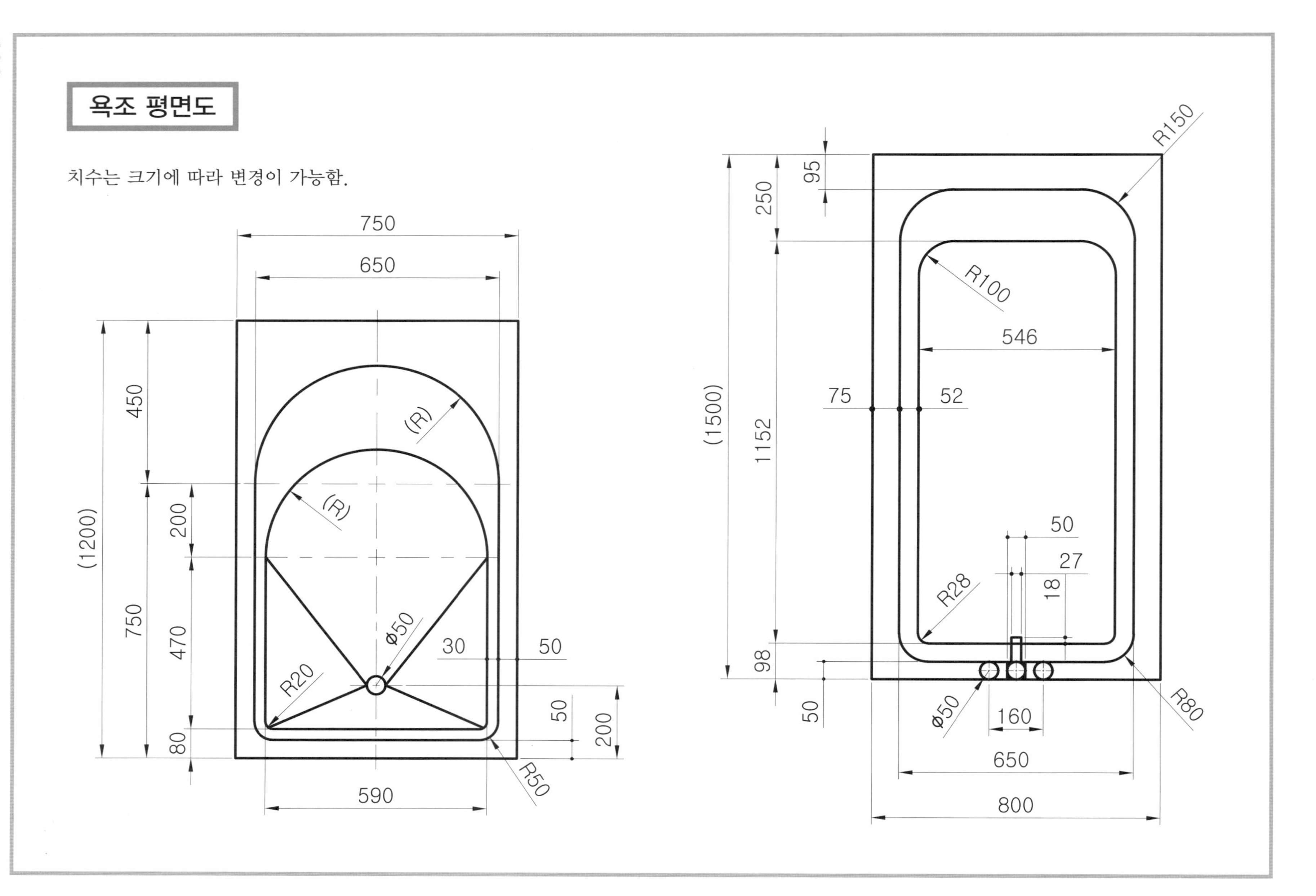
욕조 평면도
치수는 크기에 따라 변경이 가능함.
750
650
450
(R)
(R)
(1200)
200
750
470
ϕ50
30
50
R20
50
200
80
R50
590
(1500)
95
250
R150
R100
546
75
52
1152
50
27
18
R28
98
50
ϕ50
160
R80
650
800

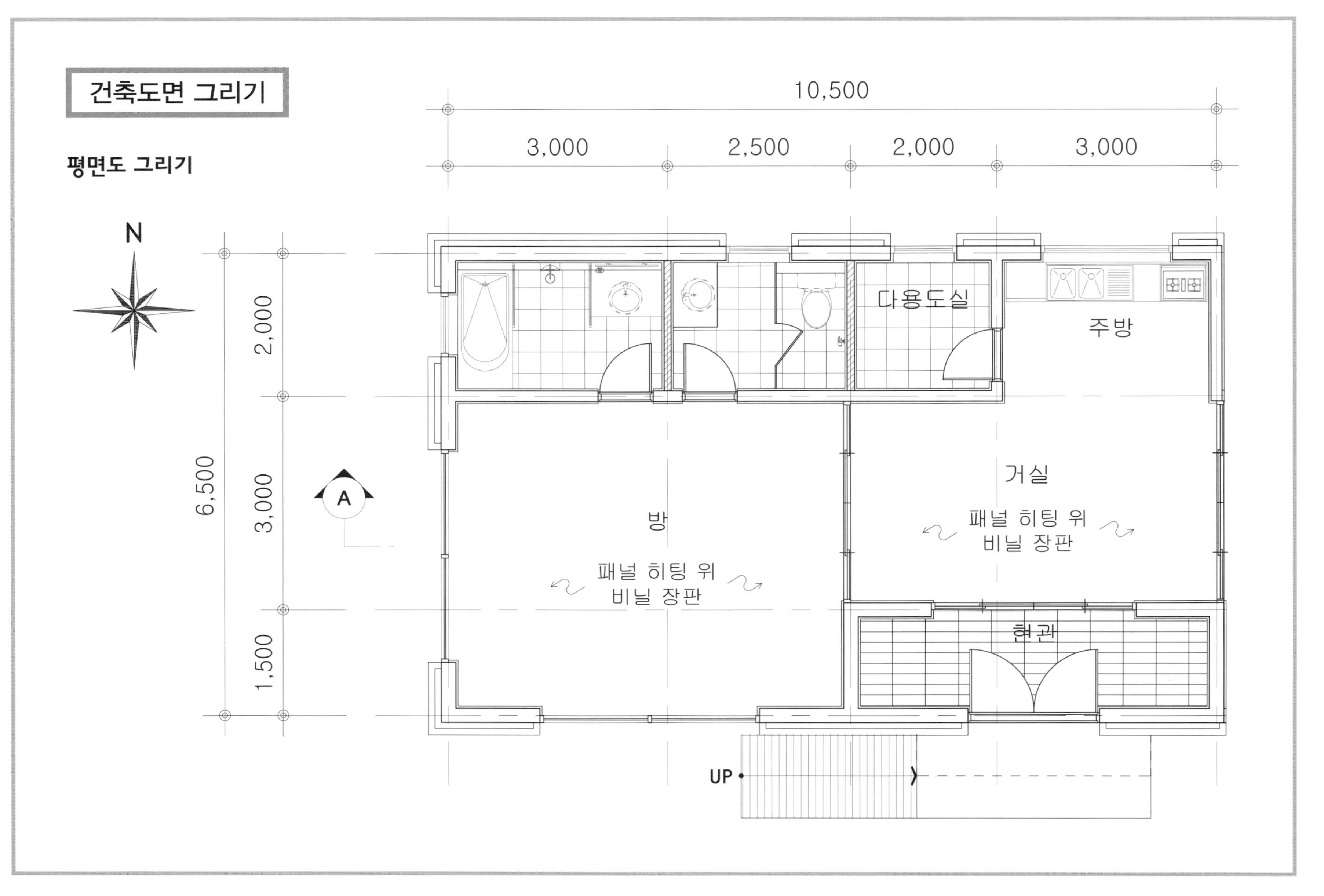
건축도면 그리기
평면도 그리기
N
10,500
3,000
2,500
2,000
3,000
2,000
6,500
3,000
1,500
A
다용도실
주방
거실
패널 히팅 위
비닐 장판
방
패널 히팅 위
비닐 장판
현관
UP

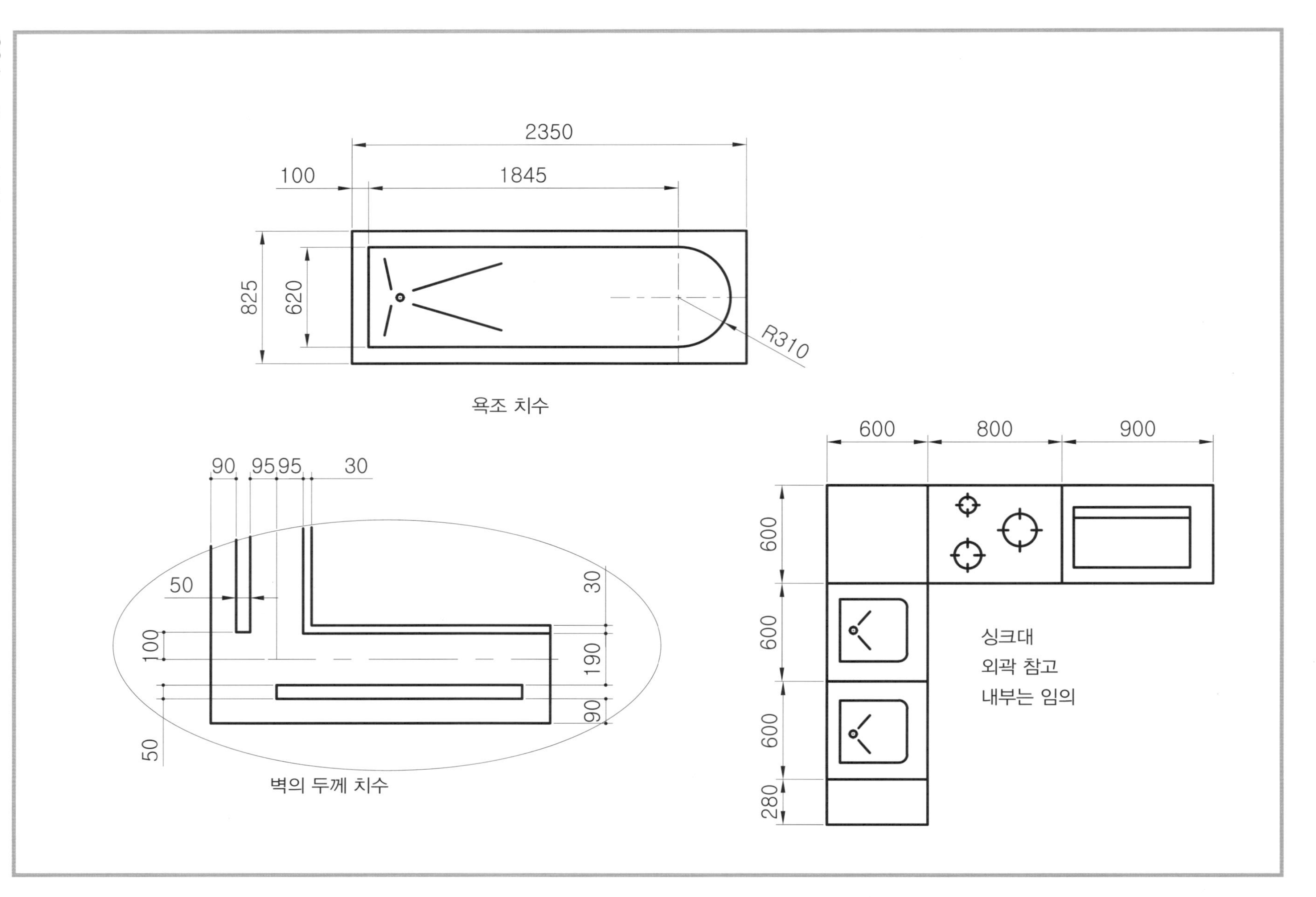

2350
100
1845
825
620
R310
욕조 치수
90
95
95
30
50
100
30
190
90
50
벽의 두께 치수
600
800
900
600
600
600
280
싱크대
외곽 참고
내부는 임의

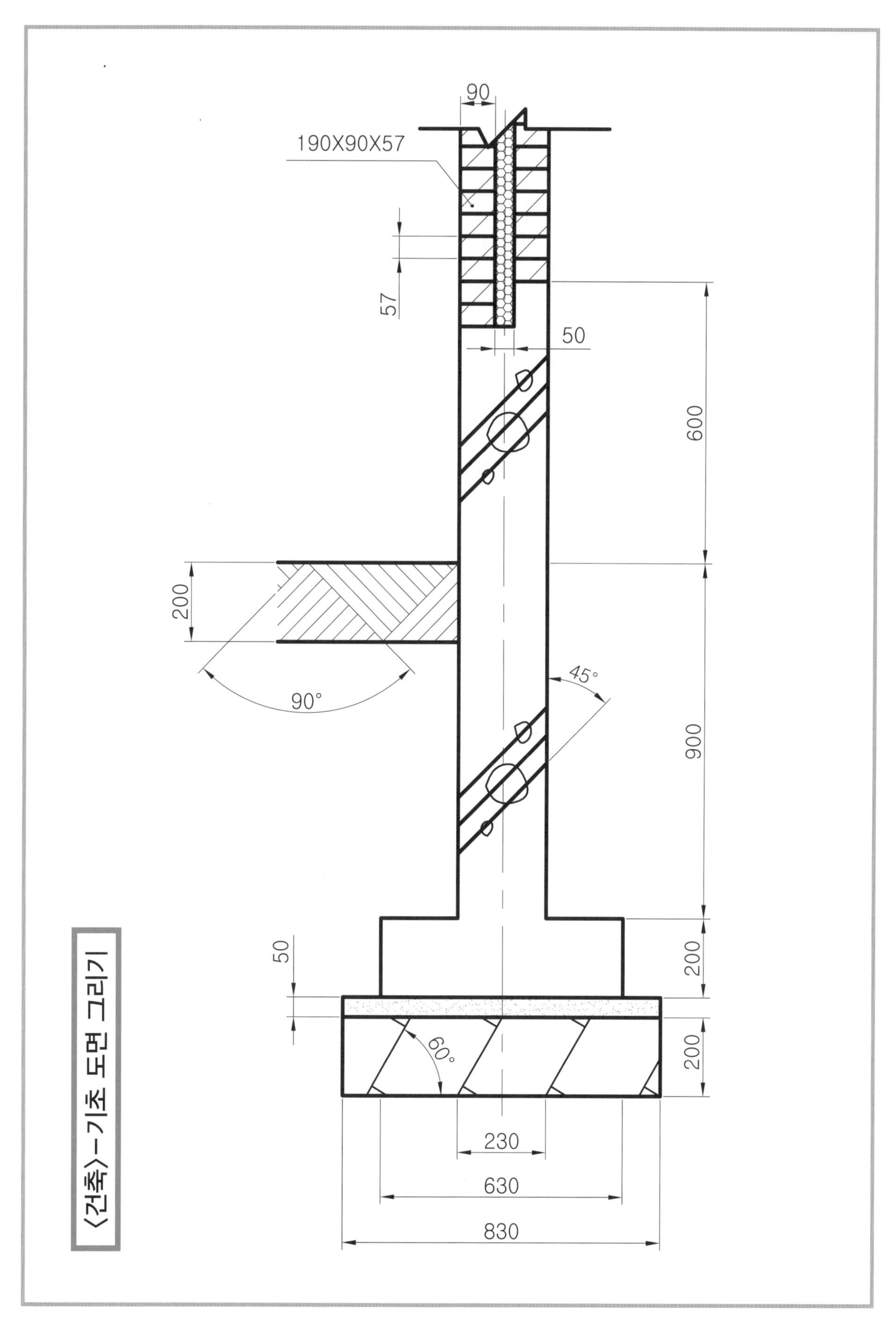
〈건축〉- 기초 도면 그리기
90
190X90X57
57
50
600
200
90°
45°
900
50
200
200
60°
230
630
830

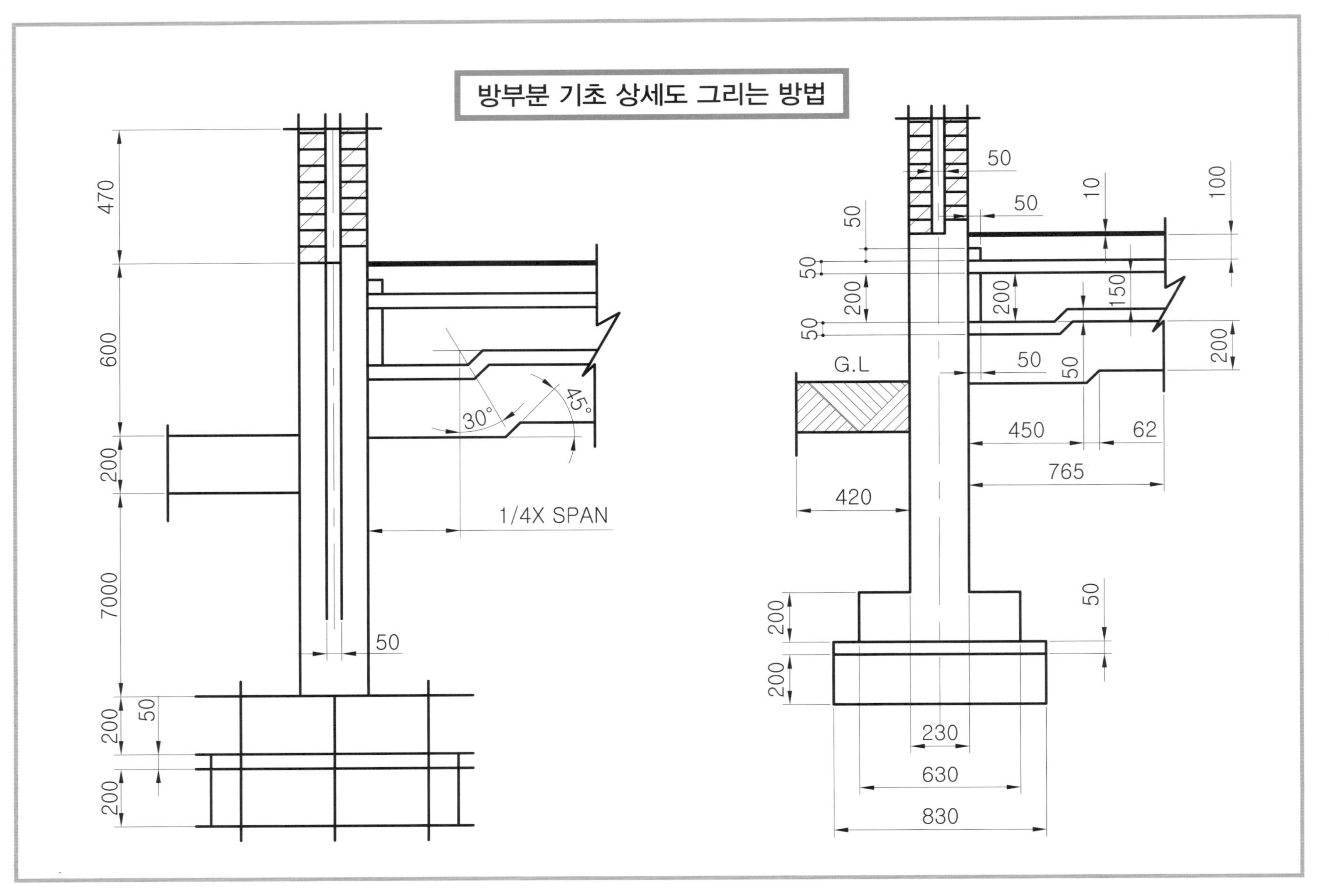

방부분 기초 상세도 그리는 방법
470
600
200
7000
200
50
200
50
30°
45°
1/4X SPAN
50
50
10
100
50
50
200
200
150
50
200
G.L
50
50
450
62
765
420
200
200
50
230
630
830

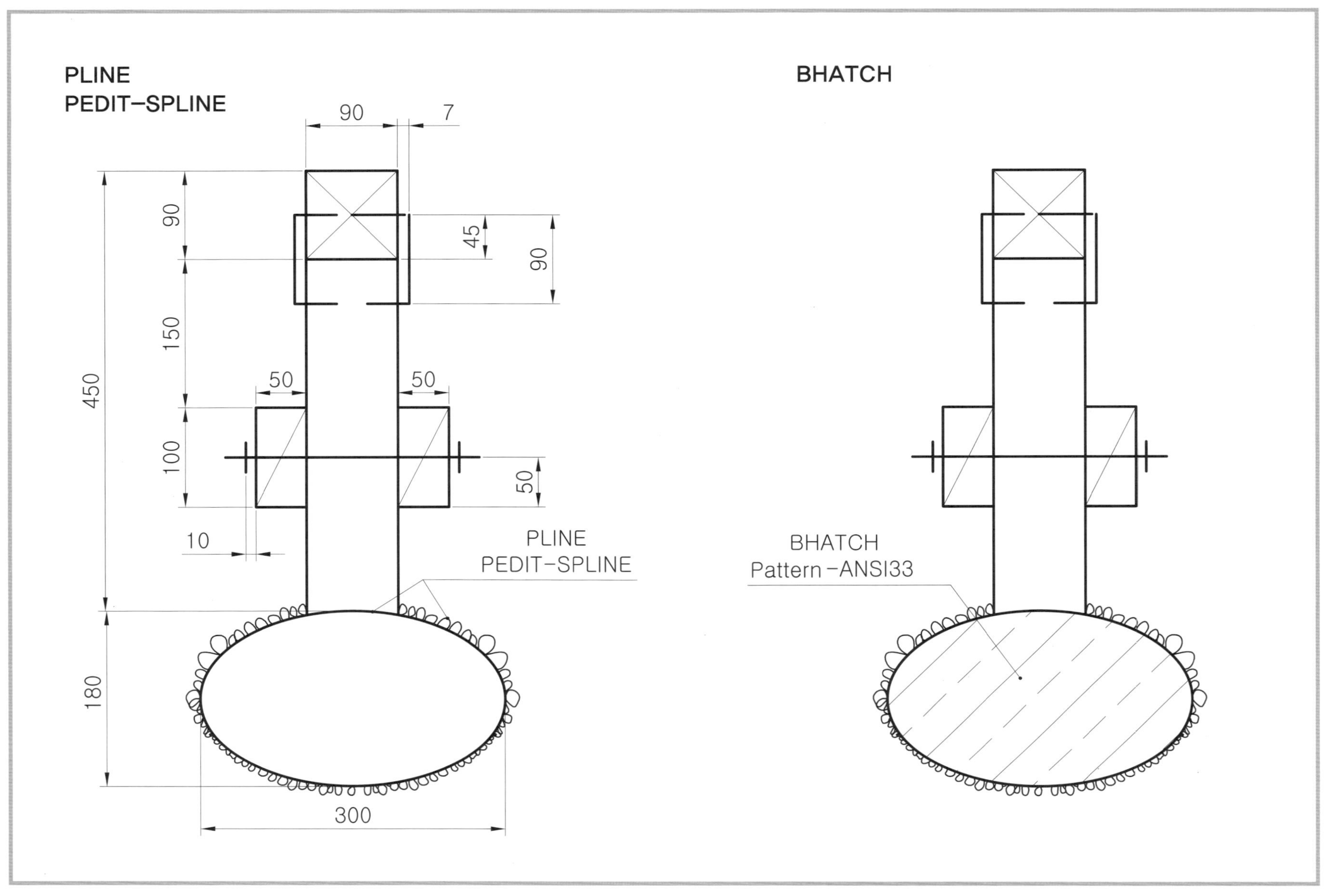
PLINE
PEDIT-SPLINE
BHATCH
90
7
90
45
90
150
450
50
50
100
50
10
PLINE
PEDIT-SPLINE
BHATCH
Pattern-ANSI33
180
300

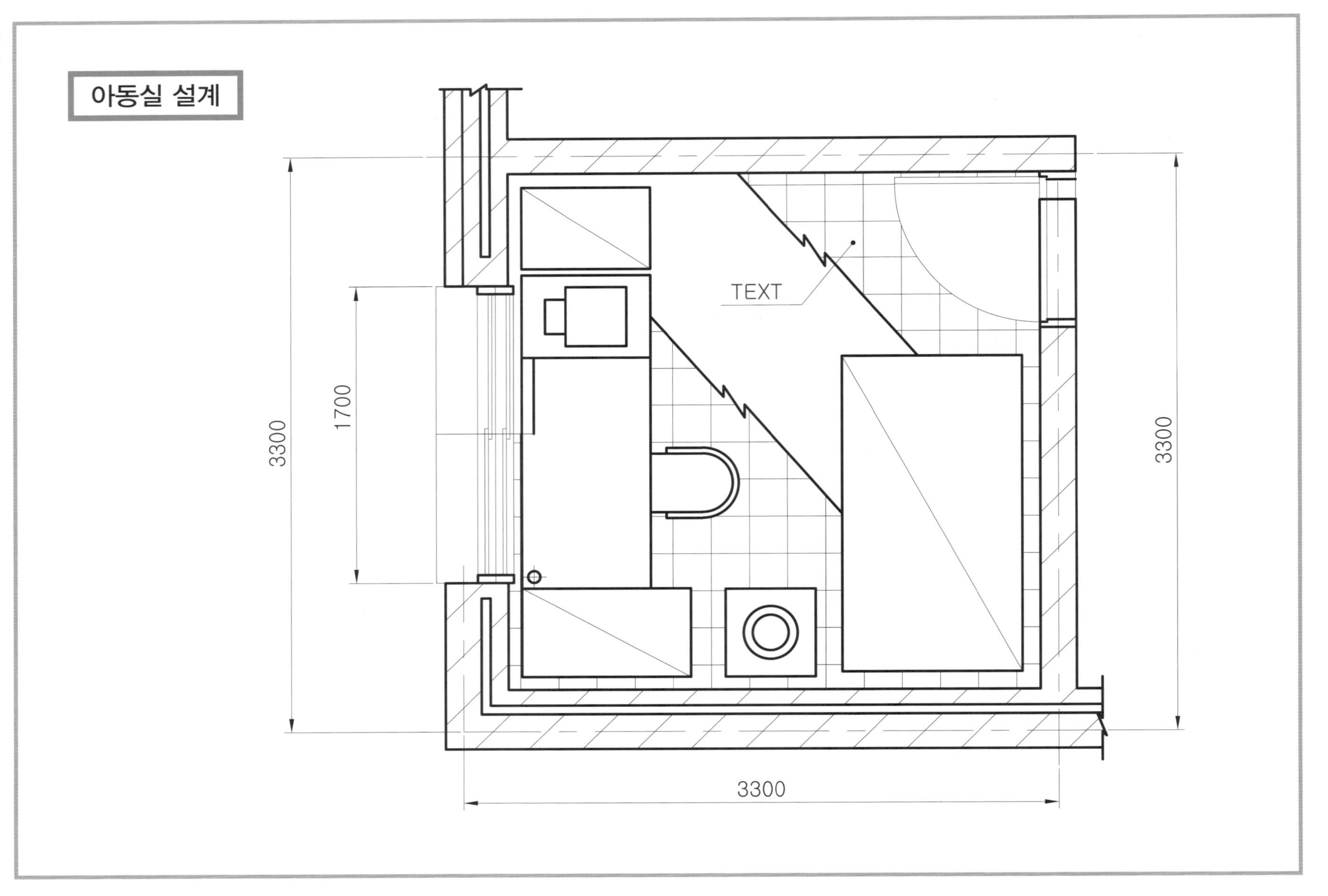
아동실 설계
TEXT
3300
1700
3300
3300

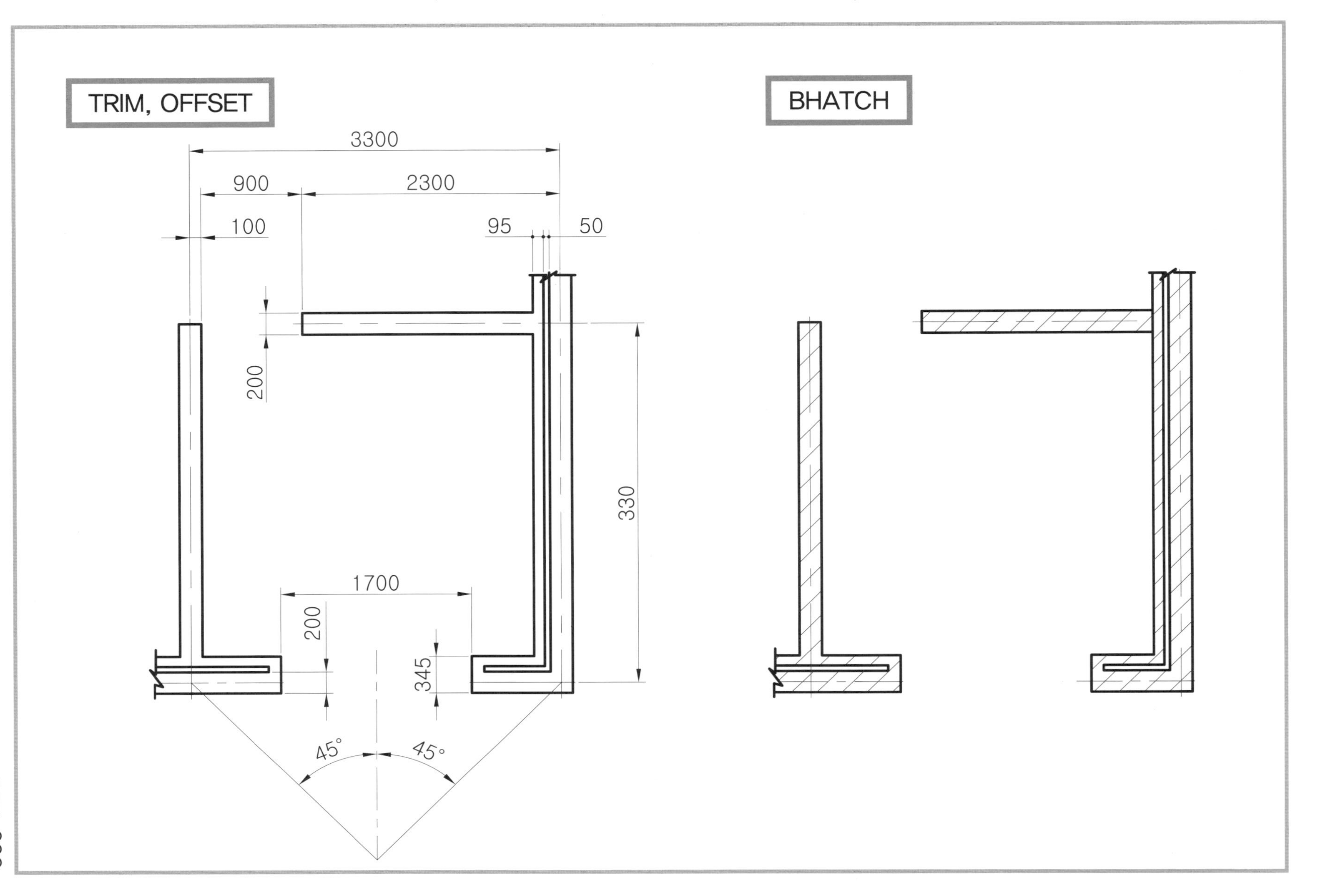
TRIM, OFFSET
3300
900
2300
100
95
50
200
330
1700
200
345
45°
45°
BHATCH

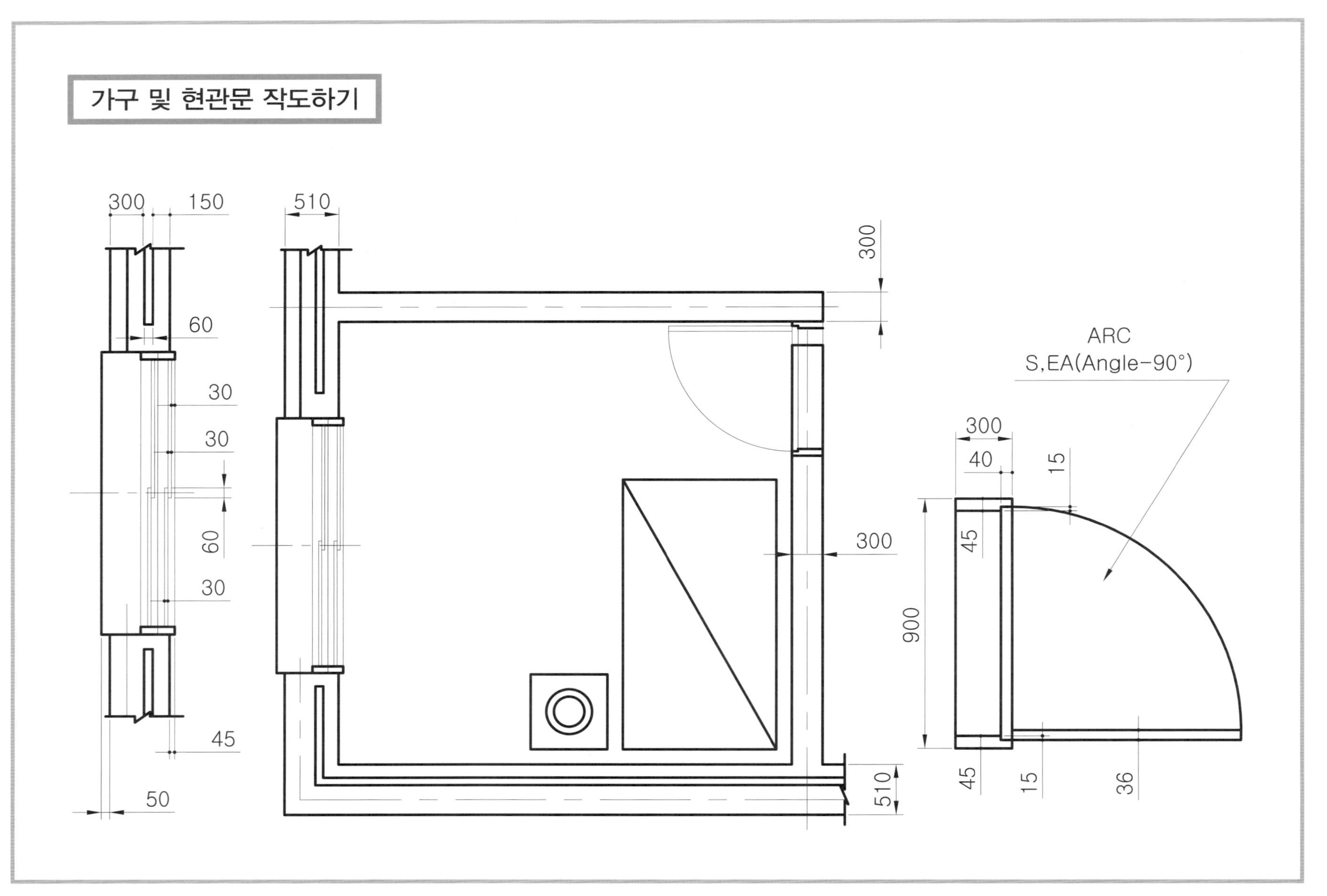
가구 및 현관문 작도하기
300
150
60
30
30
60
30
45
50
510
300
300
510
ARC
S,EA(Angle-90°)
300
40
15
45
900
45
15
36

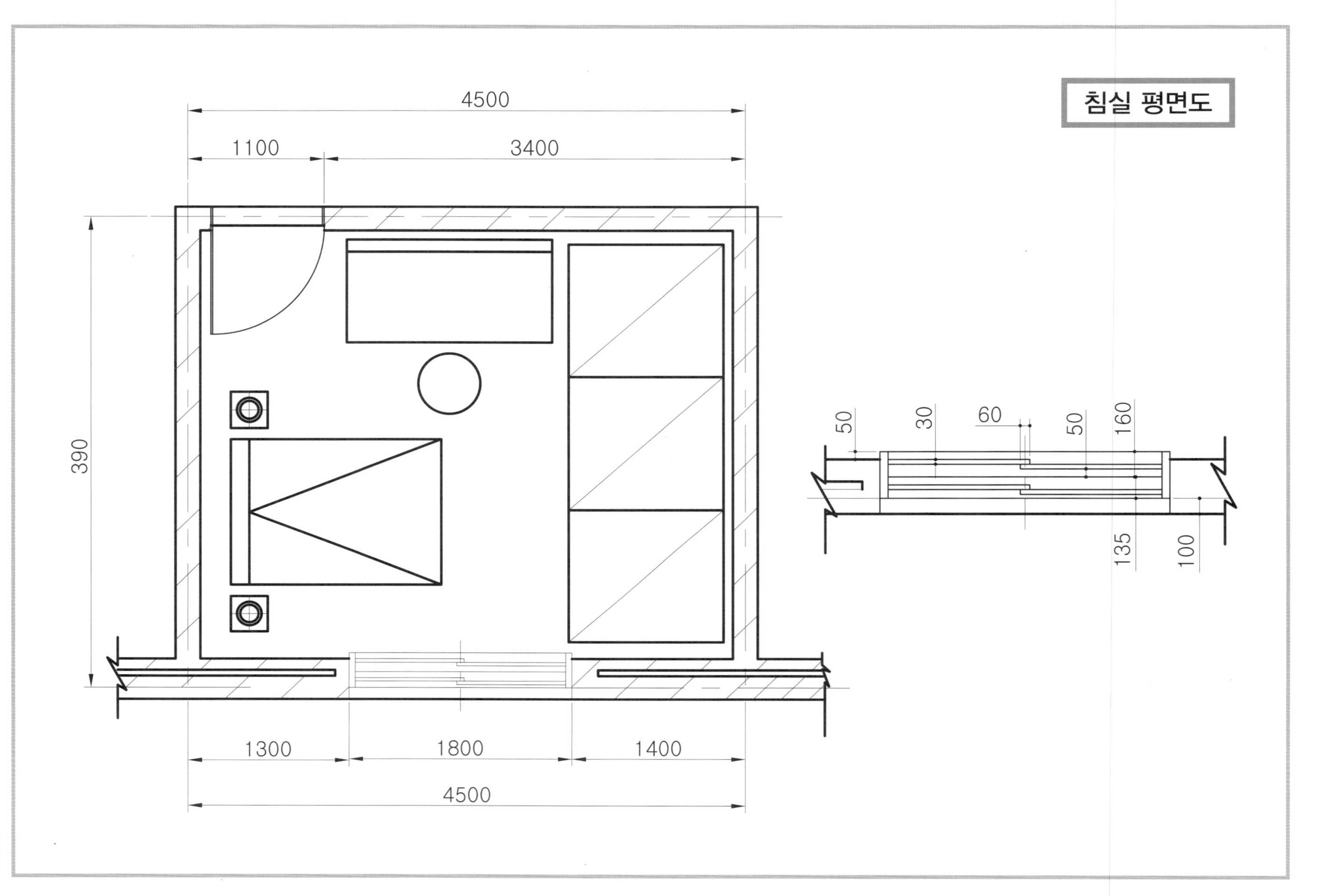

침실 평면도
4500
1100
3400
390
1300
1800
1400
4500
50
30
60
50
160
135
100

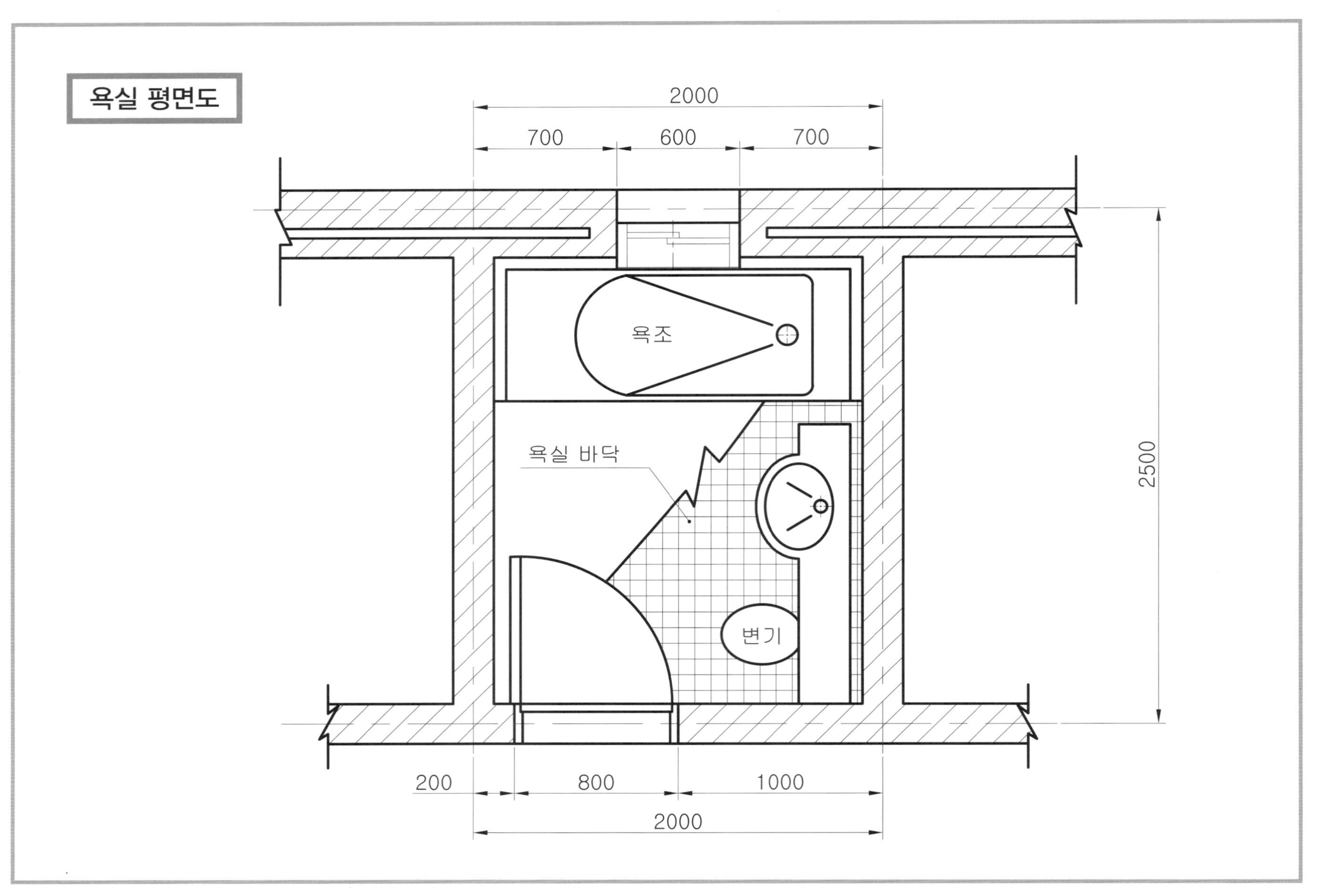
욕실 평면도
2000
700
600
700
욕조
욕실 바닥
변기
2500
200
800
1000
2000

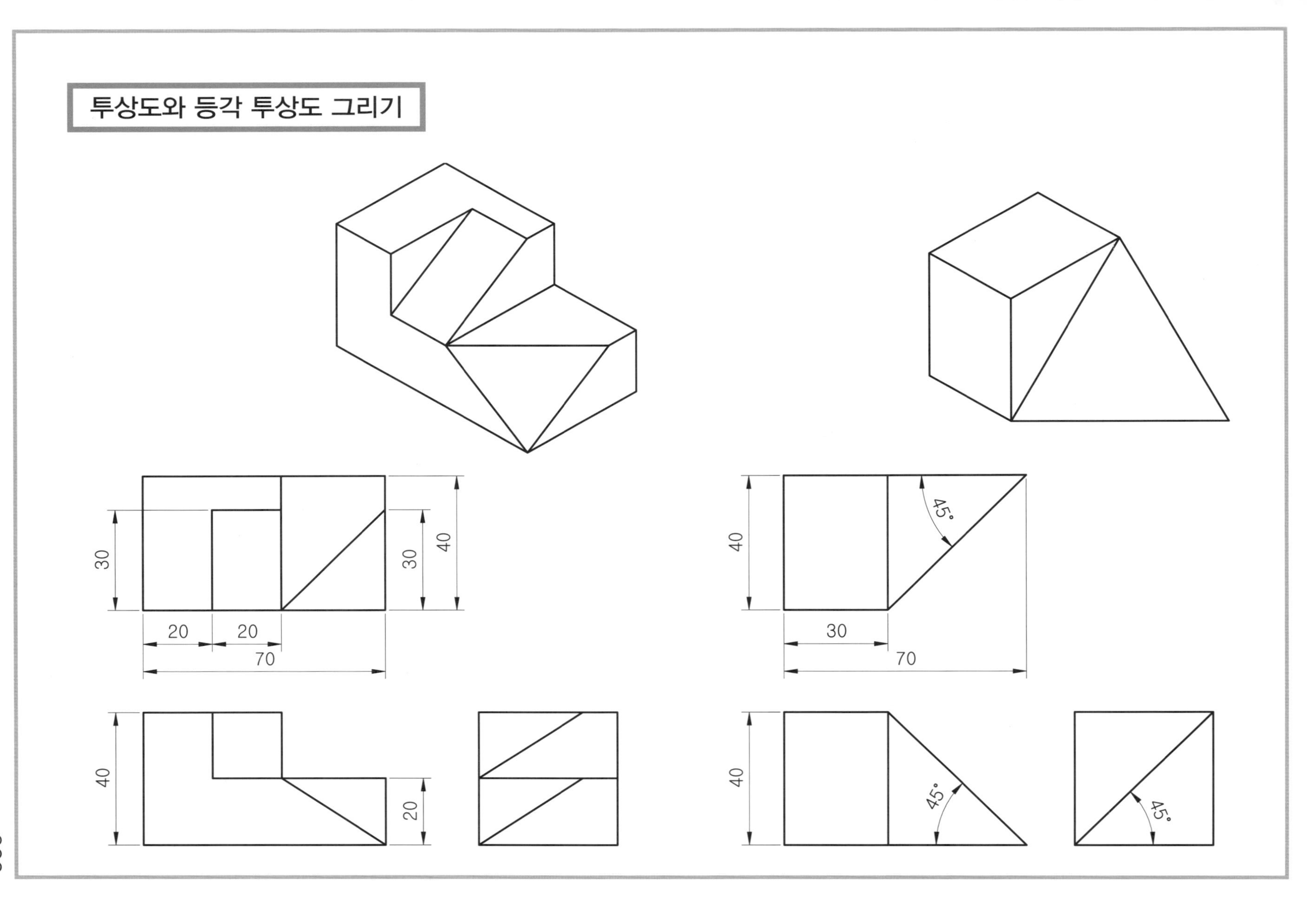
투상도와 등각 투상도 그리기
30
20
20
70
30
40
40
45°
30
70
40
20
40
45°
45°

투상도와 등각 투상도 그리기

SLICE – 잘라내기

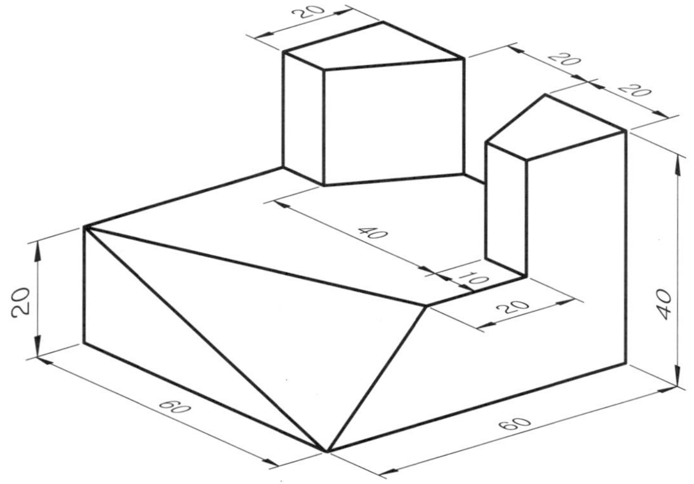

EXTRUDE – 돌출

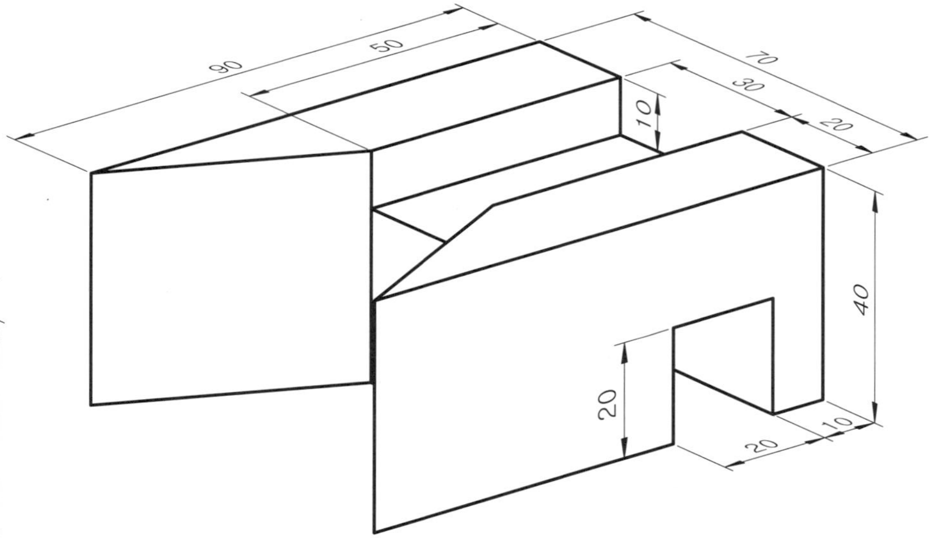

투상도와 등각 투상도 그리기

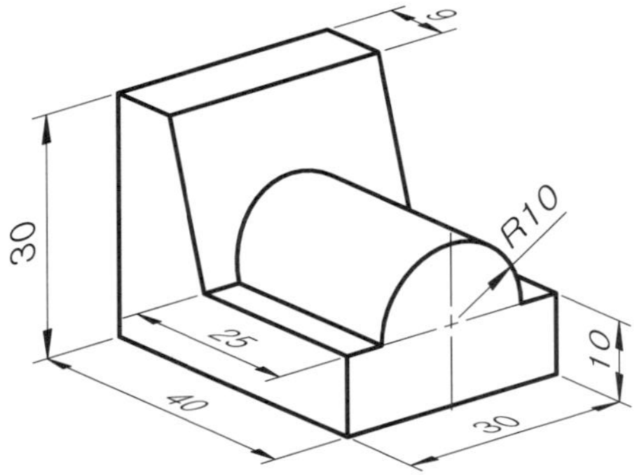

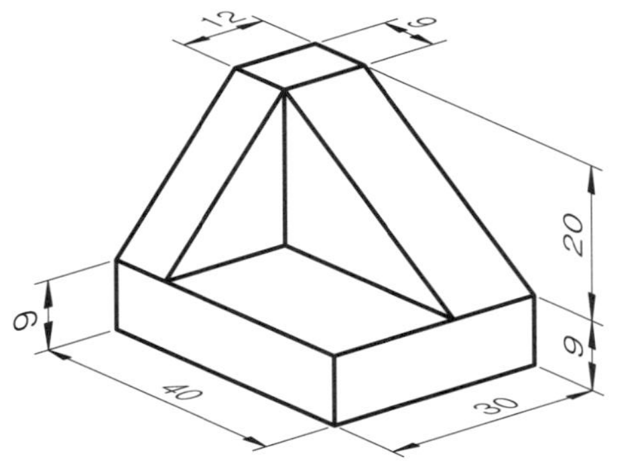

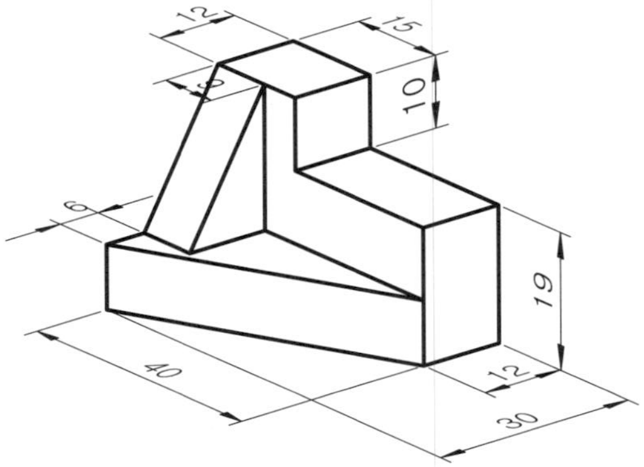

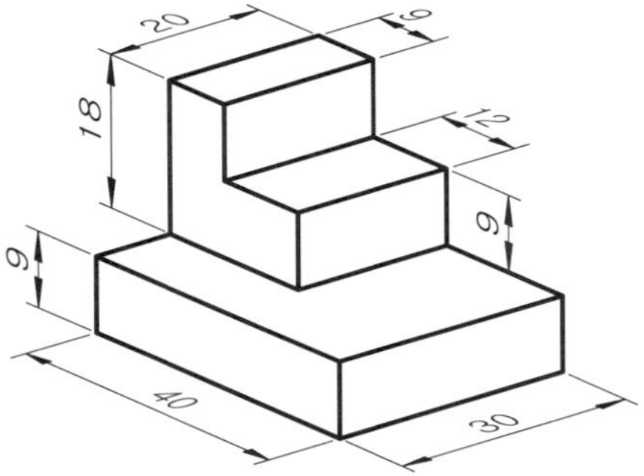

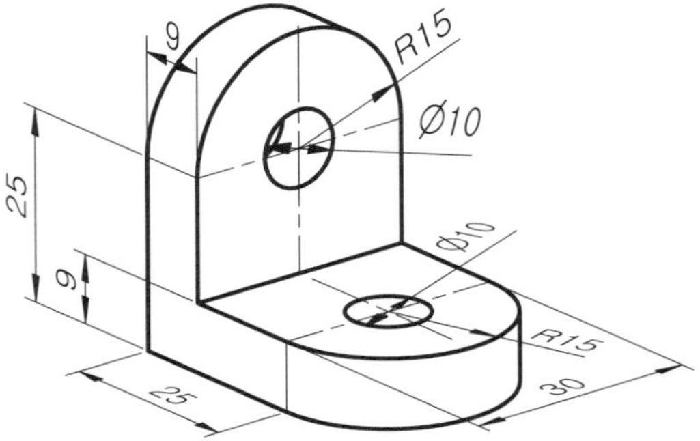

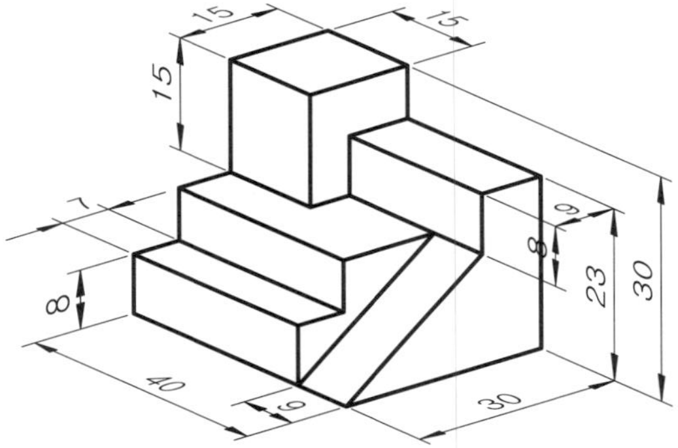

투상도와 등각 투상도 그리기

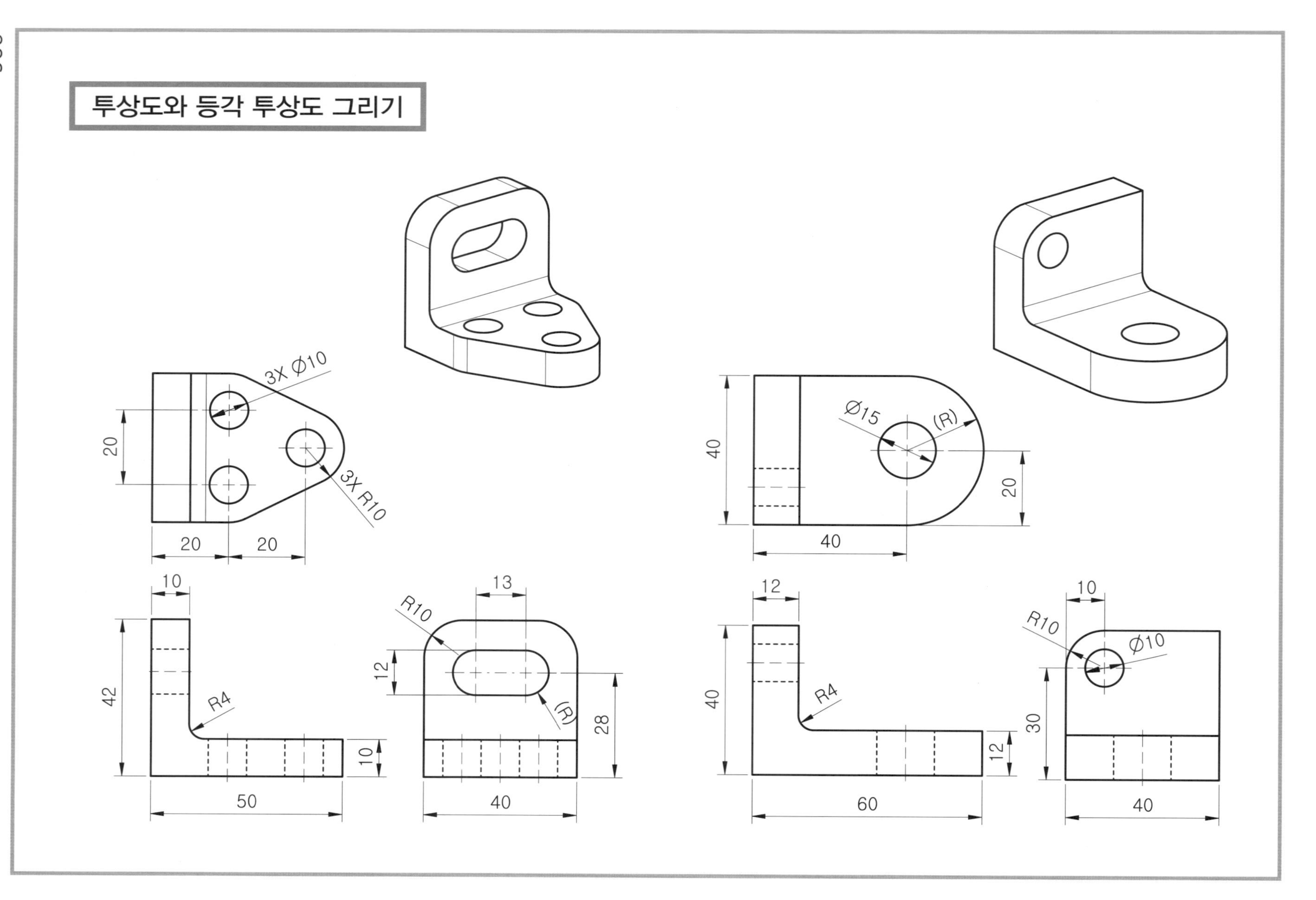

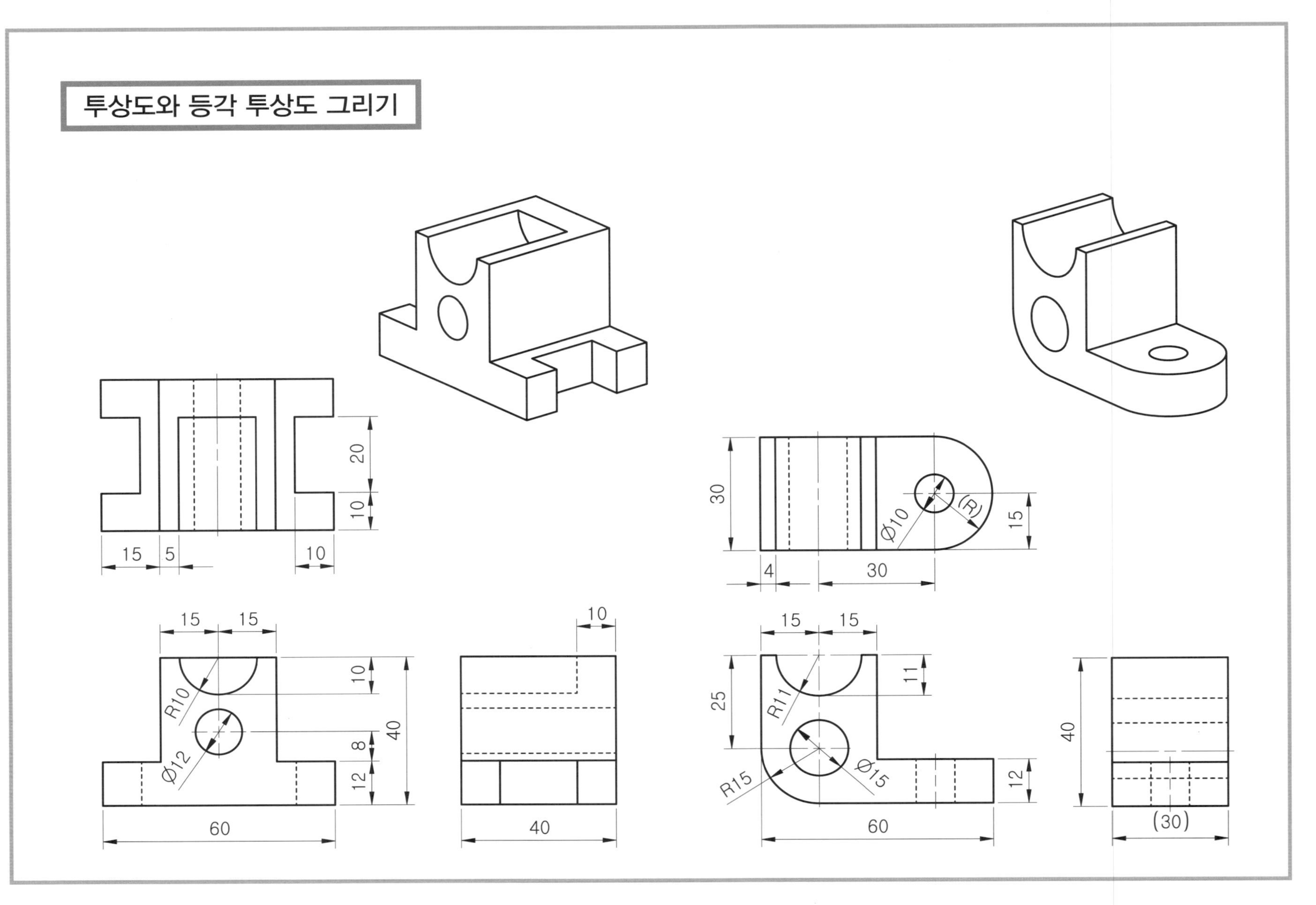
투상도와 등각 투상도 그리기
15
5
10
20
10
15
15
R10
Ø12
10
8
12
40
60
10
40
30
Ø10
(R)
15
4
30
15
15
R11
Ø15
R15
25
11
12
60
40
(30)

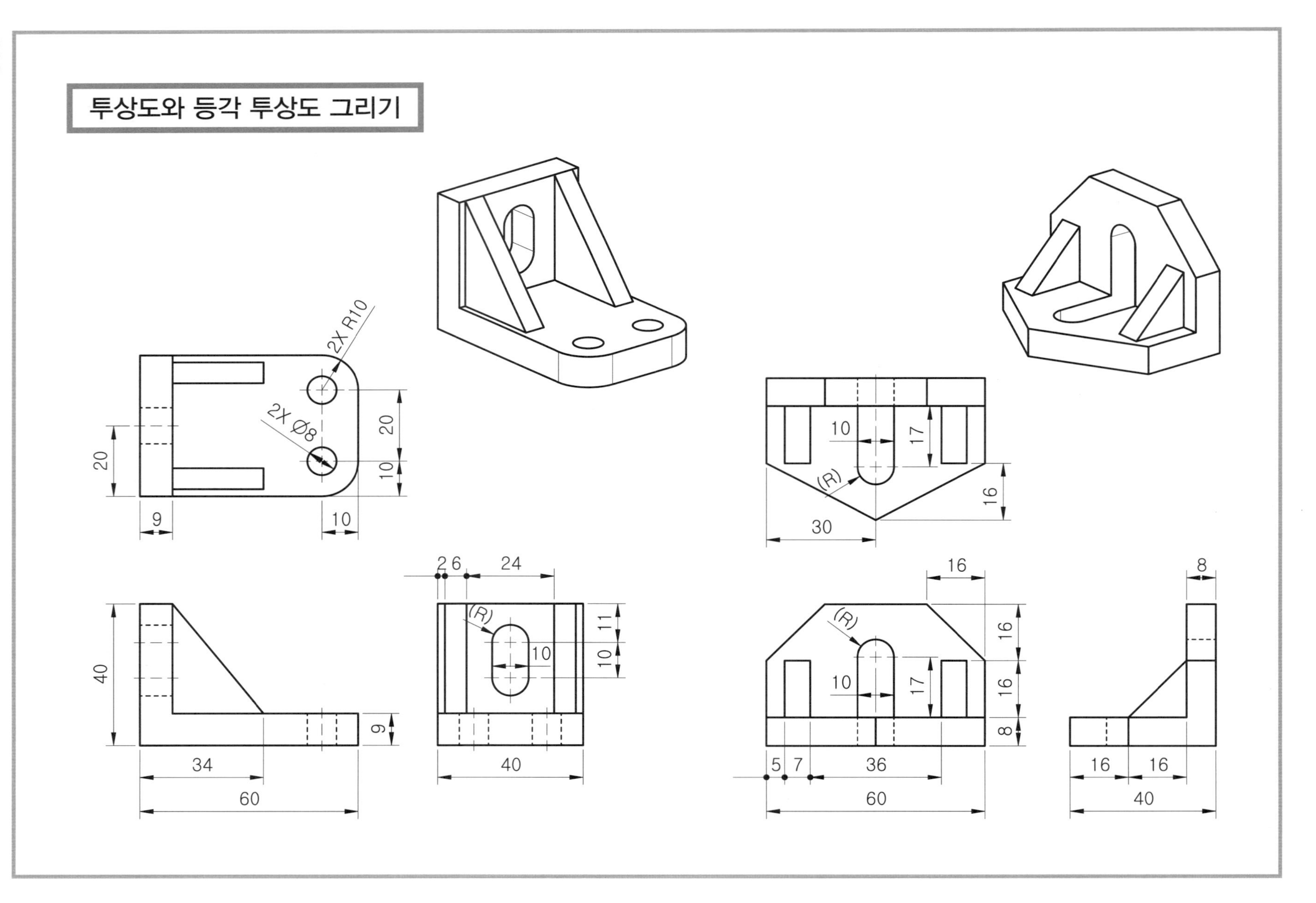
투상도와 등각 투상도 그리기
2X R10
2X Ø8
(R)

투상도와 등각 투상도 그리기

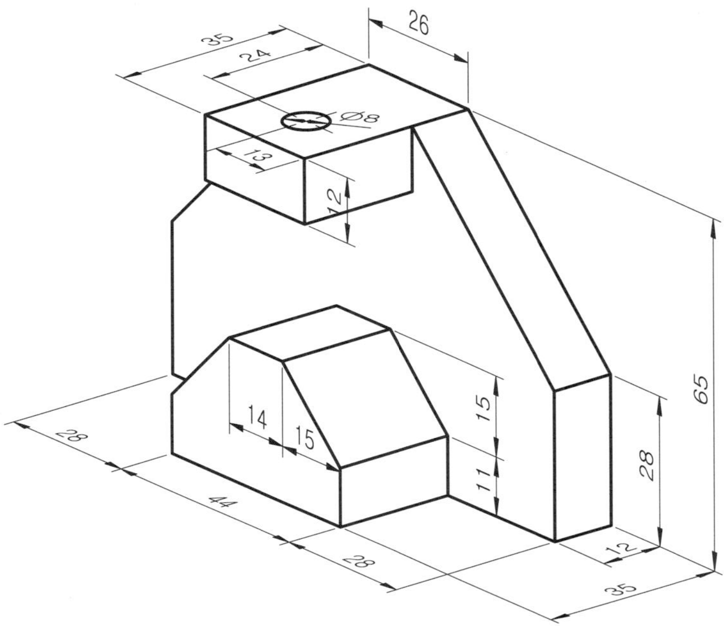

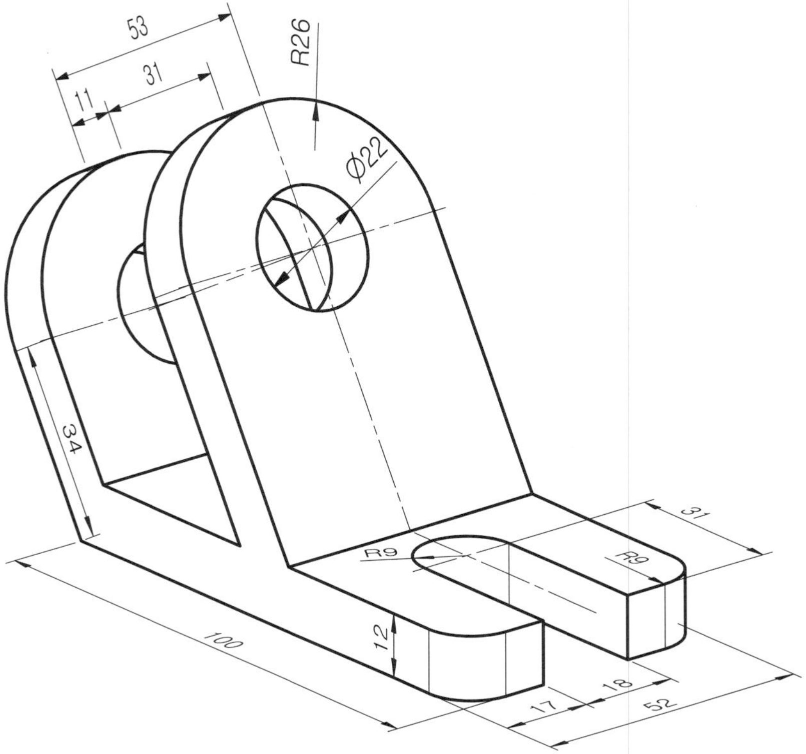

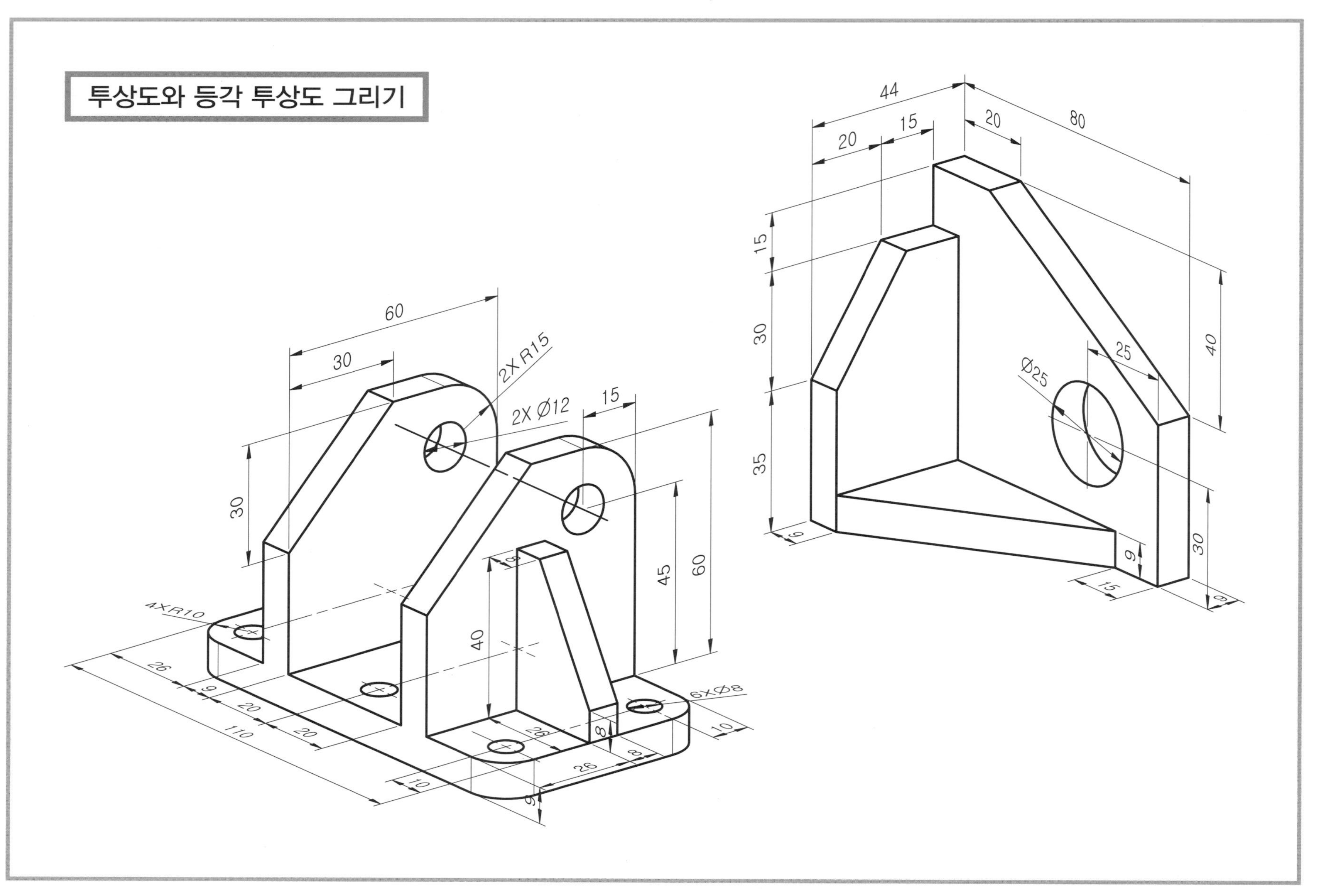
투상도와 등각 투상도 그리기
2X R15
2X Ø12
4XR10
6XØ8
Ø25

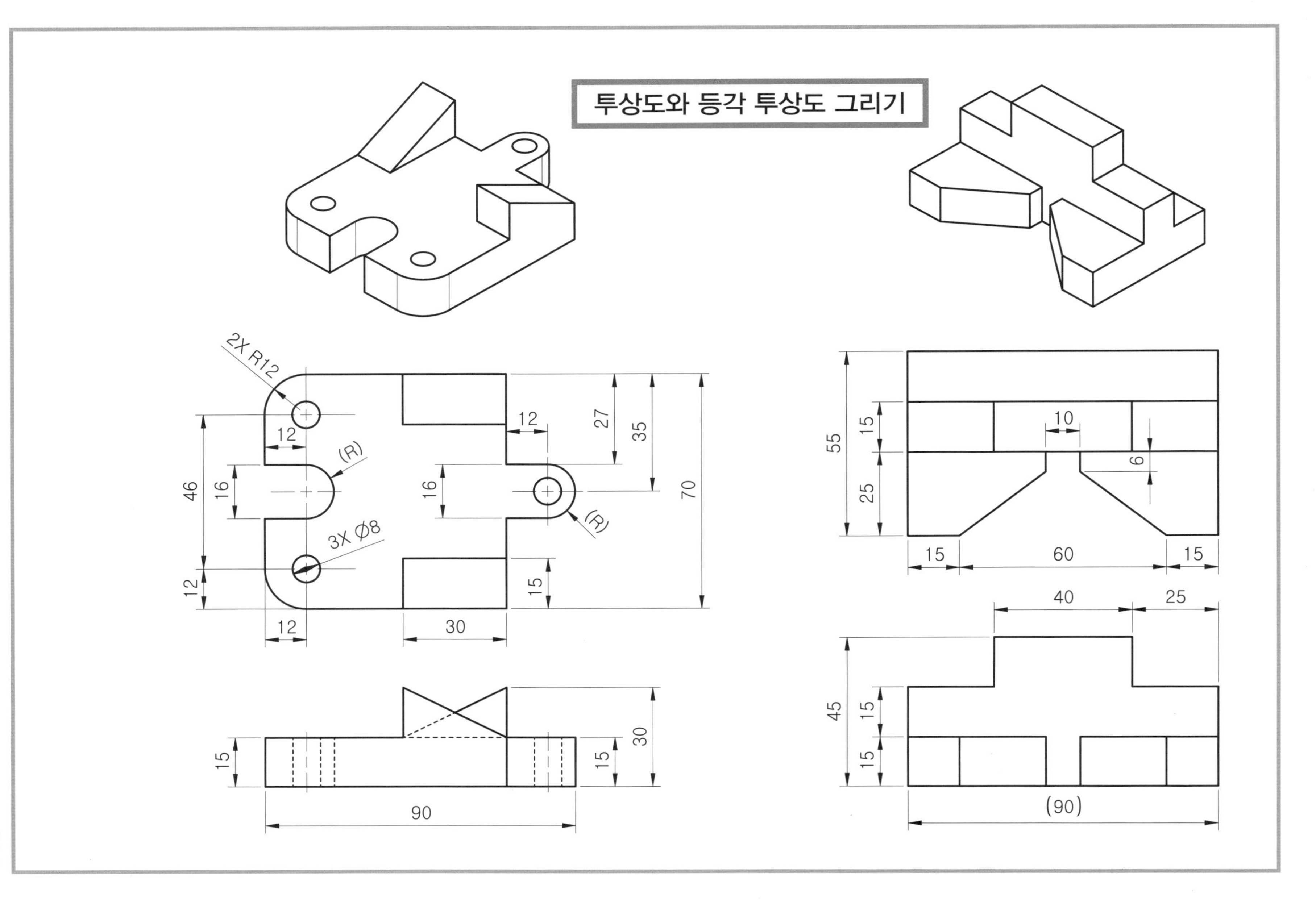
투상도와 등각 투상도 그리기
2X R12
3X Ø8
(R)

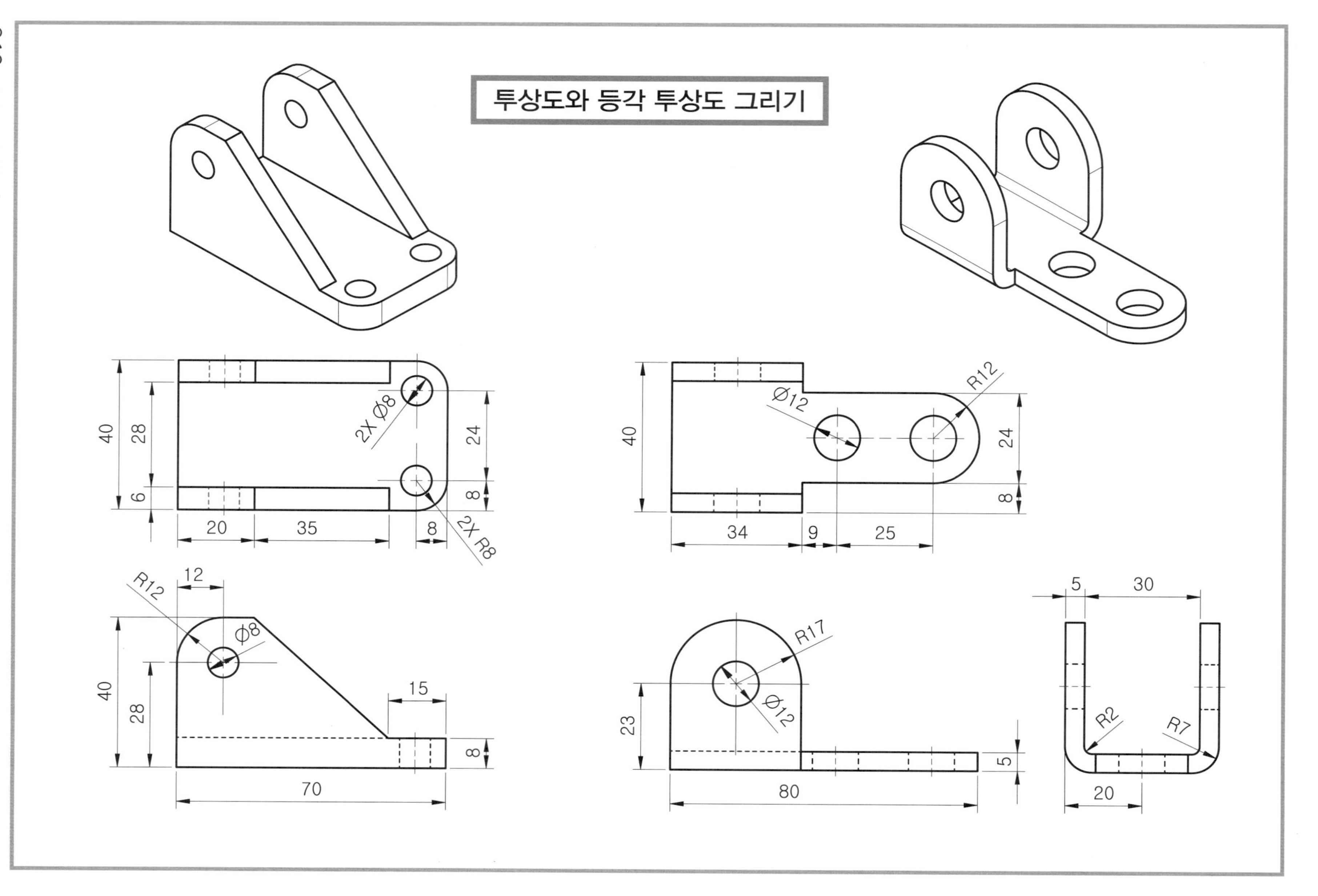
투상도와 등각 투상도 그리기
40
28
6
2X Ø8
24
8
2X R8
20
35
8
40
Ø12
R12
24
8
34
9
25
R12
12
Ø8
40
28
15
8
70
R17
Ø12
23
5
80
5
30
R2
R7
20

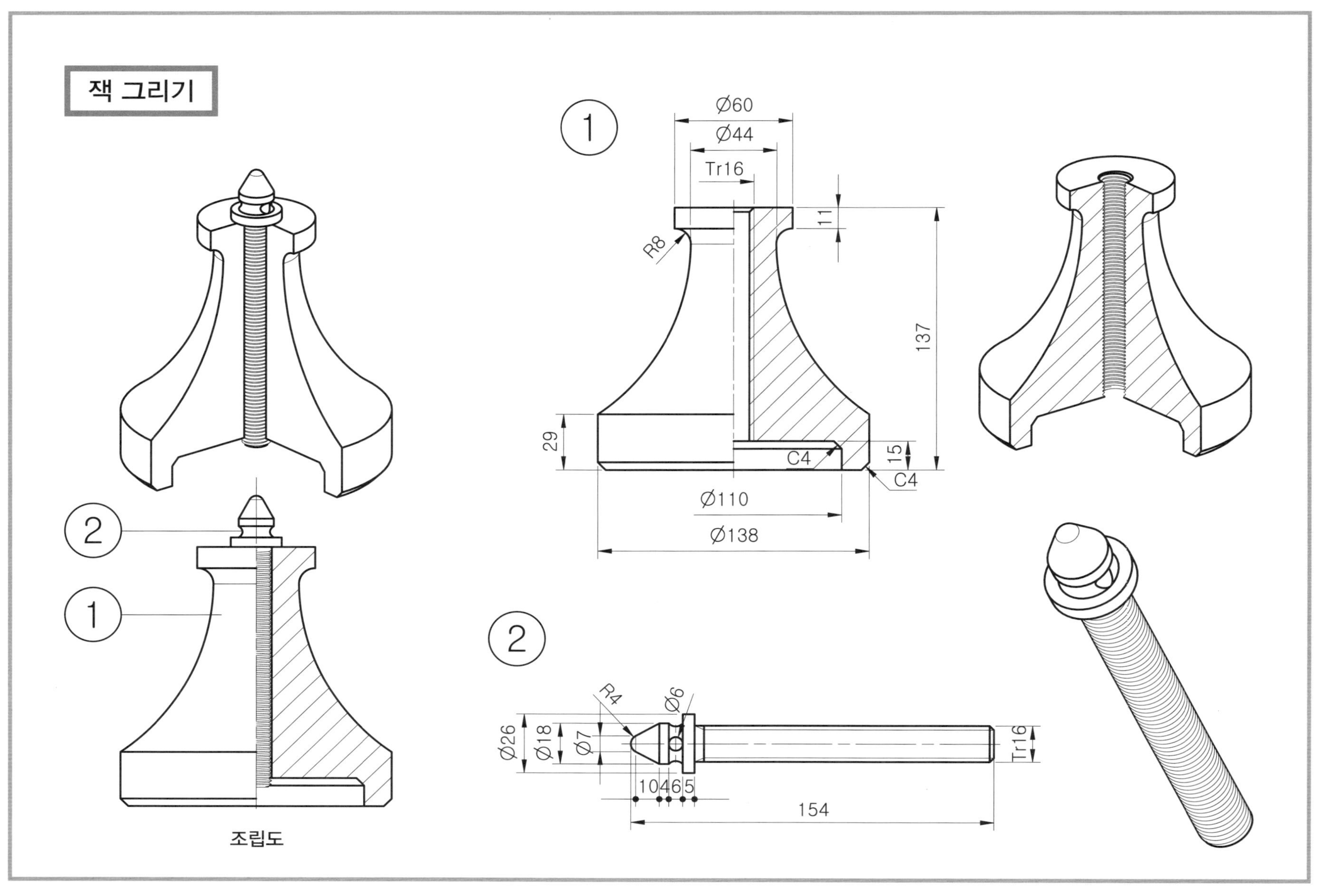
잭 그리기
2
1
조립도
1
Ø60
Ø44
Tr16
11
R8
137
29
C4
15
C4
Ø110
Ø138
2
R4
Ø6
Ø26
Ø18
Ø7
Tr16
10
4
6
5
154

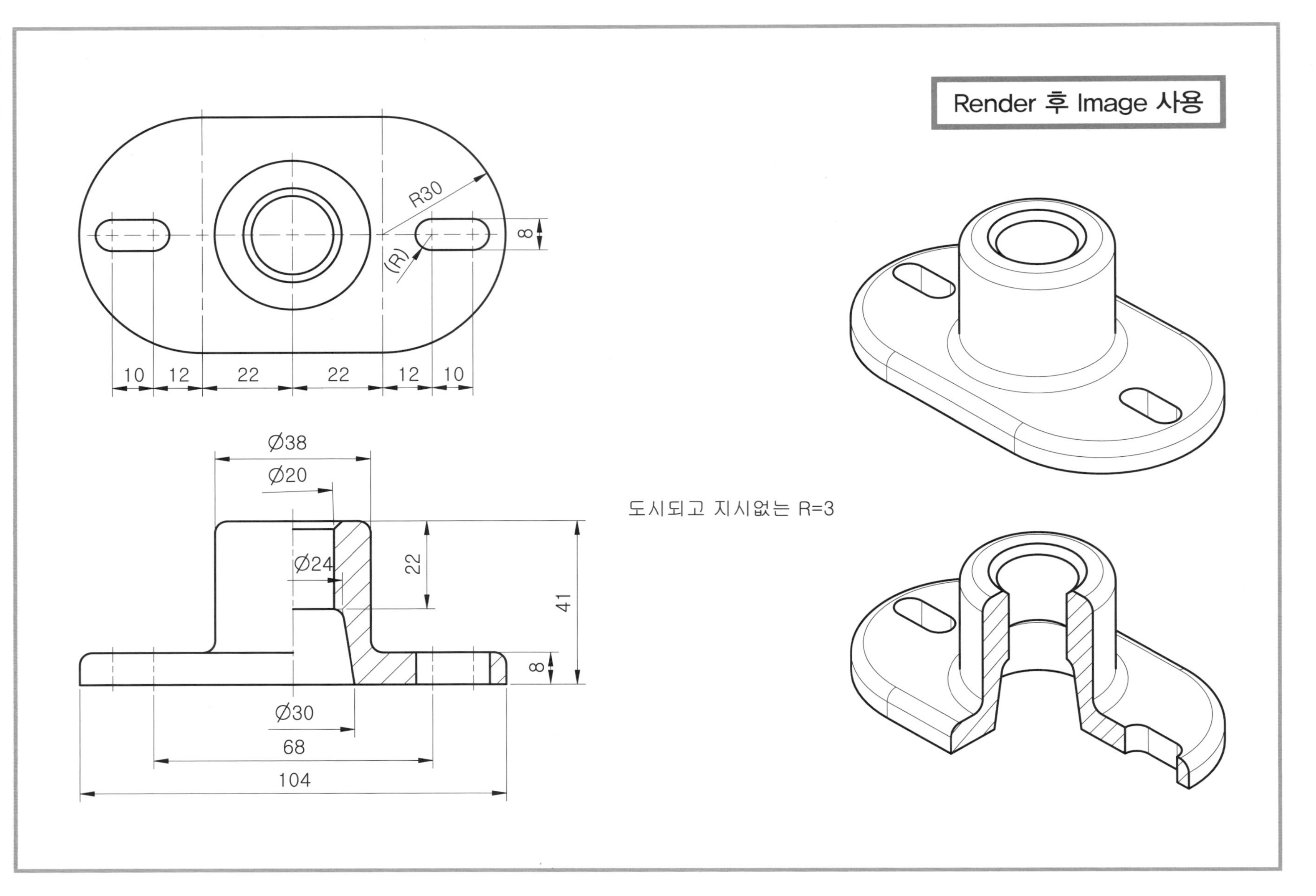
Render 후 Image 사용
R30
(R)
8
10
12
22
22
12
10
Ø38
Ø20
Ø24
22
41
8
Ø30
68
104
도시되고 지시없는 R=3

서포트 부품도 그리기

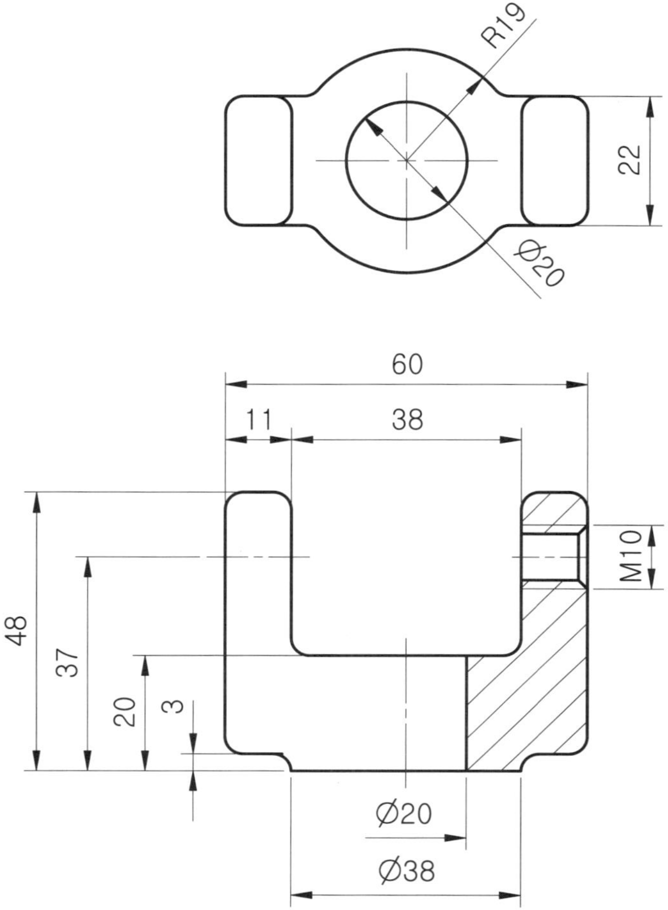

R19
22
Ø20
60
11
38
M10
48
37
20
3
Ø20
Ø38

도시되고 지시없는 R=3

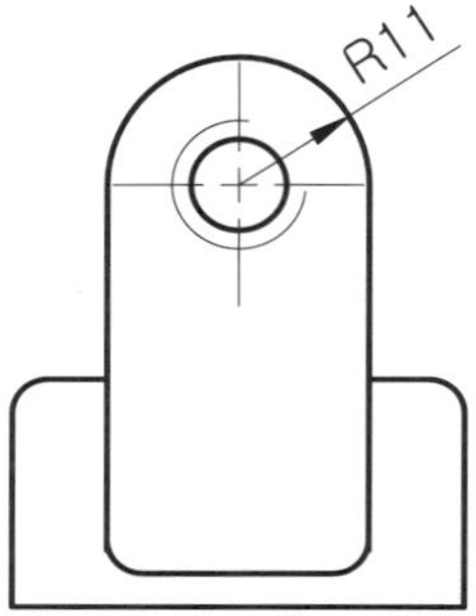

R11

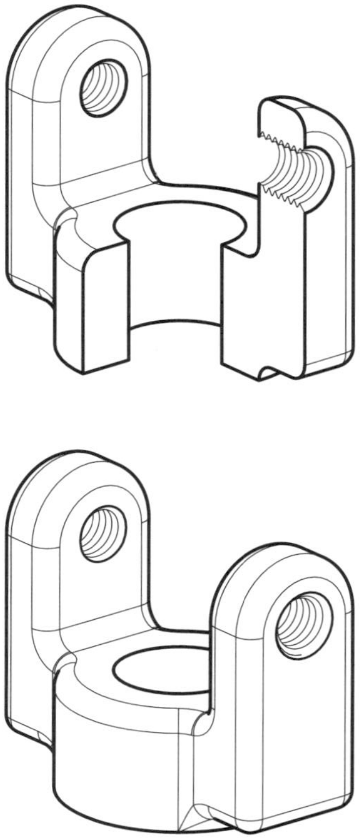

서포트 나사 축 그리기

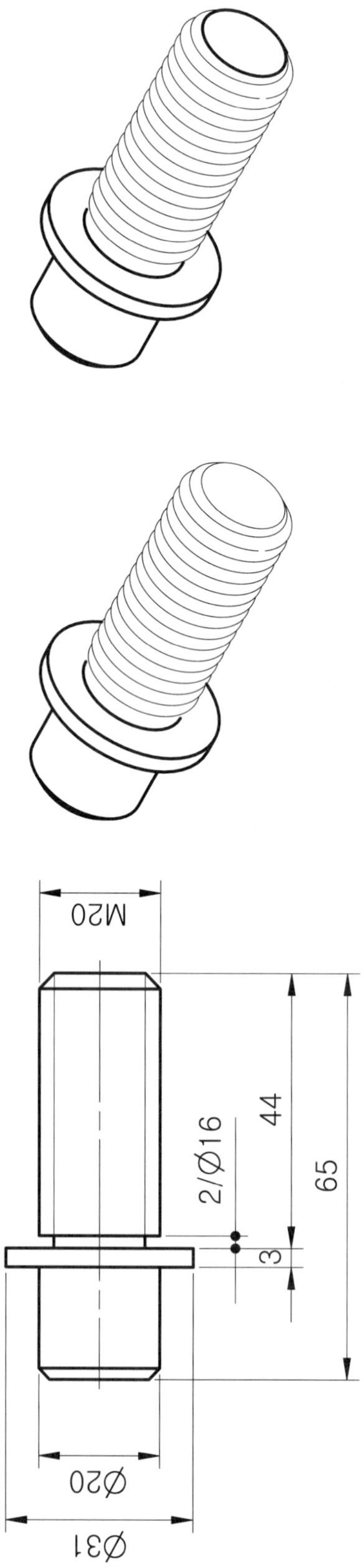

Ø31
Ø20
M20
2/Ø16
3
44
65

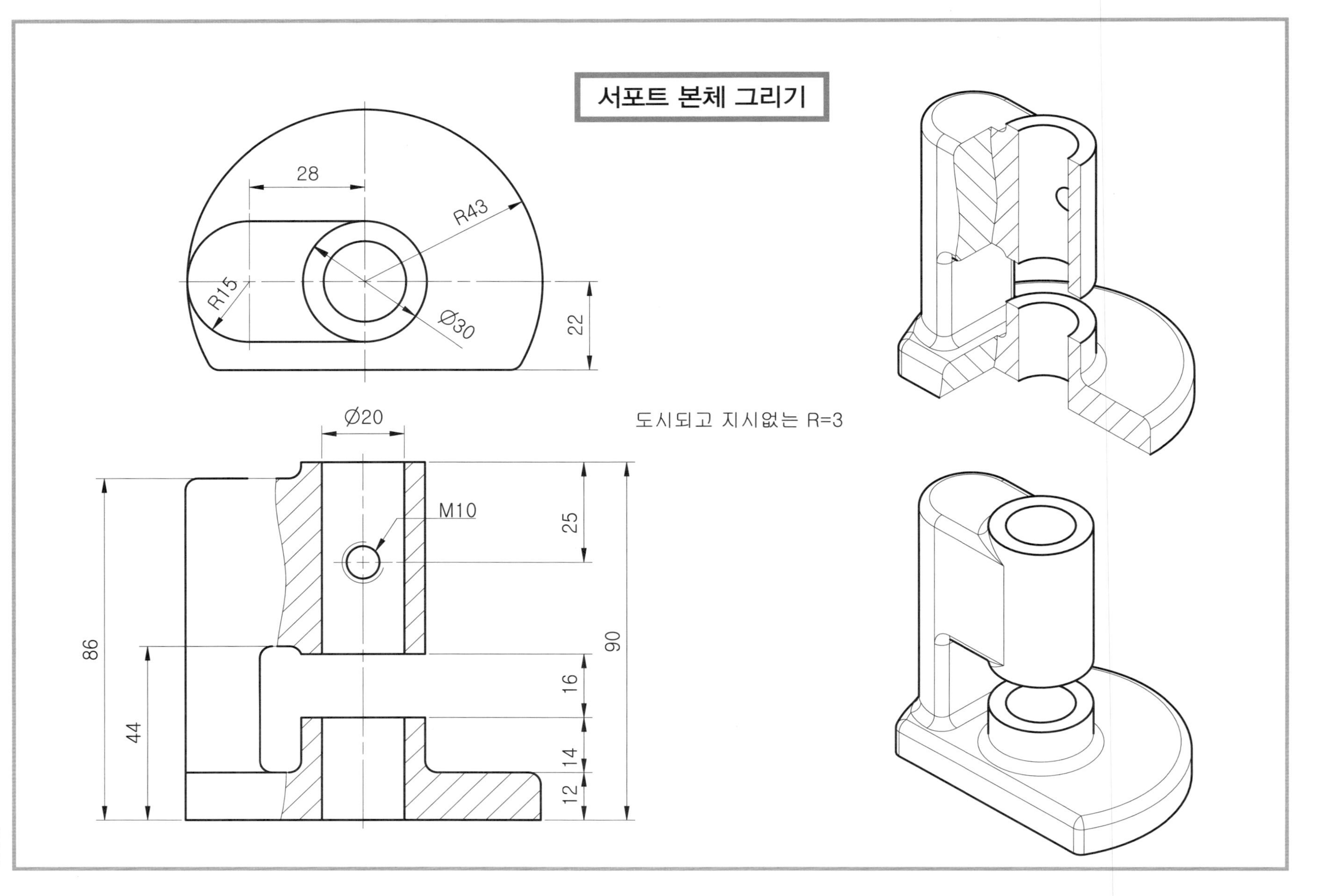
서포트 본체 그리기
28
R43
R15
Ø30
22
Ø20
도시되고 지시없는 R=3
M10
25
86
90
44
16
14
12

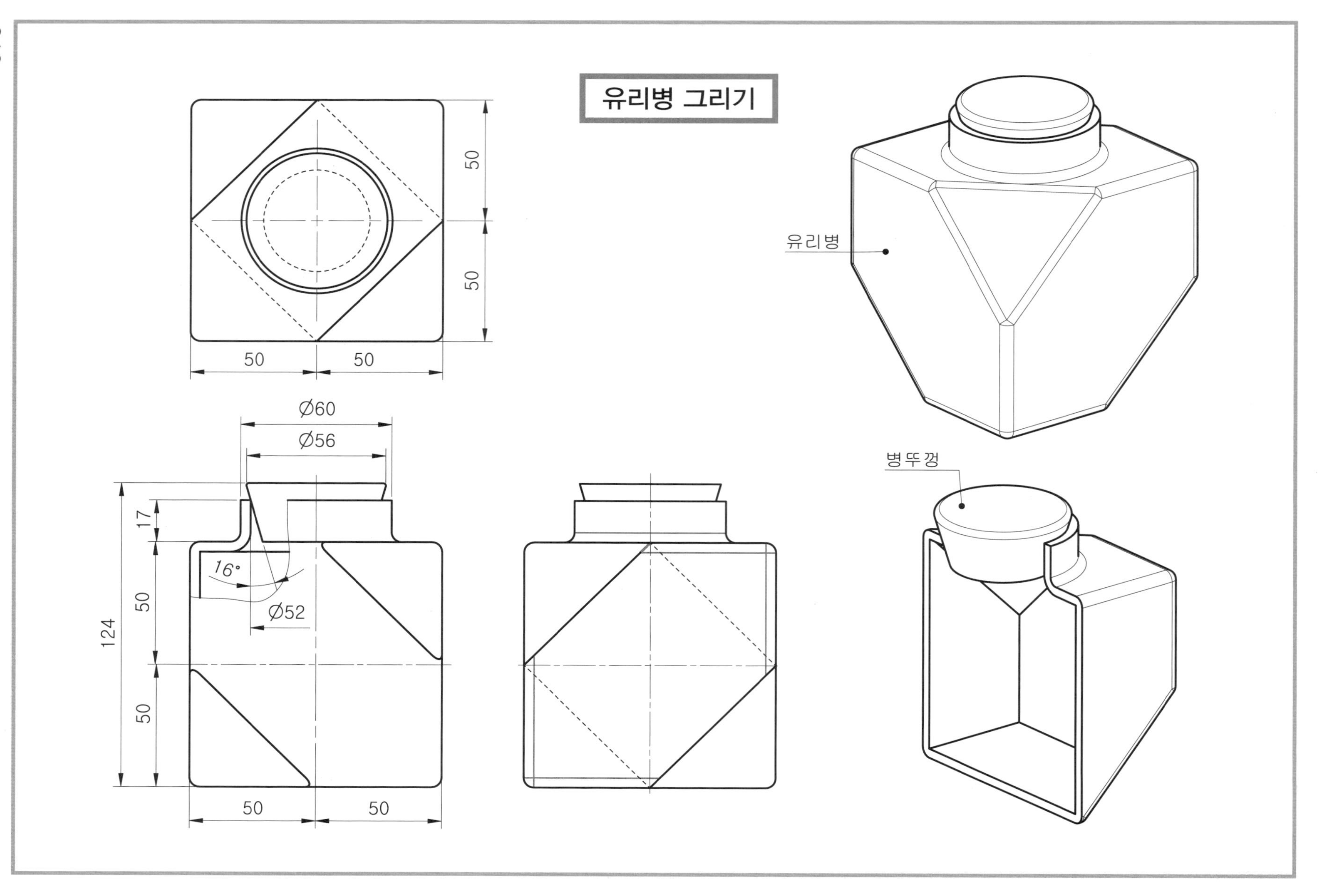
유리병 그리기
50
50
50
50
Ø60
Ø56
17
124
50
50
16°
Ø52
50
50
유리병
병뚜껑

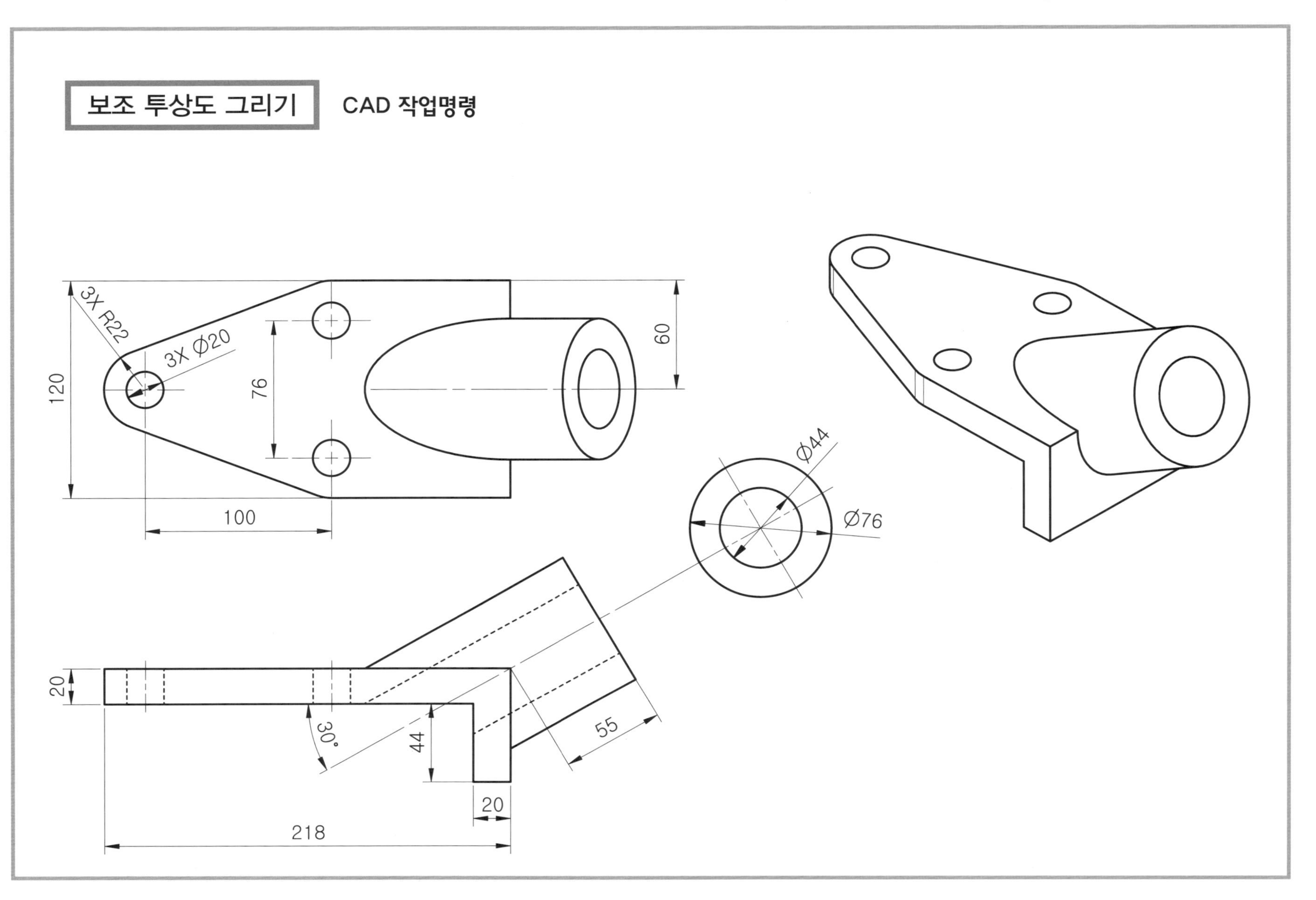
보조 투상도 그리기
CAD 작업명령
3X R22
3X Ø20
120
76
60
100
Ø44
Ø76
20
30°
44
55
20
218

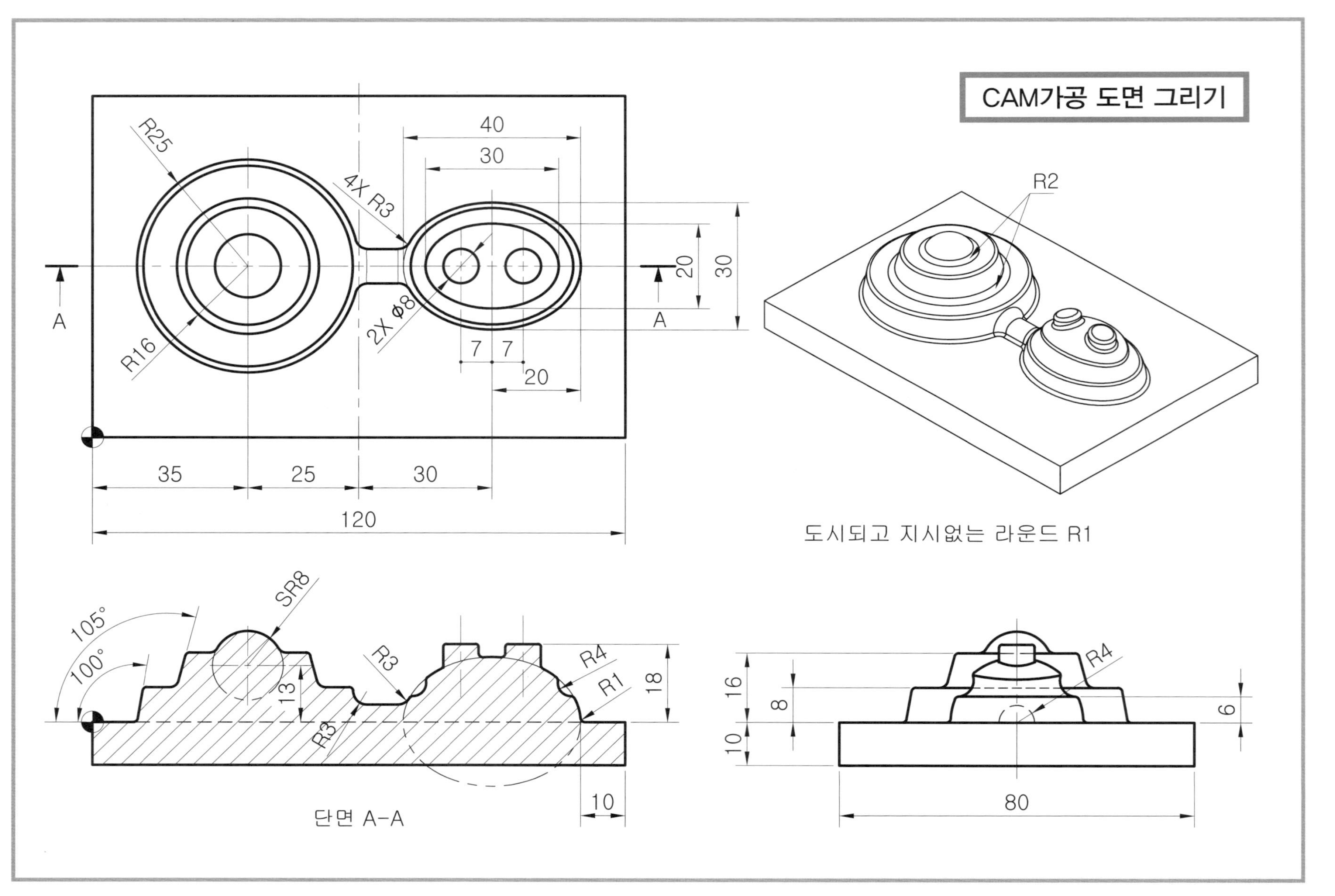
CAM가공 도면 그리기
R25
4X R3
R16
2X φ8
40
30
20
30
7
7
20
A
A
35
25
30
120
R2
도시되고 지시없는 라운드 R1
105°
100°
SR8
R3
13
R3
R4
R1
18
10
단면 A-A
16
10
8
R4
6
80

AutoCAD

2차원 CAD 명령어 응용 고급편

- 기계설계산업기사 실기 연습
- 전산응용기계제도기능사 실기 연습

기어 박스

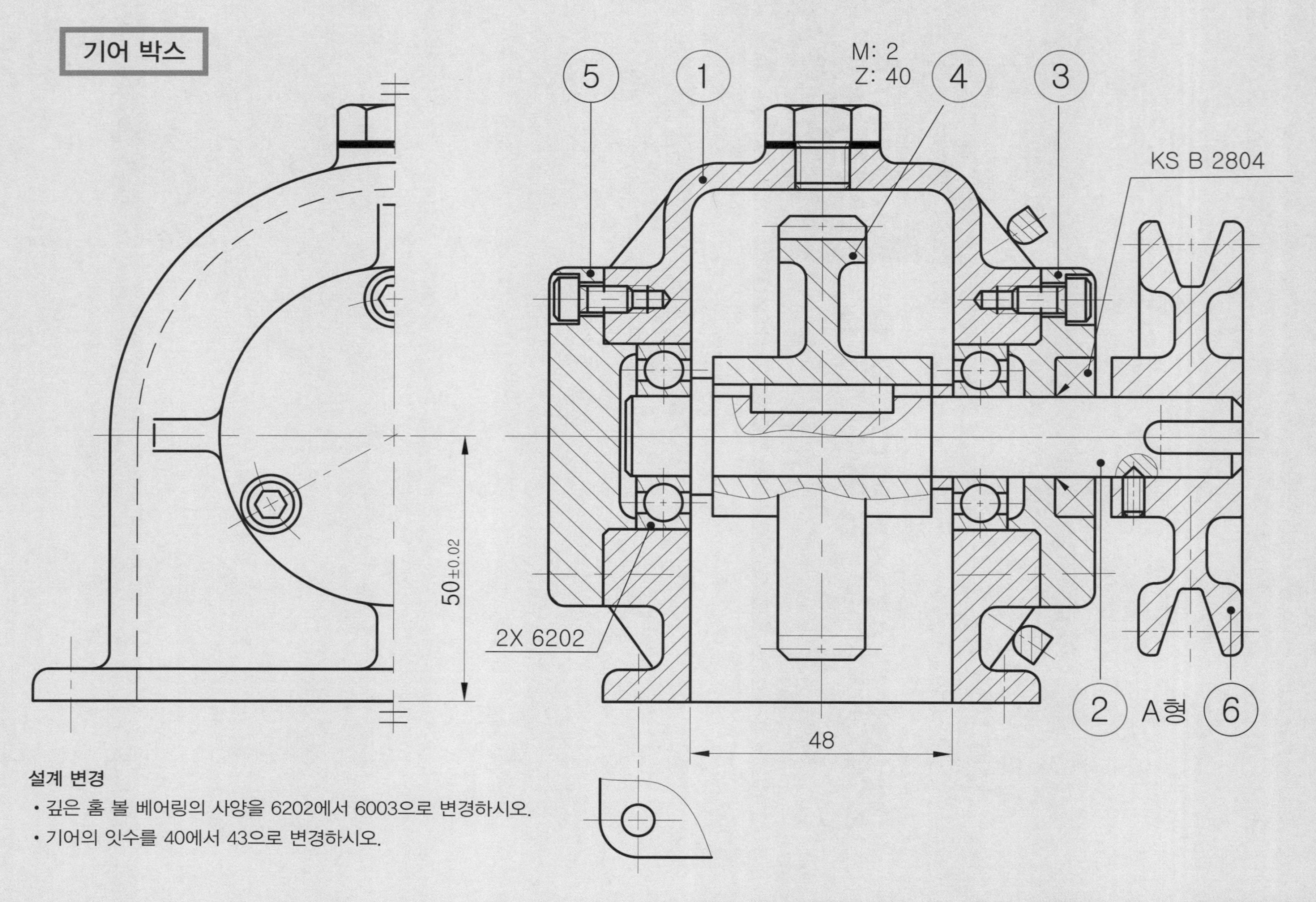

설계 변경

- 깊은 홈 볼 베어링의 사양을 6202에서 6003으로 변경하시오.
- 기어의 잇수를 40에서 43으로 변경하시오.

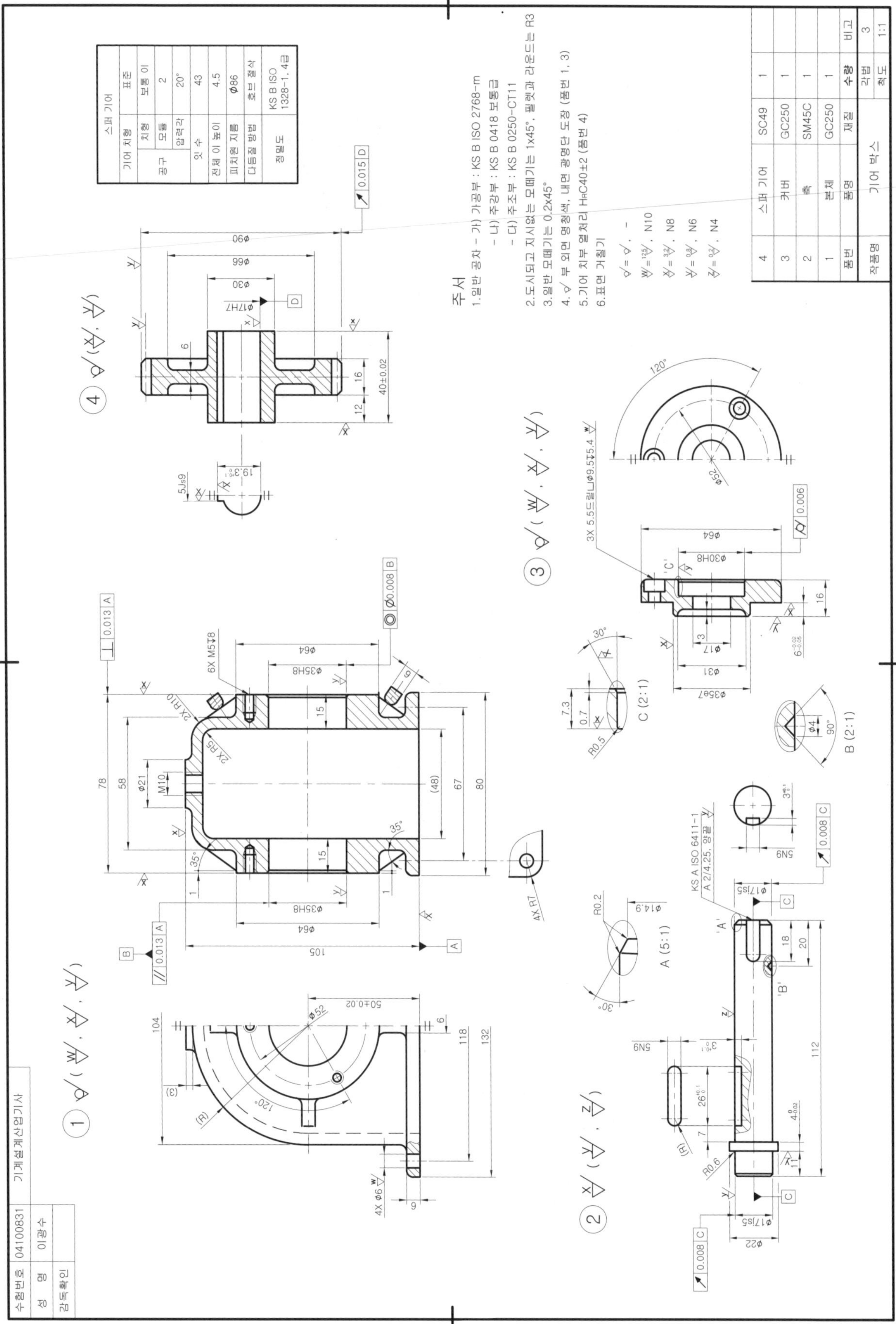

수험번호	04100831	기계설계산업기사
성 명	이광수	
감독확인		

스퍼 기어		
기어 치형		표준
공구	치형	보통 이
	모듈	2
	압력각	20°
잇 수		43
전체 이 높이		4.5
피치원 지름		Φ86
다듬질 방법		호브 절삭
정밀도		KS B ISO 1328-1, 4급

주서

1.일반 공차 - 가) 가공부 : KS B ISO 2768-m

- 나) 주강부 : KS B 0418 보통급
- 다) 주조부 : KS B 0250-CT11

2.도시되고 지시없는 모떼기는 1x45°, 필렛과 라운드는 R3

3.일반 모떼기는 0.2x45°

4.∀ 부 외면 명청색, 내면 광명단 도장 (품번 1, 3)

5.기어 치부 열처리 HRC40±2 (품번 4)

6.표면 거칠기

- ∀ = ∀, -
- w/ = 12.5/, N10
- x/ = 3.2/, N8
- y/ = 0.8/, N6
- z/ = 0.2/, N4

4	스퍼 기어	SC49	1	
3	커버	GC250	1	
2	축	SM45C	1	
1	본체	GC250	1	
품번	품명	재질	수량	비고
작품명	기어 박스		각법	3
			척도	1:1

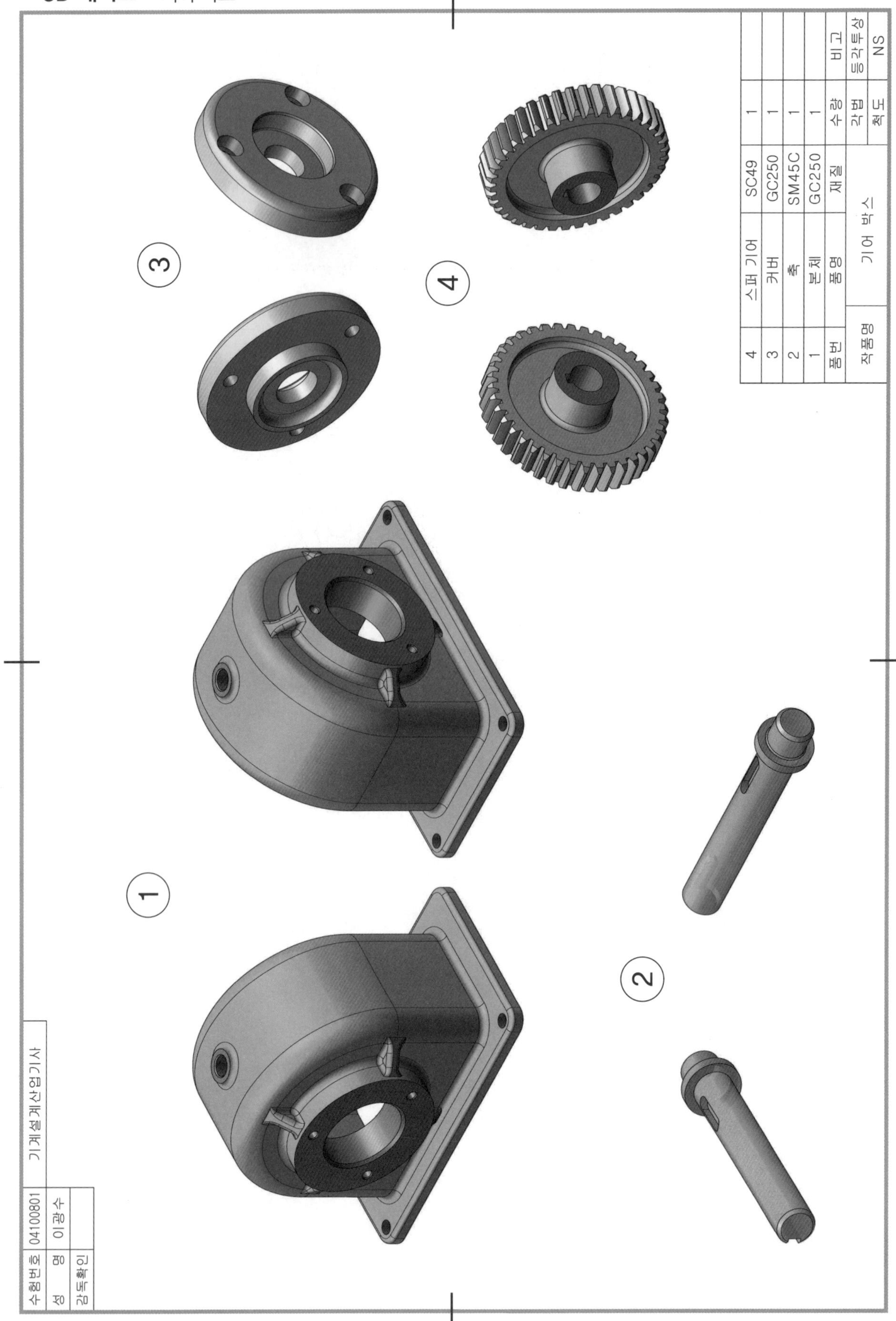

4 스퍼 기어 SC49 1
3 커버 GC250 1
2 축 SM45C 1
1 본체 GC250 1
품번 품명 재질 수량 비고
작품명 기어 박스
각법 등각투상
척도 NS
수험번호 04100801
성 명 이광수
감독확인
기계설계산업기사
1
2
3
4

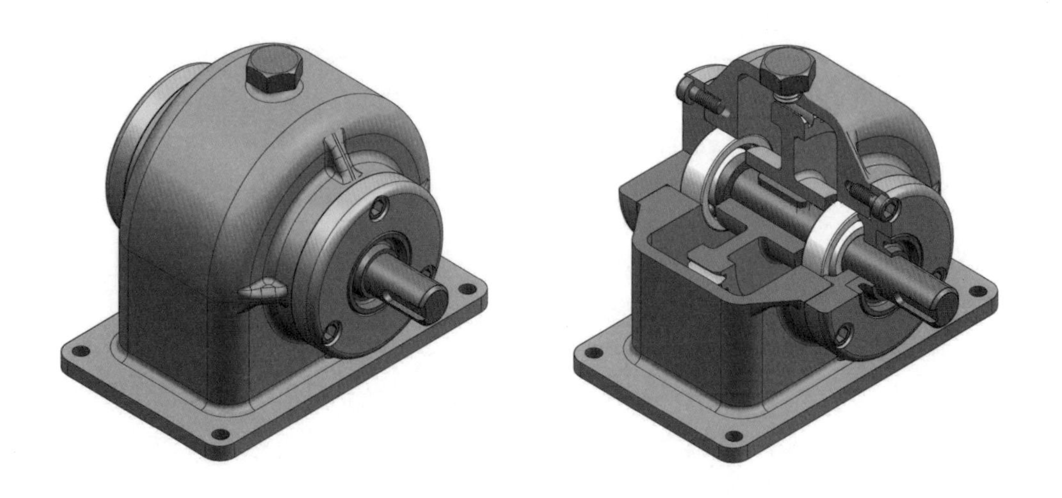

3D 조립 등각투상도 – 기어 박스

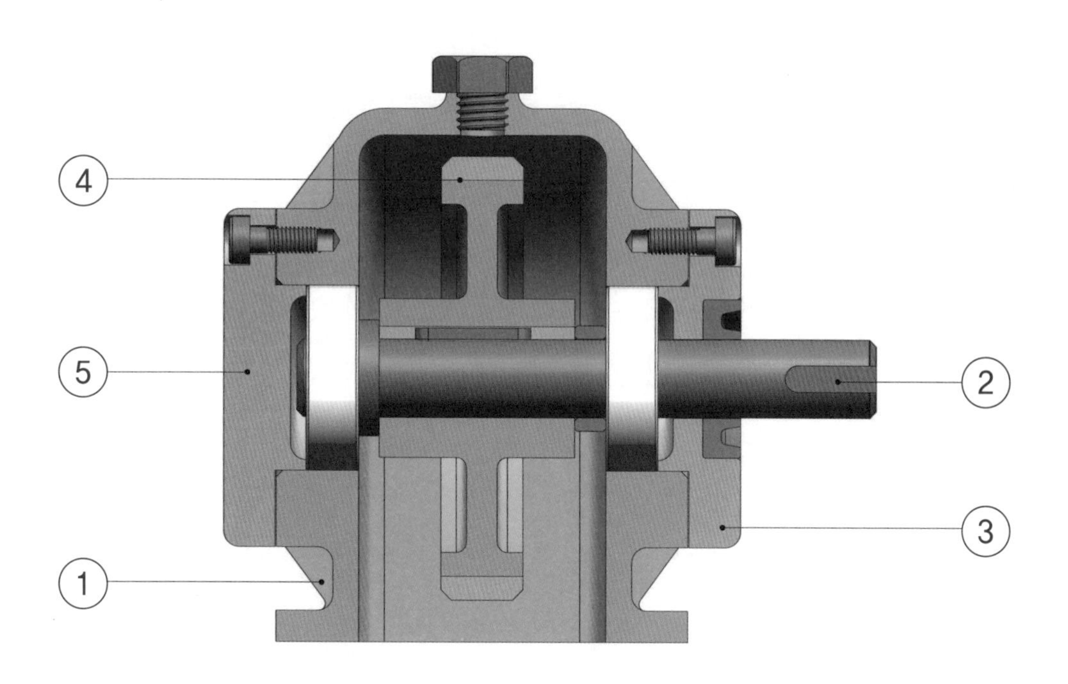

2D 조립 단면도 – 기어 박스

동력 전달 장치

설계 변경

- 깊은 홈 볼 베어링의 사양을 6203에서 6004로 변경하시오.
- V벨트 풀리 M형을 A형으로 설계 변경하시오.

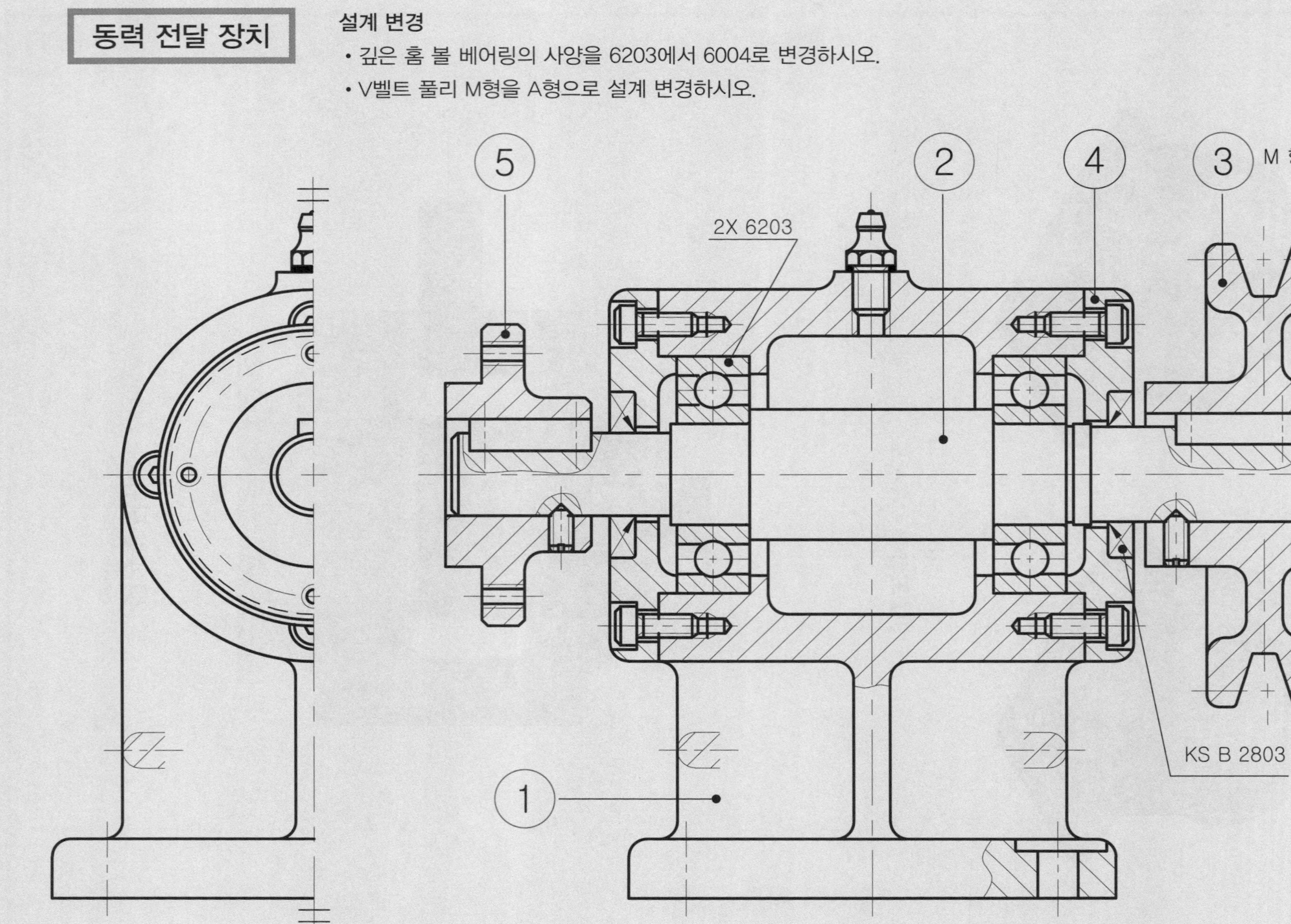

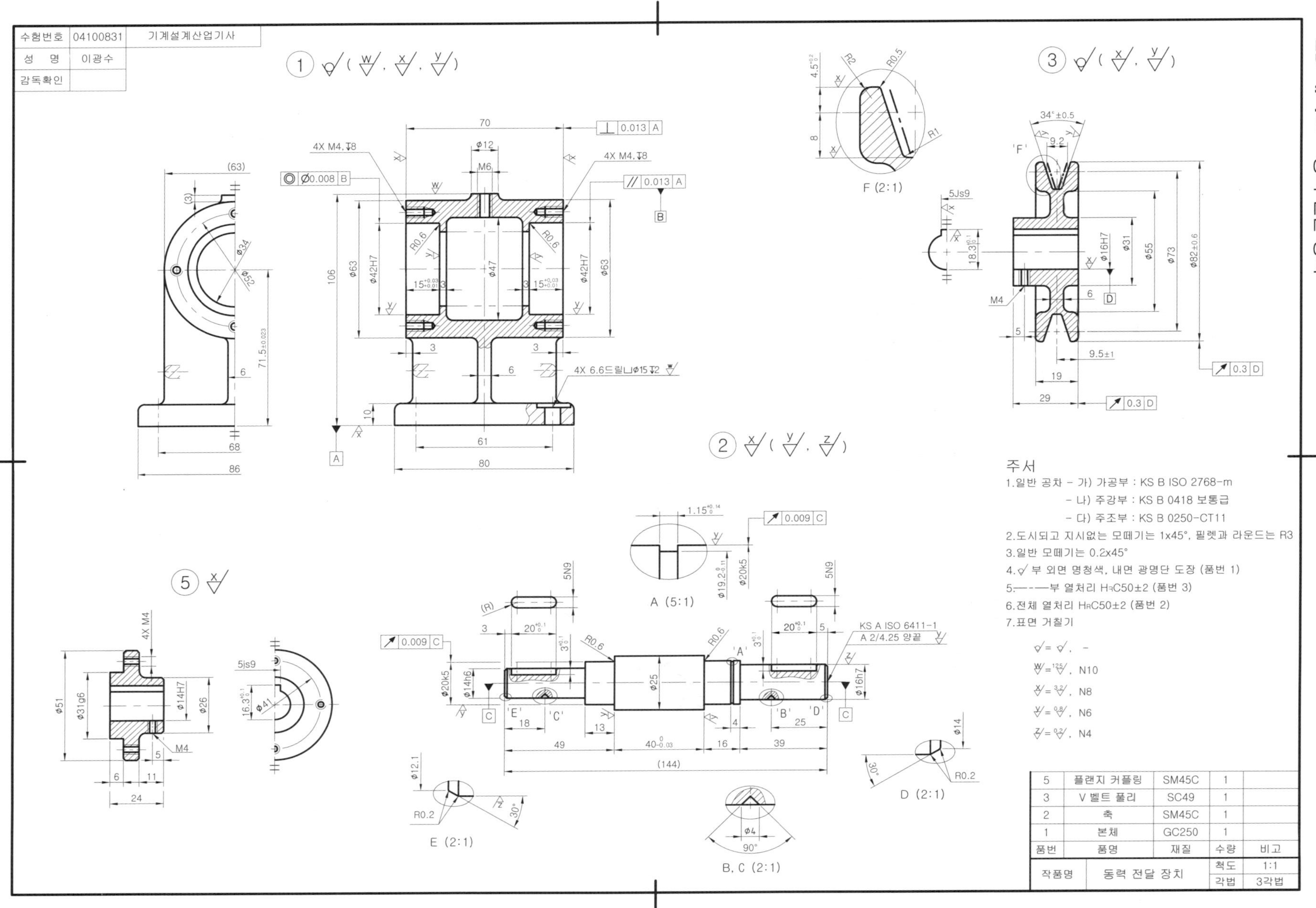
수험번호 04100831 기계설계산업기사
성 명 이광수
감독확인
F (2:1)
A (5:1)
E (2:1)
B, C (2:1)
D (2:1)
KS A ISO 6411-1
A 2/4.25 양끝
주서
1.일반 공차 - 가) 가공부 : KS B ISO 2768-m
- 나) 주강부 : KS B 0418 보통급
- 다) 주조부 : KS B 0250-CT11
2.도시되고 지시없는 모떼기는 1x45°, 필렛과 라운드는 R3
3.일반 모떼기는 0.2x45°
4.부 외면 명청색, 내면 광명단 도장 (품번 1)
5.부 열처리 HRC50±2 (품번 3)
6.전체 열처리 HRC50±2 (품번 2)
7.표면 거칠기
N10
N8
N6
N4
5 플랜지 커플링 SM45C 1
3 V 벨트 풀리 SC49 1
2 축 SM45C 1
1 본체 GC250 1
품번 품명 재질 수량 비고
작품명 동력 전달 장치 척도 1:1 각법 3각법

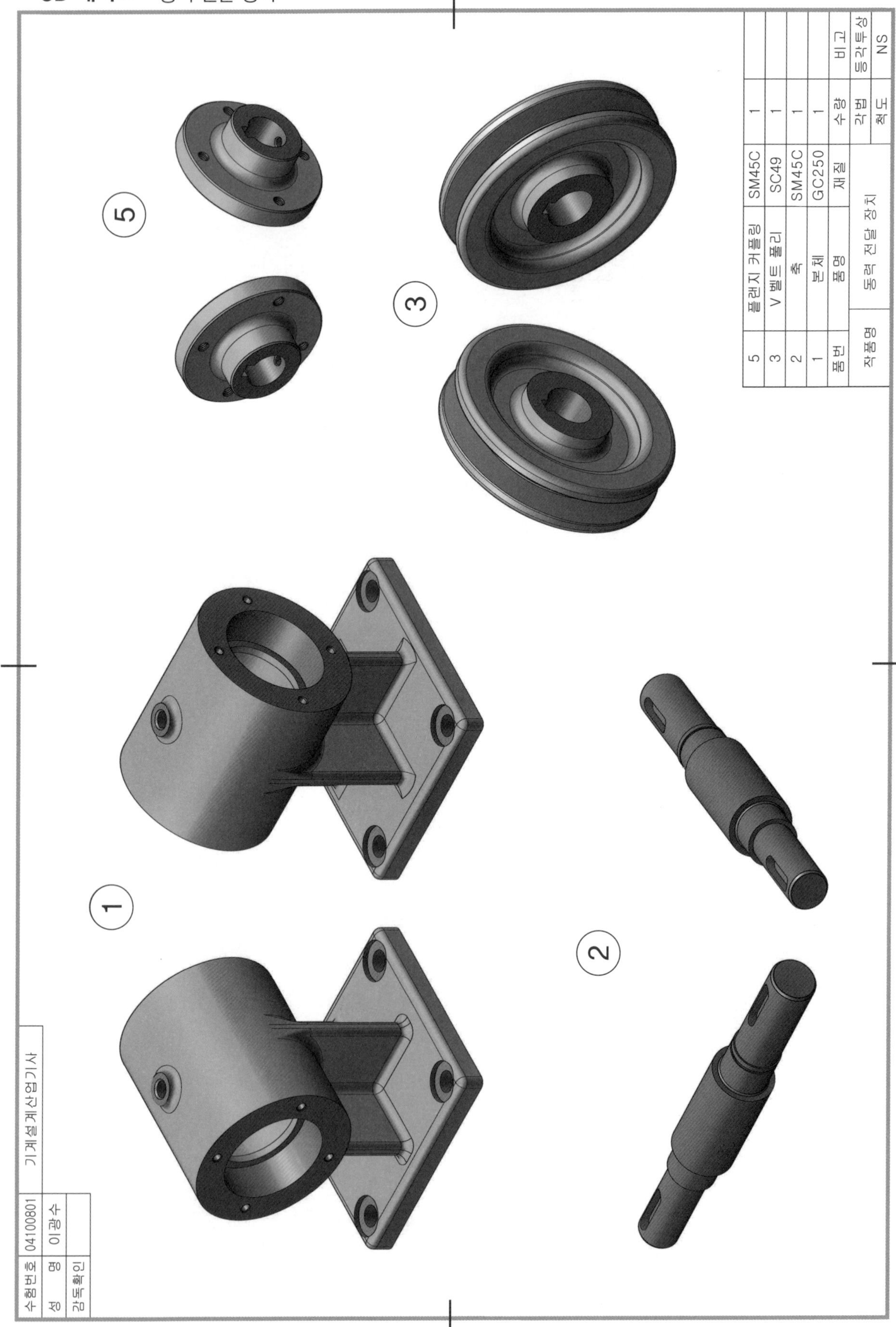

수험번호 04100801
성 명 이광수
감독확인
기계설계산업기사
1
2
3
5
5 플랜지 커플링 SM45C 1
3 V 벨트 풀리 SC49 1
2 축 SM45C 1
1 본체 GC250 1
품번 품명 재질 수량 비고
작품명 동력 전달 장치
각법 등각투상
척도 NS

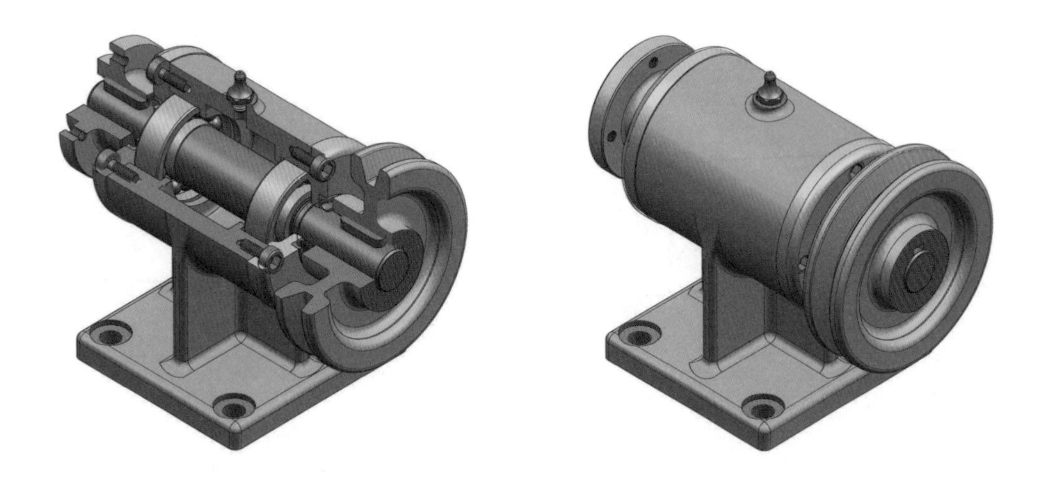

3D 조립 등각투상도 – 동력 전달 장치

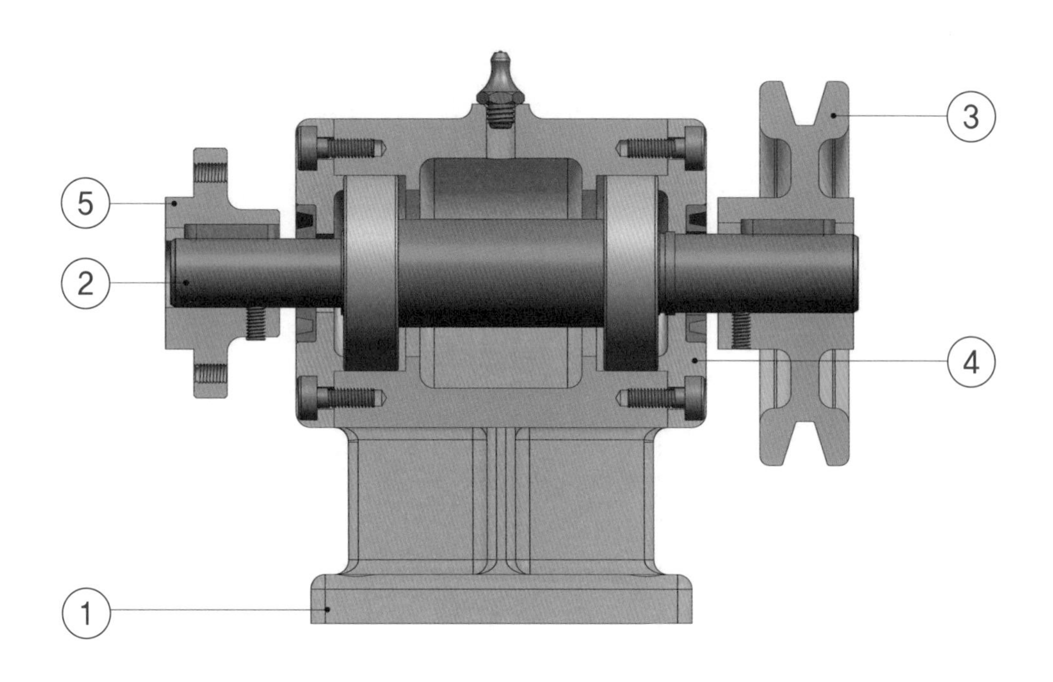

2D 조립 단면도 – 동력 전달 장치

탁상 바이스

설계 변경

- 바이스 작동 시 'A'부 치수를 최대 630이 되도록 변경하시오.
- 'B'부 치수를 70으로 변경하시오.

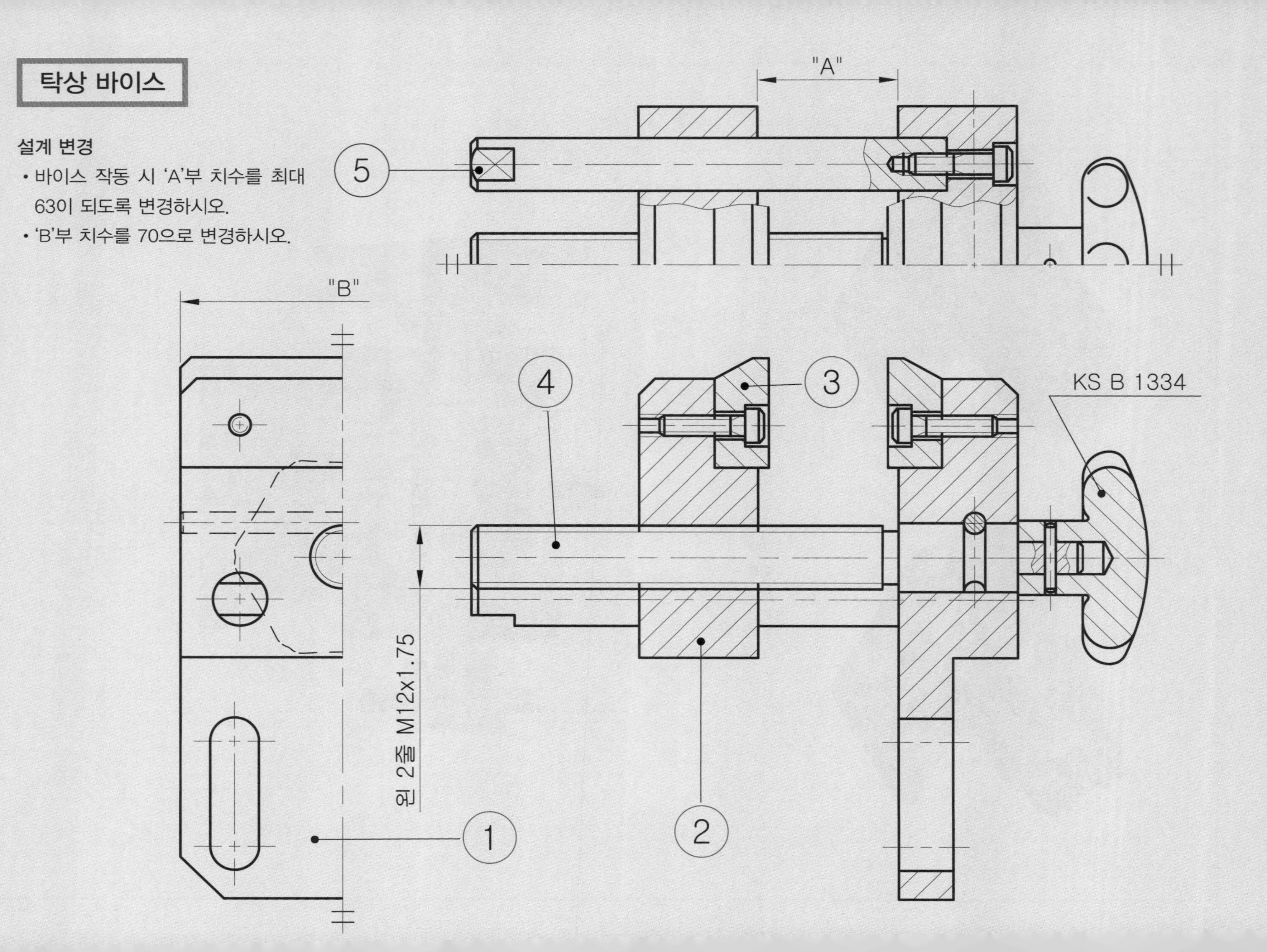

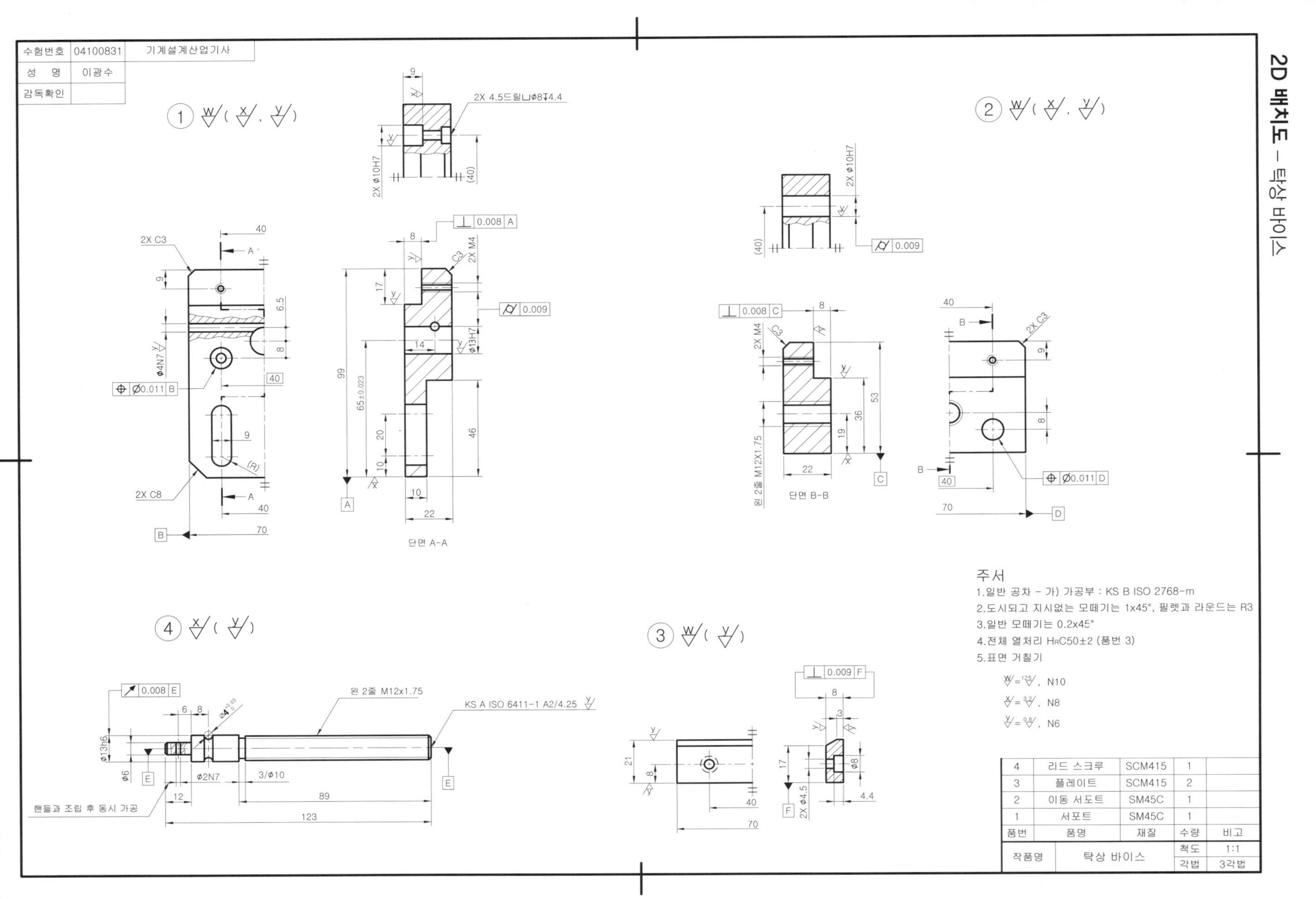
수험번호 04100831 기계설계산업기사
성명 이광수
감독확인
2X 4.5드릴⌴φ8↧4.4
단면 A-A
단면 B-B
주서
1.일반 공차 - 가) 가공부 : KS B ISO 2768-m
2.도시되고 지시없는 모떼기는 1x45°, 필렛과 라운드는 R3
3.일반 모떼기는 0.2x45°
4.전체 열처리 HRC50±2 (품번 3)
5.표면 거칠기
왼 2줄 M12x1.75
KS A ISO 6411-1 A2/4.25
핸들과 조립 후 동시 가공
4 리드 스크루 SCM415 1
3 플레이트 SCM415 2
2 이동 서포트 SM45C 1
1 서포트 SM45C 1
품번 품명 재질 수량 비고
작품명 탁상 바이스 척도 1:1 각법 3각법

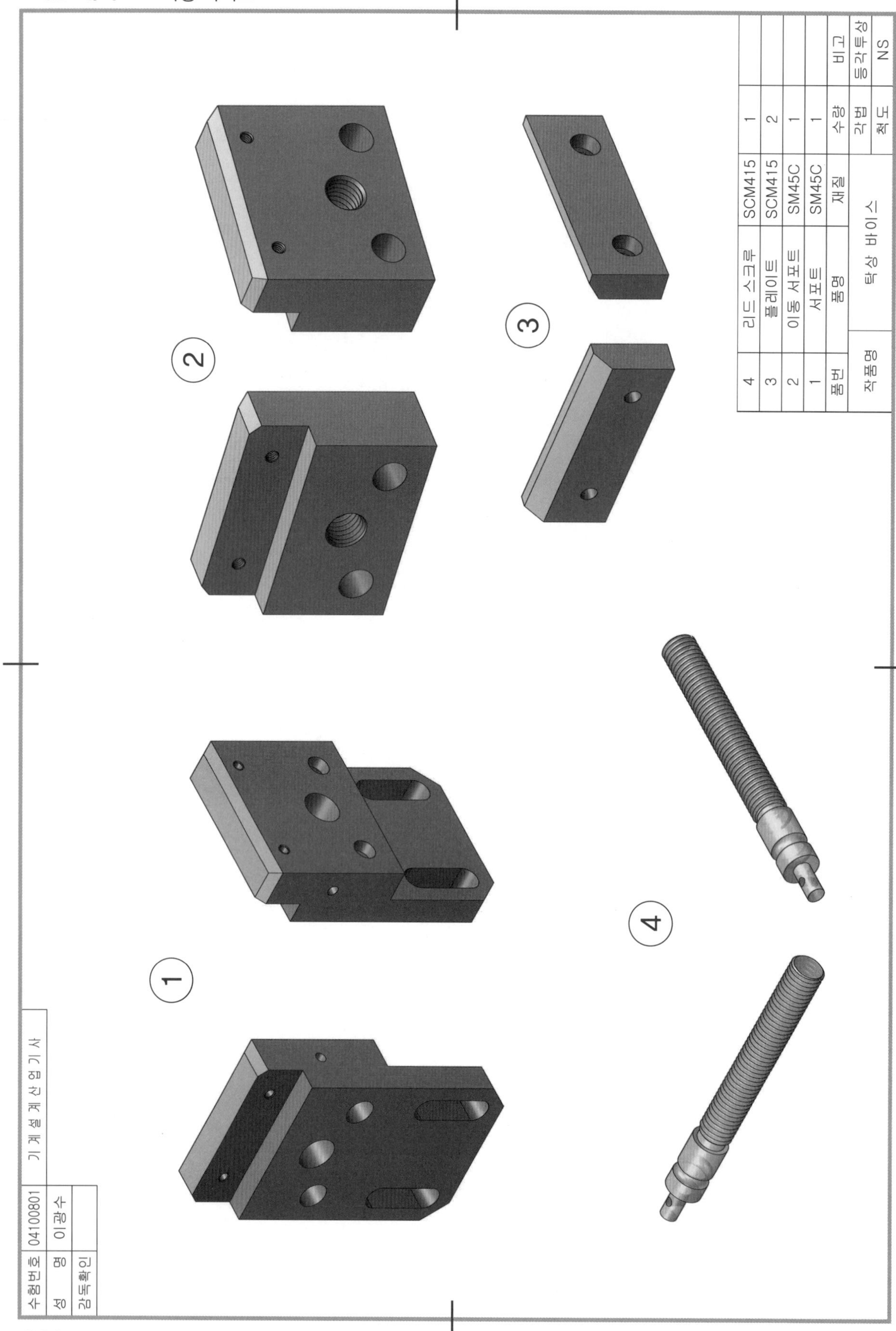
4 | 리드 스크루 | SCM415 | 1
3 | 플레이트 | SCM415 | 2
2 | 이동 서포트 | SM45C | 1
1 | 서포트 | SM45C | 1
품번 | 품명 | 재질 | 수량 | 비고
작품명 | 탁상 바이스 | 각법 | 등각투상
척도 | NS
수험번호 | 04100801 | 기계설계산업기사
성 명 | 이광수
감독확인
1
2
3
4

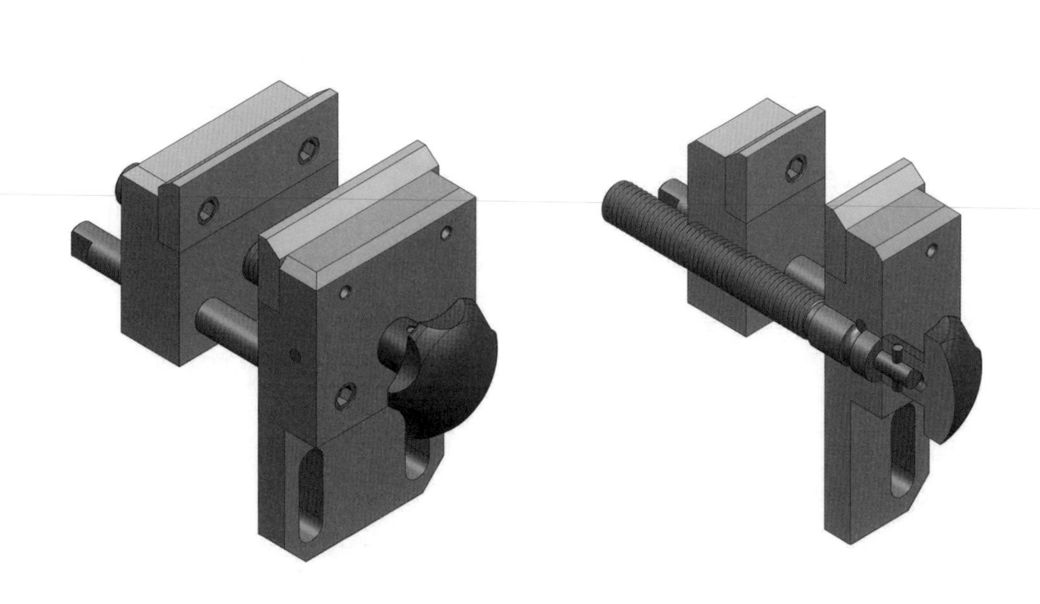

3D 조립 등각투상도 – 탁상 바이스

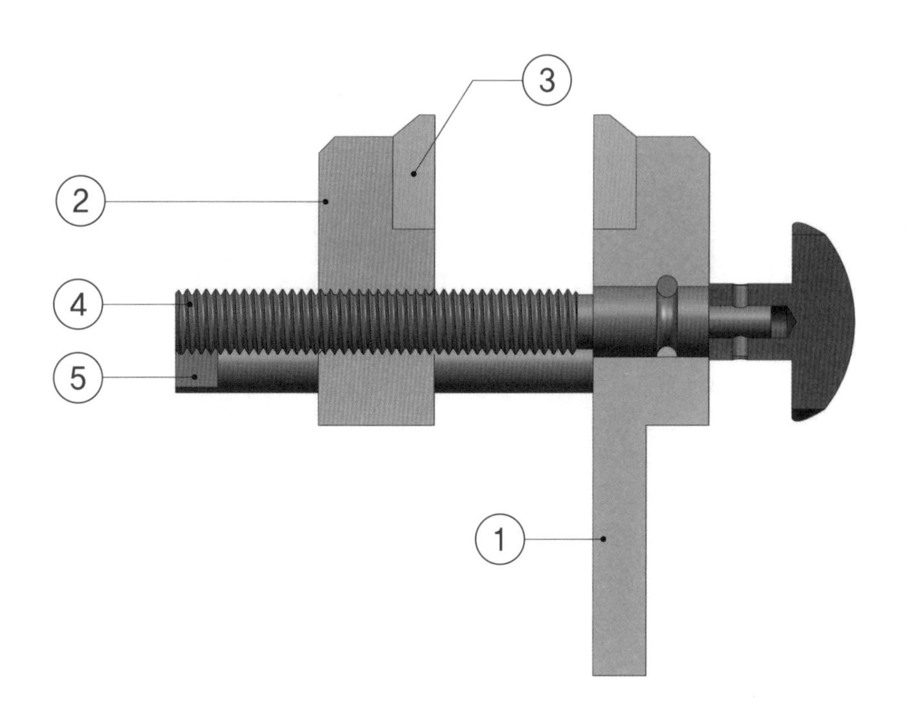

2D 조립 단면도 – 탁상 바이스

클램프

설계 변경
- 'A'부 치수를 74로 변경하시오.
- 'B'부 치수를 18로 변경하시오.
- 'C'부 치수를 ø5N7로 변경하시오.

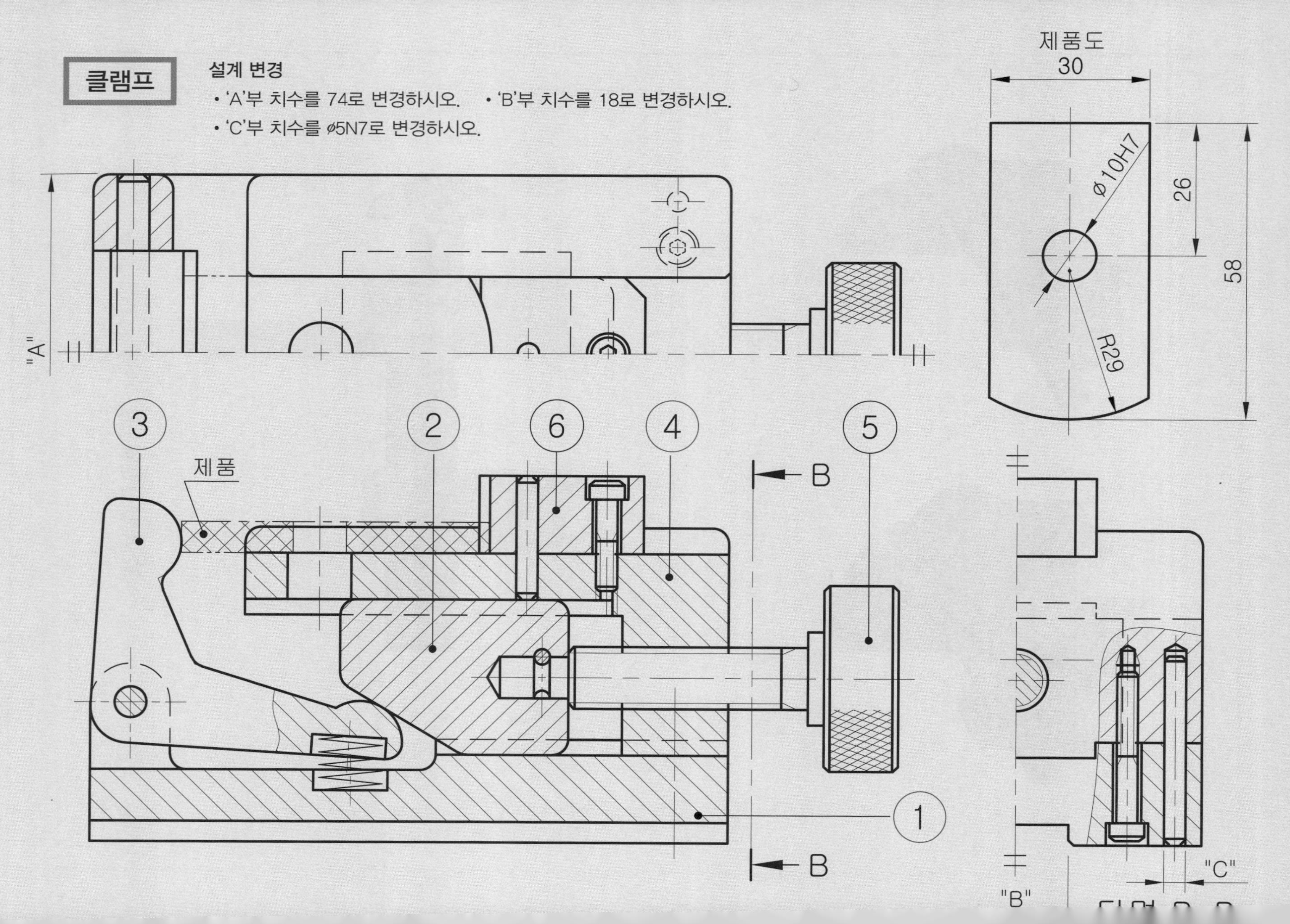

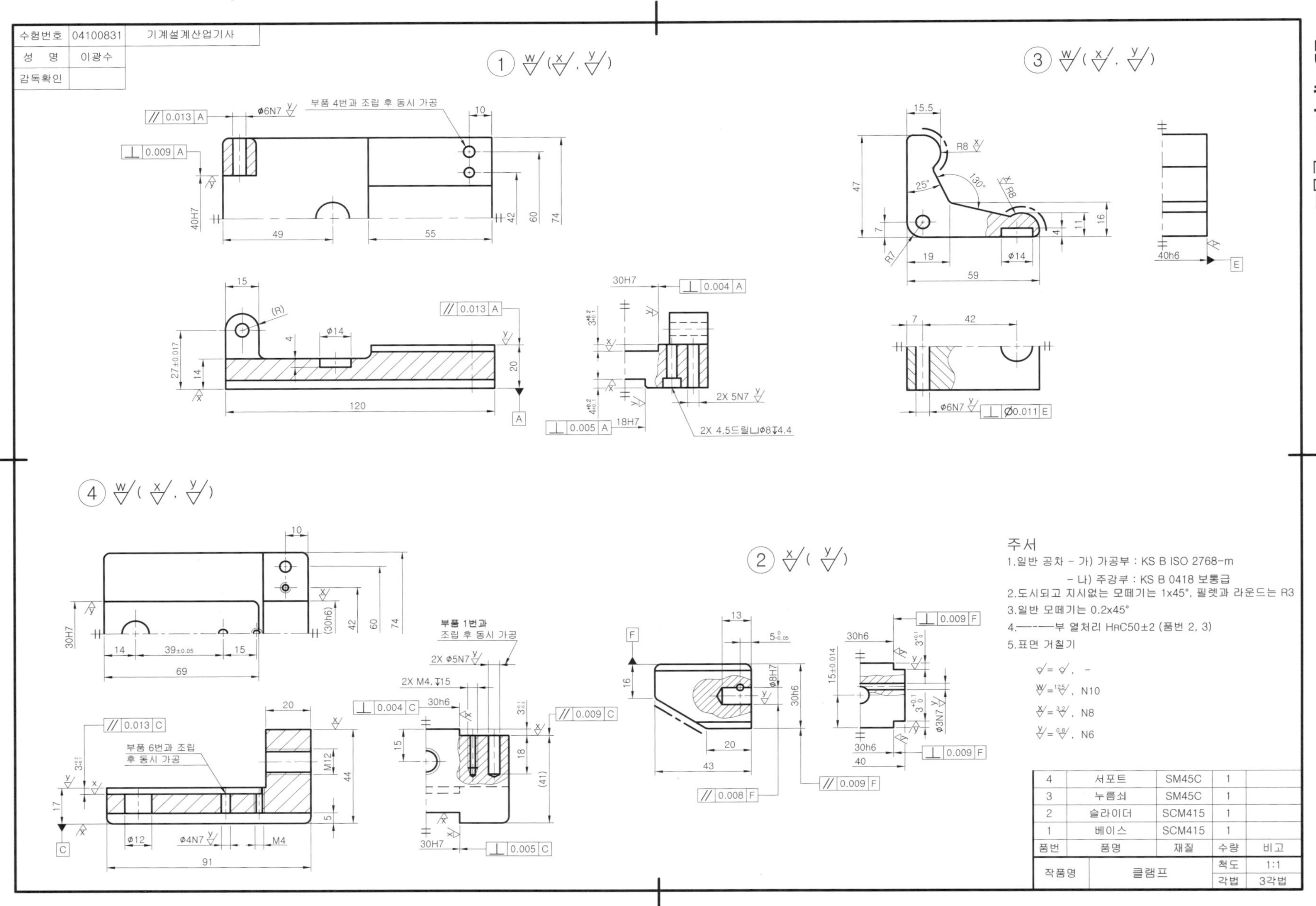
수험번호 04100831 기계설계산업기사
성 명 이광수
감독확인
부품 4번과 조립 후 동시 가공
부품 1번과 조립 후 동시 가공
부품 6번과 조립 후 동시 가공
2X 4.5드릴⌴ϕ8↧4.4
주서
1.일반 공차 - 가) 가공부 : KS B ISO 2768-m
- 나) 주강부 : KS B 0418 보통급
2.도시되고 지시없는 모떼기는 1x45°, 필렛과 라운드는 R3
3.일반 모떼기는 0.2x45°
4.———부 열처리 HRC50±2 (품번 2, 3)
5.표면 거칠기
4 서포트 SM45C 1
3 누름쇠 SM45C 1
2 슬라이더 SCM415 1
1 베이스 SCM415 1
품번 품명 재질 수량 비고
작품명 클램프 척도 1:1 각법 3각법

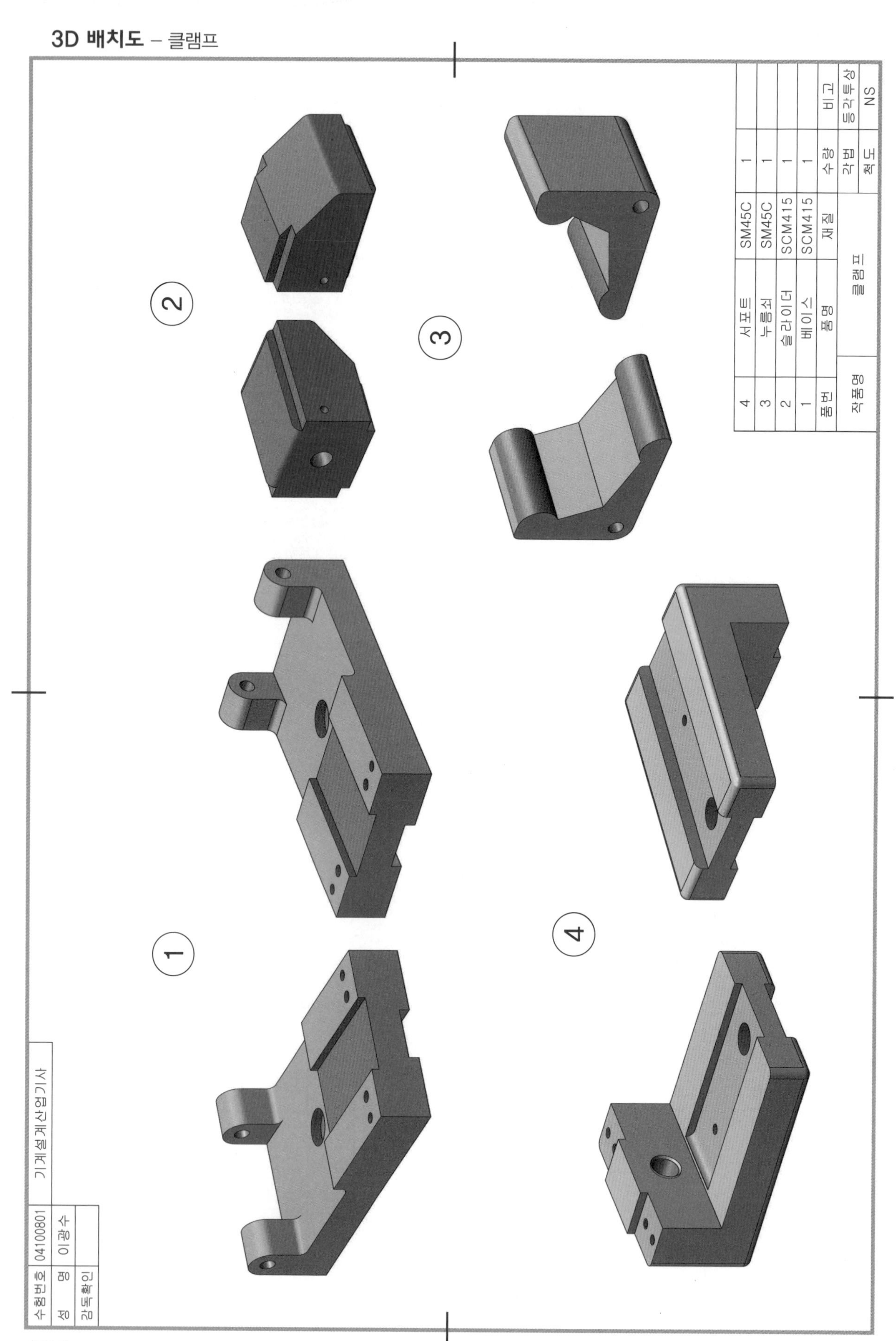
수험번호 04100801
성 명 이광수
감독확인
기계설계산업기사
4 서포트 SM45C 1
3 누름쇠 SM45C 1
2 슬라이더 SCM415 1
1 베이스 SCM415 1
품번 품명 재질 수량 비고
작품명 클램프
각법 등각투상
척도 NS
1
2
3
4

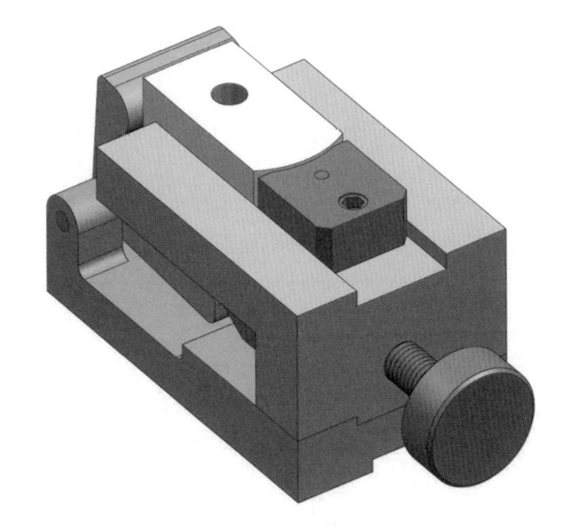
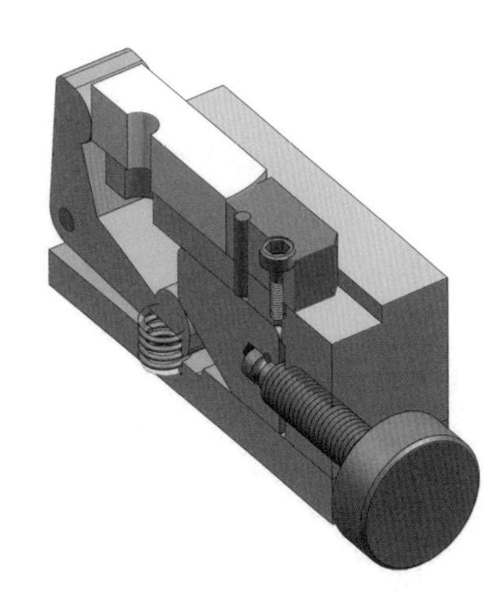

3D 조립 등각투상도 – 클램프

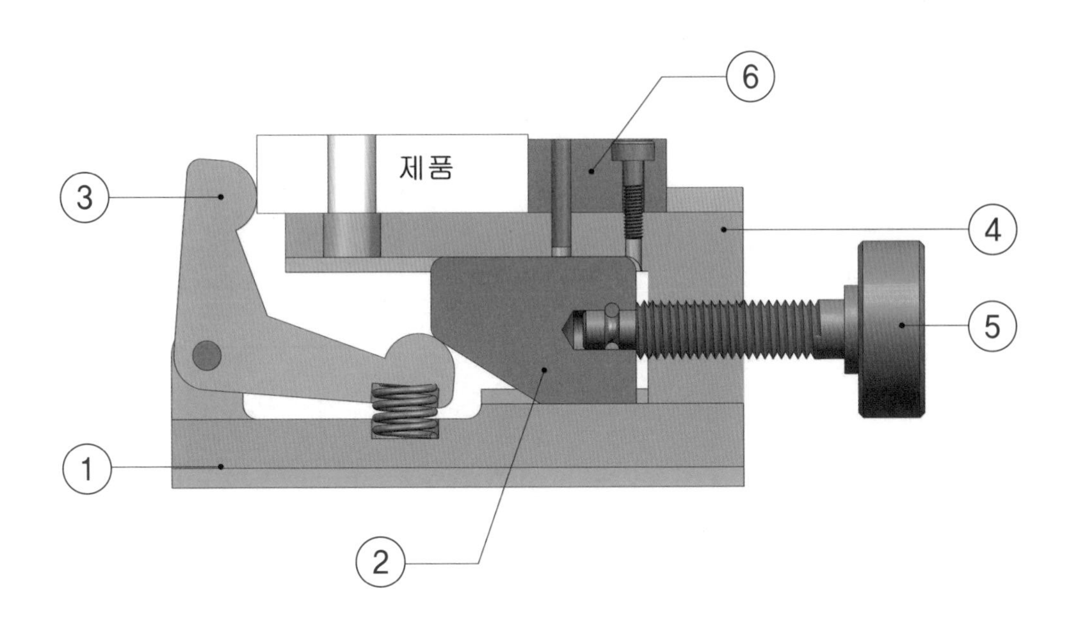

2D 조립 단면도 – 클램프

위치 고정 지그

설계 변경

- 위치 고정 지그 'A'부 치수를 46으로 변경하시오.
- 'B'부 핀의 치수를 ∅4N7로 변경하시오.
- 'C'부 치수를 42로 설계 변경하시오.

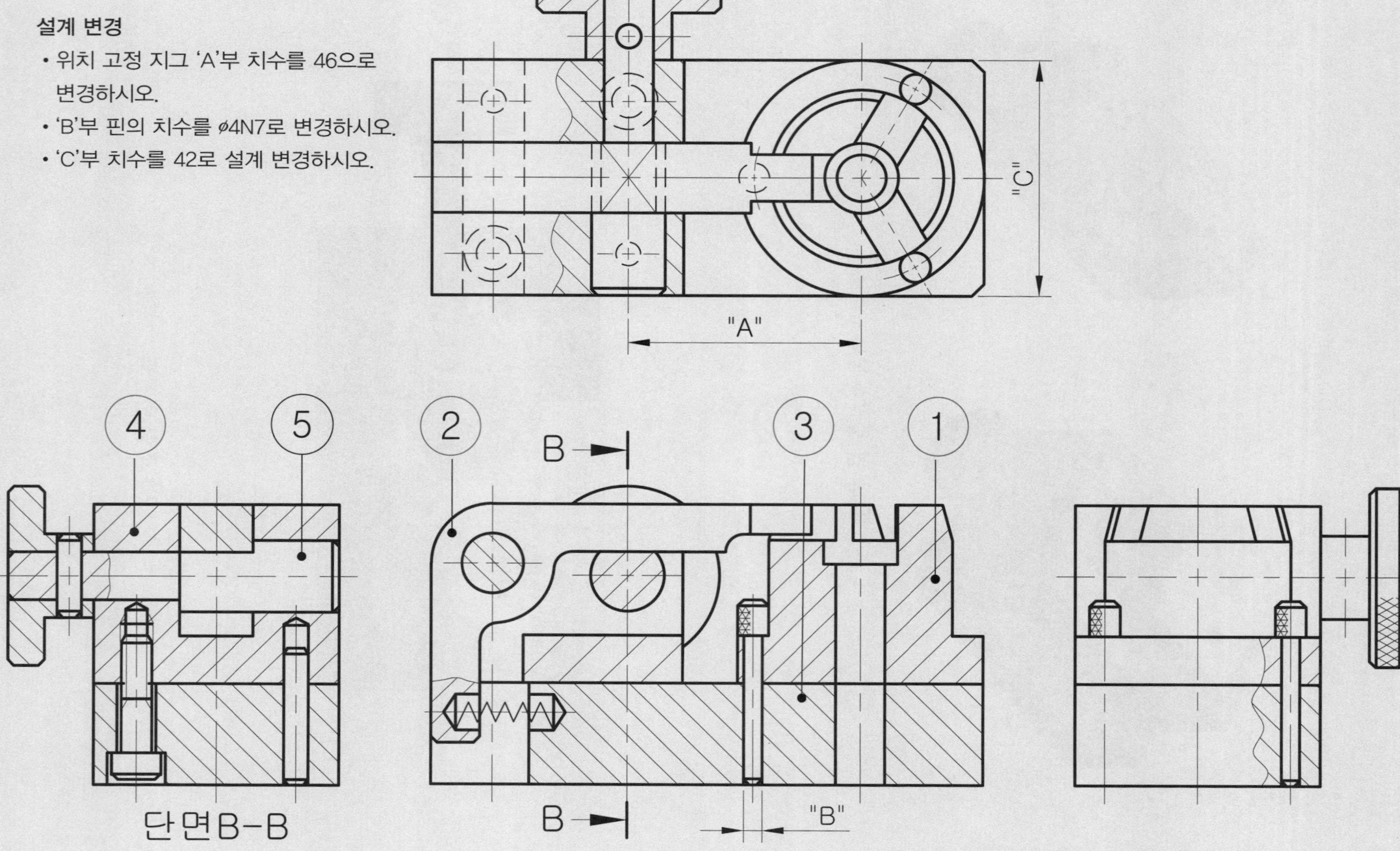

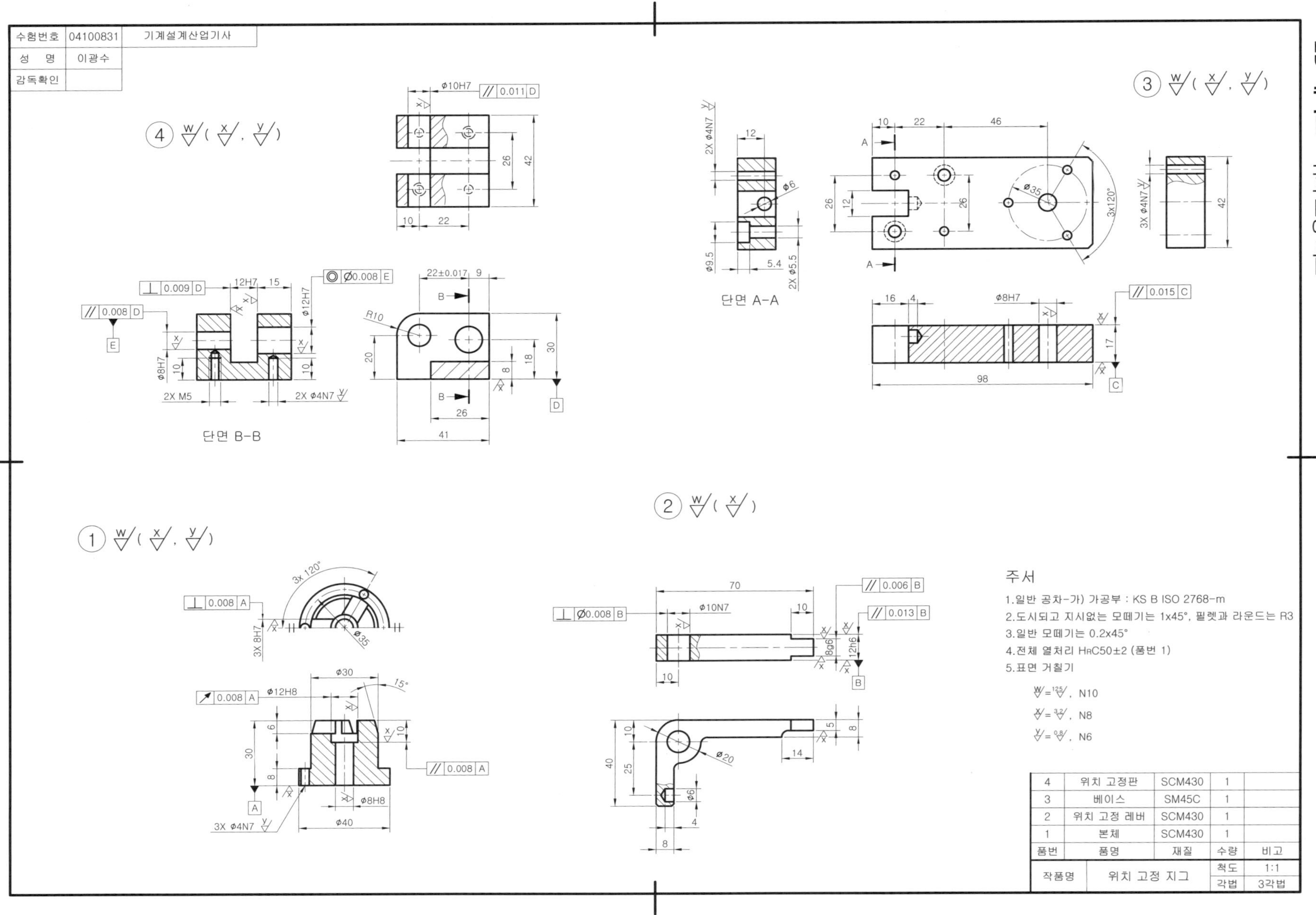
수험번호 04100831 기계설계산업기사
성 명 이광수
감독확인
단면 A-A
단면 B-B
주서
1.일반 공차-가) 가공부 : KS B ISO 2768-m
2.도시되고 지시없는 모떼기는 1x45°, 필렛과 라운드는 R3
3.일반 모떼기는 0.2x45°
4.전체 열처리 HRC50±2 (품번 1)
5.표면 거칠기
N10
N8
N6
4 위치 고정판 SCM430 1
3 베이스 SM45C 1
2 위치 고정 레버 SCM430 1
1 본체 SCM430 1
품번 품명 재질 수량 비고
작품명 위치 고정 지그
척도 1:1
각법 3각법

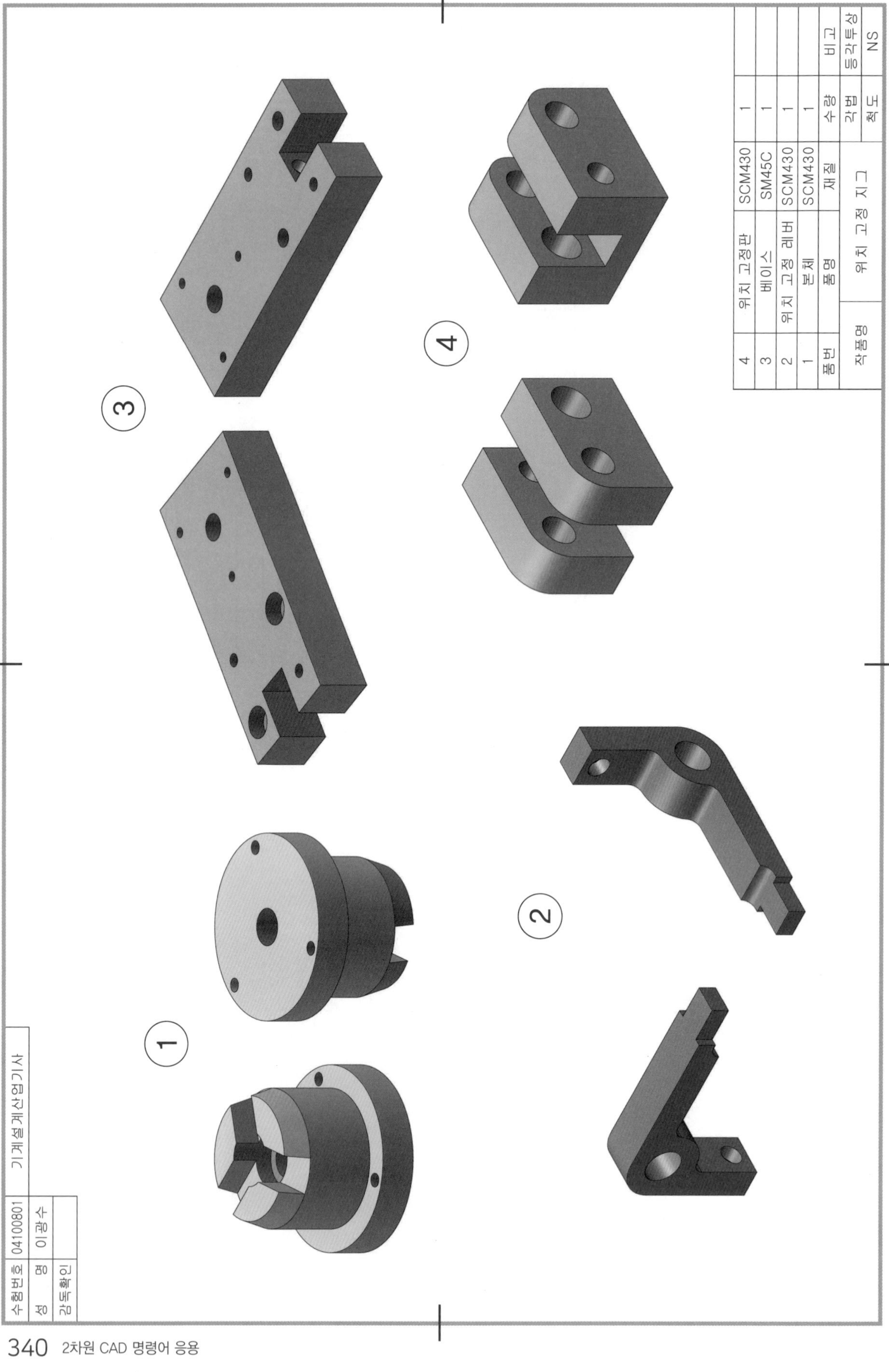

수험번호	04100801	기계설계산업기사
성 명	이광수	
감독확인		

①

②

③

④

4	위치 고정판	SCM430	1	
3	베이스	SM45C	1	
2	위치 고정 레버	SCM430	1	
1	본체	SCM430	1	
품번	품명	재질	수량	비고
작품명	위치 고정 지그		각법	등각투상
			척도	NS

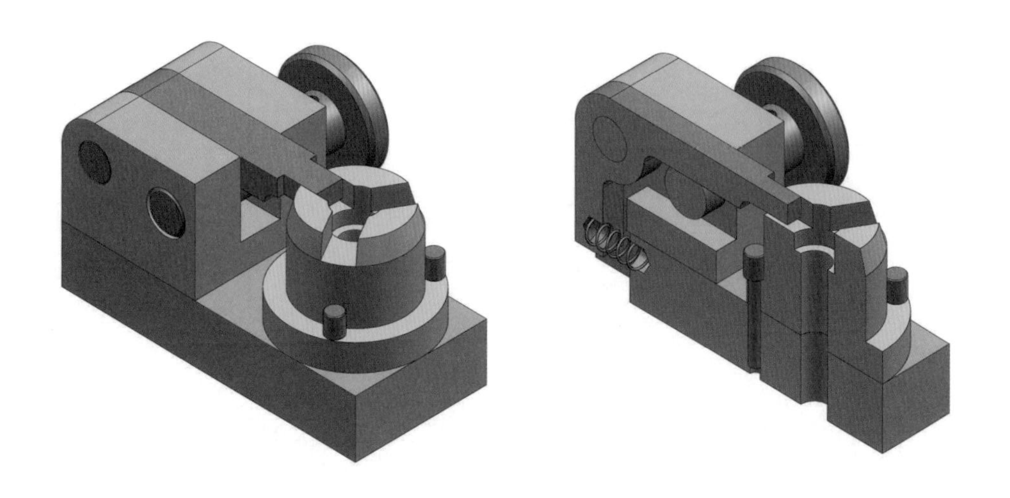

3D 조립 등각투상도 – 위치 고정 지그

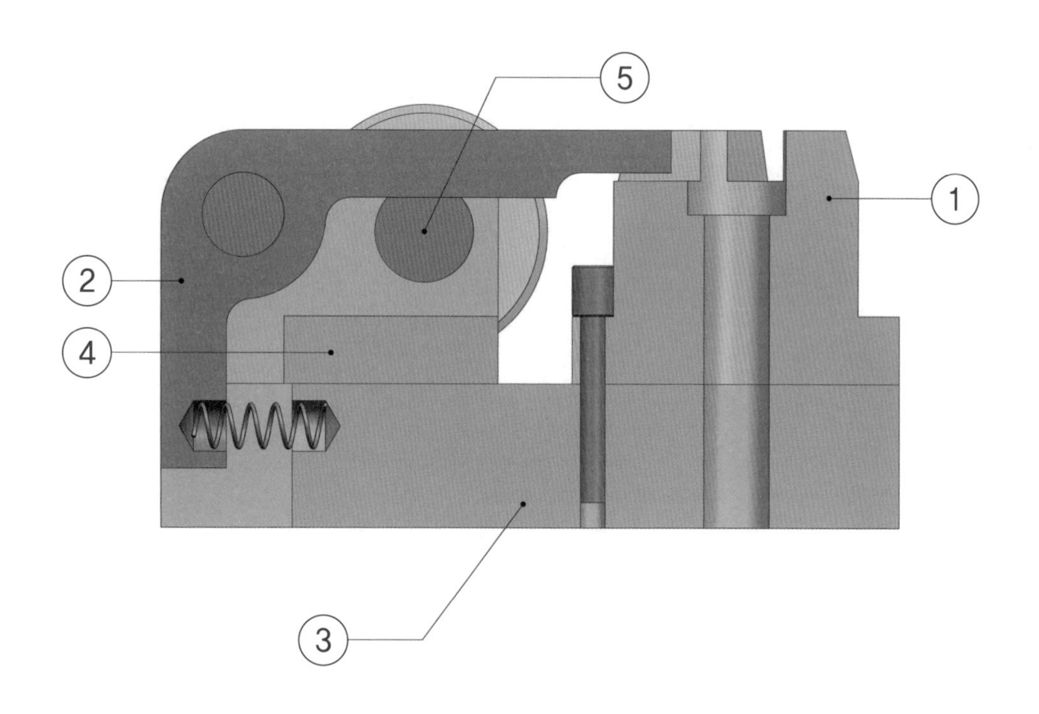

2D 조립 단면도 – 위치 고정 지그

2지형 레버 에어척

설계 변경

- 'A'부 실린더 내부 치수를 32로 변경하시오.
- 'B'부 나사 치수를 관용 평행나사 G11/8로 변경하시오.
- 'C'부 나사 치수를 관용 평행나사 G3/8로 변경하시오.

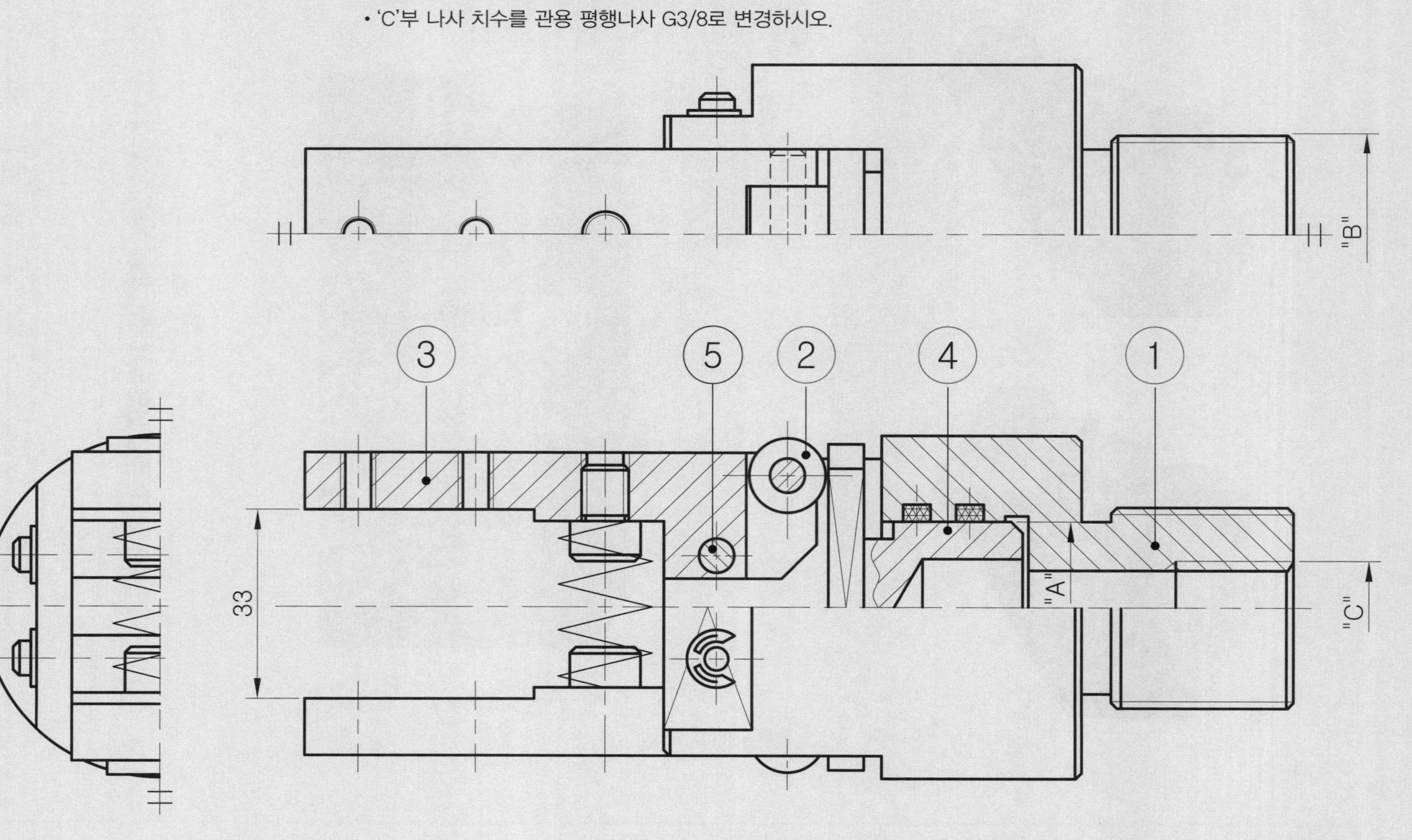

수험번호	04100831	기계설계산업기사
성 명	이광수	
감독확인		

① W/ (X/, Y/)

② X/

③ X/ (Y/)

④ X/ (Z/)

A (2:1)

주서

1.일반 공차 -가) 가공부 : KS B ISO 2768-m
2.도시되고 지시없는 모떼기는 1x45°, 필렛과 라운드는 R3
3.일반 모떼기는 0.2x45°
4.전체 열처리 HRC50±2 (부품 4)
5.파커라이징 처리 (부품 3)
6.알루마이트 처리 (부품 1)
7.표면 거칠기

W/ = 12.5/, N10
X/ = 3.2/, N8
Y/ = 0.8/, N6
Z/ = 0.2/, N4

4	피스톤	AC8C	1	
3	레버형 핑거	SCM430	2	
2	부시	CAC502A	2	
1	실린더	ALDC7	1	
품번	품명	재질	수량	비고
작품명	2지형 레버 에어척		척도	1:1
			각법	3각법

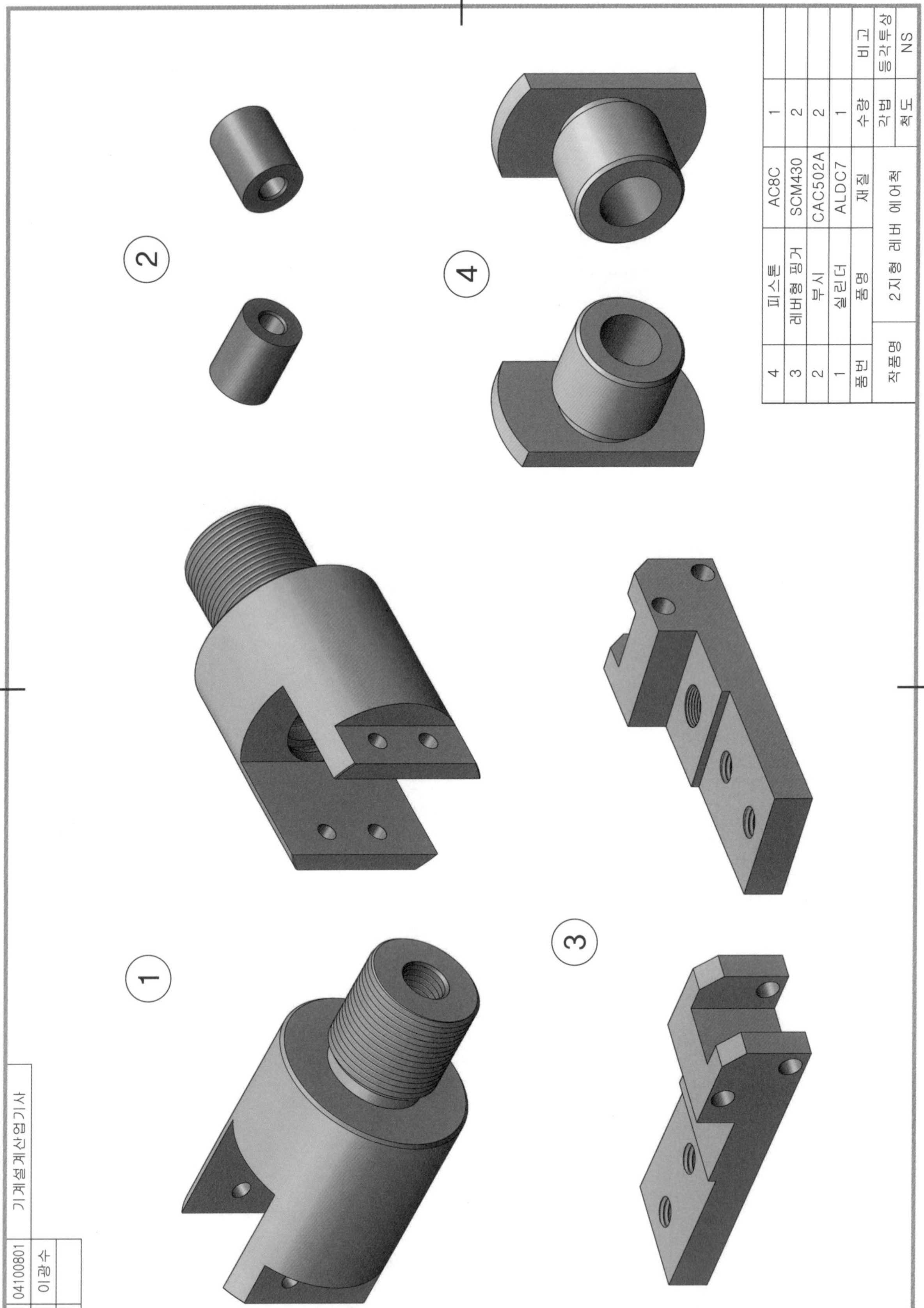

4	피스톤	AC8C	1	
3	레버형 핑거	SCM430	2	
2	부시	CAC502A	2	
1	실린더	ALDC7	1	
품번	품명	재질	수량	비고
작품명	2지형 레버 에어척		각법	등각투상
			척도	NS

수험번호	04100801	기계설계산업기사
성 명	이광수	
감독확인		

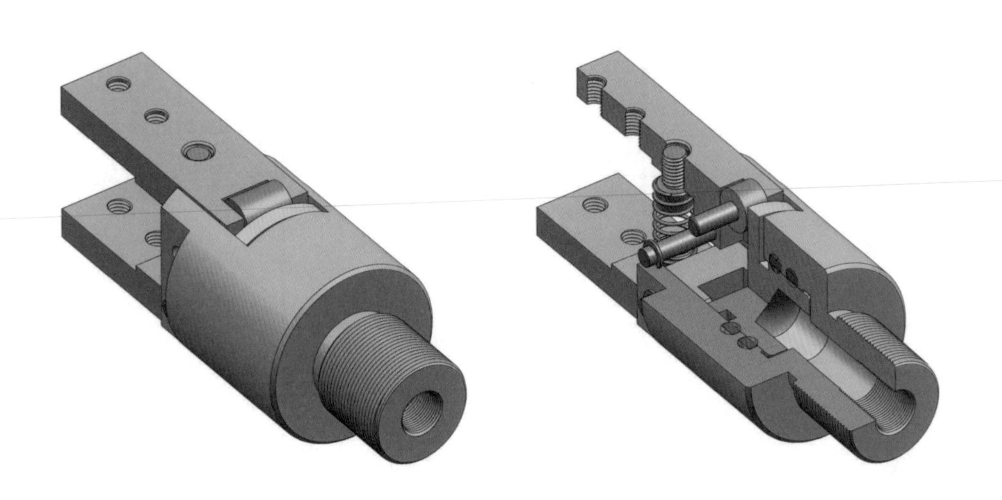

3D 조립 등각투상도 – 2지형 레버 에어척

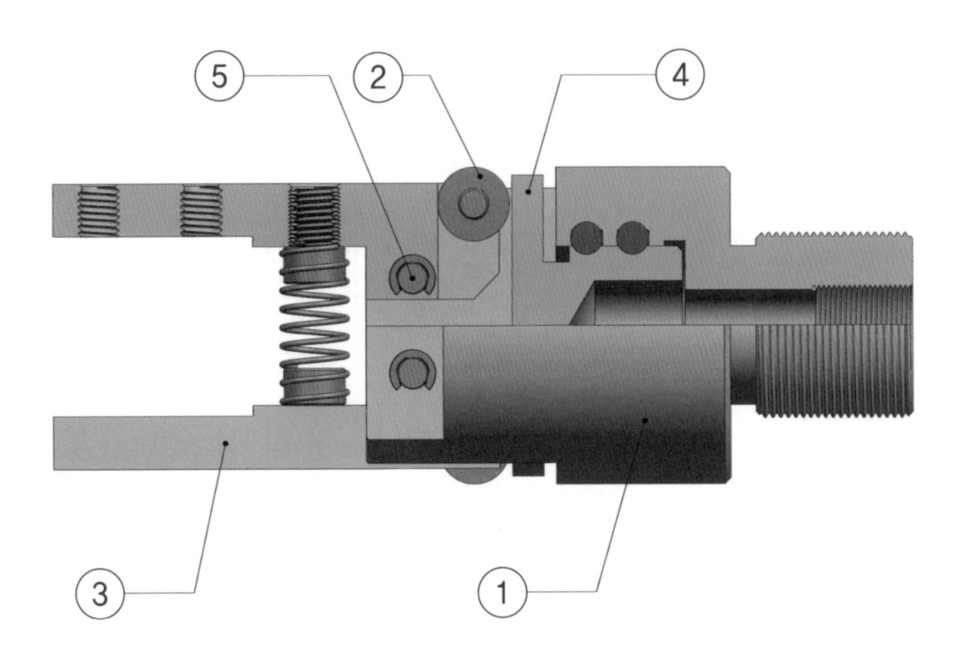

2D 조립 단면도 – 2지형 레버 에어척

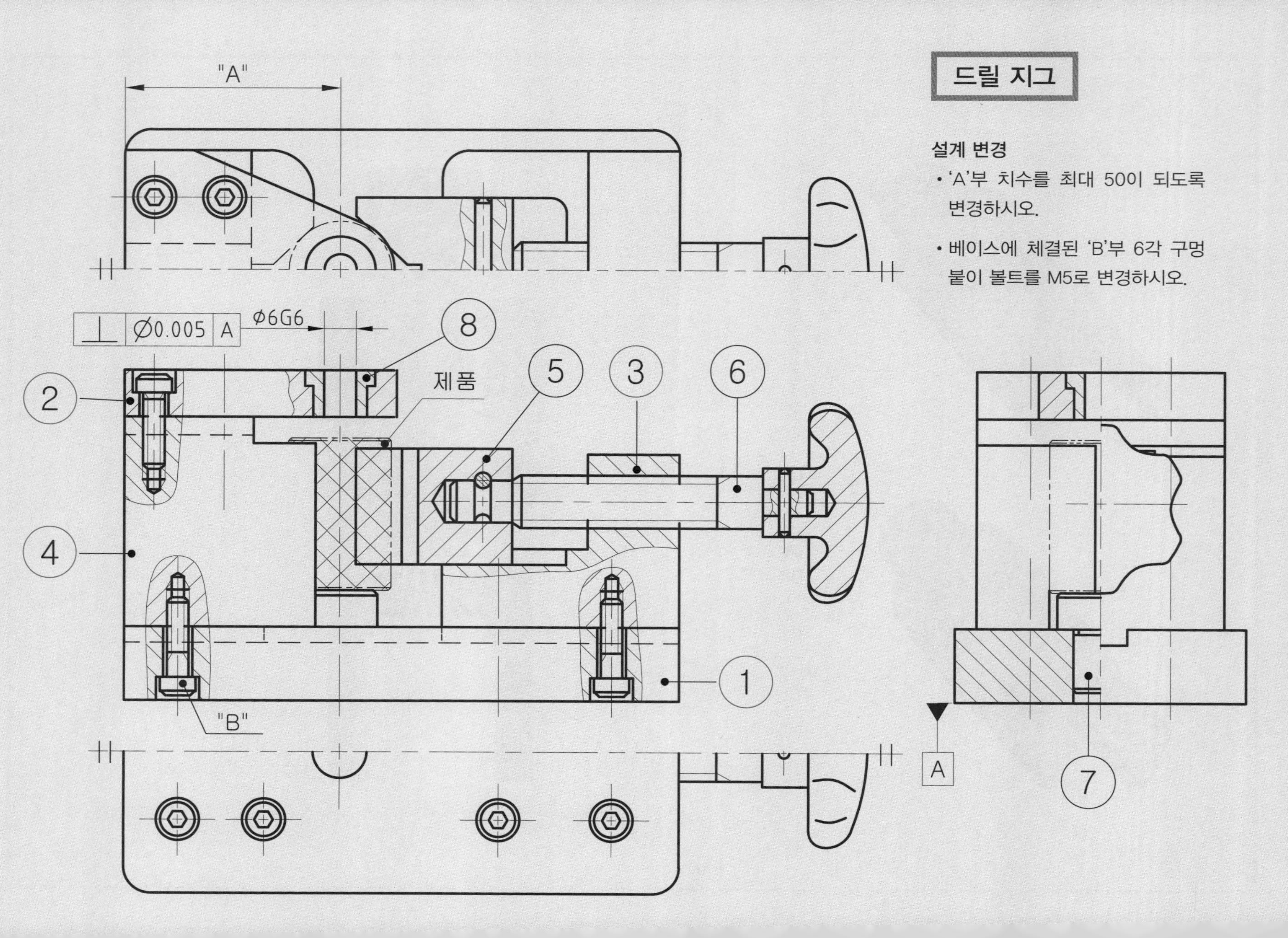

드릴 지그

설계 변경

- 'A'부 치수를 최대 50이 되도록 변경하시오.
- 베이스에 체결된 'B'부 6각 구멍붙이 볼트를 M5로 변경하시오.

2D 배치도 – 드릴 지그

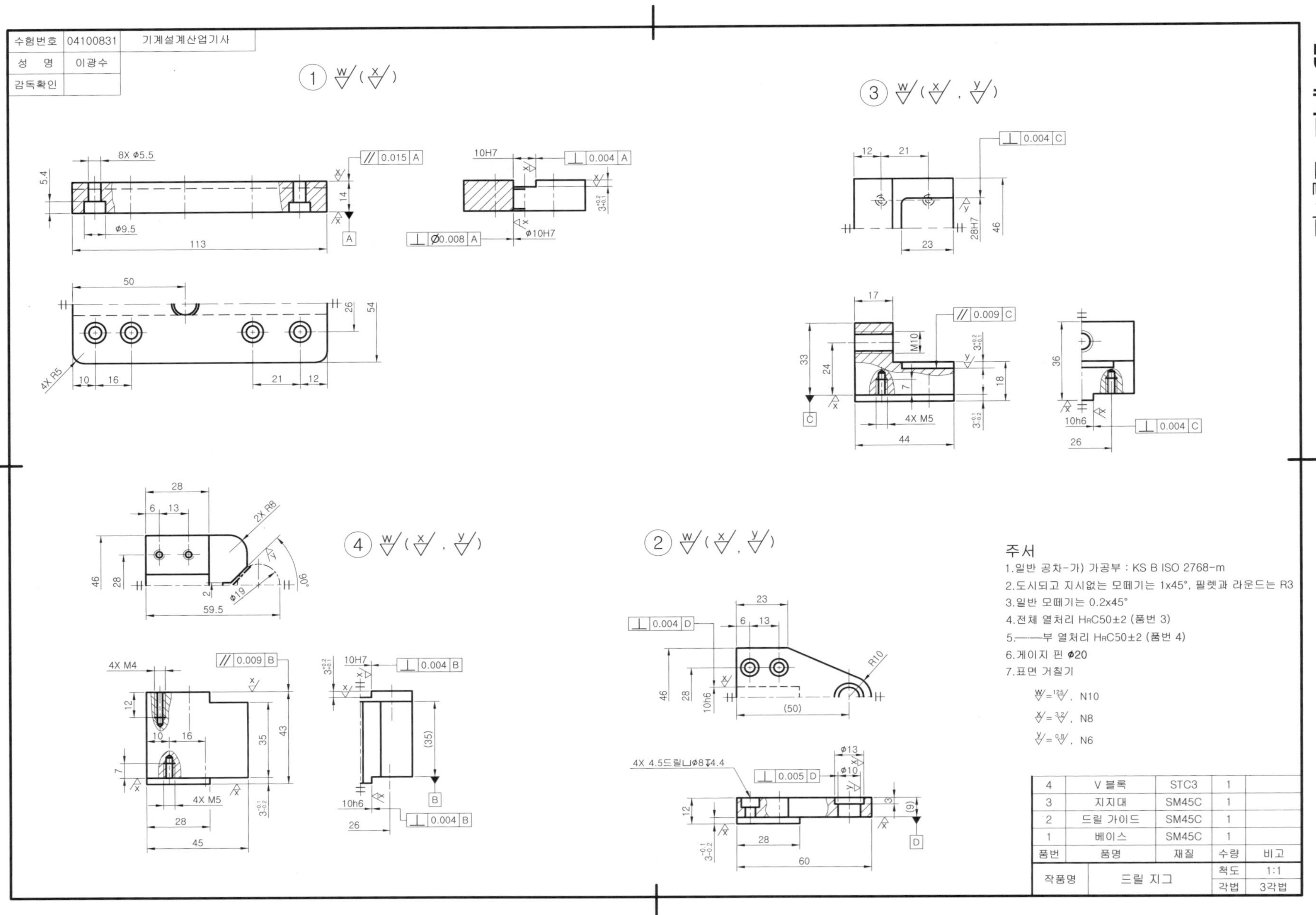

수험번호 04100831 기계설계산업기사
성 명 이광수
감독확인
① W/(X/)
③ W/(X/, Y/)
④ W/(X/, Y/)
② W/(X/, Y/)
주서
1.일반 공차-가) 가공부 : KS B ISO 2768-m
2.도시되고 지시없는 모떼기는 1x45°, 필렛과 라운드는 R3
3.일반 모떼기는 0.2x45°
4.전체 열처리 HRC50±2 (품번 3)
5.——부 열처리 HRC50±2 (품번 4)
6.게이지 핀 Φ20
7.표면 거칠기
W/ = 12.5/, N10
X/ = 3.2/, N8
Y/ = 0.8/, N6
4 V 블록 STC3 1
3 지지대 SM45C 1
2 드릴 가이드 SM45C 1
1 베이스 SM45C 1
품번 품명 재질 수량 비고
작품명 드릴 지그 척도 1:1 각법 3각법

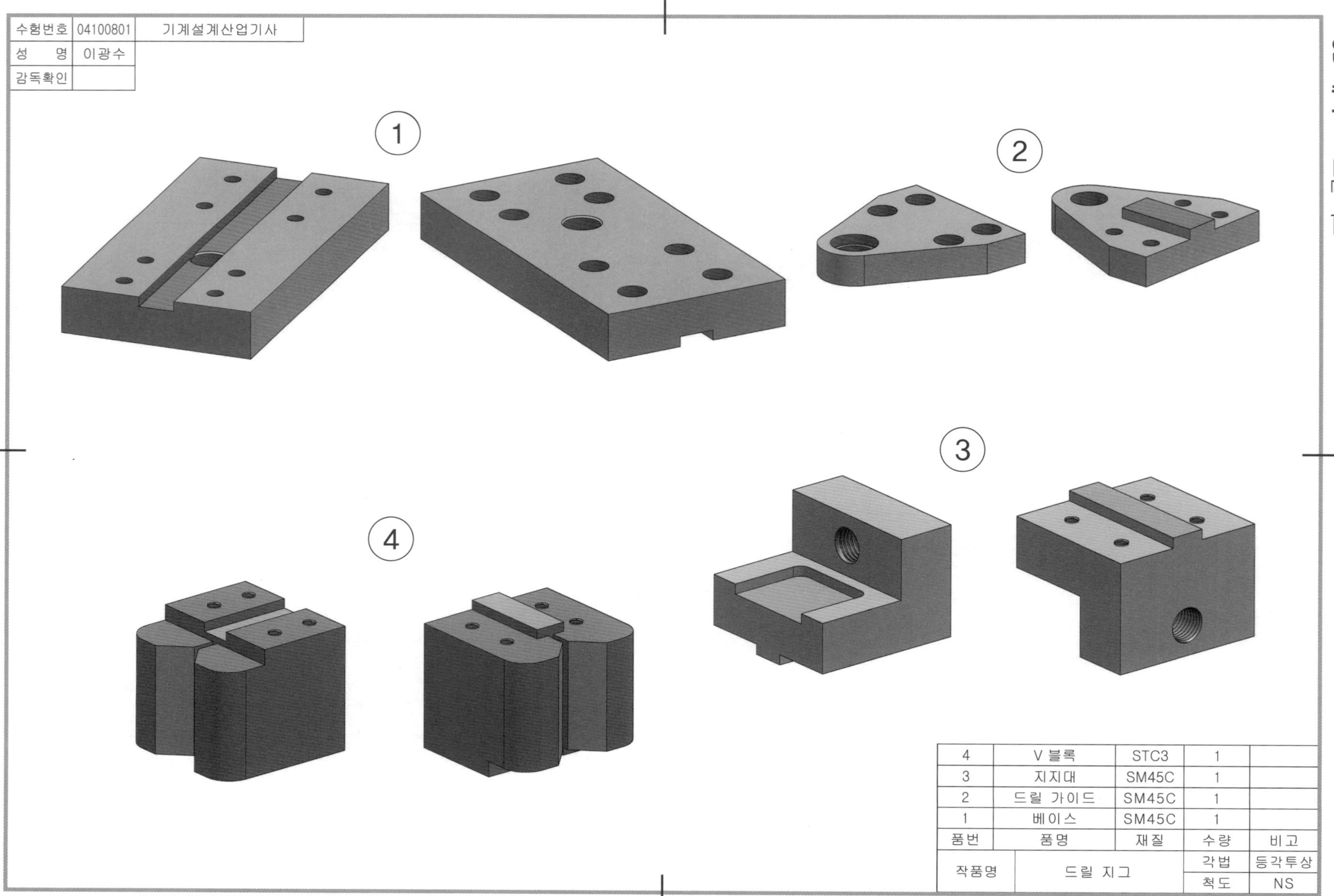
수험번호 04100801
기계설계산업기사
성 명 이광수
감독확인
①
②
③
④
4 V 블록 STC3 1
3 지지대 SM45C 1
2 드릴 가이드 SM45C 1
1 베이스 SM45C 1
품번 품명 재질 수량 비고
작품명 드릴 지그
각법 등각투상
척도 NS

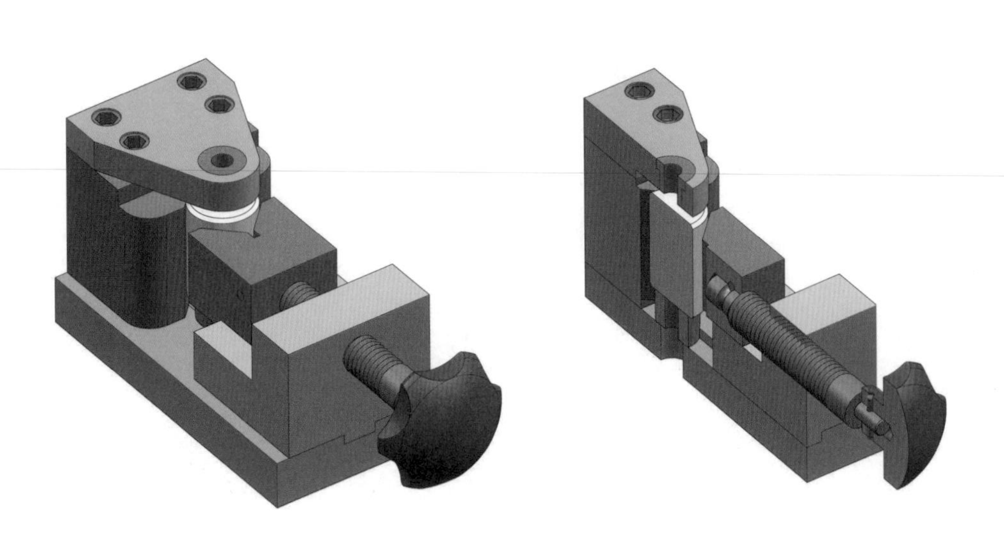

3D 조립 등각투상도 – 드릴 지그

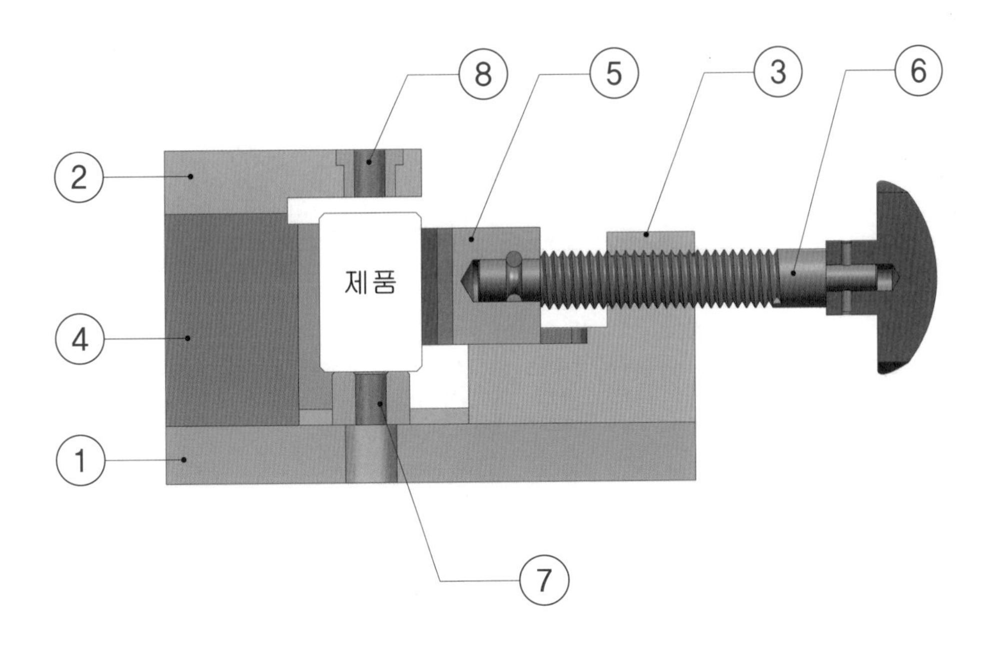

2D 조립 단면도 – 드릴 지그

AutoCAD

3차원 CAD 명령어 응용 기초편

- 3D 기초 연습 도면

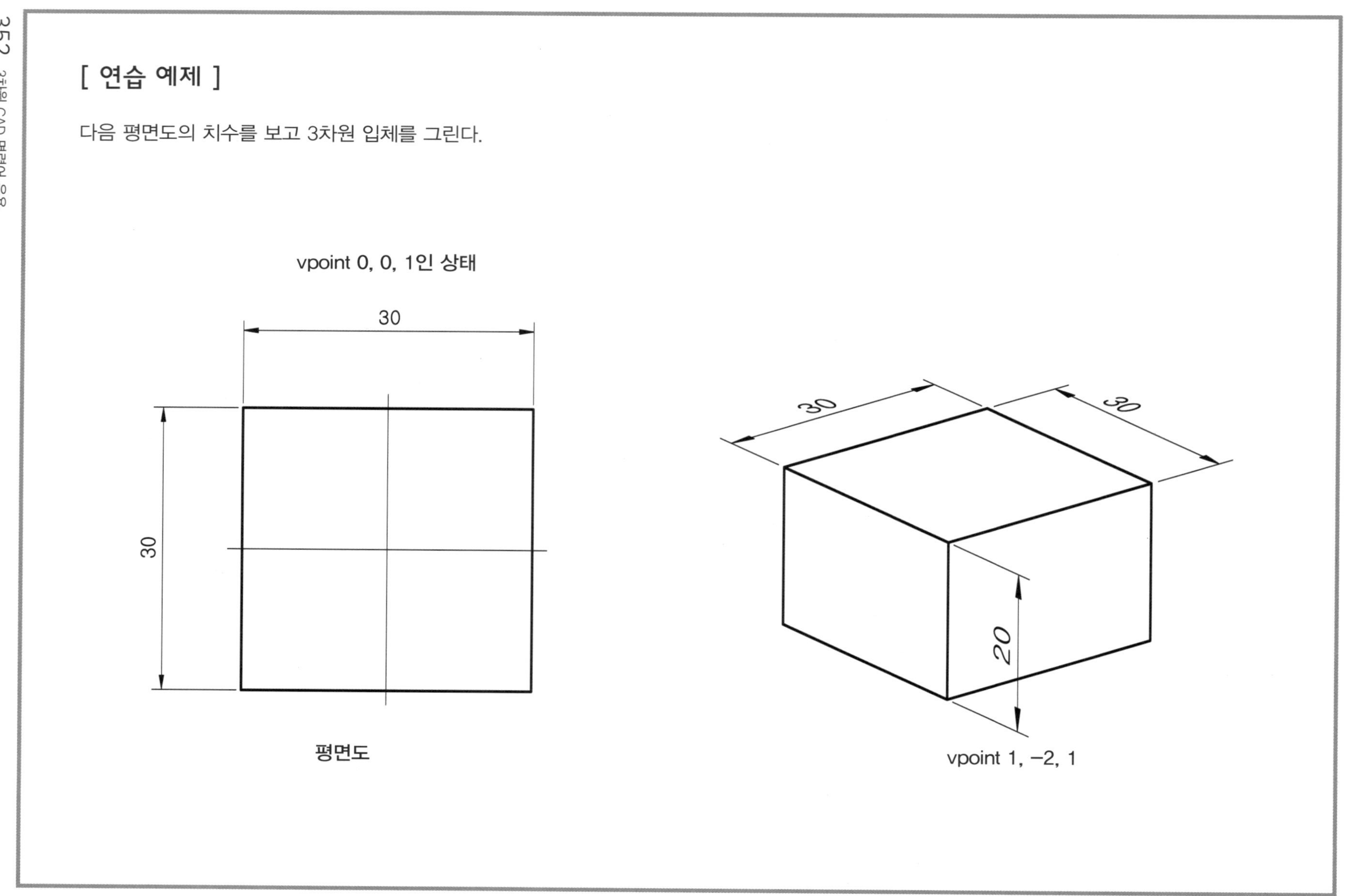
[연습 예제]
다음 평면도의 치수를 보고 3차원 입체를 그린다.
vpoint 0, 0, 1인 상태
30
30
평면도
30
30
20
vpoint 1, −2, 1

① vpoint 1, −2, 1(또는 vpoint 1, −1, 1)로 3차원의 화면을 만든다.

command : vpoint
Rotate/⟨view point⟩ ⟨0, 0, 1⟩ : 1, −2, 1

2차원 화면으로 돌아가기
command : vpoint
Rotate/⟨view point⟩ ⟨1, −2, 1⟩ : 0, 0, 1

사각형 중심을 기준으로 치수대로 그린다.

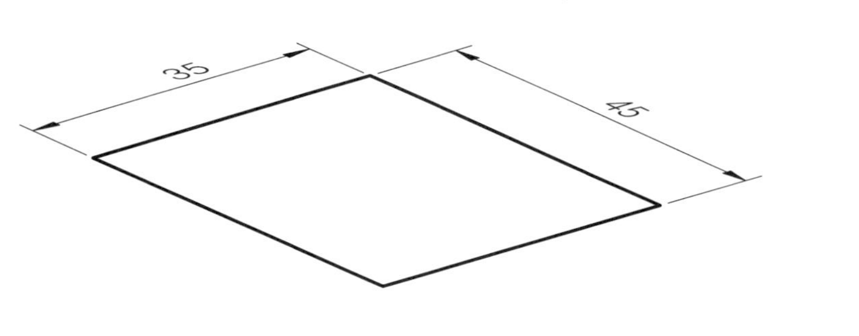

command : COPY
Select objects : (복사할 사각형을 선택)
Select objects : (Enter↵)
Bose point or displacement : end 후 1번 위치 지정
Second point or displacement : @ 0, 0, 20
z축으로 20만큼 이동

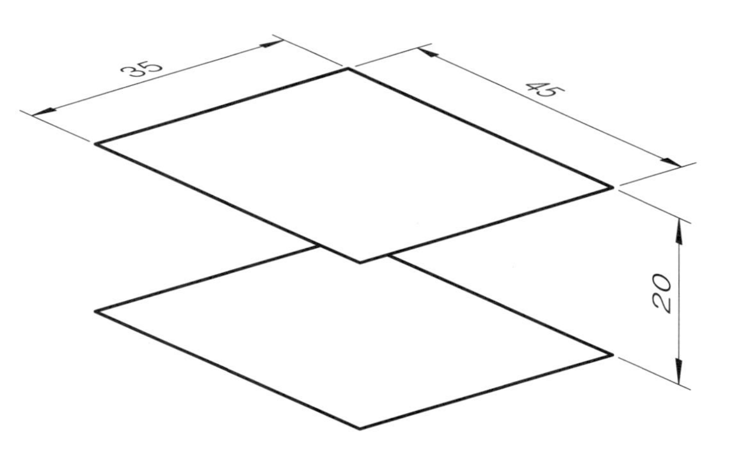

② 3DFACE 명령으로 면을 막는다.

command : 3dface
First point : Enter↵ ------- A번 지정
Second point : Enter↵ ---- B번 지정
Third point : Enter↵ ------ C번 지정
Fourth point : Enter↵ ----- D번 지정
Third point : Enter↵

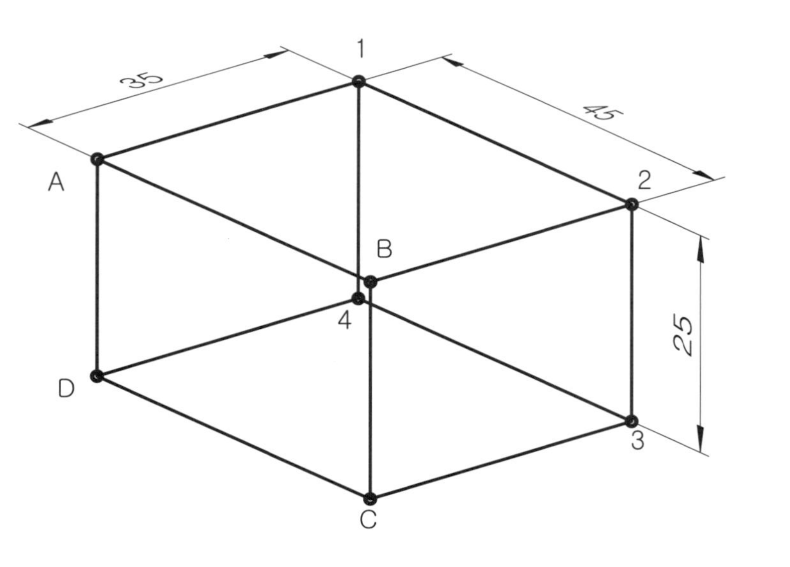

3DFACE 명령으로 1, 2, 3, 4 순의 ENDpoint를 지정
A, B, C, D 순의 ENDpoint를 지정

각 면을 각각 네 점을 지정하여 모든 면을 막는다(찍는 순서 유의할 것).

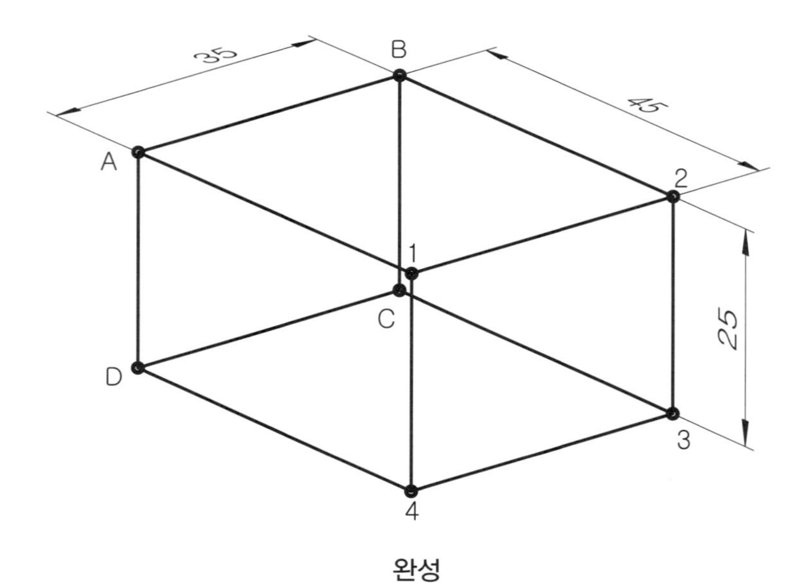

완성

command : hide Enter↵

면이 막힌 후 관찰된다.
Hide는 일시적으로 감추는 기능이다.
도면을 완성한 후 관찰할 때마다 Hide로 실행해야 한다.

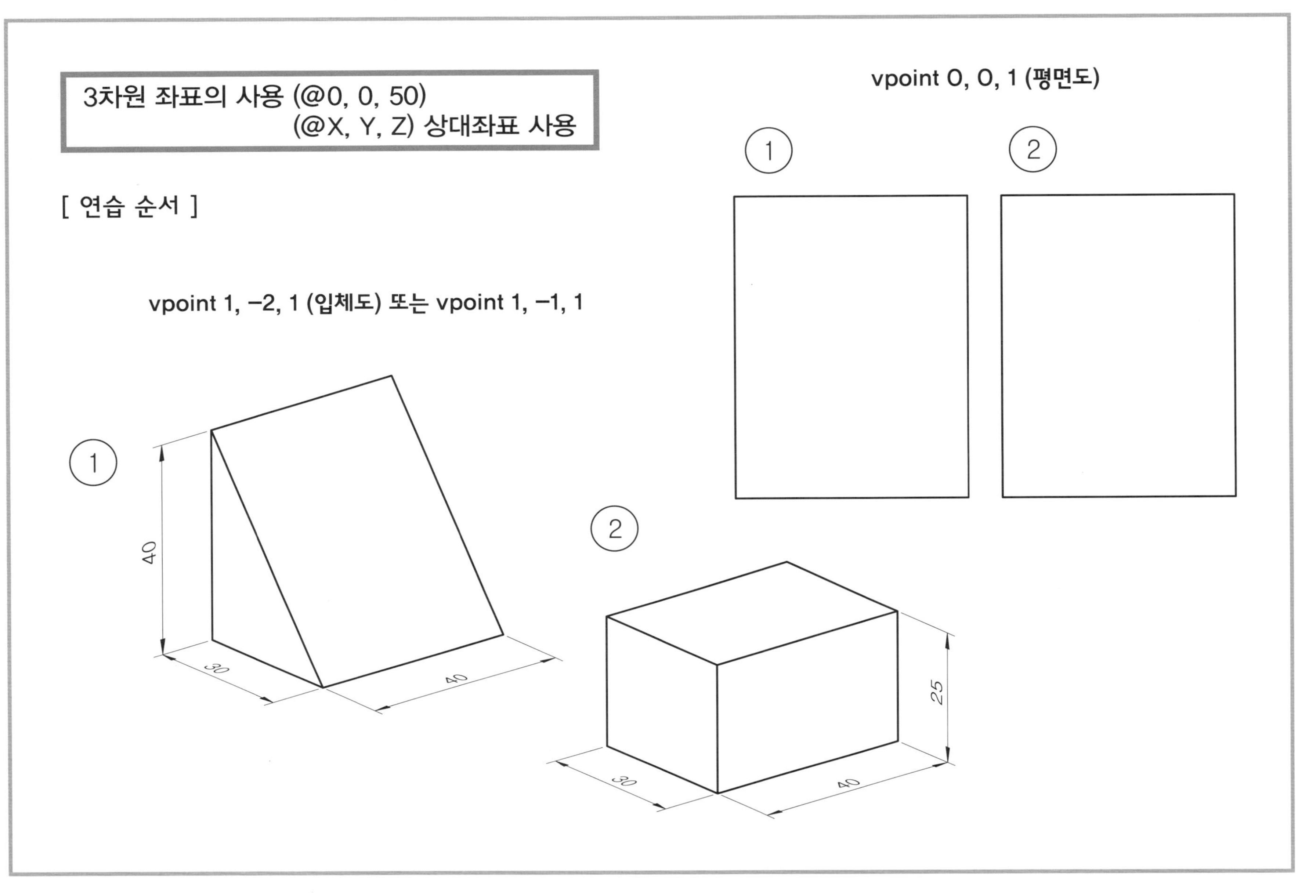
3차원 좌표의 사용 (@0, 0, 50)
(@X, Y, Z) 상대좌표 사용
[연습 순서]
vpoint 1, −2, 1 (입체도) 또는 vpoint 1, −1, 1
1
40
30
40
2
25
30
40
vpoint 0, 0, 1 (평면도)
1
2

다음을 3차원 좌표를 사용하여
입체도를 그리시오.

3차원 좌표 @X, Y, Z

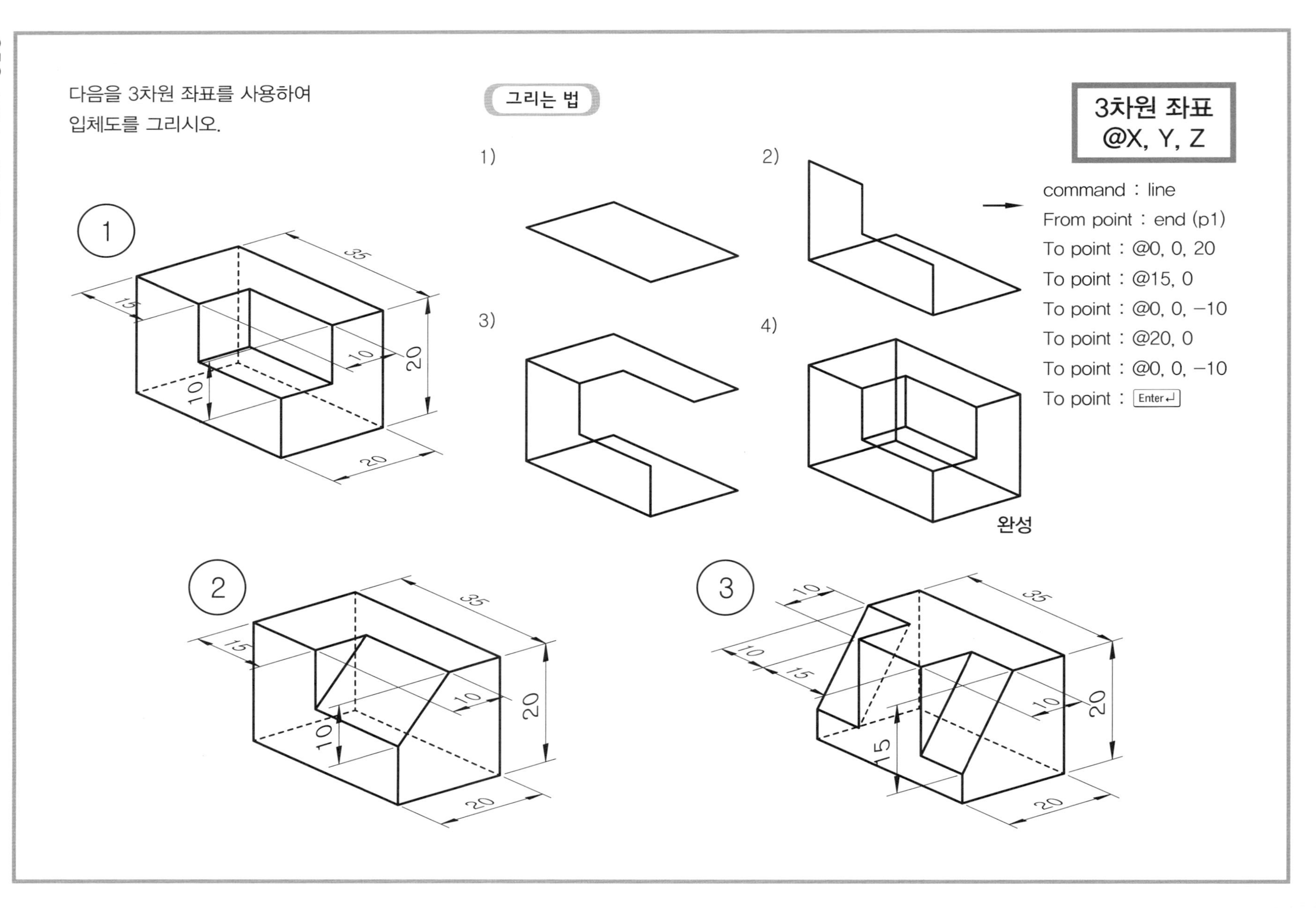

VPOINT 관찰 시점

평면도

vpoint는 0, 0, 1의 위치에서 사용자가 물체를 관찰하는 시점이다.

X, Y, Z가 1, −1, 1이면 물체를 대각선 방향에서 관찰한다.

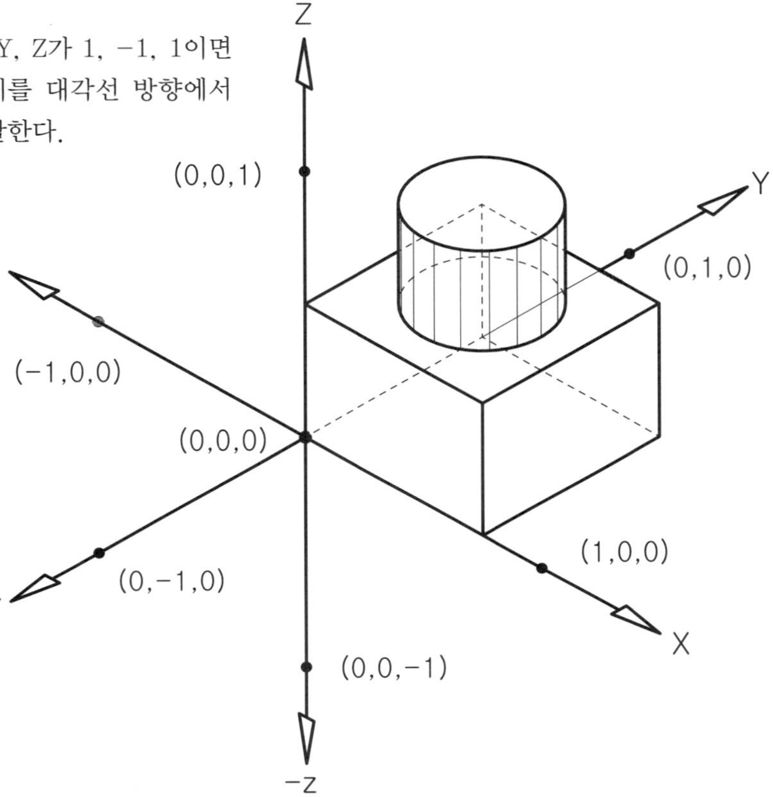

Z
(0,0,1)
Y
(0,1,0)
−X
(−1,0,0)
(0,0,0)
(1,0,0)
X
−Y
(0,−1,0)
(0,0,−1)
−Z

vpoint는 0, 0, 1일 때

평면도 관찰

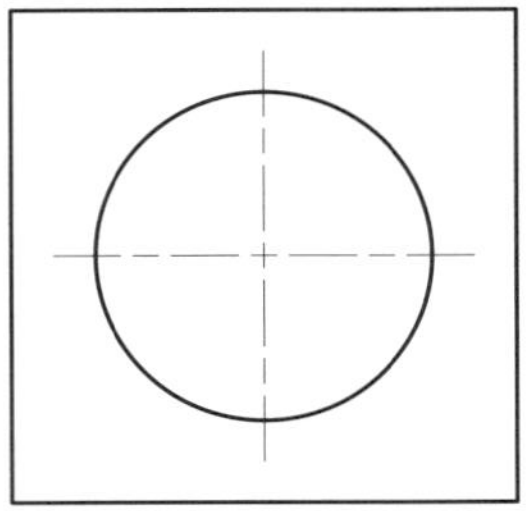

vpoint는 1, −2, 1일 때

정면 위주의 입체도 관찰

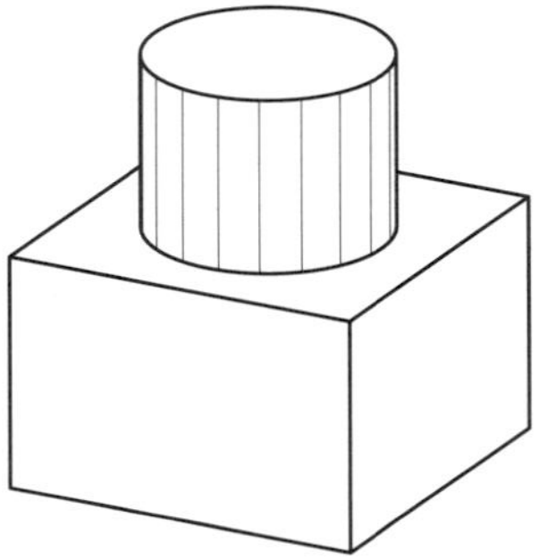

vpoint는 0, −1, 0일 때

정면도 관찰

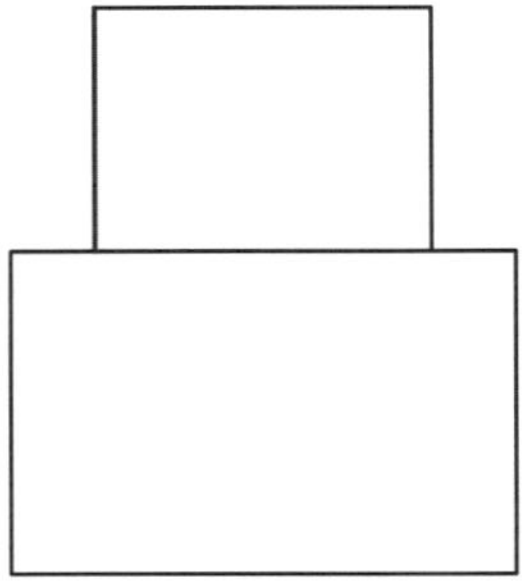

vpoint는 1, −1, 1일 때

입체도 관찰

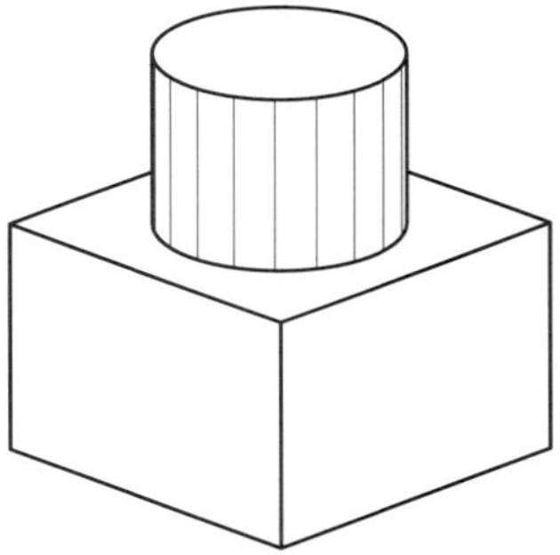

CHPROP(Thickness)

그리는 법

1) VPOINT 명령을 0, 0, 1의 평면에서 치수대로 평면의 모양을 그린다.
2) VPOINT 명령을 1, −1, 1의 3차원 공간에서 CHPROP 명령으로 Z축 높이를 변경한다.

vpoint 0, 0, 1 평면도 관찰

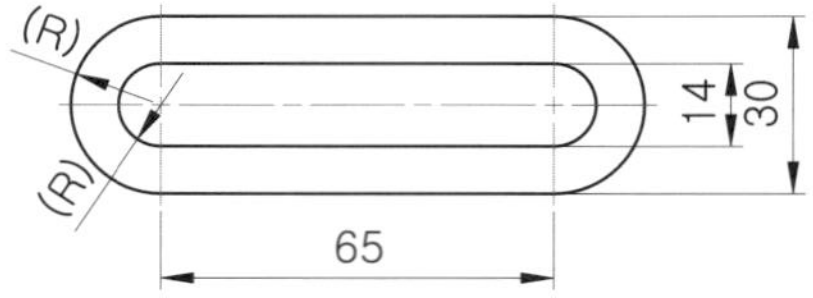

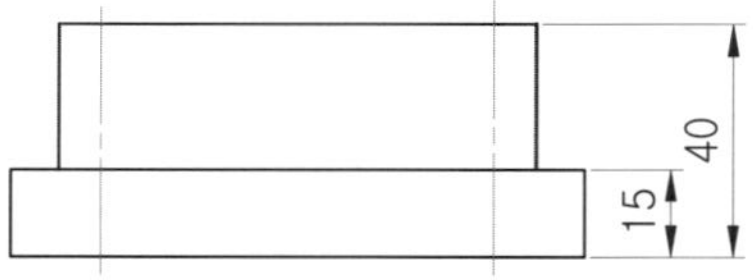

vpoint 0, −1, 0 정면도 관찰

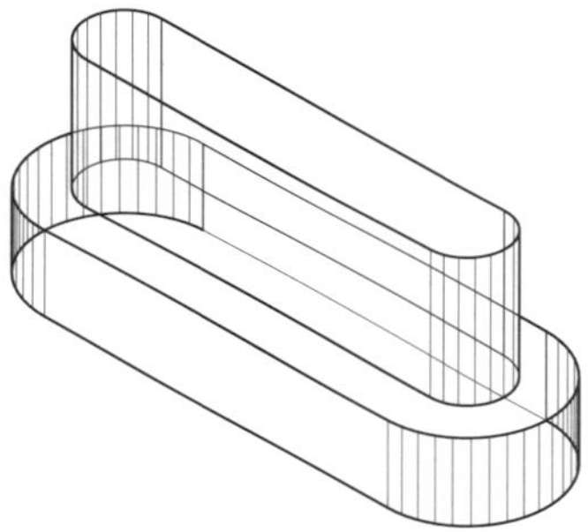

vpoint 1, −1, 1 입체도 관찰

vpoint 0, 0, 1 평면도 관찰

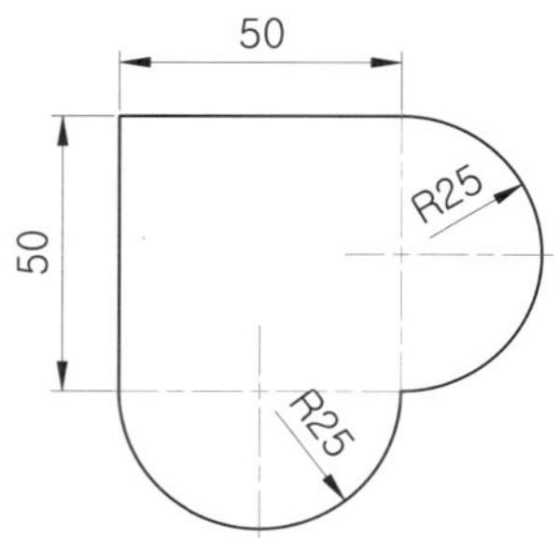

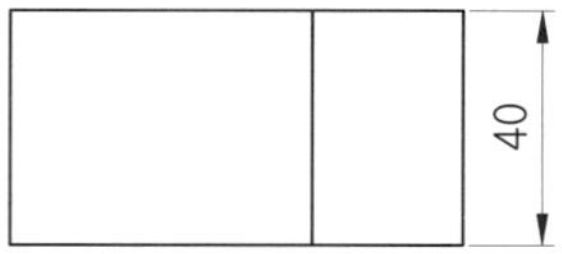

vpoint 0, −1, 0 정면도 관찰

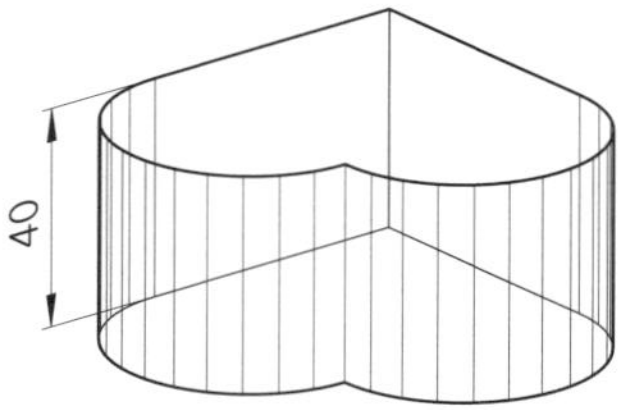

vpoint 1, −1, 1 입체도 관찰

vpoint 0, 0, 1 평면도 관찰

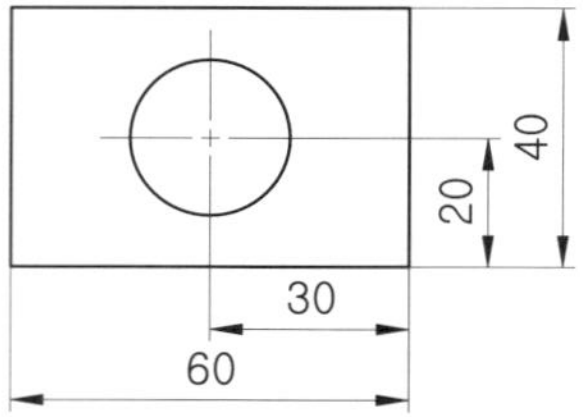

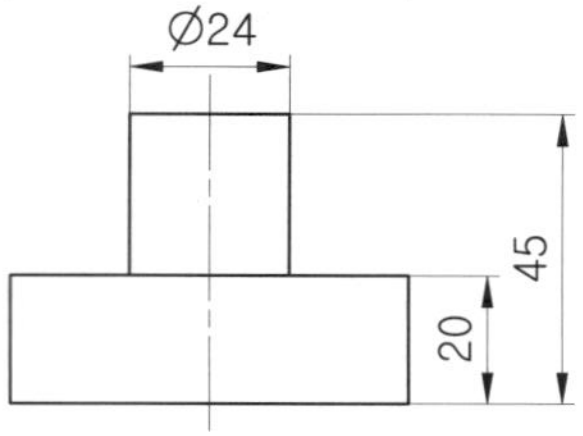

vpoint 0, −1, 0 정면도 관찰

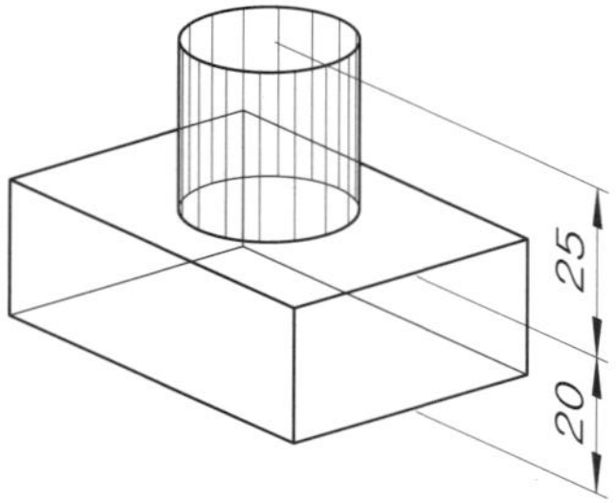

vpoint 1, −1, 1 입체도 관찰

DONUT, TRACE, PLINE 등의 두께 있는 요소의 Z축 높이 변경

DONUT
Inside Diameter(안지름) : 30
Out Diameter(바깥지름) : 50

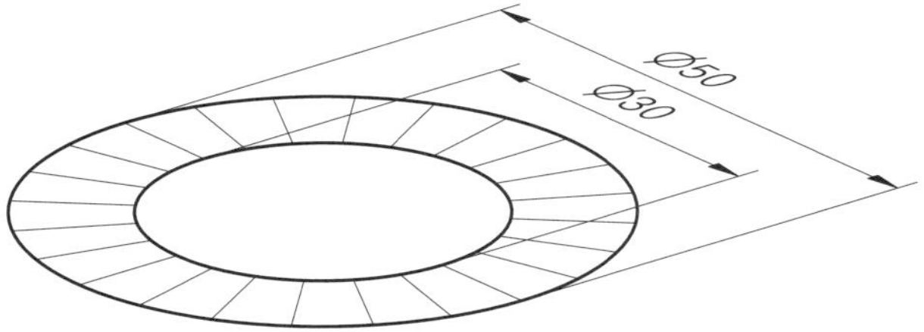

Ø50
Ø30

24
40

vpoint 1, −1, 1에서

30

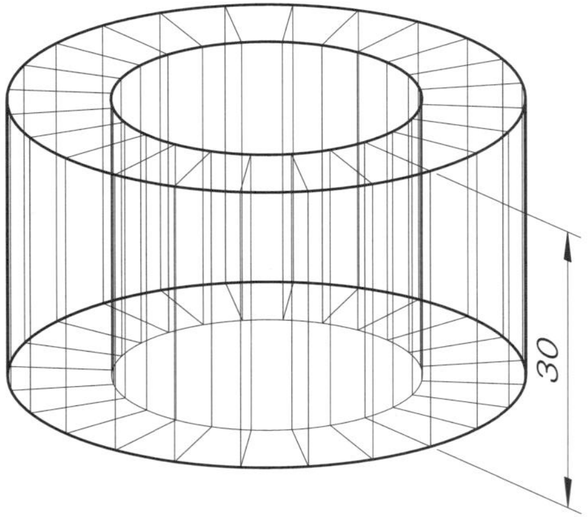

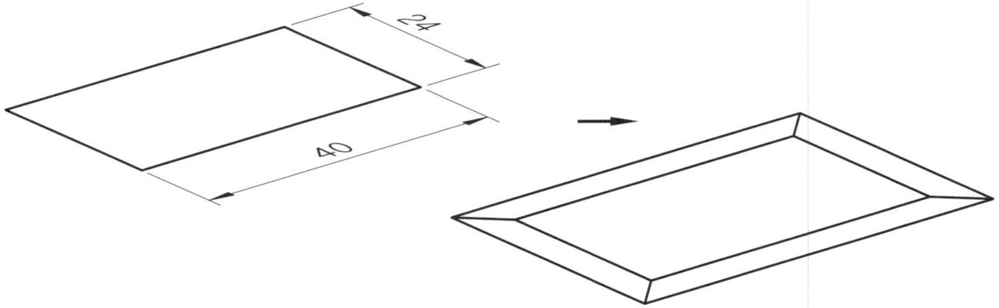

PEDIT JOIN으로 연결
PEDIT WIDTH로 두께 변경

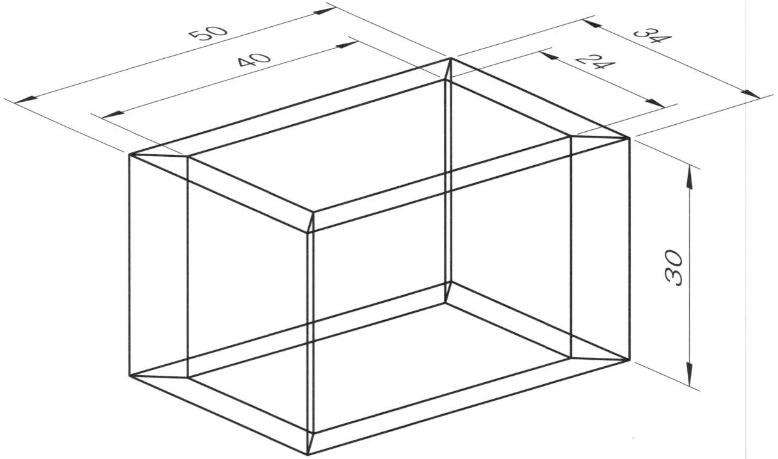

50
40
34
24
30

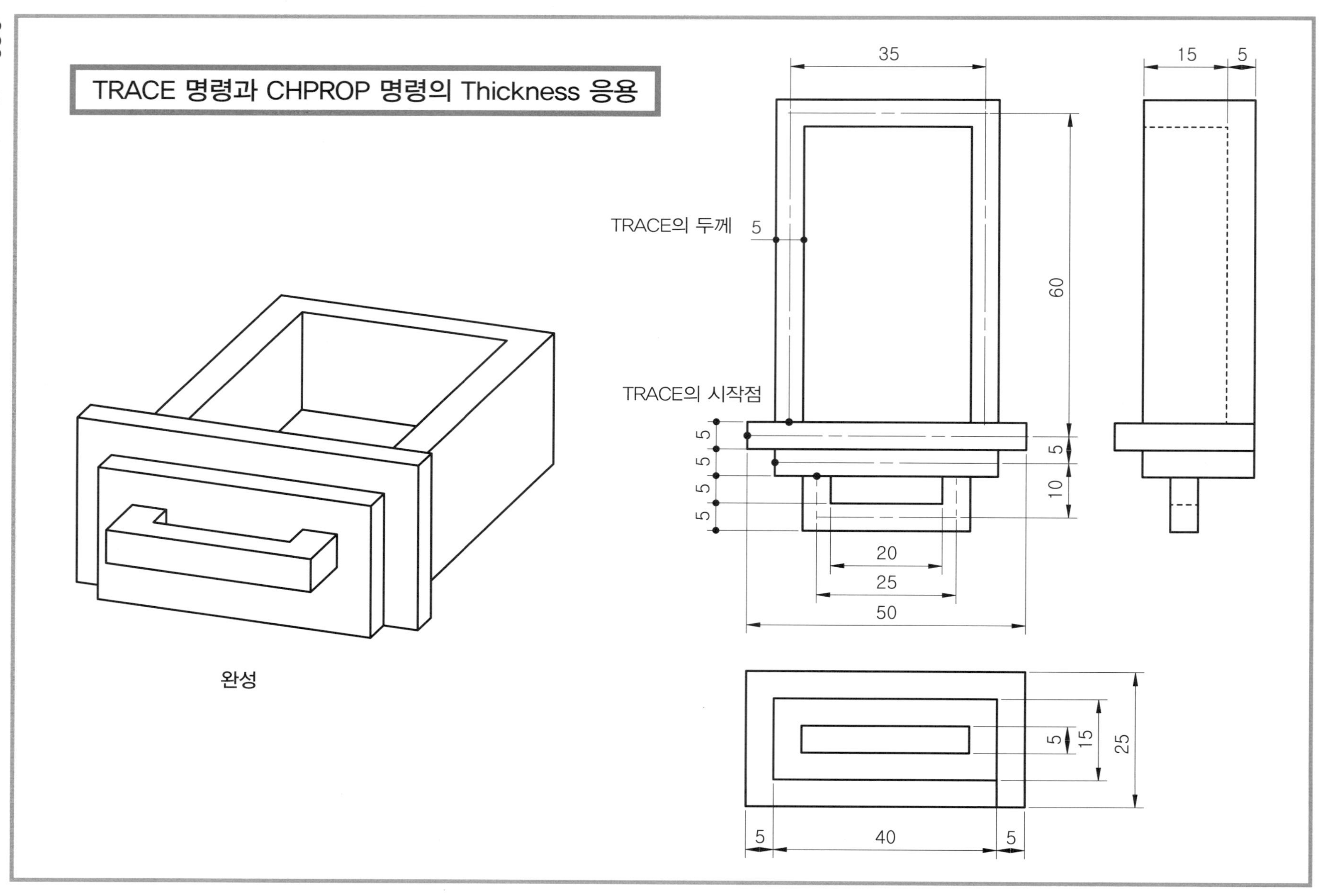
TRACE 명령과 CHPROP 명령의 Thickness 응용
완성
TRACE의 두께 5
TRACE의 시작점
35
60
5
10
5
5
5
5
20
25
50
15
5
5
15
25
5
40
5

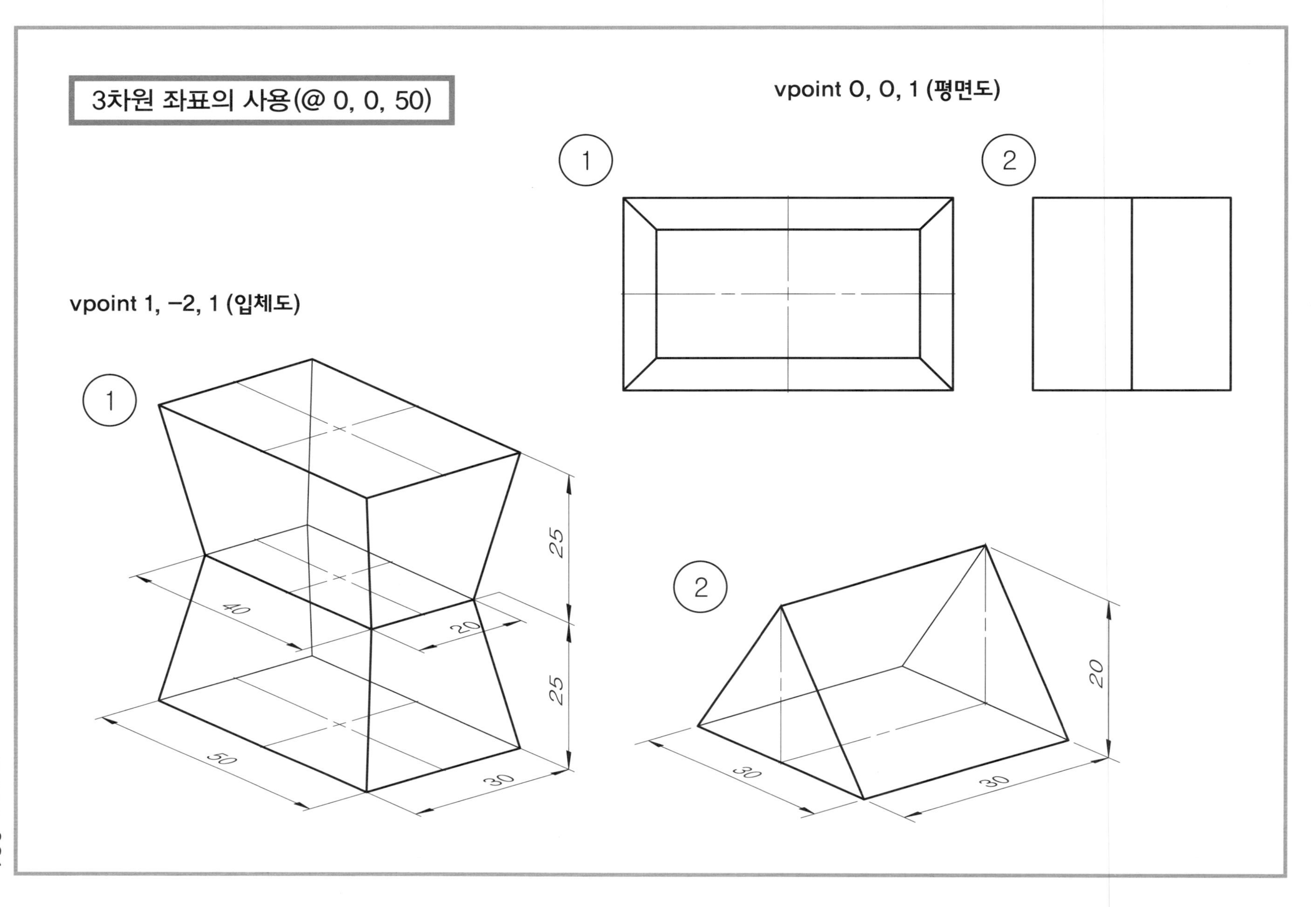
3차원 좌표의 사용(@ 0, 0, 50)
vpoint 1, −2, 1 (입체도)
vpoint 0, 0, 1 (평면도)
1
2
25
25
40
20
50
30
1
2
20
30
30

[연습 예제]

다음 평면도의 치수를 보고 3차원 입체를 그린다.

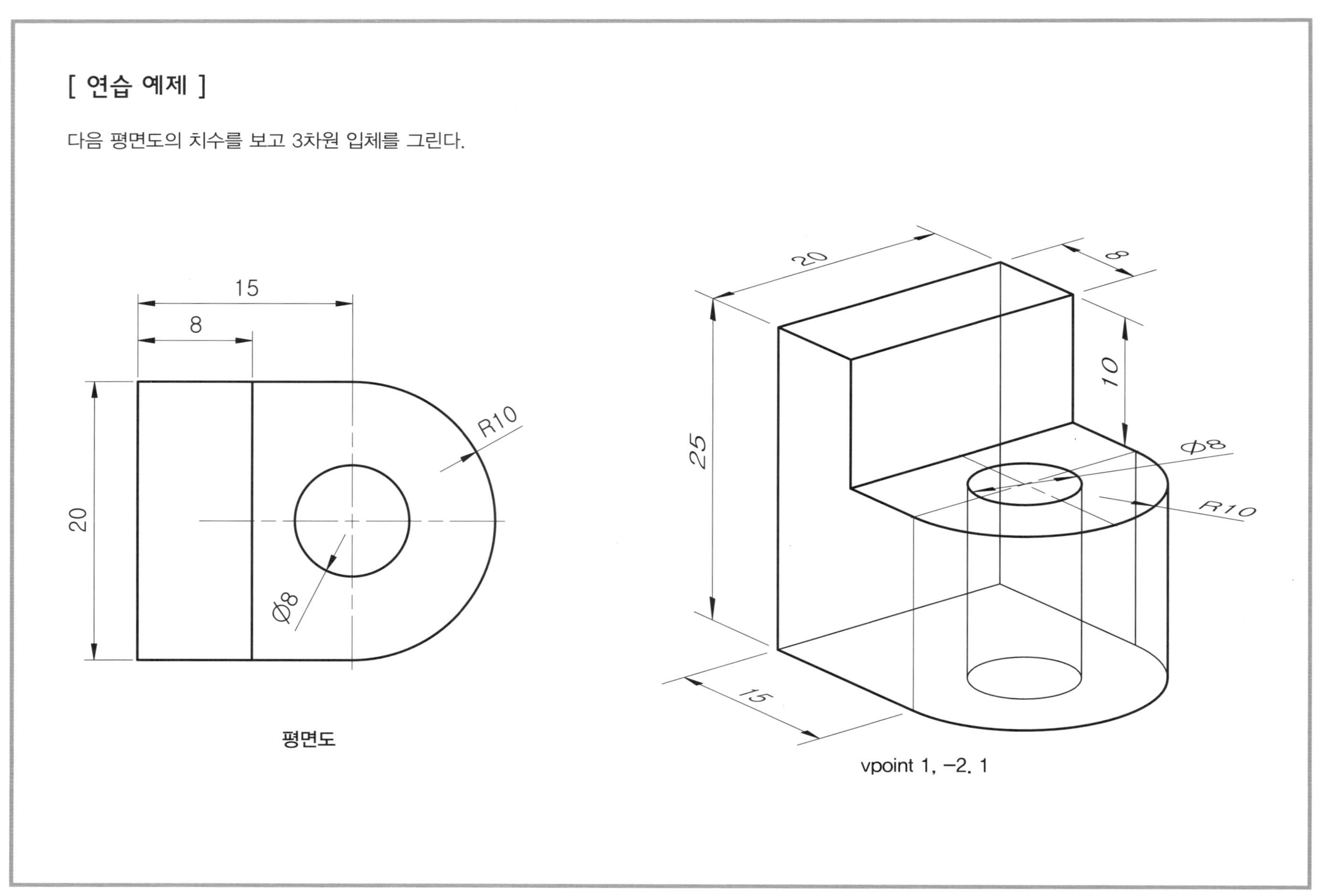

평면도

vpoint 1, −2. 1

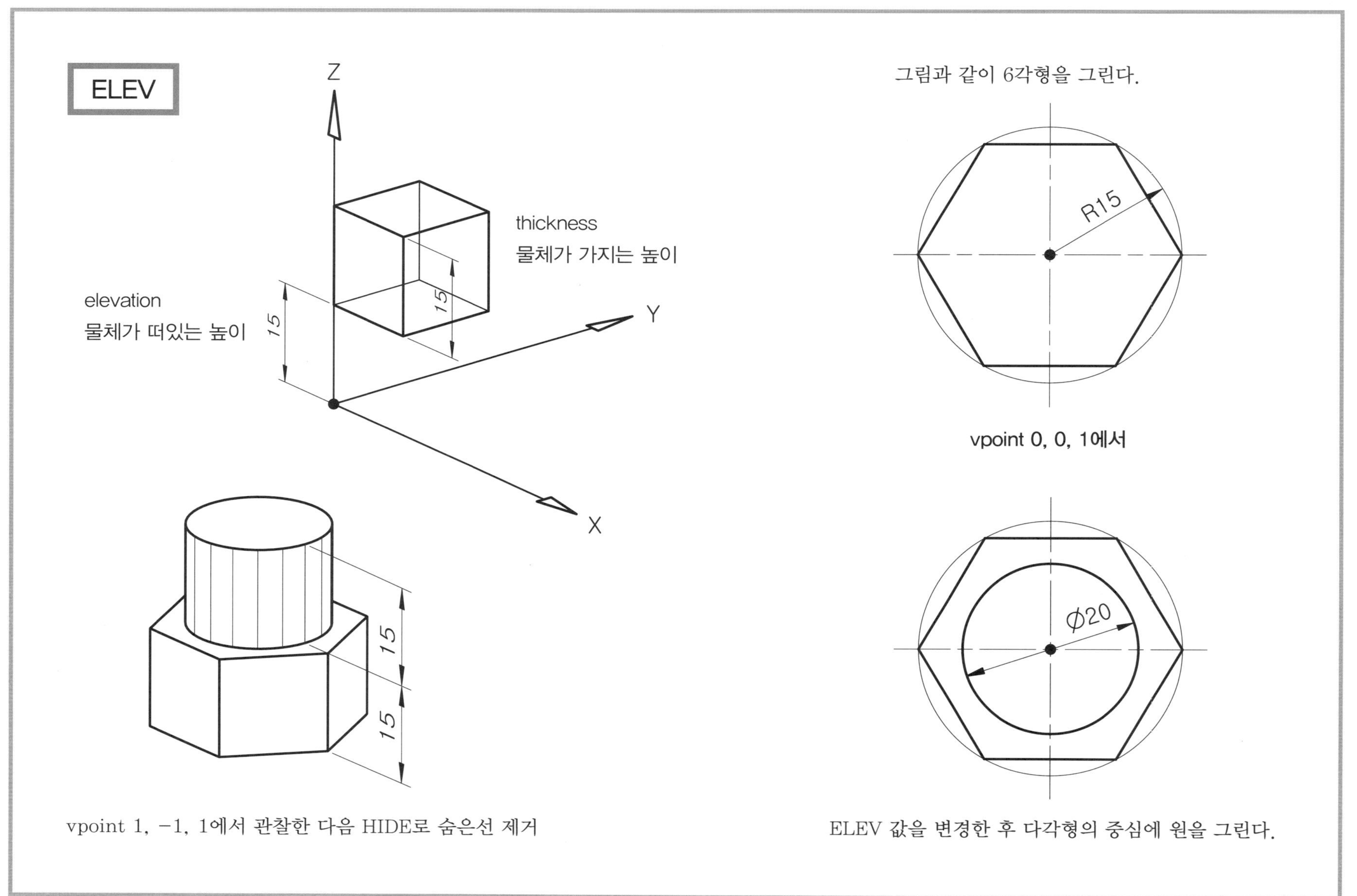
ELEV
Z
Y
X
thickness
물체가 가지는 높이
elevation
물체가 떠있는 높이
15
15
15
15
vpoint 1, −1, 1에서 관찰한 다음 HIDE로 숨은선 제거
그림과 같이 6각형을 그린다.
R15
vpoint 0, 0, 1에서
ϕ20
ELEV 값을 변경한 후 다각형의 중심에 원을 그린다.

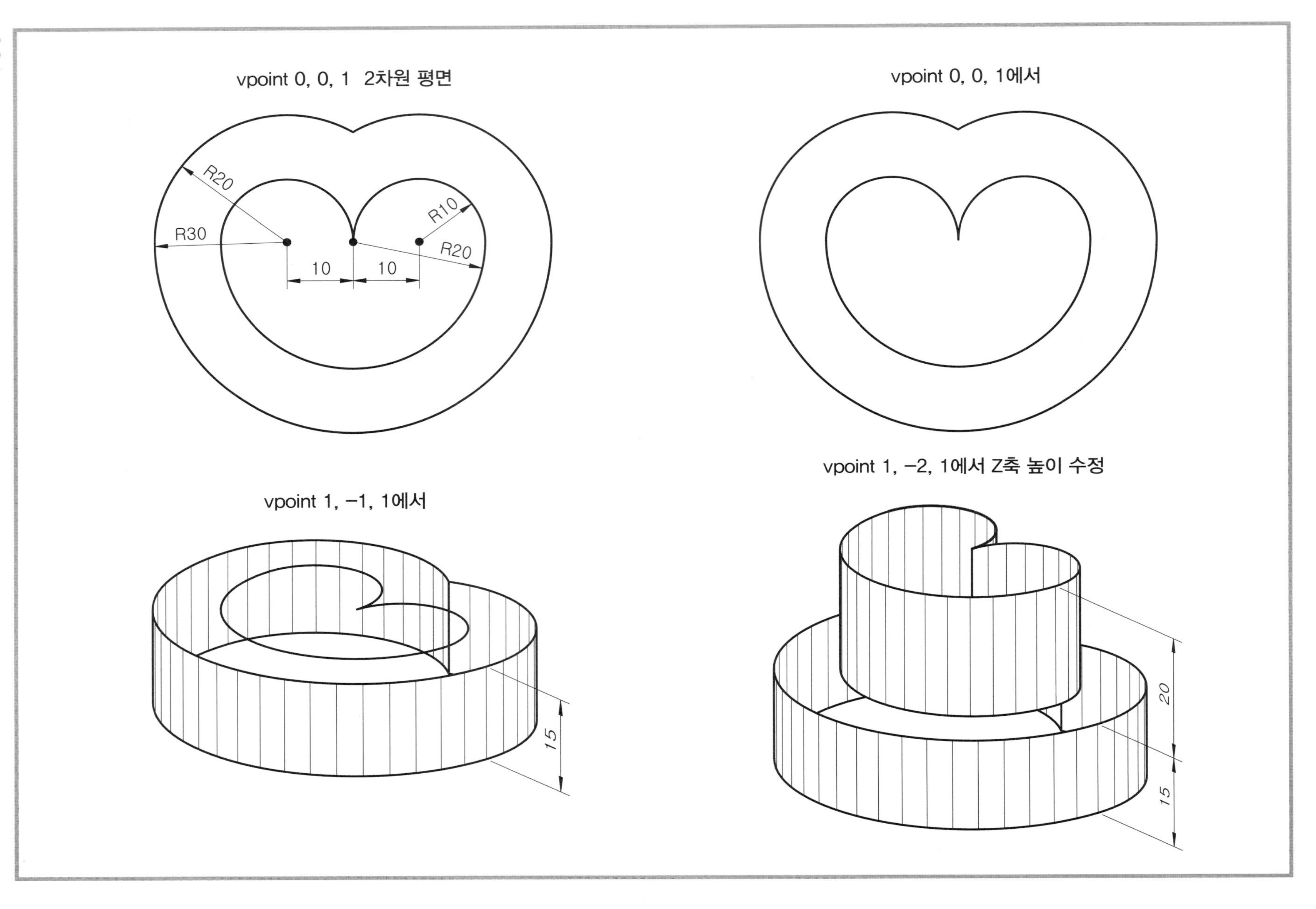
vpoint 0, 0, 1 2차원 평면
R20
R10
R30
R20
10
10
vpoint 0, 0, 1에서
vpoint 1, −1, 1에서
15
vpoint 1, −2, 1에서 Z축 높이 수정
20
15

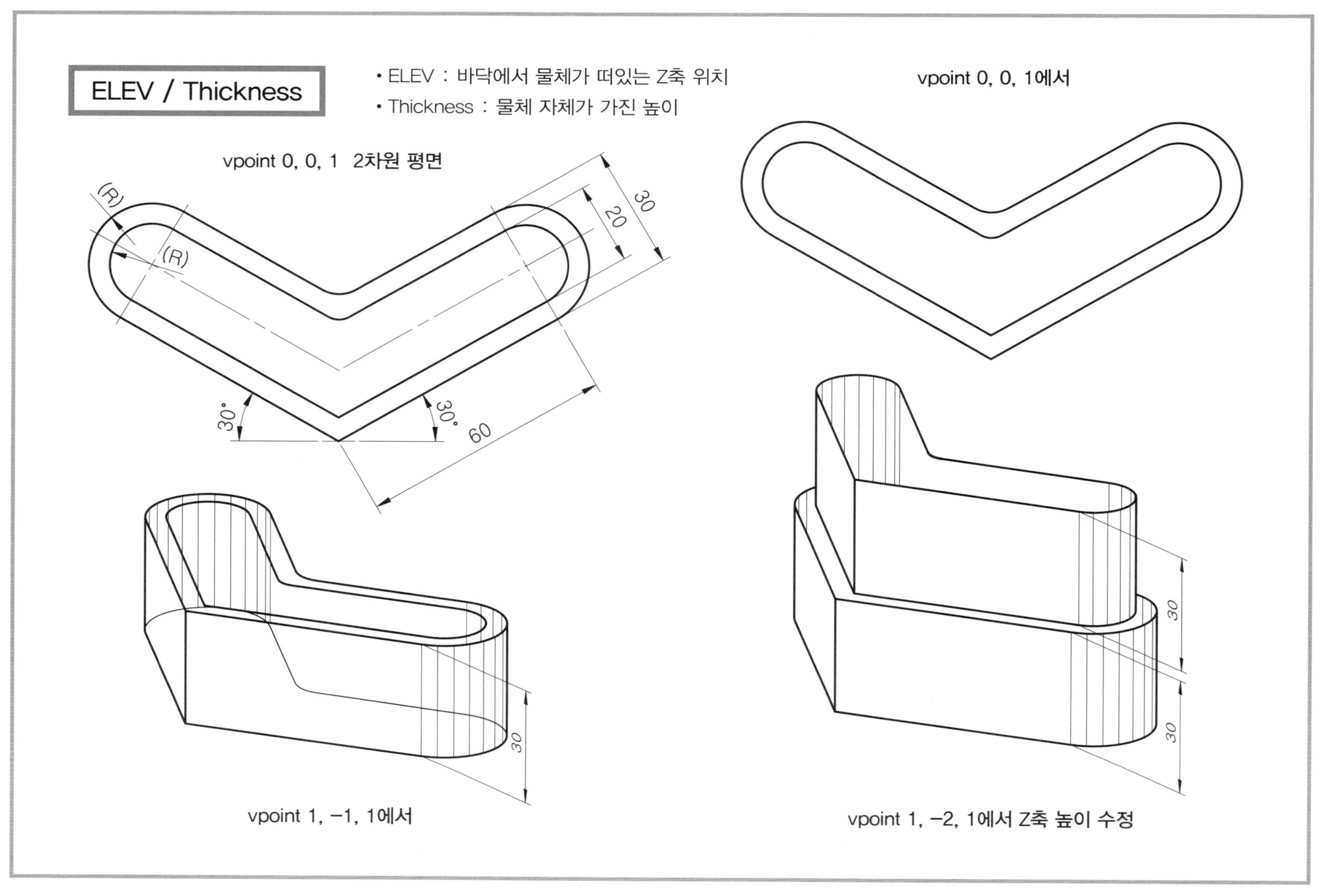
ELEV / Thickness
• ELEV : 바닥에서 물체가 떠있는 Z축 위치
• Thickness : 물체 자체가 가진 높이
vpoint 0, 0, 1 2차원 평면
(R)
(R)
30
20
30°
30°
60
vpoint 0, 0, 1에서
30
vpoint 1, −1, 1에서
30
30
vpoint 1, −2, 1에서 Z축 높이 수정

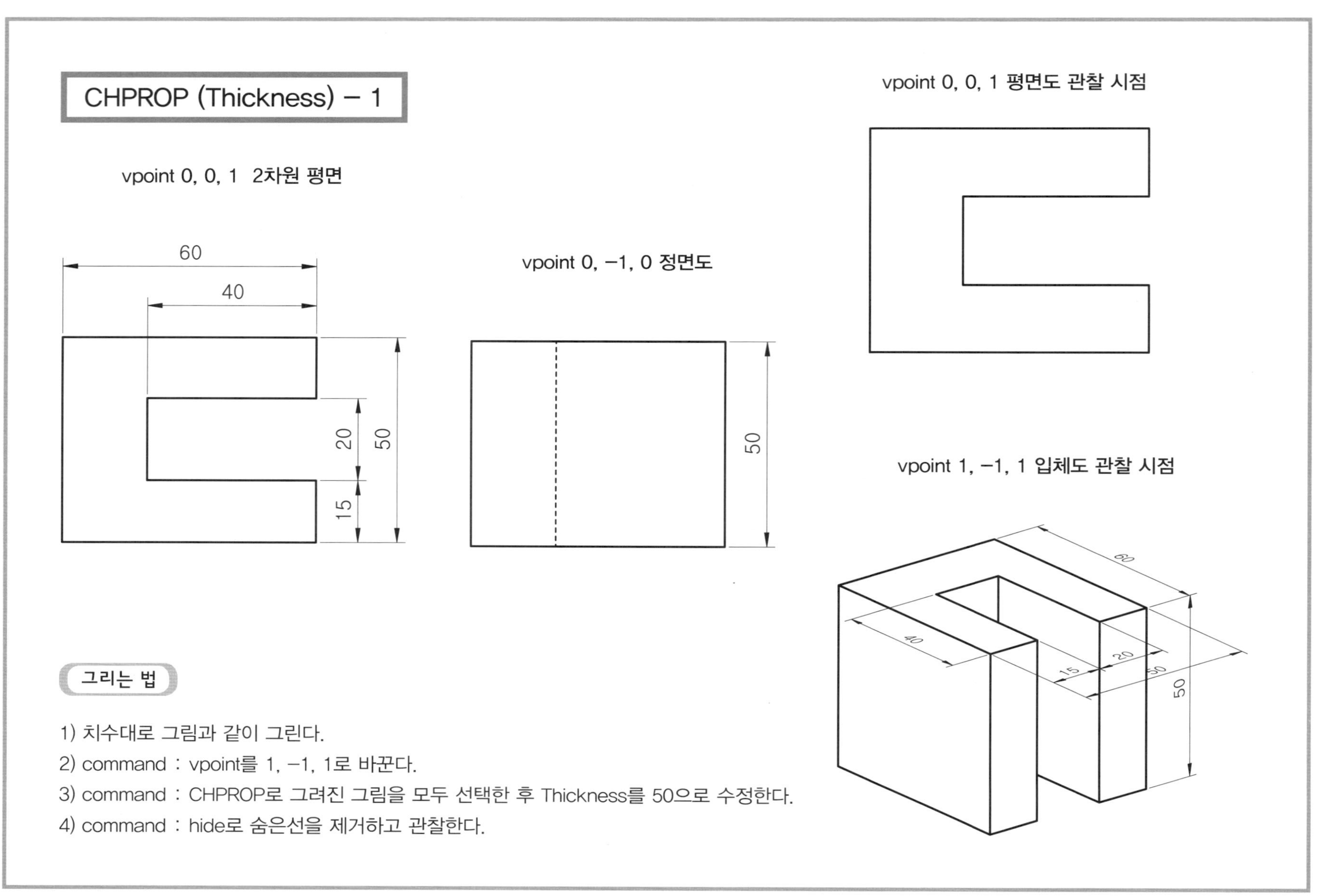

CHPROP (Thickness) − 1

그리는 법

1) 치수대로 그림과 같이 그린다.
2) command : vpoint를 1, −1, 1로 바꾼다.
3) command : CHPROP로 그려진 그림을 모두 선택한 후 Thickness를 50으로 수정한다.
4) command : hide로 숨은선을 제거하고 관찰한다.

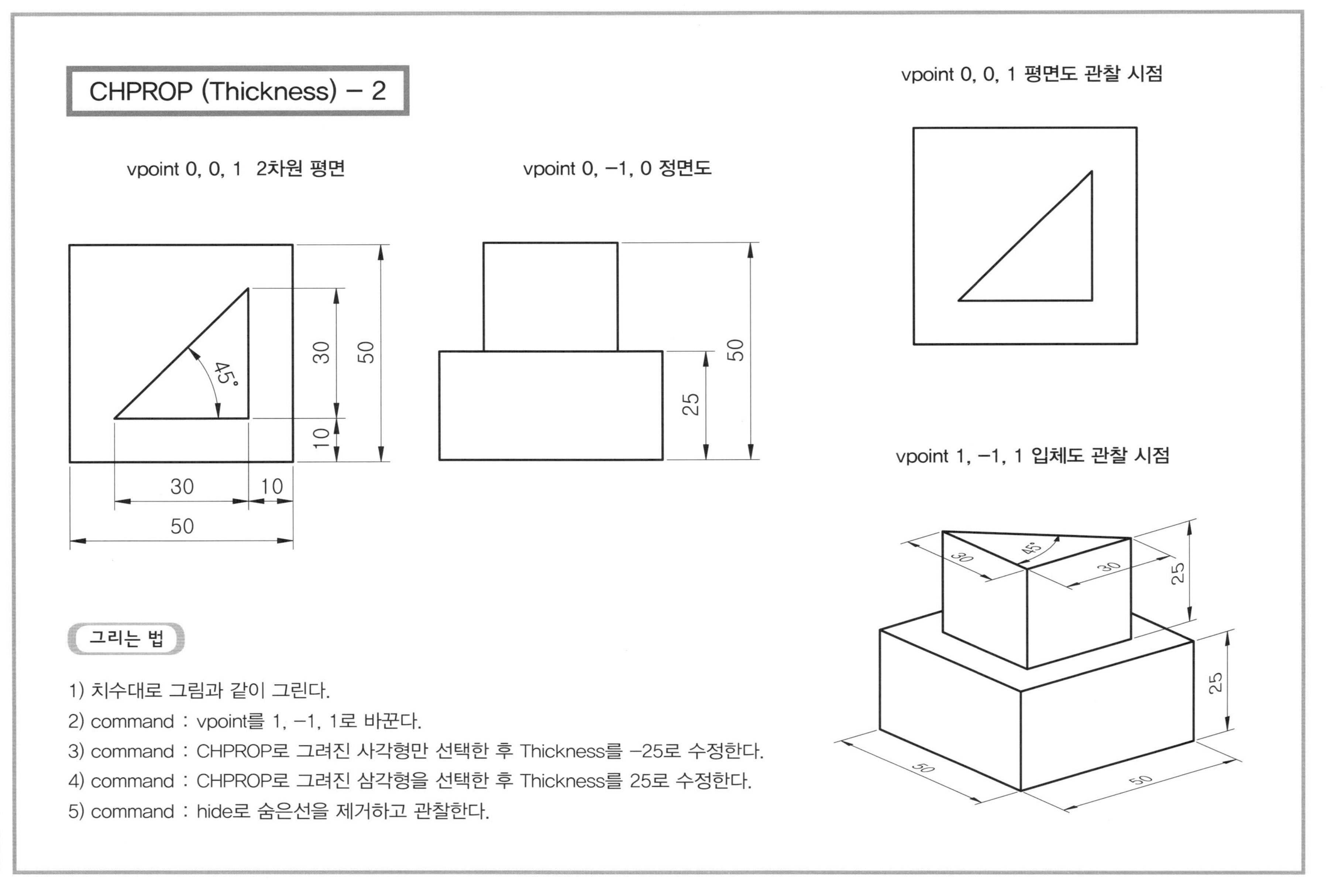
CHPROP (Thickness) – 2
vpoint 0, 0, 1 2차원 평면
vpoint 0, –1, 0 정면도
vpoint 0, 0, 1 평면도 관찰 시점
vpoint 1, –1, 1 입체도 관찰 시점
45°
30
50
10
25
그리는 법
1) 치수대로 그림과 같이 그린다.
2) command : vpoint를 1, –1, 1로 바꾼다.
3) command : CHPROP로 그려진 사각형만 선택한 후 Thickness를 –25로 수정한다.
4) command : CHPROP로 그려진 삼각형을 선택한 후 Thickness를 25로 수정한다.
5) command : hide로 숨은선을 제거하고 관찰한다.

CHPROP (Thickness) – 3

vpoint 0, 0, 1 2차원 평면

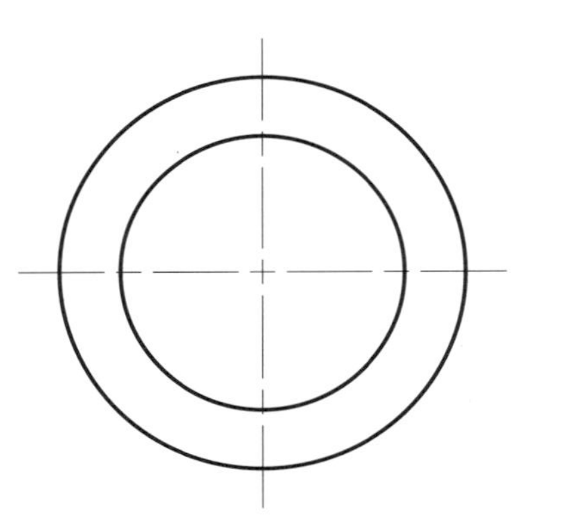

vpoint 0, −1, 0 정면도

Ø35

55

20

Ø50

vpoint 0, 0, 1 평면도 관찰 시점

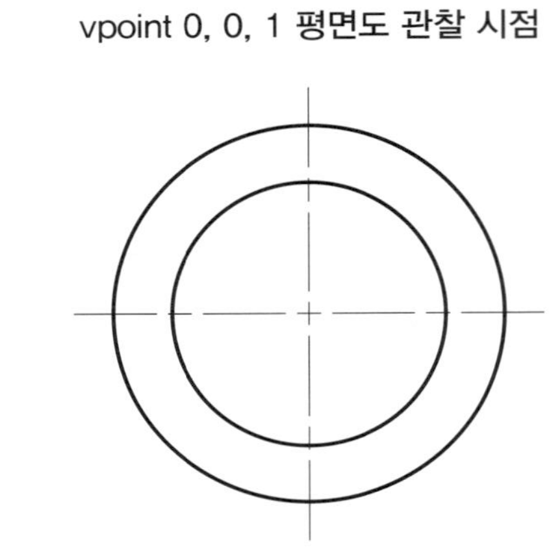

vpoint 1, −1, 1 입체도 관찰 시점

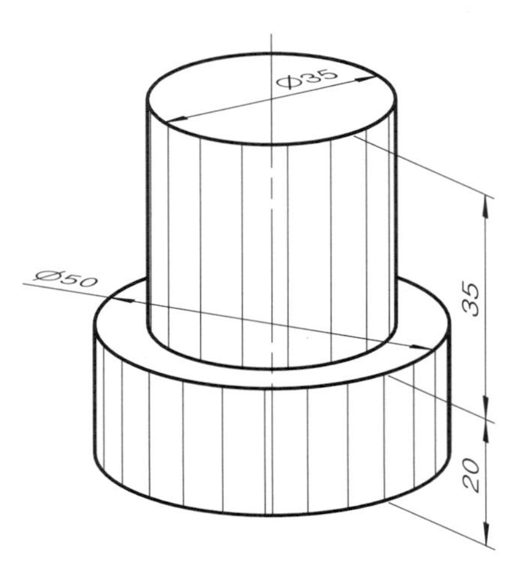

그리는 법

1) 치수대로 그림과 같이 그린다.
2) command : vpoint를 1, −1, 1로 바꾼다.
3) command : CHPROP로 그려진 큰 원을 선택(지름 50) Thickness를 −20으로 수정한다.
4) command : CHPROP로 그려진 작은 원을 선택(지름 35) Thickness를 35로 수정한다.
5) command : hide로 숨은선을 제거하고 관찰한다.

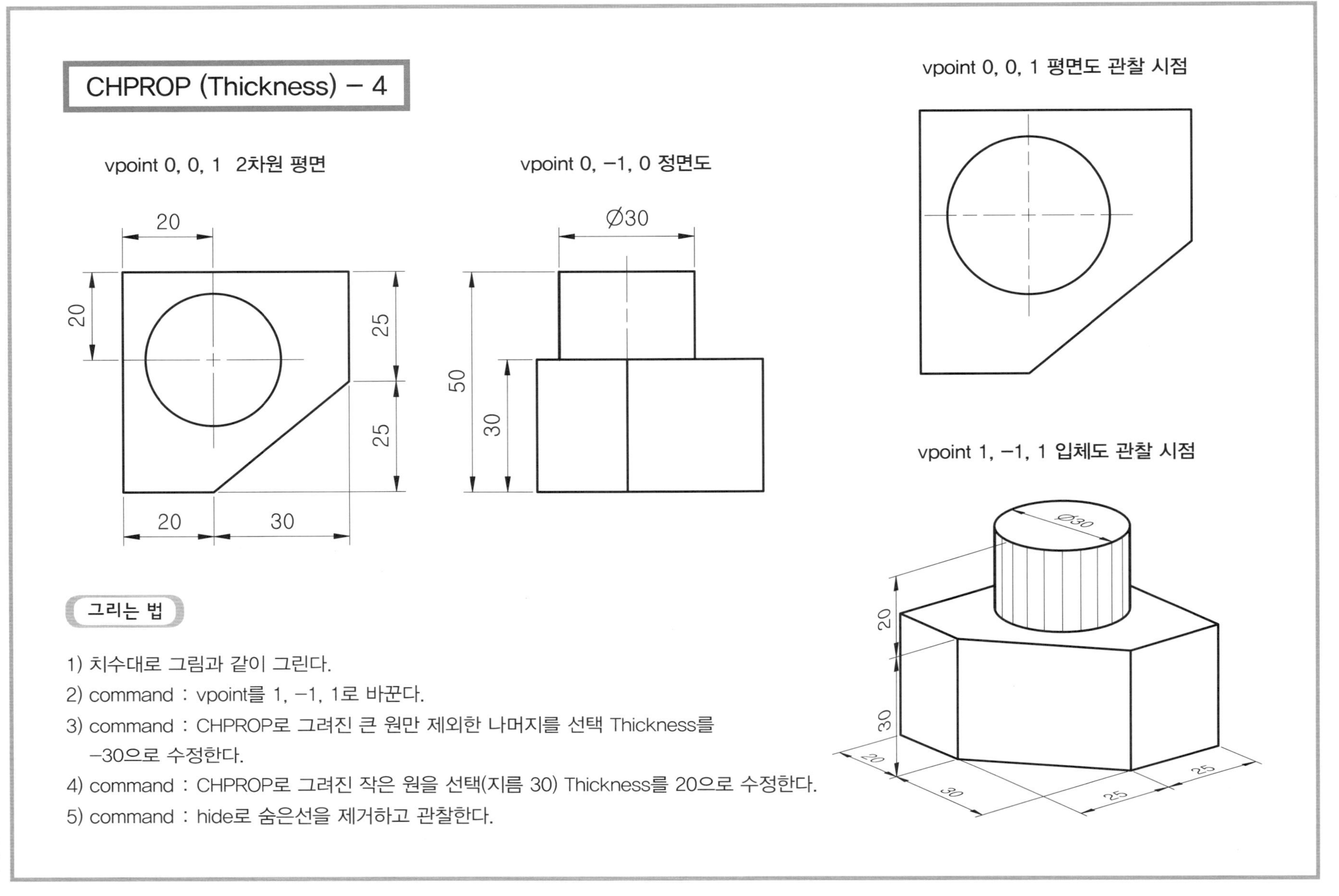
CHPROP (Thickness) – 4
vpoint 0, 0, 1 2차원 평면
20
20
25
25
20
30
vpoint 0, –1, 0 정면도
∅30
50
30
vpoint 0, 0, 1 평면도 관찰 시점
vpoint 1, –1, 1 입체도 관찰 시점
∅30
20
30
20
30
25
25
그리는 법
1) 치수대로 그림과 같이 그린다.
2) command : vpoint를 1, –1, 1로 바꾼다.
3) command : CHPROP로 그려진 큰 원만 제외한 나머지를 선택 Thickness를
–30으로 수정한다.
4) command : CHPROP로 그려진 작은 원을 선택(지름 30) Thickness를 20으로 수정한다.
5) command : hide로 숨은선을 제거하고 관찰한다.

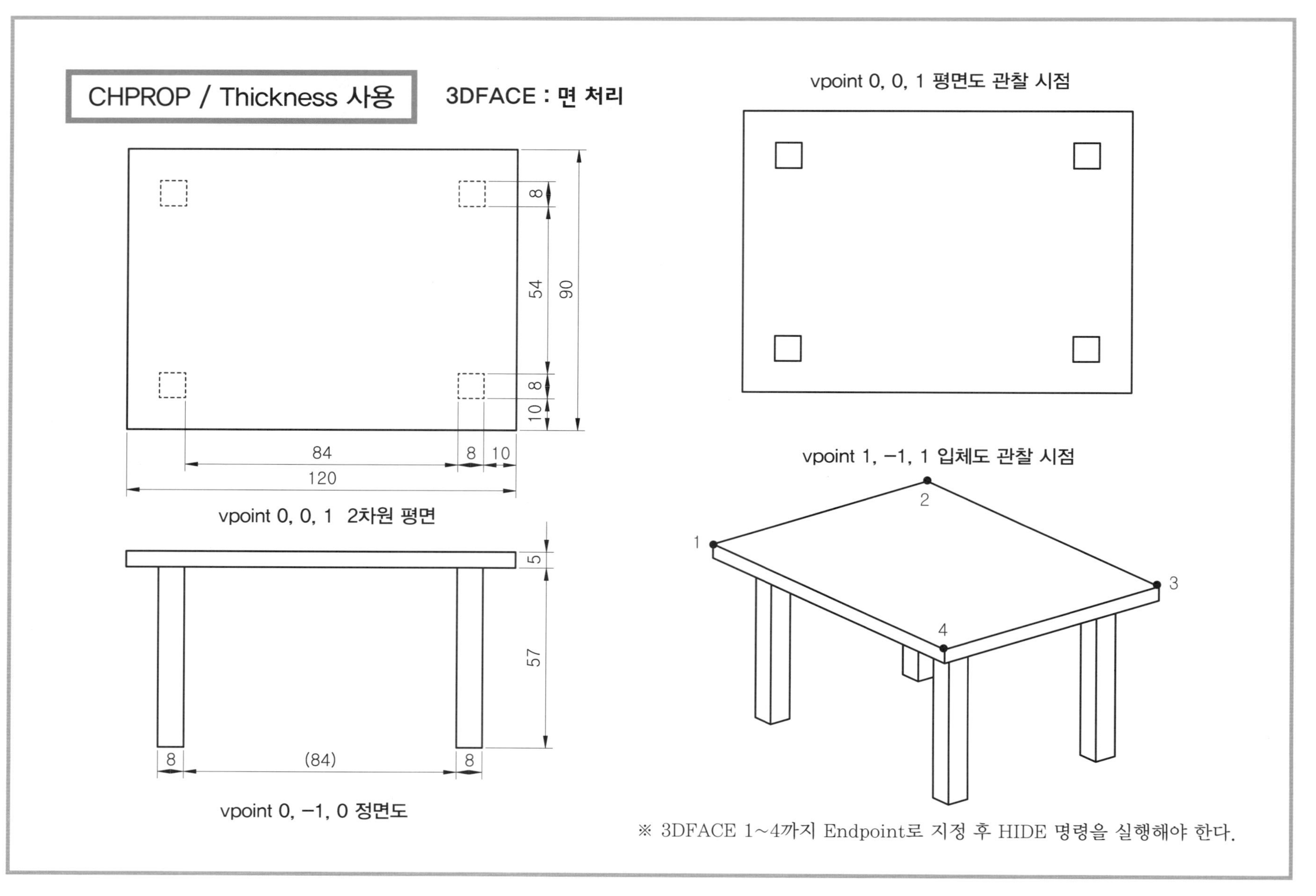
CHPROP / Thickness 사용
3DFACE : 면 처리
8
54
90
8
10
84
8
10
120
vpoint 0, 0, 1 2차원 평면
5
57
8
(84)
8
vpoint 0, –1, 0 정면도
vpoint 0, 0, 1 평면도 관찰 시점
vpoint 1, –1, 1 입체도 관찰 시점
1
2
3
4
※ 3DFACE 1~4까지 Endpoint로 지정 후 HIDE 명령을 실행해야 한다.

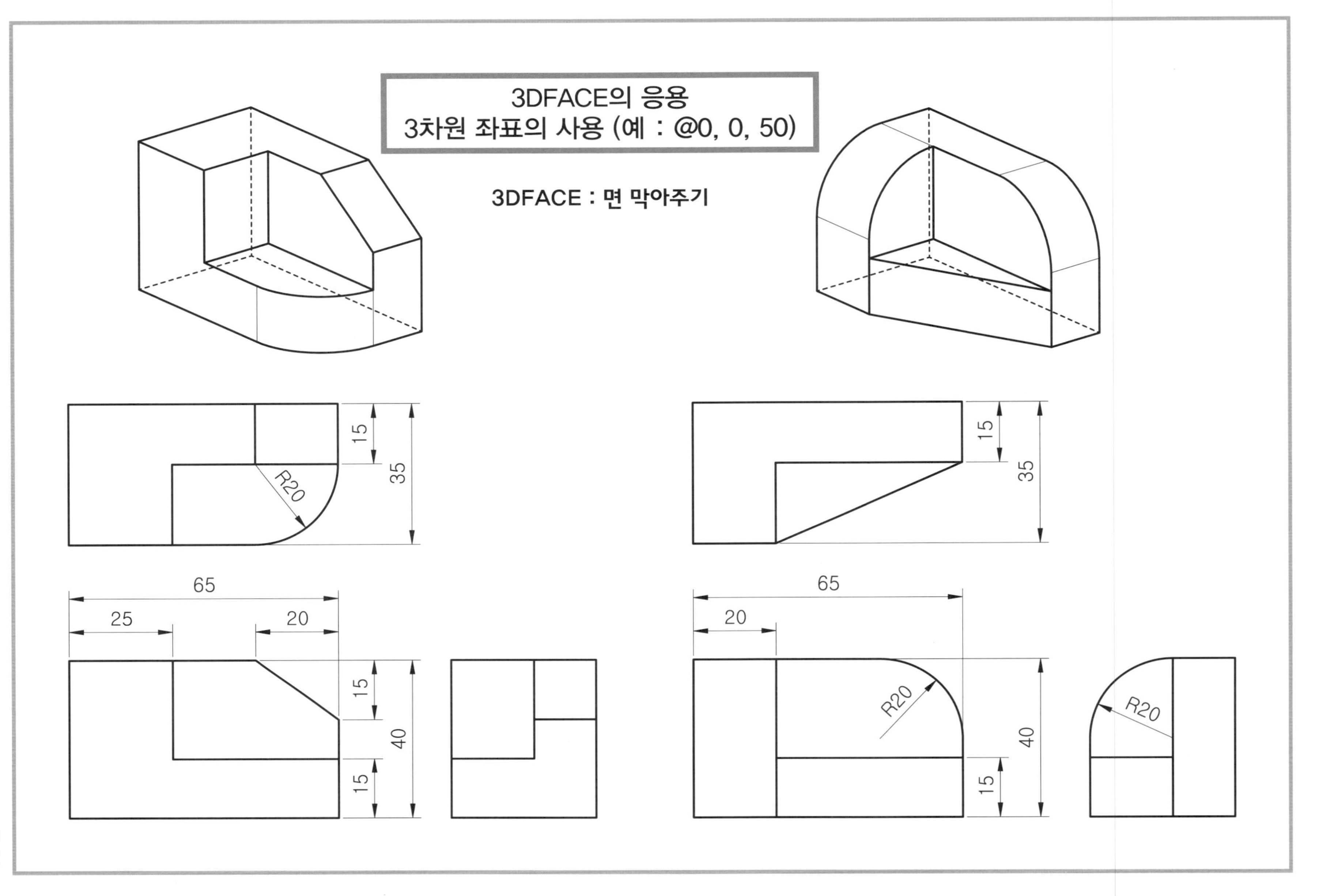
3DFACE의 응용
3차원 좌표의 사용 (예 : @0, 0, 50)
3DFACE : 면 막아주기
15
35
R20
15
35
65
25
20
15
40
15
65
20
R20
40
15
R20

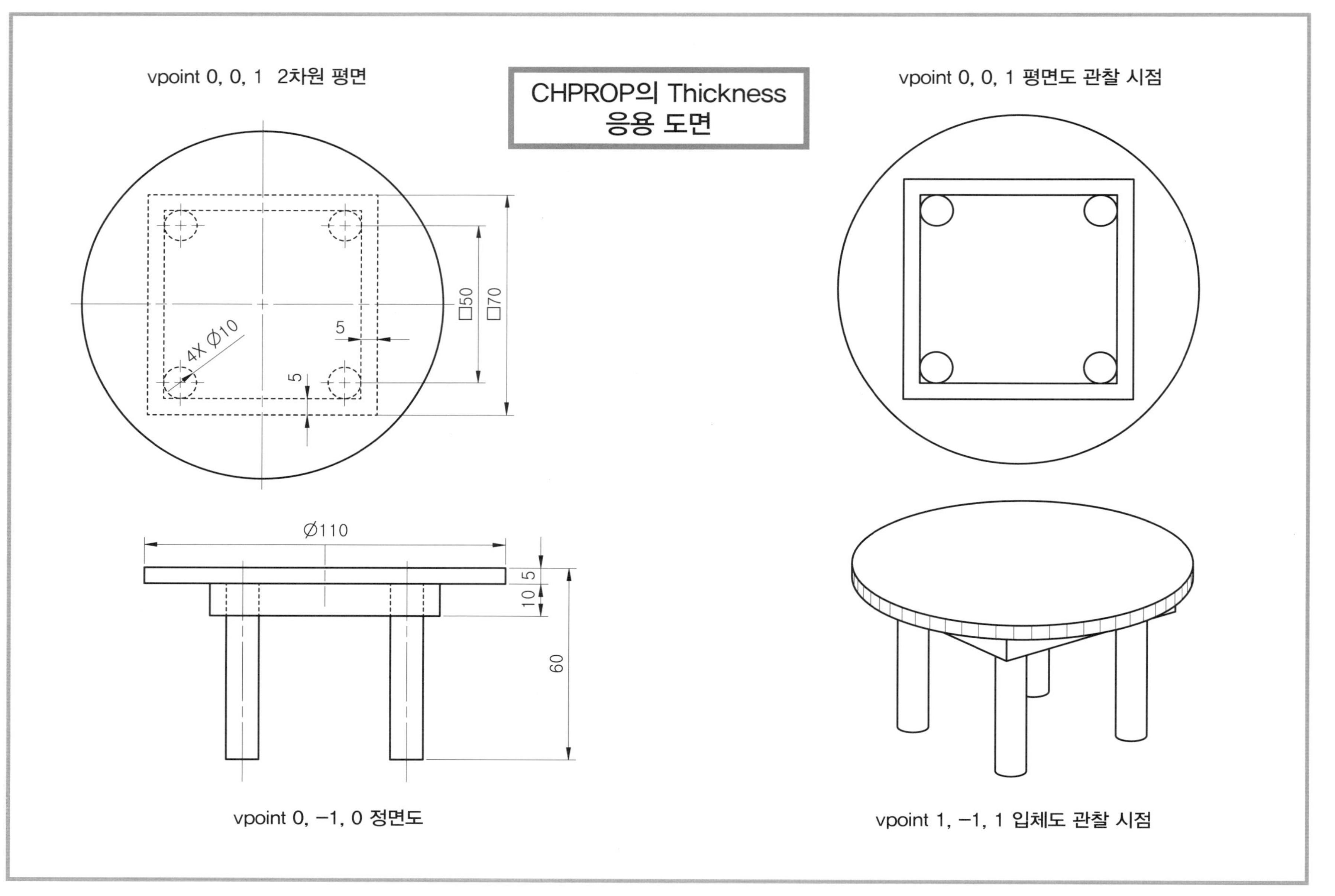
vpoint 0, 0, 1 2차원 평면
CHPROP의 Thickness
응용 도면
vpoint 0, 0, 1 평면도 관찰 시점
4X Ø10
5
5
□50
□70
Ø110
5
10
60
vpoint 0, −1, 0 정면도
vpoint 1, −1, 1 입체도 관찰 시점

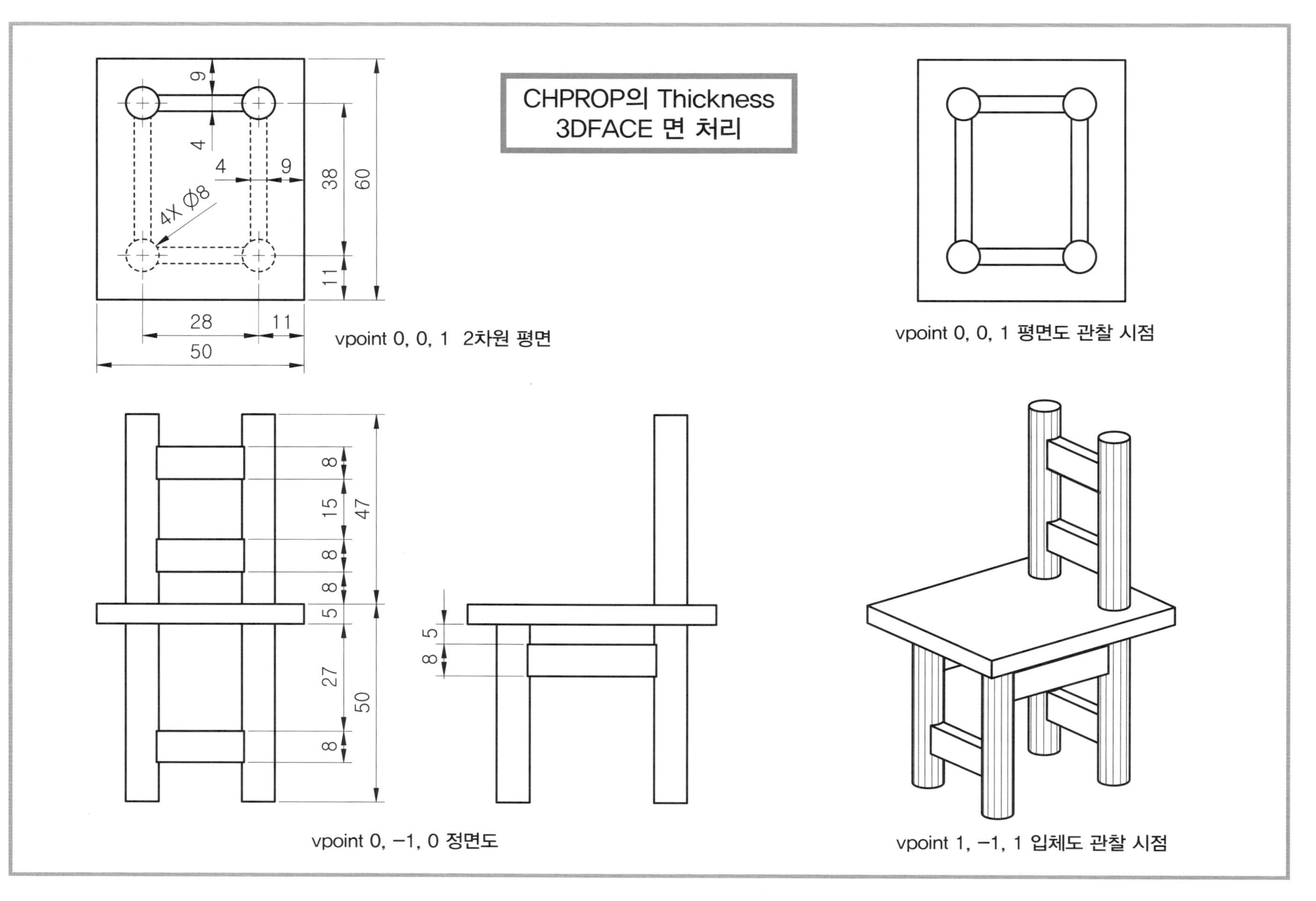
CHPROP의 Thickness
3DFACE 면 처리
9
4
4
9
4X Φ8
38
60
11
28
11
50
vpoint 0, 0, 1 2차원 평면
vpoint 0, 0, 1 평면도 관찰 시점
8
15
47
8
8
5
27
50
8
5
8
vpoint 0, −1, 0 정면도
vpoint 1, −1, 1 입체도 관찰 시점

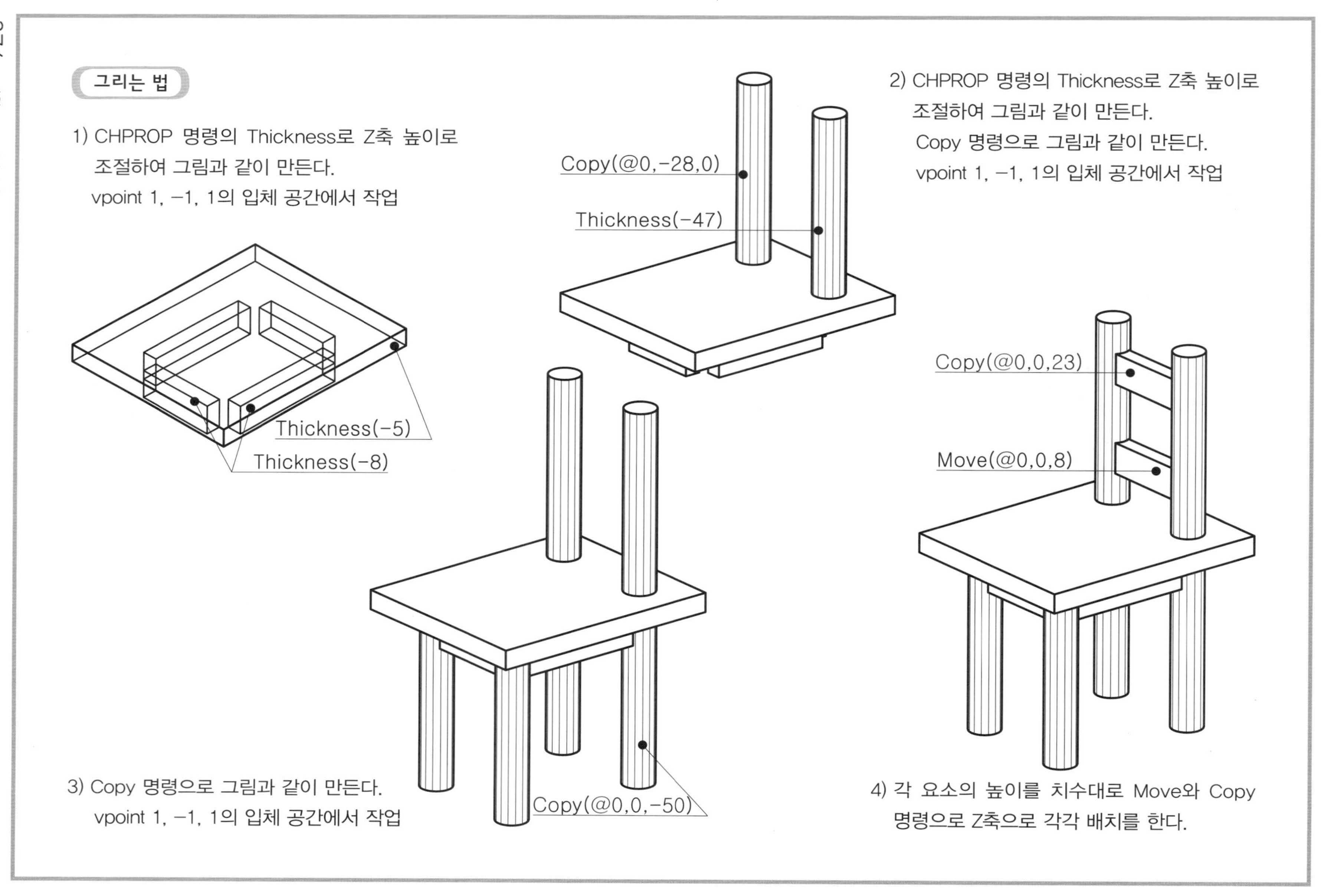
그리는 법
1) CHPROP 명령의 Thickness로 Z축 높이로 조절하여 그림과 같이 만든다.
vpoint 1, −1, 1의 입체 공간에서 작업
Thickness(−5)
Thickness(−8)
Copy(@0,−28,0)
Thickness(−47)
2) CHPROP 명령의 Thickness로 Z축 높이로 조절하여 그림과 같이 만든다.
Copy 명령으로 그림과 같이 만든다.
vpoint 1, −1, 1의 입체 공간에서 작업
Copy(@0,0,23)
Move(@0,0,8)
3) Copy 명령으로 그림과 같이 만든다.
vpoint 1, −1, 1의 입체 공간에서 작업
Copy(@0,0,−50)
4) 각 요소의 높이를 치수대로 Move와 Copy 명령으로 Z축으로 각각 배치를 한다.

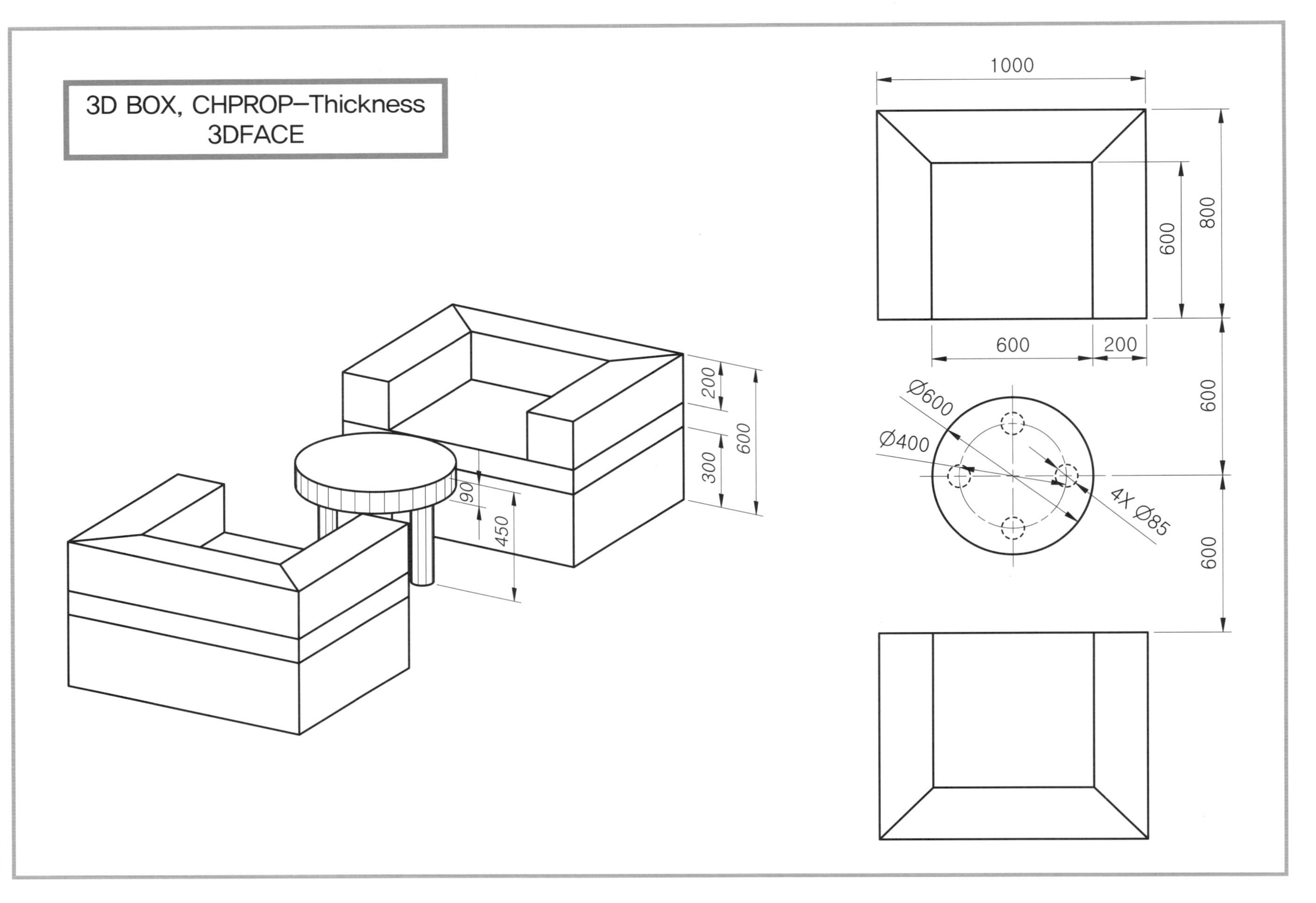
3D BOX, CHPROP-Thickness
3DFACE
200
300
600
90
450
1000
600
800
600
200
Ø600
Ø400
4X Ø85
600
600

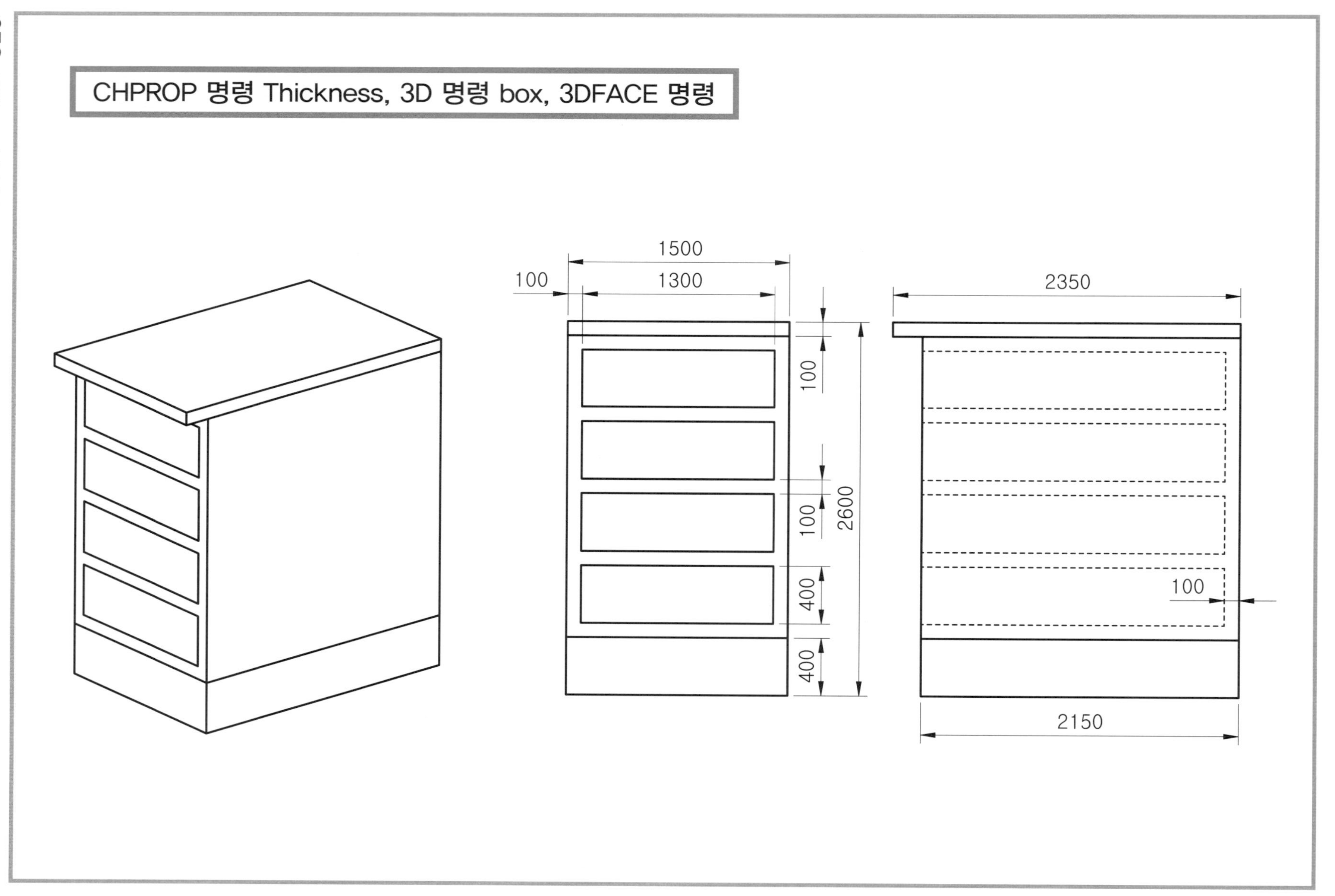
CHPROP 명령 Thickness, 3D 명령 box, 3DFACE 명령
1500
100
1300
100
100
2600
400
400
2350
100
2150

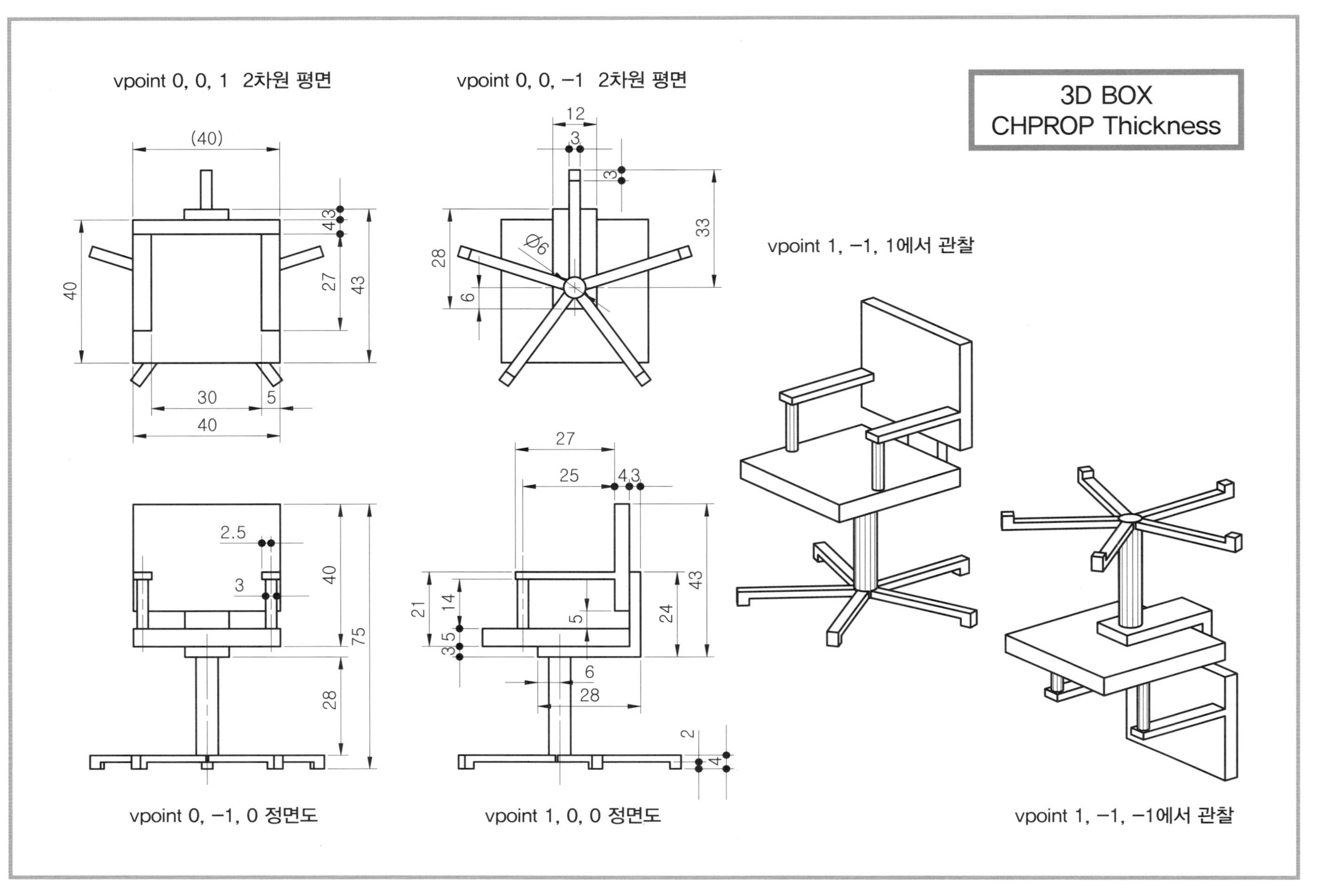
3D BOX
CHPROP Thickness
vpoint 0, 0, 1 2차원 평면
vpoint 0, 0, −1 2차원 평면
vpoint 1, −1, 1에서 관찰
vpoint 0, −1, 0 정면도
vpoint 1, 0, 0 정면도
vpoint 1, −1, −1에서 관찰

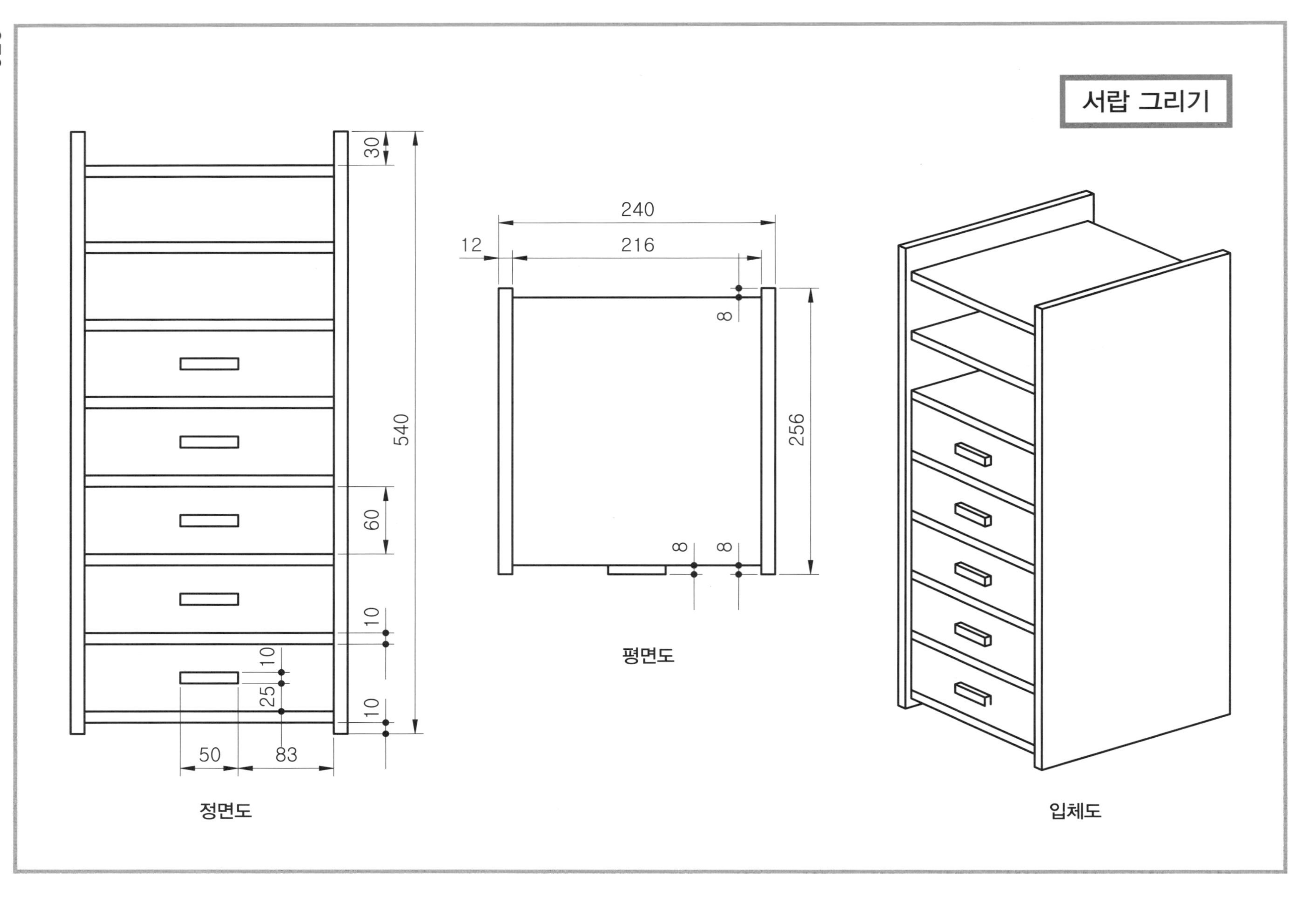
서랍 그리기
30
540
60
10
10
25
10
50
83
정면도
240
12
216
8
256
8
8
평면도
입체도

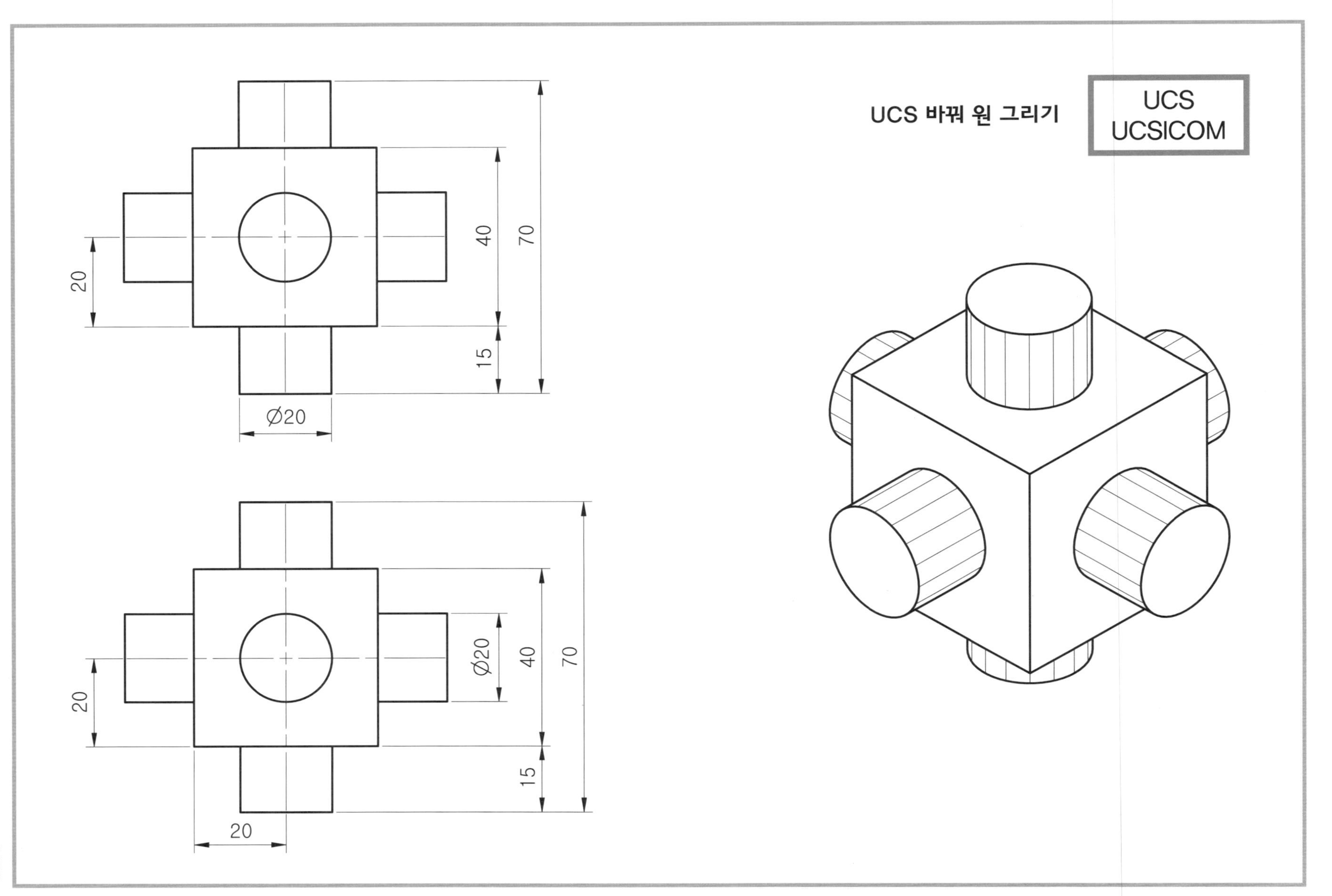
UCS 바꿔 원 그리기
UCS
UCSICOM
20
40
70
15
Ø20
Ø20
20
40
70
15
20

그리는 법

1) 그림처럼 정육면체 박스를 그린다. 3D 명령의 BOX를 지정 CUBE로 지정

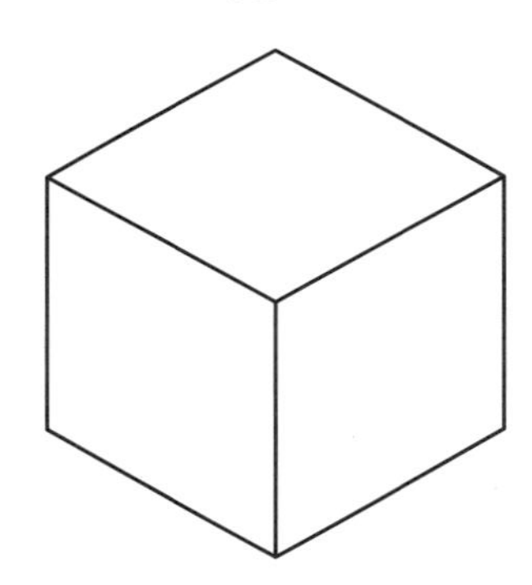

윗면에 중심선을 그린 후 원을 그린다. COPY로 아랫면에 복사한다.

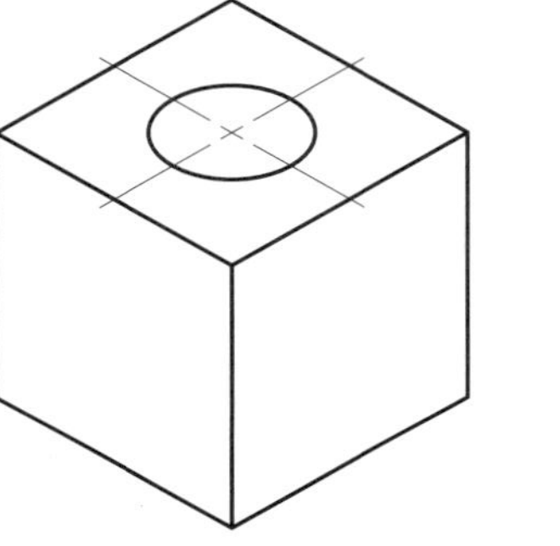

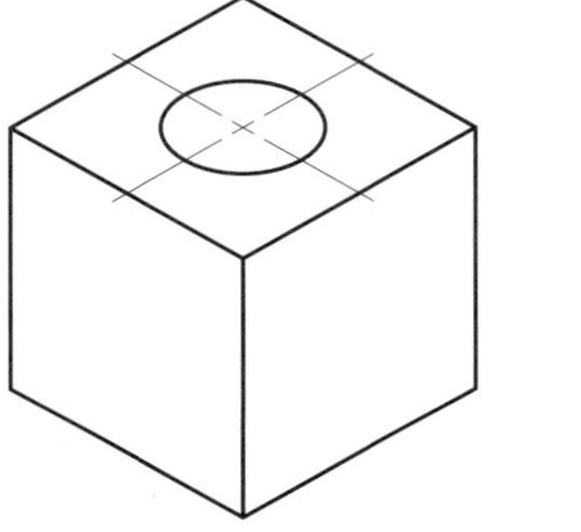

2) 그림처럼 UCS의 3point를 사용하여 1, 2, 3 순서로 지정한 후 UCSICON 명령을 ORIGIN으로 설정하면 좌표가 그림처럼 뜬다.

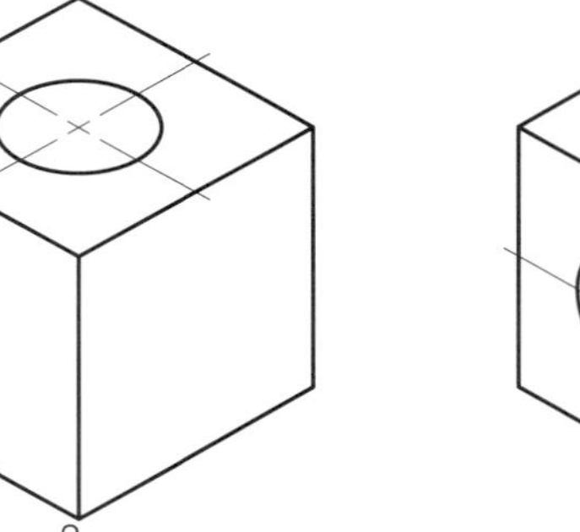

중심선을 그린 후 원을 그린다. COPY로 뒷면에 복사한다.

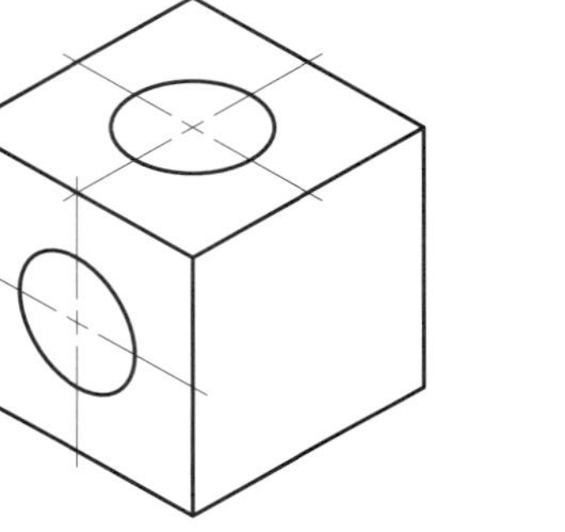

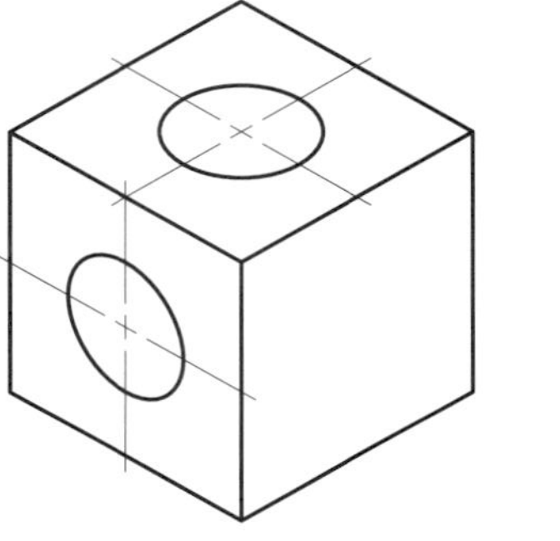

3) 그림처럼 UCS의 3point를 사용하여 1, 2, 3 순서로 지정한 후 UCSICON 명령을 ORIGIN으로 설정하면 좌표가 그림처럼 뜬다.

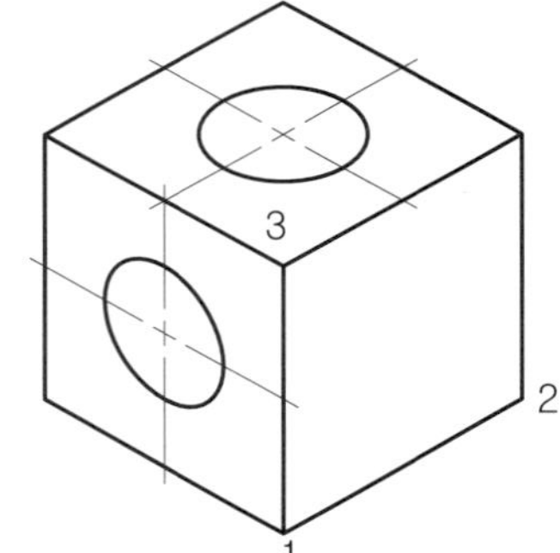

중심선을 그린 후 원을 그린다. COPY로 좌측면에 복사한다.

4) CHPROP 명령으로 윗면, 우측면, 정면의 원을 선택하여 Thickness를 10으로 조절하여 높이를 부여한다.

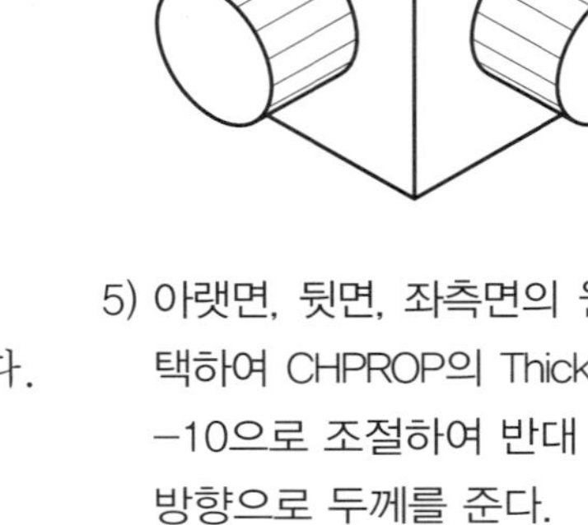

5) 아랫면, 뒷면, 좌측면의 원을 선택하여 CHPROP의 Thickness로 −10으로 조절하여 반대 모양의 방향으로 두께를 준다.

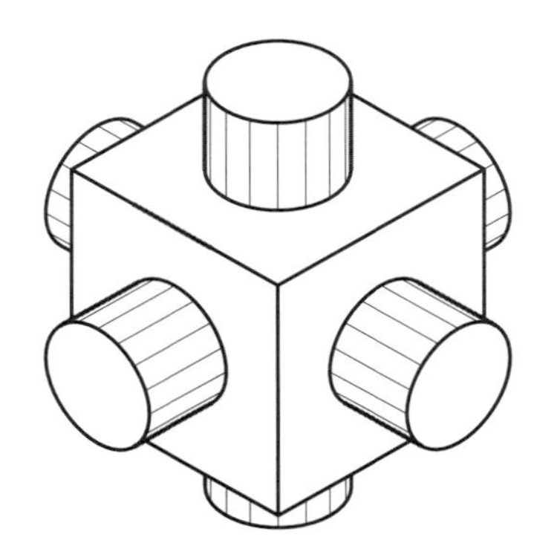

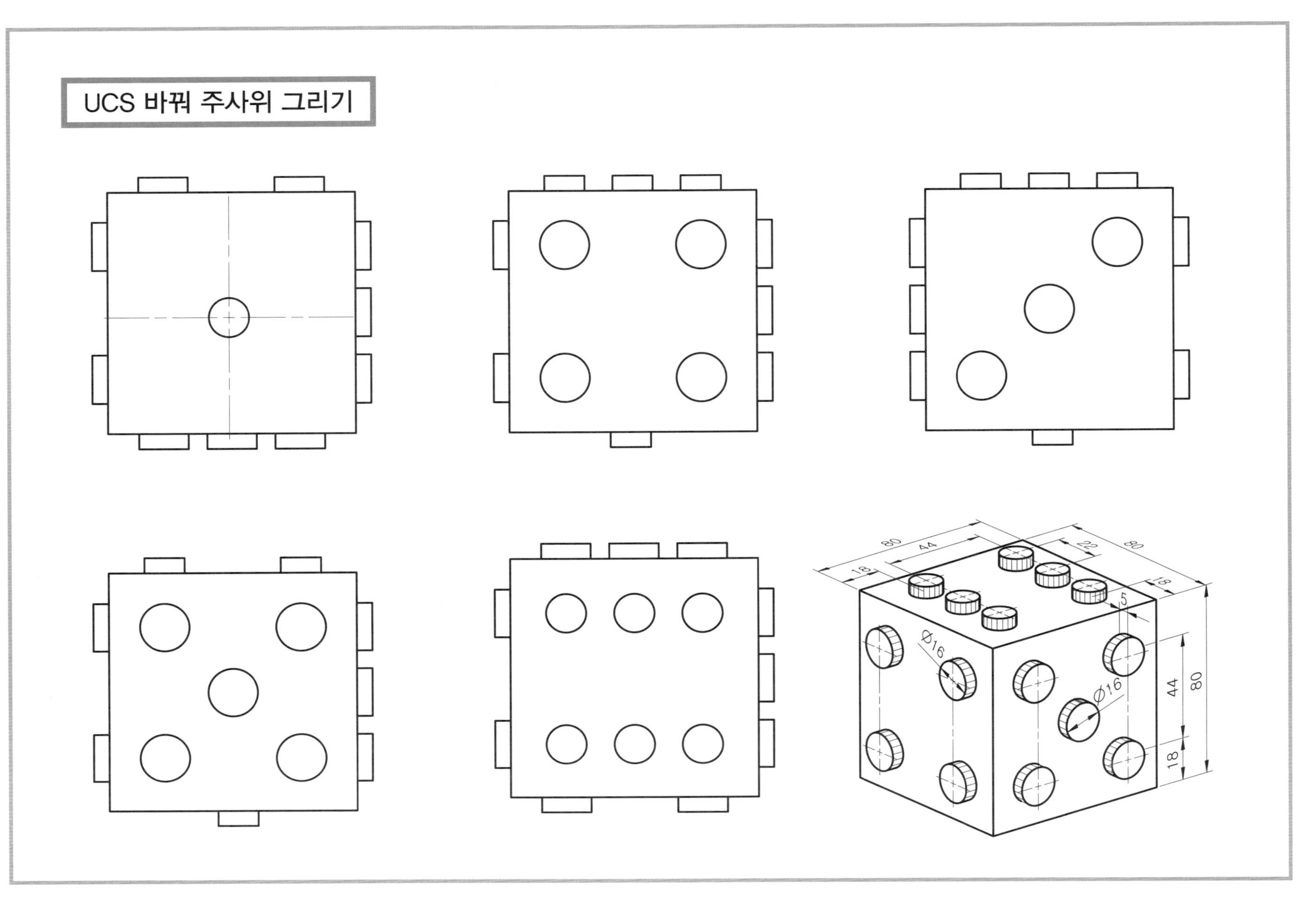
UCS 바꿔 주사위 그리기
80
18
44
22
80
18
5
Ø16
Ø16
44
80
18

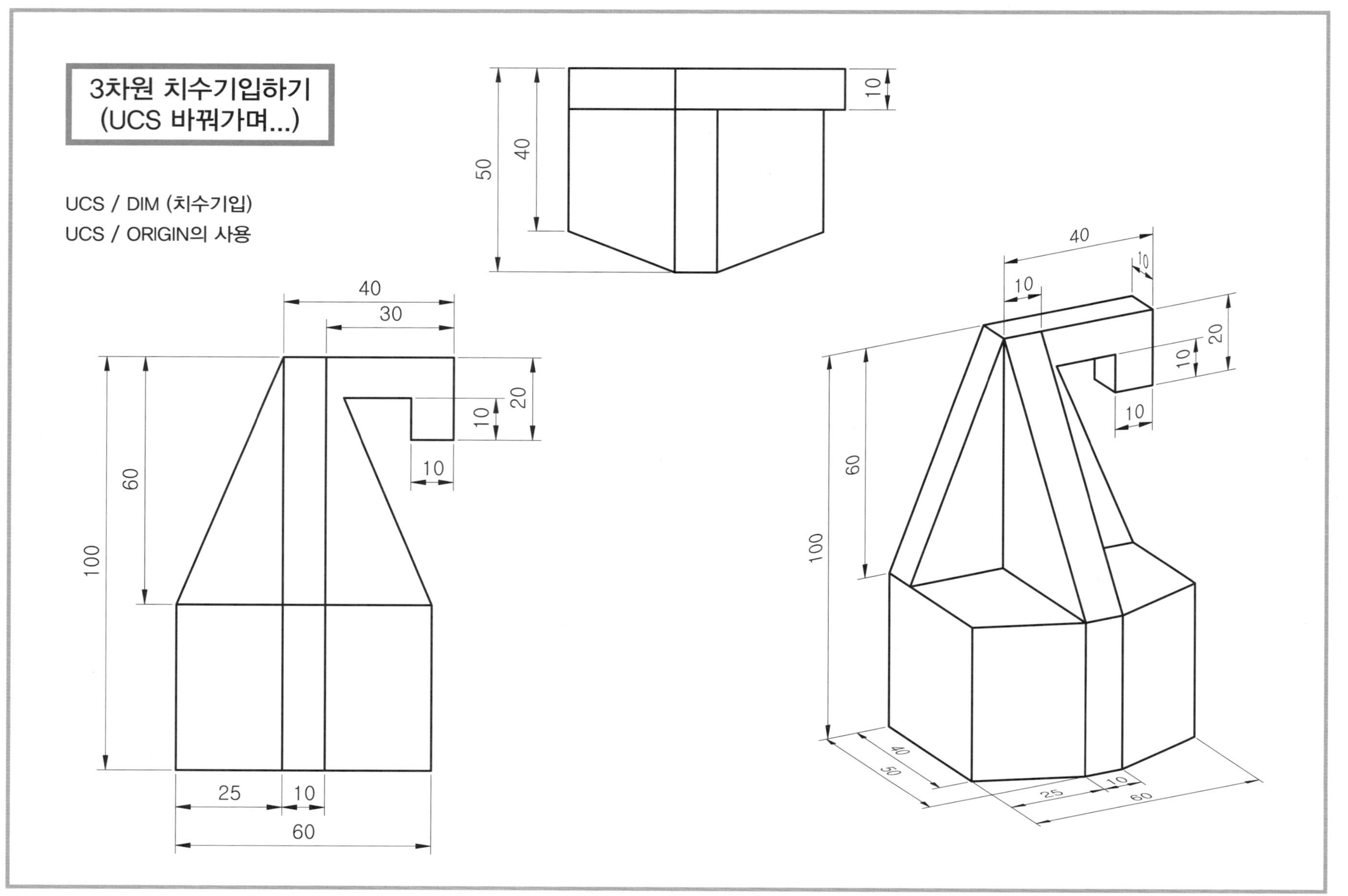
3차원 치수기입하기
(UCS 바꿔가며...)
UCS / DIM (치수기입)
UCS / ORIGIN의 사용
50
40
10
40
30
20
10
10
100
60
25
10
60
40
10
10
20
10
10
100
60
40
50
25
10
60

UCS 바꿔 원(CIRCLE) 그리고 잘라내기(TRIM)

TRIM(Project View)은 현재의 UCS에 상관없이 TRIM 명령이 적용된다.

TRIM(Project View)

UCS를 WORLD(WCS)인 원래의 고정된 좌표계에서 3차원 좌표로 LINE를 그린다.

① 한 칸의 길이를 10으로 그린다.

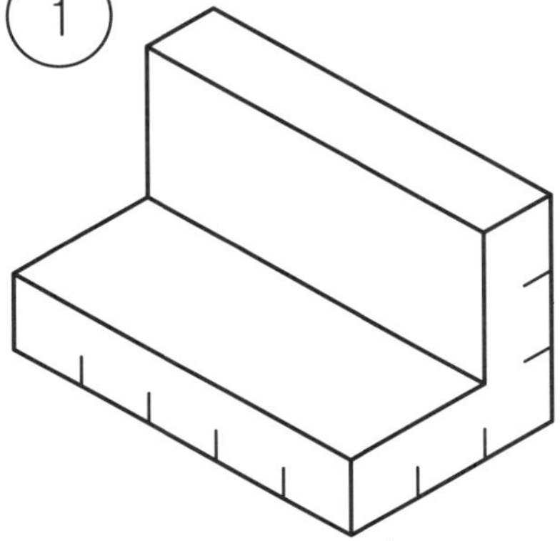

② R20

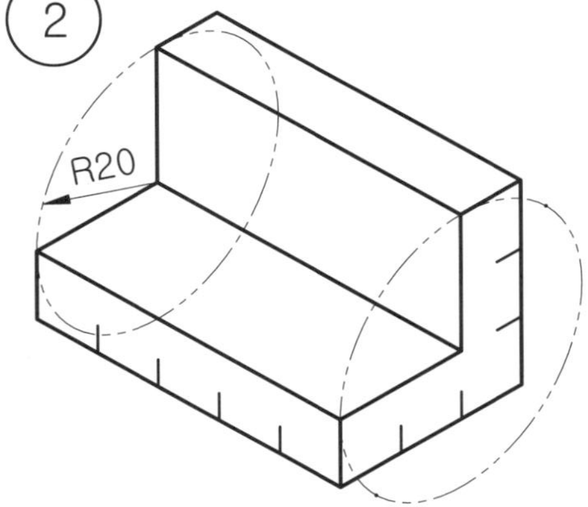

③ TRIM으로 그림처럼 잘라낸다.

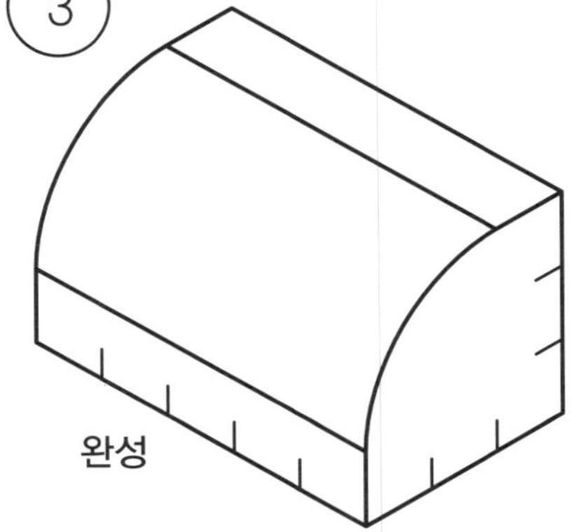

완성

[복습 예제]

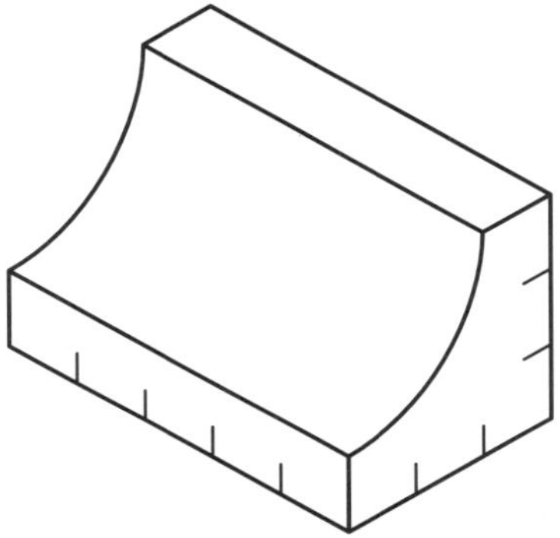

UCS를 그림과 같이 3point를 사용하여 원점(1), X축(2), Y축(3)으로 맞춘다.

CIRCLE 명령으로 반지름 10인 원을 그린다.

command : UCS Enter↵

Origin/3point/~ 〈World〉 : 3 Enter↵

Origin point(0, 0, 0) : (1)의 끝점(endpoint)을 지정

X axis ~ : (2)의 끝점(endpoint)을 지정

XY ~ : (3)의 끝점(endpoint)을 지정

책상 그리기

CHPROP 명령의 Thickness로 Z축 높이를 변경한 다음 3DFACE 명령으로 면 처리한다.

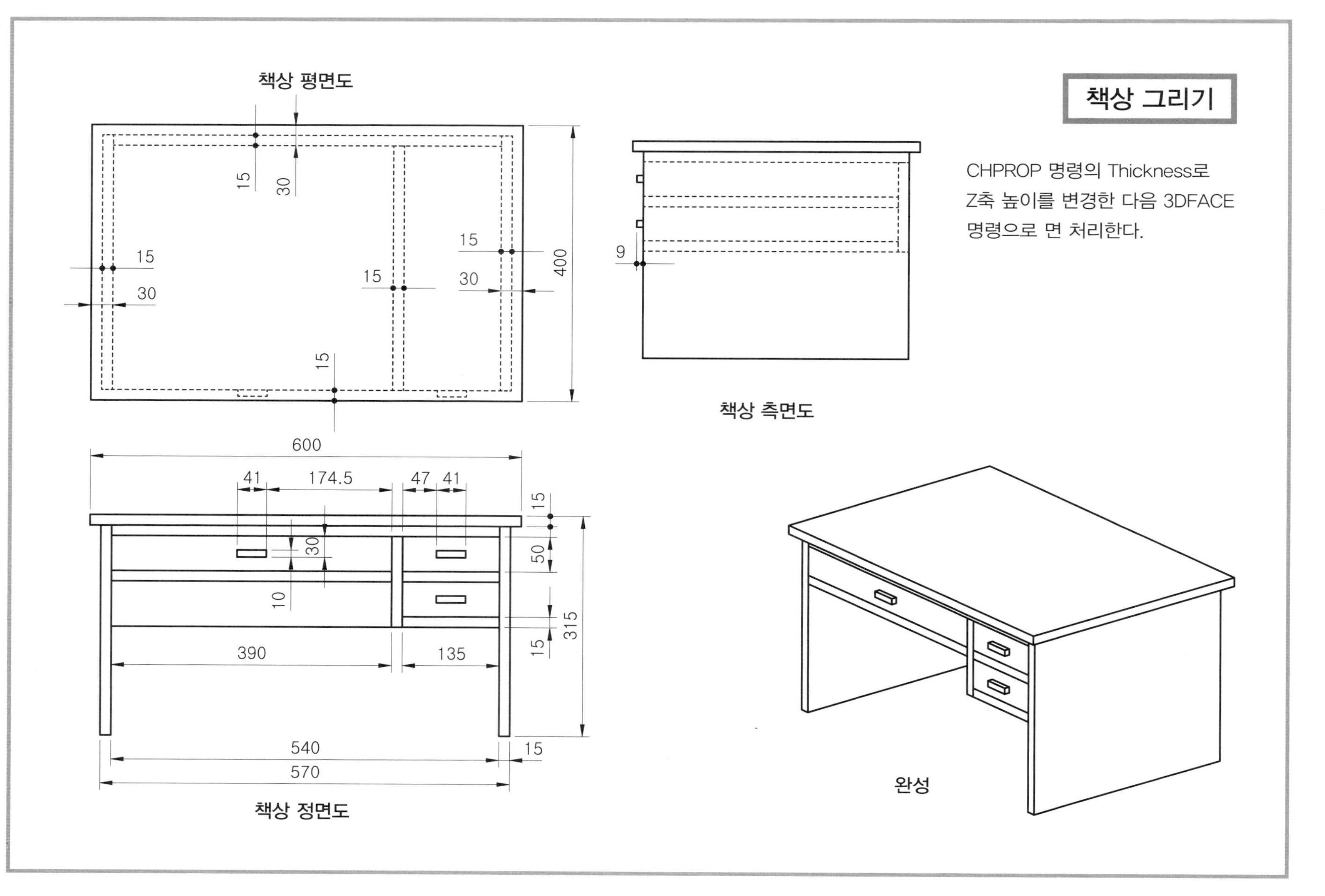

3DFACE – 면 처리하기
3차원 좌표 사용하기(@X, Y, Z)

치수를 보고 입체도를 완성하시오.

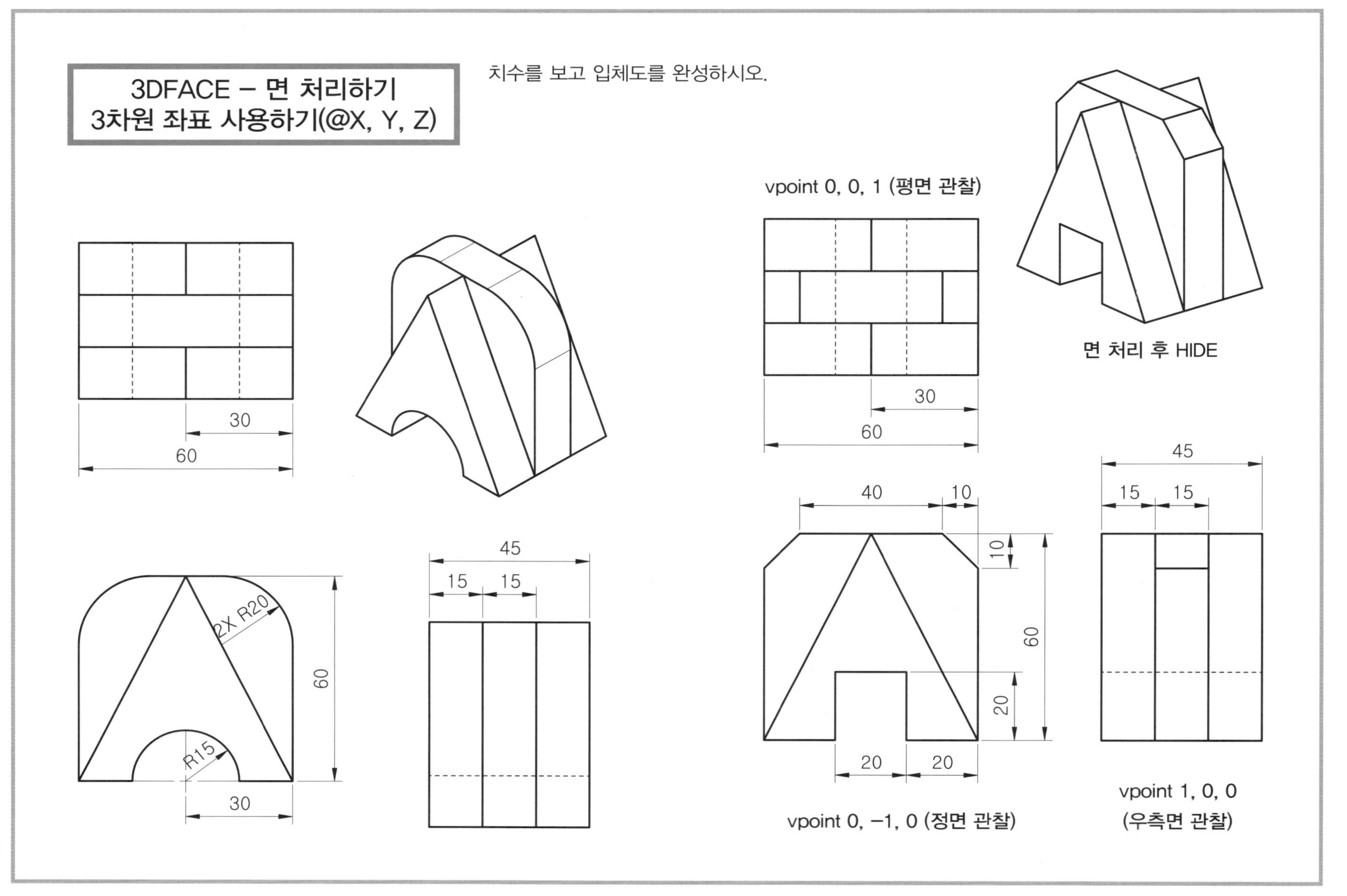

vpoint 0, 0, 1에서 원을 그린다.

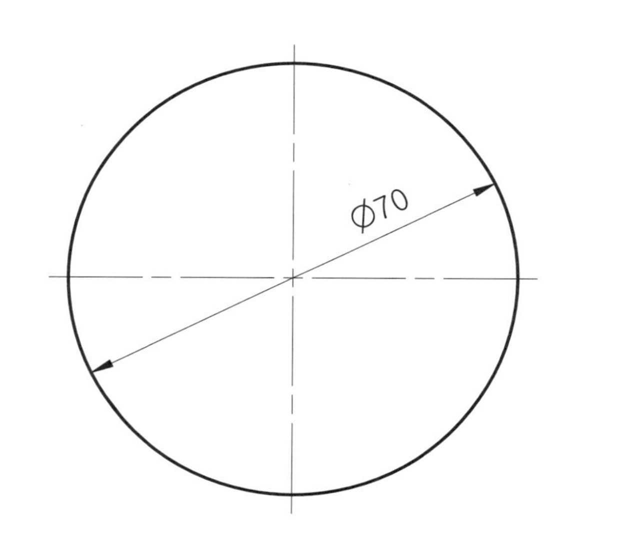

vpoint 1, −2, 1에서 원의 사분점에서 Z축으로 향하는 직선을 그림과 같이 각 지점에 서로 다른 길이로 그린다.

1) @0, 0, 0.2
2) @0, 0, 0.4
3) @0, 0, 0.6
4) @0, 0, 0.8
5) @0, 0, 1

UCS를 3point로 바꾼 후 1, 2, 3을 순서대로 지정한 다음 ARC 명령의 3point로 1, 2, 3을 순서대로 지정한다.

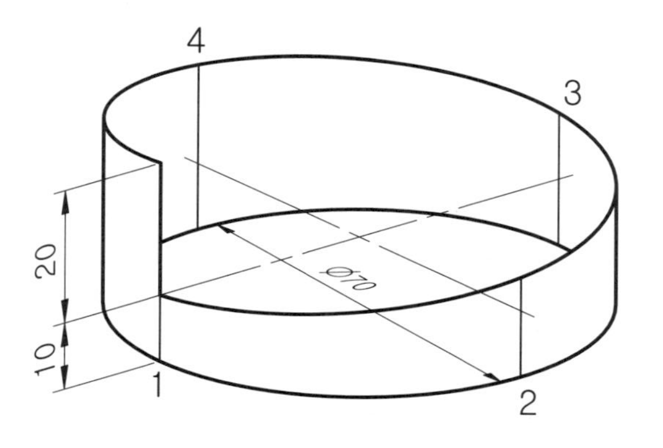

UCS의 3point 모양

UCS 바꿔 스프링 그리기

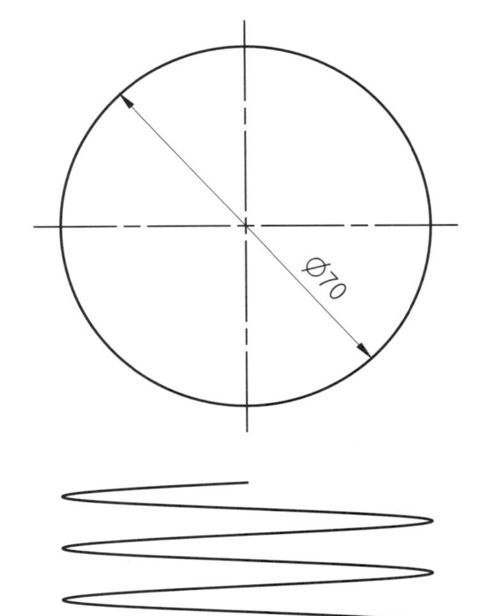

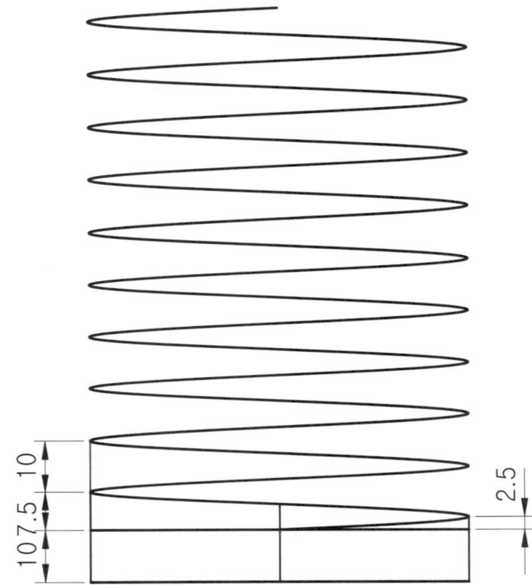

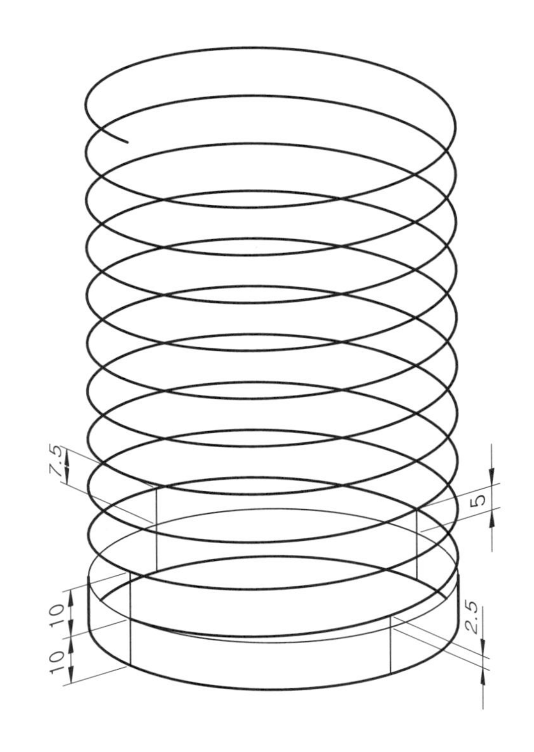

UCS 명령 응용 우유팩 그리기

1. 그림처럼 vpoint 1, −2, 1에서 사각형을 그린 후 3DFACE 명령으로 면 처리를 한다(vpoint 0, 0, 1에서 2차원 사각형을 그린 후 CHPROP 명령의 Thickness로 Z축 높이를 변경).
2. 박스의 중심선을 그린다(LINE 명령의 MIDpoint 사용).
3. 그림처럼 중심선으로 각 모서리의 선을 잇는다(LINE P_1–P_2 연결).
4. P_2의 위치에서 LINE을 긋는다(@0, 0, 10).

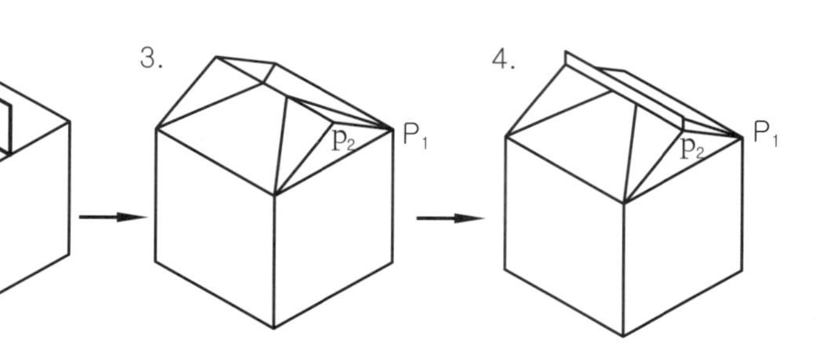

UCS 명령

3point 사용

1. UCS를 3point로 지정 후 1, 2, 3의 끝점을 순서대로 찍은 다음 문자를 입력한다.
2. UCS를 3point로 지정 후 A, B, C의 끝점을 순서대로 찍은 다음 문자를 입력한다.

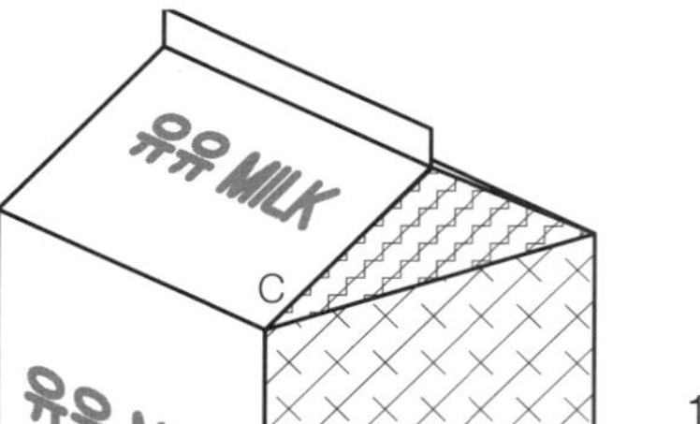

1. UCS를 3point로 지정 후 1, 2, 3의 끝점을 순서대로 찍은 다음 문자를 입력한다.
2. UCS를 3point로 지정 후 A, B, C의 끝점을 순서대로 찍은 다음 문자를 입력한다.

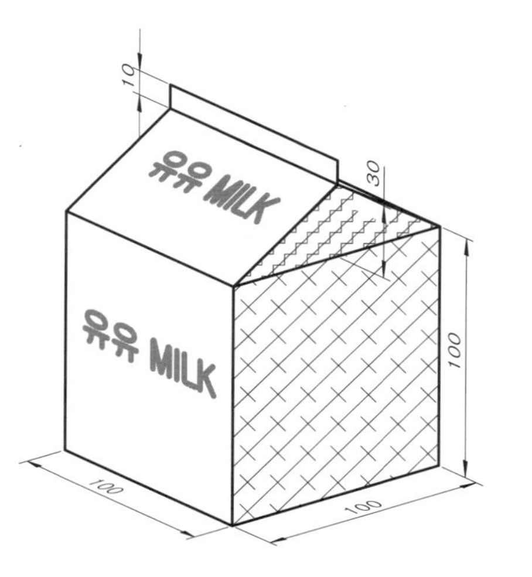

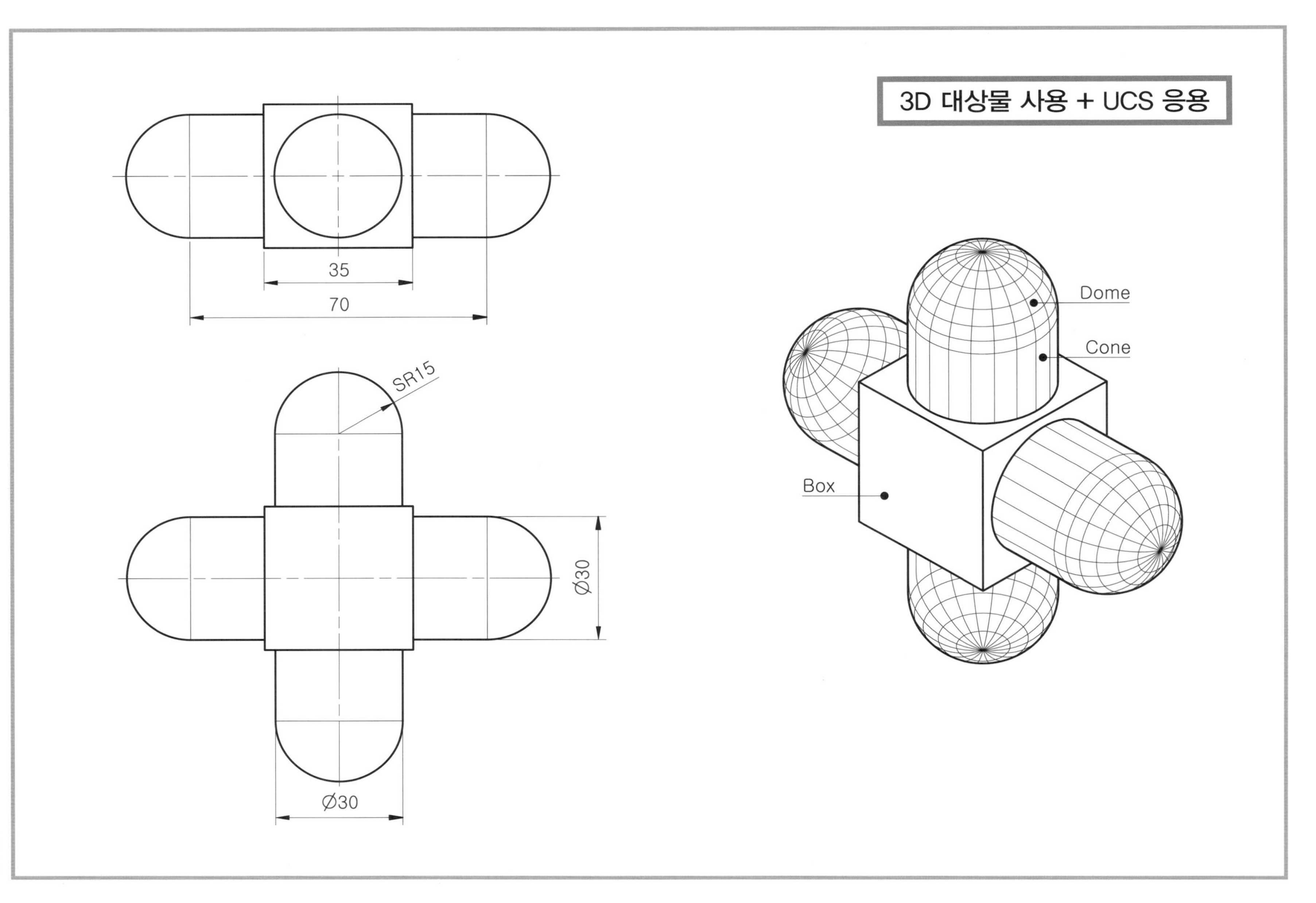
3D 대상물 사용 + UCS 응용
35
70
SR15
Ø30
Ø30
Dome
Cone
Box

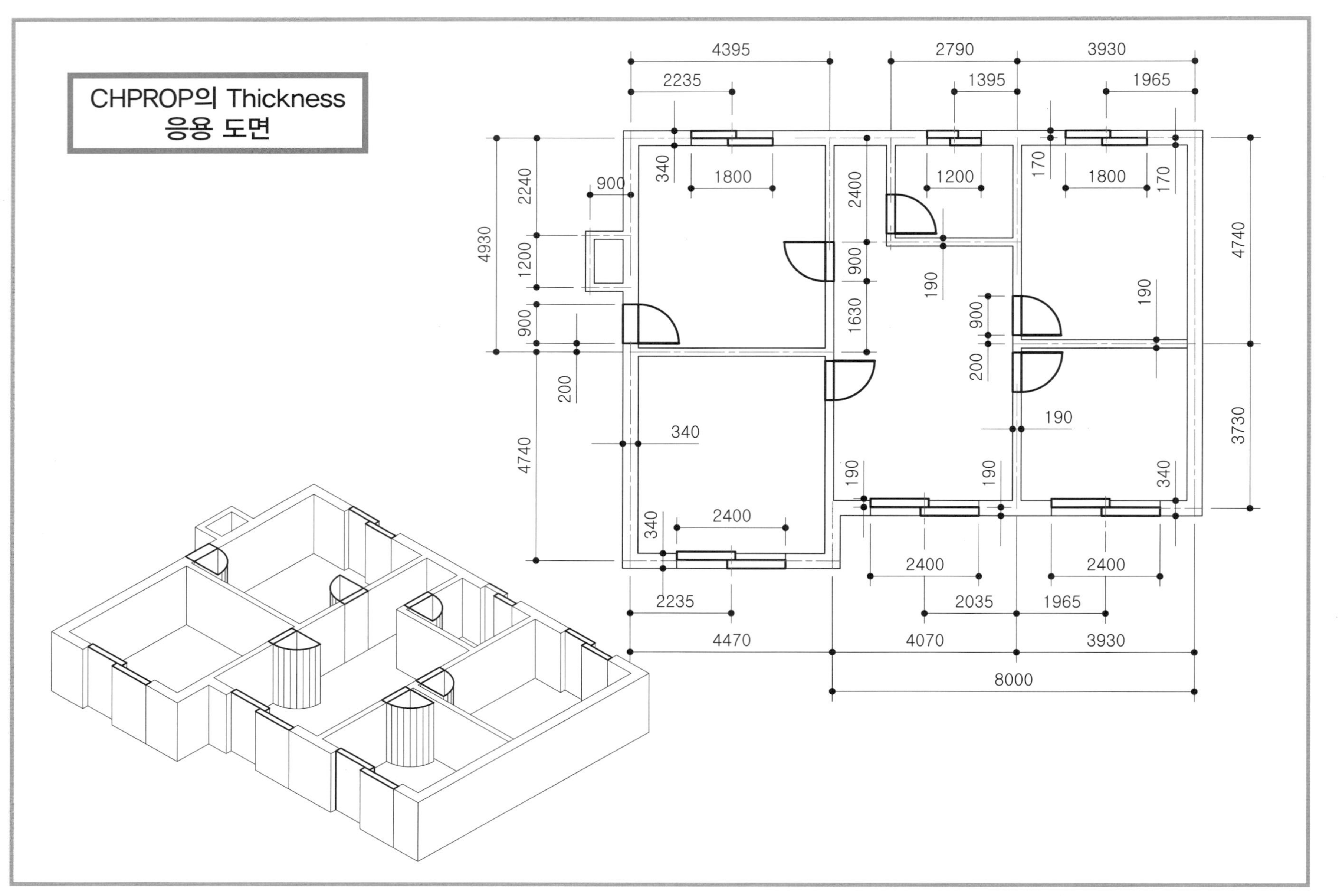
CHPROP의 Thickness
응용 도면

AutoCAD

3차원 CAD 명령어 응용 중급편

- 3D SURFACE 기초, 응용 도면
- 곡선 부위 면 처리

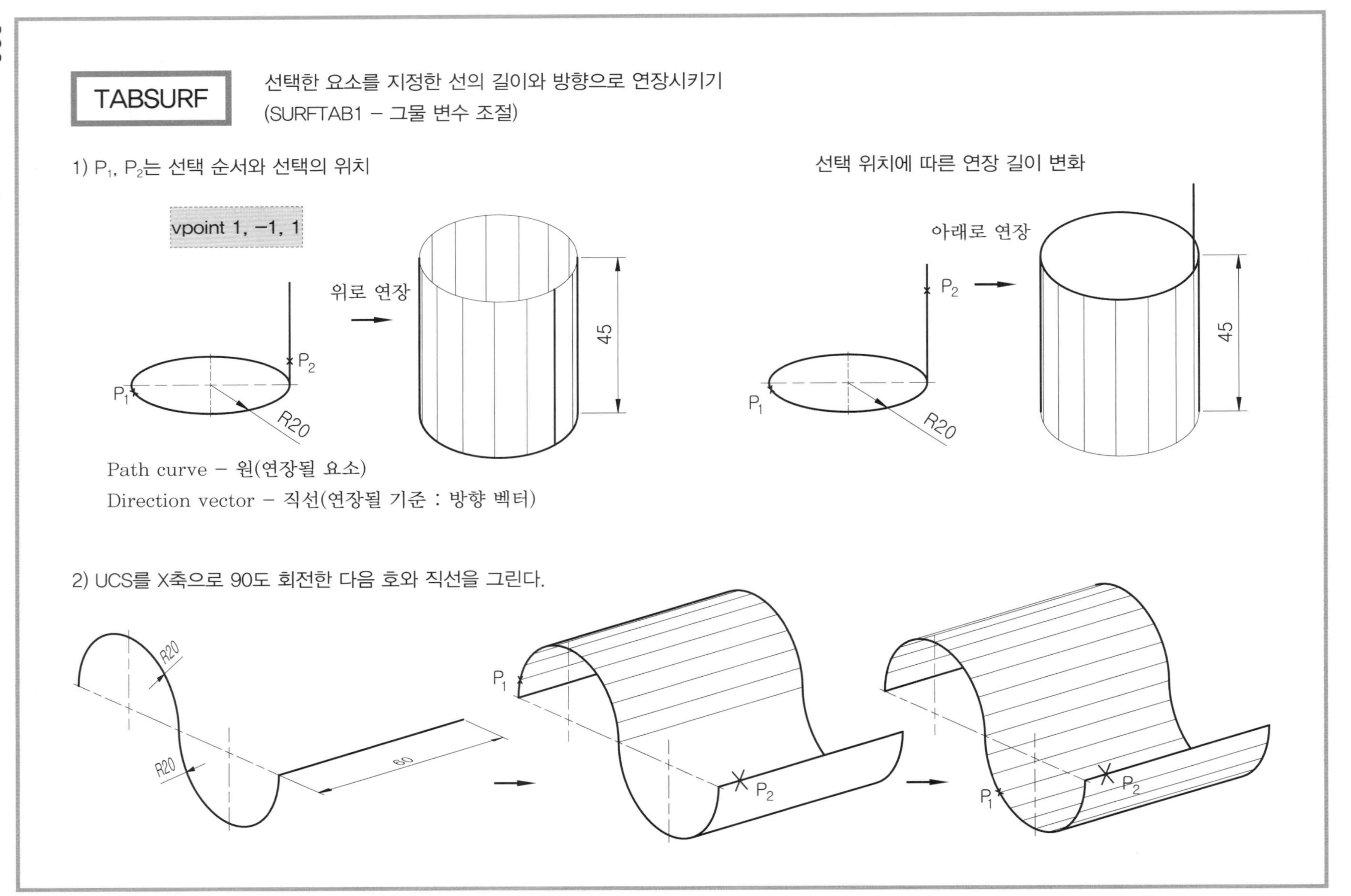
TABSURF
선택한 요소를 지정한 선의 길이와 방향으로 연장시키기
(SURFTAB1 – 그물 변수 조절)
1) P1, P2는 선택 순서와 선택의 위치
vpoint 1, –1, 1
P2
P1
R20
위로 연장
45
Path curve – 원(연장될 요소)
Direction vector – 직선(연장될 기준 : 방향 벡터)
선택 위치에 따른 연장 길이 변화
아래로 연장
P2
P1
R20
45
2) UCS를 X축으로 90도 회전한 다음 호와 직선을 그린다.
R20
R20
60
P1
P2
P1
P2

RULESURF, SURFTAB1, DDPTYPE

사용될 2차원 명령어

ELLIPSE – 타원 그리기
DDPTYPE – 점 모양 고르기
POINT – 점 찍기

1) 2차원 평면에서 치수대로 그림을 그린다.
(VPOINT 명령은 0, 0, 1로 설정)

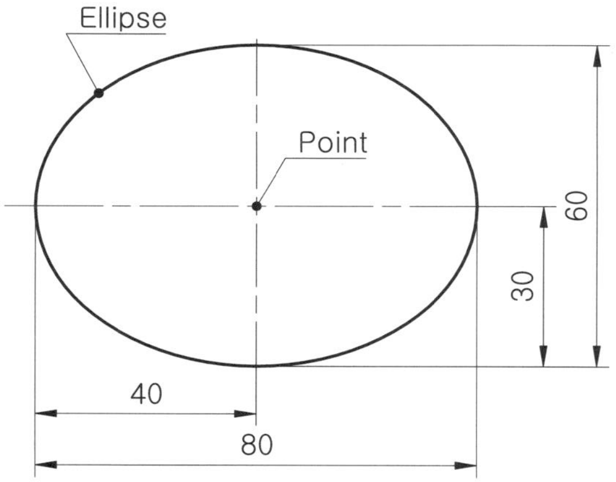

Ellipse
Point
60
30
40
80

vpoint 0, 0, 1

2) SURFTAB1 명령은 20으로 조절
3) RULESURF 명령으로 점과 타원을 차례로 선택

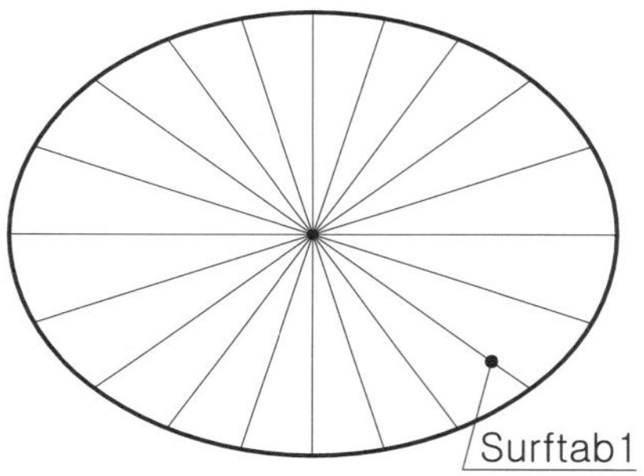

Surftab1

RULESURF된 형태

4) VPOINT 명령을 1, –2, 1로 지정하여 관찰

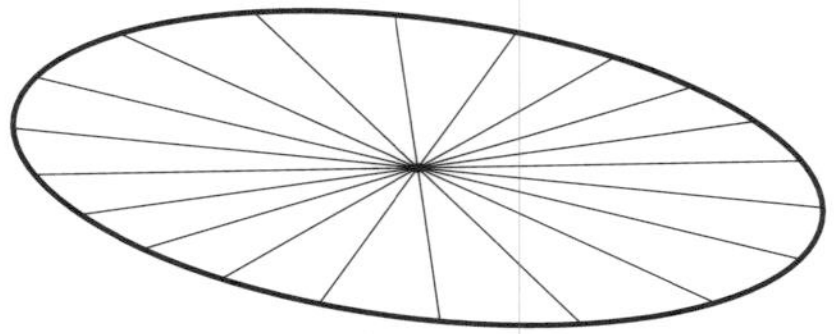

vpoint 1, –2, 1

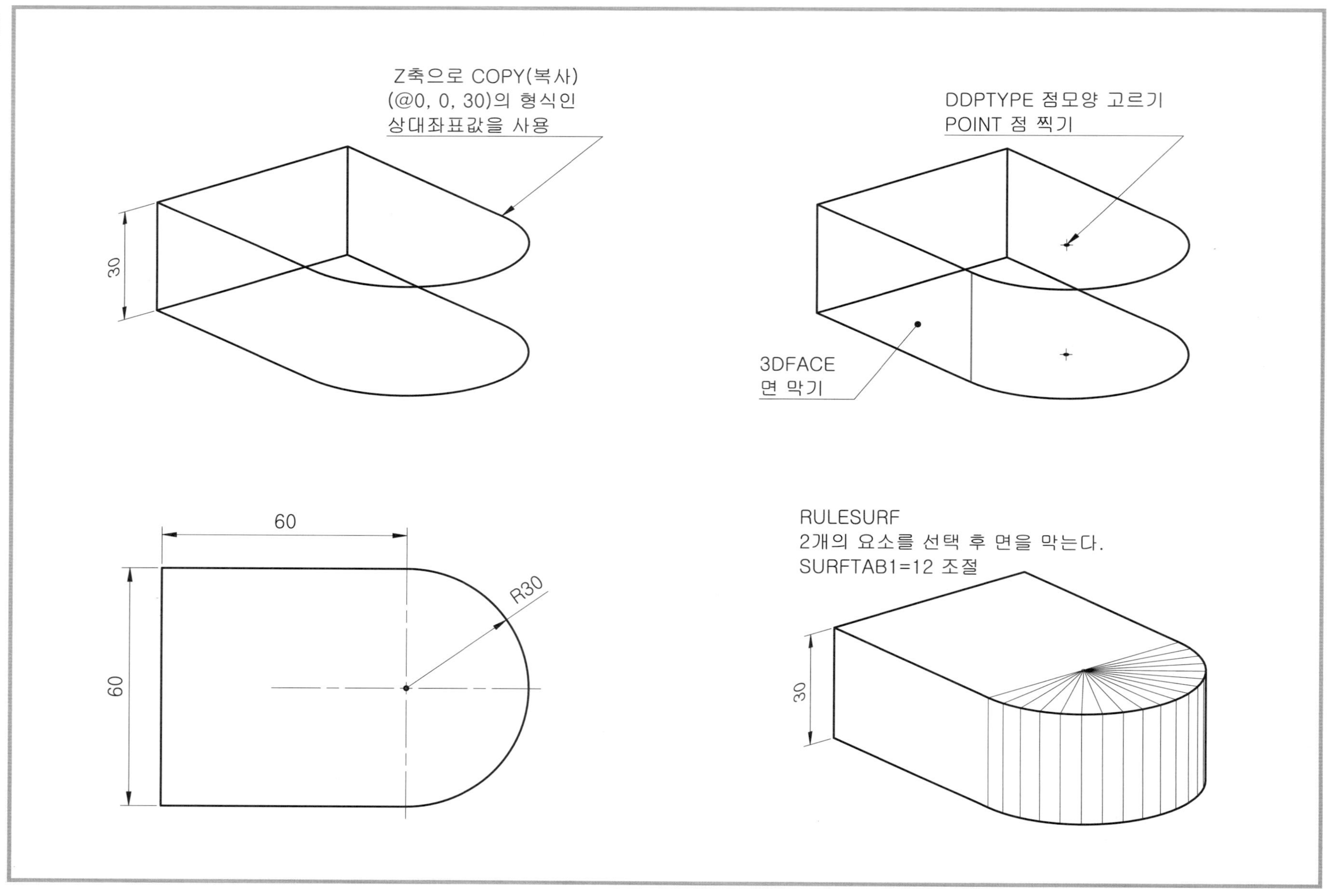
Z축으로 COPY(복사)
(@0, 0, 30)의 형식인
상대좌표값을 사용
30
DDPTYPE 점모양 고르기
POINT 점 찍기
3DFACE
면 막기
60
60
R30
RULESURF
2개의 요소를 선택 후 면을 막는다.
SURFTAB1=12 조절
30

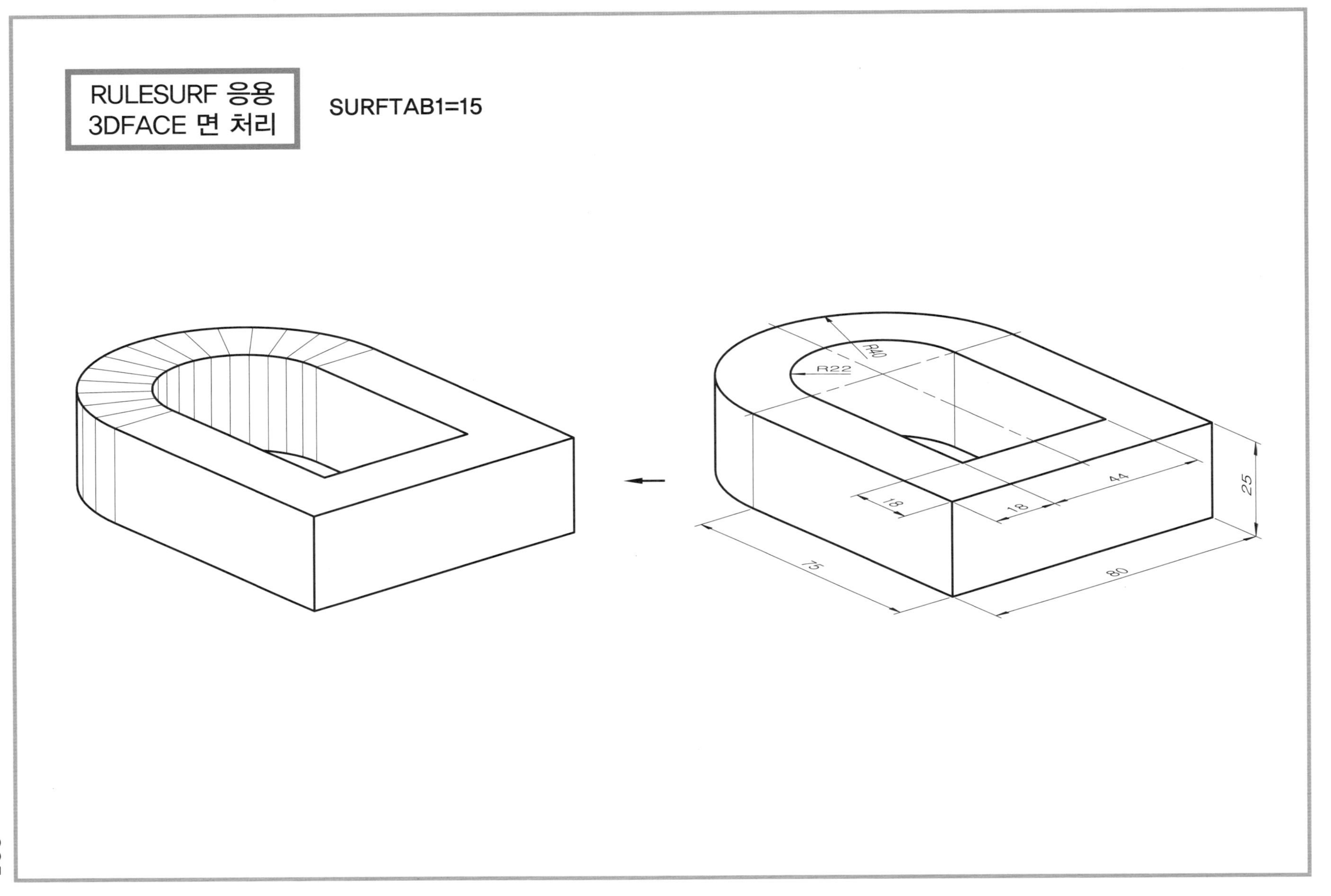
RULESURF 응용
3DFACE 면 처리
SURFTAB1=15
R40
R22
18
18
44
25
75
80

RULESURF 응용
3DFACE 면 처리

SURFTAB1=12

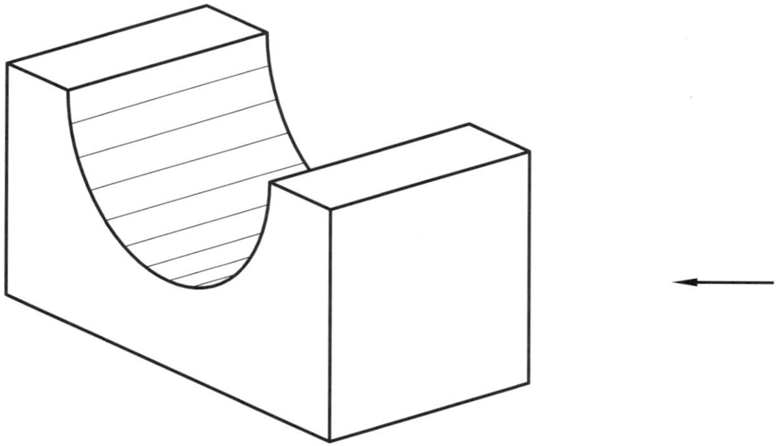

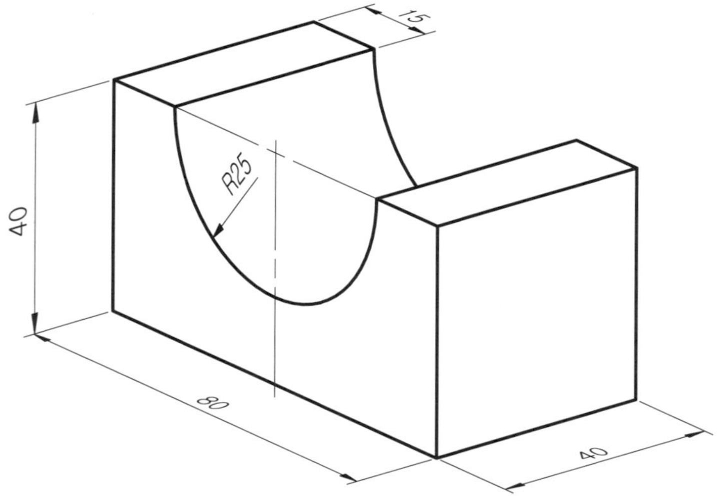

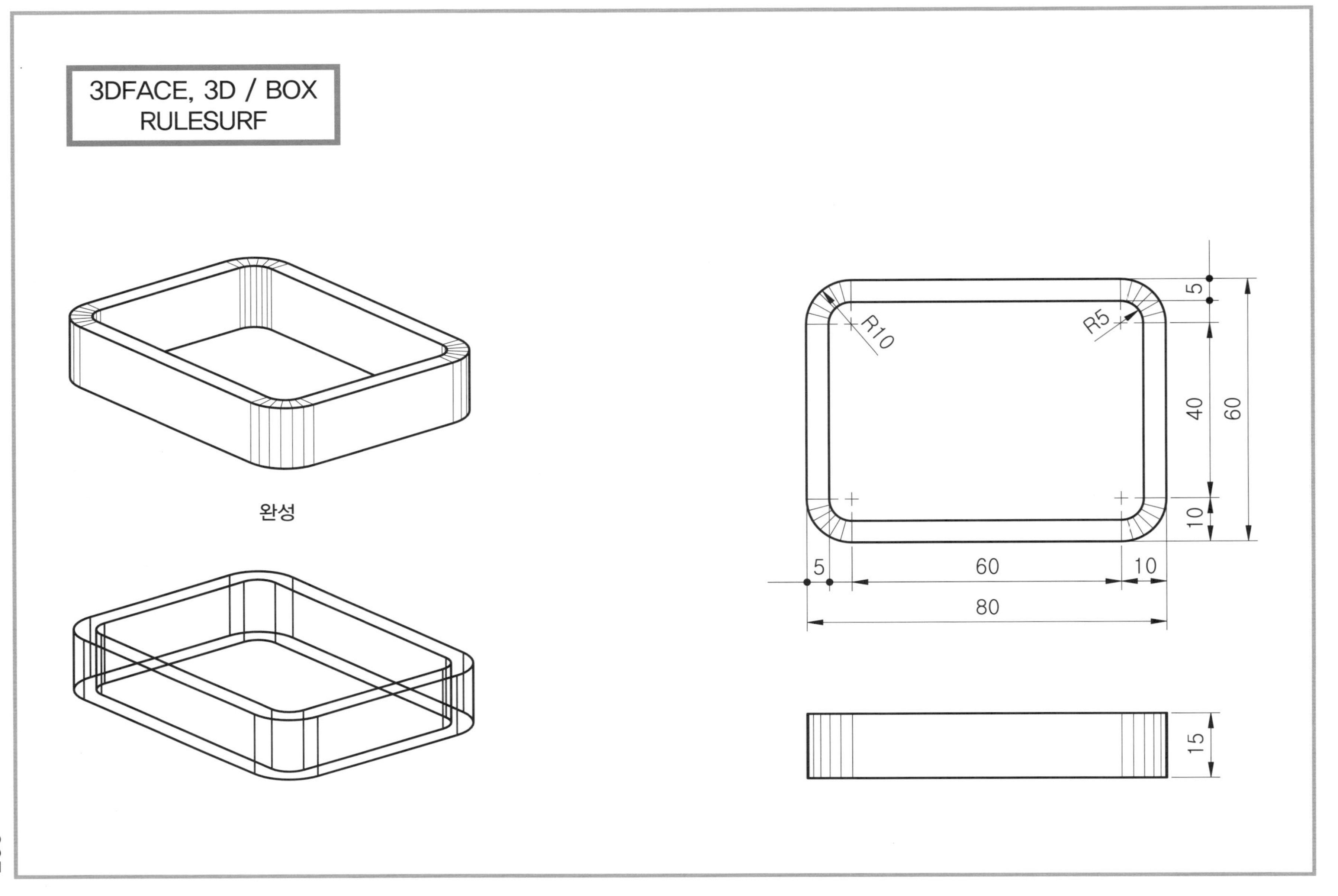
3DFACE, 3D / BOX
RULESURF
완성
R10
R5
5
40
60
10
5
60
10
80
15

RULESURF 응용
3DFACE 면 처리

SURFTAB1=12

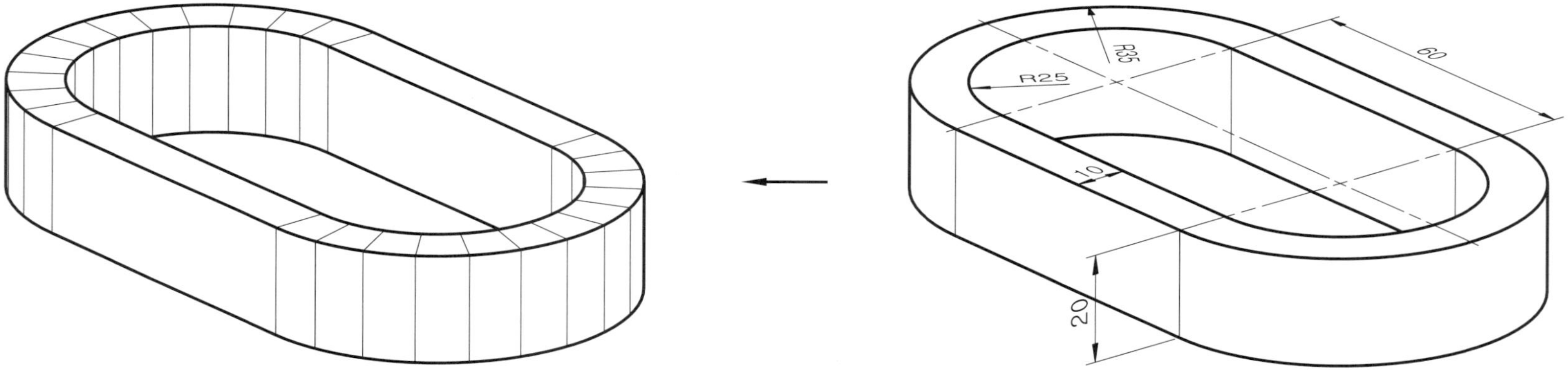

60
R35
R25
10
20

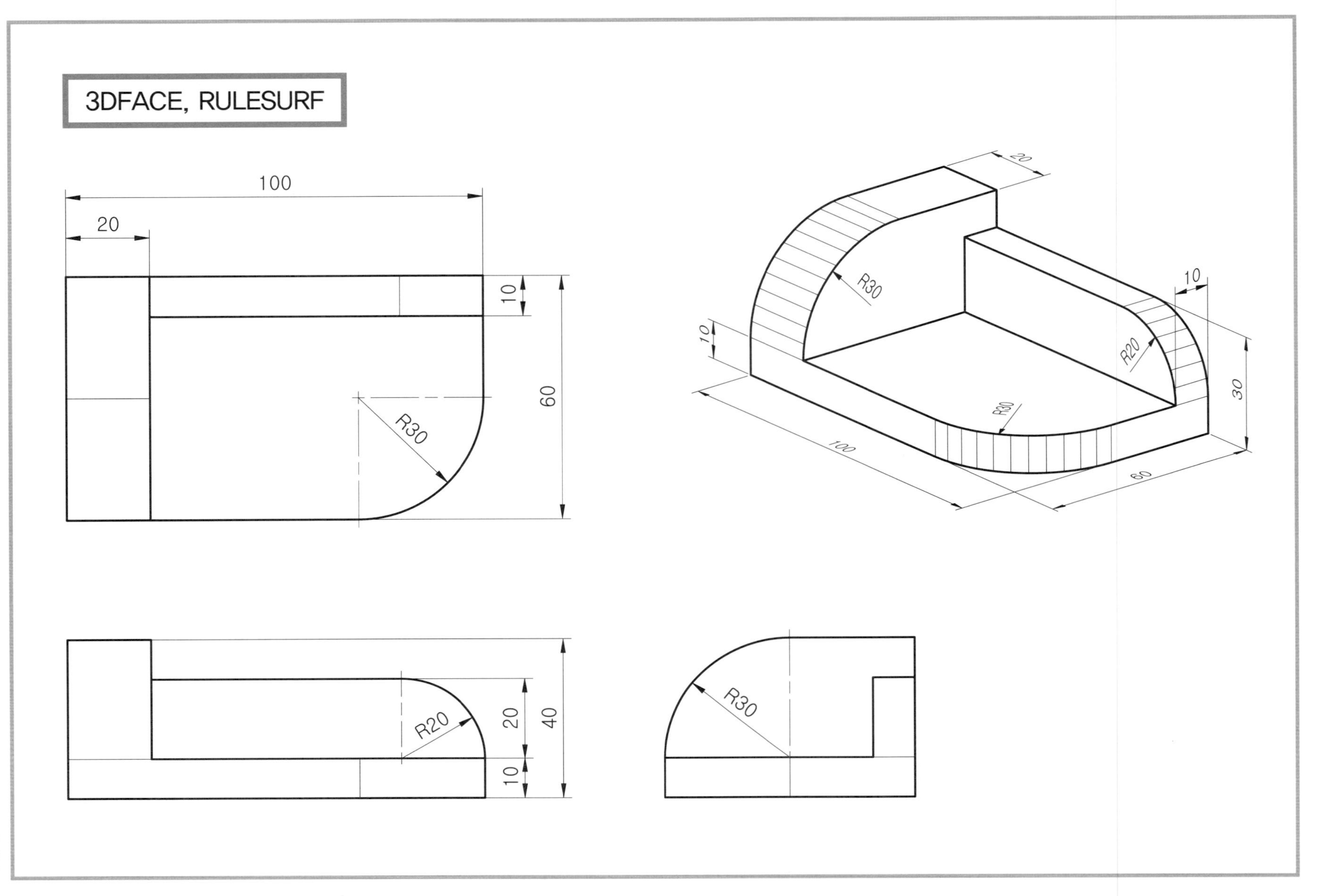
3DFACE, RULESURF
100
20
10
60
R30
20
R30
10
10
R20
30
R30
100
60
20
40
R20
10
R30

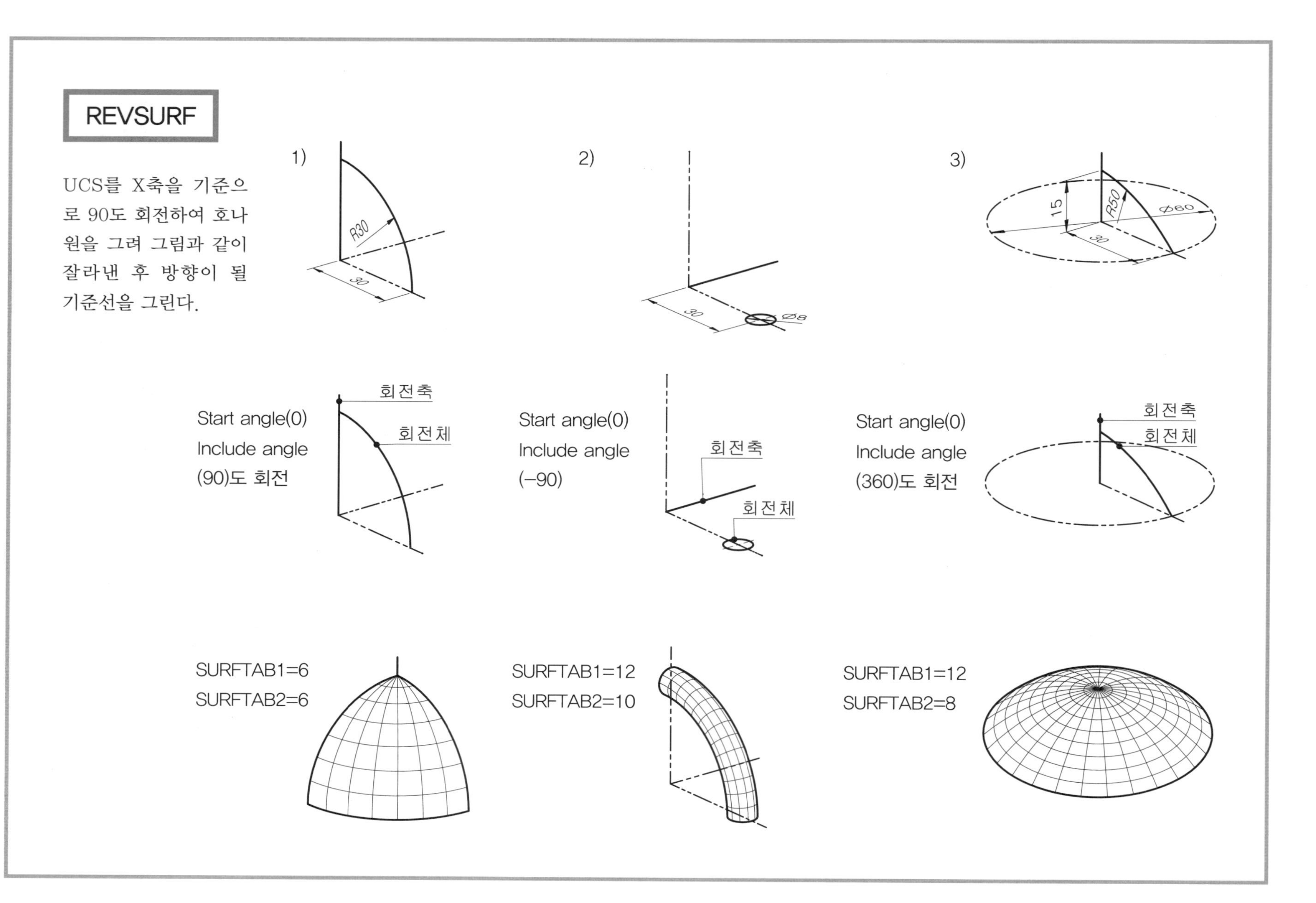
REVSURF
UCS를 X축을 기준으로 90도 회전하여 호나 원을 그려 그림과 같이 잘라낸 후 방향이 될 기준선을 그린다.
1)
R30
30
2)
30
Ø8
3)
15
R50
Ø60
30
Start angle(0)
Include angle
(90)도 회전
회전축
회전체
Start angle(0)
Include angle
(−90)
회전축
회전체
Start angle(0)
Include angle
(360)도 회전
회전축
회전체
SURFTAB1=6
SURFTAB2=6
SURFTAB1=12
SURFTAB2=10
SURFTAB1=12
SURFTAB2=8

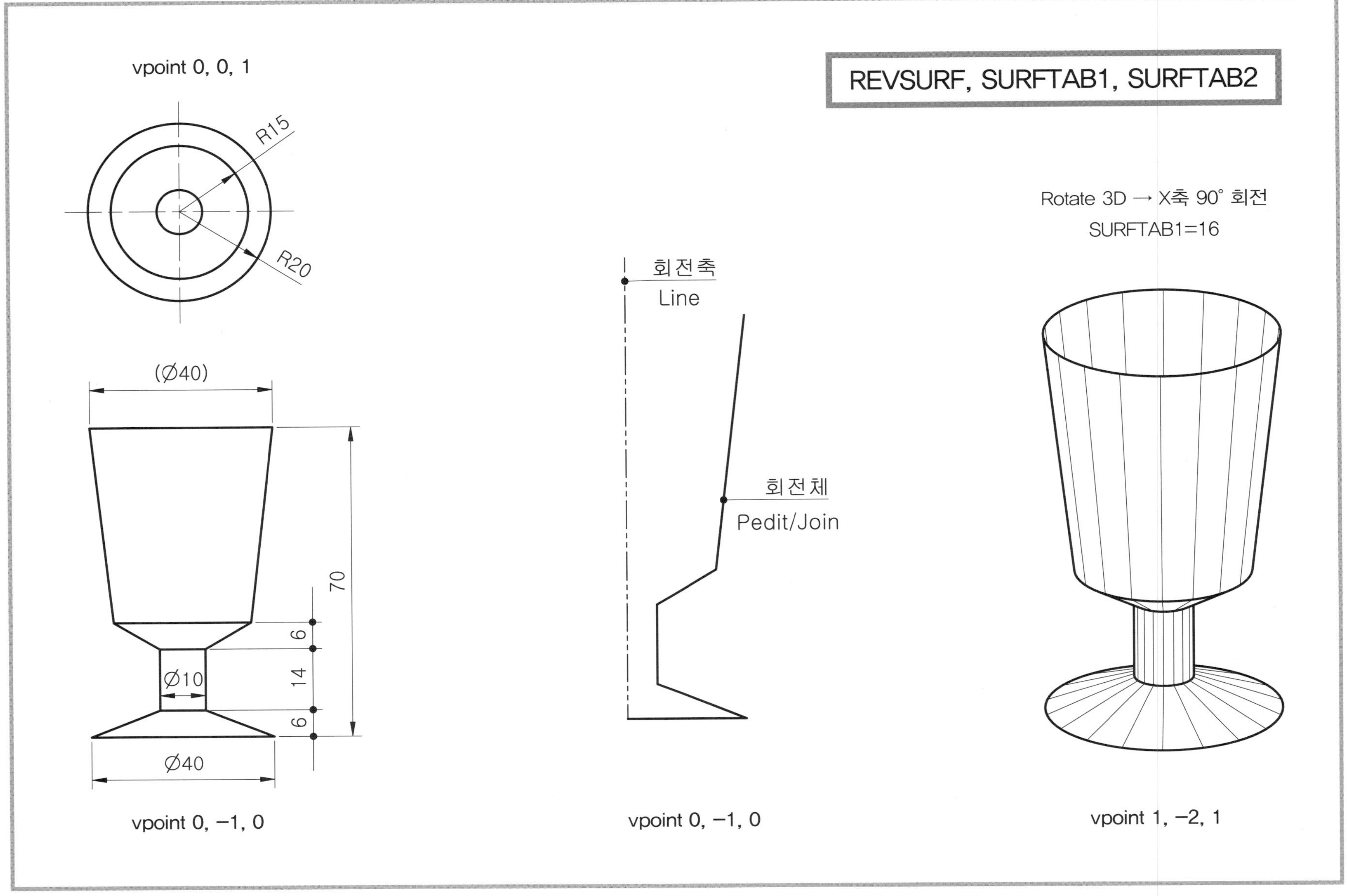
REVSURF, SURFTAB1, SURFTAB2
vpoint 0, 0, 1
R15
R20
(Ø40)
70
6
14
6
Ø10
Ø40
vpoint 0, −1, 0
회전축
Line
회전체
Pedit/Join
vpoint 0, −1, 0
Rotate 3D → X축 90° 회전
SURFTAB1=16
vpoint 1, −2, 1

REVSURF, SURFTAB1, SURFTAB2

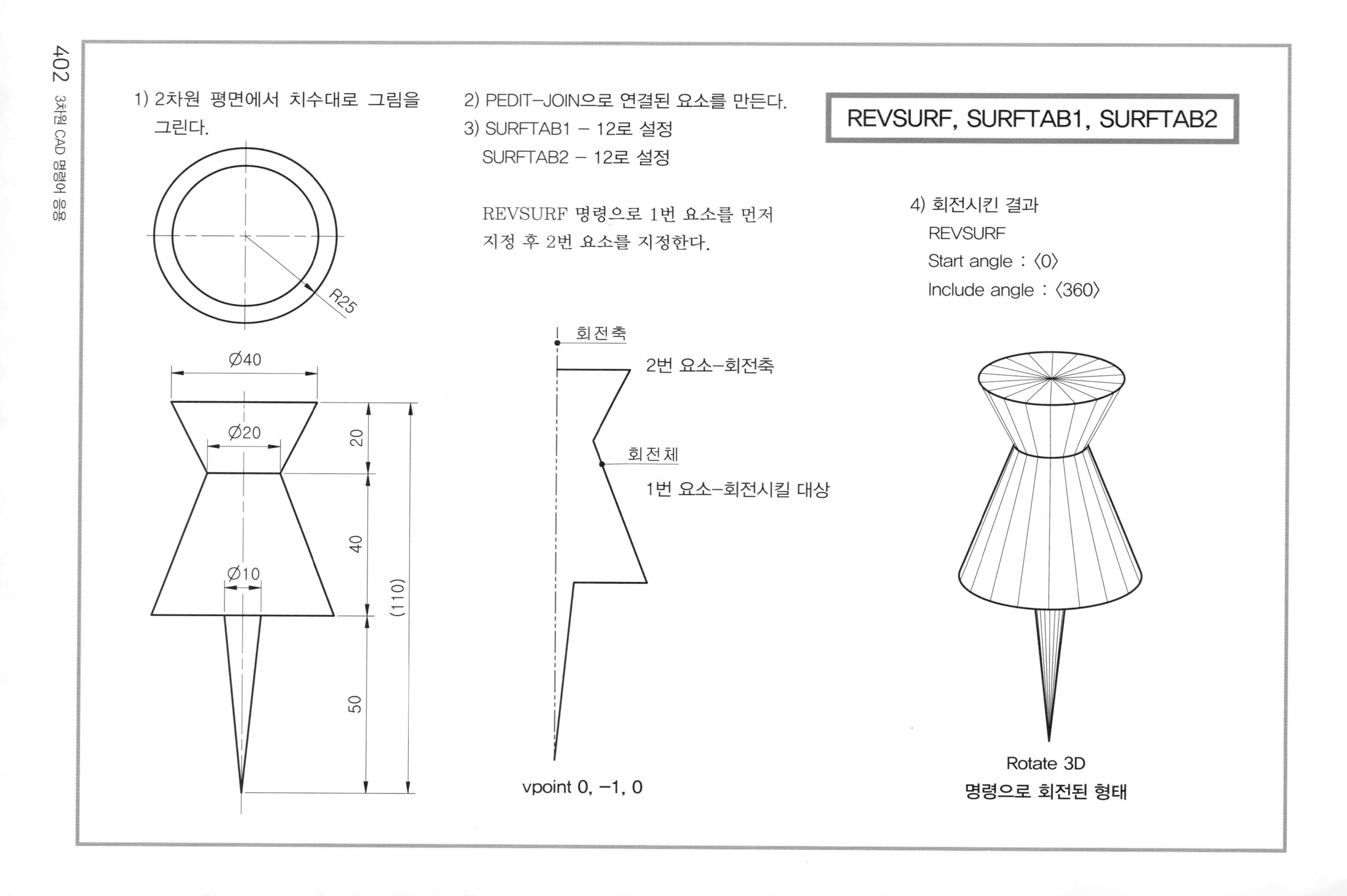

REVSURF의 응용

그리는 법

다음 그림과 같이 치수대로 반만 그린 후 회전시킨다.

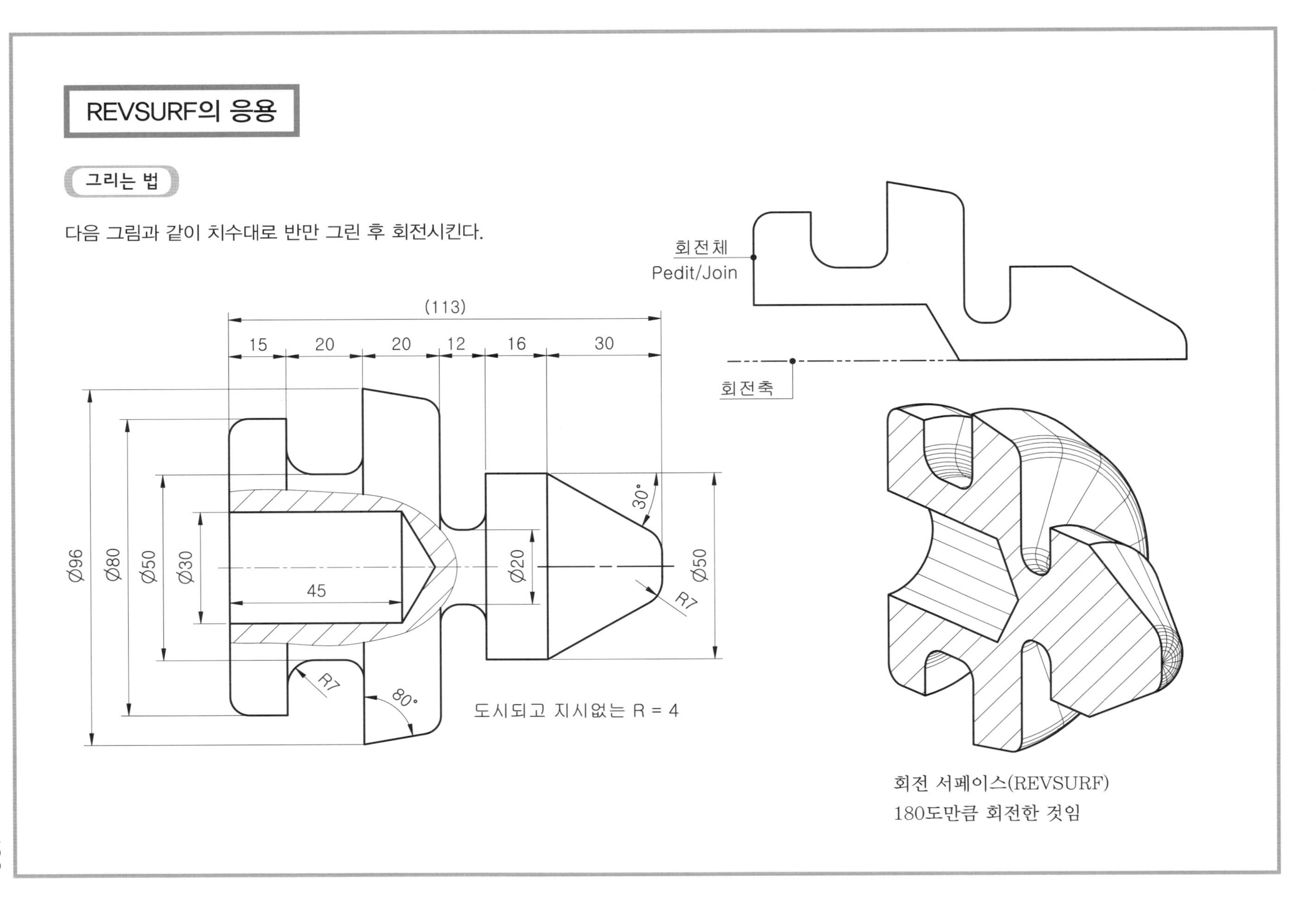

회전 서페이스(REVSURF)
180도만큼 회전한 것임

REVSURF의 응용

그리는 법

다음 그림과 같이 치수대로 반만 그린 후 회전시킨다.

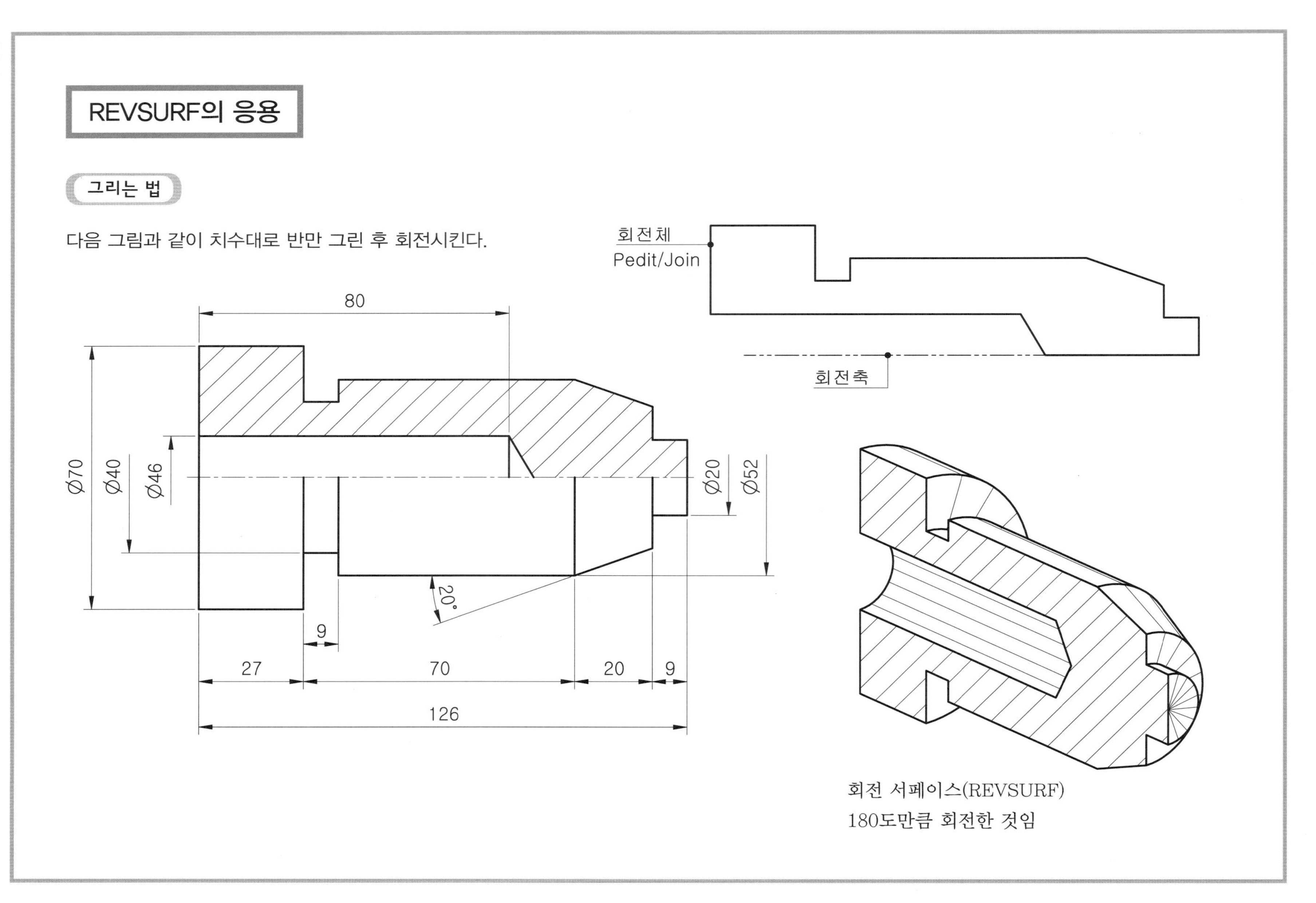

회전 서페이스(REVSURF)
180도만큼 회전한 것임

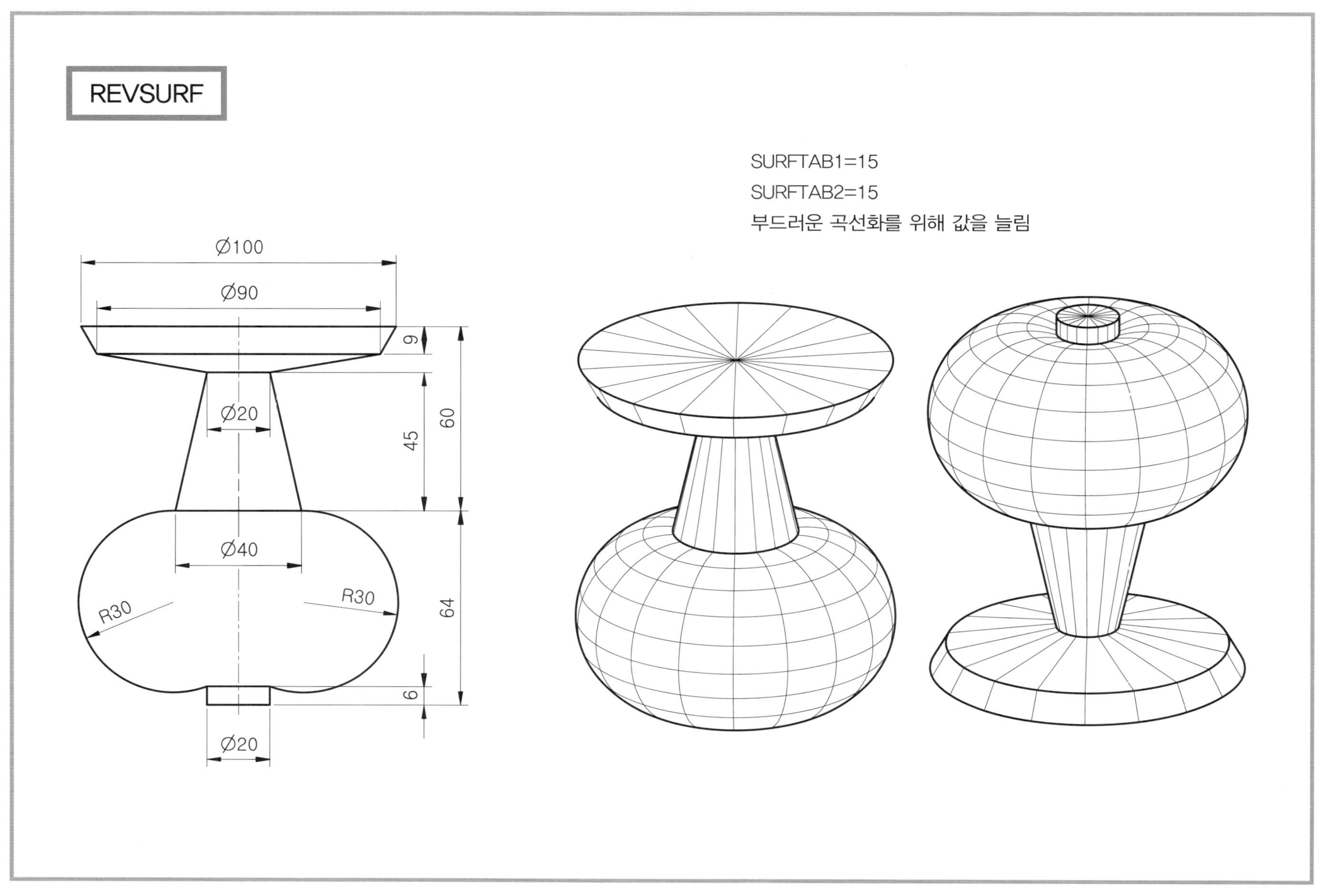
REVSURF
SURFTAB1=15
SURFTAB2=15
부드러운 곡선화를 위해 값을 늘림
Ø100
Ø90
9
Ø20
45
60
Ø40
R30
R30
64
6
Ø20

SURFACE SAMPLE 1
RULE, TAB, REVSURF

SURFACE의 응용 1

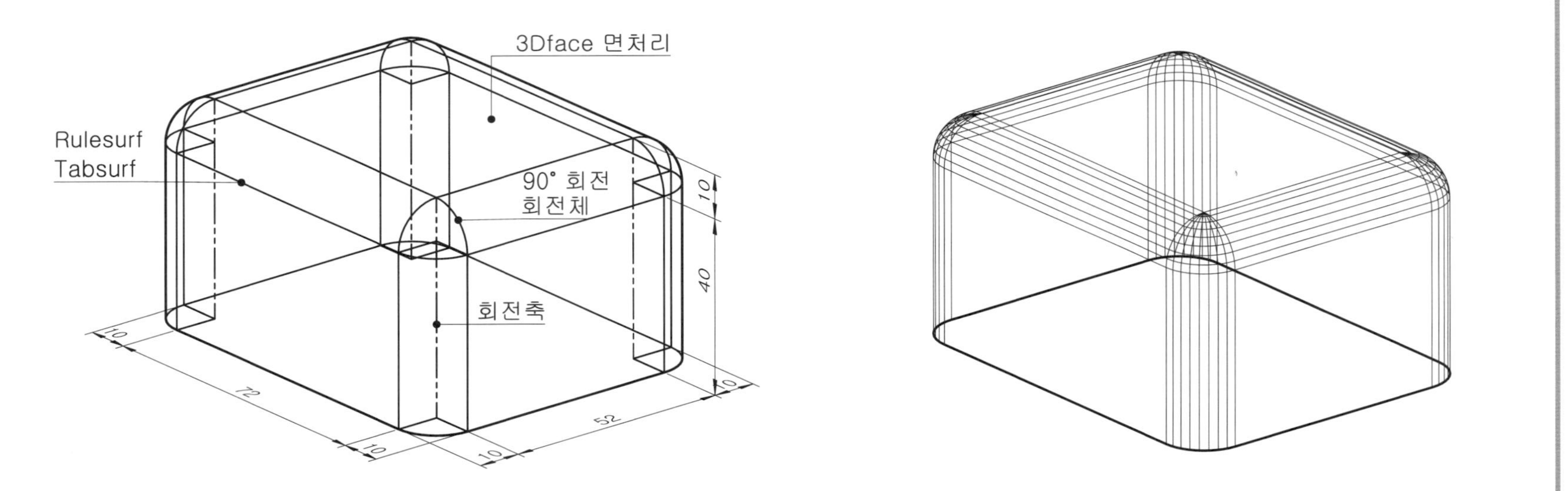

SURFACE SAMPLE 2
RULE, TAB, REVSURF

SURFACE의 응용 2

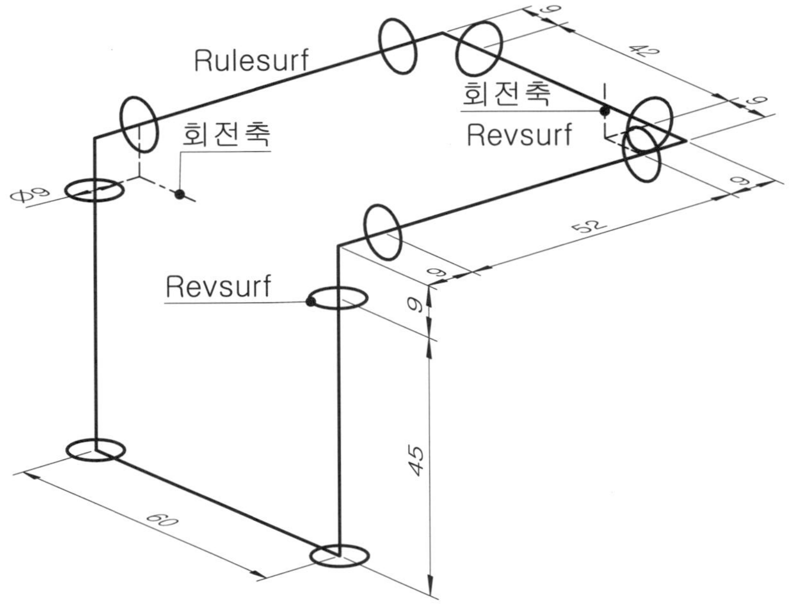

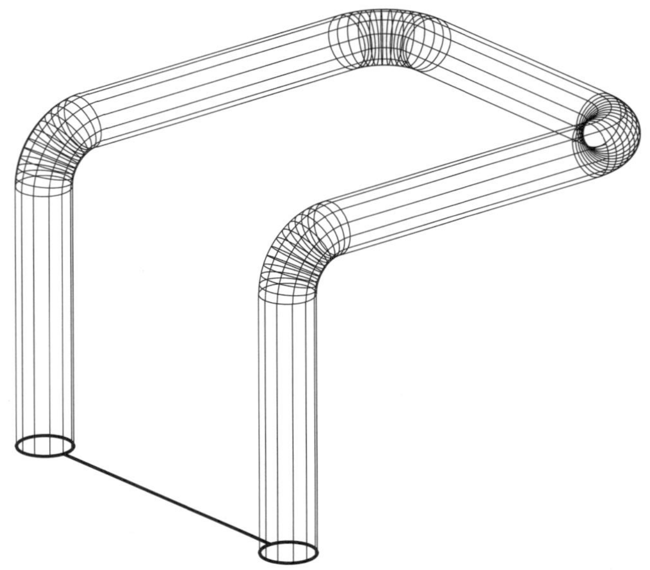

Rulesurf
회전축
Φ9
회전축
Revsurf
Revsurf
9
42
9
9
52
9
9
45
60

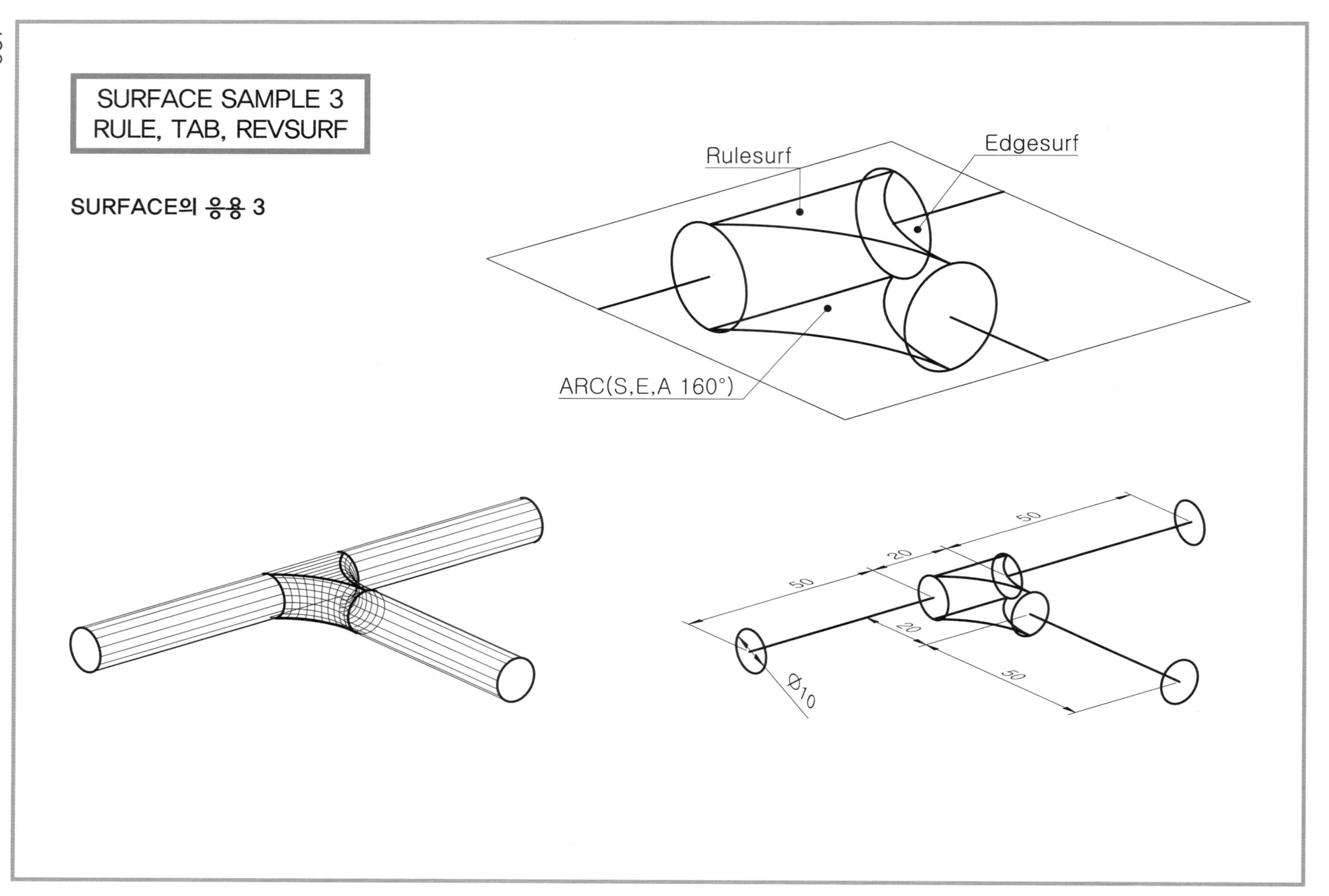
SURFACE SAMPLE 3
RULE, TAB, REVSURF
SURFACE의 응용 3
Rulesurf
Edgesurf
ARC(S,E,A 160°)
50
20
50
20
50
Φ10

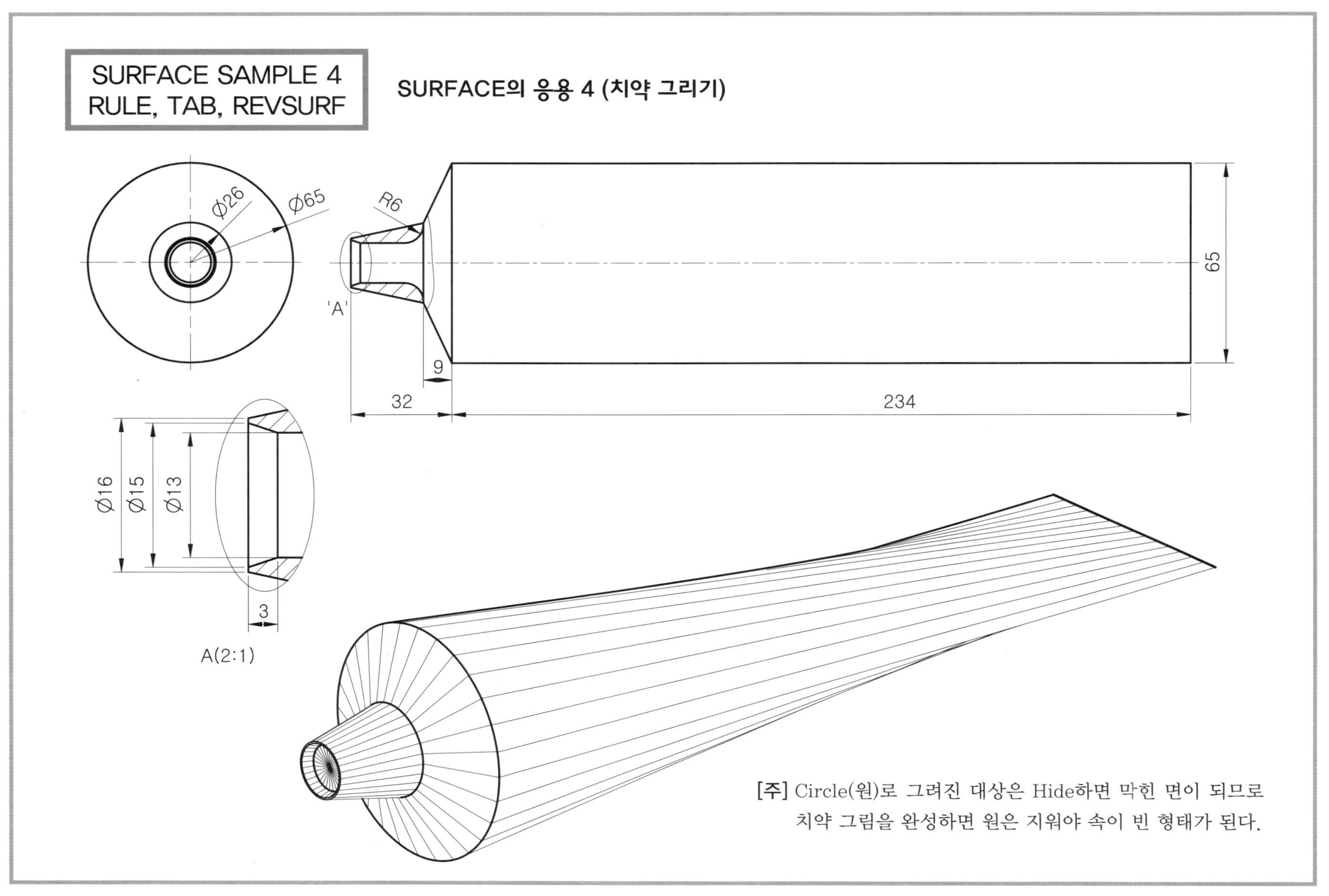
SURFACE SAMPLE 4
RULE, TAB, REVSURF
SURFACE의 응용 4 (치약 그리기)
Ø26
Ø65
R6
'A'
65
9
32
234
Ø16
Ø15
Ø13
3
A(2:1)
[주] Circle(원)로 그려진 대상은 Hide하면 막힌 면이 되므로
치약 그림을 완성하면 원은 지워야 속이 빈 형태가 된다.

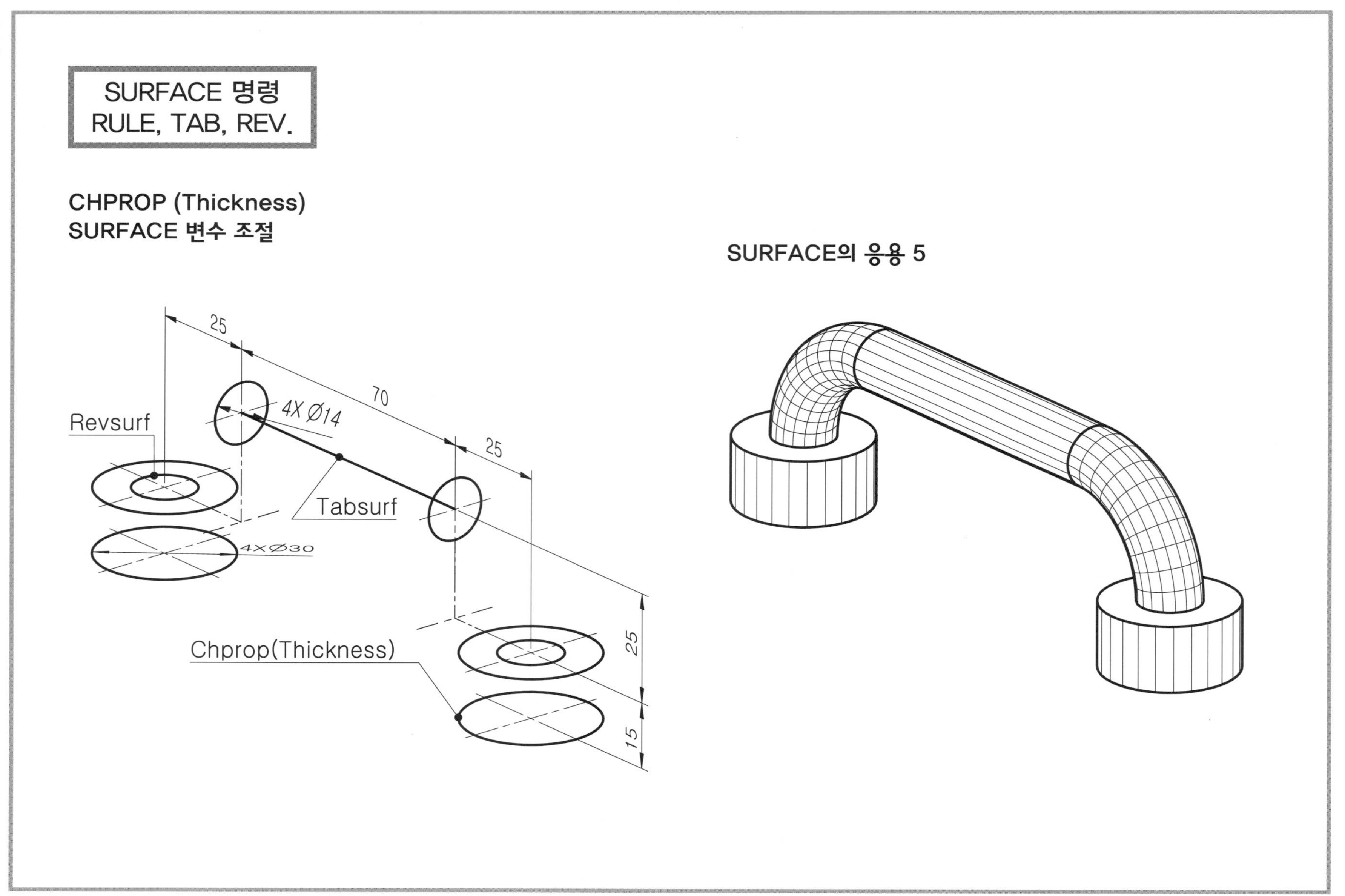
SURFACE 명령
RULE, TAB, REV.
CHPROP (Thickness)
SURFACE 변수 조절
SURFACE의 응용 5
25
70
25
Revsurf
4X Ø14
Tabsurf
4XØ30
Chprop(Thickness)
25
15

RULESURF 응용
3DFACE면처리

SURFTAB1=12

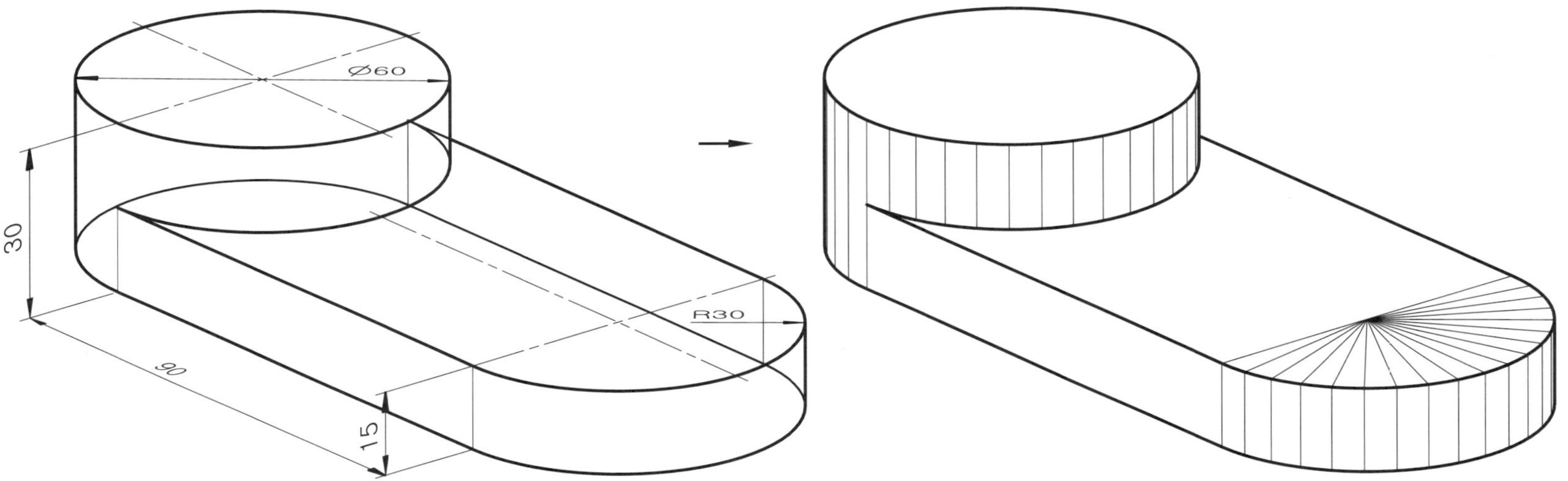

Ø60

30

90

15

R30

RULESURF 응용
3DFACE 면 처리

SURFTAB1=12

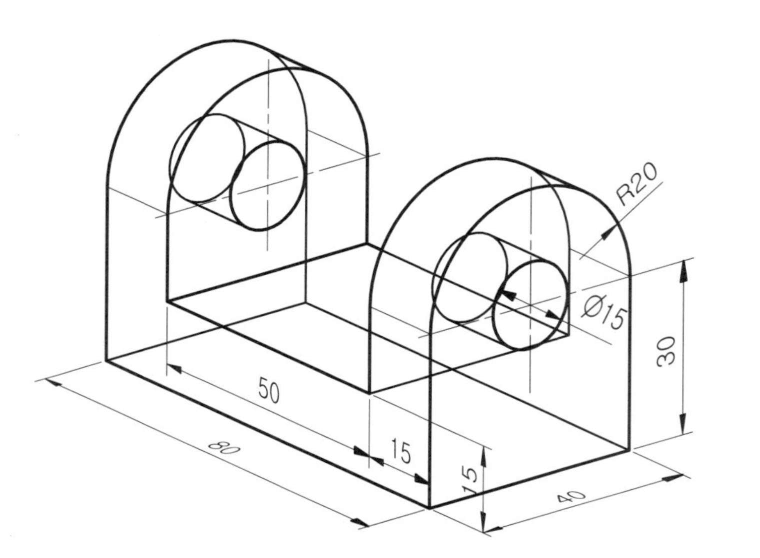

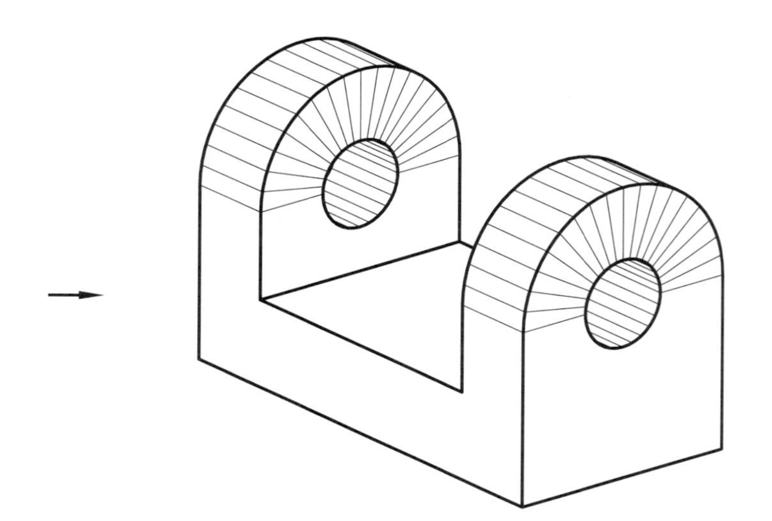

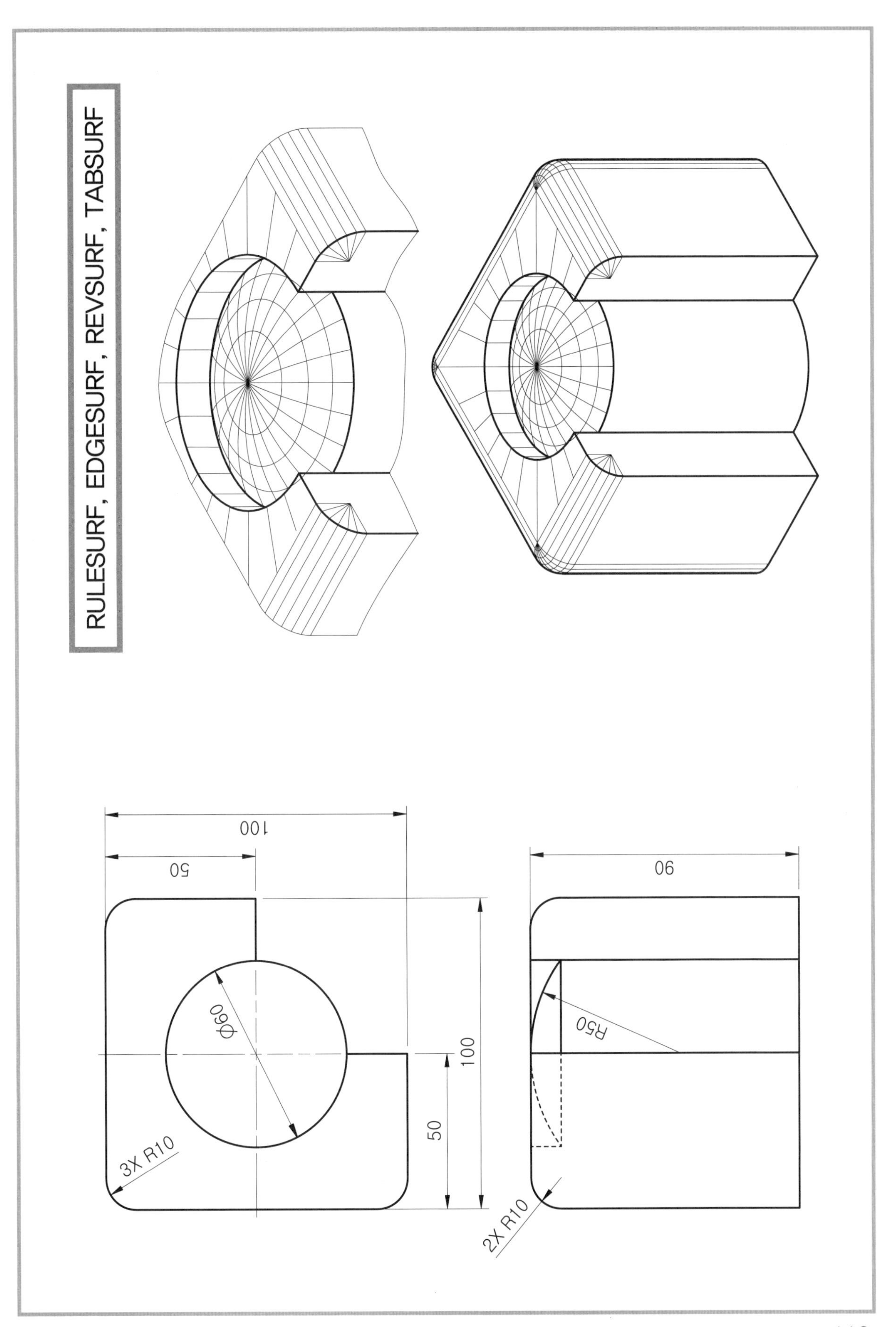
RULESURF, EDGESURF, REVSURF, TABSURF
100
50
Φ60
3X R10
100
50
90
R50
2X R10

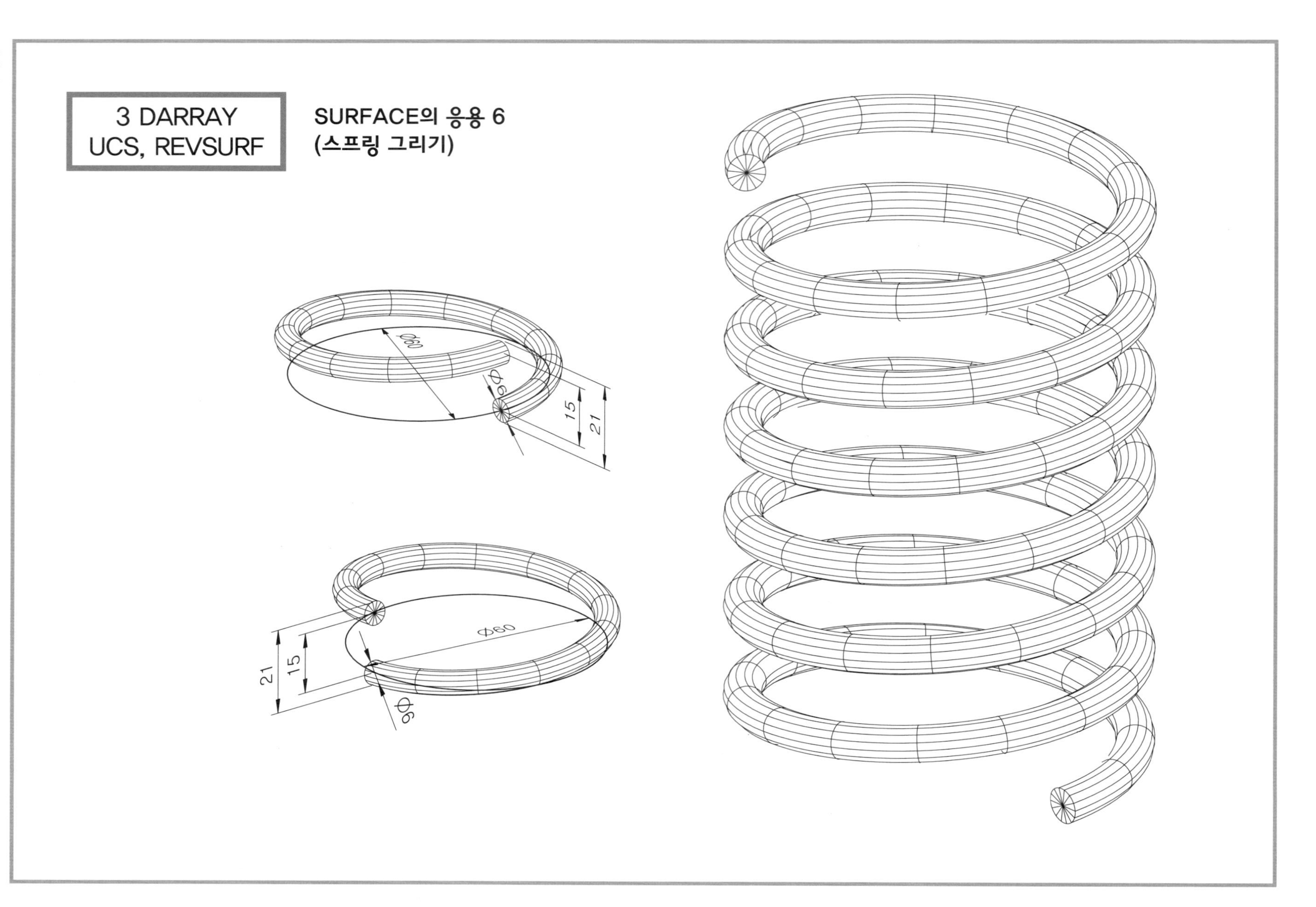
3 DARRAY
UCS, REVSURF
SURFACE의 응용 6
(스프링 그리기)
Φ60
Φ6
15
21
Φ60
21
15
Φ6

SURFACE 명령-1

RULESURF SURTAB 1
EDGESURF SURTAB 2 변수 조절

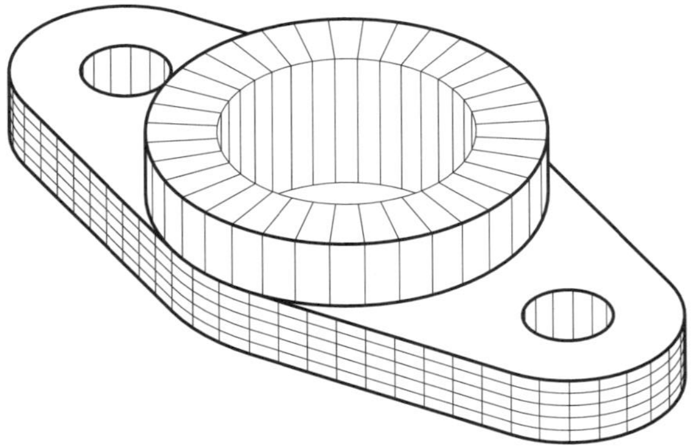

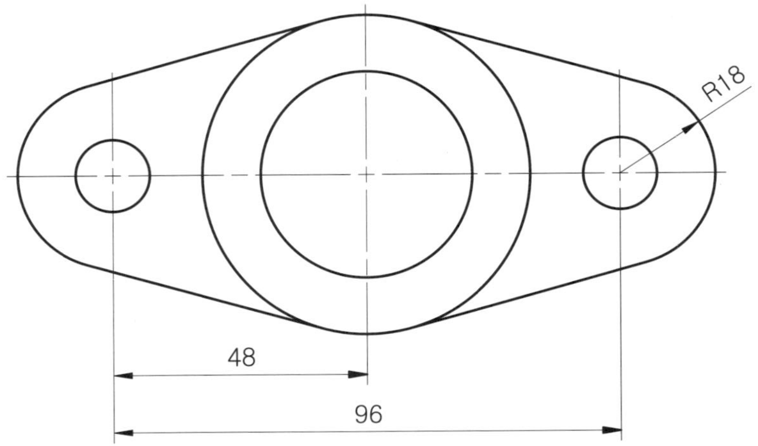

R18

48

96

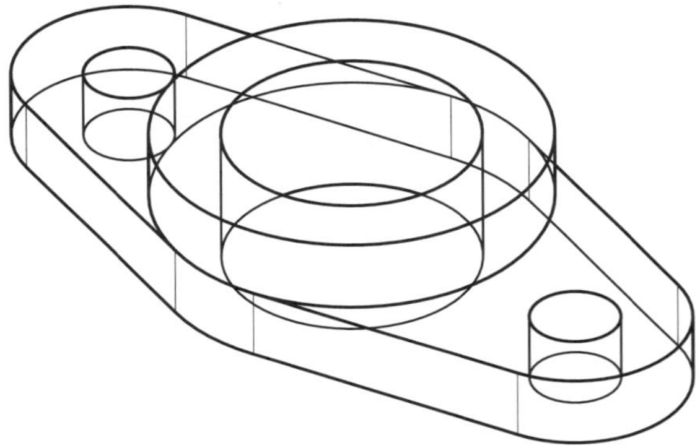

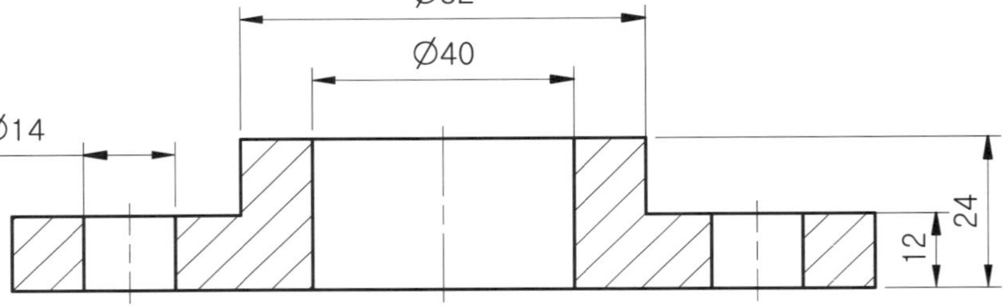

Ø62

Ø40

2X Ø14

12

24

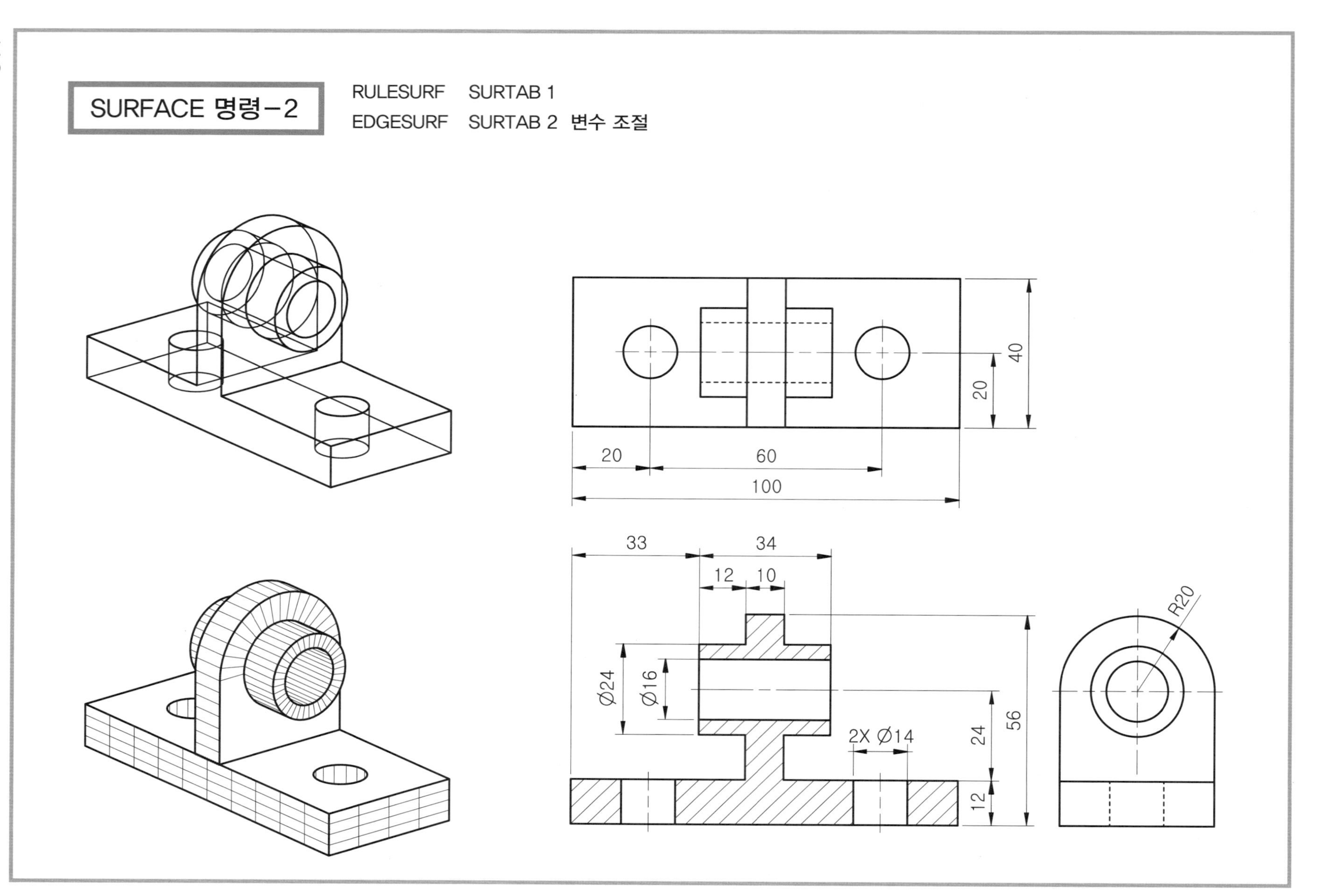
SURFACE 명령－2
RULESURF SURTAB 1
EDGESURF SURTAB 2 변수 조절
40
20
20
60
100
33
34
12
10
Ø24
Ø16
2X Ø14
24
56
12
R20

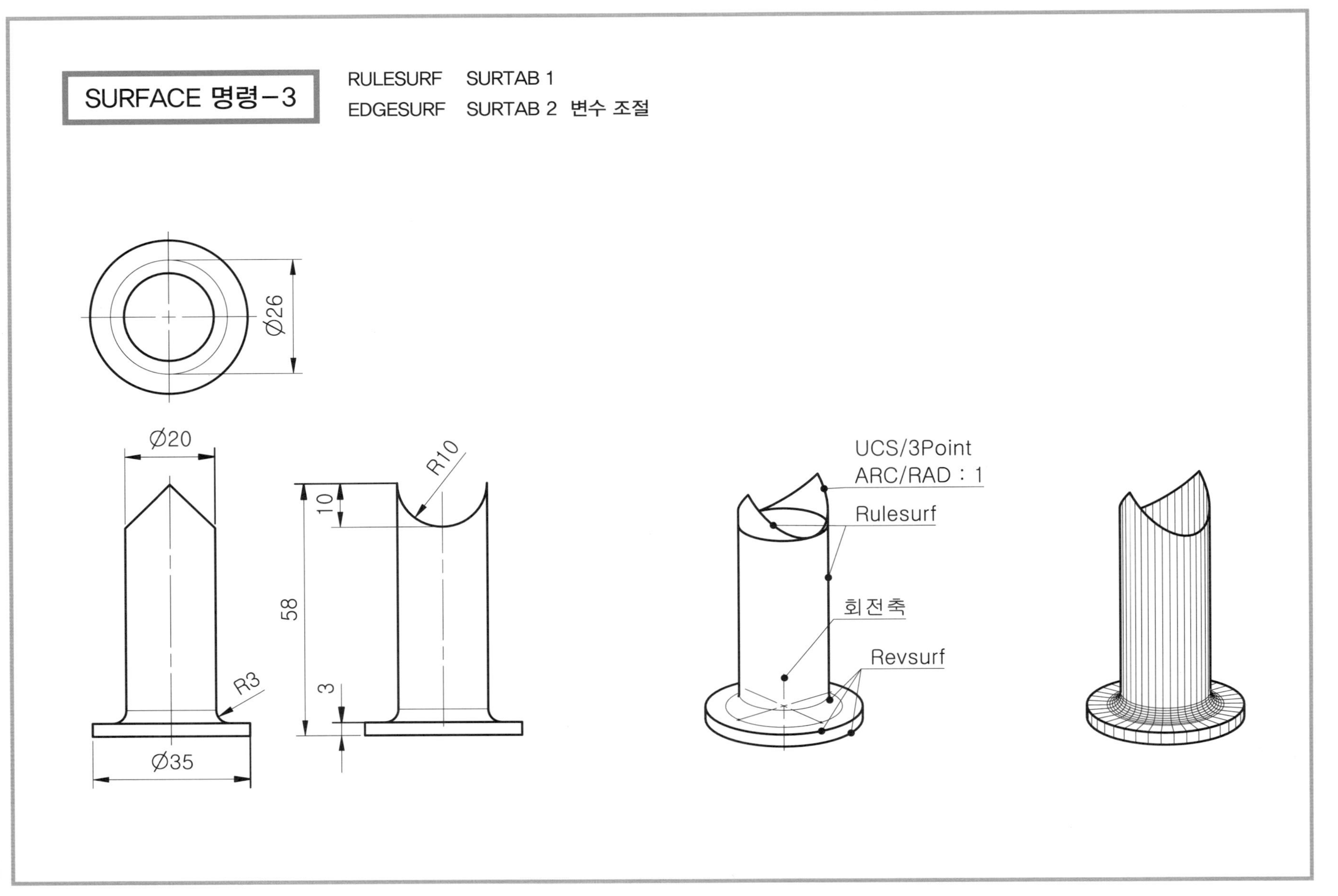
SURFACE 명령-3
RULESURF SURTAB 1
EDGESURF SURTAB 2 변수 조절
Ø26
Ø20
R3
Ø35
R10
10
58
3
UCS/3Point
ARC/RAD : 1
Rulesurf
회전축
Revsurf

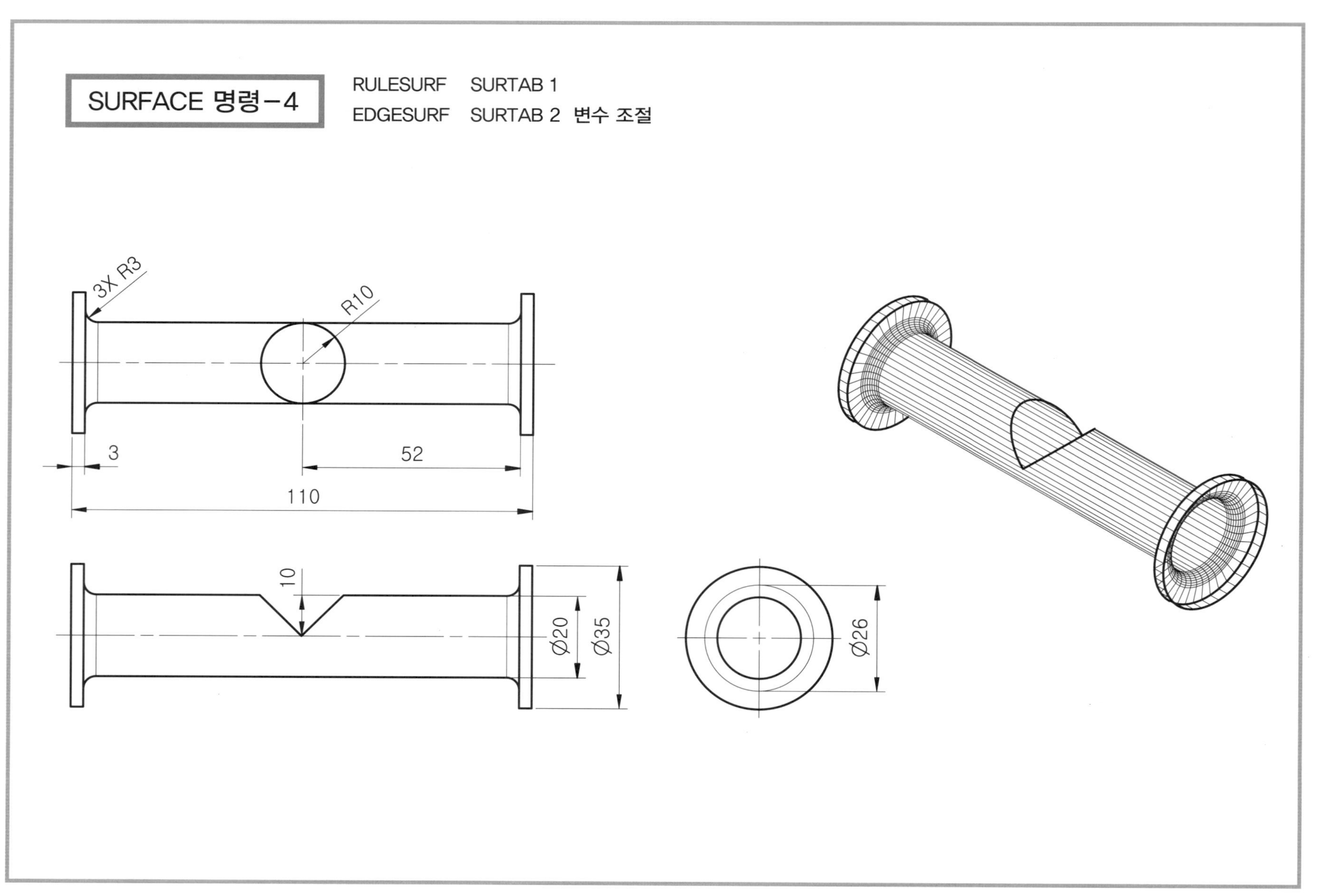
SURFACE 명령-4
RULESURF SURTAB 1
EDGESURF SURTAB 2 변수 조절
3X R3
R10
3
52
110
10
Ø20
Ø35
Ø26

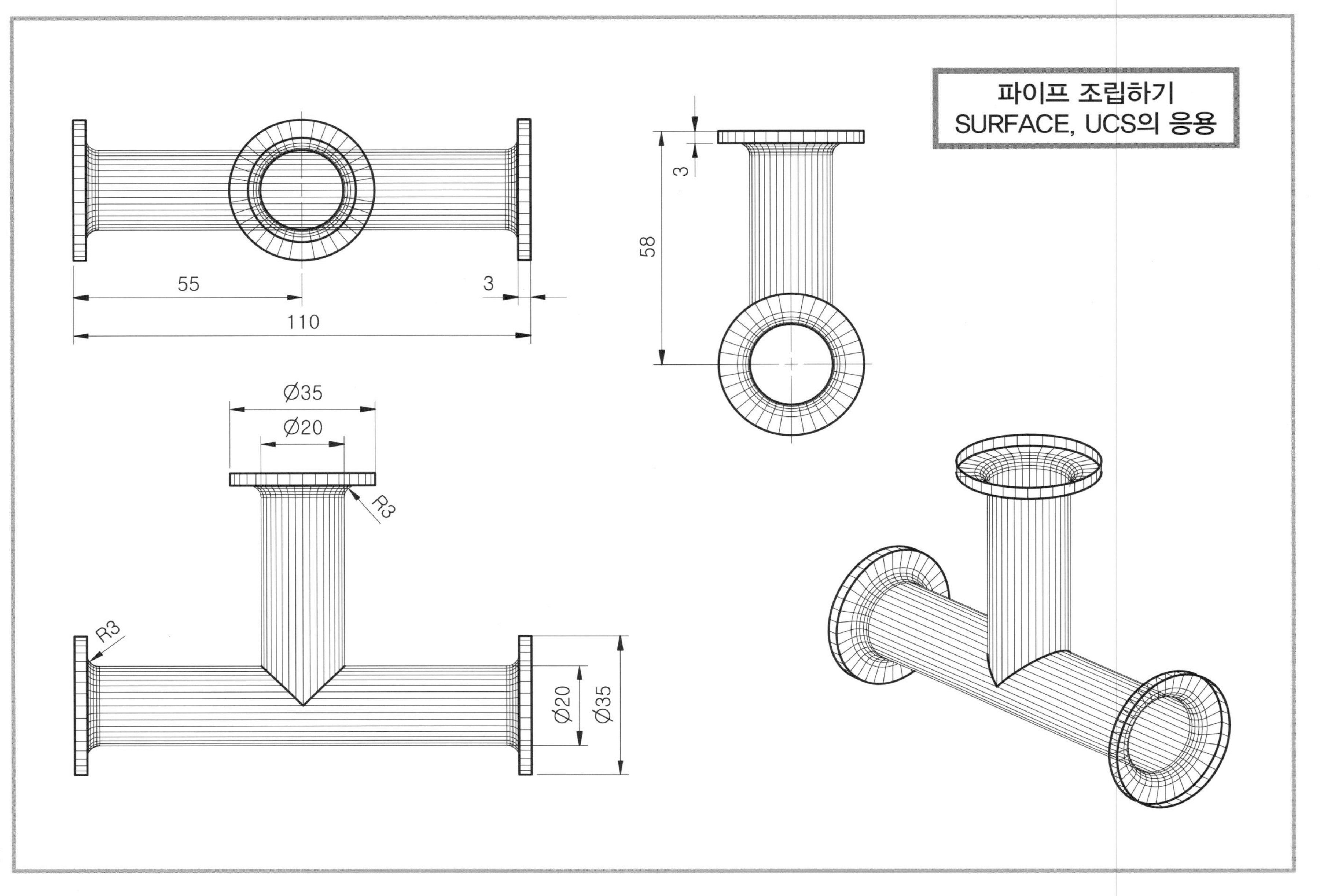
파이프 조립하기
SURFACE, UCS의 응용
55
3
110
3
58
Ø35
Ø20
R3
R3
Ø20
Ø35

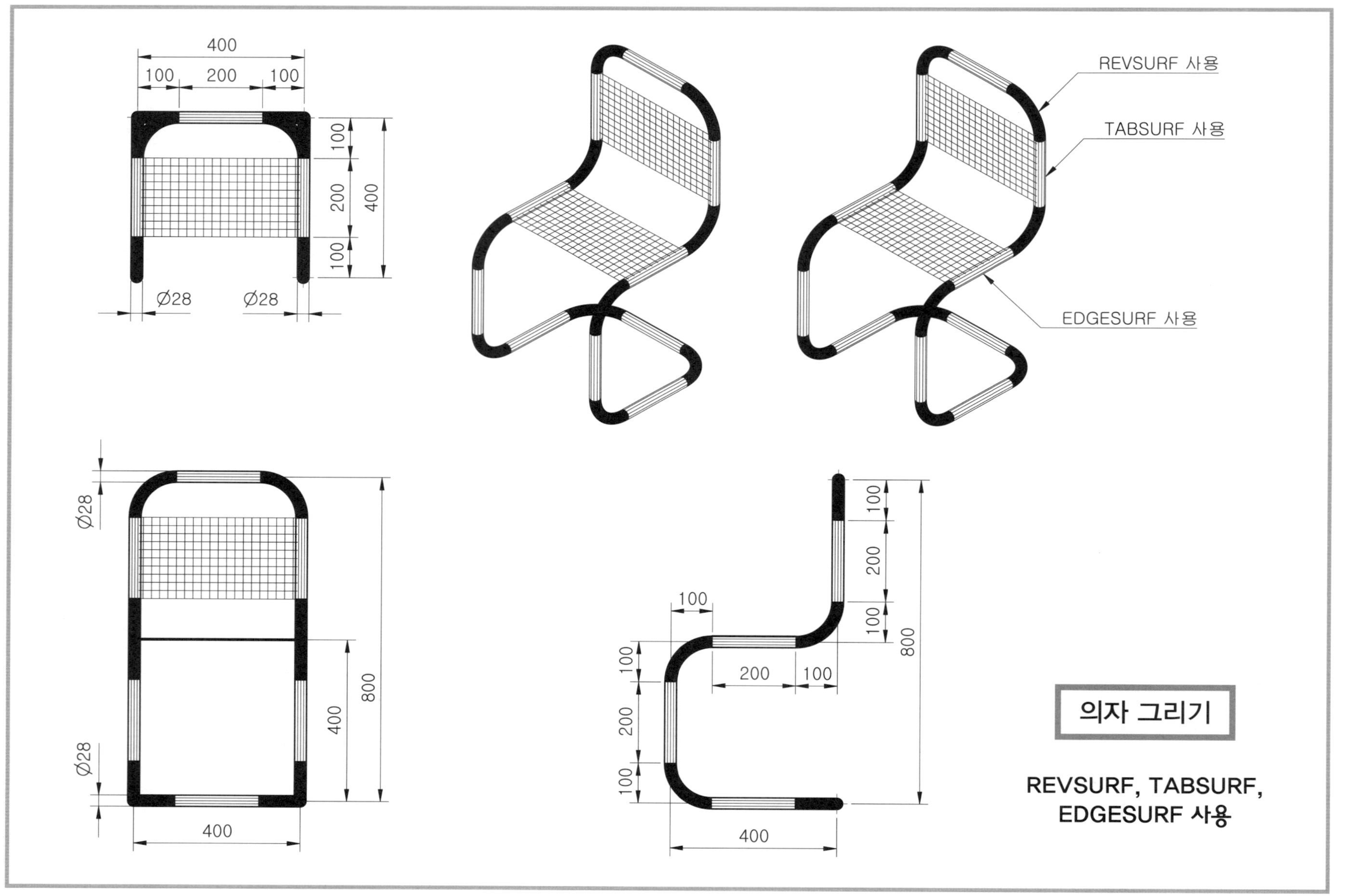

400
100
200
100
Ø28
Ø28
REVSURF 사용
TABSURF 사용
EDGESURF 사용
800
의자 그리기
REVSURF, TABSURF, EDGESURF 사용

AutoCAD

3차원 CAD 명령어 응용 고급편

- SOLID(솔리드) 입체 응용 도면

SOLID (솔리드) 명령어 응용 도면

- BOX : 고체형 박스 그리기
- CYLINDER : 고체형 원통 그리기 등
- SOLID 기본 물체 명령 : TORUS, WEDGE, SPHERE, CONE
- UNION : SOLID 기본 물체 합치기(합집합)
- SUBTRACT : SOLID 기본 물체 빼내기(차집합)
- EXTRUDE : 2D 요소를 돌출형 2 고체 요소 만들기
- REVOLVE : 고체형 회전체 그리기
- CHAMFER : 고체형 대각선 모따기 형성
- FILLET : 고체형 라운드 모따기 형성
- SECTION : 고체형 단면하기
- SLICE : 고체형 잘라내기
- INTERFERE : 공통 부분 추출하기
- INTERSECT : (교집합) 공통 부분 남기기
- SOLPROF 명령 : 입체의 외곽만 복사
- RENDER 명령 : 입체에 명암, 색을 부여하여 실물처럼 연출하기
- IMAGE 명령 : 렌더링된 파일을 도면에 부착, 확장자 〈*.gif〉, 〈*.BMP〉 등의 그림을 불러온다.

- TILEMODE 명령 : 화면 편집
- MVIEW 명령 : TILEMODE 관련 명령들임
- MSPACE 명령 : TILEMODE 관련 명령들임
- PSPACE 명령 : TILEMODE 관련 명령들임
- VPLAYER 명령 : TILEMODE 관련 명령들임

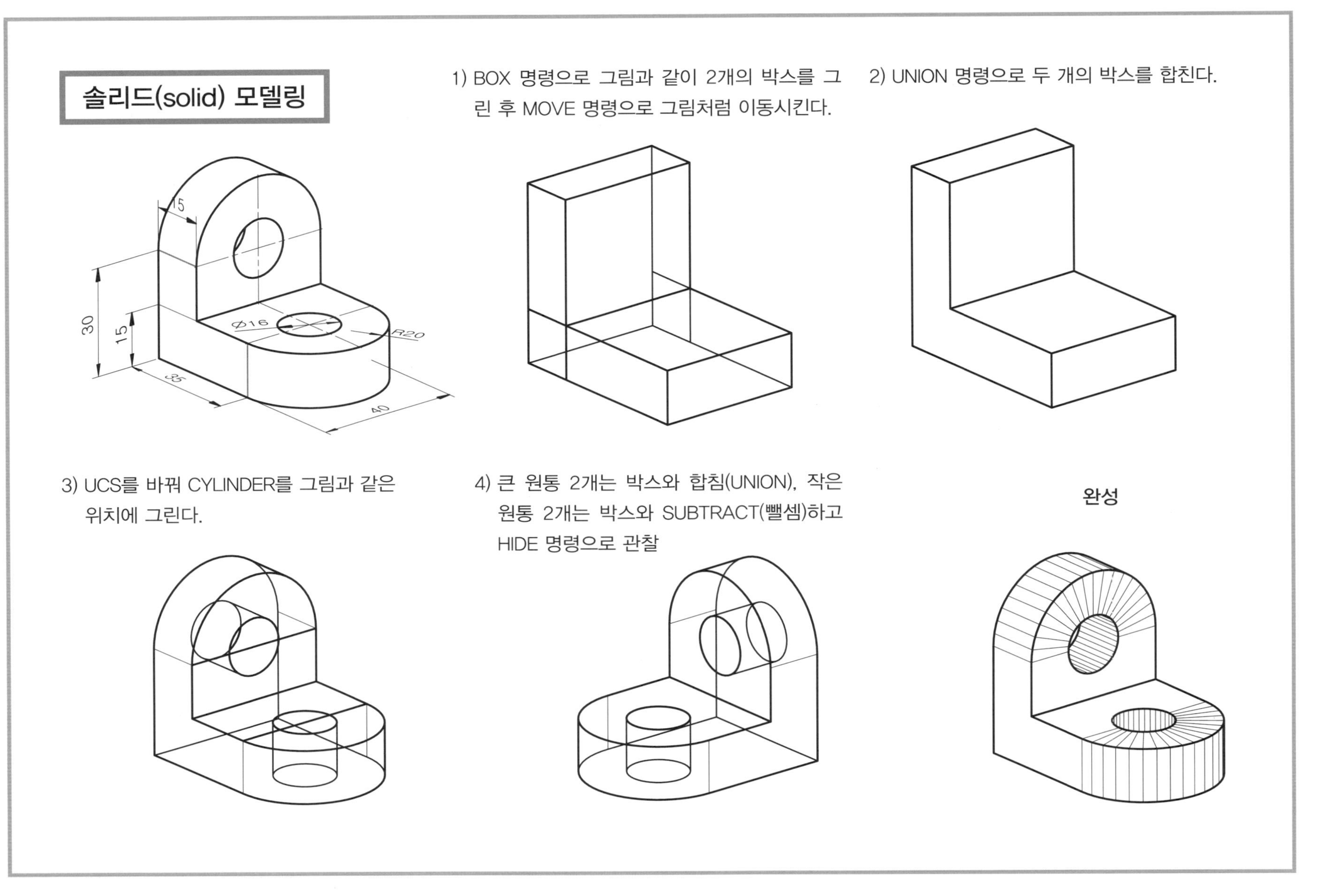
솔리드(solid) 모델링
15
30
15
35
40
Ø16
R20
1) BOX 명령으로 그림과 같이 2개의 박스를 그린 후 MOVE 명령으로 그림처럼 이동시킨다.
2) UNION 명령으로 두 개의 박스를 합친다.
3) UCS를 바꿔 CYLINDER를 그림과 같은 위치에 그린다.
4) 큰 원통 2개는 박스와 합침(UNION), 작은 원통 2개는 박스와 SUBTRACT(뺄셈)하고 HIDE 명령으로 관찰
완성

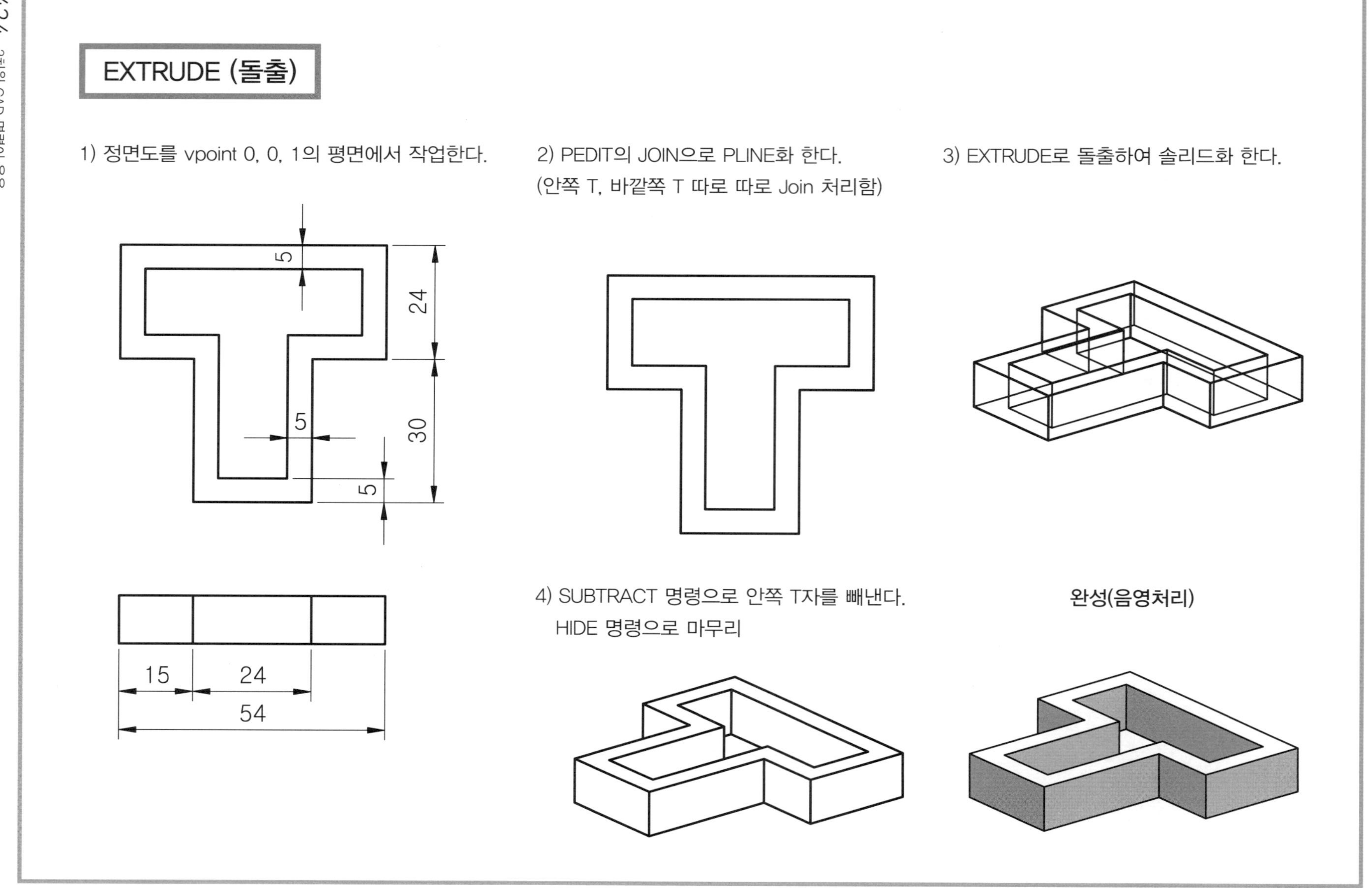
EXTRUDE (돌출)
1) 정면도를 vpoint 0, 0, 1의 평면에서 작업한다.
5
24
5
30
5
15
24
54
2) PEDIT의 JOIN으로 PLINE화 한다.
(안쪽 T, 바깥쪽 T 따로 따로 Join 처리함)
3) EXTRUDE로 돌출하여 솔리드화 한다.
4) SUBTRACT 명령으로 안쪽 T자를 빼낸다.
HIDE 명령으로 마무리
완성(음영처리)

EXTRUDE (돌출)

다음 정면도를 보고 솔리드 입체를 그리시오.

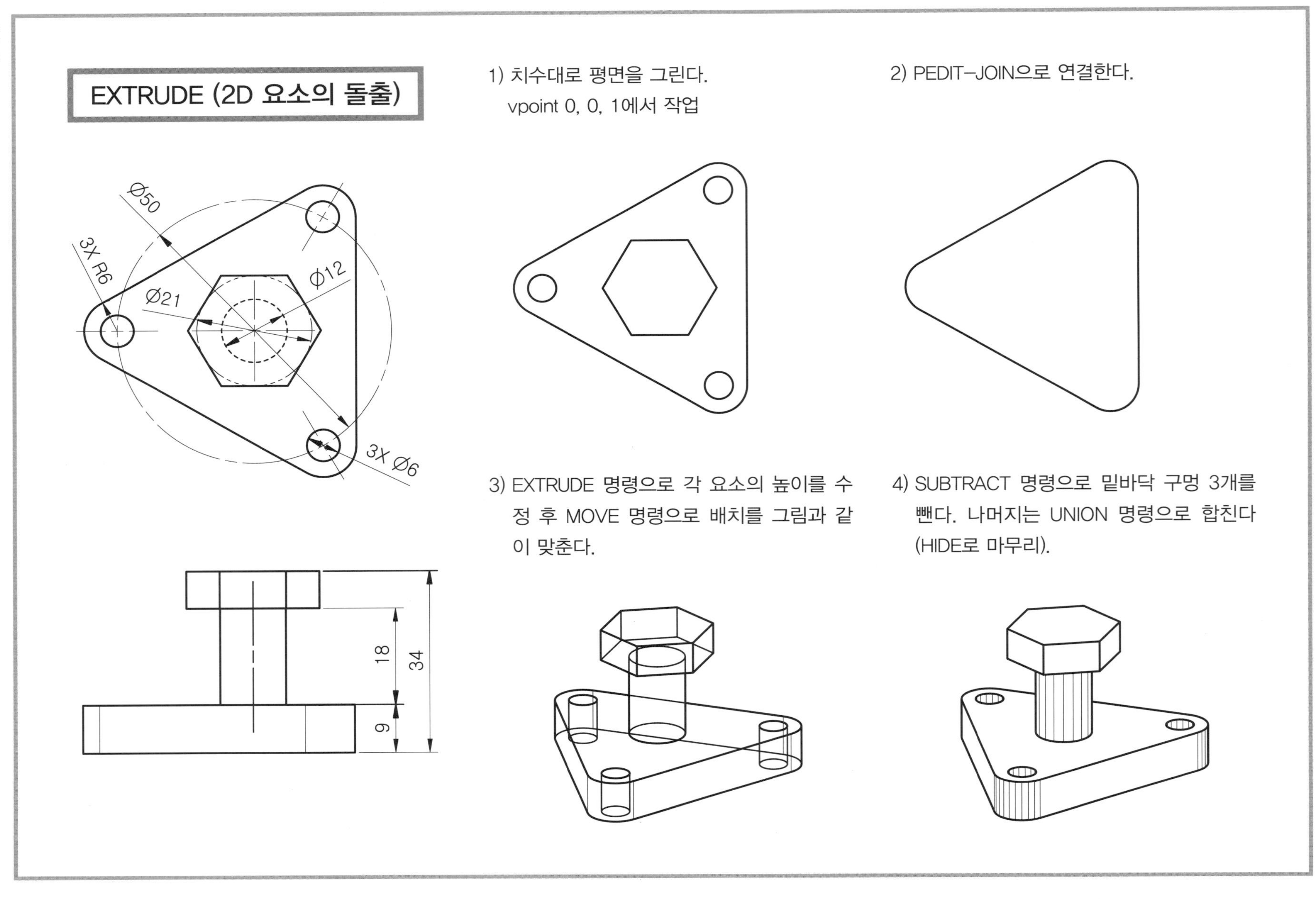
EXTRUDE (2D 요소의 돌출)
Ø50
3X R6
Ø21
Ø12
3X Ø6
18
34
9
1) 치수대로 평면을 그린다.
vpoint 0, 0, 1에서 작업
2) PEDIT-JOIN으로 연결한다.
3) EXTRUDE 명령으로 각 요소의 높이를 수정 후 MOVE 명령으로 배치를 그림과 같이 맞춘다.
4) SUBTRACT 명령으로 밑바닥 구멍 3개를 뺀다. 나머지는 UNION 명령으로 합친다(HIDE로 마무리).

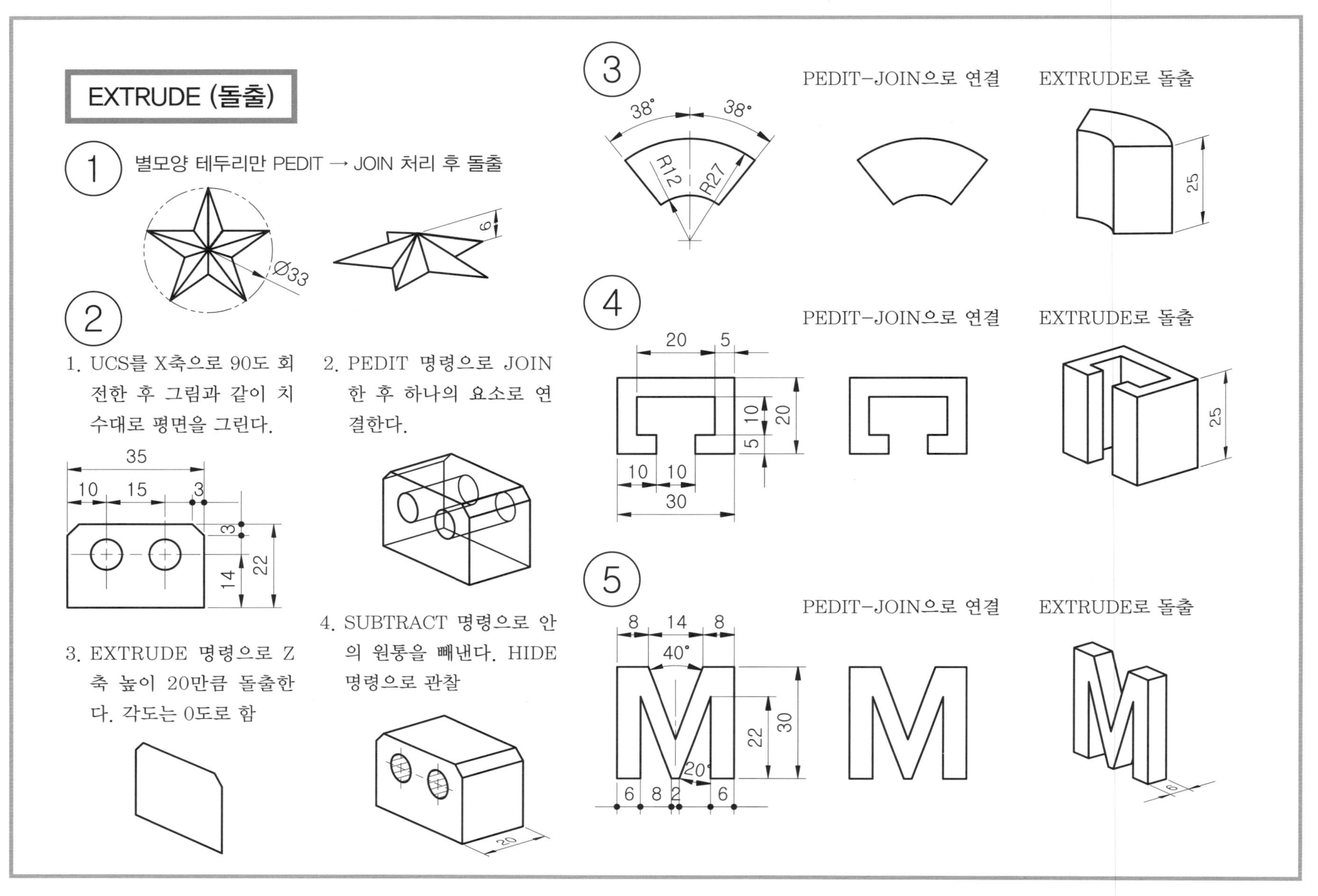
EXTRUDE (돌출)
1
별모양 테두리만 PEDIT → JOIN 처리 후 돌출
Ø33
6
2
1. UCS를 X축으로 90도 회전한 후 그림과 같이 치수대로 평면을 그린다.
35
10
15
3
3
14
22
2. PEDIT 명령으로 JOIN 한 후 하나의 요소로 연결한다.
3. EXTRUDE 명령으로 Z축 높이 20만큼 돌출한다. 각도는 0도로 함
4. SUBTRACT 명령으로 안의 원통을 빼낸다. HIDE 명령으로 관찰
20
3
38°
38°
R12
R27
PEDIT-JOIN으로 연결
EXTRUDE로 돌출
25
4
20
5
10
5
20
10
10
30
PEDIT-JOIN으로 연결
EXTRUDE로 돌출
25
5
8
14
8
40°
22
30
20°
6
8
2
6
PEDIT-JOIN으로 연결
EXTRUDE로 돌출
6

EXTRUDE (돌출)

1) 2차원 평면(vpoint 0, 0, 1)에서 그림과 같이 치수대로 평면을 그린다.

2) PEDIT 명령의 JOIN으로 분해된 요소를 하나의 요소로 연결한다.

PEDIT-JOIN 실행
PLINE화 등

3) EXTRUDE 명령으로 Z축 높이 16만큼 돌출한다.

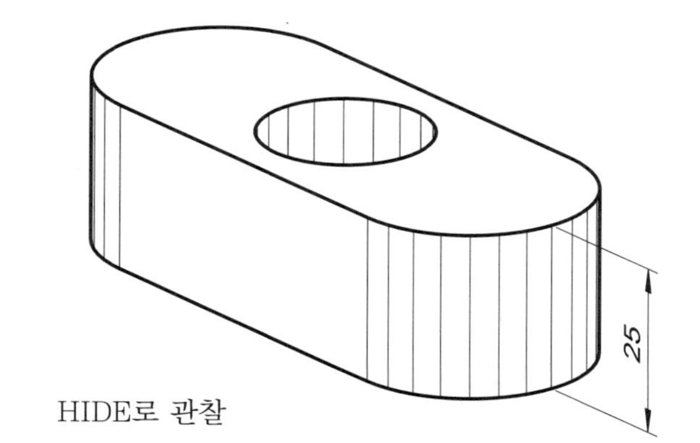

4) SUBTRACT(뺄셈) 명령으로 안의 원통을 빼낸다.

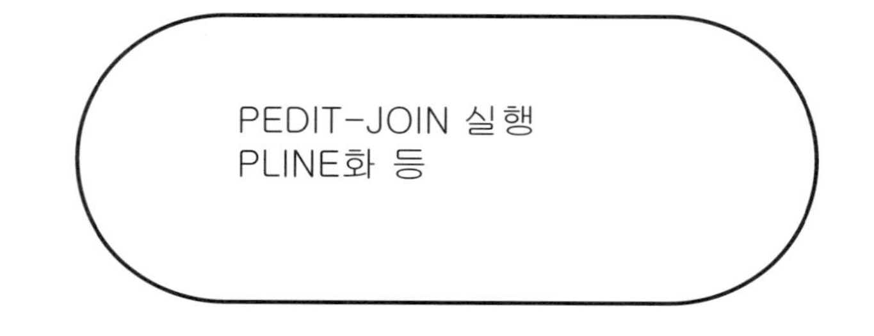

CYLINDER – 솔리드형 원통
SUBTRACT – 솔리드형끼리의 뺄셈

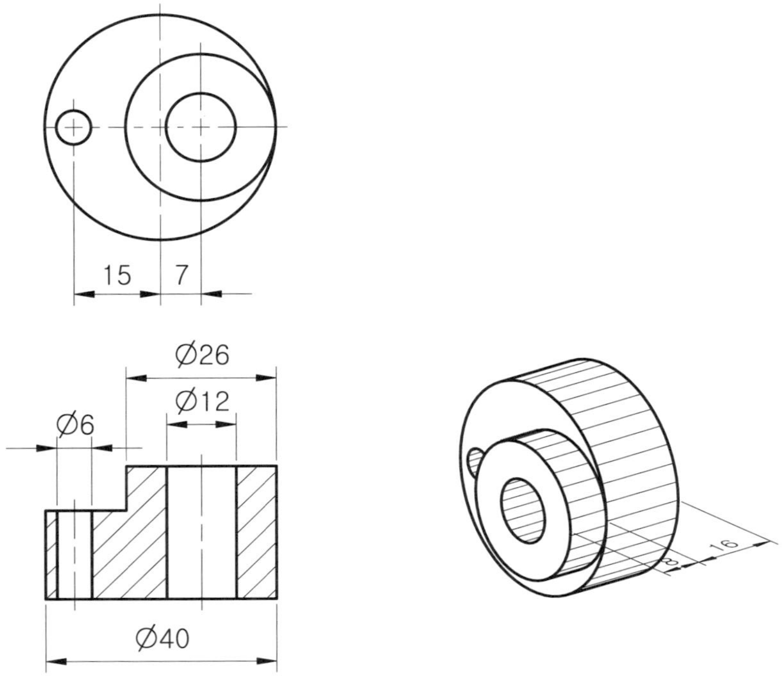

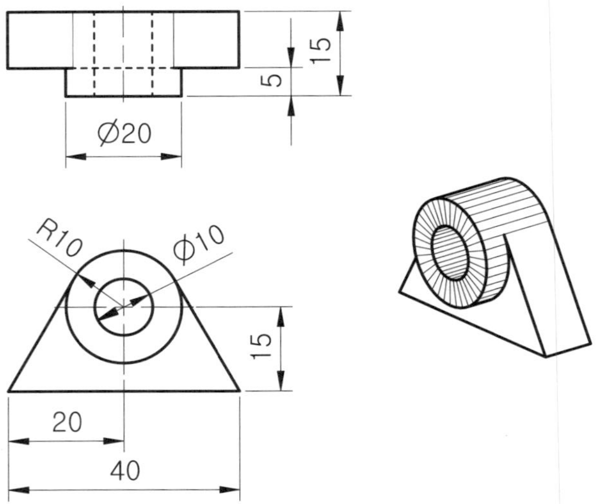

CYLINDER – 솔리드형 원통
SUBTRACT – 솔리드형끼리의 뺄셈

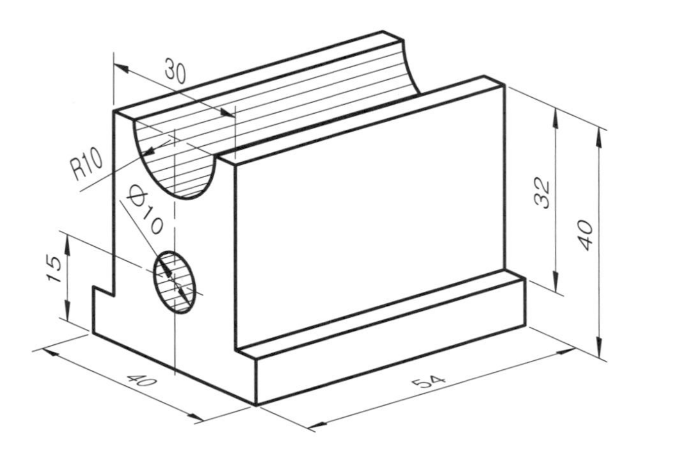

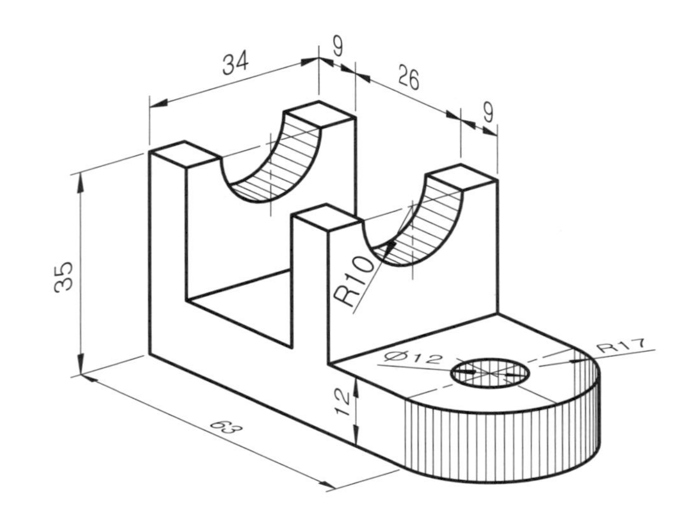

CYLINDER / BOX 사용하기
UNION 합집합

UCS 바꿔 치수기입

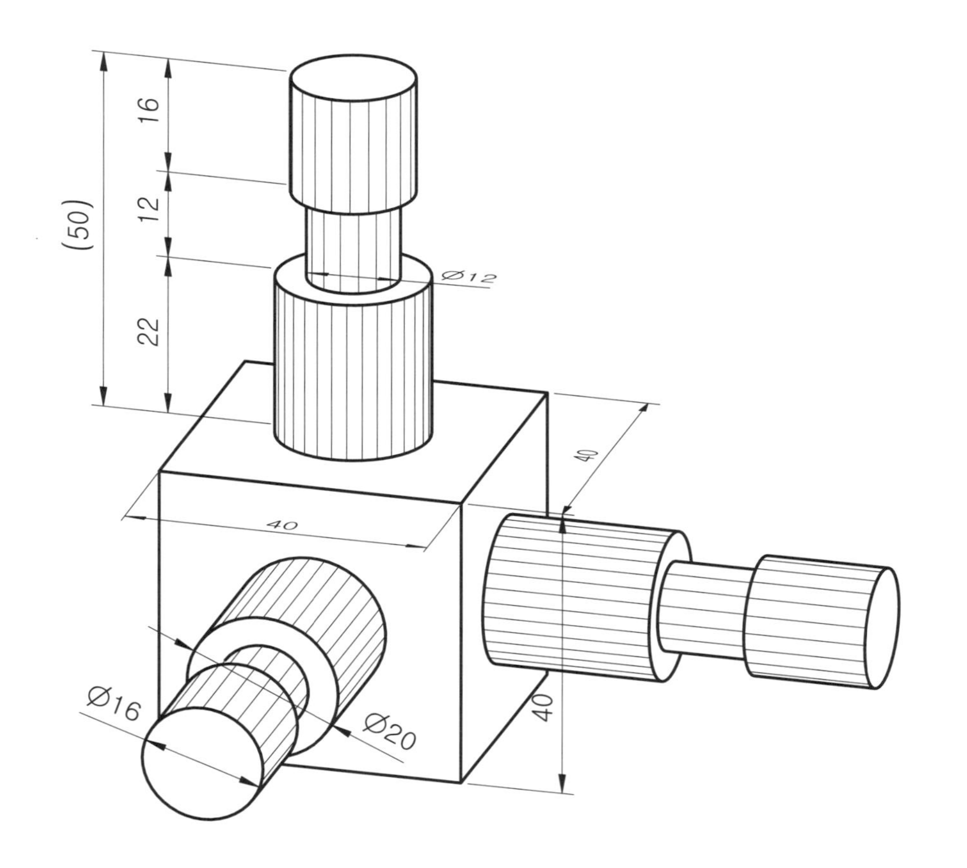

EXTRUDE – 2차원 요소를 솔리드 입체로 만들기

돌출 전 : UCS를 그림과 같이 바꾼 후 치수대로 그림을 그린다(UCS-X축-90도).

PEDIT 명령 : JOIN으로 연결된 폴리라인으로 만든 다음, EXTRUDE 명령으로 두께 15로 조절하고 각도는 0도로 한다.

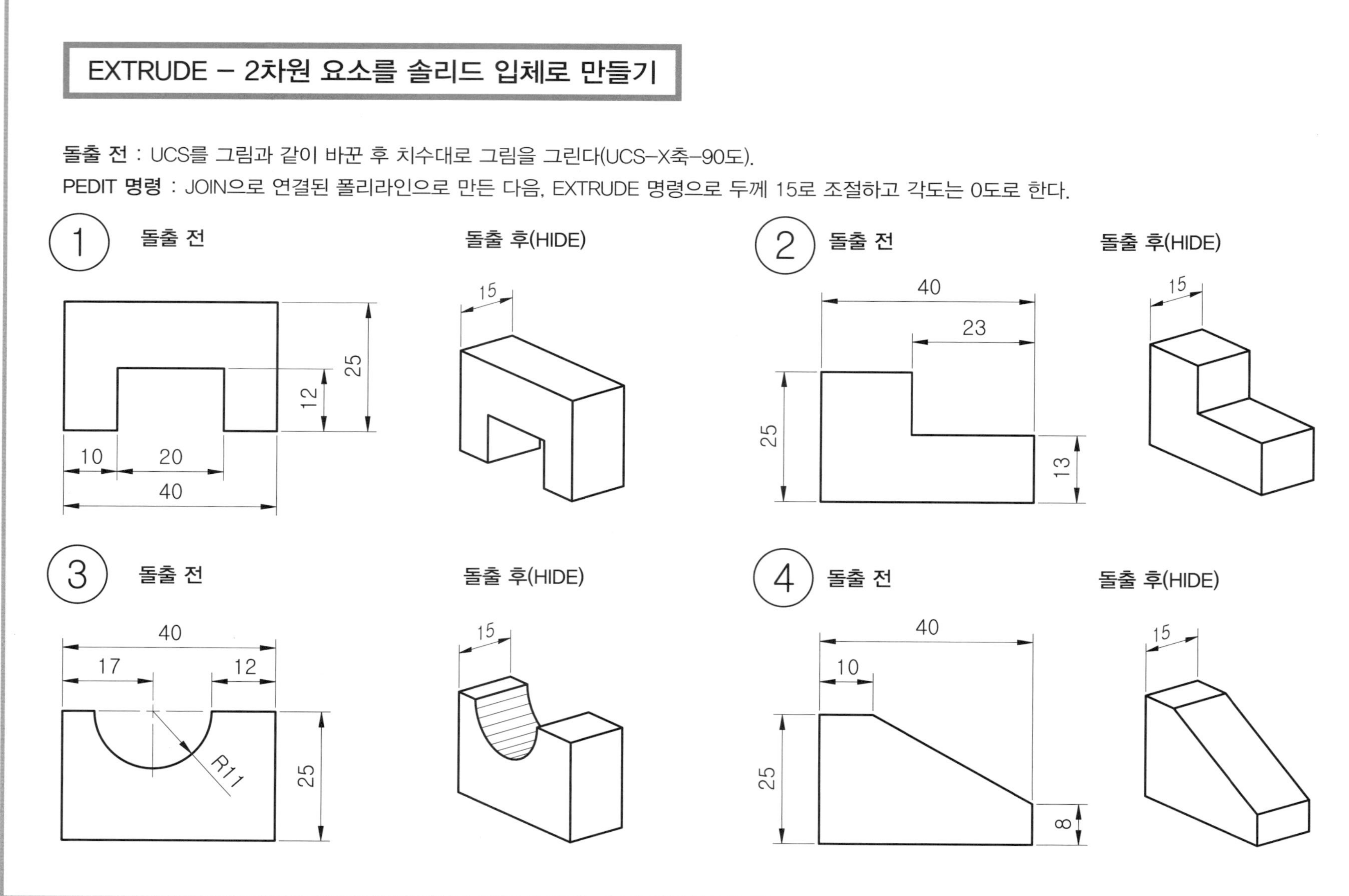

EXTRUDE 돌출하기

다음을 치수대로 그린 후 PEDIT-JOIN으로 연결하여 돌출시킨다(EXTRUDE).
2차원 요소를 폴리라인으로 연결한 후 솔리드의 입체로 만드는 명령

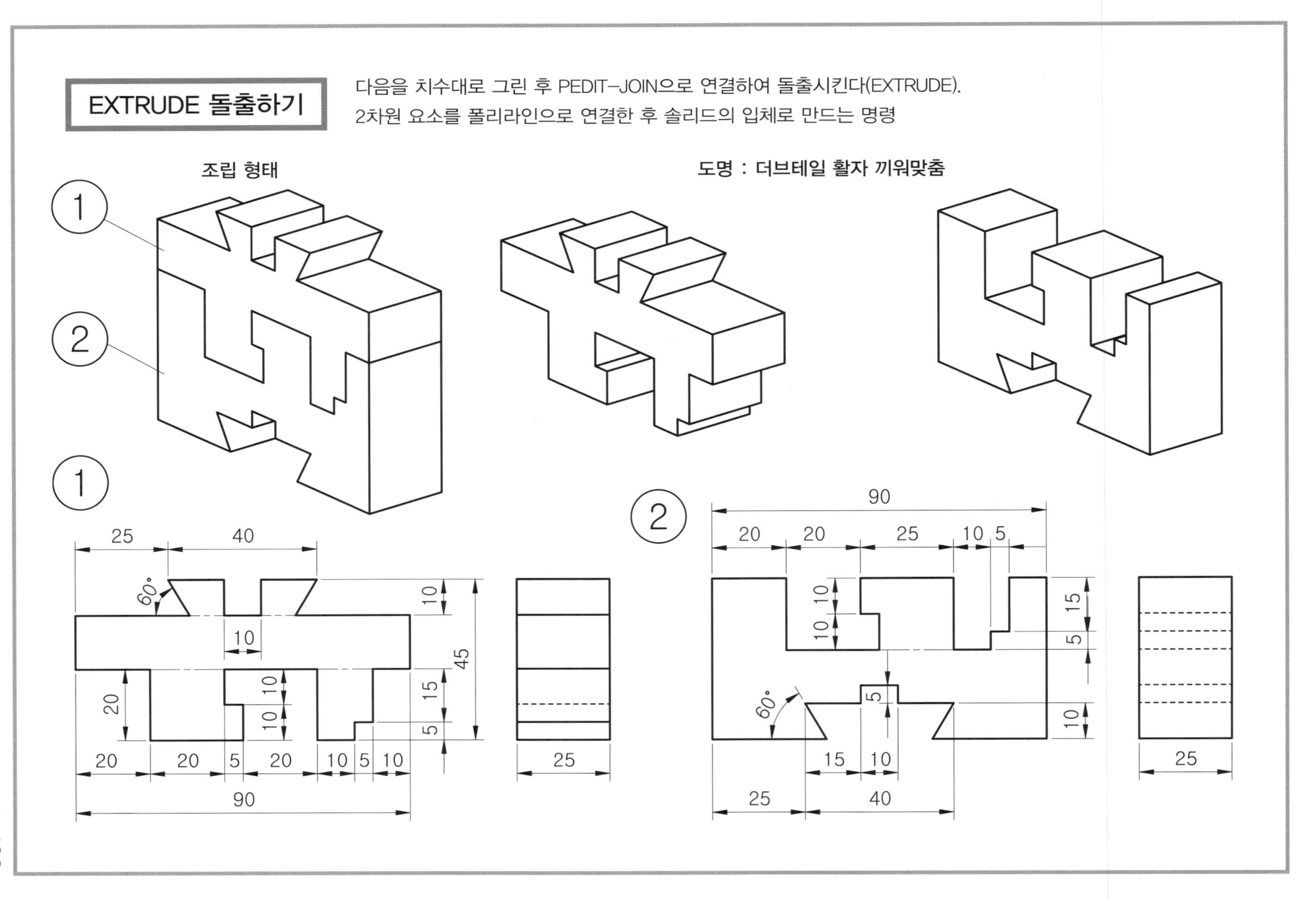

솔리드 응용

다음 정면도를 보고 솔리드 입체를 완성하시오.

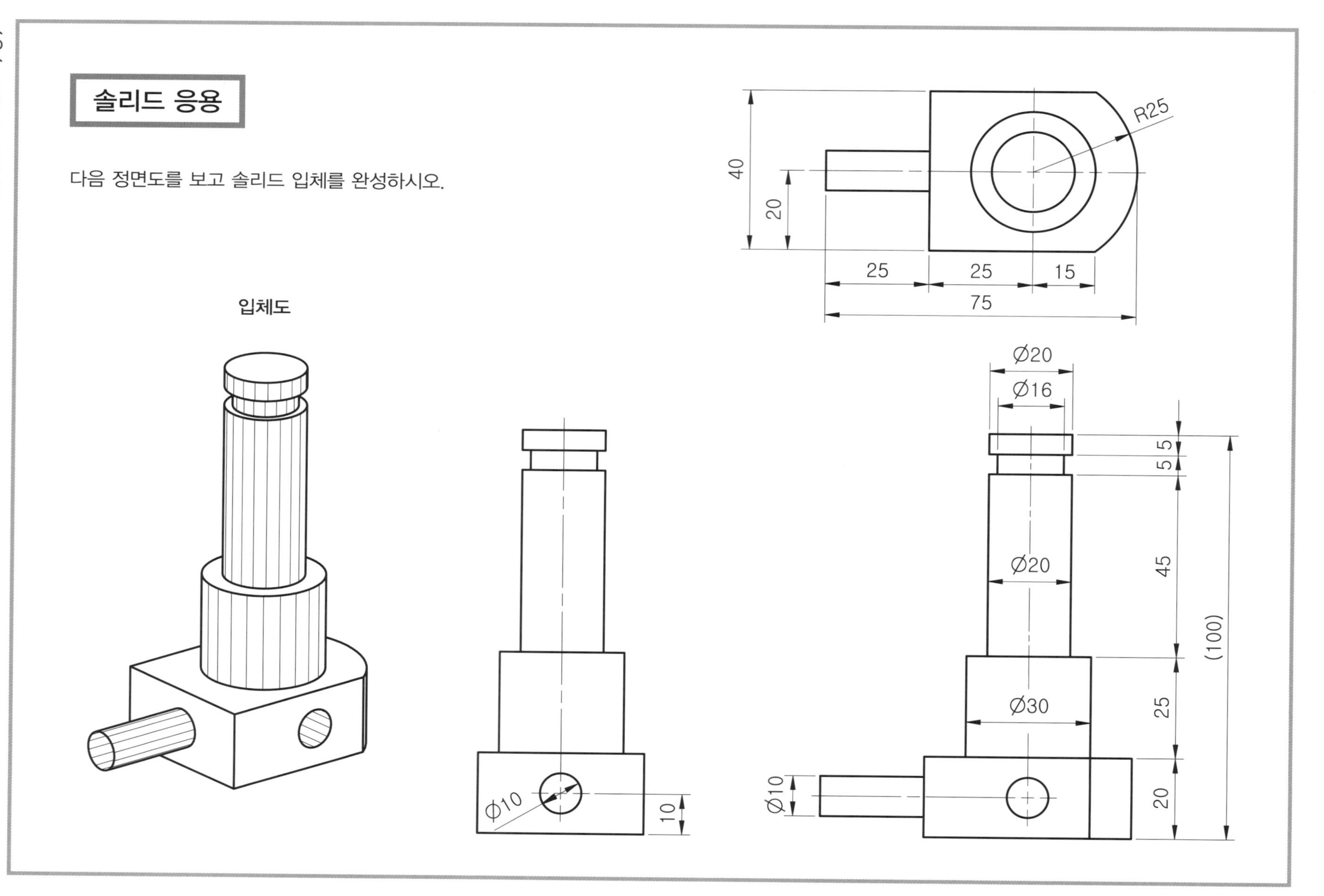

EXTRUDE, FILLET 솔리드 응용

다음 투상도를 보고 솔리드 입체를 완성하시오.

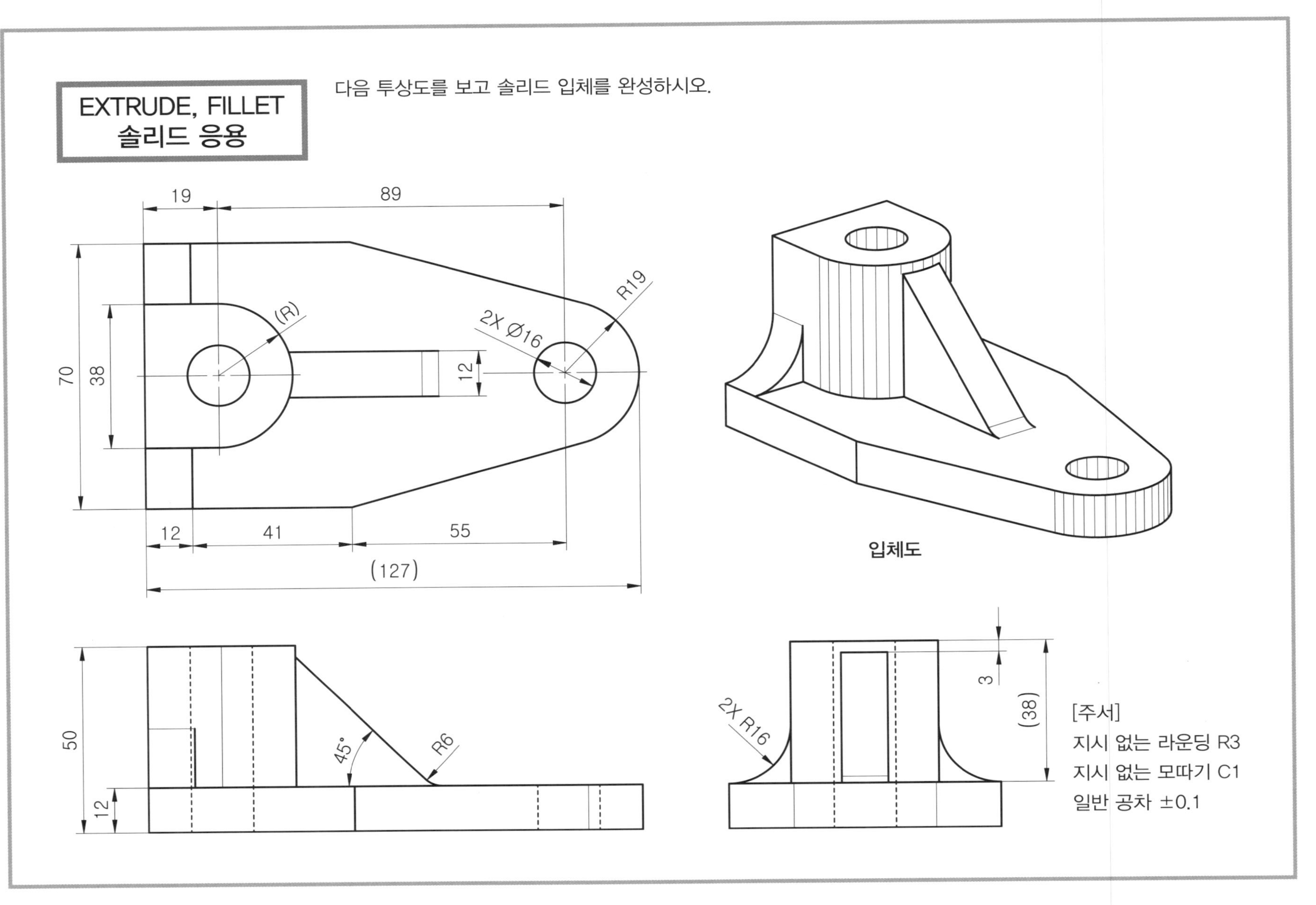

SOLID용 명령어

UCS 바꿔 3차원 기입하기

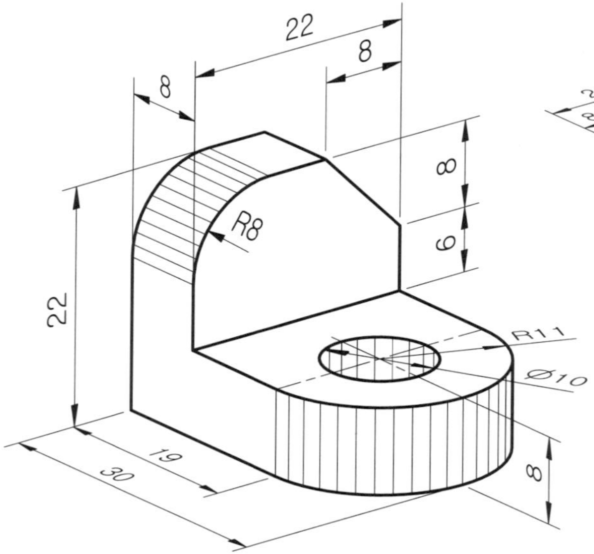

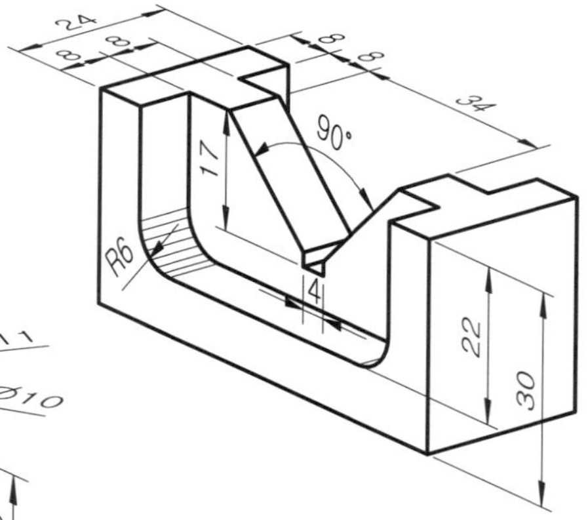

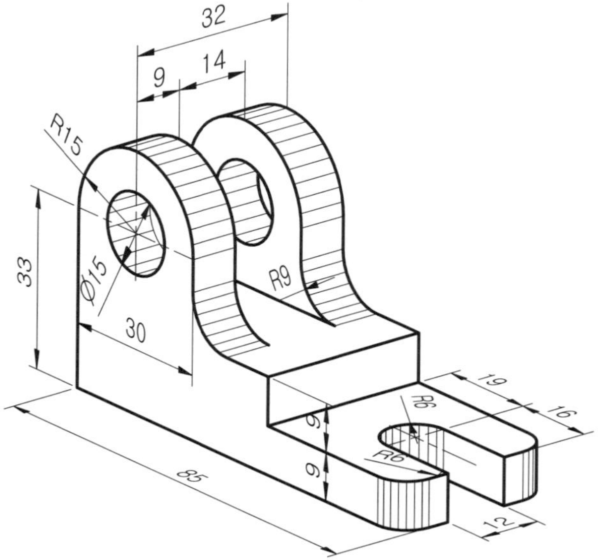

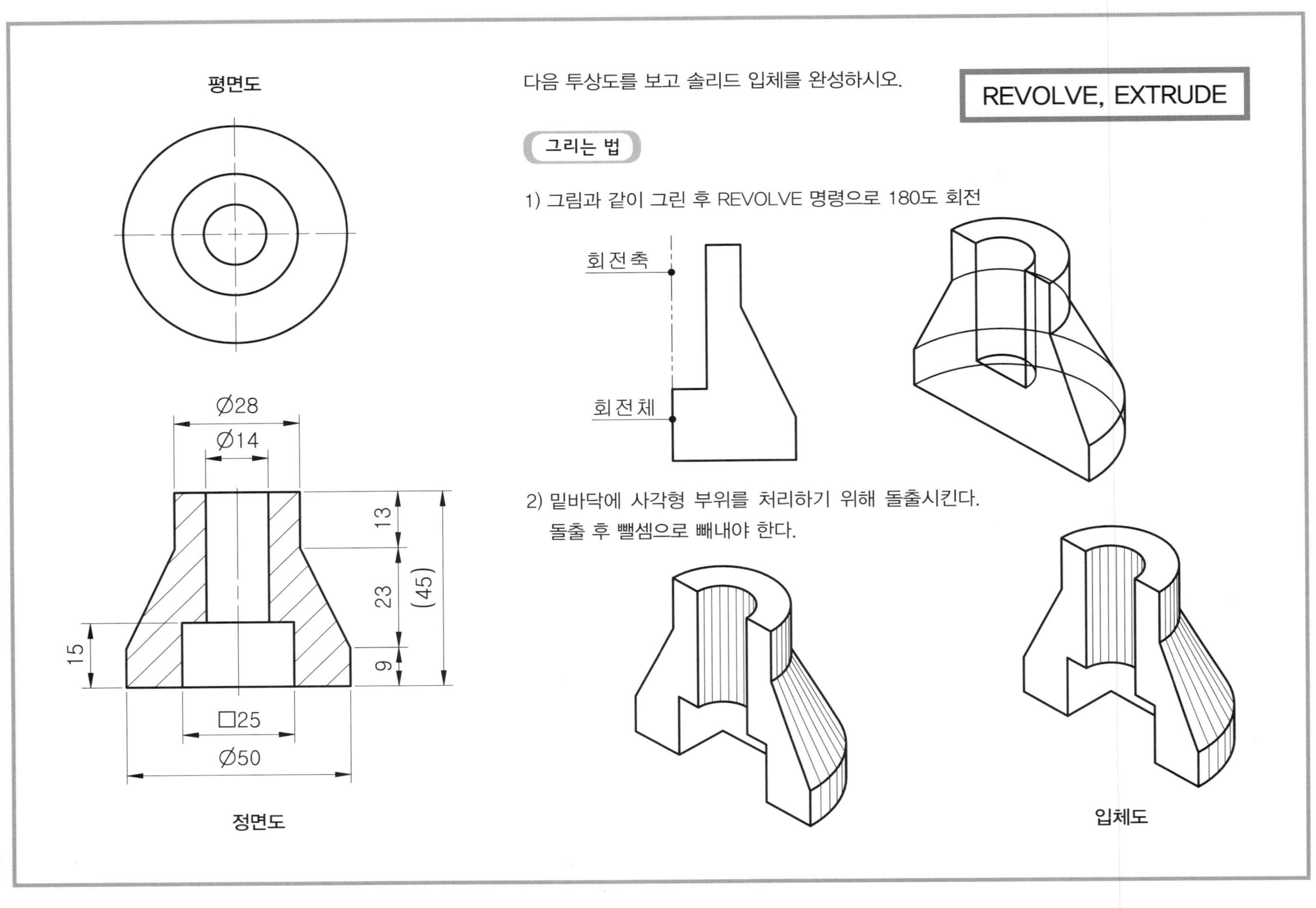
REVOLVE, EXTRUDE
다음 투상도를 보고 솔리드 입체를 완성하시오.
평면도
Ø28
Ø14
13
23
(45)
9
15
□25
Ø50
정면도
그리는 법
1) 그림과 같이 그린 후 REVOLVE 명령으로 180도 회전
회전축
회전체
2) 밑바닥에 사각형 부위를 처리하기 위해 돌출시킨다.
돌출 후 뺄셈으로 빼내야 한다.
입체도

REVOLVE-솔리드 회전

다음 도면을 보고 V 벨트 풀리 솔리드 회전 입체를 그리시오.

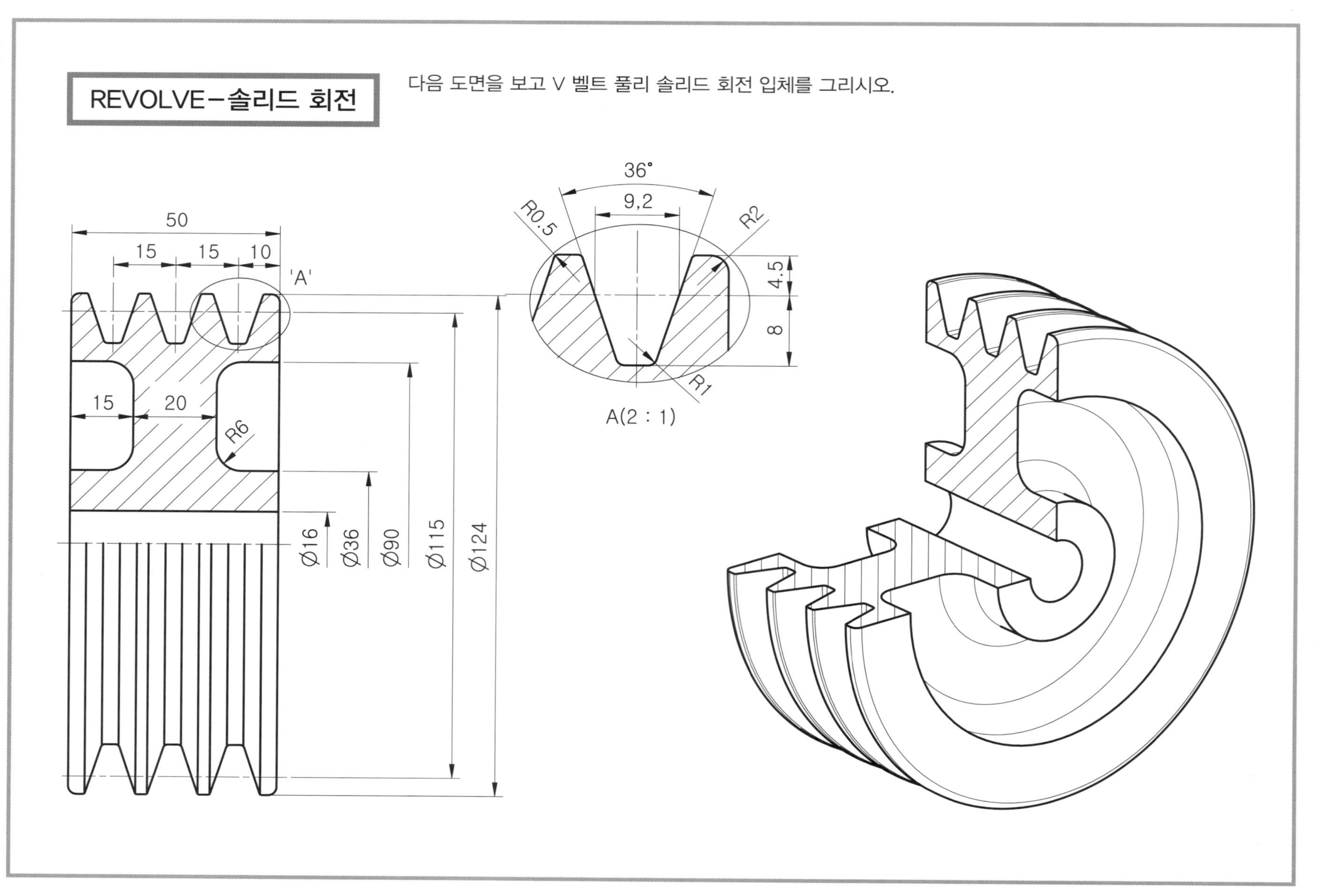

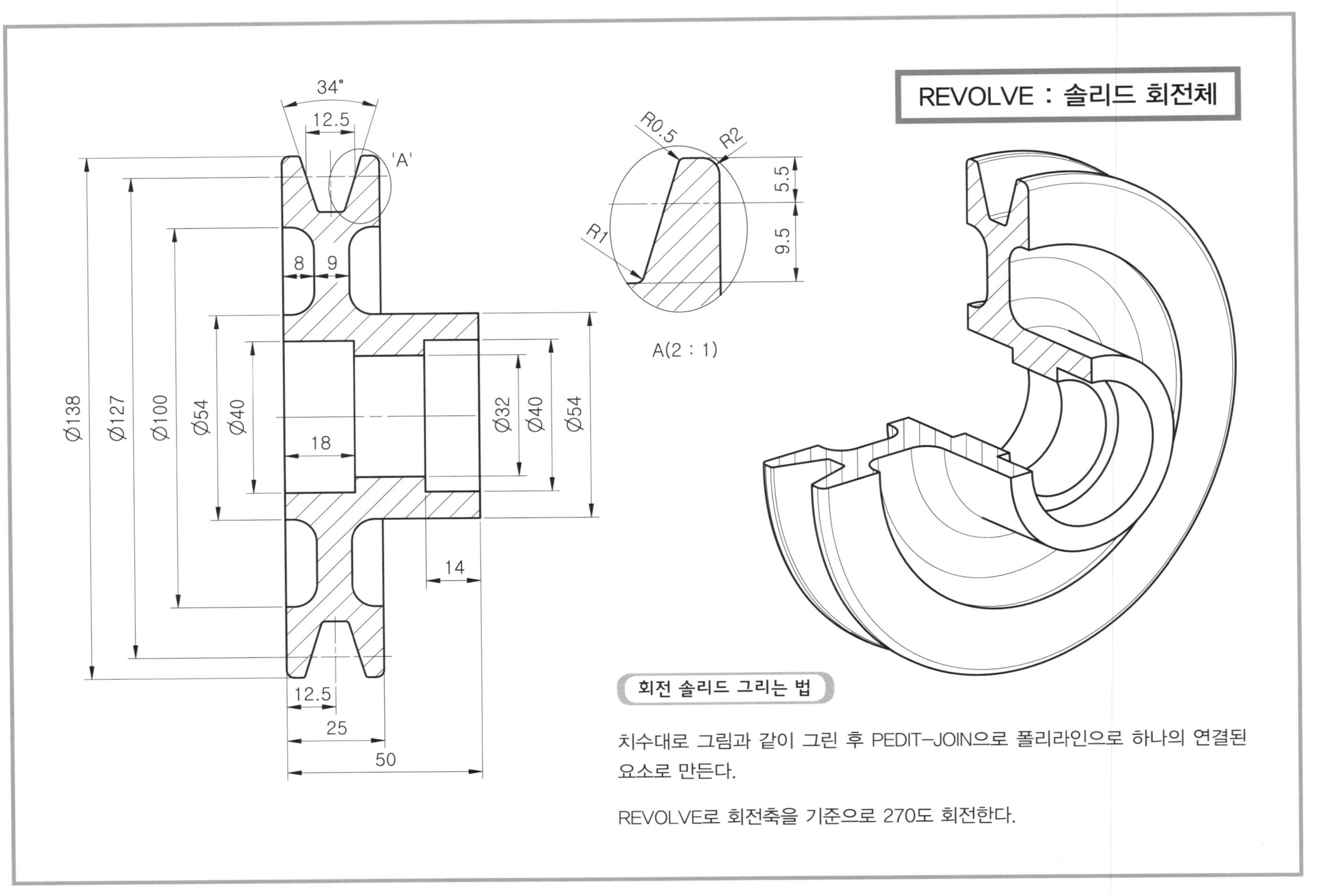
REVOLVE : 솔리드 회전체
34°
12.5
'A'
8
9
Ø138
Ø127
Ø100
Ø54
Ø40
18
Ø32
Ø40
Ø54
14
12.5
25
50
R0.5
R2
R1
5.5
9.5
A(2 : 1)
회전 솔리드 그리는 법
치수대로 그림과 같이 그린 후 PEDIT-JOIN으로 폴리라인으로 하나의 연결된 요소로 만든다.
REVOLVE로 회전축을 기준으로 270도 회전한다.

SLICE (솔리드 입체 잘라내기)

박스(CUBE : 정육면체)
길이(Length : 50)

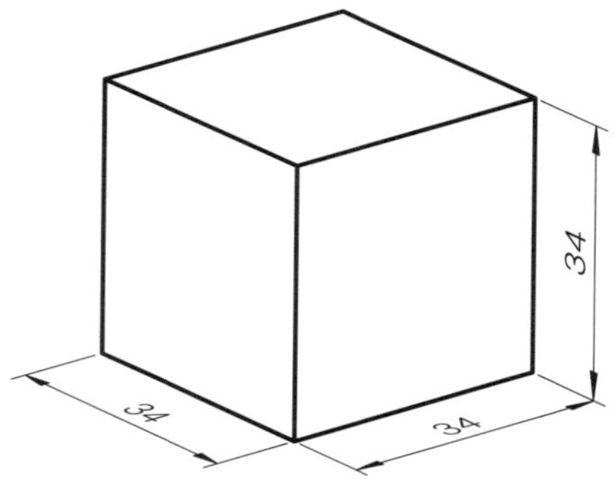

34
34
34

기준 축 (XY)

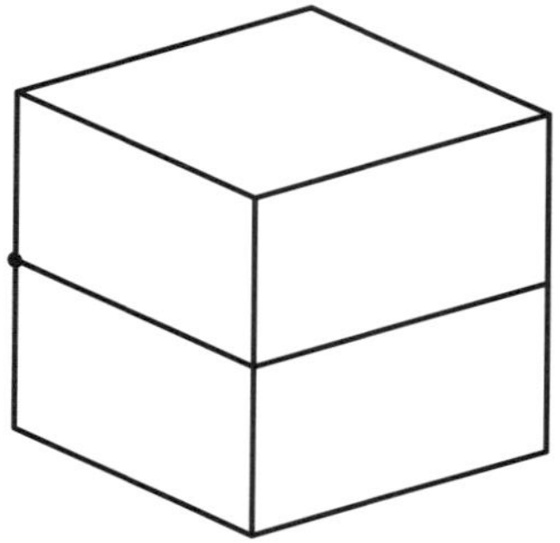

원점(MID) P_1

기준 축 (YZ)

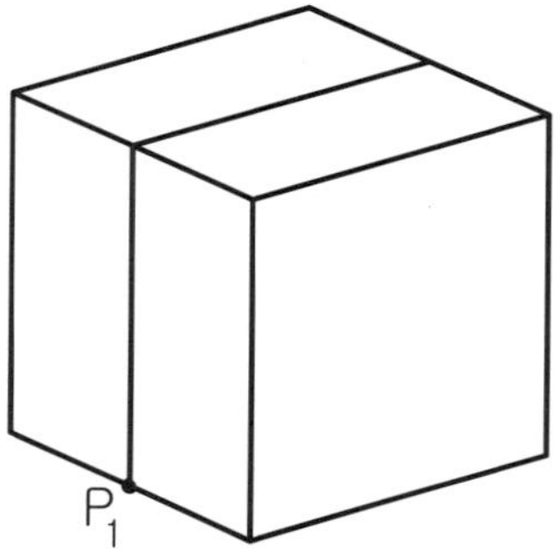

P_1
원점(MID)

기준 축 (ZX)

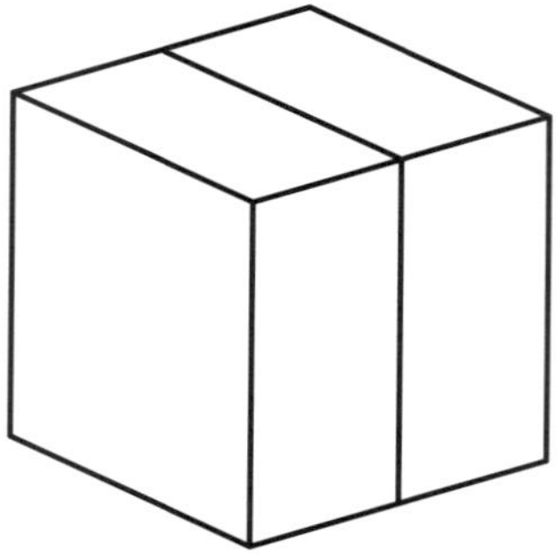

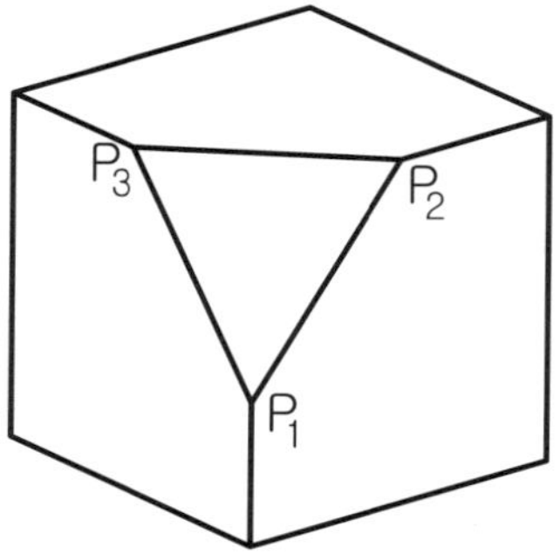

P_3 P_2 P_1

Z축

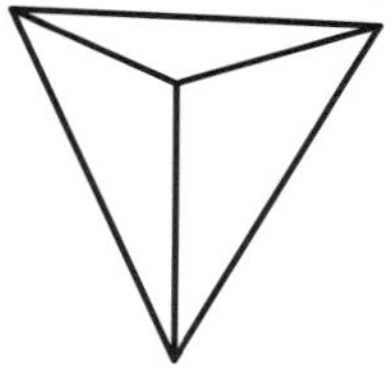

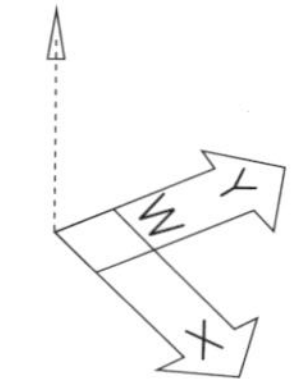

현재 좌표계를 중심으로 기준 축을 설명한 것이다. UCS가 바뀌면 바뀐 좌표계인 현재로 기준 축을 정해야 한다.

3point (원점, X축, Y축)

P_1, P_2, P_3
임의의 세 점을 지정하여 평면을 설정한다.

AutoCAD

AutoCAD 명령어와 아이콘 사용법

1. AutoCAD 환경 및 개념
2. 도형 그리기
3. 도형 편집하기
4. 해칭하기
5. 레이어(도면층) 설정하기
6. 치수 기입하기
7. 문자 입력 및 수정하기
8. 블록 만들기와 그룹 지정하기
9. 도면 출력하기

1 AutoCAD 환경 및 개념

1. AutoCAD의 기능

AutoCAD는 벡터 방식의 그래픽 소프트웨어로 2차원 도면 작성에 적합하다. 사용되는 파일 확장자는 주로 DWG이며 다른 CAD와의 호환을 위해 DXF, IGES 등도 사용할 수 있다.

초기 작업값은 메트릭 단위로 설정되어 있으며 inch 단위로 설정할 수 있다.

캐드 화면은 영역을 무한대로 사용할 수 있으므로 모든 형상은 실제 크기로 작도하고, 출력 단계에서 확대 및 축소하여 도면을 출력한다. 예를 들어 비행기를 제도할 경우 실제 비행기 크기로 그리고, 종이에 출력을 할 경우 척도에 의해 축소하여 프린트한다.

2. AutoCAD의 실행

① 바탕화면에 있는 AutoCAD 아이콘을 더블클릭하거나 시작 메뉴에서 AutoCAD를 찾아 실행한다.

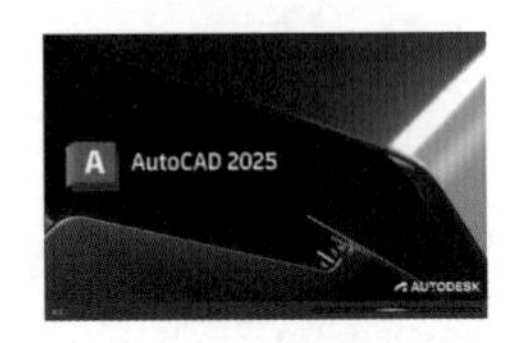

② AutoCAD를 실행하여 나타난 초기 화면은 아래와 같다.

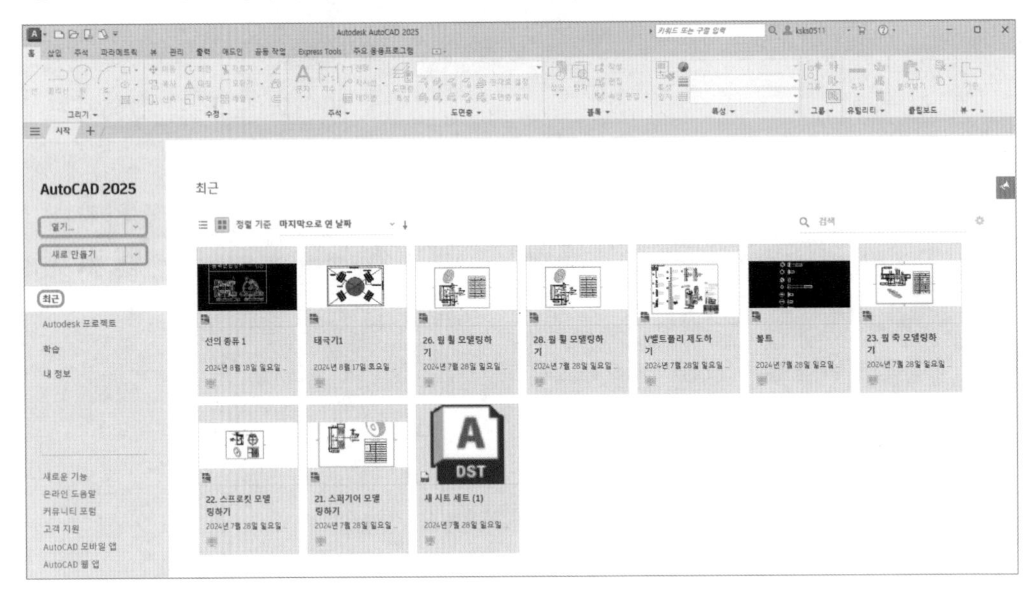

- **열기** – 기존에 저장된 작업파일을 불러온다.
- **새로 만들기** – 처음 작업화면으로 넘어간다.
- **최근** – 최근에 작업한 파일을 보여주며 상세 아이콘과 큰 아이콘을 볼 수 있다.

3. AutoCAD의 초기 화면 구성

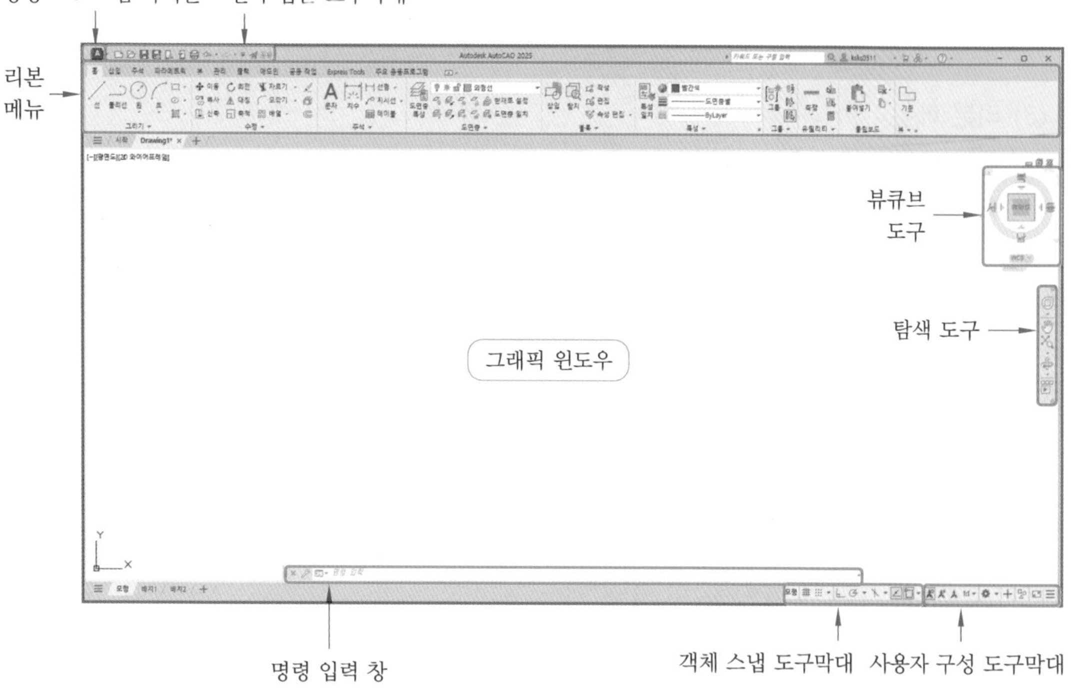

4. AutoCAD 명령 실행 방식

(1) 응용 프로그램 아이콘

새로 만들기(새 도면 작성), 열기, 저장, 게시, 인쇄 등 파일 작업 명령이 표시되며, 최근 작업한 도면 리스트를 정렬 조건을 부여하여 나열할 수 있다.

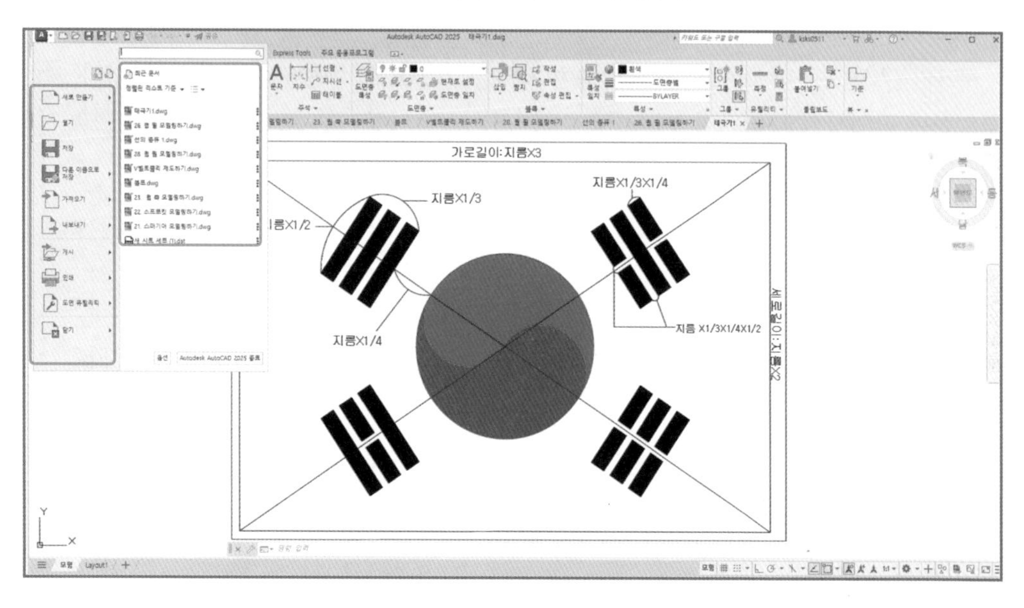

(2) 신속 접근 도구막대

자주 사용하는 도구가 표시되며, 오른쪽 끝에 있는 [▾]을 클릭하면 나타나는 팝업창에서 원하는 기능을 포함하도록 사용자가 직접 편집할 수 있다.

(3) 리본 메뉴

탭을 선택할 때마다 해당하는 패널이 표시되며, 리본 메뉴에 표시되는 명령어와 아이콘은 사용자가 직접 편집할 수 있다.

(4) 명령 입력 창

명령어를 입력하여 지령하며 Ctrl + 9를 눌러 On/Off 할 수 있다.

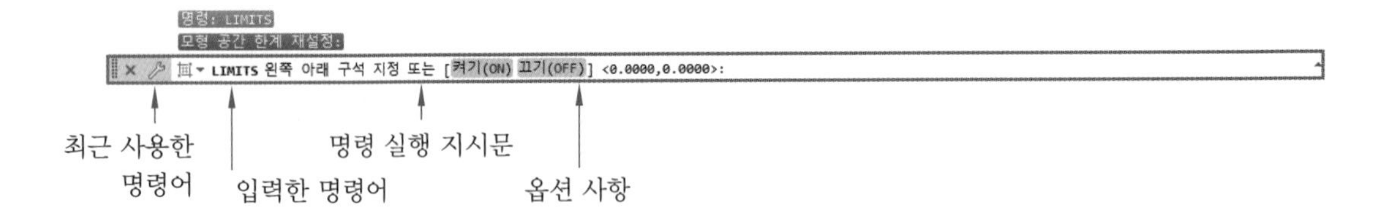

(5) 객체 스냅 도구막대

도면작업을 위해 자주 사용하는 객체 스냅을 설정하는 곳이다. 한 번 클릭하면 해당 객체 스냅이 실행되고, 한 번 더 클릭하면 객체 스냅이 해제된다.

(6) 사용자 구성 도구막대

사용자 구성 도구막대는 [☰]을 클릭하여 원하는 기능으로 쉽게 사용자화할 수 있다. [⚙ ▾]을 클릭하면 팝업창이 나타나며, 제도 및 주석, 3D 기본 사항, 3D 모델링 작업공간으로 전환하여 사용할 수 있다.

(7) 탐색 도구

초점 이동, 줌(확대/축소), 내비게이션 휠 등 화면 표시와 관련된 기능을 표시한다.

내비게이션 도구를 이용하면 화면에 항상 표시되면서 선택한 기능을 실시간으로 편리하게 사용할 수 있다.

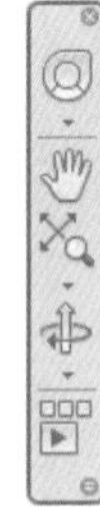

(8) 뷰큐브 도구

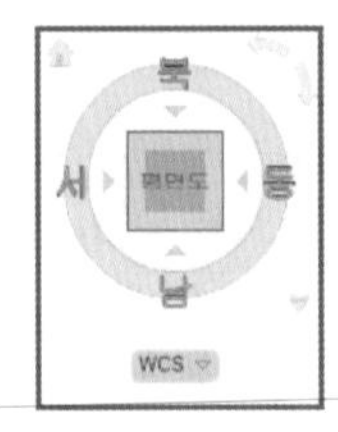

현재의 뷰포트를 변경할 수 있으며, 회전 도구를 사용하여 뷰포트를 회전할 수도 있다.

5. 도면 영역에서 초점 이동 및 확대/축소

① 마우스의 MB3를 클릭하여 팝업창에 있는 초점 이동과 줌을 이용할 수 있다.

② **초점 이동** : 마우스의 MB1을 드래그하여 화면의 중심을 이동한 후 Enter↵한다.

명령 : PAN, 단축명령 : P

명령: PAN

ESC 또는 ENTER 키를 눌러 종료하거나 오른쪽 클릭하여 바로 가기 메뉴를 표시하십시오.

③ **확대/축소** : Zoom 명령 옵션을 사용하여 화면을 확대/축소할 수 있다.

명령 : ZOOM, 단축명령 : Z

명령: ZOOM

윈도우 구석 지정, 축척 비율(nX 또는 nXP) 입력 또는

ZOOM [전체(A) 중심(C) 동적(D) 범위(E) 이전(P) 축척(S) 윈도우(W) 객체(O)] <실시간>:

6. 파일 관리

(1) 열기

명령 : OPEN

기존에 저장된 오토캐드 파일을 열 때 사용한다. 파일의 기본 확장자는 DWG이며, 그 외에 필요에 따라 선택적으로 사용한다.

① 신속 접근 도구막대에서 열기

② 응용 프로그램에서 열기

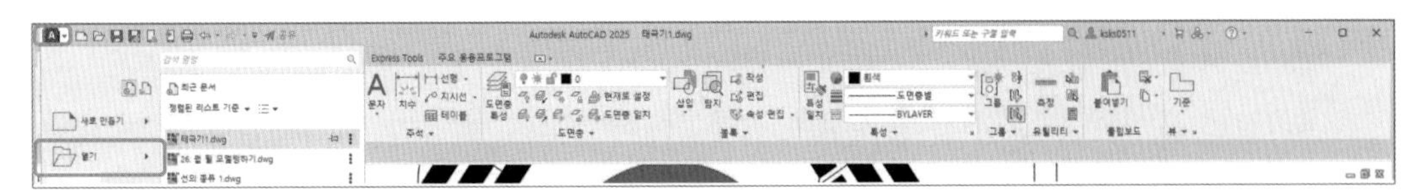

(2) 저장 및 다른 이름으로 저장

응용 프로그램 아이콘 ⇨ 저장, 다른 이름으로 저장

같은 DWG 확장자라도 다양한 버전이 존재하므로 추후 작업의 용이성을 고려하여 확장자를 결정한다.

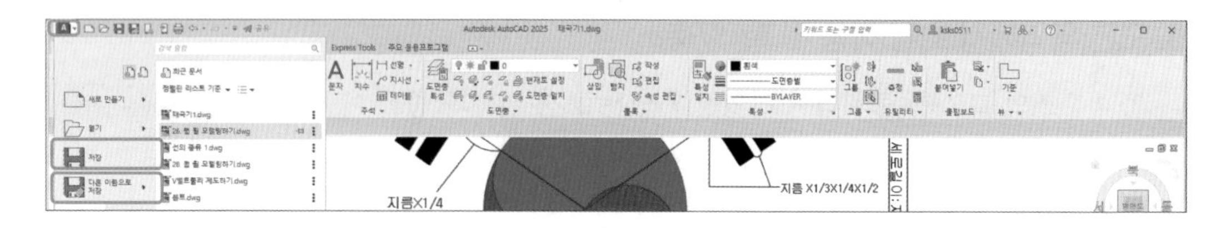

7. 옵션

명령 : OPTIONS, 단축명령 : OP

응용 프로그램 아이콘 ⇨ 옵션을 클릭하여 옵션 대화상자에서 각각의 탭을 클릭하고, 다음과 같이 작업환경을 설정한다.

(1) 화면 표시

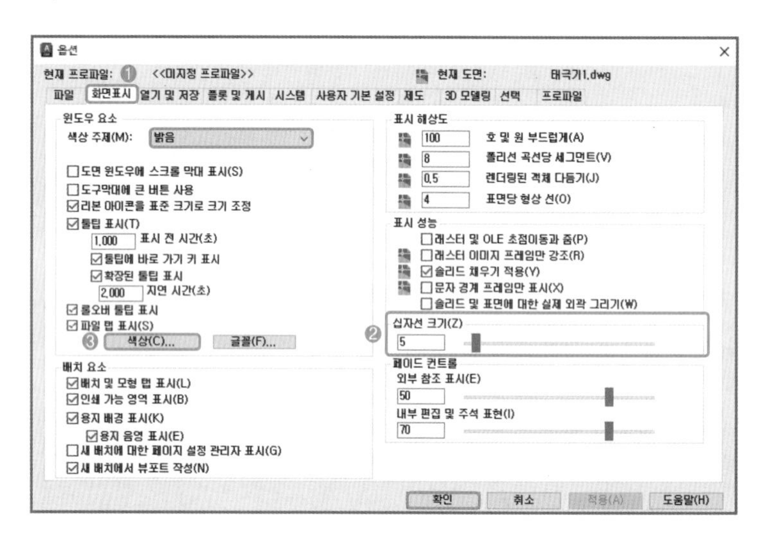

❶ [화면 표시] ⇨ [어두움] 또는 [밝음]을 선택하면 리본이 검은색 또는 흰색으로 변경된다.

❷ [화면 표시] ⇨ 십자선 크기를 [5]%로 설정한다.

❸ [화면 표시] ⇨ [색상]을 클릭하면 팝업창에서 [2D 모형 공간] ⇨ [균일한 배경] ⇨ [흰색]으로 변경한다.

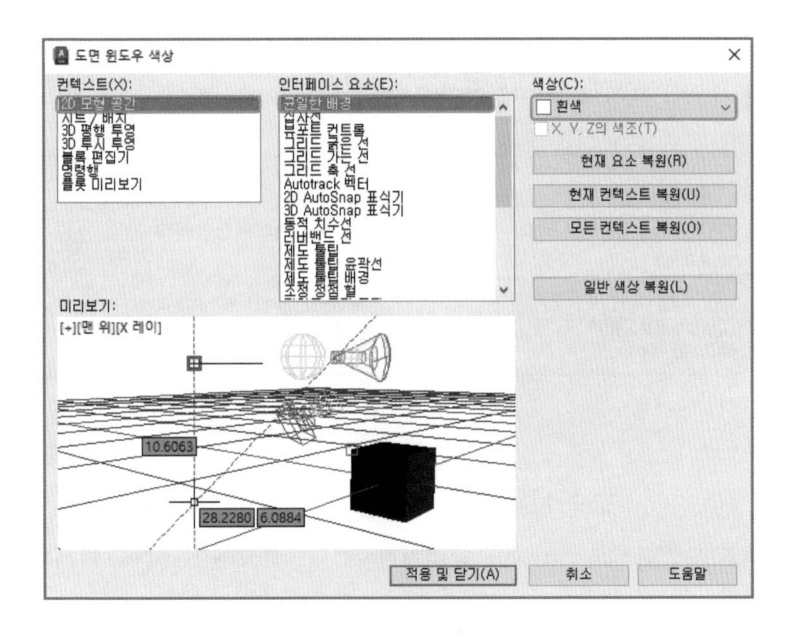

(2) 열기 및 저장

❶ **파일 저장 :** 작성된 도면을 낮은 버전 [AutoCAD 2018 도면(*.dwg)]로 저장하여 다른 버전에서 열 수 있다.

❷ **자동 저장 :** 파일을 10분 간격으로 자동 저장을 할 수 있다.

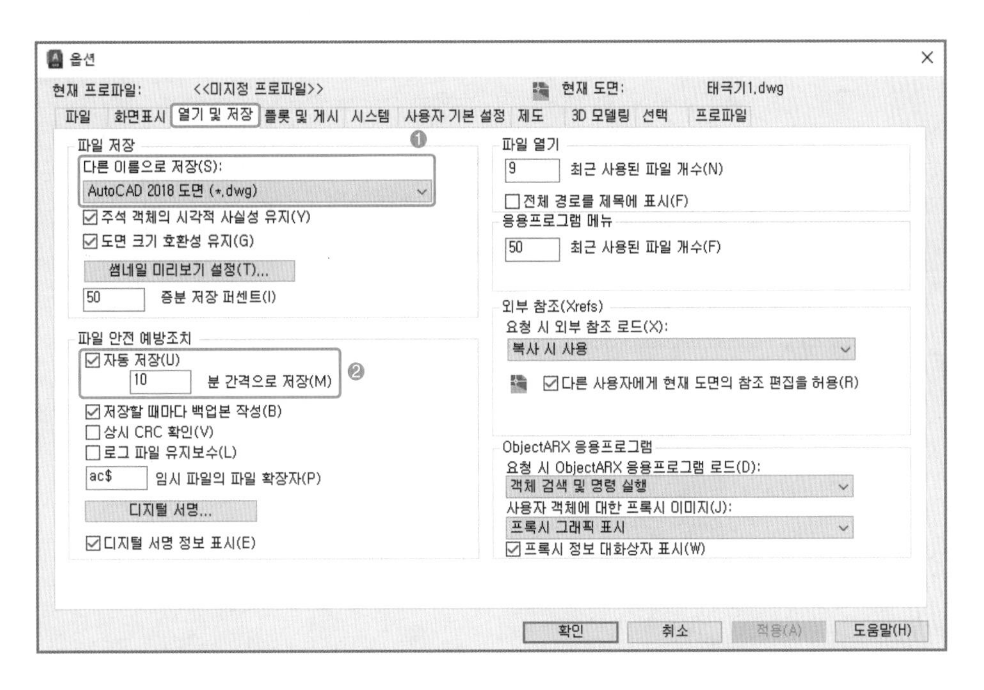

(3) 플롯 및 게시

도면 출력 시 사용할 프린터 기종에 알맞은 출력 장치를 지정한다.

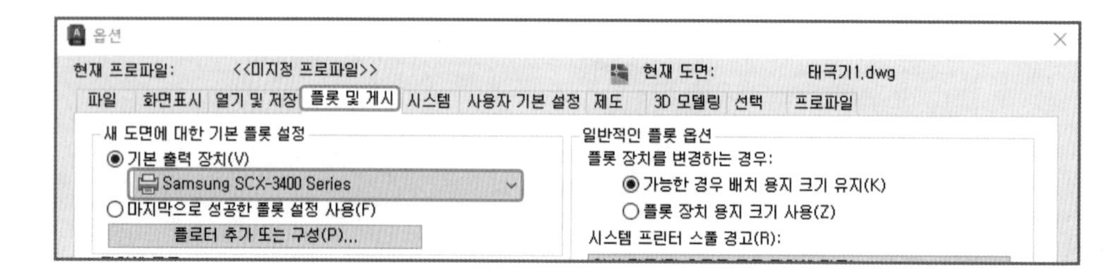

(4) 제도

그림과 같이 AutoSnap 표식기 크기와 조준창 크기를 조절할 수 있다. 윈도우 그래픽 화면은 주로 검은색을 사용하므로 AutoSnap 표식기 색상은 빨간색이나 노란색으로 변경하여 사용하는 것이 좋다.

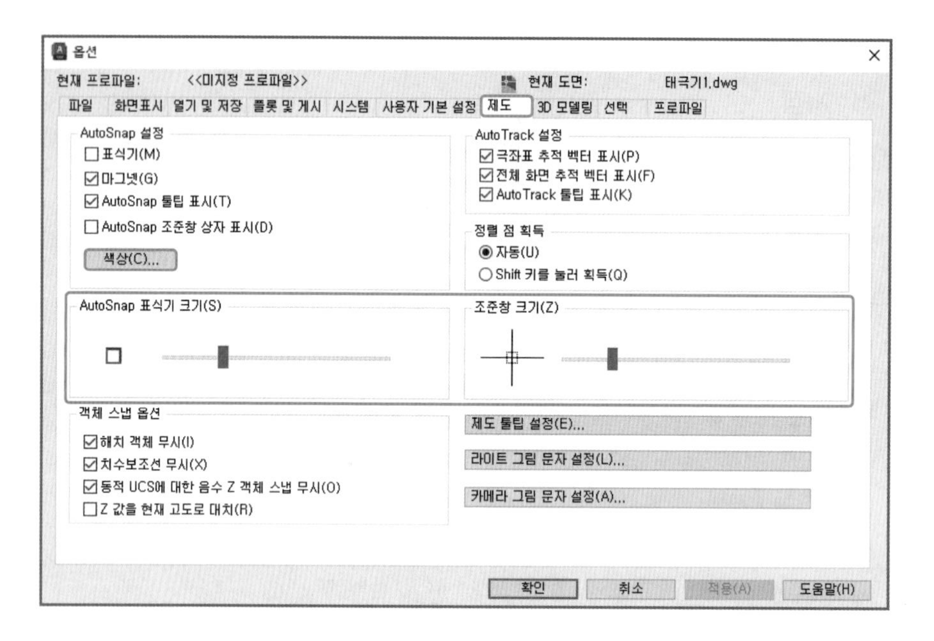

> **참고**
>
> **열기 및 저장**
>
> 도면 파일을 열거나 저장할 때의 환경을 설정한다. 기본으로 저장하는 도면 파일의 형식과 자동 저장 간격, 외부 참조 도면의 연결 방법 등을 설정할 수 있다.

(5) 선택

❶ 확인란 크기와 그립 크기를 조절한다.

❷ 선택 모드 항목은 다음과 같이 기본값으로 설정한다.

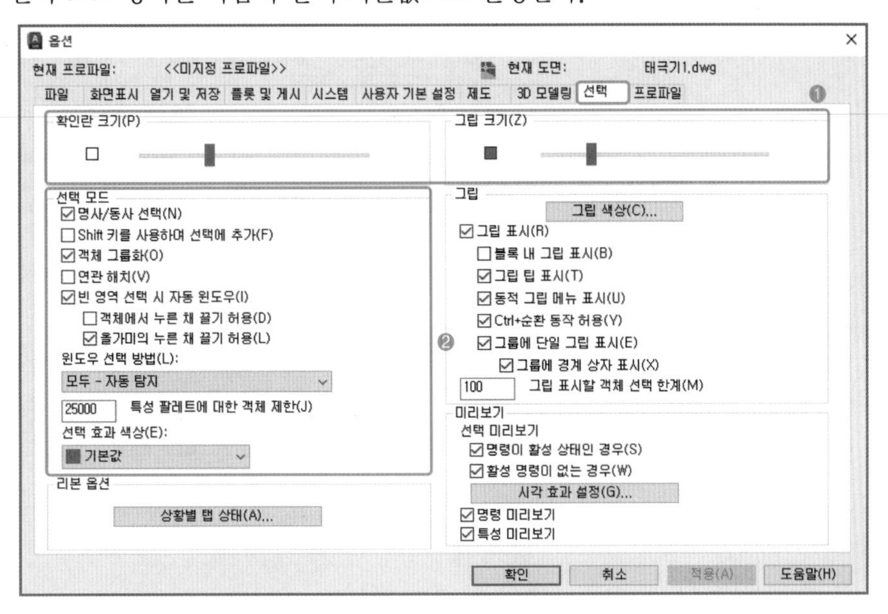

8. 제도 설정

명령 : OSNAP, 단축명령 : OS

스냅 및 그리드, 극좌표 추적, 객체 스냅, 3D 객체 스냅, 동적 입력, 빠른 특성, 선택 순환 명령을 제어하여 도면 작도에 활용할 수 있다.

(1) 스냅 및 그리드

스냅은 커서를 일정 간격으로만 움직이는 도구로, 스냅 간격과 그리드 간격을 다르게 설정할 수 있다.

- 스냅 On/Off : F9
- 그리드 On/Off : F7

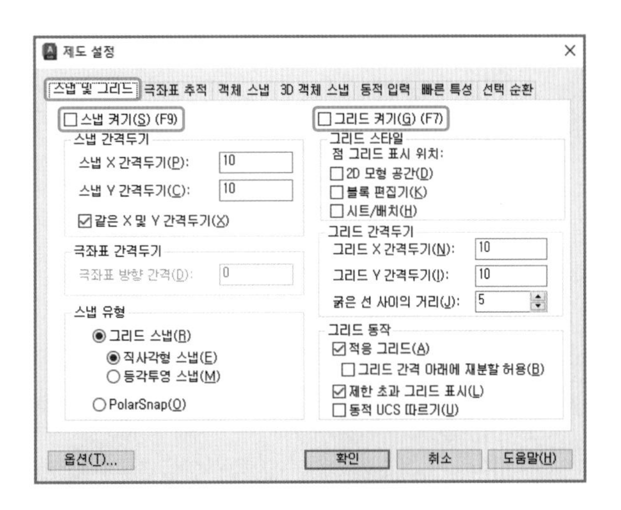

(2) 극좌표 추적

각도를 추적하는 기능으로 설정한 각도에 따라 커서의 움직임을 제어한다.

- 극좌표 추적 켜기 : ☑ 체크하거나 F10

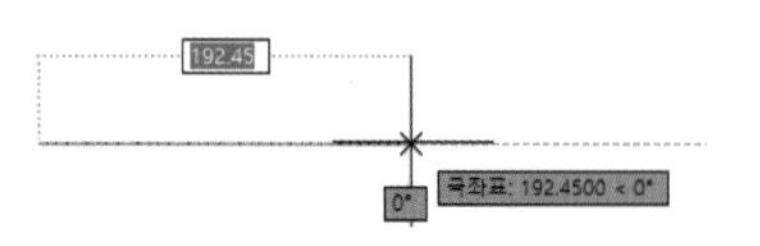

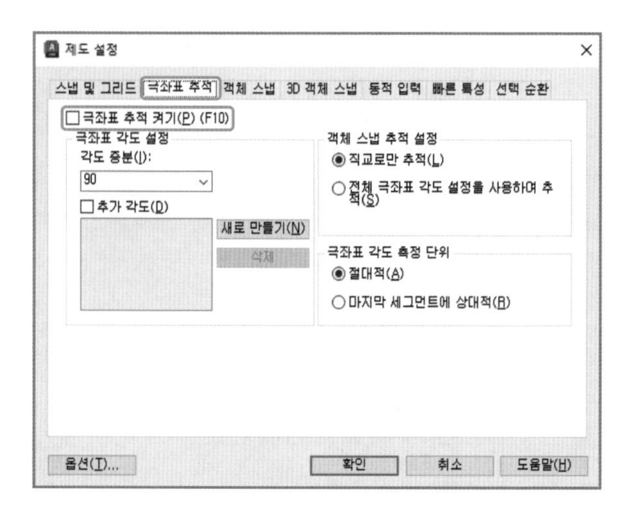

- 극좌표 추적 끄기 : ☐ 체크 해제하거나 F10

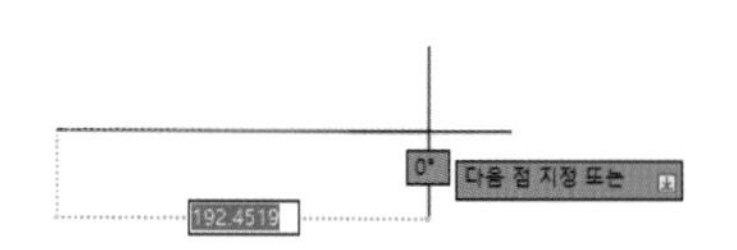

(3) 객체 스냅(Object snap)

객체 스냅은 도면작업에서 가장 많이 사용하는 기능으로, 정점을 찾을 때 도움이 된다.

- 객체 스냅 켜기 : ☑ 체크하거나 F3
- 객체 스냅 모드에서 ☑ 체크하면 객체를 편리하게 선택할 수 있다.

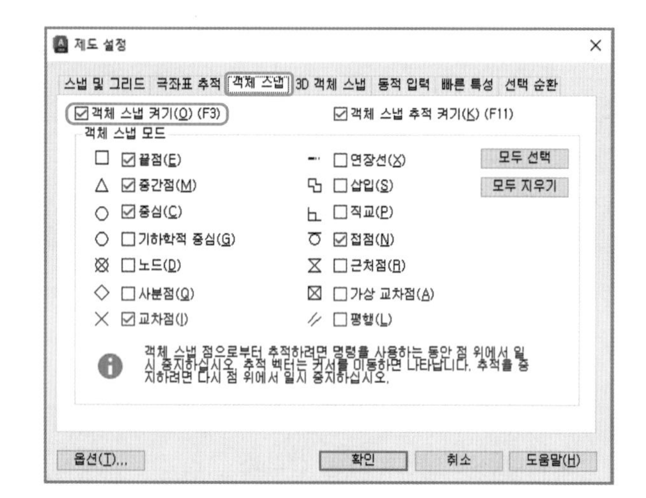

> **참고**
>
> **객체 스냅 설정**
>
> F3 또는 객체 스냅 도구막대에서 객체 스냅 켜기를 On/Off시킬 수 있다.
>
> 모형

(4) 3D 객체 스냅

3D에서 객체 스냅을 설정하는 기능으로, 도면 작성 중 객체를 편리하게 선택할 수 있다.

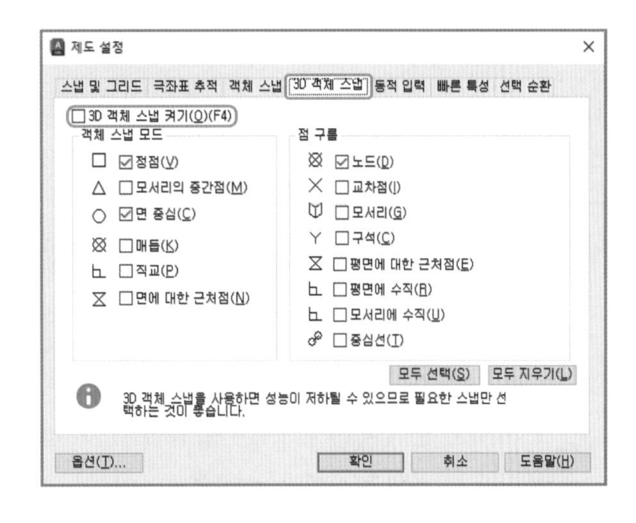

- 3D 객체 스냅 켜기 : ☑ 체크하거나 F4
- 객체 스냅 모드에서 ☑ 체크하면 객체를 편리하게 선택할 수 있다.

(5) 동적 입력

포인터 입력, 치수 입력 및 동적 프롬프트 모양을 설정한다.

- 동적 입력 크기 : ☑ 체크를 하거나 F12
- 절대좌표 및 상대좌표 설정
  동적 입력 ⇨ 포인터 입력 ⇨ 설정 ⇨ 절대좌표 또는 상대좌표에 체크

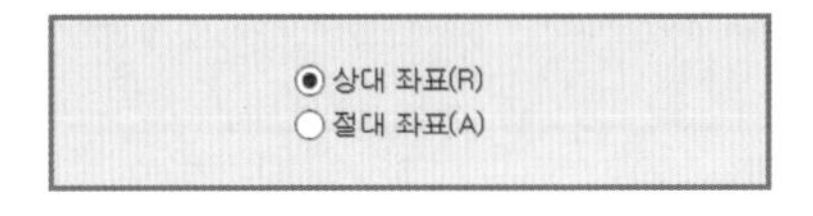

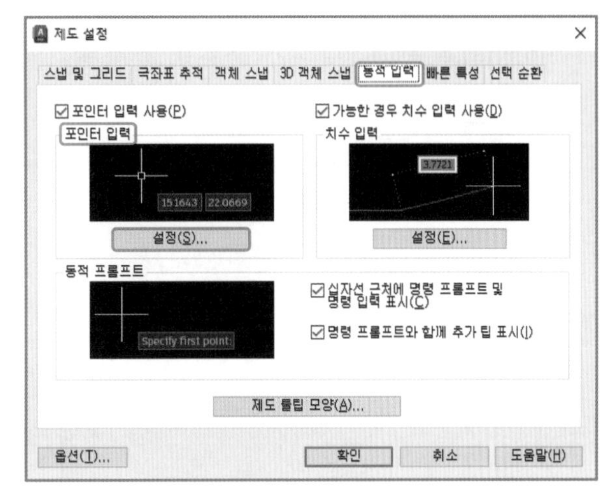

(6) 빠른 특성

객체 선택 시 선택한 객체 유형에 따른 특성 팔레트가 나타나며, 팔레트를 통해 신속하게 객체 속성을 변경할 수 있다.

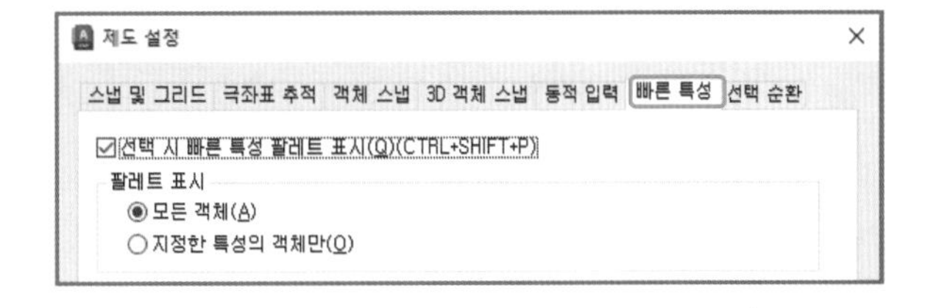

9. 한계 영역 설정

명령 : LIMITS

도면 작업 시 한계 영역을 설정하는 기능이다. Limits 명령은 리본 메뉴에서는 사용할 수 없으며, 명령 입력 창에 직접 명령을 입력하여 사용한다. 명령 입력 창에 LIMITS를 입력하고, 왼쪽 아래 좌표와 오른쪽 위 좌표를 입력하여 작업 한계 영역 치수를 기입한다.

Limits 기능이 ON 상태이면 설정된 영역 밖에서는 어떠한 형상도 그릴 수 없다.

(1) 도면영역을 A2(594×420)로 설정하기

명령 : LIMITS Enter↵

왼쪽 아래 구석점 지정 또는 [켜기(ON)/끄기(OFF)] : 0,0 Enter↵

오른쪽 위 구석점 지정 : 594,420 Enter↵

(2) 윤곽선 작도하기

제도용지의 영역을 4개의 변으로 둘러싸는 윤곽의 왼쪽 선은 20mm의 폭을, 다른 윤곽은 10mm의 폭을 가진다. 윤곽선은 0.7mm 굵기의 실선으로 그린다.

명령 : REC Enter↵

첫 번째 구석점 지정 또는 [모따기(C)/고도(E)/모깎기(F)/두께(T)/폭(W)] : 20,10 Enter↵

다른 구석점 지정 또는 [영역(A)/치수(D)/회전(R)] : 564,400 Enter↵

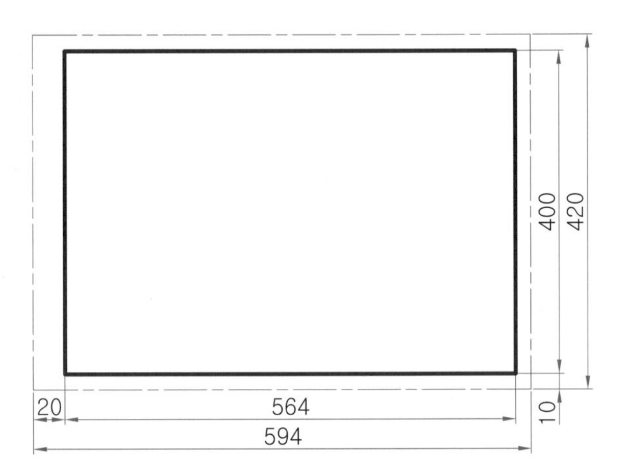

(3) 중심 마크 작도하기

중심 마크는 구역 표시의 경계에서 시작하여 도면의 윤곽선을 지나 10mm까지 0.7mm 굵기의 실선으로 그린다.

명령 : L Enter↵

그림처럼 선으로 중심 마크를 객체 스냅의 중간점을 이용하여 그린다.

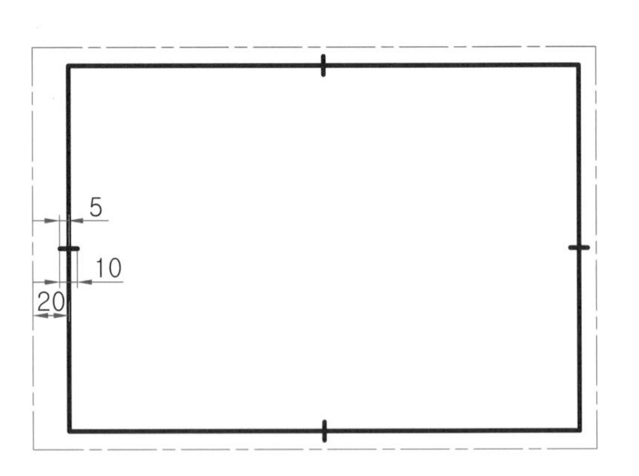

(4) 저장하기

응용 프로그램 아이콘 ⇨ 다른 이름으로 저장 ⇨ 파일명 입력 ⇨ 확인

(5) 화면 전체 보기

명령 : Z Enter↵

윈도우 구석을 지정, 축척 비율(nX 또는 nXP)을 입력 또는 [전체(A)/중심(C)/동적(D)/범위(E)/이전(P)/축척(S)/윈도우(W)/객체(O)] 〈실시간〉 : A Enter↵

2 도형 그리기

1. 선 그리기 - Line

명령 : LINE, 단축명령 : L

Line은 단일선 또는 시작점과 끝점을 연속적으로 연결하는 직선을 그릴 때 사용한다. 절대좌표와 상대좌표는 F12를 클릭하거나 객체 스냅 도구막대에서 동적 입력( )을 On/Off하여 설정할 수 있다.

(1) 절대좌표

X축과 Y축이 이루는 평면에서 두 축이 만나는 교차점을 원점(0, 0)으로 지정하고, 원점으로부터 거리값으로 좌표를 표시한다.

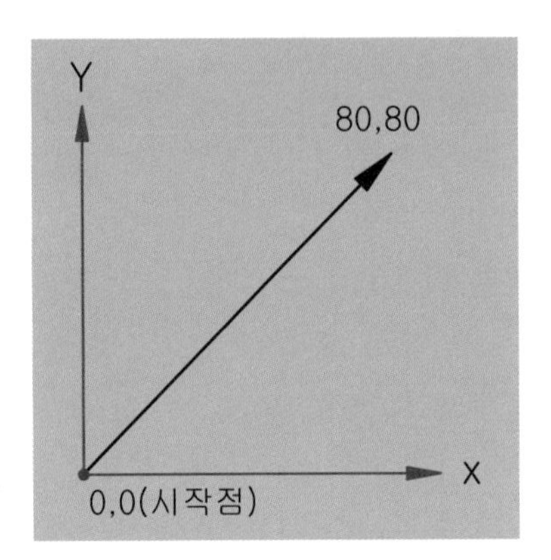

X값 : 원점에서 X축 방향의 거리(80)
Y값 : 원점에서 Y축 방향의 거리(80)

원점에서 X80Y80 좌표점
명령 : L Enter↵
LINE 첫 번째 점 지정 : 0,0 Enter↵
다음 점 지정 또는 [명령 취소(U)] : 80,80 Enter↵

참고

AutoCAD에서 Space Bar는 Enter↵와 기능이 같다. 단, 문자 입력 시에만 Space Bar는 칸 띄우기를 하고 Enter↵는 줄 바꿈을 한다.

- **절대좌푯값으로 정사각형 그리기**

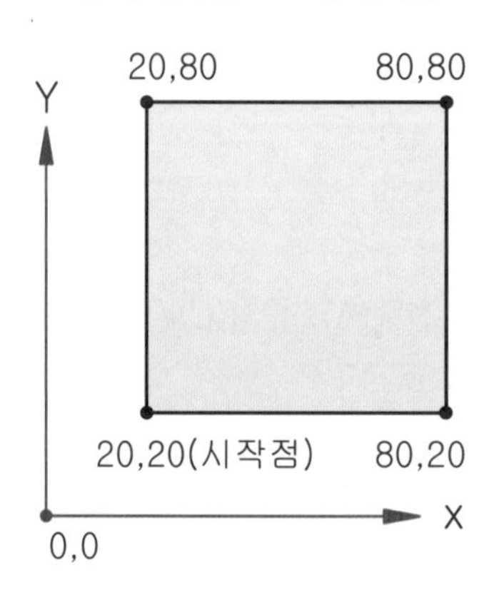

명령 : L [Enter↵]

LINE 첫 번째 점 지정 : 20,20 [Enter↵]

다음 점 지정 또는 [명령 취소(U)] : 80,20 [Enter↵]

다음 점 지정 또는 [명령 취소(U)]
 : 80,80 [Enter↵]

다음 점 지정 또는 [닫기(C) 명령 취소(U)]
 : 20,80 [Enter↵]

다음 점 지정 또는 [닫기(C) 명령 취소(U]
 : C [Enter↵] 또는 20,20 [Enter↵]하거나 마우스로 시작점 클릭

(2) 상대좌표

마지막으로 입력한 점을 원점으로 하여 X축과 Y축의 변위를 좌표로 표시한 점이다.

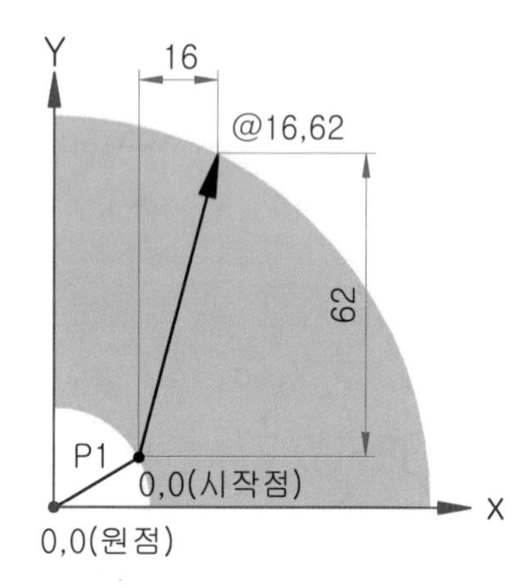

@ : 마지막으로 입력한 점을 원점으로 상대좌표 표시

X값 : 마지막으로 입력한 점에서 X축 방향의 거리

Y값 : 마지막으로 입력한 점에서 Y축 방향의 거리

시작점에서 마지막 입력한 점 : X16Y62의 좌표점

명령 : L [Enter↵]

LINE 첫 번째 점 지정 : P1 클릭

다음 점 지정 또는 [명령 취소(U)] : @16,62 [Enter↵]

- **상대좌푯값으로 정사각형 그리기**

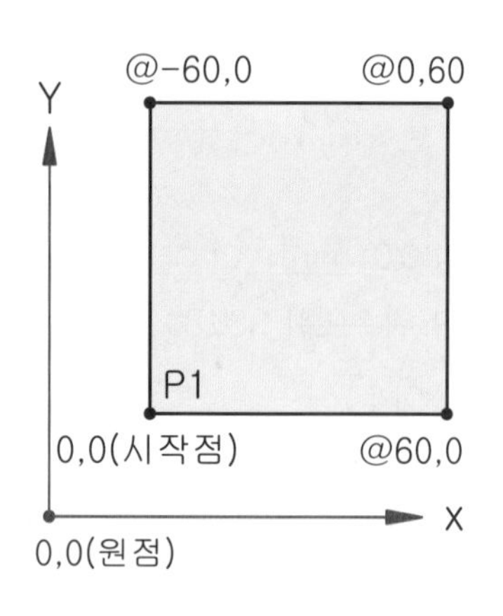

명령 : L [Enter↵]

LINE 첫 번째 점 지정 : P1 클릭

다음 점 지정 또는 [명령 취소(U)]
 : @60,0 [Enter↵]

다음 점 지정 또는 [명령 취소(U)]
 : @0,60 [Enter↵]

다음 점 지정 또는 [닫기(C) 명령 취소(U)]
 : @−60,0 [Enter↵]

다음 점 지정 또는 [닫기(C) 명령 취소(U]
 : C [Enter↵] 또는 @0,−60 [Enter↵]하거나 마우스로 시작점 클릭

(3) 절대극좌표

X축과 Y축이 이루는 평면에서 두 축이 만나는 교차점을 원점(0, 0)으로 지정하고, 원점으로부터 거리와 X축과 이루는 각도로 표시한다. 절대극좌표는 많이 사용하지 않는다.

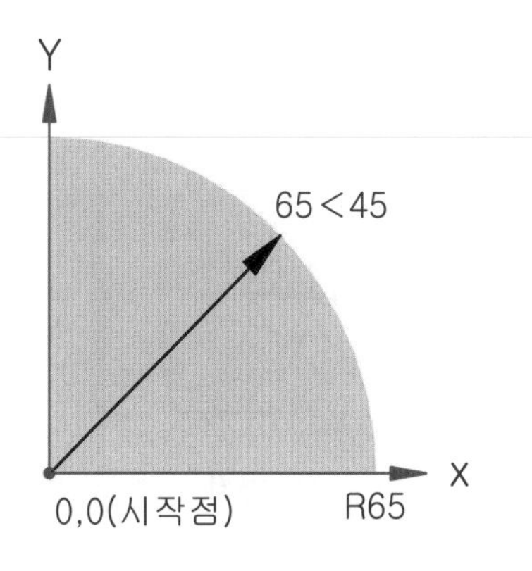

입력 : 거리<각도

거리 : 원점에서 좌표점까지의 거리

< : 극좌표 기호

각도 : X축과 이루는 각도

원점에서 거리 65와 각도 45도인 좌표점

명령 : L Enter↵

LINE 첫 번째 점 지정 : 0,0 Enter↵

다음 점 지정 또는 [명령 취소(U)] : 65<45 Enter↵

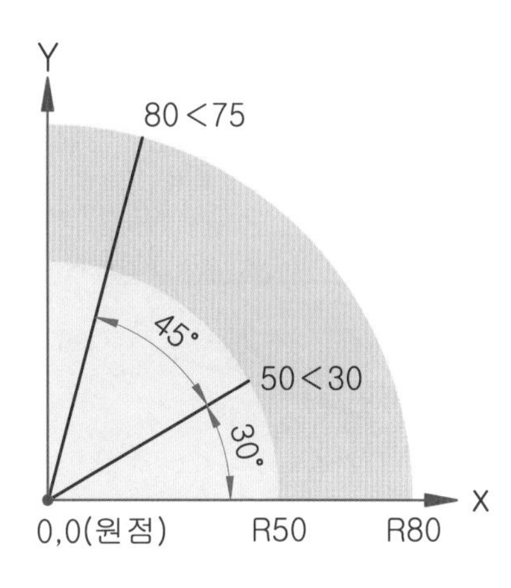

● **절대극좌푯값으로 직선 그리기**

명령 : L Enter↵

LINE 첫 번째 점 지정 : 0,0 Enter↵

다음 점 지정 또는 [명령 취소(U)] : 80<75 Enter↵

명령 : L Enter↵

LINE 첫 번째 점 지정 : 0,0 Enter↵

다음 점 지정 또는 [명령 취소(U)] : 50<30 Enter↵

(4) 상대극좌표

마지막에 입력한 점을 시작점(0,0)으로 X축과 Y축의 변위를 나타내는 것으로, 마지막에 나타내는 점을 상대극좌푯값으로 입력한다.

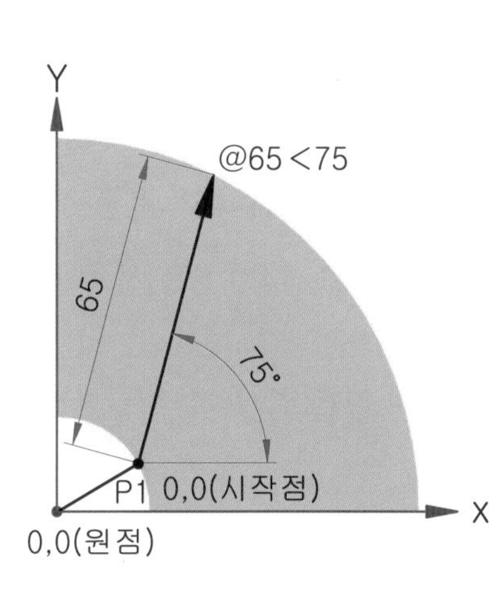

입력 : @거리<각도

거리 : 마지막으로 입력한 점에서 좌표점까지의 거리

< : 극좌표 기호

각도 : X축과 이루는 각도

마지막으로 입력한 점에서 65와 각도 75도인 좌표점

명령 : L Enter↵

LINE 첫 번째 점 지정 : **마지막으로 입력한 점(P1)**

다음 점 지정 또는 [명령 취소(U)]

: @65<75 Enter↵

- **상대좌푯값으로 정사각형 그리기**

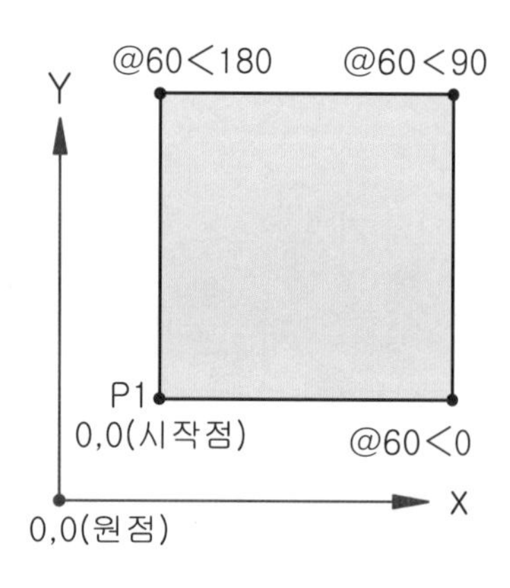

명령 : L Enter↵
Line 첫 번째 점 지정 : P1 클릭
다음 점 지정 또는 [명령 취소(U)]
 : @60<0 Enter↵
다음 점 지정 또는 [명령 취소(U)]
 : @60<90 Enter↵
다음 점 지정 또는 [닫기(C) 명령 취소(U)]
 : @60<180 Enter↵
다음 점 지정 또는 [닫기(C) 명령 취소(U]
 : C Enter↵ 또는 @60<270 Enter↵, P1 클릭

2. 원 그리기 - Circle

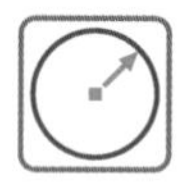

명령 : CIRCLE, 단축명령 : C

(1) 반지름 입력

반지름(R)을 입력하여 원을 그린다.

원의 중심점 지정 : 원의 중심점(P1)을 클릭하거나 좌푯값을 입력한다.

원의 반지름 지정 : 원의 반지름(P2)을 클릭하거나 반지름을 입력한다.

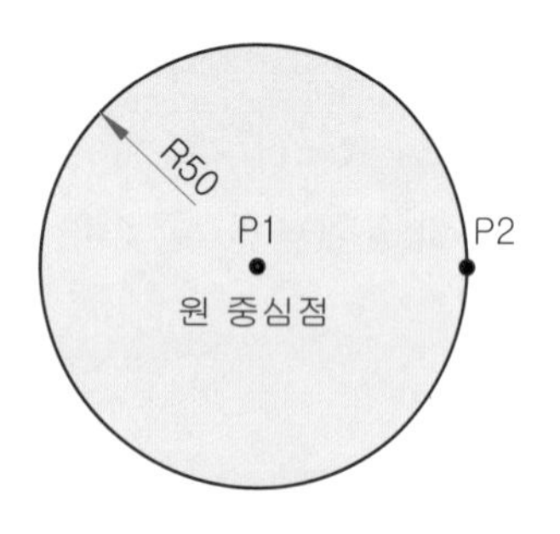

명령 : C Enter↵ ( )
CIRCLE 원에 대한 중심점 지정 또는 [3점(3P)/2점(2P)/TTR-접선 접선 반지름]
 : P1 클릭 또는 좌표점 입력 Enter↵
원의 반지름 지정 또는 [지름(D)]
 : 50 Enter↵ 또는 P2 클릭

(2) 지름 입력

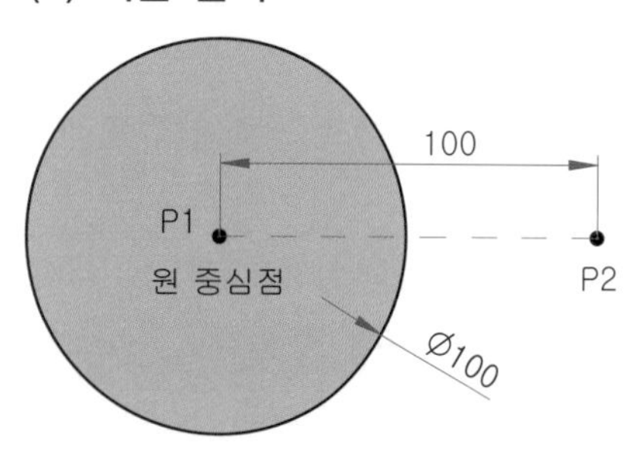

지름(ϕ)을 입력하여 원을 그린다.

원의 중심점 지정 : 원의 중심점(P1)을 선택(클릭)하거나 좌푯값을 입력한다.

원의 지름 지정 : 원의 지름(P2)을 선택(클릭)하거나 지름을 입력한다.

명령 : C Enter↵ ( )

CIRCLE 원에 대한 중심점 지정 또는 [3점(3P)/2점(2P)/TTR-접선 접선 반지름(T)]

: P1 클릭 또는 좌표점 입력 Enter↵

원의 반지름 지정 또는 [지름(D)] : **D** Enter↵

원의 지름을 지정함 : **100** Enter↵ **또는 P2 클릭**

(3) 3점(3P) 입력

3점이 원주를 지나는 원을 그린다. 세 점 P1, P2, P3가 원주에 있는 원을 그려보자.

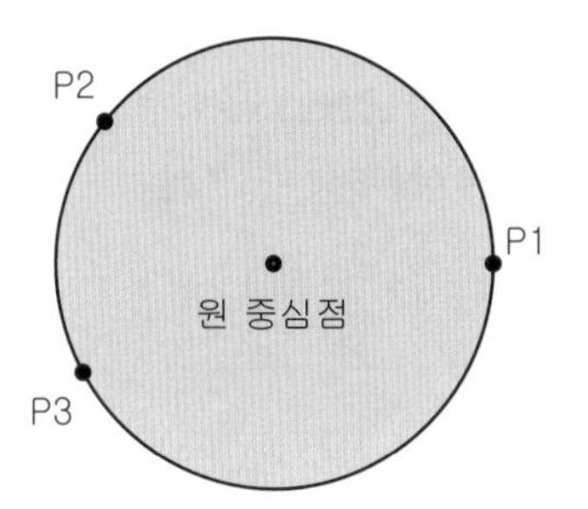

명령 : **C** Enter↵ (◎)

CIRCLE 원에 대한 중심점 지정 또는 [3점(3P)/2점(2P)/TTR-접선 접선 반지름(T) : **3P** Enter↵

원 위의 첫 번째 지점 지정

(4) 2점(2P) 입력

2점을 지나는 원을 그린다.

원의 지름을 입력한다.

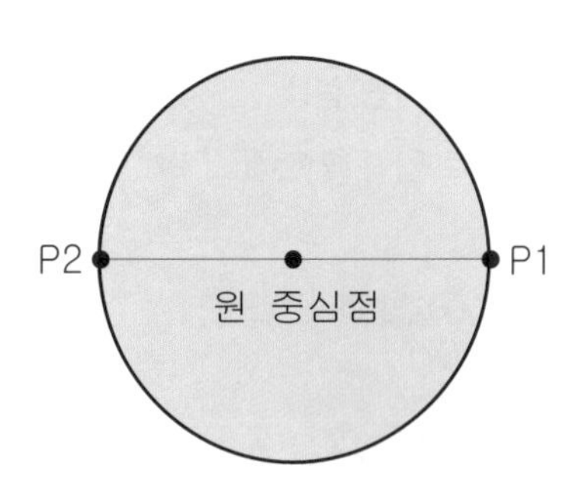

명령 : **C** Enter↵ (◎)

CIRCLE 원에 대한 중심점 지정 또는 [3점(3P)/2점(2P)/TTR-접선 접선 반지름(T)] : **2P** Enter↵

원의 지름의 첫 번째 끝점 지정

: P1을 클릭하거나 좌푯값 입력 Enter↵

원의 지름의 두 번째 끝점 지정

: P2를 클릭하거나 좌푯값 입력 Enter↵

(5) TTR(접선 접선 반지름) 입력

두 선과 교차하는 반지름(R)이 35인 원을 그린다.

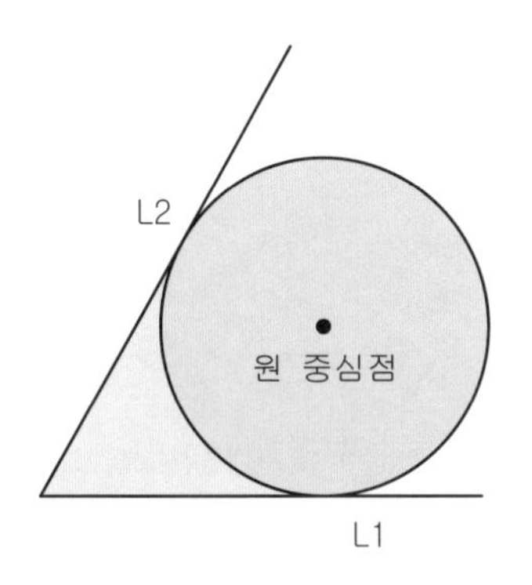

명령 : **C** Enter↵ (◎)

CIRCLE 원에 대한 중심점 지정 또는 [3점(3P)/2점(2P)/TTR-접선 접선 반지름(T)] : **TTR** Enter↵

원의 첫 번째 접점에 대한 객체 위의 점 지정 : **L1 클릭**

원의 두 번째 접점에 대한 객체 위의 점 지정 : **L2 클릭**

원의 반지름 지정 : **35** Enter↵

(6) TTT(접선 접선 접선) 입력

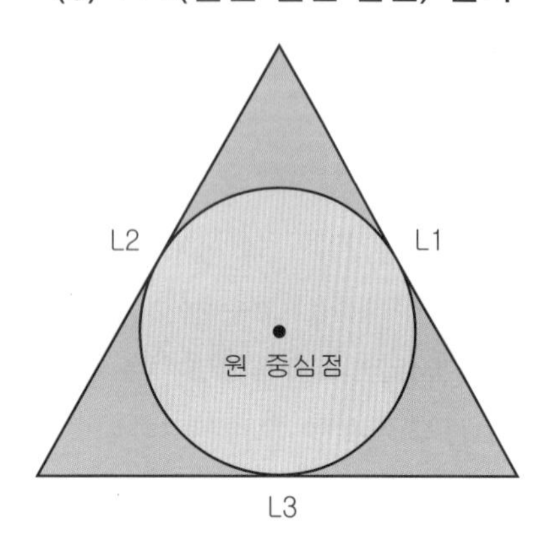

세 점을 지나는 원을 그린다.

세 개의 접선(L1, L2, L3)을 이용한 원을 그린다.

명령 : C [Enter↵] ([◯])
CIRCLE 원에 대한 중심점 지정 또는 [3점(3P)/2점(2P)/TTR-접선 접선 반지름(T)] : 3P [Enter↵]
원 위의 첫 번째 지점 지정 : TAN [Enter↵] L1 클릭
원 위의 두 번째 지점 지정: TAN [Enter↵] L2 클릭
원 위의 세 번째 지점 지정 : TAN [Enter↵] L3 클릭

3. 해상도 조절하기 - Viewers

명령 : VIEWERS

가상 화면을 조정하여 원, 원호를 구성하는 선의 수를 지정함으로써 모니터상에 원이나 호 등을 그리는 가속도와 해상도를 조절한다. 설정값을 크게 하면 높은 해상도의 원 및 호 디스플레이를 얻게 되나 도면을 재생하는 데 시간이 많이 소요된다.

명령 : VIEWERS [Enter↵]
고속 줌을 원하십니까? [예(Y)/아니오(N)] 〈Y〉 : ── **고속 줌을 사용 선택**
원 줌 퍼센트 입력 (1-20000) 〈1000〉 : 100 ── **원의 줌 퍼센트 입력 (기본값 100)**

Viwers 명령의 Enter circle zoom percent가 1%일 때와 100%일 때의 차이점

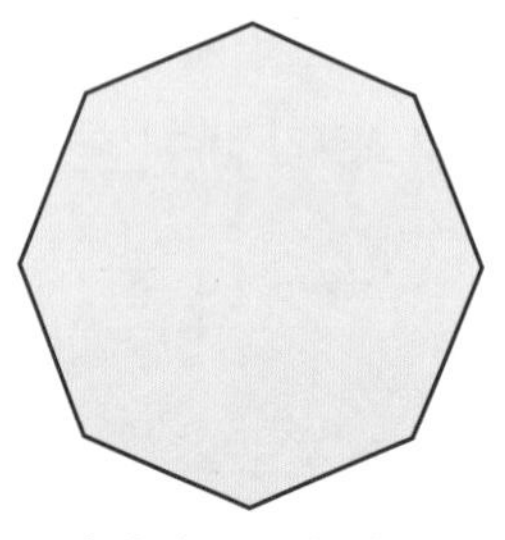
설정값 1%일 경우

설정값 100%일 경우

4. 원호 재생성하기 - Regen

명령 : REGEN, 단축명령 : RE

위 Viewers처럼 원, 원호를 구성하는 선의 수는 기본 설정이 8각이며 Regen [Enter↵]하면, 모니터상에 원이나 호를 진원상태로 부드럽게 보여준다.

5. 호 그리기 - Arc

명령 : ARC, 단축명령 : A

(1) 3점(3P) – 세 점을 지나는 호

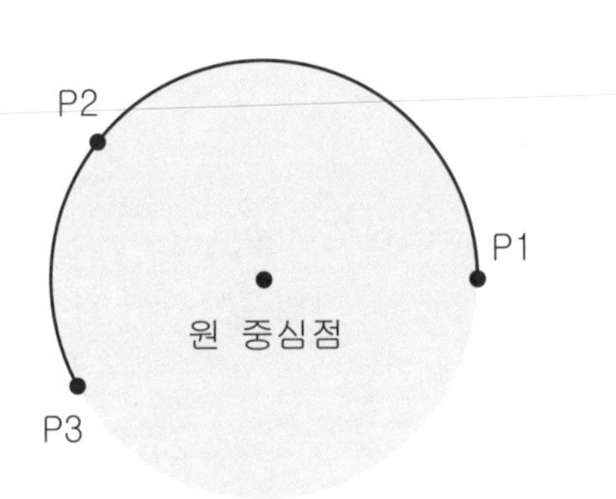

명령 : A Enter↵ ( )

ARC 호의 시작점 또는 [중심(C)] 지정

: P1 클릭 또는 P1 좌표점 입력 Enter↵

호의 두 번째 점 또는 [중심(C)/끝(E)] 지정

: P2 클릭 또는 P2 좌표점 입력 Enter↵

호의 끝점 지정

: P3 클릭 또는 P3 좌표점 입력 Enter↵

(2) 시작점, 중심점, 끝점(S) – 시작점, 중심점, 끝점을 알고 있는 원호

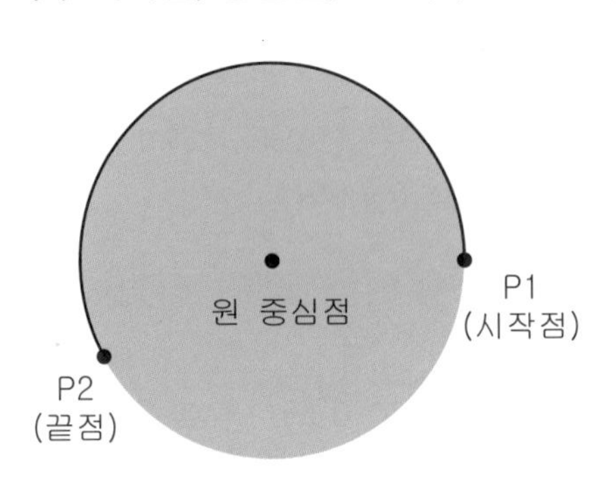

명령 : A Enter↵ ( )

ARC 호의 시작점 또는 [중심(C)] 지정

: P1 클릭 또는 P1 좌표점 입력 Enter↵

호의 두 번째 점 또는 [중심(C)/끝(E)] 지정

: C Enter↵

호의 중심점 지정

: 중심점 클릭 또는 중심 좌표점 입력 Enter↵

호의 끝점 지정 또는 [각도(A)/현의 길이(L)] 지정

: P2 클릭 또는 P2 좌표점 입력 Enter↵

(3) 시작점, 중심점, 각도(T) – 시작점, 중심점, 각도가 있는 원호

명령 : A Enter↵ ( )

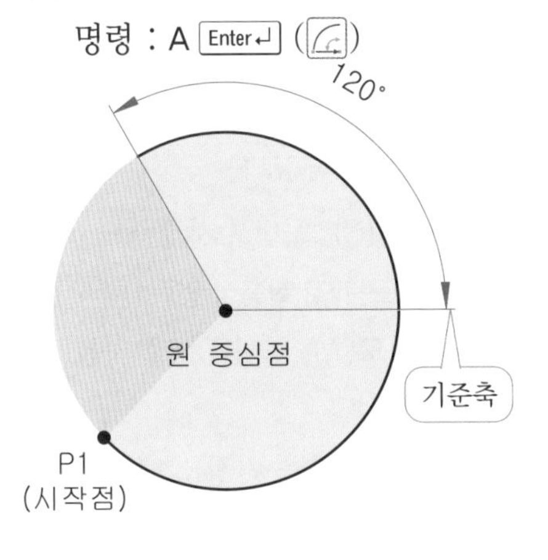

ARC 호의 시작점 또는 [중심(C)] 지정

: P1 클릭 또는 P1 좌표점 입력 Enter↵

호의 두 번째 점 또는 [중심(C)/끝(E)] 지정

: C Enter↵

호의 중심점 지정

: 중심점 클릭 또는 중심 좌표점 입력 Enter↵

호의 끝점 지정 또는 [각도(A)/현의 길이(L)] 지정

: A Enter↵

사잇각 지정 : 120 Enter↵

(4) 시작점, 중심점, 길이(L) – 시작점, 중심점, 호의 길이가 있는 원호

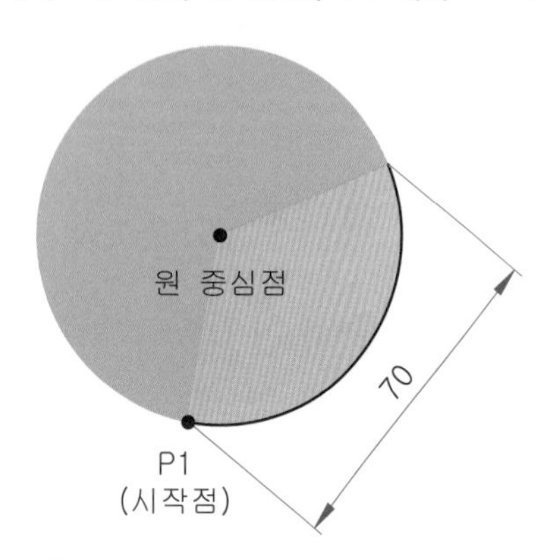

참조 현의 길이는 지름보다 작은 180도 이하에서 적용한다.

명령 : A Enter↵ ( )
ARC 호의 시작점 또는 [중심(C)] 지정
: **P1 클릭 또는 P1 좌표점 입력** Enter↵
호의 두 번째 점 또는 [중심(C)/끝(E)] 지정
: C Enter↵
호의 중심점 지정
: **중심점 클릭 또는 중심 좌표점 입력** Enter↵
호의 끝점 지정 또는 [각도(A)/현의 길이(L)] 지정
: L Enter↵
현의 길이 지정 : 70 Enter↵

(5) 시작점, 끝점, 각도(N) – 시작점, 끝점, 사잇각이 있는 원호

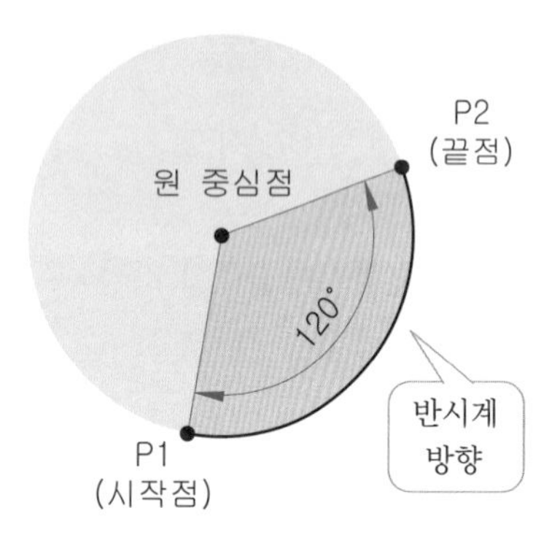

참조 반시계 방향으로 시작점과 끝점의 사잇각이다.

명령 : A Enter↵ ( )
Arc 호의 시작점 또는 [중심(C)] 지정
: **P1 클릭 또는 P1 좌표점 입력** Enter↵
호의 두 번째 점 또는 [중심(C)/끝(E)] 지정
: E Enter↵
호의 끝점 지정
: **P2 클릭 또는 P2 좌표점 입력** Enter↵
호의 중심점 지정 또는 [각도(A)/방향(D)/반지름(R)]
: A Enter↵
사잇각 지정 : 120 Enter↵

(6) 시작점, 끝점, 방향(D) – 시작점, 끝점, 시작점에서 접선의 방향이 있는 원호

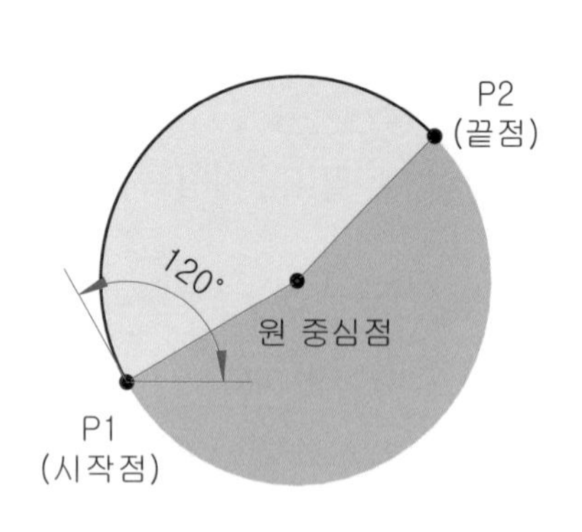

명령 : A Enter↵ ( )
ARC 호의 시작점 또는 [중심(C)] 지정
: **P1 클릭 또는 P1 좌표점 입력** Enter↵
호의 두 번째 점 또는 [중심(C)/끝(E)] 지정 : E Enter↵
호의 끝점 지정 : **P2 클릭 또는 P2 좌표점 입력** Enter↵
호의 중심점 지정 또는 [각도(A)/방향(D)/반지름(R)]
: D Enter↵
호의 시작점에 대한 접선의 방향을 지정 : 120 Enter↵

참조 호의 시작점에서 접선의 방향을 지정한다.

(7) 시작점, 끝점, 반지름(R) – 시작점, 끝점, 반지름이 있는 원호

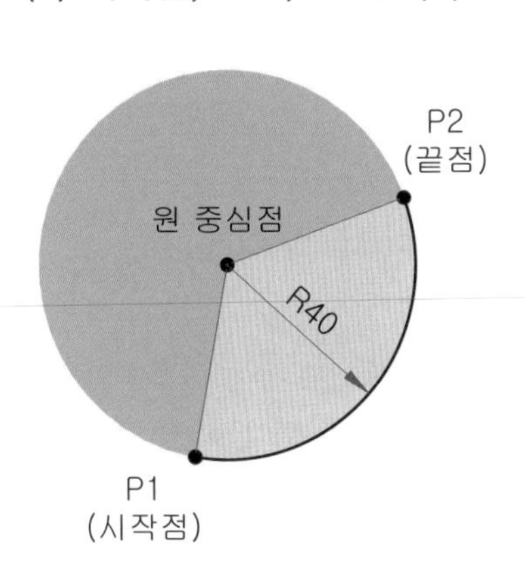

명령 : A Enter↵ ( )
ARC 호의 시작점 또는 [중심(C)] 지정
: **P1 클릭 또는 P1 좌표점 입력** Enter↵
호의 두 번째 점 또는 [중심(C)/끝(E)] 지정
: E Enter↵
호의 끝점 지정 : **P2 클릭 또는 P2 좌표점 입력** Enter↵
호의 중심점 지정 또는 [각도(A)/방향(D)/반지름(R)]
: R Enter↵
호의 반지름 지정 : 40 Enter↵

(8) 중심점, 시작점, 끝점(C) – 중심점, 시작점, 끝점이 있는 원호

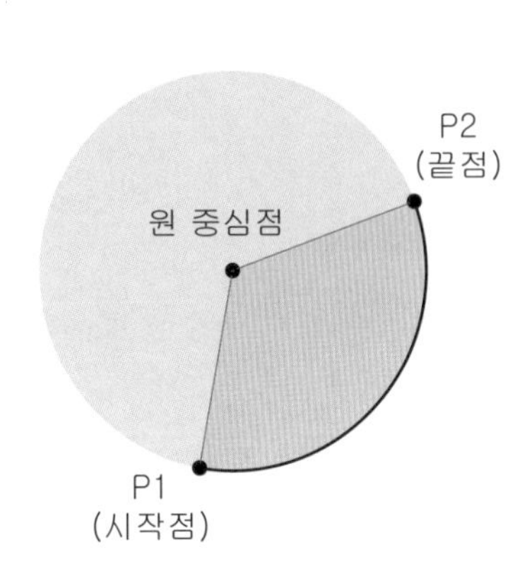

명령 : A Enter↵ ( )
ARC 호의 시작점 또는 [중심(C)] 지정 : C Enter↵
호의 중심점 지정
: **중심점 클릭 또는 중심점 좌표점 입력** Enter↵
호의 시작점 지정
: **P1 클릭 또는 P1 좌표점 입력** Enter↵
호의 끝점 지정 또는 [각도(A)/현의 길이L)] 지정
: **P2 클릭 또는 P2 좌표점 입력** Enter↵

(9) 중심점, 시작점, 각도(A) – 중심점, 시작점, 사잇각이 있는 원호

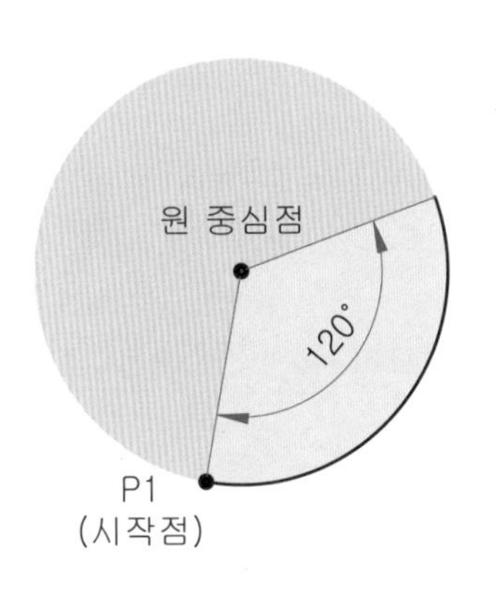

명령 : A Enter↵ ( )
ARC 호의 시작점 또는 [중심(C)] 지정 : C Enter↵
호의 중심점 지정
: **중심점 클릭 또는 중심점 좌푯점 입력** Enter↵
호의 시작점 지정 : **P1 클릭 또는 P1 좌표점 입력** Enter↵
호의 끝점 지정 또는 [각도(A)/현의 길이L)] 지정
: A Enter↵
사잇각 지정 : 120 Enter↵

참조 시작점이 각도 기준이 된다.

(10) 중심점, 시작점, 길이(L) – 중심점, 시작점, 현의 길이가 있는 원호

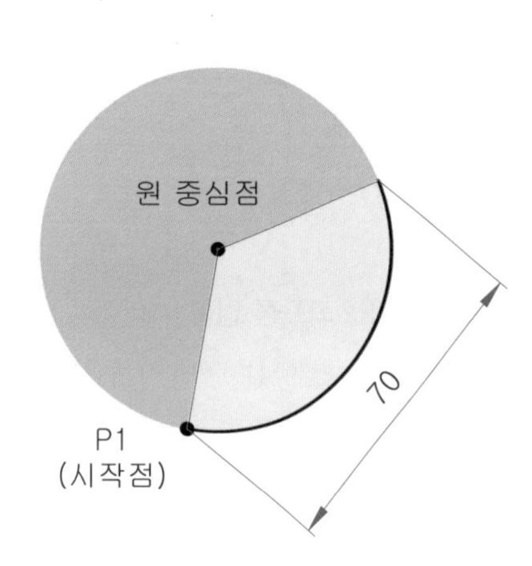

명령 : A Enter↵ ()
ARC 호의 시작점 또는 [중심(C)] 지정 : C Enter↵
호의 중심점 지정
: **중심점 클릭 또는 중심점 좌표점 입력** Enter↵
호의 시작점 지정
: **P1 클릭 또는 P1 좌표점 입력** Enter↵
호의 끝점 지정 또는 [각도(A) / 현의 길이(L)] 지정
: L Enter↵
현의 길이 지정 : 70 Enter↵

참조 현의 길이는 지름보다 적은 180도 이하에서 적용한다.

6. 사각형 그리기 – Rectang

명령 : RECTANG, 단축 명령 : REC

대각선 방향의 두 점으로 사각형을 그리는 명령이며, Line 명령으로 사각형을 그리는 것보다 효율적으로 선을 그릴 수 있다.

명령 : REC Enter↵

RECTANG
× RECTANG 첫 번째 구석점 지정 또는 [모따기(C) 고도(E) 모깎기(F) 두께(T) 폭(W)]:

- **옵션**

모따기(C) : 모서리가 모따기된 형태로 사각형을 그린다.
고도(E) : 레벨을 지정하여 사각형을 그린다.
모깎기(F) : 모서리가 라운딩된 형태로 사각형을 그린다.
두께(T) : 두께가 있는 사각형을 그린다.
폭(W) : 지정 폭으로 사각형을 그린다.

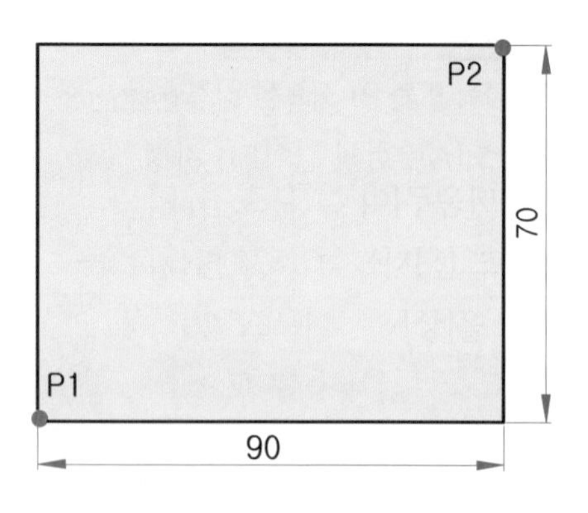

회전(R) : 입력한 각도를 가진 사각형을 그린다.

명령 : REC Enter↵
첫 번째 구석점 지정 또는 [모따기(C) / 고도(E) / 모깎기(F) / 두께(T) / 폭(W)]
: **P1 클릭 또는 좌표점 입력**
다른 구석점 지정 또는 [영역(A) / 치수(D) / 회전(R)] :
P2 클릭 또는 @90, 70 Enter↵

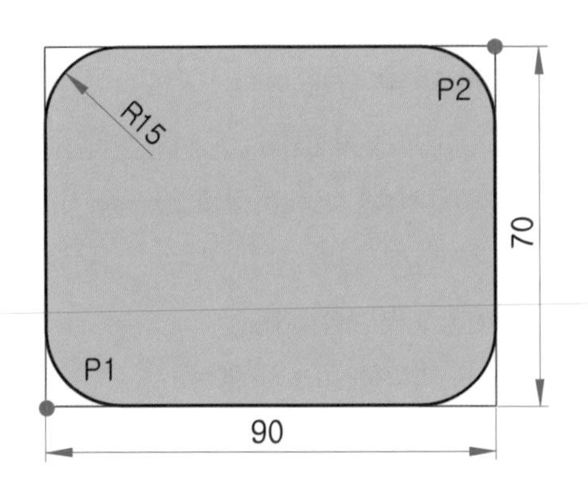

명령 : REC Enter↵

첫 번째 구석점 지정 또는 [모따기(C)/고도(E)/모깎기(F)/두께(T)/폭(W)] : F

직사각형의 모깎기 반지름 지정〈0〉 : 15

첫 번째 구석점 지정 또는 [모따기(C)/고도(E)/모깎기(F)/두께(T)/폭(W)]

: **P1 클릭 또는 좌표점 입력**

다른 구석점 지정 또는 [영역(A)/치수(D)/회전(R)] : **P2 클릭 또는 @90, 70** Enter↵

7. 다각형 그리기 – Polygon

명령 : POLYGON, 단축명령 : POL

원에 내접 또는 외접하는 다각형을 그리는 명령이며, 3각형~1024각형까지 다각형을 그릴 수 있다.

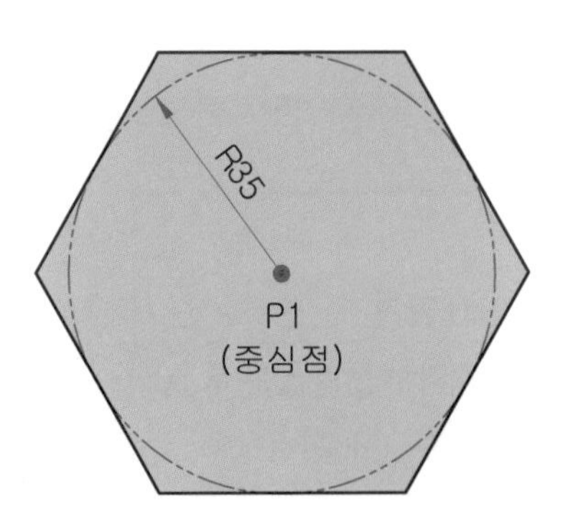

명령 : POL Enter↵

POLYGON 면의 수 입력 〈4〉 : 6

다각형의 중심을 지정 또는 [모서리(E)]

: **중심점을 클릭 또는 좌표점 입력** Enter↵

옵션을 입력 [원에 내접(I)/원에 외접(C)] 〈I〉 : C Enter↵

원의 반지름 지정 : 35 Enter↵

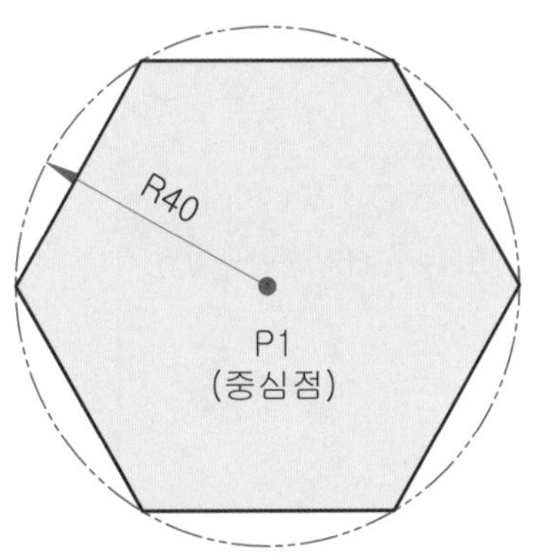

명령 : POL Enter↵

POLYGON 면의 수 입력 〈4〉 : 6

다각형의 중심을 지정 또는 [모서리(E)]

: **중심점을 클릭 또는 좌표점 입력** Enter↵

옵션을 입력 [원에 내접(I)/원에 외접(C)] 〈I〉 : I Enter↵

원의 반지름 지정 : 40 Enter↵

● **다각형 편집하기**

다각형은 폴리선(Polyline)이므로 필렛 작업 시 한꺼번에 모든 꼭짓점에 필렛을 할 수 있다.

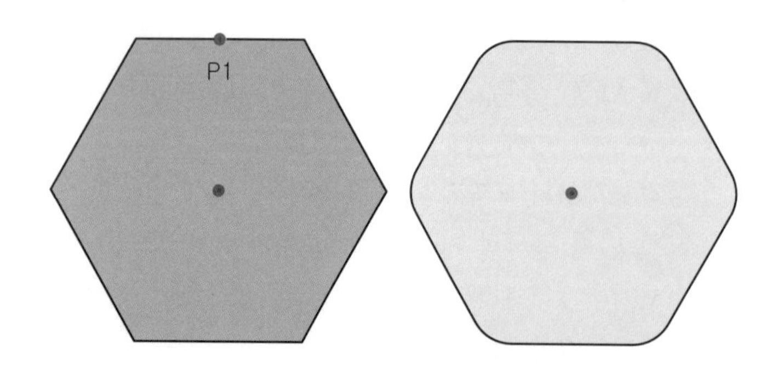

명령 : Fillet Enter↵
첫 번째 객체 선택 또는 [...폴리선(P)/반지름(R)...] : D Enter↵
모깎기 반지름 지정 : 10 Enter↵
첫 번째 객체 선택 또는 [...폴리선(P)/반지름(R)...]
: **다각형선(P1점) 클릭**

8. 타원 그리기 – Ellipse

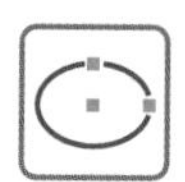 **명령 : ELLIPSE, 단축명령 : EL**

타원은 장축과 단축으로 정의된 원이며, 시작 각도와 끝 각도까지 정의하여 타원형 호를 작도한다.

(1) 중심(C)으로 타원 작도하기

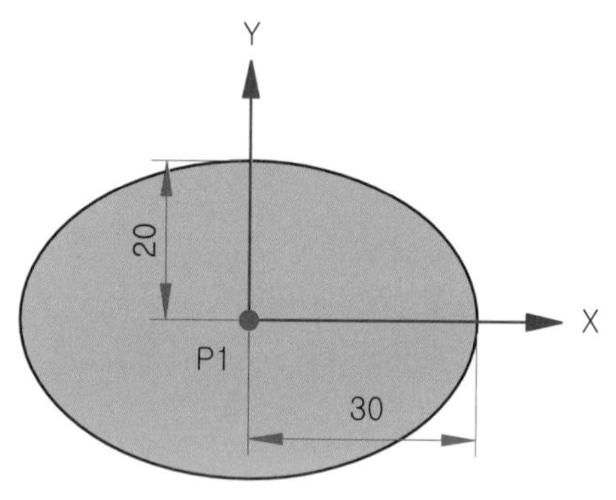

명령 : EL Enter↵
타원의 축 끝점 지정 또는 [호(A)/중심(C)]
: C Enter↵
타원의 중심 지정
: **P1 클릭**
축의 끝점 지정 : **F8(직교) 켜기**
커서의 방향을 오른쪽으로 적당히 옮겨 놓은 후 30 Enter↵
다른 축으로 거리를 지정 또는 [회전(R)]
: 20 Enter↵

(2) 중심(C)으로 30도 기울어진 타원 작도하기

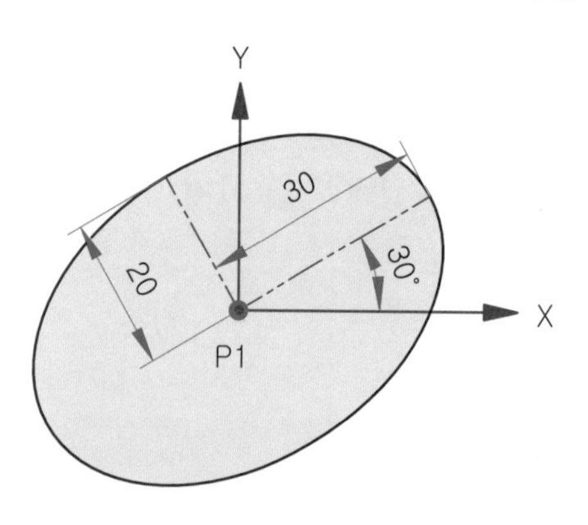

명령 : EL Enter↵
타원의 축 끝점 지정 또는 [호(A)/중심(C)]
: C Enter↵
타원의 중심 지정
: **P1 클릭**
축의 끝점 지정
: @30<30 Enter↵
다른 축으로 거리를 지정 또는 [회전(R)]
: 20 Enter↵

3 도형 편집하기

1. 지우기 – Erase

명령 : ERASE, 단축명령 : E

도면에서 선택적으로 객체를 삭제할 때 사용하는 명령이다. 삭제하고자 하는 객체를 선택한 후 Del 키를 사용해도 좋다.

● 옵션

- 옵션을 사용하지 않고 객체를 마우스로 하나씩 선택하여 삭제한다.
- 모두(ALL) : 객체를 모두 선택하여 삭제한다.
- 울타리(F) : 울타리 선에 걸친 객체만 선택하여 삭제한다.
- 윈도우(W) : 선택 상자 안으로 완전히 포위된 객체만 선택하여 삭제한다.
  컬러풀 객체 선택 방법 : 마우스를 오른쪽 P1 또는 P2 위치에 클릭한 후 왼쪽 방향의 P3 또는 P4를 클릭하면 걸치기(Crossing)가 실행된다.

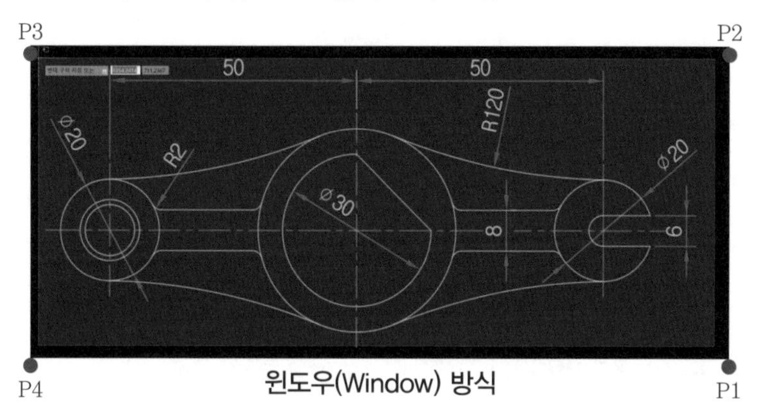

윈도우(Window) 방식

- 걸치기(C) : 윈도우(W)와 울타리(F)를 동시에 사용하는 결과가 된다.
  컬러풀 객체 선택 방법 : 마우스를 왼쪽 P3 또는 P4 위치에 클릭한 후 오른쪽 방향의 P1 또는 P2를 클릭하면 윈도우(Window)가 시행된다.

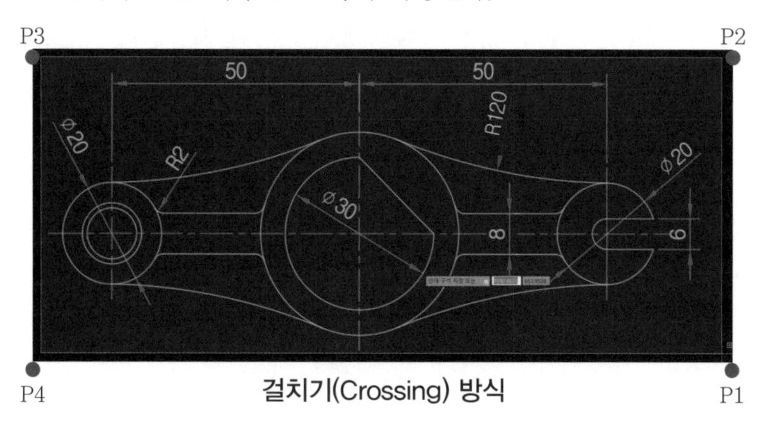

걸치기(Crossing) 방식

2. 실행 명령 취소하기 – Undo

명령 : UNDO, 단축명령 : U, Ctrl+Z

실행한 명령을 취소하여 이전 작업으로 되돌리는 명령이다.

현재 설정: 자동 = 켜기, 조정 = 전체, 결합 = 예, 도면층 = 예

× UNDO 취소할 작업의 수 또는 [자동(A) 조정(C) 시작(BE) 끝(E) 표식(M) 뒤(B)] 입력 <1>:

3. 지운 객체 되살리기 – Oops

명령 : OOPS

Erase 명령 또는 Del 키로 마지막에 지워버린 객체를 다시 되살리는 명령이다.

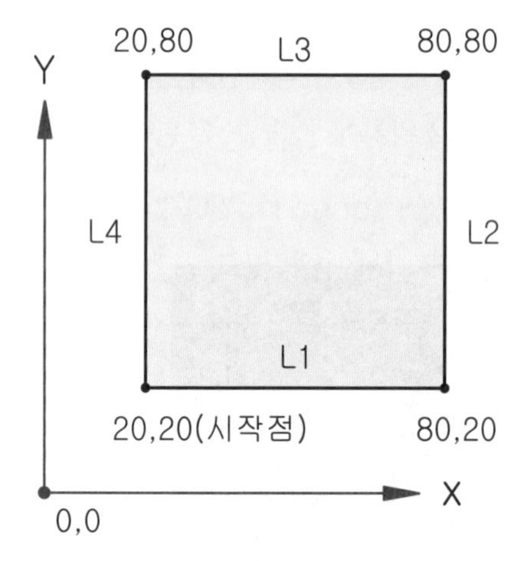

명령 : **ERASE** Enter↵

객체 선택 : **L4 클릭**—한 객체를 선택한다.

객체 선택 : **마우스 오른쪽 클릭 또는** Enter↵

명령 : **OOPS** Enter↵

Erase 명령으로 마지막에 지워버린 객체를 1회 복구한다.

4. Undo 명령 취소하기 – Redo, Mredo

(1) 한 번 복원하기 – Redo

명령 : REDO, 단축명령 : RE, Ctrl+Y

Undo 명령으로 취소시킨 이전 명령을 다시 복원시킬 때 사용한다. 단, UNDO 명령을 사용한 후 바로 적용해야만 하며, 바로 이전 명령 한 번만 적용된다.

(2) 여러 번 복원하기 – Mredo

명령 : MREDO

Mredo는 이전 명령을 여러 번 다시 복원할 수 있다.

- 전체(A) : 이전 작업으로 모두 되돌려준다.
- 최종(L) : Redo와 같은 방법으로 마지막 이전 작업으로만 되돌려준다.

5. 자르기 - Trim

명령 : TRIM, 단축명령 : TR

경계선을 기준으로 객체를 자르는 명령이며, 경계선을 지정하고 객체를 선택하여 자른다.

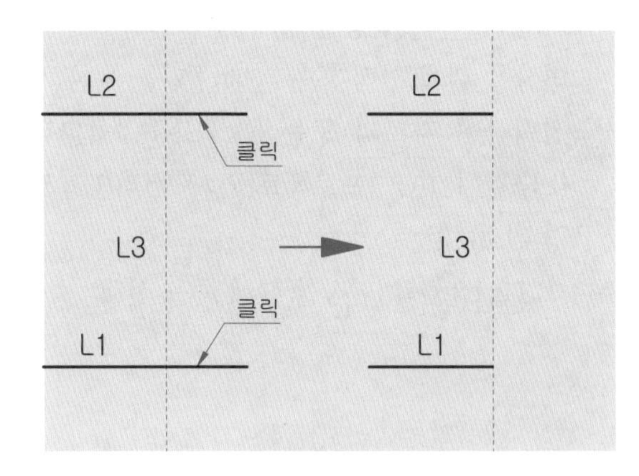

명령 : TR Enter↵
객체 선택 또는 〈모두 선택〉
 : L3 Enter↵(자르기 할 경계 객체 선택)
자를 객체 선택 또는 Shift 키를 누른 채 선택하여 연장 또는 TRIM [울타리(F)/걸치기(C)/프로젝트(P)/모서리(E)/지우기(R)/명령 취소(U)]
 : **L1, L2 클릭** (자르기 할 객체 쪽을선택)

● 옵션

울타리(F) : 선택한 기준선에 교차하는 모든 객체 자르기
걸치기(C) : 두 개의 점에 의해 정의된 직사각형에 포함 또는 교차하는 객체 자르기
프로젝트(P) : 3차원 자르기
모서리(E) : 경계선을 연장하여 자르기
지우기(R) : 선택한 객체를 삭제하기
명령 취소(U) : 자른 객체를 원상 복구시키기

● Trim 명령 실행 중 객체 연장하기

객체 선택 시 Shift 키를 누른 상태에서 선택하면 트림하는 대신 연장이 된다.
명령 : TR Enter↵
객체 선택 또는 〈모두 선택〉 : 경계선 클릭 Enter↵

```
객체 선택 또는 <모두 선택>: 1개를 찾음
객체 선택:
자를 객체 선택 또는 Shift 키를 누른 채 선택하여 연장 또는
× TRIM [울타리(F) 걸치기(C) 프로젝트(P) 모서리(E) 지우기(R)]:
```

6. 연장하기 – Extend

명령 : EXTEND, 단축명령 : EX

선택한 객체의 길이를 연장하는 명령이며, 경계선(기준선)을 지정하지 않고 Enter↵를 두 번 하면 모든 선이 경계선이 되어 쉽게 연장할 수 있다.

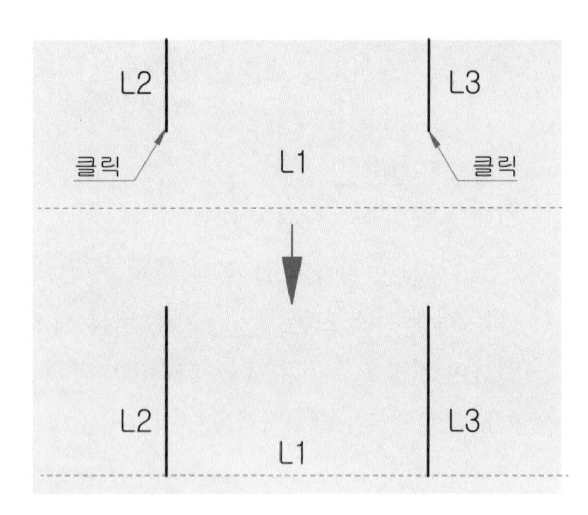

명령 : EX Enter↵
객체 선택 또는 〈모두 선택〉
 : L1 Enter↵(연장할 경계 객체 선택)
연장할 객체 선택 또는 Shift 키를 누른 채 선택하여 자르기 또는 EXTEND [울타리(F)/걸치기(C)/프로젝트(P)/모서리(E)/명령 취소(U)]
 : L2, L3 **클릭** (연장할 객체 쪽을 선택)

7. 모깎기 – Fillet

명령 : FILLET, 단축명령 : F

교차하는 두 개의 선, 원, 호에 반지름을 지정하여 모서리를 둥글게 해주는 명령어이다.

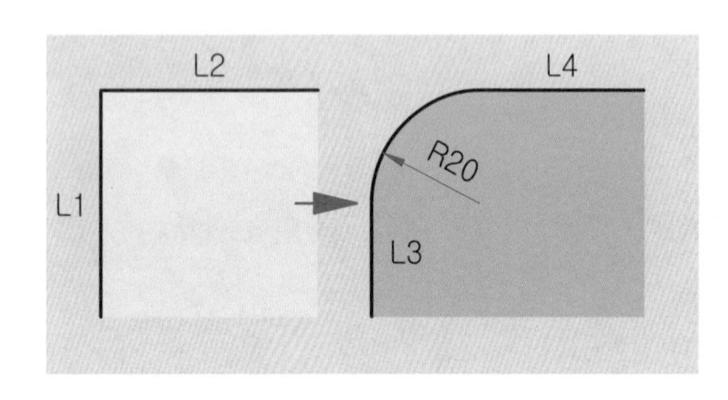

명령 : F Enter↵
현재 설정 : 모드=TRIM,
반지름=100.0000
첫 번째 객체 선택 또는 [명령 취소(U)/폴리선(P)/반지름(R)/자르기(T)/다중(M)] : R Enter↵
모깎기 반지름 지정 〈100.0000〉
 : 20 Enter↵
첫 번째 객체 선택 또는 [명령 취소(U)/폴리선(P)/반지름(R)/자르기(T)/다중(M)] : L1
두 번째 객체 선택 또는 Shift 키를 누른 채 선택하여 구석 적용 [반지름(R)] : L2

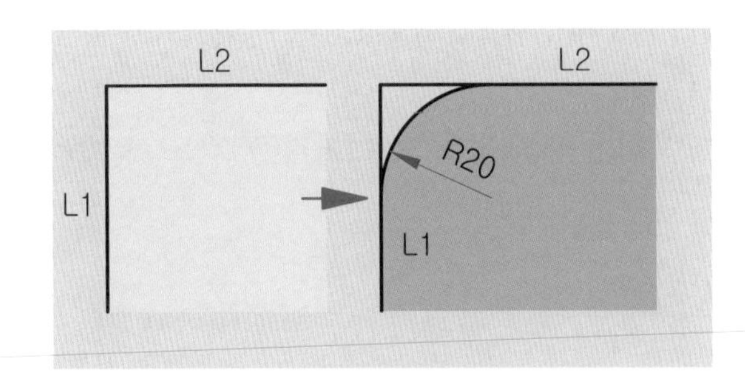

명령 : F Enter↵
현재 설정 : 모드=TRIM, 반지름=0.0000
첫 번째 객체 선택 또는 [명령 취소(U)/폴리선(P)/반지름(R)/자르기(T)/다중(M)]
: T Enter↵
자르기 옵션을 선택 자르기 모드 옵션 입력
[자르기(T)/자르지 않기(N)] 〈자르기〉
: N Enter↵
첫 번째 객체 선택 또는 [명령 취소(U)/폴리선(P)/반지름(R)/자르기(T)/다중(M)] : R Enter↵
모깎기 반지름 지정 〈0.0000〉 : 15 Enter↵
첫 번째 객체 선택 또는 [명령 취소(U)/폴리선(P)/반지름(R)/자르기(T)/다중(M)] : L1
두 번째 객체 선택 또는 Shift 키를 누른 채 선택하여 구석 적용[반지름(R)] : L2

- **옵션**

명령 취소(U) : 명령 이전 동작으로 전환
폴리선(P) : 2D 폴리선의 모깎기 적용
반지름(R) : 반지름값 지정
자르기(T) : 모서리 절단 여부 설정 – 자르기(T), 자르지 않기(N)
다중(M) : 두 세트 이상의 객체 모서리를 둥글게 한다.

8. 모따기 – Chamfer

명령 : CHAMFER, 단축명령 : CHA

모따기는 교차하는 두 선의 교차점을 기준으로 잘라낸다.
명령 : CHA Enter↵

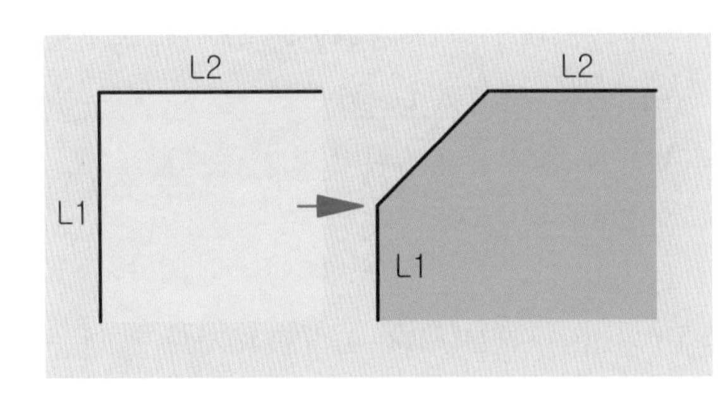

(TRIM 모드) 현재 모따기 거리 1=0.000, 거리 2=0.000
첫 번째 선 선택 또는 [명령 취소(U)/폴리선(P)/거리(D)/각도(A)/자르기(T)/메서드(E)/다중(M)]
: D Enter↵

첫 번째 모따기 거리 지정 〈0.0000〉 : 5 Enter↵
두 번째 모따기 거리 지정 〈5.0000〉 : Enter↵

첫 번째 선 선택 또는 [명령 취소(U) 폴리선(P) 거리(D) 각도(A) 자르기(T) 메서드(E) 다중(M)] : L1 Enter↵

두 번째 선 선택 또는 Shift 키를 누른 채 선택하여 구석 적용 또는 [거리(D) 각도(A) 메서드(E)] : L2 Enter↵

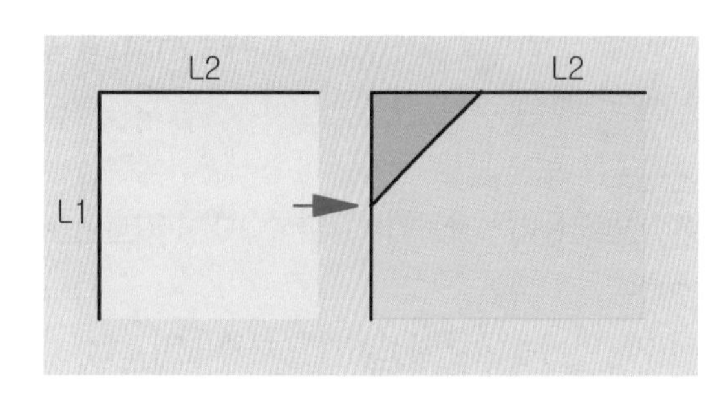

명령 : CHA Enter↵

(TRIM 모드) 현재 모따기 거리 1=0.0, 거리 2=0.0

첫 번째 선 선택 또는 [명령 취소(U) / 폴리선(P) / 거리(D) / 각도(A) / 자르기(T) / 메서드(E) / 다중(M)] : D Enter↵

첫 번째 모따기 거리 지정 〈0.0000〉 : 5 Enter↵

두 번째 모따기 거리 지정 〈5.0000〉 : Enter↵

첫 번째 선 선택 또는 [명령 취소(U) 폴리선(P) 거리(D) 각도(A) 자르기(T) 메서드(E) 다중(M)] : T Enter↵

자르기 모드 옵션 입력 [자르기(T) / 자르지 않기(N)] 〈자르기〉 : N Enter↵

첫 번째 선 선택 또는 [명령 취소(U) 폴리선(P) 거리(D) 각도(A) 자르기(T) 메서드(E) 다중(M)] : L1 Enter↵

두 번째 선 선택 또는 Shift 키를 누른 채 선택하여 구석 적용 또는 [거리(D) 각도(A) 메서드(E) : L2

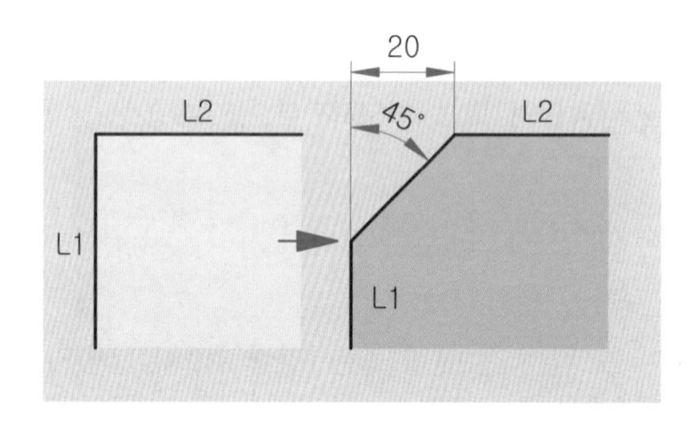

명령 : CHA Enter↵

(TRIM 모드) 현재 모따기 거리 1=0.0, 거리 2=0.0

첫 번째 선 선택 또는 [명령 취소(U) / 폴리선(P) / 거리(D) / 각도(A) / 자르기(T) / 메서드(E) / 다중(M)] : A Enter↵

첫 번째 선의 모따기 길이 지정 〈0.0000〉 : 5 Enter↵

첫 번째 선으로부터 모따기 각도 지정 〈0〉 : 45 Enter↵

첫 번째 선 선택 또는 [명령 취소(U) 폴리선(P) 거리(D) 각도(A) 자르기(T) 메서드(E) 다중(M)] : L1 Enter↵

두 번째 선 선택 또는 Shift 키를 누른 채 선택하여 구석 적용 또는 [거리(D) 각도(A) 메서드(E)] : L2 Enter↵

9. 간격띄우기 – Offset

명령 : OFFSET, 단축명령 : O

지정된 간격 또는 점을 통과하는 평행한 객체를 생성하는 명령이며, 간격을 주고 객체를 선택한 후 그려지는 방향을 클릭한다. 원이나 호에서는 원이나 호의 외부 또는 내부를 클릭하면 된다.

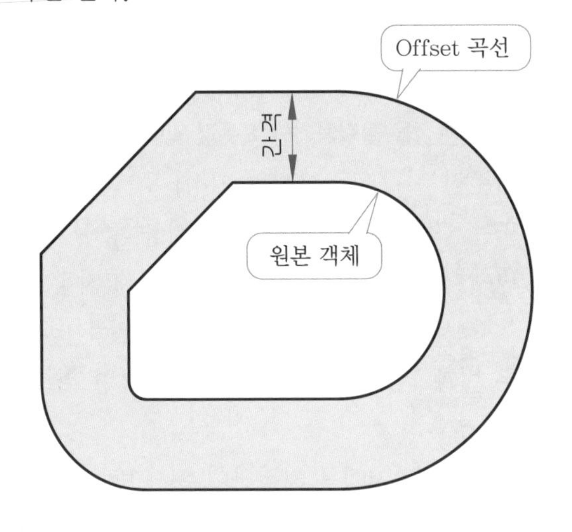

명령 : O Enter↵
현재 설정 : 원본 지우기=아니오 도면층=원본 OFFSETGAPTYPE=0
간격띄우기 거리 지정 또는 [통과점(T) 지우기(E) 도면층(L)] 〈통과점〉
: 10 Enter↵
간격띄우기 할 객체 선택 또는 [종료(E) 명령 취소(U)] 〈종료〉 : **객체(L1) 클릭**
간격띄우기 할 면의 점 지정 또는 [종료(E) 다중(M) 명령 취소(U)] 〈종료〉
: **간격띄우기 할 방향을 지정**

● **옵션**

통과점(T) : 지정한 스냅점까지 간격을 띄운다.
지우기(E) : 지정된 원본 객체를 보존할 것인지 지울 것인지를 설정한다.
도면층(L) : 오프셋한 사본 객체를 원본 객체의 Layer층에 종속시키거나 현재 활성화된 Layer층에 종속시킨다.
종료(E) : 오프셋 명령을 종료한다.
명령 취소(U) : 잘못 오프셋시킨 객체를 오프셋 전으로 되돌린다.
다중(M) : 반복적으로 지정된 한 개의 거리 값이나 여러 개의 통과점을 사용하여 오프셋한다.

참고

- **드래그(Drag)** : 마우스 왼쪽 버튼을 누른 채로 끌고 가는 것
- **드래그 앤 드롭(Drag and Drop)** : 마우스 왼쪽 버튼을 누른 채로 원하는 위치로 끌고 가서 마우스를 놓는 것

10. 복사하기 - Copy

명령 : COPY, 단축명령 : CO 또는 CP

작도된 객체를 원래의 객체와 같은 형상 및 척도를 유지하면서 복사하는 명령이다.

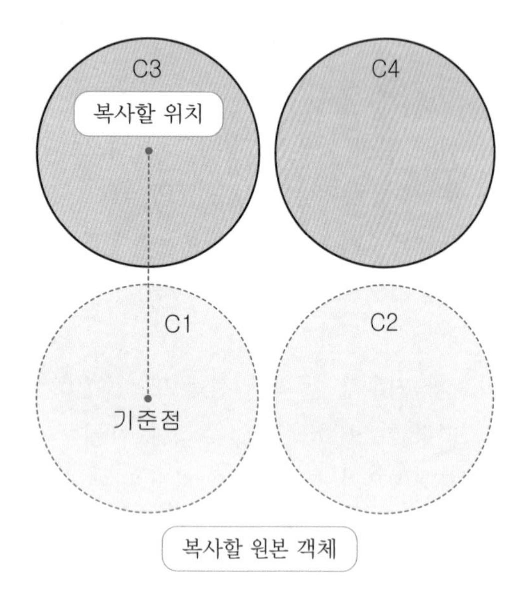

명령 : CO Enter↵
객체 선택 : C1, C2 Enter↵(복사할 객체 선택)
기본점 지정 또는 [변위(D) 모드(O)] 〈변위(D)〉
 : **기준점을 클릭하거나 좌푯값 입력** Enter↵
기준점 지정 또는 [변위 지정] 두 번째 점 지정 또는 〈첫 번째 점을 변위로 사용〉 : 변위의 두 번째 점 지정 또는 〈변위로 첫 번째 지점 사용〉
 : **복사할 위치를 클릭하거나 좌푯값 입력** Enter↵
두 번째 점 지정 또는 [종료(E) 명령 취소(U)] 〈종료〉
두 번째 점 지정을 지정하여 복사 또는 종료
 : Enter↵

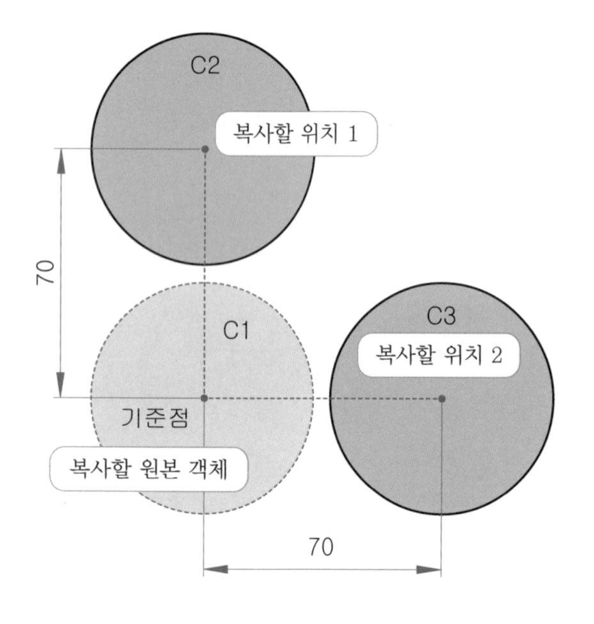

명령 : CO Enter↵
객체 선택 : C1 Enter↵(복사할 객체 선택)
기본점 지정 또는 [변위(D) 모드(O)] 〈변위(D)〉
 : **기준점 선택**
두 번째 점 지정 또는 〈첫 번째 점을 변위로 사용〉 : 70 (**위쪽**으로 마우스를 향한다. 직교 모드(F8)가 ON된 상태로 클릭)
두 번째 점 지정 또는 [종료(E) 명령 취소(U)] 〈종료〉 : 70 (**우측**으로 마우스를 향한다. 직교 모드(F8)가 ON된 상태로 클릭)
두 번째 점 지정 또는 [종료(E) 명령 취소(U)] 〈종료〉 : Enter↵

11. 이동하기 - Move

명령 : MOVE, 단축키 : M

선택한 객체의 위치를 이동하는 명령으로 현재 위치에서 방향과 크기의 변화 없이 원하는 위치로 이동하는 명령이다.

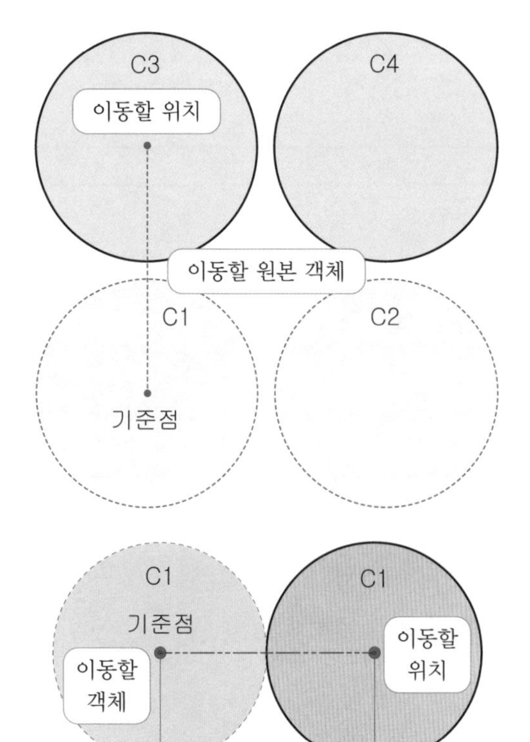

명령 : M Enter↵
객체 선택 : C1, C2 Enter↵(이동할 객체 선택)
기준점 지정 또는 [변위(D)] 〈변위〉
 : **기준점을 클릭하거나 좌푯값 입력** Enter↵
두 번째 점 지정 또는 〈첫 번째 점을 변위로 사용〉
 : **이동할 위치점 클릭 또는 좌푯값 입력** Enter↵

명령 : M Enter↵
객체 선택 : C1 Enter↵
기준점 지정 또는 [변위(D)] 〈변위〉: **기준점 클릭**
두 번째 점 지정 또는 〈첫 번째 점을 변위로 사용〉
 : 50 (직교 모드(F8) ON 상태에서 마우스를 우측 방향으로 클릭한다.)

12. 대칭 이동하기 - Mirror

명령 : MIRROR, 단축명령 : MI

객체를 기준 축 중심으로 대칭 이동시키는 명령이며, 두 점으로 이루어지는 축을 지정한다.

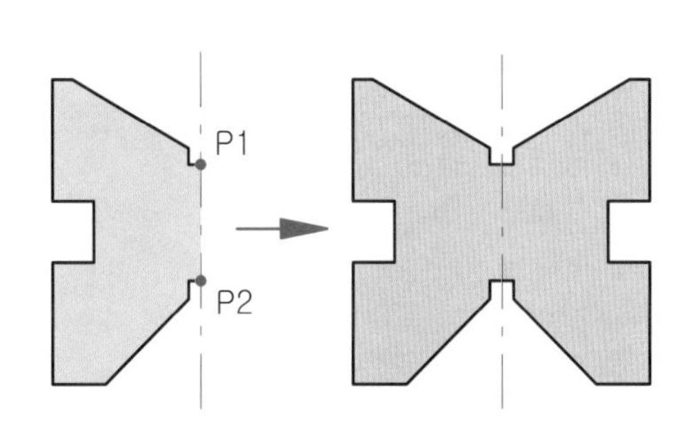

명령 : MI Enter↵
객체 선택 : **이동할 객체 선택**
객체 선택 : Enter↵
대칭선의 첫 번째 점 지정 : P1
대칭선의 두 번째 점 지정 : P2
원본 객체를 지우시겠습니까? [예(Y) 아니오(N)] 〈N〉 : Enter↵

13. 배열하기 – Array

명령 : ARRAY, 단축명령 : AR

객체를 일정 간격으로 가로, 세로로 배열하는 직사각형 배열과 기준 축을 중심으로 회전시켜 배열하는 원형 배열이 있다.

명령 : AR Enter↵

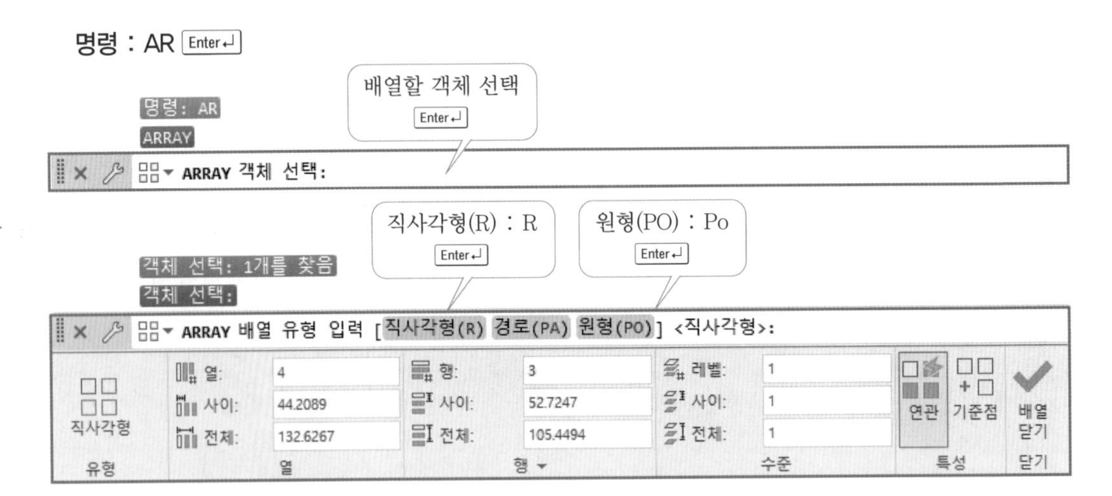

● **배열하기 – Arrayclassic**

AutoCAD에서 객체 배열 시 나타나는 작업 창을 생성하는 명령이다(2012버전 이후).
기본으로 사용하는 배열하기(Array)보다 편리하여 더 많이 사용한다.

(1) 직사각형 배열

Arrayclassic 명령을 사용하면 아래 팝업창과 같이 배열할 수 있다.

명령 : ARRAYCLASSIC Enter↵

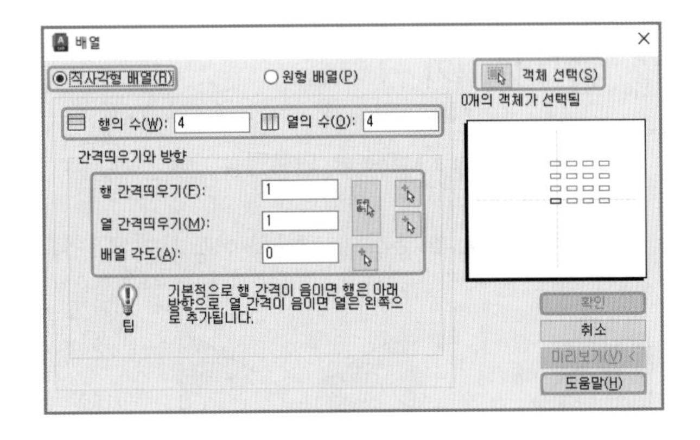

- 객체 선택(S) : 객체를 선택
- 행의 수(W) : 행의 개수를 지정
- 열의 수(O) : 열의 개수를 지정
- 행 간격 띄우기(F) : 행 배열의 객체 간 간격
- 열 간격 띄우기(M) : 열 배열의 객체 간 간격
- 배열 각도(A) : 사각 모양 배열에 각도를 이용하여 회전된 상태로 배열한다.

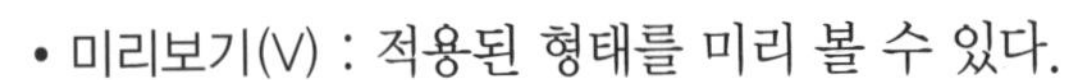

- 미리보기(V) : 적용된 형태를 미리 볼 수 있다.
- 확인

다음과 같은 도면으로 사각 모양 배열한다. (가로 20×세로 15)

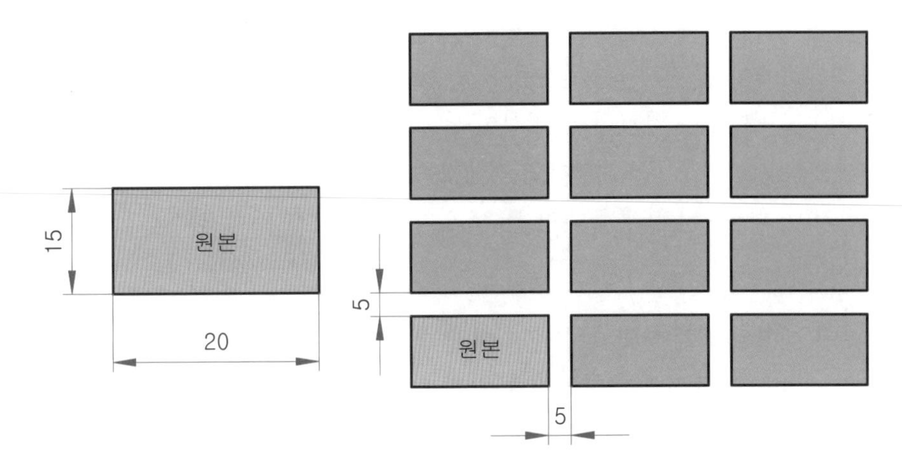

● **직사각형 배열 체크**

명령 : ARRAYCLASSIC Enter↵

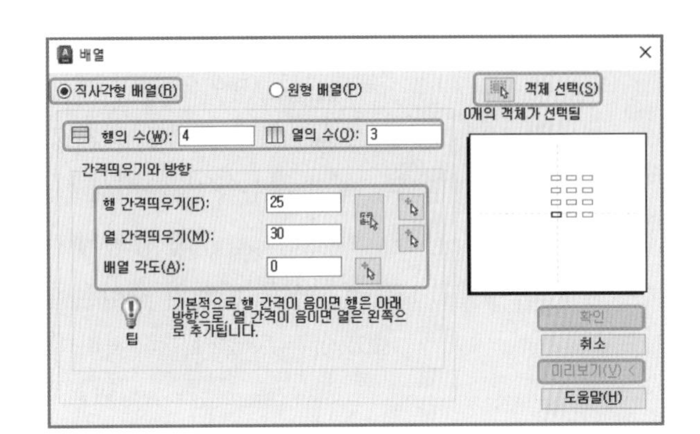

- 객체 선택(S) : **객체**(사각 가로 20×세로 15) **선택**
- 행의 수(W) : 4
- 열의 수(O) : 3
- 행 간격 띄우기(F) : 25
- 열 간격 띄우기(M) : 30
- 배열 각도(A) : 0
- 미리보기(V) : 적용된 형태를 미리 볼 수 있다.
- 확인

(2) 원형 배열

명령 : ARRAYCLASSIC

- 객체 선택(S) : 객체를 선택
- 중심점 : X, Y 입력, 중심 클릭
- 방법(M)
  - 항목의 전체 수 및 채울 각도 : 전체 배열 각과 배열 개수로 배열
  - 항목의 전체 수 및 항목 사이의 각도 : 각 객체의 사잇각으로 배열

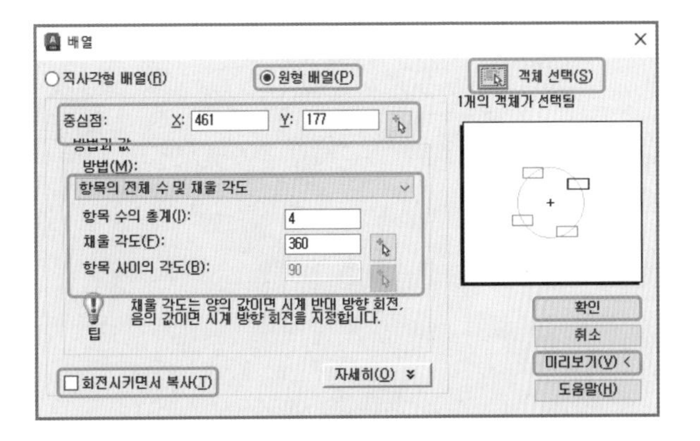

– 채울 각도 및 항목 사이의 각도 : 전체 배열 각과 객체 사잇각으로 배열

- 항목 수의 총계(I) : 배열할 개수를 지정
- 채울 각도(F) : 배열 전체 각을 지정
- 항목 사이의 각도(B) : 각각의 객체 사이의 각도
- 회전시키면서 복사(T) : ☑ 체크하면 객체가 법선 방향으로 중심점을 향해 원형 배열한다.
- 미리보기(V) : 적용된 형태를 미리 볼 수 있다.

● **옵션**

연관(AS) : 배열된 객체가 하나의 단일 배열 객체가 되도록 연관성을 부여한다.

기준점(B) : 배열 기준점과 그립의 위치를 변경하거나 연관 배열의 점을 재지정한다.

회전축(A) : 3차원 배열에 적용되는 회전축이며, 두 개의 스냅점을 회전축으로 정의한다.

항목(I) : 회전 배열 개수를 입력하거나 표현식을 선택하여 수학 공식이나 방정식을 대입하여 개수를 정의할 수도 있다.

사이의 각도(A) : 객체와 객체 사이의 등간격 각도값을 입력한다.

채울 각도(F) : 배열 개수가 모두 포함된 전체 각도값을 입력한다.

행(ROW) : 배열되는 행의 개수와 행 사이의 거리값을 입력한다.

레벨(L) : 3차원 배열에 적용되는 Z축 방향의 객체 개수와 거리값을 입력한다.

항목 회전(ROT) : 객체 자신도 배열의 중심점을 기준으로 회전될 것인지 아니면 객체가 가지고 있는 방향성을 유지하며 회전될 것인지를 제어한다.

다음과 같은 도면으로 원형 배열한다.

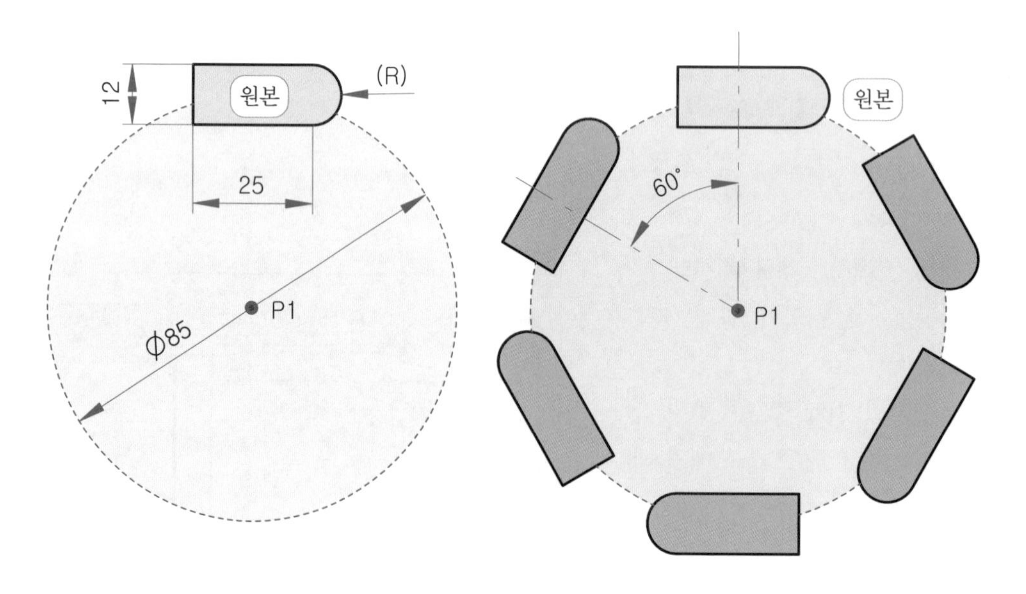

- **원형 배열 체크**

명령 : ARRAYCLASSIC [Enter↵]

- 객체 선택(S) : **객체 선택**
- 중심점 : **X, Y값 입력 또는 중심점 P1 클릭**
- 방법(M) : **항목의 전체 수 및 채울 각도**
- 항목 수의 총계(I) : 6
- 채울 각도(F) : 360
- 항목 사이의 각도(B) : **비활성**
- 회전시키면서 복사(T) : ☑ **체크**(객체가 회전하면서 배열)
- 미리보기(V) : 적용된 형태를 미리 볼 수 있다.
- 확인

14. 회전하기 – Rotate

명령 : ROTATE, 단축명령 : RO

객체를 원하는 각도만큼 회전시켜 주는 명령으로, 회전 방향은 반시계 방향이며 시계 방향으로 회전을 하려면 각도를 음의 값으로 입력한다.

명령 : RO [Enter↵]

- 객체 선택 : 회전할 객체 선택
- 기준점 지정 : 회전시킬 기준점을 클릭 또는 좌표점 입력
- 회전 각도 지정 또는 [복사(C) 참조(R)] 〈0〉 : C(원본을 남기고 복사한다.)
- 회전 각도 지정 또는 [참고] : 회전할 각도 입력

(1) 원본을 남기지 않고 회전하기

명령 : RO [Enter↵]

객체 선택 : **사각형 선택**

객체 선택 : [Enter↵]

기준점 지정 : **기준점 클릭 또는 좌표점 입력**

회전 각도 지정 또는 [복사(C) 참조(R)] 〈5〉 : 45 [Enter↵]

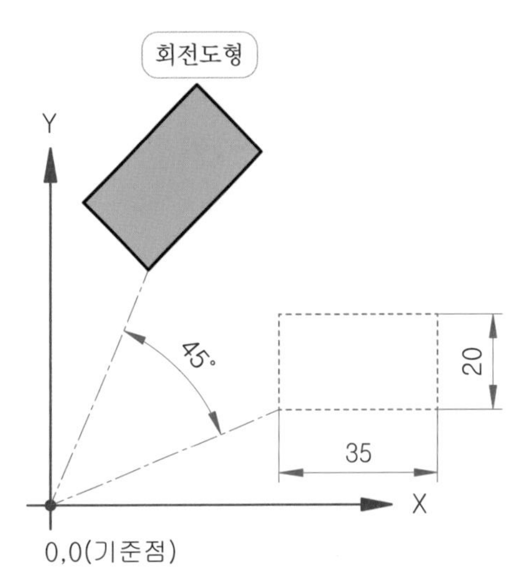

(2) 원본을 남기고 회전하기

명령 : RO Enter↵

객체 선택 : **사각형 선택**

객체 선택 : Enter↵

기준점 지정 : **기준점 클릭 또는 좌표점 입력**

회전 각도 지정 또는 [복사(C) 참조(R)] 〈5〉

: C Enter↵

회전 각도 지정 또는 [복사(C) 참조(R)] 〈5〉

: 45 Enter↵

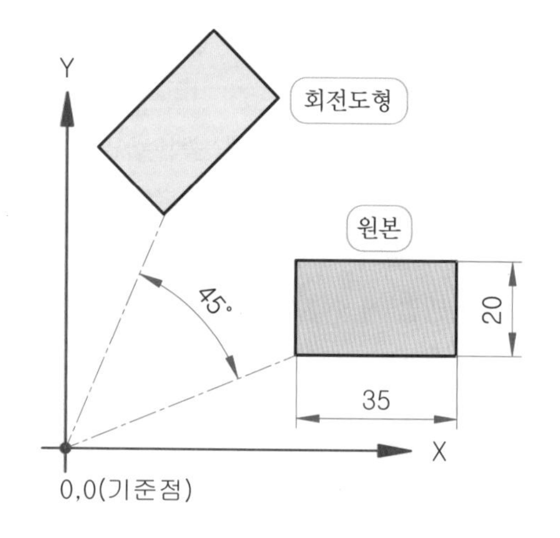

15. 끊기 – Break

명령 : BREAK, 명령 : BR

객체에서 지정한 두 점 사이를 삭제하거나 지정한 점을 기준으로 분리하는 명령이며, 원은 첫 점을 기준으로 반시계 방향으로 잘린다.

명령 : BR Enter↵

객체 선택 : **원 선택** Enter↵

두 번째 끊기점을 지정 또는 [첫 번째 점(F)]

: F Enter↵

첫 번째 끊기점 지정 : P1

두 번째 끊기점 지정 : P2

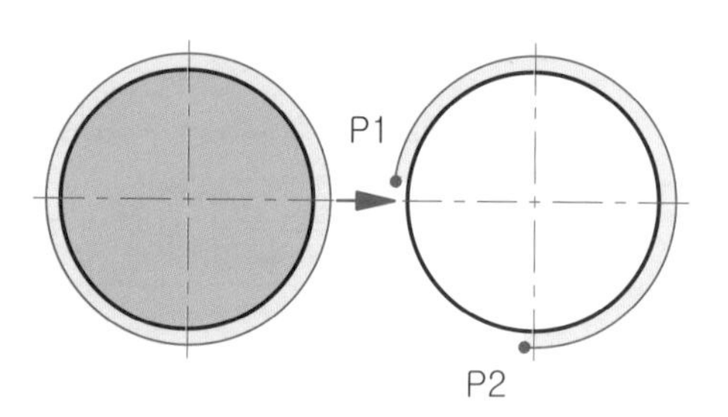

16. 비율 조절하기(축척) – Scale

명령 : SCALE, 단축명령 : SC

객체의 크기를 확대하거나 축소할 때 사용하는 명령이다. 1보다 크면 확대되고 1보다 작으면 축소되며, 비율은 길이의 비율이다.

명령 : SC Enter↵

객체 선택 : **원과 사각형 선택**

객체 선택 : Enter↵

기준점 지정 : **기준점 클릭 또는 좌표점 입력**

축척 비율 지정 또는 [복사(C) 참조(R)] : C Enter↵

축척 비율 지정 또는 [복사(C) 참조(R)] : 2 Enter↵

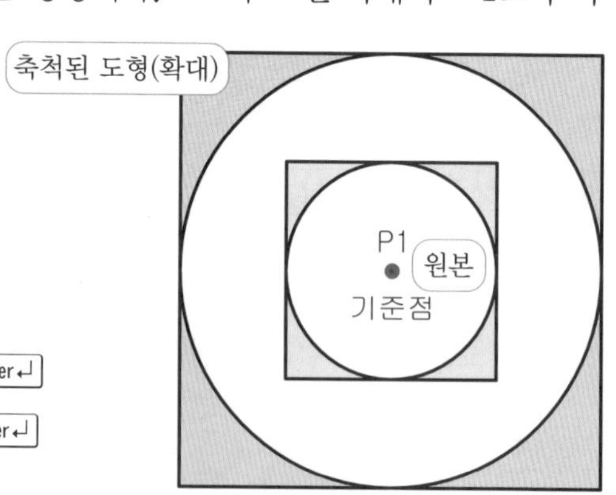

17. 늘리기 - Stretch

명령 : STRETCH, 단축명령 : S

객체 일부를 선택하여 걸쳐진 부분만 설정한 방향과 길이만큼 늘려주는 명령이다.

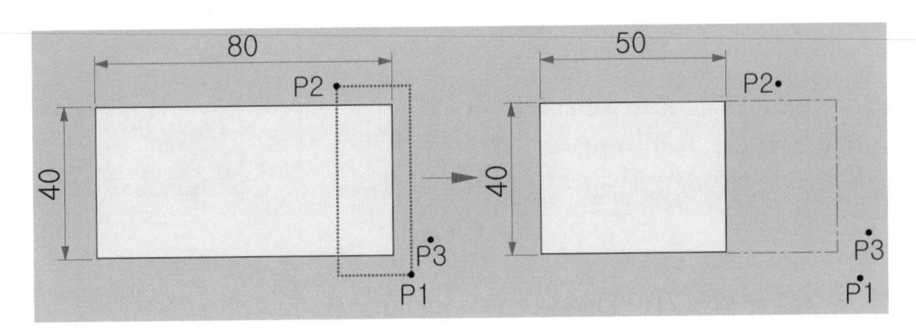

명령 : S Enter

객체 선택 : **걸침 윈도우(P1-P2)로 선택**

객체 선택 : Enter

기준점 지정 또는 [변위(D)] 〈변위〉 : **임의의 위치인 P3 클릭**

두 번째 점 지정 또는 〈첫 번째 점을 변위로 사용〉 : **@ -30,0** Enter

18. 확장 / 축소하기 - Lengthen

명령 : LENGTHEN, 단축명령 : LEN

객체의 길이나 호의 각도를 변경하고자 할 때 사용하는 명령이다.

명령 : **LEN** Enter

객체 선택 또는 [증분(DE) 퍼센트(P) 합계(T) 동적(DY)] : **DE** Enter

증분 길이 또는 [각도(A)] 입력 〈0.0000〉 : **20** Enter

변경할 객체 선택 또는 [명령 취소(U)] : **P1 클릭**

변경할 객체 선택 또는 [명령 취소(U)] : Enter

- **옵션**

증분(DE) : 선분의 길이나 호의 각으로 객체의 길이를 변경한다.

합계(T) : 입력된 길이나 호의 각이 객체의 전체 길이나 전체 각도가 된다.

각도(A) : 확장하거나 축소할 호의 각을 입력한다.

19. 점 유형 설정하기 – Ddptype

명령 : DDPTYPE
점(포인트)의 종류와 크기를 설정하는 명령이다.

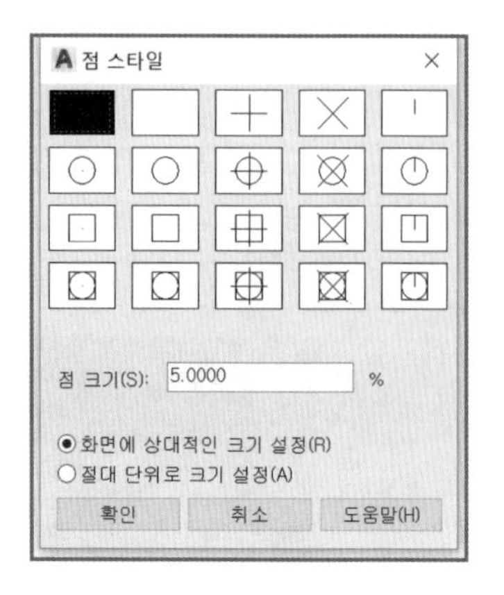

- **옵션**

점 크기 : 점의 크기 입력
화면에 상대적인 크기 설정(R) : 상대 크기, %로 표시
절대 단위로 크기 설정(A) : 절대 크기, 단위로 표시

20. 지정한 개수로 분할하기 – Divide

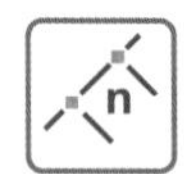

명령 : DIVIDE, 단축명령 : DIV
길이를 갖는 객체를 원하는 개수로 나누는 명령이며, 일정 거리의 점을 생성한다.

명령 : DIV Enter↵
등분할 객체 선택
 : **등분할 객체 선택**
세그먼트의 개수 또는 [블록(B)] 입력 :
5 Enter↵

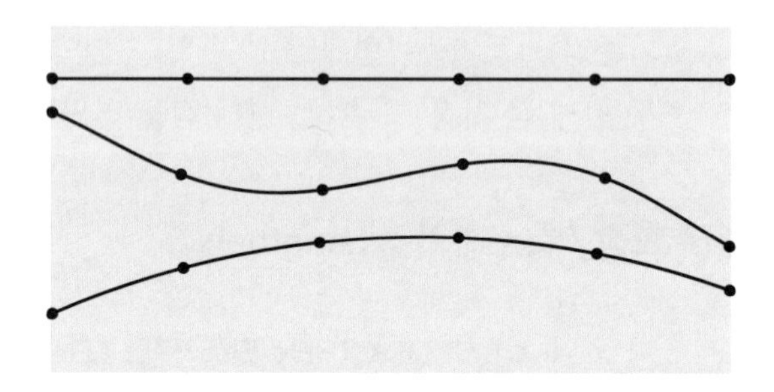

21. 지정한 길이로 분할하기 – Measure

명령: MEASURE

길이를 갖는 객체를 원하는 길이로 나누는 명령이며, 원하는 길이로 선 위에 점을 생성한다.

명령 : MEASURE Enter↵
길이 분할 객체 선택
 : **분할 객체 선택**
세그먼트의 길이 지정 또는 [블록(B)]
: 20 Enter↵
20mm 간격으로 분할되며, 원호는 반시계 방향으로 점을 생성한다.

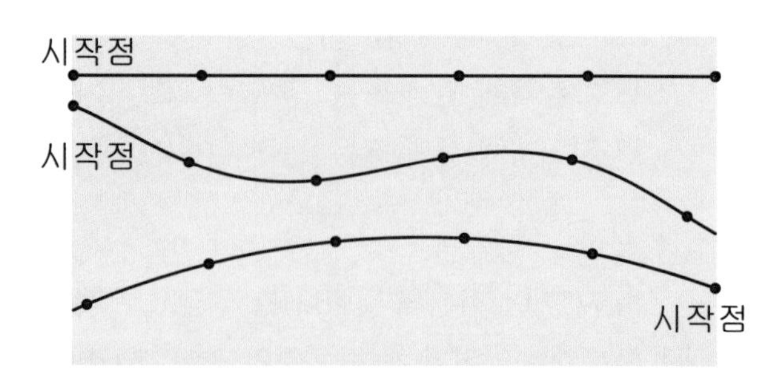

4 해칭하기

1. 해칭하기 - Hatch

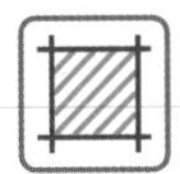 **명령 : HATCH, 단축명령 : H**

HATCH 명령은 닫힌 형태(폐구간)인 객체 또는 영역 내를 선택하여 세 가지 방법(해치 패턴, 솔리드, 그라데이션)으로 그 안을 채우는 명령이다.

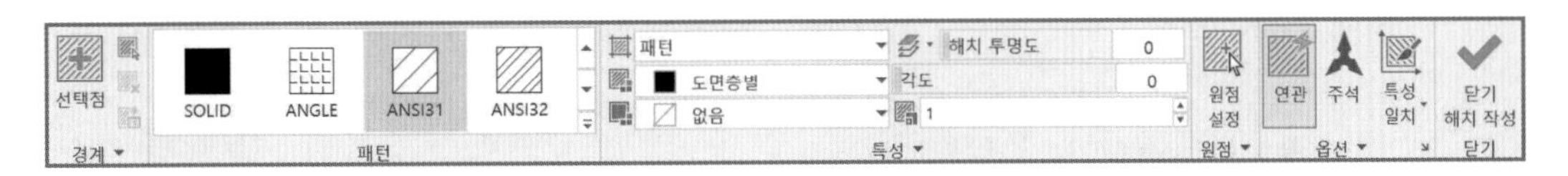

● **옵션**

경계 : 해치 영역 선택 방법은 내부 점 선택, 객체 선택 중 하나를 지정하여 영역을 둘러싸는 해치 경계를 결정한다.

패턴 : 90가지 이상의 해치 패턴이 들어있는 라이브러리 항목으로 ANSI 및 ISO 또는 기타 업종 표준 패턴 등을 선택할 수 있다. ANSI31를 주로 사용한다.

특성 : 해치 패턴은 패턴, 솔리드, 그라데이션 중 하나를 지정하여 해치 색상, 배경색, 해치 투명도, 각도, 해치 패턴 축척(간격) 등의 특성을 설정한다.

원점 : 해치 패턴 삽입 시 적용되는 시작 위치를 설정한다.

옵션 : 해치 영역이 삽입된 해치와 연관되도록 지정할 때, 해치가 주석이 되도록 지정할 때, 미리 삽입된 해치로 특성을 일치시키고자 할 때 사용한다.

명령 : H Enter↵

HATCH

× HATCH 내부 점 선택 또는 [객체 선택(S) 명령 취소(U) 설정(T)]:

- 내부 점 선택(K) : 닫힌 영역 안에 임의의 한 점을 지정하면 영역을 둘러싸는 해치를 채울 경계가 결정된다.
- 객체 선택(S) : 닫힌 형태로 객체를 하나하나 선택하여 해치를 채울 경계를 결정한다.

2. 해칭 수정하기 - Hatchedit

명령 : HATCHEDIT, 단축명령 : HE

이미 작성된 기존 해치의 조건을 수정할 수 있는 명령이다.

명령 : HE Enter↵
등분할 객체 선택 : **해칭 편집할 객체를 클릭한다.**

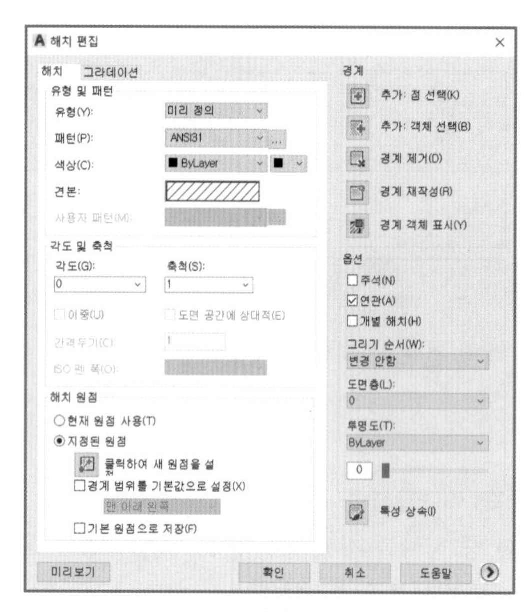

해치

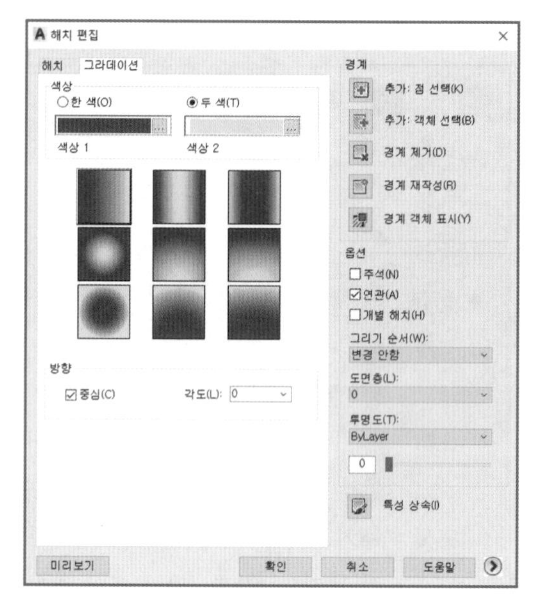

그라데이션

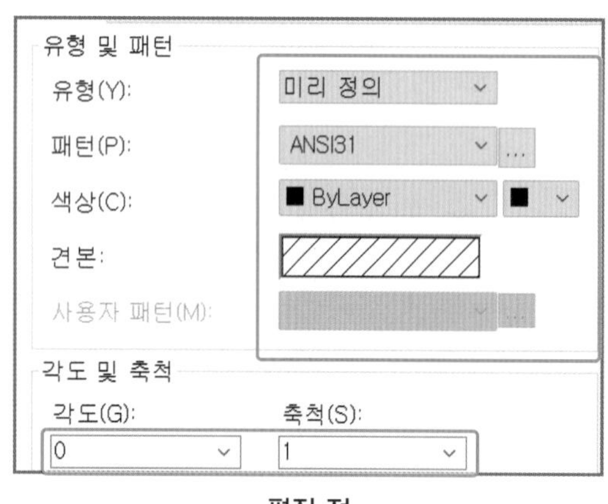

편집 전

편집 후

유형과 패턴은 같고 각도와 축척, 색상의 변화를 주었다.

ANSI31 패턴의 기본 각도가 45°이기 때문에 편집 전 그림은 각도가 0°, 축척은 1, 색상은 흰색으로 표현되었고, 편집 후 그림은 각도가 45°, 축척은 2로 설정할 때 수직으로 표현되며, 색상는 빨강색으로 편집되었다.

5 레이어(도면층) 설정하기

1. 레이어 만들기 – Layer

명령 : LAYER, 단축명령 : LA

도면층을 사용하여 객체의 색상과 선 종류 등의 특성을 지정하고 화면상에서 객체의 표시 여부를 결정하는 명령이다.

명령 : LA Enter↵

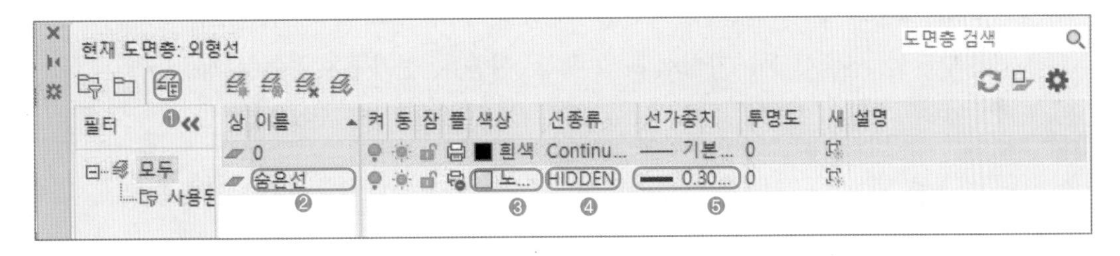

❶ 새 도면층에서 새로운 도면층을 추가한다.

❷ 선의 이름을 [숨은선]으로 입력한다.

❸ 숨은선은 노란색을 사용하며, 색상에서 Color 대화상자를 열어 2번 노란색을 설정한다.

❹ 선종류의 [Continuous]를 클릭하면 다음과 같은 [선종류 선택] 대화상자가 생긴다.

- [로드]를 클릭하면 [선종류 로드 또는 다시 로드] 창이 나온다.
- [HIDDEN]을 선택하고 [확인]을 클릭하면 [선종류 선택] 대화상자로 다시 넘어 간다.
- [HIDDEN]을 선택하고 [확인]을 클릭한다.

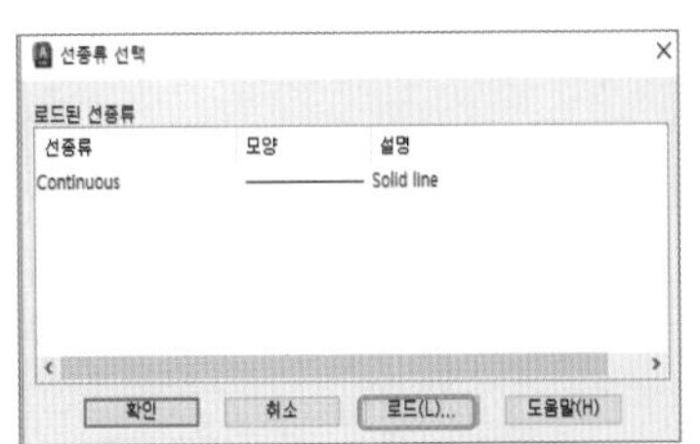

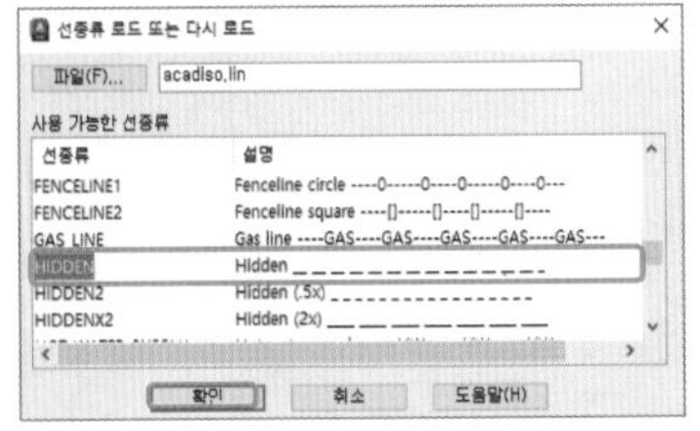

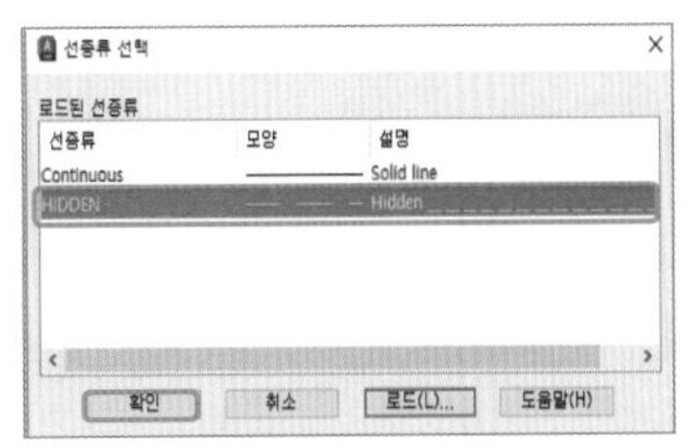

❺ [선가중치]를 클릭하면 [선가중치] 대화상자가 생긴다. 목록에서 [0.30mm]를 선택하고 [확인]을 클릭한다.

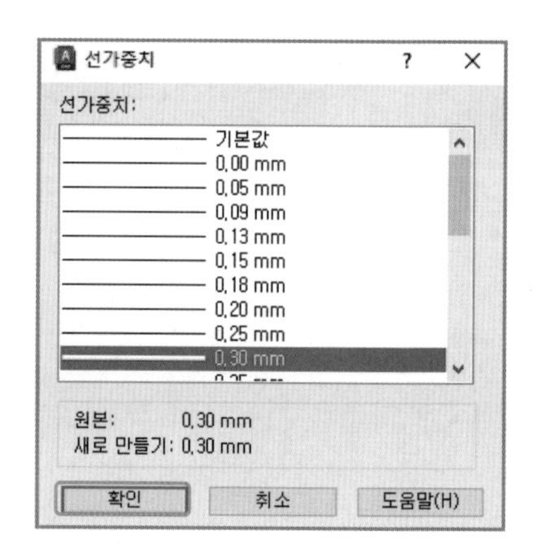

다음 그림과 같이 외형선, 윤곽선, 중심선, 치수선(치수 보조선 포함), 가는 선(해칭선, 파단선, 인출선 등), 가상선 등의 색상, 선종류, 선가중치 등을 설정한다.

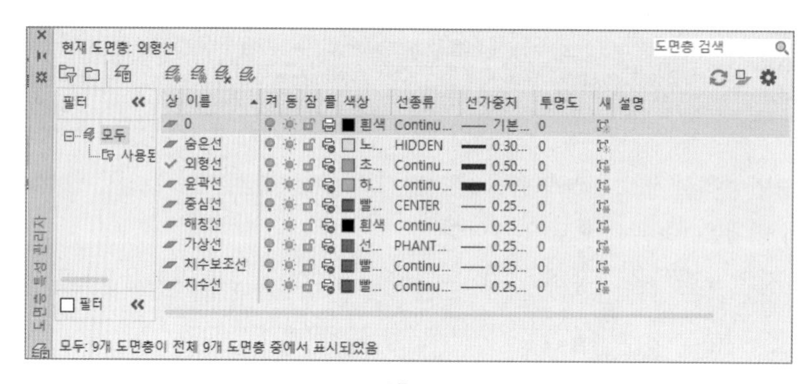

도면층 설정

2. 객체의 속성 변경하기 – Chprop, Properties

(1) 객체의 기본 속성 변경하기

명령 : CHPROP, 단축명령 : CH

객체의 색상, 도면층, 선의 유형, 선의 길이 등 기본 속성을 바꿀 수 있는 명령으로, 주로 Matchprop와 같이 사용한다.

명령 : CHPROP [Enter↵]

객체 선택 : **객체를 선택** [Enter↵]

CHPROP 변경할 특성 입력 [색상(C) 도면층(LA) 선종류(LT) 선종류 축척(S) 선가중치(LW) 두께(T) 재료(M) 주석(A)] : **바꿀 객체의 특성값 입력**

- **옵션**

색상(C) : 색상을 바꿀 수 있다.

도면층(LA) : Layer를 바꿀 수 있다.

선종류(LT) : 선의 유형을 바꿀 수 있다.
선종류 축척(S) : 선의 축척을 바꿀 수 있다.
선가중치(LW) : 선의 굵기를 바꿀 수 있다.
두께(T) : 선의 두께를 바꿀 수 있다.
재료(M) : 재료가 부착된 경우 선택된 객체의 재료를 바꿀 수 있다.
주석(A) : 선택된 객체의 주석 특성을 바꿀 수 있다.

(2) 객체의 속성 변경하기

명령 : PROPERTIES, 단축명령 : PR

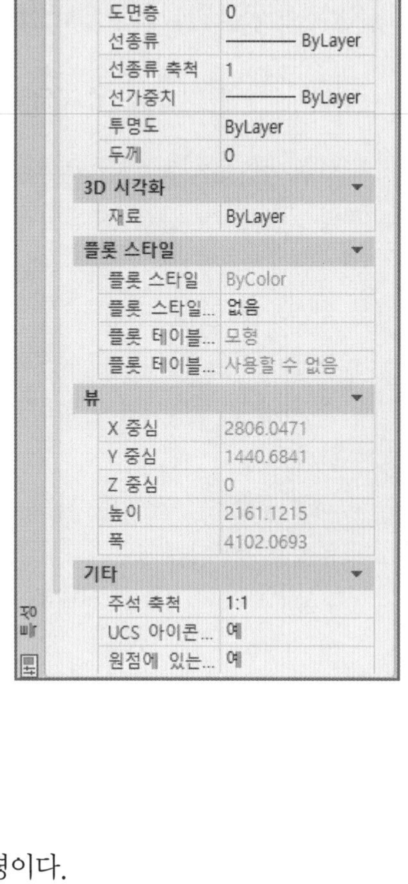

객체의 속성을 직접 속성 팔레트에서 변경하여 사용할 수 있는 명령이다.

객체를 선택하면 객체의 특성에 맞는 조건 등을 변경하여 설정할 수 있다.

3. 객체의 속성 복사하기 – Matchprop

명령 : MATCHPROP, 단축명령 : MA

선택된 모든 객체의 속성을 다른 객체에 복사하는 명령이다.

명령 : MA Enter↵
원본 객체를 선택하십시오.
 : **원본 객체 클릭**
대상 객체를 선택 또는 [설정(S)]
 : **대상 객체를 클릭 또는 S Enter↵**

설정값은 필요한 것만 골라서 복사할 수 있다.

명령 : MA Enter↵
원본 객체를 선택하십시오 : **L1 클릭**
대상 객체를 선택 또는 [설정(S)] : **L2 클릭**
대상 객체를 선택 또는 [설정(S)] : Enter↵

L1
L2
L1
L2

6 치수 기입하기

1. 치수 스타일 만들기 – Dimstyle

명령 : DIMSTYLE, 단축명령 : D

치수 기입에는 치수선, 치수 보조선, 치수 문자, 화살표, 지시선 등을 이용하여 치수를 기입한다.

(1) 치수 스타일 관리자

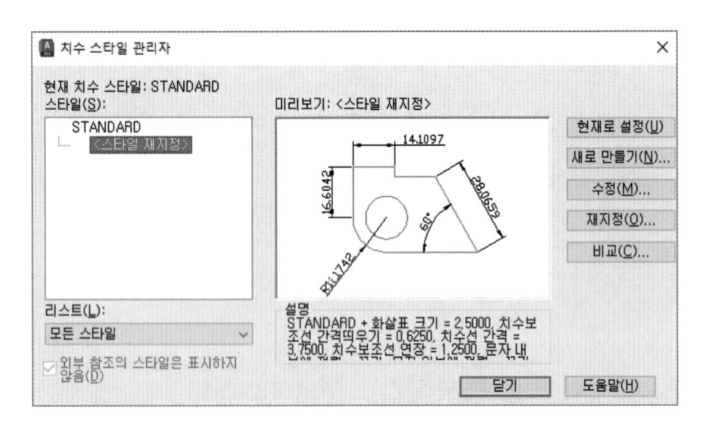

- 현재로 설정 : 작성된 유형 중 하나를 선택하여 활성화 한다.
- 새로 만들기 : 새로운 치수 유형을 만든다.
- 수정 : 작성된 유형을 선택하여 수정한다.
- 재지정 : 특정 치수 유형을 임시로 재지정하여 사용한다.

(2) 치수선, 치수 보조선 설정

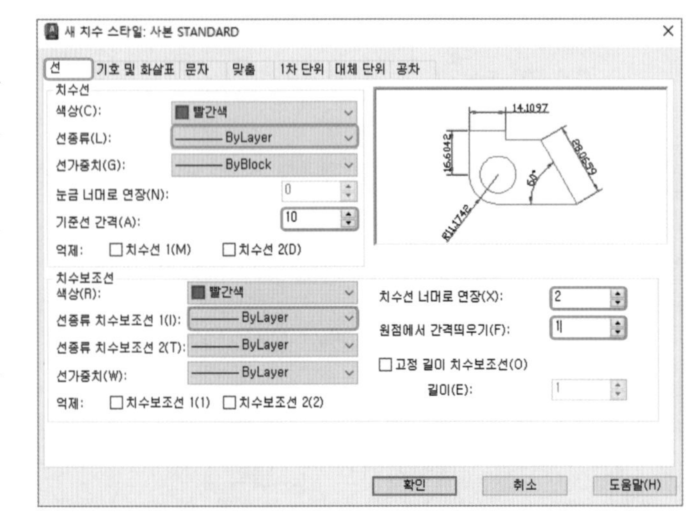

- 색상, 선종류, 선가중치를 별도 지정하기보다 ByLayer로 지정하면 도면층 설정과 연동되므로 편리하다.
- 기준선 간격은 10mm로 설정한다.
- 치수 보조선은 치수선 너머로 2mm 길게 연장하여 설정한다.
- 원점에서 간격 띄우기는 외형선에서 치수 보조선까지의 간격이 1mm 떨어지게 설정하여 외형선과 치수 보조선을 혼돈하지 않도록 한다.

(3) 기호 및 화살표 설정

- 화살촉과 지시선은 [닫고 채움]을 선택하고 화살표의 크기는 3mm로 설정한다.
- 중심 표식은 [표식(M)]에 체크한 다음 2.5mm로 설정한다.
- 치수 끊기에서 끊기 크기는 [3.75]로 설정한다.

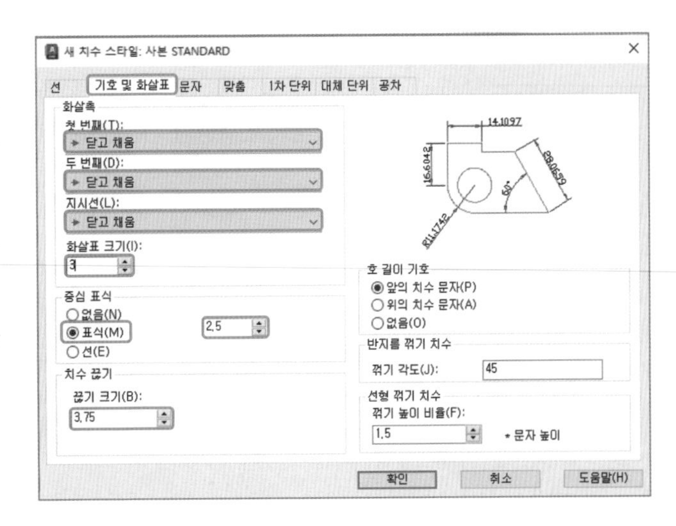

(4) 문자 설정

- 문자 스타일은 [굴림]을 선택한다.
- 문자 색상은 [노란색]을 선택한다.
- 문자 높이를 3.15mm로 설정한다.
- 문자 배치에서 [수직(V) : 위, 수평(Z) : 중심, 뷰 방향(D) : 왼쪽에서 오른쪽으로]를 설정한다.
- 치수선과 문자 사이의 간격은 0.625mm로 설정한다.

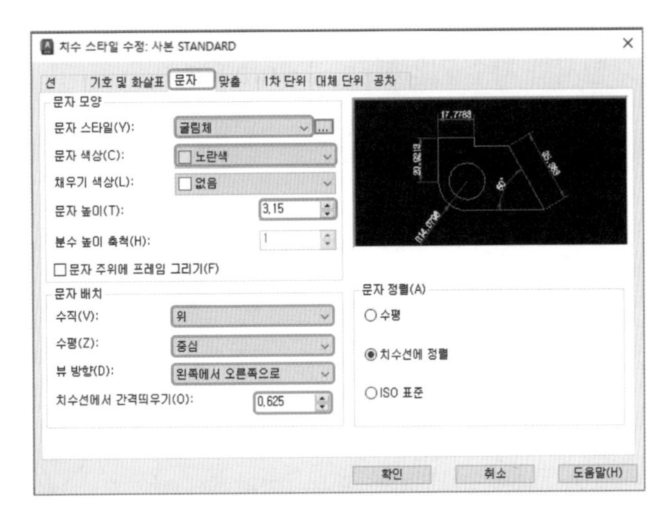

(5) 1차 단위

- 선형 치수에서 단위 형식은 [십진]으로 설정한다.
- 소수 구분 기호는 ['.'(마침표)]로 설정한다.
- 각도 치수에서 단위 형식은 [십진 도수]로 설정한다.

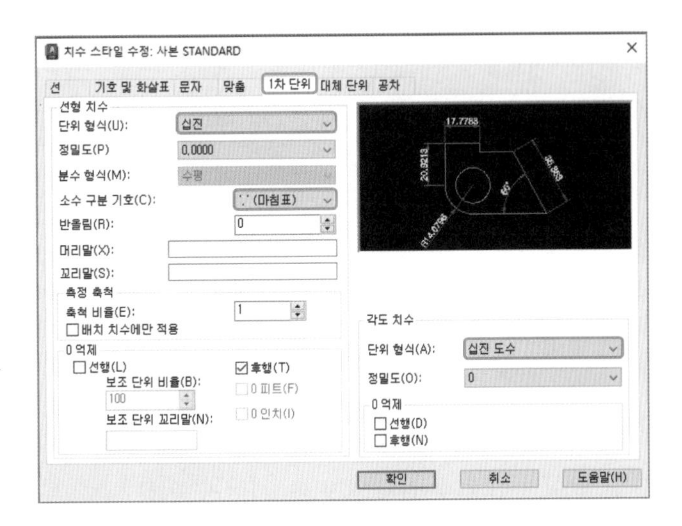

2. 지름 치수 기입하기 – Dimdiameter

명령 : DIMDIAMETER, 단축명령 : DIMDIA, DDI

원이나 호 객체에 지름(ϕ)으로 지름 치수를 기입하는 명령이다.

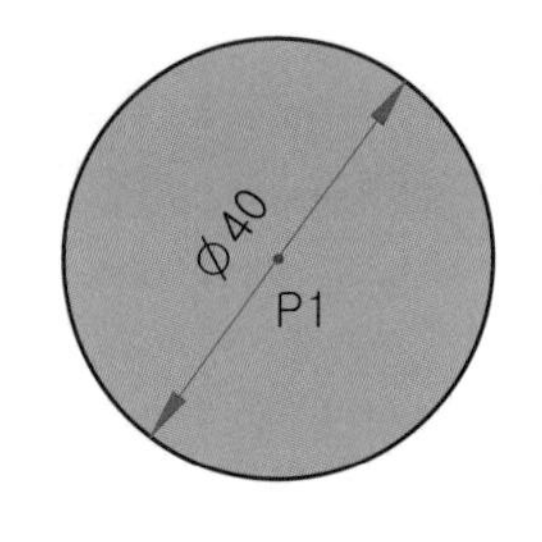

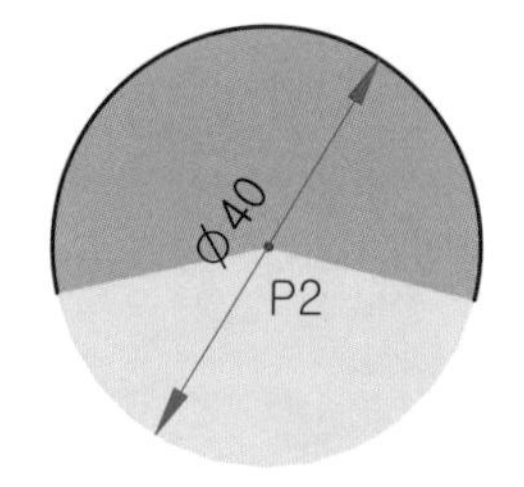

명령 : DDI Enter↵
호 또는 원 선택
: 치수를 기입할 원을 클릭
치수 문자=3.15(치수 문자 높이)
치수선의 위치 지정 또는 [여러 줄 문자(M) 문자(T) 각도(A)]
: 치수 위치를 클릭하면 지름 치수가 기입된다.

3. 반지름 치수 기입하기 – Dimradius

명령 : DIMRADIUS, 단축명령 : DIMRAD, DRA

원이나 호 객체에 반지름(R)으로 반지름 치수를 기입하는 명령이다.

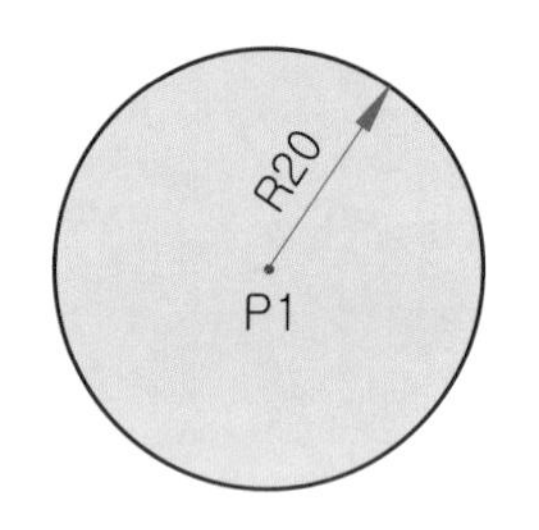

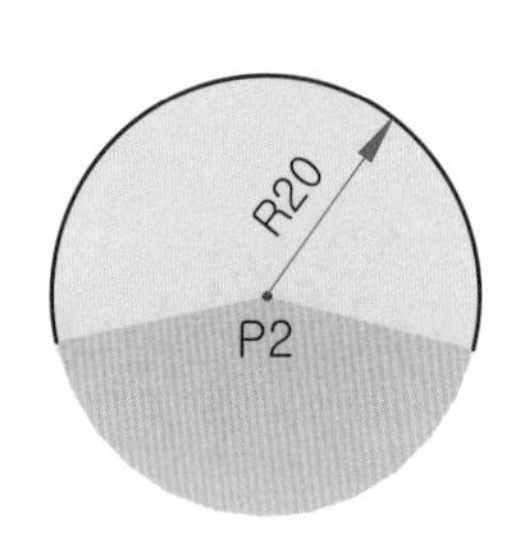

명령 : DRA Enter↵
호 또는 원 선택
: 치수를 기입할 호를 클릭
치수 문자=4(치수 문자 높이)
치수선의 위치 지정 또는 [여러 줄 문자(M) 문자(T) 각도(A)]
: 호의 치수 문자 위치를 클릭하면 반지름 치수가 기입된다.

4. 호의 길이 치수 기입하기 – Dimarc

명령 : DIMARC, 단축명령 : DAR

일반 호나 폴리선 호의 치수를 기입하는 명령이다.

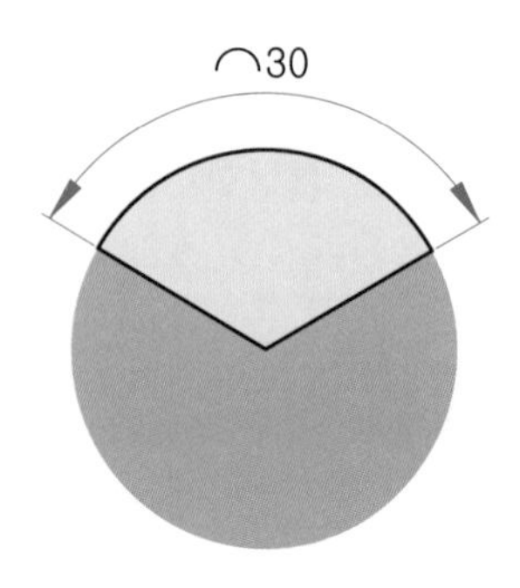

명령 : DAR Enter↵
호 또는 폴리선 호 세그먼트 선택 : **호 클릭**
치수 문자 =30(치수 문자 높이)
호의 길이 치수 위치 지정 또는 [여러 줄 문자(M) 문자(T) 각도(A) 부분(P) 지시선(L)] : **치수 위치를 클릭하면 호의 길이 치수가 기입된다.**

5. 각도 치수 기입하기 – Dimangular

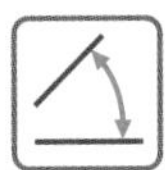

명령 : DIMANGULAR, 단축명령 : DIMANG, DAN

직선이나 원, 호 객체에 각도(°) 치수를 기입하는 명령이다.

명령 : DAN Enter↵
호, 원, 선을 선택하거나 〈정점 지정〉 : **L1 클릭**
두 번째 선 선택 : **L2 클릭**

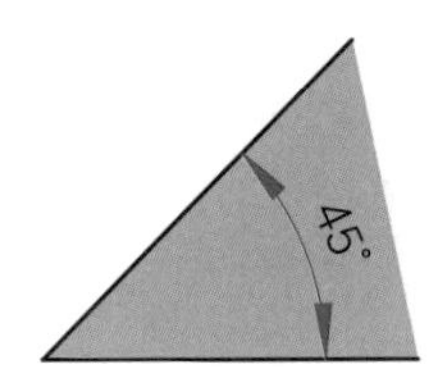

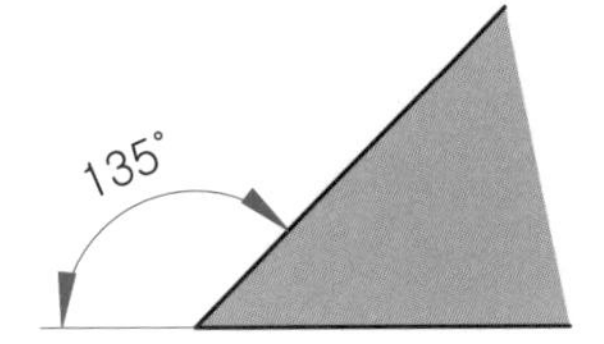

치수 호 선의 위치 지정 또는 [여러 줄 문자(M) 문자(T) 각도(A) 사분점(Q)] : **각도 치수 문자 위치를 클릭하면 각도 치수가 기입된다.**

6. 빠른 치수 기입하기 – Qdim

명령 : QDIM, 단축명령 : QD

반지름, 지름, 각도 등을 자동으로 인식하여 빠른 치수 기입을 하는 명령이다.

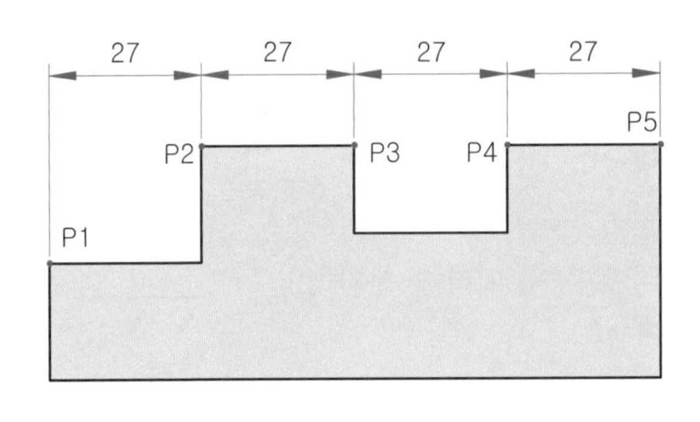

명령 : QD Enter↵
연관 치수 우선 순위=끝점(E)
치수 기입할 형상 선택
: **P1 클릭**
치수 기입할 형상 선택
: **P2 클릭**
이어서 **나머지 점 클릭**
치수 기입할 형상 선택 : Enter↵

치수선의 위치 지정 또는 연속(C) 다중(S) 기준선(B) 세로좌표(O) 반지름(R) 지름(D) 데이텀 점(P) 편집(E) 설정(T)] 〈연속(C)〉
: **치수 문자 위치 클릭**

7. 지시선 작성 및 치수 기입하기

(1) 지시선 작성하기 – Leader

명령 : LEADER, 단축명령 : LEAD

지시선을 작성하고 치수를 기입하는 명령이다.

명령 : LEAD Enter↵

지시선 시작점 지정 : P1 클릭

다음 점 지정 : P2 클릭

다음 점 지정 또는 [주석(A) 형식(F) 명령 취소(U)] 〈주석(A)〉: A Enter↵

주석 문자의 첫 번째 행 입력 또는 〈옵션〉 : Enter↵

주석 옵션 입력 [공차(T) 복사(C) 블록(B) 없음(N) 여러 줄 문자(M)] 〈여러 줄 문자(M)〉 : M Enter↵

4× %%C5를 입력 Enter↵ (⇨ 4× ϕ5)

4× Ø15

(2) 데이텀 표기하기 – Tolerance

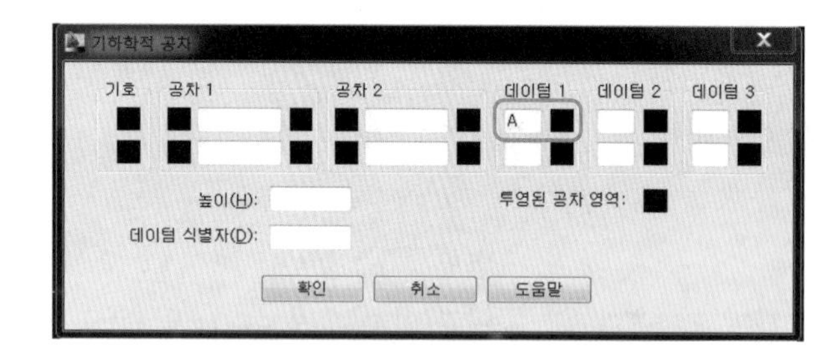

명령 : LEAD Enter↵

지시선 시작점 지정 : P1 클릭

다음 점 지정 : LDRBLK Enter↵

치수 변수에 대한 새 값 입력... : DATUMFILLED Enter↵

다음 점 지정 : P2 클릭

다음 점 지정 또는 [주석(A) 형식(F) 명령 취소(U)] 〈주석(A)〉 : Enter↵

주석 문자의 첫 번째 행 입력 또는 〈옵션〉 : Enter↵

주석 옵션 입력 [공차(T) 복사(C) 블록(B) 없음(N) 여러 줄 문자(M)] : N Enter↵

명령 : TOLERANCE Enter↵

데이텀 1 : A

[확인]

A

(3) 빠른 지시선 작성하기 – Qleader

명령 : QLEADER, 단축명령 : LE

지시선 유형의 기입 방법, 내용의 위치를 설정하여 설정된 형태로 빠르게 지시선을 기입하는 명령이다.

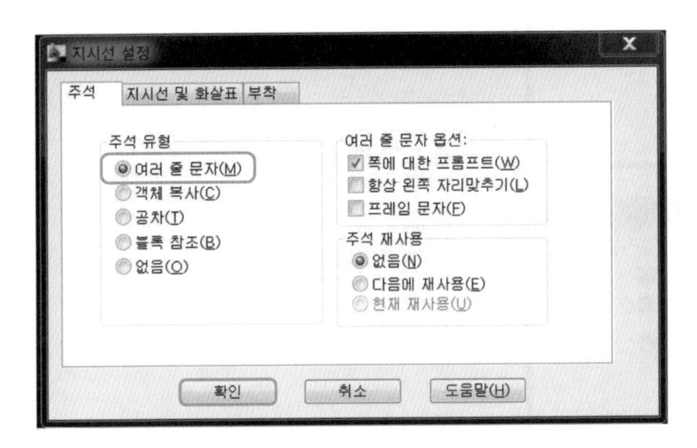

명령 : LE Enter↵
첫 번째 지시선 지정 또는 [설정(S)]
〈설정〉 : S Enter↵
주석 선택
주석 유형에서 **여러 줄 문자에 체크**
[확인]

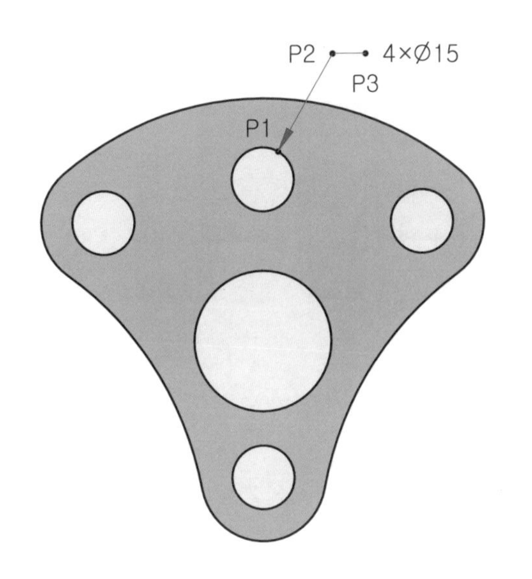

첫 번째 지시선 지정 또는 [설정(S)]
〈설정〉 : **P1 클릭**
다음 점 지정 : **P2 클릭**
다음 점 지정 : **P3 클릭**
문자 폭 지정 〈0〉 : 3.15 Enter↵
주석 문자의 첫 번째 행 입력 또는 〈여러 줄 문자〉
: Enter↵
4× %%C15 입력 Enter↵

4× Ø15

- **옵션**

주석 : 지시선 끝에 작성될 주석 형태를 지정한다.
지시선 및 화살표 : 지시선 형태를 표시한다.
부착 : 여러 줄 문자를 지시선에 사용할 때 문자의 위치를 지정한다.

(4) 기하 공차 기입하기

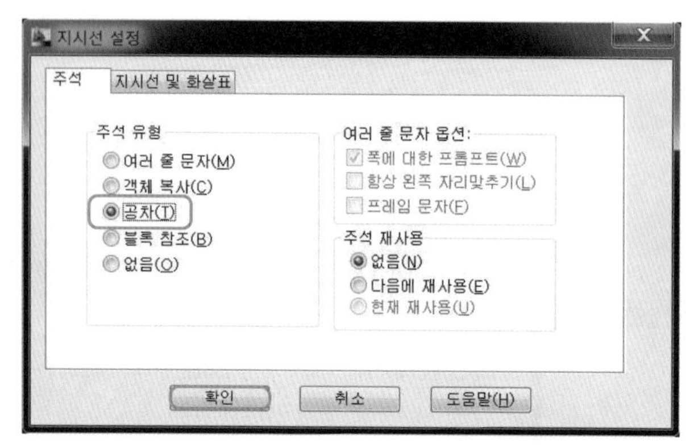

명령 : LE Enter↵

첫 번째 지시선 지정 또는 [설정(S)] 〈설정〉 : S Enter↵

공차(T)에 체크, [확인]

첫 번째 지시선 지정 또는 [설정(S)] 〈설정〉 : P1 클릭

다음 점 지정 : P2 클릭

다음 점 지정 : P3 클릭

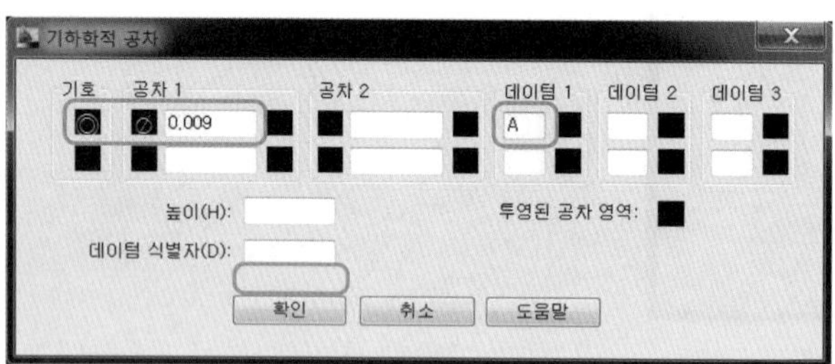

기하학적 공차에서 왼쪽과 같이 입력 [확인]

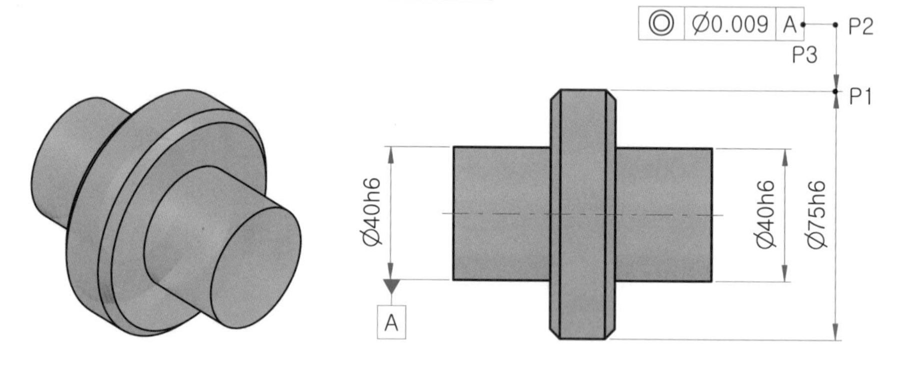

8. 치수 수정 및 편집하기 – Dimedit, Dimtedit

명령 : DIMEDIT, 단축명령 : DED

치수를 수정 및 회전하거나 치수 보조선에 기울기 각도를 줄 때 사용한다.

명령 : DED Enter↵

치수 편집의 유형 입력 [홈(H) 새로 만들기(N) 회전(R) 기울기(O)] 〈홈(H)〉

- **옵션**

홈(H) : 변형된 치수 문자를 원래의 상태로 한다.

새로 만들기(N) : 치수 문자의 내용을 바꾼다.

회전(R) : 치수 문자를 회전한다.

기울기(O) : 치수 문자 전체를 입력한 각도만큼 기울인다.

명령 : DIMTEDIT, 단축명령 : DIMTED

치수를 회전하거나 치수선의 어느 쪽에 배치할지 조정할 때 사용한다.

명령 : DIMTED Enter↵

치수 선택 : **편집할 치수 문자 선택**

DIMTEDIT 치수 문자에 대한 새 위치 또는 다음 점을 지정 [왼쪽(L) 오른쪽(R) 중심(C) 홈(H) 각도(A)]

- **옵션**

왼쪽(L) : 치수 문자를 치수선 왼쪽 구석에 배치한다.

오른쪽(R) : 치수 문자를 치수선 오른쪽 구석에 배치한다.

중심(C) : 치수 문자를 치수선 중앙에 배치한다.

홈(H) : 회전시킨 치수 문자를 다시 원래 방향(치수선과 평행)으로 되돌린다.

각도(A) : 치수 문자를 회전시킨다.

7 문자 입력 및 수정하기

1. 문자 스타일 만들기 – Style

명령 : STYLE, 단축명령 : ST

글꼴, 크기, 기울기, 각도, 방향 등을 설정하여 문자 유형을 작성한다.

명령 : ST Enter↵

스타일 : Standard

글꼴 이름 : **굴림체**

글꼴 스타일 : **보통**

높이 : 3.15

[적용]

스타일 : 문자 유형의 이름을 지정한다.

유형 이름

- 현재로 설정 : 문자 스타일을 현재로 설정
- 새로 만들기 : 새로운 글자 유형을 만들기

- 삭제 : 유형 목록에서 선택한 유형을 삭제

글꼴 : 문자 유형의 글꼴을 선택한다.

- SHX 글꼴 : 사용할 글꼴을 선택한다.
- 큰 글꼴 : 사용할 글꼴을 선택한다.
- 높이 : 문자 높이를 입력한다.
- 큰 글꼴 : 큰 글꼴 사용 여부를 설정한다.

효과 : 글꼴 특성에 효과를 부여한다.

- 거꾸로 : 문자를 거꾸로 뒤집어 표시한다.
- 반대로 : 문자를 반대 방향으로 표시한다.
- 수직 : 문자를 수직으로 정렬한다.

폭 비율 : 문자의 폭 비율을 입력한다.

기울기 각도 : 문자의 기울기 각도를 입력한다.

2. 한 줄 문자 입력하기 – Text, Dtext

명령 : TEXT, DTEXT, **단축명령** : DT

짧고 간단한 단일 행 문자를 한 줄 단위로 입력한다.

명령 : DT Enter↵

문자의 시작점 지정 또는 [자리맞추기(J) 스타일(S)] : J Enter↵

```
명령: TEXT
현재 문자 스타일: "Standard" 문자 높이: 2.5000 주석: 아니오 자리맞추기: 왼쪽
문자의 시작점 지정 또는 [자리맞추기(J)/스타일(S)]: j
TEXT 옵션 입력 [왼쪽(L) 중심(C) 오른쪽(R) 정렬(A) 중간(M) 맞춤(F) 맨위왼쪽(TL) 맨위중심(TC)
맨위오른쪽(TR) 중간왼쪽(ML) 중간중심(MC) 중간오른쪽(MR) 맨아래왼쪽(BL) 맨아래중심(BC) 맨아래오른쪽(BR)
]: L
```

TEXT 문자의 시작점 지정 : **시작점 클릭**

TEXT 높이 지정 〈2.5000〉 : 3.15 Enter↵

문자의 회전 각도 지정 〈θ〉 0 : Enter↵

AutoCAD **입력 후** Enter↵

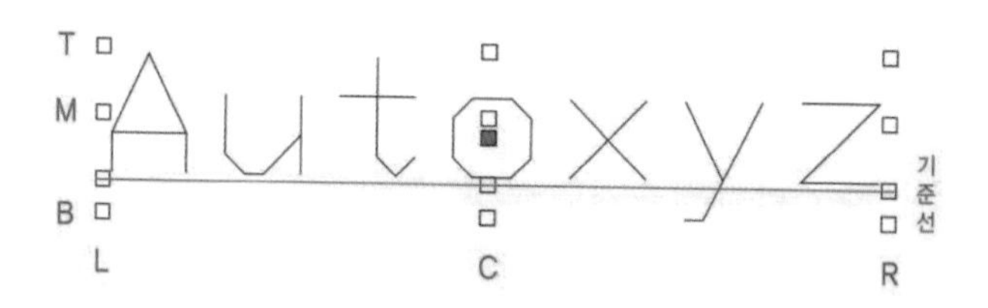

● 옵션

- 거꾸로 : 문자를 거꾸로 뒤집어 표시한다.
- 왼쪽(L) : 문자의 왼쪽 아래를 기준점으로 정렬
- 중심(C) : 문자의 아래 중심을 기준점으로 양방향 정렬
- 오른쪽(R) : 문자의 오른쪽 아래를 기준점으로 정렬
- 정렬(A) : 양 끝점을 기준으로 문자의 크기가 자동으로 조정되며, 문자 높이는 양 끝점 사이에 입력되는 문자 수에 비례하여 자동으로 조정
- 중간(M) : 시작점이 문자의 가로 중심 및 세로 중심에 정렬
- 맞춤(F) : 양 끝점을 기준으로 문자 높이가 일정하게 유지되면서 글자 간격 조정
- 맨위왼쪽(TL) : 문자의 왼쪽 맨 위를 기준점으로 정렬
- 맨위중심(TC) : 문자의 맨 위 중심을 기준점으로 양방향으로 정렬
- 맨위오른쪽(TR) : 문자의 오른쪽 맨 위를 기준점으로 정렬
- 중간왼쪽(ML) : 문자의 왼쪽 중간을 기준점으로 정렬
- 중간중심(MC) : 문자의 가로 및 세로 중심을 기준점으로 양방향으로 정렬
- 중간오른쪽(MR) : 문자의 오른쪽 중간을 기준점으로 정렬
- 맨아래왼쪽(BL) : 왼쪽 아래를 기준점으로 정렬(가로 방향 문자에만 적용)
- 맨아래중심(BC) : 문자 아래를 기준점으로 양방향 정렬(가로 방향 문자에만 적용)
- 맨아래오른쪽(BR) : 문자 오른쪽 아래를 기준점으로 정렬(가로 방향 문자에만 적용)

● **원의 중심에 문자 입력하기**

명령 : CIRCLE
먼저 지름 ϕ10 원을 그린다.

명령 : DT Enter↵
문자의 시작점 지정 또는 [자리맞추기(J) 스타일(S)] : M Enter↵
문자의 중간점 지정 : **원 중심점 클릭**
높이 지정 〈3.150〉 : 4.5 Enter↵
문자의 회전 각도 지정 〈0〉 : 0 Enter↵
8 입력 후 Enter↵ Enter↵

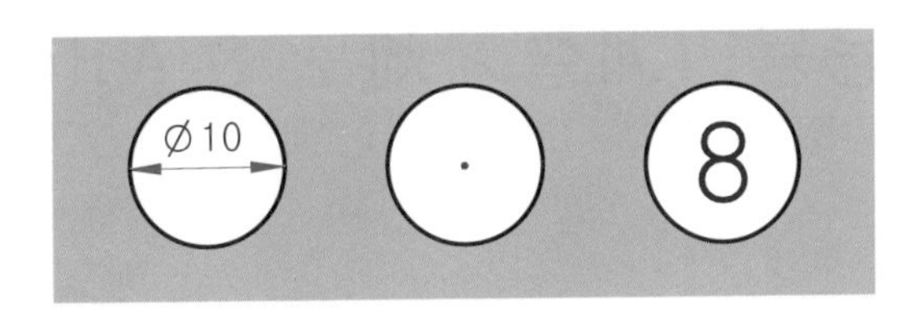

3. 여러 줄 문자 입력하기 – Mtext

명령 : MTEXT, 단축명령 : T, MT

여러 개의 문자 단락을 하나의 객체로 작성한다.

명령 : MT Enter↵
현재 문자 스타일 : "Standard" 문자 높이 : 3.15 주석 : 아니오
첫 번째 구석 지정 : **문자를 입력할 시작점 클릭**
반대 구석 지정 또는 [높이(H) 자리맞추기(J) 선 간격두기(L) 회전(R) 스타일(S) 폭(W) 열(C)] : **문자를 입력하고 [확인] 클릭**

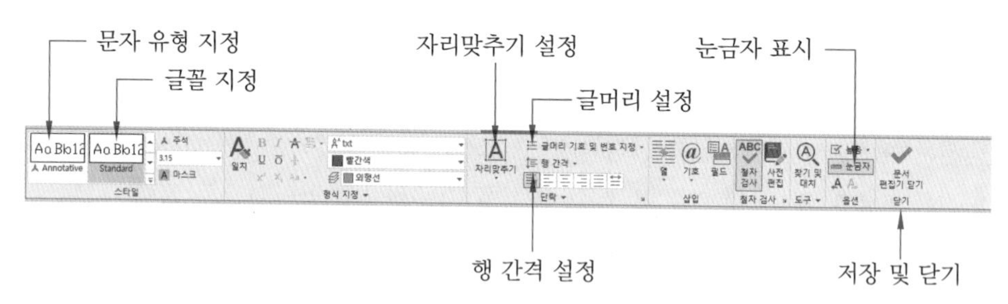

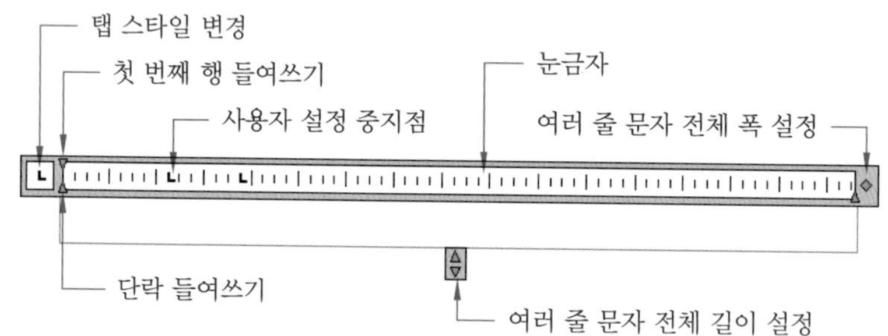

명령 : MT Enter↵
현재 문자 스타일 : "Standard" 문자 높이 : 3.15 주석 : 아니오
첫 번째 구석 지정 : **문자를 입력할 시작점 클릭**
반대 구석 지정 또는 [높이(H) 자리맞추기(J) 선 간격두기(L) 회전(R) 스타일(S) 폭(W) 열(C)] : **문자를 입력할 대각선 끝점 클릭, 전산응용기계설계제도 & AutoCAD 입력, [확인]**

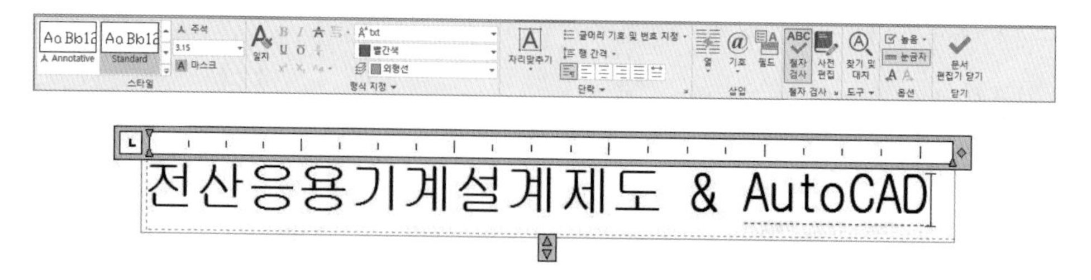

● **특수 문자**

특수 문자를 삽입할 경우 %%를 앞에 입력한다.

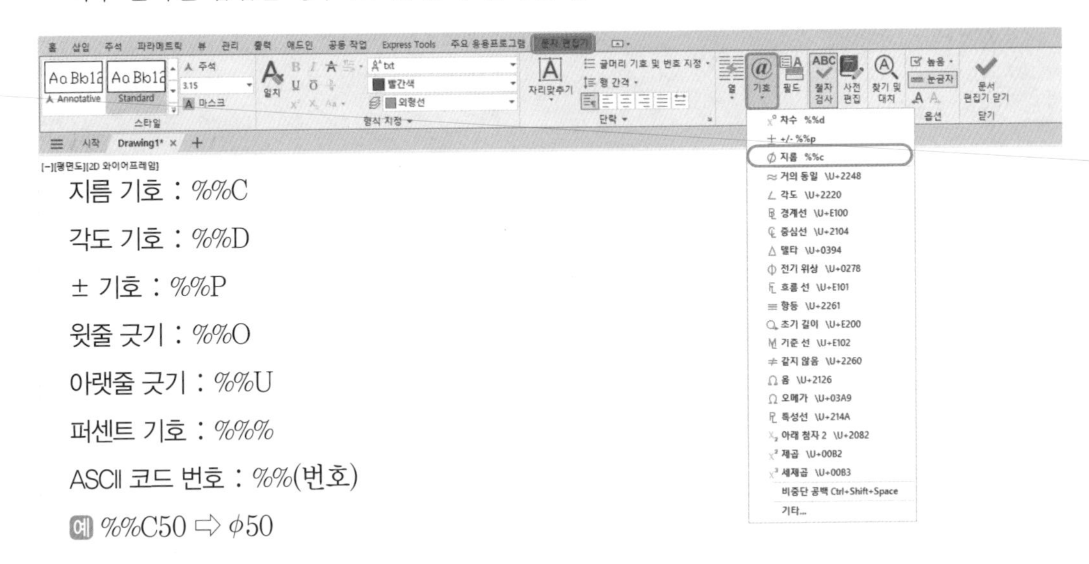

지름 기호 : %%C

각도 기호 : %%D

± 기호 : %%P

윗줄 긋기 : %%O

아랫줄 긋기 : %%U

퍼센트 기호 : %%%

ASCII 코드 번호 : %%(번호)

예 %%C50 ⇨ φ50

4. 빠른 문자 입력하기 – Qtext

명령 : QTEXT

입력된 모든 문자를 문자 대신 테두리(경계)로만 표시한다.

명령 : QTEXT Enter↵

모드 입력 [켜기(ON) 끄기(OFF)] 〈끄기〉 : ON

켜기(ON) : **문자열을 테두리(경계)로 표시**

끄기(OFF) : **문자열을 원래대로 표시**

5. 문자 검사하기 – Spell

명령 : SPELL, 단축명령 : SP

도면의 모든 문자를 검사한다.

명령 : SP Enter↵

객체 선택 : **문자 클릭**

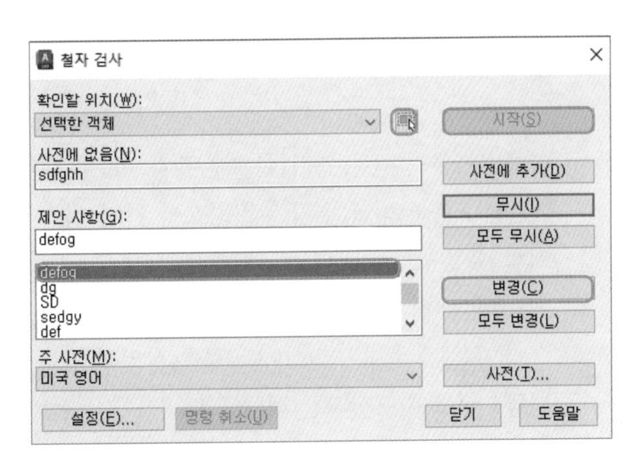

AotoCAD라는 철자가 틀린 문자를 선택하고 **[시작(S)]**을 클릭하면 다른 버튼들이 활성화된다.

[변경(C)]을 클릭하면 AutoCAD 문자로 변경된다.

6. 문자 수정하기 – Ddedit, Textedit

명령 : DDEIT, 단축명령 : ED

입력한 텍스트를 수정한다.

명령 : ED Enter↵

주석 객체 선택 또는 [명령 취소(U)]

전산응용기계설계제도 & AutoCAD

텍스트를 수정할 수 있는 입력 박스가 표시되면 텍스트를 선택하여 수정한다.

8 블록 만들기와 그룹 지정하기

1. 블록 만들기 – Block

명령 : BLOCK, 단축명령 : B

여러 가지 객체를 묶어서 하나의 객체로 정의하여 현재 도면에 저장할 수 있다.

명령 : B Enter↵

블록 이름(N) : **"다듬질기호 W"**

기준점 : **화면상에서 지정 체크 해제**

선택점 클릭

객체 : **화면상에서 지정 체크 해제**

객체 선택 클릭

[확인]

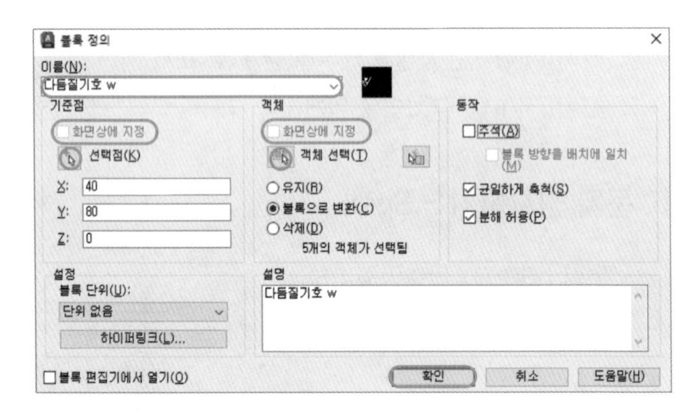

이름 : 블록의 이름 입력(이름은 문자, 숫자 또는 특수문자를 포함하여 입력)

기준점 : 블록의 삽입 기준점 좌표를 직접 입력하거나 화면상에서 선택점을 도면상에서 선택할 수 있다.

- 화면상에 지정 : 블록 정의 대화상자를 닫고 기준점을 선택
- 선택점 : 현재 도면상에서 블록 삽입의 기준점을 선택

객체 : 블록에 포함시킬 객체를 도면상에서 선택할 수 있다.

- 유지 : 화면상에 객체가 그대로 남겨진다.

- 블록으로 변환 : 일반적인 객체가 자동으로 블록으로 변환된다.
- 삭제 : 화면에서 지운다.

동작 : 정의된 블록이 도면에 삽입할 때 어떤 특성을 가질지 지정한다.

- 주석 : 블록을 하나의 주석으로 변경
- 균일하게 축척 : 블록이 균일하게 축척될지 여부 지정
- 분해 허용 : 블록을 분해할지 여부 지정

설정 : 블록의 환경을 설정한다.

- 블록 단위 : 블록에 대한 삽입 단위 지정
- 하이퍼링크 : 블록을 클릭하였을 경우 연결할 하이퍼링크 지정

2. 블록 삽입하기 – Insert

명령 : INSERT, 단축명령 : I

작성 중인 도면에 미리 작성된 블록 객체나 다른 도면을 블록으로 삽입할 수 있다.

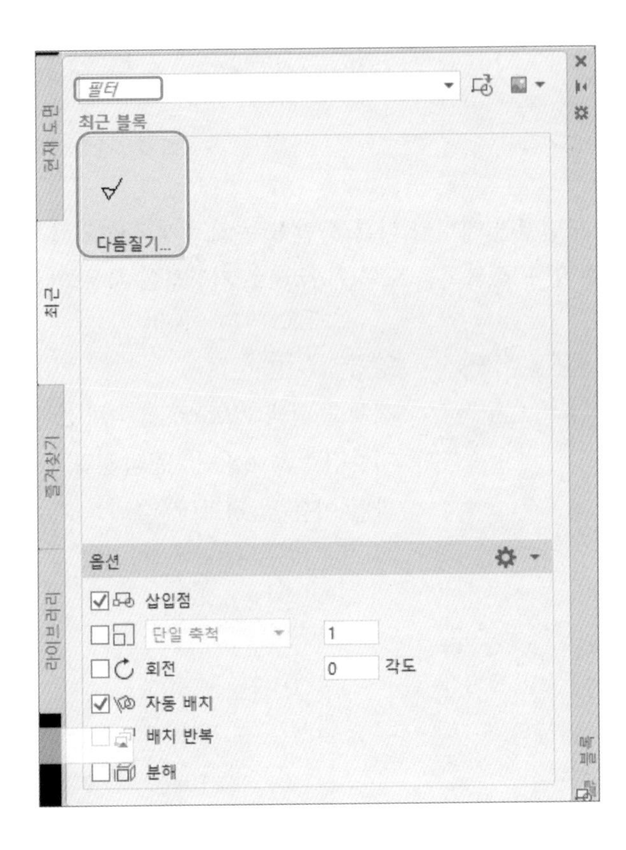

명령 : I Enter↵

삽입점 : **화면상에서 [삽입점] 지정**

이름

삽입할 블록 이름을 지정하거나 찾아보기에서 삽입할 파일을 선택한다.

삽입점

- 화면상에 삽입점을 체크하면 도면상에서 직접 삽입점을 지정한다.
- 화면상에 삽입점을 체크하지 않으면 X, Y, Z 좌표에 입력한 위치로 자동 삽입된다.

축척(비율 지정)

- 화면상에 지정을 체크하면 도면상에서 직접 비율을 입력한다.
- 화면상에 지정을 체크하지 않으면 대화창에서 척도를 미리 지정한다.
- 단일 축척에 체크하면 X, Y, Z 축척을 동등 비율로 X만 입력한다.

회전(회전, 각도 지정)

- 화면상에 회전을 체크하면 도면상에서 직접 각도를 입력한다.
- 화면상에 지정을 체크하지 않으면 대화창에서 블록 회전 각도를 미리 지정한다.

배치 반복 : 삽입된 블록을 반복적으로 삽입할 수 있다.

분해 : 분해를 체크하면 블록이 각각의 요소로 분해되어 삽입되며, 단일 축척만 지정된다.

3. 블록을 파일로 저장하기 – Wblock

명령 : WBLOCK, 단축명령 : W

Block 명령과 다르게 현재 작성하는 도면뿐만 아니라 다른 도면 또는 새롭게 작성되고 있는 파일 내에서도 현재의 블록을 사용할 수 있도록 블록을 도면(*.dwg)로 저장하여 사용한다.

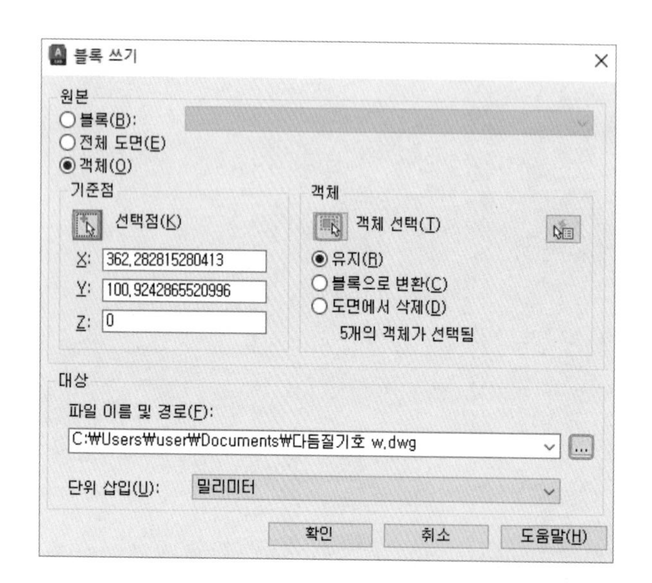

명령 : W Enter↵

객체를 선택 : Wblock할 객체 선택

기준점 : Wblock의 기준점 클릭

파일 이름 및 경로(F) 클릭

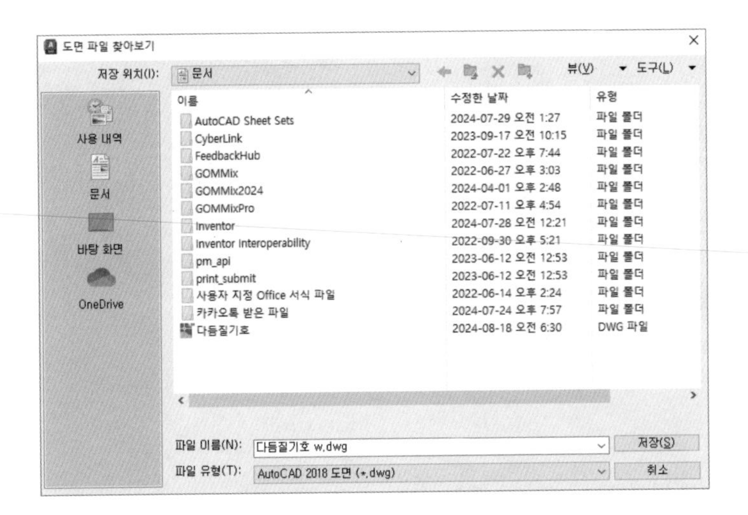

저장경로 지정

파일이름 "**다듬질 기호**"

[저장]

[확인]

원본(파일로 저장하고자 하는 대상을 세 가지 방법 중에서 선정)

- 블록 : 현재 도면에서도 Block처럼 이용할 수 있다.
- 전체 도면 : 전체 도면을 Wblock으로 만든다.
- 객체 : 블록으로 정의할 객체를 '객체 선택'으로 선택한 후 원본 객체를 유지할 것인지 삭제나 블록으로 대치할 것인지 지정한다.

기준점 : Wblock의 삽입 기준점을 '선택점'으로 지정한다.

대상

- 파일 이름 및 경로 : 블록 또는 객체를 저장할 파일 이름 및 경로를 지정한다.
- 삽입 단위 : 삽입 단위를 지정한다.

4. 결합하기 – Join

명령 : JOIN, 단축명령 : J

개별적인 객체들의 끝점을 결합하여 단일 객체로 변경시키는 명령이다.

명령 : J [Enter↵]
한 번에 결합할 원본 객체 또는 여러 객체 선택 : **결합할 객체를 선택**
결합할 객체를 선택 : [Enter↵]

5. 분해하기 – Explod

명령 : EXPLOD, 단축명령 : X

Bhatch, Block, Polyline, Rectangle 등의 명령으로 결합된 객체를 분해한다.

명령 : X Enter↵
객체를 선택 : **분해할 객체를 선택** Enter↵

6. 그룹으로 묶기 - Group

명령 : GROUP, 단축명령 : G

요소 객체를 하나의 그룹으로 묶어 하나의 객체로 인식하게 한다.

명령 : G Enter↵
객체 선택 또는 [이름(N)/설명(D)]
 : N Enter↵
그룹 이름 또는 [?] 입력
 : BOLT Enter↵
객체 선택 또는 […] 입력
 : **윈도우 박스로 BOLT 선택**
객체 선택 또는 [이름(N)/설명(D)]
 : Enter↵
BOLT 그룹이 작성되었습니다.

7. 그룹 해제하기 - Ungroup

명령 : UNGROUP, 단축명령 : UNG

명령 : UNG Enter↵
그룹 선택 또는 [이름(N)] : N Enter↵
그룹 이름 또는 [?] 입력 : BOLT Enter↵
BOLT 그룹이 분해되었습니다.

- **그룹 삭제하기**

명령 : ERASE
객체 선택 : G Enter↵ (그룹을 선택하려는 옵션)
그룹 이름 입력 : BOLT Enter↵ (그룹의 이름을 입력)
객체 선택 : Enter↵

9 도면 출력하기

완성된 도면을 프린터, 플로터 또는 PDF 형식의 전자 파일 등으로 출력한다.

- PLOT

명령 : PLOT, 단축명령 : PLO, Ctrl+P

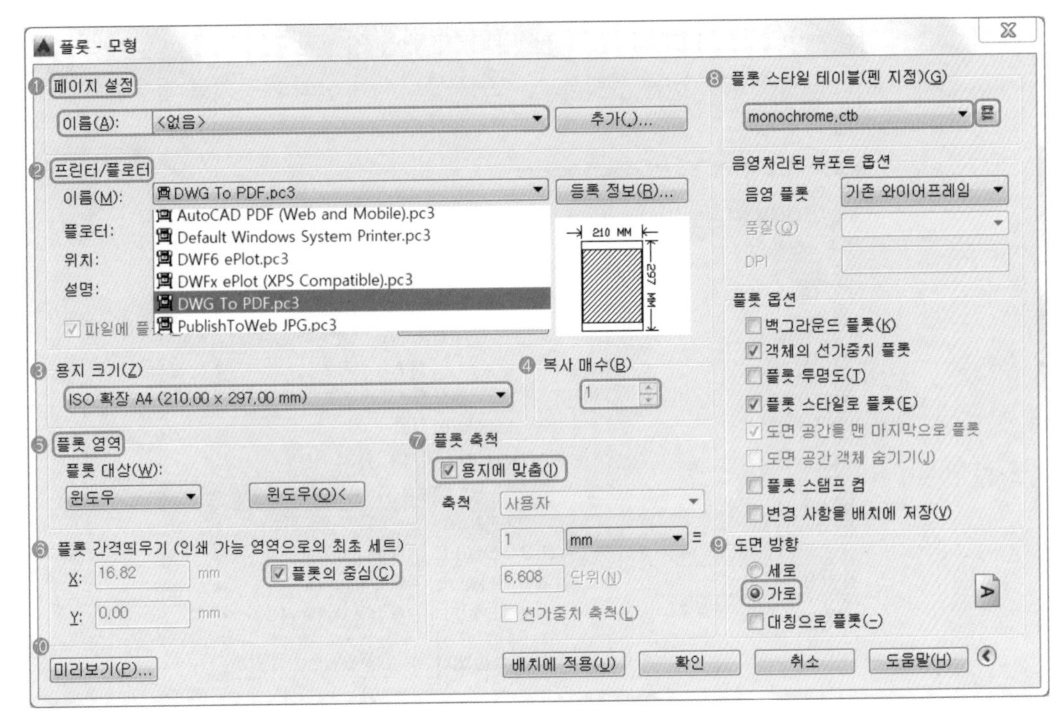

❶ **페이지 설정**

- 이름 : 저장된 페이지 설정을 지정하거나 이전에 사용한 페이지를 선택한다.

❷ **프린터/플로터**

- 이름(M) : 사용할 프린터나 플로터를 지정한다.

참조 최근에는 PDF 파일로 저장하여 출력하기도 한다.

❸ **용지 크기(Z)** : 용지 크기 설정

❹ **복사 매수(B)** : 출력 매수 설정

❺ **플롯 영역** : 출력될 영역을 지정한다.

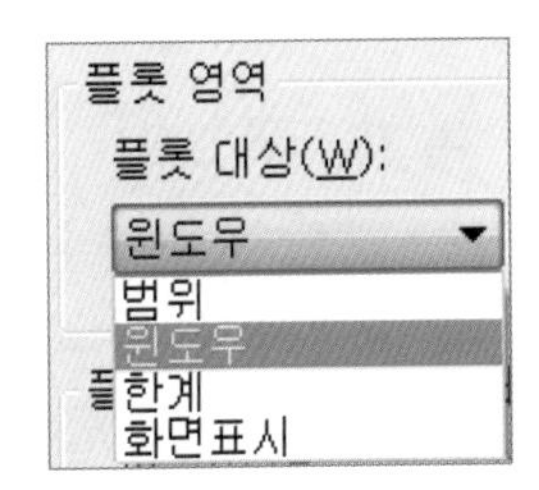

참조 범위, 윈도우, 한계, 화면표시 등으로 영역을 선택할 수 있으며, 윈도우 기능을 널리 사용한다.

- 범위 : 출력할 범위를 지정
- 윈도우 : 사용자가 출력하고 싶은 범위를 윈도우로 지정

• 한계 : 한계 영역 전체를 출력할 범위로 지정

• 화면 표시 : 현재 작업 화면에 나타나 있는 부분을 범위로 지정

⑥ **플롯 간격 띄우기(인쇄 가능 영역으로의 최초 세트)**

• ☑ 플롯의 중심 : [플롯의 중심]에 체크하면 용지의 중앙에 위치한다.

⑦ **플롯 축척**

• ☑ 용지에 맞춤 : [용지에 맞춤]에 체크하면 척도에 상관없이 용지에 맞게 출력된다.

⑧ **플롯 스타일 테이블(펜 지정)(G)** : 출력 스타일 및 펜을 지정한다.

창에서 [monochrome.ctb]를 선택하고, 를 클릭하여 선의 가중치를 적용한다.

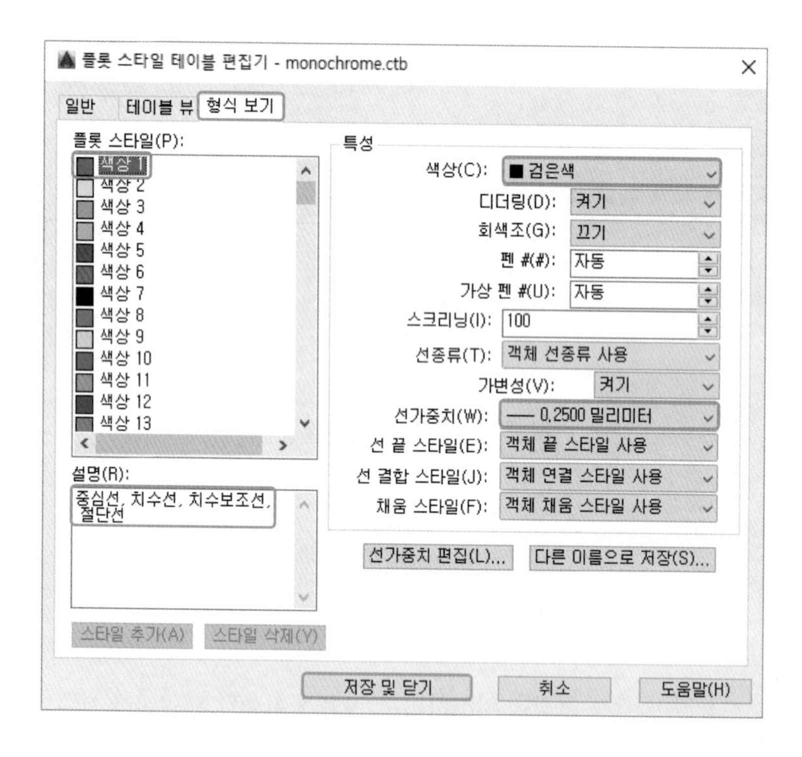

• 플롯 스타일 테이블 편집기 창의 [형식 보기] 탭에서 설정한다.

• 특성의 색상을 [검은색]으로 설정한다.

• 플롯 스타일의 [색상 1(빨간색)]을 선택하고 선가중치를 0.25mm로 설정한다.

• 설명은 사용자가 참고 사항을 기입한다.

• 사용자가 색상별로 출력될 선의 가중치를 모두 설정한다.

⑨ **도면 방향**

• 세로 : 세로 방향으로 출력

• 가로 : 가로 방향으로 출력

• 대칭으로 플롯 : 상하 뒤집어서 출력

⑩ **미리보기** : 출력할 도면을 미리보기한다.

● AutoCAD 클래식 작업환경 변환

윈도우 버전부터 사용한 방식인 AutoCAD 클래식 작업환경은 2016버전부터는 사용할 수 없게 되었지만 작업자가 사용자화시켜 작업공간에 추가시킬 수 있다.

① AutoCAD 왼쪽 상단에 위치한 신속 접근 도구막대의 드롭다운 버튼 ⇨ 메뉴 막대 표시를 클릭한다.

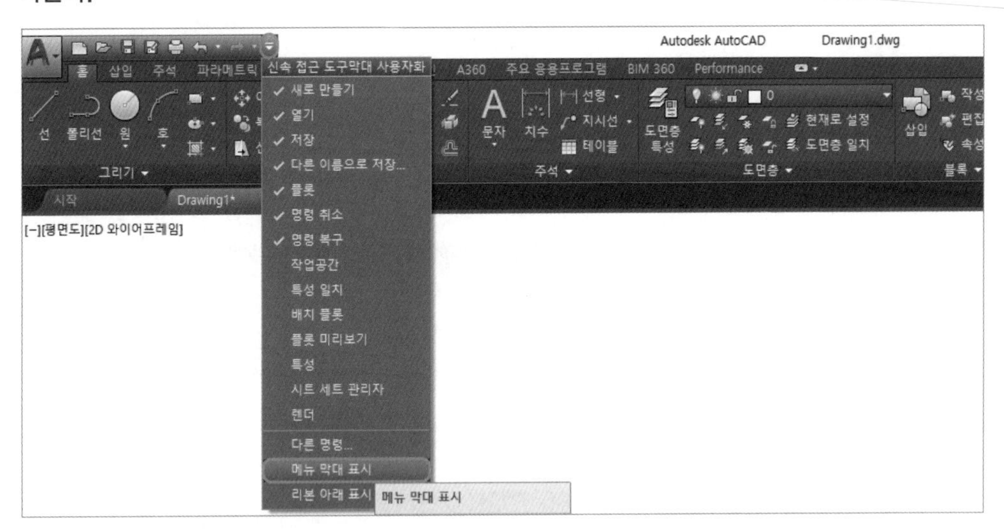

② 표시된 메뉴에서 도구 ⇨ 팔레트 ⇨ 리본을 클릭하여 리본을 숨겨준다.

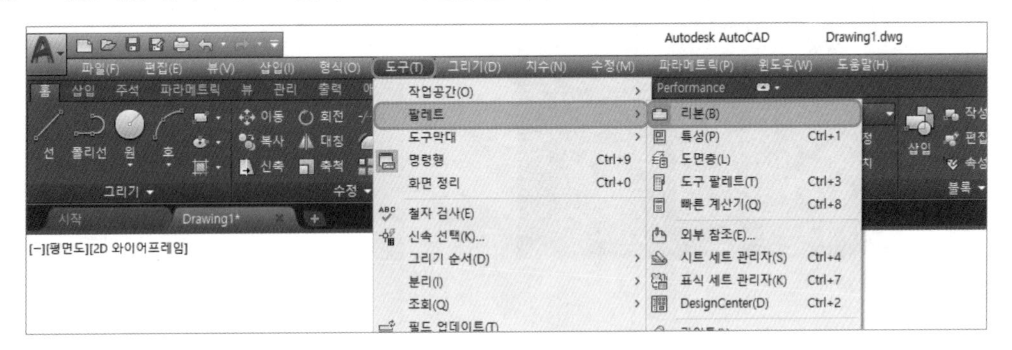

③ 도구 ⇨ 도구막대 ⇨ AutoCAD를 클릭하여 작업에 필요한 도구막대를 체크한다.

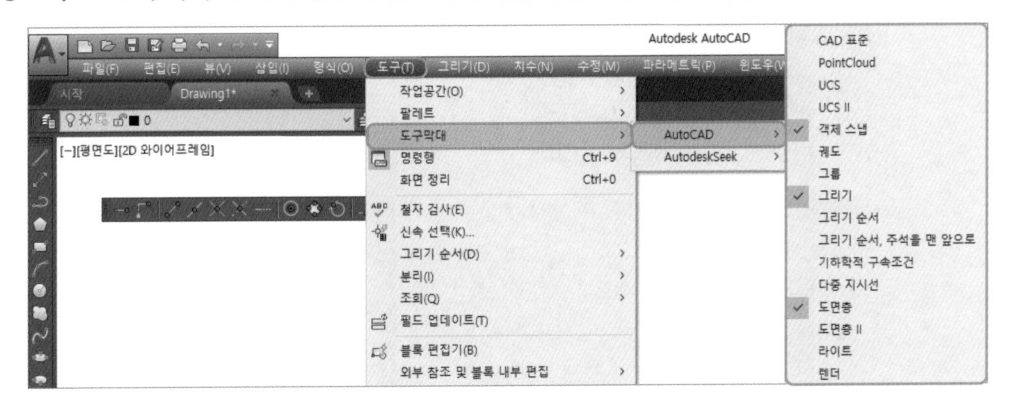

④ 도구 ⇨ 작업공간 ⇨ 다른 이름으로 현재 항목 저장을 클릭하여 설정된 내용을 작업공간에 저장한다.

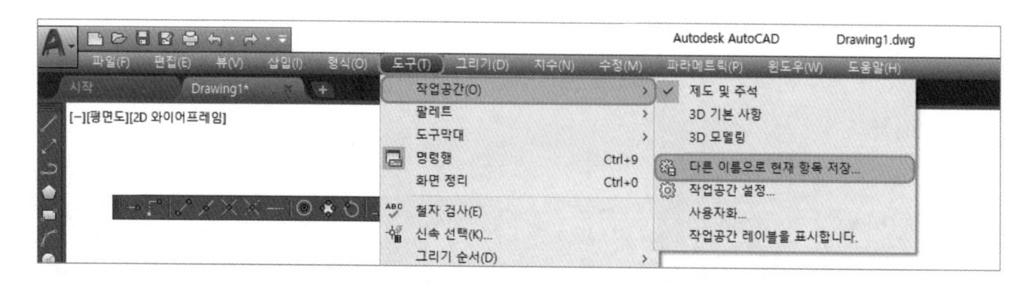

⑤ 표시된 작업공간 저장 대화창 이름란에 'AutoCAD클래식'을 입력하고 저장한다.

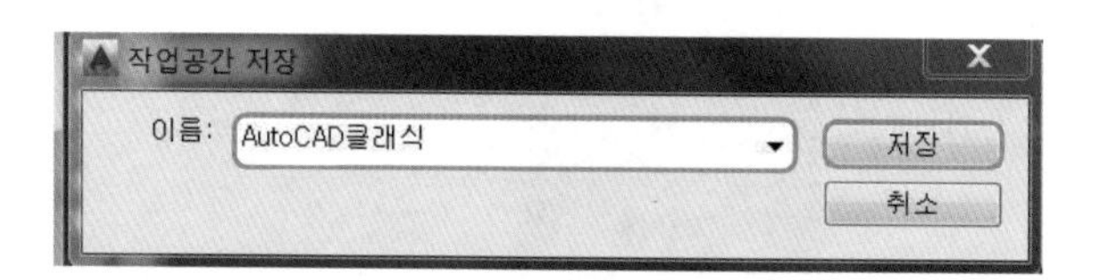

⑥ 사용자 구성 도구막대에 있는 를 클릭한다.

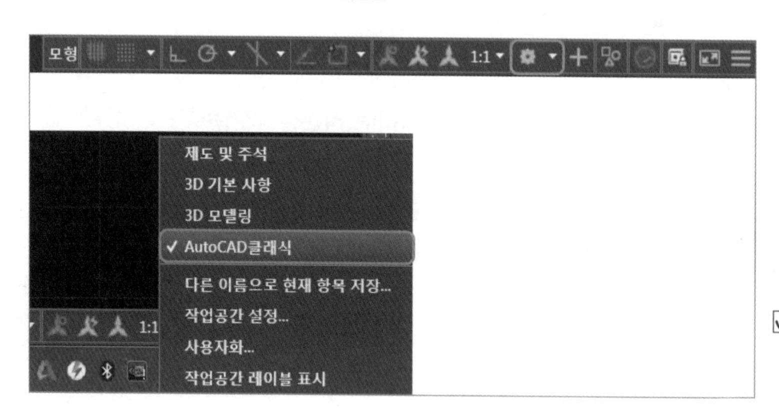

☑ AutoCAD 클래식 체크

참고

- **프로그램에서 대표적으로 사용되는 기본적인 확장자**

.hwp : 한글과 컴퓨터의 문서 파일 .doc : MS 워드 문서 파일
.ppt : 파워포인트 문서 파일 .xls : 엑셀 문서 파일
.pdf : 어도비 아크로벳 문서 파일 .psd : 어도비 포토샵 그림 파일

- **사용 용도에 따른 여러 가지 확장자**

– 압축 파일 .alz / .zip / .rar / .iso / .7z 등
– 음성 파일 .wav / .mp3 / .mp4 / .wma 등
– 동영상 파일 .avi / .mkv / .mp4 / .flv 등
– 그림 파일 .jpg / .gif / .bmp / .png 등

- 단축키

1. 도형 그리기 명령

단축 명령	명령	사용법 설명	단축 명령	명령	사용법 설명
L	LINE	선 그리기	C	CIRCLE	원 그리기
A	ARC	호 그리기	REC	RECTANGLE	사각형 그리기
POL	POLYGON	정다각형 그리기	EL	ELLIPSE	타원 그리기
XL	XLINE	무한선 그리기	ML	MLINE	다중선 그리기
PL	PLINE	폴리라인 그리기	SPL	SPLINE	스플라인 그리기
DO	DONUT	도넛 그리기	PO	POINT	점 찍기

2. 도형 편집 명령

단축 명령	명령	사용법 설명	단축 명령	명령	사용법 설명
E	ERASE	지우기	M	MOVE	이동하기
EX	EXTEND	연장하기	TR	TRIM	자르기
CO	COPY	복사하기	O	OFFSET	간격 띄우기
AR	ARRAY	배열하기	MI	MIROR	대칭 이동하기
F	FILLET	모깎기	CHA	CHAMFER	모따기
RO	ROTATE	회전하기	SC	SCALE	비율 조절하기(축척)
LEN	LENGTHEN	확장/축소하기	S	STRETCH	늘리기
BR	BREAK	끊기	ED	DRAWORDER	객체 높낮이 조절
PE	PEDIT	PLINE 만들기	SPE	SPLINEDIT	PLINE 편집
H	HATCH	해칭하기	BH	BHATCH	해칭하기
HE	BHATCHEDIT	해칭 수정하기	GD	GRADIENT	그라데이션

3. 문자 입력 및 편집 명령

단축 명령	명령	사용법 설명	단축 명령	명령	사용법 설명
ED	DDEDIT	문자 편집	ED	DDEDIT	문자 수정하기
ST	STYLE	문자 스타일	MT	MTEXT	여러 줄 문자 쓰기
DT	TEXT	한 줄 문자 쓰기	SP	SPELL	문자 검사하기

4. 치수 기입 및 편집 명령

단축 명령	명령	사용법 설명	단축 명령	명령	사용법 설명
D	DIMSTYLE	치수 스타일	DED	DIMEDIT	치수 수정
DLI	DIMLINEAR	선형 치수	QDIM	QD	빠른 치수
DAR	DIMARC	호 길이 치수	DOR	DIMORDINATE	좌표 치수
DRA	DIMRADIUS	반지름 치수	DJO	DIMJOGGED	꺾기 치수
DAN	DIMANGULAR	각도 치수	DDI	DIMDIAMETER	지름 치수
DAL	DIMALIGNED	사선 치수	DED	DIMEDIT	치수 수정
DBA	DIMBASELINE	첫 점 연속 치수	DCO	DIMCONTINUE	끝점 연속 치수
MLD	MLEADER	다중치수보조선 작성	MLE	MLEADEREDIT	다중치수보조선 수정
LEAD	LEADER	지시선 작도	DCE	DIMCENTER	중심선 작성
LE	QLEADER	빠른 지시선 작도	DI	DIST	거리, 각도 측정

5. 레이어 특성 명령

단축 명령	명령	사용법 설명	단축 명령	명령	사용법 설명
LA	LAYER	레이어 만들기	LT	LINETYPE	선분의 특성 관리
LTS	LTSCALE	선분 특성 비율	CLO	CLOOR	기본 색상 변경
CH	CHPROP	객체 속성 변경	PR	PROPERTIES	객체 속성 변경
MA	MATCHPROP	객체 속성 복사			

6. 블록 및 삽입 명령

단축 명령	명령	사용법 설명	단축 명령	명령	사용법 설명
B	BLOCK	블록 만들기	W	WBLOCK	블록을 파일로 저장
I	INSERT	블록 삽입하기	BE	BEDIT	객체 블록 수정
J	JOIN	결합하기	X	EXPLODE	분해하기
XR	XREF	참조 도면 관리	G	GROUP	그룹으로 묶기

7. AutoCAD 환경 설정

단축 명령	명령	사용법 설명	단축 명령	명령	사용법 설명
OS	OSNAP	제도 설정	OP	OPTION	옵션 설정
U	UNDO	실행 명령 취소	RE	REDO	UNDO 명령 취소
Z	ZOOM	화면 확대/축소	P	PAN	초점 이동
R	REDRAW	화면 정리	RA	REDRAWALL	전체 화면 정리
REA	REGENALL	전체화면 재생성	UN	UNITS	도면 단위 설정
NEW	QNEW	새로 시작하기	EXIT	QUIT	AutoCAD의 종료
PLO	PLOT	출력하기	PRI	PRINT	출력하기

8. FUNCTION키 명령

단축키	명령	사용법 설명	단축키	명령	사용법 설명
F1	HELP	도움말	F2	TEXT WINDOW	텍스트 명령창
F3	OSNAP	객체 스냅 On/Off	F4	TABLET	태블릿 모드 On/Off
F5	ISOPLANE	아이소메트릭 뷰 모드	F6	DYNAMIC UCS	좌표계 On/Off
F7	GRID On/Off	그리드 On/Off	F8	ORTHO	직교모드 On/Off
F9	SANP On/Off	스냅 On/Off	F10	POLAR ON/OFF	극좌표 On/Off
F11	OTRACK On/Off	OTRACK On/Off	F12	DYN On/Off	DYN On/Off

9. Ctrl + 단축명령

단축키	사용법 설명	단축키	사용법 설명.	단축키	사용법 설명
Ctrl + A	직선 작도	Ctrl + B	스냅 기능 On/Off	Ctrl + C	선택요소를 클립보드로 복사
Ctrl + D	좌표계 기능 On/Off	Ctrl + E	등각 투영 뷰 변환	Ctrl + F	OSNAP 기능 On/Off
Ctrl + G	그리드 기능 On/Off	Ctrl + H	Pickstyle 변숫값 설정	Ctrl + J	마지막 명령의 실행
Ctrl + K	하이퍼링크 삽입	Ctrl + L	직교 기능 On/Off	Ctrl + N	새로 시작하기
Ctrl + O	도면 불러오기	Ctrl + P	출력하기	Ctrl + Q	블록이나 파일 삽입하기
Ctrl + S	저장하기	Ctrl + T	태블릿 On/Off	Ctrl + V	클립보드 내용 복사
Ctrl + X	클립보드로 오려두기	Ctrl + Y	바로 이전으로 이동	Ctrl + Z	취소 명령

AutoCAD 도면그리는 법

1997년 1월 20일 1판 1쇄
2024년 1월 20일 15판 4쇄
2025년 1월 20일 16판 1쇄
(총 50쇄)

저자 : 육은정
펴낸이 : 이정일

펴낸곳 : 도서출판 **일진사**
www.iljinsa.com

04317 서울시 용산구 효창원로 64길 6
대표전화 : 704-1616, 팩스 : 715-3536
등록번호 : 제1979-000009호(1979.4.2)

값 30,000원

ISBN : 978-89-429-1946-8